Online Marketing Manager*in

3., erweiterte und aktualisierte Auflage

Online Marketing Manager*in

Handbuch für die Praxis

*Felix Beilharz & Expert*innenteam*

O'REILLY®

Felix Beilharz & Expert*innenteam

Lektorat: Ariane Hesse
Korrektorat: Sibylle Feldmann, *www.richtiger-text.de*
Satz: III-satz, *www.drei-satz.de*
Herstellung: Stefanie Weidner
Umschlaggestaltung: Michael Oréal, *www.oreal.de*, unter Verwendung eines Fotos von © iStock by Getty Images von Kathryn8
Druck und Bindung: BELTZ Grafische Betriebe GmbH, Bad Langensalza

Bibliografische Information der Deutschen Nationalbibliothek
Die Deutsche Nationalbibliothek verzeichnet diese Publikation in der Deutschen Nationalbibliografie; detaillierte bibliografische Daten sind im Internet über *http://dnb.d-nb.de* abrufbar.

ISBN:
Print 978-3-96009-223-0
PDF 978-3-96010-824-5
ePub 978-3-96010-825-2
mobi 978-3-96010-826-9

3., erweiterte und aktualisierte Auflage 2024

Wieblinger Weg 17
69123 Heidelberg

Dieses Buch erscheint in Kooperation mit O'Reilly Media, Inc. unter dem Imprint »O'REILLY«. O'REILLY ist ein Markenzeichen und eine eingetragene Marke von O'Reilly Media, Inc. und wird mit Einwilligung des Eigentümers verwendet.

FSC www.fsc.org MIX Papier | Fördert gute Waldnutzung FSC® C089473

Hinweis:
Dieses Buch wurde mit mineralölfreien Farben auf FSC®-zertifiziertem Papier aus nachhaltiger Waldwirtschaft gedruckt. Der Umwelt zuliebe verzichten wir zusätzlich auf die Einschweißfolie. Hergestellt in Deutschland.

Schreiben Sie uns:
Falls Sie Anregungen, Wünsche und Kommentare haben, lassen Sie es uns wissen: *kommentar@oreilly.de*.

5 4 3 2 1 0

Inhalt

Vorwort 11
Von Karl Kratz

1 **Online-Marketing** 13
Von Felix Beilharz

Wandel der Marketingkommunikation von Push zu Pull – und (teilweise) zurück zu Push 14
Nutzerzahlen 17
Mobile Web 19
Bewegtbild und Vertical Video 21
Big Data 22
GAFAM 22
Sprache, Assistenten, künstliche Intelligenzen 25
Metaverse 28
Es bleibt spannend 29

2 **Die Online-Marketing-Strategie** 31
Von Olaf Kopp

Die wichtigsten Online-Marketing-Instrumente und -Kanäle 32
Online-Marketing im Marketing-Mix 39
Strategie und Taktik 41
Ziel- und Bedarfsgruppenanalysen 44
SWOT-Analyse zur Bestimmung des Online-Marketing-Mix 49
Die Customer Journey im Zentrum des Online-Marketings 51
Touchpoints und Customer Experience 55
Die Entwicklung einer Online-Marketing-Strategie entlang der Customer Journey 56

Digitaler Markenaufbau als kritischer Erfolgsfaktor 59
Kennzahlen für erfolgreiches Branding 67
Verbesserung der digitalen Markenpopularität und thematischen Markenstärke........................... 72
Die eigenen Assets als Kern der Online-Marketing-Strategie 77

3 Content-Marketing.................................. 81
Von Olaf Kopp

Was ist Content-Marketing, und was ist Content? 81
Content als wichtigster Touchpoint in der Customer Journey 82
Vorteile und Nachteile von Content-Marketing 83
Content-Arten 84
Content-Marketing-Ziele................................ 85
Unterschied zwischen Content-Marketing-Kampagnen und Content-Marketing-Strategie 87
Der Content-Marketing-Prozess 88
Die Content-Marketing-Strategie........................ 90
Die Content-Analyse 97
Die Content-Konzeption 106
Die Content-Produktion 120
Die Content-Distribution............................... 121
Die Content-Evaluation................................. 128
KI-Tools (ChatGPT) als Unterstützung im Content-Marketing 129
Content-Marketing-Verantwortlichkeiten................. 131

4 Conversion-Optimierung.............................. 133
Von Nils Kattau

Conversion-Optimierung im Marketing-Mix 133
Grundbegriffe und Status quo 135
Wichtige Konzepte, Aufgaben und typische Herausforderungen 139
Kennzahlen und Erfolgsmessung......................... 155
Lernen von Erfolgsbeispielen........................... 158
Checklisten für Websites 163

5 SEO – Suchmaschinenoptimierung 171
Von Anke Probst

Definition und Einordnung von SEO im Online-Marketing-Kontext 171
Was ein Online Marketing Manager beherrschen sollte 186
Kennzahlen und Erfolgsmessung 243
Relaunch (Beitrag von Niels Dahnke) 245
Tipps und Tricks für die Suchmaschinenoptimierung 249

6 SEA – Search Engine Marketing 259
Von Guido Pelzer

Grundbegriffe und Einordnung von Search Engine Marketing 259
Was ein SEA-Manager beherrschen sollte 290
Wichtige Kennzahlen und Erfolgsmessungen 299
Lernen anhand von Beispielen 302

7 Affiliate Marketing 309
Von Markus Kellermann

Grundbegriffe und Zusammenhänge 309
Trends im Affiliate Marketing 327

8 Display Advertising 335
Von Stephan Römer

Entwicklung, Grundbegriffe und Zusammenhänge von Display Advertising 335
Die Rolle von Display Advertising und Real Time Advertising im Online-Marketing-Mix 344
Wichtige Konzepte, Technologien und Herausforderungen 346
Datenschutz 358
Konzepte – Kampagnentypen und Einsatzzwecke in Display Advertising und RTA 360
Werbemittel – oft belächelt, fast immer unterschätzt 367
Herausforderungen 373
Kennzahlen und Erfolgsmessung 377
Lernen von Erfolgsbeispielen 381
Checkliste für erfolgreiche Kampagnen 384
Linktipps 386

9 E-Mail-Marketing 387
Von Manuela Meier
Grundbegriffe und Einordnung von E-Mail-Marketing. 387
Wichtige Konzepte, Aufgaben und typische
Herausforderungen 403
Kennzahlen und Erfolgsmessung 428
Nutzung künstlicher Intelligenz im E-Mail-Marketing 434
Lernen von Erfolgsbeispielen 437
Checkliste für erfolgreichere Mailings 438

10 Social Media Marketing 441
Von Felix Beilharz
Grundbegriffe und Zusammenhänge von
Social Media Marketing 441
Das sollte ein Online Marketing Manager beherrschen. 455
Lernen von Erfolgsbeispielen 502
Linktipps zu Social Media Marketing 507

11 Mobile Marketing 509
Von Ingo Kamps
Der Markt für Mobile Marketing 509
Konventionelles Web vs. Mobile 510
Das sollte ein Online Marketing Manager beherrschen. 516
Lernen von Erfolgsbeispielen 546
Checklisten für erfolgreiches Mobile Marketing 555

12 Digital Analytics 559
Von Markus Vollmert
Die Welt der Messung 559
Privacy und Consent als Basis 560
Modellierung, Machine Learning und KI. 563
Ziele bestimmen 564
Wie funktioniert das Tracking? 566
Kampagnen und Quellen 570
Inhalte bewerten 578
Nutzerinnen und Nutzer verstehen 583
Was ist Tag Management? 587
Taking Action 588

13 Daten und KI im Online-Marketing 591
Von Tom Alby
Einführung und Begriffsklärung 591
Grundwissen für Online Marketing Manager 596
Kennzahlen und Erfolgsmessung 608
Beispiele 614
Werden ChatGPT & Co. die KI neu aufrollen? 617
Checkliste für Data-Science-Projekte 620

14 Online-Marketing-Recht 623
Von Niklas Plutte
Fallstricke beim Impressum 623
Suchmaschinenoptimierung – Onpage 632
Suchmaschinenoptimierung – Offpage 648
Google Ads 650
Gegen schlechte Bewertungen im Internet vorgehen 656
Rechtliche Aspekte des E-Mail-Marketings 660
Social-Media-Recht 669
Online-Marketing-Recht und KI: Eine FAQ 678
Die Folgen von Rechtsverstößen 687

Anhang: Weiterbildung für Online Marketing Manager 693
Von Felix Beilharz
Selbstbestimmte Weiterbildung 693
Organisierte Weiterbildung 697
Auswahlkriterien für die persönliche Weiterbildung 703
Die universitäre Ausbildung für Online-Marketing-Verantwortliche: Interview mit Prof. Dr. Mario Fischer 705
Die berufsbegleitende Weiterbildung für Online Marketing Manager: Interview mit Prof. Dr. Michael Bernecker 710

Index 715

Vorwort

Von Karl Kratz

Liebe Leserin, lieber Leser,

Online-Marketing. Und was bleibt? Dieser eine schnell dahergesagte Satz steht gefühlt in jedem Vorwort von Online-Marketing-Büchern der letzten 20 Jahre: »Das Internet und seine Technologien verändern sich rapide.« Diese Aussage mag in jedem einzelnen Buch gültig sein, doch welche Konsequenz sollten wir daraus ziehen?

Vielleicht hilft ein kleines Gedankenspiel: Bereits nach wenigen Jahren sind die Auswirkungen unseres heutigen Handelns im Online-Marketing oft kaum mehr relevant oder existieren vielleicht schon nicht mehr. Das klingt zunächst absurd und pessimistisch. Beim genaueren Nachdenken fallen uns dann all die Webprojekte ein, die in den letzten Jahren gekommen und gegangen sind. Und mit ihnen all die Texte, Bilder, Links, Rankings, Tränen, Nerven, Überstunden, Social Signals, Domains. Ganze Plattformen und Suchsysteme sind innerhalb von knapp drei Dekaden geboren worden und schon längst wieder gestorben. Und fast alles, was wir heute im Online-Marketing erzeugen, wird es in 50 Jahren bereits nicht mehr geben. In 500 Jahren ist der größte Teil unserer heutigen Handlungen vollständig verschwunden und kaum noch rekonstruierbar. Dieses Gedankenspiel bringt uns zu dieser einen mächtigen Frage: »Was bleibt?«

Das obige Gedankenspiel zeigt deutlich, was für eine romantische Illusion die konventionelle Idee der »Nachhaltigkeit« doch ist: Aus einer Momentaufnahme heraus ist sie noch sinnvoll, mit einem Blick über

»gewöhnliche« Zeitgrenzen hinaus verliert dieses Konstrukt recht schnell seine Sinnhaftigkeit.

Smarte Unternehmen, die dieses Prinzip verstanden haben, verändern ihren Fokus. Beispielsweise setzen sie anstatt auf eine kontinuierliche, sequenzielle Inhaltsproduktion eher auf wenige gezielte und exzellente Inhalte, die sie immer weiter optimieren und transformieren können. Auf diese Weise erzielen solche Unternehmen nennenswerte Wettbewerbsvorteile und überdauern Technologie- und ganze Paradigmenwechsel. Und statt »Optimierung für Google« sorgen diese Unternehmen für eine diversifizierte Findbarkeit in genau den Suchsystemen, in denen sich ihre Bedarfsgruppe aufhält. Smarte Unternehmen stellen sich die Frage: »Wie wenden wir unsere Technologien und Methoden im Hier und Jetzt an – und wie transformieren wir sie dauerhaft?« Und sie kommen zu einer Antwort: Fokussierung, Reduktion und Intensivierung auf der einen Seite und Investition in die Fähigkeit zur dauerhaften Veränderung auf der anderen.

Was hat eigentlich ein statisches Buch in diesem hoch dynamischen Umfeld zu suchen? Diese Frage ist durchaus berechtigt: Im Schnitt haben Fachbücher in diesem Bereich eine Halbwertszeit von wenigen Jahren. Doch Felix Beilharz hat es mit diesem Buch geschafft, gemeinsam mit brillanten Vordenkerinnen und Vordenkern sowie renommierten Experten einen schwierigen Spagat zu meistern: inhaltlich wichtige Fragen in der Online-Marketing-Welt zu beantworten und gleichzeitig Hinweise und Impulse für die dauerhafte Veränderung des eigenen Online-Marketings zu liefern.

Ich habe mich sehr darüber gefreut, das Vorwort für ein Werk verfassen zu dürfen, das sicherlich auch in einigen Jahren noch eine gute Grundlage für wichtige Entscheidungen im Online-Marketing liefern wird.

Viel Spaß beim Lesen und viel Erfolg bei der Umsetzung wünscht Ihnen

Karl Kratz

KAPITEL 1

Online-Marketing

In diesem Kapitel:

- Wandel der Marketingkommunikation von Push zu Pull – und (teilweise) zurück zu Push
- Nutzerzahlen
- Mobile Web
- Bewegtbild und Vertical Video
- Big Data
- GAFAM
- Sprache, Assistenten, künstliche Intelligenzen
- Es bleibt spannend

Von Felix Beilharz

Das Buch, das Sie gerade in Ihren Händen halten (oder auf Ihren E-Book-Reader geladen haben), ist bereits die dritte Auflage einer großen Idee, die ich 2016 dem O'Reilly Verlag vorgeschlagen habe: Ich möchte die besten Experten und Expertinnen aus jedem Fachbereich versammeln und gemeinsam mit ihnen ein Standardwerk zum Online-Marketing auf den Markt bringen.

Glücklicherweise ging der Verlag auf den Vorschlag ein. Das Ergebnis hat uns alle umgehauen: Bereits die erste Auflage schaffte es auf Platz 17 aller verkauften Bücher bei Amazon. Das Buch wird an diversen Hochschulen und Bildungseinrichtungen als Lehrbuch verwendet, und die ersten beiden Auflagen wurden weit über 10.000 Mal verkauft. Mit wenigen Ausnahmen sind immer noch alle Experten der ersten Auflage in diesem Buch vertreten, was für die hohe Konstanz der Autorinnen und Autoren spricht – echte Fachleute ändern ihr Expertenthema eben nicht mit jedem aufkommenden Trend.

Insgesamt zwölf Autorinnen und Autoren haben Kapitel über ihr Spezialgebiet beigesteuert. Viele von ihnen sind bereits seit über einem Jahrzehnt, manche sogar schon seit den 1990er-Jahren, in der Branche tätig – einer Zeit also, zu der es noch nicht einmal Google gab. Wir haben daher die Entwicklung über einen langen Zeitraum verfolgt. Die Geschichten und Anekdoten aus dieser Zeit, die auf Konferenzen, Partys oder Barcamps meist am Rande der Veranstaltungen erzählt werden, sind legendär – wenn Sie mal die Gelegenheit haben, einen der Online-Marketing-Pioniere in ein Gespräch zu verwickeln, lassen Sie sich die Chance nicht entgehen. Es lohnt sich, versprochen.

Noch eine Anmerkung, bevor wir einsteigen: Wir wenden uns mit diesem Fachbuch selbstverständlich an alle Menschen, unabhängig von ihrem Geschlecht. Wir haben in den Beiträgen und Texten versucht, eine geschlechtergerechtere Sprache umzusetzen: durch Nennung der weiblichen und männlichen Form, durch eine abwechselnde Nennung der weiblichen und männlichen Form, durch Partizipformen wie »die Mitarbeitenden« oder textliche Umschreibungen wie »alle, die im Online-Marketing arbeiten«. Beschreibt eine Textpassage aus unserer Sicht eher eine berufliche Rolle wie beispielsweise »Online Marketing Manager«, haben wir auf das Gendern verzichtet.

In dieser Einleitung erspare ich Ihnen die lange Entwicklungsgeschichte des Online-Marketings, dazu wurde bereits viel geschrieben. Stattdessen gebe ich Ihnen einen kompakten Überblick über die aktuelle Situation, in der wir uns – mit Blick auf die Entwicklung sowohl des Internets als auch des Online-Marketings – gerade befinden. Natürlich werfen wir auch einen Blick auf die Änderungen, die sich seit der letzten Auflage ergeben haben. Zu manchen der hier angesprochenen Themen finden Sie in diesem Buch weitere Ausführungen, zu anderen erhalten Sie im Literaturverzeichnis passende Empfehlungen.

Wandel der Marketingkommunikation von Push zu Pull – und (teilweise) zurück zu Push

Viele der Trends und Themen des Online-Marketings resultieren aus einem tiefgehenden grundsätzlichen Wandel des Marketings bzw. der Unternehmenskommunikation. Kurz gesagt, lässt sich der Wandel als Wechsel von Push-Marketing (die Botschaft wird mittels Werbemittel zum Empfänger transportiert) zu Pull-Marketing (der Empfänger holt sich selbst die Botschaften ab, die ihn interessieren) beschreiben.

Klassisches Marketing gehört prinzipiell eher zur Push-Kategorie: Egal ob Plakat, Zeitungsannonce, TV-Spot oder Radiowerbung – die Botschaft wird zum Verbraucher transportiert und stört ihn in aller Regel bei dem, was er eigentlich gerade tun will (Zeitung lesen, Radio hören, Fernsehen).

Auch einige der Onlinekanäle lassen sich der Push-Kategorie zuordnen, insbesondere Bannerwerbung (Display Advertising) und Social-Media-Ads gehören in diese Gruppe. Die meisten Onlineformate sind jedoch überwiegend oder vollständig als Pull-Maßnahmen zu klassifizieren. Der Nutzer – bzw. die Nutzerin – sucht (freiwillig) bei Google und klickt Suchtreffer oder Anzeigen an, weil sie sein Suchbedürfnis befriedigen. Er abonniert einen Newsletter oder lädt ein Whitepaper herunter, weil ihn die darüber versendeten Informationen und Inhalte interessieren. Er klickt ein YouTube-Video an, weil seine Freunde es geteilt haben und es vielversprechend aussieht. Er abonniert eine Facebook-Seite oder einen Instagram-Account, weil er sich mit dem Unternehmen verbinden will. Er sieht sich einen Livestream auf TikTok oder ein Webinar an, weil er sich von dem Content Unterhaltung, Informationen oder sonstige Mehrwerte verspricht.

Kurz gesagt: Viele Onlinekanäle und -maßnahmen sind eher Pull als Push. Aus gutem Grund: Push-Werbung wird zunehmend als lästig wahrgenommen und im Internet häufig einfach per AdBlocker ausgeblendet. Die Hürden, den Kunden mit Werbung überhaupt noch zu erreichen, steigen.

Die Entwicklung ist jedoch nicht eindeutig. Gerade im Social Web beobachte ich fast schon eine wellenförmige Abwechslung zwischen Pull -und Push-Maßnahmen, die von den Agenturen, Expertinnen und Fachmedien propagiert werden. Meist läuft das Ganze nach einem eindeutigen Muster ab: Wenn ein neuer Social Media Kanal am Markt erscheint, ist die organische Reichweite meist sehr hoch. Also baut man sich ein Profil auf und sammelt möglichst viele Follower, die dann den Content in ihrem Feed zu sehen bekommen.

Mit steigender Nutzerzahl und wachsendem Bedarf an Einnahmen seitens der Plattform sinkt die organische Reichweite aber irgendwann. Schnell werden »Organisch ist tot«-Rufe laut, und die Evangelisten des Performance-Marketings betreten das Spielfeld. Ads werden als die einzig sinnvolle Option im Marketing angepriesen – bis dann eine neue Funktion im Social Network eingeführt wird, die plötzlich wieder organische Reichweite verspricht. Und so geht das Spiel immer weiter. Das war schon bei Facebook so und ist heute bei LinkedIn oder TikTok nicht anders. Manche Social Networks vergehen aber auch so schnell wieder, dass die erste organische Phase nie durch eine Push-Phase abgelöst wird. Clubhouse war so ein Kandidat.

In der letzten Ausgabe habe ich an dieser Stelle noch von den tollen Möglichkeiten des Targetings moderner Performance-Marketing-Instrumente geschwärmt. Laserscharf ließen sich Zielgruppen mithilfe von demografischen, verhaltensbasierten, technologischen oder sozialen Targeting-Kriterien ansprechen. Während diese Entwicklung jahrelang immer weiter vorangetrieben wurde, ist hier in den letzten Jahren ein eindeutiger Rückschritt zu beobachten. Datenschutzbemühungen auf der einen Seite und große Fortschritte in der künstlichen Intelligenz auf der anderen machen es heute nicht nur unmöglich, sondern auch weitgehend unnötig, selbst an den diversen Targeting-Stellschrauben zu drehen. Die Algorithmen können das deutlich besser. So lassen sich Kunden über Advertising-Plattformen und Social Media auch treffsicher erreichen, ohne dass hierfür ausgefeilte Targeting-Strategien nötig sind.

Maßnahmen wie *Real Time Bidding* und *Retargeting* ermöglichen weiterhin eine personenbezogene, individuelle Ansprache, nur dass Sie immer weniger selbst die Kriterien definieren müssen.

Formate wie *Native Advertising* (also redaktionell aufbereitete Werbung) und *Branded Content* lassen Werbung weniger wie Werbung aussehen und werden häufig freiwillig und aktiv konsumiert, anstatt als lästig und störend empfunden zu werden.

Grundsätzlich ist im großen Maßstab durchaus eine Entwicklung von Push- zu Pull-Maßnahmen im Online-Marketing zu beobachten, wenn es auch immer wieder die oben beschriebenen Gegenbewegungen gibt. Abbildung 1-1 verdeutlicht diese Tendenz.

Während früher vor allem Push-Maßnahmen im Vordergrund standen und Werbung noch deutlich als Werbung zu erkennen war (»Above-the-Line«, z.B. Plakate, Broschüren, Websites und Banner), geht es heute immer mehr um »Below-the-Line«-Maßnahmen, also Vernetzung, Content- oder Guerilla-Marketing. Der werbliche Aspekt ist auf den ersten Blick oft nicht mehr zu erkennen. Und selbst die angesprochenen Social-Media-Ads, die eindeutig dem Push zuzuordnen sind, gleichen organischen Beiträgen oft bis auf wenige Details und können von vielen Nutzern schon längst nicht mehr eindeutig als Werbung identifiziert werden. Ein Beispiel dafür sind die in den letzten Jahren sehr beliebten *UGC*-Ads, also Werbung mit *User-generated Content* als Werbemittel. Durch die Verwendung von Kurzvideos, die durch Anwender eines Produkts erstellt wurden, sieht die Werbung auf den ersten Blick aus wie ein normales Video einer Social-Media-Userin, die begeistert von einem Produkt berichtet. Dass es sich um eine schnöde Werbeanzeige handelt, erschließt sich erst auf den zweiten Blick.

Ein sinnvoller Marketing-Mix besteht meist aus Push- und Pull-Elementen. Der Fokus sollte mittlerweile jedoch auf Content und Content-Vermarktung in den verschiedenen Formen gelegt werden. Wer heute noch zum Kunden durchdringen und seine Werbebudgets effektiv einsetzen will, kommt um Pull nicht herum – Push ergänzt die Strategie an den passenden Stellen, vergrößert die Reichweite und schafft zusätzliche Möglichkeiten.

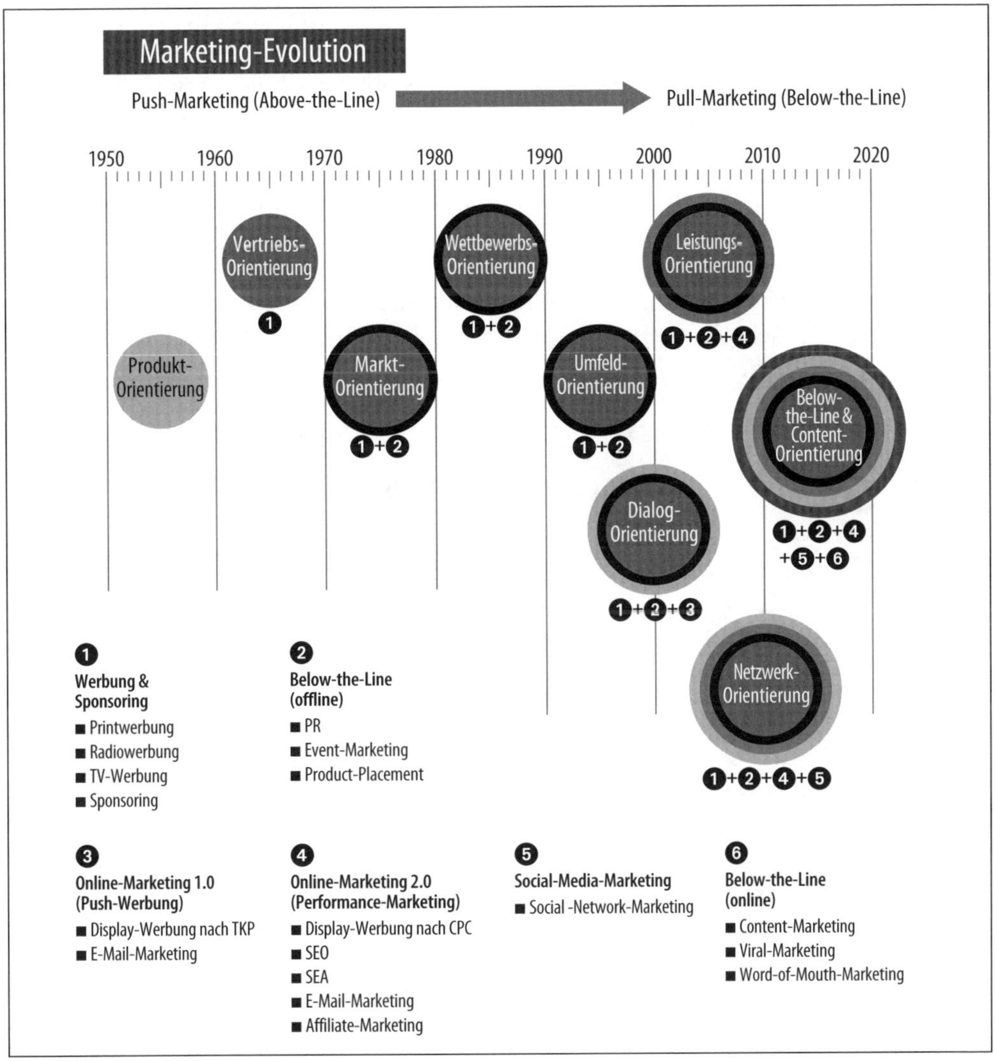

Abbildung 1-1:
Wandel von Push zu Pull (© Aufgesang Inbound Online Marketing)[1]

Nutzerzahlen

In den ersten Jahren war das Internet etwas für »Geeks«, die breite Mehrheit konnte keinen richtigen Bezug dazu finden. Das legendäre Zitat des damaligen Telekom-Chefs Ron Sommer, dass das Internet eine Spielerei für Computerfreaks und ohne Zukunftschancen sei (An-

1 *https://www.kopp-online-marketing.de/marketing-evolution-von-werbung-zu-content-von-push-zu-pull* (Aufruf: 10.10.2023)

fang der 1990er-Jahre), zeigt, dass selbst Branchengrößen die Bedeutung lange verkannt haben. Und selbst Zukunftsforscher wie Matthias Horx erklärten noch 2001 in einer Studie, das Internet werde sich in der Breitennutzung nicht durchsetzen, da es einfach zu kompliziert sei.

Tatsächlich ist das Internet bereits kurz danach zum Massenmedium geworden und ist heute aus unserem Alltag nicht mehr wegzudenken. 2022 waren 80% der Deutschen täglich online, 95% zumindest gelegentlich. Alle Altersklassen bis 49 Jahre liegen bei 100% gelegentlicher Nutzung, selbst die 50- bis 69-Jährigen kommen auf 95%. Das größte Wachstum gab es bei den Menschen über 70–2018 nutzen in diesem Segment noch 65% das Internet, heute sind es stolze 80%.[2]

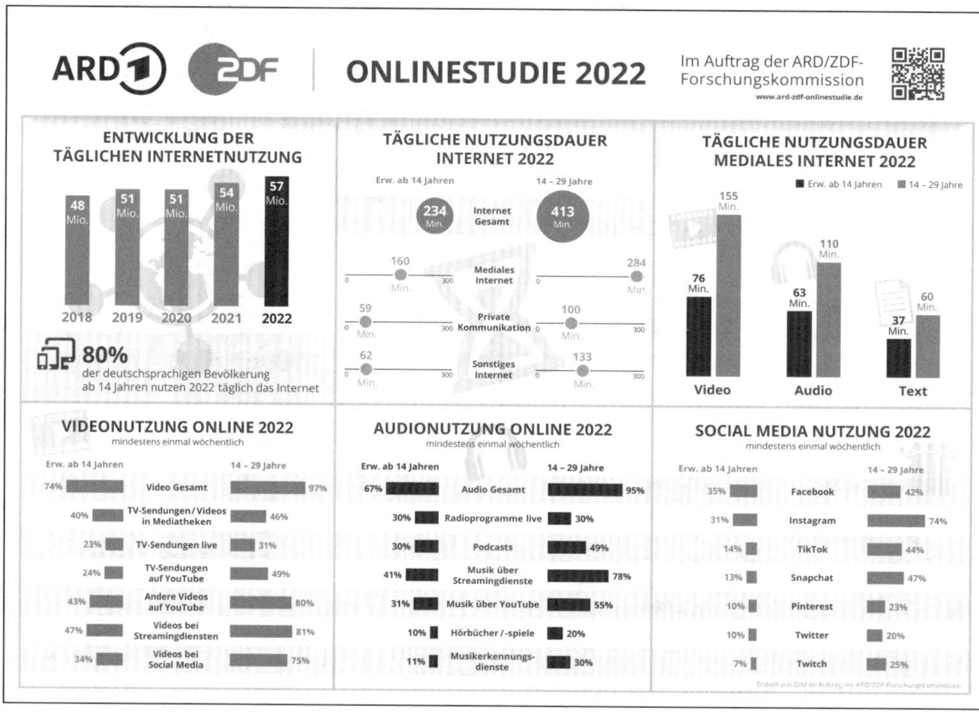

Abbildung 1-2:
Onlinenutzung in Deutschland (Quelle: ARD-ZDF-Onlinestudie 2022)

Auch welche Dimensionen die Nutzerzahlen der großen sozialen Medien annehmen, hätte sich vor einigen Jahren noch niemand vorstellen können. Inzwischen weisen bereits vier Plattformen Nutzerzahlen von über zwei Milliarden aus (Facebook 2,96 Mrd., YouTube 2,51 Mrd., WhatsApp

2 Alle Zahlen: ARD-ZDF-Onlinestudie 2022, *https://www.ard-zdf-onlinestudie.de* (Aufruf: 10.10.2023)

2 Mrd., Instagram 2 Mrd.), WeChat und TikTok liegen ebenfalls deutlich über der Milliardengrenze.[3]

Die Nutzung digitaler Medien ist zwar bei älteren Menschen derzeit noch geringer ausgeprägt als bei jüngeren, aber der Graben wird immer kleiner. Längst haben auch die älteren und damit kaufkräftigen Generationen entdeckt, wie leicht es sich im Internet einkaufen, spielen, kommunizieren oder arbeiten lässt. Dass die Digitalisierung auch im Seniorensegment voranschreitet, sieht man zum Beispiel daran, dass 68 % der Ü70-Jährigen (und 85 % der Ü60-Jährigen) ein Smartphone besitzen[4] und jeder dritte Deutsche über 70 täglich Messenger-Dienste wie WhatsApp verwendet.[5]

Weltweit nutzen 5,1 Milliarden Menschen das Internet, 4,76 Milliarden tummeln sich auf Social-Media-Plattformen. Was diese Entwicklung in den letzten Jahren noch mal befeuert hat, war die Coronapandemie mit ihren Lockdowns. Für viele Menschen war das Internet der einzige Weg, mit der Außenwelt in Kontakt zu bleiben. Und viele der letzten »Nonliner« wagten in dieser Zeit erstmalig den Schritt in die sozialen Netzwerke, die Onlineshops oder gar in die Erotik- und sonstigen Unterhaltungsportale.

Mobile Web

Smartphones haben schon vor Jahren die Nutzungshoheit im Internet übernommen. In Deutschland gibt es seit Langem mehr Mobilfunkverträge als Menschen (107,8 Millionen Verträge, United Nations/Eurostat/Statistisches Bundesamt 2019). Auch auf viele Websites gelangt die Mehrheit der Besucherinnen und Besucher mittlerweile über mobile Endgeräte. Besonders bei Jugendlichen lässt sich dieser Trend beobachten. 95 % der 12- bis 19-Jährigen besitzen ein Smartphone (nur 35 % einen Computer oder ein Radiogerät).[6] Im Schnitt sind Jugendliche 67,8 Stunden pro Woche online, davon 39 mit dem Smartphone und nur 13 Stunden mit PC und/oder Laptop (zusammen).[7]

Das hat in vielen Bereichen des Online-Marketings enorme Auswirkungen. Websites müssen responsiv oder von vornherein mobil erstellt wer-

3 Digital 2023 Global Overview Report, *https://datareportal.com/reports/digital-2023-global-overview-report* (Aufruf: 10.10.2023)

4 Statista 2021, *https://de.statista.com/statistik/daten/studie/459963/umfrage/anteil-der-smartphone-nutzer-in-deutschland-nach-altersgruppe/* (Aufruf: 10.10.2023)

5 ARD-ZDF-Onlinestudie 2022

6 JIM-Studie 2022

7 Postbank Jugend Digitalstudie 2022

den. Die Erfahrung und Studien zeigen, dass mobile Nutzerinnen und Nutzer eine nicht mobilfähige Website schnell wieder verlassen, wenn die Nutzererfahrung nicht auf ihr Endgerät angepasst ist (hier sind jüngere Nutzer übrigens weniger großzügig als ältere).

Google machte bereits 2018 den mobilen Index zum Hauptindex, der häufiger aktualisiert wird. Nicht mobilfähige Websites haben es daher schwer, noch Sichtbarkeit in den Suchergebnissen zu erzielen. 2021 ging Google dann sogar den nächsten Schritt: Der Index wurde auf »Mobile Only« umgestellt, reine Desktopversionen von Websites werden für das Ranking also gar nicht mehr berücksichtigt. Wer immer noch keine mobile Version seiner Website hat, guckt mittlerweile in die Röhre.

Auch Apps spielen nach wie vor eine wichtige Rolle. Allerdings wird es immer schwieriger, neue Apps erfolgreich an den Start zu bringen. Zwar werden mehr Apps denn je heruntergeladen (2022 waren es mehr als 140 Milliarden App-Downloads bei Google und Apple weltweit[8]), den überwältigenden Teil ihrer mobilen Internetzeit verbringen Nutzer aber in und mit nur einer Handvoll Lieblings-Apps. Auch bei den Downloads ist eine extreme Konsolidierung zu erkennen: Die Top 5 der im März 2023 weltweit am meisten heruntergeladenen Apps gehören zu nur zwei Unternehmen (Instagram, Facebook und WhatsApp zu Meta, TikTok und CapCut zu ByteDance).

Hinzu kommt, dass die großen Apps immer mehr Fremdfunktionen in sich vereinen. Geld an Freunde senden? In manchen Ländern geht das schon per Facebook-Messenger. Flug- und Bahntickets buchen und bezahlen? In China ist das mit WeChat möglich. Viele Apps werden so einfach überflüssig.

Trotz dieser schwierigen Ausgangslage und starken Konkurrenz schaffen es immer wieder Unternehmen, ihre Apps in den Download-Charts zu platzieren. Im Juni 2023 finden sich unter den kostenlosen Apps im iOS-App-Store zum Beispiel Temu (Platz 1), DeutschlandCard (3), Eventim (6) und REWE (8) in den deutschen Top Ten. Auch die Deutsche Bahn (12), Post & DHL (16), Booking.com (18) oder Amazon (20) können sich in den Top 20 platzieren. Allein schon die Größe dieser Namen zeigt aber: Leicht wird es nicht, eine eigene App unter den Top-Downloads zu platzieren.

Was beim App-Boom auch nicht vergessen werden darf, ist, dass viele Apps nur heruntergeladen werden, weil es ohne sie nicht geht – viele

8 Statista 2022, *https://de.statista.com/statistik/daten/studie/993352/umfrage/anzahl-der-downloads-von-apps-nach-app-stores-weltweit/* (Aufruf: 10.10.2023)

Onlinebanken beispielsweise zwingen Nutzer in die App, damit sie das Onlinekonto überhaupt öffnen können. Von einer echten (und freiwilligen) Nutzung kann man da kaum sprechen. Einige Experten prognostizieren schon seit Jahren ein Ende der App und setzen eher auf responsive Websites oder Mischformen. So weit ist es bisher nicht gekommen. Eines ist aber sicher: Die Zukunft ist mobil.

Bewegtbild und Vertical Video

Seit mindestens zehn Jahren hat sich Video als feste Größe im Medien-Mix etabliert. Diese Entwicklung war lange abzusehen und ist endgültig Realität geworden, als Bandbreiten und Datenvolumina umfangreicheren Videokonsum erlaubten, das Equipment günstiger wurde und der Aufwand für eine professionelle Videoproduktion sank. Online-Marketer sollten das Bewegtbild daher unbedingt auf ihrem Radar haben.

Das gilt sowohl im klassischen Online-Marketing (Produktvideos, Imagefilme etc.) als auch im Content-Marketing-Kontext (z.B. im Rahmen von Erklärfilmen, YouTube-Sendungen oder Virals) und ebenso im Servicebereich (Video-Chat, How-to-Videos). Zum Bewegtbild gehören auch Formate wie z.B. Live-Video und Livestreaming, Webinare, Videodrohnenflüge etc. Sämtliche neuen oder wachsenden Social-Media-Plattformen der letzten Jahre sind ebenfalls videogetrieben (z.B. IGTV, TikTok, Snapchat etc.).

Ein spannender Trend lässt sich seit einigen Jahren bezüglich des dominierenden Videoformats beobachten. Früher galt das Aufnehmen eines Videos mit der Handykamera im Hochformat als Usability-Sünde. Schließlich werden sowohl Monitore als auch Laptop-Bildschirme und TV-Geräte im Querformat produziert – warum sollte man dann also ein Video im Hochformat aufnehmen? Anfangs wurde diese Verhaltensweise sogar spaßig als »Vertical Video Syndrome« klassifiziert.

Das änderte sich mit der weltweiten Verbreitung von TikTok schlagartig. Auf einmal wurde es normal, Videos im Hochformat zu konsumieren und damit auch zu produzieren. Schnell sprangen andere Plattformen auf den Trend auf. Instagram und Facebook Reels, YouTube Shorts, Pinterest Idea Pins und alle sonstigen Story-Formate, Snapchat sowieso – alles hochformatig. Und in der Regel kurz, wenige Sekunden bis maximal wenige Minuten lang, sind heute erfolgreiche Videos auf diesen Plattformen.

Für Videoproduzenten ist das durchaus eine Herausforderung: Für YouTube und viele Onlinewerbeformate müssen Videos nach wie vor im klassischen 16:9-Format vorliegen, für Social-Media-Feeds dagegen gern im quadratischen 1:1-Format und für die genannten Vertical-Video-Plattformen im 9:16-Style. Aber wer hat gesagt, dass Online-Marketing mit zunehmender Komplexität leichter wird ...

Big Data

Big Data gehört zu den Buzzwords, die auf keiner Onliner-Konferenz fehlen, mit dem Begriff können aber die wenigsten tatsächlich etwas anfangen. Trotzdem spielt Big Data, also das Sammeln und vor allem Nutzen von (sehr) großen Datenmengen, inzwischen eine wesentliche Rolle im Online-Marketing. Wenn man sich überlegt, welche Menge von Daten allein bei einem einzigen Onlinekaufabschluss anfällt und wie klein dieser Datenbestand im Vergleich zum Datenbestand sämtlicher Internetaktivitäten ist, wird schnell klar, wie unendlich groß die Menge an Daten mittlerweile ist und wie enorm schnell sie wächst.

Wichtig ist in diesem Zusammenhang vor allem, zu erkennen, welche Daten für die eigenen Anwendungsfälle tatsächlich von Bedeutung sind, wie diese zu erheben und zu verarbeiten sind und wie aus ihnen sinnvolle Schlüsse gezogen werden können. Diese Aufgabe wird Unternehmen noch auf Jahre beschäftigen – so lange, bis sich praxistaugliche Standards etabliert haben.

Im Online-Marketing spielt Big Data unter anderem in den Bereichen Advertising (z.B. Real Time Bidding), Digital Analytics, Customer Insights (Marktforschung, Kundenanalyse), Social Media Marketing (Advertising, Analyse) und verschiedenen E-Commerce-Einsatzgebieten zunehmend eine Rolle.

Um diesem wichtigen Thema gerecht zu werden, wurde die aktuelle Auflage um ein zusätzliches Kapitel zum Thema Daten und künstliche Intelligenz (siehe Kapitel 13) erweitert.

GAFAM

Lange Zeit – so auch in den letzten Ausgaben dieses Buchs – wurden die großen Gatekeeper des Internets leicht merkbar mit dem Kürzel *GAFA* zusammengefasst. Die »Großen Vier« Google, Amazon, Facebook und Apple überstiegen in ihrem Marktwert so manches Bruttoinlandsprodukt großer Ländern.

An der Entwicklung des GAFA-Begriffs lässt sich die rasante Entwicklung der Internetökonomie gut darstellen.

Zum einen heißen gleich zwei der vier namensgebenden Konzerne inzwischen gar nicht mehr so (Facebook wurde zu Meta, Google zu Alphabet), und zum anderen werden mittlerweile auch andere große Konzerne wie Microsoft, Alibaba/Tencent, Netflix und ByteDance zu den großen Gatekeepern gezählt. Statt GAFA werden seitdem auch Akronyme wie GAFAM, GAMAM (Google, Amazon, Meta, Apple, Microsoft) oder FAANG (Facebook, Apple, Amazon, Netflix, Google) diskutiert.

Die Marktmacht dieser Konzerne hat sich indes nur noch vergrößert. 2018 machte eine Schlagzeile die Runde, dass Apple nun gemessen an der Börsenkapitalisierung so wertvoll sei wie die 15 größten DAX30-Unternehmen. Dieser Rekord hielt jedoch nicht lange: 2021 bereits überstieg Apples Wert den der gesamten DAX40-Unternehmen.

Auch wenn wir uns mal verdeutlichen, wie viele Produkte unseres täglichen Lebens von diesen wenigen Unternehmen kontrolliert werden, lässt sich die Bedeutung erahnen. Schauen wir uns doch mal einen beispielhaften Tagesablauf einer Online-Marketing-Verantwortlichen an:

Marie wird Punkt 7:30 von ihrem Telefon (Apple) geweckt. Beim Zähneputzen hört sie Musik (Google), ihr kleiner Sohn managt seine Zahnputzroutine mit der passenden Alexa-Skill (Amazon). Nachdem sie ihre privaten Instagram- und Facebook-Accounts (Meta) sowie ihre E-Mails (Google) gecheckt hat, setzt sie sich an ihr Notebook (Apple), immerhin ist Homeoffice seit Corona eine echte Option. Sie öffnet ihren Browser (Google), arbeitet ihr Outlook-Konto ab und pimpt ein paar Präsentationen (Microsoft), während sie mit einem Auge den Elternchat im Auge hat (Meta).

Pünktlich zum ersten Online-Meeting (Microsoft) klingelt ein Lieferant an der Tür (Amazon). Sie öffnet per Sprachbefehl über ihre Smart-Home-Anlage (Amazon) und freut sich schon darauf, später die gelieferte neue Smartwatch (Apple) auf Herz und Nieren zu prüfen.

Dabei haben wir erst Mittagspause, und bereits jetzt wurde sowohl ihr Privatleben als auch der berufliche Ablauf ziemlich komplett von einigen wenigen Konzernen dominiert. Dass auch die Website ihres Arbeitgebers in der Amazon-Cloud läuft, ihr Apple-Watch-Lieferant den Weg via Google Maps gefunden hat oder sie über den Tag Dutzende Werbeanzeigen im Netz über das Google-Werbenetzwerk sieht, bekommt sie gar nicht aktiv mit. Jedenfalls denkt sie nicht groß darüber nach, während sie abends auf der Couch noch ein bisschen Xbox (Microsoft) zockt oder ein wenig mit ihrer Oculus-VR-Brille (Meta) Sport macht. Hauptsache, das E-Book vor dem Einschlafen ist spannend (Amazon), während ihr die Bewegungssensoren und Flutlichter (Amazon) vor dem Haus ein sicheres Gefühl vermitteln.

Schon krass, oder? Achten Sie mal darauf, wie oft Sie am Tag beruflich und privat mit maximal einer Handvoll großer US-Konzerne in Berührung kommen, es ist wirklich faszinierend.

Unternehmen können es sich kaum noch leisten, nicht bei diesen Playern vertreten zu sein. Wer Musik vermarkten will, kommt um iTunes nicht herum. Apps müssen für Android und iOS erstellt werden, alles andere ist zu vernachlässigen. Wer etwas verkaufen will, muss Amazon im Blick haben.

Besonders dramatisch wird diese Konzentration, wenn man sich die Entwicklung der Onlinewerbebudgets weltweit anschaut. Auch hier spielen die GAFAM-Konzerne eine ultradominante Rolle. Ein enormer Teil der weltweiten Budgets landet entweder bei Meta oder bei Google; in den letzten Jahren ist dieser Wert allerdings geschrumpft, weil Amazon jetzt einen stärkeren Anteil vom Kuchen erhält.[9]

Natürlich sollten auch andere Plattformen in ausgewogenen Marketingstrategien nicht fehlen, schon allein um Risiken zu minimieren und eine gewisse Ausgewogenheit herzustellen. Es führt aber – so viel dürfte klar sein – kein Weg an den GAFAM-Diensten vorbei.

Konkurrenz zum »GAFAM-Kartell« droht übrigens inzwischen weniger aus der westlichen Welt, sondern vielmehr aus Asien. Dort haben sich ganz eigene Dienste etabliert, die den bekannten Playern in nichts nachstehen. Analog hat sich auch dort ein Akronym etabliert: BAT steht für Baidu (unter anderem die größte chinesische Suchmaschine), Alibaba (das Pendant zu Amazon) und Tencent (unter anderem WeChat).

Bemerkenswert ist jedoch, dass sich keiner der großen chinesischen Player bisher dauerhaft in der westlichen Welt etablieren konnte. Alibaba spielt im B2B-E-Commerce eine gewisse Rolle, aber kaum ein Europäer oder Amerikaner nutzt WeChat oder Baidu. Eine Ausnahme bildet (das nicht zu BAT gehörende) TikTok.

Bei dem enormen Wachstum der letzten Jahre und der gigantischen Größe dieser Konzerne bleibt es nicht aus, dass Vermutungen zu Grenzen des Wachstums und sonstige Probleme am Horizont auftauchen. Tatsächlich werden viele der GAFAM- und ähnlichen Konzerne schon seit Jahren immer wieder von Krisen gebeutelt. Sowohl in den USA als auch in der EU gibt es aktive Bestrebungen, TikTok zu verbieten. Metas Gründer und CEO Mark Zuckerberg musste sich nicht nur einmal vor den US-Gremien verteidigen, und Wünsche nach Zerschlagung des

---

9 *https://www.investopedia.com/news/facebook-google-digital-ad-market-share-drops-amazon-climbs/* (Aufruf: 10.10.2023)

Konzerns kommen nicht mehr nur von linken Politikern. Auch regelmäßige Datenschutz- und sonstige Skandale nagen immer wieder an den Giganten. Bisher hat es ihrem Wachstum auf Dauer zumindest jedoch kaum geschadet. Ich jedenfalls habe meine Microsoft-, Facebook- und Google-Aktien deutlich zu früh verkauft – immer mit dem Gedanken »Irgendwann MUSS doch mal Schluss sein mit diesem Wachstum«. Bisher war nicht Schluss. Mein Depot weint manchmal leise.

Single's Day

Kaum eine Statistik verdeutlicht die Macht und Größe der chinesischen Konkurrenz so gut wie der jährliche Single's Day, Chinas Gegenstück zum amerikanischen Black Friday. Am 11. November 2022 erreichte Alibaba einen Umsatz von 73 Milliarden US-Dollar – an einem einzigen Tag. Das sind 50 Millionen US-Dollar pro Minute. Allerdings sind auch hier die Grenzen des Wachstums womöglich erreicht – nach rasanten Zuwächsen in den letzten Jahren entspricht dieser Wert in lokaler Währung ungefähr den Verkaufszahlen des Vorjahrs.

Sprache, Assistenten, künstliche Intelligenzen

Kaum ein Trend hat uns in den letzten Jahren so enttäuscht wie die viel gepriesenen Sprachassistenten. Etwa um die Zeit der zweiten Auflage dieses Buchs haben wir uns alle begeistert Alexas ins Wohnzimmer gestellt. Zu Weihnachten 2019 war kaum noch eine Alexa-Version lieferbar. Ich selbst habe bei meinen Eltern mehrere Geräte in der Wohnung verteilt – zusammen mit blumigen Erzählungen, was jetzt alles einfacher werden würde.

Auch im Marketing waren wir uns relativ einig: Die Zukunft gehört der Sprache. Jede Marke muss jetzt Skills anbieten, und die Google-Suche wird ohnehin bald nur noch per Sprache bedient.

Die Alexas stehen immer noch bei meiner Mutter. Mehr als Radio abspielen und gelegentlich mal eine Information in einer Diskussion mit den Nachbarn liefern tut sie allerdings nicht. Bei mir selbst sieht es kaum anders aus: Alexa sagt mir, dass ein Paket von Amazon unterwegs ist, und verwaltet (ziemlich umständlich) meine Einkaufsliste. Ach ja, ein paar Lichtschalter mache ich noch an und aus. Dann wird es aber auch schon dünn.

Und es geht nicht nur mir so. Die Erwartungen an die Sprachassistenten wurden auf breiter Linie enttäuscht. Gefühlt sind Geräte wie Alexa, Siri, Google Assistant und Cortana in den letzten Jahren kaum schlauer geworden, kämpfen immer noch massiv mit Kinderkrankheiten und sonstigen Bugs und erweisen sich eher als mäßig nützliche Helfer denn als Revolution unseres Alltags. Kein Wunder, dass Alexa Amazon-intern als »kolossaler Misserfolg« bezeichnet wird und die Division für einen Verlust von 10 Milliarden Dollar im Jahr 2022 gesorgt haben soll.[10]

Aber auch sonst: Wann haben Sie zum letzten Mal eine Google-Suche per Sprache durchgeführt? Prognosen sagten für 2022 einen Anteil von 55 % der Google-Suchen via Spracheingabe voraus. Die Realität wird irgendwo im einstelligen Prozentbereich liegen. Die Idee, dass wir alle unsere Websites speziell für Sprachsuchen optimieren müssen, erscheint heute deutlich weniger dringend als noch vor ein paar Jahren.

Ein anderer Trend, der diesen Systemen eigentlich ebenfalls zugrunde liegt, scheint dagegen ein deutlich größeres Disruptionspotenzial zu haben: künstliche Intelligenz. Für 2023 wird dieser Begriff jedenfalls als *der* Marketingtrend in die Geschichtsbücher eingehen. Ende 2022 wurde das Large Language Model *ChatGPT* von OpenAI der Öffentlichkeit präsentiert. Binnen weniger Wochen nutzten 100 Millionen Menschen weltweit den KI-Chatbot, der genau das liefert, was Alexa und Siri uns bisher vorenthalten: intelligent wirkende Dialoge. Wer sich einmal mit ChatGPT »unterhalten« hat, ist begeistert. Es kommen richtige Gespräche zustande, Folgefragen werden verstanden und beantwortet, die KI lernt tatsächlich dazu und liefert brauchbare Antworten auf (Marketing-)Fragen aller Art.

Erstelle mir Ideen für mein nächstes TikTok-Video? Kein Problem. Schreibe mir zehn Headlines und Stichpunkte für meine nächsten Blogbeiträge? Klar. Schreibe die Blogbeiträge? Yep. Kürze sie, baue meine Wunsch-Keywords häufiger ein, übersetze sie auf Spanisch und füge eine Inhaltsangabe hinzu? Alles kein Problem.

Doch damit hört es noch lange nicht auf. Mitte 2023 öffnete OpenAI die KI für Plug-ins – nun stehen Hunderte von externen Erweiterungen zur Verfügung, die den Funktionsumfang enorm erweitern. ChatGPT kann jetzt im Internet surfen, PDFs auslesen, Code lesen und erstellen, Aufgaben automatisieren, mit eigenen Datenbanken kommunizieren und vieles, vieles mehr.

---

10 Business Insider, 2023, *https://www.businessinsider.com/amazon-alexa-job-layoffs-rise-and-fall-2022-11* (Aufruf: 10.10.2023)

Und ChatGPT ist gerade einmal die Spitze des Eisbergs. KIs wie Stable Diffusion oder Midjourney erstellen Bilder und Grafiken – von Gemälden über fotorealistische Aufnahmen bis hin zu Logos und ganzen Webdesigns. Adobe Firefly retuschiert per Spracheingabe Bilder nach Wunsch, ergänzt Elemente oder baut tolle Schriftarten. KIs wie Elevenlabs kopiert Stimmen und erstellt damit zum Beispiel ganze Hörbücher oder Moderationen in jeder gewünschten Stimme. Videos sind zum aktuellen Zeitpunkt (Sommer 2023) noch etwas holprig, aber bis Sie dieses Buch in Händen halten, stehen die Chancen gut, dass Sie per KI jeden gewünschten Avatar alles sagen lassen können, was Sie möchten.

Andere KIs schneiden Videos automatisch, ergänzen Untertitel und Designelemente. KI macht die Userführung in Onlineshops intuitiver, erstellt Datenvisualisierungen aus scheinbar endlosen Zahlenwüsten, liest Blogbeiträge in perfekter Aussprache in 40 Sprachen vor, fungiert als nahezu perfekter Servicemitarbeiter im Kundenchat (und bald sogar am Telefon), erstellt professionelle Porträtfotos aus Handyfotos oder findet Lücken und Probleme in Ihren Systemen, die Sie sonst endlos gesucht hätten.

Meines Erachtens gab es im Marketing noch *nie* eine Entwicklung, die einen ähnlich großen Einfluss auf die tägliche Arbeit haben wird wie das Aufkommen der KI-Tools. Diverse Jobs werden verschwinden oder spürbar dezimiert (Übersetzerinnen, Grafikdesigner und Texter werden die ersten sein, die das erleben, aber die Entwicklung macht auch vor Programmierern, Datenanalystinnen, Social-Media-Verantwortlichen und – ja – Marketingberatern nicht halt). Diejenigen, die die Tools in ihrer Arbeit einsetzen, werden deutlich schneller deutlich mehr und besseren Output produzieren. Wer sich dem verweigert, wird ähnlich »alt« aussehen wie die, die vor ein paar Jahren der Meinung waren, »dieses neumodische Computerzeug« sei nichts für sie, das Internet werde wieder verschwinden, oder Handys wären nur was für aufgeblasene Wichtigtuer.

Sollte uns das Angst machen? Ich denke nicht. Aber da AI-Tools dieses ungeheure Disruptionspotenzial bezogen auf Jobs, Geschäftsmodelle und User-Erwartungen (und außerhalb des Online Marketings natürlich auf unsere Gesellschaft und Demokratie) mitbringen, müssen wir uns unverzüglich und intensiv mit den Chancen, sinnvollen Einsatzmöglichkeiten, Konsequenzen und Risiken dieser Technologie beschäftigen. In Kürze werden AI-Tools zur ganz normalen täglichen Arbeit gehören. Wenn Sie dieses Buch lesen, stehen die Chancen gut, dass Sie ohnehin schon mit mehreren Tools arbeiten. Und in diesem Buch hoffentlich noch ein paar weitere oder Tipps zu ihrem produktiven Einsatz kennenlernen werden.

Metaverse

Wenn KI das Buzzword 2023 war, dann war Metaverse der Hypebegriff im Jahr zuvor. Ausgelöst durch neue und bessere VR-Brillen und das Erscheinen neuer und besserer virtueller Plattformen, schien die nächste Stufe des Internets plötzlich wieder zum Greifen nah.

Wenn man einigen Metaverse-Evangelisten glauben darf, kommt ein Unternehmen künftig nicht mehr um eine umfangreiche Präsenz im neuen digitalen Universum herum. Und tatsächlich probieren derzeit viele Unternehmen aus, was da bereits möglich ist. Marken wie Kaufland, H&M oder Zara verfügen bereits über Auftritte in digitalen Welten. Auch sämtliche Luxuslabels von Gucci über Balenciaga bis hin zu Armani sind vertreten. Gucci ging sogar eine Kooperation mit der Schuhmarke Vans ein, um gemeinsam neue Zielgruppen zu erschließen.

Wenn diese Brands PR-wirksam von Metaverse sprechen, meinen sie allerdings immer die eine oder andere virtuelle Welt bzw. das eine oder andere Game. Denn *das* Metaverse gibt es nicht und wird es auch auf absehbare Zeit nicht geben.

Zur Erinnerung (oder Erklärung, falls das bisher nicht Ihr Thema war): Das Metaverse ist eine übergreifende virtuelle Welt, in der ein Avatar (als Ihr digitales Abbild) so ziemlich alles tun kann. Spielen, arbeiten, einkaufen, kommunizieren, Filme ansehen, Sex haben (haben wir wirklich daran gezweifelt?), in die Kirche gehen und Sport treiben. Und zwar – und das ist eines der wesentlichen Merkmale des Metaverse – immer mit demselben Avatar, egal in welcher Welt ich mich bewege. So als könnte ich im Social Web mit demselben Account bei TikTok, YouTube, Instagram und Snapchat unterwegs sein. Kann ich aber nicht. Im Metaverse aktuell auch nicht. Deshalb haben wir auch noch kein Metaverse. Dafür wären eine ganz andere Infrastruktur, gemeinsame Protokolle und vieles mehr nötig, was noch mindestens zehn Jahr entfernt scheint.

Die oben genannten Marken bauen also virtuelle Präsenzen in virtuellen Welten auf: Kaufland und H&M im Game *Animal Crossing*, Vans und Gucci im Onlinespiel *Roblox*, Adidas und Warner Music bei *The Sandbox*. Das ist cool – ein Metaverse ist es aber nicht.

Die Frage ist auch, wem das Metaverse »gehören« wird. Das Internet gehört niemandem bzw. allen. Es ist anzunehmen, dass das den einen oder anderen Tech-Milliardär gehörig ärgert. Deshalb versuchen einige, frühzeitig eine eigene Version des Metaverse zu bauen, das sich letztlich durchsetzt und so mehr oder weniger unter ihrer Kontrolle existiert. Niemand tut das so eifrig wie Mark Zuckerberg. Schließlich hat er nicht nur seine ganze Firma in Anlehnung an das Metaverse umbenannt, sondern auch viele Milliarden in diese Idee investiert – und allen Rückschlägen zum Trotz auch daran festgehalten. Denn die für die virtuellen Welten zuständigen Abteilungen bei Meta wurden von den Entlassungswellen 2022 und 2023 verschont, während ein signifikanter Teil der Belegschaft von Meta (und auch vielen anderen Tech-Konzernen) den Hut nehmen musste.

Bewegen wir uns also bald alle im Metaverse? Im Gegensatz zu obiger KI-Prognose traue ich mir hier keine zu. Der Hype aus 2021 und 2022 scheint jedenfalls wieder abgeflacht zu sein. NFTs, die zeitweise scheinbar zu den wichtigsten Gütern der Welt gehörten, legten einen Preisverfall von 90% und mehr hin. NFTs (Non-Fungible Token) sind einzigartige digitale Vermögenswerte, deren Besitz auf der Blockchain dokumentiert ist und die zum Besipiel Kunstwerke, virtuelle Kleidungsstücke oder Musik darstellen können. Ähnliches gilt für die Grundstückspreise in den virtuellen Welten. Um 70% und mehr sind die Preise für virtuelles Land in guter Lage bereits eingebrochen. Einige Analysen zeigen, dass ein großer Teil der Metaverse-Welten nie besucht werden – nur 9% der von den Usern gebauten virtuellen Einrichtungen erhalten über 50 Besucherinnen und Besucher, die meisten werden überhaupt nie besucht. Und die meisten User von Mark Zuckerbergs Horizon Worlds kommen nach dem ersten Nutzungsmonat nicht mehr zurück.[11]

All das kann sich mit einer kleinen Neuerung schon wieder radikal ändern. Während ich dieses Kapitel schreibe, haben Apple und Meta neue VR-Headsets angekündigt – vielleicht bringen diese den großen Durchbruch. Vielleicht wird es einen Hype geben wie 2016 bei Pokemon Go, als plötzlich und aus dem Nichts heraus Millionen von Menschen begeistert ein Augmented-Reality-Spiel spielten. Ich traue mir keine Prognose zu außer: Die Chance, dass es in einem Jahrzehnt ein relevantes und in der Breite genutztes Metaverse gibt, halte ich für durchaus real, die Forderung, dass bereits jetzt jedes Unternehmen ihren Claim im Metaverse abstecken muss, dagegen für aktionistisch. Da gibt es für die meisten Brands erst einmal wichtigere Spielfelder.

Es bleibt spannend

Alles in allem extrem spannende Rahmenbedingungen, unter denen wir gerade agieren. Dazu kommen natürlich noch zahlreiche weitere

11 *https://www.wsj.com/articles/meta-metaverse-horizon-worlds-zuckerberg-facebook-internal-documents-11665778961?mod=hp_lead_pos1* (Aufruf: 10.10.2023)

Faktoren, zum Beispiel rechtlicher und politischer, wirtschaftlicher oder technologischer Art. Die Vergangenheit hat immer wieder gezeigt, wie schnell z.B. ein Gesetz oder eine Kooperation den kompletten Markt auf den Kopf stellen kann. Ehemals wichtige Player verschwinden im Nichts (MySpace, VZ-Netzwerke, Google+, Clubhouse), andere kommen scheinbar aus dem Nichts und spielen plötzlich eine enorme Rolle (Snapchat, TikTok), die einen werden aufgekauft und gehen in anderen Systemen auf (Periscope, Slideshare), andere geben sich geschlagen und ändern ihr Geschäftsmodell, um dem Untergang zu entgehen (Meerkat, Vine). Manche kämpfen viele Jahre ums Überleben (Yahoo!), manche erhoffen sich von Kooperationen vergeblich große Erfolge (Bing mit Facebook), schnuppern aber an anderer Stelle plötzlich Morgenluft (Bing mit KI-Integration). Gerichtsentscheidungen und Gesetze zum Datenschutz stellen plötzlich etablierte Systeme wie den Facebook-Like-Button und das gesamte Web Tracking infrage, andere Entscheidungen machen über Nacht allgemeine Geschäftsbedingungen (AGB) unwirksam oder verändern die Vorschriften für Button-Beschriftungen in Onlineshops.

In jedem Fall kommen Sie als Online Marketing Managerin oder Online Marketing Manager nicht darum herum, immer ein Ohr am Puls der Zeit zu haben und sich beständig weiterzubilden. Eine tolle Grundlage dafür bietet dieses Buch, eine weitere die Social-Media-Kanäle unseres Autorenteams.

KAPITEL 2

Die Online-Marketing-Strategie

In diesem Kapitel:

- Die wichtigsten Online-Marketing-Instrumente und -Kanäle
- Online-Marketing im Marketing-Mix
- Strategie und Taktik
- Ziel- und Bedarfsgruppenanalysen
- SWOT-Analyse zur Bestimmung des Online-Marketing-Mix
- Die Customer Journey im Zentrum des Online-Marketings
- Touchpoints und Customer Experience
- Die Entwicklung einer Online-Marketing-Strategie entlang der Customer Journey
- Digitaler Markenaufbau als kritischer Erfolgsfaktor
- Kennzahlen für erfolgreiches Branding
- Verbesserung der digitalen Markenpopularität und thematischen Markenstärke
- Die eigenen Assets als Kern der Online-Marketing-Strategie

Von Olaf Kopp

Die Online-Marketing-Strategie ist die Basis aller Marketingmaßnahmen, die digital umgesetzt werden. Viele Unternehmen sowie Online-Marketerinnen und -Marketer beginnen ihre Online-Marketing-Aktivitäten, ohne sich Gedanken darüber zu machen, auf welche Strategie diese einzahlen sollen. Am Anfang stehen oftmals erste Erfahrungen mit einzelnen Kanälen und Instrumenten wie z.B. Google Ads, SEO oder E-Mail-Marketing. Im Anschluss daran werden nach und nach weitere taktische Online-Marketing-Maßnahmen ergänzt, um oft erst Jahre später festzustellen, dass alle diese Maßnahmen für sich – also im Silo – betrachtet werden und eine ganzheitliche Strategie als Klammer für sämtliche Einzelmaßnahmen fehlt. Einzelkanalstrategien führen immer seltener zum Erfolg.

Bevor Sie eine Online-Marketing-Strategie ausarbeiten, sollten Sie sich zuerst einmal Ihre übergeordnete Unternehmensstrategie sowie Ihre Marketingstrategie bewusst anschauen.

Die Marketingstrategie ergibt sich aus der Unternehmensstrategie, und die Online-Marketing-Strategie leitet sich von der Marketingstrategie ab. Zu guter Letzt erarbeiten Sie die Online-Marketing-Kanal-Strategie, die selbstverständlich Ihrer Online-Marketing-Strategie folgt. Alle Strategien stehen in Beziehung zueinander. Und alle sollten die übergeordnete Unternehmens- und Marketingstrategie wirksam unterstützen.

Auch eine Trennung zwischen Branding und Performance ist in den wenigsten Fällen sinnvoll, da Maßnahmen sowohl zum Markenaufbau als auch für den direkten Vertrieb am Schluss auf dieselben Unternehmensziele einzahlen müssen.

Die wichtigsten Online-Marketing-Instrumente und -Kanäle

Aufgabe und Zielsetzung des Online-Marketings sind umfassend zu verstehen: Interessierte Besucher und potenzielle Käuferinnen und Käufer werden auf der gesamten Reise zum Kauf (siehe auch »Die Entwicklung einer Online-Marketing-Strategie entlang der Customer Journey« weiter unten in diesem Kapitel) und darüber hinaus begleitet. Außerdem besteht das Ziel darin, eine (digitale) Marke aufzubauen. Es geht nicht notwendigerweise bei jeder Maßnahme darum, dass potenzielle Kunden die Website besuchen. Ohnehin sollte der bloße Besuch der Website nicht das Hauptziel einer Online-Marketing-Maßnahme oder -Strategie sein. Entscheidend ist letztendlich der Abschluss bzw. die Conversion, und das ist in der Regel nicht der Besuch, sondern ein Kauf, das Abonnieren eines Newsletters etc. Bei dieser Definition würde man auch *Usability* und *Conversion Rate Optimization* (*CRO*) komplett ausklammern.

Auch die Definition in der englischen Wikipedia greift deutlich zu kurz:

> Online advertising, also called online marketing or Internet advertising or web advertising, is a form of marketing and advertising which uses the Internet to promote products and services to audiences and platform users.[1]

Modernes Marketing ist viel mehr als das Ausspielen von Werbebotschaften mithilfe von Werbemitteln auf Werbeträgern.

Marketing umfasst alle Instrumente, die im Rahmen von Produktpolitik, Preispolitik, Kommunikationspolitik und Distributionspolitik genutzt werden. Dieses umfassende Selbstverständnis sollte auch das Online-Marketing haben. Weitere Erläuterungen zu den 4 Ps des Marketings in

1 *https://en.wikipedia.org/wiki/Online_advertising* (Aufruf: 10.10.2023)

Bezug auf Online-Marketing finden Sie im Abschnitt »Online-Marketing im Marketing-Mix« auf Seite 39 weiter unten in diesem Kapitel.

Eine zutreffendere Definition für das Online-Marketing würde ich wie folgt formulieren:

> **Definition**
>
> Online-Marketing ist eine Marketingform, die sich digitaler Marketinginstrumente aus den Bereichen der Produkt-, Kommunikations- und Distributionspolitik bedient, um übergeordnete strategische Marketingziele wie auch Online-Marketing-Ziele zu erreichen.

Basierend auf dieser Definition, können die wichtigsten Online-Marketing-Instrumente und -Kanäle wie folgt zusammengefasst werden.

- E-Mail-Marketing
- Social Media Marketing
  - Community Management
  - Social-Media-Werbung
- Suchmaschinenmarketing (SEM)
  - Suchmaschinenoptimierung (SEO)
  - Suchmaschinenwerbung (SEA)
- Usability/Conversion Rate Optimization (CRO)
- Content-Marketing
  - Content-Konzeption
  - Content-Produktion
  - Content-Distribution
- Online-PR
  - Medienarbeit
  - Blogger Relations
  - Influencer Marketing
- Display-Werbung/Programmatic Advertising
- Affiliate Marketing
- Webanalyse
- Tag-Management

Die Kanäle lassen sich den Medientypen *Owned Media*, *Earned Media* und *Paid Media* zuordnen.

Owned Media sind Medien, über die ich die Kommunikationshoheit besitze, wie die eigene Website, das eigene Blog, den eigenen Newsletter, die eigene Facebook- oder Instagram-Seite, das eigene X-Profil etc.

Earned Media umfasst Inhalte, die sich über unabhängige Medien, auf die man keinen direkten Zugriff hat, verbreiten lassen. Die Kommunikation über diese Medien muss man sich erarbeiten, um die Gunst der jeweiligen Torwächter, wie z. B. Redakteurinnen oder Influencer, ohne Geldeinsatz zu erlangen. Eine Erwähnung und Verbreitung in dem jeweiligen Medium ist das Ziel.

Der Medientyp *Paid Media* umfasst alle Medien, über die man gegen Bezahlung Erwähnung und damit Reichweite erkaufen kann, wie z. B. Display-Werbung, Native Advertising, Advertorials etc.

Online-Medien-Kanäle sind:

- E-Mail (Owned Media)
- Suchmaschinen (Earned Media, Paid Media)
- Onlinemagazine, Online-Newsportale (Earned Media, Paid Media)
- Social Media (Owned Media, Paid Media)
- eigene Website, Blog (Owned Media)
- virtuelle Welten (Metaverse) (Earned Media, Paid Media, Owned Media)
- Webinar (Earned Media, Paid Media, Owned Media)

Online-Marketing-Instrumente, die die Kanäle als Vehikel zur Distribution verwenden oder die auf diese Kanäle angewendet werden können, sind:

- Conversion Rate Optimization (CRO)
- Content-Marketing
- Online-PR
- Webanalyse
- Tag-Management
- Marketing-Automation

Auf strategischer Ebene lassen sich noch folgende Aufgabenfelder benennen, die auf die gesamte Marketingstrategie online und offline angewendet werden können:

- Touchpoint-Management
- Customer Journey Management
- Customer Experience Management (UX)

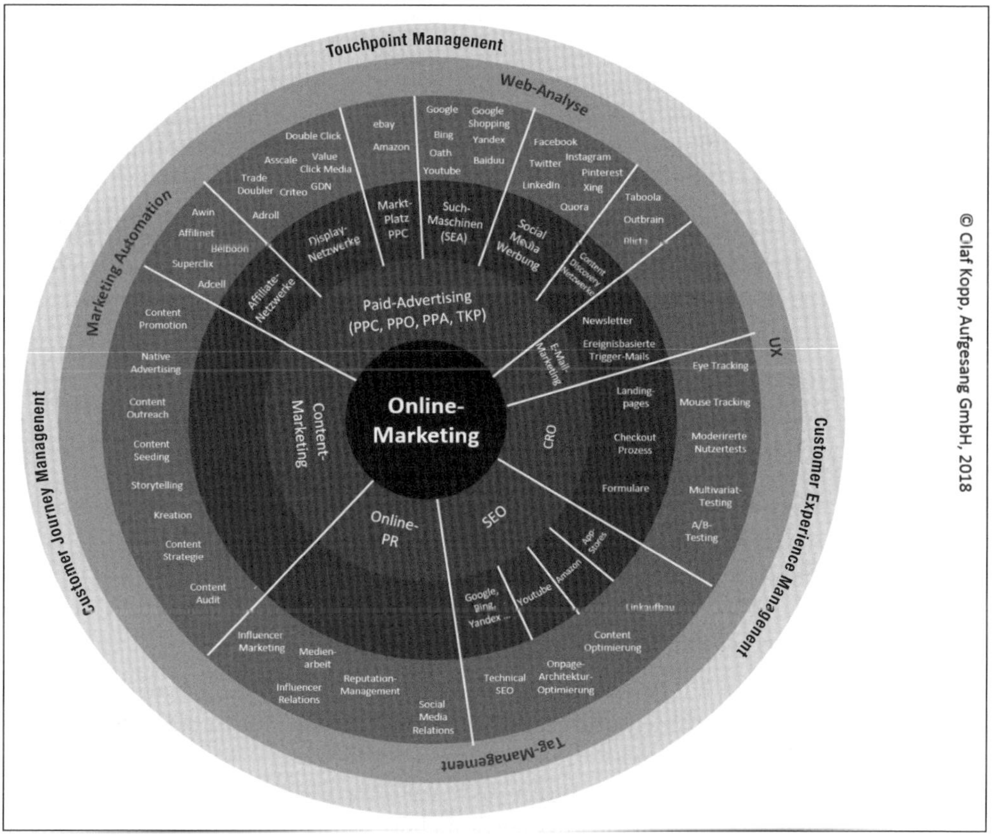

Abbildung 2-1:
Online-Marketing-Übersicht (© Olaf Kopp)

Des Weiteren ist es sinnvoll, eine zusätzliche Dimension zu betrachten: die Art der Endgeräte, über die Nutzer auf die Kanäle zugreifen. Hier werden in der Regel folgende Endgerätetypen unterschieden:

- Desktop/Laptop
- Tablet
- Mobile/Smartphone

Meta und Alphabet geben an, dass inzwischen mehr Nutzer über mobile Endgeräte auf ihre Dienste zugreifen als über stationäre Geräte wie Desktop oder Laptop. Sie sollten allerdings differenziert betrachten, wie die Gerätenutzung tatsächlich aussieht, was das für Ihr Geschäftsmodell bedeutet und welche Konsequenzen Sie hieraus ziehen.

Während auf Suchmaschinen und soziale Netzwerke überwiegend über mobile Geräte zugegriffen wird, muss das nicht automatisch auf alle Shops oder andere Unternehmens-Websites zutreffen. Gerade im

B2B-Bereich werden stationäre Endgeräte wie Laptops oft noch häufiger für den Besuch der Websites genutzt als Smartphones. Hier lohnt es sich, das Verhalten der eigenen Nutzerinnen und Nutzer über Webanalysetools wie z.B. Google Analytics zu beobachten. Sie können dann auch valider sagen, wie wichtig das Thema Mobile für Ihr Geschäftsmodell ist.

Generell bleibt festzuhalten, dass das Thema Mobile aufgrund der veränderten Nutzungsgewohnheiten sowie der technischen Möglichkeiten (z.B. Apps) in den letzten Jahren stark an Bedeutung gewonnen hat. Mehr dazu finden Sie in Kapitel 11, »Mobile Marketing«.

Die wichtigsten Gatekeeper Google, YouTube, Meta, TikTok, LinkedIn und Amazon

Wenn Sie sich Gedanken über Online-Marketing-Instrumente und -Kanäle machen, ist es sinnvoll, die Knotenpunkte im Netz – auch Gatekeeper genannt – zu berücksichtigen. Die wichtigsten Gatekeeper sind für die Verteilung eines Großteils des Internetverkehrs und der Onlineumsätze weltweit verantwortlich.

Aktuell handelt es sich hierbei in erster Linie um soziale Netzwerke, Suchmaschinen und Handelsplattformen. Die mit Abstand wichtigsten Gatekeeper sind derzeit Google, YouTube, Meta (Facebook und Instagram), TikTok, LinkedIn und Amazon. Über diese Plattformen läuft ein Großteil der täglichen Besucherströme. Sie sind deswegen gerade für neue bzw. unbekannte Unternehmen sehr interessant – um potenzielle Kunden auf die eigenen Angebote aufmerksam zu machen.

Google

Google ist die mit großem Abstand meistgenutzte Suchmaschine und hat in allen Ländern der Erde einen Marktanteil von mindestens 75% (USA), in den meisten Ländern sogar über 90% Marktanteil. Ausnahmen bilden einige wenige Länder wie Russland oder China. Über Google können Sie interessierte Menschen zum einen über die bezahlten Google Ads-Anzeigen, zum anderen über die organischen Suchergebnisse, also die normale und unbezahlte Suche, für Ihre Webpräsenz gewinnen.

YouTube

YouTube gilt nach der klassischen Google-Suche als zweitwichtigste Suchmaschine der Welt, was die Nutzerzahlen angeht. Die beliebteste Videoplattform ist seit 2006 Eigentum von Google. Auf YouTube lassen sich eigene Videos hosten, eigene Kanäle für Videos anlegen, und über YouTube-Werbung können Sie auch gezielt Besucher für Ihre Websites einkaufen.

Meta-Plattformen (Facebook und Instagram)

Facebook ist ein soziales Netzwerk, das von Mark Zuckerberg und anderen Harvard-Studenten im Jahr 2004 gegründet wurde.

In Facebook können Nutzerinnen und Nutzer ein eigenes persönliches Profil erstellen, das Informationen über sie enthält, und sie können mit anderen Nutzern »befreundet« sein, deren Updates sie dann in ihrem eigenen Newsfeed zu sehen sind. Als Nutzer kann man auch Seiten erstellen für Unternehmen, Organisationen, Prominente und mehr, denen andere Facebook-Nutzerinnen und Nutzer »folgen« können.

Zusätzlich zu diesen grundlegenden Funktionen stehen Facebook-Nutzerinnen und -Nutzern noch weitere Funktionen zur Verfügung:

- Statusaktualisierungen posten, Fotos und Videos teilen und auf Beiträge von anderen reagieren.
- An Events teilnehmen und diese erstellen.
- An Gruppen mit gemeinsamen Interessen teilnehmen.
- Spiele spielen und Apps verwenden, die in die Plattform integriert sind.
- Private Nachrichten über den Messenger-Dienst an Freunde senden.

Facebook hat sich seit seiner Gründung ständig weiterentwickelt und neue Funktionen hinzugefügt, einschließlich Live-Videostreaming, Stories (kurze, temporäre Posts) und Marktplatz (ein Ort, um Artikel lokal zu kaufen und zu verkaufen). Facebook hat Stand 2023 ca. 2,04 Milliarden aktive Nutzerinnen und Nutzer.

Instagram ist eine beliebte soziale Medienplattform, die es Nutzenden ermöglicht, Fotos und Videos zu teilen. Sie wurde 2010 gegründet und 2012 von Meta gekauft.

Es können Bilder und Videos auf dem eigenen Instagram-Profil gepostet werden, das entweder öffentlich zugänglich sein kann oder privat, damit nur akzeptierte Follower die Beiträge sehen können. Instagram hat viele Filter und Tools zur Bildbearbeitung, sodass Fotos vor dem Teilen verbessert oder geändert werden können.

Instagram stellt ebenfalls eine Funktion namens *Stories* bereit, die es Benutzerinnen und Benutzern ermöglicht, Fotos oder kurze Videos zu posten, die nach 24 Stunden automatisch gelöscht werden. Darüber hinaus gibt es eine *Explore*-Seite, auf der Benutzer Beiträge und Videos zu

Themen, die sie möglicherweise interessieren, entdecken können, basierend auf den Aktivitäten, denen sie folgen oder mit denen sie interagieren.

Instagram beinhaltet zudem eine Direktnachrichtenfunktion, die es ermöglicht, privat zu kommunizieren. Darüber hinaus können Live-Videos gestreamt und Shopping-Funktionen genutzt werden, durch die Produkte direkt auf der Plattform gekauft werden können.

Instagram hat weltweit über eine Milliarde Nutzerinnen und Nutzer.

LinkedIn

LinkedIn ist ein soziales Netzwerk, das speziell für berufliche Kontakte und Karriereentwicklung konzipiert wurde. Nutzer können Profile erstellen und darin ihren beruflichen Werdegang, ihre Fähigkeiten und ihre Bildung darstellen. Darüber hinaus können sie Empfehlungen von Kolleginnen, Geschäftspartnern oder anderen Fachleuten in ihrem Netzwerk einholen.

Mit LinkedIn können Nutzerinnen und Nutzer auch Stellenanzeigen suchen und sich bewerben, Netzwerke mit anderen Fachleuten aufbauen, Fachartikel veröffentlichen und an beruflichen Diskussionen teilnehmen. Unternehmen können LinkedIn ebenfalls nutzen, um ihre Produkte oder Dienstleistungen zu bewerben, Talente zu rekrutieren und ihre Branchenpräsenz zu stärken.

LinkedIn bietet sowohl kostenlose als auch kostenpflichtige Mitgliedschaften an. Die kostenpflichtigen Mitgliedschaften beinhalten zusätzliche Funktionen und Dienstleistungen, wie zum Beispiel detaillierte Einblicke darin, wer Ihr Profil besucht hat, erweiterte Suchfunktionen und die Möglichkeit, InMail-Nachrichten an Personen zu senden, die nicht Teil Ihres Netzwerks sind.

TikTok

TikTok ist eine soziale Medienplattform, die ihren Nutzerinnen und Nutzern erlaubt, kurze Videos von sich selbst zu erstellen, zu teilen und anzuschauen. Diese Videos können bis zu 60 Sekunden lang sein, und häufig sind sie mit Musik unterlegt.

TikToker können ihre Videos mit einer Vielzahl von Filtern und Effekten personalisieren und bearbeiten. Außerdem bietet die Plattform verschiedene »Challenges« und Trends an, denen man folgen kann, um Teil der größeren TikTok-Gemeinschaft zu werden.

Besonders bei Jüngeren ist TikTok beliebt und hat weltweit Hunderte Millionen aktiver Nutzer. Die Plattform hat sich als einflussreicher Ort für Musikpromotion, virale Tanztrends und verschiedene andere Arten von User-generated Content etabliert.

Die App gehört der chinesischen Firma ByteDance. Sie wurde schnell zu einer der am häufigsten heruntergeladenen Apps auf dem globalen Markt und ist heute in über 140 Ländern und über 39 Sprachen verfügbar.

Amazon

Die E-Commerce-Plattform Amazon gehört mittlerweile zu den wichtigsten Gatekeepern. Weltweit werden die meisten E-Commerce-Transaktionen über Amazon abgewickelt. Es wirkt so, als habe sich Amazon in Sachen Produktsuche inzwischen gegen den größten Konkurrenten Google durchsetzen können und als sei sie für Konsumenten die Produktsuchmaschine Nummer eins.

Nicht für alle Unternehmen sind diese Gatekeeper bei der Entwicklung einer Online-Marketing-Strategie notwendig und die erste Wahl. Zielgruppen durchlaufen für jedes Geschäftsmodell eine unterschiedliche Customer Journey und haben eventuell nur bedingt oder gar keine Kontaktpunkte mit den jeweiligen Plattformen (dazu mehr im Abschnitt »Die Entwicklung einer Online-Marketing-Strategie entlang der Customer Journey« auf Seite 56).

Online-Marketing im Marketing-Mix

Nach der Festlegung der strategischen Ziele muss der Marketing-Mix bestimmt werden. Der Marketing-Mix gibt vor, mit welchen Maßnahmen die strategischen Ziele erreicht werden sollen.

Um die Online-Marketing-Maßnahmen in den Marketing-Mix einzuordnen, kann man die klassischen 4 Ps, 4 Cs oder 10 Ps des Marketing-Mix anwenden.

Die 4 Ps im Online-Marketing

In der klassischen BWL wird im Marketing-Mix zwischen *Produktpolitik*, *Preispolitik*, *Distributionspolitik* und *Kommunikationspolitik* unterschieden. Die 4 Ps beziehen sich auf die englischen Begriffe *Product*, *Price*, *Place* und *Promotion*.

Bei der *Produktpolitik* geht es um den Kern der unternehmerischen Tätigkeit: die Produkte. Hier kann es sich um physische Waren, digitale Produkte, Dienstleistungen, aber auch um Marken handeln. Typische Tätigkeitsfelder sind das Innovationsmanagement, das Management des aktuell bestehenden Sortiments und das Markenmanagement.

Die *Preispolitik* steht in enger Beziehung zur Produktpolitik. Sie kann Teil des Produktmanagements sein. Bei der Preispolitik geht es um alle Maßnahmen, die das Preisniveau und die Preisdifferenzierung betreffen, wie etwa Gutscheine oder Auktionsverfahren (beispielsweise über eBay).

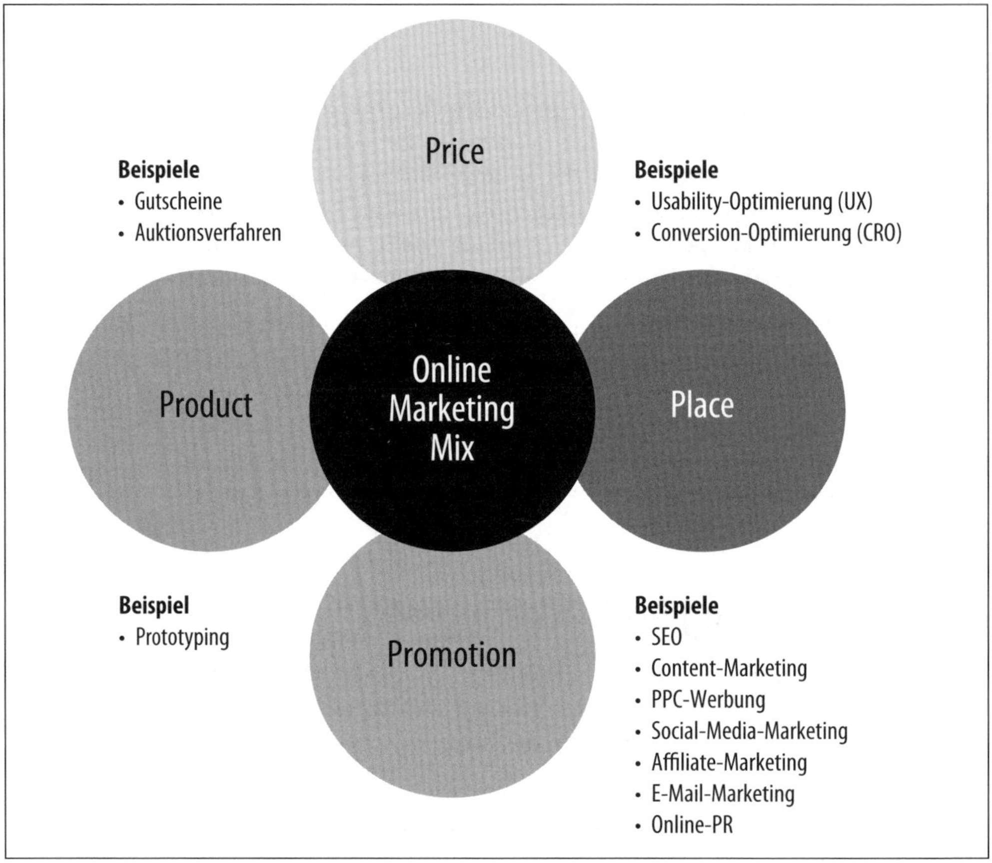

Abbildung 2-2:
Online-Marketing-Instrumente im Online-Marketing-Mix (© Olaf Kopp)

Der dritte Bereich des Marketing-Mix ist die *Kommunikationspolitik*. Hier werden alle Maßnahmen zusammengefasst, die für Werbung, Verkaufsförderung, Sponsoring, PR, Event-Marketing und vieles andere infrage kommen. Die meisten Online-Marketing-Maßnahmen, wie z.B. SEO, Affiliate Marketing, alle Formen der PPC-Werbung und Social Media Marketing, kann man in der Kommunikationspolitik verorten.

Das vierte der klassischen 4 Ps ist die *Vertriebspolitik*. Gegenstand sind hier alle Fragestellungen und Aufgaben, die sich auf die Verteilung von Produkten und Dienstleistungen vom Anbieter hin zum Kunden beziehen. In Zeiten von Onlineshops und anderen digitalen Vertriebswegen hat die Digitalisierung an dieser Stelle zu den größten Veränderungen geführt. Je nach Art der verkauften Produkte wurden Offlinevertriebswege wie das klassische Ladengeschäft komplett durch das Internet abgelöst. Um die digitalen Verkaufsorte so attraktiv wie möglich zu machen, werden Maßnahmen der *Usability-Optimierung* (*UX*) und der *Conversion-Optimierung* (siehe Kapitel 4) umgesetzt. Für bestimmte Geschäftsmodelle ist eine duale Vertriebsstrategie, also die Kombination aus offline und online, für den Markenaufbau und die Steigerung von Marktanteilen sinnvoll.

Die Grafik zeigt Ihnen eine Übersicht zur Verortung der einzelnen Online-Marketing-Maßnahmen in den vier Bereichen (Ps) des Marketing-Mix.

Strategie und Taktik

Bevor wir tiefer in das Thema Online-Marketing-Strategie einsteigen, ist es wichtig, sich des Unterschieds zwischen Taktik und Strategie bewusst zu werden. Oft kommt es hier schon bei der Benennung zu Missverständnissen.

Strategien sind umfassende Visionen, die sich an übergeordneten Unternehmenszielen orientieren. Strategien werden langfristig geplant. Taktik meint die täglichen operativen Aktivitäten und Aufgaben zur Umsetzung der Strategie. Taktiken beziehen sich auf die Strategie und bringen sie voran.

Strategien werden in der Regel mit Blick auf das bestehende Unternehmensleitbild auf einer Metaebene entwickelt. Sie werden häufig mithilfe von Mindmaps oder anderen visualisierenden Tools entwickelt, geplant und dargestellt.

Taktiken werden auf Mikroebene entwickelt und können als konkrete Handlungen direkt umgesetzt werden. Sie werden oft in Tasklisten einem bestimmten Zyklus zugeordnet bzw. in einer bestimmten Chronologie geplant, z.B. bei der stetigen Optimierung von Google Ads-Kampagnen.

Grob gesagt, beantworten Strategien eher Fragestellungen wie:

- Womit erreichen wir ein strategisches Ziel?
- Bis wann erreichen wir ein strategisches Ziel?
- Mit welchem Budget erreichen wir ein strategisches Ziel?

Taktik beantwortet eher die Fragen:

- Wo wende ich etwas an?
- Wie wende ich etwas an?

Eine Strategie kann also wie folgt beschrieben werden:

- Strategien setzen eine Vision voraus. Ohne Vision können keine Strategien erarbeitet werden.
- Strategien haben einen langfristigen Charakter, sie sollten zum Beispiel für einen Zeitraum von mehreren Jahren gelten.
- Strategien umfassen Maßnahmenbündel, keine Einzelmaßnahmen. Strategien müssen in taktische Einzelmaßnahmen heruntergebrochen werden.
- Strategien dienen der Abstimmung auf Marktsituation und Umweltgegebenheiten und sind laufend auf ihre Richtigkeit zu überprüfen.

Taktische Online-Marketing-Ziele

Taktiken verfolgen oft direkt messbare und schnell erreichbare Ziele wie z. B. die Generierung von Website-Besuchen mithilfe von SEO. Strategieziele werden häufig kanalunabhängig bzw. kanalübergreifend definiert. Typische taktische Ziele sind z. B.:

- Verbesserung der Click-Through-Rate bei Google Ads-Anzeigentexten
- Aufbau von Backlinks
- Verbesserung der Interaktionsrate bei Meta-Postings
- Verbesserung der Kosten pro Bestellung bei Bing Ads
- Erhöhung der Views und Klicks auf YouTube-Videos
- Verbesserung des organischen Rankings für Keyword xy

Strategische Online-Marketing-Ziele

Zu den strategischen Marketingzielen gehören markenbezogene Ziele und Vertriebsziele.

Vertriebsziele sind beispielsweise:

- Erhöhung des Onlineumsatzes um x %
- Verbesserung des ROAS (*Return on Advertising Spend*) der Googles Ads-Kampagnen um y %
- Verbesserung des ROI (*Return on Investment*) aller Push-Online-Marketing-Aktivitäten um z %
- Verbesserung der Leadqualität
- Steigerung der anteiligen Mehrfachkäufer
- Minimierung der Retourenquote

Markenbezogene Ziele sind beispielsweise:

- Steigerung der digitalen Markenpopularität
- Verbesserung der Markenreputation

Im Folgenden sehen Sie ein paar weitere Beispiele zur Differenzierung der Begriffe *Strategie* und *Taktik* im Online-Marketing:

Eine CEO eines Unternehmens tätigt folgende Aussage zur Marketingstrategie ihres Unternehmens:

> »Unsere Strategie ist es, Social Media für unsere Kommunikation zu nutzen.«

In diesem Fall spricht die Geschäftsführerin von einer taktischen Maßnahme und eben nicht von einer Strategie.

Ein Marketingleiter sagt:

> »Wir nutzen Google Ads, um mehr Leads zu generieren.«

Er spricht von einer taktischen Maßnahme, nicht von einer Strategie.

Eine SEO sagt:

> »Wir machen Content-Marketing, um mehr Backlinks zu bekommen.«

Sie spricht von Taktik, nicht von Strategie.

Zur Verdeutlichung hier zwei Beispiele für das Formulieren einer Strategie:

Ein Online-Marketing-Manager sagt:

> »Wir möchten nächstes Jahr mit Inhalten unsere Marke bekannter machen und die Reichweite unserer Kommunikationskanäle erhöhen.«

Eine Shopbetreiberin sagt:

> »Wir möchten in den nächsten zwei Jahren durch Online-Marketing die Umsätze unseres Shops mit einem durchschnittlichen ROAS von 10 um 20% erhöhen.«

In einigen Fällen könnte man einen kanal- bzw. maßnahmenbezogenen Plan sowohl als Strategie als auch als taktische Maßnahme auffassen. Hier hängt es individuell davon ab, welche Maßnahmen für welche Ziele definiert werden. Strategien und deren Ziele geben gewissermaßen die Leitplanken vor, denen die taktischen Maßnahmen folgen sollen. Die einzelnen taktischen Maßnahmen und deren direkt messbare Ziele sind Einzelschritte auf dem Weg zur Erreichung der strategischen Ziele.

Die folgende Grafik gibt typische strategische und taktische Ziele im Online-Marketing wieder:

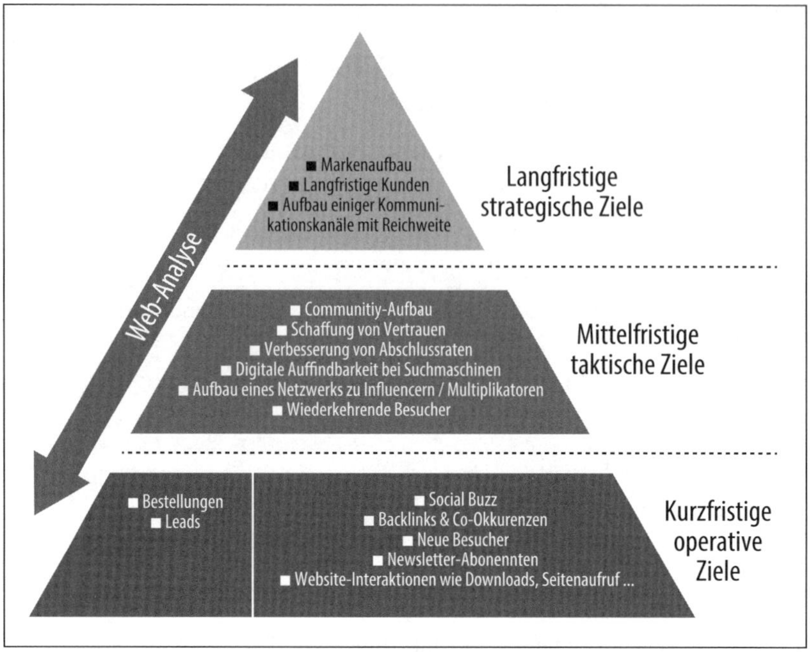

Abbildung 2-3:
Übersicht über strategische und taktische Ziele im Online-Marketing (© Olaf Kopp)

Ziel- und Bedarfsgruppenanalysen

Für die Strategieentwicklung ist es wichtig, sich mit den relevanten Ziel- und Bedarfsgruppen, ihren Bedürfnissen und den Ereignissen, die auf sie einwirken, zu beschäftigen.

Eine Bedarfsgruppe ist in der Regel ein Teil der Zielgruppe. Zur Bedarfsgruppe zählen nämlich nur jene Personen, bei denen sowohl das *Bedürfnis* und der *Handlungswille* als auch die erforderliche *Handlungskraft* vorhanden sind.[2]

Ein Beispiel:

Ein Unternehmen plant eine Content-Marketing-Kampagne, die das Ziel hat, aus relevanten Quellen Backlinks zu generieren – einen sogenannten Linkbait. Die Zielgruppe für die Inhalte sind all jene, die sich für das Thema interessieren. Aber nur beispielsweise Redakteure, Bloggerinnen oder andere Personen aus der Gruppe der »Publisher« besitzen die Handlungskraft, per Link auf die Inhalte zu verweisen. Sie stellen deshalb die Bedarfsgruppe dar.

2 Siehe dazu Karl Kratz, »Digitale Findbarkeit«: *https://karlkratz.de/onlinemarketing-blog/digitale-findbarkeit/* (Aufruf: 13.09.2023).

Bei der Bedarfsgruppendefinition sollten Sie deshalb immer das Hauptziel Ihrer Maßnahme im Fokus haben.

Zur Verdeutlichung ein weiteres Beispiel:

Zum Verkaufsstart eines neuen Automodells soll PPC-Werbung (*Pay-per-Click-Werbung*) z. B. über Meta Ads und Display-Werbung zum Einsatz kommen. Das Hauptziel ist die Gewinnung von Anfragen für eine Probefahrt. Die Automarke ist bekannt für ihr sportliches Design und die hohe Motorleistung, aber auch für einen vergleichbar hohen Preis. Mit Sicherheit werden viele Jugendliche und junge Erwachsene zwischen 12 und 24 Jahren Bedürfnis und Willen haben, das Auto zu kaufen. Aber es fehlt durch fehlende Fahrerlaubnis und wahrscheinlich auch fehlende finanzielle Mittel die Handlungskraft, sich so ein Auto leisten zu können bzw. es fahren zu dürfen. Die Jugendlichen und jungen Erwachsenen sind Teil der Zielgruppe, aber nicht Teil der Bedarfsgruppe.

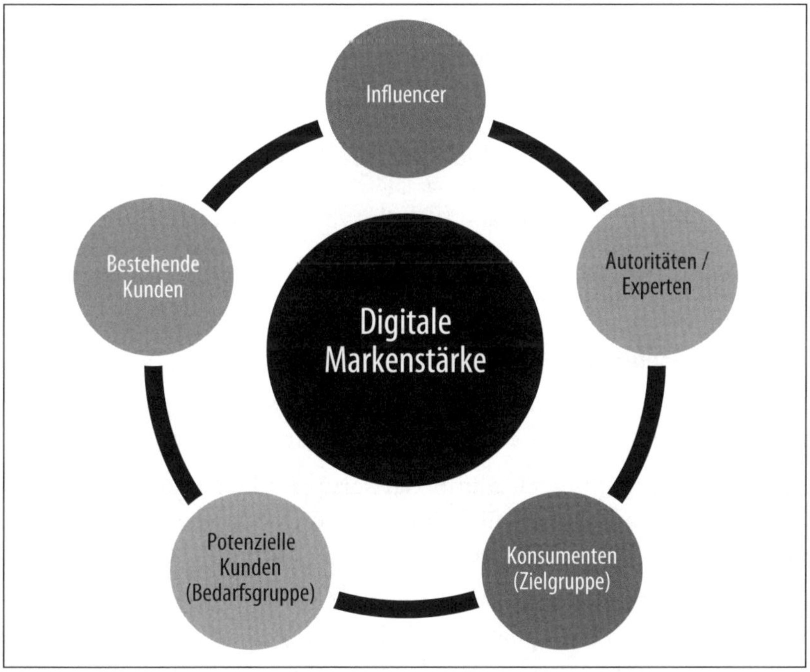

Abbildung 2-4:
Stakeholder und Zielgruppen mit direktem Einfluss auf die Markenstärke (© Olaf Kopp)

Besteht das Hauptziel der Kampagne auf lange Sicht (10 bis 20 Jahre) darin, neue Kunden zu gewinnen und die Marke bzw. das Produkt aufzubauen, d. h., Zielgruppen zu zukünftigen Bedarfsgruppen zu formen, ist es sinnvoll, diese Kampagne auch auf Zielgruppen auszurichten.

Zur Bedarfsgruppe gehören also alle Personen, die zum aktuellen Zeitpunkt eine Interaktion durchführen können, die mit Blick auf die Zielsetzung gewünscht ist.

Deswegen gilt es, besonders auf die Bedarfsgruppe zu achten, gerade auch bei der Conversion-Optimierung.

Bei Zielgruppen denkt man zunächst immer an die potenziellen Kunden. Zur Zielgruppe gehören aber alle Personen, die in irgendeiner Weise mit dem Unternehmen und seinen Angeboten in Beziehung stehen können – ganz gleich ob als Kunde, Multiplikator, Meinungsbildner oder Belegschaft. Die für das (digitale) Marketing wichtigsten Zielgruppen sind in der folgenden Übersicht zusammengefasst.

Gerade für den Aufbau einer Marke sind nicht die Kunden die wichtigen Zielgruppen, sondern die Influencer, etwa populäre Personen, Redakteurinnen, Journalisten, zufriedene Bestandskunden, aber auch Branchenfachleute.

Hinweis: Marken werden durch Dritte zu relevanten Marken

Potenzielle Kunden nehmen eine Marke in erster Linie durch die Interaktion der Marke mit Influencern, bestehenden Kunden und anderen Multiplikatoren als relevant wahr. Die Qualität der Beziehung der Marke zu diesen Marktteilnehmerinnen und -teilnehmern macht die Relevanz aus. Eine Marke kann sich nicht aus sich selbst zu einer relevanten Marke entwickeln.

Zielgruppenidentifikation

Neben der klassischen Marktforschung gibt es verschiedene Ansätze, um sich mit den eigenen Zielgruppen vertraut zu machen.

In der Regel sind die Ziel- und Bedarfsgruppen bekannt, und entsprechende Informationen können im Marketing oder bei Start-ups aus dem Businessplan bezogen werden.

Als erster Schritt – noch vor der endgültigen Fertigstellung eines Angebots – eignet sich das *Prototyping*, um die Nachfrage nach einem Produkt zu identifizieren und um noch mehr über die Zielgruppe herauszufinden.

Die Vorgehensweise des Prototypings entstammt ursprünglich der Softwareentwicklung, sie kann aber auch auf andere Produkte angewandt zu wertvollen Erkenntnissen für die Produktpolitik führen.

Definition Prototyping

Prototyping beschreibt einen möglichen Prozess im Rahmen der Produktentwicklung. Durch Prototyping lässt sich noch weit vor Fertigstellung eines Produkts schnell Feedback zu einem Prototyp einholen, um eine Produktverbesserung einzuleiten, Bedürfnisse der potenziellen Kunden zu evaluieren oder die eine bestehende Nachfrage zu identifizieren.

Methoden zur Bedarfs- und Zielgruppendefinition

Eine klassische Zielgruppenanalyse besteht aus den folgenden Schritten:

1. **Identifikation von soziodemografischen Merkmalen und gemeinsamen Interessen.** Generell sinnvoll in diesem ersten Schritt ist ein Brainstorming mit allen Produktbeteiligten und direkt im Kundenkontakt stehenden Mitarbeitenden, z. B. Produktmanagern, Entwicklerinnen, Ingenieuren, Service- und Callcenter-Mitarbeiterinnen, Vertriebsmitarbeitern, Marketern etc. Die Mitarbeitenden können aus eigener Erfahrung Erkenntnisse beisteuern, und das noch aus unterschiedlichsten Perspektiven. Im besten Fall geschieht so etwas bereits vor der Entwicklung eines Angebots.
2. Hier einige **Beispiele für Erkenntnisse**, die aus dem ersten Schritt gewonnen werden könnten:
   - »Frauen ab 40, die Wert auf natürliche Schönheit legen und bei ihren Pflegeprodukten hohe Qualität wünschen«
   - »Lehrer an bayerischen Grundschulen, die sich das Zeugnisschreiben erleichtern wollen«
   - »Autofahrer, die kleinere Schäden am Auto selbst beheben wollen und dafür günstige Ersatzteile suchen«
3. **Sinnvolle Zusammenfassung in Zielgruppen.** Zur Konkretisierung sollte man Zielgruppen mit möglichst vielen gemeinsamen Merkmalen und Interessen zusammenfassen. Hierbei ist es wichtig, einen Kompromiss zwischen »so allgemein wie möglich« und »so genau wie möglich« zu finden.
4. **Zielgruppendefinition an möglichem Targeting ausrichten.** Bei der Zielgruppendefinition bzw. -klassifizierung sollte man im Vorfeld beachten, welche Ausrichtungsmöglichkeiten z. B. bei Pay-per-Click-Systemen wie Facebook Ads, dem Google-Display-Netzwerk (*Google Display Network*, GDN), Plista, Google Ads oder Ähnlichem möglich sind. Klassische Persona-Ansätze sind oft zu fein, als dass man sie über die gängigen PPC-Systeme entsprechend genau

ansteuern könnte. Deswegen ergeben für das Online-Marketing oft gröbere Zielgruppendefinitionen mehr Sinn. Die Möglichkeiten zur Aussteuerung von Anzeigen in den unterschiedlichen Systemen variieren stark. Während in manchen PPC-Systemen nur rudimentäre soziodemografische und thematische Ausrichtungen möglich sind, erlauben es Systeme wie z. B. Facebook Ads oder das Google-Display-Netzwerk, eine sehr feine Aussteuerung vorzunehmen. Nur sehr wenige PPC-Systeme – wie z. B. XING Ads und Facebook Ads – erlauben eine Aussteuerung auf bestimmte Berufsgruppen. Es folgt eine kurze und notgedrungen oberflächliche Übersicht über die verschiedenen Targeting-Möglichkeiten der wichtigsten PPC-Systeme:

- **SEA, Google Ads:** Keywords, Ort, Remarketing
- **Google Display Network (GDN):** kontextuell, Alter, Geschlecht, Ort, Einkommen, Thema, Interessen, Kaufinteresse, Remarketing
- **Facebook Ads:** Interessen, Alter, Geschlecht, Ort, Beruf, Ausbildung, Arbeitgeber, Interaktion mit Website und Fanpage, digitale Aktivitäten, Lookalike, Retargeting
- **Plista, Outbrain:** Thema, Interesse, Alter, Geschlecht
- **XING, LinkedIn:** Ort, Alter, Geschlecht, Beruf, Branche, Arbeitgeber/Unternehmen

Definition Remarketing/Retargeting

Remarketing bzw. Retargeting ist eine Marketingtechnik, die die nachträgliche Ansprache von Besucherinnen und Besuchern einer Website mithilfe von Cookies möglich macht.

Für genauere und aktuelle Informationen zu den unterschiedlichen Targeting-Funktionen lohnt sich ein Blick auf die jeweiligen Websites der Anbieter.

Auch für die Suchmaschinenoptimierung sind kleinteilige Persona-Definitionen nur wenig sinnvoll, da über die Keywords als einzige Targeting-Möglichkeit oft maximal eine Aussage zur Suchintention und zur Phase in der Customer Journey getroffen werden kann.

Die Zielgruppen sollten deshalb für das Online-Marketing mit Blick auf die möglichen Targeting-Funktionalitäten definiert werden.

5. **Bedürfnisse und Ereignisse pro Zielgruppe identifizieren.** Hat man die Zielgruppen und Bedarfsgruppen ermittelt, ist es wichtig, Ereignisse zu identifizieren, die die Bedarfsgruppe dazu bewegen, einen Rechercheprozess einzuleiten und damit in die Customer Journey einzutreten.

Das ist vor allem dann notwendig, wenn es unwahrscheinlich ist, dass man im ersten Schritt über Push-Werbung die Aufmerksamkeit der Bedarfsgruppe bekommt.

Es ist sehr wichtig, diese Ereignisse zu erkennen, um Pull-Marketing-Maßnahmen so zu gestalten und zu platzieren, dass sie im richtigen inhaltlichen Kontext und am richtigen Ort und zum richtigen Zeitpunkt durch die Suchenden entdeckt werden. Dazu aber mehr im Abschnitt »Die Entwicklung einer Online-Marketing-Strategie entlang der Customer Journey« auf Seite 56.

SWOT-Analyse zur Bestimmung des Online-Marketing-Mix

Bei einer SWOT-Analyse (engl. Akronym für Strengths/Stärken, Weaknesses/Schwächen, Opportunities/Chancen und Threats/Bedrohungen) im Marketingkontext geht es darum, die Schwächen und Stärken des eigenen Marketings mit denen der Wettbewerber zu vergleichen.

Man analysiert das eigene Unternehmen sowie die wichtigsten Wettbewerber und vergleicht sie hinsichtlich ihrer Stärken und Schwächen.

Beispiele für Stärken:

- innovative Produkte
- hohe Qualifikation des Marketingteams
- hohes Marketingbudget
- gute Beziehungen zu Influencern

Beispiele für Schwächen:

- schlechte Qualität der Produkte
- geringe Markenbekanntheit
- hohes Preisniveau

Im nächsten Schritt geht es darum, Faktoren zu ermitteln, die global den Markt betreffen und nur bedingt durch Sie selbst zu beeinflussen sind. Diese Faktoren werden dann hinsichtlich der Chancen und Risiken, die sich hieraus für Ihr Unternehmen ergeben, bewertet.

Beispiele für Chancen:

- Besetzen von Nischen
- hohes Marktpotenzial
- noch nicht erschlossene Vertriebskanäle

Beispiele für Risiken:

- sehr schnelle Innovationszyklen
- hohe Kosten zur Neukundengewinnung
- hohe Klickpreise
- starke Saisonalitäten

Die SWOT-Analysen werden in der Regel im ersten Schritt für Teilbereiche des Online-Marketings durchgeführt und können zum Schluss in einer umfassenden SWOT-Analyse zusammengefasst werden. Eine beispielhafte SWOT-Analyse für das Online-Marketing könnte dann wie folgt aussehen:

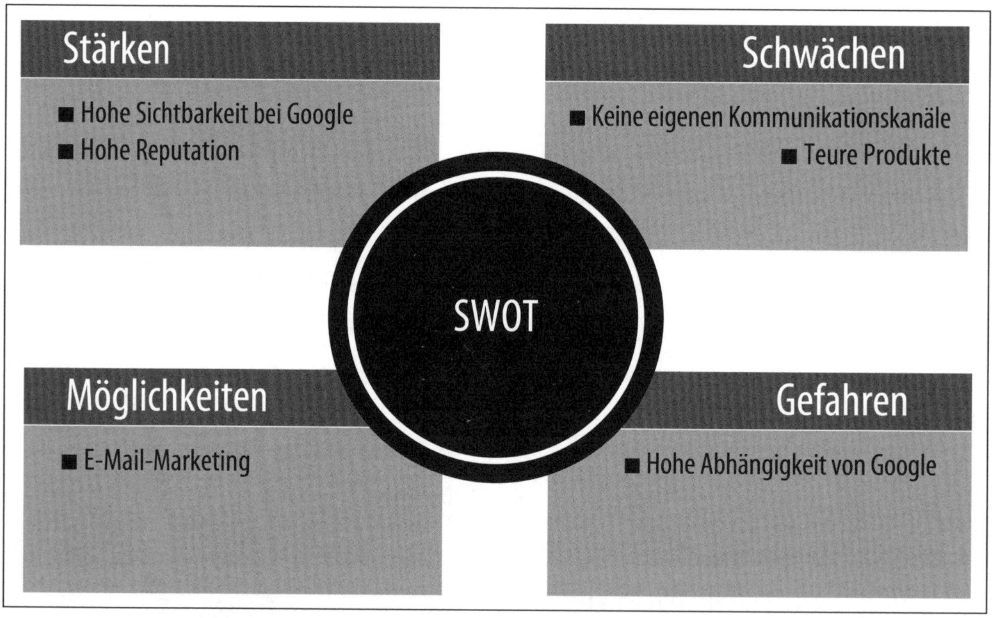

Abbildung 2-5:
Beispiel für eine Online-Marketing-SWOT-Analyse (© Olaf Kopp)

Daten für SWOT-Analysen können Sie manuell recherchieren, z. B. durch Betrachten der Wettbewerberaktivitäten auf deren Websites und in den Social-Media-Profilen etc., oder sich über kostenlose Tools wie *Google-Keyword-Planer*, *Google Trends* oder *Similar Web* beschaffen.

Die Customer Journey im Zentrum des Online-Marketings

Die Zeiten, in denen man sich im Online-Marketing auf nur einen Kanal konzentrieren konnte, um potenzielle Kunden zu erreichen und vor allem zum Kauf zu bewegen, sind vorbei. Der Konkurrenzdruck in den Suchmaschinen, den sozialen Netzwerken und generell auf den digitalen Werbeflächen ist groß. Kunden wollen heutzutage überzeugt werden. Ein einzelner Kontakt reicht in der Regel nicht aus.

Modernes Online-Marketing berücksichtigt die Kaufreise – auch *Customer Journey* genannt – über alle Phasen und Touchpoints hinweg. Deswegen eignet sich das Customer-Journey-Modell sehr gut für die Entwicklung von Online-Marketing-Strategien. Die Customer Journey unterteilt sich in verschiedene Phasen vor und nach dem Kauf. Für die Darstellung der Customer Journey gibt es unterschiedliche Stufenmodelle.

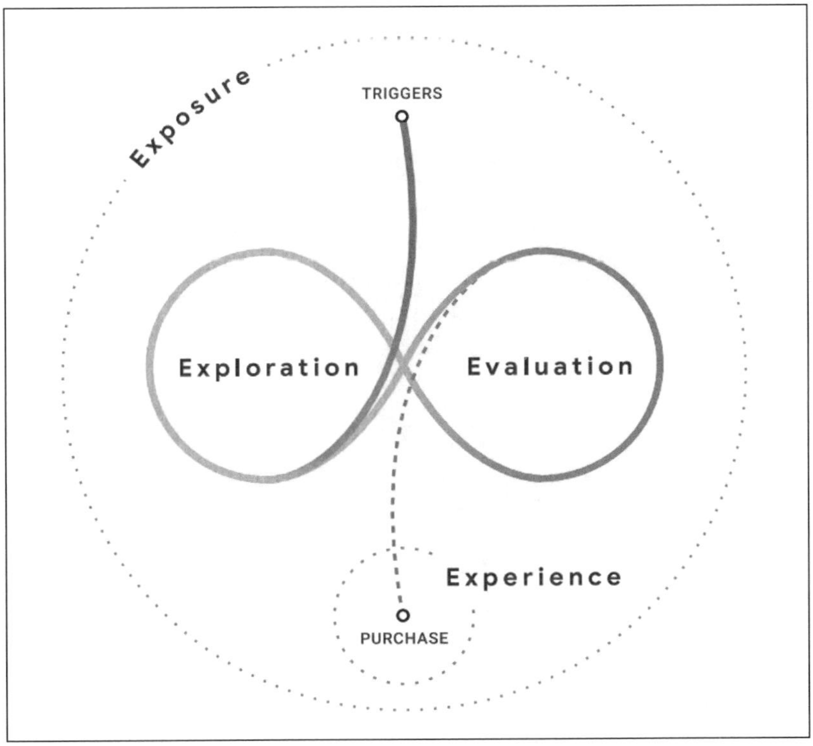

Abbildung 2-6:
Das Messy Middle Modell von Google[3]

3 *https://www.thinkwithgoogle.com/intl/de-de/insights/customer-journey/kaufverhalten-und-entscheidungsfindung-verstehen/*

Google setzt z.B. auf das Modell der Messy Middle. Das Konzept geht davon aus, dass der Nutzer in einem Zustand aus Erforschung und Bewertung verweilt, bevor er sich zu einem Kauf entscheidet.

Bei der Recherche nach Lösungen, Produkten oder Angeboten folgt der Nutzer häufig einer bestimmten Reihenfolge. Je nach Phase, in der sich der Nutzer befindet, will er Informationen, dann Lösungen und schließlich bestimmte Produkte kaufen.

Ein Trigger sorgt dafür, dass ein Nutzer in einen Rechercheprozess einsteigt, der je nach Wissensstand an unterschiedlichen Stellen der Customer Journey beginnen kann. Google beschreibt diesen Prozess namens Messy Middle als einen Wechsel zwischen Erkundung und Bewertung, bevor ein Kauf getätigt wird.

Triggers beschreiben hier auszulösende Ereignisse, die einen potenziellen Kunden dazu bringen, einen Rechercheprozess einzuleiten und in die Customer Journey einzusteigen.

Ich finde dieses Modell gerade für die unterschiedlichen Phasen vor dem Kauf nicht detailliert genug und greife deshalb im Folgenden auf ein siebenstufiges Modell zurück.

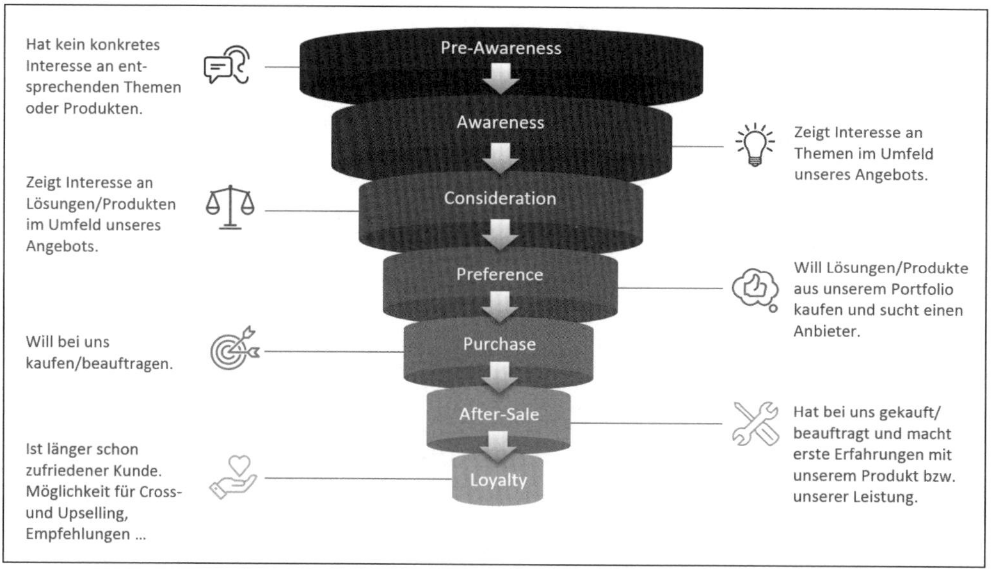

Abbildung 2-7:
Siebenstufiges Customer-Journey-Modell inklusive der Zielgruppenzustände (© Olaf Kopp)

Der Einstieg in die Customer Journey wird meistens durch Ereignisse ausgelöst, die extern auf eine Person einwirken oder als intrinsisches Motiv von der Person selbst kommen können, wie z.B. das Bemerken eines Krankheitssymptoms. Das Eintreten in die Customer Journey kann in der Pre-Awareness-, Awareness-, Consideration- oder Preference-Phase stattfinden. Wo jemand die Customer Journey beginnt, hängt entscheidend von dem auslösenden Ereignis statt. Deswegen ist es so wichtig, diese Ereignisse bereits bei der Zielgruppendefinition pro Bedarfsgruppe zu identifizieren.

Pre-Awareness-Phase

In der Pre-Awareness-Phase ist die Welt der Zielgruppe in Ordnung. Keine Probleme, kein Bedarf an Lösungen, die Zielgruppe ist entspannt und hat keinen Handlungsdruck. In dieser Phase ist es nur schwer möglich, ihre Aufmerksamkeit zu erlangen, es sei denn, es gelingt, ein Bedürfnis zu wecken, indem man psychologische Tricks nutzt, um Emotionen zu wecken. Angst, um das Bedürfnis nach Sicherheit zu wecken, ist hier eine gern genutzte Emotion. So kann man durch das Suggerieren eines eventuell in der Zukunft eintretenden Ereignisses Sorge und Angst schüren. Der Adressat möchte sich sein entspanntes, bisher sorgenfreies Leben bewahren und gerät dadurch in Handlungszwang. Auch Neugier kann genutzt werden, um ein Bedürfnis zu aktivieren.

Awareness-Phase

Ein Ereignis tritt ein, das als Reaktion eine Handlung erfordert. Meistens beginnt der potenzielle Kunde, ausgehend vom auslösenden Ereignis, in dieser Phase nach Informationen zu recherchieren. Die Person ist zu diesem Zeitpunkt offen für Informationen mit Bezug zu diesem konkreten Ereignis. Ein Beispiel:

> Eine IT-Leiterin bemerkt einen Fehlercode, der vom Server ausgegeben wird. Der Fehlercode ist der IT-Leiterin neu, und sie gibt ihn in die Suchzeile einer Suchmaschine ein, um mehr darüber zu erfahren. In der Folge sucht sie eventuell auch Tipps dazu, wie sie das Problem beseitigen kann.

In der Awareness-Phase hat die Zielgruppe die eigenen Rezeptoren aufgrund des einwirkenden Ereignisses etwas geöffnet. Wer hier zur richtigen Zeit und am richtigen Ort durch passende Inhalte oder ereignisrelevante Werbung präsent ist, hat gute Chancen, den ersten Touchpoint in der Customer Journey zu ergattern und somit in Erinnerung zu bleiben.

Consideration-Phase

In der Consideration-Phase hat die Zielgruppe ein konkretes Bedürfnis, und zwar nicht nur nach der Lösung eines Problems, sondern auch nach einer (kostenpflichtigen) Lösung in Form eines Produkts. Hier steht nicht mehr das Problem im Mittelpunkt, sondern die Lösung. Wir denken das Beispiel der IT-Leiterin weiter:

> Die IT-Leiterin konnte das Serverproblem dank der Tipps, die sie gefunden hat, beseitigen und hat jetzt möglicherweise die Sorge, dass dieses Problem wieder auftritt. Sollte sie selbst nicht so verantwortungsbewusst sein, könnte auch ihr Chef verlangen, dass so etwas nicht mehr vorkommen darf. Daraufhin wird sie sich absichern wollen und wird nach Lösungen suchen, die einen Serverausfall bzw. den Grund für diesen Fehlercode zukünftig verhindern. Sie wird auch kostenpflichtige Lösungen in Betracht ziehen und erste Informationen zu möglichen Anbietern einholen.

In der Consideration-Phase sind Personen das erste Mal wirklich offen für produktbezogene Werbung. Mit ersten Informationen zu möglichen Kosten und anderen Parametern, die für die Kaufoption wichtig sind, werden sich in dieser Phase oft auch die Bedarfsgruppen aus den Zielgruppen herauskristallisieren.

Preference-Phase

In der Preference-Phase ist die Entscheidung für ein Investment in eine spezifische Lösung gefallen. Die Bedarfsgruppen stellen sich in dieser Phase das Relevant-Set zusammen und vergleichen die einzelnen Angebote. In dieser Phase sind Personen besonders offen für produktbezogene Werbung, und auch der Vertrieb kann erste Anknüpfungspunkte finden.

Wer in den vorgelagerten Stufen durch möglichst viele Touchpoints mit dem potenziellen Kunden in Kontakt gekommen und positiv in Erinnerung geblieben ist, hat bessere Chancen, in das Relevant-Set aufgenommen zu werden.

Purchase-Phase

In der Purchase-Phase ist die Entscheidung getroffen. Nur noch vertragliche Umstände, Zahlungsbedingungen oder Ähnliches können dem Abschluss noch im Weg stehen. In dieser Phase sollte auf produktbezogene Push-Werbemaßnahmen weitestgehend verzichtet werden. Deswegen ist es wichtig, neu gewonnene Kunden z.B. aus laufenden Retargeting-Kampagnen auszuschließen, sofern möglich.

After-Sale-Phase

Die After-Sale-Phase ist die große Phase, die ganz im Zeichen der Produktqualität und des Service steht. Werden hier Erwartungen nicht erfüllt, kann der neu gewonnene Kunde schnell wieder verloren sein. Wie lang diese Phase dauert, hängt vom Produkt ab.

Loyalty-Phase

In der Loyalty-Phase ist der gewonnene Kunde zufrieden und im besten Fall so begeistert, dass er sich im Internet z. B. in sozialen Netzwerken und Foren positiv zur Marke und den Produkten äußert und entsprechende Inhalte teilt oder per Mund-zu-Mund-Propaganda die Angebote weiterempfiehlt. In dieser Phase ist Cross-Selling einfach. Der Kunde ist oft weiteren Angeboten gegenüber aufgeschlossen.

Touchpoints und Customer Experience

Touchpoints sind Kontaktpunkte, an denen Nutzerinnen und Nutzer Kontakt zu einer Marke, einem Produkt bzw. einem Angebot bekommt. Mögliche Touchpoints können Content, Werbemittel, das Produkt selbst oder die Kommunikation mit Vertriebs- oder Servicemitarbeitern sein. Touchpoints sind die Berührungspunkte zwischen Unternehmen und potenziellen Kunden.

Für Touchpoints ist es wichtig, positive Emotionen bei den Nutzern zu erzeugen. Interaktions- bzw. Berührungspunkte können in der klassischen Werbung z. B. über TV- und Radiospots, per Zeitungsbeilage oder mithilfe von Plakatwänden herbeigeführt werden. Für das Online-Marketing sind speziell die digitalen Berührungspunkte ausschlaggebend.

Touchpoints laufen hier z. B. über eine Website, ein Werbebanner oder auch über Social-Media-Kanäle. Bei den Touchpoints muss zwischen dem Format und dem Kanal differenziert werden. So ist ein Blogbeitrag, die Facebook-Anzeige, der Instagram-Beitrag oder ein Tweet ein Format und das eigene Blog bzw. die eigene Website oder Facebook bzw. X (vormals Twitter) der Kanal.

Ziel eines erfolgreichen Touchpoint-Managements sollte es sein, erwartungskonforme Kontaktpunkte zu schaffen, die begeistern. Das führt wiederum zu einer positiven Kundenerfahrung bzw. Customer Experience.

Je besser die Customer Experience an allen Touchpoints ist, desto einfacher lassen sich Neukunden gewinnen. Gleichzeitig dient die nachhaltige Aufrechterhaltung positiver Kundenerlebnisse auch der Zufriedenstellung und dem Erhalt von Bestandskunden. Gerade bei Langzeitkunden spielt die emotionale Bindung eine wichtige Rolle und führt dazu, dass sie einer Marke oder einem Dienstleister die Treue halten. Wurden überwiegend positive Kundenerfahrungen gemacht, verschmerzen diese Kunden sogar gelegentliche Negativerlebnisse oder halten »ihrer« Marke zum Beispiel auch dann noch die Treue, wenn andere Firmen ähnliche Produkte und Leistungen zu günstigeren Preisen anbieten.

Gerade Unternehmen, die sich in Branchen bewegen, in denen eine Abgrenzung zur Konkurrenz über das Angebot nur schwer möglich ist (beispielsweise Telekommunikation, Finanzwesen, Immobilien), profitieren stark davon, ihrer Kundschaft positive Erfahrungen zu bescheren. Deshalb wird zusehends versucht, Kundenerlebnisse per Customer Experience Management zu steuern.

Das Ziel des *Customer Experience Management* ist die Steuerung positiver Kundenerfahrungen durch verschiedene Werbe-, Service- und Content-Marketing-Maßnahmen sowie durch die Qualitätskontrolle angebotener Produkte und Dienstleistungen. In der Werbesprache wird Customer Experience Management oft mit *CMX* oder *CEM* abgekürzt.

Die Bedürfnisse von Kundinnen und Kunden stehen im Zentrum aller Maßnahmen des Customer Experience Management. Kunden haben gewisse Erwartungen an die Leistung eines Unternehmens, die durch vorherige Werbeversprechen oder öffentliches Feedback zufriedener Kunden geweckt wurden. Entscheidend im CEM ist also, dass Kunden den maximalen Nutzen aus jeder Begegnung an allen Berührungspunkten des betreffenden Unternehmens ziehen können. Das heißt, dass Kunden jederzeit Zugriff auf benötigte Informationen, Services und Angebote haben müssen.

Eine der Hauptaufgaben des Customer Experience Management besteht darin, eine Zielgruppe für das eigene Angebot zu definieren und zu erkennen, welche Bedürfnisse die Menschen in dieser Zielgruppe haben. Im Idealfall müssen die Erwartungen nicht nur erfüllt, sondern übertroffen werden. CEM ist aus dem modernen Marketing nicht mehr wegzudenken.

Viele Touchpoints und eine positive Customer Experience entlang der Customer Journey führen sowohl zu besseren Abschlussraten bei Neu- und Bestandskunden als auch zu höherer Kundenzufriedenheit und dem Aufbau einer positiven Markenwahrnehmung.

Deswegen führt die separate Einzelbetrachtung einzelner Touchpoints und Kanäle wie auch der übergeordneten Zielvorgaben Branding und Performance meistens zu keiner erfolgreichen Marketingkommunikation.

Die Entwicklung einer Online-Marketing-Strategie entlang der Customer Journey

Für die Entwicklung einer Online-Marketing-Strategie ist es wichtig, sich über die unterschiedlichen Eigenschaften der Kanäle und Instrumente im Klaren zu sein. Es gilt, die Kanäle und Instrumente entsprechend den Nutzungsgewohnheiten der Zielgruppen bzw. Stakeholder anzuwenden und möglichst viele positive Touchpoints im Verlauf der Customer Journey herbeizuführen.

Diese möglichst zahlreichen und positiven Touchpoints dienen als Anker im Bewusstsein der Ziel- und Bedarfsgruppen und sind ein entscheidender Erfolgsfaktor für den Markenaufbau.

Über diese im besten Fall positiven Erfahrungen bauen Ziel- und Bedarfsgruppen eine Beziehung zum Unternehmen, zur Marke und zu den Produkten auf.

Die Qualität der Beziehung ist wichtiger als die Zahl der Kontakte

Im klassischen Marketing sind bis heute klassische Bewertungs- und Messgrößen wie der TKP (Tausender-Kontakt-Preis) eine gängige Metrik. Für eine moderne Bewertung der Markenstärke ist aber die Anzahl der Kontakte nicht mehr zeitgemäß. Starke Marken basieren heutzutage auf starken Beziehungen zur potenziellen Kundengruppe und zu anderen Stakeholdern.

Damit spielt die Beziehung der Stakeholder sowohl für kurzfristige als auch für langfristige Ziele einer Unternehmung und deren Marketing eine sehr wichtige Rolle.

Gerade das Image und die Reputation, also die Markenrelevanz bzw. Markenstärke, werden heutzutage in erster Linie durch die Beziehung zu den Stakeholdern bzw. den Zielgruppen bestimmt.

Online-Marketing im Upper Funnel

Der Upper Funnel umfasst die Customer-Journey-Phasen Pre-Awareness, Awareness und Consideration. Diese Phasen dienen in erster Linie der Touchpoint-Gewinnung und damit dem Markenaufbau.

Die oberen Phasen der Customer Journey sind häufig geprägt von geringer Werbeakzeptanz. Die Zielgruppen sind in der Pre-Awareness- und Awareness-Phase oft nicht offen für Werbung, insbesondere dann, wenn sie produktbezogen ist.

In diesen Phasen sollten Sie versuchen, insbesondere mit Pull-Marketing-Instrumenten wie z. B. PR, Social Media Marketing oder Content-Marketing Beziehungen zu den Zielgruppen aufzubauen. Im Zuge dessen ist es wichtig, den Kontakt zu den Zielgruppen über Retargeting-Tracking, Interaktionen bei TikTokdas Eintragen in E-Mail-Verteiler und/oder das Einpflegen in Customer-Relation-Management-Systeme sicherzustellen. Dies lässt sich am besten über gute Inhalte erreichen, die in Form von Content-Marketing-Kampagnen mit Hauptziel Leads entwickelt werden. Gerade für B2B-Geschäftsmodelle ist diese Strategie oft der beste Weg.

Wenn möglich, sollten Sie die Leads noch qualifizieren, den Ziel- bzw. Bedarfsgruppen zuordnen und z.B. via E-Mail-Marketing weitere Touchpoints erzielen. Für diesen Prozess eignen sich Marketing-Automationssysteme. Wer mehr dazu erfahren möchte, sollte sich mit dem Thema Inbound-Marketing beschäftigen.

In der Consideration-Phase können die ersten produktbezogenen Push-Werbemaßnahmen zum Einsatz kommen. Vorher sollten Sie im Rahmen der Content-Promotion eher Inhalte bewerben.

Hier sind auch gezielte SEA-Kampagnen (Suchmaschinenwerbung) sinnvoll, da Zielgruppen in der Consideration-Phase die Suche nach potenziellen Lösungsanbietern beginnen.

Online-Marketing im Lower Funnel

Der Lower Funnel beginnt mit der Preference-Phase und erstreckt sich bis zur After-Sale-/Loyalty-Phase. Hier sprechen wir nicht mehr von Zielgruppen. Es sollen jetzt gezielt Bedarfsgruppen angesprochen werden.

Gerade in der Preference-Phase sind die Bedarfsgruppen offen für produktbezogene Push-Maßnahmen wie Display-Anzeigen oder Sales-Kontakte. Im besten Fall sollte der Vertrieb »warme« Kontakte ansprechen, die bereits in den vorgelagerten Phasen über Touchpoints mit dem Unternehmen in Verbindung getreten waren. Hierbei können die Informationen aus dem CRM und/oder dem Marketing-Automationssystem sehr hilfreich sein.

Wie in der Consideration-Phase ist auch in der Preference-Phase Suchmaschinenwerbung insbesondere auf Keywords mit transaktionsorientierter Suchintention sinnvoll. Die Suchmaschinenwerbung konzentriert sich also auf Suchbegriffe, die auf ein klar kauforientiertes Interesse schließen lassen.

Das Thema Suchintention von Keywords spielt generell eine sehr wichtige Rolle für Maßnahmen in der Suchmaschinenwerbung und Suchmaschinenoptimierung (mehr dazu siehe Kapitel 5, »SEO – Suchmaschinenoptimierung« und in meinem Blog[4]).

Die Erläuterungen in den letzten Abschnitten geben Empfehlungen, die auf viele Geschäftsmodelle angewendet werden können. Dennoch

4 *http://www.sem-deutschland.de/keywords-suchintention/* (Aufruf: 13.09.2023)

wird es einige Beispiele geben, auf die diese Modelle nicht eins zu eins angewendet werden können. Die Entwicklung einer Online-Marketing-Strategie ist individuell und auf den jeweiligen Fall zugeschnitten durchzuführen. Bei B2C- und B2B-Geschäftsmodellen kann es zu großen Unterschieden bei den Online-Marketing-Strategien kommen.

Digitaler Markenaufbau als kritischer Erfolgsfaktor

Markenaufbau entwickelt sich immer mehr zu *dem* kritischen Erfolgsfaktor – auch im Online-Marketing. Dafür ist zum einen die Marktsättigung in vielen Branchen verantwortlich, aber auch das Bedürfnis der Konsumentinnen und Konsumenten, im Überfluss der Angebote vertrauenswürdige Marktteilnehmer zu identifizieren, die mit ihrer Leuchtturmfunktion eine Orientierung bieten. Und die wichtigen Gatekeeper wie Meta oder Google haben ebenfalls ein großes Interesse daran, diese Autoritäten über ihre Algorithmen zu identifizieren. Diese neue Ausrichtung geht auf die Entwicklung von Web 1.0 zu Web 3.0 zurück.

Der Einfluss des semantischen Webs (Web 3.0) auf das Online-Marketing

Online-Marketing hat sich seit den Anfängen – analog zur Entwicklung des Webs – weiterentwickelt. Sowohl die wichtigsten Gatekeeper wie z. B. Google, Facebook und Amazon als auch die Entwicklung von Web 1.0 über Web 2.0 zu Web 3.0 waren und sind dafür verantwortlich.

Web 1.0

Nur einigen wenigen war es im Web 1.0 möglich, Inhalte im Netz zu veröffentlichen und diese Inhalte vielen Interessierten und Lesern zur Verfügung zu stellen (One-to-Many-Kommunikation). Eine eigenständige Veröffentlichung eigener Inhalte bzw. Angebote bzw. ein Dialog war – von Foren abgesehen – nicht einfach möglich. Foren können sozusagen als Vorläufer der späteren sozialen Netzwerke gesehen werden.

Dementsprechend war die Anzahl an Websites und Inhalten im Vergleich zu heute überschaubar.

Das vorherrschende Onlinewerbemittel waren Push-Werbeformate wie z. B. Display-Banner und E-Mail-Marketing via Newsletter. Durch die Etablierung von *Content-Management-Systemen* (*CMS*) wurde es jedem möglich, Inhalte ohne Programmierkenntnisse im Netz zu veröffentlichen. Diese Entwicklung markierte den Beginn von Web 2.0.

Web 2.0

Der Übergang von Web 1.0 zu Web 2.0 lässt sich nicht genau datieren. Der Begriff Web 2.0 wurde im Jahr 2003 das erste Mal öffentlich verwendet, aber erst durch einen Artikel von Tim O'Reilly im Jahr 2005[5] bekannt gemacht.

Auch die Etablierung von sozialen Netzwerken kann als Anhaltspunkt für den Beginn des Web 2.0 genannt werden. Die ersten sozialen Netzwerke wie z. B. LinkedIn, Myspace und Facebook wurden 2003/2004 gegründet. Einen wirklichen Einfluss auf das (Online-)Marketing hatten diese aber erst Jahre später – insbesondere durch Facebook als omnipräsentes soziales Netzwerk. Dementsprechend spielt Social Media Marketing erst seit ca. 2009 eine relevante Rolle im Online-Marketing.

Die Möglichkeiten, selbst als Prosumer im Netz mit Inhalten zu partizipieren, wurden erst durch Foren und ab ca. 2005 durch die rasant steigende Zahl an sozialen Netzwerken exponentiell erweitert. Über Myspace, Facebook & Co. konnte nun jeder auf einfachste Art und Weise eigene Profile anlegen und über diese Profile Inhalte online publizieren, öffentlich kommunizieren bzw. mit anderen in Dialog treten. Das erschloss neue Wege für PR und Online-Marketing in Form von Word-of-Mouth-, Viral- und Buzz-Marketing.

Durch die rasant steigende Anzahl an Onlineinhalten bzw. Angeboten im Netz wurden Knotenpunkte bzw. Gatekeeper, die das Navigieren und Auffinden dieser Inhalte im Netz vereinfachten, immer wichtiger. Die große Zeit der Suchmaschinen und damit des Suchmaschinenmarketings begann ebenfalls mit dem Web 2.0.

Das Web 2.0 mit den einhergehenden technischen Möglichkeiten hat es seitdem quasi jedem ermöglicht, Inhalte online über eigene Websites, Blogs und Social-Media-Profile zu veröffentlichen. Das führt zwangsläufig zu einer Überflutung des Netzes mit Informationen und Daten, wie die Grafik (siehe Abbildung 2-8) zeigt.

Es ist daher enorm wichtig und notwendig, Daten und Informationen identifizierbar, kategorisierbar und je nach Kontext sortierbar zu machen und Kategorien zuzuordnen. Nur so ist der Datenflut beizukommen. Die logische Konsequenz ist das Web 3.0 mit seiner semantischen Grundstruktur.

---

5 Tim O'Reilly: »What is Web 2.0«, *http://www.oreilly.com/pub/a/web2/archive/what-is-web-20.html* (Aufruf: 13.09.2023)

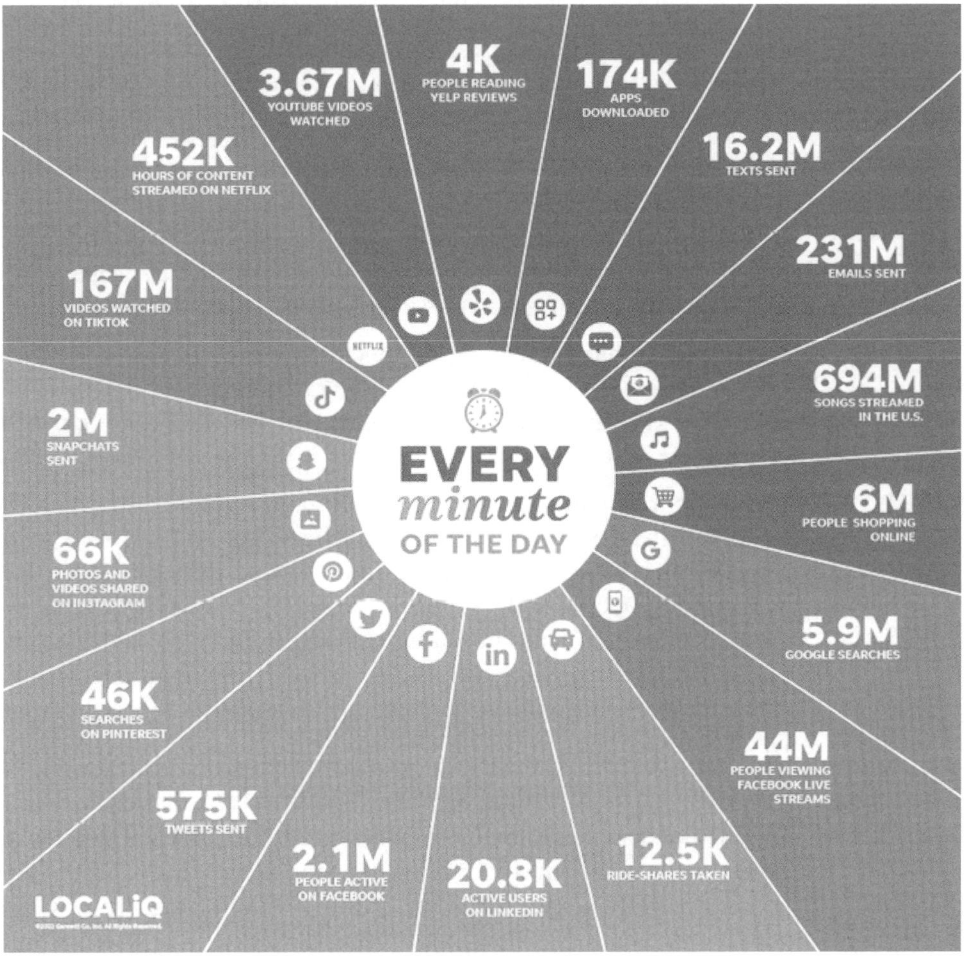

Abbildung 2-8:
Infografik von Localiq zu weltweiten Aktivitäten und Veröffentlichungen in 60 Sekunden, 2023[6]

Web 3.0

Während es im Web 2.0 in erster Linie um Interaktionen, Dialog und »Mitmachen« ging, ist der Kern von Web 3.0 die Identifizierung und Klassifizierung von Daten bzw. Informationen. Daneben setzt das Web 3.0 – auch semantisches Web genannt – auf sogenannte Graphen, um die als Entitäten identifizierten Objekte in Beziehung zueinander zu setzen. Hierdurch lässt sich ihre Bedeutung besser feststellen. Im Fall einer Abfrage können für den jeweiligen Nutzer in seinem aktuellen Kontext bessere Ergebnisse ausgeliefert werden.

6 *https://localiq.com/blog/what-happens-in-an-internet-minute/* (Aufruf: 20.09.2023)

> Das Semantic Web erweitert das Web, um Daten zwischen Rechnern einfacher austauschbar und für sie einfacher verwertbar zu machen [...]. Dabei werden sämtliche Dinge von Interesse identifiziert und mit einer eindeutigen Adresse versehen als Knoten angelegt, die wiederum durch Kanten (ebenfalls jeweils eindeutig benannt) miteinander verbunden sind. Einzelne Dokumente im Web beschreiben dann eine Reihe von Kanten, und die Gesamtheit all dieser Kanten entspricht dem globalen Graphen.[7]

Über diese Graphentheorie lassen sich semantische Zusammenhänge und Bedeutungen besser interpretieren und können beispielsweise als Grundlage für die Ausgabe von Suchergebnissen genutzt werden.

Somit steht Unternehmen, die auf eine derartige graphenbasierte Technologie setzen, ein Instrument zur Verfügung, um große Datenmengen schnell zu klassifizieren, in einen Kontext zu stellen und mit einer Bedeutung zu versehen.

Immer mehr Systeme setzen auf die strukturierte Aufarbeitung von Daten bzw. Inhalten durch Graphen. Facebook konzentriert sich schon seit 2007 auf Graphentheorien und forciert diese Technologie seit 2010 in Form des Open Graph[8]. Google führte 2012 den Knowledge Graph ein und rollte mit dem Hummingbird-Algorithmus im Jahr 2013 den passenden Ranking-Algorithmus aus, der seitdem die Ausgabe der Suchergebnisse auf Grundlage der Semantik ausspielt.

Um zu verstehen, wie auf Semantik basierende Graphentheorien funktionieren, ist ein Semantik-Grundwissen nützlich.

Graphen bilden über Kanten Beziehungen zu Knoten bzw. Entitäten ab. Beziehungen zwischen diesen Entitäten sind klar definiert als Art und Weise der Verbindung, z.B. »hat gelikt«, »Mitarbeiter von«, »Onkel von« etc.

Entitäten werden zur eindeutigen Identifikation mit IDs und Kombinationen verschiedener Eigenschaften bzw. Attribute versehen. Über Attribute lassen sich Entitäten in einen Kontext bringen und zu Klassen aus Entitätstypen zusammenfassen. Übertragen auf die reale Welt, können Entitäten sogenannte Dinge des Seins wie etwa Personen, Unternehmen, Bauwerke, Fahrzeuge oder abstrakte Dinge sein.

Hier ein Beispiel für eine Knowledge-Graph-Box bei Google, die man in dieser Form auch als Entitätenbox beschreiben kann (siehe Abbildung 2-9).

---

7 Quelle Wikipedia: *https://de.wikipedia.org/wiki/Semantic_Web* (Aufruf: 13.09.2023)

8 Definition Open Graph: *http://www.marketing-boerse.de/Fachartikel/details/Facebook--Die-Macht-des-Open-Graph/33129* (Aufruf: 13.09.2023)

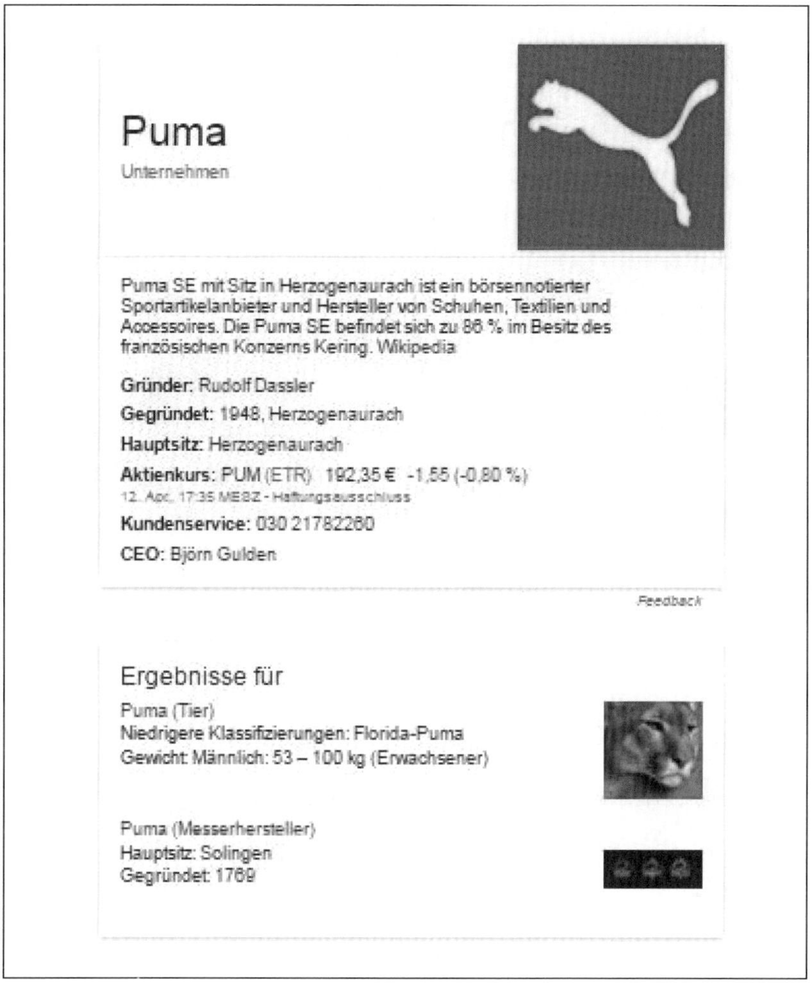

Abbildung 2-9:
Beispiel für eine Knowledge-Graph-Box bzw. Entitätenbox

In diesem Fall verbergen sich hinter dem Begriff gleich drei Entitäten: der Sportartikelhersteller, die Raubkatze, der Messerhersteller – deswegen auch drei unterschiedliche Entitätenboxen.

Entitäten sind immer mindestens einer Ontologie zugeordnet. Ontologien beschreiben das Umfeld, in dem die Entitäten verortet sind. Eine Ontologie kann z. B. eine Branche oder ein bestimmtes Themengebiet sein.

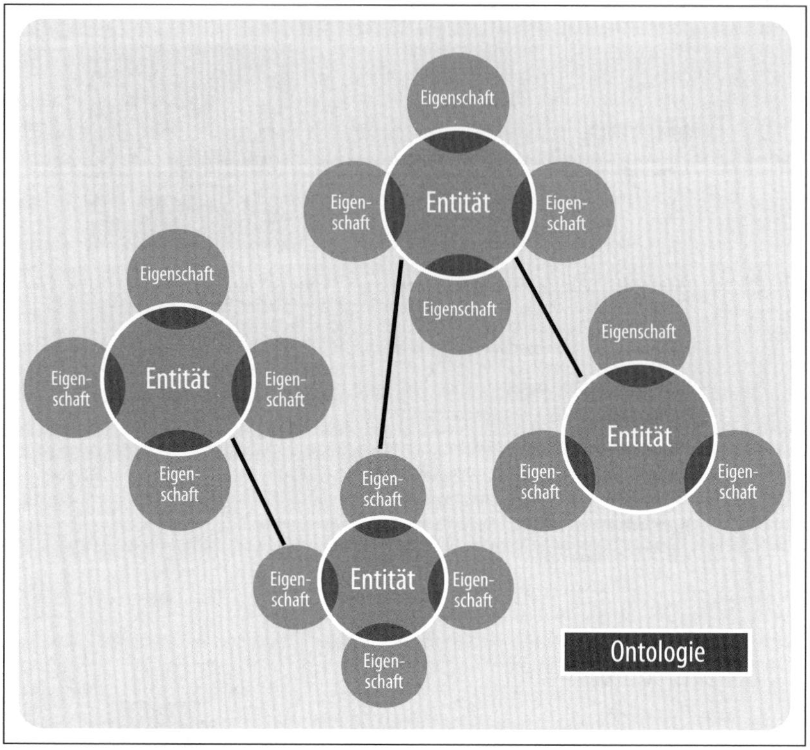

Abbildung 2-10:
Beispiel einer Ontologie und deren Entitäten mit ihren Eigenschaften (© Olaf Kopp)

Die Rolle der Marke im semantischen Web

Es gibt zwei Gründe dafür, dass der digitale Markenaufbau eine derart zentrale Rolle im Online-Marketing spielt.

- Der Wettbewerbsdruck in vielen Branchen.
- Die Entwicklung der wichtigsten Gatekeeper in Richtung semantisches Web 3.0.

Unternehmen, die in erster Linie auf Instrumente des Performance-Marketings, z.B. Google Ads, zur direkten Neukundengewinnung setzen, haben Probleme, sich im semantischen Web durchzusetzen.

Gründe hierfür sind: der über die Jahre gestiegenen Wettbewerbsdruck, das inzwischen auf breiter Front vorhandene Marketing-Know-how bzw. die Ressourcen, die für Performance-Marketing bereitgestellt und genutzt werden.

Performance-Marketing-Instrumente wie Google Ads- oder Display-Kampagnen entfalten in der Regel keine nachhaltige Wirkung und liefern nur selten Signale, die für semantische Systeme als Relevanzkriterium genutzt werden können.

Aus diesem Grund ist Performance-Marketing nicht mehr nachhaltig und zahlt nicht langfristig in die Marke eines Unternehmens ein. Markenaufbau bzw. Branding schafft längerfristige Wettbewerbsvorteile.

Das Web 3.0 und die digitale Marke

Google und Facebook sind mit Social Graph bzw. Open Graph und Knowledge Graph Vorreiter, was die Technologie des semantischen Webs angeht. Bei Graphen handelt es sich um Konstrukte, die über Knoten und Kanten semantische Beziehungen zwischen Personen, Unternehmen, Bauwerken – kurz Entitäten – abbilden können. Die Entitäten sind Knoten, und die Kanten beschreiben die Art und Weise der Verbindung der beiden Knoten miteinander.

Über ihre riesigen semantischen Datenbanken können Google und Facebook relevante Personen, Marken und Autoritäten im Netz identifizieren. Dabei spielt es erst einmal keine Rolle, ob man sich offline schon eine Marke aufgebaut hat oder nicht.

Im semantischen Web sind alle Personen, Unternehmen, Sehenswürdigkeiten, Einrichtungen und deren digitale Abbilder in Form von Domains und Social-Media-Profilen gemäß der Semantik als Entitäten einzuordnen. Das trifft auch auf Marken zu.

Starke digitale Marken sind im semantischen Web in der Regel auch Entitäten mit hoher Relevanz in Bezug auf ein Thema mit vielen Schnittstellen zu anderen Entitäten in der thematischen Ontologie. Das spielt auch für die Suchmaschinenoptimierung eine wichtige Rolle.

Eine starke Marke kann zum Erfolgsfaktor im Online-Marketing werden, da sie sowohl von der Zielgruppe als auch von den Algorithmen der wichtigen Gatekeeper wie Google und Facebook als relevant eingestuft wird. Des Weiteren hat eine starke digitale Marken folgende Vorteile:

- Eine starke Marke kann zu besseren Abschlussraten bzw. Konversionsraten führen, da das Vertrauen in eine bekannte Marke größer ist.
- Das größere Vertrauen kann auch zu besseren Klickraten in den SERPs (Search Engine Result Pages) führen, was sich positiv auf das Google-Ranking auswirkt (vergleiche hierzu auch Kapitel 5, »SEO – Suchmaschinenoptimierung«).
- Etablierte Marken führen zu größerer Kundenbindung und Loyalität mit dem Effekt, dass interessierte Menschen und potenzielle Kunden eine Website vermutlich erneut und mehrfach besuchen.

- Die Chancen auf Verweise und das Teilen von Inhalten in sozialen Netzwerken sind größer, da starke digitale Marken aufgrund ihrer Vertrauenswürdigkeit eher durch Multiplikatoren verlinkt werden. Es wird schneller auf sie verwiesen, bzw. ihre Inhalte werden häufiger geteilt. Das führt zu größerer Reichweite und besseren Rankings. Content-Marketing, SEO und PR werden effektiver.
- Marken, die sich in einem oder mehreren thematischen Bereichen als Autorität über die eigene Domain etabliert haben, werden mit ihren Inhalten eher bei Google gefunden als weniger etablierte Domains.
- Starke Marken profitieren aufgrund ihrer Popularität auch von besseren Klickraten bei der Suchmaschinenwerbung (SEA), was zur Verbesserung von Qualitätsfaktoren[9] und damit geringeren Klickpreisen führt.

Zudem ist Marken-Traffic z. B. über Direktzugriffe oder Suchanfragen nach der Marke in Suchmaschinen zusammen mit den wiederkehrenden Besuchern der wertvollste Traffic, den Unternehmen und Organisationen haben können. Die nachfolgende Abbildung stellt den Traffic-Wert in Bezug auf die einzelnen Online-Marketing-Kanäle dar. Die Kanäle dürfen aber nicht separiert voneinander betrachtet werden, da PR- und PPC-Maßnahmen durchaus Einfluss auf den Marken-Traffic einer Website haben können.

Denn: Je höher der Anteil des Marken-Traffics ist, desto positiver fallen in der Regel sowohl die Engagementkennzahlen aus, z. B. Seitenaufrufe, durchschnittliche Aufenthaltsdauer, Absprungraten, als auch die Loyalitätskennzahlen wie beispielsweise der Anteil erneuter Besuche und vor allem die Abschlussraten.

Somit gibt es einen direkten Wirkungszusammenhang zwischen der Markenstärke und der Performance eines Unternehmens.

Der Aufbau einer Marke folgt einem strategischen Ansatz mit dem Ziel, nachhaltig Kundenloyalität und Reputation zu verbessern, was mittel- und langfristig die Positionierung von Marke und Unternehmen oder anderen Anbietern im Markt fördert.

Performance-Marketing hingegen ist eher taktisch/operativ angelegt, es geht nur selten darum, eine Marke strategisch zu positionieren.

---

9 Der Qualitätsfaktor ist ein eigenständiger Begriff aus dem AdWords-System. Der Qualitätsfaktor beschreibt die Relevanz einer Anzeige bezogen auf das jeweilige Keyword und die Landingpage. Mehr dazu unter: *http://www.sem-deutschland.de/adwords-qualitaetsfaktor-auswirkung/* (Aufruf: 13.09.2023).

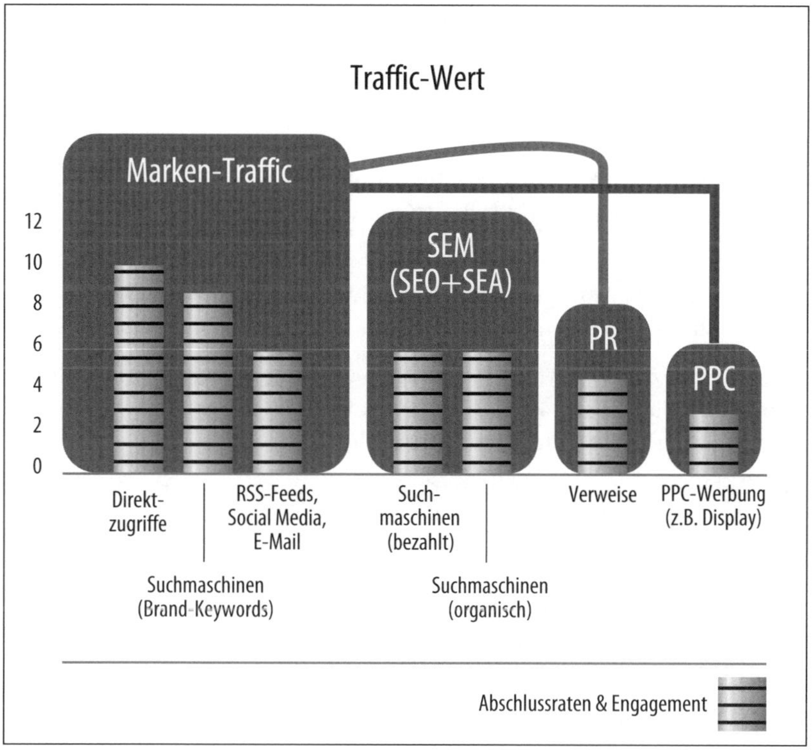

Abbildung 2-11:
Marken-Traffic und Wertigkeit im Vergleich zu anderen Traffic-Arten (© Olaf Kopp)

Der Aufbau einer digitalen Marke bzw. von Online-Branding funktioniert aber nicht wie beim klassischen Marketing der letzten Jahrzehnte vor allem über reichweitenorientierte Push-Werbung. Die »Marken-Awareness«, die durch diese Marketingform erzielt wird, hat insbesondere im Internet stark nachgelassen. Heutzutage macht Content-Marketing in Verbindung mit qualitativ überdurchschnittlichen Produkten sowie Service, SEO, Social Media Marketing und Usability-Optimierung eine Marke bekannt. Das Marketing und insbesondere das Branding im Online-Marketing bekommen durch die beschriebenen Entwicklungen, aber auch durch die Möglichkeiten, die Markenstärke inzwischen überzeugend zu messen, ein neues Gewicht.

Kennzahlen für erfolgreiches Branding

Für die Ermittlung der Markenstärke und ihrer Entwicklung benötigt man Kennzahlen. Um diese zu entwickeln, ist es sinnvoll, zunächst die Eigenschaften einer Marke zu verdeutlichen.

Folgende Eigenschaften einer Marke sind interessant für die Ableitung von Kennzahlen:

- hohe Popularität
- große Markentreue
- die Marke als wichtige Orientierungshilfe
- starkes Vertrauen und hohe Glaubwürdigkeit

Wie sich hier zeigt, kann man Eigenschaften von Marken nur in Kombination mit quantifizierenden Adjektiven beschreiben. Man benötigt für eine Bewertung immer mindestens einen Vergleichswert.

Kennzahlen zur Ermittlung bzw. Messung der Markenstärke müssen immer in Relation betrachtet werden: sowohl relativ zu den Wettbewerbern als auch in der zeitlichen Entwicklung.

Mit Blick auf die erwähnten Eigenschaften einer Marke kann man Branding-Kennzahlen grob in folgende Kategorien einordnen:

- Markentreue
- allgemeine Popularität
- thematische Popularität, Reputation und Glaubwürdigkeit

Kennzahlen für Markentreue

Als Kennzahl für Markentreue kann z.B. die durchschnittliche Aufenthaltsdauer oder der Anteil der wiederkehrenden Nutzer im Vergleich zur Gesamtzahl der Besucherinnen und Besucher oder die Entwicklung der Nutzerzahlen über einen definierten Zeitraum betrachtet werden.

Kennzahlen für Popularität

Allgemeine Popularitätskennziffern wie die Anzahl der Sichtkontakte bzw. Impressionen von Werbemitteln oder die Anzahl der Besucher sind eher schwache Metriken und sollten nicht im Mittelpunkt der Erfolgsmessung stehen. Deswegen sind z.B. auch steigende Besucherzahlen kein Ziel, das in eine Strategie einzahlt.

Themenspezifische Popularitätskennzahlen wie z.B. die Anzahl und Entwicklung von Suchanfragen zu einer Marke in Kombination mit einem Thema in Suchmaschinen sind schon interessanter, da sie die Marke in einen thematischen Kontext setzen und in Kombination mit der gemessenen Popularität aussagekräftiger sind.

Kennzahlen für Reputation und Glaubwürdigkeit

Jene Kennzahlen, die Auskunft über die Reputation und Glaubwürdigkeit einer Marke geben, sind die interessantesten. Wie bei den Kennzahlen für die Markentreue geht es hier um die Beziehung und Interaktion mit den Stakeholdern.

Für die Suchmaschinenoptimierung sind z.B. Kennzahlen wie Verlinkungen und Nennungen aus/in relevanten Quellen interessant. Für eine Bewertung der Social-Media-Aktivitäten ist hingegen die Interaktionsrate mit den eigenen Beiträgen aussagekräftig.

Die folgende Übersicht zählt mögliche Kennzahlen für die Aspekte Markentreue, Popularität sowie Reputation und Glaubwürdigkeit auf (ohne Anspruch auf Vollständigkeit):

Markentreue

- Durchschnittliche Aufenthaltsdauer
- Absprungrate
- Anteil wiederkehrender Benutzer
- Anzahl/Anteil Wiederkäufer
- Anzahl Beschwerden

Allgemeine Popularität

- Besucherzahlen
- Anzahl neuer Besucher
- Suchvolumen nach Markenbegriffen
- Suchvolumen von Marken+Themen-Kombinationen

Reputation & Glaubwürdigkeit

- Positive Erwähnungen der Marke durch Influencer sowie in Fachartikeln & Berichten
- Marken-Nennungen und Verlinkung in externen Medien
- Abschlussraten
- Interaktionsraten mit der Website wie Downloads, Kommentare
- Beziehungen zu anderen Marken/Autoritäten und Influencern
- Anzahl Seitenaufrufe
- Positive Stimmen von Testimonials und Kunden
- Positive Testberichte
- Interaktion in sozialen Netzwerken
- Nennung der Marke in Top-Listen
- CTR auf SEA-Anzeigen und organische Ergebnisse

Abbildung 2-12:
Übersicht: Kennzahlen für digitale Markenstärke (© Olaf Kopp)

Der Markenaufbau stellt in erster Linie eine strategische Aufgabe dar. Die Zielformulierung, d.h., wann welche Branding-Kennzahlen erreicht werden sollten, sind deshalb als mittel- und langfristige strategische Ziele zu formulieren.

Mit Webanalysetools wie z.B. Google Analytics lassen sich viele der genannten Kennzahlen messen und überwachen.

Methoden zur Bestimmung der eigenen themenbezogenen Markenstärke anhand von Google

Um einen Eindruck davon zu bekommen, welche Begriffe, Schlagwörter bzw. Themen Google mit einer Marke verbindet, können Sie unterschiedlich vorgehen. Es lohnt sich ein Blick auf die verwandten Suchanfragen – sowohl bei der Suche nach der Marke und der Domain als auch bei der Suche nach den Themen, die Sie besetzen bzw. für die Sie gefunden werden möchten.

Abbildung 2-13:
Verwandte Suchanfragen zu Nike bei Google

Wie die häufige Kookkurrenz in Suchanfragen zeigt, scheinen Suchende die Marke Nike mit den Eigenschaften »Schuhe«, »Sale«, »Outlet« und »Schuhe Damen« in Verbindung zu bringen. Interessant ist auch, dass die Marke »Snipes« ebenfalls in enger Beziehung zu »Nike« steht. Dies wird höchstwahrscheinlich damit zusammenhängen, dass diese Begriffe häufig in aufeinanderfolgenden Suchen auftauchen.

Ähnliche Ergebnisse ermitteln Sie über die Google-Suggest-Vorschläge. Auch hier werden Begriffe angezeigt, die Google mit der Marke bzw. Entität in Verbindung bringt.

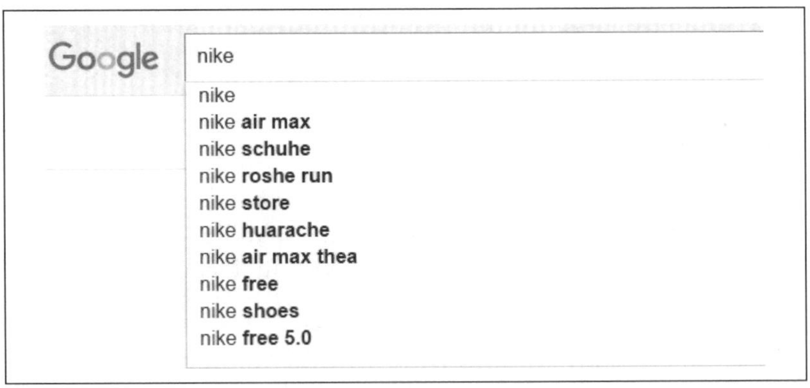

Abbildung 2-14:
Auto-Suggest-Vorschläge zu Nike bei Google

Wichtig ist dabei, zunächst die eigene Suchhistorie zu löschen, damit sie die Ergebnisse nicht verfälscht. Sie können Ihre eigene Marke oder Domain außerdem in den Google-Keyword-Planer eingeben. Die Ergebnisse, die dann angezeigt werden, sind standardmäßig nach »Relevanz« sortiert. Was Google hier als Relevanz definiert, ist unklar. Allerdings liegt die Vermutung nahe, dass es um die Nähe der Beziehung der hier gezeigten Begriffe untereinander geht.

Abbildung 2-15:
Keywords im Google-Keyword-Planer, nach Relevanz sortiert

In der Regel sehen Sie in der ungefilterten Ansicht auch eine Menge Begriffskombinationen, die die Marke selbst enthalten, in diesem Fall die Marke »Zalando«. Diese Terme können interessant sein, insbesondere die Höhe des Suchvolumens und wie sich das Volumen entwickelt.

Noch interessanter sind aber die markenunabhängigen Begriffe. Sie sollten deshalb in einem zweiten Schritt über den Keyword-Filter die eigenen Markenbegriffe ausfiltern.

Abbildung 2-16:
Begriffe ausschließen im Google-Keyword-Planer

Dadurch entsteht ein Bild, das zeigt, mit welchen Begriffen/Themen Google Ihre Marke in Verbindung bringt.

Am Beispiel »Zalando« kann man erkennen, dass Google hier einen engen Bezug zu den Themen »jeans jacke männer« und »overknees black« herstellt.

Keyword (nach Relevanz)	Durchschnittl. Suchanfragen pro Monat
schuhe bullboxer	170
black overknees	30
kiomi online shop	140
overknees black	40
jeans jacke männer	110
flip flops leder herren	2.400
jeansjacke männer	880

Abbildung 2-17:
Um zalando bereinigte Keywords im Google-Keyword-Planer

Verbesserung der digitalen Markenpopularität und thematischen Markenstärke

Maßnahmen, die zur Stärkung einer digitalen Marke beitragen können, sind nur als Ergänzung zu einer guten Produktpolitik zu verstehen. Wenn die Leistung bzw. das Produkt nicht die Bedürfnisse der Zielgruppen erfüllt, hilft es nur bedingt weiter, die Marke zu stärken. Da die nachfolgenden Online-Marketing-Maßnahmen in erster Linie der Taktik zuzurechnen sind und im weiteren Verlauf des Buchs detaillierter erläutert werden, gehe ich hier nur kurz auf sie ein.

Wie bereits im Abschnitt »Ziel- und Bedarfsgruppenanalyse« weiter oben in diesem Kapitel erläutert wurde, sollten sich auch Marketingstrategien an den Bedürfnissen und Interessen der wichtigsten Stakeholder ausrichten. Folgende Zielgruppen sind zu überzeugen bzw. mit den notwendigen Signalen zu versorgen:

- potenzielle Kundinnen und Kunden
- bestehende Kundinnen und Kunden
- wichtigen Gatekeeper bzw. deren Algorithmen
- Multiplikatoren wie Redakteurinnen/Redakteure, Bloggerinnen/Blogger, Journalistinnen/Journalisten ...
- gegebenenfalls Investoren

Content/Inhalte

Die Inhalte, die auf der eigenen Website, auf Social-Media-Profilen, in Newslettern oder auch Fremdmedien veröffentlicht werden, sind heutzutage der wichtigste Hebel zur Positionierung und Stärkung einer Marke insbesondere in Bezug auf die Algorithmen von Google, Facebook & Co. Wichtig sind allerdings nicht nur die Inhalte selbst, sondern auch, ob und wie intensiv Konsumenten mit ihnen interagieren. Die Inhalte stehen auch im Mittelpunkt vieler taktischer Online-Marketing-Maßnahmen wie der Suchmaschinenoptimierung, dem Social Media Marketing, dem E-Mail-Marketing oder der Online-PR.

Mit Inhalten kann man alle Stakeholder-Gruppen erreichen. Anders formuliert: Die Veröffentlichung und Verbreitung von Inhalten ist das wirkungsvollste Kommunikationsinstrument, das uns heute als Online-Marketer zur Verfügung steht – vorausgesetzt, die Content-Marketing-Strategie orientiert sich an einer übergeordneten Online-Marketing-Strategie.

Usability/CRO

Die Benutzerfreundlichkeit bzw. Usability einer Website oder App ist Teil des Markenkerns und sowohl für die Kundenbindung als auch für die Neukundengewinnung wichtig. Die einfache und komfortable Benutzerführung wird durch den Konsumenten direkt mit der Marke in Verbindung gebracht. Der Erfolg extrem populärer Marken wie z.B. Amazon, Google oder Apple ist neben ihrem Sortiment bzw. ihrer Produktpolitik in erster Linie auf eine nutzerfreundliche Anwendung zurückzuführen.

SEO

Der Zusammenhang zwischen Suchmaschinenoptimierung (SEO) bzw. guten Rankings bei den Suchmaschinen und der Markenrelevanz ist seit Jahren unbestritten.

Die Voraussetzung für erfolgreiches SEO ist, Signale zu erzeugen, die die Suchmaschinenalgorithmen davon überzeugen, dass man relevante

Inhalte nutzerfreundlich bereitstellt. Durch gute Auffindbarkeit über Suchmaschinen spricht man potenzielle Kunden, bestehende Kunden wie auch Multiplikatoren an.

Hier gilt es, Google & Co. über entsprechende Maßnahmen zu signalisieren, dass man – bezogen auf das jeweilige Themengebiet – eine relevante Autorität ist. Dabei spielen Inhalte und Links sowie weitere externe Signale wie Kookkurrenzen und Suchmuster eine entscheidende Rolle. Bei den Suchmustern spielen unter anderem die Suchanfragen in der Kombination »Marke und Thema« eine wichtige Rolle. Diese lassen sich z. B. über crossmediale Kampagnen beeinflussen.

Aber auch der Einfluss von Signalen aus dem Social-Media-Umfeld wird als Ranking-Faktor durch SEO-Experten diskutiert. Von Google wird er allerdings verneint.

Social Media Marketing

Social Media Marketing ist ein ähnlich wichtiges Vehikel, um eine starke Marke aufzubauen, wie SEO und Usability/CRO. Der Erfolg von Social Media Marketing steht und fällt mit den Inhalten, die man bereitstellt.

Über Social Media Marketing erreicht man in erster Linie sowohl potenzielle Neukunden als auch bestehende Kunden und Multiplikatoren.

Hier das Beispiel einer gelungenen Kampagne der Sportschuh-Handelskette Foot Locker: Bei YouTube findet man eine Vielzahl an Yeezy-Unboxing-Videos, die offensichtlich von Foot Locker initiiert worden sind. Foot Locker konnte Käuferinnen und Käufer dazu animieren, Unboxing-Videos auf YouTube zu veröffentlichen. In diesem Fall war es eine Kampagne zum unter Sneaker-Kennern sehr angesagten Adidas-Yeezy-Modell. Dadurch konnte sich Foot Locker im thematischen Kontext des Yeezy-Schuhmodells einen Namen machen, was neben der Kookkurrenz auch zu Suchanfragen nach dem Muster »footlocker yeezy adidas« oder »footlocker yeezy« geführt hat.

E-Mail-Marketing

Erfolgreiche E-Mail-Marketing-Maßnahmen und ein erfolgreicher Markenaufbau stehen in einem unmittelbaren Zusammenhang. E-Mails einer relevanten Marke wird besondere Aufmerksamkeit zuteil, aber nur, solange die Inhalte relevant sind und die positive Erwartungshaltung gegenüber der Marke bestätigen.

Display Advertising

Durch den zunehmenden Einsatz von Ad-Blockern und durch eine sinkende Akzeptanz von Werbung in den Zielgruppen ist das einstige Flaggschiff des Online-Marketings unter Druck geraten. Dennoch ergeben gezielte Display-Kampagnen entlang der Customer Journey immer noch Sinn. Als alleiniges Mittel zum Aufbau einer relevanten Marke ist Display-Werbung aber nicht geeignet. Dafür ist die Wirkung von Push-Werbung allein in der Regel zu schwach. Speziell in der Pre-Awareness-Phase oder in den Abschlussphasen können Display-Kampagnen aber wirkungsvolle Begleiter sein. Wichtig hierbei: Die visuelle Ansprache muss gut gemacht und das Targeting gut umgesetzt sein.

Public Relations und Kooperationen

Public Relations – kurz PR – ist ein Mittel, um Marken in thematischen Umfeldern zu positionieren. Allerdings bedarf es auch hier überzeugender und erwähnenswerter Inhalte. Somit sind PR-Kampagnen in erster Linie als taktischer Kanal bzw. taktisches Instrument für den Markenaufbau zu sehen. Durch PR lassen sich auch alle für den Markenaufbau wichtigen Interessengruppen ansprechen. Sie sollten versuchen, über PR-Aktionen oder Content-Marketing-Kampagnen Markennennungen und Verlinkungen aus themenaffinen redaktionellen Umfeldern zu generieren.

Auch durch Marketingkooperationen mit Partnern aus den vor- und nachgelagerten Phasen der Wertschöpfungskette lassen sich Suchanfragen und weitere Markensignale beeinflussen. Ein Beispiel dafür ist wieder die Sportschuh-Handelskette Foot Locker, die seit Jahren enge Kooperationen mit Sportartikelherstellern wie Nike oder Adidas pflegt und sogar eigene exklusive Spezialeditionen beispielsweise von Sneaker-Modellen erhält. Dadurch bringt sich Foot Locker in einen engen thematischen Bezug zu etwa »adidas jacke«. Zu diesen Kooperationen wird dann in der Regel auch ein Spot erstellt, der auf YouTube gehostet wird. Diese »Produkt+Marken«-Kampagnen führen dann auch zu entsprechenden Suchanfragen bei Google. Foot Locker bringt so die eigene Marke immer wieder in Verbindung mit dem jeweiligen thematischen Kontext.

Abbildung 2-18:
Screenshot des Tools Hypersuggest zum Begriff Footlocker[10]

Crossmediale Marketingkampagnen

Fast alle Aktivitäten, die Sie im Rahmen des Marketings erfolgreich betreiben, beeinflussen die Wahrnehmung der Marke und können sich auf den Kunden im gesamten Verlauf der Customer Journey auswirken bzw. positive Signale für die Suchmaschinenalgorithmen erzeugen. Hier ein Beispiel:

Abbildung 2-19:
Foto-TV-Werbung von hometogo

Die Ferienhaus-Suchmaschine hometogo motiviert Interessierte über einen TV-Spot, Suchbegriffe à la »hometogo ferienhaus« oder »hometogo frankreich« einzugeben. Ob diese Werbung ursprünglich auf die eigene Suchmaschine oder tatsächlich auf Google-Suchanfragen ausgerichtet war, bleibt Mutmaßung.

Abbildung 2-20:
Screenshot des Tools Hypersuggest zum Begriff »hometogo«

In jedem Fall scheint der TV-Spot das Google-Suchverhalten zu beeinflussen. Potenzielle Kunden, die den Spot gesehen haben, scheinen bei

10 *https://www.hypersuggest.com/* (Aufruf: 20.09.2023)

Google verstärkt nach der Marke zu suchen, wie die Recherche bei Google Suggest bzw. Hypersuggest in Abbildung 2-20 zeigt.

Generell kann man sagen, dass bei allen Marketingaktivitäten und Werbekampagnen unbedingt darauf geachtet werden sollte, den »Marken+Thema«-Mix zu berücksichtigen, um die Marke im thematischen Kontext zu positionieren.

Die eigenen Assets als Kern der Online-Marketing-Strategie

Der Aufbau eigener digitaler Assets ist für den nachhaltigen Aufbau eines Unternehmens eine der wichtigsten Aufgaben beim Verfolgen einer Online-Marketing-Strategie. Digitale Assets in Bezug auf Online-Marketing können z.B. sein:

- eine eigene auffindbare Website
- Inhalte/Content
- App-Nutzer
- Newsletter-Abonnenten
- X-Follower
- Facebook-Fans

Viele Unternehmen stehen in den ersten Jahren nach ihrer Gründung oder bei den ersten Schritten im Online-Marketing vor dem immer wieder gleichen Problem: Noch besitzen sie keine digitale Popularität, und eigene digitale Kommunikationskanäle sind – bezogen auf die eigenen Zielgruppen – entweder bisher nicht vorhanden oder zumindest noch nicht besonders schlagkräftig.

Es liegt in dieser Situation nahe, sich auf die großen Gatekeeper zu verlassen und zu hoffen, dass über SEO, Google Ads, Meta-Anzeigen und die Listung der eigenen Produkte bei Amazon Besucherinnen und Besucher den Weg auf die eigene Website finden und im Idealfall dann auch Umsätze generiert werden. Viele große Player wie z.B. Zalando und die Unternehmen der Scout-Gruppe (ImmobilienScout, FriendScout etc.) sind vor allem durch SEO und SEA groß geworden. Dieser Weg ist einfacher, als häufig jahrelang in Vorleistung zu gehen, bis man eigene unabhängige Assets aufgebaut hat. Aber diese Strategie ist auch tückisch.

Viele Unternehmen und Online-Marketer werden so immer mehr zum Spielball der großen Gatekeeper Google, Facebook und Amazon und richten ihre Online-Marketing-Strategien an diesen Fremdsystemen aus.

Der *Kampf der Internetriesen* um die Vorherrschaft im Internet ist seit Jahren in vollem Gang. Alle Player haben das Ziel, einen Großteil des Verkehrs und der Transaktionen im Internet selbst zu übernehmen und Kapital daraus zu schlagen.

Google, Meta und Amazon besetzen hier die besten Positionen. Alle drei sind an verschiedenen Ausgangspunkten gestartet: Google als Suchmaschine, Facebook und Instagram als soziale Netzwerke und Amazon als Onlinebuchhändler. Aber die Luft wird dünner! Inzwischen bewegen sie sich mit großer Geschwindigkeit aufeinander zu. Während Amazon den Kampf um die Produkte und Händler gewonnen hat, herrscht aktuell der Kampf um die Hoheit über Inhalte. Dieser Kampf wird zwischen Google und Meta, aber auch auf Plattformen wie LinkedIn ausgetragen, die immer mehr versuchen, über die Inhalte ihrer Nutzer Besucherinnen und Besucher zu halten und zu generieren.

Stellt man sich zu sehr auf diese Fremdsysteme ein, beschneidet man die Möglichkeiten des eigenen Online-Marketings. Zudem droht der Autonomieverlust. Man stelle sich vor, es gäbe nur noch Google und/oder Facebook als einzige Online-Marketing-Kanäle. Man wäre hoffnungslos in den Grenzen der Systeme gefangen und ein Spielball dieser Player – ohne eigene Basis.

Zum Abschluss dieses Kapitels deshalb mein Appell: Diversifiziert euch, habt Mut und baut euch neben Fremdkanälen eigene Systeme und Assets auf – einen reichweitenstarken Newsletter-Verteiler, gute Rankings in Suchmaschinen –, über die ihr euch und eure Produkte über hervorragendes Online-Marketing positionieren könnt. Denn das könnte durch eine Gleichschaltung des Online-Marketings in Fremdsystemen schnell nicht mehr möglich sein. Dann geht es irgendwann nur noch darum, wer das größte Budget hat. Lassen wir es so weit nicht kommen!

Eine Diversifizierung der Kanäle reicht aber allein nicht aus. Schafft etwas Eigenes und Unabhängiges, was ihr selbst voll und ganz beeinflussen könnt: eine starke Marke mit Inbound-Effekt und einem eigenen zielgruppenaffinen und effizienten Kommunikationssystem.

Es ist nicht der einfache und schnelle Weg, aber nachhaltig und wertschaffend. Ziel sollte sein, mindestens 40 bis 50% der Besucher der eigenen Website über Marken-Traffic wie Direktzugriffe, Brand- bzw. Navigationssuchanfragen, Feedreader, Newsletter etc. zu generieren. Denn auf der eigenen Website haben Sie über Conversion- und Usability-Optimierung direkten Einfluss auf die Monetarisierung der eigenen Inhalte.

Die übrigen Marketingaktivitäten sollten je nach Geschäftsmodell eine Mischung aus organischem Suchmaschinen-Traffic, PPC-Werbung, Besuchen über Social-Media-Kanäle, Verlinkungen etc. sein. So erzielen Sie einen gesunden Mix, und das Risiko einer gefährlichen Abhängigkeit ist überschaubar. Die eigene Marketingstrategie nicht auf eigene Assets, sondern auf Fremdsysteme wie Google, Facebook oder Amazon auszulegen, ist nicht nachhaltig.

Die Marke und die eigenen autonomen Kommunikationskanäle wie Newsletter, Blog, Website sollten als eigene Assets in der Regel das zentrale Bindeglied zwischen allen (Online-)Marketing-Maßnahmen sein. Der Markenaufbau und der Aufbau eigener unabhängiger Kommunikationskanäle sollten immer im Zentrum einer langfristigen (Online-)Marketing-Strategie stehen.

KAPITEL 3

Content-Marketing

- Was ist Content-Marketing, und was ist Content?
- Content als wichtigster Touchpoint in der Customer Journey
- Vorteile und Nachteile von Content-Marketing
- Content-Arten
- Content-Marketing-Ziele
- Unterschied zwischen Content-Marketing-Kampagnen und Content-Marketing-Strategie
- Der Content-Marketing-Prozess
- Die Content-Marketing-Strategie
- Die Content-Analyse, -Konzeption, -Produktion, -Distribution, -Evaluation
- KI-Tools (ChatGPT) als Unterstützung im Content-Marketing
- Content-Marketing-Verantwortlichkeiten

Von Olaf Kopp

Content-Marketing ist die konsequente Weiterführung des aus der PR bekannten Corporate Publishing und Blogging und hat sich ca. 2010 zu einer der wichtigsten Marketingmaßnahmen für Unternehmen entwickelt.

Was ist Content-Marketing, und was ist Content?

Der Begriff *Content-Marketing* wurde von Joe Pulizzi erstmalig genutzt. Seine Definition aus dem Jahr 2014 lautet wie folgt:

> »Content Marketing is the marketing and business process for creating and distributing relevant and valuable content to attract, acquire, and engage a clearly defined and understood target audience with the objective of driving profitable customer action.«

Diese Definition bezieht sich nur auf Prozesse für die Erreichung taktischer Marketingziele. Nicht betrachtet werden bei dieser Definition die strategischen Ziele. Laut der deutschen Wikipedia ist Content-Marketing wie folgt definiert:

> »Content-Marketing ist eine Marketing-Technik, die mit informieren den, beratenden und unterhaltenden Inhalten die Zielgruppe anspre-

> chen soll, um sie vom eigenen Unternehmen und seinem Leistungsangebot oder einer eigenen Marke zu überzeugen und sie als Kunden zu gewinnen oder zu halten.«

Diese Definition umfasst mehr als die ursprüngliche Definition von Joe Pulizzi und entspricht eher dem heutigen Verständnis von Content-Marketing.

Bei der Frage, was denn Content im Zusammenhang mit Content-Marketing überhaupt ist, herrscht ebenfalls noch Uneinigkeit. Manche Experten schließen Inhalte, die sich mit dem Produkt oder der Marke beschäftigen, kategorisch aus.

Diese Sichtweise stößt aber an ihre Grenzen, da die Übergänge sehr fließend sein können und man die Möglichkeiten des Content-Marketings unnötig beschneiden würde, wenn man produkt- und markenbezogene Inhalte ausklammerte.

Im Sinne der Customer Journey ist es sinnvoll, auch angebotsorientierte oder kommerzielle Inhalte, die in der wichtigen Preference-Phase erwartungskonform sind, in das Content-Marketing zu integrieren, aber dazu später mehr.

Content als wichtigster Touchpoint in der Customer Journey

Gerade im Content-Marketing ist eine nutzerzentrierte Denkweise sowohl auf der strategischen Ebene als auch auf der taktischen Ebene ein Muss. Nachdem Zielgruppen und strategische Ziele feststehen, sollte bei der Strategieentwicklung immer aus der Perspektive des Nutzers gedacht werden.

Wie bereits in Kapitel 2 zur Online-Marketing-Strategie erläutert, spielt eine nutzerzentrierte Strategie entlang der Customer Journey eine wichtige Rolle in der Marketingkommunikation und im Online-Marketing.

Touchpoints zu schaffen, die je nach Customer-Journey-Phase den Erwartungen der Kundeninnen und Kunden entsprechen, ist ein wichtiger Erfolgsfaktor auf dem Weg zum Verkauf, für die Kundenbindung und das Branding.

Gerade in den frühen Phasen der Customer Journey, etwa in der Awareness- oder der Consideration-Phase, sind Inhalte meistens die Touchpoints mit der besten Customer Experience, da Nutzerinnen und Nutzer in diesen Phasen oft noch kein konkretes Produktinteresse entwickelt haben. In diesen Phasen ist reine Werbung oder Sales-Kontakt ein Glücksspiel.

Content als Touchpoint ist die beste Möglichkeit, Conversions wie Leads oder Verkäufe vorzubereiten. Inhalte können als Unterhalter, helfende Hand, als Kaufberaterin oder Serviceberater fungieren und in allen Phasen der Customer Journey eingesetzt werden.

Vorteile und Nachteile von Content-Marketing

Die Aufmerksamkeitsspanne von Menschen, um neue Informationen und also auch Inhalte aufzunehmen, sinkt aufgrund der Informationsdichte Jahr für Jahr. Betrachtet man die Menge an Informationen, die minütlich nur über digitale Medien auf uns einwirken, ist das nicht verwunderlich.

Gerade Werbung ist von dieser Entwicklung betroffen, da Menschen nur in einer kurzen Phase ihrer Customer Journey ein Interesse an Produktinformationen haben, also offen für Werbung sind. Hinzu kommt der weitverbreitete Einsatz von Ad-Blockern in vielen neuen Browserversionen.

Hier ist Content eine Möglichkeit, den Kunden über die gesamte Customer Journey hinweg zu begleiten. Über Content lassen sich Menschen noch weit vor dem eigentlichen Produktinteresse ansprechen. Zudem kann über Content eine kostengünstige Reichweite erzielt werden. Die Verbreitung von Werbung hingegen kostet oft viel Geld.

Content sollte immer nutzerzentriert konzipiert und produziert werden. Werbung wird häufig noch aus Unternehmenssicht produziert.

Zusammengefasst hier die Vorteile von Content-Marketing:

- Content-Marketing ist nutzerzentriert.
- Content-Marketing funktioniert in allen Phasen der Customer Journey.
- Content-Marketing kann über virale Effekte eine große kostenlose Reichweite erzeugen.
- Content-Marketing kann sehr vorteilhafte Synergien mit SEO, PR und Social Media schaffen.

Zusammengefasst die Nachteile von Content-Marketing:

- Der direkte Verkauf über Content-Marketing-Angebote ist schwierig.
- Content-Marketing kann aufgrund des Zusammenspiels verschiedener Disziplinen sehr komplex sein.

Content-Arten

Für das Content-Marketing steht eine Vielzahl an Content-Arten und -Formaten zur Verfügung. Welche Content-Arten für den jeweiligen Zweck am besten geeignet und am sinnvollsten sind, hängt von dem generellen Konsumverhalten der anzusprechenden Zielgruppen ab.

Deswegen sollte man sich bereits bei der Entwicklung einer Content-Marketing-Strategie detailliert z. B. mithilfe von Methoden der Marktforschung oder anhand bestehender Studien intensiv mit den eigenen Zielgruppen beschäftigen. Auch die Endgeräte, über die der Content konsumiert wird, sind wichtig. Während sich beispielsweise PDFs eher für den Konsum auf Desktop-PCs eignen, lassen sich Podcasts sehr gut über Smartphones konsumieren.

Bei Content-Formaten kann man unterscheiden zwischen Text, Bild, Anwendungen (z. B. Konfiguratoren, Rechnern etc.), Audio (z. B. Podcasts), audiovisuellem Content (z. B. Videos) und Face-to-Face (z. B. Vorträgen).

Man kann diese Formate noch in weitere Unterkategorien anhand der (technischen) Art der Auslieferung unterteilen:

- Live
- Aufzeichnung
- Story
- GIF
- statisch
- PDF
- HTML
- Print
- 1:1
- 1:n

Alle Content-Formate können und sollten mehrfach für eine Content-Art eingesetzt werden. So lassen sich Synergieeffekte nutzen, und unterschiedliche Konsumpräferenzen der Zielgruppen können berücksichtigt werden.

Diese Content-Formate können in Form einer Vielzahl von Content-Arten produziert werden. Die Abbildung 3-1 bietet eine Übersicht ohne Anspruch auf Vollständigkeit:

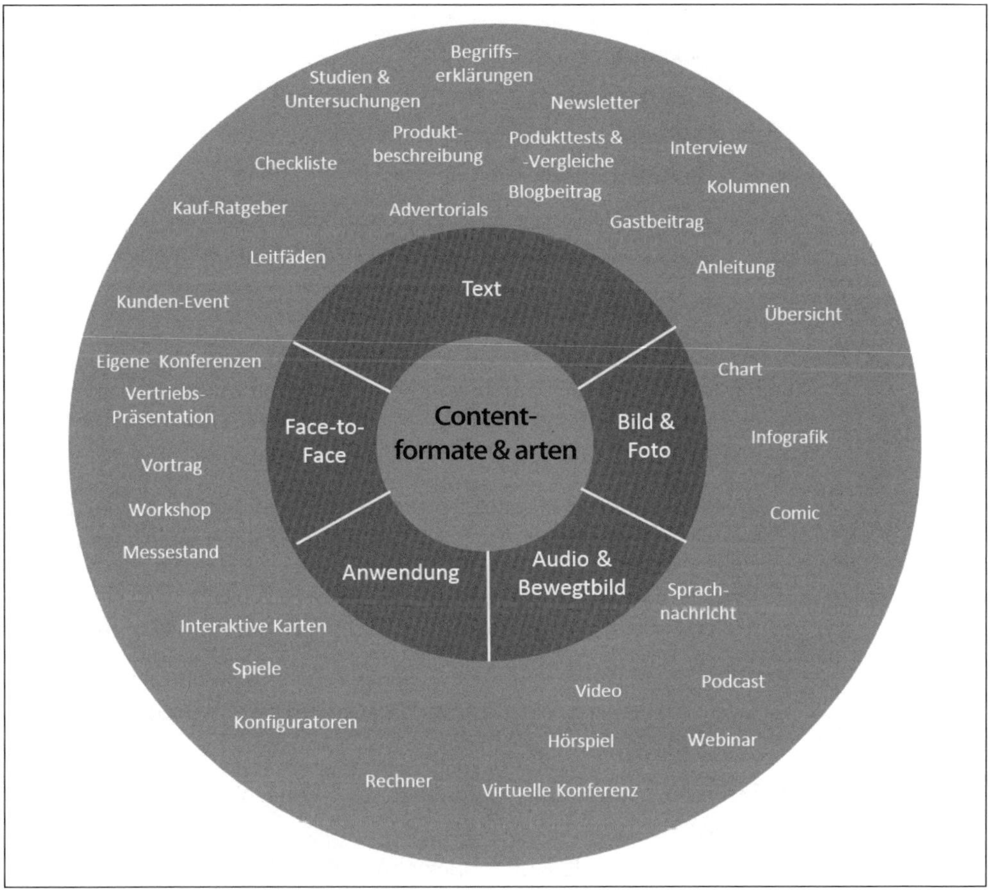

Abbildung 3-1:
Übersicht der Content-Arten und -Formate (© Olaf Kopp)

Bestimmte Content-Arten lassen sich in Form von verschiedenen Content-Formaten erstellen. So lässt sich zum Beispiel eine Anleitung als Text, Video oder als Bild produzieren.

Content-Marketing-Ziele

Bei der Betrachtung der Ziele von Content-Marketing ist es sinnvoll, in kurzfristige, taktische Ziele und langfristige sowie strategische Ziele zu unterscheiden.

Content-Marketing verfolgt drei übergeordnete langfristige bzw. strategische Ziele:

- Branding/Markenaufbau
  - thematische Positionierung der Marke

  - Image
  - Bekanntheitsgrad
  - Kundenbindung
  - Reputation
- Employer Branding
  - Mitarbeiterbindung
  - Image
  - Bekanntheitsgrad
  - Reputation

Die langfristigen Ziele sollten immer im Fokus stehen, denn: »Der stete Tropfen höhlt den Stein.« Hier denkt man in Zeiträumen von mindestens zwei bis drei Jahren.

Um mittelfristige Ziele zu erreichen, sollte man von mehreren Monaten bis einigen Jahren ausgehen. Diese Ziele können wie folgt definiert werden:

- Reputation optimieren
- Ausbau von Owned Media, also eigenen Kommunikationskanälen
- gute Auffindbarkeit bei den Suchmaschinen Google & Co. erzielen
- regelmäßige Besucherinnen und Besucher bzw. Leserschaft gewinnen
- Abschlussraten bzw. Konversionsraten verbessern
- Influencerinnen und Influencer an Unternehmen/Organisation binden
- langfristige loyale Kundenbeziehungen aufbauen
- Interessierte und Kunden zu wiederkehrenden Besuchen ermutigen

Kurzfristige Content-Marketing-Ziele können in nur wenigen Tagen bis zu einigen Monaten erreicht werden. Zu ihnen gehören:

- mithilfe der Verbreitung von Inhalten über Social Media und Word-of-Mouth Reichweite erzeugen
- Social Buzz kreieren
- Kookkurrenzen und Backlinks erzeugen
- neue Besucherinnen und Besucher gewinnen
- Anfragen, Leads und/oder Verkäufe erzielen

Wie bereits in Kapitel 2, »Online-Marketing-Strategie«, angemerkt, ergibt eine strikte Trennung von Markenaufbau und Performance keinen Sinn. Dennoch ist es hilfreich, bei der Zieldefinition den Fokus auf kurzfristige Ziele wie die Leadgenerierung oder auf langfristige Ziele wie den Markenaufbau als Hauptziel zu setzen, um den Maßnahmen-Mix besser auszurichten.

Unterschied zwischen Content-Marketing-Kampagnen und Content-Marketing-Strategie

Content-Marketing-Kampagnen verfolgen in erster Linie kurzfristige Ziele, sollten aber immer Teil einer übergeordneten Content-Marketing-Strategie sein. Die Content-Marketing-Strategie ist auf die langfristigen Ziele ausgerichtet und garantiert den nachhaltigen Erfolg des eigenen Content-Marketings.

Strategie und Kampagne stellen grundsätzlich keine Gegensätze dar. Auch für die Durchführung einer Kampagne bedarf es einer Prozessstrategie. Die entscheidenden Unterschiede zwischen Kampagne und Strategie sind die Laufzeit und die zu erreichenden Ziele.

Kampagnen sind eher kurz- bis mittelfristig angelegt und verfolgen taktische bzw. operative messbare Ziele. Diese kurz- bis mittelfristigen Ziele einer Kampagne sind als Zwischenziele zur Erreichung der langfristigen strategischen Ziele zu sehen.

Eine Strategie ist eher längerfristig angelegt und folgt ganzheitlichen eher abstrakten Zielen.

Eine Content-Marketing-Kampagne ist eine zeitlich begrenzte Maßnahme, die kurz- bis mittelfristige bzw. taktisch-operative Ziele verfolgt. Diese Ziele sind zudem verschiedenen Interessengruppen innerhalb von Unternehmen zuzuordnen. So kann man grob zwischen PR-, Social-Media-, SEO-, Vertriebs- und Marketingzielen unterscheiden.

Social-Media-Ziele:

- Word-of-Mouth
- Social Buzz
- Community-Aufbau

SEO-Ziele:

- bessere Auffindbarkeit bei Google & Co.
- mehr Backlinks
- mehr Kookkurrenzen

Taktische/operative Marketingziele:

- die Zahl der Website-Besucherinnen und -Besucher verbessern
- Newsletter-Abonnentinnen und -Abonnenten hinzugewinnen
- die Nutzerinteraktionen verbessern (Absprungrate reduzieren, Aufenthaltsdauer verlängern, Scrolltiefe verbessern etc.)

Alle diese Ziele sind Zwischenziele zur Erreichung der übergeordneten langfristigen Unternehmensziele wie z. B. Markenaufbau und Branding.

Content-Marketing-Kampagnen setzen auf Inhalte, die für sich sprechen und aufgrund ihrer Beschaffenheit und Wertigkeit unabhängig von einer Content-Plattform veröffentlicht werden können. Zum Beispiel kann ein Whitepaper oder eine Infografik über verschiedene Plattformen, z. B. eigene Portale oder Fremdportale oder sogar als Printformat, publiziert bzw. hochgeladen werden. Der Inhalt ist also unabhängig vom Hosting.

Content-Marketing-Kampagnen können beispielsweise in Form von Studien, E-Books, Leitfäden, Whitepapers oder Ähnlichem angelegt sein. Diese Inhaltsangebote können auch z. B. als PDF unabhängig vom eigenen Blog, Magazin bzw. anderen Owned Media stattfinden.

Auch Videos, die das Ziel haben, viralen Buzz in sozialen Medien zu erzeugen, sind als Content-Marketing-Kampagnen zu verstehen.

Der Content-Marketing-Prozess

Der Content-Marketing Prozess besteht aus fünf Phasen:

1. Analyse
2. Konzeption
3. Produktion
4. Distribution
5. Evaluation

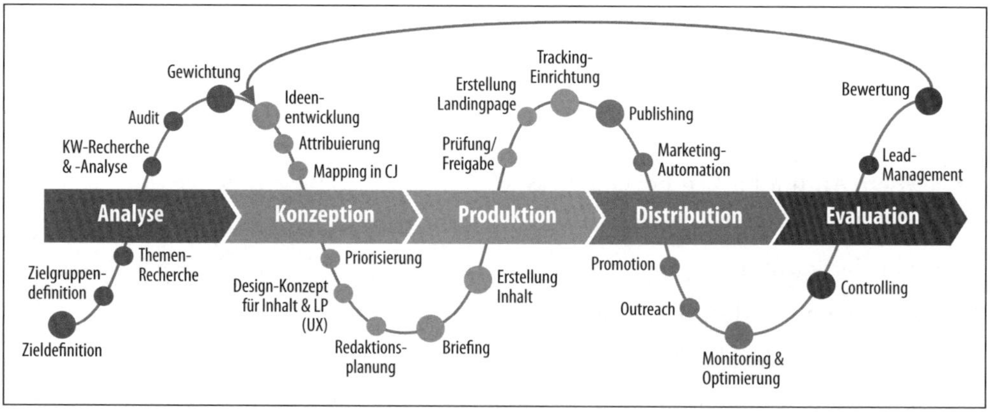

Abbildung 3-2:
Übersicht Content-Marketing-Prozess (© Olaf Kopp)

Dieser Prozess verläuft iterativ. Auf die fünfte Phase folgt wieder die Analyse- oder die Konzeptionsphase. Die Prozessschritte beschreiben sowohl die Struktur von Content-Marketing-Kampagnen als auch sehr unterschiedliche Content-Ideen, die in einem bestimmten Zeitabschnitt realisiert werden sollen.

Ohne die ersten beiden vorbereitenden Phasen kann kein nutzerzentriertes Content-Marketing erfolgen.

Analyse

In der Analysephase wird die Grundlage für erfolgreiches Content-Marketing gelegt. Die aus der Suchmaschinenoptimierung übernommenen Keyword-Recherchen und -Analysen kommen zur Anwendung, genauso wie etwaige quantitative Content-Audits und die Definition der Zielgruppen und Ziele.

Konzeption

In der Konzeptionsphase ist Kreativität und strategische Denke gefragt. Über Brainstorming und Methoden der Marktforschung werden in dieser Phase die Themenfelder bestimmt. Konkrete Content-Ideen werden entwickelt und so aufgearbeitet, dass der Arbeitsauftrag in Form eines Briefings an die Content-Produzenten übergeben werden kann.

Neben der Entwicklung der Content-Ideen wird in dieser Phase auch die Strategie auf die einzelnen Content-Einheiten angewendet, indem diese Einheiten über eine Attribuierung klassifiziert und in der Customer Journey der jeweiligen Zielgruppe verortet werden können. Mehr dazu findet sich in Kapitel 14.

Produktion

In der Produktionsphase sind die Redakteure, Texterinnen, Grafiker, Designerinnen, UXler, Videoproduzentinnen, Entwickler und weitere am Zug, um die Content-Ideen in die Praxis umzusetzen.

Ziel dieser Phase ist es, die Touchpoints so herausragend zu gestalten, dass die Customer Experience den Erwartungen der Kunden entspricht oder sie sogar übertrifft. Des Weiteren müssen die Webanalysten und -analystinnen für die Implementierung eines funktionierenden Trackings sorgen, bevor es zur Verteilung der Inhalte kommt.

Distribution

Die Distributionsphase ist – zusammen mit der Konzeption – die wohl erfolgskritischste Prozessphase im Content-Marketing. Ziel dieser Phase ist die zielgruppenorientierte Verteilung des Contents, um die notwendige Reichweite zu erzeugen.

Ohne eine durchdachte und zielgenaue Content-Distribution wird es keine Konsumierenden und als Folge keinen Erfolg geben.

Evaluation

In der Evaluationsphase kommen das Webanalyseteam, das Marketing/Controlling und gegebenenfalls der Vertrieb zum Zug.

Ziel ist die Erfolgsmessung im Hinblick auf die zuvor festgelegten Ziele und ihre Bewertung. Bei stark leadorientierter Zielsetzung geht es in dieser Phase auch um die Weiterverwertung generierter Leads wie beispielsweise Anfragen.

Die Content-Marketing-Strategie

Viele Unternehmen betreiben Content-Marketing ohne eine Strategie bzw. Content-Marketing-Aktionismus ohne System. Beispielsweise wird ein Blog, ein Onlinemagazin oder eine Social-Media-Plattform Woche für Woche, Tag für Tag mit einzelnen zusammenhanglosen Inhalten gefüllt, ohne vorab einen Rahmen festzulegen.

Die Content-Marketing-Strategie bestimmt die Zielsetzung, den kontextuellen und thematischen Rahmen und relevante mögliche Distributionskanäle. Zur Entwicklung einer Content-Marketing-Strategie sollte zu Beginn feststehen, welche Zielgruppen angesprochen werden sollen. Da das nach den üblichen Methoden der Zielgruppendefinition, z. B. mithilfe von Personas, stattfindet und nichts Content-Marketing-Spezifisches ist bzw. ein generelles Thema für Marketing und Kommunikation darstellt, werde ich es an dieser Stelle nicht weiter vertiefen.

Wir gehen hier davon aus, dass eine professionelle Zielgruppendefinition bereits stattgefunden hat und entsprechende Ergebnisse vorliegen (z. B. die Zielgruppe »Geschäftsführerinnen mittelständischer Unternehmen aus B2B-Branchen«).

Wichtig ist allerdings, zu beachten, dass nicht nur die üblichen großen Zielgruppen wie potenzielle oder bestehende Kunden, sondern auch andere Stakeholder – Mitarbeitende, Multiplikatoren (z. B. Journalistinnen, Redaktionen in Fachmedien, Blogger etc.) und Influencer – mögliche Zielgruppen sein können.

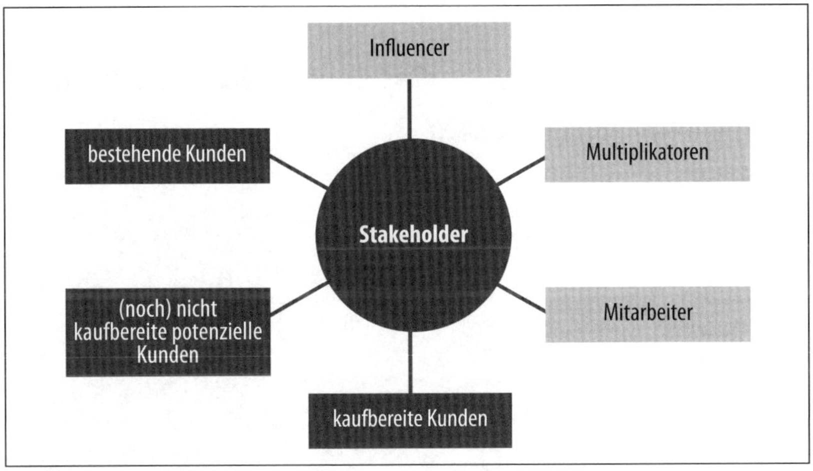

Abbildung 3-3:
Zielgruppen (© Olaf Kopp)

Auf diese Zielgruppen sollte nun die Zieldefinition angewendet werden. Die Ziele sollten langfristig strategischer Natur sein, z. B.:

- thematische Positionierung der Marke
- Verbesserung des Images
- Erhöhung der Markenbekanntheit
- Verbesserung der Markenbeliebtheit
- Verbesserung der Kundenbindung
- Verbesserung der Reputation
- Verbesserung der Kundenzufriedenheit
- stärkere Mitarbeiterbindung

Je nach Zielsetzung sollte der Content unterschiedliche Funktionen erfüllen bzw. Effekte auf den Nutzer haben. Diese Funktionen sind eng verknüpft mit den strategischen Zielen.

Hier gibt es verschiedene Ansätze.

Doris Eichmeier unterscheidet in ihrem *Content-Sonnensystem*[1] zwischen *Loyalitäts-Content*, *Entscheidungs-Content*, *Neugierde-Content* und *Kennenlern-Content*.

Robert Weller differenziert in seinem *Content Polygon*[2] zwischen *Story Content*, *Highlight Content*, *Conversion Content*, *Trust Content*, *Curated Content* und *Community-Content*.

1 *https://www.zielbar.de/magazin/content-zukunft-9715/* (Aufruf 10.10.2023)

2 *https://www.toushenne.de/newsreader/content-polygon-marketing-mix.html* (Aufruf 10.10.2023)

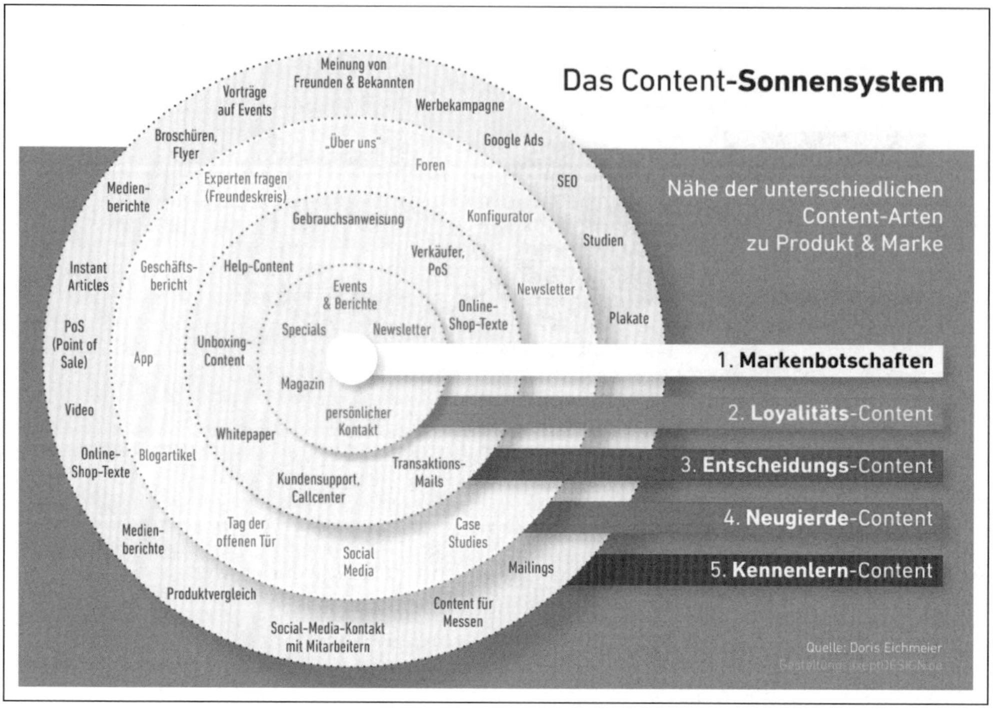

Abbildung 3-4:
Content-Sonnensystem (© Doris Eichmeier)

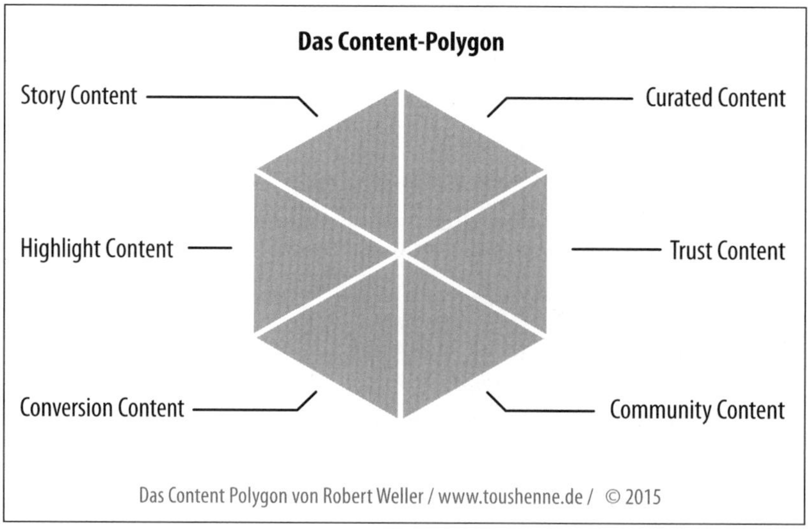

Abbildung 3-5:
Content Polygon (© Robert Weller)

Jede dieser Content-Arten beeinflusst, wie der Publisher des Contents wahrgenommen wird. Nachfolgend einige dieser Effekte und besonders passende Content-Arten.

- **Expertenstatus und Thought Leadership** – Diese Funktion können kuratierte Inhalte genauso haben wie herausragender Wissensführer-Content. Kuratierte Inhalte können z. B. eine Sammlung von Zitaten, Expertenstimmen, News etc. oder die Zusammenfassung einer Studie sein. Aufwendiger in der Produktion sind exklusive Thought-Leadership-Beiträge, die insbesondere für die Ansprache anderer Fachleute, Early Adopter etc. genutzt werden können. Diese Art von Content sorgt für Vertrauen in die Kompetenz des Publishers.
- **Hilfsbereitschaft durch Unterstützung** – In diese Funktionskategorie fallen Anleitungen, How-tos etc., also Inhalte, die Nutzer selbstwirksam machen und damit ihr Vertrauen gewinnen und Dankbarkeit erreichen wollen.
- **Aufmerksamkeit durch Unterhaltung** – Diesen Effekt erfüllt Content für die breite Masse. Er sollte einfach und schnell zu konsumieren sein und sich leicht mit anderen teilen lassen. Das konnen sowohl einfache Stories bei Facebook oder Instagram als auch aufwendig produzierte Videospots sein. Diese Content-Art kann in den ersten Phasen der Customer Journey genutzt werden, um Reichweite zu erzielen. Wichtig hierbei ist, trotz der unterhaltenden Wirkung nicht die strategischen Ziele aus den Augen zu verlieren.
- **Unterstützung bei der Auswahl** – Diese Art von Content unterstützt die Nutzer bei der Auswahl von möglichen Lösungen. Das können Best-of-Listen, Produkttests etc. sein. Neben dem Effekt, Vertrauen und Dankbarkeit zu erzeugen, kann diese Content-Art in der Consideration-Phase als Überleitung zum Verkaufs-Content genutzt werden.
- **Unterstützung beim Kauf** – Diese Art von Content ist für die Preference- und Purchase-Phase gemacht. Es handelt sich um Content auf Angebots- und Leistungsseiten, auf Shopkategorieseiten und Produktdetailseiten.
- **Sympathie** – Diese Funktion erfüllen in erster Linie Inhalte, die das Image und die öffentliche Wahrnehmung beeinflussen und das Unternehmen bzw. die Angebote in einem guten Licht erscheinen lassen. Das können Berichte über Charity-Aktionen, nachhaltige Aktionen oder Vorgehensweisen sowie Kooperationen mit sozialen Einrichtungen, Vereinen etc. sein.
- **Zusammenhalt** – Diese Wirkung kann durch Inhalte erzeugt werden, bei denen man z. B. die Nutzenden in die Produktion der Inhalte involviert, Egobaits wie Top-Experten-Listen erstellt oder Events für die Zielgruppen veranstaltet.

Diese genannten Funktionen sind nicht immer klar voneinander abzugrenzen, sondern arbeiten teilweise Hand in Hand.

Content-Marketing-Ziele können im Rahmen der Strategieentwicklung auch in ihrer taktischen Dimension definiert werden. Im Folgenden einige Beispiele:

- bessere Auffindbarkeit bei Google & Co.
- Verbesserung der Nutzerinteraktionen (Absprungrate, Aufenthaltsdauer, Scrolltiefe etc.)
- Erhöhung der Website-Besucherzahlen
- Community-Aufbau

Das Erreichen taktischer Ziele wird aber auch immer auf die strategischen Ziele einzahlen. So kann sich eine verbesserte Auffindbarkeit in Suchmaschinen automatisch auf die thematische Positionierung der Marke, Reputation und/oder den Bekanntheitsgrad auswirken.

Je nach Zieldefinition sollte man sich folgende Fragen stellen.

- Auf welche Phasen der Customer Journey möchte man sich fokussieren?
- Für welches Thema bzw. welche Themen soll meine Marke stehen und im Markt wahrgenommen werden (z.B. Autoreifen, sicheres Fahren, Elektromobilität o.Ä.)?
- Welche Themen ergeben in welcher Phase der Customer Journey Sinn?
- Welches Image soll meine Marke verkörpern (nachhaltig, zuverlässig, kompetent etc.)?
- Bei welchen Zielgruppen möchte man bis hin zu welchem Anteil bekannt sein?
- Warum sollte man der Marke/dem Angebot vertrauen?
- Wie will man sich von den Wettbewerbern abheben?
- Welche Kanäle sind für welche Zielgruppe für die Content-Distribution sinnvoll?
- Wie sollen die strategischen bzw. taktischen Ziele gemessen werden?
- Welche Geschichte(n) möchte man rund um die Marke bzw. Angebote erzählen?
- Was ist der zentrale Content-Hub?

Bestimmung eines Content-Hubs

Der Content-Hub ist die Publikationsplattform, die im Rahmen der Content-Marketing-Strategie im Zentrum stehen soll. Auf die Inhalte dieser Plattform wird aus allen Content-Marketing-Maßnahmen immer wieder referenziert.

Dieser Content-Hub sollte eine Plattform sein, die auf der eigenen Website zur vollen Verfügbarkeit bereitsteht, wie z. B.:

- eigenes Blog
- eigenes Onlinemagazin
- eigenes Glossar bzw. Lexikon
- eigener Shop
- eigenes Ratgeberportal
- eigenes Forum
- etc.

In Einzelfällen ergibt auch eine Social-Media-Plattform wie z. B. ein eigener YouTube-Kanal Sinn. Man sollte dabei aber immer bedenken, dass die Inhalte dem Plattformbetreiber gehören. Dieser bestimmt außerdem über Algorithmen die organische Reichweite der dort gehosteten Inhalte.

In der Vergangenheit hat man immer wieder gesehen, dass die organische Reichweite bei Social-Media-Plattformen zugunsten bezahlter Reichweite nachträglich eingeschränkt wurde, etwa bei den Facebook-Unternehmensseiten.

Deswegen sollte sich der Content-Hub in der Regel immer auf einer eigens gehosteten Plattform befinden, und der meiste und auch beste Content sollte dort veröffentlicht werden.

Priorisierung der Customer-Journey-Phasen

Wichtig für eine Content-Marketing-Strategie ist die Priorisierung einzelner Phasen in der Customer Journey.

Es ist für die meisten Unternehmen sehr schwer möglich, in allen Phasen der Customer Journey eine ähnliche Qualität des Contents bereitzustellen und damit eine herausragende Customer Experience zu bieten. Deswegen sollte man aus Effizienzgründen die Phasen identifizieren, in denen der zu erwartende Effekt auf die Ziele am größten ist.

Ist z. B. der Markt ein gesättigter Verdrängungsmarkt (etwa Mobilfunk und Internet), ergibt eine Fokussierung auf die After-Sale- und Loyalty-

Phasen in der Customer Journey mehr Sinn als auf die Phasen der Neukundengewinnung.

Handelt es sich um sehr teure und/oder komplexe Produkte (z. B. Industrieanlagen), ist hingegen eine Fokussierung auf die Pre-Purchase-Phase sinnvoll.

Entwicklung der Core Story

Die Core Story ist das Verbindungsglied zwischen der Marke, dem Angebot und den Interessen/Bedürfnissen der Zielgruppen.

Die Core Story lässt sich nach dem Golden Circle von Simon Sinek[3] über die Fragen nach dem Warum, Wie und Was entwickeln. Sie beschreibt, wer wir als Unternehmen sind.

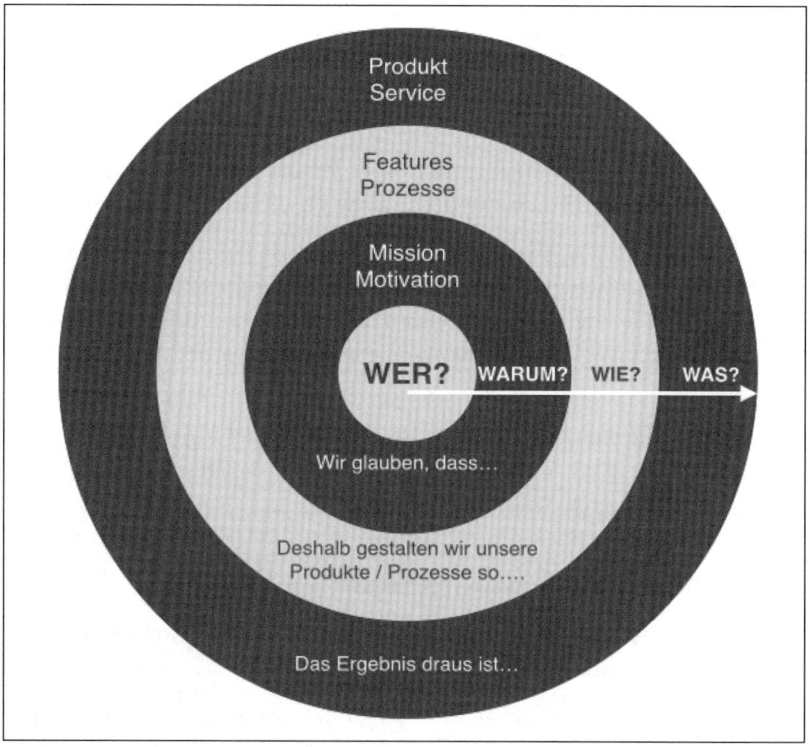

Abbildung 3-6:
Core Story (© Kresse & Discher)

3 *https://de.wikipedia.org/wiki/Simon_Sinek* (Aufruf 10.10.2023)

Sie lässt sich direkt aus Markenkern und Produktkern ableiten und schwingt je nach Content und Customer-Journey-Phase direkt oder indirekt mit.

Wichtig ist dabei, die Core Story nur dann direkt zu präsentieren, wenn sie relevant für die Nutzenden ist. Interessiert sich eine Nutzerin in den frühen Phasen der Customer Journey für oberflächliche Unterhaltung oder sucht eine produktferne Anleitung oder einen angebotsfernen Ratgeber, kann die Core Story mitschwingen, indem Formulierungen für das »Warum?« verwendet werden. Das Nutzerbedürfnis nach objektiver Information sollte aber im Mittelpunkt stehen.

Je mehr ein Nutzer am Angebot bzw. Produkt interessiert ist, desto wichtiger wird die Core Story.

Die Content-Analyse

Die Prozessphase der Content-Analyse umfasst neben der Recherche konkreter Fragen und Keywords auch das Content-Audit. Sie dient dazu, Nachfragepotenziale bestimmter Themenfelder datenbasiert zu analysieren. Das Content-Audit dient wiederum dazu, bereits bestehende Inhalte zu analysieren.

Identifikation von Themenfeldern

Bei der Identifikation von Themenfeldern, die die Zielgruppe interessieren, muss man in die Rolle der Person(a) schlüpfen und herausfinden, was diese Menschen für allgemeine *Interessen* oder *Vorlieben* haben, welche *Probleme* und *Fragen* sie im beruflichen (B2B) oder privaten (B2C) Kontext beschäftigen, nach welchen *Lösungen* sie suchen und was sie rund um das *Angebot* oder *Produkt* und den *Kaufprozess* interessiert.

Hierbei eignen sich neben Brainstorming vor allen Methoden der quantitativen und qualitativen Marktforschung, wie z. B.:

- Einzelinterviews
- Fokusgruppen
- Umfragen

Zudem sind Mitarbeitende des Vertriebs sowie Personen aus Service und Support oder CRM (Customer Relationship Management) wichtige Informationsquellen, um Fragen zu identifizieren, die immer wieder von Kunden gestellt werden.

Ein zentrales Archiv sollte als Speicherort für diese Informationen dienen.

Recherche konkreter Fragestellungen

Das Internet bietet einen großen Fundus an User-generated Content. Täglich stellen Menschen online auf Social-Media-Plattformen, in Foren oder Frage-Antwort-Portalen, in Suchmaschinen und auf E-Commerce-Plattformen wie Amazon konkrete Fragen zu Themen und Produkten.

Zur Recherche von Websites eignen sich z.B. die Google-Suchoperatoren. Aber auch einfache Suchabfragen bei Google wie `Thema + Forum` können interessante Fachforen zum Vorschein bringen.

Die Nutzung von Suchoperatoren hilft, von Suchmaschinen indexierte Dokumente zu entdecken, die sich z.B. mit typischen Fragestellungen beschäftigen. Mögliche Suchoperatoren zum Aufspüren dieser Inhalte lassen sich kombinieren mit `site`-Abfragen zum Durchforsten bestimmter Portale (wie gutefrage.net).

Hier einige Beispiele:

```
intitle:wo urlaub
```

```
site:gutefrage.net "wo urlaub"
```

```
intitle:was cloud computing
```

Zur grundsätzlichen Recherche nach Definitionen und Erklärungen einer Begrifflichkeit lohnt es sich, den Suchoperator `define` zu nutzen (z.B. `define:suchmaschinenmarketing`). Suchoperatoren können übrigens in Kombination mit Google Alerts eingesetzt werden, um neue bei Google indexierte Inhalte zu entdecken.

Um tiefer in die Portale einzutauchen und nach passenden Threads zu suchen, kann man ansonsten auch die internen Portalsuchen nutzen.

Zum Aufspüren geeigneter Fragen helfen ebenfalls sogenannte W-Fragen-Tools. Basierend auf der Datenquelle gibt es zwei verschiedene Arten von Tools.

Einige Tools nutzen die APIs von Google, YouTube, Amazon und andere für die Erfassung der W-Fragen. Hier einige Beispiele:

- Ubersuggest[4]
- Hypersuggest[5]
- keywordtool.io[6]

---

4 *https://neilpatel.com/de/ubersuggest/*

5 *https://www.hypersuggest.com/de/*

6 *https://keywordtool.io/*

Die zweite Art der W-Fragen-Tools crawlt ausgewählte Websites und extrahiert die W-Fragen. Hier einige Tools, die so arbeiten:

- Termlabs[7]
- W-Fragen-Tool im Karlscore-Programm[8]

Eine besondere Inspirationsquelle für produktspezifische Themen und Fragestellungen sind die Amazon-Produktbewertungen und -Kundenfragen. Am besten sucht man bei Amazon nach einer generischen Produktbezeichnung und sortiert die Ergebnisse nach Kundenbewertungen. Nun kann man sich die Kundenfragen und -antworten ansehen. Dort sieht man, was den Kunden wichtig ist bzw. zu welchen Aspekten sie mehr Informationen benötigen: Hier ein Beispiel anhand der Kundenkommentare und Fragen zu einem Trockner bei Amazon:

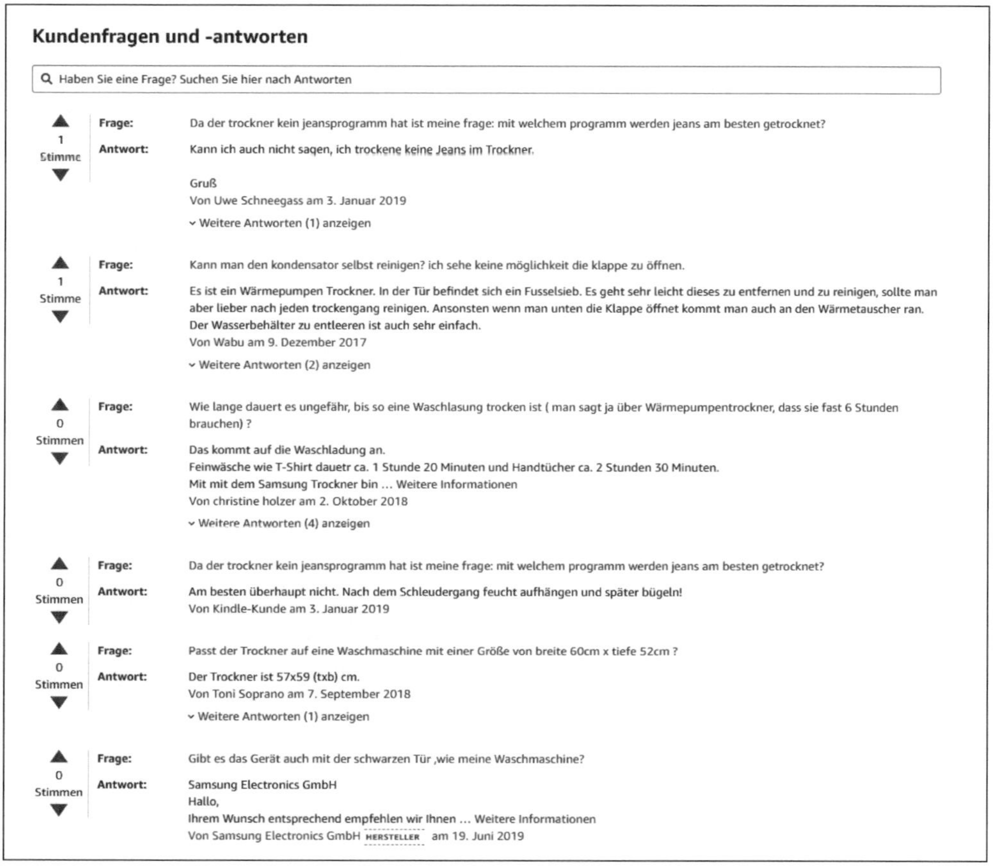

Abbildung 3-7:
Kundenfragen bei Amazon am Beispiel eines Trockners

---

7 *https://termlabs.io/*

8 *https://www.online-marketing.net/karlscore-public/*

Aus den Fragen kann man herleiten, was Interessierten beim Kauf eines Trockners wichtig ist.

- Gibt es Extraprogramme für bestimmte Kleidungsstücke wie z.B. Jeans? Wenn nein, welches Programm eignet sich am besten für Jeans?
- Ist der Kondensator einfach zu reinigen?
- Wie lange dauert der Trockenvorgang?
- Wie groß ist die Maschine?
- Wie lange kann man Garantieforderungen geltend machen?

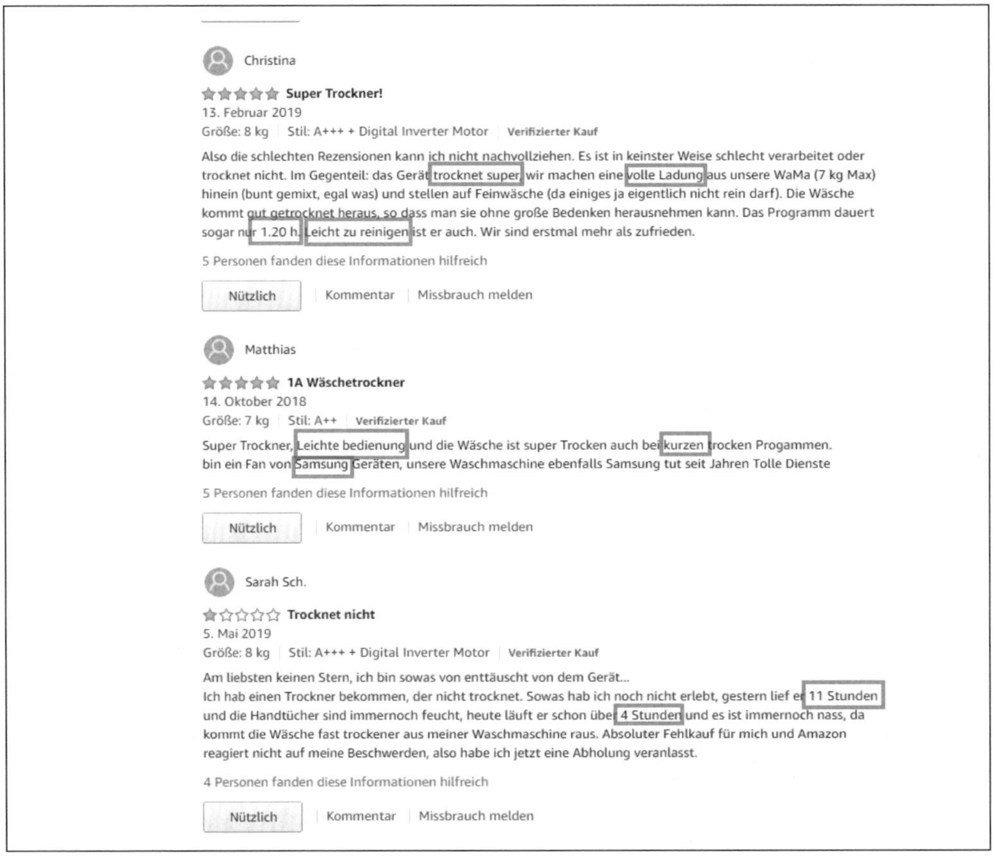

Abbildung 3-8:
Kundenbewertungen bei Amazon am Beispiel eines Trockners

In den Kommentaren sieht man, worauf Wert gelegt wird:

- leichte Bedienung
- Marke

- Füllmenge
- Dauer der Programme

Das alles sind wichtige Informationen für die Erstellung von produktnahen Inhalten in der Preference- und Purchase-Phase.

Keyword-Recherchen und -Analysen

Sind die passenden Themenfelder gefunden, steigt man über Keyword-Recherchen und -Analysen tiefer in die Themenfelder ein.

Im ersten Schritt erstellt man für die Keyword-Recherche eine Liste der Keywords, die einem sofort in Verbindung mit den Themenfeldern einfallen.

Zusätzlich wird diese Liste durch diejenigen Begriffe ergänzt, die die auf den oberen Positionen rankenden Mitbewerber verwenden. Dadurch findet man vielleicht noch den einen oder anderen Begriff, auf den man selbst nicht gekommen wäre.

Zu den bisher gesammelten Begriffen werden nun Synonyme gesucht, weil das Ziel der Recherche darin besteht, möglichst alle thematisch relevanten Begriffe zu finden. Hier eignet sich eine Vielzahl an Synonym-Findungstools und semantischen Suchmaschinen wie *semager*[9].

Sobald fünf bis zehn Begriffe je Themenfeld zusammengetragen sind, besteht der nächste Schritt darin, Keywords aus dem Long-Tail-Bereich zu finden. Bei der Themenrecherche über Keywords bzw. Suchanfragen bietet sich neben diversen kostenpflichtigen Tools insbesondere der kostenlose *Google Ads Keyword-Planer*[10] an.

Die Daten der gesammelten Begriffe, die für die Analyse des Keyword-Potenzials notwendig sind, unter anderem das Suchvolumen, erhält man mithilfe von Keyword-Recherchetools wie beispielsweise dem Keyword-Planer von Google. Zum Schluss werden die recherchierten Begriffe in Themenbereiche gegliedert.

Nach der Erstellung der Grunddatenmenge ergibt sich die Frage: Welche Suchbegriffe sind die relevantesten?

Für die Auswahl der optimalen Suchbegriffe kann man sich an folgenden Kriterien orientieren:

- Themenrelevanz
- Nachfrage in Form des Suchvolumens

9 *https://www.semager.de/*

10 *https://ads.google.com/intl/de_de/home/tools/keyword-planner/*

Die Themenrelevanz eines Keywords ist sehr wichtig, weil der Besucher einen gewissen Inhalt auf der Seite erwartet, und wenn dieser nicht vorzufinden ist, sind die Menschen schnell wieder verschwunden. Die optimalen Keywords beschreiben das Themenfeld einer Seite möglichst genau. Als zweites Kriterium spielt das Suchvolumen eine Rolle: Wenn ein Keyword häufig von der Zielgruppe genutzt wird, ist die Chance, mehr potenzielle Besucherinnen und Besucher auf die Webseite zu bekommen, größer.

Die Größe des Suchvolumens gibt auch Auskunft darüber, ob ein entsprechender Inhalt ein Thema bedient, das aktiv gesucht wird, oder nicht. Daraus lässt sich eine Empfehlung darüber ableiten, ob bei der späteren Content-Distribution Push- oder Pull-Instrumente genutzt werden sollten. Nach der Auswahl geeigneter Keywords wird die Suchintention pro Keyword bestimmt. Es gibt vier Arten der Suchintention: Brand-orientiert, navigationsorientiert, informationsorientiert und transaktionsorientiert.[11]

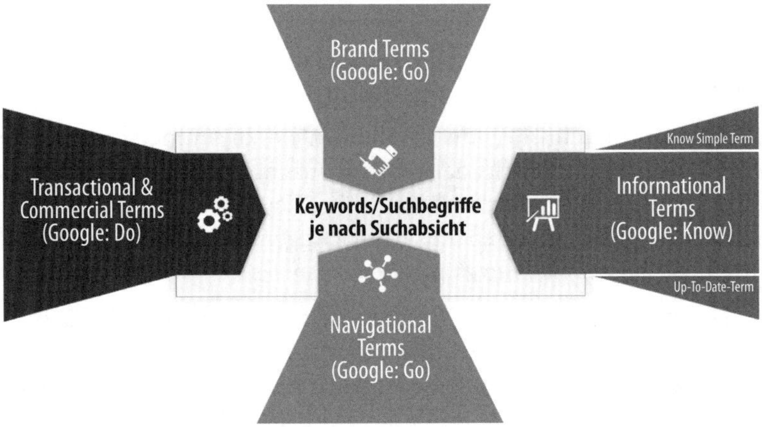

Abbildung 3-9:
Übersicht der Suchintentionen (© Olaf Kopp)

Die Unterscheidung der Keywords nach der Suchintention ist wichtig, um den Besucherinnen und Besuchern den gewünschten Content auf einer erwartungskonformen Landingpage zu präsentieren.

Über die Suchintention lassen sich die Inhalte auch in die Customer Journey einordnen. Ein Inhalt, der für ein informationsorientiertes Keyword gefunden werden soll, ist in der Loyalty-, After-Sale-, Awareness oder Consideration-Phase zu verorten. Ein Inhalt, der für ein

11 *https://www.sem-deutschland.de/blog/keywords-suchintention/*

transaktionsorientiertes Keyword gefunden werden soll, ist in der Preference-Phase zu verorten.

Zusätzlich zur Suchintention und dem Suchvolumen sollte man sich die erste Suchergebnisseite bei Google genauer ansehen. Die Beschaffenheit der Suchergebnisse gibt eindeutige Hinweise darauf, welche Medienformate zum Suchbegriff vom Nutzer erwartet werden. Das sind wertvolle Hinweise für eine mögliche Mehrverwertung des Themas mit weiteren Medienformaten.

Zum Abschluss der Keyword-Recherche- und Analyse sollte man die recherchierten Informationen in einem Themenstrategieplan zusammenführen, aus dem dann im Rahmen der Konzeption konkrete Content-Ideen entwickelt werden können.

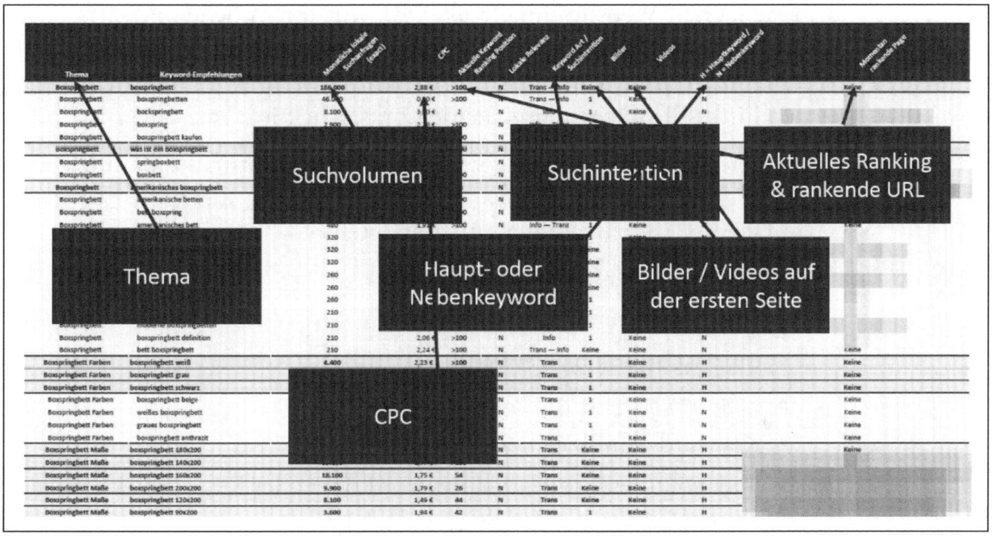

Abbildung 3-10:
Beispiel Themenstrategieplan von Aufgesang (© Olaf Kopp)

Content-Audit

Beim Content-Audit kann man zwischen einem quantitativen und einem qualitativen Content-Audit unterscheiden, die sich in der Zielsetzung grundsätzlich unterscheiden.

Das quantitative Content-Audit

Ein quantitatives Content-Audit eignet sich für Unternehmen, die bereits viel Content produziert haben und die sich zunächst einen Überblick über die bestehenden Inhalte verschaffen und diese bewerten mochten.

Grundsätzlich sollen mit dieser Art des Content-Audits folgende Fragen beantwortet werden:

- Welche Inhalte haben wir bereits produziert?
- Welche Art von Inhalten besitzen wir bereits?
- Welcher Content kann gelöscht werden?
- Welche Inhalte können zusammengeführt werden?
- Welche Inhalte sollten aktualisiert bzw. verbessert werden?

Das quantitative Content-Audit umfasst üblicherweise zwei Bereiche:

- Content-Inventur
- Content-Bewertung

Für die Content-Inventur werden z. B. über einen Website-Crawl die bestehenden Website-Inhalte als URL mit ihrem Seitentitel erfasst. In diesem Schritt können bei den meisten Crawlern bereits Daten für die Bewertung der Inhalte mitgezogen werden (z. B. Anzahl der eingehenden Links, Textlänge, ausgehende Links, Klicktiefe etc.).

Bei der Content-Bewertung kann man diese Informationen mit Daten aus Webanalyse, Google Search Console, Google Keyword Planer etc. anreichern. Hierzu gehören unter anderem:

- Sitzungen der letzten x Monate
- Absprungrate
- durchschnittliche Verweildauer
- Seitenwert
- Keyword-Rankings bei Google
- Suchvolumen pro Haupt-Keyword oder aller Keywords kumuliert

Zuletzt kann man basierend auf den obigen Informationen nach bestimmten Bedingungen Attribute automatisiert ergänzen oder manuell für den jeweiligen Content vergeben, z. B. Push und/oder Pull, Customer-Journey-Phase, Medienformat, Zweck, Nutzen etc.

Mehr zum Thema Content-Attribuierung bietet der zugehörige Abschnitt »Content-Attribuierung« weiter unten in diesem Kapitel.

Bei größeren Websites werden Audits in der Regel in einzelnen Schritten für bestimmte Teilbereiche wie z. B. das Blog, die Angebotsseiten etc. durchgeführt.

Ein qualitatives Content-Audit sollte regelmäßig durchgeführt bzw. stetig aktualisiert werden, um den Überblick über die eigenen Content-Assets und deren Wirksamkeit zu behalten.

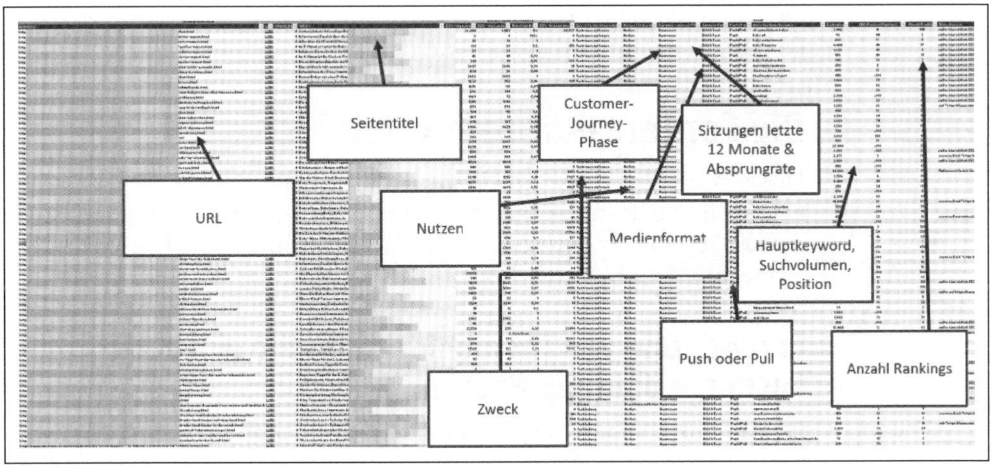

Abbildung 3-11:
Beispiel für ein quantitatives Content-Audit (© Aufgesang)

Das qualitative Content-Audit

Das qualitative Content-Audit hat zum Ziel, die Content-Qualität einzelner Content-Einheiten zu überprüfen.

Hier werden Inhalte nach bestimmten Kriterien bewertet und Empfehlungen zur Verbesserung gegeben. Folgende Frage kann ein solches Content-Audit beantworten:

- Ist der Text gut lesbar?
- Beantwortet der Inhalt die richtigen Fragen bzw. bietet die passenden Lösungen?
- Orientiert sich der Inhalt an der Core Story?
- Ist der Inhalt intern gut verlinkt und dadurch für den Nutzer schnell auffindbar?
- Ist der Inhalt über die interne Suche auffindbar?
- Welchen Zweck verfolgt der Inhalt, und bedient er die richtige Suchintention? (SEO)
- Ist der Content auf das richtige Haupt-Keyword optimiert? (SEO)
- Für welche Keywords rankt der Inhalt bereits in den Top 20? (SEO)
- Gibt es Chancen, Keywords auf Position 10 bis 20 zu bringen, für die sich eine Optimierung lohnt? (SEO)

Diese Form des Content-Audits wird in der Regel aufgrund des Aufwands für einige wenige exemplarische Inhalte für bestimmte Content-Typen durchgeführt. Tools wie der Screaming Frog oder andere Crawler wie auch Textanalysetools, etwa das Wortliga-Textanalyse-Tool[12], können unterstützend genutzt werden.

Die Content-Konzeption

Dieser wichtigen Phase im Content-Marketing-Prozess gebührt eine genauere Betrachtung. Zusammen mit der Content-Distribution spielt die Konzeption eine entscheidende Rolle sowohl für die Umsetzung der Strategie als auch für die Taktik.

Entwicklung von Themenideen für die einzelnen Customer-Journey-Phasen

Bei der Ausarbeitung der Themenideen aus den in der Analyse identifizierten Themenfeldern ist es wichtig, zu verstehen, dass in den unterschiedlichen Customer-Journey-Phasen auf Nutzerseite bei den Inhalten ein unterschiedliches Interesse bzw. Bedürfnis und eine unterschiedliche Nähe zum Produkt gefragt sind.

Sobald die Themenfelder abgesteckt sind, geht es an die konkrete Entwicklung von Content-Ideen.

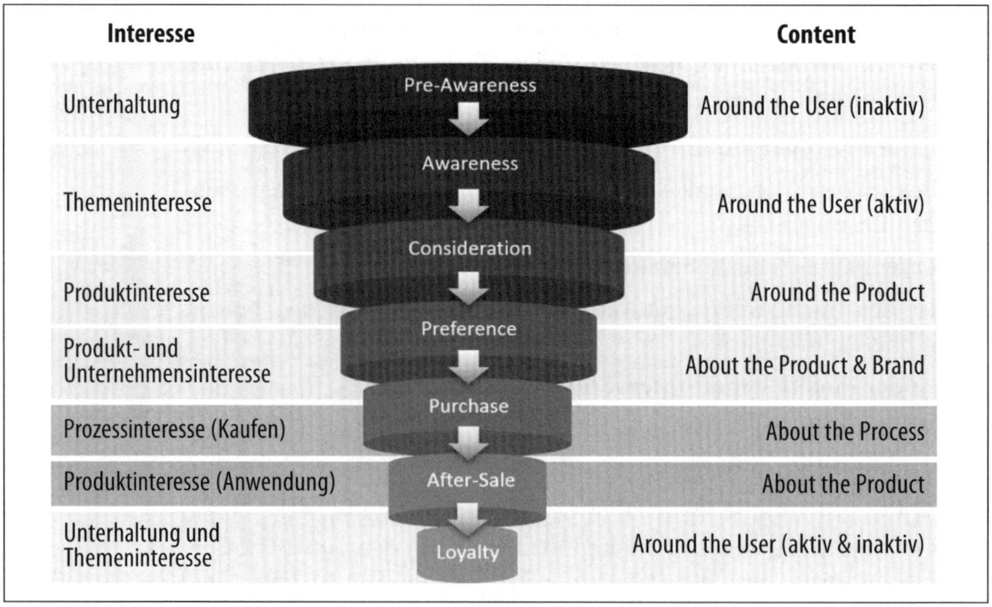

Abbildung 3-12:
Content und Interessen in der Customer Journey (© Olaf Kopp)

12 *https://wortliga.de/textanalyse/*

In den ersten beiden Phasen *Pre-Awareness* und *Awareness* ergeben *Around-the-User-Inhalte* Sinn. Das sind Inhalte, die sich nicht mit dem Angebot bzw. dem Produkt beschäftigen, sondern mit den Themen der Nutzer darüber hinaus.

In der *Pre-Awareness-Phase* müssen die Inhalte proaktiv zu einem Nutzer distribuiert werden, da dieser selbst kein proaktives Interesse an einem bestimmten Thema oder Bedürfnis hat.

Es sind also emotionale Inhalte, die Reichweite erzeugen. Mögliche psychologische Trigger können hier Angst, Spaß, Überraschung, Empörung, Lust etc. sein, die Themen können sehr divers gewählt werden.

Mögliche Content-Typen sind z. B.:

- virale Videos
- Memes
- Aufklärungskampagnen
- Unterhaltungsevents
- Spiele
- Comics
- Rätsel
- Berichte und Reportagen
- Psychotests
- Umfragen und Abstimmungen
- Social-Media-Stories
- Kolumnen
- Gewinnspiele

In der *Awareness-Phase* sucht der Nutzer aktiv nach Themen, über die er sich informieren möchte. Die Person steigt selbst in eine Recherche zu einem Thema im Umfeld des Angebots ein oder ist bereits dabei.

Als Shop für Laufschuhe könnte man etwa Inhalte rund um das Themenfeld Abnehmen und Gesundheit anbieten – z. B. Ernährungstipps, Fitnessratgeber etc. Mögliche Content-Typen können z. B. sein:

- Podcasts
- Rechner
- Ratgebertexte
- Interviews
- Themenartikel
- Webinare
- Anleitungen
- Checklisten

In der *Consideration-Phase* zeigt der Nutzer ein erstes Interesse an bzw. das Bedürfnis nach Lösungen, zu denen die eigenen Produkte gehören können. Bei dem *Around-the-Product-Content* sollte man darauf achten, weiterhin Informationsneutralität zu bewahren. Hier agiert der Content als »Lösungsfindungsberater«.

So sollte der Shop für Laufschuhe die Vorteile des Joggens für das Ziel, abzunehmen, hervorheben, aber auch auf andere Bereiche wie Ernährung hinweisen, um dann im nächsten Schritt eine Übersicht der besten Laufschuhe 2023 oder einen Laufschuhkonfigurator zu präsentieren.

Mögliche Content-Typen können z. B. sein:

- Produkttests- und -vergleiche
- Lösungsübersichten und -listen
- Konfiguratoren
- Interviews
- Studien
- Wie findet man ...-Content?
- Advertorials
- Workshops

In der *Preference-Phase* zeigt der Nutzer ein konkretes Interesse an bzw. Bedürfnis nach Produkten und Angeboten, zu denen die eigenen Produkte gehören. Hier agiert der *About-the-Product-Content* als »Kaufberater«, und die bisherige Informationsneutralität kann aufgehoben werden. Für den Laufschuhshop ist hier der Content auf den Shopkategorie- und Produktdetailseiten wichtig.

Mögliche Content-Typen können z. B. sein:

- Produkttexte
- Produkt- und Materialhinweise
- Herstellerinformationen
- Rezensionen
- Kaufratgeber

In der Preference-Phase bestimmt der Nutzer einen engeren Kreis der möglichen Anbieter (Relevant-Set). Deswegen ist es an dieser Stelle ebenfalls wichtig, die Core Story direkt mit zu kommunizieren (*About-the-Brand-Content*).

Mögliche Content-Typen können z. B. sein:

- Unternehmensvideos
- Firmenprofile

- Berichte über soziales und ökologisches Engagement
- Auszeichnungen
- Case-Studies

In der *Purchase-Phase* hat sich der Nutzer entschieden, das Produkt bzw. Angebot bei einem Anbieter zu bestellen, oder es finden zumindest vertragliche Abschlussgespräche statt.

In dieser Phase benötigt er Informationen zum Kaufprozess mittels *About-the-Process-Content*.

Mögliche Content-Typen können z. B. sein:

- FAQ
- AGB
- Erläuterungen zum Bestellprozess
- Zahlungsbedingungen

In der *After-Sale-Phase* benötigt der Nutzer wieder *About-the-Process-* und *About-the-Product-Content*, aber dieses Mal zum weiteren Verlauf der Bestellung und der Anwendung des Produkts.

Für den Laufschuhshop könnten das die Auftragsbestätigung und Pflegehinweise für den Schuh sein.

Mögliche Content-Typen für die After-Sale-Phase können z. B. sein:

- Auftragsbestätigung
- Status der Lieferung
- Informationen zu den ersten Schritten bzw. Kick-off
- Nutzungshinweise
- Pflegehinweise
- Installations- bzw. Aufbauanleitungen

In der *Loyalty-Phase* benötigt der Nutzer wieder die gleichen Inhaltstypen wie in der Awareness- und der Pre-Awareness-Phase – abgestimmt auf seine bisherigen Interessen und Vorlieben. Ziel des Contents der Loyalty-Phase ist es, den Kunden zur Wiederkäuferin und/oder zum treuen Supporter zu machen.

Auswahl von Content-Arten und Formaten

Es gibt eine Vielzahl an Content-Arten und Content-Formaten, die man entlang der Customer Journey nutzen kann. Sowohl das Content-Format als auch die Content-Art spielen für das Content-Journey-Mapping eine wichtige Rolle.

Welche Content-Arten für den jeweiligen Zweck am besten geeignet und am sinnvollsten sind, hängt von dem generellen Konsumverhalten der anzusprechenden Zielgruppen ab.

Deswegen sollte man sich bereits bei der Entwicklung einer Content-Marketing-Strategie detailliert und intensiv, z. B. mithilfe von Methoden der Marktforschung, SERP-Analysen, Keyword-Recherchen oder anhand bestehender Studien, mit den eigenen Zielgruppen beschäftigen. Auch die Endgeräte, über die Nutzerinnen und Nutzer Content konsumieren, sind wichtig. Während beispielsweise PDFs eher für den Konsum auf Desktop-PCs geeignet sind, lassen sich Podcasts sehr gut über Smartphones konsumieren. Für andere Content-Arten wiederum braucht man z. B. VR-Brillen, um diese nutzen zu können.

Bestimmte Content-Arten und -Formate eignen sich unterschiedlich gut für die verschiedenen Phasen der Customer Journey. Es gibt Content-Arten, die sich schneller und einfacher konsumieren lassen, während andere mehr Zeit und Aufwand erfordern. Welche Content-Typen grundsätzlich sinnvoll sind für die eigene Content-Marketing-Strategie, hängt vor allem von der Zielgruppe oder Branche, den Themenfeldern und dem Zweck bzw. der Nutzerintention ab.

Es geht also immer darum, das Konsumverhalten von Content Ihrer potenziellen und bestehenden Kunden zu verstehen. Stellen Sie sich hierfür die folgenden Fragen:

- Wo und auf welchen Endgeräten informieren sich Kundinnen und Kunden über welche Themen?
- Welche Themenfelder und welche Fragen treiben sie um?
- Was erwarten sie von dem Content?

Einflussfaktor Zielgruppe/Branche

Die Konsumgewohnheiten für Content unterscheiden sich nach Branche, Zielgruppen, Personas und Kontext wie Ort des Konsums oder genutztes Endgerät. Menschen, die z. B. beim Laufen, im Auto oder in der Bahn konsumieren bzw. sich informieren, werden in erster Linie über ihre mobilen Endgeräte auf den Content zugreifen wollen. Sie bevorzugen gegebenenfalls Audio- und Videoformate. Menschen, die von ihrem Arbeitsplatz aus Informationen konsumieren, werden eher vom PC oder Laptop aus recherchieren und mehr Zeit investieren.

Einflussfaktor Plattform

Auch die Plattform, über die konsumiert wird oder über die man sich informiert, entscheidet darüber, welcher Content besser angenommen wird. So eignen sich im Social-Media-Umfeld schnell zu konsumierende Content-Arten – sogenannter »Snackable Content« wie Memes, kurze Videos, Infografiken etc.

Social-Media-Netzwerke verlieren immer mehr an Bedeutung für die reine Content-Distribution von externen Quellen, da die Algorithmen der Feeds oft externe ausgehende Links mit deutlichem Reichweitenverlust bestrafen. Der Content sollte als Social-Media-Content besser im sozialen Netzwerk direkt geteilt werden. Hier ist man, was Text-Content angeht, beschränkt auf bestimmte Zeichenmengen, sodass man Themen nicht ausführlich beschreiben kann – zumal die Nutzerinnen und Nutzer von sozialen Netzwerken auch nur eine kurze Aufmerksamkeitsspanne haben. Da zu viele Informationen auf die Menschen einwirken, muss man in diesem Umfeld von nur wenigen Sekunden ausgehen, die sich ein Nutzer einem Beitrag widmet, um zu entscheiden, in Interaktion zu gehen oder nicht.

Möchten wir sogenannten Pull-Content veröffentlichen, sind Suchmaschinen wie Google der wichtigste Gatekeeper. Hier müssen wir nicht nur interessierte Menschen abholen, sondern auch die Suchmaschinenalgorithmen überzeugen. Text als Content-Format für die klassische Suche ist bei Google & Co. derzeit noch unabdingbar. Zusätzlich können Video- und Bildformate für die vertikalen weiteren Indizes der Suchmaschinen genutzt werden.

Recherchieren die Zielgruppen und Personas in Fachmagazinen (online und/oder offline), sollte man versuchen, dort über Advertorials, Gastbeiträge und Earned Content, unterstützt durch Outreach in der Distribution, stattzufinden.

Das sind nur einige Beispiele dafür, wie die vom Nutzer favorisierten Plattformen Einfluss auf die auszuwählenden Content-Arten haben.

Einflussfaktor Themen/Themenfelder

Die Themenfelder, in denen ich mich über meinen Content positionieren möchte, haben auch einen Einfluss auf die Content-Arten, die man nutzen sollte. So lassen sich manche Themen bzw. Themenfelder nicht in jeder Content-Art gut abbilden. Wenn man sich mit dem Thema »Interior-Design« inhaltlich auseinandersetzen will, sind visuelle Content-Arten zu favorisieren. Will man sich mit komplexen Sachverhalten im Industriegüterbereich auseinandersetzen, ergeben Prozessgrafiken kombiniert mit Text zu den technischen Eigenschaften als Content-Art Sinn. Beim Themenfeld »Sportwagen« sind es wiederum audiovisuelle Content-Formate kombiniert mit Text zu den technischen Eigenschaften.

Pauschal kann man sagen: Je emotionaler ein Themenfeld oder ein Thema aufgeladen ist bzw. je emotionaler später Kaufentscheidung und Bindung sind, desto sinnvoller sind audiovisuelle Content-Arten.

Einflussfaktor Zweck/Nutzerintention

Der Zweck, den ein Inhalt erfüllen muss, um die Nutzerintention zu befriedigen, bestimmt ebenfalls die Wahl der Content-Art. Welche Nutzerintention befriedigt werden sollte, bekommt man, wie bereits angemerkt, über Nutzerbefragungen oder SERP-Analysen heraus. Google ist inzwischen sehr gut darin, zu bestimmten Themen und Keywords die Suchintention zu identifizieren und entsprechende Inhalte bzw. Content-Arten auszuliefern. Im Kontext von Suchmaschinen ist die Nutzerintention gleich der Suchintention. Daher ist die gründliche Analyse der ersten Suchergebnisse nicht nur für SEOs, sondern auch für Content-Marketer sehr interessant.

Content-Arten in der Pre-Awareness-Phase

In der Pre-Awareness-Phase müssen die Inhalte proaktiv zum Nutzer oder zur Nutzerin distribuiert werden, da diese selbst kein proaktives Interesse an einem bestimmten Thema oder Bedürfnis haben.

Es sind die emotionalen Inhalte, die Reichweite erzeugen. Mögliche psychologische Trigger können sein: Angst, Spaß, Überraschung, Empörung, Lust und Ähnliches.

Die Themen können sehr divers gewählt werden. Mögliche Content-Arten sind z. B.:

- virale Videos
- Memes
- Aufklärungskampagnen
- Unterhaltungsevents
- Spiele
- Comics
- Rätsel
- Berichte und Reportagen
- Psychotests
- Umfragen und Abstimmungen
- Social-Media-Stories
- Kolumnen
- Gewinnspiele

Content-Arten in der Awareness-Phase und der Consideration-Phase

In der Awareness-Phase sucht der Nutzer aktiv nach Themen, über die er sich informieren möchte. Er steigt aktiv in die Recherche zu einem Thema im Umfeld des Angebots ein oder recherchiert bereits.

Als Shop für Laufschuhe könnte man Inhalte rund um das Themenfeld Abnehmen und Gesundheit wie z.B. Ernährungstipps, Fitnessratgeber und Ähnliches anbieten.

Mögliche Content-Typen können z.B. sein:

- Podcasts
- Rechner
- Ratgebertexte
- Interviews
- Themenartikel
- Webinare
- Anleitungen
- Checklisten
- Guides
- Fachbeiträge
- Studien

In der Consideration-Phase zeigt der Nutzer ein erstes Interesse an bzw. ein Bedürfnis nach Lösungen, zu denen die eigenen Produkte gehören können. Bei dem *Around-the-Product-Content* sollte man darauf achten, weiterhin die Informationsneutralität zu wahren. Hier agiert der Content als »Lösungsfindungsberater«.

So sollte der Shop für Laufschuhe die Vorteile des Joggens für das Ziel, abzunehmen, hervorheben, aber auch auf andere Bereiche wie Ernährung hinweisen, um dann im nächsten Schritt eine Übersicht der besten Laufschuhe 2023 oder einen Laufschuhkonfigurator zu präsentieren.

Mögliche Content-Typen können z.B. sein:

- Produkttests- und -vergleiche
- Lösungsübersichten und -listen
- Konfiguratoren
- Wie findet man …-Guides?
- Advertorials
- Workshops

Content-Arten in der Preference- und Purchase-Phase

In der Preference-Phase zeigt der Nutzer ein konkretes Interesse an bzw. Bedürfnis nach Produkten und Angeboten, zu denen die eigenen Produkte gehören. Hier agiert der *About-the-Product-Content* als »Kaufberater«, und die bisherige Informationsneutralität kann aufgehoben werden.

Für den Laufschuhshop ist hier der Content auf den Shop-Kategorie- und Produktdetailseiten wichtig.

Mögliche Content-Typen können z. B. sein:

- Produkttexte
- Produkt- und Materialhinweise
- Herstellerinformationen
- Case-Studies
- Kaufratgeber

In der Preference-Phase bestimmt der Nutzer einen engeren Kreis der möglichen Anbieter (Relevant-Set). Deswegen ist es an dieser Stelle auch wichtig, die Core Story direkt mitzukommunizieren (*About-the-Brand-Content*).

Mögliche Content-Typen können z. B. sein:

- Unternehmensvideos
- Firmenprofil
- Berichte über soziales und ökologisches Engagement
- Auszeichnungen
- Case-Studies
- Kundenstimmen
- Rezensionen

In der Purchase-Phase hat sich der Nutzer entschieden, Produkt bzw. Angebot bei einem Anbieter zu bestellen, oder es finden vertragliche Abschlussgespräche statt. In dieser Phase werden Informationen zum Kaufprozess mittels *About-the-Process-Content* benötigt.

Mögliche Content-Arten können z. B. sein:

- FAQs
- AGB
- Erläuterungen zum Bestellprozess
- Zahlungsbedingungen

Content-Arten in der After-Sales und Loyalty-Phase

In der After-Sale-Phase benötigt der Nutzer wieder *About-the-Process-* und *About-the-Product-Content*, aber dieses Mal zum weiteren Verlauf der Bestellung und der Anwendung des Produkts.

Für den Laufschuhshop könnten das die Auftragsbestätigung und Pflegehinweise für den Schuh sein.

Mögliche Content-Typen für die After-Sale-Phase sind z. B.:

- Auftragsbestätigung
- Status der Lieferung
- Informationen zu den ersten Schritten bzw. Kick-off
- Nutzungshinweise
- Bedienungsanleitung
- Pflegehinweise
- Installations- bzw. Aufbauanleitungen

In der Loyalty-Phase benötigt der Nutzer wieder die gleichen Inhaltstypen wie in der Awareness- und Pre-Awareness-Phase – abgestimmt auf seine bisherigen Interessen und Vorlieben. Ziel des Contents der Loyalty-Phase ist es, den Kunden zum Wiederkäufer und/oder treuen Supporter zu machen.

Content-Attribuierung

Betrachtet man die einzelnen Phasen des Content-Marketing-Prozesses, ist die Content-Klassifizierung nach bestimmten Attributen eine Teilaufgabe der Konzeptions- oder Analysephase. Da die Einordnung in Content-Arten sowohl eine Rolle für die Planung neuer Inhalte spielt als auch Teil eines Content-Inventory bestehender Inhalte im Rahmen eines Content-Audits sein kann, sollte man die Klassifizierung im Content-Audit und/oder nach der Ideenentwicklung vornehmen.

Content-Attribute

Content-Attribute beschreiben die Eigenschaften von Inhalten. Sie eignen sich für die Klassifizierung einzelner Content-Ideen.

Nachfolgend einige Ideen, nach welchen Attributklassen Inhalte klassifiziert werden können:

- Thema
- Zielgruppe
- Medienformate/Content-Typen (Welches Medienformat hat der Content?)

- Content-Format
- Content-Typ
- Push- und/oder Pull-Content (Bewegt sich der [potenzielle] Kunde aktiv auf den Inhalt zu bzw. bietet der Inhalt eine Antwort auf etwas, das er sucht, oder muss man ihn selbst auf eine für ihn wichtige Thematik hinweisen?)
- Ziel/Zweck (Welchen Zweck hat ein Inhalt für mich als Unternehmen, und welche messbaren Ziele lassen sich daraus ableiten?)
- Nutzen (Welchen Nutzen hat der Inhalt für den Konsumenten?)
- KPIs zur Erfolgsmessung des Contents

Dazu hier in der Abbildung 3-13 in visueller Form der Content-Attributklassen-Würfel.

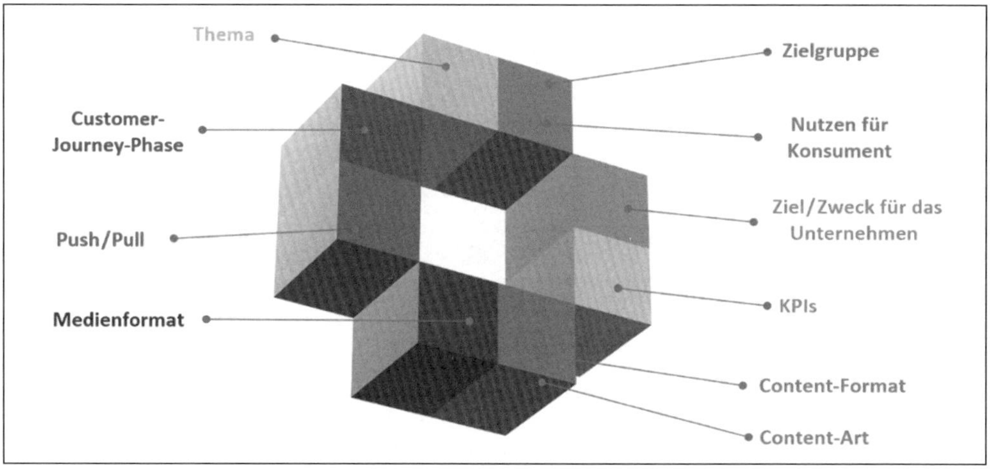

Abbildung 3-13:
Content-Attributklassen-Würfel (© Olaf Kopp)

Die hier genannten Eigenschaften stellen nur eine mögliche Auswahl dar und können frei ergänzt werden.

Medienformate

Das Medienformat beschreibt die Beschaffenheit des Contents bezogen auf das Format. Mögliche Medienformate sind:

- Text
- Audio
- visuell
- Face-to-Face/Event

Content-Typen

Der Content-Typ beschreibt die Art und Weise, das Genre bzw. die Kategorie des Contents. Mögliche Content-Typen sind:

- Spiele
- Comics
- Rätsel
- Berichte und Reportagen
- Psychotests
- Umfragen und Abstimmungen
- Social-Media-Stories
- Kolumnen
- Gewinnspiele
- Podcasts
- Rechner
- Ratgebertexte
- Interviews
- Webinare
- Anleitungen
- Checklisten
- Produkttests und -vergleiche
- Lösungsübersichten und -listen
- Konfiguratoren
- Studien
- Advertorials
- Workshops
- Produkttexte
- Produkt- und Materialhinweise
- Herstellerinformationen
- Rezensionen
- Kaufratgeber
- Unternehmensvideos
- Firmenprofile
- Berichte über soziales und ökologisches Engagement
- Case-Studies

Nutzen

Der Nutzen beschreibt, inwiefern der Content das Bedürfnis des Konsumenten befriedigt. Der mögliche Nutzen eines Inhalts kann durch folgende Attribute beschrieben werden:

- unterhalten (emotional)
- helfen/selbstwirksam machen (rational)
- Beziehung aufbauen (emotional)
- Kaufentscheidung rational und emotional unterstützen
- Navigation/Orientierung (rational)

Zweck

Hinter jedem Inhalt sollte aber natürlich auch ein Zweck für das publizierende Unternehmen stehen, also die Frage: Was soll der Content leisten? Diese Differenzierung ist wichtig, denn nur auf Grundlage des Zwecks lassen sich Kennzahlen zur späteren Erfolgsmessung und Bewertung im Rahmen eines Content-Audits ableiten.

Folgende Ziele können Inhalte verfolgen:

- Reichweite erzeugen
- Interessenten/Kunden binden
- Vertrauen zu Interessenten/Kunden aufbauen
- verkaufen

Attributklassen in Bezug auf die Customer Journey

Mit Blick auf die Customer Journey ist es wichtig, zu verstehen, dass Nutzer Inhalte zum passenden Zeitpunkt und am richtigen Ort erhalten möchten. Deswegen sollte man genau überlegen, wann und wo welcher Inhalt mit welchen Content-Attributen angebracht ist.

Entscheidungen werden immer auf Basis rationaler und emotionaler Gründe getroffen. Inhalte mit den Nutzenattributen *unterhalten* und *Beziehung aufbauen* sind oft in der Lage, Emotionen wie Sympathie, Freude, Angst, Antipathie etc. beim Konsumenten auszulösen. Solche Inhalte können als »Icebreaker« in den ersten Phasen der Customer Journey genutzt werden.

Abbildung 3-14:
Bedürfnisse/Content-Nutzen in der Customer Journey (© Olaf Kopp)

Helfende Informationen bedienen in der Regel eher die Ratio eines potenziellen Kunden. Im Zuge der Zielgruppendefinition bzw. Persona-Erstellung sollte man sich deswegen darüber Gedanken machen, ob diese Zielgruppe eher rational oder eher emotional Entscheidungen trifft.

Für die Entwicklung einer Content-Marketing-Strategie ist es wichtig, sich über verschiedene Eigenschaften von Inhalten klar zu sein. Dabei gilt es, die unterschiedlichen Bedürfnisse der Content-Zielgruppen je nach Customer-Journey-Phase zu befriedigen und darüber möglichst viele positive Touchpoints zu erzeugen.

Das steigert die Chance, in der Preference-Phase zum Relevant-Set des potenziellen Kunden zu gehören und neben dem Abverkauf auch eine überzeugende Marke aufzubauen.

Verknüpfung von Content

Content sollte nie für sich allein stehen. Bei jedem Inhalt muss man sich darüber Gedanken machen, wie man ihn im Sinne der Nutzerführung mit anderen Inhalten verbindet, etwa:

Was könnte den Nutzer nach dem Konsum dieses Inhalts als Nächstes interessieren, und was soll er am Ende tun?

Dabei sollte man die taktischen Ziele stets im Auge behalten. In der Regel werden Inhalte immer in Richtung der Customer Journey miteinander verknüpft, also von Pre-Awareness nach Awareness, nach Consideration, nach Preference, nach Purchase, nach After-Sales und nach Loyalty.

Für die Verknüpfung der Inhalte stehen einem neben der internen Verlinkung auch technische Möglichkeiten wie E-Mail via Marketing-Automation und die Retargeting-Funktionalitäten vieler Paid-Media-Kanäle zur Verfügung.

Redaktionsplan

Ein Redaktionsplan kann je nach Ausrichtung verschiedene Funktionen erfüllen.

- die chronologische Planung von Content dokumentieren
- die Planung der Distribution dokumentieren
- die Planung der Verknüpfung verschiedener Inhalte dokumentieren

Die erste Empfehlung für die Erstellung eines Redaktionsplans ist Excel oder eine vergleichbare Software wie z.B. Google Spreadsheet. Um den Redaktionsplan kollaborativ zu pflegen, ist Google Spreadsheet die bessere Wahl.

Jede Zeile in der Tabelle steht für einen Inhalt. In den Spalten mit entsprechenden Spaltenüberschriften könnten z.B. folgende Informationen enthalten sein:

- Veröffentlichungsdatum
- Titel des Beitrags
- Teaser-Text, z.B. für Social Media

- Medienformat(e)
- Haupt- und Neben-Keywords
- verantwortliche Ansprechpartnerinnen und -partner
- Distributionskanäle
- zu verknüpfende andere Inhalte

Die Content-Produktion

Da ich in diesem Buch nicht auf alle Arten der Produktion unterschiedlicher Medienformate eingehen kann, möchte ich mich in diesem Abschnitt auf die grundlegenden generellen Punkte konzentrieren, die für jegliche Art von Content zu berücksichtigen sind.

Produktion von herausragendem Content

In der Marketingwelt wird schon länger von einem sogenannten Content-Schock gesprochen.[13] Dieser Begriff beschreibt die Überflutung der Märkte mit Inhalten und Informationen.

Der Kampf um die Aufmerksamkeit der Menschen ist in vollem Gang, und viele Unternehmen versuchen, mittels Content die Aufmerksamkeit aller auf sich zu ziehen.

Aber nur Unternehmen, die konsistent und fortlaufend herausragende Inhalte publizieren, werden in diesem Kampf bestehen und sich stetig steigende Konsumentenzahlen der eigenen Inhalte erarbeiten.

Tipp: Content-Marketing in der Praxis

Content-Marketing ist harte Arbeit und ein Marathon, dafür aber die nachhaltigste Marketingform, die es aktuell gibt.

Die beste Analyse, Konzeption und Distribution wird keinen nachhaltigen Erfolg bringen, wenn bei der Produktion schlecht gearbeitet wird. Daher sollte zu Beginn der Content-Produktion immer der Anspruch darin bestehen, den besten Inhalt zum Thema zu produzieren, den es aktuell im Markt gibt.

Dazu sollte man sich zuerst ein Bild von den Inhalten machen, die gerade bei Google, YouTube, Instagram, TikTok & Co. zu finden sind.

---

13 *https://businessesgrow.com/2014/01/06/content-shock/* (Aufruf 10.10.2023)

Im zweiten Schritt sollte man aus den besten Quellen die relevantesten Perspektiven und Informationen zusammentragen. Diese Informationen kann man dann durch eigene Perspektiven, die im Idealfall noch nie jemand eingenommen hat, ergänzen. Dadurch ist eine herausragende Substanz relativ sicher.

Wenn man dann das Thema in unterschiedlichen Medienformaten, die so noch nicht häufig für die Darstellung genutzt wurden, kombiniert, kommt eine herausragende Inszenierung dazu. Über diesen Weg lassen sich die unterschiedlichen Inhalte in verschiedenen Medienformaten über unterschiedliche Distributionskanäle verteilen.

Die Kombination aus herausragender Substanz sowie Inszenierung und relevanter Reichweite mithilfe gezielter Distribution ist die Geheimformel für erfolgreiches Content-Marketing.

Die Content-Distribution

Content-Distribution beschreibt die Verteilung von Inhalten über Paid Media, Earned Media und Owned Media.

Damit die eigenen Inhalte von den Zielgruppen gelesen werden, spielt die Content-Distribution eine zentrale Rolle. Content-Marketing ohne systematische Distribution ist häufig nicht erfolgreich.

Für jeden Inhalt für die jeweilige Zielgruppe sollten die passenden Distributionskanäle und -plattformen ausgewählt werden.

Zu Beginn ist die wichtigste Frage, die man beantworten sollte:

Push oder Pull?

Wird nach einem Thema, das der Inhalt behandelt, aktiv gesucht, oder muss man selbst aktiv auf die Zielgruppe/n zugehen? Hat die Keyword-Recherche und -Analyse gezeigt, dass Menschen nach dem Thema suchen, handelt es sich um ein Pull-Thema. Das bedeutet, dass die Suchmaschinenoptimierung (SEO) einen besonderen Fokus im Rahmen der Content-Distribution verdient. Optional können Pull-Themen auch via Push, z.B. per Paid Media oder den eigenen Newsletter, verbreitet werden.

Möchte man Content-Distribution zur Bekanntmachung bzw. zum Bewerben von Inhalten auf eigenen Plattformen wie zum Beispiel der eigenen Website oder dem eigenen Blog durchführen, sind die verschiedenen Distributionsformen als Kanäle zu verstehen, die Besucherinnen und Besucher auf die eigene Website führen.

Man kann Content-Distribution aber auch als Art und Weise verstehen, eigenständige Inhalte in sozialen Medien oder über Gastbeiträge in

Blogs, Magazinen oder anderen kollaborativen Fremdmedien wie zum Beispiel auf *medium.com* zu veröffentlichen. Hierbei steht die Präsenz der Marke bzw. der Produkte in vertrauenswürdigen Drittmedien im Vordergrund. Der Vorteil daran ist, dass sich Reputation und Autorität des Fremdmediums positiv auf die eigene Marke auswirken können.

Wie bereits angemerkt, sollte der Content-Hub immer in der eigenen Hand liegen. Daher liegt der Fokus auf der ersten Auslegung der Content-Distribution.

Arten der Content-Distribution

In der Content-Distribution unterscheiden wir bei Aufgesang zwischen folgenden Arten:

- Content-Outreach
- Content-Seeding
- Content-Promotion
- Native Advertising
- Suchmaschinenoptimierung (SEO)

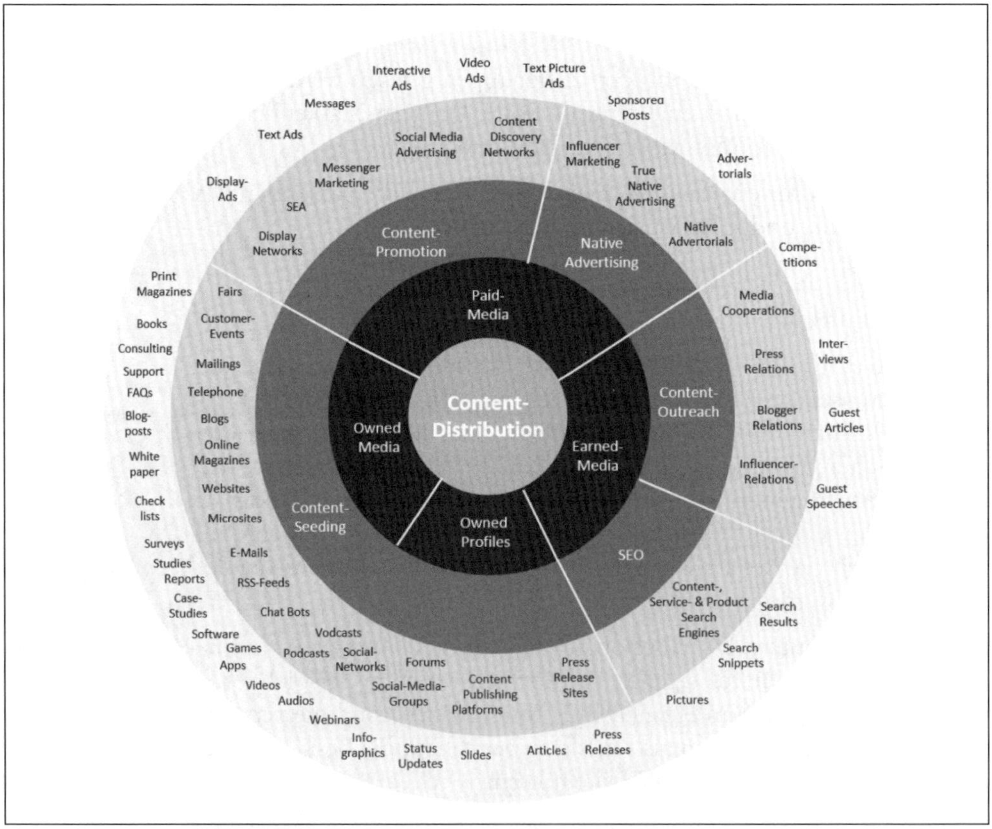

Abbildung 3-15:
Übersicht Content-Distribution (© Olaf Kopp)

Content-Outreach

Content-Outreach ist eine Art der Content-Distribution, bei der über die Kontaktaufnahme und Beziehungspflege mit Multiplikatoren eine Berichterstattung über eigene Inhalte bzw. das Teilen von Inhalten begünstigt werden soll. Zielgruppe oder Zielpersonen für den Outreach können Redakteurinnen, Blogger, Influencerinnen und andere gut vernetzte Multiplikatoren sein.

So kann man zum Beispiel folgende Aufgabengebiete zum Content-Outreach zählen:

- Medienkooperationen
- Influencer Relations
- Blogger Relations
- Pressearbeit/Medienarbeit

In Bezug auf die Content-Distribution spielen die Themen Influencer Relations und Influencer-Marketing eine wichtige Rolle.

Des Weiteren kann das Publizieren von Inhalten auf Fremdmedien, bei denen man selbst nicht die redaktionelle Hoheit besitzt, als Content-Outreach bezeichnet werden.

Das können zum Beispiel folgende Content-Typen sein:

- Gastbeiträge
- Vorträge auf Fremdevents
- redaktionelle Beiträge in Funk und Fernsehen

Der Vorteil an dieser Form der Verbreitung ist, dass man über unabhängige Medien Zugang zu neuen Zielgruppen erhält bzw. zusätzliche Reichweite für Content und Marke erzeugen kann. Zudem profitiert man von der Autorität und Glaubwürdigkeit des publizierenden Mediums oder der publizierenden Personen. Das erhöht sowohl das Vertrauen in den Inhalt als auch in den Urheber des Inhalts.

Der große Nachteil beim Content-Outreach ist die fehlende Skalierbarkeit und die – je nach Format – geringe redaktionelle Kontrolle. Grundsätzlich lassen sich einige Vorabmaßnahmen wie zum Beispiel Trend- und Medien-Monitoring hinsichtlich möglicher Agenda-Surfing- oder Newsjacking-Kampagnen in der Planung berücksichtigen. Allerdings kann man im Vorfeld nur schwer vorhersagen, inwiefern sich Redakteure oder Bloggerinnen für einen Inhalt begeistern lassen.

Zudem entscheiden vor allem in größeren Redaktionen am Ende zum Beispiel im Rahmen einer Redaktionssitzung auch noch andere Personen als die Ansprechpartner selbst, ob ein Thema einen Platz im Redaktionsplan erhält.

Content-Seeding

Als Content-Seeding wird die Verteilung von Inhalten als Teaser oder komplette redaktionelle Beiträge über Owned Media oder eigene Profile in Fremdmedien bezeichnet.

Owned Media können sein:

- eigene Website
- eigenes Blog
- eigener Newsletter
- Direktnachrichten an Abonnenten via Messenger oder WhatsApp
- eigene Events
- Erstberatungen, Support, Service via Telefon
- Mailings
- RSS-Feeds
- eigene Vodcasts
- eigene Podcasts
- Chatbots

Fremdmedien mit eigenen Profilen können sein:

- Facebook
- X, früher Twitter
- YouTube
- Google+
- XING
- LinkedIn
- Instagram
- Pinterest

Frei zugängliche redaktionelle Portale für Content-Publikationen sind:

- medium.com
- LinkedIn Pulse
- Social-Media-Gruppen, etwa bei XING oder Facebook

Der Vorteil beim Content-Seeding ist, dass man die komplette redaktionelle Kontrolle besitzt und dass die Verteilung selbst kostenlos ist.

Die eigenen Medien oder Kanäle und damit die Voraussetzung für ein erfolgreiches Content-Seeding sind ein wertvolles eigenes Asset. Dementsprechend sollten diese sorgsam ausgewählt und stets zugunsten der eigenen Unabhängigkeit auf- und ausgebaut werden. Der Fokus sollte dabei immer auf den wirklich eigenen Assets bzw. auf Owned Media liegen.

Die organischen Reichweiten der eigenen Social-Media-Profile können von den Plattformbetreibern zugunsten der Paid-Optionen beschnitten werden. Hier ist Facebook das bekannteste Beispiel. Facebook hat in den vergangenen Jahren die organische Reichweite von Fanseiten immer weiter gegen null konvergieren lassen. (Mehr dazu bei *allfacebook.de*.)

Man hat also auf solchen Plattformen zwar die volle Kommunikationskontrolle, aber keine Kontrolle über die Reichweite, es sei denn, man hat eigene Systeme, wie zum Beispiel einen eigenen Bestand an Messenger- oder Newsletter-Abonnenten.

Content-Promotion

Content-Promotion ist eine Art der Content-Distribution via Paid Media. Für die Content-Promotion können jegliche Formen der Tausender-Kontakt-Preis- (TKP) und Pay-per-Click- bzw. PPC-Werbung genutzt werden.

Für Content-Promotion steht für die Verteilung der Inhalte eine Vielzahl möglicher Werbesysteme zur Verfügung wie:

- Facebook Ads und Instagram-Werbung
- YouTube-Werbung
- SEA (Google Ads, Bing etc.)
- XING Ads
- LinkedIn Ads
- Snapchat Ads
- Display-Werbung über das Google-Display-Netzwerk, Plattformen für Programmatic Advertising und Vermarkter

Hybridformen bestehend aus Content-Promotion und Native Advertising (siehe weiter unten) sind die Werbesysteme der sogenannten Content Discovery Networks wie:

- Outbrain
- Plista
- Ligatus
- Taboola
- Seeding Alliance

Diese Anbieter haben gegenüber anderen Marktteilnehmern den großen Vorteil, dass sie Kooperationen mit großen Publishern eingehen und somit auch präsentere Werbeflächen bei diesen anbieten können als zum Beispiel das Google-Display-Netzwerk. Während man über das Google-Display-Netzwerk in erster Linie Werbeflächen auf kleineren bzw. unbekannteren Seiten ansteuern kann, bieten Plista & Co. die Auslieferung von Anzeigen auf reichweitenstarken »Premium-Portalen« an.

Üblich sind Text-Bild-Anzeigen mit nativem Charakter, die in redaktionelle Inhalte eingebettet sind.

Möglichkeiten der Content-Promotion über Werbung direkt im redaktionellen Stream wie bei Facebook oder X (früher Twitter) haben je nach Inhalt einen nativen Charakter.

Bei der Display-Werbung im Google-Display-Netzwerk, den Plattformen für Programmatic Advertising und bei YouTube-Werbung steht Werbetreibenden und Content-Marketern eine Vielzahl an statischen und animierten Bannerformaten sowie Videoformate zur Verfügung.

Allerdings sind Banner am weitesten vom Native Advertising entfernt, da sie offensichtlich als Werbung wahrgenommen werden. Sie eignen sich dadurch nicht immer für Content-Promotion.[14]

Native Advertising

Native Advertising ist eine Form der bezahlten Content-Distribution, meistens in Form von Text-Bild-Anzeigen, aber mit kompletten redaktionellen Inhalten, die auf Fremdmedien via Advertorials platziert werden. Advertorials sind gekaufte redaktionelle Beiträge, die im normalen redaktionellen Stream eines Mediums stattfinden. Zusammengefasst, gibt es folgende Ausprägungen von Native Advertising:

- Influencer-Marketing
- True Native Advertising
- Native Advertorials
- Text-Bild-Anzeigen über Content Discovery Networks

Suchmaschinenoptimierung (SEO)

Die organischen Suchergebnisse bei Google & Co. sind eine gute Möglichkeit, »kostenlos«, aber natürlich nicht ohne Aufwand, Inhalte in allen Phasen der Customer Journey zu verbreiten bzw. auffindbar zu machen.

Für viele Themen sowie explizite und auch implizite Fragestellungen (Keywords) sind Suchmaschinen der Einstieg in die Recherche.

Der Fokus der Suchmaschinenoptimierung liegt für die meisten Branchen auf Googles Suchmaschine und YouTube. Für einige Branchen spielen aber auch fachspezifische Suchmaschinen eine Rolle.

Für produktspezifische Inhalte – gerade in der Preference-Phase – kann Amazon als Produktsuchmaschine eine Rolle spielen, wobei Amazon eine Bruchstelle für eine systematische Content-Marketing-Strategie entlang der Customer Journey darstellt.

---

14 *https://www.sem-deutschland.de/content-promotion/*

Content-Distribution entlang der Customer Journey

Auch bei der Content-Distribution spielt die Customer-Journey-Phase, in der der Inhalt den Konsumenten abholen soll, eine entscheidende Rolle. Nicht jede Distributionsform eignet sich für jeden Inhalt in jeder Customer-Journey-Phase.

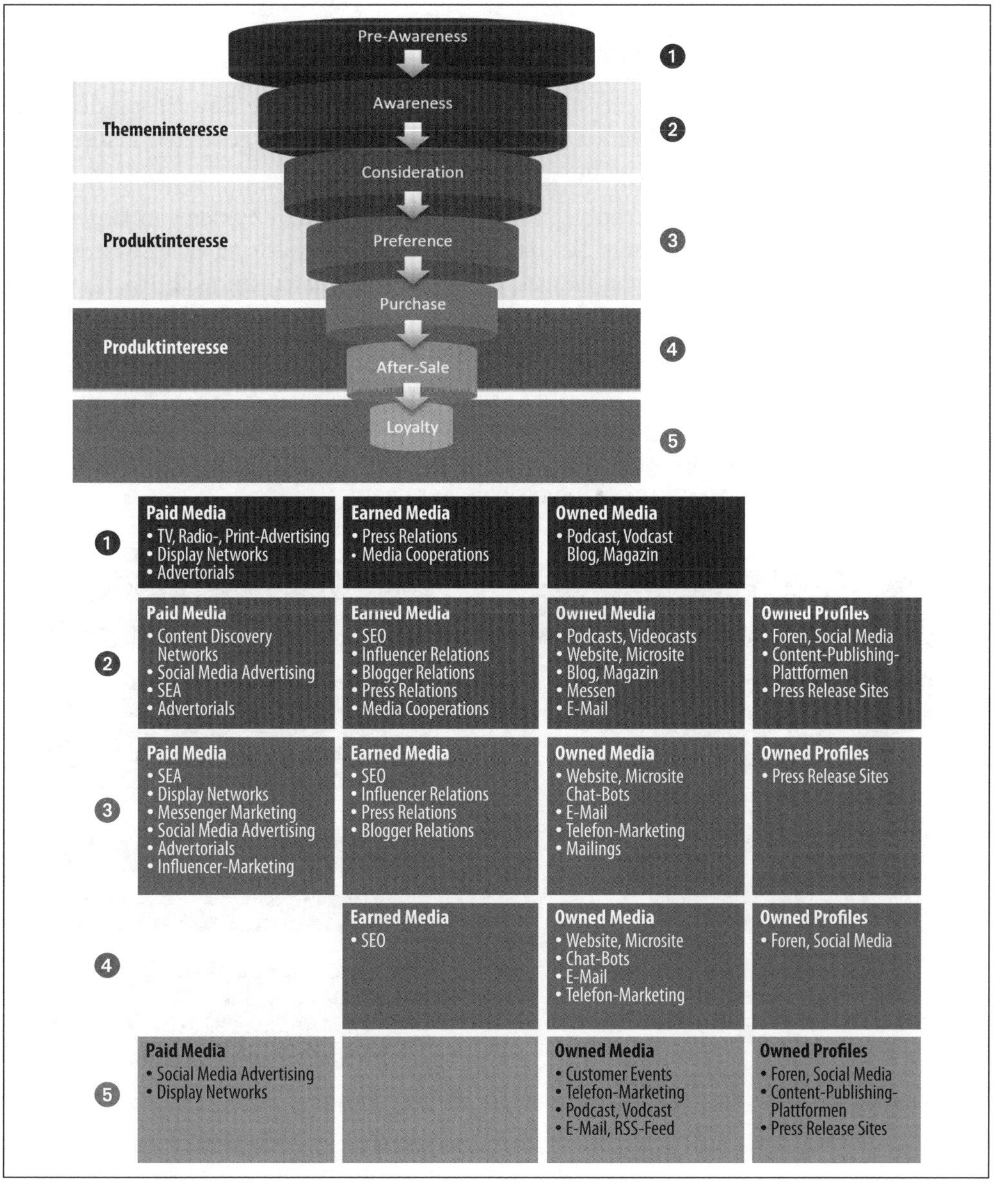

Abbildung 3-16:
Content-Distribution entlang der Customer Journey (© Olaf Kopp)

Will man z.B. Content-Promotion für *Around-the-User-Content* durchführen, sollten in erster Linie Anzeigen mit nativen Eigenschaften genutzt werden – also Anzeigenformate, die nah an redaktionellen Inhalten positioniert sind, beispielsweise innerhalb des Newsstreams bei Instagram.

Für die Content-Promotion von *About-the-Product-Content* eignen sich auch klassische Werbeformate wie Google Ads, Display-Werbung etc.

Die Content-Evaluation

Für die Erfolgsmessung und die schlussendliche Bewertung des eigenen Content-Marketings muss man sich an den gesetzten Haupt- und Nebenzielen orientieren.

Die langfristigen strategischen Ziele sollte man in Zyklen von Jahren messen und bewerten. Bei der Messung und Bewertung der Zwischenziele sind Abstände von einigen Wochen bis Monaten sinnvoll. Nach welchen Kennzahlen eine Erfolgsmessung und -bewertung durchgeführt werden soll, ergibt sich aus der Verortung des jeweiligen Inhalts in der Customer Journey oder dem Hauptziel der Content-Marketing-Kampagne.

Für den Erfolg einer Content-Marketing-Kampagne mit dem Hauptziel Linkaufbau (sogenannte Linkbaits) ist beispielsweise die Anzahl der generierten Links eine probate Kennzahl.

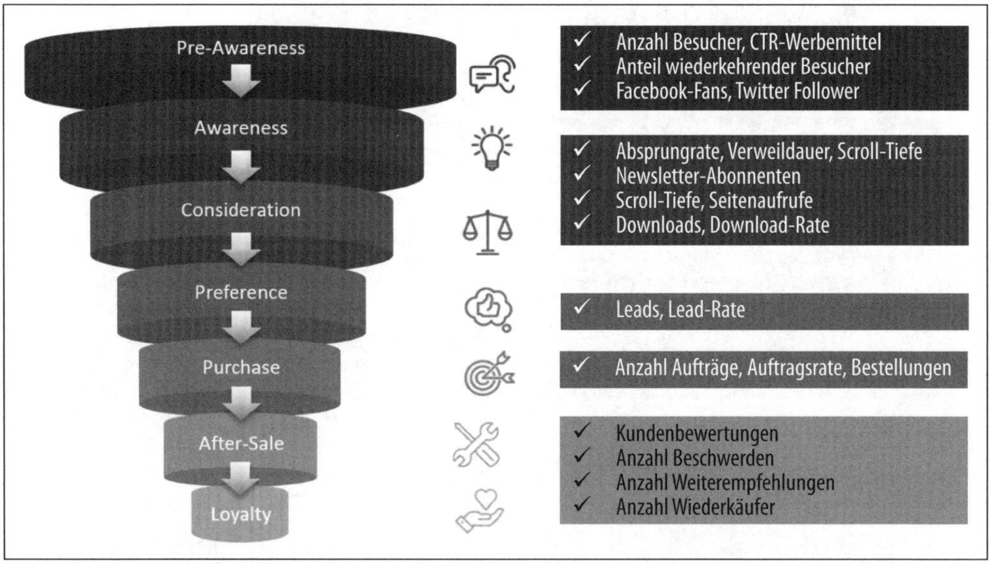

Abbildung 3-17:
Kennzahlen zur Erfolgsmessung in der Customer Journey (© Olaf Kopp)

Betrachtet man verschiedene Inhalte auf einer Website, sieht man, dass nicht alle Inhalte mit den gleichen Kennzahlen gemessen werden sollten. Inhalte, die in der Awareness-Phase verortet sind, müssen eher mit Reichweiten und/oder Interaktionskennzahlen (auch Engagementkennzahlen genannt) gemessen werden.

Content, der für die Preference-Phase produziert wurde, sollte mit abverkaufsorientierten Kennzahlen wie Seitenwert und/oder Conversion-Rate bewertet werden.

KI-Tools (ChatGPT) als Unterstützung im Content-Marketing

In der sich ständig weiterentwickelnden Welt des Content-Marketings werden KI-gestützte Tools wie z.B. ChatGPT zu einem unverzichtbaren Helfer. KI-Tools können sowohl im Kreativprozess und im Rechercheprozess als auch in der Content-Produktion unterstützen.

KI-Tools wie ChatGPT bieten eine Reihe von Möglichkeiten zur Unterstützung einer Content-Marketing-Strategie. Von der Ideenfindung über die Recherche und Erstellung von Content bis hin zur Überprüfung und Optimierung können KI-gestützte Tools in allen Aspekten des Content-Marketings hilfreich sein. Die Verwendung von ChatGPT kann die Effizienz steigern und richtig eingesetzt die Content-Qualität verbessern.

Es ist jedoch wichtig, zu bedenken, dass ChatGPT, obwohl es ein leistungsstarkes Tool ist, immer noch menschliche Aufsicht und Ausrichtung benötigt. Entscheidend ist, den von ChatGPT erstellten Content sorgfältig zu prüfen und sicherzustellen, dass er Ihren Qualitätsstandards und den Bedürfnissen der Zielgruppen entspricht. Wie bei jeder Technologie ist es wichtig, sie als Teil eines umfassenderen Toolkits zu betrachten und mit menschlicher Kreativität, Intuition und strategischem Denken zu kombinieren.

Ideenfindung und Brainstorming

Einer der ersten Schritte im Content-Marketing ist die Ideenfindung. ChatGPT kann hierbei als kreativer Partner dienen. Mit einem Eingabeprompt generiert ChatGPT zahlreiche relevante Themen, die von grundlegenden Konzepten bis hin zu spezifischeren, komplexeren Ideen reichen. Indem Sie mehrere Perspektiven und einzigartige Konzepte untersuchen, kann ChatGPT ein umfangreiches Brainstorming ermöglichen, das die kreativen Möglichkeiten erweitert.

Content-Research und Datenanalyse

Recherche ist ein kritischer Aspekt der Content-Erstellung. ChatGPT kann als eine automatisierte Recherchehilfe fungieren, die Informationen aus einer Vielzahl von Quellen aggregiert und analysiert. Die KI kann sowohl quantitative als auch qualitative Daten verarbeiten und Ihnen dabei helfen, Muster und Trends zu erkennen, die für die Content-Strategie relevant sind.

Erstellung von Content

Mit den gesammelten Ideen und recherchierten Informationen ist der nächste Schritt die tatsächliche Content-Erstellung. Hier kann ChatGPT in vielfacher Hinsicht unterstützen. Als hoch entwickeltes AI-Modell ist es in der Lage, vielfältige Textarten zu generieren – von Blogbeiträgen und Artikeln über Social-Media-Beiträge bis hin zu E-Mail-Marketing-Inhalten und mehr. Dank seiner Fähigkeit, wie von Menschen erstellten Text zu generieren, kann ChatGPT qualitativ hochwertigen Content liefern, der informativ und ansprechend ist.

Überprüfung und Optimierung des Contents

Nachdem der Content erstellt wurde, ist es wichtig, ihn zu überprüfen und zu optimieren. ChatGPT kann hierbei eine entscheidende Rolle spielen. Es kann Texte auf Grammatik-, Syntax- und Rechtschreibfehler überprüfen und Vorschläge zur Verbesserung der Lesbarkeit und des Stils machen. Außerdem kann ChatGPT bei der Suchmaschinenoptimierung (SEO) helfen, indem es Vorschläge für geeignete Keywords und Metatags macht, um die Sichtbarkeit des Contents in den Suchergebnissen zu erhöhen.

Skalierung des Content-Marketings

Ein großer Vorteil der Verwendung von ChatGPT ist seine Fähigkeit, das Content-Marketing zu skalieren. Es kann dabei helfen, eine große Menge an qualitativ hochwertigem Content in kurzer Zeit zu erstellen. Dies kann besonders nützlich sein, wenn Sie eine Content-Strategie für verschiedene Plattformen und Formate umsetzen, von Blogs und E-Mail-Newslettern bis hin zu Social Media und mehr. Mit ChatGPT können Sie eine konsistente Stimme und Botschaft über verschiedene Kanäle hinweg aufrechterhalten, während Sie gleichzeitig die Menge an generiertem Content erhöhen.

Kontinuierliche Verbesserung und Anpassung

Ein weiterer Aspekt, in dem ChatGPT hilfreich sein kann, ist die kontinuierliche Verbesserung und Anpassung Ihrer Content-Strategie. Aufgrund seiner Fähigkeit, Muster und Trends in Daten zu erkennen, kann ChatGPT dazu beitragen, das Verhalten und die Präferenzen Ihrer Zielgruppe über einen gewissen Zeitraum zu verfolgen und zu analysieren. Auf diese Weise können Sie Ihren Content ständig optimieren und an die sich ändernden Bedürfnisse und Interessen Ihrer Zielgruppe anpassen.

Content-Marketing-Verantwortlichkeiten

Content-Marketing ist eine Querschnittsdisziplin, die sich aus Maßnahmen verschiedener Fachbereiche zusammensetzt. Im Content-Marketing-Prozess vereinen sich Fähigkeiten und Aufgaben aus den Bereichen SEO, Redaktion, Marketing, PPC, Kreation, PR, Vertrieb und Service, E-Mail-Marketing, Marktforschung und Webanalyse.

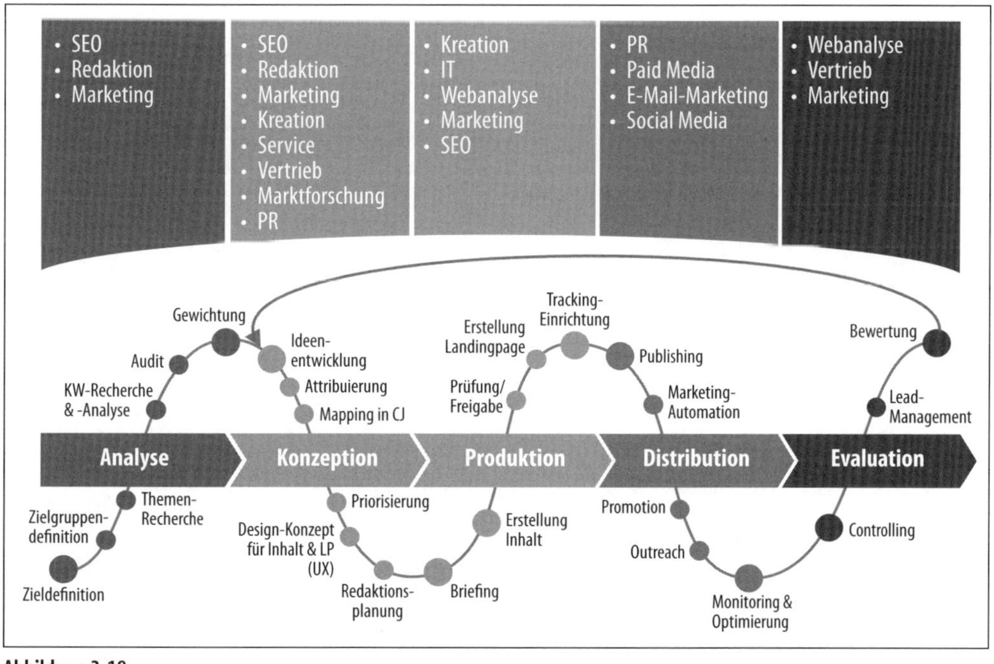

Abbildung 3-18:
Verantwortlichkeiten im Content-Marketing-Prozess (© Olaf Kopp)

Das macht Content-Marketing so komplex und schwierig zu steuern. Es bedarf einer zentralen Projektmanagementstelle, die den Gesamtüberblick über das Content-Marketing hat (z. B. Chief Content Officer oder Content-Marketing-Managerin).

Diese Position sollte je nach Aufbau des Unternehmens im Brand-Management und/oder Marketing verortet und mit der notwendigen Budget- und Führungsverantwortung ausgestattet sein.

Um die strategischen Unternehmensziele zu erreichen, sind SEO-, Online-Marketing- oder PR-Budgets jeweils für sich genommen zu klein. Hier muss ganzheitlicher gedacht werden, und Budgettöpfe müssen zusammengeführt werden.

Im optimalen Fall bedient sich der Chief Content Officer am Marketingbudget und vergibt Budgetanteile an die einzelnen Teilbereiche wie SEO, PR oder PPC für die Content-Promotion.

KAPITEL 4
Conversion-Optimierung

In diesem Kapitel:

- Conversion-Optimierung im Marketing-Mix
- Grundbegriffe und Status quo
- Wichtige Konzepte, Aufgaben und typische Herausforderungen
- Kennzahlen und Erfolgsmessung
- Lernen von Erfolgsbeispielen
- Checklisten für Websites

Von Nils Kattau

Alles, was Sie im Rahmen Ihres Marketings tun, sollte in irgendeiner Form auf Ihre Conversions einzahlen. Einige Maßnahmen steigern die Anzahl oder den Wert Ihrer Conversions unmittelbar – z. B. das A/B-Testing. Andere wirken eher vorbereitend oder folgen erst nach einem Kaufabschluss – etwa das Einholen von Kundenbewertungen. Auch Ihre Aktivitäten rund um die Akquise sowie das Halten von Kunden sind Teil Ihrer Conversion-Optimierung.

Dieser spannende Fachbereich ist sehr vielseitig und beschränkt sich nicht nur auf Werbemittel und Website. Vielmehr ist Conversion-Optimierung ein unabdinglicher Bestandteil aller Marketingdisziplinen.

Conversion-Optimierung im Marketing-Mix

Die Entwicklung der Conversion-Optimierung – wie wir sie heute kennen – hielt im Jahr 2000 Einzug in die Onlinewelt, als niemand Geringeres als das Unternehmen Google anhand eines A/B-Tests die optimale Anzahl an Suchergebnissen pro Seite herausfinden wollte.

Das erste Experiment verlief erfolglos, da langsame Ladezeiten die Ergebnisse verfälschten.[1] Nach Verbesserungen des Systems und Optimierung der Variablen der Suchmaschine hat Google bis heute Tausende A/B-Tests durchgeführt.

1 Siehe *https://en.wikipedia.org/wiki/A/B_testing* (Aufruf: 13.09.2023)

In den vergangenen Jahren nahmen zahlreiche Analytics- und Marketing-Tool-Anbieter die Chance wahr, Applikationen rund um die Conversion-Optimierung auf den Markt zu bringen. Die Nachfrage ist groß und steigt stetig weiter.

Als Conversion-Optimierung massenkompatibel wurde

Eines der bekanntesten Experimente in der Geschichte der Conversion-Optimierung stammt aus dem Dezember 2007:

Dan Siroker, damals Director of Analytics der Obama-Kampagne zur US-Präsidentschaftswahl 2008, steigerte die Spendengelder um 60 Millionen US-Dollar durch einen simplen multivariaten Test, in dem er vier Button-Varianten und drei Bilder bzw. drei Videos in unterschiedlichen Kombinationen testete.[2]

Nur wenig mehr als ein Jahr später gründete Dan in 2009 die Testing-Plattform *Optimizely*, die A/B- und multivariates Testing für jeden zugänglich machen sollte – auch ohne Programmierkenntnisse. Er öffnete so als einer der Ersten die Pforten für eine Mainstream-Nutzung. Anbieter mit vergleichbaren Tools zogen nach, darunter z. B. *VWO* von *Wingify* und *AB-Tasty*.

> **Hinweis zu A/B/n-Testing-Tools**
>
> Optimizely war nicht das erste Tool für A/B/n-Testing. Anbieter wie Omniture (in 2009 akquiriert von Adobe Systems, heute »Adobe Target«) sind schon weitaus länger am Markt, wurden früher jedoch nicht von der Masse der Website-Betreiber akzeptiert.

Heute bietet der Markt eine bunte Auswahl an Tools für Website-Testing, Mouse Tracking, Eye-Tracking-Simulation, Nutzerbefragungen und vieles mehr. Conversion-Optimierung ist heute massenkompatibel und wird von mehr und mehr Unternehmen betrieben.

Aktuelle Entwicklungen

Zwei der zurzeit am häufigsten diskutierten Themen in der Conversion-Optimierung sind *Personalisierung* und *Marketing-Automation*. Beide Disziplinen spielen perfekt zusammen.

2 Details zu diesem Experiment unter *https://blog.optimizely.com/2010/11/29/how-obama-raised-60-million-by-running-a-simple-experiment/* (Aufruf: 13.09.2023)

Personalisierung

Das Thema Personalisierung umfasst Maßnahmen zur (maschinellen) Anpassung der User Experience bzw. Website-Inhalte für einzelne Nutzerinnen und Nutzer oder Nutzergruppen auf Basis des individuellen Surfverhaltens oder auf Basis ihrer Interessen.

Die Möglichkeiten sind unbegrenzt. Neben simplen Personalisierungen wie einer direkten Ansprache durch Datenbank- oder Cookie-Inhalte (Begrüßung, Name, zuletzt aufgerufene Produkte, Produktempfehlungen in Shop und Newsletter etc.) sind heute hochkomplexe Personalisierungsszenarien möglich, die beispielsweise eine umfängliche Anpassung anhand von Mausbewegungen, Klick-/Scroll-/Leseverhalten, Standort oder Wetter bedeuten können.

Marketing-Automation

Mittels Marketing-Automation ist es möglich, zuvor definierte repetitive Prozesse und Aufgaben automatisch ausführen zu lassen – typischerweise mit dem Ziel, Nutzer durch den Lead- bzw. Sales-Funnel zu schleusen.

Marketing-Automation passiert meist auf dem E-Mail-Kanal – hier wird die Nutzergruppe am verlässlichsten und am kostengünstigsten erreicht. Weitere gängige Kanäle sind Social Media, Display Advertising, Mobile- und Desktop-Push-Notifications sowie die Website selbst.

Typische Beispiele für Marketing-Automation sind

- ereignisgesteuerte (»triggered«) E-Mails, z.B. beim Verlassen des Bezahlprozesses in einem Onlineshop,
- Welcome Cycles, d.h. das Senden von Serienmitteilungen (Push/E-Mail) in vorab definierten zeitlichen Abständen mit dem Ziel, Nutzerinnen und Nutzer an ein Produkt heranzuführen, sowie
- Wake-ups, also das »Aufwecken« – etwa durch Retargeting-Anzeigen oder E-Mails – von Kunden, die eine bestimmte Zeit inaktiv waren.

Grundbegriffe und Status quo

Conversion-Optimierung ist die Kunst und Wissenschaft, durch messbare Verbesserungen immer mehr Nutzer zum gewünschten Ziel zu bringen.

Die Conversion-Optimierung spielt in vielen Bereichen rund um Website und Marketing eine wichtige Rolle. Daher finden sich in diesem

Themenkreis diverse Fachbegriffe. Die wichtigsten werden hier kurz erklärt – von A bis Z.

- **A/B/n-Test** – Ein Experiment, in dem mindestens zwei (oder n) Variationen einer Website, Anzeige, E-Mail etc. gegen das Original getestet werden, um herauszufinden, welche Variation zu einer höheren Conversion-Rate oder einem höheren Warenkorbwert führt.
- **Above the Fold** – Der obere Bereich einer Webseite, den man sieht, bevor eine Scrollbewegung ausgeführt wird. »Fold« steht für den »Falz« aus der Buchbinderei, das ist die Stelle, an der ein Papierbogen gefaltet ist.
- **Absprungrate** – Der prozentuale Anteil an Nutzern, die eine Website nach dem Betreten wieder verlassen, ohne weitere Seiten aufzurufen.
- **Attention Analytics** – Die Analyse der Aufmerksamkeitswirkung insbesondere durch Mouse und Eye Tracking (Simulationen): Wohin schauen die Menschen? Wo bewegt sich die Maus? Welche Bereiche fallen früh auf, welche spät oder gar nicht?
- **Behavioural Pattern** – Ein typisches, wiederkehrendes und vorhersehbares Verhaltensmuster seitens der Nutzerinnen und Nutzer.
- **Buy Box** – Der visuell oft abgegrenzte Bereich auf der Produktseite eines Onlineshops, in dem typischerweise Preis, Stückzahl, Verfügbarkeit und In-den-Warenkorb-Button zu finden sind.
- **Call-to-Action** – Die (Haupt-)Handlungsaufforderung auf einer Seite und gleichzeitig das zumeist wichtigste Element. Oftmals als Button dargestellt (auch: Call-to-Action-Button).
- **Click-Through** – Der Klick von einem (Funnel-)Schritt zum nächsten Schritt. Typische Click-Throughs sind Werbemittel > Landingpage oder Suchmaschinenergebnis > Webseite.
- **Cognitive Bias (kognitive Verzerrung)** – Ein systematisches Muster zur Abweichung von rationaler Beurteilung. Menschen kreieren ihre eigene »subjektive Realität« auf Grundlage ihrer Wahrnehmung.
- **Conversion** – Das primäre, messbare Ziel (oder ein sekundäres) einer Kampagne oder eines Funnels. Conversion meint die Umwandlung eines Besuchers in einen Lead oder Kunden. Mögliche Ziele sind Verkäufe, abgesendete Formulare, Registrierungen etc.
- **Conversion-Rate-Optimierung/Conversion-Optimierung** – *Conversion-Rate-Optimierung*: Maßnahmen, die lediglich die Zahl der Conversions in der Gruppe der vorhandenen Besucher steigern sollen, nicht jedoch andere Kennzahlen wie Warenkorbwert, De-

ckungsbeitrag, Customer Lifetime oder Ähnliches. *Conversion-Optimierung*: alle Maßnahmen, die die Conversion-Anzahl, den Wert je Conversion sowie auf den Erfolg/Umsatz des Unternehmens Einfluss nehmende Faktoren positiv beeinflussen sollen.

- **Copy/Copywriting** – Das Schreiben überzeugender, verführerischer Texte, die die Conversion-Optimierung gezielt unterstützen.
- **Drop** – Die Minderung einer Kennzahl (das Gegenteil von »Lift/Uplift«). Nicht: »Downlift«.
- **Eye Tracking/prädiktives Eye Tracking** – *Eye Tracking*: eine Aufzeichnung und Visualisierung der durch einen Nutzer tatsächlich angeschauten Bereiche einer Website, E-Mail, Verpackung o.Ä. *Prädiktives Eye Tracking*: eine computergenerierte, ungenauere Simulation bzw. Vorhersage eines Eye Tracking.
- **Funnel** – Der aus mehreren Seiten/Schritten bestehende »Trichter«, den die Nutzer auf dem Weg zur Conversion durchlaufen.
- **Growth Hacking** – Skalierbare Marketingmaßnahmen für rapides Unternehmenswachstum.
- **Hero-Shot** – Das Hauptbild oder Hauptvideo auf einer Landingpage. Es sollte zeigen, um welches Angebot es auf der Seite geht, es soll das Angebot möglichst verständlich machen und Vorteile kommunizieren.
- **Hypothese (oder: Testhypothese)** – Eine noch nicht bewiesene Annahme zur Verbesserung der Conversion-Rate. Die Testhypothese ist die Grundlage für jeden A/B/n-Test.
- **Kontrast** – *Design*: eine kontrastreiche Farbe für erhöhte Aufmerksamkeit oder Lesbarkeit. Maximaler Kontrast wird durch das Invertieren der Hauptfarbe einer Seite erzielt. *Psychologie/Testing*: die Stärke bzw. Auffälligkeit einer Variation.
- **Landingpage** – *Allgemein*: jede Seite, auf der der Nutzer über externe Quellen (z.B. Suchmaschine, E-Mail oder Werbemittel) landet. *Marketingkampagne*: eine Zielseite für Werbemittel, die exakt ein Ziel verfolgt und exakt eine Call-to-Action beinhaltet. Typische Ziele sind das Ausfüllen eines Formulars (auch *Lead Page* genannt) oder der Click-Through zu weiterführenden E-Commerce-Seiten.
- **Lead** – Ein Kontakt, der durch eine Marketingmaßnahme gewonnen wurde. Online-Marketing-Leads werden meist über Formulare oder telefonisch gewonnen.
- **Message Match** – Die Stimmigkeit von Design und Marketingaussage zwischen Werbemittel und Landingpage (Headline).
- **Mobile First** – Der Ansatz, Websites, Kampagnen oder Ähnliches zuerst für Mobilgeräte zu erstellen, um dann adaptive Versionen

für größere Bildschirmauflösungen zu erstellen. Das Ziel des Mobile-First-Ansatzes ist die Reduktion von Inhalt und Design auf das Wichtigste.

- **Mouse Tracking** – Die Aufzeichnung und Visualisierung von Mausbewegungen, Scrollbewegungen und Klicks. Das Verhalten einzelner Personen kann via Mouse Tracking über mehrere Seiten hinweg aufgezeichnet und analysiert werden.
- **Multivariater Test** – Das Testen von Kombinationen mehrerer variierter Elemente. Das Ziel eines multivariaten Tests (MVT) ist es, herauszufinden, welche Kombination die meisten Conversions bringt.
- **Persona** – Das Modell bzw. die Beschreibung einer für eine bestimmte Bedarfsgruppe sehr typischen Person. Personas enthalten detaillierte demografische und psychologische Informationen und dienen als Werkzeug für kundenspezifische Marketing- und/oder Vertriebsmaßnahmen.
- **Post-Conversion** – Eine Conversion, die nach der eigentlichen Haupt-Conversion (z.B. Lead oder Sale) erzielt wird. Typische Beispiele sind die Aufforderung zur Newsletter-Anmeldung oder zur Vernetzung in sozialen Netzwerken auf der Bestätigungsseite nach einem Kauf.
- **Responsive Webdesign** – Ein technischer und gestalterischer Ansatz zur Erstellung von Websites, um eine auf die jeweilige Bildschirmbreite angepasste Darstellung für Smartphones, Tablets, Desktops und größere Displays zu gewährleisten.
- **Segmentierung** – Das Teilen einer breiten Nutzergruppe in kleinere Segmente. Die Teilung geschieht in der Regel auf Kampagnen-, Verhaltens- oder geografischer Grundlage. Die Segmentierung ermöglicht eine detailliertere Auswertung von Analytics-Daten und Testergebnissen.
- **Skim, Scan, Read** – Ein dreistufiges Verhaltensmuster beim Konsumieren von Website-Inhalten. Beim Skimming überfliegen Nutzer die Seite sehr grob und halten sich nur sehr kurz an Kontrastpunkten und Bildern auf. Beim Scanning steigen sie etwas tiefer ein und lesen Satzbruchstücke. Beim Reading werden die Inhalte ausführlich gelesen.
- **Testimonial** – Ein Kundenzitat in Text- oder Videoform über die Erfahrungen mit einem Produkt, einer Dienstleistung oder Marke.
- **Unique Value Proposition (UVP)** – Eine überzeugende Aussage über die Einzigartigkeit und die Vorteile eines Angebots.

- **Lift/Uplift** – Die Steigerung einer Kennzahl (das Gegenteil von »Drop«).
- **Usability** – Die Bedienbarkeit bzw. Benutzerfreundlichkeit einer Website, eines Diensts oder Produkts.
- **User Experience** – Das empfundene Nutzererlebnis bei der Interaktion mit einer Website, einem Dienst oder einem Produkt.
- **User Signals** – Die Signale, die ein Nutzer bei der Bedienung einer Website sendet. Hierzu gehören z.B. Click-Through-Rate, Verweildauer, Anzahl aufgerufener Seiten, Scrollbewegungen, Klicktiefe und Social Shares (auch: *Social Signals*). Conversions sind ebenfalls als User Signal zu verstehen.
- **Whitespace** – Der »Freiraum« um einzelne Elemente. Whitespace dient der Aufmerksamkeitssteuerung, da sich das Auge auf einzelne Elemente fokussieren kann. Seiten mit viel Whitespace wirken »ruhiger«.

Wichtige Konzepte, Aufgaben und typische Herausforderungen

Für einen Online Marketing Manager ist es äußerst hilfreich, auf ein umfassendes Basiswissen im Feld der Conversion-Optimierung zugreifen zu können. Im Folgenden erhalten Sie eine kompakte Übersicht zum Einstieg.

Website-Grundlagen

User Experience

Die User Experience beeinflusst das Online-Nutzerverhalten maßgeblich. Sie ist ausschlaggebend dafür, ob Nutzer Ihre Website direkt wieder verlassen bzw. ob und wie tief sie in Ihre Website einsteigen.

> Der Begriff *User Experience* (Abkürzung UX, deutsch wörtlich Nutzererfahrung, besser Nutzererlebnis oder Nutzungserlebnis – es wird auch häufig vom Anwendererlebnis gesprochen) umschreibt alle Aspekte der Erfahrungen von Usern bei der Interaktion mit einem Produkt, Dienst, einer Umgebung oder Einrichtung.[3]

Das Themengebiet der UX ist sehr umfangreich und als übergeordneter Begriff seiner wichtigsten Aspekte *Psychologie*, *Design*, *Copy* und *Usability* zu verstehen.

3 Wikipedia, Artikel User Experience, *https://de.wikipedia.org/wiki/User_Experience* (Aufruf: 13.09.2023)

Psychologie

Jeder Mensch bzw. jede Bedarfsgruppe ist anders. Bei der Gestaltung und Pflege Ihrer Website(s) sollten Sie nicht den Fehler begehen, nur auf Ihre eigenen Vorlieben einzugehen. Aus diesem Grund empfehle ich besonders die Arbeit mit Limbic® Personas. Sie bilden eine hervorragende Grundlage für das Verständnis der Psychologie Ihrer eigenen Kunden.

> **Praxistipp: Limbic® Personas**
>
> Das Limbic®-Konzept wurde Ende der 1990er-Jahre von Dr. Hans-Georg Häusel als Modell für das Verständnis von (Kauf-)Entscheidungsfindung und Konsumverhalten entwickelt.
>
> Mehr über Limbic® Personas erfahren Sie unter *https://de.ryte.com/wiki/Limbic%c2%ae_Personas*.

Grundsätzlich sollten Sie Orientierung, Prozesse und Interaktion für Ihre Besucherinnen und Besucher so einfach und zufriedenstellend wie möglich machen. Bieten Sie Erklärungshilfen (z. B. Infotexte bei Formularfeldern) an, die Einwände behandeln, während oder bevor sie entstehen. Geben Sie Ihren Besuchern auf dem Weg durch Ihren Funnel positives Feedback, um die Motivation aufrechtzuerhalten.

Gehen Sie auf die individuellen Bedürfnisse Ihrer Personas ein: Sind sie spontan und innovationsgetrieben? Traditionell veranlagt und sicherheitsbedürftig? Oder zahlengetrieben und dominant? Denken Sie sich in den inneren Dialog Ihrer User hinein und kommunizieren Sie entsprechend.

Auch Farben spielen eine Rolle für die User Experience. Die richtige Farbwahl hängt sehr stark von Markenwelt, Preisempfinden, Angebotstyp und zahlreichen weiteren Faktoren ab.

Es wäre falsch, zu behaupten, dass beispielsweise ein orangefarbener Button immer am besten funktioniert. Durch Farbtests kann natürlich auch erkannt werden, dass die Farbwahl völlig irrelevant ist.

> **Praxistipp: Was testen?**
>
> Button-Tests führen in der Regel nur zu minimalen Veränderungen der Conversion-Rate und sollten in der Testpriorisierung weit hinten angeordnet sein. Es gibt nahezu immer wichtigere Tests als die Farbe eines Buttons.

Als kleine Entscheidungshilfe für die Farbauswahl folgt eine kurze Übersicht über gängige Assoziationen von Personen westlicher Kulturen (insbesondere Deutschland und Umgebung) bei Farben:[4]

- **Rot** – Freude, Energie, Liebe, Lust, Leidenschaft, Durchsetzung, Wettkampf, Warnung, Gefahr, Stopp, Blut, Hitze
- **Blau** – Seriosität, Sicherheit, Disziplin, Moral, Bodenständigkeit, Freundlichkeit, Kälte, Kompetenz, Distanz
- **Grün** – Gesundheit, Wellness, Relaxing, Einfachheit, risikolos, Wachstum, Natur, Herzlichkeit, Frische, Gift, Übelkeit
- **Gelb** – Optimismus, jugendlich, Risikofreude, Spontanität, Aufmerksamkeit, Geiz, Egoismus, Sonne, Wärme
- **Orange** – jetzt, sparen, schnell, Freude, Kunst, Kreativität, Humor, aufdringlich, laut, billig, lustig, extrovertiert
- **Violett** – Ruhe, Entspannung, Weisheit, Fantasie, Extravaganz, das Modische, Weiblichkeit, Kurzlebigkeit, Unsicherheit, Stolz, Macht, Dekadenz
- **Schwarz** – Elite, edel, hochwertig, exklusiv, Premium, Trauer, Einsamkeit, Funktionalität, schwer, Bedrohung, Unglück
- **Weiß** – Qualität, Sparsamkeit, Verlässlichkeit, Gesundheit, Sauberkeit, das Neue, Bescheidenheit, Wissenschaft, Klugheit, Unschuld, realitätsfern
- **Grau** – Ordnung, Gerechtigkeit, das Konservative, Gehorsamkeit, Pünktlichkeit, Sachlichkeit, Langeweile

Bilder können Menschen dabei unterstützen, die Vorteile oder Funktionsweise Ihres Angebots zu verstehen, und Bilder können Websites emotional aufladen sowie Sympathie und Vertrauen aufbauen. Achten Sie bei der Bildauswahl darauf, authentisch zu sein, und verwenden Sie nach Möglichkeit keine Stockfotos.

Abgebildete Emotionen werden auf den Betrachter übertragen. Grund hierfür sind die Spiegelneuronen in unserem Gehirn. Deshalb ist es ratsam, eher positive Emotionen abzubilden als negative. Zur Verdeutlichung: Wenn Sie eine Website für Schülernachhilfe betreiben, bilden Sie nicht den niedergeschlagenen Schüler ab, der eine 5 in Mathe geschrieben hat. Zeigen Sie stattdessen eine fröhliche Schülerin mit einer 2+. Zeigen Sie in emotionalen Bildern das Ziel und nicht das Problem.

4 Ausführlichere Angaben finden Sie z. B. unter *http://www.beta45.de/farbcodes/theorie/heller.html* und im Zusammenhang mit Hans-Georg Häusels Modell Limbic® für die Marketing- und Verkaufspraxis.

Psychologische Effekte, Behavioural Patterns und Cognitive Bias

- **Anchoring Effect** – Der Besucher macht sich abhängig von einer initialen Information (dem »Anker«), wenn er Entscheidungen trifft.
- **Autoritäts-Bias** – Der Besucher tendiert dazu, mehr Wert auf die Meinung einer Autoritätsfigur zu legen und von dieser beeinflusst zu werden – unabhängig von Inhalt oder Wahrheitsgehalt.
- **Commitment und Consistency Bias** – Sobald der Besucher sein erstes »Ja« zu etwas kommuniziert (etwa durch das Ausfüllen der ersten Seite eines mehrseitigen Formulars), ist er weniger gewillt, den Prozess abzubrechen.
- **Decoy Effect** – Die Neigung des Besuchers zu einer Option gegenüber einer anderen verändert sich, wenn eine dritte ähnliche, jedoch weniger attraktive Option hinzugefügt wird.
- **Framing Effect** – Die Entscheidungen des Besuchers sind von der Art und Weise beeinflusst, in der diese durch verschiedene Wordings, Umstände und Situationen gerahmt (»framed«) werden.
- **Halo Effect/Horn Effect** – Der Besucher tendiert dazu, Eindrücke über eine Person, eine Firma, eine Marke oder ein Produkt in einem Bereich auf seine Einschätzung derselben in anderen Bereichen zu übertragen. Dies gilt für positive (Halo/Heiligenschein) wie auch für negative (Horns/Hörner) Eindrücke.
- **Serial-position Effect/Primacy-recency Effect** – Der Besucher erinnert sich vornehmlich an die zuerst und zuletzt erhaltenen Informationen. Informationen aus der Mitte einer Serie werden weniger oft erinnert.
- **Reziprozität** – Der Besucher ist eher zu einer positiven Aktion oder Antwort geneigt, wenn ihm im Gegenzug etwas Positives zukommt.
- **Verknappungs-Bias** – Der Besucher schreibt etwas mehr Wert zu, je eher es verloren oder nicht erhalten werden kann.
- **Social Proof** – Der Besucher beobachtet das Verhalten ihm ähnlicher Personen, bevor oder während er Entscheidungen trifft. Dies trifft vor allem in Situationen zu, in denen er sich unsicher fühlt.

Design

Ihr Design sollte der (empfundenen) Wertigkeit Ihres Angebots entsprechen. Es ist nicht konversionsfördernd, ein Low-Budget-Produkt in einem zu hochwertigen Design zu präsentieren – oder ein Luxusprodukt in »billigem« Design. Das Design Ihrer Werbemittel muss dabei zum Design der zugehörigen Landingpages passen.

Ein Design ist nur gut, wenn man problemlos in der Lage ist, sich ohne Nachdenken zu orientieren. Hier helfen der Einsatz von Whitespace, also »Freiraum«, um einzelne Elemente und eine klare visuelle Hierarchie, die das Auge des Betrachters gezielt steuert. Wichtige Bausteine der Website sollten optisch hervorgehoben werden – etwa durch hohen Farbkontrast oder richtungsweisende Elemente –, und Interaktionselemente müssen als solche erkennbar sein.

Zu viel Kreativität kann der Conversion-Rate schaden. Setzen Sie daher primär auf von Nutzern *gelernte Interaktionskonzepte* und *-darstellungen*.

Überschriften funktionieren am besten, wenn sie sich vom restlichen Inhalt durch Schriftgröße und Whitespace abheben. Generell sollten Texte zum Lesen einladen. Das erzielt man leicht, indem man »Textwüsten« interessanter gestaltet durch den Einsatz von Aufzählungslisten, Bildern, Videos, Tabellen, hervorgehobenen Zitaten etc.

Copywriting

Der Text einer Website ist der wohl wichtigste Baustein, wenn es um die Generierung von Conversions geht. Hier kann man sehr vieles falsch – oder eben richtig – machen. Nutzer möchten nicht nachdenken, wenn sie eine Website konsumieren.[5] Und es sollten keine Fragen offenbleiben.

Kommen Sie daher auf den Punkt und beantworten Sie für jede einzelne ihrer Seiten unmissverständlich die essenziellsten Fragen der Nutzer:

- Worum geht es auf dieser Seite?
- Was genau bringt mir das Angebot, und welche Probleme löst es?
- Wer ist der Anbieter, und kann ich ihm vertrauen?
- Wie geht es jetzt weiter, und welchen Aufwand bedeutet das für mich?

Konzentrieren Sie sich bei Ihrer Kommunikation auf Vorteile, nicht auf Eigenschaften. Der Nutzer möchte im Endeffekt wissen, inwiefern er von Ihrem Angebot profitiert. Der Weg dahin ist sekundär.

Sie können das Skimming (Überfliegen der Inhalte) Ihrer Besucher unterstützen, indem Sie Schlüsselwörter fett darstellen sowie Aufzählungslisten und aussagekräftige Zwischenüberschriften einsetzen. Achten Sie bei der Wortstellung Ihrer Überschriften darauf, dass die

5 Literaturtipp: Don't Make Me Think – Steve Klug, ISBN 783826697050, 2014, 3., aktualisierte Auflage

wichtigsten Begriffe am Anfang und am Ende stehen. Dies sind die Wörter, die beim Skimming besonders wahrgenommen werden.

Eine einwandfreie Grammatik und die richtige Rechtschreibung sind selbstverständlich – dennoch möchte ich sie als sehr wichtigen vertrauensbildenden Faktor nicht unerwähnt lassen. Lesen Sie Ihre Texte laut vor, um Fehler eher wahrzunehmen. Und setzen Sie am besten auf das Vieraugenprinzip.

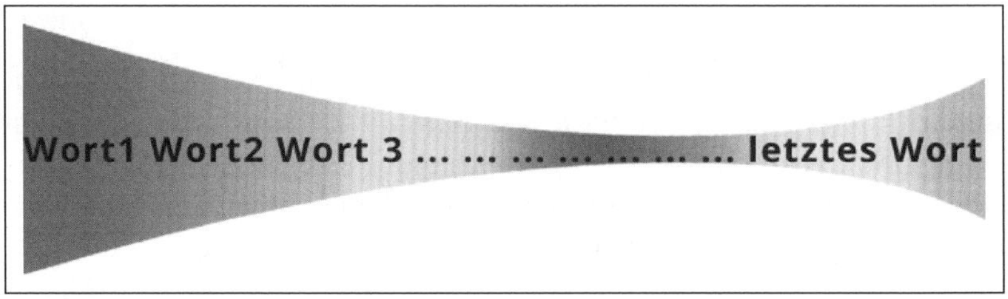

Abbildung 4-1:
Aufmerksamkeitskurve beim Überfliegen von Überschriften und Textpassagen: Die Wörter an Anfang und Ende werden am stärksten wahrgenommen.

Handlungsaufforderungen bzw. Call-to-Actions sollten höchst aktivierend sein und zum Klick anreizen. Button-Beschriftungen wie *Weiter*, *Senden* oder *Herunterladen* sind keine Option. Nutzen Sie die Gelegenheit, Ihre Call-to-Action mit Ihrer USP und weiteren Vorteilen auszuschmücken. Folgen Sie dem inneren Dialog Ihrer Nutzer.

Beim Copywriting ist es sinnvoll, sich eng mit den Verantwortlichen für die Suchmaschinenoptimierung abzustimmen. So können wichtige SEO-Begrifflichkeiten und -Themen in die Texte einfließen. Achten Sie jedoch darauf, Texte niemals für Suchmaschinenroboter zu schreiben, sondern immer für Menschen.

Usability

> Gebrauchstauglichkeit (englisch Usability) bezeichnet (...) das Ausmaß, in dem ein Produkt, System oder ein Dienst durch bestimmte Benutzer in einem bestimmten Anwendungskontext genutzt werden kann, um bestimmte Ziele effektiv, effizient und zufriedenstellend zu erreichen. Sie ist damit eng verwandt mit (...) dem breiter gefassten Konzept der User Experience (UX).[6]

Der Mensch ist ein Gewohnheitstier. Deshalb tun Sie gut daran, das Usability-Rad nicht neu zu erfinden.

6 Wikipedia, Artikel Gebrauchstauglichkeit, *https://de.wikipedia.org/wiki/Gebrauchstauglichkeit_(Produkt)* (Aufruf 13.09.2023)

Je schneller bekannte Muster erkannt werden, desto schneller kann das menschliche Gehirn Zusammenhänge erfassen. Verändern Sie von Seite zu Seite wichtige Merkmale zur Erkennung von beispielsweise Interaktionsmöglichkeiten (Linkfarbe, Form oder Gestaltung etc.), kann unser Gehirn kein Muster speichern, das ihm die Navigation auf der nächsten Seite erleichtern würde. Folglich wird auf jeder Seite erneut mit dem Erkennen und Speichern von Mustern begonnen. Hierbei geht für Sie als Seitenbetreiber wertvolle Zeit verloren, in der sich Ihre Besucherinnen und Besucher bereits auf Ihre Inhalte konzentrieren könnten. Wahren Sie Konsistenz und Erwartungskonformität.

Die Bedienung einer Website funktioniert nur zufriedenstellend, wenn die Interaktion intuitiv geschieht. Hilfreich ist der Einsatz gewohnter Interaktionskonzepte wie z.B. die Verlinkung der Startseite auf dem Logo, das Platzieren der Navigationsmenüs im oberen oder linken Bereich oder die Darstellung von Artikelübersichten im Kachel- oder Listenlayout. Findet Ihr Besucher ungewohnte Bedienelemente oder -konzepte vor, gerät er schnell ins Stolpern und droht, aufgrund einer negativen Nutzererfahrung abzuspringen.

Die Lesbarkeit von Inhalten spielt eine wichtige Rolle im Feld der Usability. Texte sollten deshalb hohen Kontrast zu ihrer Hintergrundfarbe aufweisen. Dunkler Text auf hellem Hintergrund ist dabei wesentlich angenehmer für das menschliche Auge als heller Text auf dunklem Hintergrund. Wählen Sie eine für die Zielgruppe angenehme Schriftgröße. Da die Sehkraft mit dem Alter nachlässt, ist für die Generation 40+ eine Schriftgröße von nicht weniger als 16 Pixeln zu empfehlen.

Besonders intuitive Orientierung erzielen Sie durch den Einsatz einer klaren visuellen Hierarchie. Die konversionsrelevantesten Elemente sollten demnach auffälliger sein als andere. Die Hervorhebung kann unter anderem durch Kontrast (Farben, Formen, Wortfettung) oder richtungsweisende Elemente (Pfeile, Fingerzeige, Blicke) vorgenommen werden.

Zu einer guten Usability gehört die Vermeidung von Fehlermeldungen oder Eingabekorrekturen. Verwenden Sie z.B. Datepicker für Datumseingaben und Drop-down-Menüs statt Freitextfelder, sofern dies möglich und sinnvoll ist und zur Vermeidung von Falscheingaben beitragen kann.

Für Ihre mobile Website bringt HTML5 eine ganze Reihe sogenannter *HTML5 Input Types* mit, die für verschiedene Eingabetypen die passenden Tastaturen auf dem Smartphone auslösen. Bei einem Telefonnummernfeld öffnet sich beispielsweise eine numerische Tastatur, bei einem E-Mail-Adressfeld ist das @-Zeichen direkt in der Tastatur sichtbar, und bei einem Feld für die Uhrzeit öffnet sich das betriebssystemeigene Auswahl-Interface für Uhrzeiten.

Page-Speed-Optimierung

Die Ladegeschwindigkeit einer Website ist nicht nur für die Platzierung in Suchmaschinen wichtig. *Kissmetrics* fand in einer Studie heraus, dass nur eine Sekunde Verzögerung bei der Antwortzeit einer Seite ganze 7% Reduktion der Conversion-Rate bedeuten kann. Um das Dilemma zu verdeutlichen, bringen sie ein einschlägiges Beispiel:

»If an e-commerce site is making $100,000 per day, a 1 second page delay could potentially cost you $2.5 million in lost sales every year.«

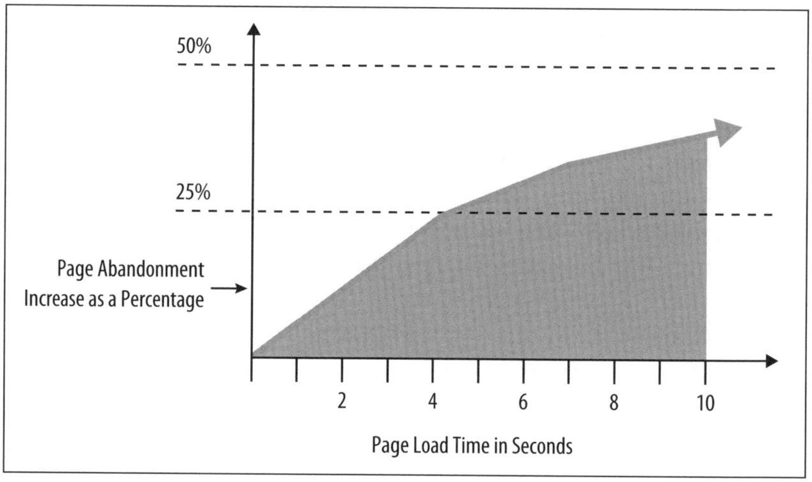

Abbildung 4-2:
Ansteigen der Abbruchrate durch Ladezeitverzögerung (in Anlehnung an kissmetrics.org)[7]

Ihr Page-Speed kann durch viele – hauptsächlich technische – Anpassungen enorm gesteigert werden. Unter *https://developers.google.com/speed?hl=de* bietet Google ein Tool an, mit dem Sie Ihre (theoretische) Website-Performance für Desktop und Smartphone prüfen können.

Gleichzeitig erhalten Sie hilfreiche Tipps für die Optimierung der Seitengeschwindigkeit. Eine Checkliste zum Thema Page-Speed finden Sie in diesem Kapitel im Abschnitt »Checklisten für Websites«.

---

7 Quelle der Originalgrafik: *https://blog.kissmetrics.com/loading-time/*

Website-Frontend-Development-Frameworks

Website-Frontend-Development-Frameworks bringen von Haus aus sehr viel Gutes in Sachen Usability und UX mit und helfen, bei der Entwicklung von Website-Frontends mit HTML, CSS und JavaScript enorm viel Zeit einzusparen.

Erstellen Sie – nach kurzer Einarbeitungszeit – in wenigen Minuten erste Mock-ups und Click-Dummies Ihrer geplanten Webprojekte. Die Frameworks eignen sich hervorragend für *Rapid Prototyping*.

Standardmäßig enthalten sind ein Grid-System für übersichtliche, responsive Layouts, HTML- und JS-Komponenten sowie umfangreiches CSS für die schnelle Umsetzung von Inhalten, Navigationsmenüs und erweiterte Funktionalitäten – auch ohne nennenswerte Programmierkenntnisse.

Alle Funktionen und Features können Sie in einer umfangreichen Dokumentation des jeweiligen Frameworks einsehen – zusammen mit Beispielen und kopierbaren Codeschnipseln.

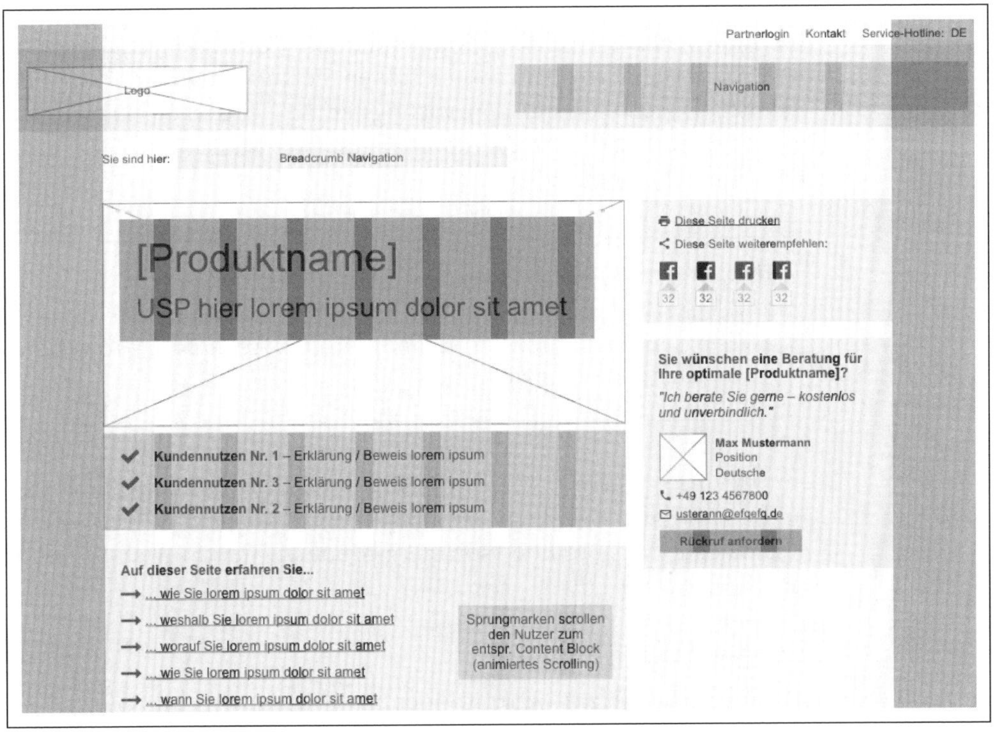

Abbildung 4-3:
Mock-up/Wireframe mit Grid-System. Je dunkler ein Bereich dargestellt ist, desto prominenter soll er auf der späteren Website erscheinen.

Natürlich bringen Development-Frameworks auch Nachteile mit sich: Keine Website (abgesehen von der des Frameworks selbst) macht Gebrauch von allen Features und Komponenten. Das heißt, dass der Code für den normalen Gebrauch viel umfangreicher ist, als er eigentlich sein müsste, was sich negativ auf die Ladezeiten auswirkt. Gleichzeitig führt die Arbeit mit Frameworks zu einer recht flachen Lernkurve, da das meiste von Haus aus funktioniert und kein weiteres Einarbeiten nötig ist. Anpassungen am »Core« des Frameworks sind oft mit sehr viel Aufwand verbunden.

Gängige Frameworks sind *Bootstrap* von X (früher Twitter)[8] und *Foundation* von ZURB[9]. Bootstrap kommt ohne allzu viele Extras und stellt eine hervorragende Basis für die eigene Frontend-Entwicklung dar. Foundation bringt jede Menge (deaktivierbare) Extras mit – auf Kosten Ihres Page-Speeds. Jedoch prädestinieren die vielen Extras Foundation für Rapid Prototyping mit erweiterter Funktionalität.

Website-Optimierung: Conversion-Strategie

Am Anfang jeder Strategie steht die Zieldefinition: Welcher KPI soll wie stark verändert werden? Zwar sind in der Conversion-Optimierung viele Kennzahlen relevant, jedoch sollten Sie unbedingt mit allen Maßnahmen letztendlich auf den wichtigsten KPI einzahlen. Dieser eine wichtigste KPI ist die Metrik, dem Ihr gesamtes Marketing folgen muss. Er ist Ihr Nordstern.

> **Tipp: Growth & »North Star«**
>
> Bevor das Ganze zu esoterisch klingt, hier meine unbedingte Videoempfehlung zum Thema *Growth & »North Star«*: *https://youtu.be/n_yHZ_vKjno* (47 Minuten reine Inspiration).

Auf Ihren Nordstern können Sie mit zahlreichen Marketingaktivitäten und -kampagnen einzahlen. Zur Veranschaulichung sehen Sie hier eine vereinfachte Version des Nordstern-Modells meines SaaS-Start-ups smartimize.com:

Nordstern (wichtigster KPI):

Anzahl monatlich zahlender Kunden

8 Download Bootstrap: *http://getbootstrap.com/* (Aufruf 13.09.2023)

9 Download Foundation: *http://foundation.zurb.com/* (Aufruf 13.09.2023)

Einzahlende Faktoren und KPIs:

- Sales
  - Leads
    - USP und Vorteilskommunikation
    - Landingpage-Qualität
    - Weiterempfehlungen
    - Anzahl Affiliate-Partner
    - Marketing-Automation
  - Plans & Pricing
    - Preismodelle
    - Angebote und Verträge
    - Vertragskonditionen
  - Marketing-Automation
  - Werbekampagnen
- Customer Retention (Kundenbindung)
  - Customer Onboarding
    - Welcome Cycle
    - Tutorials
  - Software User Experience
    - Usability
    - Design
    - Qualität der Inhalte
    - Qualität des Kundensupports
  - Software Usage
    - Anzahl monatlicher Log-ins
    - Anzahl monatlich erhaltener Conversion-Tipps
  - Churn Management (Vermeiden der Kundenabwanderung)
    - Account-Deaktivierungsseiten

Dies ist nur eine kleine Übersicht der Faktoren und KPIs, die auf den Nordstern einzahlen. Die gute Nachricht: Jeder Faktor ist optimierbar und kann Ihren Unternehmenserfolg positiv beeinflussen.

Conversion-Optimierung ist *Data-driven*. Die Optimierung sollte niemals nach Bauchgefühl und ohne erprobtes Modell erfolgen. Aus diesem Grund habe ich das *Conversion-Cycle-Modell* für erfolgreiche Conversion-Optimierung entwickelt:

»Conversion Cycle« – ein Modell für erfolgreiche Conversion-Optimierung

Die besten Ideen kommen selten vom HiPPO (*Highest Paid Person's Opinion*), sondern insbesondere von Personen, die nicht betriebsblind sind (das passiert irgendwann jedem in einem gewissen Maße), die nicht jeden Aspekt des Angebots auswendig kennen und die kein Fachchinesisch sprechen.

Schaffen Sie in Ihrem Unternehmen eine Testing-Kultur. Motivieren Sie jede Mitarbeiterin und jeden Mitarbeiter dazu, Optimierungsvorschläge zu machen, und evaluieren Sie jede Idee.

Testen Sie so viel wie möglich – mehr Tests bedeuten mehr Umsatzpotenzial. Seien Sie dabei fehlertolerant und verstehen Sie, dass nicht jeder Test positiv ausfällt. Setzen Sie die Erkenntnisse aus negativen Tests gewinnbringend für Folgetests ein und lassen Sie sich nicht entmutigen. Mit der Zeit werden Sie Ihre Zielgruppe immer besser verstehen und Erfolgsquoten von 70%, 80% oder mehr verzeichnen. Um konstant derartige Erfolgsquoten bei der Conversion-Optimierung zu erzielen, ist ein strukturierter Ansatz nötig, den ich in sieben Schritte gliedere:

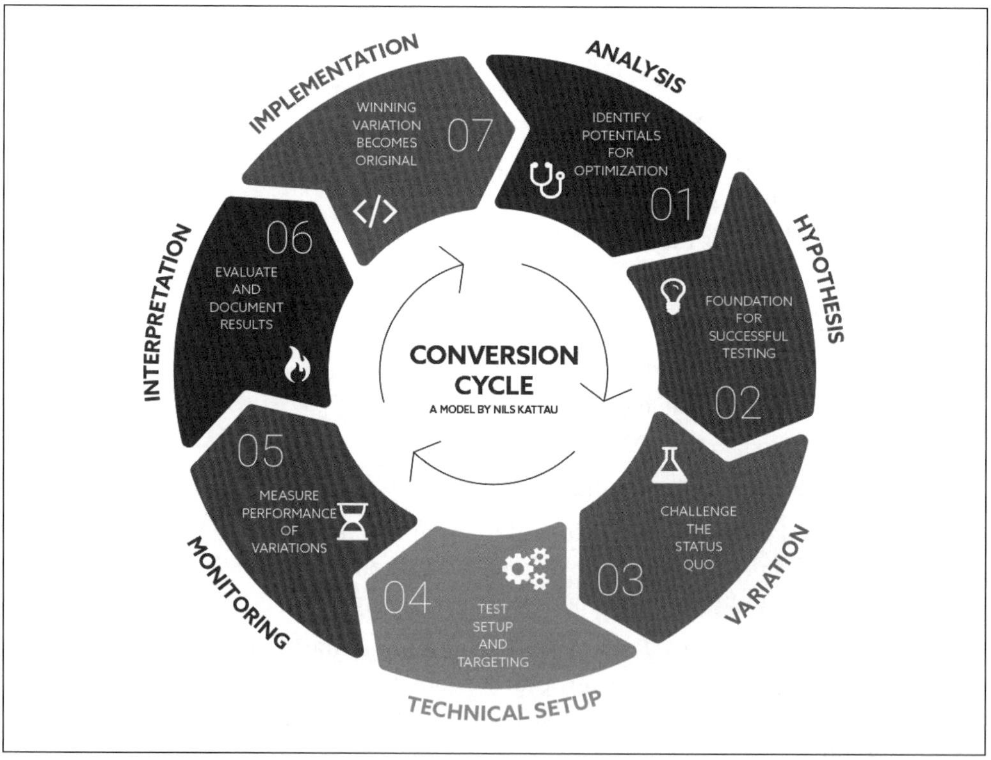

Abbildung 4-4:
Conversion Cycle – ein Modell für erfolgreiche Conversion-Optimierung (© Nils Kattau)

1. Schritt: Analyse – identifizieren Sie Verbesserungspotenziale

In der Analyse geht es zunächst darum, herauszufinden, auf welcher Seite bzw. in welchem Schritt Potenziale verborgen liegen.

Um Antworten auf das »Wo?« zu finden, bietet sich die quantitative Analyse des Nutzerverhaltens an. Das primäre Werkzeug ist an dieser Stelle Ihr eingesetztes Webanalysetool (z. B. Google Analytics). Qualitative Methoden wie Usability-Tests liefern ebenfalls wertvolle Erkenntnisse, werden an dieser Stelle jedoch eher selten eingesetzt.

Sobald Sie herausgefunden haben, wo Sie Nutzer bzw. Conversions verlieren, geht es darum, herauszufinden, was genau die Schwachstellen sind.

Antworten auf das »Was genau?« erhalten Sie in der qualitativen Analyse. Mit Aufmerksamkeitsanalysen (Mouse Tracking, Eye Tracking Simulation) finden Sie heraus, welche Elemente einer Seite womöglich übersehen, falsch verstanden oder als unwichtig erachtet werden. Verfeinern Sie Ihre Einblicke durch offene und/oder gezielte Nutzerbefragungen, das Hinzuziehen von Kunden-Feedback und ehemaligen Test-Learnings sowie den Einsatz von Wissen aus dem Neuromarketing und der Konsumpsychologie.

Besonders hilfreich in dieser Analysephase ist der Einsatz von Personas und Conversion-Frameworks. Die zwei gängigsten Frameworks sind das 7-Ebenen-Modell und das LIFT-Modell. Mehr dazu finden Sie hier:

- Das 7-Ebenen-Modell von André Morys (konversionsKRAFT) *https://www.konversionskraft.de/checklisten/die-7-ebenen-der-konversion-uberblick.html*
- Das LIFT-Modell von Chris Goward (WiderFunnel) *https://conversion.com/blog/the-six-landing-page-conversion-rate-factors/*

2. Schritt: Hypothese – die Grundlage für erfolgreiches Testing

Beginnen Sie niemals einen Test ohne aussagekräftige Hypothese. Eine gute Hypothese hilft bei der Testerstellung und -auswertung und sollte mindestens folgende Informationen enthalten:

1. Welches *Nutzerverhalten* wurde in der Analyse beobachtet?
2. Welche *Veränderung* soll getestet werden?
3. Welches *Nutzersegment* soll am Test teilnehmen?
4. Welche *Veränderung im Nutzerverhalten* soll durch den Test erwirkt werden?
5. Welches zu messende *Ziel* entscheidet über Erfolg oder Misserfolg?

Häufig entstehen gleichzeitig mehrere Hypothesen für einzelne URLs bzw. Seitentypen. Da Sie nicht mehrere Tests parallel auf einer URL aussteuern sollten, müssen Hypothesen priorisiert werden. Schließlich soll das größte Verbesserungspotenzial als Erstes angegangen werden.

Ich empfehle den Einsatz eines Bewertungssystems, das folgende fünf Kriterien umfasst:

1. Betrifft die Hypothese den *primären Conversion-Funnel*?
   (1 = nein, 2 = unterstützend, 3 = ja)
2. *Handlungsbedarf* gemäß Analytics (1 = gering bis 3 = hoch)
3. *Sichtbarkeit* der Veränderung
   (1 = wenig sichtbar bis 3 = stark sichtbar)
4. Voraussichtliche *Auswirkung* auf das Nutzerverhalten
   (1 = gering bis 3 = hoch)
5. *Traffic-Anteil* gegenüber Gesamt-Traffic in %
   (Segmente und Geräte beachten)

Addieren Sie nun die Werte aus 1. bis 4. und multiplizieren die Summe mit dem Wert aus 5., erhalten Sie ein vergleichbares Rating für Ihre Hypothese.

3. Schritt: Variation – fordern Sie den Status quo heraus

Nachdem Ihre vielversprechendste Hypothese ausgewählt wurde, geht es an die Umsetzung der Variation(en) für den bevorstehenden A/B/n-Test.

Design und Copywriting sollten Sie dringend sowohl isoliert als auch in Kombination testen. Möchten Sie beispielsweise Veränderungen der Überschrift und des Hero-Shots testen, entstehen hierdurch drei Variationen: 1. Hauptbild, 2. Überschrift, 3. Hauptbild und Überschrift. Nur so ist es möglich, Ergebnisse zu interpretieren und die Auswirkung der Variablen korrekt einzuschätzen. Man spricht in diesem Fall von einem multivariaten Test.

4. Schritt: Technisches Setup – konfigurieren Sie Ihren A/B/n-Test

Sobald Ihre Variationen fertig gestaltet bzw. getextet sind, werden sie ins Testing-Tool übertragen. Für einfache Anpassungen reicht oft der visuelle Editor aus (zu finden bei Google Optimize, Optimizely, VWO, ABTasy etc.), für den keine Programmierkenntnisse nötig sind. Selbstverständlich können auch hochkomplexe Variationen mit umfangreichem Programmieraufwand in den Testing-Tools umgesetzt werden.

Durch das Targeting definieren Sie, auf welchen Geräten, URLs etc. der Test laufen soll. Ebenfalls wichtig ist die Entscheidung, ob der Test für den gesamten Traffic oder nur bestimmte Nutzersegmente (*Audiences*) ausgespielt werden soll. Achten Sie an dieser Stelle möglichst darauf, dass Sie Ihre Website nur so weit für einzelne Segmente optimieren, wie es Ihre verfügbaren Ressourcen für die Seitenpflege zulassen. Sie möchten sicherlich vermeiden, dass für eine Unterseite beispielsweise 20 verschiedene Segmentvarianten gleichzeitig gepflegt werden müssen.

Im Rahmen des Targetings sollten Sie immer die eigene IP und die Ihrer Dienstleister ausschließen, sofern diese statisch sind. Sorgen Sie außerdem dafür, dass Nutzer mit einer bereits vorhandenen Cookie-ID aus einem anderen aktiven Experiment vom Test ausgeschlossen werden. Andernfalls sind die Ergebnisse nicht interpretierbar, da Sie das Nutzerverhalten nicht eindeutig einer Variante zuordnen können. Diese Funktionalität existiert bei fast jedem Testing-Tool.

Stellen Sie ein primäres und beliebig viele sekundäre Conversion-Ziele für den Test ein. Je mehr relevante sekundäre Ziele Sie tracken, desto genauer können Sie später Ergebnisse interpretieren.

Zum Abschluss des technischen Setups nehmen Sie eine Qualitätssicherung vor: Prüfen Sie die Darstellung und Funktionalität auf gängigen Geräten und Browsern und minimieren Sie die Ladezeiten Ihrer Variationen.

> **Tipp: Vorsicht »Flicker«-Effekte**
>
> »Flicker«-Effekte verfälschen Ergebnisse, mehr dazu finden Sie unter *https://www.konversionskraft.de/tipps/flicker-effekt-flacker-fehler-bei-ab-tests.html.*

Zum Abschluss der Qualitätssicherung testen Sie noch die Funktionalität des Conversion Tracking. Anschließend wird der Test gestartet.

5. Schritt: Monitoring – messen Sie die Performance von Original und Variationen

Während der Test aktiv ist, sind die Originalseite und ihre Variationen zeitgleich »online«. Die Ausspielung erfolgt bei den meisten Testing-Tools durch eine JavaScript-Manipulation, sodass der gewöhnliche Nutzer nicht merken kann, dass er sich in einem Test befindet. Die URL der Seite bleibt die gleiche – unabhängig davon, ob sich Ihre Besucherinnen und Besucher im Original oder in einer Variation befindet. Natürlich ist auch das Vergleichen mehrerer URLs möglich. In diesem Fall spricht man von einem *Split URL Test*.

Anfänglich sollte überprüft werden, ob die Conversion-Ziele korrekt gemessen werden. Sofern das der Fall ist, heißt es erst einmal abwarten.

Tests sollten mindestens eine Woche laufen, bevor Sie irgendwelche Anpassungen in der Traffic-Verteilung vornehmen oder unterdurchschnittlich performende Variationen abschalten.

Anpassungen der Testseiteninhalte sollten für die Dauer des Experiments vermieden werden und müssen – wenn eine Vermeidung nicht möglich ist – für die spätere Interpretierbarkeit der Ergebnisse in jedem Fall notiert werden. Ein Test kann abgeschlossen werden, wenn folgende Kriterien erfüllt sind:

- Erreichung der gewünschten *statistischen Signifikanz* bzw. *Confidence* bzw. *Chance to beat the original* (die Tools verwenden hier verschiedene Bezeichnungen), typischerweise 90% oder 95%.
- Mindestens eine, besser zwei Wochen Laufzeit.
- Mindestens 250 Conversions im Original und je Variation, besser mehr (Ausnahmen nicht schön, aber möglich).
- Möglichst parallel verlaufende Graph-Kurven der kumulativen Conversion-Rates von Original und Gewinnervariation kennzeichnen ein möglichst verlässliches Ergebnis.

6. Schritt: Interpretation – Auswertung und Dokumentation der Ergebnisse

Um langfristig erfolgreich zu optimieren, müssen Ihre Ergebnisse nach jedem Test ausgewertet, interpretiert und dokumentiert werden. Folgende Inhalte sollten Sie in Ihr Reporting aufnehmen:

- Hypothese.
- Vergleichsansicht von Original und Variationen mit Beschreibung der Anpassungen je Variation.
- Darstellung der Ergebnisse (in Zahlen und als Graph).
- Gegebenenfalls Anmerkungen zu Veränderungen der Traffic-Verteilung, zeitgleich mit dem Test laufenden Werbeaktionen und -kampagnen etc.
- Interpretation der Testergebnisse: Wie kann das Ergebnis erklärt werden?
- Learnings: Welche Erkenntnisse wurden gewonnen?

Tragen Sie Ihre Testergebnisse ins Unternehmen und zelebrieren Sie Erfolge. Dies trägt enorm zur Akzeptanz Ihrer Conversion-Strategie bei und vermeidet die eine oder andere (unnötige) Diskussion. Ein weiterer Vorteil ist, dass die Erkenntnisse aus dem Testing oft an vielen weiteren Stellen positiv eingesetzt werden können, etwa beim Sale, im Kundenkontakt oder beim Offline-Marketing.

7. Schritt: Implementation – die Siegervariation wird zum Original

Die Gewinnervariation sollte möglichst zeitnah fest in die Website implementiert werden. Ein längerfristiges Ausspielen der Gewinnervariation für 100% des Traffics ist unter Umständen kostspielig und kann von Suchmaschinen wie z.B. Google als Betrugsversuch gewertet werden.[10]

Nach Abschluss von Schritt 7 geht es wieder von vorne los – mit der Analyse. Eine ordentliche Conversion-Optimierung findet regelmäßig und dauerhaft statt.

Es ist durchaus sinnvoll, regelmäßige Feedback-Meetings mit allen betroffenen Stakeholdern abzuhalten. Das hilft Ihnen, Ziele und Erwartungen abzustecken, und bringt oft neue Ideen für Tests. Stolpersteine können frühzeitig erkannt und ausgeräumt werden.

Kennzahlen und Erfolgsmessung

Macro- und Micro-Conversions

In der Conversion-Optimierung sprechen wir von einer enormen Anzahl relevanter Kennzahlen. Diese sind in zwei Hauptarten unterteilt – Macro- und Micro-Conversions.

Macro-Conversions

Als *Macro-Conversions* werden die »großen« Conversions bezeichnet. Dazu zählen etwa Sale, Lead, Registrierung oder ein Download. Macro-Conversions sind in der Regel das primäre Ziel in einem Test und somit ausschlaggebend für seinen Erfolg oder Misserfolg. Macro-Conversions können meist in Euro beziffert werden und sind demnach hervorragend für eine ROI-Berechnung geeignet.

10 Mehr dazu finden Sie unter *https://webmasters.googleblog.com/2012/08/website-testing-google-search.html* (Aufruf 13.09.2023).

Micro-Conversions

Auf der anderen Seite gibt es *Micro-Conversions* – die »kleinen« Ziele. Hierzu zählen beispielsweise die Aufenthaltsdauer, die Klickrate auf einen bestimmten internen Link, Aufrufe von Funnel-Schritten, die Add-to-Cart-Rate etc.

Micro-Conversions können kaum in Euro beziffert werden und dienen zumeist als sekundäre Ziele, um Testergebnisse besser interpretieren zu können. In Sonderfällen kann eine Micro-Conversion auch als primäres Ziel fungieren – z.B. wenn auf *User Signals* optimiert wird.

Offline-Conversions

Die wohl für die meisten Unternehmen relevanteste Offline-Conversion ist der Anruf. Mittels Telefon-Tracking können diese Conversions den entsprechenden Variationen im Testing-Tool zugeordnet werden und so mit in die Auswertung einfließen. Aufgrund des hohen Aufwands werden Offline-Conversions meist nicht in Testszenerien berücksichtigt und kommen eher in der Analysephase zum Einsatz. Weitere Offline-Conversions sind Besuche/Käufe im Ladengeschäft (z.B. durch Gutscheincodes messbar) oder die Teilnahme an Veranstaltungen.

Conversion- und Event-Tracking

Um in der Analysephase und bei der Testauswertung bestmögliche Erkenntnisse zu gewinnen, sollten Sie in Ihrem Webanalysetool neben Standards wie Multichannel, Einstiegsseite, Absprungrate, Aufenthaltsdauer, Klickpfad und Funnel-Tiefe zahlreiche Ereignisse als Ziele bzw. Events anlegen (verwendete Zahlen sind beispielhaft):

- **Engagement** – Wurde ein beliebiges Interaktionselement angeklickt? Anhand des Engagements erkennen Sie, ob die Nutzerin oder der Nutzer generell am Inhalt interessiert ist.
- **Bestätigungsseitenaufrufe** – Bestätigungsseitenaufrufe sollten für alle Seiten, auf denen ein Ziel erreicht wurde, getrackt werden – ob für Sale, Lead, Newsletter-Anmeldung oder den E-Book-Download aus dem Facebook-Post.
- **Videoplays** – Wurde ein Video abgespielt? Durch das Tracking von Videoplays können Sie evaluieren, ob Videos positiv zu Ihrer Conversion-Rate beitragen oder diese sogar schmälern.
- **Downloads** – Wurde ein Download-Link angeklickt? Dadurch erkennen Sie, ob Interesse an den Informationen besteht oder ob womöglich Angaben zum Download fehlen. Links in herunterladba-

ren PDFs oder Ähnliches sollten Sie – sofern Sie Google Analytics verwenden – grundsätzlich mit UTM-Parametern für weiterführendes Tracking ausstatten.

- **Click-outs** – Wurde auf einen ausgehenden Link geklickt? So erkennen Sie, wo Nutzer gegebenenfalls abspringen oder ob Werbeanzeigen gut performen.
- **Scrolling** – Wurde überhaupt gescrollt? Wenn die Antwort Nein ist, ist das ein Indiz für einen optimierungsbedürftigen Einstiegsbereich oder eine nötige Anpassung der Traffic-Quelle bzw. des Werbemittels.
- **Scrollhöhe** – Wie weit herunter wurde gescrollt? Die Scrollhöhe zeigt Ihnen, welche Elemente Nutzer gesehen haben und welche nicht.
- **Intensives Lesen** – Hielt sich eine Nutzerin für mehr als 60 Sekunden auf einer einzelnen Seite auf, und hat sie in diesem Zeitraum 50% der Seitenhöhe mit mehr als drei Scrollbewegungen gescrollt? War ein bestimmtes Element länger als 15 Sekunden im sichtbaren Bereich, während sich die Maus auf dem Element befand? Durch das Erkennen des intensiven Lesens von Seiten oder Seitenbereichen erfahren Sie, welche Inhalte relevant sind. Mouse Tracking sollte hier zusätzlich zum Einsatz kommen.
- **Intensives Browsing** – Wurden sieben beliebige oder die drei wichtigsten Seiten durch einen Nutzer aufgerufen? In einer segmentierten Datenansicht können Sie so schnell Ihre Top-Landingpages und die besten eingehenden Links evaluieren. Interessant auch für die Marketing-Automation und Trigger-basierte Aktionen.
- **Formularfeldeingaben** – In welche Formularfelder wurde etwas eingegeben – und in welche nicht? Anhand dieses Event-Trackings erkennen Sie schnell, wo Stolpersteine in längeren Formularen verborgen sind. Wichtig: Tracken Sie nicht die Inhalte der Eingaben – dies ist aus Datenschutzgründen fast nie erlaubt.
- **Formularfeldkorrekturen** – Wurde ein bereits ausgefülltes Formularfeld erneut aktiviert? Dies ist ein Zeichen für ein Usability-Problem.

Tipp: Gemessene Events

In Google Analytics: Gemessene Events können für die Erstellung von Nutzersegmenten verwendet werden. So kann man beispielsweise das Nutzerverhalten und die Conversion-Rate von Besuchern, die ein bestimmtes Event ausgelöst haben, mit den übrigen Nutzern vergleichen.

Abbildung 4-5:
Variante A, Anmeldeformular »Above the Fold«

smartimize.com: Platzierung des Anmeldeformulars

Herausforderung

Die Sign-up-Conversion-Rate für die Betaphase des Conversion-Ratgeber-Tools *smartimize* sollte gesteigert werden. Da es sich um einen gänzlich neuen Service handelt, war unklar, wie hoch das Informationsbedürfnis der Besucher war. In einem Experiment sollte herausgefunden werden, wie viele Informationen vor dem Aufruf potenzielle Nutzerinnen und Nutzer benötigen, bevor sie im Sign-up-Formular ihre E-Mail-Adresse eintragen.

Testszenario

Variante A – In der ersten Variante ist das Anmeldeformular *Above the Fold* platziert. Nutzer sehen oberhalb des Anmeldeformulars lediglich die Unique Value Proposition, die in Hauptüberschrift und Unterüberschrift gegliedert ist.

Abbildung 4-6:
Variante B, Anmeldeformular unterhalb der Drei-Schritt-Anleitung

Variante B – In der zweiten Variante ist das Anmeldeformular unterhalb der Drei-Schritt-Anleitung platziert, die die Funktionsweise des Tools genauer beschreiben soll. Im Bereich *Above the Fold* befindet sich an der Formularposition aus Variante A lediglich ein Button mit der Beschriftung *Gratis Zugang erhalten*. Ein Klick auf diesen Button löst eine Scrollbewegung aus, die den Nutzer zum Formular bringt.

Abbildung 4-7:
Variante C, Anmeldeformular am unteren Ende der Landingpage

Variante C – In der dritten Variante ist das Formular am unteren Ende der Landingpage platziert. Ein Klick auf den Button *Above the Fold* bringt den Nutzer wie in Variante B durch eine Scrollbewegung zum Formular.

Testergebnis

Die Daten

Am Test nahmen 4.319 Benutzerinnen und Benutzer teil, die gleichmäßig auf die drei Varianten verteilt wurden.

Variante C erzielte mit einer Conversion-Rate von 14,3 % auf die kostenlose Anmeldung das schlechteste Ergebnis.

Variante B wies eine Conversion-Rate von 25,9 % auf. Dies ist entspricht einer Steigerung um +81,1 % gegenüber Variante C.

Variante A erzielte das mit Abstand beste Ergebnis. Die Conversion-Rate lag bei 46,1 % im Testzeitraum, also einer Steigerung um +222,4 % gegenüber Variante C.

Die Erkenntnisse

Zunächst ist zu sagen, dass mit dedizierten Landingpages und qualitativ hochwertigem Traffic sehr hohe Conversion-Rates erzielt werden können. Insbesondere bei nicht transaktionalen Conversion-Zielen, wie es in diesem Experiment der Fall war, liegen die Zahlen nicht selten im mittleren bis höheren zweistelligen Bereich.

In diesem Experiment konnte man eindrucksvoll sehen, dass für nicht transaktionale Ziele bzw. Ziele, die mit geringer Hemmschwelle verbunden sind, nur wenige Informationen für den Nutzer vor der Conversion nötig sind. Etwa 20 % der Besucher scrollten nicht weiter nach unten, als das Anmeldeformular erreicht war.

In einem Folgetest prüfte ich deshalb, inwieweit sich ein Entfernen aller Inhalte auf die Conversion-Rate auswirkt. Die Conversion-Rate war nur geringfügig niedriger, jedoch erhöhten sich hierdurch die Supportanfragen spürbar.

Kosmetikschule: angebotsspezifische Landingpages

Herausforderung

Eine Kosmetikschule bewarb ihre verschiedenen Kurse in Google Ads und leitete alle Besucher auf eine generische Landingpage zum Thema »Kosmetikschule«, auf der Interessenten ein Formular ausfüllen sollten. Nach einer umfangreichen Nutzerbefragung wurde herausgefunden, dass vielen Nutzerinnen und Nutzern nicht klar war, ob das Formular für den beworbenen Kurs das richtige war. In einem Experiment sollte herausgefunden werden, inwieweit kursspezifische Landingpages die Conversion-Rate beeinflussen.

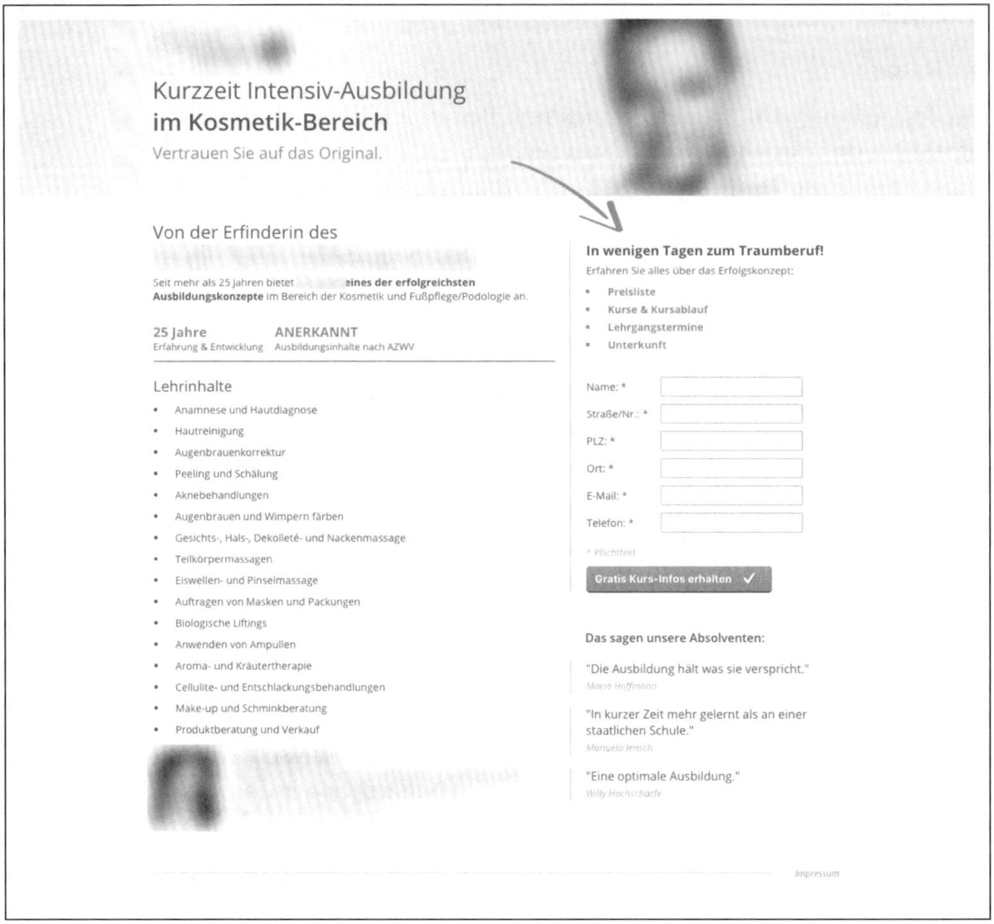

Abbildung 4-8:
Generische Landingpage, Variante A (Bild aus rechtlichen Gründen unkenntlich gemacht)

Testszenario

Variante A – Der gesamte SEA-Traffic aus Google Ads wird auf eine generische Landingpage geleitet. Suchbegriffe waren unter anderem »Kosmetikausbildung«, »Fußpflegeausbildung«, »Visagistikausbildung« etc.

Variante B – Der gesamte SEA-Traffic aus Google Ads wird auf dedizierte, zum jeweiligen Suchbegriff passende Landingpages geleitet. Insgesamt existieren eine generische Landingpage (»Kosmetikausbildung«) und sieben themenspezifische Landingpages zu den Themen Visagistik, Fußpflege, Naturkosmetik etc.

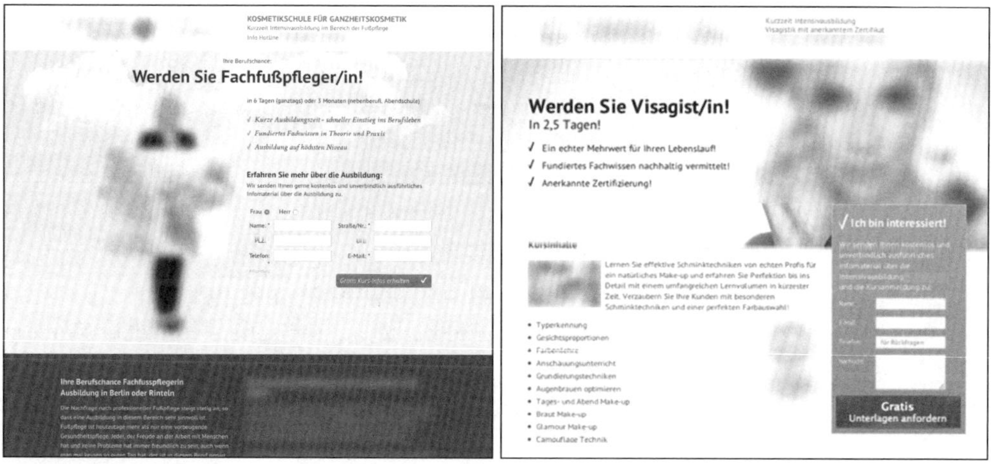

Abbildung 4-9:
Angebots- und themenspezifische Landingpages (Bilder aus rechtlichen Gründen unkenntlich gemacht)

Testergebnis

Durch die Erstellung von dedizierten, zum jeweiligen Suchbegriff passenden Landingpages konnte die Lead-Conversion-Rate nachhaltig mehr als verdoppelt werden. Gleichzeitig wurde der Qualitätsfaktor für einen Großteil der Suchbegriffe deutlich gesteigert, was zu mehr Besuchern durch bessere Anzeigenplatzierungen und geringere Kosten pro Klick führte.

Dies zeigt deutlich, dass sich die Investition in spezifische Kampagnen-Landingpages vielfach lohnt.

Checklisten für Websites

Verschiedene Websites haben unterschiedliche Zwecke. Ob einfache Unternehmensseite, Kampagnen-Landingpage oder Shop – die Ziele (und vor allem die Wege dorthin) variieren mitunter stark. Das Ziel muss nicht zwingend der Sale oder Lead sein. Häufig ist es die Registrierung, ein Anruf, der Besuch im Ladengeschäft, ein bestimmter Seitenaufruf, der »Click-out« zu einer externen Website oder eines von zahlreichen anderen denkbaren Zielen.

Vieles ist produkt-, marken- und zielgruppenspezifisch. Die folgenden Empfehlungen sind deshalb möglichst allgemein gehalten.

Tipp: Veränderungen testen

Beachten Sie: Sie sollten jede Veränderung auf Ihrer Website testen. Auch »Best Practices« funktionieren nicht in jedem Kontext, und Ergebnisse können stark variieren.

Checkliste: Layout und Struktur

- ✓ Richten Sie Ihr Layout an einem Grid-System aus.
- ✓ Platzieren Sie wichtige Elemente an typischen von den Nutzern erwarteten Stellen.
- ✓ Setzen Sie Whitespace ein, um die Orientierung zu erleichtern und Elemente hervorzuheben.
- ✓ Sorgen Sie für eine ordentliche Darstellung auf Mobile, Tablet und Desktop.
- ✓ Implementieren Sie eine visuelle Hierarchie durch das Hervorheben wichtiger Elemente.

Checkliste: Navigation und Interaktion

- ✓ Verlinken Sie Ihr Logo auf die Startseite (Ausnahme: im Check-out-Prozess).
- ✓ Zeigen Sie den Nutzern bei Websites mit tieferen Seitenebenen durch eine Breadcrumb-Navigation, wo sie sich gerade befinden.
- ✓ Verwenden Sie in Ihrem Hauptmenü nicht mehr als sieben Navigationspunkte, um dem durchschnittlichen menschlichen Kurzzeitgedächtnis Rechnung zu tragen.
- ✓ Machen Sie kenntlich, welcher Menüpunkt gerade aktiv ist.
- ✓ Vermeiden Sie Mausakrobatik: Setzen Sie keine mehrstufigen Drop-down-Menüs ein.
- ✓ Testen Sie das Entfernen von Navigationselementen für Landingpages und Check-out-Prozesse.

Checkliste: Inhalt

- ✓ Behandeln Sie nur ein Thema pro Seite.
- ✓ Beantworten Sie *Above the Fold* die wichtigsten Fragen der Nutzerinnen und Nutzer: Worum geht es hier? Was bringt mir das? Wie geht es weiter?
- ✓ Fokussieren Sie sich auf Vorteile, nicht auf Eigenschaften.

- ✓ Schreiben Sie unmissverständliche Überschriften, die Vorteile kommunizieren.
- ✓ Machen Sie umfangreiche Texte interessant durch Listen, Bilder, Tabellen und Videos.
- ✓ Stellen Sie wichtige Begriffe fett dar, damit das Auge sich beim Skimming daran festhalten kann.
- ✓ Stellen Sie sicher, dass Schrift- und Hintergrundfarbe kontrastreich sind.
- ✓ Kürzen Sie Ihre Textzeilen auf maximal 60 bis 80 Zeichen pro Zeile, um ein entspanntes Lesen zu gewährleisten.
- ✓ Wählen Sie den Zeilenabstand so, dass das Schriftbild harmonisch wirkt (z. B. 150 %).
- ✓ Vermeiden Sie Blocksatz im Internet.
- ✓ Wählen Sie eine ausreichend große Schriftgröße für Ihre Zielgruppe. Bei einer Besuchergruppe im Alter von 40+ ist eine Schriftgröße von 16 px empfehlenswert.
- ✓ Prüfen Sie die Lesbarkeit Ihrer verwendeten Schriftart auf verschiedenen Systemen und Geräten.

Checkliste: Call-to-Action

- ✓ Platzieren Sie genau eine Call-to-Action auf jeder Seite (nicht mehr, nicht weniger). Ausnahme: Startseite und Übersichtsseiten.
- ✓ Wiederholen Sie Ihre USP in unmittelbarer Nähe oder innerhalb der Call-to-Action.
- ✓ Beschreiben Sie, was nach einem Klick auf die Call-to-Action passiert.
- ✓ Verwenden Sie eine kontrastreiche, auffällige Farbe für Ihre Call-to-Action.
- ✓ Gestalten Sie Ihre Call-to-Action so groß, dass sie aus drei Metern Entfernung gut lesbar ist.
- ✓ Sofern Ihr Angebot kostenlos und/oder unverbindlich ist, kommunizieren Sie das in der Nähe der Call-to-Action.

Checkliste: Bilder und Videos

- ✓ Setzen Sie kein Bild ein, das keinen Mehrwert bietet.
- ✓ Verwenden Sie möglichst keine Stockfotos, insbesondere nicht für die Darstellung von »Mitarbeitern«.

- ✓ Zeigen Sie möglichst keine negativen Emotionen, da diese auf die Menschen, die die Seite betrachten, projiziert werden (Spiegelneuronen).
- ✓ Setzen Sie kein Autoplay mit Sound für Videos ein.
- ✓ Beschränken Sie die Länge von Erklärvideos auf maximal zwei bis drei Minuten.
- ✓ Kommunizieren Sie die Länge von Videos.

Checkliste: Formulare

- ✓ Wiederholen Sie Ihre USP in unmittelbarer Nähe des Formulars.
- ✓ Beschreiben Sie, was Nutzer nach Absenden des Formulars erhalten.
- ✓ Platzieren Sie Formularfeldlabels außerhalb der Felder.
- ✓ Vermeiden Sie Fehlermeldungen, indem Sie passende Input-Typen verwenden (z.B. Datepicker für Datumseingaben, Drop-downs für Uhrzeiten etc.).
- ✓ Verwenden Sie HTML5-Input-Types, um Eingaben auf Mobilgeräten zu erleichtern.

Checkliste: Mobile Websites

- ✓ Stellen Sie ausreichend Whitespace um Interaktionselemente sicher.
- ✓ Gestalten Sie Buttons wenigstens so hoch wie die Höhe Ihres Zeigefingernagels.
- ✓ Sorgen Sie dafür, dass ein horizontales Scrollen nicht möglich ist.
- ✓ Reduzieren Sie Inhalte auf das Wesentliche. Testen Sie, wie viel Inhalt nötig ist.
- ✓ Testen Sie eine sofortige Konfrontation der Nutzer mit Ihrem Conversion-Ziel.
- ✓ Testen Sie den Einsatz eines Click-to-Call-Buttons.
- ✓ Prüfen Sie die Darstellung Ihrer Website im Porträt- und im Landscape-Modus (Hoch- und Querformat). Dies gilt insbesondere für die Formularnutzung.

Checkliste: Page-Speed

- ✓ Reduzieren Sie HTML-, CSS- und JavaScript-Codes, um die Dateigröße und somit die Ladezeit gering zu halten.
- ✓ Aktivieren Sie Komprimierung (GZIP/Apache deflate).
- ✓ Reduzieren Sie die Dateigröße von Bildern nur so weit, dass ihre optische Qualität nicht beeinträchtigt wird.
- ✓ Verwenden Sie serverseitiges Caching.

- ✓ Reduzieren Sie HTTP-Requests, indem Sie möglichst wenige externe Quellen und Skripte einbinden.
- ✓ Verwenden Sie nur eine Stylesheet- und eine JavaScript-Datei.
- ✓ Parsen Sie JavaScript unmittelbar vor dem schließenden `</body>`.
- ✓ Verwenden Sie keine Inline-Styles.
- ✓ Kombinieren Sie kleine Bilder und Icons in CSS-Sprites.
- ✓ Nutzen Sie nur so viele Plug-ins wie nötig für Ihr CMS.
- ✓ Vermeiden Sie 301-Weiterleitungen.
- ✓ Investieren Sie in einen schnellen Webserver mit geringen Antwortzeiten.

Checkliste: Testing

- ✓ Diskutieren Sie nicht lange. Testen Sie und lassen Sie die Nutzerinnen und Nutzer entscheiden.
- ✓ Verbringen Sie viel Zeit mit der Analyse vor einem A/B/n-Test.
- ✓ Bewerten Sie jede Hypothese und testen Sie vorrangig die Top-Hypothesen.
- ✓ Verschwenden Sie keine Zeit mit langwierigen Pixeldiskussionen – der Feinschliff kann nach einem positiven A/B-Test geschehen.
- ✓ Testen Sie nur eine Variable pro Test, sofern Sie nicht über sehr viel Traffic verfügen.
- ✓ Messen Sie möglichst viele sekundäre Ziele für eine bessere Interpretierbarkeit des Testergebnisses.
- ✓ Aktivieren Sie nicht mehr als einen Test gleichzeitig für jede Kampagne.
- ✓ Targeten Sie nur die wichtigsten Geräte und Browser in Ihrem Test (sollten >95 % ausmachen) und gewährleisten Sie hierfür eine optimale Darstellung.
- ✓ Vermeiden Sie Flicker-Effekte (Nutzer sehen für einen kurzen Augenblick das Original, bevor die Variation geladen wird).
- ✓ Sofern der Flicker-Effekt nicht gänzlich ausgeschlossen werden kann, überlagern Sie den Inhalt Ihrer Seite für z. B. eine Sekunde mit einer Ladeanimation. Das sollte der Vergleichbarkeit halber für Original und Variationen gelten.
- ✓ Fordern Sie alle Mitarbeitenden Ihres Unternehmens und Dienstleister (Callcenter etc.) regelmäßig (z. B. einmal im Monat) zum Opt-out aus dem Testing-Tool aus. Schließen Sie zusätzlich Ihre IP-Adresse und die Ihrer Dienstleister vom Test aus, sofern diese statisch ist.

- ✓ Schließen Sie Nutzer, die bereits an einem anderen Test teilnehmen, via Cookie aus.
- ✓ Nehmen Sie keine Anpassungen an Seiten vor, auf denen derzeit ein Test aktiv ist.
- ✓ Schauen Sie bei der Testauswertung in die segmentierten Daten.
- ✓ Archivieren Sie abgeschlossene Tests schnellstmöglich, um die JavaScript-Datei des Testing-Tools klein zu halten.
- ✓ Implementieren Sie Gewinnervariationen schnellstmöglich. Spielen Sie die Gewinnervariation – wenn überhaupt – nur kurz für 100% der Besucher aus.
- ✓ Dokumentieren Sie jedes Testergebnis und jedes Learning.
- ✓ Testen Sie immer weiter.

Linktipps

Conversion-Know-how und Tools

- ConversionXL Blog (EN)

  Eines der besten Conversion-Blogs der Welt – von Conversion-Genie Peep Laja. Hier erhalten Sie fundiertes Wissen rund um Conversion-Optimierung, E-Commerce, UX, PPC und vieles mehr.

  Mehr unter: *https://cxl.com/blog*

- konversionsKRAFT (DE)

  Im Blog von Deutschlands größter Agentur für Conversion-Optimierung schreiben André Morys & Co. tiefgründige Artikel für angehende und erfahrene Optimierer.

  Mehr unter: *https://konversionskraft.de*

- Unbounce Blog (EN)

  Das Unbounce Blog ist eine der Top-Anlaufstellen für Landingpage-Optimierung und Conversion-Optimierung.

  Mehr unter: *http://unbounce.com/blog*

- Nils Kattaus Conversion-Tipps und -Updates (EN)

  Nils Kattau (der Autor dieses Kapitels) verschickt regelmäßig Tipps, Fachartikel und Videos rund um Conversion-Optimierung, Growth Hacking und Online-Marketing.

  Mehr unter: *https://nilskattau.com/tips*

- HubSpot Marketing Blog (EN)

  Im HubSpot Marketing Blog erhalten Sie breit gefächertes Marketingwissen aus einem umfangreichen Themenspektrum.

  Mehr unter: *https://blog.hubspot.com/marketing*

A/B-Testing-Tools

Optimizely – *https://optimizely.com*

Visual Website Optimizer (VWO) – *https://vwo.com/de/*

Adobe Target – *https://business.adobe.com/de/products/target/adobe-target.html*

AB Tasty – *https://abtasty.com*

User-Feedback-Tools (Befragung, Mouse Tracking etc.)

Hotjar – *https://hotjar.com*

Qualaroo – *https://qualaroo.com*

Mouseflow – *https://mouseflow.com/de*

Verint – *https://www.verint.com/experience-management/digital-behavior-analytics*

Tools für prädikatives Eye Tracking:

EyeQuant – *http://eyequant.com*

Feng-GUI – *https://feng-gui.com*

KAPITEL 5

SEO – Suchmaschinenoptimierung

In diesem Kapitel:

- Definition und Einordnung von SEO im Online-Marketing-Kontext
- Was ein Online Marketing Manager beherrschen sollte
- Kennzahlen und Erfolgsmessung
- Relaunch (Beitrag von Niels Dahnke)
- Tipps und Tricks für die Suchmaschinenoptimierung

Von Anke Probst

Die Suchmaschinenoptimierung, oder kurz *SEO* für *Search Engine Optimization*, ist eine Disziplin des Online-Marketings, die sich mit der Optimierung von Inhalten und technischen Bedingungen für Suchmaschinen beschäftigt.

Definition und Einordnung von SEO im Online-Marketing-Kontext

Enger gefasst, ist die Suchmaschinenoptimierung einer von zwei Teilbereichen des Suchmaschinenmarketings. *Suchmaschinenmarketing* (auch *SEM*) bezieht sich ausschließlich auf Marketingmaßnahmen, die die Ergebnisseiten von Suchmaschinen beeinflussen.

SEO kann zum besseren Verständnis in mehrere Bereiche gegliedert werden. Sie dreht sich vor allem um:

- **Schaffung der technischen Zugangsvoraussetzungen** – Kann die Suchmaschine sehen, verarbeiten und in den Suchindex aufnehmen, was sie soll?
- **Inhaltliche Beschreibung** – Versteht die Suchmaschine, welche Themen meine Inhalte beschreiben?
- **Erhöhung der Relevanz** – Wie beweise ich der Suchmaschine, dass meine Inhalte relevant für bestimmte Suchanfragen sind?
- **Erfolgskontrolleund kontinuierliche Optimierung** – Was messe ich wie, welche KPIs sind wichtig, und was leite ich davon ab?

Mithilfe von Suchmaschinen finden Nutzerinnen und Nutzer im Idealfall, was sie suchen – und sorgen damit für Traffic zu relevanten Webseiten und daraufhin für Umsatz oder lösen andere Conversions aus. Laut eigenen Aussagen rechnete allein Google mit der Bearbeitung von mindestens zwei Billionen Suchanfragen[1] in 2016, also ca. 63.000 Suchanfragen pro Sekunde! Dabei wurden 15% aller Suchanfragen noch nie zuvor bei Google gestellt.[2] Heute geht man von wesentlich mehr Anfragen aus, neuere Quellen sprechen daher von durchschnittlich 99.000 Suchanfragen pro Sekunde.[3] Man kann daher gar nicht stark genug betonen, wie viel Potenzial der Kanal Suchmaschinen für Unternehmen birgt und wie hoch dementsprechend der Druck ist, für relevante Suchanfragen rund um das eigene Geschäftsmodell auf den Suchergebnisseiten gefunden zu werden.

Abbildung 5-1:
Die digitale Wertschöpfungskette beginnt damit, gefunden zu werden.

Grundsätzlich lassen sich die Suchergebnisse der gängigen Suchmaschinen wie Google, Bing und Yahoo! in bezahlte und organische (unbezahlte) Ergebnisse einteilen:

- *Bezahlte Ergebnisse* sind unter anderem als Anzeigen gekennzeichnete Ergebnisse sowie Shopping-Integrationen. Somit ist von SEO eine weitere Disziplin des Suchmaschinenmarketings klar abgrenzbar: *SEA*, kurz für *Search Engine Advertising*. Diese Disziplin behandelt alle bezahlten Suchergebnisse wie die von Google ausgespielten PLAs (*Product Listing/Shopping Ads*) und Google Ads und wird ausführlich im folgenden Kapitel 6 behandelt.
- SEO dagegen bezieht sich vor allem auf die *organischen Ergebnisse* auf den Suchergebnisseiten (nachfolgend kurz als SERP bezeichnet), also die *unbezahlten Ergebnisse*. Deren Ranking innerhalb der SERP wird von Suchmaschinen abhängig von verschiedenen Faktoren algorithmisch ermittelt und kann durch gezielte SEO-Maßnahmen beeinflusst werden.

1 Danny Sullivan (24.05.2016): Google now handles at least 2 trillian searches per year, in: Search Engine Land, *https://searchengineland.com/google-now-handles-2-999-trillion-searches-per-year-250247* (Aufruf: 12.07.2023)

2 Ben Gomes (25.04.2017): Our latest quality improvements for Search, *https://blog.google/products/search/our-latest-quality-improvements-search/* (Aufruf: 13.07.2023)

3 Karoline Zanke (22.10.2022): 14 Google-Fakten & Statistiken zum Staunen, *https://www.seokratie.de/google-fakten-statistiken/* (Aufruf: 02.07.2023)

Wenn man über Suchmaschinen bzw. über SEO-Maßnahmen spricht, ist im Allgemeinen lediglich Google gemeint – auch in diesem Kapitel. Aufgrund des Marktanteils von 90,4 %[4] in Deutschland (Stand: Juni 2023) konzentrieren sich die SEO-Maßnahmen für gewöhnlich alle auf den Konzern aus Mountain View. Das heißt nicht, dass andere Suchmaschinen wie Bing oder Yahoo! für Online-Marketing-Strategien grundsätzlich zu vernachlässigen sind – Traffic bzw. User, die von diesen Suchmaschinen auf die eigene Website kommen, können durchaus wertvoll sein und z. B. hohe Conversion-Rates erzielen.

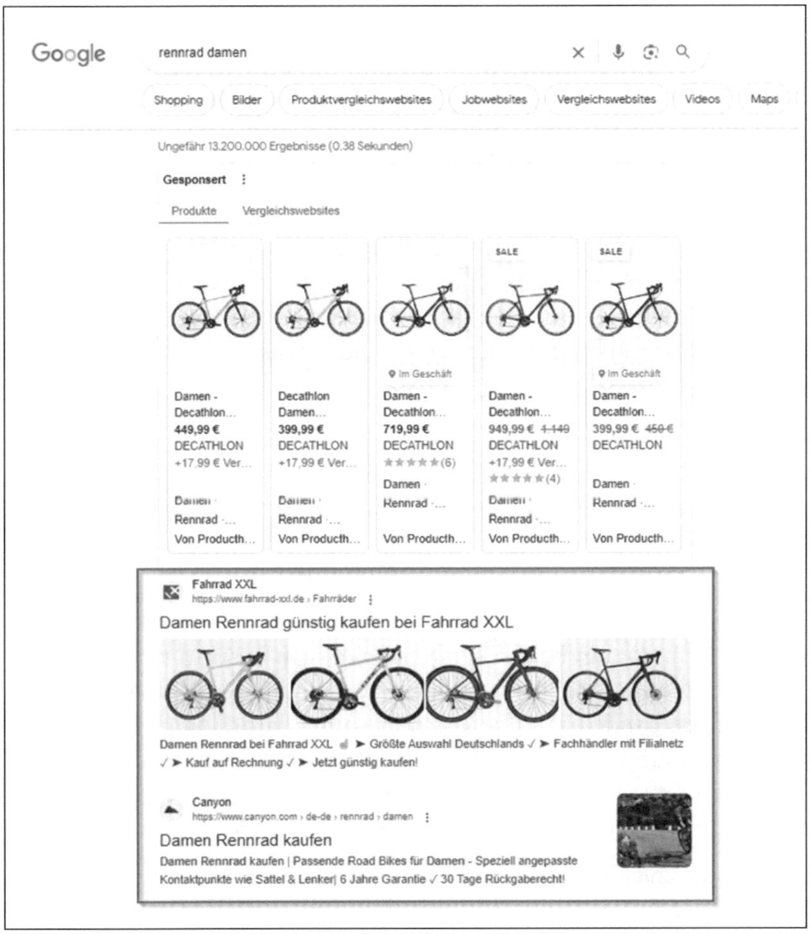

Abbildung 5-2:
Die verschiedenen Ergebnistypen auf einer SERP von Google. Umrandet sind die organischen Ergebnisse, die sich mit SEO-Maßnahmen beeinflussen lassen.

4 StatCounter, 2023: Search Engine Market Share in Germany, *https://gs.statcounter.com/search-engine-market-share/all/germany* (Aufruf 15.07.2023)

Gerade international können Google-Konkurrenten aufgrund höherer Marktanteile eine größere Rolle spielen, wie z. B. Yandex im russischen Sprachraum oder Baidu in China. Online Marketing Manager sollten die Gegebenheiten in ihrem Markt sorgsam auswerten, um davon die Ausrichtung ihrer individuellen, gegebenenfalls internationalen SEO-Strategie abzuleiten.

Bevor wir jedoch in diesem Kapitel auf die wichtigsten SEO-Maßnahmen und eine passende Strategie eingehen, müssen wir zunächst weitere Grundlagen klären.

Die Suchanfrage

SEO ist nur dann sinnvoll, wenn es eine kontinuierliche oder saisonale Nachfrage über Suchmaschinen zu den Themen einer Webseite gibt: Die optimierteste Seite der Welt kann nicht zu mehr Traffic und Umsatz verhelfen, wenn niemand nach den Inhalten sucht.

Bei der Suche nach Inhalten sind die Suchanfragen der User stark unterschiedlich. Manche begnügen sich mit der Eingabe von einzelnen Keywords in den Suchschlitz, andere formulieren komplexe Sätze oder konkrete Fragestellungen. Man unterscheidet also:

- **Shorthead-Suchanfragen** – Kurze, meist aus einem einzelnen Wort bestehende Suchanfragen, die sehr generisch sein können. Beispiel: `Schuhe` oder `Damenschuhe`.
- **Longtail-Suchanfragen** – Spezifischere Suchanfragen, bestehend aus mehreren Wörtern oder Phrasen. Beispiel: `Damenschuhe Sandalen rot Größe 36` oder `wie koche ich eine Lasagne?`.

Das erklärte Ziel von Suchmaschinen ist es, dem User die Ergebnisse auszuliefern, die am besten seine Suchanfrage beantworten. Dabei ist es zunächst egal, ob es sich um eine Shorthead- oder um eine Longtail-Suchanfrage handelt. Im Hintergrund laufen dafür komplexe Analysen und Berechnungen ab, um vor allem die Absicht des Nutzers, die hinter einer Suchanfrage steht, zu erkennen – um daraufhin entscheiden zu können, welche Antworten am besten dazu passen.

Man unterscheidet hier grundlegend drei unterschiedliche Typen von Suchanfragen:

- **Do: transaktionale Suchanfragen** – Der User sucht gezielt nach einer Aktion, z. B. dem Kauf eines Produkts, dem Download eines Dokuments oder der Anmeldung für einen Newsletter, beispielsweise: `Schuhe kaufen`.

- **Website/Visit-in-Person: navigationale Suchanfragen** – Hier wird nach Webseiten, Unterseiten von Webseiten oder Marken gesucht, z. B. `Douglas` oder `Douglas Herrenparfum`. Nicht immer muss das Ziel jedoch eine Webseite sein – genauso gut könnte die nächstgelegene Douglas-Filiale gemeint sein. Hier fällt es Google oft noch schwer, die Intention der Suchenden korrekt zu erfassen. Die Suchergebnisse sind daher eine Mischform aus standortbezogenen Ergebnissen wie Google-Maps-Integrationen und Webseitenergebnissen.
- **Know/Know Simple: informationale Suchen** – Es liegt ein Informationsbedürfnis vor. Der User sucht also nach der Lösung eines Problems, der Antwort auf eine Frage, oder er möchte sich über ein bestimmtes Thema informieren, beispielsweise `Fußball WM 2026`. *Know-Simple-Suchanfragen* dagegen erwarten eine kurze, prägnante Antwort, etwa Fakten oder Diagramme, auf Fragen wie z. B. `Wie hoch ist der Eiffelturm?`. Diese drei Typen von Suchanfragen lösen völlig unterschiedliche Suchergebnisse aus. Suchmaschinen versuchen hier, anhand der Nutzerintention sowie der semantischen Zusammenhänge zu erkennen, welche Ergebnistypen am meisten Sinn ergeben: Bei einer Suchanfrage wie `Schuhe kaufen` sind Newsergebnisse oder Artikel über Schuhe sicherlich weniger hilfreich für den User, sondern eher Ergebnisse von Shops, die Schuhe verkaufen. Ebenso wenig sind Bilder als Ergebnis für `Fußball WM 2026` sinnvoll – zumindest nicht im Jahr 2025.

Nicht immer jedoch ist die Suchintention klar erkennbar und somit zuordenbar, sodass Suchergebnisse möglichst breit alle Typen von Intentionen abdecken. Ein Beispiel wäre die Suche nach `Arzt`: Möchte man sich nun informieren, was ein Arzt ist und was er tut? Sucht man einen Arzt in der Nähe? Möchte man wissen, wie der Begriff korrekt geschrieben wird? Diese Art von Suchanfragen, die mehrere Suchintentionen beinhalten können, werden als *Multiple-Intent-Suchen* bezeichnet.

Keywords, Suchanfragen, Suchbegriff, Schlüsselwort …?

In diesem Kapitel sprechen wir bisher hauptsächlich von *Suchanfragen*, anderswo lesen Sie häufig *Keywords*. Beide Begriffe sind synonym verwendbar, jedoch ist der Begriff Keywords oft missverständlich für Personen, die sich neu ins Online-Marketing einarbeiten. Keywords suggerieren, dass es sich lediglich um einzelne Wörter handelt, während Suchanfragen auch mehrere Wörter bzw. ganze Phrasen beinhalten können. Wir betrachten in diesem Kapitel beide Begriffe als synonym, verwenden aber Suchanfrage meist für einen Suchvorgang in der Suchmaschine, Keywords eher für zu verwendende Begriffe auf der Webseite.

Aufbau der SERP und für SEO relevante Ergebnistypen

Die sogenannten *SERPs* (die Abkürzung für *Search Engine Result Pages*) sind in den letzten Jahren immer individueller und bunter geworden: angereichert mit vielen unterschiedlichen Treffertypen, die von den Suchmaschinen abhängig von der Suchanfrage ausgespielt werden, wie Wettereinblendungen, lokale Ergebnisse oder Begriffsdefinitionen direkt in den Suchergebnissen.

Zum besseren Grundverständnis und für die Ausrichtung der eigenen Strategie benötigen wir zunächst eine Übersicht über die wichtigsten Ergebnistypen.

Organische Text-Snippets

Auch wenn die Ergebnisseiten von Google heute unterschiedlich aussehen, so überwiegt ein Ergebnistyp zuverlässig bei allen Suchanfragen: die organischen Ergebnisse von Webseiten, im Folgenden *organische Text-Snippets* genannt. Suchmaschinen erzeugen von jeder Seite eines Webauftritts ein Text-Snippet, das abhängig von der Suchanfrage als Ergebnis ausgespielt wird:

Abbildung 5-3:
Beispiel eines organischen Text-Snippets für die Suchanfrage »Schuhe kaufen«

Das Snippet des Ergebnisses besteht mindestens aus folgenden Elementen:

- der Marke der Website mit dazugehörigem Favicon/Logo,
- der URL der Zielseite bzw. der Breadcrumb-Navigation bei Unterseiten,
- einer Überschrift bzw. dem Seitentitel als Hyperlink, der zur Zielseite (oder Landingpage) führt, hier: *schuhe.de | Der große Online Shop für modische Schuhe*, sowie
- einem zweizeiligen Text, der sogenannten Meta-Description.

Weitere Informationen zu Generierung und Optimierung bzw. zum Ausbau des Snippets beschreiben wir im Abschnitt »Snippet-Optimierung« auf Seite 226.

Wichtig: Suchintention abbilden

Organische Suchergebnisse sollten nicht nur für Suchmaschinen optimiert werden, sondern vor allem auch die über die Suchanfrage ausgedrückte Suchintention abbilden. Das Monitoring und die Optimierung der organischen Text-Snippets für Desktop- und mobile Suche stellen daher nach wie vor einen der wichtigsten Hebel in der Suchmaschinenoptimierung dar und sollten in jeder SEO-Strategie höchste Priorität genießen.

Ergebnistypen vertikaler Suchmaschinen

Die SERPs sind abhängig von der Suchintention mit weiteren Ergebnistypen angereichert, die teilweise aus anderen Datenbanken bzw. Indizes generiert werden – früher auch als *Universal-Search-* oder *Blended-Search-Integrationen* bezeichnet. Diese Ergebnisse beinhalten Bilder, News, Videos, Inhalte aus Büchern, Hinweise auf Flüge und Hotels, Events, Podcasts, Stellenangebote, Finanzen und Google Maps. Für die Optimierung dieser einzelnen Typen gelten jeweils eigene Faktoren und dementsprechend auch andere SEO-Grundregeln, die nicht Bestandteil dieses Buchs sind. Eine gute Übersicht über aktuelle Suchergebnistypen finden Sie bei Sistrix[5], weiterführende Informationen zu deren Optimierung in den Linktipps am Kapitelende.

Je nach Businessmodell können vertikale Integrationen für die SEO-Strategie jedoch immens wichtig sein: Die meist auffälliger gestalteten Ergebnistypen ziehen die Aufmerksamkeit des Nutzers stärker auf sich und können daher höhere Klickraten aufweisen als normale organische Text-Snippets. Es lohnt sich also, sich mit den speziellen SEO-Anforderungen vertraut zu machen, wenn entsprechende Inhalte vorhanden sind.

Zu den gängigsten Ergebnistypen gehören die folgenden:

- **Bilder** – Die Optimierung von Bildern gehört zu den beliebtesten SEO-Hebeln, da Bilder je nach Webseitentyp und nach Suchintention viel Traffic bringen können. Auch hier gelten spezifische SEO-Faktoren, die auf die Integration in der SERP Einfluss nehmen, und ebenfalls auf die Google-Bildersuche (erreichbar über den Link *Bilder* auf Googles Startseite).

5 Sistrix: »Google SERP Features: Treffer-Typen in den Suchergebnissen«, *https://www.sistrix.de/support/serps* (Aufruf: 20.07.2023)

Abbildung 5-4:
Beispiel für die Integration von Bildern in der SERP für die Suchanfrage »Damenschuhe rot«

- **News** – Newsartikel werden vor allem bei Suchanfragen rund um aktuelle Ereignisse und Events, aber auch bei der Suche nach Sportarten oder Städten ausgespielt. Die Ergebnisse stammen vor allem von großen Zeitungen. News sind ein Sonderfall der organischen Ergebnisse, da die Rankings in der Newsintegration unter anderem maßgeblich von einer aktuellen News-Sitemap (siehe »Sitemaps« Seite 206) abhängen. Die Daten werden Suchmaschinen also strukturiert und mit Zusatzinformationen angereichert zugeführt. Dennoch gibt es auch hier weitere SEO-Maßnahmen, die im Zuge einer auf News ausgelegten SEO-Strategie beachtet werden sollten. Eine ausführliche Hilfestellung zur Aufnahme und zu übermittelbaren Informationen bietet Google in der Google-News-Publisher-Hilfe[6].

Abbildung 5-5:
Beispiel einer Newsintegration in der SERP für die Suchanfrage »Wimbledon Finale«

6 Google-News-Publisher-Hilfe: *https://support.google.com/news/publisher-center/* (Aufruf: 15.07.2023)

- **Videos** – Handynutzung mit schneller Datenverbindung und gestiegenes Nutzerinteresse an Bewegbild-Content sorgten in den letzten Jahren für einen massiven Anstieg der Videointegrationen in den SERPs. Dominierend ist hier YouTube – auch wenn der 2018 erhobene Marktanteil von 98% innerhalb der Videosuchergebnisse[7] mittlerweile zugunsten von großen Publishern geschrumpft sein sollte, so ist die Optimierung der eigenen Videos auf YouTube noch immer ein wichtiger Teil einer umfassenden SEO-Strategie. Besonders im Bereich DIY und zu anderen Ratgeberthemen, die ein hohes Informationsbedürfnis des Nutzers voraussetzen, werden zuverlässig Videointegrationen eingeblendet, die viel qualitativ hochwertigen Traffic bringen können. Besonderes Augenmerk sollte jedoch auch auf die Produktion der Videos gelegt werden, da diese ein hervorragendes Instrument zur langfristigen Nutzerbindung und zur Stärkung der Marke sein können.

Abbildung 5-6:
Beispiel einer Videointegration in der SERP zur Suchanfrage »Augenbrauen zupfen«

- **Maps/Unternehmensprofile (ehemals Google My Business)** – Für lokal tätige Unternehmen, Restaurants, Arztpraxen, Anwaltsbüros und Betreibende von Filialen kann eine Strategie mit Schwerpunkt auf Unternehmensprofilen bei Google sehr viel Mehrwert bringen. Die Integrationen werden für die Suche nach Unternehmensnamen, aber auch für generischere Suchanfragen wie `Restaurant`, `Orthopäde`

7 Malte Landwehr (11.09.2019): Der YouTube-Boom: Zahlen & Analysen zur Video-Plattform Nr.1, *https://onlinemarketing.de/seo/youtube-boom-zahlen-analysen-video-plattform-nr-1* (Aufruf: 15.07.2023)

`Hamburg` etc. ausgespielt. Den Standort erkennt Google meist selbst, vor allem bei mobilen Suchanfragen, wenn er nicht explizit in der Suchanfrage angegeben wird. Abbildung 5-7 zeigt deutlich das Optimierungspotenzial von Unternehmensprofilen: Auf welchen Treffer würden Sie klicken? Die Profile sollten kontinuierlich gepflegt werden, Daten wie Öffnungszeiten, Telefonnummern und Website hinterlegt sein, aktuelle Fotos hinzugefügt werden. Umfassende Informationen und Hilfestellungen gibt es direkt von Google[8].

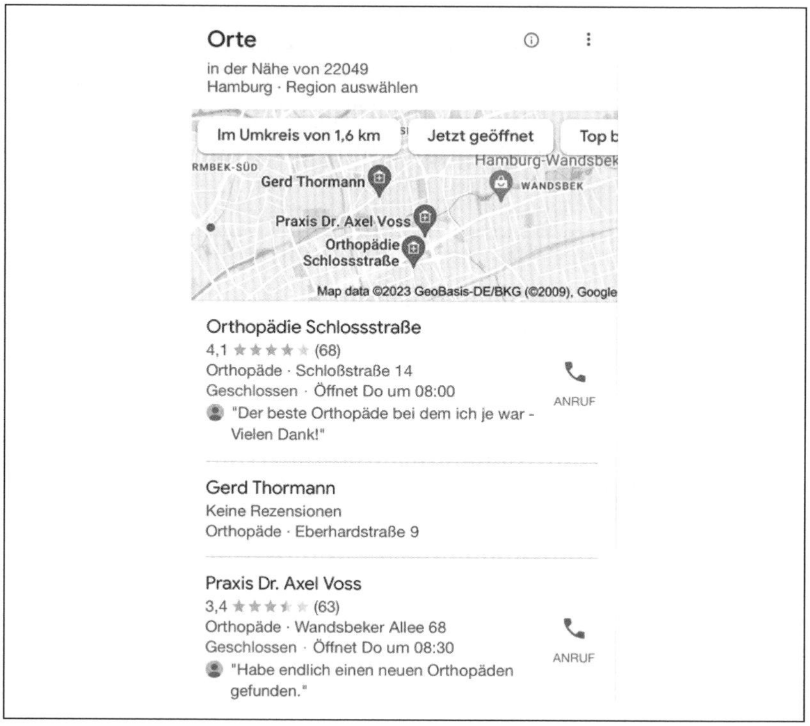

Abbildung 5-7:
Beispiel einer Integration von Google Maps für die mobile Suchanfrage »Orthopäde« mit Standort Hamburg

Weitere Ergebnistypen

- Neben diesen durch SEO-Maßnahmen beeinflussbaren Ergebnistypen sowie den bezahlten Ergebnissen überrascht Google immer wieder mit neuen, teils interaktiven Elementen: Sehr verbreitet sind die sogenannten Knowledge-Panels auf der rechten Seite der SERP (bzw. mobil sehr prominent direkt unter dem Suchschlitz), deren Inhalte meist aus Wikipedia stammen und/oder von Google

8 Google: Unternehmensprofil-Hilfe, *https://support.google.com/business* (Aufruf: 19.07.2023)

anhand der eigenen Wissensdatenbank *Knowledge Graph* generiert werden. Ähnlich verhält es sich mit Instant-Answer-Boxen[9] und anderen Elementen oder gar Tools, die oftmals bereits direkt auf der SERP konkrete Fragestellungen beantworten, ohne dass der User auf ein Suchergebnis klicken muss.

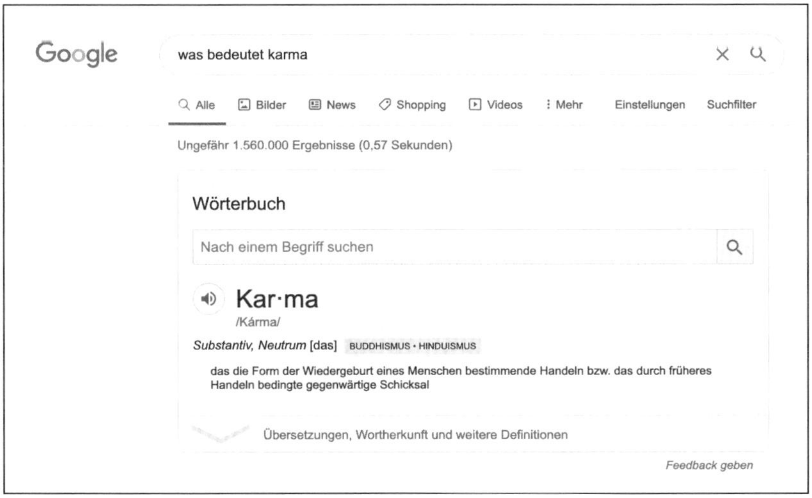

Abbildung 5-8:
Beispiel einer Suchanfrage, die eine Instant-Answer-Box auslöst

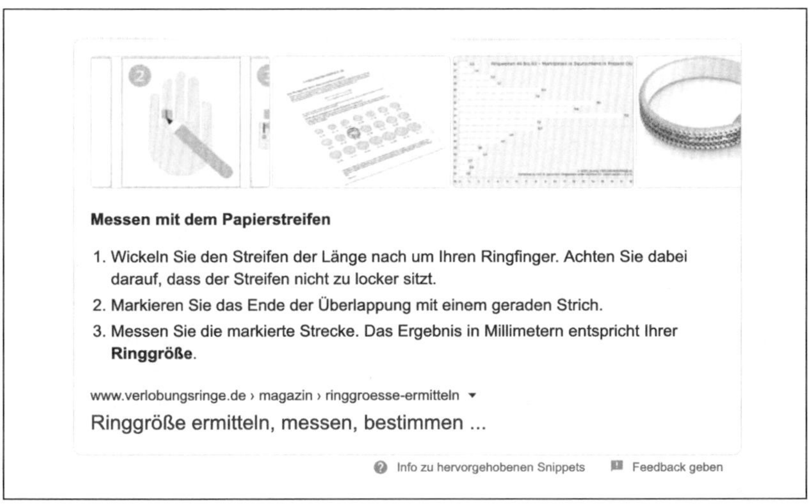

Abbildung 5-9:
Beispiel einer Suchanfrage, die eine Instant-Answer-Box zur Suche nach »wie Ringgröße ermitteln« auslöst

9 Eine Variante der sogenannten Featured Snippets. Weitere Informationen: *https://developers.google.com/search/docs/appearance/featured-snippets* (Aufruf: 19.07.2023)

> **No-Click-Searches (dt. Zero-Klick-Suchen)**
>
> Als No-Click-Searches werden Suchanfragen bezeichnet, die durch Google in den SERPs zum Beispiel durch Instant-Answer-Boxen direkt beantwortet werden. Für SEO kann dies bedeuten, dass trotz einer Top-Platzierung keinerlei Traffic über die Suche auf die eigenen Webseiten erzielt wird. Dies gilt insbesondere für sehr einfache W-Fragen (Wo, Wie, Wann etc.) bzw. für definitorische oder lexikalische Suchanfragen.

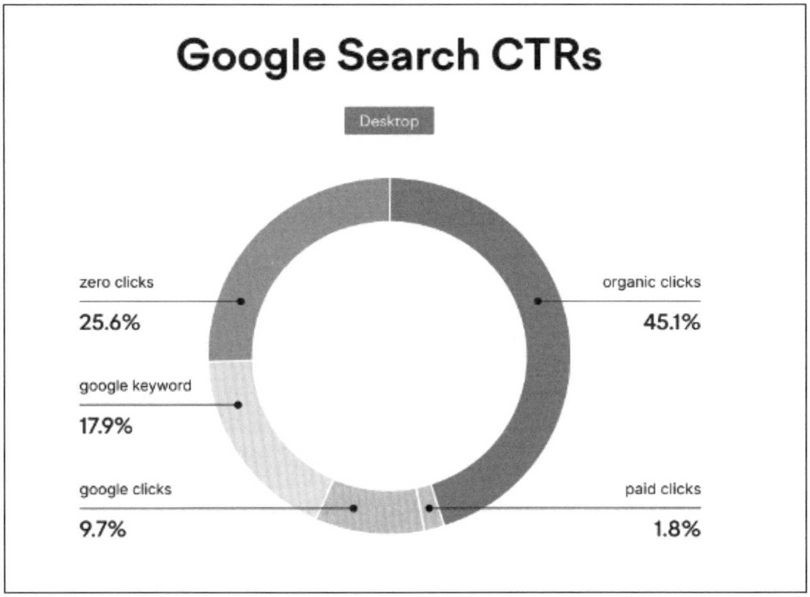

Abbildung 5-10:
Die Zahl der No-Click-Searches liegt laut Semrush im Mai 2022 bei 25,6 % (US-Daten).[10]

Komplexere Beispiele werden durch Suchanfragen wie z. B. `George Clooney Filme` oder `Berlin Sehenswürdigkeiten` ausgelöst: Wenn Sie diese Suchanfragen ausführen, werden Sie merken, dass Google sehr bestrebt ist, Sie bzw. Ihre Klicks im eigenen Universum zu halten. Google bietet Ihnen entweder immer wieder neue SERPs an, führt Sie zu Google Maps oder beantwortet Ihre Suchintention selbst, ohne dass ein Klick auf eine andere Webseite nötig ist.

10 Marcus Tober, 25.10.2022: Zero-Clicks Study, *https://www.semrush.com/blog/zero-clicks-study/* (Aufruf 20.07.2023)

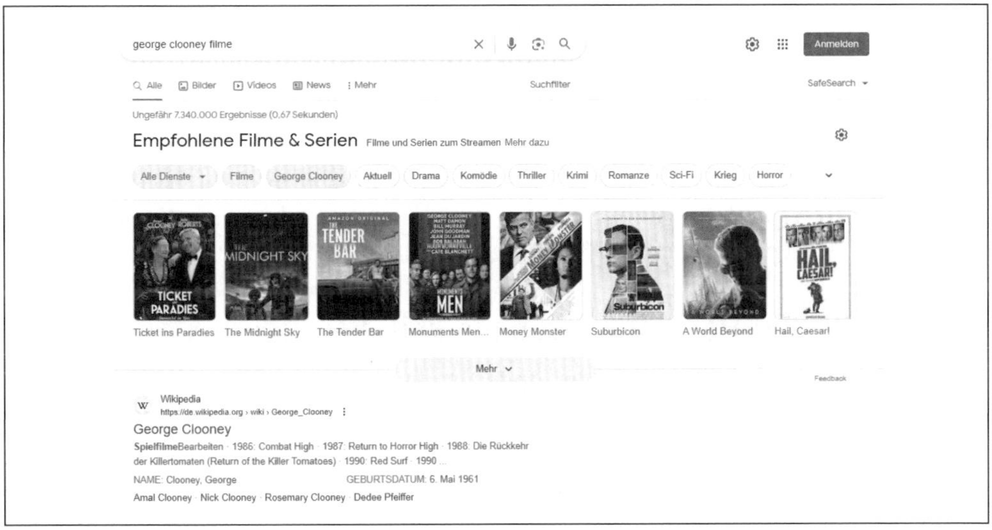

Abbildung 5-11:
SERP der Suchanfrage nach »george clooney filme« mit organischem Ergebnis und dem sogenannten Google Carousel (oben). Der Klick auf Carousel-Elemente löst immer neue Suchanfragen aus.

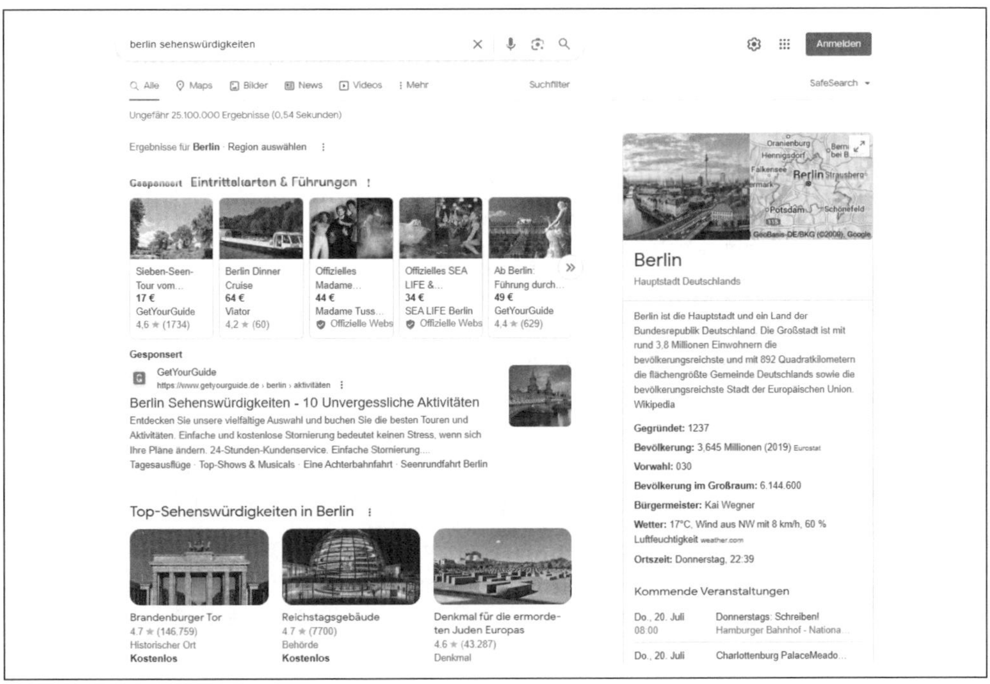

Abbildung 5-12:
SERP der Suchanfrage nach »berlin sehenswürdigkeiten« mit bezahlten Ergebnissen, Top-Sehenswürdigkeiten sowie einer Integration aus Google Maps und Knowledge-Graph rechts. Die Klicks auf die nicht bezahlten Ergebnisse führen entweder direkt zu Google Maps oder lösen weitere Suchanfragen aus.

Sie können sich sicherlich vorstellen, dass eine Integration solcher *Featured Snippets* oberhalb der eigenen organischen Ergebnisse einen erheblichen Traffic-Verlust mit sich bringen kann, weil es Aufmerksamkeit und damit auch Traffic von den organischen Ergebnissen wegzieht. Was daher für den User gut ist, ist für den Online Marketing Manager oft ein zweischneidiges Schwert. Letztlich bleibt hier nur, die SERPs und deren Veränderungen regelmäßig zu monitoren und gegebenenfalls die eigenen Strategien an Neuerungen anzupassen.

SEO-Herausforderungen und -Besonderheiten

Im einleitenden Unterkapitel zur Definition und Einordnung von SEO wurde klar, dass die Herausforderungen in der Suchmaschinenoptimierung sehr vielfältig sind. Lassen Sie uns rekapitulieren:

- SEO ist nachfrageabhängig, unter Umständen unterliegt diese Nachfrage saisonalen Schwankungen oder ist sogar zeitlich begrenzt (denken Sie an Bademoden, Heizungen, Produktbezeichnungen wie »iPhone 4« oder einmalige Events).
- Je nach Suchanfrage werden SERPs mit vielen unterschiedlichen Ergebnistypen generiert.
- So gut wie alle Ergebnistypen unterliegen eigenen SEO-Regeln, müssen also gesondert optimiert werden.

Und es kommen sogar noch weitere Herausforderungen hinzu:

- Die genauen Faktoren und deren Gewichtung zur Berechnung der Rankings sind noch immer zum großen Teil ein wohlgehütetes Geheimnis der Suchmaschinenbetreiber.
- Google ändert regelmäßig die Layouts der SERPs und führt Tests durch, sodass sich die Rankings von Tag zu Tag ändern können.
- Google passt die Algorithmen zur Berechnung der Rankings ständig an, um die Ergebnisqualität kontinuierlich zu verbessern.
- Ergebnisse werden häufig personalisiert und regionalisiert ausgespielt – sie unterscheiden sich von Nutzer zu Nutzer abhängig von der individuellen Suchhistorie, dem Standort und dem Endgerät.

Diese Punkte machen SEO als Disziplin des Online-Marketings unberechtigterweise oft zur ungeliebten kleinen Schwester des SEA. »Kaum messbar«, »unplanbar«, vor allem aber »undurchsichtig«, das sind nur einige der Eigenschaften, die SEO zugeschrieben werden.

Und es ist tatsächlich so: SEO zu planen, zu messen und mit der Weiterentwicklung Schritt zu halten, ist definitiv eine Herausforderung – und zwar keine leichte. Gute Online Marketing Manager müssen daher nicht nur ständig über aktuelle Entwicklungen und Algorithmusänderungen auf dem Laufenden sein, sie müssen vor allem auch beobachten, auswerten, vergleichen, Rückschlüsse ziehen und in der Lage sein, die eigenen Strategien und Monitorings flexibel den neuen Gegebenheiten anzupassen. Das stellt besondere Herausforderungen an ein unterstützendes Monitoring, das nicht nur Messwerte liefert, sondern auch Erkenntnisse bringt und Analysen zulässt. Erst wenn dies erfolgreich und nachhaltig implementiert wurde, können überhaupt verlässliche und kalkulierbare Optimierungen erfolgen.

Exkurs: Voice Search/Sprachsuche

Aus SEO-Sicht stellt die Sprachsuche eine Besonderheit dar, da sie in verschiedenen Kontexten getätigt werden und zudem das Ausgabemedium sehr unterschiedlich sein kann. Verfügbare Daten sind häufig unstrukturiert und müssen erst kontextuell eingeordnet werden, um sie für SEO nutzen zu können. Zum besseren Verständnis sollten wir zwischen *Voice SEO* und *Voice Assistant SEO* differenzieren. Mit Voice SEO ist die Optimierung für die Sprachsuche in Google gemeint. Nicht berücksichtigt werden dabei die über Smart Speaker bzw. andere digitale Assistenzsysteme ausgeführten Anweisungen. Aus diesem Grund werden Steuerungsanweisungen wie »Ruf Mama an!« oder vergleichbare Befehle für SEO in der Sprachsuche nicht berücksichtigt.

Die Sprachsuche in Google wird primär genutzt, da sie schneller und einfacher ist als die Eingabe über die Tastatur. Aufgrund unserer Gewohnheiten des natürlichen Sprachflusses werden bei der Sprachsuche eher ganze Sätze als Suchanfrage gestellt. Hier kommt den Longtail Keywords also eine besondere Bedeutung zu. Die Nutzer treten in den direkten Dialog mit der Suchmaschine und erwarten daher schnellere Reaktionen auf ihre Anfragen. Dabei neigt Google dazu, Suchanfragen per Sprache mit kurzen Ergebnissen von 30 oder weniger Wörtern zu beantworten (Quelle: *https://backlinko.com/voice-search-seo-study*).

Das macht SEO zu einer abwechslungsreichen Disziplin, die in Kombination mit anderen Online-Marketing-Maßnahmen zu durchaus planbaren und messbaren Ergebnissen führt. Grundvoraussetzung ist natürlich die richtige Strategie, die Sie als Online Marketing Manager entwickeln, vorantreiben und verantworten.

Learnings

- Suchmaschinenoptimierung (SEO) ist der Teil des Suchmaschinenmarketings, der sich auf die organischen (unbezahlten) Suchergebnisse bezieht.

- Man unterscheidet organische Text-Snippets und Universal-Search-Integrationen. Beide Ergebnistypen sind durch jeweils spezifische SEO-Maßnahmen beeinflussbar.
- Der Fokus einer SEO-Strategie sollte auf organischen Text-Snippets liegen.
- Die eigene SEO-Strategie sollte Inhalte, die in Universal-Search-Integrationen ausgespielt werden könnten, immer berücksichtigen, da diese oft hohe Klickraten aufweisen.
- Google testet immer wieder neue Ergebnistypen und ändert das Layout der SERP. Algorithmusänderungen finden ständig statt. Die SERPs für eigene relevante Suchanfragen müssen daher kontinuierlich beobachtet werden.
- Monitorings müssen die Strategie unterstützen, indem sie Erkenntnisse liefern und Analysezwecken gerecht werden.
- SEO bringt viele Herausforderungen mit sich. Die Arbeit eines erfolgreichen SEO-Managers oder Online Marketing Managers zeichnet sich durch Flexibilität sowie ständig neue Erkenntnisse aus.

Was ein Online Marketing Manager beherrschen sollte

SEO-Grundlagen

Mit gezielten SEO-Maßnahmen wird das Ranking in den Ergebnislisten der Suchmaschinen nachhaltig verbessert, und zwar sowohl für einzelne Seiten einer Domain als auch für weitere Inhalte wie etwa Medieninhalte (Bilder oder Videos). Dies sorgt üblicherweise für mehr Klicks auf die Suchergebnisse, also qualifizierten Traffic von Suchenden mit einer bestimmten Suchintention, die mit einer Suchanfrage geäußert wird. Und dieser Traffic führt im Idealfall wieder zu Conversions auf der Website. Der Vorteil dieses Vorgangs liegt klar auf der Hand: Jemand formuliert mit eigenen Worten eine Fragestellung und erhält eine Auswahl an relevanten Ergebnissen. Im Vergleich zu klassischen Werbemitteln wie Bannern oder gar der traditionellen Printanzeige ist der Streuverlust somit gering. Wenn man ein relevantes Ergebnis für die Suchanfrage zu bieten hat und es schafft, diese Relevanz auch der Suchmaschine zu verdeutlichen, dann erreicht man exakt die richtige Zielgruppe mit ihrem spezifischen Bedürfnis.

SEO stellt damit neben anderen Kanälen (z. B. Referral Traffic, SEA, Direct Traffic) zunächst den Einstieg in eine Website dar, sollte aber hier nicht enden: Es ist vor allem aus Sicht des Webseiteninhabers bzw. des Unternehmens sinnvoll, die Useraktivität von der Suchanfrage bis zur

Conversion zu Ende zu denken – insbesondere als Inhouse Online Marketing Manager, der mehrere Disziplinen miteinander verknüpft und Einsicht in die entsprechenden Daten nehmen kann.

Für Online Marketing Manager ist es vor allem wichtig, ein solides Grundverständnis für SEO zu besitzen. Dies befähigt Sie, eine nachhaltige Strategie zu entwickeln, die mit starkem Userfokus die wichtigsten Anforderungen von Suchmaschinen erfüllt und sie mit weiteren Disziplinen des Online-Marketings verbindet. Vergessen Sie dabei nicht, jeden Schritt kritisch zu hinterfragen und Erkenntnisse aus anderen Disziplinen in Ihre SEO-Strategie mit einfließen zu lassen – dieser Blick auf das große Ganze wird Ihnen zugutekommen! Wir gehen auf diesen Punkt an unterschiedlichen Stellen in den folgenden Unterkapiteln ein.

Der Google-Algorithmus und seine Updates

Eins vorweg: Es gibt über 200 Ranking-Faktoren, zumindest was die Optimierung für Google betrifft. Welche das genau sind und wie sie gewichtet werden, ist leider nicht bekannt. Es gibt lediglich eine Handvoll bekannter Ranking-Faktoren, die Google offiziell bestätigt hat oder die aus Veröffentlichungen von Google hervorgehen und die in der SEO-Branche als »gesetzt« gelten. Wir beschränken uns daher in diesem Kapitel auf die wichtigsten Faktoren und verweisen gegebenenfalls auf die offiziellen Posts von Google, in denen relevante Details zu finden sind. Weitere Ranking-Faktoren und sinnvolle Maßnahmen finden Sie in den Linktipps und in der empfohlenen Literatur.

Es gibt für die moderne Suchmaschinenoptimierung zwei grundsätzliche Regeln:

> **Regel Nummer 1**
>
> Technische Optimierungen sind Pflicht und Grundvoraussetzung für gute Rankings.

Ohne dass Ihre Webseite technisch optimiert ist, werden sich keine guten Rankings entwickeln – auch wenn die Inhalte noch so einzigartig, relevant und informativ sind. Technische Faktoren beziehen sich vor allem auf eine gute Struktur der Website, seit Anfang 2015 mit starkem Fokus auch auf mobile Optimierung. Daher müssen unbedingt Ressourcen für technische Optimierungen bereitgestellt werden, und zwar nicht einmalig, sondern kontinuierlich. Nachhaltiges SEO bedeutet immer langfristige Optimierung.

Regel Nummer 2

Nutzerintentionen müssen möglichst genau verstanden und mit entsprechendem Inhalt (visuell und/oder textuell) abgebildet werden.

Was genau erwartet der User bei einer bestimmten Suchanfrage? Nicht immer ist dies eindeutig zu klären:

Bei der Suche nach einer konkreten Produktbezeichnung wie `Samsung TV UE40J5150 40 Zoll` erwartet der User sicher eine Landingpage mit genau diesem Produkt und einer Beschreibung seiner technischen Details – wahrscheinlich will er weniger eine Shop-Kategorieseite mit allgemeinen Informationen über Samsung-TVs sehen. Was aber erwartet er bei der Suchanfrage `Samsung TV`? Eine Produktübersicht in einem Shop, allgemeine Informationen über Samsung-TVs oder vielleicht Testberichte von Usern?

Dieses Denken unterscheidet SEO heute von dem, was SEO früher war: Vor 2010 lag der Fokus bei SEO hauptsächlich auf der besten Platzierung der eigenen Suchergebnisse – egal mit welchen Mitteln. Vor allem Spam-Strategien wie die übermäßige Nennung des Keywords im Inhalt (sogenanntes *Keyword-Stuffing*) sorgten dafür, dass die eigenen Seiten auf Top-Positionen in den SERPs rankten. Was danach passierte, interessierte wenig: User klickten auf das Ergebnis, fanden ihr Suchbedürfnis nicht erfüllt, da sie häufig auf Textwüsten oder wenig ansprechende Landingpages kamen – und sprangen in vielen Fällen wieder ab, ohne Conversions auszulösen oder anderweitig mit der Webseite zu interagieren.

Dank diverser Anpassungen der Suchmaschinenalgorithmen (vor allem der Penguin- und Panda-Updates, siehe Infobox) ist diese Arbeitsweise längst nicht mehr nachhaltig: Nicht selten verloren seit 2011 ganze Domains von einem Tag auf den anderen ihre kompletten Rankings, massive Traffic-Verluste waren die Folge.

Penguin- und Panda-Updates

Es war nur eine Frage der Zeit, dass Google auf spammige SEO-Methoden und minderwertige Qualität in den Suchergebnissen reagieren würde. Bis 2010 funktionierten Maßnahmen wie Keyword-Stuffing, automatisierter Linkaufbau in großem Umfang und andere gängige Praktiken bestens. Google führte daraufhin erstmalig im Februar 2011 das Panda-Update ein: einen Filter mit dem Ziel, die Qualität der Suchergebnisse zu erhöhen. Die genauen Einflussfaktoren wurden von Google bisher nicht bestätigt, in der Praxis zeigt sich aber eine Reihe von Faktoren, etwa wenig originale Inhalte, hohe Absprungraten der User, zu viel Werbung im sichtbaren Bereich etc. Während das Panda-Update zunächst in großen, teilweise von Google angekündigten Updates ausgerollt wurde, ist der Filter mittlerweile fest in den Algorithmus integriert.

Das Penguin-Update zielt vor allem auf massiven Spam ab, der die Google Webmaster Guidelines verletzt. Man kann davon ausgehen, dass der Fokus hier auf dem Erkennen und Abwerten von Webseiten mit unnatürlichem Linkaufbau liegt – jedoch ebenso auf Keyword-Stuffing. Die erste Iteration wurde im Februar 2012 ausgerollt, seit Ende 2016 ist Penguin ebenso wie Panda fester Bestandteil des Algorithmus.

Wie kam es zu diesem Wandel? Suchmaschinenbetreiber erkannten, dass die Suchergebnisse oft nicht relevant genug für die Nutzerinnen und Nutzer waren, und bezogen mehr Qualitätsfaktoren in die Bewertung der Suchergebnisse ein. Es genügt daher beispielsweise längst nicht mehr, viele Verweise von anderen Webseiten zur eigenen Seite (sogenannte *Backlinks*) oder stark Keyword-lastige Texte zu generieren. Suchmaschinen werten heutzutage auch das Nutzerverhalten aus: Klickraten in den SERPs und Absprungraten sind nur einige der *Nutzersignale*, die Einfluss auf die SEO-Performance von Webseiten haben können.

Es geht heute also nicht darum, »einfach nur um jeden Preis« zu ranken, sondern besonders darum, die Nutzerintention zu erfüllen und die User mit passendem Content auf der Seite zu halten. Nur so können gute Rankings erreicht und dauerhaft gehalten werden. Der User mit seinen Bedürfnissen steht ganz klar im Fokus der modernen Suchmaschinenoptimierung – nicht mehr allein die Suchmaschine mit ihren technischen Anforderungen. SEO-Strategien funktionieren daher nur nachhaltig, wenn die Schritte einer Nutzerin oder eines Nutzers vom Suchvorgang über den Inhalt der Zielseite bis hin zur Conversion berücksichtigt werden.

Google-Core-Updates und E-E-A-T

Über die Jahre hat der Google-Algorithmus viele Updates erhalten, die meistens ohne größere messbare Auswirkungen verliefen. Google selbst sagt, dass täglich »mindestens eine Änderung« vorgenommen wird mit dem Ziel, die Suchergebnisse zu verbessern – es ist also unmöglich, alle Updates zu analysieren und Rückschlüsse abzuleiten. Und doch gibt es sie, die großen System-Updates mit oft weitreichenden Auswirkungen auf Rankings.

Diese sogenannten Core-Updates werden in der Regel von Google im Vorfeld angekündigt oder zumindest im Nachgang bestätigt, unter anderem auf X (früher Twitter) vom Account Google SearchLiaison[11]:

Abbildung 5-13:
Ankündigung eines weitreichenden Core-Updates, das meist signifikante Ranking-Änderungen nach sich zieht

Zusätzlich stellt Google hilfreiche Tipps zur Verfügung, die Webmaster bei Ranking- bzw. Traffic-Verlusten unterstützen können. Grundlegend bestätigt Google, dass es bei der Neubewertung von Inhalten vor allem um deren Qualität geht und dass die Systeme so entwickelt werden, dass sie Inhalte ähnlich wie echte Menschen nach bestimmten Kriterien bewerten. Doch wie bewertet eine Suchmaschine die Qualität von Inhalten? Anhaltspunkte bietet ein umfassender Fragenkatalog[12], den Google zur Verfügung stellt. Um die Bewertung nachzuvollziehen, ist es notwendig, die eigenen Inhalte subjektiv und aus Nutzerperspektive zu bewerten, und zwar sowohl rein inhaltlich als auch optisch – also die Präsentation sowie das Layout der Seite und ob der Inhalt sichtbar mit Aufwand erstellt wurde.

11 *https://twitter.com/searchliaison* (Aufruf 10.10.2023)

12 *https://developers.google.com/search/blog/2019/08/core-updates* (Aufruf 10.10.2023)

Die folgenden Beispiele aus dem Fragenkatalog zeigen, was Qualität für Google bedeutet:

- Sind wesentliche neue Informationen enthalten, und wurden nicht nur externe Inhalte kopiert oder umgeschrieben?
- Würdet ihr diese Seite als Lesezeichen speichern, an Freunde weitergeben oder empfehlen?
- Wurde der Inhalt von einer Expertin oder von einem engagierten Laien geschrieben, der sich mit dem Thema nachweislich gut auskennt?
- Würdet ihr auf Informationen aus dem Inhalt vertrauen, wenn es um Geld oder euer Leben ginge?
- Wird der Inhalt gut präsentiert, oder sieht er aus, als sei er nachlässig oder hektisch zusammengestellt worden?
- Sind unverhältnismäßig viele Anzeigen enthalten, die vom eigentlichen Inhalt ablenken oder diesen beeinträchtigen?
- Bietet der Inhalt einen deutlichen Mehrwert im Vergleich zu anderen Seiten in den Suchergebnissen?

Es geht zusammengefasst also nicht nur um die Menge an Inhalt und die darin enthaltenen Informationen (diese könnten sich auch auf anderen Seiten wiederfinden), sondern auch um neue, hilfreiche und umfassendere Beschreibungen eines Themas – und darüber hinaus um die Kompetenz der Autorin/des Autors, um die Vertrauenswürdigkeit der Webseite allgemein und um die Darstellung der Inhalte bis hin zu deren Wirkung auf den Nutzer. Google gibt weiterhin den Tipp, sich diese Fragen nicht nur selbst zu stellen, sondern auch anderen Personen, denen man vertraut, um eine ehrliche Einschätzung zu erhalten. Dieses Feedback kann weit hilfreicher sein als so manches Feedback (anonymer) Website-User!

Das Konzept, das der Bewertung von Webseiten und deren Inhalten zugrunde liegt, bezeichnet Google als E-E-A-T.

E-E-A-T steht für *Experience*, *Expertise*, *Authoritativeness* und *Trust*. Sehr vereinfacht ausgedrückt, bedeutet es: Eine Website wird als qualitativ gut bewertet, wenn sie bzw. ihre Inhalte korrekt, ehrlich, sicher und zuverlässig sind. Die oben genannten Fragestellungen spiegeln dies bereits deutlich wider, Google beschreibt die einzelnen Komponenten von E-E-A-T aber noch genauer in den Google Search Quality Rater Guidelines (siehe Infobox):

- **Experience** – Inwieweit ist der Inhalt einer Seite vertrauenswürdig? Verfügt die Autorin oder der Autor über die für das Thema erforderliche Erfahrung, wurde beispielsweise das beschriebene Produkt selbst benutzt und ausführlich getestet? Sicherlich würde man einem Autor dann eher vertrauen als jemandem, der zwar seine Meinung äußert, das Produkt aber nicht benutzt hat.

- **Expertise** – Viele Inhalte setzen Fachwissen oder bestimmte Kenntnisse voraus. Besitzt die Autorin diese, sodass dem Inhalt vertraut werden kann? Oder wurde ein Inhalt über Aktien von einer Redakteurin verfasst, deren Spezialgebiet sonst eher Gartenbau ist?
- **Authoritativeness** – Ist der Autor oder die Webseite als Informationsquelle für dieses Thema bekannt, hat man sich hier bereits Vertrauen aufgebaut? Ist es glaubwürdig, dass ein Thema auf dieser Webseite beschrieben wird? Für Suchanfragen wie `Reisepass beantragen` wäre sicherlich die offizielle Seite des nächstgelegenen Bürgeramts das beste Suchergebnis, da hier die stärkste Glaubwürdigkeit und Autorität vorliegt.
- **Trust** dagegen beschreibt Google als abhängig vom Seitentyp. Denken Sie an Webseiten, die Ihnen täglich im Internet begegnen: Welchen vertrauen Sie? Sicherlich spielt für Sie das Design eine Rolle, die Präsentation des Inhalts, ob er Schreibfehler enthält, aber auch ob es Bewertungen in einem Shop gibt, einen vertrauenswürdigen Kundenservice, ob sichere Zahlungsarten angeboten werden.

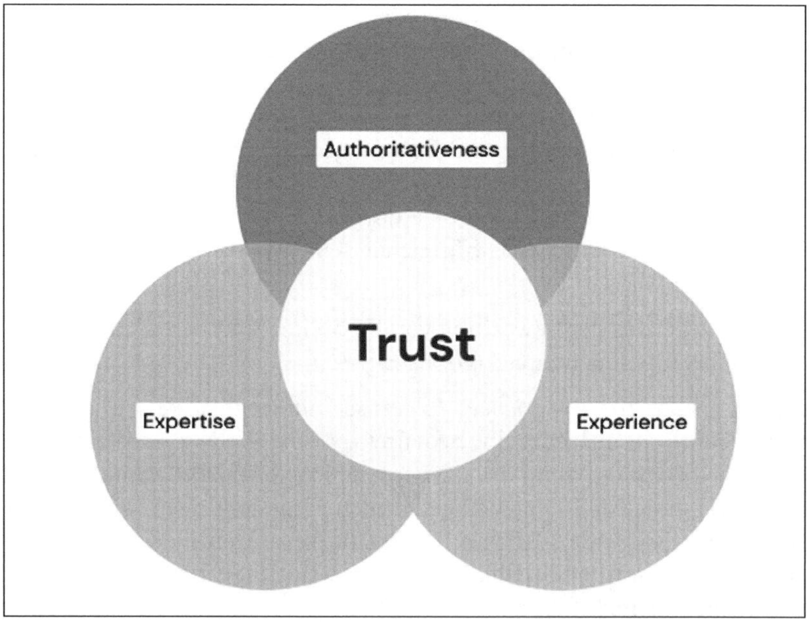

Abbildung 5-14:
E-E-A-T als schematische Darstellung mit dem zentralen Element Trust (Quelle: Search Quality Rater Guidelines)

Es ist empfehlenswert, sich zunächst Gedanken über den Zweck einer Webseite zu machen. Soll der Inhalt die Leserinnen und Leser unterhalten? Oder soll ein Leser aufgrund des Inhalts eine Entscheidung treffen, die risikobehaftet ist oder vielleicht viel Geld kosten wird?

Abhängig vom Zweck ergeben sich andere Bewertungsmaßstäbe, und gerade im letzteren Fall ist Google dankenswerterweise besonders kritisch. Die sogenannten YMYL-Webseiten (*Your Money Your Life*) beinhalten Themen, die sich auf Sicherheit, Gesundheit und finanzielle Lage von Menschen sowie das Wohl der Gesellschaft auswirken können. Beispiele sind hier Newsartikel, Webseiten im Gesundheitssegment, zur beruflichen Weiterentwicklung oder zu finanziellen Themen wie Geldanlage, Kredite, Altersvorsorge etc. Oder fänden Sie zur Frage nach einer `Krebsbehandlung` ein Suchergebnis auf Position 1 gut, dessen Inhalt jeglicher fachlichen Grundlage entbehrt und nicht einmal von einem Facharzt geschrieben wurde? Google setzt hier bewusst vertrauenswürdige Quellen an die ersten Positionen, beispielsweise die Webseite der Deutschen Krebsgesellschaft.

Abbildung 5-15:
Google (hier Danny Sullivan) empfiehlt das Lesen der Quality Rater Guidelines offiziell auf Twitter/X (*https://twitter.com/dannysullivan/status/1024771615265980417*).

Zusätzlich hilfreich sind die vielen Beispiele, die in den Quality Rater Guidelines aufgezeigt werden – denn oftmals sind Expertise, Experience und Authoritativeness nicht klar voneinander abgrenzbar, und die Maßstäbe für unterschiedliche Seitentypen sind schwer einzuschätzen. Besondere Aufmerksamkeit verdienen die Beispiele, die Suchanfragen/Suchintentionen mit Suchergebnissen kombinieren und zum besseren Verständnis bewertet werden,

Ein Nutzer sucht nach `museum of modern art`. Nach unserer Definition im Abschnitt »Die Suchanfrage« zu Beginn dieses Kapitels ist das ganz klar eine navigationale Suchanfrage, die ausdrückt, dass man die Website des Museum of Modern Art besuchen möchte. Oder? Zusätzlich ist als Ort Manhattan angegeben, was die Suchintention beeinflussen könnte – vielleicht wird eine Wegbeschreibung zum Museum gesucht, sodass eine Google-Maps-Integration zusätzlich hilfreich sein könnte.

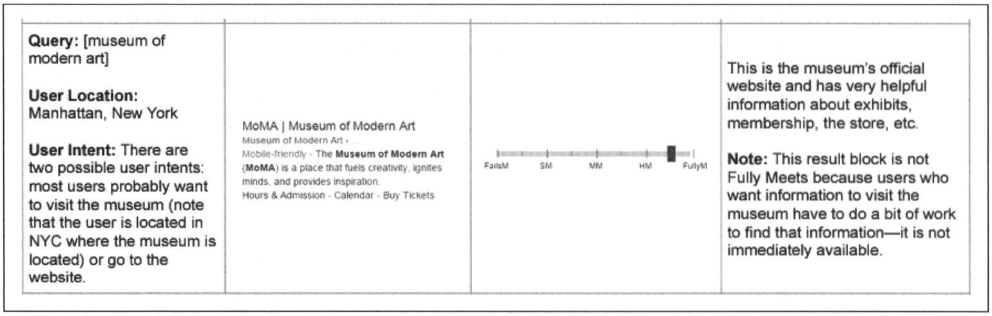

Query: [museum of modern art] **User Location:** Manhattan, New York **User Intent:** There are two possible user intents: most users probably want to visit the museum (note that the user is located in NYC where the museum is located) or go to the website.	MoMA | Museum of Modern Art Museum of Modern Art › ... Mobile-friendly - The **Museum of Modern Art (MoMA)** is a place that fuels creativity, ignites minds, and provides inspiration. Hours & Admission - Calendar - Buy Tickets	FailsM SM MM HM FullyM	This is the museum's official website and has very helpful information about exhibits, membership, the store, etc. **Note:** This result block is not Fully Meets because users who want information to visit the museum have to do a bit of work to find that information—it is not immediately available.

Abbildung 5-16:
Suche nach »museum of modern art« mit der Einschätzung Googles hinsichtlich der Relevanz des Suchergebnisses.

Das Suchergebnis zeigt die offizielle Webseite des Museums. Aufgrund der (interpretierten) Suchintention wird dieses Ergebnis jedoch nicht ganz als »fully meets« eingestuft – denn die Aufgabe des Quality Raters ist es nun, eine Bewertung von Suchintention und E-E-A-T-Kriterien vorzunehmen. Hinsichtlich E-E-A-T besteht das Suchergebnis sicherlich: Autorität, Expertise und Erfahrung sind gegeben, ist es doch die offizielle Webseite des Museums. Dennoch wird die Suchintention nicht komplett erfüllt, denn nach dem Klick aufs Ergebnis ist die Wegbeschreibung nicht sofort ersichtlich.

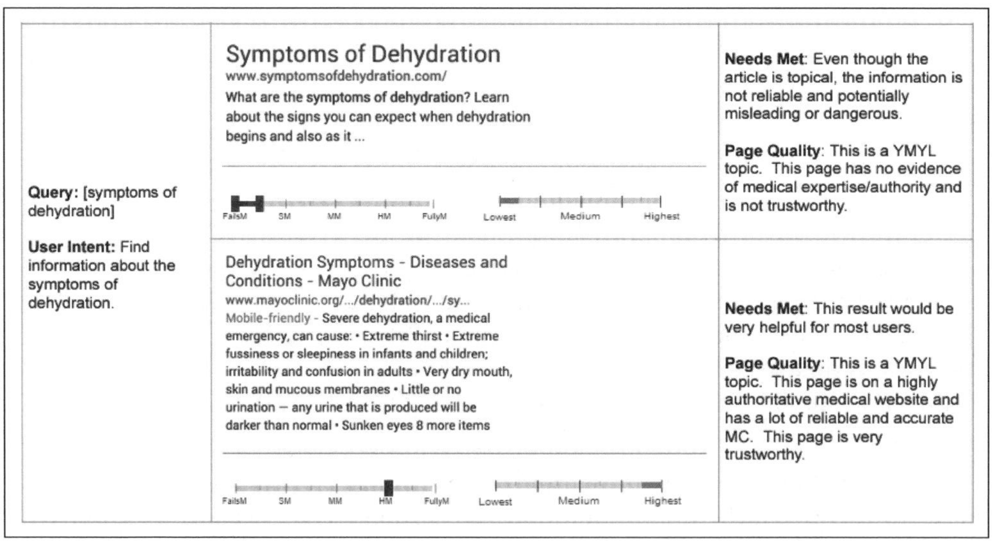

Query: [symptoms of dehydration] **User Intent:** Find information about the symptoms of dehydration.	Symptoms of Dehydration www.symptomsofdehydration.com/ What are the symptoms of dehydration? Learn about the signs you can expect when dehydration begins and also as it ... FailsM SM MM HM FullyM — Lowest Medium Highest	**Needs Met:** Even though the article is topical, the information is not reliable and potentially misleading or dangerous. **Page Quality:** This is a YMYL topic. This page has no evidence of medical expertise/authority and is not trustworthy.
	Dehydration Symptoms - Diseases and Conditions - Mayo Clinic www.mayoclinic.org/.../dehydration/.../sy... Mobile-friendly - Severe dehydration, a medical emergency, can cause: • Extreme thirst • Extreme fussiness or sleepiness in infants and children; irritability and confusion in adults • Very dry mouth, skin and mucous membranes • Little or no urination – any urine that is produced will be darker than normal • Sunken eyes 8 more items FailsM SM MM HM FullyM — Lowest Medium Highest	**Needs Met:** This result would be very helpful for most users. **Page Quality:** This is a YMYL topic. This page is on a highly authoritative medical website and has a lot of reliable and accurate MC. This page is very trustworthy.

Abbildung 5-17:
Suchergebnis und Suchintention bei einem medizinischen Problem mit der Einschätzung Googles hinsichtlich Relevanz der Suchergebnisse.

In diesem Beispiel geht es um ein medizinisches Problem, also ein YMYL-Thema. Auch wenn das Suchergebnis exakt passend zur Suchintention »ich brauche eine Übersicht und Informationen zu Symptomen bei Dehydrierung« scheint, wird hier kritisch auf E-E-A-T geachtet: Ist der Inhalt vertrauenswürdig, wurde er verfasst von einer Person mit entsprechendem Fachwissen?

Hier sind die grundsätzlichen Tipps, die für E-E-A-T beachtet werden sollten:

- Berücksichtigen Sie den oben beschriebenen Fragenkatalog, um Ihre Inhalte zu verbessern. Lassen Sie die Inhalte möglichst von Fachleuten mit fundiertem Expertenwissen erstellen und stellen Sie Informationen über den Autor bereit: Welches Fachwissen zeichnet ihn aus? Autorenboxen oder Autorenseiten sind hier anzuraten, besonders wenn es um YMYL-Themen geht.
- Fokussieren Sie sich auf Ihr Fachgebiet. Gehen Sie inhaltlich lieber in die Tiefe als zu sehr in die Breite. So gewinnen Sie Glaubwürdigkeit und Autorität für Ihre Themen.
- Implementieren Sie vertrauensbildende Elemente, die Seriosität bezeugen: Güte- und Qualitätssiegel, Bewertungen und leicht auffindbare Kontaktmöglichkeiten – vielleicht sogar mit konkreten Ansprechpartnern.
- Wie präsentieren Sie sich als Unternehmen? Machen Sie einen guten, seriösen Eindruck, den auch das Design widerspiegelt, verzichten Sie auf Anzeigen und andere störende Elemente und stellen Sie Ihr Unternehmen, Ihre Belegschaft und Ihre Expertise auf einer *Über uns*-Seite ausführlich dar.

Immer im Fokus: Nutzerinnen und Nutzer

Für eine erfolgreiche und nachhaltige SEO-Strategie muss man sich mit den Inhalten der eigenen Webseite beschäftigen. Die Gründe haben Sie bereits kennengelernt: Nicht nur für den Webseitenbetreiber sollte der User mit seiner Suchintention im Fokus stehen (denken wir hier insbesondere an die drei eingangs definierten Suchanfragetypen zurück: *informational*, *navigational* und *transaktional*), auch Suchmaschinen verstehen Suchintentionen immer besser und passen ihre Algorithmen dementsprechend an. Inhalte unterliegen außerdem der Bewertung hinsichtlich E-E-A-T durch die Suchmaschine, aber auch unbewusst durch den Nutzer.

Spätestens seit der großen »Grunderneuerung« des Google-Algorithmus im August 2013 ist es Google möglich, komplexe Suchanfragen besser zu interpretieren, anstatt wie zuvor nach einzelnen Wörtern in der Suchanfrage zu suchen – ein großer und wichtiger Schritt in Richtung semantischer Suche! Diese Überarbeitung des Algorithmus mit dem Namen *Hummingbird*[13] (dt. Kolibri) trägt entscheidend zu einer besseren

Qualität der Suchergebnisse bei: Die Intention des Users wird insbesondere bei längeren Suchanfragen besser verstanden, aber auch der Inhalt bzw. die Ausrichtung von Textdokumenten. Ende 2019 ist bei Google mit dem BERT-Update NLP-Technologie (*Natural Language Processing*, dt. Verarbeitung natürlicher Sprache) in den Ranking-Algorithmus integriert worden. Mit BERT will Google das Verständnis von komplexen Longtail-Suchanfragen verbessern und so relevantere Ergebnisse in den SERPs zeigen. Laut Google soll der semantische Kontext einer Suche durch das Update besser verstanden werden. Damit ist BERT eine konsequente Weiterentwicklung der früheren Updates Panda, Hummingbird und Rank Brain. BERT ersetzt die bisherigen Updates nicht, sondern ergänzt sie.

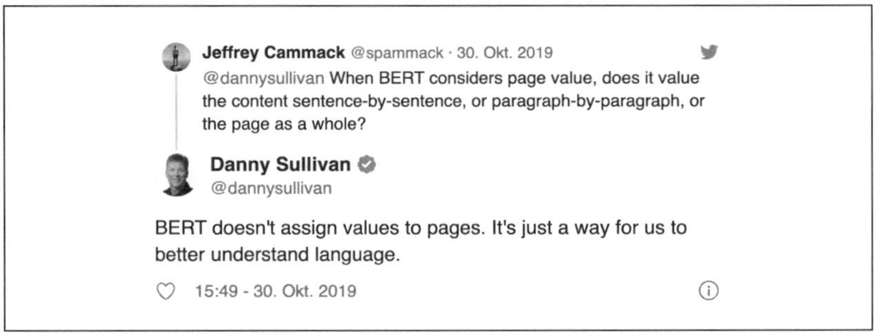

Abbildung 5-18:
Danny Sullivan am 30. Oktober 2019 zur Funktion des BERT-Updates auf X (*https://twitter.com/spammack/status/1189531388820840454*, Aufruf: 20.09.2023)

Google reagierte damit auf verändertes Nutzerverhalten: User tippen nicht mehr nur einzelne Stichwörter in das Suchfeld, sondern formulieren komplexe Suchanfragen, z.B. ganze Sätze oder Fragen. Einen wesentlichen Einfluss hat heutzutage auch die Suche über die Sprachsteuerung mobiler Endgeräte oder sogenannter digitaler Assistenten wie Amazon Echo oder Google Home.

Hier liegt der Vorteil eines Online Marketing Manager: Er hat durch sein breites Wissen über Disziplinen wie Social Media oder Conversion-Optimierung generell einen guten Überblick über Inhalte und die Struktur der eigenen Webseite sowie über die Bedürfnisse der Nutzer. Nun gilt es jedoch, aus SEO-Perspektive einen Blick auf das Userverhalten zu werfen, die Intentionen der Nutzer zu erfassen und diese möglichst genau über den eigenen Content abzubilden.

---

13 Searchmetrics, 2016: Der Google Hummingbird Algorithmus: semantisch-holistische Suche, *http://www.searchmetrics.com/de/knowledge-base/hummingbird/* (Aufruf: 20.09.2023)

Hierfür betrachten wir die Schritte des Users im Suchprozess nun genauer. Was bedeuten die folgenden einzelnen Schritte für nachhaltiges SEO? Nehmen Sie sich die Zeit und durchlaufen Sie sie immer wieder selbst für Ihre Landingpages.

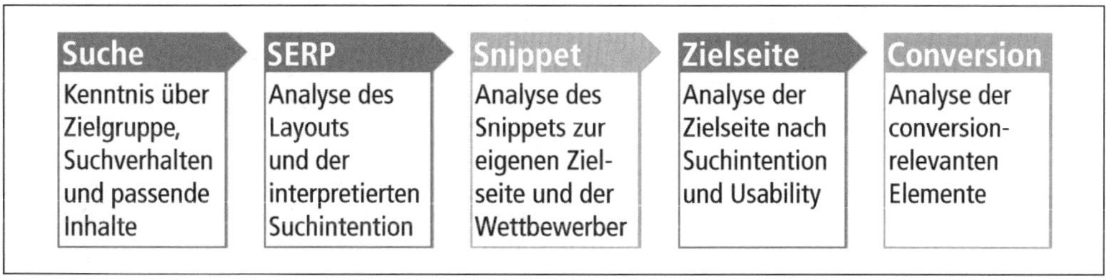

Abbildung 5-19:
Der Prozess von der Suchanfrage bis zur Conversion (© Anke Probst)

- **Schritt 1: Der Suchvorgang**

  Es findet ein Suchvorgang statt. Bereits hier müssen Sie die Kenntnis besitzen, folgende Fragen zu beantworten: Wer sucht? Wie wird gesucht? Was wird gesucht? Warum wird gesucht? Übersetzt bedeutet das: Welche Inhalte habe ich, nach denen gesucht wird? Wer ist die Zielgruppe dafür? Wie sucht diese Zielgruppe nach diesen Inhalten? Und mit welcher Intention sucht die Zielgruppe diese Inhalte?

  Das liest sich zunächst trivial, aber oft fällt es schwer, diese Fragen zu beantworten. Sie sind jedoch die absolute Grundlage der nächsten Schritte im Suchprozess.

- **Schritt 2: Die SERP**

  Der Suchvorgang generiert eine Ergebnisseite. Wie sieht diese SERP üblicherweise für Suchanfragen zu Ihren Zielseiten aus, besteht sie aus organischen Text-Snippets oder auch aus Universal-Search-Integrationen? Gibt es vielleicht Featured Snippets, Knowledge-Graph-Boxen oder Ähnliches? Wer sind die üblichen Wettbewerber? Welche Inhaltstypen werden in den Suchergebnissen angezeigt? Rankt Ihre Domain eigentlich, also erreicht sie gute Positionen zu Suchanfragen? Welche Informationen enthalten die Ergebnisse, die Ihre zur Suchanfrage passende Landingpage vielleicht nicht bietet? Lässt sich daraus etwas über die Suchintention des Users ableiten und darüber, wie die Suchmaschine diese interpretiert?

- **Schritt 3: Das Snippet**

  Wie sieht Ihr Ergebnis-Snippet aus? Passt es zu der Suchanfrage? Ist es ansprechend für den User, findet sich die Suchintention im Snippet wieder? Wie sehen die Snippets der Konkurrenten aus? Gibt es Anhaltspunkte dazu, weshalb User vielleicht eher auf das Snippet der Konkurrenz klicken könnten? Was erwartet Ihre Zielgruppe im Snippet zu lesen? Haben Sie eine gute Markenbekanntheit, mit der Sie im Snippet punkten können?

Bedenken Sie: Genau hier ist der Punkt, an dem der User sich entscheidet, ob er auf Ihr Snippet klickt oder auf das Snippet der Konkurrenz. Nur wenn die Inhalte des Snippets zur Suchintention passen und eine Lösung versprechen, erfolgt der Klick auf Ihr Snippet. Die Nutzerinnen und Nutzer stimmen sozusagen per Klick über die Relevanz Ihres Snippets ab.

Betrachten Sie Ihr Snippet ähnlich wie eine Anzeige, die Sie so gestalten, dass alle bisherigen Erkenntnisse dort einfließen: Wer ist die Zielgruppe, wie spricht man sie an? Wonach hat sie gesucht, wie findet sich diese Suchintention im Snippet wieder? Und noch einen Schritt weiter sollte gedacht werden: Passt dieses Snippet auch zum Inhalt der Zielseite? Oder ist der User eventuell enttäuscht nach dem Klick auf das Ergebnis und verlässt die Seite wieder? Negative Erlebnisse werden oft mit dem Brand verbunden, sodass User die Ergebnisse der Wettbewerber vorziehen.

- **Schritt 4: Die Zielseite**

  Der User ist auf der Zielseite. Was findet er dort vor? Genau das, was er gesucht hat und was ihm im Snippet versprochen wurde? Landet er vielleicht sogar auf einer Fehlerseite? Oder auf einer Seite, die nicht zur Suchanfrage passt? Falls die Seite nicht zu seiner Suchintention passt (oftmals sind die Suchanfragen ja nicht exakt definiert), findet er sich dann auf der Seite leicht zurecht? Kann er gut mit der Seite interagieren: Ist das Menü sichtbar, oder müsste er ewig scrollen bzw. andere Hürden überwinden? Sieht er viel Werbung oder andere irritierende Elemente? Wenn er nach Produkten suchte, sieht er diese? Landet er stattdessen auf Ratgeberseiten, oder sieht er lange Kategoriebeschreibungen, die die Produkte aus dem Sichtfeld schieben? Ist die Usability also gelungen?

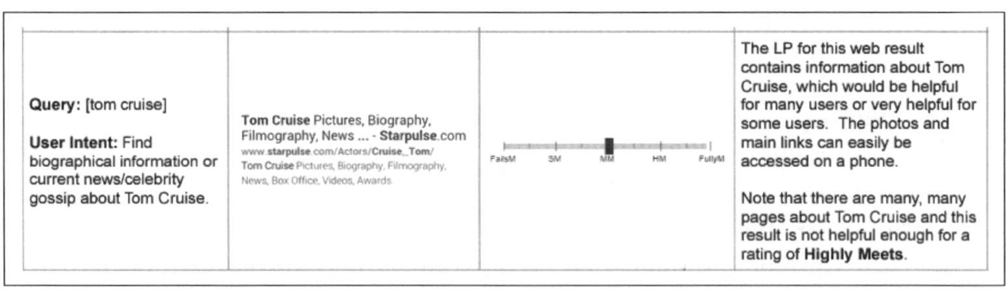

Abbildung 5-20:
Hier kann wieder ein Blick in die Search Quality Rater Guidelines helfen, um Suchintentionen und Erwartungshaltungen aus Google-Sicht besser zu verstehen.

Bedenken Sie hier ganz stark die Suchintention und versetzen Sie sich in die Erwartungshaltung des Users. Vergleichen Sie die Seite mit Zielseiten der Konkurrenz, die besser ranken als Ihre Zielseite: Finden Sie Anhaltspunkte dazu, was hier besser gemacht wird? Nur wenn Sie die Erwartungen der User erfüllen, werden Ihre Inhalte in den SERPs gut ranken.

- **Schritt 5: Die Conversion**

  Meist sollen Nutzerinnen und Nutzer mit der Zielseite interagieren, vielleicht sogar Umsatz generieren. Ist das problemlos möglich? Muss ein User die Conversion-Elemente lange suchen? Irritieren ihn Werbebanner oder andere Elemente?

  Conversion-Optimierung ist eine eigene Disziplin des Online-Marketings, aber an dieser Stelle auch für SEO wichtig, damit Nutzer nicht sofort wieder abspringen und negative Nutzersignale an die Suchmaschine senden. Hierzu verweisen wir auf Kapitel 4, »Conversion-Optimierung«, in diesem Buch.

Alle diese Schritte betrachtet SEO zunächst rein aus der Userperspektive. Umfangreiche Analysen und das regelmäßige Hinterfragen dieses Prozesses sind mühsam und kosten Zeit, lohnen sich aber letztendlich immer – nicht nur für SEO, sondern vor allem für zufriedene und wiederkehrende Kunden.

Dies soll uns zunächst als Einführung in die Grundlagen der Suchmaschinenoptimierung genügen. Wir widmen uns nun konkreteren Maßnahmen: Onpage-Faktoren, Content-Optimierungen und Offpage-SEO.

Onpage-Faktoren: technische Basics

Wir sind bisher kaum auf die Funktionsweise von Suchmaschinen eingegangen. Wir fassen uns hier kurz, weitere Informationen bietet Google sehr anschaulich und einfach erklärt unter *https://www.google.com/search/howsearchworks/*.

Suchmaschinen (bzw. deren *Bots* oder *Crawler*) crawlen das Web, d.h., sie gehen von Link zu Link und rufen Webseiten auf.[14] Dabei sammeln sie zu jeder einzelnen Seite eine Vielzahl von verschiedenen Signalen, um zu erkennen, ob eine Seite für das Ranking zu bestimmten Suchanfragen relevant ist.

14 Stark vereinfachte Darstellung. Genauere Informationen: Bert Schulzki (07.06.2011): Vom Spider in den Index – Aufbau des Google-Bot, *http://www.bertschulzki.de/vom-spider-in-den-index-aufbau-des-google-bot/* (Aufruf. 26.09.2023)

Um dies effizient tun zu können, muss aus Suchmaschinensicht eine Reihe von technischen Voraussetzungen erfüllt sein. Zusätzlich können für die Relevanzbewertung wichtige Signale positiv beeinflusst werden. Den wichtigsten dieser technischen Faktoren widmen wir uns in diesem Kapitel.

URLs und URL-Schemata

Als *URL* (kurz für *Uniform Resource Locator*) wird die Adresse einer Ressource bezeichnet, also eines Textdokuments, eines Bilds, Videos oder anderer Inhalte. Sie setzt sich aus unterschiedlichen Teilen zusammen:

https://www.domain.de/artikel/name-des-dokuments?page=2

1. Protokoll: *https*
2. Subdomain: *www*
3. Domain: *domain.de*
4. TLD (Top-Level-Domain): *.de*
5. Verzeichnis: */artikel/*
6. Dateiname: *name-des-dokuments*
7. Parameter mit Wert: *page=2*

Suchmaschinen crawlen grundsätzlich alle Inhalte, die mit einer URL repräsentiert werden. Daher ist ein Grundverständnis zum Thema URLs unerlässlich.

> **Hinweis: Eindeutige URLs**
>
> Jede Ressource muss unter einer eindeutigen, statischen URL erreichbar sein. Bereits bei kleinsten Abweichungen an der URL wird sie von Suchmaschinen als andere, neue URL betrachtet.

Beispiele:

- *https://www.domain.com/artikel/name-des-dokuments?page=2*
- *http://www.domain.com/artikel/name-des-dokuments?page=2*
- *https://www.domain.com/artikel/name-des-dokuments*
- *https://www.domain.com/artikel/name-des-dokuments/*
- *https://www.domain.com/artikel/name-des-dokuments/?page=2*
- *https://domain.com/artikel/name-des-dokuments?page=2*
- *https://www.domain.com/artikel/Name-des-Dokuments?page=2*

Diese URLs sind für Suchmaschinen alle unterschiedlich und könnten jeweils andere Inhalte besitzen. Wenn sie die gleichen Inhalte ausgeben, stellen sie Duplikate dar (*Duplicate Content*) und erhalten von Suchmaschinen unterschiedliche Signale zur Relevanzbewertung. Das kann zu Problemen führen und sollte vermieden werden.

> **Praxistipp: URLs nicht ändern**
>
> URLs sollten sich im Idealfall niemals ändern, sondern dauerhaft bestehen. Falls doch Änderungen nötig sind, muss eine technische Lösung implementiert werden, damit keine Duplikate oder Fehlerseiten entstehen können.

Folgende Empfehlungen lassen sich daraus ableiten:

- Vermeiden Sie Duplikate. Sorgen Sie dafür, dass jeder Inhalt unter einer einzigen eindeutigen URL erreichbar ist. Duplikate können mit *301-Redirects* (siehe Infobox zu Statuscodes) bereinigt werden, z. B. bei Protokolländerungen. Dann würde die URL *http://www.domain.com/artikel/name-des-dokuments?page=2* immer auf *https://www.domain.com/artikel/name-des-dokuments?page=2* umleiten. Aber auch Canonicals können für solche Fälle geeignet sein (Näheres dazu weiter unten).
- Richten Sie technische Lösungen für sich ändernde URLs ein: Die veraltete URL sollte immer mit einem einzigen *301-Redirect* auf die neue URL weitergeleitet werden. Dies stellt sicher, dass Suchmaschinen über die Existenz der neuen URL informiert werden und sie die veraltete URL aus dem Index entfernen. Zudem werden die Relevanzsignale von alter URL zu neuer URL weitergegeben. Aber auch User werden weitergeleitet, sollten sie die veraltete URL aufrufen. 301-Redirects sind sowohl aus Suchmaschinen- als auch aus Usersicht die beste Lösung.

> **Praxistipp: URL-Umstellungen bergen Risiken**
>
> Eine nachträgliche URL-Umstellung für komplette Verzeichnisse oder gar die gesamte Website ist immer mit Risiken verbunden (Verlust von Rankings und Traffic) und sollte sorgfältig nach Aufwand und Nutzen abgewogen werden. Dies gilt besonders für umfangreiche Websites!

Zusätzliche grundlegende Empfehlungen zu URLs:

- Vermeiden Sie Sonderzeichen, Emojis und Umlaute. Nutzen Sie den Trennstrich (-) als Trennzeichen statt des Unterstrichs oder eines Leerzeichens, um die Lesbarkeit von URLs zu verbessern.
- Es gibt zudem eine Reihe reservierter Zeichen `!#$%&'()*+,/:;=?@[]`, die nicht frei in URLs verwendet werden können, da sie eine spezielle Funktion besitzen.
- Verwenden Sie, wenn möglich, ausschließlich Kleinbuchstaben in der URL.
- Bilden Sie Kategorien immer in der URL ab, z.B. *www.domain.de/damenmode/jeans/skinny-jeans/name-des-produkts*. Frühere Empfehlungen, URLs sollten so kurz wie möglich sein und auf Verzeichnisse verzichten, sind veraltet. Im Gegenteil, das Abbilden der Seitenstruktur in der URL bringt diverse Vorteile, unter anderem
  - im Monitoring oder in der Webanalyse, wenn Sie Rankings oder Traffic auf Verzeichnisebene betrachten,
  - bei der Datenauswertung in der Google Search Console, die Sie immer auf Verzeichnisebene einrichten sollten, um Daten explizit für das Verzeichnis zu erhalten, sowie
  - für die spezifische Nutzung der Site-Abfrage (siehe Abschnitt »Tipps und Tricks für die Suchmaschinenoptimierung« auf Seite 249).
- Aufgrund technischer Beschränkungen darf eine URL jedoch nicht länger als 2.083 Zeichen lang sein.

HTTP-Statuscodes: gängige Statuscodes und deren Bedeutung für Suchmaschinen

HTTP-Statuscodes regeln die Kommunikation zwischen Client und Server. Aus SEO-Sicht entspricht der Client dem Suchmaschinen-Crawler. Beim Crawling von URLs werden Statuscodes gesendet, die dem Crawler mitteilen, wie er mit den URLs umgehen soll. Gängige Beispiele hierfür sind:

Statuscode 200: »ok«. Die angeforderte Ressource ist erreichbar und kann gecrawlt und gegebenenfalls indexiert werden.

Statuscode 404: »not found«. Die Ressource wurde nicht gefunden, z.B. beim Aufruf nicht existierender URLs oder bei gelöschten Inhalten. Die URL soll aus dem Index entfernt werden.

Statuscode 410: »gone«. Die angeforderte Ressource wurde dauerhaft entfernt. Die URL soll aus dem Index entfernt werden.

Statuscodes für Redirects teilen Suchmaschinen mit, dass sich die URL einer Ressource geändert hat. Man unterscheidet zwischen temporären und permanenten Weiterleitungen. Für SEO sind meist nur permanente

Redirects relevant, da hier die Weitergabe von Signalen gewährleistet ist und die alte URL aus dem Index entfernt wird, sodass kein Duplikat entsteht.

Statuscode 301: »moved permanently«. Die Ressource steht ab sofort unter einer neuen Adresse bereit. Die alte URL ist nicht mehr gültig und soll aus dem Index entfernt werden.

Statuscode 302: »found. Moved temporarily«. Die Ressource ist vorübergehend unter einer neuen Adresse verfügbar, die alte URL bleibt jedoch gültig und soll im Index verbleiben.

Crawling, Rendering und Indexierung

Es obliegt der Suchmaschine, wie oft sie Inhalte Ihrer Webseite und welche URLs sie davon crawlt und parst. Besonders Seiten, die tief in der Seitenstruktur liegen (z.B. Archive), oder auch Seiten mit veralteten und nicht regelmäßig aktualisierten Inhalten werden in der Regel selten gecrawlt. Google stellt für jede Webseite ein bestimmtes nicht einsehbares *Crawling-Budget* abhängig von Seitengröße, Aktualität des Contents und anderen Parametern bereit, das möglichst sinnvoll für die eigene Seite genutzt werden sollte.

Aus den gecrawlten Seiten wird ein Index erstellt und mit zusätzlichen Informationen versehen, z.B. einzelnen Keywords und deren Vorkommen im Text. Hier erfolgt auch die Berechnung der Relevanz für einzelne URLs zu bestimmten Suchanfragen. Grundsätzlich wird alles, was gecrawlt wird, auch indexiert, sofern nichts dagegenspricht.

Für eine gute SEO-Performance bedeutet dies, dass URLs crawlbar sein müssen, aber auch indexierbar. Grundsätzlich gilt: Was nicht gecrawlt werden kann, kann auch nicht indexiert werden. Und was nicht indexiert werden kann, kann nicht ranken. Und was nicht rankt, bringt keinen SEO-Traffic.

- **Crawlability** – Damit Webseiten von Suchmaschinen gecrawlt werden können, müssen zwei Voraussetzungen erfüllt sein:
  - Das Crawling muss erlaubt sein, d.h., es darf keine Anweisung geben, die Suchmaschinen das Crawlen verbietet.
  - Das Crawling muss möglichst problemlos ablaufen können, d.h., die Seite muss technisch so umgesetzt sein, dass Inhalte ausgelesen werden können. Während Standards wie HTML gängige Praxis sind, kann es bei auf JavaScript basierenden Technologien durchaus zu Problemen kommen. Hier erfolgt der zusätzliche Schritt des Renderings.

- **Rendering** – Bei JavaScript-Webseiten muss die Suchmaschine den Code zunächst ausführen, damit der tatsächliche von JavaScript generierte Seiteninhalt angezeigt werden kann. Das gerenderte HTML wird schließlich verwendet, um die Seite zu indexieren. Damit das Rendering problemlos und ressourcenschonend erfolgen kann, ist serverseitiges Rendering oder Pre-Rendering empfehlenswert.
- **Indexierung** – Um indexiert zu werden, muss nur ein Punkt erfüllt sein: Es muss Suchmaschinen erlaubt sein, die Inhalte zu indexieren.

Sind alle Voraussetzungen erfüllt, ist der Content im Normalfall auch indexiert und über eine gezielte Suche auffindbar.

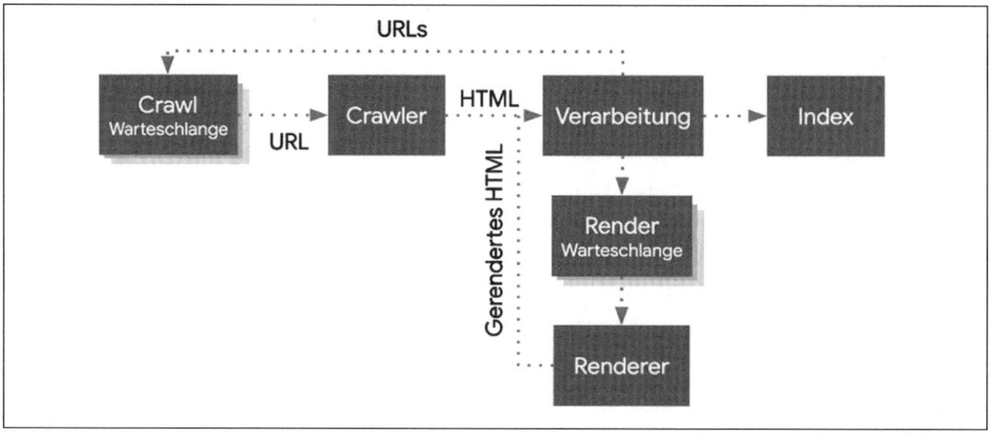

Abbildung 5-21:
Schematische Darstellung der Prozesse Crawling, Rendering und Indexing; Quelle: Google, *https://developers.google.com/search/docs/crawling-indexing/javascript/javascript-seo-basics* (Aufruf: 23.07.2023)

Steuerung von Crawling und Indexierung

Unter Umständen sind das Crawlen und/oder die Indexierung von URLs nicht gewünscht. Beispiele wären hier irrelevanter Content (Userprofile in Foren), Duplizierungen (Druckversionen von Seiten), Seiten mit wenig oder keinem Content, Ergebnisse aus der internen Suche oder paginierten Seiten. All diese Seiten haben im Google-Index wahrscheinlich wenig verloren, da sie meist nicht Ranking-relevant sind. Ob sie dennoch zumindest gecrawlt werden sollen – z.B. weil ausgehende Links von diesen Seiten erfasst werden müssen –, muss individuell entschieden werden.

Ein Beispiel: Wenn Sie im Onlineshop unter *www.tkmaxx.com* eine Suche durchführen nach `Jeans`, erhalten Sie eine Ergebnisseite der internen Suche mit der URL *https://www.tkmaxx.com/de/de/search?st=jeans*. Rein objektiv betrachtet: Ergibt es Sinn, dass diese URL gecrawlt und indexiert wird, um dann ranken zu können?

- Es gibt bereits eine Kategorie für Jeans, nämlich *https://www.tkmaxx.com/de/de/damen/bekleidung/jeans/c/31020700*, sowie eine entsprechende Kategorie für Herrenjeans. Man schafft sich mit zusätzlichen URLs aus der internen Suche also selbst Konkurrenz zu relevanten Kategorie-URLs, sodass Google Probleme haben könnte, zu ermitteln, welche URL den größten Mehrwert für den User hat und ranken soll.
- Von diesen URLs mit Suchparameter *?st=* könnten Hunderttausende existieren, nämlich für beliebige Suchanfragen. Findet Google diese Seiten, würden alle gecrawlt werden. Das würde Crawling-Budget verbrauchen, das an anderer Stelle eher benötigt würde – z. B. für das Erfassen neuer Kategorien und Produkte.
- Aus Usersicht: Häufig sind interne Suchergebnisse von Webseiten schlechte direkte SEO-Landingpages. Denken Sie z. B. an interne Suchergebnisseiten von redaktionellen Webseiten, die oft nur eine Liste von Artikeln enthalten ohne weitere Filteroptionen.

  Bedenken Sie außerdem, dass völlig willkürliche URLs indexiert werden und ranken könnten, z. B. *http://www.tkmaxx.com/search?st=canada*. Für die Suche nach `Canada` wäre diese URL für den User sicherlich nicht relevant (informationale Suchanfrage vs. transaktionales Suchergebnis mit noch dazu irrelevantem Inhalt) und sollte verhindert werden. Beachten Sie hier wieder die Nutzerintention!

Wie geht man vor, um Crawling und Indexierung für solche Fälle zu steuern? Suchmaschinen halten sich in der Regel an ein paar einfache Standards, die im Folgenden beschrieben werden.

Tipps zum effizienten Crawling: robots.txt, Sitemaps und IndexNow/Indexing API

- **robots.txt** – Eine einfache Textdatei mit dem Namen *robots.txt* enthält Anweisungen für das Crawling. Sie wird im Domain-Root abgelegt, also unter *www.domain.com/robots.txt*. Ist sie nicht vorhanden, werden Suchmaschinen alles crawlen – daher müssen URLs oder Verzeichnisse, die vom Crawling ausgeschlossen werden sollen, gezielt genannt werden. Gängige Anweisungen sind z. B.:

Tabelle 5-1
Crawling-Anweisungen

Anweisung	Bedeutung
`User-Agent: *`	Die folgenden Anweisungen gelten für alle Bots.
`Disallow: /verzeichnis/`	Das Crawling des Verzeichnisses wird verhindert.
`Disallow: /pro`	Alle URLs, die mit `/pro` beginnen, werden nicht gecrawlt.
`Disallow: *?parameter`	Alle URLs mit dem Parameter werden nicht gecrawlt.
`Disallow: /eine-datei.php`	Genau diese Datei wird nicht gecrawlt.

- **Sitemaps** – Als Hilfsmittel für effizientes Crawling wird oft eine *XML-Sitemap* erstellt. Eine Sitemap enthält alle URLs einer Webseite, die gecrawlt und indexiert werden sollen. Kleinere Webseiten mit einfacher Struktur benötigen meist keine Sitemap, da Suchmaschinen über die interne Verlinkung problemlos alle URLs erfassen können. Bei komplexen Strukturen (umfassende Websites, auch mit sich oft ändernden Inhalten) kann das Erstellen einer Sitemap jedoch sehr hilfreich sein, damit neue Seiten schnell erfasst und indexiert werden. Achten Sie dabei immer auf kurze Aktualisierungsintervalle, idealerweise wird die Sitemap neu generiert, sobald eine neue indexierbare URL innerhalb der Seitenstruktur entsteht und der Sitemap hinzugefügt wird. Melden Sie die Sitemap in der Google Search Console an. Folgendes gehört (nicht) in eine XML-Sitemap:
  - keine Redirects
  - keine in der *robots.txt* geblockten URLs
  - keine URLs, die per Robots-Metatag gesperrt sind
  - keine URLs mit abweichender Canonical-URL
  - nur URLs, die einen 200er-Statuscode liefern

  Teilen Sie Aktualisierungen an Website-Inhalten mit, indem Sie das entsprechende Änderungsdatum im `lastmod`-Element angeben:

```
<urlset xmlns="http://www.sitemaps.org/schemas/sitemap/0.9">
  <url>
      <lastmod>2005-01-01</lastmod>
      <loc>http://www.example.com/</loc>
      <changefreq>monthly</changefreq>
      <priority>0.8</priority>
  </url>
</urlset>
```

Abbildung 5-22:
Beispiel einer Sitemap mit einer URL inklusive Datum der letzten Änderung; Quelle: Google, *https://developers.google.com/search/docs/crawling-indexing/sitemaps/build-sitemap* (Aufruf: 15.07.2023)

Sitemaps haben den Vorteil, dass sie neben den reinen URLs von Webseiten auch zusätzliche Infos wie Bilder und Videos enthalten können. Außerdem sind sie ein guter Startpunkt für Optimierungen, da sie nur indexierbare URLs enthalten – also idealerweise die URLs, auf die Sie sich bei der inhaltlichen Optimierung fokussieren sollten. Nutzen Sie Sitemaps daher, um z.B. Indexierungsstände zu überwachen und Fehler zu finden, indem Sie Sitemaps pro Seitentyp oder auf Verzeichnisebene erstellen.

Eine hilfreiche Dokumentation von Google zum Thema Sitemaps finden Sie unter *https://developers.google.com/search/docs/crawling-indexing/sitemaps/overview*.

- **IndexNow/Indexing API** – Die Suchmaschinen Bing und Yandex setzen neben Sitemaps zusätzlich auf das IndexNow-Protokoll, um neue Seiten schnell aufzufinden, zu crawlen und zu indexieren.[15] Google verlässt sich hier weiterhin auf die eigenen Crawling-Ressourcen und greift lediglich bei kurzlebigen Seitentypen wie Jobpostings und Livestream-Videos auf die eigene Indexing API[16] zurück. Diese erlaubt es nicht nur, neue Inhalte schnell zu indexieren, sondern auch URLs zuverlässig entfernen zu lassen.

Hilfreiches zu Rendering/JavaScript

JavaScript ist aus der heutigen Webentwicklung nicht mehr wegzudenken. Leider wird SEO oft nicht direkt in der Konzeptionsphase berücksichtigt, sondern zunächst nur inhaltlich bedacht (Nutzerführung, Bereitstellung von geeigneten Inhalten und Formaten), aber nicht in der technischen Umsetzung der Webseite. Daraus ergeben sich für SEO häufig fatale Probleme im Nachhinein:

- Seiten werden zwar gecrawlt, aber oft nicht indexiert. Dies geschieht vor allem dann, wenn kein serverseitiges Rendering oder Pre-Rendering implementiert wurde – die Suchmaschine also kein HTML ausgeliefert bekommt, sondern das JavaScript selbst ausführen muss (sogenanntes Client-Side-Rendering). Wenn es hier zu Problemen kommt, kann im schlimmsten Fall der Seiteninhalt nicht gesehen und somit auch nicht geparst werden. Für Suchmaschinen liegt dann eine leere Seite vor, die nicht indexiert wird, um den eigenen Index schlanker zu halten.
- Seiten können nicht aufgefunden werden, da die Links zu diesen Seiten nicht gecrawlt werden können. Wo kein Inhalt ausgelesen werden kann, können auch keine Verlinkungen innerhalb der Texte gesehen werden – somit bleiben womöglich wertvolle Seiteninhalte gänzlich unentdeckt.

Nützlich ist es, wie folgt vorzugehen:

Deaktivieren Sie zunächst JavaScript in Ihrem Browser und klicken Sie sich durch die Seiten. Wird alles korrekt dargestellt? Hier können Sie erste Anhaltspunkte sammeln, wenn Sie Probleme mit JavaScript vermuten.

---

15 Search Engine Watch, 12.08.2022: IndexNow attributed for 7% of all new URLs clicked on in Bing in the past month, *https://searchengineland.com/indexnow-attributed-for-7-of-all-new-urls-clicked-on-in-bing-in-the-past-month-387115* (Aufruf: 23.07.2023)

16 Google Search Central: Indexing API, *https://developers.google.com/search/apis/indexing-api/v3/quickstart?hl=de* (Aufruf 23.07.2023)

Führen Sie die URL-Prüfung in der Google Search Console aus, indem Sie eine relevante Seiten-URL in den Suchschlitz oben links eingeben. Nach wenigen Sekunden erhalten Sie erste Insights zur Indexierung, zu strukturierten Daten und zur Nutzererfahrung. Klicken Sie nun rechts oben auf *Live-URL testen*, um das Test-Rendering zu starten. Als Ergebnis sehen Sie in einem *Screenshot*, wie die gerenderte Seite vom Googlebot gesehen wird, und können prüfen, ob alle Elemente wie Content und Links vorhanden sind.[17]

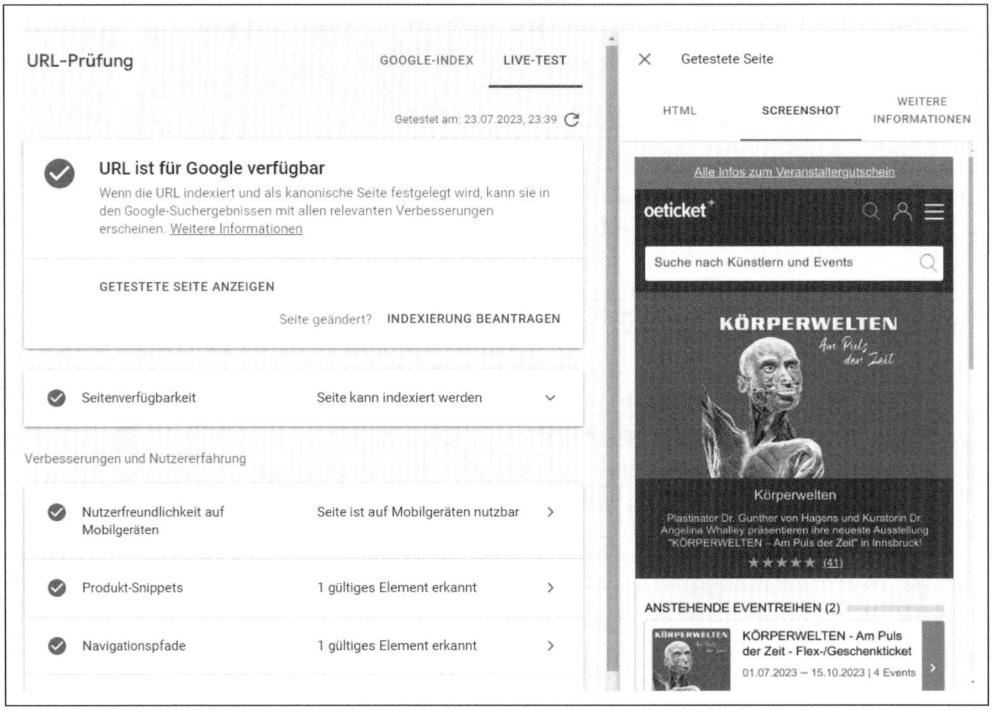

Abbildung 5-23:
Beispiel eines Ergebnisses des Live-Tests in der URL-Prüfung

Indexierung: Canonicals, Metatag robots und Statuscodes

Der Ausschluss von der Indexierung wird idealerweise auf Seitenebene geregelt. Hier wird zwischen Duplikaten und anderen Seiten, die nicht indexiert werden sollen, unterschieden.

1. Für echte Duplikate empfiehlt sich der Einsatz eines *Canonicals*. Ein klassischer Anwendungsfall sind Parameter für Tracking, Filterungen oder Sortierungen. Diese parametrisierten URLs sind

17 Search Console Hilfe: URL-Prüftool, gerenderte Seite ansehen: *https://support.google.com/webmasters/answer/9012289?hl=de#view_screenshot* (Aufruf: 23.07.2023)

zwar wichtig für Tools und Nutzer, für Suchmaschinen jedoch eher irreführend: Der Parameter in der URL ändert nichts am eigentlichen Inhalt der Seite, es liegt also ein Duplikat der Original-URL vor. Beispiel:

https://www.domain.de/damenjeans und

https://www.domain.de/damenjeans?campaign=23

Die zweite URL sollte nicht indexiert werden, da sie einen Kampagnenparameter enthält und somit denselben Inhalt ausgibt wie die erste URL. Zusätzlich sollte Suchmaschinen die Information gegeben werden, dass es sich hierbei um ein Duplikat handelt. Das passiert über folgende Angabe im Header der zweiten URL:

```
<link rel="canonical" href="https://www.domain.de/damenjeans" />
```

Suchmaschinen würden hier verstehen, dass diese URL ein Duplikat darstellt, und die URL nach einiger Zeit aus dem Index entfernen.

2. Andere Seiten ohne Mehrwert: Um andere irrelevante URLs vom Ranking auszuschließen, wird im Header das Metatag `robots` gesetzt:

   ```
   <meta name="robots" content="noindex, follow">
   ```

   Die Angabe sagt der Suchmaschine, dass die Seite nicht indexiert werden soll (`noindex`), dass aber deren Links zu anderen Seiten gecrawlt werden sollen (`follow`). Letzteres ist wichtig, um das Crawling hier nicht in einer Sackgasse enden zu lassen.

3. Veraltete Inhalte: In vielen Fällen sind Inhalte nicht mehr aktuell, z. B. Seiten von ausverkauften Produkten eines Shops. Hier kann mit Statuscodes gearbeitet werden: Ein 301-Redirect der URL in die entsprechende Produktkategorie würde dafür sorgen, dass die Produkt-URL deindexiert wird. Gibt es keine passende Kategorie oder keine andere Zielseite, setzt man entweder Statuscode 404 (»not found«) oder 410 (»gone«) und richtet eine benutzerfreundliche Fehlerseite ein.

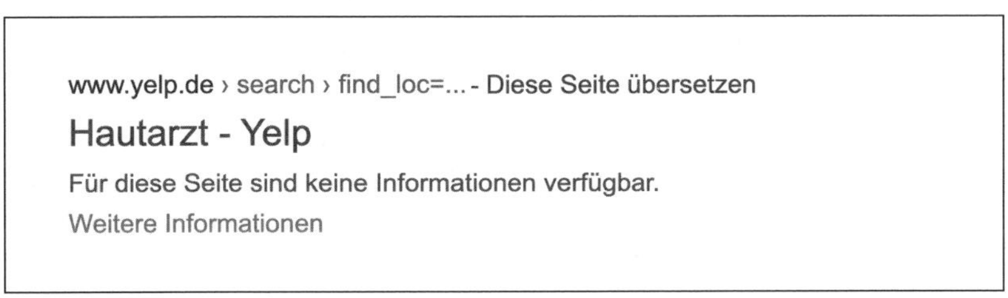

Abbildung 5-24:
Inhalte, die zwar gut verlinkt, aber durch die »robots.txt« gesperrt und damit für den Crawler nicht erreichbar sind, können ebenfalls indexiert werden. In solchen Fällen wird »Für diese Seite sind keinen Informationen verfügbar« als Meta Description angezeigt.

Ein paar abschließende Worte zum Thema Crawling und Indexierung: Für kleine Webseiten mögen Crawling-Budget und -Steuerung nicht so wichtig sein – für große Webseiten, deren Inhalte sich ständig ändern oder deren Seitenstruktur komplex ist, kann es jedoch ein wichtiger Hebel in der SEO-Strategie sein. Auch die Indexierungssteuerung ist für kleinere Webseiten nicht elementar, veraltete und fehlerhafte Inhalte ausgenommen. Bei großen Seiten sollte die Indexierung und deren Monitoring aber nicht vernachlässigt werden. Zu häufig passieren technische Fehler, die Duplikate erzeugen, oder es werden Seiten generiert, die keinen relevanten Content aufweisen.

Suchmaschinen legen Wert auf hochwertigen Content mit echtem Mehrwert und können Schwierigkeiten haben, mit Duplikaten umzugehen. Mitunter schafft man sich in solchen Fällen massive Probleme, die den bestehenden Rankings schaden können, z. B. durch interne Konkurrenz und damit wechselnden URLs im Ranking oder durch eine hohe Anzahl an Duplikaten – hier greift dann womöglich ein Filter der Suchmaschine.

Monitoren Sie daher den Stand der Indexierung regelmäßig und schließen Sie irrelevante Seitentypen gezielt von der Indexierung aus. Kurz gesagt: Halten Sie Ihre Webseite immer »sauber«, sodass auch der Suchmaschinenindex nur relevante, aktuelle Inhalte enthält!

Informationsarchitektur und interne Verlinkung

Mit einer gut durchdachten Architektur Ihrer Webseite ist sichergestellt, dass User und Suchmaschinen Ihre Inhalte einfach und schnell erreichen können. Die Architektur beeinflusst damit das Crawling maßgeblich – sie kann sich dadurch aber auch positiv auf die Indexierung auswirken, da z. B. neue Seiten durch eine gute Einbindung in die bestehende Seite schneller erfasst und indexiert werden. Die interne Verlinkung von Seiten untereinander ist außerdem ein wichtiger Hebel für SEO, der einen Effekt auf das Ranking haben kann.

Für eine optimale Informationsarchitektur, die Usern und Suchmaschinen gleichermaßen gerecht wird, gelten ein paar wichtige Grundregeln:

- **Geringe Klicktiefe** – Die Anzahl der Klicks, die getätigt werden müssen, um von der Startseite einer Website zu einer bestimmten Unterseite zu gelangen, sollte möglichst gering sein. Daher werden wichtige und/oder neue Unterseiten möglichst hoch in der Seitenstruktur eingehängt und am besten direkt von der Startseite verlinkt – z. B. die Kategorieseiten eines Shops oder einzelne neue Produkte. Meist ist das aus Nutzerperspektive ebenfalls sinnvoll und sorgt für eine bessere Orientierung.

- **Starke interne Verlinkung von wichtigen Seiten** – Suchmaschinen messen den sogenannten internen Linkgraphen, indem sie unter anderem die Anzahl der eingehenden Links zu Unterseiten zählen und die übergebenen Signale berücksichtigen. Die Annahme ist: Je mehr eingehende Links eine Seite erhält, desto wichtiger scheint sie zu sein. Dies kann einen positiven Einfluss auf das Ranking der Seite haben.

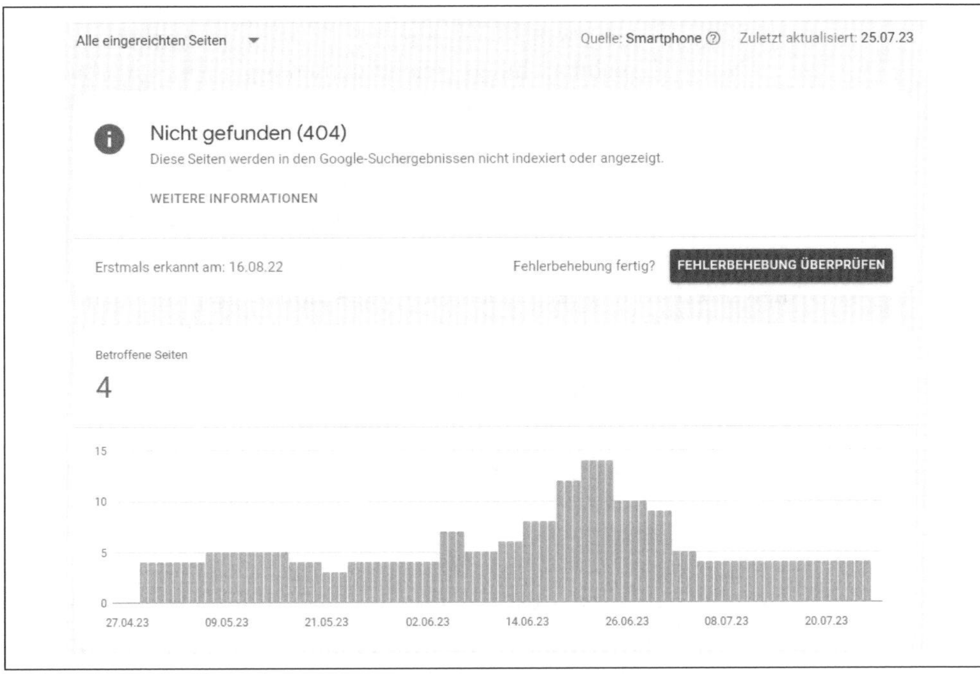

Abbildung 5-25:
Hilfreich kann auch ein Blick in den Indexierungsbericht der Search Console sein. Hier sehen Sie den Bericht für 404-Seiten, die sogar in der Sitemap aufgeführt sind.

- **Aussagekräftige Linktexte** – Nutzen Sie »sprechende« Linktexte für Ihre interne Verlinkung. Eine Seite über Damenschuhe sollten Sie daher nicht mit dem Linktext »hier« verlinken, sondern mit »Damenschuhe« oder einer Kombination mit diesem Begriff.
- **Themencluster** – Bei thematisch ähnlichen Inhalten empfiehlt es sich, geeignete Themenseiten zu erstellen, die wiederum auf die einzelnen Inhalte verlinken. Dies kann Usern die Orientierung und den Einstieg ins Thema erleichtern, und Suchmaschinen verstehen anhand des Themenclusters thematisch zusammengehörende Inhalte besser. Diversifizieren Sie dabei die Inhalte jedoch nicht zu stark im Longtail. Inhaltlich breiter aufgestellte Seiten performen meist besser als stark auf einzelne Suchanfragen ausgerichtete Unterseiten (siehe Abschnitt »Content: die richtigen Inhalte« auf Seite 222).

- **Auslesbare Verlinkungen** – Es mag banal klingen, aber nicht immer sind Verlinkungen, die für User funktionieren, auch für Suchmaschinen lesbar. Vor allem der Einsatz von JavaScript kann das Erkennen von Links deutlich erschweren. Es muss daher sichergestellt werden, dass beim Rendern und Ausführen von JavaScript die entsprechenden Verlinkungen erkannt werden. Eine gute Hilfestellung finden Sie im Google Search Central Blog[18].
- **Saubere interne Verlinkung** – Immer wieder kommt es vor, dass Seiten gelöscht werden, dass aber intern von anderen Seiten (meist aus dem Textinhalt) weiterhin auf sie verlinkt wird. Dies ist für User und Suchmaschinen gleichermaßen ärgerlich, schließlich erwarten beide Qualität! Verschaffen Sie sich hier bei großen Seiten regelmäßig einen Überblick, indem Sie die Seite mit Tools wie *Screaming Frog* oder *Audisto* crawlen. Weitere gängige zu vermeidende Schwächen der internen Verlinkung sind: Verlinkung von nicht kanonischen URLs oder weiterleitenden URLs.

Um die Informationsarchitektur zu verbessern, sollte zunächst eine Analyse erfolgen. Hier eignen sich die schon angesprochenen Crawling-Tools *Screaming Frog* oder *Audisto* (siehe Abschnitt »Auswahl und Einsatz von Tools« auf Seite 238), die Linkgraph, Klicktiefe und andere relevante Informationen und Metriken erfassen.

Depth (Clicks from Start URL)	Number of URI	% of Total
0	1	0,19
1	43	8,10
2	124	23,35
3	248	46,70
4	81	15,25
5	13	2,45
6	8	1,51
7	3	0,56
8	3	0,56
9	2	0,38
10+	5	0,94

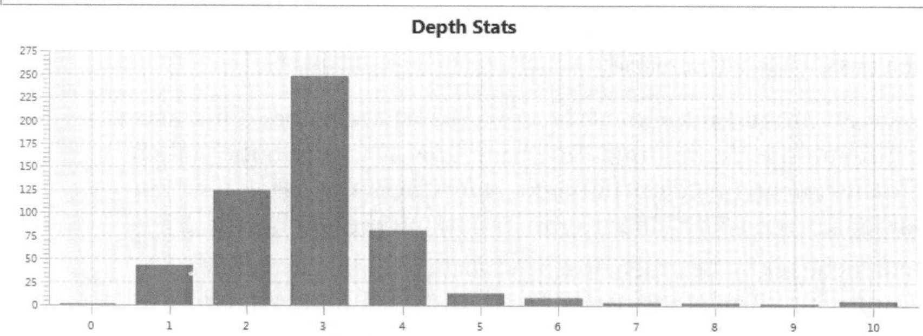

Abbildung 5-26:
Einfache Auswertung einer Seitenstruktur mit Screaming Frog. Ausgewertet werden die Klicktiefe, die Anzahl an URLs pro Ebene und deren prozentualer Anteil an gesamt gecrawlten URLs. Liegen wichtige URLs in tiefen Ebenen, sollten sie intern besser verlinkt werden.

18 Google Search Central Blog, 26.05.2023: Häufig gestellte Fragen zu JavaScript und Links, *https://developers.google.com/search/blog/2020/05/frequently-asked-questions-about* (Aufruf: 26.07.2023)

Leicht zu hebendes Potenzial ergibt sich meist bei der Optimierung von Navigation, Breadcrumbs oder Paginierungen, aber auch durch eine Neustrukturierung der Inhalte. So kann beispielsweise die Klicktiefe zu Produkten verringert werden, indem die Anzahl der angezeigten Produkte einer Kategorieseite erhöht wird. Die Gesamtzahl an paginierten Seiten verringert sich dadurch, sodass Suchmaschinen bzw. Usern längere Klickpfade erspart bleiben.

Zusätzliche Praxistipps zur Indexierung

- Nutzen Sie die Google Search Console, um den *Status der Indexierung* (*https://search.google.com/u/1/search-console/index*) zu erkennen. Ein plötzlicher Anstieg oder Rückgang der indexierten Seiten kann auf Probleme hindeuten und muss hinterfragt werden: Liegt ein technischer Fehler vor, der für die (De-)Indexierung verantwortlich ist?

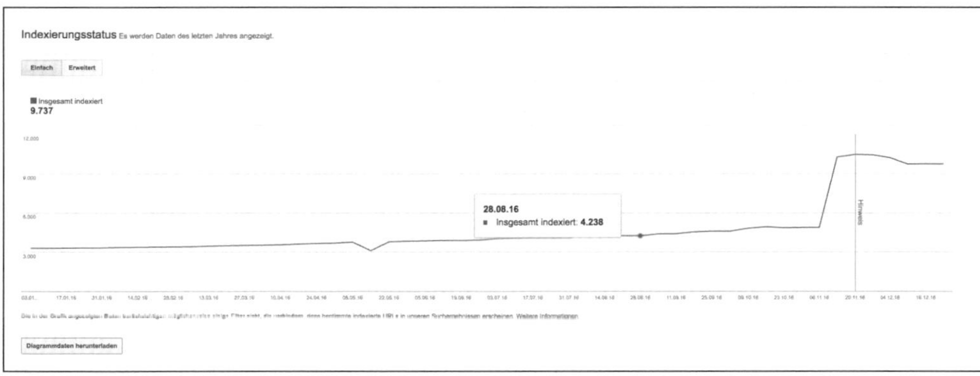

Abbildung 5-27:
Indexierungsstand einer Domain mit plötzlichem Anstieg der indexierten URLs

- Google gibt Ihnen hier auch weiterführende Informationen zu eventuell vorliegenden Fehlern. Prüfen Sie daher Folgendes: Ist das Verhältnis zwischen indexierten und nicht indexierten Seiten normal? Entspricht der Wert der indexierten Seiten ungefähr dem Wert an über die Sitemap eingereichten Seiten?
- Reichen Sie Ihre Sitemaps einzeln in der Search Console ein, um spezifische Daten pro Sitemap zu erhalten. So kann unter anderem schnell erfasst werden, wie viele Seiten einer Sitemap nicht indexiert wurden – ein sehr wichtiger Wert! Eine Sitemap beinhaltet nur Ranking-relevante Seiten, daher ist es sinnvoll, den Stand der Indexierung pro Sitemap zu beobachten. Unter *Indexierung – Seiten* können Sie diese Information finden und zwischen Sitemaps bzw. allen bekannten Seiten, allen eingereichten Seiten sowie nur nicht eingereichten Seiten wechseln.

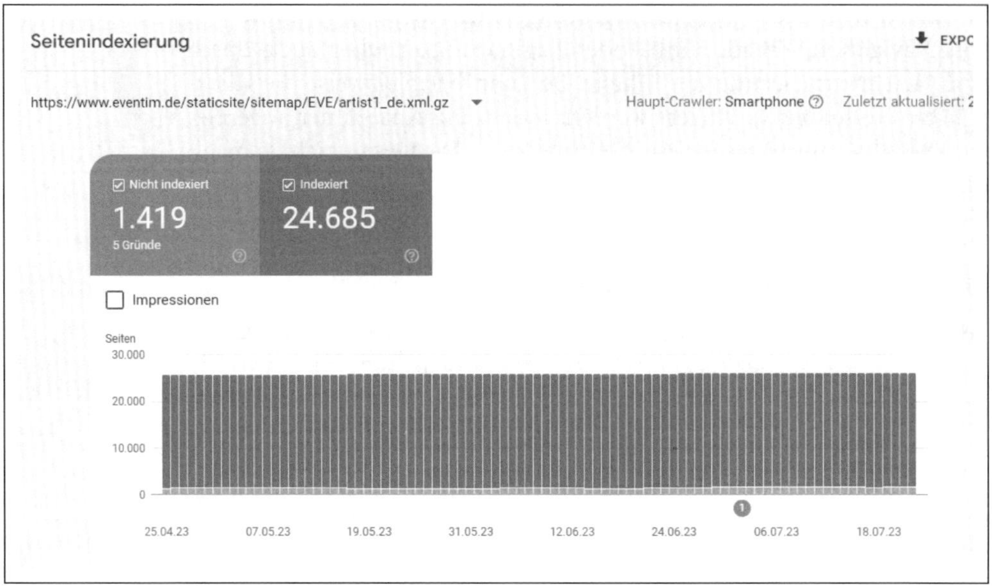

Abbildung 5-28:
Google Search Console: Anzahl indexierter und nicht indexierter Seiten einer spezifischen Sitemap

- Warum werden Seiten in einer Sitemap eigentlich nicht indexiert? »Wir können nicht garantieren, dass alle Elemente in deiner Sitemap gecrawlt und indexiert werden«, schreibt Google.[19] Aber zumindest werden Hinweise gegeben, mit denen sich arbeiten lässt: Unter der Indexierungsgrafik listet Google Gründe für die Nichtindexierung von URLs auf. Sinnvolle Ansatzpunkte für Content-Optimierungen bieten die Hinweise *Gefunden/Gecrawlt – zurzeit nicht indexiert*, da sie meist auf eine ungenügende Menge an relevantem Inhalt hindeuten. Klicken Sie hier auf die Hinweise, und Sie erhalten eine Liste der URLs, deren Inhalte Sie überarbeiten sollten, damit sie bald indexiert werden können. Manchmal hilft es außerdem, Ranking-relevante nicht indexierte Seiten mit wenig Inhalt höher in der Informationsarchitektur einzuhängen.

Weiterführende Informationen:

- Google, *robots.txt*-Spezifikationen: *https://developers.google.com/webmasters/control-crawl-index/docs/robots_txt*
- Ausführliche praxisbezogene Guides zu *robots.txt*, Canonical und Redirects: *https://audisto.com/guides/*

19 Google Search Central: Sitemaps, *https://developers.google.com/search/docs/crawling-indexing/sitemaps/overview?hl=de* (Aufruf: 24.07.2023)

Warum Seiten nicht indexiert werden

Nicht indexierte Seiten können nicht in den Google-Suchergebnissen angezeigt werden

Grund	Quelle	Validierung	Trend	Seiten
Duplikat – vom Nutzer nicht als kanonisch festgelegt	Website	Nicht gestartet		38
Soft 404	Website	Nicht gestartet		12
Durch "noindex"-Tag ausgeschlossen	Website	Nicht gestartet		3
Gefunden – zurzeit nicht indexiert	Google-Systeme	Nicht gestartet		1.083
Gecrawlt – zurzeit nicht indexiert	Google-Systeme	Nicht gestartet		283

Abbildung 5-29:
Google Search Console: hilfreiche Hinweise zu nicht indexierten URLs, deren inhaltliche Überarbeitung sich meist lohnt

Sinnvolle Tools:

- Google Search Console: Der Menüpunkt *Indexierung* beinhaltet hilfreiche Daten zu Fehlern bei Crawling und Indexierung. Hier können Sie sehen, wie viele Seiten mit Statuscode 404/410 gecrawlt werden oder ob Serverfehler vorliegen: *https://search.google.com/search-console*.

Mobile Optimierung, Googles mobile Strategie mit Mobile First Indexing

Google passt nicht nur regelmäßig die Algorithmen nach Qualitätskriterien an, sondern reagiert auch auf verändertes Nutzerverhalten. Seit mehreren Jahren steht daher massiv die Suche auf mobilen Endgeräten im Fokus: Im Mai 2015 bestätigte Google erstmalig, »more Google searches take place on mobile devices than on computers in 10 countries including the US and Japan«[20]. Seitdem ist die Nutzung der mobilen Suche kontinuierlich angestiegen, und auch allgemein vergrößert sich der Anteil an mobilen Zugriffen auf Webseiten (besonders B2C) seit Jahren.

Google trägt dieser Entwicklung längst Rechnung und bewertet die Relevanz einer Webseite fürs Ranking mittlerweile ausschließlich anhand der Informationen, die auf der mobilen Version der Webseite gefunden werden. Insofern verhält sich Google wie ein mobiler User, der die mobile Version der Website-Inhalte konsumiert, und stellt damit sicher, auch nur das zu bewerten, was von dem Großteil der Nutzerinnen und

20 Jerry Dischler (05.05.2015): Building for the next moment, in: Google Inside AdWords, *https://adwords.googleblog.com/2015/05/building-for-next-moment.html* (Aufruf: 26.09.2023)

Nutzer gesehen wird. Dieses Vorgehen wird als *Mobile-First-Indexierung* bezeichnet. Inhalte, die nur auf der Desktopvariante dargestellt werden, können somit nicht indexiert und zur Relevanzbewertung herangezogen werden.

Diese Entwicklung führt dazu, dass Google auf die mobile SEO-Strategie wesentlich Einfluss nimmt und klare Vorgaben zu Umsetzungen macht, aber auch Analysewerkzeuge und Monitoring-Tools zur Verfügung stellt. Doch damit nicht genug: Mobilfreundlichkeit ist seit 2015 ein offiziell bestätigter Ranking-Faktor.[21] Der Kern der mobilen Optimierung ist kurz gefasst: Zum einen sollen Webseiten auf Handys und Tablets schnell laden, andererseits aber auch bequem bedienbar sein – eine mobile Version der Webseite vorausgesetzt. Ziel ist es, mehr mobilfreundliche Webseiten in den Suchergebnissen anzuzeigen, um Usern auf mobilen Geräten bessere Ergebnisse und eine bessere User Experience zu bieten. Zu diesem Zweck können sogar Inhalte aus mobilen Apps bereitgestellt werden (App-Indexing[22]): Google crawlt diese und nutzt die erfassten Informationen als zusätzlichen Berechnungsfaktor für das Ranking.

Grundsätzlich sind drei Varianten von mobilen Webseiten stark verbreitet:

- **Responsive Websites** – Die Webseite reagiert auf die Auflösung des Endgeräts, z.B. Smartphone oder Tablet, sodass sich die Inhalte automatisch daran anpassen. Für viele Systeme/Webseiten bedeutet das grafisch und konzeptionell oft eine große Herausforderung – aus technischer Sicht ist diese Variante aber meist zu bevorzugen, da sie gerade in Bezug auf SEO weniger fehleranfällig ist und keine zusätzlichen URLs erzeugt. Dies spart Crawling-Aufwand. Google empfiehlt explizit die Verwendung von responsiven Webseiten,[23] und nach heutigem Stand ist diese Variante sicherlich zu bevorzugen, da sie von nahezu allen gängigen Systemen nativ unterstützt wird und sowohl in der Desktop- als auch in der mobilen Version die gleichen Inhalte ausspielt.
- **Dynamic Serving** – Wie beim responsiven Design findet die Darstellung unter derselben URL statt. Abhängig vom erkannten Endgerät werden jedoch unterschiedliche Webseiten ausgespielt – z.B. die Desktopversion oder eine separat erstellte und gepflegte mobile Seite.

21 Johannes Mehlem (26.02.2015): Mehr für Mobilgeräte optimierte Suchergebnisse, in: Google Search Central Blog. *https://developers.google.com/search/blog/2015/02/finding-more-mobile-friendly-search.html* (Aufruf: 20.07.2023)

22 Weitere Informationen zu App-Indexing: *https://firebase.google.com/docs/app-indexing/* (Aufruf: 26.09.2023)

23 Responsives Webdesign: *https://developers.google.com/search/mobile-sites/mobile-seo/responsive-design?hl=de* (Aufruf: 26.09.2023)

- **Mobile Subdomain** – Häufig als *m.domain.de* umgesetzt, besitzt diese Form der mobilen Website also unterschiedliche URLs im Vergleich zur Desktopvariante. Dies stellt für SEO oft große Herausforderungen dar:
  - Beide Varianten müssen gepflegt werden (Metaangaben, Inhalte, Statuscodes etc.).
  - User müssen korrekt weitergeleitet werden, abhängig vom User-Agent ihres Endgeräts. Greift also ein User mit einem Smartphone auf die *www.*-URL zu, muss eine direkte Weiterleitung zur entsprechenden Mobile-URL erfolgen – und umgekehrt.
  - Für Suchmaschinen muss eine saubere Verknüpfung der URLs implementiert sein: Die Desktop-URL muss ein sogenanntes `link rel="alternate"`-Tag beinhalten, das auf die entsprechende mobile URL verweist. Umgekehrt verweist die mobile URL mit einem Canonical auf die Desktopversion. Dies sorgt im Idealfall dafür, dass in der mobilen Suche die *www.*-URLs einer Webseite direkt durch die *m.*-URLs ersetzt werden und beim Zugriff also keine Weiterleitung erfolgen muss.

Gerade bei mobilen Subdomains passieren häufig gravierende Fehler, deren Identifizierung und Behebung Zeit und damit wichtigen Traffic kosten können. Wir empfehlen, dies bei der Entwicklung einer Mobile-Strategie unbedingt zu berücksichtigen.

Achtung: Im Zuge des *Mobile-First-Index* ist außerdem unbedingt zu beachten, dass alle Ranking-relevanten Inhalte in der mobilen Version ausgespielt werden müssen. Abgespeckte Inhalte zugunsten einer besseren mobilen Usability führen leider dazu, dass Google nur diese Inhalte crawlt und indexiert!

> **Tipp: Informationen zu Mobile Friendly Websites**
>
> Weiterführende Informationen hierzu sowie Alternativen und häufige Fehlerquellen finden Sie im Guide für Mobile Friendly Websites von Google unter *https://developers.google.com/search/docs/crawling-indexing/mobile/mobile-sites-mobile-first-indexing*.

Accelerated Mobile Pages

Im Oktober 2015 stellte Google *AMP*[24] (*Accelerated Mobile Pages*) vor.[25] AMP sind HTML-Seiten, die sehr schnell laden und damit die Nutzerfreundlichkeit auf mobilen Endgeräten enorm erhöhen. Grund dafür ist das Content-Delivery-Modell, das durch ausgelagertes Caching eine

24 Offizielle Webseite: *https://amp.dev/* (Aufruf: 26.09.2023)

massive Reduzierung der Ladezeit und damit einen schnelleren Seitenaufbau erreicht.

AMP wurde zunächst stark von News-Publishern eingesetzt, im September 2016 kündigte Google jedoch an, die »Sichtbarkeit aller Websites, die AMP-Seiten erstellen, auf die gesamte mobile Google-Suchergebnisseite«[26] auszuweiten. Ab diesem Zeitpunkt setzten auch andere Webseiten auf die schnellere Technologie, um sich Vorteile in der mobilen Suche zu verschaffen – nachvollziehbare Ranking-Vorteile gab es jedoch lediglich für News-Websites. Es kam jedoch auch zu Problemen: Unter anderem lassen sich auf der stark vereinfachten AMP-Webseite weniger Anzeigenformate einbinden, sodass die Werbeeinnahmen stark sanken. Viele Publisher wendeten sich in der Folge von AMP ab, und heute wird AMP kaum noch empfohlen, auch wenn Google weiterhin an der AMP-Dokumentation festhält.[27]

Page Experience

Neben qualitativ hochwertigem Content, der den Anforderungen an E-E-A-T-Kriterien genügt, bewertet Google in den letzten Jahren verstärkt die Nutzerfreundlichkeit von Seiten – insbesondere auf mobilen Endgeräten. Die sogenannte *Page Experience* umfasst eine Reihe von Metriken und anderen Aspekten, anhand deren Google die Nutzererfahrung bei der Interaktion mit einer Webseite bewerten kann. Page-Experience-Signale fließen seit Mai 2021[28] in den Google-Algorithmus ein und werden kontinuierlich weiterentwickelt.

Es ist nur konsequent von Google, diesen Schritt zu gehen. Einer Suchmaschine, die sich auf die Fahnen schreibt, den Nutzerinnen und Nutzern die besten Suchergebnisse zu präsentieren, muss an einer hohen Nutzerfreundlichkeit gelegen sein – denn was bringen qualitativ hochwertige Inhalte, wenn die Seiten nicht brauchbar sind, auf denen sie eingebettet sind? Gerade im Kontext der mobilen Internetnutzung bedeutet das: Seiten müssen schnell laden, auch bei mäßigem Datenempfang, Seitenelemente müssen mit den Fingern gut klick- und bedienbar sein, und die kleine Bildschirmansicht darf nicht durch störende Elemente beeinträchtigt werden. Ein weiterer grundlegender Faktor ist die

---

25 David Besbris (07.10.2015): Introducing the Accelerated Mobile Pages Project, for a faster, open mobile web. In: Google Official Blog, *https://googleblog.blogspot.de/2015/10/introducing-accelerated-mobile-pages.html* (Aufruf: 26.09.2023)

26 Tomo Taylor, 12.09.2016: Was ist AMP? In: Google Search Central, *https://developers.google.com/search/blog/2016/09/what-is-amp.html* (Aufruf: 24.07.2023)

27 Google Search Central: AMP, *https://developers.google.com/search/docs/crawling-indexing/amp* (Aufruf: 24.07.2023)

28 Google Search Central: Zeitplan für die Berücksichtigung der Nutzerfreundlichkeit von Seiten in der Google Suche, *https://developers.google.com/search/blog/2020/11/timing-for-page-experience* (Aufruf: 26.06.2023)

SSL-Verschlüsselung, die heutzutage als selbstverständlich angesehen werden muss – denn sie wurde bereits im Jahr 2014 als Ranking-Faktor angekündigt.

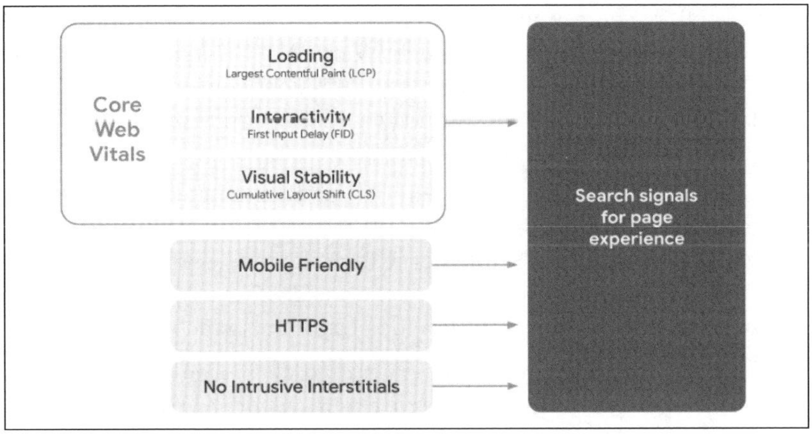

Abbildung 5-30:
Core Web Vitals sind nur ein Teil der Metriken, die auf die Nutzererfahrung bzw. die Page Experience einzahlen. (Quelle: Google Search Central)

In den folgenden Abschnitten finden Sie eine Übersicht der Metriken, die Einfluss auf die Page Experience nehmen.

Core Web Vitals

Google stellte im Mai 2020 die Core Web Vitals vor: eine Reihe von Website-Metriken, die die Nutzererfahrung und die Leistung von Webseiten messbar und bewertbar machen, insbesondere auf mobilen Endgeräten. Ausgangspunkt für deren Entwicklung war die Notwendigkeit, den eher allgemeinen und bereits 2010 bestätigten Ranking-Faktor PageSpeed[29] weiter zu differenzieren und der heute wesentlich komplexeren Webseitenentwicklung anzupassen. Auch die Tatsache, dass AMP als schnell ladendes Framework keinen bleibenden Anklang fand, zwang Google zu neuen, klar definierten Metriken. Die Core Web Vitals stellen das zentrale Element der Page Experience dar.

Die Metriken konzentrieren sich auf drei Hauptaspekte:

- *LCP* (*Largest Contentful Paint*): Der LCP bewertet die Zeit, die eine Webseite benötigt, um den Hauptinhalt (z.B. Text, Bilder) den Besucherinnen und Besuchern anzuzeigen. Ein schneller LCP bedeutet, dass die Seite schnell geladen und somit die Nutzererfahrung positiv beeinflusst wird.

29 Google Search Central: Websitegeschwindigkeit in den Suchergebnissen, *https://developers.google.com/search/blog/2010/04/using-site-speed-in-web-search-ranking* (Aufruf: 26.07.2023)

- *FID* (*First Input Delay*): Diese Metrik erfasst die Zeit zwischen dem ersten Interaktionsversuch eines Besuchers auf einer Seite (z. B. mit Klick auf einen Link oder Button) und der tatsächlichen Reaktion der Seite darauf. Ein niedriger FID-Wert zeigt an, dass die Seite schnell reagiert und Benutzereingaben schnell verarbeitet. FID wird ab März 2024 durch den Wert *INP*[30] (*Interaction to Next Paint*) ersetzt. Die neue Metrik berücksichtigt nicht nur die erste Interaktion, sondern alle – und zeigt den langsamsten Wert an.
- *CLS* (*Cumulative Layout Shift*): Der CLS misst die visuelle Stabilität einer Website und ermittelt, ob sich Elemente während des Ladevorgangs verschieben – z. B. weil Werbebanner nachträglich eingefügt werden. Ein niedriger CLS zeigt an, dass die Seite für Besucher sofort konsumierbar ist, ohne dass unerwartete Verschiebungen des Layouts auftreten (das Layout also nicht »springt«).

Mittlerweile sind die Core Web Vitals offiziell in den Ranking-Algorithmus eingeflossen und damit zu einem wichtigen SEO-Faktor geworden. Es ist entscheidend, die Metriken zu verstehen, sie kontinuierlich zu monitoren (z. B. in der Search Console) und sie zu verbessern – durch die Optimierung der Webseite für eine bessere Nutzererfahrung können Sie nicht nur Pluspunkte im Ranking sammeln, sondern auch die Zufriedenheit der Besucher steigern.

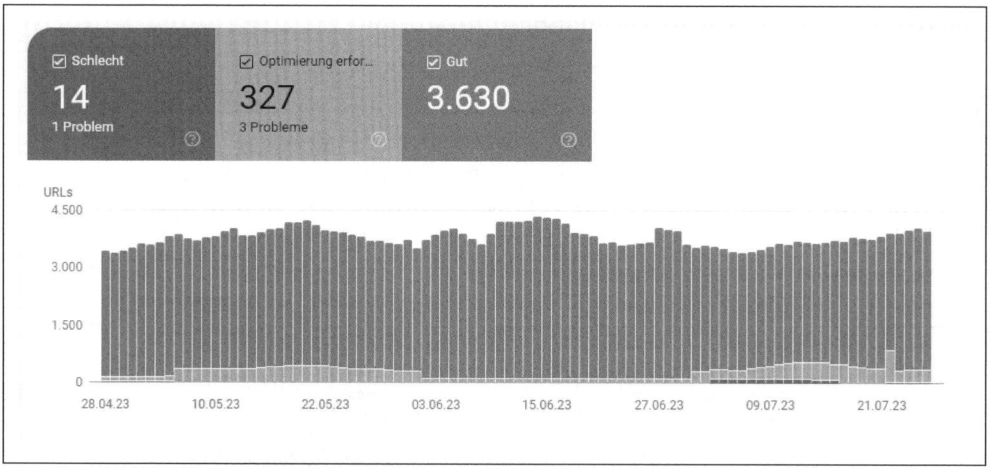

Abbildung 5-31:
Der Core-Web-Vitals-Bericht in der Search Console zeigt, wie viele und welche URLs Optimierungspotenzial haben.

30 Google Search Central: INP in den Core Web Vitals, *https://developers.google.com/search/blog/2023/05/introducing-inp* (Aufruf: 25.07.2023)

Weitere Aspekte für eine optimale Page Experience

Neben den Core Web Vitals nennt Google drei weitere relevante Faktoren, die Einfluss auf die Page Experience haben:

- **SSL-Verschlüsselung** – Die Ankündigung Googles im August 2014, SSL-Verschlüsselung als positives Ranking-Signal zu werten,[31] führte dazu, dass Webmaster massenhaft das Protokoll von HTTP auf HTTPS umstellten. Heutzutage sollte HTTPS der Standard sein. In der Search Console finden Sie einen Bericht, der Sie auf Probleme hinweist, unter *https://search.google.com/u/1/search-console/https*.

  Generelle Tipps, die Sie beachten sollten:

  - Die Weiterleitung der einzelnen URLs sollte konsequent per 301-Redirect von HTTP zu HTTPS erfolgen. Suchmaschinen betrachten beide URLs ansonsten als Duplikate.
  - Alle Ressourcen sollten über HTTPS ausgeliefert werden. Prüfen Sie auf Mixed Content.
  - Prüfen Sie unbedingt die interne Verlinkung darauf, ob hier konsequent auf die HTTPS-Version der URL verlinkt wird.
  - Denken Sie auch an die Umstellung von Metadaten wie Canonicals, `link rel="alternate"` und andere Signale wie *Open-Graph-Daten*.
- **Mobile Friendliness** – Für die Optimierung der mobilen Nutzbarkeit von Webseiten stellte Google bisher hilfreiche Analysetools und Berichte zur Verfügung, unter anderem das *Mobile Friendly Tool* und den Report »Nutzerfreundlichkeit auf Mobilgeräten« in der Search Console. Diese werden zum Ende 2023 eingestellt. Google verweist hier auf Chromes Tool *Lighthouse*[32], das (mobile) Webseiten eher ganzheitlich betrachtet und gezielt Optimierungspotenziale ausweist – unter anderem auch für die Metriken der Core Web Vitals. Zusätzliche Informationen und Tipps finden Sie unter *https://developers.google.com/search/docs/crawling-indexing/mobile/mobile-sites-mobile-first-indexing*.
- **»No Intrusive Interstitials«** – Jeder, der an einem mobilen Endgerät Webseiten aufruft, kennt es: störende Overlays, die weggeklickt werden müssen. Aus der Nutzerperspektive ist das ärgerlich, und im schlimmsten Fall wird die Webseite zukünftig gemieden. Für Suchmaschinen jedoch können solche Overlays auch das Aus-

31 Google Search Central Blog: HTTPS als Ranking-Signal, *https://developers.google.com/search/blog/2014/08/https-as-ranking-signal* (Aufruf: 13.04.2023)

32 Chrome Lighthouse: *https://developer.chrome.com/docs/lighthouse/overview/* (Aufruf: 27.07.2023)

lesen des eigentlichen Inhalts erschweren. Google spricht klare Empfehlungen für kleine (Werbe-)Banner, die den Lesefluss nicht stören, und deren Umsetzung aus.[33]

Hilfreiche Tools zum Thema Page Experience:

- **Test auf Optimierung für Mobilgeräte** (wird Ende 2023 eingestellt) – Hier gibt Google Hinweise zum Optimierungsstatus, zu blockierten Ressourcen und zur Nutzererfahrung: *https://search.google.com/test/mobile-friendly?hl=de*.
- **PageSpeed Insights** – Google bietet zur Analyse und Optimierung des Page-Speeds ein eigenes Tool, das Erkenntnisse und Potenziale für Desktop- und mobile Seiten aufzeigen kann: *https://pagespeed.web.dev/*.

Content: die richtigen Inhalte

Wir haben in den vorausgehenden Abschnitten immer von Inhalten und den Anforderungen an Inhalte gesprochen, unter anderem davon, dass sie die Nutzerintention abbilden sollen – im Snippet des Suchergebnisses und auf der Zielseite. Für Suchmaschinen ist Content wichtig, um semantische Zusammenhänge erkennen und die Relevanz der Zielseite zu thematischen Suchanfragen berechnen zu können. Beispiel: Sie haben eine Zielseite für Fahrräder, die Sie verkaufen wollen. Vereinfacht gesagt, bewerten Suchmaschinen Folgendes:

- Wovon handelt die Zielseite inhaltlich? Dies wird vor allem anhand von maschinenlesbarem Text ermittelt. Ein Redakteur würde wahrscheinlich ganz natürlich die Keywords `Fahrrad` und `Fahrräder` im Text auf der Seite verwenden. Auch semantisch verwandte Begriffe wie `Trekkingrad`, `Mountainbike`, `Alurahmen`, `Schaltung`, `Zoll`, `Herrenrad` oder `Bremsen` kommen sicherlich vor. In diesem Fall erkennen Suchmaschinen das Thema der Seite recht zuverlässig. Nennen Sie Ihre Fahrräder allerdings »motorlose Zweiräder« oder arbeiten Sie lediglich mit spezifischen Produktnamen, wird es bereits schwieriger. Sie sollten daher unbedingt für gute, verständliche Inhalte mit semantisch zusammenhängenden Keywords sorgen.
- Suchmaschinen erkennen aber auch die Art der Zielseite. Es werden sicherlich Begriffe wie `Shop`, `Warenkorb`, `Verfügbarkeit`, `bestellen` etc. verwendet, und ebenso ist die Struktur der Zielseite relevant. Ist lediglich Text zu sehen? Oder gibt es Links zu Produkten

33 Google Search Central: Störende Interstitials und Dialogfelder vermeiden, *https://developers.google.com/search/docs/appearance/avoid-intrusive-interstitials* (Aufruf: 27.07.2023)

mit Vorschaubildern und Produktbezeichnungen? Auch am verwendeten System kann erkannt werden, ob es sich um einen Shop handelt. Google wird schnell verstehen, dass die Zielseite nicht nur zum Thema `Fahrräder` relevant ist, sondern auch für transaktionale Suchanfragen wie `Fahrräder kaufen`.

- Google wird nun auswerten, ob die Seite tatsächlich so relevant für die User ist, wie durch die Algorithmen berechnet wurde: Es wird zumindest gemessen, ob User auf das für die Seite generierte Snippet klicken und ob sie wieder zurück zur SERP springen, nachdem sie auf der Zielseite waren. Dies genügt bereits, um festzustellen, ob die Person ihre Suchintention erfüllt sieht oder nicht – und ob die Zielseite dauerhaft relevant für die Suchanfrage ist oder im Ranking anderen Seiten den Vortritt lassen muss.

Vorbereitung: Themen- und Keyword-Recherche

Um Nutzerintentionen erfassen zu können, müssen Sie zunächst wissen, wie und wonach Ihre Zielgruppe sucht. Eins vorweg: Über Themen- und Keyword-Recherche könnte man ganze Bücher füllen, wir können dieses Thema daher nur ansatzweise betrachten. Eine sinnvolle Vorgehensweise könnte sein:

1. **Kennenlernen der Zielgruppe**

   Als Online Marketing Manager wirken Sie in unterschiedlichen Disziplinen, die Ihnen Ihre Zielgruppe näherbringen. Das ist Ihr großer Vorteil. Um nur ein paar Disziplinen beispielhaft zu nennen: Über Social-Media-Kanäle kennen Sie Bedürfnisse, wiederkehrende Diskussionsthemen und Fragen. Über SEA- oder E-Mail-Kampagnen haben Sie die Möglichkeit, bestimmte Themen zu testen und die Entwicklung von Klickraten und Conversions über unterschiedliche Ansprachen und Formulierungen auszuprobieren. In der Conversion-Optimierung sehen Sie, wie Inhalte so aufbereitet werden müssen, dass Nutzerinnen und Nutzer positiv darauf reagieren. Vielleicht haben Sie auch noch ein eigenes Forum oder binden Bewertungen ein. Über alle diese Kanäle lernen Sie die Zielgruppe bestens kennen. Beliebt sind zusätzlich auch konkrete Userumfragen oder ähnliche Maßnahmen.

   Vernachlässigen Sie aber nicht andere Plattformen. Für Produkte eignet sich die Recherche bei Amazon. Die Reviews und Fragen zu Produkten geben viele Hinweise auf konkrete Interessen und Fragestellungen. Auch relevante Foren oder Frage-Antwort-Portale wie *gutefrage.net* eignen sich hervorragend zur Themenrecherche!

Achten Sie unbedingt auf »Kundensprech«. Ein Beispiel: Sie verwenden vielleicht intern und auf der Webseite den Begriff »Projektor«, Kunden würden aber eher nach »Beamer« suchen.

2. **Themencluster bilden**

   Strukturieren Sie die gewonnenen Kenntnisse nun mithilfe von thematischen Clustern. Überlegen Sie dabei, welche davon in Zusammenhang stehen, z. B. durch die Ausrichtung *transaktional*, *informational* oder *navigational*. Dies hilft Ihnen, die Themen besser in die Informationsarchitektur einzugliedern, z. B. in einen Ratgeberbereich oder direkt in den Shop.

   Am Beispiel der Beamer wären mögliche informationale Cluster `Auflösung: Unterschiede, Full HD, HD Ready, Kontrastverhältnis` und `Lichtstärke, Verwendungszwecke: Heimkino, Gaming, Business`, transaktionale Cluster dagegen `Beamer Sony`, `Beamer Samsung`, `LED Beamer`.

3. **Unterstützung durch Keyword-/Content-Tools**

   Die Auswahl an unterstützenden Keyword-Tools ist groß. Das bekannteste Tool ist sicherlich der Google Ads Keyword Planer[34], der zu Keywords nicht nur verwandte Begriffe und Longtail-Kombinationen listet, sondern auch Suchvolumina ausgibt. Ursprünglich als Tool zur Ads-Kampagnenplanung gedacht, kann das Tool für SEO bei der Keyword-Recherche sowie beim Auffinden von Trends oder bei der Themenfindung unterstützen – allerdings sind die ausgegebenen Daten, ebenso wie die anderer Tools, lediglich als Anregung zu sehen. Weitere hilfreiche Tools finden Sie unter *https://keywordtool.io/* und *https://ubersuggest.io/*.

Content-Erstellung

Ob intern oder extern: Die Erstellung von zielgruppengerechtem, relevantem Content erfordert ein ausgefeiltes Briefing. Geben Sie der Redakteurin unbedingt alle Informationen an die Hand: Hinweise zur Zielgruppe, zu den Themenclustern und zur eigenen Unternehmenssprache. Vergessen Sie nicht, die Quellen der Themenrecherche mit anzugeben, damit sie sich inhaltlich tiefer einarbeiten kann und das Informationsbedürfnis exakt versteht.

Als Orientierungshilfe dienen die von Ihnen recherchierten konkreten Keywords und Fragestellungen. Jedoch sollte sich ein Redakteur nicht zu stark an Keywords orientieren. Seine Aufgabe besteht vielmehr darin, semantisch dichten, relevanten Inhalt zu schaffen, der auf den User zugeschnitten ist. Im Normalfall werden Keywords, Synonyme etc. von einem erfahrenen Redakteur auf ganz natürliche Weise verwendet.

34 *https://ads.google.com/intl/de_de/home/tools/keyword-planner/* (Aufruf: 26.09.2023)

Vermeiden Sie die Erstellung von Content für jede einzelne Longtail-Suchanfrage. In obigem Beispiel könnten Sie für jedes Keyword eine eigene Seite erstellen, beispielsweise zu `Beamer Full HD` und `Beamer HD Ready`. So würde quasi für eine Suchanfrage nach diesen Themen jeweils eine konkrete Landingpage entstehen. Besser ist es allerdings, das Informationsbedürfnis nach diesen Einzelthemen holistischer zu denken und das gesamte Cluster »Auflösung« auf einer Seite abzubilden. Für User hat das den Vorteil der umfangreicheren Information auf einer einzigen Seite, sie müssen sich nicht durch die Seitenstruktur nach weiterem relevantem Content hindurchklicken. Und Suchmaschinen schätzen diesen verdichteten Content, sie honorieren umfangreiche, gut strukturierte Landingpages mit guten Rankings.

Abbildung 5-32:
Für eine Optimierung auf mobile Endgeräte ist die Verwendung z. B. von ausklappbaren Elementen (sogenannten Akkordeonelementen) erlaubt.[35]

Publishing: Content-Gestaltung und Einbetten in die Seitenstruktur

Der Inhalt muss einen wirklichen Mehrwert bieten, sodass er die User anspricht und sie lange auf der Seite hält. Angenommen, Sie erhalten von einer Redakteurin einen wirklich tollen Artikel, der exakt die Nutzerintention, also das Informationsbedürfnis bzw. zusätzliche Informationen, die eine Kaufabsicht unterstützen, abbildet. Was können Sie außerdem tun, um den Content wirklich erstklassig zu gestalten? Wie unterstützen Sie die Suchmaschine in der Relevanzbewertung?

- Bilder und Videos sind immer von Vorteil, um Content aufzulockern und Nutzer auf der Seite zu halten. Es gibt aber Suchanfragen, bei denen Bilder und Videos implizit erwartet werden, beispielsweise bei der Suche nach einem Musical oder nach den schönsten Stränden eines Landes. Man möchte sich inspirieren lassen, möchte sehen und verstehen, was einen erwartet, wenn man

35 Gary Illyes on Twitter (05.11.2016): *https://twitter.com/methode/status/794896464476418048*

das Musical besucht. Schüren Sie diese Vorfreude – erst recht, wenn man bei Ihnen die Tickets buchen kann! Für Videos gilt: Wenn relevante Informationen enthalten sind, generieren Sie möglichst Text daraus. Strukturieren Sie den Content mit Tabellen und Zwischenüberschriften, um Informationen leicht erfassbar und lesbar darzustellen. Nutzen Sie die HTML-Tags `H` (für Headline). Die Hauptüberschrift wird mit `H1`, Zwischenüberschriften mit `H2` ausgezeichnet. Reichern Sie die Überschriften mit relevanten Keywords an, z. B. `Full HD` und `HD Ready`.

- Arbeiten Sie bei längerem Content mit Sprungmarken und stellen Sie ein klickbares Inhaltsverzeichnis an den Anfang, um Nutzern die Navigation zu erleichtern.
- Integrieren Sie Conversion-Elemente bzw. Links zu weiteren Informationen oder ähnlichen Produkten.
- Wenn inhaltlich sinnvoll, lassen Sie das Erstellen von User-generated Content zu. Dies sorgt im Idealfall für Aktivität auf der Seite und suggeriert Aktualität, vorausgesetzt, die Kommentare oder Bewertungen sind sinnvoll und inhaltlich relevant. Spam muss unbedingt verhindert werden!
- Bieten Sie den Usern am Ende eines Inhalts immer weiterführende Informationen oder ein Conversion-Element an, andernfalls beenden sie ihren Aufenthalt auf Ihrer Seite. Überlegen Sie sich also gut, was nach dem Konsumieren des Contents passieren soll.

Snippet-Optimierung

Die Optimierung der eigenen Suchergebnis-Snippets stellt einen großen Hebel für SEO dar. Mit den Snippets können Sie User davon überzeugen, dass Sie genau die Informationen bieten, die sie gesucht haben. Animieren Sie sie mit den folgenden Maßnahmen zum Klick.

Bleiben wir beim Beispiel »Fahrräder kaufen« und betrachten wir ein Suchergebnis – ein stark optimiertes Text-Snippet:

Abbildung 5-33:
Abbildung des organischen Snippets von *www.fahrrad-xxl.de*

Den Inhalt können Sie wie folgt beeinflussen:

1. Aus dem *Seitentitel* des HTML-Dokuments, in diesem Fall der Fahrräder-Kategorie von *www.fahrrad-xxl.de*, wird die Überschrift bzw. der Link des Text-Snippets generiert. Im Quellcode lautet der Seitentitel entsprechend:

   ```
   <title> Fahrrad kaufen ♥ Günstig online & in Fahrrad XXL
   Filialen</title>
   ```

   Im Backend gängiger CMS-/Shopsysteme lässt sich dies bequem anpassen. Beachten Sie hierbei Folgendes: Der Seitentitel sollte die Suchintention der User aufgreifen, idealerweise in Form der exakten Suchanfrage. Suchmaschinen ziehen Keywords im Seitentitel außerdem zur Relevanzbewertung heran – der Seitentitel ist somit ein wichtiger Ranking-Faktor! Behandeln Sie den Seitentitel daher mit äußerster Sorgfalt.

   Für mehr Aufmerksamkeit wurde hier mit einem Herz als Sonderzeichen gearbeitet (mobil noch aufmerksamkeitsstärker in Rot).

   Achten Sie auf die optimale Länge des Seitentitels, damit er nicht zu kurz ist, aber auch nicht im Snippet abgeschnitten wird. Google berechnet dies nach Pixelanzahl, bis zu 70 Zeichen werden üblicherweise angezeigt.

2. Die beiden Textzeilen unter dem Seitentitel können Sie anhand der *Meta-Description* anpassen. Der Quellcode:

   ```
   <meta name="description" content="Fahrrad kaufen ☝ Mehr als 4000
   Modelle ✓ Kauf auf Rechnung ➢ Neue &amp; reduzierte R&auml;der ➢
   Riesen Auswahl &amp; Top Preise ➢ Jetzt dein Traumrad entdecken!">
   ```

   Auch dieser Teil des Snippets kann im Backend gängiger Systeme bearbeitet werden. Hier steht vor allem die gezielte und Intention-orientierte Nutzeransprache im Fokus. Im Beispiel wird wieder mit Sonderzeichen gearbeitet, vor allem mit vertrauensbildenden Häkchen, Pfeilen und einem Fingerzeig in Farbe. Übertreiben Sie es mit solchen Maßnahmen nicht – testen Sie lieber erst, ob es sich tatsächlich positiv auf die Klickrate auswirkt!

   Achten Sie auch hier auf die Länge, bis zu 160 Zeichen werden ungekürzt angezeigt.

Hinweis: Description

Wird keine Description hinterlegt, generieren Suchmaschinen eigenen Inhalt für das Snippet. Dies kann jedoch auch passieren, wenn eine Description korrekt implementiert ist. Google entscheidet abhängig von der Suchanfrage, ob die Description passend ist oder nicht, und zieht sich gegebenenfalls passenderen Inhalt von der Zielseite.

Seitentitel und Description werden umgangssprachlich oft einfach als *Metadaten* bezeichnet. Dazu zählen mitunter auch die Meta-Keywords (<meta name="keywords" content="keyword1, keyword2, usw.">), die jedoch auf die Optimierung des Snippets und auch auf SEO längst keinen Einfluss mehr haben. Es ist also nicht nötig, diese auszufüllen.

- In obigem Beispiel wurde das Snippet noch durch eine weitere Zeile mit sogenannten Mini-Sitelinks sowie einem thematisch passenden Bild ergänzt. Beides lässt sich nur schwer beeinflussen, meist entscheidet Google selbst, ob und welche Links bzw. Bilder hier gewählt werden.
- Weitere Elemente können vorangestellter Text oder ein Datum, aber auch Videos, zusätzliche Bilder oder FAQ sein. Zu beachten ist dabei, dass sich die Snippets je nach Endgerät (Desktop/mobil) durchaus unterscheiden können und Suchmaschinen oft Änderungen vornehmen, um sie nutzerfreundlicher, aussagekräftiger und passender zur Suchintention zu gestalten. Es lohnt sich daher, von Zeit zu Zeit einen Blick auf die eigenen Snippets und die der Konkurrenz zu werfen, um Änderungen frühzeitig zu erkennen und die eigenen Seiten den neuen Gegebenheiten anzupassen.

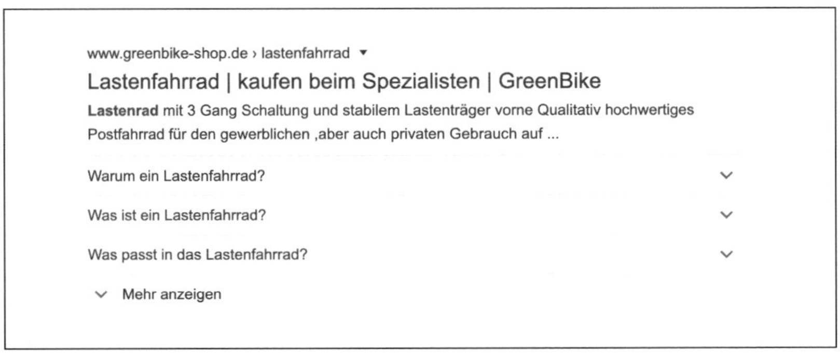

Abbildung 5-34:
Beispiel eines FAQ-Rich-Snippets mit ausklappbaren Antwortelementen von *greenbike-shop.de*

Abbildung 5-35:
Beispiel eines Rich-Snippets mit Bewertungssternen von *suxeedo.de*

Wie man anhand dieser zwei Beispiele sieht, können Snippets mit entsprechenden Techniken weiter ausgebaut werden. Auch hier ist allerdings nicht gesichert, dass Google es so aussteuert wie beabsichtigt. Die Anpassungen haben jedoch, sofern nicht missbräuchlich oder manipulativ verwendet, keine negativen Folgen. Man nennt diese erweiterten Snippets auch *Rich-Snippets*.

Bewertungen in Snippets sind dank der orangefarbenen Sternchen auffällig, werden jedoch von Google immer seltener in den SERPs angezeigt. Daher sollten Sie sie wenn möglich nutzen, aber natürlich nur, wenn Sie tatsächlich gute Bewertungen vorzuweisen haben!

Die FAQ-Snippets haben neben der Möglichkeit, mehr Inhalte in den Snippets zu zeigen, den Vorteil, dass Konkurrenten gegebenenfalls aus dem sichtbaren Bereich verdrängt werden und User in den Suchergebnissen primär Ihr Snippet sehen. Dies erhöht die Klickwahrscheinlichkeit. Die Implementierung erfolgt in der Regel über strukturierte Daten/Microformats, wie schema.org[36] oder Microdata. Weiterführende Informationen zur Implementierung unterschiedlicher Typen und deren Interpretation finden Sie direkt bei Google[37]. Weitere Arten von Rich-Snippets, z.B. für Rezepte, Produktdetailseiten oder Events, sind ebenfalls in der Einführung zu strukturierten Daten[38] von Google gut dokumentiert.

Eine alternative und einfachere Möglichkeit zur Implementierung strukturierter Daten bietet Google mit dem *Data Highlighter*[39] in der Search Console. Hier können Inhalte gezielt manuell ausgezeichnet werden, um Rich-Snippets zu erzeugen. Google empfiehlt die Einbindung strukturierter Daten mit JSON-LD über den Google Tag Manager[40], was aus unserer Erfahrung eher nicht empfehlenswert ist, da die Fehlersuche extrem aufwendig ist.

Hilfreiche Tools zur Snippet-Optimierung:

- Kostenloser SERP-Snippet-Generator: *https://app.sistrix.com/de/serp-snippet-generator*. Sinnvoll zur Anpassung der eigenen Snippets, da direkt eine Vorschau generiert wird. Bitte beachten Sie unbedingt die angegebene Anzahl an Zeichen- bzw. Pixellänge! Hier gibt es außerdem weiterführende Informationen zur Snippet-Optimierung.

---

36 *https://schema.org/* (Aufruf: 27.07.2023)

37 *https://developers.google.com/search/docs/appearance/structured-data/intro-structured-data* (Aufruf: 27.07.2023)

38 *https://developers.google.com/search/docs/appearance/structured-data/search-gallery* (Aufruf: 27.07.2023)

39 *https://www.google.com/webmasters/tools/data-highlighter (Aufruf: 26.09.2023)*

40 *https://developers.google.com/search/docs/appearance/structured-data/generate-structured-data-with-javascript* (Aufruf: 27.09.2023)

- Test für Rich-Suchergebnisse/Schema Markup Validator von Google: *https://developers.google.com/search/docs/appearance/structured-data*. Sehr hilfreich, um strukturierte Daten zu testen.

Weitere Informationen:

- Google Search Central: Snippets in Suchergebnissen verwalten, *https://developers.google.com/search/docs/appearance/snippet*
- Google Search Central: Titellinks in Suchergebnissen beeinflussen, *https://developers.google.com/search/docs/appearance/title-link*

> **Definition Metadaten**
>
> Als *Metadaten* (Metainformationen:Metaangaben) bezeichnet man allgemein Daten, die Informationen über andere Daten bereitstellen. In HTML gibt es dafür das `meta`-Tag, das im `<head>` des Dokuments bestimmte Zusatzangaben enthalten kann. Für SEO sind unter anderem folgende Metaangaben wichtig: die Meta-Description für die Beschreibung im Snippet und Meta-Robots für die Steuerung des seitenbasierten Crawlings und der Indexierung.
>
> Der Seitentitel gehört streng genommen nicht zu den Metatags, jedoch zählt man ihn meist dazu, wenn es um die Optimierung der Metadaten geht.

Offpage- und Content-Marketing

Bedeutung von Backlinks für SEO

Offpage-SEO-Maßnahmen zielen unter anderem darauf ab, eingehende Links von anderen Seiten, sogenannte Backlinks, zu erhalten.

Historisch gesehen, entspricht dies genau dem Sinn des World Wide Web: Webseiten vernetzen sich untereinander bei thematisch ähnlichen Inhalten als Empfehlung für weiterführende Informationen oder Referenzen. Je mehr eingehende Links von anderen Webseiten eine Seite also erhält, desto wichtiger scheint sie zu sein – das war zumindest Googles Grundannahme. Auf dieser Grundannahme baute der Google-Algorithmus lange auf, und Backlinks waren dementsprechend ein sehr starkes Ranking-Signal. Manipulationen waren die Folge, Webmaster bauten unnatürliche Backlinks in großer Anzahl auf, um ihre Rankings zu verbessern, sodass Google dieses Ranking-Signal zugunsten anderer Faktoren zurückstufen musste. Seit den Penguin-Updates sind solche manipulativen Maßnahmen kaum noch erfolgreich und nicht empfehlenswert.

Gleichwohl sind Backlinks noch immer ein wichtiger Ranking-Faktor. Dabei geht es jedoch nicht mehr wie früher um die bloße Existenz der Links, damit Suchmaschinen sie sehen und in die Relevanzberechnung mit einbeziehen, auch hier geht es heutzutage um den Userfokus. Als Faustformel können Sie sich merken:

> **Praxistipp: Bewertung von Backlinks**
>
> Ein Backlink ist nur dann für SEO wertvoll, wenn er auch für User sinnvoll ist.

Dies bedeutet: Links, die von Usern nicht wahrgenommen werden und die nie geklickt werden, sind in der Regel nicht sinnvoll. Beispiele dafür sind

- Links von themenfremden Seiten, die keinen Mehrwert für User haben,
- Links auf toten Seiten ohne echte User,
- Links aus Seitenbereichen, die User nicht ansteuern, z.B. im Footer, sowie
- Links aus Bookmark-Portalen oder von anderen Seiten, die nur aus Linklisten ohne eigenen relevanten Content bestehen.

In großer Zahl können solche Links negative Folgen für die eigenen Rankings haben und sollten somit unbedingt vermieden werden. Auch »harte Ankertexte«, also viele Links mit einzelnen Keywords im Ankertext, führen meist zu Problemen. Sehen Sie außerdem vom Linkkauf ab. Besser ist es hier, auf Seeding (siehe folgenden Absatz) als Linkbuilding-Methode zu setzen.

Stellen Sie sich daher bei der Bewertung von Backlinks immer die Frage: Ist dieser Link für Ihre Nutzerinnen und Nutzer sinnvoll, oder wurde er offensichtlich nur für Suchmaschinen gesetzt?

Sinnvolle Backlink-Quellen

Links sind besonders wichtig von Seiten, die über den Link User bringen könnten. Doch wie erhält man solche Links?

Die Voraussetzung für Backlinks ist, dass der eigene Content es wert ist, verlinkt zu werden. Es gibt also neben der Erfüllung der Nutzerintention, einer ansprechenden Struktur und einer guten Lesbarkeit noch eine weitere Anforderung an guten Content: Er muss so gut sein, dass andere Webmaster ihn gern als Referenz verlinken. Zusätzlich muss man auf den Content aufmerksam machen, damit er überhaupt gesehen wird.

Sinnvolle Quellen sind daher:

- **Content-Marketing** wird oft als Ersatz für früher gängige Backlink-Aufbaumaßnahmen wie Linkkauf, Linktausch oder das Streuen von Links in Blognetzwerken angesehen. Es kann aber durchaus nicht nur als Teilbereich des SEO, sondern sogar als eigenständige Online-Marketing-Disziplin gesehen werden. Content-Marketing erfordert eine spezielle Strategie. Dazu gehören:
  - *Planung*: Auf Themenrecherche sind wir bereits eingegangen. Es gibt also schon guten Content, der sich für Content-Marketing anbietet, oder Sie verfassen nach ähnlichem Vorgehen eine Liste an geeigneten Themen. Erzeugen Sie daraus einen Redaktionsplan.
  - *Content-Erstellung*: Auch hier folgen Sie obigen Empfehlungen, jedoch mit dem Fokus auf Referenztauglichkeit. Vielleicht können Sie sinnvolle und kreative Infografiken erstellen oder echte Experten zum Thema mit einbeziehen? Auch E-Books, Whitepaper oder Videos sind beliebte Formate, die Sie gut verbreiten können. Lassen Sie hier Ihre Erfahrungen aus dem Bereich Social Media einfließen. Seien Sie kreativ und überlegen Sie, was wirklichen Mehrwert für andere thematisch verwandte Seiten darstellt.
  - *Seeding*: Unter Seeding versteht man die zielgerichtete und systematische Verbreitung des Contents, damit er wahrgenommen wird. Nutzen Sie hier alles, was Ihnen zur Verfügung steht: die prominente Verlinkung auf der Webseite, Social-Media-Kanäle, SEA-Kampagnen, Ihre PR-Abteilung. Sprechen Sie Influencer für das Thema an, recherchieren Sie Foren und Blogs. Gutes Seeding kostet Zeit und Mühe, gegebenenfalls aber auch Budget.

    Beim Seeding werden der linkgebenden Seite jedoch keinerlei monetäre oder vergleichbare Anreize angeboten. Der Aufbau von Verlinkungen basiert daher auf der intrinsischen Motivation des angesprochenen Multiplikators sowie einem hochwertigen und auf den Linkgeber ausgerichteten Inhalt.

    Im Gegensatz zum Linkkauf verstößt Seeding nicht gegen die Google-Richtlinien für Webmaster[41]. Die so aufgebauten natürlichen Links kommen zudem aus einem thematischen Umfeld, das Ihre Seite stärkt, zu qualifizierten Leads führt und einen Nutzen für die digitale Wertschöpfungskette darstellt.

---

41 Google Search Central: Spamrichtlinien, *https://developers.google.com/search/docs/essentials/spam-policies* (Aufruf: 13.04.2023)

Bedenken Sie: Das Seeding wird mit etwas Mühe immer gut funktionieren – die positive Resonanz aber, also Backlinks und auf den Content Bezug nehmende Inhalte, erhalten Sie nur, wenn der Content richtig gut ist! Greifen Sie gegebenenfalls auf eine spezialisierte Seeding-Agentur zurück.

- **Pressearbeit** – Online-PR kann sich positiv auf SEO auswirken. Nutzen Sie daher Möglichkeiten wie Presseverteiler, den Kontakt zu Journalistinnen und Influencern oder andere zur Verfügung stehende Kanäle. Achten Sie darauf, dass in zu verteilendem Content immer Backlinks gesetzt sind, wenn möglich auf relevante Landingpages und zur Startseite. Falls dies nicht geschieht, kann man im Nachgang freundlich um einen Link bitten.
- **Partner, Event-Sponsorings und andere Seiten** – Lassen Sie Backlinks auf Webseiten von Partnern, Kunden, Lieferanten etc. setzen. Vielleicht ist Ihr Unternehmen auch sozial engagiert oder sponsert Events.

  Recherchieren Sie, wer Sie außerdem bereits erwähnt. Suchen Sie nach Ihrem Firmennamen und schließen Sie hierfür Ergebnisse Ihrer eigenen Seite mit der folgenden Suchanfrage aus: `Unternehmensname -site:www.IhreDomain.de`. Bitten Sie hier um eine Verlinkung, falls nicht vorhanden.

Monitoring und Risiko-Management

Das Monitoren von Backlinks ist dann wichtig, wenn Sie umfangreiche Offpage-Aktivitäten pflegen – aber auch, wenn in der Vergangenheit viel Linkaufbau betrieben wurde. Es liegen dann eventuell Altlasten vor, die negative Nachwirkungen haben können. Hier ein paar Kurztipps:

- Monitoring-Tools wie *ahrefs* (*https://ahrefs.com*), *LinkResearchTools* (*www.linkresearchtools.de*) oder auch die *Search Console* werten genau aus, welche Inhalte wie oft von welchen Seiten verlinkt werden. Insbesondere die LinkResearchTools geben Einschätzungen zu risikobehafteten Links und viele weitere Auswertungen.
- Meist erkennt man bereits sehr schnell, ob Risiken vorliegen könnten, indem man die verlinkenden Seiten und die Ankertexte betrachtet: Sind die verlinkenden Domains eher spammig oder themenrelevant und vertrauenswürdig? Sind die Ankertexte unnatürlich, z.B. sehr häufig mit einzelnen Keywords wie »Versicherung« verlinkt, oder eher generisch oder mit dem eigenen Unternehmensnamen?

- Wenn Sie Content inklusive Backlinks von anderen Seiten durch Produktproben oder -tests generieren lassen, kann dies von Google als Linkkauf gesehen werden. Das ist eindeutig gegen die Richtlinien! In diesem Fall schreibt Google die Verwendung des `sponsored`-Attributs[42] für den Link vor:

  ```
  <a href="www.IhreDomain.de/landingpage.html" rel="sponsored">
  Ankertext</a>
  ```

- Gekaufte Links sollten eindeutig als solche gekennzeichnet und mit dem im September 2019 eingeführten `sponsored`-Attribut versehen werden. Vor dieser Änderung mussten solche Links mit dem `nofollow`-Attribut ausgezeichnet werden.

  ```
  <a href="www.IhreDomain.de/landingpage.html" rel="nofollow">
  Ankertext</a>
  ```

- Bei unnatürlichen Backlinks finden Webmaster in der Regel eine Nachricht in der Search Console (unter *Manuelle Maßnahmen*). Dann müssen entsprechende Gegenmaßnahmen ergriffen werden: Analyse des Backlink-Profils, Abbau der Links, Setzen des `nofollow`-Attributs und die Einreichung einer sogenannten Disavow-Datei sind gängige Maßnahmen. In jedem Fall muss ein Antrag auf erneute Überprüfung[43] erfolgen mit der Beschreibung der getätigten Gegenmaßnahmen.

> **Hinweis: Google-Richtlinien zu Backlinks**
>
> Lesen Sie die Google-Richtlinien zum Thema Backlinks aufmerksam: *https://developers.google.com/search/docs/essentials/spam-policies?hl=de&visit_id=638258313397552420-919842206&rd=1#link-spam.*

Entwicklung einer SEO-Strategie

Eine nachhaltige SEO-Strategie muss unbedingt individuell erarbeitet werden, denn sie hängt unter anderem von diversen unternehmens-/webseitenspezifischen Faktoren ab, die sich nur schwer verallgemeinern lassen. In der Strategie verknüpfen Sie SEO-Grundlagenwissen und Erfahrung mit der Kenntnis des Unternehmens einschließlich aller individuellen Gegebenheiten, die unbedingt berücksichtigt werden müssen. Daher gibt es leider kein allgemeingültiges Patentrezept für die perfekte SEO-Strategie.

42 *Google Search Central: Ausgehende Links für Google eingrenzen, https://developers.google.com/search/docs/crawling-indexing/qualify-outbound-links* (Aufruf: 27.07.2023)

43 Search-Console-Hilfe: Anträge auf erneute Überprüfung, *https://support.google.com/webmasters/answer/35843?hl=de* (Aufruf: 01.07.2023)

Folgende Grundregeln können als grober Fahrplan zur Entwicklung einer Strategie sinnvoll sein:

1. Machen Sie sich zunächst mit den Gegebenheiten im Unternehmen sowie den technischen Voraussetzungen vertraut, um Anforderungen an die Strategie zu erkennen. Wenn Sie mit einer Agentur arbeiten, beziehen Sie diese unbedingt frühzeitig in diesen Prozess mit ein! Die Gefahr ist sonst groß, dass Agenturen eine Strategie entwickeln oder Maßnahmen definieren, die entweder nicht zum Unternehmen passen oder nicht umsetzbar sind.
2. Definieren Sie Ziele und messen Sie Erfolge. Ziele können an KPIs (*Key Performance Indicators*) und Metriken geknüpft sein, aber auch Zwischenschritte enthalten. So kann am Anfang einer Strategie beispielsweise auch die Anpassung eines CMS-Systems an SEO-Anforderungen ein wichtiges Ziel sein. Elementar ist, dass sich Ziele messen lassen: sei es durch Monitoring der KPIs bzw. Metriken oder durch ein sauberes Projektmanagement, das jederzeit den Fortschritt der Umsetzungen erkennen lässt.
3. Die Definition der Optimierungsmaßnahmen erfolgt im Anschluss. Nachdem die Gegebenheiten im Unternehmen erfasst sowie nachvollziehbare, messbare Ziele abgesteckt wurden, muss die Strategie ausgearbeitet werden.

Die aus diesen Schritten resultierende Kernfrage ist:

> *Mit welchen konkreten, sinnvollen und nachhaltigen Maßnahmen können unter den gegebenen Bedingungen die definierten Ziele erreicht werden?*

Unternehmensspezifische, beeinflussende Faktoren

Werfen wir zunächst einen Blick auf eine Auswahl möglicherweise die SEO-Strategie beeinflussender Faktoren, die vom Unternehmen bestimmt werden:

- **Ausgangslage** – Wo steht die SEO-Performance zum aktuellen Zeitpunkt? Gibt es bereits Rankings, die eine gute Basis darstellen? Wie sehen die SERPs in meinem Bereich aus? Wie hoch ist die Zahl der wiederkehrenden User über SEO? Kann man diese Ausgangslage überhaupt beeinflussen? Gibt es neben der Desktopversion auch eine mobile Version der Webseite? Ist eine sinnvolle Informationsarchitektur vorhanden? Und nicht zuletzt: Wie hoch ist der aktuelle SEO-Traffic?

  Die Ausgangslage bezieht sich nicht nur auf den Stand der aktuellen SEO-Performance, sondern muss auch Ressourcen und andere Abhängigkeiten im Unternehmen berücksichtigen: Genau genommen ist SEO ein Prozess und keine Abteilung. SEO ist daher immer auf Schnittstellen zu Entwicklung, Redaktion, PR und anderen Abteilungen angewiesen. Sind hier die nötigen *Prozesse und Ressourcen* gegeben, oder muss man diese erst implementieren? Hat SEO Priorität, oder werden andere Maßnahmen bevorzugt? Es ist häufig einfacher und effektiver, SEO in bestehende Prozesse zu integrieren, als neue Prozesse und Workflows im Unternehmen zu etablieren.

- **Budget** – Leider hält sich oft das Missverständnis, Suchmaschinenoptimierung koste nichts. Es ginge ja schließlich um die unbezahlten Suchergebnisse. Es muss aber ganz deutlich gesagt werden, dass für SEO, je nach Zielen, Seitengröße und Ressourcen, durchaus oft ein großes *Budget* eingeplant werden muss: für Agentursupport, für interne oder externe Entwicklerressourcen, für konzeptionelle sowie redaktionelle Arbeiten, für Tools bzw. Monitoring-Lösungen etc.
- **Messbarkeit** – Gibt es eine Webanalyse, die nicht nur verlässlich funktioniert, sondern auf deren Grundlage Ziele definiert und Reportings aufgesetzt werden können? Im Idealfall können Conversion-Funnel für SEO eingerichtet und einzelne Kanäle auf die Ziele und Bedürfnisse individuell angepasst werden. Dafür müssen jedoch im Vorfeld Events definiert und eingerichtet sowie Codes implementiert werden etc. – auch das ist Aufwand, der entsteht und entsprechend berücksichtigt werden muss.
- **Wettbewerb** – Gibt es Strategien, die vom Wettbewerb abhängen? Hat der Wettbewerb eventuell massiven Einfluss auf die eigene SEO-Performance?
- **Saisonalität** – Gibt es saisonale Produkte oder eventabhängige Artikel (News-SEO), die man in der Strategie berücksichtigen muss? Hier empfiehlt es sich, mit Redaktionsplänen für Artikel zu arbeiten und Kategorien für saisonale Produkte in Shops rechtzeitig zu planen und vorzubereiten.
- **Shops mit wechselndem Produktsortiment (Discounter etc.)** – Gibt es sogenannte Never-out-of-Stock-Produkte, bzw. wie geht man hier mit kurzfristigen, ständig wechselnden Landingpages und Kategorien um?
- **Technische Systeme** – Gibt es noch immer Systeme, die nur schwer oder mit großem Aufwand auf SEO-Anforderungen anpassbar sind? Ein anderer Punkt ist die grundsätzliche Frage nach der Crawlbarkeit: Kann die Seite überhaupt von Suchmaschinen gecrawlt und bewertet werden? Wie bereits erwähnt, kann es bei übermäßigem Einsatz von JavaScript-basierten Technologien zu Problemen kommen. Wie sieht es mit mobiler Optimierung aus? Gibt es hier Defizite oder technische Hürden?

Definition von Zielen

Sie merken es bereits – aus den zuvor genannten Einflussfaktoren ergeben sich oft bereits sinnvolle Ziele, die die Strategie nachhaltig beeinflussen:

- die Implementierung oder Anpassung eines Webanalysesystems,
- spezifische technische Anforderungen an das Shopsystem,
- Keyword-Cluster, die zu einer bestimmten Jahreszeit performen müssen,
- Prozess XY, der implementiert werden muss, etc.

Die Definition von Zielen für die eigene erfolgreiche Strategie kann also vielfältig sein und hängt nicht zuletzt auch vom Stand der bisherigen SEO-Maßnahmen ab. Wir können daher hier nur Impulse geben.

Vorgesetzte erwarten meist Erfolgsnachweise anhand bestimmter KPIs, an die Umsatz geknüpft ist, wie SEO-Einstiege oder Conversions über SEO. Dennoch sollten auch Ziele wie technische Anpassungen oder die Etablierung von Prozessen in Betracht gezogen werden, da dies meist nachhaltig auf Strategien einzahlt sowie Zeit und Ressourcen anderer Disziplinen bindet. Hilfreich für die Definition von SEO-Zielen kann auch die Kenntnis der Ziele anderer Abteilungen sein, um hier konkurrierende oder gegensätzliche Ziele auszuschließen. Im Idealfall unterstützt SEO die Ziele anderer Bereiche.

Abschließend sei erwähnt, dass Ziele immer konkret durch eigene Systeme messbar sein sollten, wie die eigene Webanalyse oder das interne Projektmanagement. Ziele, die stark von externen Systemen oder Faktoren abhängen, sind nicht empfehlenswert.

Praxistipp: Ziele und relevante Daten

Bei Zielen wie »Steigerung der allgemeinen Sichtbarkeit in Tool XY von 5 auf 8« ist die Datengrundlage schwer zu durchblicken. Man muss sich daher immer die Frage stellen, welche Keywords mit welchem Suchvolumen in die Sichtbarkeitsberechnung einfließen, ob diese relevant sind für die eigene Strategie etc.

Anstatt sich auf externe Berechnungen mit fremder Datengrundlage zu stützen, sollte man eher Zeit in individuelle Monitorings mit eigenen relevanten Daten investieren, die die eigene Strategie abbilden – und bestenfalls auch Analysezwecken dienen.

Auswahl und Einsatz von Tools

Der Einsatz von SEO-Tools ist unerlässlich, jedoch sollte die Erwartungshaltung im Vorfeld genau definiert werden. Die Erfahrung zeigt, dass oft komplexe Tools angeschafft werden, die keine zielführenden Erkenntnisse liefern. Ihre Strategie gibt Ihnen vor, welche Tools Sie benötigen. Überlegen Sie genau, welche Maßnahmen Ihre Strategie enthält und welche Ziele erreicht werden sollen. Zusätzlich gibt es ein paar empfehlenswerte Standard-KPIs und -Metriken, die Sie immer im Auge behalten sollten, um schnell Fehler zu erkennen.

Analysetools

SEO zeichnet sich dadurch aus, dass sich Gegebenheiten oft ändern. Ihr SEO-Traffic kann schwanken, Sie bemerken Veränderungen im Ranking, oder ein Snippet sieht plötzlich anders aus als vordefiniert – all das erfordert eine tiefere Analyse, um das Problem verstehen und beheben zu können.

Empfehlenswerte Standardtools und Browser-Plug-ins zu Analysezwecken sind:

- **Search Console** – Die Search Console von Google wurde in diesem Kapitel bereits mehrfach empfohlen. Nach erfolgreicher Verifizierung liefert das Tool wertvolle Daten und Optimierungsempfehlungen für die eigene Website, die Sie für Analyse und Monitoring nutzen sollten – und das kostenfrei. Sinnvolle Basic-Features zu Analysezwecken sind:
  - Performance Ihrer Website in der Suche (Impressions, Clicks, Click-Through-Rate)
  - Auswertungen zu mobilen Seiten (siehe »Mobile Optimierung, Googles mobile Strategie mit Mobile First Indexing« auf Seite 215)
  - Daten zur Indexierung (siehe »Crawling, Rendering und Indexierung« auf Seite 203)

  Die Google Search Console finden Sie unter *https://search.google.com/search-console*.
- **Screaming Frog** – Dies ist ein sehr mächtiges Tool, das bereits in der kostenlosen Version umfangreiche Optionen bietet. Eine Einarbeitung lohnt sich. Durch Crawlen der eigenen Seiten entdecken Sie nicht nur Duplikate, sondern erhalten auch umfangreiche Daten zu jeder einzelnen URL: Statuscodes, Seitentitel, Descriptions, Canonicals, Zielseiten bei Redirects, Überschriften und vieles mehr. Sie können außerdem gezielt URL-Listen crawlen lassen

und nach bestimmten Elementen im Quellcode suchen. Alle Daten lassen sich nach Excel oder als CSV-Dateien exportieren.
https://www.screamingfrog.co.uk/seo-spider/

- **Web Developer Toolbar** – Ein Browser-Plug-in für Firefox, Opera und Chrome mit umfangreichen Funktionen, z.B. der schnellen Anzeige von Überschriften-Markup und Metadaten, ohne in den unübersichtlichen Quellcode der Seite wechseln zu müssen. Auch der Statuscode lässt sich bequem anzeigen. Hilfreich ist außerdem die einfache Deaktivierung von JavaScript, um die Usability der Seite daraufhin zu prüfen.
https://chrispederick.com/work/web-developer/

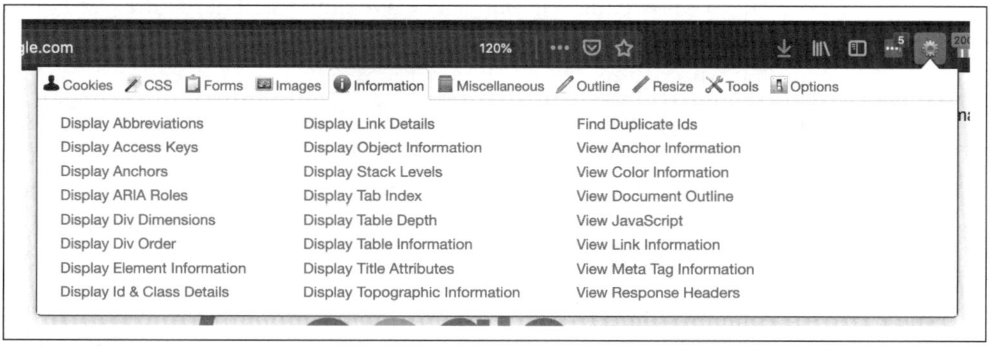

Abbildung 5-36:
Auszug aus dem Menü der Web Developer Toolbar

- **Seerobots** – zeigt das Robots-Metatag farbig gekennzeichnet direkt im Browser an. So lässt sich schnell erkennen, ob eine Seite indexiert werden soll oder nicht.
https://chrome.google.com/webstore/detail/seerobots/hnljoiodjfgpnddiekagpbblnjedcnfp
- **Inspect Canonical** – informiert über das verwendete Canonical-Tag.
https://chrome.google.com/webstore/detail/inspect-canonical/glkngfenfpegejlggjfcmdobodjlfann
- **Umfangreichere SEO-Tools** – Tools wie *Sistrix*, *Searchmetrics* oder *Ryte* bieten eine Vielzahl an hilfreichen Analysewerkzeugen und Monitoring-Features. Lassen Sie sich die Tools idealerweise zeigen und entscheiden Sie daraufhin, ob sie zur Unterstützung Ihrer Strategie geeignet sind.

Tools zur Optimierung

SEO-Optimierungen benötigen meist technischen oder redaktionellen Support. Dennoch gibt es ein paar kleine Hilfsmittel, die Sie dabei unterstützen, Basic-Optimierungen selbst vorzunehmen, wie z.B. CMS-Plug-ins, die unkompliziert Optimierungen der Snippets ermöglichen. Auch Texttools unterstützen mittlerweile die Arbeit der Redakteure, indem sie Vorschläge für Keywords und Synonyme einblenden oder verwandte Seiten für eine relevante interne Verlinkung vorschlagen.

- Geeignete CMS-Erweiterungen hängen von Ihrem System ab. Für WordPress gibt es hier eine hilfreiche Liste unter *https://t3n.de/news/seo-plugins-wordpress-370413/*.

Monitoring-Tools und -Lösungen

Eine Vielzahl an Monitoring-Tools sind am Markt verfügbar – aber nichts ist so wichtig wie die eigene Webanalyse. Hier sollte der Fokus liegen, vor allem auf der sauberen Implementierung und der zielorientierten Anpassung.

Externe Tools mit eigenen KPIs und Metriken wie dem *Sistrix-Sichtbarkeitsindex* oder der *Searchmetrics SEO Visibility* sind dennoch wichtig, beispielsweise um die Performance von Wettbewerbern zu monitoren und gegebenenfalls analysieren zu können oder aber um größere Auswirkungen von Algorithmusänderungen bzw. Core-Updates zu sehen.

Da das Monitoring stark von den eigenen Zielen abhängt, müssen folglich Tools gewählt werden, die genau diese Ziele messen können. Das können also auch technische Monitorings sein, die z.B. Alarm schlagen, wenn technische Probleme wie falsche Statuscodes erkannt werden oder fälschlicherweise `<noindex>` gesetzt wird. Idealerweise betreiben Sie drei Arten des Monitorings:

- **Keyword-Monitoring**

  Definieren Sie eigene Keyword-Sets für ein individuelles Monitoring. Damit lässt sich die Performance für Ihre größten Traffic- oder Umsatz-Keywords zuverlässig monitoren. Je nach Webseitentyp und Strategie sollten Sie Folgendes berücksichtigen:

  - Abfrageintervall der Rankings: mindestens einmal pro Woche.
  - Die rankenden URLs sollten getrackt werden.
  - Ergebnistypen: organische Ergebnisse und/oder andere Suchergebnisse?
  - Endgerät: Desktop- oder mobile Rankings?
  - Lokalität: Brauchen Sie Daten für bestimmte Städte?
  - Wettbewerb: Brauchen Sie die Rankings der Wettbewerber für dasselbe Keyword-Set?

Auf Basis dieser Daten können Sie nicht nur jederzeit die eigene Performance ablesen und in Reportings einfließen lassen, sondern auch selbst Auswertungen vornehmen:

- eigene Sichtbarkeits-KPIs definieren,
- URLs identifizieren, die sich im Ranking abwechseln und miteinander konkurrieren,
- sich mit dem Wettbewerb z. B. nur in den Top 5 der Suchergebnisse vergleichen,
- Änderungen in der SERP bzw. Verschiebungen im Layout feststellen,
- Doppelrankings auswerten
- und vieles mehr.

- **Wettbewerbsmonitoring**

  Zur Beobachtung des Wettbewerbs eignen sich bereits genannte Tools wie die Sistrix Toolbox und die Searchmetrics-Suite. Beachten Sie jedoch, dass die Keyword-Sets zur Berechnung der Sichtbarkeit oft nicht spezifisch genug sind – oder dass nicht klar erkannt werden kann, welche Keywords tatsächlich in die Berechnung mit einfließen und mit welchen Suchvolumina und Klickraten. Dennoch lohnt es sich, bei größeren Schwankungen genauer hinzusehen, um Änderungen in der Strategie und den Rankings analysieren zu können. Zudem handelt es sich beim Sichtbarkeitsindex um eine vergleichende Metrik. Erst durch den Vergleich zum Wettbewerb lässt sich eine Erfolgsmessung sinnvoll durchführen.

  Idealerweise berücksichtigen Sie jedoch die Wettbewerber in Ihrem individuellen Monitoring.

- **Monitoring von Effekten einzelner Maßnahmen**

  Der Effekt von SEO-Maßnahmen muss kontinuierlich überwacht werden, da er meist nicht direkt nach der Implementierung der Maßnahmen erfolgt. Suchmaschinen benötigen Zeit: Zunächst müssen die Änderungen gecrawlt werden, um in die Relevanzbewertung mit einfließen zu können. Definieren Sie daher für jede Maßnahme den Status quo vor der Umsetzung und monitoren Sie den Effekt. Beispiele:

  - `<noindex>` für bestimmte Seitenbereiche: Monitoring des Indexierungsstands.
  - Behebung von Fehlerseiten: Monitoring der Crawling-Fehler mit Statuscode 404.

- Verringerung der Klicktiefe: Status quo an Levels und Effekt beim erneuten Crawling.
- HTTPS-Umstellung: Effekt der Redirects, also Indexierungsstand von http und https.

Passende Tools können die *Search Console* oder *Screaming Frog* sein. Auch Tools wie *URL Monitor* (*https://url-monitor.com/de/*) oder *SEO-Radar* (*https://www.seoradar.com/*) eignen sich je nach Anwendungsfall.

Learnings

- Jede Webseite hat spezielle Anforderungen an Seitentypen und deren URLs. Definieren Sie diese und implementieren Sie gegebenenfalls Logiken für automatische Redirects, Metatag `robots` etc.
- Vermeiden Sie die Indexierung von Duplikaten und Seiten ohne Mehrwert.
- Monitoren Sie den Indexierungsstand Ihrer Webseite regelmäßig und analysieren Sie Veränderungen.
- Steuern Sie das Crawling bei komplexen Webseiten und unterstützen Sie gegebenenfalls mit einer XML-Sitemap.
- Wägen Sie umfangreiche URL-Änderungen immer sorgfältig ab. Richten Sie gegebenenfalls ein Ranking-Monitoring für diese Bereiche ein.
- Analysieren Sie die Informationsarchitektur und optimieren Sie gegebenenfalls die interne Verlinkung, um die Klickpfade zu wichtigen Seiten zu verkürzen.
- Investieren Sie Ressourcen in eine funktionierende, benutzerfreundliche mobile Version Ihrer Webseite. Betrachten Sie mobile Optimierung inklusive der Metriken zur Nutzererfahrung wie Core Web Vitals als selbstverständlich.
- Verstehen Sie den Hintergrund von Core-Updates und die Konzepte von E-E-A-T anhand der Quality Rater Guidelines. Priorisieren Sie Maßnahmen, die Vertrauen schaffen, Expertise vermitteln und die Nutzererwartung erfüllen.
- Legen Sie höchsten Wert auf das Verstehen von Zielgruppen, Suchverhalten und Suchintentionen, um möglichst dauerhaft relevanten Content zu erstellen.
- Optimieren Sie Ihre Snippets hinsichtlich dieser Erkenntnisse.
- Entwickeln Sie immer eine Strategie, die auf Ihre Gegebenheiten zugeschnitten ist. Definieren Sie hierfür Ziele, die Sie selbst beeinflussen und intern messen können.

- Definieren Sie eine eher konservative Offpage-Strategie. Legen Sie auch hier den Fokus auf den User, nicht auf die Suchmaschine.
- Wählen Sie passende Tools, die Sie in der Umsetzung der Strategie, aber auch einzelner Maßnahmen unterstützen. Definieren Sie individuelle Monitoring-Lösungen, die idealerweise auch Analysen zulassen.

Kennzahlen und Erfolgsmessung

Wie in jeder anderen Online-Marketing-Disziplin sind auch im SEO Kennzahlen und Reportings unerlässlich, um den Erfolg von Maßnahmen zu messen, zu kontrollieren und zu steuern.

> **Hinweis: Passung Metriken und Ziele**
>
> KPIs und Metriken müssen auf die Strategie und die Ziele abgestimmt sein – vor allem aber müssen sie verstanden werden und nachvollziehbar sein.
>
> Es gibt einige für die Erfolgsmessung und Steuerung der SEO-Maßnahmen wichtige Metriken. Um KPIs handelt es sich jedoch nur, wenn man für diese klare Verantwortlichkeiten definieren und Handlungsoptionen ableiten kann. Andernfalls handelt es sich nicht um KPIs, auch wenn dies in Reportings oft nicht unterschieden wird.

Interne KPIs und Metriken

Klassische interne SEO-KPIs resultieren aus der Webanalyse. Messen Sie bei regelmäßigen Reportings immer die Veränderung zum vorherigen Zeitraum (z.B. Vormonat) und zum gleichen Zeitraum im Vorjahr. Nur so lassen sich normale saisonale Schwankungen erkennen oder beeinflussende Effekte, wie z.B. größere Werbekampagnen, die das Suchvolumen nach Ihren Produkten bzw. Marken erhöhen und einen dementsprechenden Einfluss auf Ihre KPIs haben. Notieren Sie gegebenenfalls solche Einflussfaktoren direkt im Reporting, um diese Effekte zu erklären und später nicht zu vergessen.

Folgende KPIs und Metriken sind empfehlenswert:

SEO-Traffic

SEO-Maßnahmen haben das Ziel, mehr (qualitativen) Traffic über Suchmaschinen zu generieren – SEO-Traffic ist dementsprechend eine wichtige KPI. Es ist auch sinnvoll, jene URLs mit ins Reporting aufzunehmen, die den meisten Traffic bringen.

> **Praxistipp: Traffic**
>
> Idealerweise konzentrieren Sie sich beim Traffic lediglich auf den Traffic über URLs, die für nicht navigationale Suchanfragen ranken: Produktseiten, redaktionelle Artikel oder bestimmte Verzeichnisse. Denn wenn z.B. eine TV-Kampagne geschaltet wird, verstärken sich die Suchanfragen nach Ihrem Unternehmensnamen – und das hat mit SEO-Erfolg wenig zu tun.

Conversions/Umsatz über SEO

Was im SEO letztendlich zählt, sind zufriedene Nutzerinnen und Nutzer, der für Conversions und Umsatz sorgen. Auch hier bietet sich die Aufschlüsselung nach Verzeichnissen oder URL-Typen an. In Kombination mit Traffic-Daten wird schnell klar, ob steigender Traffic auch steigenden Umsatz bedeutet – oder ob der Conversion-Funnel optimiert werden muss.

Referral Traffic

Wenn Sie umfangreiche Offpage-Maßnahmen betreiben, kann der Referral Traffic (Traffic, der von anderen Webseiten über Links zu Ihnen kommt) eine wichtige Metrik sein.

Externe KPIs und Metriken

Rankings

Hier bieten sich verschiedene Szenarien zur Definition geeigneter Metriken an, abhängig von der Strategie. Beispiele sind:

- durchschnittliche Position (für ein definiertes Keyword-Set)
- Anzahl der Top-10-Rankings (für ein definiertes Keyword-Set)
- Rankings für bestimmte, sehr wichtige Landingpages

Solche Messwerte setzen das Monitoring eines individuellen Keyword-Sets voraus. Da Rankings stark schwanken können, müssen hier regelmäßige Messungen durchgeführt werden. Daher sind auf Rankings bezogene KPIs nicht nur als Erfolgsmessung wertvoll, sondern auch als kontinuierliches Monitoring-Instrument (siehe »Auswahl und Einsatz von Tools« auf Seite 238).

Klickrate/CTR (Click-Through-Rate) in den SERPs

Die Optimierung der eigenen Snippets führt zu besseren Klickraten. Die Klickrate eignet sich gut als KPI, da sie direkt beeinflusst werden kann. Die Werte für Ihre wichtigen Landingpages finden Sie in der Search Console für die letzten 16 Monate. Einfluss auf die Klickrate hat jedoch nicht nur das Snippet der Suchergebnisse, auch Änderungen am Layout der SERP spielen eine Rolle: Wenn Google hier Anpassungen vornimmt, beispielsweise neue Ergebnistypen einführt oder die Reihenfolge von Ergebnistypen ändert, beeinflusst dies die Klickraten von organischen Ergebnissen maßgeblich. Ein Monitoring des SERP-Layouts ist daher sehr empfehlenswert, z. B. über die Sistrix Toolbox.

Das Monitoring von Rankings und Klickraten sind die einzigen empfehlenswerten extern gemessenen KPIs. Recherchieren Sie das Thema in Blogs, werden Sie jede Menge anderer Metriken finden. Diese ergeben oft wenig Sinn, weil sie intransparent, unsauber oder schwer beeinflussbar sind.

Relaunch (Beitrag von Niels Dahnke)

Eine der größten Gefahren für SEO stellt ein schlecht umgesetzter Relaunch dar. Bei einem Relaunch findet eine vollständige oder in bestimmten Bereichen umgesetzte Überarbeitung der Website statt. Im Gegensatz zu dem bisher beschriebenen iterativen Vorgehen, bei dem Veränderungen auf einzelne Maßnahmen zurückzuführen sein können, ändert ein Relaunch viele Rahmenbedingungen gleichzeitig. Die Umschaltung zwischen dem alten und dem neuen System erfolgt gewöhnlich auf einen Schlag, und ein Zurücknehmen der Änderungen ist nicht immer möglich.

Auf der SMX-Konferenz 2016 in München zeigte John Müller von Google folgende Tabelle, die zumindest die größten Gefahren für Ranking-Veränderungen im Rahmen eines Relaunchs aufzeigen.

Art	Protokoll	Host	Pfad	Inhalt	Anderes Ranking?
Redesign	=	=	=	+/-	Wahrscheinlich
Restructure	=	=	+/-	?	Ja
Secure	https	=	=	=	Nein / Wenig
Move	? (https)	+ / -	=	=	Wenig / Vielleicht
Move & Restructure	+ / -	+ / -	+ / -	?	Ja
Merge	?	N → 1	?	?	Ja, sehr
Split	?	1 → N	?	?	Ja, sehr

Abbildung 5-37:
John Müller (Google) 2016 auf der SMX München

Je nach vorgenommener Veränderung kann recht wenig passieren oder auch eine vollständige Neubewertung aller Inhalte und Seiten durch Google aus dem Relaunch resultieren. Wenn möglich, sollte daher ein größerer Relaunch immer vermieden werden. Besser ist eine kontinuierliche Optimierung der Webseiten mit Protokollierung der Maßnahmen und den daraus entstandenen Veränderungen. Sollte es sich jedoch nicht vermeiden lassen, geben wir Ihnen hier die wichtigsten Werkzeuge an die Hand.

Einen Relaunch vorbereiten

Ein Relaunch einer großen Website mit mehreren Tausend oder Millionen Unterseiten kann mehrere Jahre Arbeit bedeuten. Ein Relaunch ist nichts, was man »mal eben« macht. Es sind viel Planung, Abstimmung, Entwicklung, Tests und vorbereitende Maßnahmen für einen erfolgreichen Relaunch erforderlich.

- **Ist-Zustand ermitteln**
  Ohne den Zustand vor dem Relaunch zu dokumentieren, sind ein Vergleich und gegebenenfalls eine Fehlersuche nicht möglich. Daher müssen die Seitenstruktur, die Sichtbarkeit, die Zahl der indexierten Seiten, URLs in den Top Ten, Keywords in den Top Ten und viele weitere Informationen zusammengetragen werden. Diese Daten sollten nicht nur für den Tag vor dem Relaunch ermittelt werden, sondern möglichst über einen gewissen Zeitraum, um kürzlich vorgenommene Maßnahmen ebenso zu erfassen wie saisonale Schwankungen.

  Neben den Daten zu Auffindbarkeit, Keywords und Indexierung aus der Google Search Console sowie aus der aktuell eingesetzten SEO-Software (z.B. Sistrix Toolbox) sollten auch Logfiles vom Server ausgewertet und gespeichert werden. Zu wissen, was Google auf Ihrem Server macht, kann insbesondere im Rahmen eines Relaunchs entscheidend sein. Prüfen Sie bei den Keywords genau, welche Ihre Money-Keywords sind. Über welche Suchanfragen kommen Besucher, mit denen Sie Umsätze generieren? Analysieren Sie Besucherquellen und Einstiege nach Akquisekanälen (SEO, Direct, Referrer, Social, SEA, Display, E-Mail).

- **Konzeption**
  SEO-Gesichtspunkte müssen möglichst frühzeitig bei der Relaunch-Planung berücksichtigt werden. Wurde z.B. eine fehlerhafte Informationsarchitektur konzipiert, muss dies so früh wie möglich identifiziert werden. Andernfalls können konzeptionelle Fehler den gesamten Relaunch um Monate zurückwerfen und hohe Kosten verursachen. SEO ist also nichts, was beim Relaunch erst auf den letzten Metern berücksichtigt werden darf.

Darüber hinaus müssen in der Konzeptionsphase Meilensteine sowie finanzielle und personelle Ressourcen zumindest grob geplant werden. Nur so können Sie sicherstellen, dass die erforderlichen Ressourcen zum richtigen Zeitpunkt und in ausreichender Menge verfügbar sind.

- **Drittanbieter und Schnittstellen**
  Gerne vergessen werden auch externe Schnittstellen bzw. Tools von Drittanbietern. Das betrifft sowohl die Integration von Zählpixeln als auch externe Datenquellen, CDN-Anbindungen und die Webanalyse. Insbesondere die Daten der Webanalyse müssen beim Umschalten konsistent bleiben. Wenn Sie nach dem Relaunch im Blindflug unterwegs sind, weil Sie keine Daten über Ihre Nutzerinnen und Nutzer mehr haben, wird die Fehleranalyse fast unmöglich. Ihre wichtigsten KPIs und Metriken müssen Sie vor, während und nach dem Relaunch fest im Blick behalten.
- **Backlinks und Linkziele**
  Verschaffen Sie sich einen Überblick über wichtige Backlinks und Linkziele. Es geht dabei auch um die Erfassung vermeintlich irrelevanter Zielseiten, über die nicht sonderlich viel Traffic entsteht. Wichtig können solche URLs für das Gesamtsystem und die Bewertung durch Google trotzdem sein.
- **Risikobeurteilung**
  Führen Sie eine Gefahrenanalyse durch und bewerten Sie die möglichen Risiken. Insbesondere eine grobe Berechnung der Opportunitätskosten sollte aufzeigen, wann ein Relaunch existenzgefährdend sein kann. Je nach verlorenen Rankings nach einem Relaunch müssen Keywords über SEA kostenpflichtig gebucht werden, um die entstehenden Mindereinnahmen ausgleichen zu können. Sind die Opportunitätskosten bekannt, haben Sie zudem bessere Chancen, ein Budget für den Relaunch und die Begleitung durch eine Agentur oder einen Relaunch-Experten zu bekommen.
- **Backup**
  Halten Sie Backups Ihres alten Systems für Notfälle bereit. Wenn möglich, sollte man bei einem Fehlstart kurzfristig auf das alte System zurückschalten können. Denn nicht immer funktioniert auf einem Produktivserver alles genau so wie auf dem Entwicklungsserver.
- **Aufräumen**
  Sind alle diese Daten strukturiert erfasst worden, müssen irrelevante und veraltete Inhalte identifiziert werden. Derartiger Content sollte gelöscht, in bestehende Seiten integriert oder um relevante Inhalte ergänzt werden. So schleppt man keinen unnötigen Ballast beim Relaunch mit. Insbesondere bei großen Websites kann es nach dem Relaunch sonst sehr lange dauern, bis Google

aufgrund des Crawl-Budgets alle Seiten sowie die neuen Strukturen erfasst hat. Während dieser Phase besteht weiterhin die Unsicherheit, Rankings zu verlieren.

- **Testen: Fehler finden, bevor Google sie entdeckt**
  Für die erforderlichen Tests der neuen Website sollten mit der IT feste Termine abgestimmt werden. Zwischen der Analyse des Systems auf dem Testserver und dem Besprechen der Analyseergebnisse mit dem Entwicklungsteam muss ein Code-Freeze zumindest auf dem Testsystem vorgenommen werden. Eine Weiterentwicklung während eines Testcrawls z. B. mit Screaming Frog kann ansonsten zu inkonsistenten Daten und nicht nachvollziehbaren Fehlern führen.

  Erst wenn alle oder zumindest alle kritischen Fehler behoben sind, sollte der eigentliche Relaunch angegangen werden. Existiert also eine Version der Website, die so live gehen soll, muss erneut ein Code-Freeze bis nach dem Relaunch verhängt werden. Dies gilt auch für die Drittsysteme, soweit dies möglich ist.
- **Umleitungen**
  Haben sich Strukturen und URLs geändert, müssen Umleitungen eingerichtet werden, damit User und Suchmaschinen den Weg zu den ursprünglichen Inhalten wiederfinden. Interne Links müssen angepasst werden und auf das neue Linkziel zeigen. Fehlermeldungen sollten, soweit möglich, verhindert werden.
- **Trainieren Sie den Systemwechsel**
  Vor dem eigentlichen Start sollten Sie einen Testlauf mit allen Beteiligten unter realen Bedingungen durchführen. Hier zeigen sich gegebenenfalls Planungsfehler und erforderliche Anpassungen bei Zeitaufwänden und Ressourcen für einzelne Maßnahmen.
- **Notfallplan und Checklisten**
  Fertigen Sie sich für alles Checklisten an, denn beim eigentlichen Relaunch sollen keine unnötigen Fehler passieren. Jeder muss wissen, was zu tun ist. Mit Checklisten können Sie die einzelnen Schritte zudem protokollieren und so Fehlern gegebenenfalls schnell auf die Spur kommen. Außerdem helfen Checklisten für alle Beteiligten bei der klaren Definition von Aufgaben. Selbst Dinge, die Ihnen vollkommen selbstverständlich erscheinen, werden beim Relaunch gerne übersehen. So kann eine vergessene Anpassung der *robots.txt* nach dem Relaunch Google vom Crawling abhalten. Gehen Sie die Checklisten mit den Kolleginnen und Kollegen aus allen beteiligten Bereichen durch und erstellen Sie auch einen Notfallplan, falls etwas Unvorhergesehenes geschieht. Seien Sie auf alles vorbereitet, dann klappt auch der Relaunch ohne Probleme.

- **Monitoring der Veränderungen**
  Messen und reporten Sie jede Änderung. Das gilt für alle anfangs erhobenen KPIs und Metriken. Schauen Sie sich auch vermeintlich positive Veränderungen genau an. Nur wenn Sie verstehen, was auf dem Webserver nach dem Relaunch passiert, kommt es nicht zu Fehleinschätzungen. Ist zum Beispiel eine höhere Verweilzeit auf Ihren Seiten ein positives Signal, weil Ihre User zufrieden sind und es ihnen mehr Freude bereitet, auf Ihren Seiten zu stöbern, oder ist vielleicht der Server überlastet, und die User sind unzufrieden, weil sie länger auf die Inhalte warten müssen? Wenn Sie derartige Fragen nicht beantworten können, bleibt eine gewisse Unsicherheit, die sich schlimmstenfalls in Ranking-Verlusten abzeichnet.

  Entstehen ungewöhnliche Veränderungen in den SERPs, müssen Sie schnell reagieren können. Insbesondere die Ressourcen in der IT müssen auch nach dem eigentlichen Relaunch noch auf Abruf verfügbar sein. Korrekturen sind insbesondere in den ersten Stunden und Tagen besonders effektiv.

Tipps und Tricks für die Suchmaschinenoptimierung

Generelle Tipps

Auch SEO zieht nach einer Weile eine gewisse Betriebsblindheit nach sich. Sie kennen die Themen Ihrer Webseite, daher sind viele Dinge für Sie selbstverständlich – für User aber nicht. Zudem ändern sich mit der Zeit auch Nutzerintentionen: Beispielsweise muss Apple nur ein neues iOS-Feature entwickeln, und schon ändert sich die thematische Ausrichtung spezieller Suchanfragen zu diesem Thema, oder es erfordert die inhaltliche Überarbeitung des Contents. Versetzen Sie sich also immer wieder in die Rolle Ihrer User, die keine Fachleute sind, sondern nach Informationen suchen (siehe dazu den Abschnitt »SEO-Grundlagen« auf Seite 186).

Tipp 1

Hinterfragen Sie regelmäßig die einzelnen Schritte Ihrer Zielgruppe von der Suchanfrage bis zur Conversion.

Tipp 2

Augen auf bei der Wahl einer SEO-Agentur.

Nicht alle Unternehmen oder Agenturen, die SEO als Dienstleistung anbieten, sind empfehlenswert. Der Markt ist undurchsichtig, und Toplisten oder Siegel sind oft nicht transparent oder wenig aussagekräftig. Man kann hier nur zu Folgendem raten:

- Fragen Sie nach Empfehlungen. Die SEO-Branche zeichnet sich durch Offenheit und Austausch aus, scheuen Sie sich also nicht, um Rat zu fragen.
- Hilfe bei der Agenturauswahl kann das SEO-Qualitätssiegel des Bundesverbands Digitale Wirtschaft e. V. (BVDW) leisten. Achten Sie darauf, dass die Agentur das Siegel für das aktuelle Jahr trägt. Weitere Informationen zur Vergabe und zu Zertifikatsinhabern finden Sie unter *https://www.bvdw.org/zertifizierungen/*.
- Fragen Sie, ob die Agentur selbst aktiv in der Aus- und Weiterbildung tätig ist, z. B. an Hochschulen, an der afs-Akademie oder an vergleichbaren Einrichtungen.
- Sind für die Agentur Personen tätig, die Sie von Fachkonferenzen kennen? Wie ist die Reputation dieser Mitarbeitenden?
- Formulieren Sie immer Ihre Anforderungen bezüglich Zusammenarbeit und strategischer Ausrichtung an die Agentur.
- Laden Sie mehrere Agenturen ein und senden Sie ihnen ein ausführliches Briefing. Bestehen Sie beim Kennenlerntermin unbedingt darauf, dass Ihr zukünftiger Ansprechpartner persönlich teilnimmt und nicht etwa ein Vertriebsmitarbeiter.
- Wenn möglich, geben Sie den Agenturen eine konkrete Aufgabe zur Vorbereitung auf den Termin. Setzen Sie einen zeitlichen Rahmen dafür und bezahlen Sie den Aufwand. Nur so ist es für beide Seiten fair, und die Ergebnisse der Agenturen sind vergleichbar.
- Nur unseriöse Agenturen werben damit, »jemanden bei Google zu kennen«.
- Google selbst vergibt keinerlei Siegel oder Zertifizierung für SEO. Partnersiegel werden ausschließlich für SEA vergeben. Wer damit für SEO wirbt, ist ebenfalls nicht als seriös einzustufen.
- Beachten Sie auch die offiziellen Aussagen von Google zum Thema SEO-Support unter *https://developers.google.com/search/docs/fundamentals/do-i-need-seo?hl=de*.

Tipp 3

Netzwerken schafft Mehrwerte.

Nutzen Sie den offenen Charakter der SEO-Szene, wenn Ihnen SEO Spaß macht und Sie sich weiterbilden wollen. Zum einen ist der Besuch von Konferenzen sinnvoll. Besonders erwähnenswert sind hier die *SEOkomm* in Salzburg[44] sowie die *SEO Campixx* in Berlin[45]. Die SEO Campixx ist ein besonders unkonventionelles Branchentreffen, bei dem sehr offen Insights und Wissen geteilt werden. Aber auch der Besuch von SEO-Stammtischen ist empfehlenswert. Diese finden meist regelmäßig in größeren Städten statt.

> **Tipp 4**
>
> Jede Webseite ist anders.

Offener Austausch in der Online-Marketing-Branche ist wichtig, birgt aber auch Gefahren: Es wird viel Halbwissen geteilt. Die Erfahrung zeigt, dass nicht alle erfolgreichen SEO-Maßnahmen einfach auf die eigene Webseite übertragbar sind – jede Webseite bringt ihre eigenen Besonderheiten und Herausforderungen mit und benötigt daher ein anderes Handling. Je nach Branche können Maßnahmen, die bei anderen erfolgreich waren, für die eigene Plattform sogar kontraproduktiv sein.

Ein einfaches Beispiel: Auf einer Seite für Kinderspiele werden Sonderzeichen wie Smileys etc. in Snippets gesetzt. Das kann bei dieser Zielgruppe einen positiven Effekt auf die Klickrate haben, muss aber noch lange nicht bei einer Webseite für eine seriöse Anwaltskanzlei funktionieren – möglicherweise schadet es sogar eher dem Ansehen. Anderes Beispiel: Die Steuerung des Crawlers durch eine Anpassung in der *robots.txt* einer sehr großen Domain kann sich positiv auswirken – bei einer Webseite mit 20 Unterseiten wäre dies jedoch unwahrscheinlich. Hinterfragen Sie daher die Erfahrungen anderer Webseiten immer sehr kritisch und überlegen Sie, welche Implikationen die empfohlenen Maßnahmen auf Ihr Geschäftsmodell, Ihre Prozesse, Ihre Crawling-Raten etc. hätten, bevor Sie unnötigen Aufwand betreiben.

> **Tipp 5**
>
> Hinterfragen Sie alle Daten. Immer.

44 *https://www.onlineexpertdays.com/seokomm/* (Aufruf: 26.09.2023)

45 *https://www.campixx.de/campixx/* (Aufruf: 26.09.2023)

Ein häufiger Fehler, der im SEO oder auch in anderen Online-Marketing-Disziplinen gemacht wird: Es werden jede Menge unterschiedliche Daten genutzt, aber oft nicht hinterfragt. Wie genau setzt sich der Sichtbarkeitswert in einem SEO-Tool zusammen? Wie ist die Bounce-Rate des eigenen Webanalysetools definiert? Arbeiten Sie nur mit Daten, die Sie wirklich verstehen und deren Einflüsse Sie kennen.

Hands-on – SEO-Tipps: Beispiele für Optimierungsansätze

Ansätze zur Optimierung findet man am schnellsten, wenn man sich mit der Webseite gut vertraut macht. Verlassen Sie sich auf Ihren gesunden Menschenverstand, bevor Sie sich auf Tools stürzen! Klicken Sie sich durch die Webseite und achten Sie darauf, was Sie sehen und wie sich die Seite verhält. Ist das Menü logisch aufgebaut? Findet man ausgehend von der Startseite leicht, was man sucht bzw. erwartet? Gibt es Auffälligkeiten in Bezug auf Ladezeiten, stoßen Sie auf Fehlerseiten, stören Sie Anzeigen, vertrauen Sie den dargestellten Informationen? Sind Inhalte gut lesbar und strukturiert? Würden Sie mehr Bilder erwarten, und strahlt die Webseite Vertrauen aus? Gibt es einen klaren thematischen Fokus? Hier zeigen sich sicherlich die ersten Ansätze und Hypothesen, die Sie dann mithilfe von Tools und Daten verifizieren können.

Beispielhaft finden Sie hier zwei grundlegende Tipps, die Sie beherzigen sollten – einerseits zum Auffinden von typischen zu hinterfragenden Ungereimtheiten, die auf Fehler (und somit auf Problematiken bei Crawling, Indexierung und Ranking) hinweisen können, und andererseits zur kontinuierlichen Optimierung von Inhalten.

Tipp 1

Lernen Sie den Umgang mit der `site:`-Abfrage.

Die `site:`-Abfrage wird gern für die Ermittlung des Indexierungsstands empfohlen (siehe Abschnitt »Onpage-Faktoren: technische Basics« auf Seite 199): Geben Sie hierfür in den Suchschlitz `site:domain.de` ein. Als Ergebnis erhalten Sie URLs von domain.de mit der Angabe »Ungefähr XX Ergebnisse«. Leider weicht diese Angabe oft massiv vom realen Indexierungsstand ab und ist daher nicht verlässlich.

Nutzen Sie die `site:`-Abfrage dennoch für spezifische Anfragen, z.B. nach bestimmten URL-Bestandteilen. So liefert die Anfrage `site: tkmaxx.com inurl:search` folgende Information:

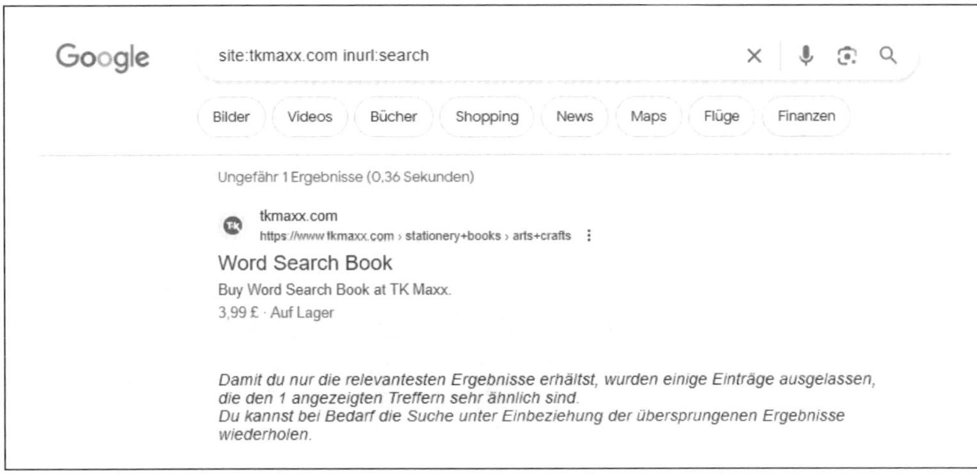

Abbildung 5-38:
Beispiel einer site:-Abfrage mit der Suche nach bestimmten URL-Bestandteilen

Angeblich ist nur ein einziger Treffer relevant. Den Rest blendet Google aus. Erst nach einem Klick auf *Suche unter Einbeziehung der übersprungenen Ergebnisse wiederholen.* werden 3.600 URLs der Domain *tkmaxx.com* als indexiert angezeigt, die in der URL *search* enthalten – also wahrscheinlich aus der internen Suche generiert werden. Auch wenn dieser Wert eventuell nicht korrekt ist, lohnt es sich dennoch, einen genaueren Blick auf die Ergebnisse zu werfen, um entscheiden zu können, ob bzw. welches Problem hier vorliegt.

Auch indexierte Duplikate oder konkurrierende Seiten lassen sich mit der `site:`-Abfrage aufspüren. Eine Suche nach `site:tkmaxx.com intitle: "womens jeans"` liefert vier Ergebnisse, die ähnliche Inhalte ausgeben sowie gleiche Seitentitel und Descriptions haben – obwohl sich die URLs anhand der Sprachverzeichnisse unterscheiden. Sie als SEO sollten jetzt prüfen, ob dies so gewollt ist oder ob hier etwas getan werden muss: Wird an dieser Stelle Crawling-Budget verschwendet, weil die Seiten vielleicht nur Sortierungen der Produkte darstellen? Sollen sie indexiert sein? Sind Seitentitel und Descriptions auf Englisch korrekt, obwohl das Sprachverzeichnis */de/* lautet? Soll der Textinhalt für die deutsche Seite in englischer Sprache sein? Zu prüfen wäre außerdem, ob diese Frage speziell diese Kategorien betrifft oder sich für alle anderen Kategorien reproduzieren lässt.

Tipp 2

Nutzen Sie die Daten aus dem Leistungsbericht der Search Console zu Analyse, Themenrecherche und kontinuierlicher Optimierung.

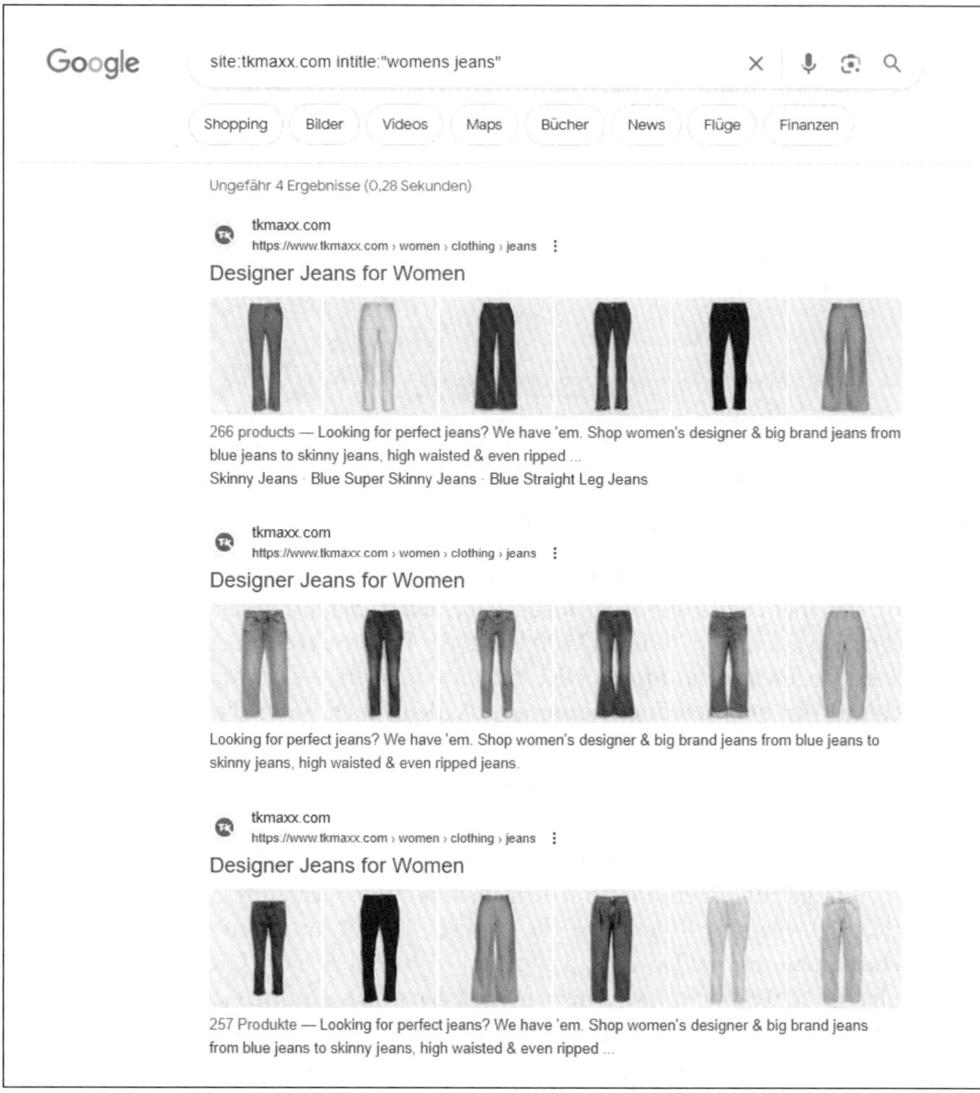

Abbildung 5-39:
Beispiel einer site:-Abfrage mit Suche nach Keywords im Seitentitel

Empfehlenswert ist es immer, Daten zu nutzen, die sich auf die eigene Webseite beziehen. Analysieren Sie daher unbedingt die Suchanfragen in der Search Console. Diese geben Aufschluss darüber, mit welchen Suchanfragen User zu Ihrer Webseite gelangt sind oder für welche Suchanfragen Snippets Ihrer Webseite in der SERP angezeigt wurden.[46]

46 Weiterführende Informationen unter: *https://support.google.com/webmasters/answer/6155685?hl=de* (Aufruf: 24.07.2023) und *https://support.google.com/webmasters/answer/7042828?hl=de* (Aufruf: 24.07.2023)

Sie können die Daten beliebig filtern – beachten Sie aber, dass die Daten maximal für die letzten 16 Monate gelten, sofern Sie sie nicht exportieren.

Neben allgemeinen Auswertungen sehen Sie hier ein Beispiel dafür, wie die Daten zur Themenrecherche bzw. zum Ausbau von existierendem Content genutzt werden kann:

Typische in Suchmaschinen formulierte Fragestellungen beginnen mit »Wie ...«. Filtern Sie nach diesen Fragen, über die Sie entweder Klicks oder Impressions erhalten haben. Der Screenshot zeigt ein Beispiel aus dem Bereich »Kosmetik« mit den entsprechenden Einstellungen:

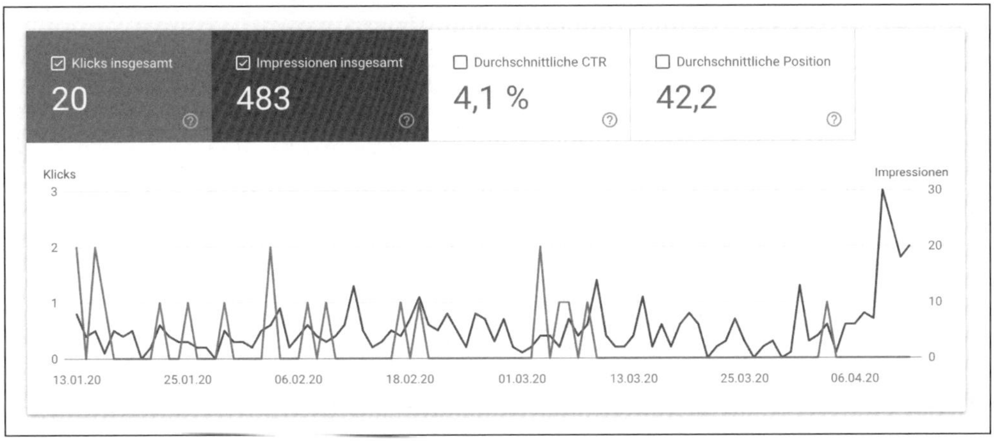

Abbildung 5-40:
Beispiel für konkrete Suchanfragen von Usern, für die Klicks oder Impressions erzeugt wurden

Wenn Sie für diese Fragen vorrangig Impressions, aber keine Klicks erhalten, ermitteln Sie die Position der Zielseite und analysieren das Snippet sowie den Inhalt der Zielseite. Eventuell würde es helfen, das Snippet besser der Suchintention anzupassen und den Content auszubauen, sodass Suchintention und Nutzererwartung besser abgebildet werden.

Ist die durchschnittliche Ranking-Position zu schlecht, dann vergleichen Sie die rankende Seite mit denen der Wettbewerber. Was wird hier besser gemacht und kann von Ihnen ähnlich übernommen oder sogar erweitert werden? Filtern Sie gezielt nach diesen Low Hanging Fruits, um hier mit der Content-Optimierung zu beginnen.

Wenn Sie über diese Fragen Klicks erhalten haben, hilft Ihnen das beim Verständnis des Informationsbedürfnisses der Nutzerinnen und Nutzer. Betrachten Sie die Zielseiten dieser Fragestellungen kritisch: Wird der Seiteninhalt mit seinen unterschiedlichen Content-Formaten dem Informationsbedürfnis des Nutzers gerecht?

Linktipps

Unerlässliches SEO-Basiswissen

Die Google-Suche erklärt: *https://www.google.com/intl/de/search/howsearchworks/*

Webmaster-Richtlinien: *https://developers.google.com/search/docs/essentials*

Google: Startleitfaden zur Suchmaschinenoptimierung (SEO): *https://developers.google.com/search/docs/fundamentals/seo-starter-guide*

Google Search Quality Rater Guidelines: *https://static.googleusercontent.com/media/guidelines.raterhub.com/en//searchqualityevaluatorguidelines.pdf*

Anlaufstellen bei Fragen und Problemen

Google Search Central: *https://www.google.de/intl/de/webmasters/*

Google-Search-Central-SEO-Sprechstunde: *https://developers.google.com/search/help/office-hours*

Webmaster-Forum: *https://support.google.com/webmasters/community/*

Bücher

Prof. Dr. Mario Fischer, »Website Boosting 2.0: Suchmaschinen-Optimierung, Usability, Online-Marketing«. Heidelberg 2009.

Sebastian Erlhofer, »Suchmaschinen-Optimierung: Das umfassende Handbuch«. Bonn 2023.

Eric Enge, Stephan Spencer, Jessie Stricchiola, Rand Fishkin: »Die Kunst des SEO«. Köln 2012.

Stephan Czysch, Benedikt Illner, Dominik Wojcik: »Technisches SEO. Mit nachhaltiger Suchmaschinenoptimierung zum Erfolg«. Köln 2015.

Timo Heinrich: »Projekt Website Relaunch: Das Praxis-Handbuch«. Frechen 2018.

Lesenswerte Blogs

Sistrix-SEO-Blog: *https://www.sistrix.de/news/*

SEO Südwest: *https://seo-suedwest.de/*

Search Engine Land: *https://searchengineland.com/library/seo*

Search Engine Watch: *https://searchenginewatch.com/category/seo/*

Moz Blog: *https://moz.com/blog*

Moz Whiteboard Friday: *https://moz.com/blog/category/whiteboard-friday*

Podcasts und Videos

Google Search Central, YouTube Channel: *https://www.youtube.com/@GoogleSearchCentral*

SEO House: *https://www.termfrequenz.de/podcast/seo-house-podcast/*

SEOPRESSO Podcast: *https://www.seopresso.com/*

KAPITEL 6

SEA – Search Engine Marketing

In diesem Kapitel:

- Grundbegriffe und Einordnung von Search Engine Marketing
- Was ein SEA-Manager beherrschen sollte
- Wichtige Kennzahlen und Erfolgsmessungen
- Lernen anhand von Beispielen

Von Guido Pelzer

In diesem Kapitel erfahren Sie zunächst grundlegende Details zum Thema Suchmaschinenmarketing. Wir beleuchten dabei, was und wie im Internet gesucht wird – und welche Rolle die Suchmaschine Google in diesem Zusammenhang spielt. *Search Engine Advertising*, oder kurz *SEA*, steht für die Schaltung bezahlter Werbung bei den Suchmaschinen. Auf Grundlage von Suchbegriffen werden entsprechende Anzeigen ausgeliefert, die im Idealfall auf eine Webseite verweisen, die wiederum das passende Produkt, die passende Dienstleistung oder allgemein die richtige Antwort auf die Suche bereithält.

Grundbegriffe und Einordnung von Search Engine Marketing

In den unendlichen Weiten des Internets gibt es einige Knotenpunkte, an denen sich entscheidet, ob Interessierte Kontakte zu einem Unternehmen aufnehmen und am Ende dann zu Kunden werden. Neben den vielen kleinen Webseiten und Plattformen – wie z.B. Blogs, Foren, Onlinemagazinen oder Infoseiten, die oft nur denjenigen bekannt sind, die sich mit dem jeweiligen Themengebiet intensiv beschäftigen – gibt es einige große Player, die eigentlich jedem Internetuser geläufig sind. Dazu gehören zum Beispiel Verkaufsplattformen wie eBay oder Amazon, die immer wieder mit entsprechenden Kaufabsichten »angesurft« werden. Online-Marketing setzt an den verschiedenen Knotenpunkten im Internet an und nutzt zudem die Möglichkeiten der modernen digitalen Kommunikationsformen, wie z. B. die schnelle und kostengünstige Kontaktmöglichkeit zur Zielgruppe via E-Mail oder Social-Media-Kanäle. An allen Stellen, an denen Sie die Internetuser erreichen können, die sich offensichtlich für Ihre Produkte oder Ihre Dienstleistungen interessieren, können Sie sehr zielgerichtet Online-Marketing betreiben. Dabei sollten Sie immer bedenken, dass ein Online-Marketing-Konzept ohne eine Firmen-Website kaum zu realisieren ist. Die eigene Website sollte daher immer die Grundlage für ein gutes Online-Marketing sein. Zu den wichtigsten Knotenpunkten im Internet gehören die sogenannten Suchmaschinen. Viele Nutzerinnen und Nutzer starten ihre Reise ins World Wide Web mit einer Frage oder einem Begriff, den sie in eine Suchmaschine eingeben. Diese Anfragen sind daher der Ausgangspunkt für das Suchmaschinenmarketing oder auch *Search Engine Marketing* – kurz *SEM*.

Die Bedeutung der Suchmaschine Google

Fällt der Begriff »Suchmaschinenmarketing«, wird sehr oft das Unternehmen Google genannt. Viele User setzen Suchmaschine quasi mit Google gleich, weil diese Suchmaschine zumindest in der westlichen Welt die mit Abstand am meisten genutzte ist.

Google hat in Deutschland bei der Suche einen Marktanteil von ca. 90 bis 95 %, je nachdem, welche Untersuchung man zur Hand nimmt. Das Statistiktool StatCounter[1] weist beispielsweise für den Dezember 2022 in Deutschland eine Google-Nutzung von ca. 92 % aus, während Bing einen Anteil von ca. 4,5 % besaß. Laut Statistikportal Statista[2] betrug der Google-Marktanteil im Januar 2023 knapp unter 80 % bei der Desktopsuche und ca. 97 % bei der mobilen Suche, während die Suchmaschine Bing ca. 13,5 % bei der Desktopsuche und unter 1 % bei der mobilen Suche aufwies. Die Microsoft-Suchmaschine Bing erarbeitet sich mithilfe der Windows-Software langsam, aber stetig einen größeren Marktanteil auf Desktopcomputern, währen das Android-System für Google bei der Suche auf den mobilen Endgeräten hilfreich ist. Jedes Unternehmen versucht, die eigene Suchmaschine zu bevorzugen.

Dieses Bild ist in den anderen europäischen Ländern ähnlich. Weltweit spielen zudem Yandex in Russland und Baidu in China noch eine größere Rolle. Im deutschsprachigen Raum beschäftigen sich jedoch die meisten Bücher und Schulungen zum Thema Suchmaschinenoptimierung und Suchmaschinenmarketing nicht zufällig mit den Algorith-

1 *https://gs.statcounter.com*

2 *https://de.statista.com*

men und Optimierungsmöglichkeiten von Google sowie mit *Google Ads*, dem Werbeprogramm der Firma aus Mountain View. Wenn Sie sich also intensiver mit Suchmaschinenmarketing beschäftigen, kommen Sie an Google nicht vorbei. Auch in diesem Kapitel werden die meisten Beispiele anhand von Google und dem zugehörigen Werbeprogramm Google Ads beschrieben, da Google Ads für die meistens SEA-Manager im deutschsprachigen Raum das Standardprogramm ist.

Trotzdem sollte man wissen, dass es in Deutschland nicht nur das Werbeprogramm von Google gibt, auch bei Bing und Yahoo! können Sie Suchmaschinenmarketing in Form von bezahlten Anzeigen betreiben. Die Anzeigenschaltungen funktionieren dort nach dem gleichen Prinzip. Fast alle Google-Features, etwa Sitelinks, Shopping-Anzeigen etc., finden sich nach einiger Zeit auch bei den Bing/Yahoo!-Anzeigen wieder. Interessanterweise wird sogar bei der Anlage einer Bing-SEA-Kampagne auf eine Verknüpfung und die Zugriffsmöglichkeit auf bestehende Google-Ads-Kampagnen hingewiesen. Die Kampagnen können bei der Anlage im Bing-Konto direkt aus Google importiert werden, sodass die Arbeit für die Anlage und die Grundeinstellungen nur einmal durchgeführt werden muss, um beide Werbenetzwerke (Google und Bing/Yahoo!) gleichzeitig zu nutzen.

Welche Rolle spielen die Suchmaschinen?

Wir gehen noch einmal einen Schritt zurück und schauen uns die grundlegende Bedeutung der Suchmaschinen an. Diese helfen den Internetusern bei der Recherche nach Informationen, Produkten oder Dienstleistungen im Internet. Dabei steht der Suchbegriff, das Keyword, im Mittelpunkt. Viele User starten die Internetnutzung mit dem Besuch einer Suchmaschine. In das Suchfeld werden dabei Begriffe eingegeben, zu denen Suchende dann passende Internetseiten erwarten, und zwar möglichst schnell und präzise. Zu diesem Zweck wird alles – von kompletten Sätzen mit Informationsfragen, z.B. »Wie behebe ich den Papierstau an meinem Drucker?«, über bestimmte Marken, z.B. »BMW Elektroauto«, und Suchkombinationen mit lokalen Angaben, z.B. »Fischrestaurant Hamburg«, bis hin zu vollständigen Webadressen wie »www.xing.de« – in das Suchformular eingegeben. Diese Suchfunktion ist so selbstverständlich, dass sogar der Suchbegriff »Google« einer der häufigsten Suchanfragen bei Google ist. Die vielen unterschiedlichen Suchintentionen kann man grob in drei Kategorien aufteilen. Bei *transaktionsorientierten Suchanfragen* geben Suchende an, dass sie etwas Bestimmtes tun möchten, z.B. ein Produkt kaufen oder eine PDF-Datei herunterladen. Bei *navigationsorientierten*

Suchanfragen ist das Ziel eigentlich schon bekannt, nur die Webadresse wird via Suchmaschine gesucht. Hierzu zählen Suchanfragen, die Webseitennamen oder Brands enthalten. Die dritte und größte Kategorie macht die klassische *Informationssuche* aus.

Wenn Sie wissen wollen, was aktuell oder im letzten Jahr häufig bei Google gesucht wurde, finden Sie eine Liste mit oft gesuchten Begriffen auf Google Trends.[3]

Hier die fünf Topbegriffe der Charts aus dem Jahr 2022:

1. Ukraine
2. WM 2022
3. Olympia 2022
4. Queen
5. Vladimir Putin

Anhand der Suchanfragen, die von einer großen Nutzeranzahl erhoben wurde, kann man schnell erkennen, was die Menschen im Jahr 2022 bewegt hat. Jahre später werden sich sicher alle, die dieses Jahr bewusst miterlebt haben, auf Grundlage dieser Stichwörter schnell die wichtigsten zeitgeschichtlichen Ereignisse in Erinnerung rufen können. Interessant sind auch die Was- oder Warum-Fragen, die andeuten, dass sehr oft mithilfe von ganzen Fragen Problemlösungen bei Google gesucht werden. Hier die Top fünf der Was-Fragen:

1. Was sind Akren?
2. Was ist die NATO?
3. Was ist ein Oligarch?
4. Was sind Schotterspione?
5. Was bedeutet 2G-Plus?

Die beiden Charts zeigen auch schon ein Problem des Suchmaschinenmarketings. Es werden nämlich nicht nur Suchanfragen gestellt, die mit einem kommerziellen Interesse, z.B. der Suche nach dem `aktuellen iPhone`, verbunden sind, oft geht es um reine Informationen (`Was sind Akren?`) oder um Ereignisse im Zusammenhang mit bekannten Personen des öffentlichen Lebens (`Queen`). Auch Spaß und Unterhaltung sind ein großer Faktor im Internet. Zudem zeigen viele Suchstatistiken, dass nicht ein einzelner Suchbegriff dominiert, häufig suchen die Nutzer mit Wortkombinationen aus zwei bis drei Begriffen.

---

3 *https://trends.google.de*

> **Hinweis: Sätze in Suchanfragen**
> Aufgrund der Weiterentwicklung von Spracherkennungssystemen werden komplette Sätze zukünftig auch einen größeren Teil der Suche ausmachen.

Aus diesem Grund sind die professionelle Vorbereitung, eine gute Keyword-Recherche und die passende Auswahl der Suchbegriffe wichtige Voraussetzungen für gutes Suchmaschinenmarketing. Bei der Recherche müssen alle Aspekte der Suche analysiert und vor allem muss das Bedürfnis potenzieller Kunden genau erkannt werden.

Die große Anzahl an Suchmaschinennutzerinnen und -nutzern in Kombination mit der gezielten Fragestellung, aus der ein Bedarf abgeleitet werden kann, hat die Suchmaschinen zu einer ganz besonderen Schnittstelle im Internet gemacht, die die Suchenden mit den Informationsanbietern, also den Webseiten, auf denen neben Informationen auch die zur jeweiligen Suchanfrage passenden Produkte oder Dienstleistungen angezeigt werden, verbinden.

Beim SEM geht es letztlich darum, dass die eigene Website zu den angefragten Begriffen auf der ersten Suchergebnisseite der Suchmaschine erscheint. Webseitenbesucher, die über eine Suchmaschine eine Unternehmens-Website erreichen, sind normalerweise sehr interessierte und engagierte Besucherinnen und Besucher. Diese Besucher haben nämlich zuvor aktiv mit Begriffen gesucht, die mit den Produkten, Dienstleistungen oder der Unternehmensmarke in Verbindung stehen. Diese aktive Suche unterscheidet sich ganz grundlegend von der passiven Aufnahme einer Werbebotschaft, wie wir sie von Plakatwänden, Zeitschriften oder auch aus der Radio- und Fernsehwerbung kennen. Bei diesen Werbemedien präsentiert sich Werbung nämlich eher zufällig und muss erst um Aufmerksamkeit kämpfen. Wenn Sie gerade kein Kleinkind haben, sind Sie garantiert nicht an einer Werbung zu Babywindeln interessiert – da kann die Werbung noch so gut sein! Falls Sie jedoch »Ferienhäuser Dänemark mieten« in eine Suchmaschine eingegeben haben, ist ein gesteigertes Interesse an einem Urlaub in einem Ferienhaus in Dänemark zu vermuten.

SEM, SEO, SEA – was ist das?

Beim Thema Suchmachinenmarketing fallen immer wieder die Begriffe SEM, SEO und SEA. SEM und SEA werden dabei auch oft gleichgesetzt. Aus unserer Sicht ist *SEM* (*Search Engine Marketing*) der übergeordnete

Begriff. SEA gehört dann genau wie SEO zum Suchmaschinenmarketing. Es ist eine Seite derselben Medaille. Beim *SEO* (*Search Engine Optimization*) versucht der Webseitenbesitzer, in den organischen nicht bezahlten Ergebnissen möglichst weit oben gelistet zu werden, während er mit *SEA* (*Search Engine Advertising*) Anzeigen in den Suchergebnissen platzieren kann. Die SEA-Anzeigen werden bei Google mit einem grünen Marker und dem Hinweis *Anzeige* gekennzeichnet.

Hinweis: Werbekennzeichnung durch Google

Die Kennzeichnung der Werbung hat Google in den letzten 20 Jahren sehr häufig verändert – von einfarbigen Hintergründen in Blau, Grün, Rosa oder Gelb bis hin zu Anzeigenlabels in verschiedenen Farben und unterschiedlicher Hervorhebung. Das grüne Label scheint nicht das Ende der Tests zu sein. Im mobilen Bereich werden die Anzeigen aktuell nur noch in einfacher schwarzer Schrift mit dem Hinweis *Anzeige* oder auch *Gesponsert* gekennzeichnet. Die ständigen Veränderungen machen es gefühlt immer schwerer, Anzeigen von organischen Ergebnissen zu unterscheiden.

Es gibt unter den Suchmaschinen-Marketern viele Diskussionen über Vor- und Nachteile von SEA im Vergleich zu SEO. Grundsätzlich sollte jeder Online Marketing Manager beide Werbemöglichkeiten kennen und beherrschen, da beide Kanäle eine wichtige Rolle spielen. Den größten Erfolg erzielen Webseiten, die beide Traffic-Kanäle nutzen. Denn je öfter ein Unternehmen in den Suchergebnissen auftaucht, desto größer ist der *Branding-Effekt* und damit verbunden das Vertrauen, das in der suchenden Zielgruppe entsteht.

Die Ergebnisse im bezahlten und organischen Ranking ähneln sich auch im Aussehen, so sind z.B. die Titelzeile, der beschreibende Text, die Sitelinks und auch Erweiterungen sehr ähnlich gestaltet. Ergänzungen, wie beispielsweise die gelben Bewertungssterne, findet man ebenfalls in der Form bei beiden Ergebnissen. Es gibt zudem ständig Neuerungen, die Google entweder in der einen oder anderen Darstellung austestet und dann für beide Ergebnisarten übernimmt. (Die anderen großen Suchmaschinen folgen dann oft den Neuerungen bei Google.) Darum können beide Marketingkanäle voneinander lernen. Überprüfen Sie bei beiden Kanälen: Welche Titel, welche Texte, welche Merkmale und welche Zielseiten funktionieren besonders gut, werden also stärker geklickt oder führen öfter zu Conversions?

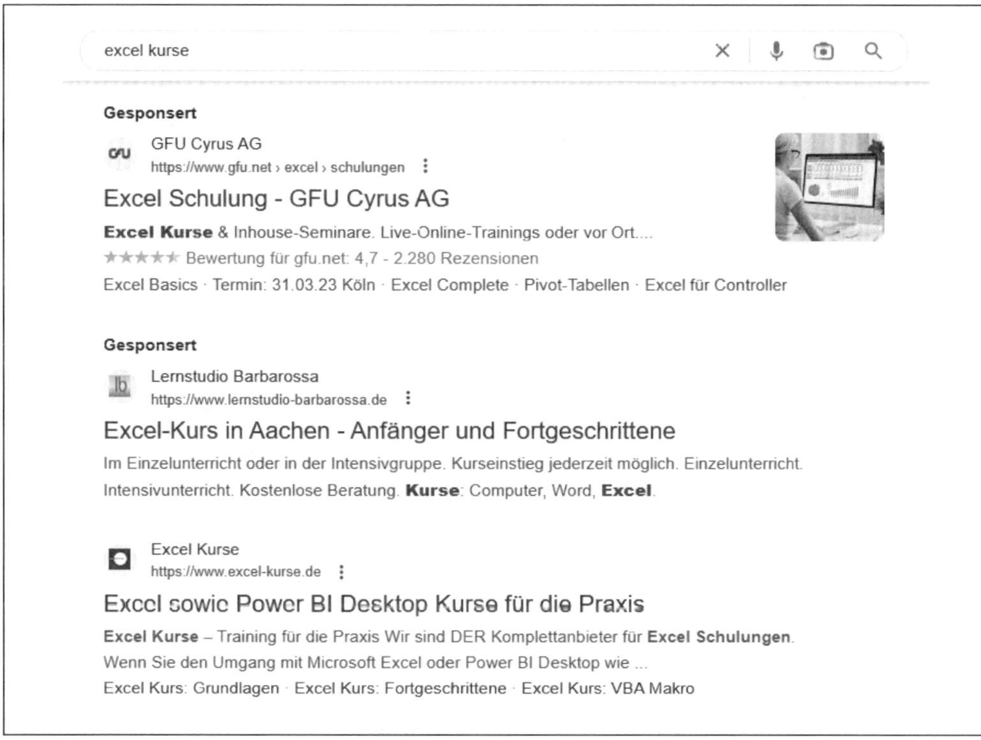

Abbildung 6-1:
Google-Suchergebnis mit SEA- und SEO-Ergebnissen

> **Tipp: Nutzen Sie SEA**
>
> In der Praxis wird SEA oft als Test für SEO genutzt. Zwar muss jeder Klick auf das SEA-Ergebnis bezahlt werden, dafür sind diese Ergebnisse jedoch sehr schnell sichtbar und können daher auch kurzfristig getestet werden. Mit SEA können Sie zum Beispiel schnell und einfach Keywords testen. Gute Testergebnisse im SEA-Bereich können dann als Vorgabe für die SEO-Optimierung dienen.

Wichtige Grundbegriffe des Suchmaschinenmarketings

Es gibt beim Thema SEA, genau wie bei den anderen Online-Marketing-Themen, viele Fachbegriffe, die aus dem englischen Sprachraum stammen, weil sich das Suchmaschinenmarketing dort zuerst entwickelt hat. Einige wichtige Begriffe, die jeder kennen sollte und die das Thema SEA gut erklären, stellen wir hier kurz vor. Anhand der Begriffe können dann viele Funktionen der Werbekampagnen im Suchmaschinenmarketing einfacher erläutert werden.

Impressions (Impressionen)

Da wären zunächst die *Impressionen*, die eine erste wichtige Kennzahl darstellen. Impressionen geben an, wie oft eine Anzeige ausgespielt wurde. Beim Ausspielen wird Interessierten zu passenden Suchanfragen ein Ergebnis in der Suchergebnisliste angezeigt. Erzeugt ein vorgegebenes Keyword keine Impressionen, haben wir ein großes Problem, denn unsere Werbebotschaft wird erst gar nicht von potenziellen Kunden gesehen. Die reine Auslieferung einer Anzeige kostet beim klassischen Suchmaschinenmarketing nichts, erst der Klick verursacht Werbekosten.

Click (Klick)

Der *Klick* auf die Anzeige führt zur Webseite. Dies muss nicht immer die Startseite eines Unternehmens sein, im Gegenteil. In den meisten Fällen ist es angebracht, eine spezielle Unterseite oder am besten eine eigens gestaltete Landingpage anzusteuern. Die Anzahl und die Verteilung der Klicks zeigen Ihnen in den Statistiken, welche Suchbegriffe und welche Anzeigen für die Nutzerinnen und Nutzer der Suchmaschinen interessant waren.

CTR = Click-Through-Rate (Klickrate)

Die *CTR*, oder auch vereinfacht *Klickrate*, gibt das prozentuale Verhältnis zwischen Auslieferung der Anzeige (Impression) und Klick auf die entsprechende Anzeige an. Eine Klickrate von 3 bis 5 % kann bei allgemeinen Keywords schon als gut angesehen werden. Wenn also bei 100 Anfragen mit entsprechender Werbeeinblendung drei bis fünf Google-Nutzer auf meine Anzeige klicken, ist das schon ein recht gutes Ergebnis. Aber was machen dann die anderen rund 95 %? Diese Suchmaschinennutzer klicken auf konkurrierende Anzeigen, auf die organischen SEO-Ergebnisse oder verändern ohne Klick die Suche, was dann wieder neue Impressionen und vielleicht andere Anzeigeneinblendungen erzeugt. Viele Werbende empfinden 95 % nicht realisierter Klicks als recht hoch, es gibt aber eben auch viele weitere Möglichkeiten, auf ein Suchergebnis zu reagieren – und das muss nicht immer der Klick auf die SEA-Anzeige sein.

Eine durchschnittliche CTR von 3 bis 5 % ist jedoch nicht typisch für die Suche nach Marken oder Nischenprodukten, bei denen der Werbende Marktführer ist. In diesem Fall sind CTRs von 20 bis 30 % eine normale Größenordnung. An diesen beiden Beispielen können Sie schon erkennen, dass es schwer ist, eine durchschnittliche CTR zu benennen.

Hinweis: Gute oder schlechte CTRs

Bei CTRs, die unter 1 % liegen, sollten Sie auf jeden Fall etwas kritischer hinschauen. Oft sind die Suchbegriffe zu allgemein gewählt, oder die Anzeigen passen nicht zum Suchbegriff. Das kann auch daran liegen, dass oft genutzte und unpassende Ergänzungen zum Keyword, wie zum Beispiel `gebraucht`, `kostenlos`, `ebay`, `job` etc., vorher nicht explizit ausgeschlossen wurden.

CPC = Cost per Click (Kosten pro Klick)

Das klassische SEA beruht auf dem *Cost-per-Click*-Prinzip. Bei dieser Abrechnungsmethode zahlt der Werbende nur für den Klick auf seine Anzeigen, der den Suchenden dann zur passenden Zielseite weiterleitet. Darum wird das SEA-Marketing auch oft als PPC-Marketing bezeichnet, wobei *PPC* für *Pay per Click* steht. Beim CPC müssen Sie zwischen dem durchschnittlichen CPC und dem maximalen CPC unterscheiden. Den durchschnittlichen CPC finden Sie als Klickpreis in den Statistikberichten wieder.

Da sich der tatsächliche Klickpreis je nach Zeitpunkt und Konkurrenzsituation immer ein wenig verändert, zeigt die Statistik stets einen durchschnittlichen Wert. Auf der anderen Seite gibt es den sogenannten maximalen CPC. Dieser entspricht dem maximalen Klickpreis, den Sie zu zahlen bereit sind. Dieser Preis wird von Google Ads auch nicht überschritten, im Zweifel wird Ihre Anzeige nicht ausgeliefert, falls der benötigte CPC über dem von Ihnen definierten Maximum liegt. Maximale CPCs können für eine Gruppe von Keywords festgelegt werden. Die Erfahrung zeigt jedoch, dass nach einer ersten Erprobungsphase letztlich fast jedes Keyword einen eigenen maximalen CPC erhält, denn die Änderung des maximalen CPC ist der einfachste und schnellste Weg, um das Google-Ads-Ranking eines Keywords nach oben zu verändern – oder aber auch nach unten, wenn Sie den CPC reduzieren.

Achtung: Vorsicht bei automatisierter Gebotsfunktion

Falls Sie automatisierte Gebotsfunktionen in Ihrem Konto aktiviert haben, kann der tatsächliche Klickpreis auch über Ihrem maximalen CPC liegen.

Bei automatisierten Gebotsstrategien übernimmt das System die Steuerung der Gebote, ein maximaler CPC kann dann bei einer Strategie zur Maximierung der Conversions nicht mehr festgelegt werden. Das Ads-

System hat hier nur die Aufgabe, möglichst viele Leads oder Sales innerhalb des vorgegebenen Budgets zu erzielen. Veränderte Gebote haben jedoch keine Auswirkungen auf das festgesetzte Tagesbudget, was oft fälschlicherweise befürchtet wird. Das System kann zwar mehr für einen einzelnen Klick ausgeben, aber nicht mehr als das von Ihnen vorgegebene Budget.

Neben dem CPC werden Sie im Online-Marketing auch noch andere Abrechnungsmethoden kennenlernen. Es gibt zum Beispiel das *CPM*-Modell (*Cost per Mille* – entspricht dem klassischen Tausender-Kontakt-Preis [*TPK*]) im Display-Netzwerk, bei dem man für 1.000 Einblendungen zahlt. Bei diesem Modell spielt es keine Rolle, ob kein, ein oder 1.000 Interessierte auf die Anzeige klicken, der Preis ändert sich nicht. Die *Cost-per-View*-Gebote findet man in der Videowerbung bei YouTube. Hier bezahlen Sie für Videoaufrufe, aber auch für Interaktionen mit dem Video. Beim Cost-per-View-Modell führt also das Abspielen und Betrachten eines Videos schon zu Kosten für den Werbenden. Daher gibt es sogenannte TrueView-Anzeigen, bei denen das Video mindestens 30 Sekunden oder kürzere Videos bis zum Ende angeschaut werden müssen, bevor Werbekosten entstehen.

Budget

Das *Budget* einer Werbekampagne ist eine wichtige Vorgabe. Es wird bei Google Ads und Bing Ads bei den meisten Kampagnentypen als Tagesbudget vorgegeben. In der Praxis denken aber viele große und mittelständische Unternehmen oft in Jahres- bis Monatsbudgets. Diese müssen dann entsprechend auf Tagesbudgets heruntergerechnet werden. Das Tagesbudget multipliziert mit 30,4 (die durchschnittliche Anzahl der Tage eines Monats) ergibt bei Google Ads das Monatsbudget, das dann auch nicht überschritten wird. Auf der anderen Seite werden jedoch Anteile des Tagesbudgets, die nicht genutzt werden, nicht in die folgenden Tage übernommen.

Wenn Sie als Marketing-Manager Monats- oder Halbjahresbudgets nutzen, müssen Sie durch regelmäßige Kontrollen und Anpassungen die Budgets verteilen. Das kann auch über Automatisierungen in Form von Regeln und Skripten gemanagt werden. Oft gehen Google-Ads-Nutzer aber ohne eine Budgetvorstellung an eine Kampagne heran. Wird über das Keyword-Tool in Google Ads eine Budgetschätzung vorgegeben, wird diese oft ungefragt übernommen. Google sollte aber keinesfalls Ihr Werbebudget vorgeben. Das Budget muss noch immer das Unternehmen in Person des Marketing-Managers vorgeben, da nur das

Budget genutzt werden kann, das das Unternehmen zur Verfügung stellt. Liegen die Vorgaben von Google und die eigenen Vorstellungen weit auseinander, muss über Einschränkungen der Werbekampagne nachgedacht werden. Mit folgenden Einschränkungen kann man das Budget begrenzen:

- regionale Einschränkungen
- zeitliche Einschränkungen (Tage und Stunden)
- Reduzierung der Keywords
- stärkere Nutzung der einschränkenden Keyword-Optionen

Hinweis: Tagesbudget und Monatsbudget

Insgesamt definiert das Tagesbudget multipliziert mit 30,4 die monatliche Höchstgrenze, die nicht überschritten wird. Sollte das einmal passieren, werden diese Ausgaben im Konto nachträglich gutgeschrieben.

Conversions (Konversion/Umwandlung)

Von einer *Conversion* spricht man, wenn das Ziel eines Webseitenbesuchs erreicht wurde, weil der Webseitenbesucher in einen Kunden oder Kontakt etc. gewandelt wurde. Was genau das Ziel ist, bestimmt der Webseitenbesitzer. Dieser muss also zunächst das Ziel oder auch mehrere Ziele festlegen.

Tipp: Was mache ich, wenn meine Webseite keine Ziele besitzt?

Normalerweise sollte jeder Webseitenbesitzer schon bei der Erstellung Ziele definieren. Es kann aber auch sein, dass der Internetauftritt eine reine Informationsseite darstellt oder der wichtigste Kundenkontakt ein Anruf zur Terminvereinbarung ist. In diesem Fall kann es sinnvoll sein, bestimmte Handlungen, z.B. den Aufruf des Ansprechpartners auf der Webseite oder das reine Interesse (Engagement) an der Webseite, zu messen. Führen Sie jedoch keine Messungen durch, sind Sie quasi »blind« und können so keine Aussage zur Qualität der Webseitenbesuche machen. Dies führt irgendwann auf jeden Fall bei Ihren Vorgesetzten oder Ihren Kunden zur Frage nach dem Sinn der bezahlten Werbung.

Um das Erreichen der Ziele mit den anderen Kennzahlen auswerten zu können, muss ein entsprechender Tracking-Code implementiert werden.

```
<!-- Google tag (gtag.js) -->
<script async src="https://www.googletagmanager.com/gtag/js?id=AW-15..."></script>
<script>
  window.dataLayer = window.dataLayer || [];
  function gtag(){dataLayer.push(arguments);}
  gtag('js', new Date());

  gtag('config', AW-15...');
</script>
```

Abbildung 6-2:
Beispiel: Google-Ads-Conversion-Tag

Für jedes Unterziel, das Sie in Google Ads anlegen, wird basierend auf dem Standardcode eine spezielle Webseite am Ende eines Kaufs oder eine Anfrage (oft »Danke-Seite« genannt) bestimmt. Alternativ kann auch ein Ereignis mithilfe eines zusätzlichen Codeschnipsels gemessen werden. Für Google Ads wird das *Global Site Tag* einmal in den <head> jeder Seite eingebaut, das Snippet für das Ereignis wird dann passend mit einer JavaScript-Aktion verknüpft. Möchten Sie eine Aktion (ein Event) tracken, etwa einen Klick auf einen Button als Conversion, dann wird in der Praxis der Einbau des passenden Codes häufig mithilfe eines Webseitenadministrators umgesetzt. Ein passender JavaScript-Code für das Tracking wird nicht nur im Google-Ads-Konto, sondern auch bei anderen Anbietern, zum Beispiel bei Microsoft Advertising, bereitgestellt, denn das Tracking einer Conversion ist ein wichtiger Indikator für den Erfolg einer SEA-Kampagne. Jeder Anbieter benötigt aber seinen eigenen Code, um das Tracking auf der Webseite durchzuführen.

Eine Conversion kann die Bestellung eines Produkts, eine Kontaktanfrage, der Download eines PDF-Dokuments oder auch nur der Aufruf einer bestimmten Seite sein. Dabei wäre eine Bestellung eine *starke Conversion*, auch *Makro-Conversion* genannt, während der Besuch einer bestimmten Seite, z.B. der Kontaktseite eines Ansprechpartners, eine sehr *schwache Conversion* (*Mikro-Conversion*) wäre, weil diese Aktion noch kein eindeutiger Hinweis auf einen neuen Kunden wäre. Die Messung einer Mikro-Conversion ist jedoch besser, als gar nichts zu messen! Auch schwache Conversions können tendenziell Hinweise auf gute oder weniger gute Keywords und Anzeigentexte bieten. In vielen Kampagnen fehlt das Conversion-Tracking, weil SEA natürlich auch ohne Conversion funktioniert. Zur Beurteilung der Qualität und der Sinnhaftigkeit einer Werbekampagne ist es jedoch notwendig, Conversions zu messen, ansonsten messen Sie nur die Besucher der beworbenen Webseiten – und Besucher sind noch lange keine Kunden!

Im Google-Ads-Konto können Sie Ihre Conversions als »primäre Aktion« (*Makro-Conversion*) oder als »sekundäre Aktion« (= *Mikro-Con-*

version) kennzeichnen. Bitte beachten Sie, dass nur eine Conversion, die als »primäre Aktion« eingeordnet wurde, als Vorgabe zur Optimierung von Conversions und Conversion-Werten genutzt wird.

Achtung: Leider gibt es in vielen Ads-Konten noch einen Übersetzungsfehler, und Google bezeichnet die Conversions in der Übersicht als »primäre Zahlungsmethode« statt als »primäre Aktion«. Das führt unnötigerweise zu Verwirrung bei den Google-Ads-Nutzern.

> **Tipp: Conversion-Tracking via Google Analytics 4 Property (GA 4)**
>
> Falls Google Ads und Google Analytics im Zusammenspiel genutzt werden, empfiehlt es sich, Conversion-Tracking via GA 4 zu nutzen. In GA können auch automatisch getrackte Events per Schieberegler als Conversion markiert werden.

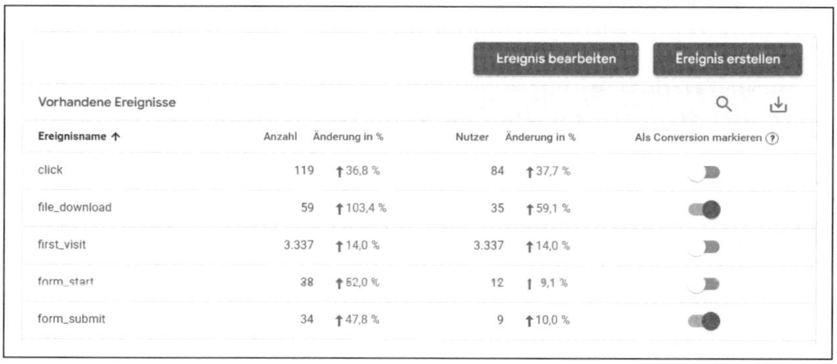

Abbildung 6-3:
Events in Google Analytics 4 als Ziele definieren

Dies hat zum einen den Vorteil, dass kein zusätzlicher Eingriff in den Webseitencode erforderlich ist. Auch die Erstellung neuer Conversions erfordert dann keinen weiteren Eingriff, da die Aktionen über einen Google-Analytics-Code (seit Juni 2023 gibt es nur noch die Möglichkeit, Daten via Google Analytics 4 Property zu erfassen) gemessen werden, der typischerweise in jede Unterseite eingebaut sein muss, wenn Analytics richtig funktionieren soll.

Der zweite Vorteil liegt darin, dass über den Analytics-Code das Besucherverhalten und somit das erreichte Ziel viel einfacher bestimmt werden können. Sie können nämlich nicht nur den Besuch bestimmter Seiten tracken, sondern auch das Engagement der Webseitenbesucher über das automatisch getrackte Scroll-Event oder den Download-Klick messen. Diese Events werden einfach von GA 4 getrackt, wenn die Events in den optimierten Analysen aktiviert sind. Im nächsten Schritt können die Events bei GA 4 einfach als Ziele (Conversions) definiert werden, indem hinter den Events ein Regler nach rechts geschoben wird.

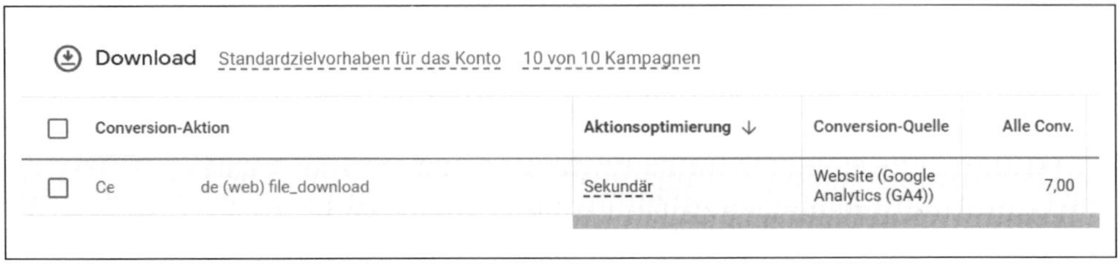

Abbildung 6-4:
Analytics-Ziel als Conversions im Google-Ads-Konto

> **Tipp: Conversion auf Kampagnenebene festlegen**
>
> Sie können in Google Ads alle Conversion-Aktionen für alle Kampagnen nutzen oder auch bestimmte, ausgewählte Ziele für einzelne Kampagnen oder Kampagnengruppen festgelegen. Wenn Sie in Ihrem Ads-Konto mehrere unterschiedliche Conversions nutzen, bietet Ihnen die Auswahl bestimmter Ziele einen entscheidenden Vorteil, da Sie nun Ihre Kampagne ganz genau auf das jeweilige passende Ziel durch Conversion-Optimierung steuern können. Wenn Sie die Standardeinstellung nutzen, ist jedes wichtige Ziel, das erreicht wird, auch Auslöser für eine Conversion-Optimierung – falls Sie die automatische Gebotsstrategie eingestellt haben.

Kampagnen

Ein SEA-Werbekonto ist sowohl bei Google als auch bei Microsoft auf Kampagnen aufgebaut. Diese stellen die oberste Ordnung dar, und die Grundeinstellungen der Werbung werden hier festgelegt. Bei der Anlage der Kampagnen entscheiden Sie zunächst den Kampagnentyp, dies ist für die reinen SEA-Kampagnen der Typ »Suchnetzwerk«. Folgende Grundeinstellungen legen Sie zudem für eine Kampagne fest:

- die Zielregion der Anzeigenschaltung
- die Gebotsstrategie für die Kampagne

> **Hinweis: Gebotsstrategien in Google Ads**
>
> Google Ads bietet seinen Nutzerinnen und Nutzern ein kleines Bid-Management-Tool (siehe hierzu den Abschnitt »Steuerung des Bid-Managements« weiter unten in diesem Kapitel) mit rudimentären Funktionen. Mit wenigen Einstellungen können Strategien erstellt werden, die automatisch Klicks oder Conversions maximieren oder auf Sichtbarkeit für be-

stimmte Keyword-Positionen bieten. Der Google-Ads-Nutzer kann festlegen, was ein Kunde kosten darf oder wie viel Prozent Umsatz mit einem Werbe-Euro erzielt werden soll.

Diese Gebotsstrategien funktionieren jedoch nur dann gut, wenn auch entsprechende Conversions erstellt und ausgelöst wurden. Sie benötigen aus meiner Sicht immer eine ausreichende statistische Basis, damit solche Strategien automatisiert gut funktionieren. Früher hat Google eine Basis von mindestens 15 Conversions in den letzten 30 Tagen genannt. Aktuell sagt Google, dass sie auch mit weniger Signalen aus erzielten Conversions auskommen. Wenn jedoch die Conversions nicht aus den eigenen Kampagnen erzielt werden, muss Google auf vergleichbare Daten von anderen Konten zurückgreifen. Diese Methode birgt aus meiner Sicht die Gefahr, dass Google dann eventuell ein anderes Geschäftsmodell als Grundlage für die Optimierung der Kampagnen wählt. Das funktioniert bei kleinen und mittelständischen Werbenden und in einem Nischenmarkt nicht so gut wie bei gängigen Geschäftsmodellen.

- das Tagesbudget
- Startdatum und Laufzeit der Kampagne
- bei speziellen Strategien die Schaltung bzw. die prozentuale Abweichung des Standardgebots für die verschiedenen Endgeräte (Computer, Smartphone, Tablet)
- bei speziellen Strategien die Wochentage und die Uhrzeiten für die Schaltung

Tipp: Werbeschaltung für bestimmte Endgeräte ausschließen

Sie haben im Google-Ads-Konto zunächst keine Möglichkeit, Ihre Anzeigen für bestimmte Endgeräte auszuschließen. Sie können aber über die prozentuale Einstellung der Gebote die Schaltung zum Beispiel für Smartphones um 100% reduzieren. Dies ist dann gleichbedeutend mit einem Ausschluss der Werbeauslieferung auf Smartphones.

Falls Sie also mit Blick auf die oben genannten Punkte Kampagnen mit unterschiedlichen Ausrichtungen schalten möchten, müssen Sie mit mehreren Kampagnen arbeiten. Sie könnten zum Beispiel eine Kampagne speziell auf Mobilgeräte ausrichten, die nur in bestimmten deutschen Großstädten geschaltet werden, weil Sie eine bestimmte Zielgruppe ansprechen möchten. Oder Sie könnten eine Kampagne für ein einzelnes Keyword mit einem bestimmten Tagesbudget schalten. In vielen Fällen reicht aber auch eine Kampagne. Bitte denken Sie daran, es gibt hier kein richtig oder falsch, die Einteilung beruht ausschließlich auf Ihrer Strategie.

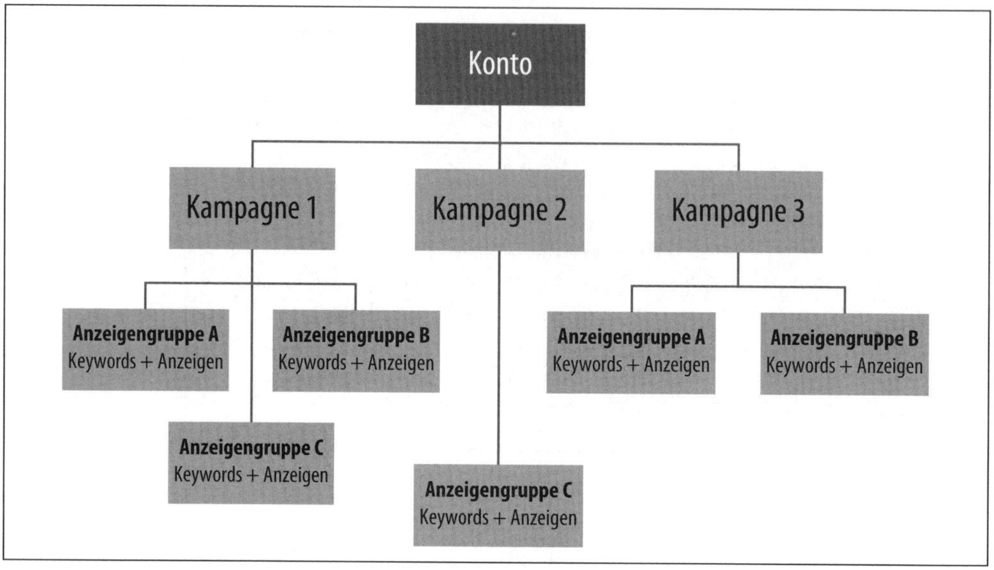

Abbildung 6-5:
Überblick über den Kontoaufbau eines Google-Ads-Kontos (© Guido Pelzer)

Anzeigengruppen

Unterhalb der Kampagnen befinden sich die Anzeigengruppen. Kampagnen und Anzeigengruppen werden oft verwechselt. Während die Kampagnen wie gezeigt die Grundeinstellungen vorgeben, sorgen die Anzeigengruppen dafür, dass Suchbegriffe und die zugehörigen Anzeigentexte verknüpft werden. Eine Anzeigengruppe enthält optimalerweise nur Keywords zu einem bestimmten Thema und dazu dann die entsprechende Anzeige. Bei den Keywords sollte man sich auf 10 bis 15 Variationen pro Anzeigengruppe beschränken. Bei den Anzeigen setzt Google auf die sogenannten responsiven Anzeigen. Dies bedeutet, dass Google letztlich die Zusammenstellung des Endergebnisses, also der ausgelieferten Anzeige, bestimmt. Google-Ads-Managerinnen und -Manager geben nur die unterschiedlichen Titel und Beschreibungstexte zur Auswahl vor. Eine genaue Vorgabe der ausgelieferten Anzeige lässt sich zunächst nicht durch den Werbenden bestimmen. Welche Vorgaben Sie genau einstellen können, erfahren Sie nachfolgend im Abschnitt »Anzeigen« auf Seite 279.

Eine Ausnahme bildet jedoch die Möglichkeit, bestimmte Titel und Beschreibungstexte festzupinnen. Dies geschieht mithilfe eines Stecknadelsymbols, das bei einer Mouseover-Bewegung erscheint.

Falls Sie das Festpinnen für Ihre Anzeigen ausprobieren möchten, sollten Sie folgende Tipps beachten:

- Der dritte Anzeigentitel und der zweite Beschreibungstext können zwar festgepinnt werden, diese Positionen sind jedoch bei der Auslieferung nicht garantiert. Daher sollten Sie wichtige Informationen an erster oder zweiter Stelle im Titel festpinnen und zudem einen wichtigen Call-to-Action in dem Beschreibungstext unterbringen, den Sie an erster Stelle festpinnen möchten.
- Sie können mehrere Titel (und Beschreibungen) an gleicher Position festpinnen. Diese werden dann im Wechsel an diesen Positionen ausgeliefert.

Tipp: Anzeigentexte testen

Ein echter Test mit unterschiedlichen Anzeigentexten ist seit Einführung der responsiven Textanzeigen nicht mehr notwendig und auch schwer durchführbar. Trotzdem können Sie immer noch die Variante mit verschiedenen Anzeigentiteln und Beschreibungen, die das Google-Ads-System selbst zusammenstellt, im Vergleich zu Ihren eigenen Anzeigenideen, bei denen Sie bestimmte Vorteile und CTAs bewusst in Anzeigentiteln und Beschreibungen an bestimmten Stellen festgepinnt haben, testen. Bei diesem Test hilft dann am Ende die Klick- und/oder Conversion-Rate der Anzeige bei der Leistungsbeurteilung der Varianten.

Hinweis: Bei Tests mit größeren Konten hat sich herausgestellt, dass die freie Variante von Google bei der CTR bessere Ergebnisse erzielt, da Google die Anzeigen gut auf die jeweilige Suchintention ausrichten kann. Bei den Conversions haben jedoch Anzeigen mit fest eingestellten Vorgaben mehr Erfolge erzielt.

Für einen aussagekräftigen Test sollten Sie darauf achten, dass in der Kampagneneinstellung eine gleichmäßige Schaltung der Anzeigen festgelegt ist. Auf diese Weise können Sie bei gleichmäßiger Auslieferung der Anzeigenschaltung (50% Google-Ideen zu 50% eigene Anzeigenideen) testen, welche Anzeigenvariante für Ihre Zielgruppe besser funktioniert. Geben Sie den Anzeigen jedoch etwas Zeit, damit das Ergebnis am Ende eine größere Aussagekraft besitzt.

Ein wichtiger Optimierungsgrundsatz auf der Ebene der Anzeigengruppen besteht darin, die einzelnen Werbethemen (Produkte oder Dienstleistungen) möglichst fein in unterschiedliche Anzeigengruppen zu verteilen. Mit einem Beispiel wird dieser Tipp noch etwas deutlicher. Wenn Sie Laufschuhe bewerben, unterteilen Sie Ihre Anzeigengruppen in Herren- und Damenlaufschuhe, aber auch in Freizeit- und Marathonlaufschuhe. Natürlich unterscheiden Sie die einzelnen Marken, die Sie im Sortiment haben, wie z. B. Asics, Nike, Adidas, Puma, Mizuno etc. Für jede Marke erstellen Sie wiederum eine eigene Anzeigengruppe. Vielleicht kann es sogar sinnvoll sein, eine eigene Anzeigengruppe für rote Laufschuhe zu erstellen, wenn gerade rote Laufschuhe der Renner im Internet sind. Hier kommen wir an den Punkt, an dem man zwischen Aufwand und Nutzen abwägen muss. Eine feine Unterteilung in eine eigene Anzeigengruppe ist zunächst immer sinnvoll. Wenn ein bestimmter Artikel aber nur ein paar Mal im Jahr nachgefragt wird, stellt sich immer die Frage nach dem Aufwand, den man betreiben muss, um ganz gezielt einen bestimmten Nutzer abzuholen.

Keywords (Suchbegriffe)

Keywords sind der wichtigste Bestandteil des Suchmaschinenmarketings, denn diese Art des Online-Marketings beruht darauf, dass User der Suchmaschinen Begriffe, Fragen, Themen etc. in die Suche eingeben und dann dazu passende Werbung ausgeliefert bekommen (und/oder organische Ergebnisse). Der erste wichtige Gedanke beim Suchmaschinenmarketing besteht darin, dass die Werbung auch zu dem Suchbegriff passen sollte. Dies ist jedoch oftmals nicht der Fall, und das hat viele Gründe:

1. Der vorgegebene Suchbegriff wurde nicht stark genug beschränkt, sodass der Anzeigenvermarkter (Google, Bing, Yahoo! etc.) einfach weitgehend ähnliche Begriffe als Vorgabe für die Auslieferung der Werbung zulässt, wodurch die Suche dann in einigen Fällen nicht mehr zum Anzeigentext passt. Bei einer weitgehenden Keyword-Schaltung kann z. B. aus einem Tennisschläger ein Badmintonschläger werden. Die Anzeigen, die auf die Top-Tennisschläger der aktuellen Saison getextet wurde, passen dann natürlich nicht mehr.
2. Fehlende Einschränkung in Kombination mit fehlenden Begriffen, die ausgeschlossen werden sollten (auszuschließende Keywords), führen dazu, dass eine Suchphrase wie zum Beispiel `gebrauchte Laufschuhe` eine Anzeige auslöst, die aber nur neue Laufschuhe im Webshop verkaufen möchte – und schon wieder passt die Anzeige nicht.
3. Es gibt aber auch Werbende, die unbedingt bei Begriffen erscheinen möchten, die nicht zu ihrem Produkt/ihrer Dienstleistung passen. Die Schaltung der eigenen Werbung zu Marken und Firmennamen der Konkurrenz ist nur ein Beispiel dafür. Es gibt darüber hinaus häufiger die Idee, zu sehr allgemeinen Begriffen zu erscheinen, die keinen direkten Bezug zum Produkt haben. So möchte beispielsweise ein Rennradverkäufer, dass seine Anzeige auch bei der Suche nach `Ausdauer` erscheint. Dies ist natürlich ein Extrembeispiel, aber so ähnliche Ideen erlebt man oft in der Praxis. Diese Art der Anzeigenschaltung funktioniert im SEA jedoch nicht!

> **Tipp: Setzen Sie die Kundenbrille auf**
>
> Bei der Auswahl Ihrer Keywords sollten Sie immer die Sicht Ihrer Kunden einnehmen. Ziehen Sie die Kundenbrille an und fragen Sie sich, ob Sie wirklich mit diesem Keyword suchen würden, wenn Sie das Produkt oder die Dienstleistung erwerben möchten.

Keyword-Optionen

Neben der gründlichen Keyword-Recherche ist die richtige Nutzung der Keyword-Optionen ausschlaggebend für den guten Start einer Kampagne. Google Ads unterscheidet dabei drei Standardausrichtungen:

- weitgehend passend
- passende Wortgruppe
- genau passend

Diese Standardausrichtungen werden verfeinert mit den negativen Keywords, den

- auszuschließenden Keywords.

1. **Weitgehend passend** – Dies ist die Standardoption im Google-Ads-Konto, was bequem ist, aber auch sehr gefährlich werden kann. Bei dieser Option lösen nämlich nicht nur die vorgegebenen Keywords die Schaltung der Anzeige aus, sondern auch ähnliche und verwandte Suchanfragen. Zudem können noch Begriffe ergänzt werden, die man nicht vorgegeben hat. So kann die Vorgabe `laufschuhe` auch eine Anzeige auslösen, bei der nach `gebrauchte joggingschuhe` gesucht wird. Die weitgehend passende Option wird oft zu Beginn einer Kampagne genutzt, um noch zusätzliche Ideen und Statistiken zu weiteren Keywords zu erhalten oder wenn das Suchvolumen für eine bestimmte Nische grundsätzlich zu gering ist. Die Kampagnen müssen dann aber täglich beobachtet und viele unpassende Begriffe als negative Keywords laufend herausgefiltert werden. Ansonsten besteht die Gefahr, dass man schnell hohe Kosten für unpassende Keywords generiert.
2. **Passende Wortgruppe** – Mit dieser Option wird der Suchbegriff eingeschränkt, wobei Wortgruppe auch ein einzelnes Wort sein kann. Die Suchbegriffsvorgabe wird in Zitatzeichen eingebettet. Dies bedeutet, dass der Begriff auf jeden Fall in der Suche vorkommen muss. Wenn wir die Keyword-Kombination `laufschuhe herren`als passende Wortgruppe schalten, kann nun nur noch eine Suchanfrage die Anzeigen auslösen, die `laufschuhe herren`

enthalten. Aber auch diese Option schützt nicht vor ergänzenden Ausdrücken, wie z.B. `laufschuhe herren testberichte`.

3. **Genau passend** – Wenn wir die Suchanfragen, die zu einer Anzeigenschaltung führen, exakt vorgeben möchten, muss die genau passende Option eingestellt werden. Hier lässt Google Ads nur Varianten im Bereich Singular/Plural oder bekannte Falschschreibweisen zu. Ein Nachteil der genau passenden Option besteht darin, dass viele Variationen zu der Kampagne eingestellt werden müssen. Bei [`laufschuhe herren`] würde die Suchanfrage eines potenziellen Kunden mit den Begriffen `laufschuhe herren webshop` die Anzeige nicht auslösen, weil `webshop` nicht im ursprünglichen genau passenden Keyword-Set enthalten ist.

Tipp: Achten Sie auf die Aufweichung durch Google

Google hat im Laufe der Zeit die Keyword-Optionen immer mehr aufgeweicht. Das bedeutet, dass Google die Vorgaben der Beschränkungen durch die Keyword-Optionen nicht mehr so zwingend umsetzt, wie das früher der Fall war. (Wenn Google mehr Möglichkeiten zulässt, kann es natürlich häufiger Anzeigen ausspielen und so insgesamt mehr Klicks und Werbekosten generieren.) Während dies bei Falschschreibweisen, der Nutzung von Singular und Plural und sehr engen Synonymen noch einen nützlichen Effekt für die Werbenden hat, gibt es jedoch auch Situationen, in denen die Suchanfragen bei passender Wortgruppe und genau passender Variante nur noch wenig mit der Vorgabe gemein haben. Es passiert leider in der Praxis öfter, dass Google eine falsche Suchintention hinter einem Keyword vermutet.

Ein Beispiel aus der Praxis zum Verständnis: Google vermutet hinter der Suche nach `Flugdrohnen` Google-User, die eine Drohen kaufen möchten. Dann ist eine Kombination aus Flugdrohen und Kameras sinnvoll. Wenn man jedoch eine Dienstleistung, bei der Flugdrohen Vermessungen vornehmen, bewerben möchte, ergibt die Kombination aus Drohne und Kamera keinen Sinn. Diese Kombination bietet Google jedoch an, indem Optionen aufgeweicht werden – und das ist dann sehr ärgerlich.

Sie sollten sich daher regelmäßig die tatsächlichen Suchanfragen im Google-Ads-Konto anschauen und unerwünschte Kombinationen als negative Keywords hinzufügen. So können Sie die ungewollte Aufweichung der Keyword-Optionen besser beherrschen.

4. **Auszuschließende Keywords (oder negative Keywords)** – Die sogenannten negativen Keywords sind aus meiner Sicht die wichtigste Keyword-Option, obwohl sie eigentlich keine richtige Option sind. Mit den auszuschließenden Keywords legen Sie nämlich diejenigen Begriffe fest, die nicht in der Suchanfrage

eines potenziellen Kunden vorkommen dürfen. Begriffe wie `kostenlos`, `preisvergleich`, `anleitung`, `job`, `bücher` etc. zeigen, dass der Suchende nicht als potenzieller Kunde infrage kommt. Bitte beachten Sie, dass es trotzdem keine allgemeingültige Liste von auszuschließenden Keywords gibt, da je nach Art der Kampagne bestimmte Begriffe nützlich sein können. Wenn Ihre Landingpage einen Preisvergleich Ihrer Produkte zeigt, ist der Begriff `preisvergleich` vielleicht ein passender Suchbegriff.

> **Tipp: Ausschluss negativer Keywords**
>
> Schließen Sie die negativen Keywords möglichst auf oberster Ebene aus, also auf der Kontoebene für alle Kampagnen. Dann haben Sie weniger Arbeit und müssen bestimmte Keywords nicht mehrfach als auszuschließende Keywords eingeben. Im Google-Ads-Konto können Sie die Listen mit den negativen Keywords in der gemeinsam genutzten Bibliothek ablegen und dann mit mehreren oder am besten allen Google-Ads-Kampagnen verknüpfen.

5. **Keyword-Optionen** – Diese können über eine Drop-down-Liste im Google-Ads-Konto verändert werden. Durch Hinzufügen der verschiedenen Zeichen kann man aber auch bereits bei der Eingabe Optionen festlegen. In der folgenden Grafik werden die entsprechenden Symbole in der ersten Spalte angezeigt.

Keyword mit Option	Keyword-Option	Beispiel-Suchanfrage
laufschuhe	Weitgehend passend	joggingschuhe
"laufschuhe herren"	Passende Wortgruppe	günstige laufschuhe herren kaufen
[laufschuhe]	Genau passend	laufschuhe / laufschuh
-gebrauchte	Auszuschließendes Keyword	~~gebrauchte laufschuhe~~

Abbildung 6-6:
Beispiele zu den unterschiedlichen Keyword-Optionen

Anzeigen

Nach den Keywords sind die Textanzeigen, wie bereits erwähnt, ein weiteres wichtiges Element Ihrer SEA-Kampagne. Eine Textanzeige muss die passende Antwort auf das Anliegen des Suchmaschinenusers liefern. Bei Werbekampagnen ist dies meistens das passende Produkt, die richtige Dienstleistung oder allgemein die Lösung zu dem angefragten Problem. SEA-Kampagnen-Manager und -Managerinnen haben zunächst einmal nur wenige Zeichen zur Verfügung, um die richtige Botschaft an die Menschen zu bringen.

Google bietet aktuell nur noch die sogenannten responsiven Suchanzeigen an. Bei diesen Anzeigen stellt Google am Ende eine aus Sicht der Suchmaschinen passende Anzeige zu der Suchanfrage zusammen. SEA-Manager haben aktuell nur die Möglichkeit, unterschiedliche Elemente zur Auswahl anzubieten. Folgendes steht für eine responsive Anzeige zur Verfügung.

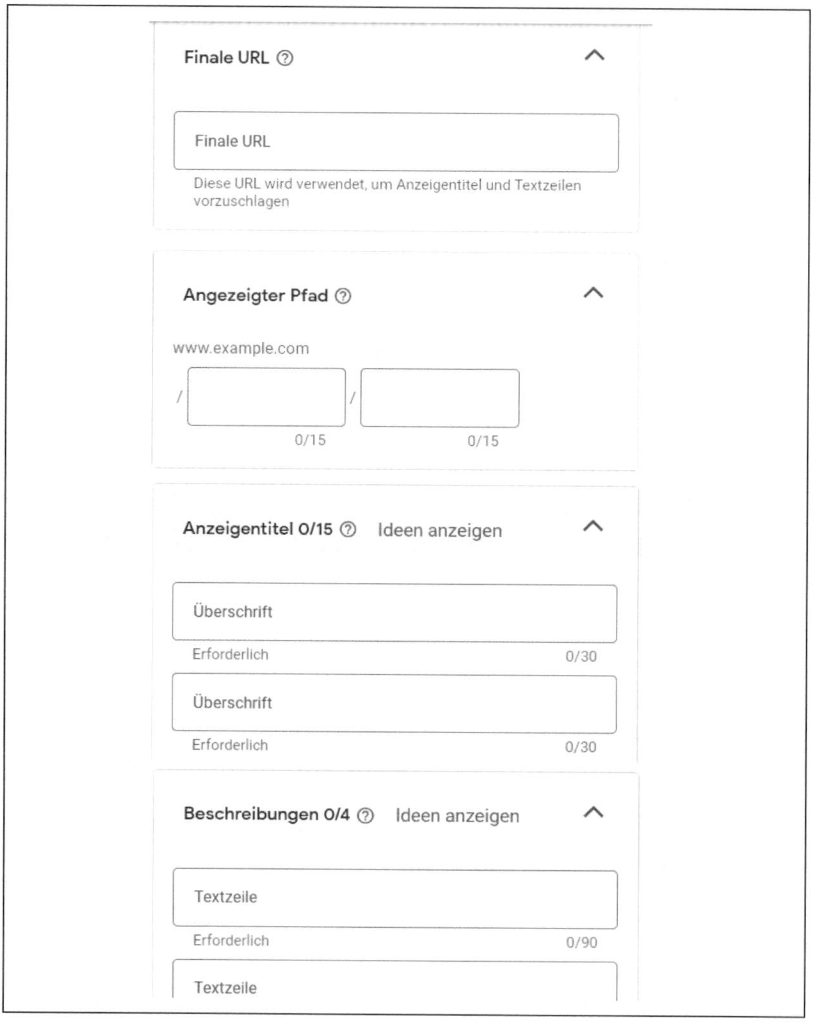

Abbildung 6-7:
Vorlage für responsive Suchanzeige

- Eine finale URL – das ist die Landingpage zum Thema der Anzeigengruppe.
- Zwei Pfadfelder mit jeweils 15 Zeichen, getrennt durch einen *Forward Slash* – die Pfadfelder werden der angezeigten URL hinzugefügt. Der Pfad ist optional und muss nicht genutzt werden.
- Drei Titelzeilen bis maximal 15 Titelzeilen mit jeweils bis zu 30 Zeichen.
- Zwei bis maximal vier Beschreibungstexte mit jeweils bis zu 90 Zeichen.

Beim Texten der Anzeigenelemente sollten Sie auf Ihre Textbausteine zurückgreifen, die Sie bereits in der Vorbereitungsphase erstellt haben. Dies sind die wichtigsten Bestandteile einer guten Textanzeige:

- wichtige Merkmale des Produkts/der Dienstleistung
- Vorteile des Produkts/der Dienstleistung
- Vertrauensmerkmale/Garantien
- Angebote/Preise
- Motive der Verknappung
- Call-to-Action

Google setzt die Anzeigentexte selbst aus den Vorgaben zusammen, falls kein Element festgepinnt wurde. Sie können daher nur verschiedene Textbausteine vorgeben, die dann durch Google in unterschiedlichen Kombinationen und Reihenfolgen ausgespielt werden können. Die Beschreibungstexte sind für responsive Suchnetzwerkanzeigen weniger bedeutsam, da vor allem die Überschriften Aufmerksamkeit erregen und für die Klicks verantwortlich sind.

Google passt nach eigenen Aussagen die Anzeigen jeweils an das Suchbedürfnis der Google-Nutzer an. Durch eine Kombination unterschiedlicher Produktvorteile, Werbetexte, Beschreibungen und Call-to-Actions hat Google mehr Möglichkeiten, damit die Anzeigen einem größeren Publikum in unterschiedlichen Suchsituationen ausgespielt werden können. Aufgrund der passenden Kombination der vorgegebenen Bausteine steigt nämlich die Anzeigenqualität für die verschiedenen individuellen Suchintentionen. Die Titel sind wie erwähnt die wichtigsten Elemente und ziehen die meiste Aufmerksamkeit auf der Suchergebnisseite auf sich. Zwei Titel werden immer ausgespielt, die Auslieferung des dritten Titels ist jedoch nicht garantiert. Zudem wird auch nicht immer ein zweiter Beschreibungstext ausgeliefert.

Nutzen Sie bei den responsiven Suchanzeigen vor allem die Titel geschickt und wiederholen Sie nicht die gleichen Aussagen mit ähnlichen

Formulierungen, da ansonsten sehr unschöne Anzeigen mit laufenden Wiederholungen einer Aussage entstehen können. Dies wirkt für Google-Suchende dann eher abstoßend. Bauen Sie in Ihre Anzeigen daher ganz bewusst verschiedene Vorteile, Call-to-Actions, Produktkonfigurationen, Trust-Elemente etc. ein, damit Sie zielgerichtet mehr potenzielle Kundinnen und Kunden ansprechen können.

Damit Sie noch mehr aus Ihren Textanzeigen herausholen, sollten Sie zudem folgende Tipps testen.

1. **Tipp – Platzhalter für dynamische Keywords**

   Nutzen Sie, zumindest testweise, die Möglichkeit der *DKI* (*Dynamic Keyword Insertion*). DKI steht für einen Platzhalter in Ihrer Google-Textanzeige. Der Platzhalter wird mit dem hinterlegten Suchbegriff gefüllt, der die Anzeige durch eine Suchanfrage ausgelöst hat. Dies bedeutet natürlich, dass Sie Ihre Anzeige und die hinterlegten Keywords sehr gut abstimmen müssen, damit sinnvolle Texte ausgeliefert werden. Die Möglichkeit der DKI wird in Google Ads angezeigt, sobald Sie eine geschweifte Klammer { in Ihre Anzeige einbauen. DKI kann an verschiedenen Stellen (auch mehrfach) in Ihrer Textanzeige genutzt werden. Durch den Einbau des vorher gesuchten Keywords passt die Anzeige meistens sehr genau zur Suchanfrage und erhält dadurch bessere Klickraten.

   Wenn Sie zum Beispiel in einer Anzeigengruppe verschiedenfarbige Joggingschuhe bewerben möchten, könnten Sie den Keyword-Platzhalter

   → `{KeyWord:Farbige Joggingschuhe} kaufen`

   einbauen.

   Eine Suche nach roten Joggingschuhen würde dann die Textzeile

   → `Rote Joggingschuhe kaufen`

   ergeben.

   Die Suche nach gelben Joggingschuhen ergäbe entsprechend folgende Textzeile:

   → `Gelbe Joggingschuhe kaufen`

   Passt das Keyword nicht in den Platzhalter, weil dieser dann die zulässige Zeichenzahl überschreitet, erscheint der Ersatztext

   → `Farbige Joggingschuhe kaufen`

   Die Anzeige passt daher sehr oft, je nach hinterlegten Keywords, zu der entsprechenden Suchanfrage. Diese Übereinstimmung wirkt sich positiv auf die Klickrate der Anzeige aus. Die gute Klickrate ist aus Google-Sicht ein wichtiger Teil des Qualitätsfaktors. Anzeigen mit Keyword-Platzhaltern steigern daher in vielen Fällen den Qualitätsfaktor der Keywords.

2. **Tipp – Countdown-Funktion**

   Wenn Sie die geschweifte Klammer { einbauen, erhalten Sie noch eine weitere Auswahl, nämlich den sogenannten Countdown. Hierbei »zählt« Ihre Anzeige automatisch die verbleibenden Tage bis zum Ende einer Aktion oder eines Angebots herunter. Dieses Ende geben Sie vorher als Datum ein und bestimmen zudem, wie viele Tage vor dem Ende der Countdown starten soll. Auch dieser Platzhalter ist nicht für alle Gelegenheiten sinnvoll. Wenn das Werbemotiv der Verknappung in Form der zeitlichen Beschränkung für Ihr Angebot passt, lohnt sich ein Test dieser Möglichkeit aber auf jeden Fall.

3. **Tipp – Standortplatzhalter**

   Eine weitere Möglichkeit der Individualisierung Ihrer Anzeigen bietet der Standortplatzhalter. Die Möglichkeit zum Einbau dieses Platzhalters erscheint ebenfalls nach Aufruf der geschweiften Klammer {. Mit dem Standortplatzhalter suggeriert eine Anzeige, dass ein Produkt oder eine Dienstleistung in der Stadt, der Region oder auch dem Land des Anbieters verfügbar ist. Diese Möglichkeit sollte immer nur abgestimmt auf das tatsächliche Angebot genutzt werden, denn letztlich hilft Ihnen ein falsches Versprechen am Ende nicht dabei, Kunden zu genieren.

4. **Tipp – Anzeigenerweiterungen (Assets) nutzen**

   Die unterschiedlichen Möglichkeiten werden in den nächsten Abschnitten im Einzelnen vorgestellt.

Eine Auswertung der besten Titel- und Beschreibungstexte sowie die besten Kombinationen der beiden Textanzeigenelemente erhalten Sie nach den ersten Schaltungen unterhalb der responsiven Suchnetzwerkanzeigen per Klick auf den Link *Assetdetails aufrufen*.

Anzeigenerweiterungen

Die Anzeigenerweiterungen (oder auch Assets) spielen eine wichtige Rolle im Hinblick auf die Gestaltung der Anzeigen und haben Einfluss auf das Ranking einer Anzeige. Darum erhalten die Erweiterungen einen eigenen Abschnitt in diesem Kapitel. Die zusätzlichen Informationen können die Standardanzeigentexte ergänzen – sie *können*, müssen aber nicht!

Die Anzeigenerweiterungen haben sich im Laufe der Zeit oft verändert und werden es höchstwahrscheinlich auch zukünftig. Aktuell bieten die Google Ads folgende Möglichkeiten zur Erweiterung der Anzeigen.

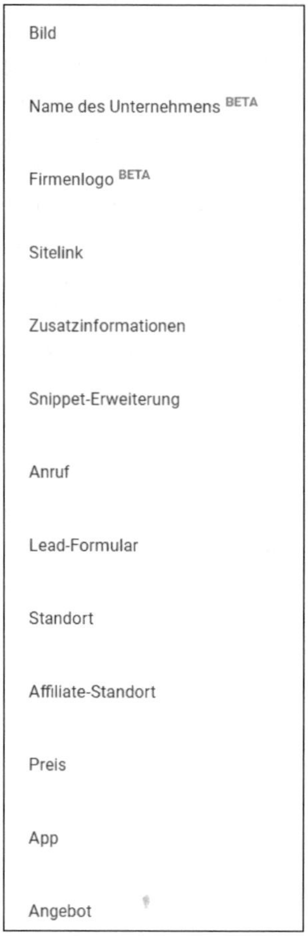

Abbildung 6-8:
Auswahl der aktuellen Anzeigenerweiterungen im Google-Ads-Konto

Als SEA-Verantwortliche sollten Sie stets auf dem Laufenden darüber sein, welche Erweiterungen (Assets) aktuell geschaltet werden können. Die folgende Liste nennt die Assets (früher Erweiterungen) und gibt eine kurze Funktionserläuterung:

- **Bild** – Ein passendes Bild zum Produkt bzw. zur Dienstleistung kann neben der Anzeige eingeblendet werden. Dieses Asset ist sehr wertvoll, da Bilder immer die Blicke lenken. Ein passendes Bild sollte sorgsam ausgewählt werden. Daher ist aus meiner Sicht die von Google empfohlene Einstellung zur Auswahl dynamischer Bilder, die Google selbst der Webseite entnimmt, nicht empfehlenswert.
- **Unternehmensname** – Mit dieser Einstellung kann der Unternehmensname zur Anzeige hinzugefügt werden.
- **Firmenlogo** – Neben dem Unternehmensnamen kann auch das eigene Logo in der Ads-Anzeige präsentiert werden. Name und Logo

können jedoch nur genutzt werden, nachdem das Unternehmen das Überprüfungsverfahren für Werbetreibende im Ads-Konto durchlaufen hat.

- **Sitelink** – Das sind Links zu tiefergehenden Informationen auf der eigenen Website, z.B. zu speziellen Produkten. Sitelinks können aber mit entsprechendem Hinweis auch auf die Social-Media-Kanäle des eigenen Unternehmens verweisen. Ein Webshop würde beim Suchbegriff `sommer sandalen 2023` die Anzeige auf eine übergeordnete Seite mit unterschiedlichen Modellen verlinken. Die Sitelinks würden sich in diesem Beispiel sehr gut eignen, um direkt die aktuellsten Modelle zu nennen und passend zu verlinken. Als Sitelinks können jedoch auch Fragen oder Hinweise auf Vorteile genutzt werden, die dann auf der Landingpage näher erläutert werden.
- **Zusatzinformationen (Callouts)** – Zusatzinformationen, auch Callouts genannt, sind eine schöne Möglichkeit, grundsätzliche Informationen wie Versandbedingungen, Vertrauensbeweise oder grundlegende Vorteile des Unternehmens zu promoten.
- **Snippet Erweiterungen** – Marken, Typen, Modelle, Serien, aber auch Kurse, Studiengänge und noch vieles mehr können via Snippet-Erweiterungen als zusätzliche Informationen hinzugefügt werden. Hier lohnt ein Blick in das Google-Ads-Konto, um zu erkunden, welche Snippets für die eigenen Werbekampagnen sinnvoll genutzt werden können.
- **Anruf** – Mit dieser Erweiterung wird eine Telefonnummer der Anzeige hinzugefügt. Es kann die Nummer des Werbenden angezeigt werden oder eine Google-Rufnummer, die dann auf die Unternehmensnummer weiterleitet. Der Vorteil der Google-Rufnummer besteht in der Möglichkeit des zusätzlichen Anruf-Trackings via Google.
- **Lead-Formular** – Das sogenannte Lead-Formular bietet die Möglichkeit, direkt aus der Anzeige heraus ein Kontaktformular abzuschicken. Es können unterschiedliche Kundendaten wie zum Beispiel Name, Mailadresse oder Telefonnummer abgefragt werden. Während Google sehr begeistert von seinem Lead-Formular ist, zeigt die Praxis, dass die meisten Google-Nutzer lieber die Anzeige anklicken und die Webseite besuchen möchten – und nicht aus der Anzeige heraus eine Anfrage zu einem Unternehmen stellen möchten, das sie vielleicht noch gar nicht kennen.
- **Standort** – Eine Standorterweiterung verknüpft bei Google Ads den *Google My Business*-Eintrag (neu: *Google Unternehmensprofil*) mit dem Google-Ads-Konto. Diese Erweiterung ist für lokale Unternehmen interessant. Bei lokalen Anfragen fügt die Erweiterung den Anzeigen die Adresse hinzu. Zudem kann die Anfahrt via Google Maps erkundet werden.

- **Affiliate-Standort** – Affiliate- oder Partnerstandorte sind analog zu den Standorterweiterungen für größere Unternehmen interessant, die über Vertriebspartner ihre Produkte verkaufen. Die Standorte der Vertriebspartner können hier eingestellt werden.
- **Preis** – Möchten Sie bestimmte Preise für Produkte/Dienstleistungen oder eine bestimmte Preisspanne anzeigen? In diesem Fall sollten Sie die Preiserweiterungen nutzen.
- **App** – App-Erweiterungen sind interessant, wenn Sie eigene Apps entwickelt haben. Diese können Sie über die Erweiterung bewerben und Interessierte direkt per Klick auf die entsprechende App-Plattform weiterleiten, auf der Ihre App dann gekauft bzw. installiert werden kann.
- **Angebot** – Die Erweiterung mit Angeboten ist aus Events wie Black Friday und Cyber Monday entstanden. Aktuell bietet Google zudem noch ganz unterschiedliche Ereignisse an, etwa Halloween, Ostern, Weihnachten etc., um spezielle Angebotshinweise bei den Anzeigen zu platzieren – falls kein passendes Event ansteht, kann auch *keine Angabe* ausgewählt werden. Neben einem Hinweis auf ein aktuelles Angebot wird der aktuelle Preisnachlass und eventuell ein passender Rabattcode unter der Suchanzeige eingeblendet. Mit dieser Erweiterung können Werbende zusätzliche Aufmerksamkeit auf die Textanzeige lenken.
- **Automatische Erweiterungen** – Google kennt auch noch automatische Erweiterungen. Diese können nicht aktiv eingestellt werden, sondern werden von Google automatisch geschaltet. Dazu gehören beispielsweise die gelben Bewertungssterne (Verkäuferbewertungen), die bei manchen Anzeigen erscheinen. Diese Sterne werden den Anzeigen hinzugefügt, wenn Google genug Bewertungen (aktuell 100) aus einem Land in den letzten zwölf Monaten bei den Bewertungspartnern gefunden hat. Sie müssen hierzu keine Einstellungen im Google-Ads-Konto vornehmen. Sie können sich unter *Automatische Erweiterungen* aber die Statistiken zu der Anzahl der Anzeigenschaltungen mit Bewertungssternen sowie Daten zu dynamischen Sitelinks, automatischen Snippets etc. anzeigen lassen.

Achtung: Beachten Sie die unterschiedlichen Ebenen

Die Anzeigenerweiterungen können auf Konto-, Kampagnen- oder Anzeigengruppenebene genutzt werden. Bei Anlage und Kontrolle der Erweiterungen sollten Sie ganz genau darauf achten, in welcher Ebene Sie sich gerade befinden. Dies ist im Konto leider etwas verwirrend und sorgt oft für Missverständnisse. Beachten Sie, dass eine Erweiterung auf einer untergeordneten Ebene Erweiterungen der vorhergehenden Ebene überschreibt. Dies bedeutet, dass z.B. eine Sitelink-Erweiterung auf Anzeigengruppenebene den Sitelink-Eintrag auf Kampagnenebene überschreibt. Auf diese Weise können Sie sehr spezielle Erweiterungen für bestimmte Anzeigengruppen einstellen, während die anderen Anzeigen die Standarderweiterungen der Kampagne nutzen können.

Im Folgenden haben wir zwei Beispiele ausgesucht, die zeigen, wie sich die Anzeigenerweiterungen auf die Darstellung der Textanzeige in der Praxis auswirken.

Abbildung 6-9:
Beispiel 1: Textanzeige mit Verkäuferbewertungen, Sitelinks, Preisen und Standort

In Abbildung 6-9 fallen zunächst die Verkäuferbewertungen in Form der gelben Sterne auf. Darunter befinden sich vier Sitelinks, wobei nur jeweils der Titel, als blauer Link gekennzeichnet, dargestellt wird. Unterhalb der Sitelinks befindet sich eine Preiserweiterung. Auf einem Desktop wird immer nur ein Preis angezeigt, weitere Preise erscheinen nach dem Klick auf das Drop-down *Mehr*. Am Ende der kleinen Suchanzeige befindet sich noch eine Standorterweiterung mit Adresse und den aktuellen Öffnungszeiten des Geschäfts.

Da Google immer unterschiedliche Erweiterungen schaltet bzw. nicht alle Werbenden auch alle Erweiterungen freigeschaltet haben, folgt hier zu Illustrationszwecken ein zweites Beispiel (siehe Abbildung 6-9).

In diesem Beispiel erkennen Sie hinter dem Standardanzeigentext zunächst zwei Zusatzinformationen, also zwei Callouts (*Bezahlung mit Klarna.* und *Trustscore 4.8/5.)*, die mit einem kleinen Punkt getrennt werden. Danach erkennen Sie wiederum eine Verkäuferbewertung in Form der Sterne und danach die Titel der Sitelinks als blaue Links. In diesem Beispiel hat Google sechs Sitelinks in einer Zeile untergebracht. Dies ist möglich, weil hier die Titel von vier Sitelinks sehr kurz ausfallen. Da Google sich an der zur Verfügung stehenden Anzeigenbreite (in Pixel) orientiert, kann die Anzahl der Sitelinks (oder auch von anderen

Assets) variieren – und ist nicht auf eine bestimmte Anzahl festgelegt. Am Ende dieses Beispiels folgt noch ein aktuelles Angebot mit einem Preisnachlass von 10% und dem zugehörigen Gutscheincode sowie ein Hinweis auf die zeitliche Dauer der Rabattaktion.

Abbildung 6-10:
Beispiel 2: Textanzeige mit Zusatzinformationen (z. B.: Bezahlung mit Klarna), Verkäuferbewertungen, Sitelinks und einem Angebot

Qualitätsfaktor

Ein wichtiger Faktor bei Google Ads ist der sogenannte *Qualitätsfaktor*. Ohne den Qualitätsfaktor wäre die Schaltung von Anzeigen eine reine Auktion. Dies würde bedeuten, dass Werbende, die am meisten pro Klick für ihr Keyword bieten, auch mit ihrer Anzeige an erster Stelle stehen. Bei Google Ads und auch bei anderen SEA-Vermarktern ist für die Schaltung und die Position einer Anzeige jedoch nicht allein das maximale Gebot für das jeweilige Keyword wichtig. Vielmehr muss die Werbeanzeige optimal zur Suchanfrage passen – und im Anschluss sollte die Landingpage auch noch die passende Antwort auf die Eingangsfrage (Suche) liefern.

Für dieses Prinzip hat Google als erster Suchmaschinenbetreiber den Qualitätsfaktor eingeführt. Besitzt der Werbende eine gute (also qualitativ hochwertige) Anzeige, die gut zum geschalteten Keyword bzw. zur Suchanfrage des Google-Users passt, und bietet der Werbende darüber hinaus auch noch eine passende Landingpage zur Textanzeige an, bewertet Google dies mit einer hohen Qualität. Daher sollte ein SEA-Manager immer auf eine hohe Qualität der Keywords, Anzeigen und Landingpages achten. Denn eine hohe Qualität bedeutet, dass Sie für den Klick auf Ihre Anzeige im Vergleich zur Konkurrenz entweder weniger bezahlen oder bei gleichem Gebot höher platziert werden. Falls Sie also mit einem niedrigeren Ranking zufrieden sind, spart die verbesserte Qualität bares Geld. Ihr Google-Ads-Ranking – und damit die Reihenfolge, in der die Anzeigen angezeigt werden – setzt sich nämlich zusammen aus dem maximalen CPC, multipliziert mit dem Qualitätsfaktor. Um kurzfristig eine Veränderung des Rankings zu erzielen, kann im Konto bei bestimmten Gebotsstrategien der maximale CPC angepasst werden. Bei einer manuellen Gebotsstrategie ist diese Anpassung individuell für jedes einzelne Keyword möglich. Veränderungen am Qualitätsfaktor wirken sich eher langfristig aus, weil Google mehrere Faktoren für eine neue Bewertung sammeln muss.

Hinweis: Berechnung des Rankings bei Suchanfragen

Das Ranking wird bei jeder Suchanfrage neu berechnet. Es gibt bei jeder neuen Suche andere Voraussetzungen, weil sich die Anzahl der Auktionsteilnehmer ändert und maximale CPCs oder andere Faktoren (Region, Remarketing-Listen etc.) Einfluss nehmen.

Google nennt öffentlich nicht alle Faktoren, die Einfluss auf den Qualitätsfaktor nehmen, einige sind aber bekannt. Halten Sie daher folgende Faktoren im Blick und überprüfen Sie die einzelnen Punkte, falls Ihr Qualitätsfaktor sinkt oder generell zu niedrig ist. Achten Sie also auf diese Punkte zur Steigerung Ihres Qualitätsfaktors:

1. Klickrate: hohe CTR = höhere Qualität
2. Anzeigenrelevanz: Keyword im Titel in der Anzeige und Kundenvorteile nennen
3. Nutzererfahrung der Zielseite
4. technische Aspekte, z.B. Geschwindigkeit der Zielseite

Hinweis: Qualitätsfaktor im Google-Ads-Konto

Sie können den Qualitätsfaktor auf Keyword-Ebene als Spalte Ihrer Statistik hinzufügen. Die Qualität eines Keywords wird mit 1 von 10 (niedrig) bis 10 von 10 (hoch) bewertet. Neben dem reinen Qualitätsfaktor als zusammenfassende Beurteilung können Sie auch noch weitere Spalten Ihrem Keyword-Bericht hinzufügen. Diese weiterführenden Informationen finden Sie, wenn Sie die Spalten bearbeiten und den Unterpunkt *Qualitätsfaktor* öffnen. Hier können Sie Berichtsspalten zu der erwarteten CTR, der Anzeigenrelevanz und der Zielseitenerfahrung hinzufügen.

Google gibt für diese drei Bereiche eine Beurteilung des Qualitätsstatus mit dem Hinweis *überdurchschnittlich*, *durchschnittlich* oder *unterdurchschnittlich* ab. So erhalten Sie erste Ansatzpunkte zur Optimierung Ihres Keyword-Qualitätsfaktors. Falls Google zu wenige Daten (Informationen) zu einem Keyword besitzt, werden weder der Qualitätsfaktor noch die anderen Infos angezeigt – im Bericht erscheint dann nur ein Dash (-).

Was ein SEA-Manager beherrschen sollte

Die Google-Ads-Werbung – und damit das Thema SEA – gibt es nun schon seit 2002 in Deutschland, bei der Stellenbeschreibung und der Auswahl von SEA-Managerinnen und -Managern tun sich Unternehmen aber immer noch schwer. Es geht stets um die gleichen Fragen: Wer ist der oder die Richtige für unser SEA? Sollen wir die Verwaltung des SEA-Kontos in externe Hände legen, oder macht es der Webprogrammierer, weil er sich mit dem Internet auskennt? Sollte es doch lieber die Marketingabteilung übernehmen, weil sie ja das Marketing beherrscht? Brauchen wir eine volle Stelle, oder macht es am Ende der Praktikant? Die Entscheidung muss letztlich jedes Unternehmen für sich treffen, hier folgen aber ein paar Entscheidungshilfen zur Analyse der eigenen Situation.

Externe Agentur oder inhouse?

Externe Agenturen haben Vorteile, aber auch für die Verwaltung in Eigenregie gibt es gute Gründe. Folgende Punkte sprechen für eine Agentur, die Ihre SEA-Kampagnen verwaltet.

Vorteile einer externen SEA-Agentur

- Ausreichende Manpower.
- Langjährige SEA-Erfahrung.
- Erprobtes Vorgehen beim Kampagnenmanagement.
- Ansprechpartner bei Google.

Möchten Sie SEA lieber in Eigenregie durchführen? Auch dafür gibt es gute Gründe.

Vorteile von Inhouse-SEA

- Gute Branchenkenntnisse.
- Hervorragende Produktkenntnisse.
- Gutes Gespür für die Zielgruppe.
- Kurze Entscheidungswege.
- SEA-Wissen wird inhouse aufgebaut und bleibt erhalten.
- Eigene Statistiken werden aufgebaut und sind jederzeit nutzbar.

Welche Eigenschaften sollte ein SEA-Manager besitzen?

Haben Sie sich grundsätzlich dafür entschieden, dass die SEA-Kenntnisse im eigenen Haus aufgebaut und die Kampagnen mit eigenem Personal verwaltet werden sollen, müssen die richtigen Fachkräfte für diese Aufgabe ausgewählt werden. Folgende Fähigkeiten sollte eine SEA-Managerin oder ein SEA-Manager mitbringen oder entsprechend erlernen.

Marketingkenntnisse sind wichtig

Ein SEA-Manager sollte auf jeden Fall grundlegende Marketingkenntnisse besitzen. Online-Marketing nutzt zwar andere Kanäle als das herkömmliche Marketing, es bleibt aber letztlich Marketing. Ein Blick auf die eigenen Produkte oder Dienstleistungen aus Kundensicht sind wichtige Grundlagen, die eine Auswahl der Keywords, das Gestalten der Textanzeigen und die Planung der Landingpage ungemein erleichtern. Mitarbeitende, die bereits für andere Marketingkanäle verantwortlich sind und auch schon Kundenkontakt hatten, besitzen eine gute Grundlage für die Betreuung der SEA-Kampagnen.

Psychologische Fähigkeiten

Psychologische Fähigkeiten mit einem Wissen um das menschliche Verhalten sind wichtige Faktoren für den Erfolg im Marketing. Kundenpsychologie gehört zum Online-Marketing also dazu. Wie tickt der Kunde, was interessiert ihn, wann ist er gewillt, Produkte online zu kaufen oder ein bestimmtes Onlineformular auszufüllen?

Auch bei der Keyword-Recherche, die einen Großteil der Kampagnenvorbereitung einnimmt, sollte ein SEA-Manager immer die Kundenbrille aufhaben. »Welche Fragen und Probleme hat ein potenzieller Kunde?« und »Wonach würde eine Kundin suchen?« sind wichtige Aspekte bei der Zusammenstellung der Keyword-Liste. Dabei nimmt das Thema »Suchintention« eine wichtige Rolle im Suchmaschinenmarketing ein. Sowohl im SEO als auch im SEA geht es nicht in erster Linie um die Begriffe, die bei der Suchanfrage eingegeben werden, sondern um die Intention der Suchenden, die hinter diesen Begriffen stecken. Die Fragen oder auch Wünsche, die sich aus der Suche ergeben, müssen beim Suchmaschinenmarketing und hier speziell bei Ihrer SEA-Kampagne mithilfe der Suchanzeige und der folgenden Landingpage optimal befriedigt werden. Dann sind sowohl Google als auch die Suchenden glücklich.

Werbetexter

SEA-Manager müssen zudem gut texten können, den Nerv der Kunden treffen und dabei gleichzeitig die Werbebotschaft mit wenigen Zeichen ausdrücken können. Ein Merkmal der Suchmaschinenwerbung besteht nämlich darin, dass nur ein geringer Platz für die Werbebotschaft in den Anzeigen zur Verfügung steht. Dazu kommt, dass normalerweise nicht eine Anzeige genügt, sondern die beste Anzeige erst im sogenannten A/B-Test ermittelt werden muss. SEA-Manager müssen also kreativ sein, verschiedene Anzeigen, z.B. mit unterschiedlichen Kundenansprachen, erstellen und dann deren Erfolg auswerten können. Sie sollten daher auf jeden Fall analytisch denken können und gleichzeitig kreativ sein.

Strategisch denken

SEA-Verantwortliche müssen auch strategisch denken, um richtige Entscheidungen zum Aufbau einer Kampagne zu treffen. Folgende Fragen spielen bei der Kampagnenerstellung und -betreuung eine wichtige Rolle:

- Wo (Ort, Zeit, Werbeplattform) erreiche ich die Kundengruppe am besten?
- Welche Werbeformen kann ich miteinander verknüpfen?
- Was passiert dann auf meiner Website, wie wird mein Werbeziel erreicht?

Webanalyse

Die Verknüpfung von Google Ads und Analytics (oder einem anderen Analysetool) ist ein wichtiger Faktor für die Auswertung der Kampagnen. SEA-Manager müssen daher auch Google Analytics beherrschen und Statistiken erstellen oder zumindest interpretieren können.

Steuerung des Bid-Managements

Das Thema *Bid-Management* ist ein weiterer wichtiger Punkt. Kleine Gebotsstrategien können in Google Ads erstellt werden, für komplexere Strategien und zur Verwaltung großer Konten müssen eventuell zusätzliche externe Bid-Management-Tools eingesetzt werden. Beim Bid-Management werden spezielle Gebotsstrategien entwickelt und mithilfe der Google-Ads-Hilfstools oder der externen Tools erstellt. Nach einer Testphase wird dann der Erfolg überprüft.

Hier ein paar Beispiele für einfache Gebotsstrategien:

- Gebote für Keywords mit guten Conversions erhöhen.
- Gebote reduzieren, wenn die Kosten für eine Conversion zu hoch sind.
- Gebote für verschiedene Regionen und Conversions anpassen.
- Gebote für verschiedene Endgeräte anpassen.

Google empfiehlt Ads-Usern vor allem zwei Gebotsstrategien, die auf Kampagnenebene eingestellt werden können:

1. *Conversions maximieren* (in Kombination mit dem Ziel-CPA, CPA = Cost per Action)
2. *Conversion-Wert maximieren* (in Kombination mit Ziel-ROAS)

   Zu 1: Können Kundenanfragen (Leads) gemessen werden, eignet sich die Gebotsstrategie *Conversions maximieren*, wobei der Ziel-CPA die durchschnittlichen Kosten angibt, die für einen Lead durch Schaltung von Ads-Anzeigen bezahlt werden. Diese Kosten sollten mithilfe der automatisierten Gebotsstrategie und laufenden Optimierungen Schritt für Schritt reduziert werden.

   Zu 2: Werden Verkäufe, also Conversions mit Werten als Ziele gemessen, ist die Gebotsstrategie *Conversion-Wert maximieren* die bessere Wahl. Diese Gebotsstrategie versucht, den Wert der erzielten Käufe insgesamt zu steigern. ROAS steht für *Return on Ad Spend* und gibt den Prozentsatz an, der pro investierten Werbe-Euro über die gemessenen Verkäufe erzielt wird. Ziel ist es, diese Prozentzahl durch Optimierung und mithilfe der automatisierten Gebotsstrategie zu steigern.

Programmierkenntnisse

Das Tracking von Zielen wird unter anderem für die automatisierten Gebotsstrategien immer wichtiger. In der Praxis sind der Einbau des Codes und die Nutzung eines Cookie-Consent-Tools etc. die entscheidenden Flaschenhälse, die eine schnelle Umsetzung von SEA-Kampagnen bremsen. Hier benötigt der SEA-Manager oft die Hilfe einer Webprogrammiererin. Alternativ kann auch die Arbeit mit dem Google Tag Manager in Erwägung gezogen werden. Zur Kommunikation mit der Programmiererin bzw. zur Nutzung des Google Tag Managers sind rudimentäre Programmierkenntnisse zum Aufbau einer Webseite von Vorteil.

Auch bei der Nutzung von Google-Ads-Skripten im Ads-Konto hilft ein grundsätzliches Verständnis von Programmcode.

Hinweis: Die wichtigsten Eigenschaften einer SEA-Managerin/eines SEA-Managers

- Marketingkenntnisse.
- Kundendienst- oder Vertriebserfahrung.
- Werbetexter, kreative Schreibfähigkeiten.
- Mathematische Kenntnisse, Statistikkenntnisse.
- Rudimentäre Programmierkenntnisse.

Der Alltag eines SEA-Managers

Anhand einer typischen SEA-Kampagne möchten wir einmal den Alltag und damit die wichtigsten Aufgaben eines SEA-Managers verdeutlichen.

Die Vorbereitung einer SEA-Kampagne

Beim Start einer Kampagne gilt es zunächst, sämtliche wichtigen Informationen zusammenzustellen. Alles, was man nicht selbst entscheiden kann, muss von den jeweiligen Verantwortlichen (Kunde, Vorgesetzte etc.) erfragt werden.

- Welche Ziele möchte ich erreichen?
- Welche Zielgruppe (Personen, Ort) möchte ich erreichen?
- Welches Budget steht zur Verfügung?
- Welche Keywords sind interessant? (erstes Brainstorming)

Ein wichtiger Teil der Vorbereitung entfällt dabei auf die Keyword-Recherche. Vor der Recherche sollte man sich allerdings umfassend mit dem Produkt auseinandergesetzt haben. Das betrifft vor allem Manager, die neu im Unternehmen sind, oder Mitarbeitende der Agentur, die Kunden neu betreuen. Ein erster Weg führt auf die Internetseite. Dort sollten die Produktbeschreibungen intensiv gelesen werden, um entscheidende Merkmale, Vorteile und Anwendungsgebiete zu erfahren. Wichtige Informationen zu den eigenen Produkten finden Sie auch bei Bewertungsportalen oder auf Verkaufsplattformen, die Ihre Artikel anbieten. Bei Dienstleistungen könnten Bewertungen im Internet zum eigenen Unternehmen hilfreich sein. Lob und Kritik sind erste Anhaltspunkte, die als Vor- oder auch Nachteile die Produktmerkmale ergänzen.

Werden Vorteile genannt, sind dies auf jeden Fall wichtige Textbausteine, die in die Werbung einfließen sollten. Kritikpunkte sind zudem wichtige Hinweise auf Produkt- oder Dienstleistungsmerkmale, die nicht besonders erwähnt werden sollten, weil dort vielleicht Schwachpunkte liegen. Unabhängig von der Werbung sollten berechtigte Kritikpunkte natürlich auf Dauer behoben werden.

Falls es noch keine Bewertungen gibt, kann vielleicht eine erste Kundenbefragung durchgeführt werden, um zentrale Vorteile aus Kundensicht zu ermitteln. Die Produktrecherche und die Erhebung der Kundenmeinungen bilden wichtige Textbausteine, die für die Erstellung der Google-Ads-Anzeigen genutzt werden können. In Kombination mit dem eigenen Brainstorming sind diese Begriffe außerdem ein guter Ausgangspunkt für die Keyword-Recherche.

Keyword-Recherche

Der Keyword-Planer im Google-Ads-Konto ist wohl das beliebteste Tool, das im SEA-, aber auch im SEO-Bereich als Grundlage zur Keyword-Recherche dient. Da dieses Tool jedoch von fast allen SEA-Managern genutzt wird, sollten Sie zusätzlich noch weitere Tools einsetzen, um Ihren Keyword-Horizont zu erweitern oder um zumindest Ihre Auswahl, die Sie auf Grundlage des Keyword-Planers erstellt haben, zu bestätigen. Im Folgenden habe ich eine kleine Liste mit Tipps und Tools für Ihre Recherche zusammengestellt.

1. **Nutzen Sie Google!**
   - Was wird bei Google Autocomplete (Google Suggest), den automatischen Erweiterungen bei der Sucheingabe, vorgeschlagen?
   - Welche Begriffe finden Sie am Ende der Google-Ergebnisseite bei den ähnlichen Suchanfragen?
   - Welche Ergebnisse liefert Google Trends? (*https://trends.google.de/home*)
2. **Nutzen Sie kostenlose Keywords-Tools aus dem Internet, z. B.:**
   - Ubersuggest (*https://neilpatel.com/de/ubersuggest*)
   - Keyword Tool (*https://keywordtool.io*)
   - Infinite Suggest (*https://www.infinitesuggest.com*)
3. **Nutzen Sie kostenpflichtige SEA-/SEO-Tools, z. B.:**
   - SEMrush (*https://www.semrush.com*)
   - Sistrix (*https://www.sistrix.de*)
   - XOVI (*https://www.xovi.de*)

> **Tipp: Kostenpflichtige SEA-Tools**
>
> Mit den SEA-Tools können Sie Ihrer Konkurrenz in die Karten schauen, denn diese Tools können Sie nicht nur zur Keyword-Recherche nutzen – sie verraten Ihnen auch, welche Keywords und Anzeigentexte Ihre Konkurrenz vorwiegend nutzt.

Mithilfe der Tools sollte eine erste Keyword-Liste erstellt werden. Dabei ist es wichtiger, alle notwendigen Themenbereiche abzudecken, als möglichst viele Keyword-Kombinationen zu erstellen. Arbeiten Sie hier lieber mit Keyword-Optionen, die verschiedene Variationen zulassen. Das ist effektiver, als direkt zu Beginn alle Kombinationen genau passend einzustellen. Weitere interessante Keyword-Kombinationen können dann auch später in die Kampagnen eingebaut werden, nachdem

Sie das Suchverhalten Ihrer Zielgruppe über die ersten Auswertungen und Berichte analysiert haben.

> **Tipp: Keyword-Optionen für den Kampagnenstart**
>
> Starten Sie eine neue Kampagne mit *Passender Wortgruppe*, um zunächst einerseits eine breite Abdeckung zu erreichen und andererseits nicht zu viele Suchanfragen auszulösen. Durch tägliche und wöchentliche Beobachtung von Beginn an können Sie dann schnell wichtige Keyword-Themen identifizieren oder neue Ideen hinzufügen. Nach der ersten Testphase werden die Keyword-Optionen eventuell mit *Genau passend* stärker eingeschränkt. Falls das Suchvolumen sehr gering ist und die Anzeigen kaum ausgeliefert werden, testen Sie die Keyword-Option *Weitgehend passend*.

	A	B
1	Anzeigengruppe	Keyword
2	Sonnenbrille kaufen	sonnenbrille kaufen
3	Sonnenbrille kaufen	selbsttönende sonnenbrille
4	Sonnenbrille kaufen	verspiegelte sonnenbrille
5	Sonnenbrille kaufen	
6	Sonnenbrille kaufen	
7		
8		
9	Damen Sonnenbrillen	sonnenbrille damen
10	Damen Sonnenbrillen	sonnenbrille damen ray ban
11	Damen Sonnenbrillen	dior sonnenbrille damen
12	Damen Sonnenbrillen	
13	Damen Sonnenbrillen	
14		
15		
16	Markensonnenbrillen	markensonnenbrillen
17	Markensonnenbrillen	uvex sonnenbrille
18	Markensonnenbrillen	oakley sonnenbrille
19	Markensonnenbrillen	
20	Markensonnenbrillen	

Abbildung 6-11:
Beispiel: Ausschnitt aus einer Excel-Liste mit Anzeigengruppen und Keyword-Ideen

Während der Keyword-Recherche sollten Sie Ihre Keyword-Ideen bereits in verschiedene Anzeigengruppen unterteilen. Der Google-Ads-Keyword-Planer bietet die Möglichkeit zum Export der Keyword-Ideen als CSV-Datei. Daher arbeiten Sie am besten mit einer Excel-Liste. In dieser Liste können Sie die Keywords aus dem Keyword-Planer dann mit den Ideen aus den anderen Tools zusammenführen und in Anzeigengruppen gruppieren.

SEA-Kampagne aufsetzen

Nach der Vorbereitung mithilfe der Recherche der Keywords muss der SEA-Manager die Einteilung der Kampagnen planen. Hierbei gibt es weder strikte Vorgaben noch ein grundsätzliches Schema, das immer angewandt werden kann. Die Unterteilung in verschiedene Kampagnen hängt von der jeweiligen Strategie ab. Hier einige gängige Kampagneneinteilungen:

- Einteilung nach Ländern/Regionen
- Einteilung in unterschiedliche Produktgruppen
- Einteilung nach verschiedenen Unternehmensbereichen
- Einteilung nach unterschiedlichen Zielgruppen
- Einteilung nach Endgeräten
- eigene Kampagnen für spezielle Kampagnentypen (z.B. Shopping)

Neben der Einteilung der Kampagnen und der Wahl des Kampagnentyps müssen für jede Kampagne die passenden Grundeinstellungen gewählt werden. Die verschiedenen Möglichkeiten wurden bei der Erläuterung des Kampagnenbegriffs vorgestellt.

Anzeigengruppen erstellen

Nachdem der PPC-Manager die Grundeinstellungen der Kampagnen vorgenommen hat, werden die Anzeigengruppen, fein unterteilt nach Themen, eingerichtet. Hierbei wird die Excel-Liste genutzt, die bei der Keyword-Recherche erstellt wurde. Sind zu viele Keywords in einer Anzeigengruppe enthalten, wird die Auswahl reduziert, sodass maximal 10 bis 15 Keywords pro Anzeigengruppe ein spezielles Thema abbilden.

Tipp: Starten Sie zunächst mit einer kleineren Auswahl. Auf Grundlage echter Suchanfragen oder den Vorschlägen aus den Google- Empfehlungen können Sie später weitere interessante Keywords hinzufügen. Achten Sie jedoch immer darauf, dass die Anzeigengruppen nicht zu groß werden. Wir empfehlen ein Maximum von 30 Keywords.

Gute Textanzeigen schreiben

Die Anzeigengruppen verknüpfen, wie Sie bereits wissen, die Keywords mit den Textanzeigen. Daher müssen im nächsten Schritt bzw. beim Einrichten der jeweiligen Anzeigengruppe zwei bis drei Textanzeigen erstellt werden. Hier helfen die gesammelten Textbausteine mit den

Vorteilen, dem Produktnutzen, den Preisen und Angeboten sowie dem Call-to-Action dabei, gute Texte zu erstellen, die potenzielle Kunden ansprechen und somit gute Klickraten erzielen. Denken Sie auch immer daran, die Vorteile für die Suchenden (Ihre potenziellen zukünftigen Kunden) herauszuarbeiten!

> **Tipp: Gute Textanzeigen mit Call-to-Action**
>
> Achten Sie bei den Textanzeigen auf einen guten *Call-to-Action* (CTA), der die Betrachter der Anzeige auf das wichtige Ziel der Webseite vorbereitet.
>
> Folgende Beispielfragen helfen Ihnen bei der Formulierung: Worauf müssen sich Webseitenbesucher einstellen? Kann eine Probeversion einer Software heruntergeladen werden? Kann man auf der Website ausgiebig stöbern? Kann das Produkt günstig bestellt werden? Welche nächsten Schritte müssen Besucher der Landingpage nun ausführen?

Landingpage auswählen

Bevor Sie eine Anzeige erstellen, muss schon eine passende Landingpage ausgewählt sein, weil diese als Ziel-URL der Anzeige mitgeteilt werden muss. Falls keine passende Zielseite zugeordnet werden kann, kann auch eine individuelle Landingpage erstellt werden. Dies sollte natürlich mit ausreichendem zeitlichem Vorlauf geschehen.

Conversions festlegen und implementieren

Mit dem Anlegen der Anzeigengruppen, bei denen Keywords und Anzeigen verknüpft werden, steht die SEA-Kampagne. Trotzdem sollte eine gute SEA-Managerin auch noch das Conversion-Tracking implementieren, um die Kampagnenziele messen und laufend kontrollieren zu können. Conversions (Ziele) sind die wichtige Grundlage zur Nutzung der Gebotsstrategien, die Conversions bzw. Conversion-Werte automatisiert maximieren sollen. Dazu muss zwingend ein Tracking-Code eingebaut werden, oder die erreichten Ziele müssen über Google Analytics oder ein anderes Webanalysetool importiert werden.

> **Wichtig: Anzeigenerweiterungen (Assets)**
>
> Nach dem Erstellen der Anzeigen sollte direkt überprüft werden, welche Anzeigenerweiterung passt und hinzugefügt werden kann. Falls die passende Erweiterung nicht vorhanden ist, können Sie direkt eine neue Erweiterung erstellen.

Kampagne auswerten und optimieren

Sobald die Kampagne inklusive des Conversion-Trackings aufgesetzt ist, gilt es, die Kampagne zu beobachten und auszuwerten. Zu Beginn einer neuen Kampagne sollte diese Beobachtung sehr engmaschig durchgeführt werden. Eine tägliche Kontrolle der Statistiken ist Pflicht, bei einem großen Budget und hohen Klickkosten kann das auch mehrmals pro Tag notwendig sein. Wenn die Kampagnen gut eingestellt sind, die CTR bei 3 bis 5 % liegt, unrentable Keywords ausgeschlossen wurden und die Conversions funktionieren, kann der Zeitraum auf wöchentliche oder monatliche Überprüfungen erweitert werden.

> **Tipp: Nutzen Sie die Möglichkeit zur Automatisierung**
>
> Mithilfe automatisierter Benachrichtigungen oder entsprechender Google-Ads-Skripten erhalten Sie Rückmeldungen, falls bestimmte Werte (Kosten, CTR, Conversions etc.) aus dem Ruder laufen. Auf diese Weise können Sie den Zeitaufwand für die Kampagnenbeobachtung reduzieren.

Wichtige Kennzahlen und Erfolgsmessungen

SEA-Statistiken und Erfolgsmessungen können direkt im Konto des jeweiligen Werbepartners (also Google Ads, Bing Ads etc.) aufgerufen werden. Eine wichtige Komponente, um den echten Erfolg zu messen, ist selbstverständlich der Einbau eines oder mehrerer Conversion-Trackings.

Vorgehensweise bei der Überprüfung der Kennzahlen

Bei der Analyse und Überprüfung eines großen SEA-Kontos gilt als wichtiger Grundsatz: »Vom Großen zum Kleinen!« Starten Sie also immer bei den Kampagnen mit dem meisten Traffic und den höchsten Kosten und klicken Sie sich dann bis auf Keyword-Ebene durch, um zu sehen, welche Suchbegriffe funktionieren und welche nicht.

Oft sieht man in einem Konto, dass eine relativ kleine Anzahl an Keywords für die überwiegenden Kosten verantwortlich ist. Falls diese Gruppe sehr allgemeine Keywords enthält oder ein oft geklicktes, aber unpassendes Keyword hohe Kosten verursacht, kann man mit dieser Strategie wichtige Optimierungsschritte mit relativ wenig Aufwand erledigen. Stecken Sie also Ihre Zeit zunächst in die Keywords, die hohe Impressionen und Klicks verursachen. Später kümmern Sie sich dann um die speziellen Keywords, die wenig gesucht und geklickt werden und somit auch nur geringe Kosten verursachen.

In Ihrem Google-Ads-Konto können Sie verschiedene Informationen in Berichten zusammenstellen. Die Kennzahlen werden über die Auswahl der Messwerte unter *Spalten* zu einem individuellen Bericht zusammengestellt. In der folgenden Abbildung können Sie erkennen, wie vielfältig die Möglichkeiten zur Auswahl der Messwerte sind.

> **Hinweis: Unterschiedliche Kennzahlen für die verschiedenen Ebenen**
>
> Bitte beachten Sie, dass alle Ebenen (Kampagnen, Anzeigengruppen, Keywords, Anzeigen) auch unterschiedliche Kennzahlen bereitstellen. Den Qualitätsfaktor können Sie sich beispielsweise nur auf Keyword-Ebene anzeigen lassen.

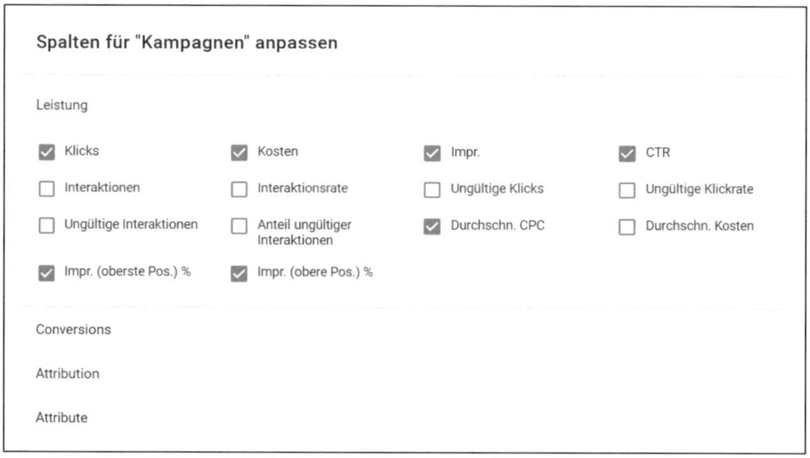

Abbildung 6-12:
Beispiel zur Auswahl der Berichtsspalten im Google-Ads-Konto

Sie können in einem Bericht nicht alle möglichen Messwerte vereinen, weil der Bericht dann nicht mehr übersichtlich ist. Manche Messwerte benötigen Sie auch nur, um bestimmte Fragen zu beantworten, die nicht jeden Monat anstehen. Ich habe daher einmal die wichtigsten Kennzahlen zusammengestellt, die Sie regelmäßig (mindestens einmal im Monat) überprüfen sollten.

Die genaue Bedeutung der folgenden Kennzahlen wird am Ende dieser Übersichtsliste unter »Bewertung der Kennzahlen« noch ausführlich erläutert.

1. Leistungsdaten (Leistungen)
   - Impressionen
   - Klicks
   - CTR
   - durchschnittliche CPC
   - Kosten
2. Ziele (Conversions)
   - Conversions
   - Conversion-Rate
   - Kosten/Conversion (= CPA)
   - Conversion-Wert/Kosten (Grundlage für den ROAS)
3. Wettbewerbsmesswerte
   - Anteil an möglichen Impressionen im Suchnetzwerk
   - Anteil an entgangenen Impressionen im Suchnetzwerk (Rang)
   - Anteil an entgangenen Impressionen im Suchnetzwerk (Budget)
4. Attribute auf Keyword-Ebene
   - Qualitätsfaktor

Bewertung der Kennzahlen

Um die Kennzahlen besser beurteilen zu können, erhalten Sie im Folgenden Richtwerte für gute Kennzahlen. Bitte denken Sie daran, dass die Werte immer individuell von der Branche, den Keywords und der Konkurrenzsituation abhängen. Bei stark umkämpften Keywords ist die CTR zum Beispiel deutlich niedriger als bei Nischen-Keywords, bei denen Ihr Unternehmen Marktführer ist.

- **Impressionen** – Für die reine Anzahl an Impressionen gibt es natürlich keine Zahlen, da sich diese, je nach Suchvolumen, sehr stark unterscheiden. Bei den Impressionen ist jedoch der *Anteil an möglichen Impressionen im Suchnetzwerk* von Interesse. Hier sollte ein Anteil von über 50 % und bei Nischen von 90 % erzielt werden. Ein wichtiger Faktor ist der *Anteil an entgangenen Impressionen im Suchnetzwerk (Rang)*. Über diesen Messwert erfahren Sie, welchen Anteil an Impressionen Sie verlieren, weil Ihre Anzeige nicht gut rankt. Ein höherer maximaler CPC und eine Verbesserung des Qualitätsfaktors wären erste Gegenmaßnahmen zur Steigerung des Rankings.

- **Klickrate** – Eine gute Klickrate liegt wie schon erwähnt bei 3 bis 5 %, bei Marken und Brands sollte die CTR 20 bis 30 % erreichen
- **Conversion-Rate** – Eine durchschnittliche Conversion-Rate kann man nicht angeben, da es auf die Art der Conversion ankommt. Gibt es hohe Hürden für eine Conversion – und sei es nur der Preis –, ist die Conversion-Rate sehr gering. Eine gute Conversion-Rate müssen Sie also für Ihre Situation festlegen, dabei sind die Kosten pro Conversion ein wichtiger Faktor. Sollten Sie Ihre Kunden zu teuer »einkaufen«, wird die SEA-Kampagne auf Dauer nicht funktionieren. Werden auch die Conversion-Werte gemessen, gibt die Kennzahl *Conversion-Wert/Kosten* an, welcher Wert pro eingesetzten Werbe-Euro erzielt wurde. Dieser Wert sollte grundsätzlich über 1,00 liegen, da ansonsten die Werbeausgaben die jeweiligen Einnahmen aus den Verkäufen übersteigen. Bei dieser vereinfachten Rechnung sollte jedoch immer bedacht werden, dass realistisch nicht alle erzielten Verkäufe mithilfe des Trackings erfasst werden können.
- **Qualitätsfaktor** – Ein guter Qualitätsfaktor beginnt ab 7 von 10. Manchmal kann man aber auch mit einem schlechten Qualitätsfaktor gut leben, wenn das Keyword trotzdem Conversions erzielt.

Lernen anhand von Beispielen

Mithilfe von zwei kleinen Beispielen sollten wir uns zum Schluss noch einmal gemeinsam die Vorgehensweise beim Aufsetzen einer SEA-Kampagne, hier speziell einer Google-Ads-Kampagne, anschauen. Bitte beachten Sie, dass wir uns an dieser Stelle nur auf wenige Keywords beschränken, damit die Beispiele überschaubar bleiben.

Aufgabenstellung für die Praxisbeispiele

Als SEA-Manager erhalten wir die folgenden zwei Aufgaben: Wir sollen zunächst eine deutschlandweite Suchkampagne für einen Winterreifen-Onlineshop erstellen. Als Zweites sollen wir noch eine Suchkampagne für eine lokale Autowerkstatt in Köln erstellen, die in der Hauptsaison für das lokale Umfeld Winterreifen und vor allem den Wechsel der Reifen anbietet.

SEA-Vorgaben für den Winterreifenshop (1. Beispiel)

Die wichtigsten Vorgaben und Informationen haben wir einmal zusammengefasst. Sie wissen aus den vorherigen Kapiteln, dass Sie sich natürlich intensiver vorbereiten müssen. Hier also die wichtigsten fiktiven Vorgaben als Grundlage für die »Shopkampagne«:

- Zielregion: Deutschland
- Zielgruppe: Männer und Frauen, die online Reifen kaufen
- Budget: ca. 3.500 Euro pro Monat
- Zeitraum: saisonale Kampagne für die Monate September bis Dezember
- Besondere Vorgaben und Produktmerkmale: günstige Reifen, schnelle Lieferung, Reifen sind auf Lager verfügbar, Markenreifen von verschiedenen Marken, der Shop enthält weitere verwandte Produkte.

Keyword-Recherche für den Winterreifenshop

Mit diesen Vorabinformationen starten wir unsere Keyword-Recherche zum Thema `winterreifen` im Google-Keyword-Planer, der im Google-Ads-Konto integriert ist. Die folgende Abbildung zeigt einen kleinen Ausschnitt der Keyword-Vorschläge zu dem Keyword `winterreifen`, ergänzt um das durchschnittliche monatliche Suchvolumen und eine Bewertung zur Konkurrenzsituation. *Hoch* bedeutet hierbei, dass viele Konkurrenten auf diesen Begriff bieten. Die Einteilung im Keyword-Planer ist jedoch sehr grob, denn es gibt nur die drei Stufen *Hoch*, *Mittel* und *Niedrig*.

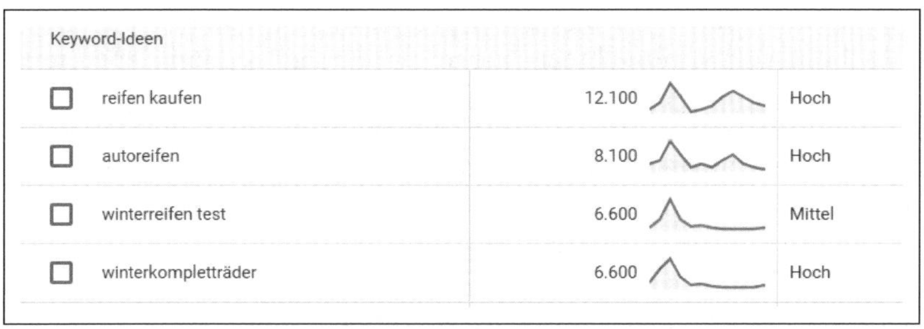

Abbildung 6-13:
Keyword-Recherche zu »winterreifen« im Google-Ads-Keyword-Planer

Auf Grundlage der Vorgaben zu Shop und Produkten, zu den Kosten und den vorhandenen Landingpages wählen wir drei Keywords aus, die dann in einen sogenannten »Plan« übernommen werden. Mithilfe des Plans erhalten wir weitere Informationen zu Impressionen und Klicks. Durch Variation des maximalen CPC können wir dann die Kosten und das gesamte Monatsbudget abschätzen. Bitte beachten Sie, dass diese Daten immer nur eine grobe Schätzung darstellen, damit Sie einen ersten Anhaltspunkt haben. Die Qualität unserer Kampagne und der Zielseiten ist in der Schätzung noch nicht berücksichtigt.

Tipp: Auszuschließende Keywords sammeln

Bitte denken Sie daran, dass Sie bei der Keyword-Recherche direkt auch die negativen Keywords in einer Liste sammeln. In unserem kleinen Beispiel erhalten wir den Vorschlag `winterreifen test`. Der Begriff `test`, ergänzt um ähnliche Begriffe wie zum Beispiel `testbericht`, kann direkt als negatives Keyword erfasst und später für die Kampagnen ausgeschlossen werden.

☐	Keyword ↑	Anzeigengruppe	Max. CPC	Klicks	Impressionen	Kosten
☐	[winterkompletträder]	Winterreifen	1,17 €	1.660,13	12.593,95	556,02 €
☐	[winterreifen]	Winterreifen	1,17 €	3.249,76	26.593,45	626,69 €
☐	"winterreifen günstig"	Winterreifen	1,17 €	132,84	1.107,77	60,49 €

Abbildung 6-14:
Abschätzen von CPC und Budget im Google-Ads-Keyword-Planer

Die monatliche Prognose ergibt für die deutschlandweite Kampagne bei unseren drei Beispiel-Keywords ein Budget von ca. 4.300 Euro. Da wir nur ca. 3.500 Euro monatlich zur Verfügung haben, müssen wir Einschränkungen hinnehmen, indem wir zunächst damit leben müssen, dass wir nicht alle Anfragen zu unserem Thema mit einer Anzeige bedienen können und daher unsere Anzeige zwischenzeitlich nicht geschaltet wird. Später können wir Regionen ausschließen, in denen nur wenige Reifen verkauft werden, oder die Kampagne an bestimmten Tagen zu ausgewählten Uhrzeiten pausieren lassen.

Aufsetzen der SEA-Kampagne für den Winterreifenshop

Wir erstellen nun eine Suchkampagne für den Standort Deutschland. Da wir noch keine Conversions erfasst haben, beginnen wir mit der Gebotsstrategie »Klicks maximieren« sowie einem Budget von 115 Euro pro Tag (3.500 Euro : 30,4). Die Kampagne startet am 1. September und endet am 31. Dezember. Die Anzeigen werden zunächst 24 Stunden pro Tag und 7 Tage pro Woche geschaltet. Nachdem wir ca. 10 bis 15 Conversions mit unserer neuen Kampagne erzielt haben, können wir die Strategie *Klicks maximieren* testen. Durch Optimierung auf Grundlage von Machine Learning verspricht Google Ads, die Anzahl der Conversions zu steigern. Falls dies jedoch nicht funktioniert, sollten wir wieder auf die Ausgangsstrategie wechseln.

Nachdem die Grundeinstellungen der Kampagne geklärt sind, verteilen wir unsere drei Keyword-Phrasen auf drei Anzeigengruppen, sodass wir folgende Themen mit eigenen Anzeigen bedienen:

- Winterreifen allgemein
- Winterkompletträder
- Winterreifen günstig

Die Keywords werden den drei Anzeigengruppen zugeordnet. Jede Anzeigengruppe erhält eine passende Anzeige, die auf unsere ausgewählten Landingpages verweisen. Für die Anzeigentexte greifen wir auf unsere Informationen bezüglich der Produkte und des Webshops zurück. Wichtig ist dabei, dass die Vorteile aus Kundensicht in den verschiedenen Titelzeilen genannt werden. Zudem sollten die wichtigsten Keywords eingebaut und passende Call-to-Actions genutzt werden.

Und so sieht dann beispielsweise ein Ergebnis zur Suchanfrage `winterreifen günstig` als Google-Ads-Anzeige aus:

Abbildung 6-15:
Textanzeige zum Winterreifenshop bei Google

Hinweis: Shopping-Kampagne und P-Max-Kampagnen erstellen

Neben einer Suchanzeige sollte man für Onlineshops auf jeden Fall noch eine Shopping-Kampagne aufsetzen, da dieses Anzeigenformat bei Google zusätzlich mit Produktbildern und Preisangaben sehr auffällig platziert wird. Shopping-Kampagnen können immer parallel zu den Suchanzeigen ebenfalls im Google-Ads-Konto erstellt werden, benötigen aber einen Produkt-Upload im sogenannten Google Merchant Center. Eine wichtige Besonderheit der Shopping-Kampagne besteht darin, dass diese ohne Vorgabe von Keywords auskommt. Die Keywords bestimmt Google nämlich automatisch auf Grundlage der Produktinformationen, die im Datenexport des Webshops enthalten sind.

Wenn Suchkampagnen und Shopping-Kampagnen getestet und ausreichend Conversions erzielt wurden und zudem passende Zielgruppen inklusive Remarketing-Listen genutzt werden, können Ads-Profis im nächsten Schritt die Kampagnen für maximale Performance testen. Bei diesem

Kampagnentyp spielt Google die Anzeigen auf mehreren Google-Plattformen aus und verspricht ein Maximum an Conversions. Die Kampagnen haben jedoch den Nachteil, dass sie kaum kontrolliert und analysiert werden können.

SEA-Vorgaben für die lokale Autowerkstatt (2. Beispiel)

Auch für unser zweites Beispiel folgen hier nun die wichtigsten fiktiven Vorgaben und Informationen in einer Zusammenfassung:

- Zielregion: Stadt Köln + 15 km Umkreis
- Zielgruppe: Männer und Frauen, die ihre Autoreifen zum Winter wechseln möchten und eventuell neue Reifen benötigen
- Budget: ca. 100 Euro pro Monat
- Zeitraum: saisonale Kampagne für die Monate Oktober bis November
- Besondere Vorgaben und Produktmerkmale: lokale Werkstatt, einfache Terminvergabe, schneller Service, günstiger Reifenwechsel, zusätzliche Serviceangebote rund um das Auto

Keyword-Recherche für die lokale Autowerkstatt

Die Keyword-Recherche führt zu folgenden drei Keyword-Phrasen.

☐	Keyword ↑	Anzeigengruppe	Max. CPC	Klicks	Impressionen	Kosten
☐	"reifen wechseln"	Winterreifen wechseln	0,94 €	27,82	550,11	14,02 €
☐	"winterreifen kaufen"	Winterreifen wechseln	0,94 €	123,30	1.163,08	38,05 €
☐	"winterreifen wechseln"	Winterreifen wechseln	0,94 €	1,48	30,40	0,71 €

Abbildung 6-16:
Keywords und Kosten für eine lokale Schaltung in Köln aus dem Google-Ads-Keyword-Planer

Auch im zweiten Beispiel werden die Klickpreise und das Tagesbudget ermittelt. Hier liegt das geschätzte Monatsbudget von ca. 26 Euro zunächst deutlich unter der Vorgabe von 150 Euro pro Monat. Sie können nun noch zusätzliche Impressionen und Klicks erzielen, indem Sie weitere Keywords hinzufügen, die Keyword-Optionen auf *weitgehend* umstellen oder die Zielregion vergrößern.

Aufsetzen der SEA-Kampagne für die lokale Autowerkstatt

Wir erstellen nun eine Suchkampagne mit der Gebotsstrategie *Klicks maximieren* und dem Zielort Köln sowie zusätzlich noch einer Zielregion in einem Umkreis von 15 km um den Standort Köln. Wir legen in diesem Fall zwei Zielregionen an, weil wir diese später mit verschiedenen prozentualen Geboten unterschiedlich steuern können. Für die Einwohner von Köln möchten wir mehr pro Klick bieten, da dies die wichtigsten Kunden für die lokale Werkstatt sind. Wir beginnen wieder mit einer manuellen Gebotsstrategie sowie einem Budget von 5 Euro pro Tag (150 Euro : 30,4). Die Kampagne startet am 1. Oktober und endet am 30. November. Die Anzeigen werden zunächst 24 Stunden pro Tag und 7 Tage pro Woche geschaltet.

Im nächsten Schritt verteilen wir unsere drei Keyword-Phrasen auf zwei Anzeigengruppen, sodass wir folgende Themen mit eigenen Anzeigen bedienen:

- Winterreifen wechseln
- Winterreifen kaufen

Die Keywords `winterreifen wechseln` und `reifen wechseln` gehören zu einem Thema und werden in einer Anzeigengruppe zusammengefasst. Wir erstellen responsive Anzeigen mit unterschiedlichen Titeln und Beschreibungstexten sowie der jeweils passenden Landingpage. Als Ergebnis zur Suchanfrage `winterreifen wechseln` erhält man in der Region Köln dann beispielsweise folgende Anzeige:

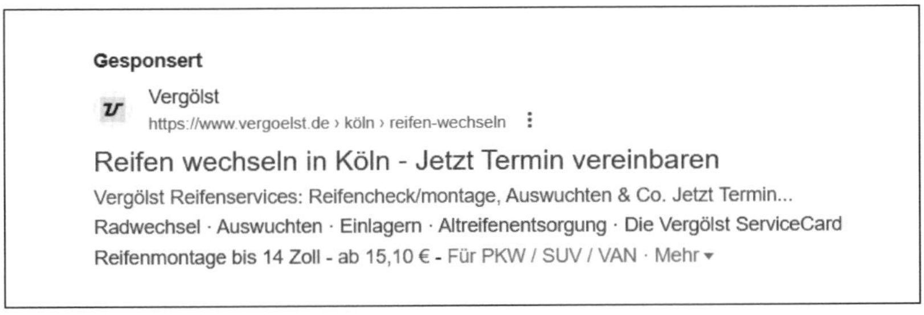

Abbildung 6-17:
Ergebnis zum Reifenwechsel in Köln

Anhand der zwei Beispiele haben Sie mit einem kleinen Keyword-Ausschnitt einen Eindruck davon erhalten, wie Sie bei der Erstellung einer SEA-Kampagne vorgehen sollten und was grundsätzlich zu beachten ist. Hier noch einmal die wichtigsten Punkte in der Zusammenfassung.

Zusammenfassung: Wichtige Schritte zum Aufsetzen einer SEA-Kampagne

- Vorabinformationen zur Kampagne einholen.
- Ausgiebige Keyword-Recherche durchführen.
- Abschätzen von Klickpreisen und Tagesbudget.
- Kampagne mit den wichtigen Grundeinstellungen aufsetzen.
- Verteilung der Keywords auf Anzeigengruppenthemen.
- Anzeigentexte mit Variationen von Titeln und Beschreibungen erstellen.
- Anzeigen mit passender Landingpage verlinken.
- Anzeigenerweiterungen hinzufügen.
- Auszuschließende Keywords hinzufügen.
- Conversion-Tracking implementieren.
- Statistiken zur laufenden Kampagnenbeobachtung abrufen.
- Laufende Optimierung der Kampagne.

KAPITEL 7

Affiliate Marketing

In diesem Kapitel:

- Grundbegriffe und Zusammenhänge
- Trends im Affiliate Marketing

Von Markus Kellermann

Affiliate Marketing ist ein performanceorientierter Onlinevertriebskanal und einer der wichtigsten Bausteine im Online-Marketing-Mix. Welche Vorteile das Affiliate Marketing hat und warum Online Marketing Manager Kenntnisse in diesem Bereich besitzen sollten, wird im Folgenden ausführlich beschrieben.

Grundbegriffe und Zusammenhänge

Das Grundprinzip des Affiliate Marketing ist ganz einfach: Ein werbetreibendes Unternehmen (*Merchant/Advertiser*) baut sich mithilfe von Onlinevertriebspartnern (*Affiliates/Publishern*) ein Werbenetzwerk (*Partnerprogramm/Affiliate-Programm*) auf. Der Merchant stellt hierzu seinen Affiliates verschiedene *Werbemittel* wie Banner, Logos, Textlinks, Produktdaten oder Widgets zur Verfügung, die diese dann auf ihren eigenen Webseiten oder über Vermarktungsplattformen einbinden können. Der Merchant vergütet den Affiliate leistungsbezogen – nach Klick, Lead oder Sale –, wenn dieser eine Bestellung oder einen Neukunden vermittelt. Das Messen der *Leads/Sales* basiert auf einem *Messsystem*, das entweder von einem *Affiliate-Netzwerk* (z.B. Awin, Tradedoubler, Adcell, belboon etc.) oder über eine *Private-Network-Technologie* zur Verfügung gestellt wird.

Affiliate Marketing: Die Anfänge

Erzählungen zufolge wurde Affiliate Marketing bereits 1996 auf einer Cocktailparty »erfunden«. Dort soll sich Amazon-Gründer Jeff Bezos mit einer Frau unterhalten haben, die eine Homepage zum Thema Scheidungen betrieb. Die Frau soll damals Bezos angeboten haben, Bücher von Amazon zu eben diesem Thema auf ihrer Website vorzustellen und zu vertreiben. Als Gegenleistung forderte sie eine Verkaufsprovision. Ob diese Geschichte wirklich die ursprüngliche Entstehung des Affiliate Marketing beschreibt, wird wohl ein Mythos bleiben, denn bereits 1994 gab es im Adult-Bereich schon ähnliche Onlinevertriebsmodelle.

Sicher ist aber, dass Amazon mit dem *Amazon PartnerNet* 1996 eines des ersten großen Onlinevertriebsnetzwerke gründete und somit erstmals Partnern Provisionen für vermittelte Produkte anbot. So begann der Siegeszug des Affiliate Marketing rund um den Globus, und mit *affilinet* und *Superclix* starteten Ende der 1990er-Jahre dann auch die ersten Affiliate-Netzwerke in Deutschland.

Einsatzbereiche

Affiliate Marketing ist vor allem ein vertriebsorientiertes Online-Marketing-Instrument. Dadurch eignet es sich für Produkte oder Dienstleistungen, die im Internet angeboten werden. Insbesondere bei Spontankaufprodukten ist das Affiliate Marketing ein sehr erfolgreicher Vertriebskanal. Aber auch informative Produkte oder Leistungen beispielsweise aus dem Finanz- oder Versicherungsbereich können von den Affiliates reichweitenstark beworben werden.

Generell ist es wichtig, dass vor dem Start eines neuen Affiliate-Programms eine genaue Kosten- und Leistungsanalyse durchgeführt wird, um auf Basis der eigenen Marge zu bewerten, welche Provisionen an die Affiliates bezahlt werden können und ab welcher Transaktionsmenge das Partnerprogramm für den Merchant profitabel ist. Schließlich fallen zum Start des Programms Initialkosten für das Setup, die Werbemittelerstellung und gegebenenfalls für die Implementierung der Conversion-Messung an. Ein strategisches Konzept zu Beginn ist daher unverzichtbar.

Vorteile des Affiliate Marketing

Performanceorientierte Bezahlung der Werbekosten

Nachdem Affiliate Marketing rein erfolgsbasiert auf Basis von *Pay per Click*, *Pay per Lead*, *Pay per Sale* oder *Hybridmodellen* stattfindet, hat der Affiliate-Partner ein großes Interesse daran, die Werbemittel des Merchants optimal auf seiner Website zu präsentieren, da ja nur für tatsächliche Transaktionen vergütet wird.

Transparente Messbarkeit der Werbeeffizienz

Um die Provisionen den erfolgten Transaktionen zuweisen zu können, wird eine umfassende Messung der Werbeaktionen benötigt. Wichtige KPIs sind neben den vorab definierten Cost per Click, Cost per Lead oder Cost per Sale auch die Click-Through-Rate und die Conversion-Rates für jeden einzelnen Affiliate. Zudem kann der Erfolg jedes einzelnen Werbemittels genau gemessen und dem Affiliate zugeordnet werden. Dadurch kann auch die Effizienz der eingesetzten Werbemittel ganz genau bewertet werden.

Geringe Kundengewinnungskosten

Durch die Zusammenarbeit mit den Affiliates hat der Merchant die Möglichkeit, die bestehende Reichweite der Partnerseiten zu nutzen, ohne dass für ihn ein finanzieller Mehraufwand entsteht. Aufgrund der performanceorientierten Bezahlung muss der Merchant nur ein leistungsbezogenes Budget für die Gewinnung von Neukunden bereitstellen, da die Affiliates für ihre eigenen Webseiten laufend Neukunden akquirieren und die Kunden über die Werbemittel direkt auf die Seiten des Merchants weiterleiten. Allerdings gibt es optional auch die Möglichkeit, reichweitenstarke Zusatzplatzierungen über WKZ-Bezahlungen (Werbekostenzuschuss) zu buchen, um darüber Startseitenplatzierungen, Newsletter- oder Social-Media-Werbung zu erhalten.

Steigerung der Vertriebsreichweite

Affiliate Marketing ermöglicht dem Merchant den Aufbau eines großen Vertriebsnetzwerks an privaten und kommerziellen Webseiten. Dadurch lässt sich die Werbereichweite enorm vergrößern, und die Transaktionen auf den Seiten des Merchants können entscheidend gesteigert werden.

> **Hinweis: Bedeutung Affiliate Marketing**
>
> In vielen Branchen macht Affiliate Marketing inzwischen sogar mehr als 30% der Onlineumsätze aus.

Steigerung des Kundenvertrauens

Einer Studie der *Optimus Performance Marketing Agentur UK* zufolge trägt Affiliate Marketing dazu bei, das Vertrauen zwischen Kunden und Onlinehändlern zu steigern.

Die Umfrage ergab, dass Onlineshops, die ihren Maßnahmenschwerpunkt auf Affiliate Marketing gelegt haben, zu einem Drittel vertrauenswürdiger wirken als diejenigen, die sich ausschließlich auf andere Formen des Online-Marketings konzentrieren.

Für die Umfrage wurden mehr als 1.000 Onlineshopper und über 200 Bloggerinnen und Blogger aus Großbritannien, die ihre Seite nicht über Affiliate Marketing monetarisieren, befragt. Jeder der Befragten hatte jedoch ein grundlegendes Verständnis von dem, was Affiliate Marketing ist.

Das Ergebnis der Frage, welcher Online-Marketing-Kanal für sie der wirksamste sei, sieht so aus:

- Social Media Marketing 33 %
- E-Mail-Marketing 21 %
- SEO 16 %
- Affiliate Marketing 13 %
- Display 6 %
- Sonstige 12 %

Interessanter ist jedoch vor allem das Ergebnis auf die Frage nach der Vertrauenswürdigkeit von 50 bekannten Marken bzw. Onlineshops.

Die Teilnehmerinnen und Teilnehmer gaben auf einer Skala von 1 bis 10 (10 als beste Bewertung) den Unternehmen ohne Affiliate Marketing im Durschnitt die Note 5,7.

Unternehmen mit einem Affiliate-Programm erhielten durchschnittlich die bessere Note 7,7. Das Vertrauen ist laut Umfrage also um 33 % höher als bei Onlineshops ohne Affiliate-Maßnahmen – eine interessante Erkenntnis darüber, welchen Einfluss der Affiliate-Kanal abseits der messbaren KPIs auf das Kaufverhalten der User hat!

Zusätzliche Markenpräsenz im Internet

Durch die Einbindung der Werbemittel auf den Seiten der Affiliates kann man Zielgruppen erreichen, die sonst ohne finanziellen Aufwand nicht angesprochen werden könnten. Affiliate Marketing trägt also dazu bei, dass eine Marke im Internet noch weiter verbreitet und der Markenwert erhöht werden kann. So lassen sich auch unbekannte Marken innerhalb kürzester Zeit schneller auf dem Markt etablieren, und ihr Bekanntheitsgrad wird gesteigert.

Gezielte Kundenansprache

Durch die gezielte Platzierung von Werbung auf Webseiten mit themenrelevantem Inhalt lassen sich Kunden sehr gezielt ansprechen. Zudem ist die Kaufbereitschaft auf solchen Webseiten wesentlich höher, da die Besucherinnen und Besucher für das Produkt bereits durch den Content sensibilisiert wurden.

Die Entwicklung der Affiliate-Branche

Gerade in den letzten Jahren hat sich die Branche von Jahr zu Jahr weiterentwickelt. Durch immer neue Affiliate-Geschäftsmodelle, Werbemittel und viele technische Änderungen hat sich der Markt im Laufe der Zeit professionalisiert. Das Thema wurde in den vergangenen Jahren immer komplexer und vielfältiger, sodass Affiliate Marketing mittlerweile eines der flexibelsten und innovativsten Segmente im Online-Marketing darstellt.

Im Mutterland des Affiliate Marketing – den USA – wurden wie jedes Jahr von DigitalGYD die Wachstumsprognosen für die Affiliate-Branche veröffentlicht. DigitalGYD rechnet mit einem Umsatzvolumen der Werbe-Spendings von 8,2 Milliarden US-Dollar in 2022.

Und auch die Omnicom Media Group hat für Deutschland im Rahmen des *German Digital Advertising Latecast* eine Prognose für den Affiliate-Markt veröffentlicht. Demnach sollen in 2022 die Werbeausgaben bei knapp 1,55 Milliarden Euro gelegen haben, was einem Wachstum von 14,81 % gegenüber 2021 entspricht.

Was unabhängig von der Entwicklung der Marktzahlen ebenfalls in den nächsten Jahren der Affiliate-Branche zugutekommt, ist das stetige Wachstum der Internet-Werbe-Spendings.

Demnach rechnet die GroupM in ihrem *This Year, Next Year*-Forecast für 2023 vor allem durch den Digitalmarkt, einen wichtigen Treiber für die deutschen Werbe-Spendings, mit einem Wachstum von 11 %.

Ein ähnliches Bild ergibt auch die Affiliate-Trend-Umfrage der Affiliate-Agentur xpose360 unter 1.000 Affiliates, Merchants, Agenturen und Firmen aus den Bereichen Netzwerke/Technologien. 59 % der Affiliates, 50 % der Advertiser und 46 % der Agenturen und Firmen aus den Bereichen Netzwerke/Technologien rechnen für 2023 mit steigenden Umsätzen. Auch wenn diese Prognosen verhaltener sind als noch in den letzten Jahren, zeigen sie doch, dass die Grundstimmung in der Affiliate-Branche nach wie vor zuversichtlich ist.

Dies liegt sicherlich auch daran, dass 70 % der Advertiser damit rechnen, dass der Affiliate-Kanal in den nächsten fünf Jahren an Priorisierung in Unternehmen aufgrund des Performanceansatzes zulegen wird. Bereits jetzt ist für 83 % der Unternehmen das Affiliate Marketing im Online-Marketing-Mix wichtig oder sehr wichtig. Die globalen Trends geben auch für Deutschland die Richtung vor. Das Wachstum des Werbemarkts ist vorwiegend technologiegetrieben. Dank der weiterhin zunehmenden Verbreitung mobiler Geräte, der technischen Verbesserungen der Werbeformen und der Erhöhung der Werbeformenvielfalt sowie der technischen Innovationen bei der Aussteuerung von geräteübergreifenden Kampagnen wird mit einem deutlichen Zuwachs bei den Werbeinvestitionen gerechnet.

Wichtig für das Affiliate Marketing

Affiliate Marketing ist mittlerweile kein Selbstläufer mehr. Es reicht aufgrund der gewachsenen Strukturen nicht aus, einfach ein Affiliate-Programm ins Leben zu rufen, ein fixes Provisionsmodell einzustellen und den Autopiloten zu starten. Sie können so zwar noch Umsätze generieren, aber kein nachhaltiges Wachstum erzielen.

Für ein professionelles Affiliate-Programm müssen entsprechende Ressourcen und Personal mit Know-how zur Verfügung gestellt oder externe Dienstleister wie zum Beispiel spezialisierte Affiliate-Agenturen hinzugezogen werden.

Für ein Wachstum bedarf es der intensiven Zusammenarbeit mit den wichtigsten und reichweitenstärksten *Top-Affiliates*. Zudem können individuelle Zielvereinbarungen mit den Partnern hilfreich sein, um die Umsätze des Vorjahres zu steigern.

Man sollte zudem generell offen für innovative Publisher-Modelle sein. Affiliate Marketing ist mittlerweile auch ein Inkubator für neue technische Lösungen. Der Affiliate-Kanal bietet gerade für Start-ups die Möglichkeit, relativ schnell Referenzkunden zu gewinnen.

Die erforderlichen technischen Voraussetzungen müssen auf jeden Fall gegeben sein. Eine korrekt eingestellte *Cookie-Weiche* auf *First-Party-Cookie-Basis* ist die Grundvoraussetzung. Aber auch ein *professionelles Customer-Journey-Tracking* kann Aufschluss geben über kanalübergreifende Effekte. Darüber hinaus sollte aufgrund des steigenden mobilen Traffics und des möglichen Medienbruchs über ein *Cross-Device-Tracking* sowie ein *Mobile-InApp-Tracking* nachgedacht werden, um mittelfristig die Affiliates weiterhin fair zu vergüten. Und auch die Integration von Server-to-Server-Tracking ist eine wichtige Basis, um browserunabhängig die vermittelten Sales im Affiliate Marketing messen und vergüten zu können.

Generell sollte auch das Provisionsmodell auf den Prüfstand gestellt werden. Denn aufgrund der vielen technischen Gegebenheiten und der Komplexität ist das bestehende Performance-Provisionsmodell in der aktuellen Form mittelfristig ein Auslaufmodell. Viele große Advertiser arbeiten deswegen bereits mit einem sogenannten Cross-CPO, der die vom Affiliate-Partner vermittelten Kunden auf Basis weiterer KPIs wie Customer Lifetime Value, Micro-Conversions, Qualität und Werbewirkung betrachtet und vergütet.

Erfolgsfaktoren von Partnerprogrammen

Der Erfolg eines Partnerprogramms hängt von vielen Faktoren ab, die regelmäßig analysiert und gegebenenfalls optimiert werden müssen.

1. Die richtigen Affiliates

Die Auswahl der richtigen Partner ist die Grundlage für ein effizientes Affiliate Marketing. Es gibt mittlerweile eine Vielzahl an unterschiedlichen Affiliate-Modellen, wie *Content-Affiliates*, *Gutscheine*, *Cashback*, *Deal-Seiten*, *Bonusprogramme*, *Preisvergleiche*, *Display-Publisher*, *Social-Media-Affiliates*, *Influencer*, *Technologie-Publisher* etc.

Wichtig ist, dass man als Merchant vor allem auf die Qualität anstatt auf die Quantität der Partner achtet. Zumeist gilt im Affiliate Marketing die sogenannte 80/20-Regel, die besagt, dass 20% der Affiliates für 80% der Umsätze sorgen. Deswegen bedeuten mehr Partner nicht unbedingt auch mehr Umsatz.

2. Kommunikation mit den Affiliates

Kommunikation mit den Affiliates ist das A und O. Ein regelmäßiger Dialog mit den Partnern und somit den Onlinevertriebspartnern eines Unternehmens ist einer der wichtigsten Erfolgsfaktoren für das Partnerprogramm. Die Affiliates benötigen regelmäßig Informationen über neue Produkte oder Angebote, die sie bewerben können. Nur wenn die Partner »Futter« für ihre Webseiten erhalten, z.B. in Form von Sonderaktionen oder Rabatten, können sie dieses ihren Kunden auch vermitteln. Neben der persönlichen Kontaktaufnahme mit dem Affiliate gibt es die Möglichkeit, per Newsletter, E-Mail, Foren oder Affiliate-Plattformen zu kommunizieren. Ein regelmäßiger persönlicher Kontakt mit dem Partner führt zu einer engen Partnerbindung. Deswegen ist es auch wichtig, dass der Merchant hierzu einen erfahrenen Affiliate-Manager zur Verfügung stellt, der das Partnerprogramm professionell betreut, auf Augenhöhe mit den Affiliates kommuniziert und für alle Belange Ansprechpartner oder Ansprechpartnerin ist.

3. Faire Provisionen

Um den Affiliates ein attraktives Abrechnungsmodell zu bieten und dem Wettbewerb gegenüber konkurrenzfähig zu sein, muss die Provisionsgestaltung besonders gut durchdacht sein.

Jeder Affiliate muss sich die Frage stellen, welche Werbemittel er einbindet, und wird sich in der Regel für den Anbieter entscheiden, der für ihn am lukrativsten ist. Das bedeutet, es muss ein klarer finanzieller Anreiz für die Partner geschaffen werden, das eigene Affiliate-Programm zu bewerben.

Damit Affiliate Marketing erfolgreich funktioniert, sollten daher sowohl der Merchant als auch der Affiliate von der Zusammenarbeit profitieren. Der Affiliate liefert durch die Bewerbung des Merchants eine entsprechende Werbeleistung, für die er fair vergütet werden möchte. Welches Provisionsmodell der Merchant hierzu zur Verfügung stellt, orientiert sich oft am Wert des Neukunden.

Oftmals wird bei dieser Betrachtung allerdings der Customer Lifetime Value vergessen, der zum Tragen kommt, wenn der Neukunde Folgekäufe tätigt, für die der Affiliate dann keine Provision mehr erhält. Umso wichtiger ist es, zu Beginn der Zusammenarbeit ein Provisionsmodell zu erstellen, das auch die Werthaltigkeit des Affiliates berücksichtigt.

Neben der Standardprovision – z.B. von 5% für den Netto-Warenkorb oder 5 Euro für den Lead – lassen sich daher individuelle Provisionen entsprechend der Media-Reichweite der einzelnen Affiliates definieren. Deswegen ist auch bei der Provisionsfestsetzung der persönliche Dialog mit dem Affiliate sehr wichtig, um hier eine gemeinsame Basis für die Zusammenarbeit zu definieren.

4. Vielseitige Werbemittel

Damit die Affiliates das Partnerprogramm entsprechend bewerben können, benötigen sie geeignete Werbemittel. Hierzu sollte der Merchant eine breite Palette an Werbemitteln zur Verfügung stellen, damit sich der Affiliate genau die Werbemittel herauspicken kann, die optimal zu seiner Website und deren Zielgruppe passt. Neben den typischen Bannern in verschiedenen Größen sollten auch Textlinks und vor allem Deeplinks direkt zu den Zielseiten nicht fehlen. Auch sollten Werbemittel für verschiedene Produkt- und Kategorieseiten zur Verfügung gestellt werden sowie für die verschiedenen Käuferzielgruppen der Merchant-Webseite.

Partnermanagement

Die Zusammenarbeit mit den Affiliates ist gerade in einem Peoples-Business der wichtigste Faktor im Affiliate Marketing. Umso bedeutender ist auch die Betreuung der verschiedenen Affiliates, die letztendlich die Onlinevertriebspartner des Merchants sind. Diese basiert auf drei Bausteinen: der Partnerbindung der erfolgreichen Affiliates, der regelmäßigen Partnerakquise von neuen Affiliates und der Aktivierung von inaktiven Affiliates.

Partnerbindung

Die Partnerbindung gehört zu den wichtigsten Faktoren für ein erfolgreiches Partnerprogramm.

Der Grund dafür ist, dass ca. 5% der Top-Werbepartner für 95% des Umsatzes sorgen. Bei manchen Programmen können es auch 10 bis 15% sein, das hängt immer von dem jeweiligen Partnerprogramm ab. Es ist meist ein sehr kleiner Teil der Partner, der ziemlich aktiv ist und sich durch große, Traffic-reiche Seiten entweder auf das Thema des Partnerprogramms spezialisiert hat oder einfach Traffic-reiche Websites wie Preisvergleiche oder Shoppingportale betreibt.

Neue Partnerprogramme mit immer wieder neuen attraktiven Provisionsmodellen schießen täglich aus dem Boden. Es entstehen laufend neue Affiliate-Netzwerke und -Technologien, die versuchen, neue Programme zu lancieren und Partner exklusiv zu akquirieren. Die Partner werden deshalb ein immer wertvolleres Gut. Es ist also nicht selbstverständlich, dass die Werbepartner immer ein und dasselbe Partnerprogramm bewerben. Auch die Partner schauen sich nach neuen Programmen um und werden von den Affiliate-Netzwerken und den Affiliate-Agenturen umworben.

Deshalb ist es wichtig, das wertvolle Gut »Werbepartner« langfristig an ein Partnerprogramm zu binden. Wenn 95% des Umsatzes von 5% der Partner generiert werden, liegt es auf der Hand, welche dramatischen Folgen es hätte, wenn ein Teil der 5-%-Partner wegfielen.

Werbepartner langfristig an das Partnerprogramm binden

Wie in anderen Bereichen geht auch hier natürlich nichts über den persönlichen Kontakt zu den Partnern. Persönliche Kontakte, Partnerbesuche vor Ort, Einladungen zu Events und telefonische Betreuung sind unverzichtbar. So wissen diejenigen, die das Programm betreuen, immer, welche Wünsche und Probleme der Partner hat. Der persönliche Kontakt ist häufig genug genau der Vorsprung, den man vor Konkurrenzpartnerprogrammen hat – wenn dort keine Kontaktperson bekannt und deshalb die Bindung noch nicht so eng ist.

Weitere Möglichkeiten der Partnerbindung bieten natürlich die heutigen Kommunikationsmöglichkeiten. Man sollte die Partner immer mit News zum Partnerprogramm per E-Mail, Videocalls oder über sonstige Internetportale auf dem Laufenden halten. Ein guter Ansatz ist z. B. ein wöchentlicher Call, um die Partner mit Tipps und Infos zu versorgen.

Schulungen sind eine weitere Möglichkeit der Partnerbindung. Was spricht dagegen, die Werbepartner in bestimmten Abständen zu Schulungen einzuladen, um ihnen Neuigkeiten des Partnerprogramms detailliert zu erklären und natürlich auch um die persönliche Bindung zu stärken?

Die Provisionen sind ebenfalls ein wichtiger Ansatz. Nichts geht über eine ausreichende Vergütung der Partner. Was spricht etwa dagegen, den Top-Partnern eine zusätzliche Provision zu zahlen oder ihnen für ihre geleistete Arbeit zusätzlich eine fixe monatliche Provision on top zu garantieren. Zufriedene Partner kommen nicht auf die Idee, sich nach einem neuen Partnerprogramm in diesem Bereich umzusehen.

Weihnachtsgeschenke sind ebenfalls eine gute Möglichkeit, sich bei den Partnern für ihre geleistete Arbeit zu bedanken. Oft genügen hier Kleinigkeiten. Top-Partnern kann man auch hochwertigere Geschenke machen – etwa eine teure Uhr oder ein neues Notebook – oder das Geschenk vorher mit ihnen abstimmen.

Sie werden die Erfahrung machen, dass Sie mit kreativen Ideen die vorhandenen Partner auch langfristig an ein Partnerprogramm binden können.

Partnerakquise

Eine erfolgreiche Affiliate-Marketing-Kampagne bedarf ständiger Optimierung und Pflege, um dauerhaft erfolgreich zu sein. Damit Affiliate Marketing auch entsprechend den Zielvorgaben verläuft, muss eine Reihe von Faktoren beachtet werden.

Umfrage unter Werbetreibenden

Ein wichtiger Faktor für das Umsatzwachstum eines Partnerprogramms ist die Akquise neuer, leistungsstarker Affiliates. Knapp 71 % der Werbetreibenden im Affiliate Marketing planen in den nächsten drei Monaten weitere Akquise-Maßnahmen. Das ist das Ergebnis einer Erhebung, die die Online-Marketing-Agentur xpose360 unter 101 Advertisern und Affiliate-Agenturen durchgeführt hat.

Demnach haben zudem 64% der Werbetreibenden schon einmal Akquise-Maßnahmen umgesetzt. 39% haben allerdings den Erfolg der Akquise nicht ausgewertet, was den häufig immer noch fehlenden Strategieansatz für Akquise-Umsetzungen verdeutlicht.

Als Erfolgsquote haben 21% der Advertiser angegeben, dass sich durch die Akquise 25 bis 50% der angeschriebenen Affiliates bei dem Partnerprogramm angemeldet haben, von denen die meisten Werbetreibenden allerdings weniger als 100 potenzielle Partner kontaktiert haben (69%).

Die Hauptstrategie für die Gewinnung neuer Partner war für die meisten Werbetreibenden die Erhöhung der Marktdurchdringung durch möglichst viele neue Affiliates (39%), gefolgt von der Programmentwicklung durch den Ausbau bestehender Publisher-Kanäle (30%) und der Marktentwicklung durch den Aufbau neuer Publisher-Segmente (14%).

Die Kontaktaufnahme erfolgte hauptsächlich über E-Mail (53%) und Telefon (30%) sowie persönlich über Events (14%).

Das größte Problem einer nachhaltigen Affiliate-Akquise entsteht häufig bereits in der Planungsphase. Marketingleitung und Führungskräfte unterschätzen oftmals die Bedeutung und den notwendigen *Aufwand einer professionellen Partnergewinnung*. Aktionen werden unzureichend vorbereitet, zu ungünstigen Zeitpunkten durchgeführt, oder sie richten sich an die falschen Personen.

Oft sind Erfolge oder Misserfolge auch durch *mangelnde Dokumentation* von Durchführung und Reaktion nicht vollständig nachvollziehbar oder messbar. Schnell wird geschlossen, dass Akquise-Aktionen nichts bringen. Häufig fehlt auch die langfristige Auswertung und Analyse der Partnerakquise.

Tatsächlich ist die moderne Form der Affiliate-Akquise ein ganzheitlicher Prozess und eine der größten Herausforderungen im Affiliate-Management. Sie ist mehr, als nur schnell »Kontakte zu machen« oder 1.000 E-Mails an potenzielle Affiliates zu versenden. Daher sollte die Akquise nicht als lästige Pflicht angesehen werden, sondern als Chance, mit Partnern ins Gespräch zu kommen, um so das Partnerprogramm für den Markt weiterzuentwickeln.

Praxistipp: Partnerprogramm optimieren

Scheitert die Akquise eines potenziellen Affiliates trotz aller Akquise-Maßnahmen, hat das oftmals gute Gründe. Durch die genaue Kenntnis dieser Schwachpunkte hat man die Möglichkeit, das Partnerprogramm entsprechend zu optimieren.

Die fünf Phasen der Affiliate-Akquise

Schritt 1: Festlegung der richtigen Strategie

Ausgangsbasis für eine erfolgreiche Akquise-Strategie ist eine umfassende *Akquise-Planung*. In fast allen Unternehmen wird für das Geschäftsjahr eine *Umsatzplanung mit Zielvorgaben* erstellt. Diese Umsatzziele sollten Bestandteil der Akquise-Strategie sein.

Bei der Jahresplanung sollten Sie auch eine mögliche Fluktuation von Bestands-Affiliates sowie saisonale Schwankungen berücksichtigen.

Des Weiteren sollten Sie unbedingt zwischen quantitativen und qualitativen Zielen unterscheiden. *Quantitative Ziele* sind eindeutig messbar und über einen Erfüllungsgraphen gut zu kontrollieren. Quantitative Ziele könnten beispielsweise sein: Steigerung der Affiliate-Umsätze, Anzahl neuer Affiliates, Umsatz pro Affiliate im Monat, Anzahl der durchgeführten Kontakt-E-Mails/Telefonate/Gespräche oder Steigerung des Marktanteils des Partnerprogramms.

Bei *qualitativen Zielen* geht es hauptsächlich darum, das Affiliate-Programm durch die aus Gesprächen gewonnenen Erkenntnisse zu verbessern und weiterzuentwickeln. Denn durch das Feedback der Affiliates erhält man häufig aufschlussreiche Informationen, die beispielsweise zu folgenden Programmoptimierungen führen können: Verkürzung des Sales-Bearbeitungszeitraums, Optimierung des Provisionsmodells oder des Werbemittelportfolios, Verbesserung des Publisher-Service bis hin zur Produktoptimierung im Onlineshop selbst.

Sobald die Strategie entwickelt ist, geht es im nächsten Schritt darum, das Jahresziel in Teilschritte zu untergliedern. Wichtig ist dabei, die Jahresziele auf Monate, Wochen und Arbeitstage herunterzubrechen, damit sie für den ausführenden Affiliate-Manager eine nachvollziehbare und motivierende Vorgabe darstellen. Bei der Planung sollten auch Urlaubszeiten oder saisonale Peaks berücksichtigt und Pufferzeiten mit eingerechnet werden.

Schritt 2: Kenntnis der relevanten Faktoren

Um einen Affiliate vom eigenen Partnerprogramm zu überzeugen, sollte der Affiliate-Manager alle relevanten Faktoren kennen: sein Partnerprogramm, den Markt und vor allem die Produkte und Leistungen seines Programms. Hinzu kommt der Überblick über die Konkurrenz mit ihren Angeboten, Provisionen und Aktionen. Ganz wesentlich ist selbstverständlich auch die genaue Analyse des Affiliates und dessen Publisher-Modells.

Praxistipp: Portfoliokenntnisse aktualisieren

Auch wenn Sie der Meinung sind, den eigenen Shop perfekt zu kennen, sollten Sie sich von Zeit zu Zeit mit dem eigenen Unternehmen beschäftigen, da es regelmäßig Änderungen beim Produkt- oder Leistungsportfolio gibt. Details, die Sie kennen sollten, sind z.B. Produktpreise, Anzahl der Produkte, Produktkategorien, kostenlose Artikel, Rabatte oder Gutscheine, Versandkosten, Lieferzeiten, Storno- und Zahlungsausfallquote, Umsatzstornoquote, durchschnittlicher Warenkorbwert, Neukundenquote, Reichweite des Shops, Zielgruppen etc. Dies sind nur einige der Faktoren, die immer wieder von potenziellen Affiliates hinterfragt werden, um das Potenzial des Advertisers einschätzen zu können.

Bei der Überzeugungsarbeit sind des Weiteren Argumente dafür hilfreich, warum der Affiliate Ihr Partnerprogramm bewerben sollte. Hier sind Alleinstellungsmerkmale wie Joker-Artikel oder eventuell patentgeschützte Innovationen nützlich.

Natürlich müssen Sie den Affiliate auch mit Argumenten davon überzeugen, dass er sich bei Ihrem Partnerprogramm bewerben sollte. Zu diesen Argumenten gehören Stornoquoten, Angabe von Stornogründen, Sales-Bearbeitungszeitraum, Cookie-Lifetime, Einstellung der Cookie-Weiche, eCPM (*effective Cost per Mille*, übersetzt *effektiver Tausender-Kontakt-Preis* [eTKP]), Premium-Provisionen, Endkundenaktionen, Conversion-starke Werbemittel und Ähnliches.

Zu einem guten Programmmanagement gehört ebenfalls die Analyse der direkten Wettbewerber im Affiliate Marketing. Hierzu sollten Sie regelmäßig vor allem die folgenden Leistungen des eigenen Partnerprogramms mit denen der Konkurrenten vergleichen: Provisionen, Aktionen, Sales-Rallyes, Gutscheine, Produkte im Shop, Unterschiede in den Angeboten und Marktanteile.

Schritt 3: Instrumente der Akquise

Meist kommen bei der Affiliate-Akquise verschiedene Instrumente zum Einsatz. Der optimale Ablauf ist: Zunächst erhält der potenzielle Affiliate einen Brief oder eine Kontakt-E-Mail mit der Vorstellung des Partnerprogramms. Hier fließen alle in Schritt 2 gewonnenen Informationen ein. Bei dieser ersten Kontaktaufnahme sollte bereits ein Telefonat angekündigt werden. Im Telefonat vereinbaren Sie einen Gesprächstermin, der im Idealfall die Partneranmeldung nach sich zieht.

Praxistipp: Akquise-Form

Ein Akquise-Anschreiben per Post hat den Vorteil, dass Sie über kleine Geschenke oder ein Topseller-Produkt einen positiven ersten Eindruck erzielen können. Der Affiliate kann sich direkt von der Produktqualität überzeugen.

Bei einem telefonischen Akquise-Anruf ist darauf zu achten, dass werbliche Anrufe bei Privatpersonen generell nicht erlaubt sind. Sie sollten vorher die Erlaubnis per E-Mail einholen, indem Sie einen Terminvorschlag machen.

Im persönlichen Gespräch können Sie dem Affiliate z.B. anhand einer PowerPoint-Präsentation alle Vorteile des Partnerprogramms vermitteln. Die Chance ist dann sehr groß, dass der potenzielle Partner sich für das Programm anmeldet.

Praxistipp: Affiliate-Stammtische und -Konferenzen

Vor allem Affiliate-Stammtische oder -Konferenzen bieten eine gute Gelegenheit, um darüber Kontakte zu Affiliates zu knüpfen. Allerdings geht es dabei oft mehr um informelle Gespräche und ein erstes Kennenlernen. Die konkrete Akquise wird dann meistens im Nachgang vereinbart.

Es bietet sich an, die Kontakte und Kontaktaufnahmen mithilfe professioneller Tools wie z.B. des E-Mail-Tools *SuperMailer* zu managen. Mit der Newsletter-Software sind Erstellung und Versand von personalisierten Akquise-Anschreiben und -Newslettern viel einfacher und effizienter möglich. Das Newsletter-Programm ermöglicht es, problemlos und komfortabel Newsletter im Text- und HTML-Format (mit WYSIWYG-Editor) zu erstellen, Empfänger auf einfache Weise aus verschiedenen Quellen (z.B. Microsoft Outlook, SQL-Datenbanken, Dateien) zu importieren und die E-Mails schnell zu versenden. Das Tool ist als kostenlose Freewareversion erhältlich und mit erweiterten Funktionen auch als kostenpflichtiges Tool.

Um den Erfolg der Akquise zu dokumentieren, empfehlen sich verschiedene CRM-Tools. Sehr sinnvoll ist das auch beim Anfragemanagement in der Akquise. Ein Tool, das diesen Ansprüchen gerecht wird, ist z.B. *Highrise* von 37signals. Durch eine E-Mail an einen potenziellen Affiliate wird automatisch ein neuer Kontakteintrag im System angelegt und an eine vom jeweiligen Highrise-Account generierte E-Mail-Adresse weitergeleitet. Sobald der Kontakt integriert ist, erkennt Highrise die E-Mail-Adresse und ordnet weitere E-Mails automatisch zu, sobald diese auf *BCC* auch an Highrise geschickt wird. Wenn man dieses System konsequent nutzt, entsteht eine lückenlose E-Mail-Dokumentation zu diesem Kontakt, in der sich dann auch später noch Informationen wiederfinden lassen. Zudem kann man Gesprächsnotizen hinterlegen oder im Team Informationen zu Angeboten und Abstimmungen diskutieren.

Schritt 4: Finden von neuen Affiliates

Nachdem Sie also eine umfassende Strategie festgelegt, die Programmvorteile und -details herausgearbeitet und verschiedene Akquise-Instrumente definiert haben, geht es nun darum, potenzielle neue Affiliates zu identifizieren.

Hierbei ist erneut vorab eine Strategie zu definieren. Man unterscheidet auch bei der Akquise zwischen vier grundlegenden Marketingstrategien:

1. **Marktdurchdringung**

   Wenn die Strategie vorsieht, den Marktanteil für die Produkte des Advertisers mithilfe des Affiliate Marketing zu steigern, sollte das Ziel darin bestehen, mehr Marktanteile und mehr Affiliates als die Konkurrenz zu generieren. Hierzu könnten dann auch kleine und lokal orientierte Affiliate-Webseiten beitragen. Für die Akquise heißt das, dass möglichst viele Affiliates angesprochen werden sollten und größere Differenzierungen entfallen.

2. **Marktentwicklung**

   Das Ziel ist, neue Märkte und Publisher-Segmente zu erschließen – beispielsweise wenn sich ein Advertiser als Spezialist für bestimmte Produkte in einem kleinen Markt mit sehr speziellen Anforderungen positioniert. Die Schwierigkeit besteht dann allerdings darin, die Affiliates mit diesen besonderen Interessen zu erreichen. Hier ist die Adressqualifizierung von besonderer Bedeutung.

3. **Programmentwicklung**

   Als Advertiser möchte Ihr Unternehmen sein Wachstum dadurch sichern, dass es sich auf bestehende Publisher-Kanäle konzentriert. Möglichst viele neue Affiliates müssen hier möglichst schnell gewonnen werden. Oft ist das Auftreten am Markt entsprechend aggressiv. Da in der Regel wenig Erfahrung mit den neuen Affiliates und deren Anforderungen vorliegt, ist das Risiko groß, die falschen Ansprechpartner zu kontaktieren.

4. **Diversifikation**

   Der Advertiser versucht, mit neuen Produkten in einem neuen Markt Fuß zu fassen. Das Sortiment des Shops soll erweitert und neue Kundengruppen – und somit auch Affiliates – sollen angesprochen werden. An die Akquise-Strategie stellt die Diversifikation daher sehr hohe Anforderungen.

Am besten nähern Sie sich diesen neuen Zielgruppen durch ein ausführliches Brainstorming. Aufbauend auf den Zielgruppen des Advertisers können Sie dann die entsprechenden Affiliates identifizieren.

Erarbeiten Sie über das Brainstorming die Persona des potenziellen Käufers oder der Käuferin des Advertiser-Shops. Unter Umständen ist es hilfreich, für das Brainstorming weitere Kolleginnen und Kollegen hinzuzuziehen oder auch Außenstehende wie Bekannte, die noch nicht voreingenommen sind und den Advertiser-Shop eventuell mit ganz anderen Augen sehen.

Es gibt zahlreiche Möglichkeiten für ein effektives Brainstorming. Hierzu muss jeder seine eigene Methode herausfinden, sei es über ein »Mind-Mapping« oder andere kreative Ansätze.

Das Ergebnis sollte letztendlich sein, alles aufzuschreiben, was einem im Zusammenhang mit der Zielgruppe und der vorab definierten Marketingstrategie einfällt, und in einer passenden Struktur abzubilden. Hieraus lassen sich dann potenzielle Affiliate-Modelle ableiten.

Nehmen wir als Beispiel das Partnerprogramm des Modehändlers Zalando. Zalando verkauft in seinem Onlineshop nicht nur Schuhe, sondern eine Vielzahl weiterer Produkte. Durch das Brainstorming ergeben sich dabei gegebenenfalls Schlagwörter wie Sportschuhe, Babyschuhe, Taschen, Jacken und weitere Ideen, von denen man anschließend verschiedene potenzielle Affiliates ableiten kann.

Egal wie Sie an die URLs der potenziellen Affiliates gelangen, entscheidend ist vor allem eine Qualifizierung dieser Adressen. Nicht die Anzahl der Kontakte ist für den Erfolg entscheidend, sondern vielmehr das Detailwissen über die einzelnen Affiliates.

Das bedeutet: Je intensiver die vorhandenen Daten mit weiteren Informationen angereichert werden, desto wertvoller werden sie für Ihre Akquise-Maßnahmen.

Hilfreiche Informationen können dabei sein: der richtige Ansprechpartner, Durchwahlnummern, Hobbys des Affiliates als Gesprächsaufhänger oder Vorlieben des Affiliates (mehr Provision, schnelle Sales-Freigabe, persönlicher Kontakt etc.), um nur ein paar Beispiele zu nennen.

Sollten Sie eine große Akquise-Aktion mit mehreren Hundert Aussendungen planen, werden Sie den Aufwand, die Adressen einzeln zu qualifizieren, vermutlich nicht auf sich nehmen. Handelt es sich aber um eine überschaubare Menge, lohnt sich die Arbeit – spätestens dann, wenn ein persönliches Gespräch ansteht.

Schritt 5: Erfolgreiche Umsetzung und Neujustierung

Bei der Umsetzung ist zu bedenken, dass vorab unbedingt die benötigten Ressourcen und der Zeitaufwand festgelegt werden müssen. Jede Maßnahme verlangt den Einsatz gewisser Mittel: Zeit, Geld, Personal und Technik. Deswegen ist die Umsetzbarkeit in Bezug auf die Ressourcen kritisch zu überprüfen. Keine Strategie nutzt etwas, wenn die Umsetzung an mangelnden Reserven scheitert – etwa wenn das Geld oder die Zeit für individuelle Gespräche fehlt.

Sind dann die einzelnen Schritte sinnvoll aufeinander abgestimmt und Kontrollinstrumente sowie Ressourcen geklärt, sollte man sich bewusst für die ausgearbeitete Akquise-Strategie entscheiden und diese – zeitnah – umsetzen.

Der letzte Schritt der Affiliate-Akquise ist zugleich wieder der erste Schritt in der Neujustierung. Sie sollten regelmäßig die zurückliegenden Akquise-Tätigkeiten kritisch reflektieren. Eine Rückschau ist dabei allerdings nur so gut wie die Konsequenzen, die Sie daraus ziehen. Sobald Sie Ihre Schlussfolgerungen aus den Daten formuliert haben, ist es an der Zeit, diese auch umzusetzen.

> **Praxistipp: Akquise-Instrumente überprüfen**
>
> Allein schon um Eintönigkeit in den Mailings, langweilige Formulierungen in Telefonaten und uninteressante Folien in Präsentationen zu verhindern, sollte jedes Instrument nach der Akquise-Aktion, aber mindestens einmal im Jahr, auf den Prüfstand gestellt werden.

Partneraktivierung

Da, wie schon erwähnt, in der Regel 5% der Top-Partner für 95% des Umsatzes sorgen, bedeutet das im Umkehrschluss, dass 95% der Partner lediglich für 5% (und weniger) des Umsatzes sorgen.

Aufgabe der Partneraktivierung ist es, diese 95% der inaktiven und kleinen Partner zu aktivieren und sie zu motivieren, entweder für das Partnerprogramm aktiv zu werden oder ihre Werbemaßnahmen zu intensivieren, um mehr Umsatz zu generieren.

Maßnahmen zur Partneraktivierung

Manchmal reicht es schon aus, den Partnern per Newsletter noch einmal die Vorteile des Partnerprogramms zu erläutern. Da sich viele der Partner automatisch bei unterschiedlichen Partnerprogrammen anmelden, kann Ihr Programm schlicht in Vergessenheit geraten sein, oder die Partner hatten seinerzeit noch keinen Bedarf.

Es bietet sich an, im Newsletter mögliche Provisionen und weitere Vorteile hervorzugeben.

Zudem ist es sinnvoll, inaktive Partner gezielt anzuschreiben. Sie können die inaktiven Partner ermitteln, indem Sie über die Statistikfunktion die angemeldeten Partner herauszufiltern, die bisher noch keine Views und Klicks generiert haben. Daraus ist zu schließen, dass diese Partner bisher höchstwahrscheinlich noch keine Werbemittel auf ihren Seiten integriert oder diese schlecht platziert haben und deshalb keine Klicks generiert wurden. Ein Vorteil dieser Maßnahme ist, dass Sie durch den gesetzten Filter ermitteln können, welche der »inaktiven Partner« aktiv geworden sind.

Wettbewerbe oder ein Gewinnspiel sind weitere Möglichkeiten, um Partner zu aktivieren.

Beispiele: Die inaktiven Partner können an einem Gewinnspiel teilnehmen, sofern sie innerhalb eines bestimmten Zeitraums einen Sale oder Lead generieren. Als Gewinn eines solchen Gewinnspiels könnten Sie eine Reise, ein exklusives Elektronikgerät wie ein Plasma-TV oder eine Verdopplung der Provision für sechs Monate ausloben.

Denkbar ist auch eine an die Werbemittel geknüpfte Klickvergütung für einen Zeitraum von einigen Monaten.

Praxistipp: Klickvergütungen

Klickvergütungen sind eine beliebte Maßnahme, denn die Partner haben Aussicht auf einen Verdienst, auch wenn ein Kunde nichts bestellt und nur auf ein Banner klickt. Der Partner hat somit die Chance, die Conversion des Partnerprogramms zu testen, und verdient aufgrund der Klickvergütung auf jeden Fall eine Provision.

Partnerevents

Professionell durchgeführte Partnerevents sind eine sehr gute Möglichkeit, Partner zu aktivieren und zu binden.

Organisatorisch stellen sie eine große Herausforderung dar. Das Event sollte ein einmaliges Erlebnis für die Partner werden, ein Event, das man nicht alle Tage besucht und das exklusiv ist: etwa der Genuss eines Fußballspiels im VIP-Bereich mit einem kulinarischen Angebot oder ein Formel-1-Rennen mit Besuch der Boxengasse oder auch ein achtgängiges Menü in einem Fünf-Sterne-Gourmetrestaurant. Den Partnern soll das Gefühl vermittelt werden, etwas Besonderes zu sein – was sie ja auch sind.

Vor dem eigentlichen Event findet natürlich eine ausführliche Infoveranstaltung zum Partnerprogramm statt. Der Programmbetreiber informiert über neue Produkte oder ein neues Provisionsmodell. Im Rahmen einer Präsentation können noch einmal alle Vorteile des Partnerprogramms erläutert werden.

Natürlich sollten Sie die bereits vorhandenen Top-Partner einladen, um sie persönlich kennenzulernen, die Partnerbindung zu stärken und um diese wichtigen Partner über Neuigkeiten zu informieren. Weitere wichtige Personengruppen, die es einzuladen gilt, sind einerseits die »Goldfische« der inaktiven Partner und andererseits die Top-Partner aus dem Affiliate-Netzwerk, die sich bisher noch nicht für das Partnerprogramm interessiert haben.

Praxistipp: Partnerevents

Partnerevents haben über das Generieren von Umsatz hinaus eine wichtige Funktion. Die »Vertriebspartner« sind Markenbotschafter, sie repräsentieren und bewerben die Unternehmensmarke im Internet. Auch vor diesem Hintergrund ist ein persönliches Kennenlernen sinnvoll und eine gute Maßnahme, um die Zusammenarbeit weiter zu verbessern.

Trends im Affiliate Marketing

In unserer schnelllebigen Zeit ist es so gut wie unmöglich, vorherzusehen, was in den nächsten Jahren im Online-Marketing tatsächlich passieren wird. Zu schnell ändern sich mittlerweile die Gesetze, die Technologien und vor allem die strategischen Entscheidungen in den Unternehmen, als dass man Zukunftstrends voraussagen könnte.

Trotzdem ist es unerlässlich, sich mit möglichen Szenarien auseinanderzusetzen, die das Business beeinflussen könnten. Nichts ist schlimmer, als ahnungslos und überstürzt auf neue Szenarien und Rahmenbedingungen reagieren zu müssen.

First-Party-Messung

Das Cookie-Tracking ist aktuell eines der am häufigsten diskutierten Themen in der Onlinebranche. Mit Apple (ITP, *Intelligent Tracking Prevention*) und Mozilla (ETP, *Enchanced Tracking Protection*) haben zwei der größten Browseranbieter die Speicherung von Third-Party-Cookies stark eingeschränkt. Und auch Google als größter Browseranbieter hat angekündigt, Third-Party-Cookies im Chrome-Browser ab 2024 nicht mehr zu unterstützen.

Diese Entwicklung hat natürlich Auswirkungen auf die Affiliate-Branche, die essenziell abhängig ist von der Conversion-Messung, um den richtigen Affiliates Provisionen zuordnen zu können.

Die Affiliate-Netzwerke und -Technologien haben allerdings schon vor längerer Zeit reagiert und Workarounds erstellt, mit denen Merchants entweder über Subdomains eine First-Party-Messung integrieren können oder über Container/Master-Tags ebenfalls eine First-Party-Messung aussteuern können, die bisher von den meisten Browsern noch nicht blockiert werden. Auch neue Messmethoden wie das sogenannte Bounceless-Tracking von Awin oder Server-to-Server-Tracking wurden eingeführt.

Die Datenauswertung der Customer Journey

Wichtig für Unternehmen sollte darüber hinaus die konsequente Weiterentwicklung bei der Auswertung der Customer Journey sein. Und damit ist nicht das Multi-Channel-Tracking als Technologie gemeint, sondern die Art, wie angesichts des sich weiter verändernden Such- und Nutzungsverhaltens der Internetuser aussagekräftige Daten erhoben werden können.

In den letzten Jahren sind durch die mobile Entwicklung und die neuen Mobilfunktarife immer mehr Surfgeräte, Bildschirme und dadurch letztendlich Touchpoints hinzugekommen. Mit der Zeit verändert sich dadurch auch das Suchverhalten der User. Nutzerinnen und Nutzer suchen oftmals nicht mehr Keyword-basiert, sondern beschäftigen sich mit konkreten Fragen, die sie in ihre Smartphones eingeben – die Generation Z oftmals sogar per Spracheingabe.

Während man in der Onlinewerbung die Kunden bisher mit kreativen Bannern zum Onlineshopping animierte, müssen die Advertiser ihre Kunden zukünftig mit Antworten durch die komplette Customer Journey begleiten und ihnen vor allem mobil optimierte Inhalte bieten, am besten über Full-Responsive-Shoppingseiten. Mobile Shopping und Mobile Marketing sind inzwischen Realität, die Mobile Experience wird zur Pflichtaufgabe. Es genügt nicht mehr, Webinhalte einfach nur auf das Smartphone zu übertragen.

Auch müssen Unternehmen erkennen, dass es nicht nur darum geht, die vorhandenen Touchpoints zu messen, sondern auch und vor allem darum, die Touchpoints, die gerade erst entstehen, zu erkennen. Immer mehr junge Käuferinnen und Käufer nutzen mittlerweile keine Suchmaschinen mehr, um sich zu einem Kauf inspirieren zu lassen, sondern sie suchen in sozialen Netzwerken nach Antworten. Deswegen beginnt die Customer Journey immer öfter nicht mehr bei Google. Stattdessen lassen sich die Käufer von Freunden oder Influencern über Bewertungen auf Blogs, bei Instagram & Co. und in sozialen Netzwerken beeinflussen und zum Kauf inspirieren. Dementsprechend wird es für die Advertiser immer wichtiger, den Entscheidungskontext der Kunden bis zum Kauf nachzuvollziehen.

Cross-Device-Tracking

Hinsichtlich der zukünftigen Customer-Journey-Entwicklung wird das bisherige Standard-Tracking im Affiliate Marketing, nämlich die Cookie-basierte Messung, immer unbedeutender. Während vor allem auch aufgrund der AdBlocker-Problematik immer mehr Affiliate-Netzwerke und -Technologien das Cookie-Tracking durch Server-to-Server- oder First-Party-Messung ablösen, liegt die Zukunft im Cross-Device-Tracking.

Zudem verbringen die User mittlerweile 60% ihrer Internetzeit mit dem Smartphone und verwenden drei oder mehr Geräte pro Tag für das Surfen und Onlineshoppen.

Verschiedene Anbieter wie die Emetriq, Exactag, aber natürlich auch Facebook und Google, bieten die Möglichkeit, anhand von vollständigen, aber anonymisierten Nutzerprofilen ein Device-übergreifendes Tracking abzubilden und dieses den Unternehmen als Tracking-Lösung zur Verfügung zu stellen.

Smart Data

Wurde in den letzten Jahren viel über Big Data gesprochen, so sammeln inzwischen immer mehr Unternehmen Informationen aus den unterschiedlichen Kontaktpunkten und Abteilungen – aus Marketing, Online-Marketing, dem Callcenter sowie dem Kundenservice – und bündeln diese, um daraus die nächsten Schritte abzuleiten.

Mittlerweile gibt es zahlreiche Anbieter, die Daten in Smart Data verwandeln. Auch Affiliate-Netzwerke wie z. B. Tradedoubler bieten ihren Kunden auf Basis von Adapt individuelle Lösungen an.

Dasselbe gilt auch für *Programmatic Advertising*. Je mehr Daten den Advertisern zur Verfügung stehen, desto präziser kann Werbung zukünftig ausgesteuert werden. Unternehmen können ihre potenzielle Käufergruppe noch spezifischer und relevanter ansprechen.

Die Zeit der Experimente neigt sich also langsam dem Ende entgegen.

Neue Provisionsmodelle

Nach wie vor werden die meisten Affiliates immer noch mit einem reinen CPO-Modell (*Cost per Order*) vergütet. Doch durch die neuen Möglichkeiten von Smart Data und Cross-Device-Tracking ist die Vergütung auf Basis von *Last-Cookie-Wins* im Online-Marketing ein Auslaufmodell.

Den Advertisern stehen zukünftig wesentlich relevantere Kennzahlen zur Verfügung, um die Affiliates zu bewerten. Über Leistungskennzahlen wie *Customer Lifetime Value*, *Micro-Conversions* oder *Werbeinteraktion* entstehen ganz neue Provisionsmodelle wie beispielsweise der *Cross-CPO*, um eine ganzheitliche Vergütung der Werbeleistung abzubilden und fair zu vergüten.

Neue Publisher-Modelle

Laut Affiliate-Trend-Report 2023 gehören Content-Publisher und Influencer mit zu den bedeutendsten Publisher-Modellen für 2023.

Gerade in den Bereichen Content Commerce und Commerce Content etablieren sich immer mehr Affiliates im deutschsprachigen Raum. Für Advertiser ist die Zusammenarbeit vor allem deswegen interessant, weil Kunden über die Publisher während des gesamten Kaufprozesses mit relevanten Inhalten angesprochen werden können – von der ersten Ideenfindung bis zum Kaufabschluss. Auch immer mehr unabhängige Verlage und Websites entdecken Content Commerce als weiteres Standbein für sich, und es entwickeln sich stetig mehr eigenständige redaktionelle Angebote rund um Produktempfehlungen, Testberichte und Marktüberblicke. Auch die entsprechenden kontextuellen Targeting-Lösungen von Content-Commerce-Publishern gewinnen zunehmend an Beliebtheit, weil sie eine zielgruppenaffine Kundenansprache auch ohne Third-Party-Cookies gewährleisten.

Influencer und Social-Media-Publisher werden bei Advertisern ebenfalls immer beliebter. Das Umsatzwachstum in diesem Publisher-Segment begann, als Instagram 2021 den Influencerinnen und Influencern den Link-Sticker freischaltete und es damit jedem Influencer möglich wurde, für Produkte zu werben und diese mit Affiliate-Links zu versehen. 2022 begann auch Twitch, die Werbeeinnahmen, die Streamer generieren können, zu optimieren. So können mittlerweile Twitch-Streamer pro Stunde neben der Pflichtanzeige auch wesentlich mehr Werbeeinblendungen schalten. YouTube testet in den neuen Shortclips ebenfalls die Möglichkeit von Affiliate Marketing. Das Partnerprogramm befindet sich derzeit noch in der Anfangsphase und soll möglicherweise zukünftig den Creatoren zur Verfügung gestellt werden, um darüber bestimmte Produkte in den Shortvideos vorzustellen und zu erklären. Und auch das Social Network TikTok bietet seit Februar 2022 die Möglichkeit, Gutscheincodes nun als Link in Anzeigen zu platzieren und diese somit über Gutschein-Attribution in die Affiliate-Netzwerke zu übertragen. Zuvor waren Affiliate-Links bei TikTok nur auf die Bio-Links beschränkt. Es gibt also immer mehr Möglichkeiten für kreative Influencer, über Affiliate Marketing Geld zu verdienen und ihren Content dadurch zu monetarisieren.

Laut einer Verbraucherumfrage des Affiliate-Dienstleisters Rakuten Advertising haben vornehmlich Social-Media-Publisher Einfluss auf die Kaufentscheidungen. 20 % der Befragten holen sich für Geschenke auf TikTok, YouTube, Instagram und Twitch Inspirationen. Für 32,5 % der Befragten aus der Generation Z zählen die Reviews von Influencerinnen und Influencern mit zu den wichtigsten Gründen für eine Kaufentscheidung. Das Scrollen und Liken auf Social Media regt eine große Mehrheit von 86 % zum Kauf an, wie eine vorläufige Umfrage bestätigt.

AI – Künstliche Intelligenz und Machine Learning

Neu im Ranking der wichtigsten Affiliate-Trends für 2023 sind die Themen »Künstliche Intelligenz« und »Machine Learning«.

Getrieben durch den Hype um ChatGPT, der seit November 2022 anhält, wird diese Entwicklung weiter Fahrt aufnehmen. Zum Start von ChatGPT meldeten sich innerhalb von fünf Tagen eine Million Nutzer bei ChatGPT an. Instagram benötigte dafür zweieinhalb Monate und Spotify sogar fünf Monate.

ChatGPT, vom US-Unternehmen OpenAI entwickelt, ist der Prototyp eines Chatbots, der auf künstlicher Intelligenz basiert. Das Besondere an ChatGPT ist, dass die Antworten des Bots von so hoher Qualität sind, dass sie teilweise nur schwer von den Antworten, die Menschen formulieren, zu unterscheiden sind. Der Bot kann unter anderem genutzt werden, um Ideen zu Themen wie Geschäftsstrategien, Geschenkvorschlägen oder auch Urlaubsplanungen zu generieren und somit zukünftig Publisher-Tätigkeiten automatisiert übernehmen oder zumindest die Produktion von Texten deutlich vereinfachen.

Viele Expertinnen und -Experten sind sich einig, dass ChatGPT in naher Zukunft zu den ganz wichtigen Themen im Affiliate-Marketing gehören wird. Laut einem Bericht der New York Times hatte ChatGPT bei Google sogar einen »Code Red« ausgelöst. Das Unternehmen befürchtet eine existenzielle Bedrohung seines Geschäftsmodells, Suchmaschinen würden schließlich nicht mehr benötigt, wenn User eine KI fragen können, die nicht nur das Suchen übernimmt, sondern auch noch perfekte Antworten liefert.

KI ist nicht nur für Affiliates interessant, auch Advertiser und Netzwerke können sie einsetzen, um in Zeiten des Fachkräftemangels Ressourcen zu sparen und bestimmte Tätigkeiten automatisiert auszulagern. So gibt es bereits Cases und Strategien, KI für *Predictive Analytics* zu nutzen, um damit Vorhersagen über zukünftige Trends und Kundenpräferenzen zu treffen. Service-Anbieter wie Partnerize nutzen diese schon länger, um darüber Budget-Forecasts treffen zu können.

Fraud Protection ist mit KI ebenfalls möglich. So lassen sich über Machine Learning beispielsweise betrügerische Aktivitäten besser erkennen und verhindern. Erste Anbieter wie z.B. *24metrics* nutzen bereits Realtime User Analytics auf Basis von KI, um damit das Nutzerverhalten vorherzusagen und so den Betrug von Benutzerinnen und Benutzern anhand einer geringen Qualität ihrer Beiträge zu identifizieren.

Und auch das Akquirieren neuer Affiliates lässt sich zum Teil über KI automatisieren. So lassen sich neue Affiliates anhand ihrer Zielgruppe identifizieren und rekrutieren. Tools wie Publisher Discovery können Advertisern mithilfe der Cloudfind-Technologie Publisher-Vorschläge machen. Die KI kann dabei relevante Publisher-Inhalte identifizieren und auch die Relevanz der Webseiten bewerten. Die KI lernt dabei kontinuierlich weiter und verbessert sich auch bei der Empfehlung von neuen Partnern durch Feedback der Advertiser. Affiliate-Manager haben berichtet, dass sie dadurch bis zu fünf Stunden Akquise-Arbeit pro Woche einsparen können.

Bereits jetzt nutzen Technologie-Publisher Machine Learning und KI zur Bewerbung der Advertiser. So bieten z.B. die Unternehmen *Publisher Increasingly* und *Particular Audience* die Möglichkeit von KI-gestützten Produkt-Bundling-Technologien an. Das Unternehmen Bounce Commerce bietet an, KI-basierte Produktempfehlungen auszuspielen, die auf

Basis von Produktempfehlungen und Personalisierungsmetriken Produkte anzuzeigen, die exakt zum Verhalten der Nutzerinnen und Nutzer passen.

Fazit und Visionen

Auch wenn viele dieser Themen gerade für kleinere oder mittelständische Unternehmen eine große Herausforderung darstellen werden, sollte man sich doch mit diesen Herausforderungen befassen und nach Möglichkeiten suchen, wie man sein Businessmodell zukunftsgerecht ausrichten kann.

Nicht umsonst haben Unternehmen wie Amazon, Zalando & Co. diversen Onlineshops erhebliche Marktanteile abgenommen, da sie viele der hier angesprochen Möglichkeiten bereits aktiv nutzen und praktizieren.

Und auch für das Affiliate Marketing gilt, dass den eigentlichen Entwicklungen immer Visionen vorausgehen, neue Trends also in der Regel schneller greifen, als sich einzelne Onlineunternehmen das wünschen würden.

KAPITEL 8

Display Advertising

In diesem Kapitel:

- Entwicklung, Grundbegriffe und Zusammenhänge von Display Advertising
- Die Rolle von Display Advertising und Real Time Advertising im Online-Marketing-Mix
- Wichtige Konzepte, Technologien und Herausforderungen
- Datenschutz
- Konzepte – Kampagnentypen und Einsatzzwecke in Display Advertising und RTA
- Werbemittel – oft belächelt, fast immer unterschätzt
- Herausforderungen
- Kennzahlen und Erfolgsmessung
- Lernen von Erfolgsbeispielen
- Checkliste für erfolgreiche Kampagnen
- Linktipps

Von Stephan Römer

Von den Gesamtwerbeausgaben, die in Deutschland für Online-Marketing investiert werden, entfallen knapp 44% auf den Bereich Display-Marketing mit seinen unterschiedlichen Ausprägungen. Auch wenn sich das jährliche Wachstum im Jahr 2022 deutlich verlangsamt hat, wird dem Kanal in Zukunft dennoch ein deutliches Wachstum prognostiziert.[1]

Das Display Advertising nimmt eine wichtige Rolle in der Customer Journey ein, die sich aufgrund von sich stets verbessernden Technologien derzeit sogar noch erweitert. Die Grundlagen, die ein Online Marketing Manager zur Bewertung und Steuerung seiner Kampagne benötigt, und wie sich diese in den Online-Marketing-Mix integriert, vermittelt das folgende Kapitel.

Entwicklung, Grundbegriffe und Zusammenhänge von Display Advertising

Werbung mithilfe von Bildern ist alles andere als neu – Bildwerbung existiert auf Plakatwänden und Litfaßsäulen (seit 1854) sowie in Zeitschriften schon seit dem 19. Jahrhundert.[2]

1 Werbemarkt nach Medien: *https://zaw.de/branchendaten/werbemarkt-nach-medien/* (Aufruf: 10.10.2023)

2 Die Geburtsstunde der Litfaßsäule: *https://www.deutschlandfunk.de/vor-165-jahren-die-geburtsstunde-der-litfasssaeulen.871.de.html?dram:article_id=464933* (Aufruf: 10.10.2023)

Ebenso blickt das digitale Pendant auf eine lange, aber ebenso bewegte Geschichte zurück. Am 27. Oktober 1994 ging das erste *Display-Ad* auf der Seite Hotwired.com online. Damals bezahlte das Telekommunikationsunternehmen AT&T rund 30.000 Dollar im Monat für die Einspielung ihrer Display-Werbung in dem Onlinemagazin. Hotwired.com prägte zu dieser Zeit nicht nur den Begriff *Banner-Ad*, auch das erste rotierende Banner wurde von Hotwired.com eingesetzt.[3]

Verfolgt man die Veränderungen der analogen Werbemittel von damals bis heute, so zeigt sich zwar eine immense Entwicklung – der Zweck bleibt aber stets der gleiche: Potenzielle Interessentinnen und Interessenten sollen von Produkten oder Dienstleistungen überzeugt und zum Kauf oder einer ähnlichen Handlung angeregt werden. Was sich jedoch definitiv verändert hat, sind die zur Verfügung stehende Werbefläche sowie die Ansprache der Werbekonsumenten. Dies ist zum großen Teil dem technologischen Fortschritt zuzuschreiben, der neue Medien und leistungsstärkere Lösungen hervorbringt. In jüngerer Vergangenheit wurde das Thema von diversen datenschutzrechtlichen Aspekten begleitet und zum Teil eingegrenzt.

Mit dem Einzug des WWW in unser tägliches Leben, also mit der zunehmenden Digitalisierung, erfuhr die Bildwerbung ebenfalls eine Digitalisierung. Plakatwände, Werbeprospekte etc. wurden ergänzt um digitale Werbeflächen auf Webseiten oder in Apps. Zum Teil wurden die klassischen Werbeflächen auch durch digitale Varianten ausgetauscht, was sich beispielhaft im Bereich *Digital Out-of-Home* (DOOH), also der digitalen Außenwerbung, zeigt. Ebenfalls eine Evolutionsstufe weiter ist die Ansprache der Konsumenten. Neben der allgemeinen ermöglicht das WWW eine gezielte Ansprache der »Werbekonsumenten«, die sich um ein Vielfaches verfeinert hat. So kann sie zum Beispiel soziodemografische Informationen, geografische Daten oder auch Informationen zum Konsum- und Nutzungsverhalten von Usern im Internet berücksichtigen.

Was ist Display Advertising?

Im Folgenden widmen wir uns dem Thema Display Advertising und seinen verschiedenen Ausprägungen im Online-Marketing – zuallererst klären wir die grundlegendste Frage: Was ist Display Advertising?

Display Advertising umfasst alle Werbeformen, die ihre Werbebotschaft vorwiegend über Bildansprache transportieren oder grafische Werbe-

3 Banner-Ad feiert Geburtstag: *http://www.internetworld.de/onlinemarketing/banner-ad-feiert-geburtstag-geschichte-display-advertising-253765.html?seite=0* (Aufruf: 10.10.2023)

mittel verwenden. Als Werbefläche dienen unzählige Webseiten, mobile Webseiten und Apps, die man über sogenannte Vermarkter oder Tools, die eine Vermarktungsaufgabe übernehmen, buchen kann und die von Werbetreibenden mit verschiedenen Werbebotschaften belegt werden können. Folglich gleicht Onlinebildwerbung stark ihren Offlinevorfahren. Onlinewerbung mithilfe von Werbevideos zählt häufig ebenfalls zum Bereich des Display Advertising, da Buchung und Platzierung der Werbevideos analog zu den Bildplatzierungen verlaufen und bis auf die unterschiedliche Machart der Werbemittel die gleichen Verfahren, Technologien und Erweiterungen zum Einsatz kommen können.

Display Advertising ist von jeher ein fester Bestandteil des Online-Marketing-Mix und gehört neben Suchmaschinenmarketing zu den am weitesten verbreiteten Werbeformen im Internet. Betrachtet man den Onlinewerbemarkt rund um das (bewegte) Bild genauer, stellt man fest, dass sich der Display-Advertising-Bereich vor allem in den letzten Jahren sehr stark weiterentwickelt hat bzw. eine Zweiteilung, vor allem durch die fortschreitende Technologisierung, stattgefunden hat.

Display Advertising teilt sich in zwei Hauptbereiche auf: zum einen das *standardmäßige Display Advertising* und zum anderen das *Real Time Advertising* (auch mit RTA abgekürzt).

Display Advertising

Display Advertising beschreibt dabei den traditionellen Vorgang der Bildwerbung und deren Einkauf im Internet.

> **Bundesverband der digitalen Wirtschaft**
>
> Der Bundesverband Digitale Wirtschaft (BVDW) e. V. ist die Interessenvertretung für Unternehmen, die digitale Geschäftsmodelle betreiben oder deren Wertschöpfung auf dem Einsatz digitaler Technologien beruht. Als Impulsgeber, Wegweiser und Beschleuniger digitaler Geschäftsmodelle vertritt der BVDW die Interessen der digitalen Wirtschaft gegenüber Politik und Gesellschaft und setzt sich für die Schaffung von Markttransparenz und innovationsfreundlichen Rahmenbedingungen ein. Sein Netzwerk von Fachleuten liefert mit Zahlen, Daten und Fakten Orientierung in einem zentralen Zukunftsfeld. Neben der DMEXCO und dem Deutschen Digital Award richtet der BVDW eine Vielzahl von Fachveranstaltungen aus. Mit Mitgliedern aus verschiedensten Branchen ist der BVDW die Stimme der digitalen Wirtschaft.[4]

4 BVDW: *https://www.bvdw.org/ueber-uns/* (Aufruf: 10.10.2023)

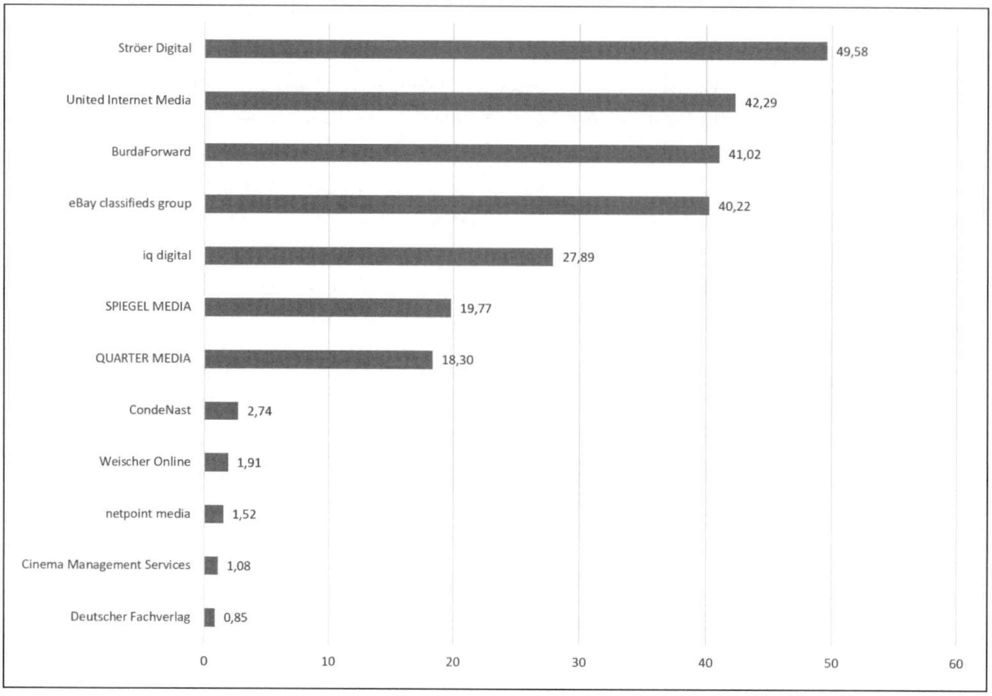

Abbildung 8-1:
Top 12 der digitalen Vermarkter im März 2023 (Quelle: agma[5])

Vermarkter bilden die Anlaufstelle für die Werbetreibenden im klassischen Display Advertising. Diese bieten Werbeflächen auf ihren eigenen Webseiten zum Buchen von Werbeeinblendungen an. Oftmals bündeln sie auch (teilweise themengebunden) weitere Werbeplätze auf Webseiten von anderen Webseitenbetreibern (sogenannten Publishern) und bieten diese in deren Namen zum Kauf an. Damit sind die Onlinevermarkter der klassischen Vermarktung, wie man sie von Radio, Print oder TV kennt, am nächsten.

Wichtige Anlaufstellen für einen Online Marketing Manager sind der Bundesverband Digitale Wirtschaft (BVDW) e. V. sowie der Online-Vermarkterkreis (OVK). Die beiden Interessenvertretungen stellen wichtige Informationen und Richtlinien für die tägliche Arbeit eines Online Marketing Manager bereit und sind gleichzeitig die Lobbyisten in Politik und Wirtschaft. So hat zum Beispiel der BVDW wichtige Richtlinien

5 AGOF: Top 12 Digitale Vermarkter: *https://www.agma-mmc.de/media-analyse/daily-digital-facts/berichterstattung* (Aufruf: 04.07.2023)

der Werbebranche im Rahmen von Code of Conducts und Qualitätszertifikaten formuliert und prüft diese regelmäßig.[6]

> **Online-Vermarkterkreis (OVK)**
>
> Der Online-Vermarkterkreis (OVK) ist das zentrale Gremium der deutschen Onlinevermarkter im Onlinewerbemarkt. Hier haben sich unter dem Dach des Bundesverbands Digitale Wirtschaft (BVDW) e. V. 14 der größten deutschen Onlinevermarkter zusammengeschlossen.
>
> Der OVK ist die Interessenvertretung der Online-Display-Vermarkter am deutschen Werbemarkt. Er setzt sich für die Stärkung des nationalen Onlinewerbemarkts und die Erhaltung seiner Angebotsvielfalt ein. Gemeinsam mit den Marktpartnern entwickelt und fördert er Standards und Regelwerke. Er liefert Orientierung und stellt Markttransparenz her.[7]

Mediaplanung

Geplant werden Online-Display-Kampagnen sehr ähnlich wie die der traditionellen Mediaplanung im Printbereich.

Mediaplanerinnen und Mediaplaner planen jede Kampagne einzeln auf Basis der Kampagnenziele und der daraus resultierenden Zielgruppe. Auf dieser Basis recherchieren sie das passende Inventar – also Werbeflächen – mit der gewünschten Reichweite und den zutreffenden Kriterien bei den unterschiedlichen Vermarktern. Die Werbeplätze werden direkt bei den einzelnen Vermarktern zu einem Festpreis für eine Anzahl von Werbeeinblendungen (auch *Ad Impressions*) verhandelt und gebucht. Viele Mediaplaner setzen dabei auf einen Mix aus *Premium-Inventar* und *normalem Inventar*.

> **Premium-Inventar und Premium-Vermarkter**
>
> Premium-Vermarkter vertreiben Werbeplätze auf hochwertigen Webseiten – auch Premium-Inventar genannt. Oftmals sind die Inhalte der Webseiten redaktionellen Ursprungs (z.B. aus Zeitungen, Nachrichten, Magazinen etc.), oder die Seiten zeichnen sich durch eine besonders hohe Qualität und Frequenz der Webseitenbesucher aus. Premium-Vermarkter legen Wert auf die Exklusivität ihres Angebots. Premium-Inventar findet man deshalb meist ausschließlich bei einem Premium-Vermarkter.

6 BVDW-Zertifizierungen: *https://www.bvdw.org/zertifizierungen/* und *https://www.bvdw.org/zertifizierungen/code-of-conduct/* (Aufruf 10.10.2023)

7 OVK: *https://www.ovk.de/der-ovk/* (Aufruf: 10.10.2023)

Verkaufsprozess

Werbetreibende oder deren Mediaplaner kaufen ihre Werbeplätze bei Vermarktern ein. Zur genaueren Planung ihrer Mediakampagnen brauchen Mediaplaner detaillierte Informationen von den Webseiten, die ein Vermarkter vertreibt. Vermarkter stellen deshalb Mediaplanern *Site-Listen* ihres Angebots zur Verfügung. Site-Listen sind Referenzen oder Inhaltsangaben der Werbeplätze von Webseiten, die ein Vermarkter zur Buchung zur Verfügung stellen kann. Neben den Site-Listen bieten Vermarkter oftmals noch folgende Informationen pro Webseite:

- Anzahl der Ad Impressions pro Webseite und Zeiteinheit (Reichweite einer Webseite)
- Kategorisierung des Webauftritts (oft nach dem Standard des Interactive Advertising Bureau[8])
- Preis
- unterstütztes/mögliches Werbeformat
- Informationen über die Nutzergruppe der Platzierung

Gebucht werden die Werbeplätze für einen festgelegten Zeitraum zu einem vorher festgelegten oder verhandelten Preis. Dafür garantiert der Vermarkter eine im Voraus abgesprochene Anzahl an Werbeeinblendungen für diesen Zeitraum.

Die Abrechnung erfolgt in der Regel über die Anzahl der gebuchten und meist auch erzielten Ad Impressions. Als Einheit wurde hier die bereits aus der Offlinewelt bekannte Messgröße übernommen.

Abgerechnet werden in der Regel die Kosten für 1.000 *Ad Impressions*, auch *Tausender-Kontakt-Preis* (TKP, im Englischen CPM) genannt. Andere Abrechnungsformen, zum Beispiel Kosten pro erzeugten Lead (*Cost per Lead*, CPL) oder Kosten pro Klick (*Cost per Click*, CPC) sind ebenfalls möglich, aber nicht so verbreitet.

Was ist Real Time Advertising?

Real Time Advertising (RTA) ist eine Weiterentwicklung des Display Advertising und beschreibt den Prozess des in »Echtzeit« stattfindenden Auktionsprinzips zur Platzierung von Werbemitteln auf den Webseiten der Publisher. Das Vorgehen der Versteigerung über eine entsprechende Handelsplattform wird auch Real Time Bidding genannt.

8 iab Tech Lab Content Taxonomy: *https://iabtechlab.com/standards/content-taxonomy/* (Aufruf: 10.10.2023)

Real Time Advertising wird oft im Zusammenhang mit dem Begriff Programmatic Advertising verwendet. Der BVDW definiert beide Begriffe identisch.

> **Programmatic Advertising/Real Time Advertising**
>
> Programmatic Advertising bezeichnet die automatisierte Aussteuerung einzelner Werbekontaktchancen in Echtzeit. Dabei erfolgt der gesamte Prozess – von der Beauftragung bis zur Leistungserfüllung zwischen Sender (z.B. SSP) und Empfänger (z.B. DSP) – innerhalb der für Programmatic Advertising bereitgestellten Technologieplattformen. Im deutschen Markt entwickelt sich ein qualitatives und übergeordnetes Verständnis für den Begriff *Programmatic Advertising* in Abgrenzung zum technischen Prozess des *Real Time Bidding* (RTB), der im Kern ein automatisiertes Preisfindungsverfahren zwischen Angebotsseite (SSP) und Nachfrageseite (DSP) darstellt.

Auch wenn ein Großteil des Programmatic Advertising dem RTA gleichgesetzt werden kann, gibt es darüber hinaus weitere Bereiche im Display Advertising, die zwar programmatisch, allerdings nicht in Real Time gebucht werden. So gibt es zum Beispiel noch die Buchungsformen *programmatic direct* und *fixed-price programmatic*, die nicht über ein Gebotsprinzip veräußert, sondern mittels maschineller Unterstützung durchgeführt werden.

Die Vorteile des RTA spiegeln sich in den Zahlen der Anteile deutlich wider. Bereits heute werden über 70% des Inventars programmatisch gebucht. Aktuelle Prognosen sagen ein weiteres Wachstum voraus.[9]

Worin unterscheiden sich nun RTA und Display Advertising? Es gibt vor allem zwei elementare Unterschiede:

Zum einen ist es beim RTA nicht von maßgeblicher Bedeutung, wo das Banner angezeigt wird. RTA fokussiert sich darauf, potenziellen Käuferinnen und Käufern – also den kaufwilligen Interessenten – die passende Werbebotschaft einzublenden. Somit steht der einzelne User und nicht die Platzierung (Webseite) im Mittelpunkt der Optimierung oder Planung.

Zum anderen handelt es sich beim RTA um eine Auktion – die Werbeeinblendung für einen bestimmten User wird unter allen Interessenten versteigert. Man kauft keine feste Anzahl an Ad Impressions zu einem bestimmten Preis.

9 OVK Report Onlinewerbung 02/2022: *https://www.ovk.de/app/uploads/2023/02/OVK-Report_Onlinewerbung_2022_02.pdf* (Aufruf: 10.10.2023)

Wie der Name Real Time Advertising schon vermuten lässt, findet die Auktion, also die Entscheidung, wer einem bestimmten User eine Werbebotschaft auf einer Webseite einblenden darf, nahezu in Echtzeit[10] statt. Bei der Auktion handelt es sich wie beim SEA häufig um eine *Second Price Auction* – der Gewinner, also der Höchstbietende, zahlt faktisch nur 1 Cent (oder einen vorher festgelegten Betrag) mehr als derjenige mit dem zweithöchsten Gebot.

Mediaplanung

Durch den Umstand, dass es sich beim RTA um den passenden User dreht (also die richtige Zielgruppe zu erreichen versucht wird), steht die traditionelle Mediaplanung vor einer großen Herausforderung. Premium-Inventar sowie Premium-Vermarkter bekommen überraschend Konkurrenz von kleineren Webseiten, Blogs und Sell Side Platforms, die ihr Inventar wesentlich günstiger anbieten. Hat man früher versucht, Webseiten mit möglichst großer Reichweite zu buchen – frei nach dem Motto »viel hilft viel« –, bekommt man mit dem RTA auch die gleiche Anzahl an Klicks oder Conversions von kleineren Seiten, auf denen sich aber die thematisch passende Nutzergruppe bewegt – und das möglicherweise zu einem günstigeren Preis.

Die Frage, auf welchen Webseiten ich meine Zielgruppe erreiche, sollte nun eine niedrigere Priorität erhalten. Ein höherer Fokus kommt stattdessen der Zieldefinition der Kampagne zu, die über die programmatischen Zielparameter versucht, die Profile der vermeintlich richtigen User auf den unterschiedlichen Seiten in Auktionen für sich zu gewinnen.

Deshalb besteht ein neuer Aspekt, den die Mediaplaner berücksichtigen müssen, darin, möglichst viel über ihre gewünschte Zielgruppe zu erfahren. Das geht weit über das Wissen hinaus, welche Webseiten sich potenzielle User ansehen. Wichtig sind alle Datenpunkte, die man über einzelne User in Erfahrung bringen kann: neben Alter, Geschlecht und Sprache auch Kaufinteressen, Warenkorbwerte oder beobachtete Produkte und dergleichen. Diese Informationen können dann für einen optimierten, nutzerbezogenen Einkauf verwendet werden.

Verkaufsprozess

Wie eingangs erwähnt, verhandelt man beim RTA nicht einen fixen TKP für eine gewisse Anzahl an Usern, sondern man gibt automatisiert für jede einzelne Impression ein individuelles Gebot ab. Damit ist es nur schwer abzuschätzen, wie viele Impressions man für sein verfügbares Budget bekommt. Je nach Konkurrenz und Wertigkeit kann es Un-

10 unter 200 ms

terschiede in der Ad-Impressions-Zahl um den Faktor 10 und auch mehr geben. Der bezahlte TKP kann zwischen 30 Cent und 5 Euro (oder mehr) ebenfalls schwanken.

Der teilweise stark schwankende Preis erfordert nicht nur bei Mediaplanerinnen und Einkäufern ein Umdenken – vor allem die Publisher müssen sich beim RTA und seinen Möglichkeiten anpassen. Wo es im Display Advertising im ersten Schritt genügte, Seiten mit großer Reichweite zu haben, müssen nun die Publisher weit mehr Datenmaterial über ihre Webseitenbesucher zur Verfügung stellen. Dies reicht von vielschichtigen Reports und Statistiken bis hin zum Zukauf von weiteren Datenpunkten durch den Publisher selbst. Dabei fehlt dem Publisher auf der anderen Seite die sichere, planbare Erlösquelle, da er stets unsicher ist, zu welchem Preis die Webseitenbesucher (und damit seine Werbeplätze auf den Webseiten) verauktioniert werden. Yield-Management-Systeme können bei Auslastung und Preisoptimierung unterstützen.

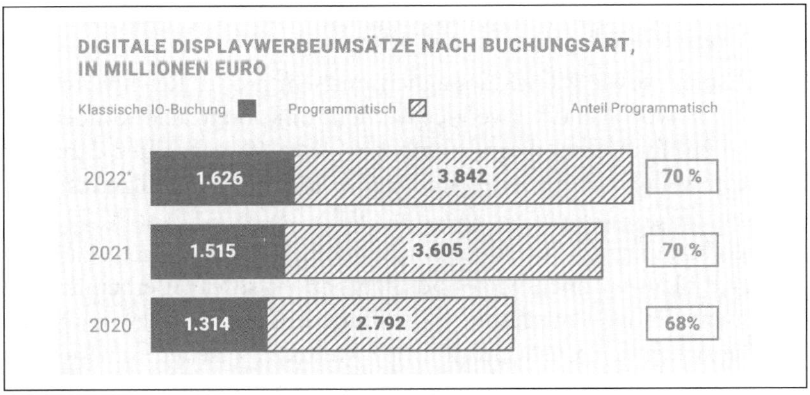

Abbildung 8-2:
Digitale Displaywerbeumsätze nach Buchungsart, OVK Report Onlinewerbung, Februar 2022

> **Von Display zu Programmatic Advertising**
>
> Welchen Stellenwert Programmatic Advertising im Vergleich zum traditionellen Mediaeinkauf einnimmt, zeigen sehr deutlich die aktuellen Zahlen des OVK[11] Bereits jetzt werden 70% der Display-Advertising-Budgets in den programmatischen Einkauf von Werbeflächen investiert. Dabei sind die mobilen Programmatics-Display-Werbeflächen der wesentliche Wachstumstreiber.

11 OVK Report Onlinewerbung 02/2022: *https://www.ovk.de/app/uploads/2023/02/OVK-Report_Onlinewerbung_2022_02.pdf* (Aufruf: 10.10.2023)

Die Rolle von Display Advertising und Real Time Advertising im Online-Marketing-Mix

Da Sie nun wissen, wie Display Advertising und Real Time Advertising prinzipiell funktionieren, widmen wir uns noch der Frage, welche Rolle diese Werbeformen im Online-Marketing einnehmen.

Wie schon die nicht digitalen Vorfahren von Display Advertising und RTA funktionieren auch diese Werbeformen hervorragend für Branding-Kampagnen. Allerdings kann man sie, je nach Ausrichtung, auch gut für weitere Zwecke innerhalb des Kaufentscheidungsprozesses einsetzen. Der aus dem Marketing bekannte Ablauf eines Kaufprozesses spielt sich in drei – manchmal auch vier – Phasen ab (siehe Abbildung 8-3).

Display Advertising und vor allem RTA können dabei in allen Phasen des Kaufentscheidungsprozesses eingesetzt werden. In jeder Phase gibt es unterschiedliche Konzepte, die sich jeweils besonders eignen.

1. **Awareness schaffen – Funnel öffnen**

   Display- sowie RTA-Kampagnen mit sehr großer Reichweite können hervorragend verwendet werden, um potenzielle Kunden auf ein Produkt aufmerksam zu machen. Kampagnen sollten dabei auf reichweitenstarken Seiten im Display und mit nicht allzu restriktiven Zielgruppeneinstellungen im RTA laufen. Man sollte bei diesen Kampagnen vor allem ein Augenmerk darauf legen, dass der TKP nicht zu hoch wird und Sichtbarkeit sowie Werbemittelfrequenz sinnvoll ausgesteuert werden. Außerdem sollte man sich die passenden Customer-Journey-Metriken ansehen, um stets zu monitoren, ob die Kampagnen ihr Ziel erreichen.

   In dieser Phase bietet es sich an, die Ergebnisse von klassischen Display-Marketing-Aktivitäten mit denen von RTA zu vergleichen und gegebenenfalls Budgetverschiebungen vorzunehmen. Hat die Kampagne ein Conversion-Ziel, zum Beispiel einen Kaufabschluss in einem Onlineshop, ist es besonders wichtig, den in dieser Phase geschaffenen Erstkontakt mit einer korrekten Gewichtung zu bewerten. Dies übernehmen Attributionsmodelle. Es werden weiterhin viel zu häufig noch die Modelle First-Click und Last-Click für die Betrachtung herangezogen. Diese stellen leider keine realistische Einschätzung des Einflusses der einzelnen Touchpoints in der Customer Journey dar. Die lineare Betrachtung bietet hier bereits einige Vorteile, die aber ebenfalls nicht ausreichend präzise sind. Ein datengetriebenes Attributionsmodell, das aus einer Vielzahl an Customer Journeys Daten sammelt und diese auf Muster hin entsprechend untersucht, bietet ein Modell, das als relativ präzise zu bewerten ist. Diese Möglichkeit sollte bei einer entsprechenden Anbieter- oder Technologieauswahl berücksichtigt werden.

2. **Vorzüge des Produkts und der Marke kommunizieren – Eingrenzen der potenziellen Zielgruppe**

   In dieser Phase kommt es darauf an, Kundinnen und Kunden mit den Mehrwerten des Produkts oder der Marke in Verbindung zu bringen. Dazu eignet sich zum Beispiel ein Retargeting, um Nutzer, die bereits einen vorherigen Kontakt zur Kampagne hatten, mit einem adaptierten Werbemittel anzusprechen. Ebenfalls kann es sinnvoll sein, über das Targeting von statistischen Zwillingen weitere bisher nicht berücksichtigte Nutzer anzusprechen.

3. **Kauferwägung fokussieren – Entscheidungshilfen anbieten**

   In dieser Phase sollten Nutzer, die nachweislich kein Interesse an dem Produkt haben, von weiteren Maßnahmen ausgeschlossen oder zumindest nur minimal angesprochen werden. Nutzer, die ein deutliches Interesse aufweisen, können zum Beispiel über ein sequenzielles Retargeting erneut in den Fokus genommen werden und weiterführende Informationen zum beworbenen Produkt erhalten. Entsprechend angepasste Werbemittel und Landingpages erhöhen dabei in der Regel den Erfolg des Kampagnenteils. Es ist zudem ratsam, die Kommunikation dieser Phase auch an noch nicht mit der Kampagne in Kontakt gekommenen Usern zu testen, um Vergleichswerte zu generieren. Nicht selten erhält man auf diese Weise zusätzliche potenzielle Käuferinnen und Käufer, die im Funnel bisher nicht angesprochen wurden.

   Eine noch jüngere Ausprägung des Display Advertising ist das *Retail Media Advertising*. Hierbei werden Anzeigen direkt auf Online-Retailer-Webseiten wie Amazon, eBay, Otto und Zalando platziert. Da sich die Nutzer dort bereits im fortgeschrittenen Funnel innerhalb der Produktsuche befinden, kann an dieser Stelle mit zielgerichteten Werbebotschaften das Kaufverhalten positiv für das eigene Produkt beeinflusst werden. Dazu bieten die von den Retailern bereitgestellten Daten bzw. Targetings, die sich aus dem Nutzerverhalten der Plattformbesucher ergeben, eine hervorragende Basis.

4. **Abverkäufe steigern – letzte Phase des Kaufs**

   Auch die letzte Phase des Kaufentscheidungsprozesses kann sehr gut durch Display-Werbung unterstützt werden. Denkt man zur Unterstützung dieser Phase meist an SEA, kann man durch die geeignete Gestaltung der Werbemittel auch gute Performancewerte mithilfe von Bannerwerbung in den Abverkäufen erzielen. So zeigen Banner mit Rabatten, Versandbefreiung oder reduzierten Produkten gute bis sehr gute Verkaufszahlen bei ähnlichen oder sogar geringeren Kosten.

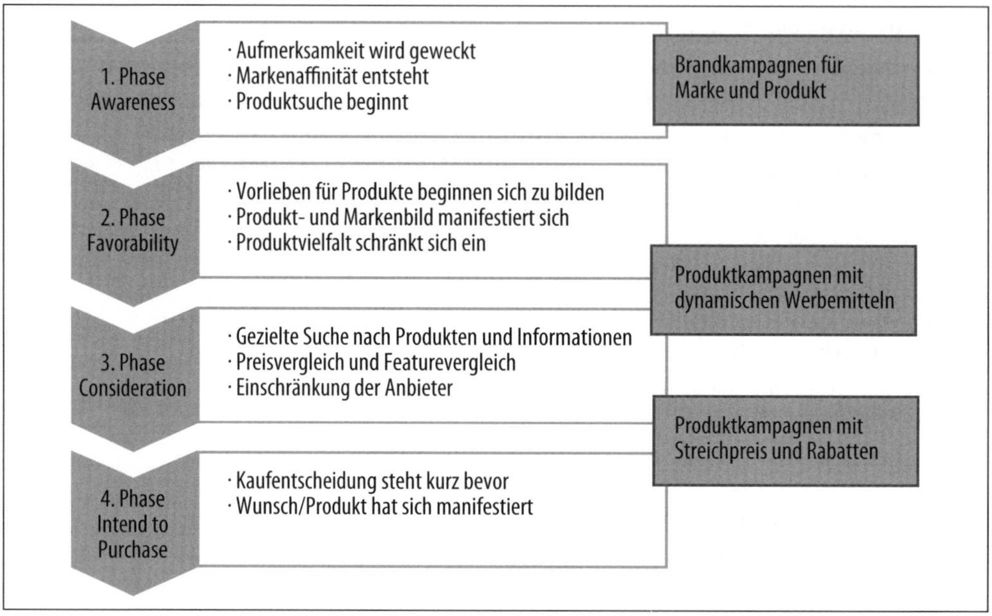

Abbildung 8-3:
Die vier Phasen des Kaufprozesses

Wichtige Konzepte, Technologien und Herausforderungen

Eingangs haben wir uns der prinzipiellen Funktionsweise von Display Advertising und der Weiterentwicklung in Form von RTA gewidmet. Die nächsten Seiten beleuchten neben Aufgaben und Herausforderungen auch technologische Konzepte. Dabei spielt Display Advertising in seiner ursprünglichen Form auf den nächsten Seiten eine untergeordnete Rolle, da die Konzepte und Herausforderungen schon in ausreichender Tiefe beschrieben wurden. Zusammenfassend gesagt, beruht der Erfolg von Display Advertising mehr auf der Erfahrung und dem guten Publisher-Netzwerk eines Online Marketing Manager als auf Konzepten, Technologien oder Analysen.

Im nachfolgenden Abschnitt geht es deshalb um *Real Time Advertising* bzw. *Programmatic Display Advertising* – hier hat der Online Marketing Manager von heute die größten Herausforderungen zu meistern und die meisten technologischen Hürden zu bewältigen.

Technologien, Technikdienstleister und ihre Aufgaben

Durch den zunehmenden technologischen Fortschritt ist es heute möglich, für jede einzelne Person, die eine Webseite besucht, nahezu in Echtzeit zu entscheiden, ob und, wenn ja, welche Art von Werbung ihr gezeigt werden soll. Sogar eine individuelle Gestaltung des Bilds kann pro User generiert werden. Um das alles zu ermöglichen, hat sich in den letzten Jahren ein relativ umfangreicher Technologie-Stack entwickelt, der diesen Vorgang abbildet.

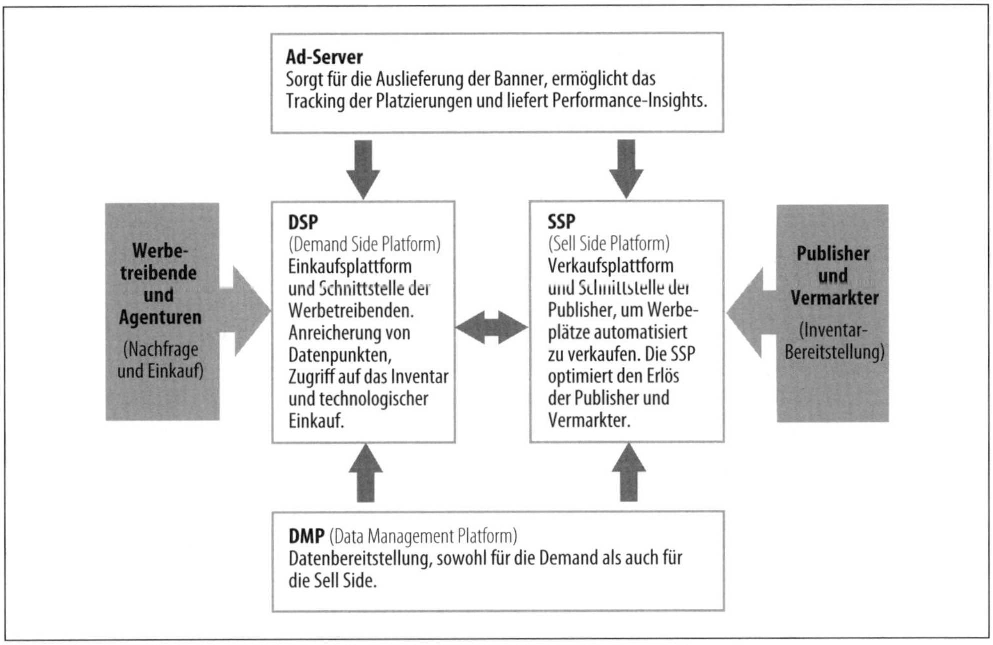

Abbildung 8-4:
Technologie-Stack des Display Advertising (© Wolfgang Neider)

Demand Side Platform (DSP)

Die DSP ist für den automatisierten Einkauf von Werbeplatzierungen auf den Inventaren der Publisher zuständig. Sie gibt ihr Gebot für die einzelnen User an die *Sell Side Platform (SSP)* ab. Dafür werden sogenannte Ad Exchanges genutzt, die eine Art digitalen Marktplatz für Impressions darstellen. Für die Ermittlung der Höhe des einzelnen Gebots – also den Wert des einzelnen Users – ziehen gute DSPs zahlreiche Datenpunkte in Betracht. Diese Daten haben sie entweder selbst gesammelt, oder sie werden ihnen von Dritten übermittelt. Aufgabe des Online Marketing Manager ist es dabei, sich frühzeitig Gedanken darüber zu machen, welche Arten der Datenerfassung zur Verfügung stehen und datenschutzrechtlich nachhaltig sind. Die Bewertung der Datenpunkte findet über Algorithmen oder Machine-Learning-Ansätze statt. Nur so kann eine sinnvolle Verarbeitung und Bewertung der Menge an Datenpunkten über jeden einzelnen User gewährleistet werden. Insgesamt kann hier bei vielen Systemen von einer Form künstlicher Intelligenz gesprochen werden, die aus der Analyse der Datenpunkte lernt und die Gebote und weitere Kampagnenparameter selbstständig auf die Kampagnenziele ausrichtet.

Die *Demand Side Platform* ist sozusagen die Einkaufsplattform der Werbetreibenden für das angebotene Inventar (User). Sie wird daher von den Mediaplanern einer Agentur bzw. den jeweils zuständigen Marketingverantwortlichen genutzt.

Um eine Kampagne schon von Beginn an möglichst performant starten zu lassen, hat es sich als hilfreich erwiesen, für den Start gewisse Rahmenparameter pro Kampagne festzulegen. Diese groben Grenzen dienen den Algorithmen der DSPs als Rahmen, Richt- und Zielwert ihrer Optimierungsalgorithmen. Die Ansprache von Usern, die für Werbetreibende keinen Wert besitzen, kann so von Anfang an reduziert werden, und das zur Verfügung stehende Budget wird frühzeitig zielgerichtet eingesetzt. Je nach Kampagnenverlauf müssen diese Rahmenparameter aber ständig kontrolliert und gegebenenfalls justiert werden. Das geschieht entweder durch den Online Marketing Manager oder – falls die DSP diese Möglichkeit bietet – autonom durch die Algorithmen der Demand Platform.

Die DSPs sollten im Idealfall zum erfolgreichen Ausspielen von Kampagnen neben der Laufzeit und dem Budget deshalb noch folgende Einstellungsoptionen pro Kampagne oder Flight als Rahmenparameter bieten:

1. **Optimierungsziel einer Kampagne/Kampagnenstrategie**

   Jede Kampagne sollte ein Optimierungsziel besitzen. Dieses Ziel sollte bei dem automatisierten Einkauf der User über die DSP beachtet und eingehalten werden. Mögliche Optimierungsziele sind unter anderem:

   - Conversion-Optimierung
     Zielwert: meist CPO (*Cost per Order*) oder ROI (*Return on Investment*)
   - Klickoptimierung
     Zielwert: CTR (*Click-Through-Rate*), CPC (*Cost per Click*) oder Anzahl der zu erreichenden Klicks
   - Reichweite/View-Optimierung
     Anzahl der zu erreichenden Impressions

2. **Sprach- und Geoeinstellungen**

   Werbemittel einer Kampagne werden nur ausgespielt an User einer bestimmten Sprache (z.B. nur an deutschsprachige User) und/ oder an User, die sich in einer bestimmten geografischen Region befinden (z.B. nur in Bayern).

3. **Kategorien (Verticals)**

   Gemeint sind Einschränkungen der Kampagne mithilfe von Kategorien, denen die verschiedenen potenziellen User zugeordnet sind (z.B. finanzaffine User, autoaffine User etc.). Diese Informationen stehen der DSP aus unterschiedlichen Quellen zur Verfügung. Teilweise liefert die SSP diese Informationen pro Anfrage mit, oder sie können von Data Management Platforms bzw. dem einzelnen Werbetreibenden selbst zur Verfügung gestellt werden.

4. **Sichtbarkeit (Above the Fold) und Capping**

   Unter Sichtbarkeit versteht man, dass sich ein Banner beim initialen Laden der Webseite im für Webseitenbetrachter sichtbaren Bereich befindet. Werbung, die beim erstmaligen Laden der Webseite nicht zu sehen ist (also Below the Fold), wird folglich erst durch Scrollen der Webseite sichtbar – dementsprechend ist eine Nutzerinteraktion nötig. Bedenkt man, dass die vom Nutzer gesuchte Information, die er auf dieser Webseite zu finden hofft, zu diesem Zeitpunkt schon im sichtbaren Bereich sein kann, wird die Werbung von ihm nicht wahrgenommen, da sie sich initial nicht im sichtbaren Bereich befindet. Man zahlt unter Umständen für Werbung, die ihr Ziel nie erreicht.

   Um potenziellen Interessenten nicht ständig die gleiche Werbung auszuspielen, hat sich eine Beschränkung der Anzahl der Werbeeinblendungen pro User *(Frequency Capping)* etabliert. Die DSP zeigt einem User unabhängig davon, auf welcher Webseite er unterwegs ist, nur eine bestimmte Anzahl an Werbeeinblendungen pro Kampagne oder Zeitraum. Dies beugt Belästigung oder gar einem gefühlten Verfolgungswahn vor und verhindert somit beim Nutzer negative Assoziationen zum Produkt des Werbetreibenden oder dessen Marke.

5. **Black- und Whitelist-Einstellungen**

   Ebenfalls ein Must-have-Feature einer DSP ist die Möglichkeit, bestimmte Webseiten (auch Placements) generell von einer Werbemittelauslieferung auszuschließen (Blacklisting) oder umgekehrt nur auf bestimmten Webseiten Werbung auszuspielen (Whitelisting). Das dient meist dazu, die Marke oder die Produkte eines Werbetreibenden nicht auf fragwürdigen Webseiten zu platzieren und somit die Marke zu schützen. Hier ist es besonders wichtig, sich nochmals den Hauptunterschied zwischen Display und Real Time Advertising vor Augen zu führen:

Im Display werden gezielt verschiedene Webseiten gebucht, auf denen Werbung ausgespielt werden soll. Die Domains sind folglich bekannt, und man kann sich im Vorhinein das Umfeld, in dem die Werbung erscheinen wird, aussuchen.

Im RTA ist es sekundär, auf welcher Webseite Werbung ausgespielt wird – wichtig ist, dass die gewünschte Zielgruppe erreicht wird. Teile dieser Zielgruppe können nun aber auch Seiten mit einer ethisch fragwürdigen Reputation (z.B. gewaltverherrlichende oder pornografische Inhalte etc.) besuchen. Um zu verhindern, dass Werbung zwar der richtigen Zielgruppe, aber auf für den Werbetreibenden unerwünschten Seiten ausgespielt wird, werden Blacklists eingesetzt. Der Werbetreibende kann einzelne Seiten, oder auch ganze Themenumfelder (z.B. Politik und Religion), für seine Werbung ausschließen.

Whitelists spezifizieren im Gegensatz dazu die erlaubten Webseiten oder Themenumfelder, in denen die Werbung erscheinen darf. Ebenfalls wichtig ist, dass eine DSP eine gute Auswahl an Ad Exchanges bzw. Zugängen zu Sell Side Platforms unterstützt. Die Sell Side Platforms sind das Tor zu den verschiedenen Webseiten, auf denen sich die gewünschten Zielgruppen der Werbetreibenden aufhalten. Demzufolge sollte eine DSP den Zugriff auf das nötige Inventar ermöglichen und die von den einzelnen SSPs gebotenen Features (wie z.B. private Deals, Verticals etc.) zugänglich machen.

Weitere Informationen zu diesem Thema folgen weiter unten im Abschnitt »Brand Safety« auf Seite 374.

6. **Retargeting**

   Schließlich sollte eine DSP noch verschiedene Retargeting-Möglichkeiten bieten. Welche Funktionen im Detail und in welcher Ausbaustufe vorhanden sein müssen, hängt zum einen von der DSP ab, zum anderen aber auch von den geplanten Kampagnen des Werbetreibenden. Eine genauere Beleuchtung des Themenfelds Retargeting folgt im Abschnitt »Konzepte – Kampagnentypen und Einsatzzwecke in Display Advertising und RTA« weiter unten in diesem Kapitel.

7. **Weitere Möglichkeiten**

   Zu guter Letzt bietet eine gute DSP diverse Möglichkeiten, verschiedene externe wie interne Datenquellen anzubinden und Daten aus anderen Systemen oder weiteren Online-Marketing-Maßnahmen zur Bildung von Zielgruppen für eine RTA-Kampagne nutzbar zu machen. Als Beispiele seien hier z.B. Newsletter-Versand-Kampagnen, SEA-Kampagnen, CRM-Daten, Onsite-Tracking, Shopsysteme oder externe Datenlieferanten genannt. Auch hier gibt es erhebliche Unterschiede im Funktionsumfang der verschiedenen DSPs, und es obliegt dem Online Marketing Manager, die verschiedenen angebotenen Möglichkeiten zu (er-)kennen und für sich nutzbar zu machen.

Sell Side Platform (SSP)

Der DSP als der nachfragenden Seite steht die SSP-Seite als Angebotsseite gegenüber. Die *Sell Side Platform* oder auch *Supply Side Platform* (kurz SSP) stellt den Einkäufern, also den DSPs, das Angebot an Werbeplätzen zur Verfügung. Publisher oder auch Webseitenbesitzer haben die Möglichkeit, durch die SSP Werbeplätze an Werbetreibende zu verkaufen. Dazu meldet der Publisher seine Internetseite bei einer SSP an, gibt Informationen über das Inventar wie zum Beispiel Besucheranzahl, Themenfelder oder Mindestpreise an die SSP weiter, um es für den Einkäufer interessant bzw. bewertbar zu machen, und schon kann der Verkauf starten. Die Informationen gleichen im Wesentlichen denen, die auch im normalen Display Advertising zur Vermarktung verwendet werden:

- Anzahl der Ad Impressions pro Webseite und Zeiteinheit (Reichweite einer Webseite).
- Kategorisierung des Webauftritts (oft nach Interactive-Advertising-Bureau-[IAB-]Standard).
- Unterstutztes/mögliches Werbeformat mit Anzahl Ad Impressions.
- Kategorisierung des Inventars (z.B. Automotive, Finanzen, Kredite – oftmals nach IAB-Standard).
- Optional: Mindestpreis für die Bannereinblendungen (Floor Price).

Somit ist die SSP der digitale, automatisierte Vermarkter des Real Time Advertising.

Interactive Advertising Bureau Europe (IAB Europe)

IAB Europe ist der europäische Verband für das digitale Marketing- und Werbeökosystem. Durch die Mitgliedschaft von Medien-, Technologie- und Marketingunternehmen sowie nationalen IABs besteht seine Aufgabe darin, die politische Vertretung zu übernehmen und die Zusammenarbeit der Branche zu fördern, um Rahmenbedingungen, Standards und Branchenprogramme zu schaffen, die es den Unternehmen ermöglichen, auf dem europäischen Markt zu florieren.[12] Unter anderem macht

12 IAB Europe: *https://iabeurope.eu/* (Aufruf: 10.10.2023)

sich das IAB für die Standardisierung von Werbemitteln[13] oder auch für die Kategorisierung von Inhalten [14] stark und gibt dafür im Zusammenarbeit mit den Mitgliedern Guidelines für User oder Technologiedienstleister heraus.

Die Sell Side Platform bündelt somit verschiedene Werbeplätze auf diversen Placements. Die Versteigerung der Werbeeinblendung für jede einzelne Person, die eine Webseite besucht, hat grob strukturiert folgenden Ablauf:

1. Jeder einzelne User, der sich in dem jeweiligen Inventar der SSP befindet, wird allen angeschlossenen DSPs zum Ersteigern angeboten, wobei die DSP auf verschiedene Einkaufsstrategien zurückgreifen kann.
2. Alle angeschlossenen DSPs müssen nun innerhalb von in der Regel 100 Millisekunden ein Gebot für einen User abgeben.
3. Die SSP bzw. eine zwischengeschaltete Ad Exchange wertet die Gebote aus, erteilt der Gewinnerin oder dem Gewinner den Zuschlag und spielt deren oder dessen Werbebotschaft dem jeweiligen User auf der jeweiligen Webseite aus.

Auf die Versteigerung kann die DSP an manchen Stellen Einfluss nehmen und sich und ihren Kunden einen Vorteil verschaffen. Einige Möglichkeiten werden im Abschnitt »Formen des Einkaufs oder von Display zu RTA und wieder zurück« weiter unten aufgezeigt.

Unterschiede zwischen den verschiedenen SSPs bestehen vor allem in den zur Verfügung stehenden Webseiten, auf denen sich potenzielle User bewegen. So legen einige Sell Side Platforms ihren Schwerpunkt auf die Vermarktung von mobilen Webseiten und Werbemitteln, andere auf Video-Ads. Spezialisierte SSPs haben zwar eine geringere Bruttoreichweite, aber sie bilden dafür ein deutlich spezifischeres Inventar ab.

Auch das Anreichern der angebotenen User mit weiteren Datenpunkten ist bei den verschiedenen SSPs unterschiedlich. Manche bieten hier vielfältige weitere Datenpunkte pro User zu geringen Aufpreisen durch die Nutzung von direkt angeschlossenen Data Management Platforms. Auch die Möglichkeit, Betrüger zu erkennen und zu filtern (Fraud Detection), ist ein Unterscheidungskriterium der verschiedenen SSPs.

---

13 IAB Display Guidelines: *https://www.iab.com/guidelines/iab-new-ad-portfolio/* (Aufruf: 10.10.2023)

14 IAB Content Taxonomy: *https://www.iab.com/guidelines/content-taxonomy/* (Aufruf: 10.10.2023)

Ad Networks

Ad Networks bündeln ebenfalls das Inventar der Publisher und haben ihren Ursprung schon vor der Entstehung von *Programmatic Buying* und den SSPs. Anfänglich waren Ad Networks die Ansprechpartner für Display-Einkäufer, um an Premium-Inventar zu gelangen, und bedienten den nicht programmatischen Einkauf, also das Einkaufen einer festen Anzahl von Impressions zu vorher verhandelten TKPs.

Ad Networks, die sich auf einzelne Kategorien (z. B. finanzaffine Webseiten) spezialisieren, nennt man *Vertical Networks*. Sowohl die angebotenen Seiten als auch die User sind qualitativ hochwertig, und die Buchung erfolgt transparent. *Blind Networks* bilden das Gegenstück – Advertiser haben fast keinen Einfluss darauf, auf welchen Webseiten ihre Werbung ausgespielt wird, und das Inventar ist anonym. Dafür ist der Einkauf bei Blind Networks vergleichsweise günstig.

Mit der zunehmenden Technologisierung und der Verbreitung von RTA verschwimmen die Grenzen zwischen SSPs und Ad Networks zusehends. SSPs bieten ebenfalls Premium-Inventar und ermöglichen über sogenannte Deals Direktbuchungen einzelner Placements. Und viele Ad Networks verkaufen ihr Inventar mittlerweile ebenfalls automatisiert und bieten den Zugang über eine DSP an.

Data Management Platform (DMP)

Data Management Platforms stellen den DSPs oder SSPs weitere Datenpunkte und Informationen über den einzelnen User zur Verfügung. Diese Informationen werden von den Beteiligten dazu verwendet, die Kaufabsicht der User bzw. den Werbeerfolg der verschiedenen Werbemaßnahmen abzuschätzen.

DMPs erhalten ihre Informationen häufig über Kooperationen mit verschiedenen Webseiten, Firmen oder Instituten. So kann zum Beispiel eine Kooperation mit dem Automobilverkaufsportal nicht nur die allgemeine Zuordnung zum Thema Automotive ermöglichen (Kontextdaten), sondern auch Auskünfte liefern über z. B. Lieblingsfahrzeug, -typ oder -farbe bis hin zu Rückschlüssen (Intent-Daten) auf zum Beispiel:

- Finanzkraft – welche Modelle werden in welcher Preisregion gesucht?
- Risikobereitschaft – wie viel PS hat ein Auto, ist es ein Supersportwagen?
- Wohngebiet – in welchem Umkreis sucht jemand ein Auto zum Kauf?

Der Handel mit diesen Informationen kann neben dem ursprünglichen Geschäftszweck zur lukrativen Zweiteinnahmequelle werden.

Ein weiterer Kanal der Datenerhebung sind Onlineumfragen, die zum Teil durch die DMPs selbst durchgeführt werden (siehe Abbildung 8-5).

Die Umfrage erhebt zum Beispiel Informationen zu Alter, Geschlecht, Schulabschluss, Haushaltseinkommen, geplanten großen Investitionen (z.B. Autokauf oder Umzug) und enthält Fragen bis hin zu den Themen Politik, Religion, Esoterik oder Essen. Die Umfrageergebnisse werden dann ausgewertet und Interessenten zum Kauf angeboten.[15] Dabei unterscheiden die DMPs häufig zwischen weichen Daten, also Informationen, die durch Rückschlüsse gewonnen werden, und harten Daten (auch Intent-Daten) – Informationen, die durch den User explizit geäußert werden (z.B. konkrete Frage nach dem Geschlecht). Die einzelnen Datenpunkte werden dabei mit einem TKP zwischen 1,50 und 3 Euro oder mehr verkauft. Häufig werden auf Publisher-Seiten Inhalte erst sichtbar, wenn der Besucher an einer Umfrage teilgenommen hat. Hier erkaufen sich die quasi Inhalte mit ihren persönlichen Informationen.

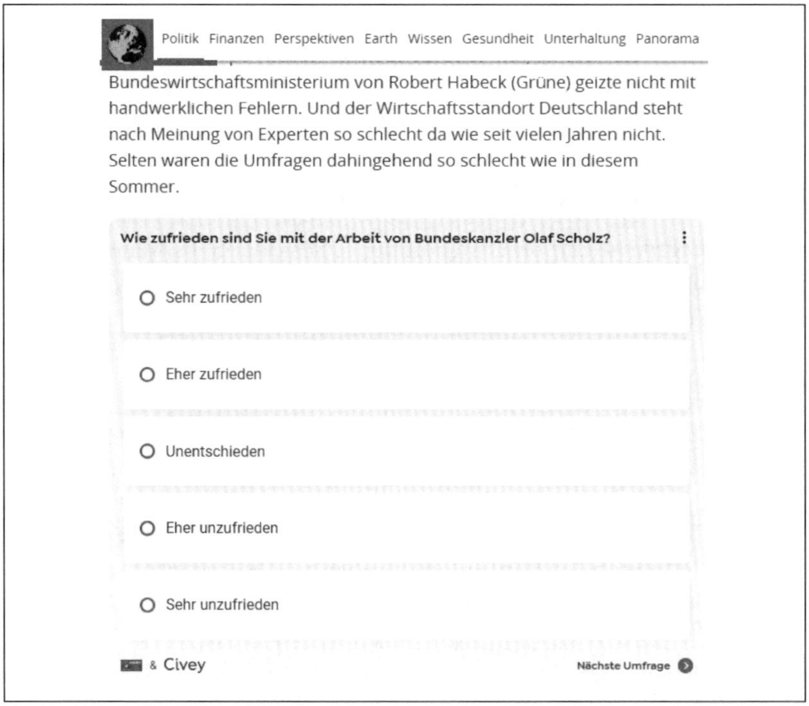

Abbildung 8-5:
Datenerhebung durch Umfragen (Quelle: focus.de, CIVEY)

15 Civeys Marketing: *https://civey.com/loesungen/marketing* (Aufruf: 10.10.2023)

Beim Einsatz oder Zukauf von Datenpunkten sollte man sich folgende Frage zwingend stellen, um Qualität, Performance und Wertigkeit der angegebenen Datenpunkte zu beurteilen:

1. **Handelt es sich um weiche Daten oder harte Fakten?**

   Angenommen, Sie beziehen von einem Dienstleister als zusätzlichen Datenpunkt das Geschlecht eines Users, da Sie gezielt Frauen mit Ihrer Werbebotschaft ansprechen möchten. Das »fühlt« sich zunächst nach einem sehr soliden Datenpunkt an. Wichtig ist aber, wie diese Aussage des Datenlieferanten zustande kommt. Zieht er seinen Schluss z.B. daraus, dass der besagte User mehrmals Webseiten der Kategorie »Mutter und Kind« besucht hat, spricht man von weichen Daten. Die Wahrscheinlichkeit sowie der gesunde Menschenverstand legen nahe, dass die Person zu einem sehr hohen Prozentsatz wahrscheinlich weiblich ist. Durch weitere ähnliche Vermutungen lässt sich die Aussagequalität noch steigern. Sie bleibt aber stets eine statistisch hochgerechnete Aussage – eine Vermutung.

   Von harten Daten kann man sprechen, wenn der User sein Geschlecht wiederholt selbst angegeben hat (z.B. bei Versandadressen, Registrierungen oder öffentlichen Stellen) und es von verschiedenen Stellen bestätigt und plausibilisiert wurde.

2. **Wo liegt der Ursprung der Daten?**

   Die Beantwortung dieser Frage liefert nicht nur eine Aussage über die Qualität der Daten, sondern kann ebenfalls dabei helfen, die erste Frage zu beantworten. Sind die Datenpunkte durch Mutmaßungen bzw. Rückschlüsse oder statistische Zwillinge[16] zustande gekommen, oder hat der User selbst die Information geliefert?

   Bleiben wir bei dem obigen Beispiel des Datenpunkts »Geschlecht«, gewonnen über »Mutter-und-Kind-Seiten«: Welcher User ist zufällig auf dieser Seite gelandet (durch Verklicken oder eine Spam-Mail), welcher gewollt? Welcher Mann recherchiert für seine Frau etwas auf diesen Seiten?

   Zusammenfassend kann man sagen, dass Daten, die aus expliziten Aussagen und Interaktionen eines Users gewonnen wurden (z.B. auf Basis von Suchanfragen in einer Suchmaschine oder von Bestellformularen etc.), oftmals deutlich wertiger sind als interpretierte Datenpunkte.

3. **Verliert der Datenpunkt seine Gültigkeit? Und falls ja, wie alt ist er?**

   Wenn wir weiter den Datenpunkt »Schuhgröße« betrachten, kann man relativ sicher sagen, dass dieser Datenpunkt im Erwachsenen-

16 Statistische Zwillinge sind User, die sich in ihren Datenpunkten oder in ihrem Onlineverhalten nur geringfügig unterscheiden.

alter über längere Zeit richtig bleibt. Handelt es sich aber z.B. um das Haushaltsnettoeinkommen oder gar die Kaufabsicht für ein bestimmtes Produkt, sollte man den Zeitpunkt der Erhebung der Daten beachten.

Daten – eine Klassifizierung

1st Party Data

Dabei handelt es sich um Daten, die der Werbetreibende auf seiner Webseite während eines Besuchs seiner Interessenten generieren und sammeln kann (Besuch von Kategorie- oder Produktdetailseiten, Warenkorbbefüllungen, Käufe oder Kaufabbrüche, Downloads, Registrierungen und vieles mehr). Oftmals unterstützen hierbei Onsite-Tracking-Systeme oder Shopsysteme.

2nd Party Data

Daten, die von Dienstleistern erhoben werden, die direkt am Ein- oder Verkauf von Werbeplätzen beteiligt sind, fasst man unter 2nd Party Data zusammen. Hierbei handelt es sich um Informationen, die ein einzelner Werbetreibender nicht erheben kann, aber sehr wohl ein beteiligter Dienstleister. Eine DSP kann zum Beispiel durch die Vielzahl der angeschlossenen Werbetreibenden neue Zusammenhänge erkennen und Rückschlüsse ziehen, zum Beispiel auf das Klick- oder Kaufverhalten der einzelnen User, kumulierte Warenkorbwerte etc. Ähnliche Möglichkeiten bieten sich auch Publishern, Agenturen und DMPs.

3rd Party Data

Darunter versteht man landläufig Daten von Data Management Platforms oder Daten von Unternehmen, die nicht direkt mit dem Verkauf von Onlinewerbeflächen in Verbindung stehen. Neben speziellen Datenpunkten wie zum Beispiel Kreditwürdigkeit oder Kaufabsichten trifft man dabei am häufigsten auf soziodemografische Daten im Portfolio von externen Datenlieferanten.

Des Weiteren kann man folgende Datentypisierung vornehmen:

- Offlinedaten – Daten, die in Offlinemedien wie Print und TV erhoben werden (Panel-Daten) und z.B. über TV-Triggering im RTA verwendet werden können.
- Cross-Device-Daten – Datenpunkte und Informationen können über verschiedene Plattformen (z.B. Desktop und Tablet) zusammengeführt und synergetisch genutzt werden.

Auch wenn es der einen oder anderen guten Überlegung beim Zukauf von Daten bedarf, bleibt es unbestritten, dass Userdaten maßgeblich über Erfolg und Misserfolg von RTA-Kampagnen entscheiden können.

Neben dem Zukauf von Daten ist es deshalb unerlässlich, seine eigenen Daten, die man bereits besitzt, zu analysieren und zu verwerten. Onsite-Tracking-Systeme, Warenwirtschaft, Shopsysteme oder CRM-Systeme bieten eine Fülle von Informationen, die nur ausgewertet und verwendet werden müssen. Hier hat der Werbetreibende aus erster Hand Informationen über seine Zielgruppe – Käufer oder Nicht-Käufer. Ergänzt um die Daten der DMPs, lässt sich somit ein sehr scharfes Profil der Zielgruppe bilden und über die DSP bewerben.

Um diese Daten nutzbar zu machen, benötigt der Online Marketing Manager von heute einen gut aufeinander abgestimmten Technologie-Stack – nur so kann ein einzelner User mit Daten, die die einzelnen Technikkomponenten sammeln und erheben, angereichert werden.

Eine der am weitesten verbreiteten Methoden, um User über mehrere Systeme hinweg eindeutig zu erkennen, ist der Austausch von User-IDs – oft auch als *Cookie Sync* bezeichnet.

Funktionsweise eines Cookies – ein Beispiel

Die Funktionsweise lässt sich am einfachsten anhand eines Beispiels erklären. Ein Onlineshop will zusätzlich zu bekannten Nutzerinnen und Nutzern von einer DMP weitere Informationen hinzukaufen. Dazu bindet der Onlineshop auf seiner Webseite das sogenannte Cookie-Sync-Pixel der DMP ein. Bei jedem Webseitenaufruf kann die DMP nun ihre bekannten User identifizieren. Zusätzlich übergibt der Onlineshop der DMP bei jedem Aufruf seine eigene User-ID. Diese speichert die DMP zu ihrem erkannten User ab. Nun hat die DMP alle User-IDs des Shops mit ihren Usern zusammengeführt und kann dem Shop zusätzliche Daten zu Verfügung stellen. Dies erfolgt über eine direkte Feedback-Schleife (API-Aufruf der DSP oder des Shopsystems) oder über einen asynchronen Dateiabgleich (meist CSV-Dateien). Ziel eines Cookie Sync ist es, dass mindestens zwei der beteiligten Systeme die gleiche User-ID verwenden. Dazu übermittelt das führende System (z.B. die DSP) dem beteiligten Drittsystem (z.B. der DMP) seine User-ID, die dieses zusätzlich zu seiner eigenen User-ID abspeichert. Will man nun Daten des Drittsystems (DMP-Datenpunkte, die die DSP nicht hat) nutzen, kann man die Daten nicht nur über die User-ID des Drittsystems selektieren, sondern auch über die User-ID des führenden Systems.

Dieses Vorgehen basiert auf der Nutzung von 3rd-Party-Cookies. Da diese zunehmend von den gängigen Browsern geblockt werden, haben diverse Marktteilnehmer bereits eine alternative Technologie im Einsatz, die auf 3rd-Party-Cookies verzichtet. Das funktioniert über den Einsatz einer Universal ID, die in der Regel aus einem eindeutigen Merkmal wie der (gehashten) E-Mail-Adresse gebildet wird und über die Seiten von Publishern und Advertisern identifizierbar ist.

Ein fein aufeinander abgestimmter und ineinandergreifender Technologie-Stack ermöglicht nicht nur die optimale Aussteuerung von RTA-Kampagnen, sondern trägt auch wesentliche Informationen zur Optimierung jeder einzelnen Online-Marketing-Maßnahme sowie zum erfolgreichen Zusammenspiel und Ineinandergreifen aller Online-Marketing-Kanäle bei.

Datenschutz

Das Thema Datenschutz nimmt in Europa eine immer wichtigere Rolle im Online-Marketing ein. Programmatic-Kampagnen laufen meist unter Einbeziehung von zahlreichen Datenpunkten oder Profilinformationen der in Echtzeit adressierten User. Erhebung und Nutzung der Daten sind rechtlich in der EU-Datenschutzgrundverordnung (EU-DSGVO) und in der EU-E-Privacy-Richtlinie festgehalten. Letztere war bisher im Telemediengesetz (TMG § 15 Abs. 3) für Deutschland in wesentlichen Punkten geregelt. Die EU-E-Privacy-Verordnung sollte ursprünglich gleichzeitig mit der DSGVO erscheinen, wurde aber mehrfach verschoben. Im Oktober 2019 hat der Europäische Gerichtshof (EuGH) jedoch wichtige Fragen zum Thema Cookies beantwortet, die für weite Teile des Programmatic Display Advertising notwendig sind. Daraus ergibt sich in der Regel:

- Eine Einwilligung für werberelevante Tracking-Cookies ist vor deren Verwendung vom Nutzer einzuholen (Opt-in, Consent-Management).
- Dies ist nicht nur auf personenbezogene Daten beschränkt.
- Umfassende und klare Informationen zu Art und Nutzung der gesammelten Daten sind bereitzustellen.
- Ein Widerruf der Zustimmung muss jederzeit möglich sein.

Die meisten Advertiser, Vermarkter und Technologieanbieter gehen aufgrund der Gesetze und Richtlinien transparent mit dem Thema Datenerhebung und -verwendung um. Aus diesem Grund haben sich zahlreiche Unternehmen zur *Digital Advertising Alliance* (DAA) zusammengeschlossen, um ein einheitliches Vorgehen zu definieren. Daraus ist das Programm »YourAdChoices« entstanden, das dem User ermöglicht, selbst zu entscheiden, ob er »personalisierte« Werbung aufgrund seiner anonymen Profilinformationen erhalten möchte oder nicht.

Unternehmen, die sich freiwillig dem Programm verpflichten, bieten Usern bei jedem Banner die Möglichkeit, durch ein Opt-out der Bannergenerierung aufgrund ihrer Profilinformationen zu widersprechen.

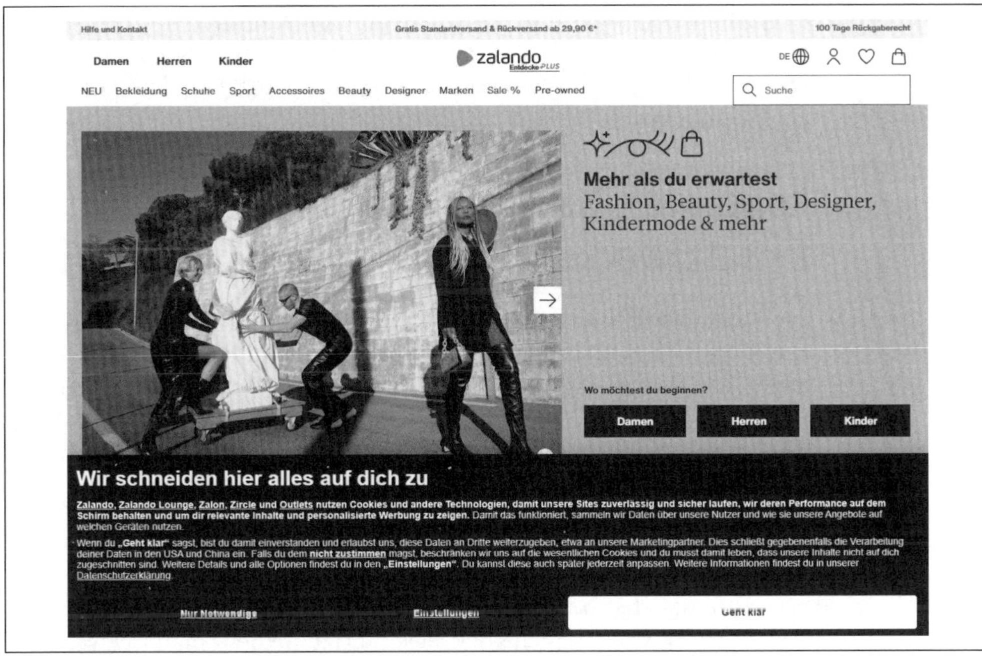

Abbildung 8-6:
Hinweis auf Tracking und die Verwendung von Cookies bei Zalando (Quelle: *https://www.zalando.de*)

Unterstützt wird diese Initiative von zahlreichen namhaften Unternehmen – darunter auch Google, Facebook, Amazon, Criteo[17] und vielen weiteren. Banner, die von Unternehmen stammen, die am YourAdChoices-Programm teilnehmen, erkennt man an dem Icon im Banner.

Abbildung 8-7:
Banner mit YourAdChoices-Icon rechts oben in der Ecke

17 YourAdChoices. *https://youradchoices.com/participating* (Aufruf: 10.10.2023)

Folgt man dem Link hinter dem AdChoices-Icon, gelangt man zu den Datenschutzrichtlinien des jeweiligen Anbieters, in denen man über die Datenerhebung und -verwendung aufgeklärt wird. Hier kann ebenfalls ein Opt-out erteilt werden.

Konzepte – Kampagnentypen und Einsatzzwecke in Display Advertising und RTA

Da wir nun die verschiedenen Beteiligten in Standard-Display-Advertising und RTA kennen und auch die grundlegende Funktionsweise bekannt ist, werfen wir als Nächstes einen Blick auf die verschiedenen Kampagnenformen bzw. Marketingziele, für die Display- oder Real-Time-Advertising-Kampagnen geplant und verwendet werden können.

Der einfachste Anwendungsfall, der in der Regel auch am leichtesten mit Display- oder RTA-Kampagnen umzusetzen ist, sind *Branding-Kampagnen*. Hierbei wird versucht, die Marke (Brand) des Werbetreibenden möglichst bekannt zu machen und die Werbung so vielen Internetnutzern wie möglich anzuzeigen. Dazu bedient man sich sehr gut besuchter Seiten – oftmals Premium-Inventar –, da diese eine große Reichweite besitzen. Der Performancegedanke steht bei Branding- oder Reichweitenkampagnen eher im Hintergrund – trotzdem kann man durch RTA auch hier ein etwas besseres Kosten-Nutzen-Verhältnis erzielen.

Häufig ist das Ziel von Anzeigenkampagnen die Gewinnung von Neukunden bzw. neuen Usern – auch *Prospecting* genannt. Ob in der analogen oder der digitalen Welt, ob Display oder Real Time – bei der Neukundengewinnung wird versucht, möglichst nur User anzusprechen, die bis dato noch keine Kunden des Werbetreibenden waren, diesen eventuell noch gar nicht kannten.

Für dieses Szenario hält *Real Time Bidding* im Gegensatz zu Standard-Display-Advertising einen sehr guten Performanceansatz bereit. Um Prospecting-Kampagnen möglichst performant zu gestalten, bieten manche DSPs (vereinzelt auch DMPs) die Möglichkeit, statistische Zwillinge oder Lookalikes im Bestandskundenpool des Werbetreibenden zu identifizieren. Bei dieser Optimierungsform vergleicht ein Algorithmus die Merkmale der User, die bereits eine Conversion erzielt haben, und versucht dabei, Muster (eine Anzahl von bestimmten typischen Datenpunkten) zu erkennen. Wird nun ein neuer User von der SSP angeboten, analysiert die DSP, ob das erkannte Muster, das bei bereits gewonnenen Bestandskunden zum Kauf führte, auch bei diesem neuen User vorhanden ist. Ist das der Fall, gibt die DSP ein wesentlich höheres Gebot für diesen User ab, da erwartet wird, dass die Konvertierungswahrscheinlichkeit deutlich höher ist. Diese Technologie ermöglicht eine wesentlich zielgerichtetere Neukundenansprache als das Standardverfahren.

Der nächste Kampagnentyp existiert ausschließlich im Real Time Advertising und ist vollkommen dem Performance-Online-Marketing zuzuordnen:

Retargeting-Kampagnen

Retargeting-Kampagnen zielen auf User ab, die die Webseite des Werbetreibenden bereits besucht haben. Diese User werden an neuralgischen Stellen der Webseite markiert,[18] um sie dann später – falls sie nicht konvertiert sind – mit einem passenden Werbemittel wieder anzusprechen.

Folgende Retargeting-Kampagnen-Typen bzw. -Methoden sind sehr verbreitet und haben sich vielfach bewährt:

1. **Product Retargeting**

   Diese Form des Retargetings lässt sich besonders gut am Beispiel eines E-Commerce-Shops erläutern: Ein User besucht einen Onlineshop für Schuhe. Er möchte rote Gummistiefel kaufen. Zunächst verwendet er die Suche des Shopsystems und gibt dort `rote Gummistiefel` ein. Darauf findet er auf der Suchergebnisseite viele Stiefel, auch ein Paar Gummistiefel, die er anklickt, um auf die Produktdetailseite zu kommen. Diese zeigt gelbe Gummistiefel, Größe 42. Er wechselt von dort auf die Kategorieseite *Gummistiefel* und verlässt dann den Shop.

   Ein gut aufgesetztes RTA-System hat nun folgende Informationen erhalten:

   a. Suchphrase: Gummistiefel, rot
   b. Produktdetailseite: Gummistiefel, gelb, Größe 42
   c. Kategorie: Gummistiefel

   Das Product Retargeting spielt dem User nun auf anderen Webseiten, die der User besucht, aufgrund der erhaltenen Informationen

18 Der User erhält ein Cookie oder wird über eine andere Technologie zur erneuten Identifikation erfasst. Mit deren Hilfe können spezifische Informationen zu seinem Webseitenbesuch verknüpft werden. Diese Informationen können dann auf den Webseiten des Vermarkters ausgelesen und zur benutzerdefinierten Werbeeinblendung verwendet werden.

des Shopsystems Banner mit gelben Gummistiefeln ein. Gute Retargeting-Systeme können die Suchanfrage auswerten und zeigen neben gelben auch rote Gummistiefel an. Sollte der User nicht auf die angezeigten Banner reagieren, z.B. nach vier bis acht Einblendungen, sollte der Retargeting-Algorithmus mit der Anzeige von anderen Größen, anderen Farben oder ähnlichen Produkten reagieren. Hat man die Aufmerksamkeit des Users nach wenigen Bannereinblendungen noch immer nicht erregt, könnte der Algorithmus auf eine Kampagne, die dem User Rabatte oder kostenlosen Versand bietet, umschwenken. Da die Banner zur Anzeige der verschiedenen Produkte je nach Situation dynamisch vom System angepasst werden, spricht man auch vom dynamischen Product Retargeting oder von dynamischen Bannerkampagnen.

2. **Event Retargeting**

   Webseitenbesucherinnen und -besucher werden durch das Auslösen bestimmter Events auf der Seite des Werbetreibenden in verschiedene Gruppen oder Segmente aufgeteilt und dann gezielt mit der zu ihrem jeweiligen Segment passenden Werbebotschaft wieder angesprochen. Dazu zählen neben den offensichtlichen Events wie zum Beispiel Kauf, Warenkorbbefüllung, Newsletter-Anmeldung oder Ähnlichem auch Downloads, Suchanfragen, der Besuch von Seiten einer bestimmten Warenkategorie, Verweildauer auf Einzelseiten oder dem gesamten Webauftritt bis hin zu Klickraten auf der Webseite.

3. **Kombinierte Flights**

   Wirklich interessant wird die Kampagnenplanung und -aussteuerung, wenn man Product und Event Retargeting geschickt kombiniert und aufeinander abstimmt. Kauft zum Beispiel ein User in einem Onlineshop Windeln (Event: Kauf), kann man ihn nachfolgend noch mit Babypflegeprodukten ansprechen (dynamisches Product Retargeting mittels ähnlicher Produkte). Hat man alle Daten sauber mit der DSP verknüpft, weiß diese gegebenenfalls, dass der User alle zwei Wochen Windeln kauft (über das Conversion Tracking), und wird ihn nach 1,5 Wochen gezielt mit Werbung für Windeln (eventuell sogar für ein Windel-Spar-Abo) ansprechen (Retargeting), da die Vermutung naheliegt, dass der User kurz vor dem nächsten Kauf steht.

4. **Storytelling/Sequencing**

   Diese Kampagnenart erzählt dem User – salopp formuliert – eine Bildergeschichte. Die Bannermotive mehrerer Flights werden dabei aufeinander abgestimmt, sodass die verschiedenen Motive eine Geschichte erzählen. Das System merkt sich dabei pro User, an welcher Stelle der Geschichte man sich befindet, und setzt diese beim nächsten Werbekontakt fort. Möglich wird das, da man anhand der verschiedenen Datenpunkte, die man über einen User besitzt, genau ermitteln kann, in welcher Phase des Kaufs er sich befindet. Folglich kann man ihn über alle Phasen des Kaufentscheidungsprozesses begleiten und zur angestrebten Conversion führen. Dieser Kampagnentyp kann bei entsprechender Gestaltung der Werbemittel, z. B. bei ausgefallener Bildsprache, die User ebenfalls anregen, sich stärker mit der Marke des Werbetreibenden auseinanderzusetzen.

Zum Teil werden die Werbekonsumenten dazu bewegt, bereits in der Anfangsphase einer Storytelling-Kampagne die Webseite des Werbetreibenden aufzusuchen, um den Sinn oder die Entwicklung dieses obskuren Werbemittels zu erfahren. Daher kann man diesen Kampagnentyp auch gut beispielsweise zur Markeneinführung verwenden. Ein Beispiel für Storytelling bzw. Sequencing für einen neuen Kinofilm könnte dabei wie folgt aussehen: Die Videowerbemittel mit unterschiedlichen Filmtrailern werden so ausgeliefert, dass nur Personen, die den ersten Trailer gesehen haben, den weiterführenden zweiten Trailer sehen können. Auf diese Weise lässt sich eine spezielle werbliche Dramaturgie entwickeln.

Weitere Targetings

1. **Semantisches Targeting**

   DSPs, die diese Form der Kampagnenausspielung unterstützen, richten dabei ihre Aufmerksamkeit auf das eingekaufte Inventar. Die Webseite, die die Werbung anzeigt, wird dabei mittels semantischer Verfahren analysiert und aufgrund ihres Inhalts einem Umfeld (ähnlich den Verticals von DMPs) zugeordnet. Zielsetzung ist dabei, Werbeeinblendungen in ihrem passenden Umfeld zu platzieren, um möglichst hohe Conversion-Rates zu erzielen.

2. **Keyword Targeting**

   Ähnlich wie beim semantischen Targeting wird hier ebenfalls das Inventar der Publisher untersucht. Allerdings werden die Webseiten nicht anhand von semantischen Algorithmen, sondern anhand der Auftretungshäufigkeit bestimmter Begriffe auf der Webseite den verschiedenen Kategorien (z. B. Automotive, Bank und Finanzen) zugeordnet.

3. **Triggering-Kampagnen**

   Kampagnen dieses Typs erhöhen die Gebote aufgrund äußerer Impulse (Trigger). Dabei wird ein Zusammenhang zwischen dem Impuls und der höheren (oder eher niedrigeren) Kaufwahrscheinlichkeit unterstellt. Bekannte Vertreter sind TV-Triggering und Weather-

Triggering. TV-Triggering versucht, sich den Werbedruck von TV-Spots zunutze zu machen. Zugrunde liegt dabei der sogenannte Second-Screen-Gedanke. Viele Menschen haben während des Konsums von Fernsehsendungen ein Zweitgerät (Smartphone, Tablet oder Notebook) in der Nähe. Erfolgt die Ausstrahlung eines Werbespots im TV, der für den Konsumenten interessant ist, greift er sehr wahrscheinlich zu seinem Zweitgerät, um sich eingehender über ein Produkt oder Angebot zu informieren.

Diesen Effekt will sich TV-Triggering zunutze machen. Thematisch passende Werbespots werden vor dem Kampagnenstart im TV-Triggering-System ausgewählt. Sobald der passende Werbespot im Fernsehen ausgestrahlt wird, bekommt das RTA-System diese Information übermittelt. Es erhöht daraufhin sofort die Gebote für die entsprechende Kampagne – meist zeitlich begrenzt. Ziel ist, eine möglichst große Reichweite zu adressieren und dabei die Second-Screen-User erfolgreich aufzunehmen und zu konvertieren. Auch Storytelling-Kampagnen profitieren von der TV-Triggering-Funktionalität. Kreativagenturen bietet sich die Möglichkeit, eine Geschichte im TV zu beginnen und relativ nahtlos im Internet fortzusetzen. Mittels TV-Triggering kann man sich auch erfolgreich den Werbedruck oder die Markenbekanntheit großer Marken zunutze machen.

TV-Triggering – ein Beispiel

Läuft im TV Werbung für das neue iPhone oder das Galaxy-Smartphone, ist es für einen Elektronik-Retailer durchaus sinnvoll, seine Präsenz im Netz deutlich zu erhöhen, um Interessenten, die durch den Werbespot weitere Informationen im Netz suchen, zu erreichen.

Weather-Triggering berücksichtigt dabei den jeweiligen Wetterzustand an dem Ort, an dem sich der User zur Zeit der Werbeeinblendungen befindet. Dabei kombiniert die DSP Geoinformationen der Gebotsanfrage mit den in der jeweiligen Stadt oder im Bezirk herrschenden Wetterbedingungen. Dass dies durchaus sinnvoll sein kann, zeigt folgendes Beispiel: Lieferdienste, Streaming-Anbieter oder dergleichen haben bei 30 Grad und Sonnenschein sicherlich weniger Umsatz als bei regnerischem, nasskaltem Wetter. Daher sollten sie auch ihre Werbeausgaben diesen Umständen anpassen.

Optimierungen

Sowohl bei Prospecting- als auch bei Retargeting-Kampagnen stehen zahlreiche Möglichkeiten der Optimierung bereit. Bei der Auswahl der richtigen Zielgruppe wird häufig auf soziodemografische Informationen wie Alter und Geschlecht zurückgegriffen. Auch der Aufenthaltsort (Geokoordinate, WLAN oder Mobilfunknetz) und das genutzte Endgerät (Mobilgerät, Desktop, Tablet, TV) spielen eine große Rolle bei der Bewertung und Ausspielung von Werbemitteln. Funktionieren bestimmte Werbebotschaften auf mobilen Endgeräten besser, sollten sie dort ausgebaut und die Botschaften für die anderen Endgeräte entsprechend angepasst werden. Auch kommt es häufig vor, dass nur bestimmte Nutzergruppen auf bestimmten Endgeräten eine auffällig positive oder negative Performance zeigen.

So kann es zum Beispiel sein, dass bei einer Kampagne Frauen zwischen 25 und 34 Jahren besonders gut angesprochen werden können, wenn sie ein iPhone benutzen, wohingegen die gleiche Personengruppe mit Android-Telefonen schlechtere Ergebnisse aufweist – oder umgekehrt. Daher ist es von großer Bedeutung, die Zusammenhänge der Targetings und Datenpunkte zu analysieren, bevor Optimierungsentscheidungen getroffen werden. Weitere typische Informationen, die zur Optimierung einer Kampagne herangezogen werden, sind Tageszeiten oder Wochentage, Sprache, Kaufverhalten, Bildungsstand, Haushaltseinkommen, private und berufliche Interessen. Zahlreiche DSPs stellen auch sogenannte In-Market-Zielgruppen bereit, die Aufschluss darüber geben sollen, ob ein Nutzer derzeit für eine bestimmte Produktgruppe empfänglich ist. Wie dies im Einzelnen festgestellt wird, obliegt dem jeweiligen Anbieter. In der Regel werden dazu unzählige Datenpunkte genutzt, mit denen das Nutzerverhalten über einen größeren Zeitraum bewertet wird.

Formen des Einkaufs – oder von Display zu RTA und wieder zurück

Ausschlaggebend für den erfolgreichen Einkauf von Werbeplatzierungen im Standard-Display-Advertising ist die persönliche Verhandlung des Online Marketing Manager mit den Vermarktern.

Im Programmatic Display Advertising hat man über den automatisierten Einkauf verschiedene Möglichkeiten, Werbeeinblendungen zu erwerben. Die Publisher unterteilen ihr Inventar nicht nur nach den verschiedenen Typen (Standard-Ads, Mobile, Video, InApp), sondern bieten auch unterschiedliche Einkaufsstrategien für den Einkäufer an. Diese müssen allerdings von der jeweiligen DSP und der SSP gegenseitig unterstützt werden. Folgende Tabelle zeigt die verschiedenen Verkaufsformen von Inventar im Programmatic Display Advertising:

Tabelle 8-1
Verkausformen im Programmatic Display Advertising

	Preismodell	Auslieferungsgarantie	Inventarqualität	Transparenz
Private Deal (Automated Guaranteed)	Fixpreis	garantiert	sehr gut	voll-/semitransparent
Preferred Deal (Unreserved Fixed Rate)	Fixpreis	keine	sehr gut bis gut	voll-/semitransparent
Private Auction	Floor Price	keine	gut bis schlecht	voll-/semitransparent
Open Auction	Floor Price/kein Floor Price	keine	gut bis sehr schlecht	voll-/semi-/intransparent

Grundlegendes Unterscheidungsmerkmal beim programmatischen Einkauf ist zunächst, ob dem Verkauf eine Versteigerung der Werbeplatzierung zugrunde liegt oder ob das Inventar wie beim Display Advertising zu einem (eventuell vorher verhandelten) festen Preis veräußert wird. Erfolgt der Verkauf der Werbeplatzierungen nicht über eine Auktion, spricht man von einem *Preferred Deal* (auch *Unreserved Fixed Rate*) oder einem *Private Deal* (*Automated Guaranteed*). Bei beiden Formen des Einkaufs gilt ein zuvor verhandelter Festpreis. Der Unterschied liegt im Zugriff auf das Inventar – Automated Guaranteed bietet einen sicheren Zugriff auf das Inventar und somit eine garantierte Ausspielung, Unreserved Fixed Rate gibt dagegen keine Inventargarantie. Der Private Deal kann also als programmatisches Pendant des Standard-Display-Einkaufs betrachtet werden.

Findet dagegen die Veräußerung des Inventars über eine Auktion statt, teilt sich der Einkauf in die Formen *Open Auction* und *Private Auction*. Open Auction kann dabei als extremes Gegenstück zu Automated Guaranteed betrachtet werden. Zwischen Einkäufer und Vermarkter besteht keine Beziehung, und der Einkäufer steht in Konkurrenz zu allen anderen Bietern, die an die jeweilige SSP angeschlossen sind und an der Auktion teilnehmen. Private Auctions laufen nach demselben Funktionsprinzip ab wie Open Auctions – jedoch mit dem Unterschied, dass das Inventar der Vermarkter einem ausgewählten Kreis von Einkäufern angeboten wird. Oftmals wird über diese Art des programmatischen Einkaufs hochwertigeres Inventar einer ausgewählten Käuferschicht zur Verfügung gestellt. Über das Festlegen eines Mindestgebots (*Floor Price*) kann der Vermarkter Einfluss auf die Auktion nehmen und sich somit eine grundlegende Wertschöpfung durch sein Inventar sichern.

Hinter dem Begriff *Header Bidding* verbirgt sich eine spezielle Technologie der Vermarktung von Werbeplatzierungen. Das Header Bidding ermöglicht in erster Linie den Publishern und Vermarktern, ihr gesamtes Inventar auszulasten und alle Werbeplätze zum bestmöglichen TKP zu monetarisieren. Der Nachfrageseite bietet es die Möglichkeit, wertige Impressions und Premium-Inventar auch ohne Direktvermarktung oder Private Deals etc. einzukaufen. Dies ist vor allem für Advertiser interessant, die nicht an große Netzwerke oder dergleichen angeschlossen sind oder angesichts ihres Einkaufsvolumens keine gute Verhandlungsposition besitzen.

Header Bidding setzt dazu zeitlich vor dem über Prioritäten gesteuerten Verkaufsprozess des Publisher-Ad-Servers an. Es stellt die aktuelle Impression allen angeschlossenen Header-Bidding-Teilnehmern zur Auktion zur Verfügung. Eine gleichberechtigte, offene Auktion aller Nachfrageseiten wird dadurch ermöglicht. Erst wenn von diesem Teilnehmerkreis kein valides Gebot abgegeben wird, geht die Impression an den Publisher-Ad-Server, der die Impression gemäß Prioritätenliste (vergleichbar einem Wasserfallmodell) über die verschiedenen Verkaufskanäle abarbeitet. An erster Stelle stehen dabei meist Direktverkäufe und Kooperationen, gefolgt von Private und Preferred Deals bis hin zu Private- und letztendlich Open-Auction-Käufern.

Werbemittel – oft belächelt, fast immer unterschätzt

Werbemitteln und deren Kreation sollten Sie als Online Marketing Manager fast die gleiche Aufmerksamkeit zukommen lassen wie der Kampagnenkonzeption und -steuerung. Viele gut geplante Kampagnen können ihre Performance nie ganz entfalten, da das Werbemittel die Zielgruppe nicht anspricht, die nötigen Informationen im Banner fehlen, die Marke oder eine einfache Klickaufforderung nicht ersichtlich ist.

Dabei können gut gestaltete, eventuell sogar von der DSP dynamisch auf die vorliegenden Informationen der Zielgruppe abgestimmte Bildelemente den Erfolg einer Kampagne stark verbessern.

Es gibt zunehmend Advertiser, die ihre Werbemittel durch eine KI-gestützte Technologie erstellen. Dabei können sowohl Motiv als auch Werbetexte komplett von der künstlichen Intelligenz generiert werden. Häufig sind diese Werbemittel nicht von herkömmlichen zu unterscheiden. Die Qualität hängt dabei stark vom Input ab, die die KI erhält. Es empfiehlt sich dennoch, auf diese Weise erstellte Werbemittel genau zu prüfen, um optische wie auch inhaltliche Fehler zu vermeiden.

Das IAB hat Guidelines für einheitlich zu verwendende Werbemittel erstellt. Die von der IAB Tech Lab Ad Portfolio Working Group entwickelten Richtlinien für das *New Ad Portfolio* sind umfassende Empfehlungen für Werbeerlebnisse in verschiedenen digitalen Umgebungen, darunter Websites, mobile Apps, soziale Medien, Kommunikations- und Messaging-Erlebnisse sowie neue digitale Erfahrungen wie Virtual Reality und Augmented Reality.[19]

In-Page-Ads

In-Page-Ads können statische Werbemittel – meist im GIF-, JPEG- oder PNG-Format –, animierte Werbemittel – meist im HTML5-Format – oder auch Videowerbemittel sein, die sich auf Webseiten innerhalb oder neben den textuellen Inhalten befinden. Statische Werbemittel werden als alternatives Werbemittel verwendet, wenn aus technischen Gründen ein ursprünglich vorgesehenes HTML5- oder Videowerbemittel nicht ausgespielt werden kann. Es wird in diesem Fall von einem *Fallback-Werbemittel* gesprochen.

Fixed-Size-Ad-Spezifikationen

Die folgenden Werbemittel fester Größe werden als Teil des New Ad Portfolio empfohlen. Diese wurden auf der Grundlage einer Einstellungs- und Nutzungsstudie ermittelt, um festzustellen, welche der Werbemittel den größten Teil der Einnahmen generieren und sich dazu eignen, über mehrere Bildschirmgrößen hinweg zu werben.

Ad unit Name	Fixed Size (px)*	Max. K-Weight (kB)	
		Initial Load	Subload
Billboard	970x250	**250**	**500**
Smartphone Banner	300x50 or 320x50	**50**	**100**
Leaderboard	728x90	**150**	**300**
Super Leaderboard/ Pushdown	970x90	**200**	**400**
Portrait	300x1050	**250**	**500**
Skyscraper	160x600	**150**	**300**
Medium Rectangle	300x250	**150**	**300**
20x60	120x60	**50**	**100**
Mobile Phone Interstitial	640x1136 or 750x1334 or 1080x1920	**300**	**600**
Feature Phone Small Banner	120x20	**5**	**N/A**
Feature Phone Medium Banner	168x28	**5**	**N/A**
Feature Phone Large Banner	216x36	**5**	**N/A**

Abbildung 8-8:
Fixed-Size-Ad-Spezifikationen

19 IAB – New Ad Portfolio: *https://www.iab.com/guidelines/iab-new-ad-portfolio/* (Aufruf: 10.10.2023)

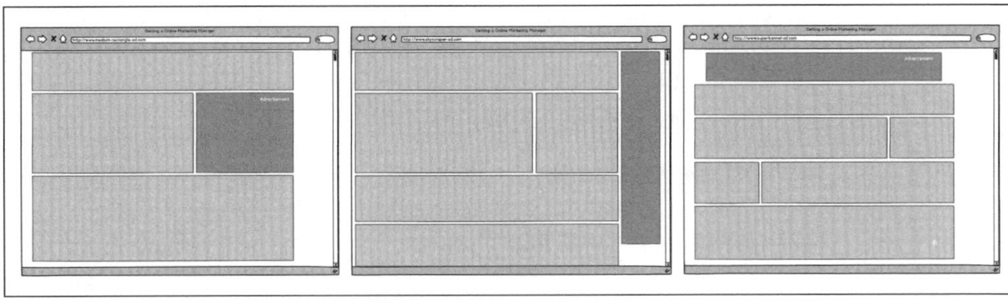

Abbildung 8-9:
Werbemittel – Beispiele Fixed Size Ad (Medium Rectangle, [Wide] Skyscraper, Leaderboard)

Flexible and Lean Ads

Das New Ad Portfolio legt den Schwerpunkt auf eine LEAN-Werbeerfahrung (LEAN – *Light, Encrypted, AdChoices supported, and Non-invasive*) und flexible Anzeigenspezifikationen.

Das LEAN-Anzeigenerlebnis für digitale Werbung basiert dabei auf den folgenden Grundsätzen:

1. *Respektieren:* Das primäre Ziel eines Verbrauchers ist der Konsum von Publisher-Inhalten.
2. *Kontrolle:* Der Verbraucher hat die Kontrolle über sein Werbeerlebnis.
3. *Wahlmöglichkeit:* Ein Verbraucher entscheidet, welche Inhalte er oder sie sehen möchte und wie lange.

Dementsprechend formulieren die LEAN-Guidelines folgende Vorgaben für diesen Werbemitteltyp:

1. Leichtgewichtige Benutzererfahrung zur Maximierung der anfänglichen Seitenladeleistung.
2. Nicht unterbrechende Werbeerlebnisse.

Die Anzeigenspezifikationen für Flexible Ads basieren auf der Endgerätelandschaft, der betrieblichen Effizienz für Publisher und auf dem Bedarf an kreativer Wiedergabetreue:

1. Die Anzahl an Endgerätegrößen und unterschiedlichen Screenauflösungen wächst, insbesondere bei mobilen Geräten.
2. Publisher-Inhalte müssen für verschiedene Bildschirmgrößen bereitgestellt werden und erfordern Anzeigen, die auf verschiedene Größen reagieren können.
3. Das kreative Design muss sich an verschiedene Größen anpassen lassen, ohne dass ursprüngliche Botschaft und Wirkung verloren gehen.

Dementsprechend definieren die Flexible-Size-Ad-Spezifikationen seitenverhältnisbasierte Werbemittel, die ihr Seitenverhältnis beibehalten, sich an die Bildschirmgröße anpassen und in responsive Website-Designs integriert werden können.

Jedes Werbemittel kann ein beliebiges Anzeigenerlebnis bereitstellen, solange es die folgenden Anforderungen erfüllt und Initial- sowie Subload-Dateigrößen einhält.

Ad Type	Ad unit Name	Transition Fixed Size Ad unit (px)*	Aspect Ratio (width:height)	Ad Size**	Size Range		Max. K-Weight (kB)		Static Image Size (dp)
					Min. Size Width x height (dp***)	Max. Size Width x height (dp***)	Initial Load	Subload	
Horizontal	**2x1**	Half Page	2:1	X Large	900x450	1800x900	**250**	**500**	1800x900
	2x1	N/A	2:1	Small	300x150	450x225	**100**	**200**	
	4x1	Billboard **970x250**	4:1	X Large	900x225	1800x450	**250**	**500**	1800x450
	6x1	Smartphone Banner **300x50, 320x50**	6:1	X Small	300x50	450x75	**50**	**100**	450x75
	8x1	Leaderboard **728x90**	8:1	Medium	600x75	1200x150	**150**	**300**	1200x150
	10x1	Super Leaderboard/ Pushdown **970x90**	10:1	Large	900x90	1800x180	**200**	**400**	1800x180
Vertical	**1x2**	**300x600**	1:2	Large	300x600	450x900	**200**	**400**	450x900
	1x3	Portrait **300x1050**	1:3	X Large	300x900	450x1350	**250**	**500**	450x1350
	1x4	Skyscraper **160x600**	1:4	Medium	160x640	240x960	**150**	**300**	240x960
Tiles	**1x1**	Medium Rectangle **300x250**	1:1	Medium	300x300	450x450	**150**	**300**	450x450
	2x1	120x60 Financial	2:1	X Small	200x100	300x150	**50**	**100**	300x150
	9x16	N/A	9:16	Large	300x540	450x800	**200**	**400**	450x800
Full Page Portrait			9:16	X Large	600x1067	900x1600	**300**	**600**	900x1600
	10x16	N/A	10:16	X Large	800x1280	1200x1920	**300**	**600**	1200x1920
	2x3	N/A	2:3	Large	300x450	450x675	**200**	**400**	450x675
	3x4	N/A	3:4	X Large	600x800	900x1200	**300**	**600**	900x1200
Full Page Landscape	**16x9**	N/A	16:9	Large	540x300	800x450	**200**	**400**	800x450
			16:9	X Large	1067x600	1600x900	**300**	**600**	1600x900
	16x10	N/A	16:10	X Large	1280x800	1920x1200	**300**	**600**	1920x1200
	3x2	N/A	3:2	Large	450x300	675x450	**200**	**400**	675x450
	4x3	N/A	4:3	X Large	800x600	1200x900	**300**	**600**	1200x900
Feature Phone Sizes	**120x20**	Small Banner	N/A	N/A	N/A	120x20	**5**	**N/A**	N/A
	168x28	Medium Banner	N/A	N/A	N/A	168x28	**5**	**N/A**	N/A
	216x36	Large Banner	N/A	N/A	N/A	216x36	**5**	**N/A**	N/A

Abbildung 8-10:
Flexible-Size-Ad-Spezifikationen

Eine Übersicht der aktuell von den meisten Vermarktern akzeptierten Werbemittel liefert stets das IAB[20].

20 IAB – New Ad Portfolio: *https://www.iab.com/guidelines/iab-new-ad-portfolio/* (Aufruf: 04.07.2023)

Native Ads

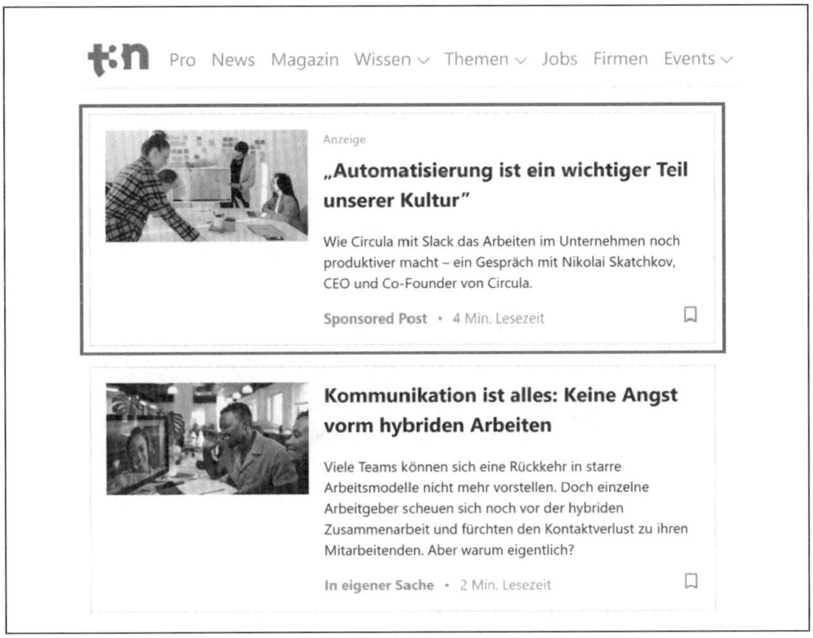

Abbildung 8-11:
Native-Ad-Anzeige (Quelle: *t3n.de*)

Native Ads verfolgen einen anderen Ansatz. Sie versuchen, sich in den Inhalt der Webseite einzubetten, um nach Möglichkeit so gut wie gar nicht als Werbebotschaft wahrgenommen zu werden. Da der User Interesse an der Webseite hat, liegt es nahe, dass er auch den inhaltlich und optisch auf die Seite abgestimmten werblichen Text interessant findet. Dieser liefert wertigen Inhalt für den User – zielt aber darauf ab, den User von dem Produkt zu überzeugen. Deshalb verlassen »richtige« Native Ads beim Klick auf das Werbemittel die Seite des Publishers nicht und liefern dem User oftmals einen gewissen redaktionellen Mehrwert.

Technologisch und werbetechnisch flexibler sind Native Ads, wenn die Zielseite nicht identisch mit der Publisher-Seite ist. Das Vorgehen ist mit Ausnahme der Zielseiten-URL identisch. Es wird eine Landingpage entwickelt, die über einen redaktionellen Charakter das zu bewerbende Produkt dem Nutzer präsentiert.

Diese Landingpage kann nun über zahlreiche Native-Advertising-Anbieter auf einer Vielzahl von Publisher-Seiten nativ integriert werden. Die Systeme ermöglichen dabei mittlerweile auch eine voll automatisierte Erstellung der Anzeige, die dazu Inhalte der Landingpage heranzieht und diese in unterschiedlichen Varianten (Bild, Text) testet.

Abbildung 8-12:
Native-Ad-Zielseite (Quelle: *t3n.de*)

Abbildung 8-13:
Native-Ad-Zielseite (Quelle: *healthy-workout.de*)

Videowerbemittel

Videowerbemittel unterscheidet man anhand ihrer Platzierung: vor dem eigentlichen Video (Pre-Roll), während eines längeren Videos oder auch zwischen zwei Videos (Mid-Roll) oder nach einem Video (Post-Roll). Videowerbemittel (kurze Videowerbespots) kommen dabei häufig in Branding-Kampagnen zum Einsatz, werden mit der Verbreitung von Attributionsmodellen jedoch zunehmend auch in Performancekampagnen eingesetzt. Mit zunehmender Rechenleistung der Systeme und verändertem Nutzerverhalten wuchs der Bereich der Videowerbung in den vergangenen Jahren stark an.

HTML5-Werbemittel

Diese Werbemittel sind kurz gesagt kleine Webseiten, die auf das Format der jeweils benötigten Werbemittelgröße angepasst werden. Vor allem als Bewegtbild-Werbemittel sind sie äußerst interessant, da sie viele Möglichkeiten zur Animation und Bewegung von Bildelementen bieten. Mittels HTML5 können relativ einfach kleine Clips oder Filme programmiert werden, ohne dass ein aufwendiger Videoschnitt benötigt würde. Jeder aktuelle Browser unterstützt dabei die wichtigsten Funktionen von HTML5, sodass man wenig Bedenken haben muss, ob die Werbemittel funktionieren.

Wie wichtig gute, passende Werbemittel sind, unterstreichen die Studien »The Power of Creation«[21] und »Power of mobile Creation«[22] des OVK. Gute Kreationen können laut der Studien zu einer Leistungssteigerung von mehr als 60% führen. Daher sollte es selbstverständlich sein, seine Aufmerksamkeit nicht nur auf Kampagnenplanung, Zielgruppenanalyse und Technologieauswahl zu richten, sondern auch auf eine gut abgestimmte Kreation der passenden Werbemittel pro Kampagne zu achten.

Herausforderungen

Beim Display Advertising gibt es eine Reihe an Herausforderungen, die fortlaufend betrachtet und immer wieder hinterfragt werden sollten.

---

21 OVK Studie Power of Creation:*https://www.bvdw.org/abfrageformular/ovk-studie-the-power-of-creation/5227/* (Aufruf: 04.07.2023)

22 OVK Studie Power of mobile Creation: *https://www.bvdw.org/abfrageformular/ovk-studie-power-of-mobile-creation/5228/* (Aufruf: 04.07.2023)

Fraud

Eine große Herausforderung im Performance-Marketing – ganz gleich in welchem Kanal – ist der Schutz vor Betrug. Leider gibt es wie auch in den anderen Online-Marketing-Disziplinen betrügerische Marktteilnehmer, die sich durch unlautere Mittel einen persönlichen Vorteil verschaffen wollen. Hierbei versuchen sie, durch eine Vielzahl an gefälschten Klicks und Views ihre Webseite, auf der das Banner ausgespielt wird, als besonders performant darzustellen. Die Views und Klicks, die dadurch verursacht werden, bezeichnet man als *Fraud*. Auch das versteckte Ausspielen von Bildanzeigen – z.B. in einem iFrame, das 1 × 1 Pixel groß ist – ist eine typische Art von Fraud. So kann eine Webseite gespickt mit Werbeplätzen sein, obwohl der User nur einige wenige zu Gesicht bekommt. Der Verkäufer kann aber sehr viele Bannerplatzierungen gleichzeitig verkaufen. Auch Bannereinblendungen, die ihren Inhalt sehr schnell wechseln, können einen Betrug darstellen.

Leider gibt es unzählige Möglichkeiten, im Display Advertising zu betrügen – einfache Versuche kann man noch daran erkennen, dass es Klicks ohne einen vorherigen View-Kontakt gibt. Auch sehr viele Views einer Seite können verdächtig sein. Gerade wenn die anderen Seiten deutlich niedrigere Werte aufweisen, lohnt sich eine nähere Betrachtung.

So wie die heutigen Technologien eine Versteigerung in Echtzeit ermöglichen, bietet die Technik auch den Betrügern allerhand Möglichkeiten. Es gibt Bot-Netze, die gezielt Seiten ansteuern und menschliches Verhalten nachahmen. Der Bot-Netz-Betreiber kann dabei sogar Customer Journeys aufbauen oder auch bestimmte KPIs einstellen (z.B. eine bestimmte Click-Through-Rate), die sein Bot-Netz generieren soll. Somit ist es für den Online Marketing Manager unmöglich, zu unterscheiden, ob es sich hierbei um Betrug handelt oder nicht.

Abhilfe können in diesem Fall spezialisierte Systeme schaffen. Diese sammeln Daten und suchen darin nach Mustern, erkennen betrügerische Programmierung von Webseiten durch die Analyse des Webseitenquelltexts, analysieren Klickpfade und vieles mehr. Die genauen Methodiken der Fraud-Erkennungssysteme halten die Anbieter allerdings geheim. Zum einen stellen diese ihr Kapital dar, zum anderen würden sich auch die Betrüger gern durch das Wissen um ihre Erkennung weiterentwickeln und der Entlarvung entgehen.

Brand Safety

Eine weitere Herausforderung für den Online Marketing Manager ist *Brand Safety* – der Schutz der Marke des Kunden. Hierbei handelt es sich um die Erkennung von unerwünschten Umfeldern, um dort die

Werbeausspielung des Kunden zu verhindern. Klassische Display-Kampagnen buchen ein festes, bekanntes Webseiteninventar, das vor Beginn ausgewählt wird, und sind folglich nur selten betroffen – vorausgesetzt, der Vermarkter ist integer. Vor allem RTA muss sich der Aufgabe der Brand Safety stellen, da es sich im Real Time Advertising in erster Linie um den richtigen User dreht – egal auf welcher Webseite er sich gerade befindet.

Viele Marken – zum Beispiel aus dem Finanzbereich oder börsennotierten Unternehmen – wollen meist nicht, dass ihre Marke auf politisch extrem rechts oder links ausgerichteten Webseiten präsentiert wird – selbst wenn die DSP ermittelt, dass sich dort die Nutzerinnen und Nutzer mit der höchsten Konvertierungswahrscheinlichkeit aufhalten.

Ein weiteres wahrscheinlich nicht so erfolgreiches Beispiel für Werbung wäre die Anzeigenschaltung von AIDA Cruises auf einer Nachrichtenseite zur Berichterstattung eines Schiffsunglücks. Ohne Frage haben diese User ein gewisses Interesse an Kreuzfahrten, oder vielleicht haben sie sogar schon die Webseite von AIDA besucht. Dennoch ist es nachvollziehbar, dass AIDA keine Verbindung zwischen ihrer Marke und einem Schiffsunglück herstellen möchte – und sei es nur durch die Einblendung eines Banners.

Um dies zu verhindern, kann der Online Marketing Manager Brand-Safety-Services einsetzen. Meist wird diese Funktion in Kombination mit Fraud-Protection-Systemen angeboten. Die Anbieter untersuchen das Inventar mithilfe linguistischer und taxonomischer Verfahren und ordnen es bestimmten Verticals und Segmenten zu. Der Werbetreibende wiederum kann Webseiten, die bestimmten nicht erwünschten Verticals zuzuordnen sind, für die Ausspielung dauerhaft sperren.

Sowohl Fraud Protection als auch Brand Safety bieten ein gewisses Maß an Schutz – eine Garantie wird es aber nie geben. Wie in vielen technologischen Bereichen liefern sich Angreifer und Protection-Anbieter ein Katz-und-Maus-Spiel – das Gleichgewicht verschiebt sich mal in Richtung Angreifer, mal in Richtung Protektor, aber einen dauerhaften Sieg wird es wohl weder auf der einen noch auf der anderen Seite geben.

Tracking-Tags

Eine weitere Herausforderung erwartet den Online Marketing Manager bei der Durchführung von Tracking-Implementierungen Wie oben dargestellt, werden die Besucherinnen und Besucher von Webseiten zum Zweck von Targeting und Conversion-Messungen beim Besuch mit Cookies oder IDs markiert und dadurch segmentiert. Um dies zu ermöglichen, müssen die relevanten oder häufig auch alle Seiten einer

Website mit Tracking-Tags ausgestattet werden, die zum Teil mit individuellen Werten befüllt werden. Gerade hier zeigt die Praxis, dass sowohl bei der Tracking-Konzeption als auch bei der Implementierung logische und handwerkliche Fehler entstehen, die oftmals einige Korrekturschleifen nötig machen. Daher ist es für einen Online Marketing Manager von großem Vorteil, wenn er – zumindest grundlegend – HTML- und JavaScript-Code einer Webseite lesen und verstehen kann. Dadurch ist er in der Lage, Fehler beim Einbau der Pixel selbstständig zu erkennen und entsprechend zu reagieren.

Vor allem im Agenturumfeld, in dem ein Online Marketing Manager Kampagnen und deren Segmentierung von mehreren Kunden und deren Technologiedienstleistern betreut, ist ein grundlegendes Codeverständnis unabdingbar. Unter Umständen kann dadurch der Online Marketing Manager schwerwiegende Fehler in der Programmierung schon vor dem Kampagnenstart entdecken und damit verhindern, und sie bräuchten nicht erst im Nachhinein kostspielig korrigiert zu werden. Der ungünstigste Fall bestünde darin, dass eine fehlerhafte Implementierung unentdeckt bliebe und daraufhin auf der Basis falscher Daten optimiert und bewertet würde.

AdBlocker

AdBlocker sind Programme oder Mechanismen, die ein Ausspielen von Werbeplatzierungen im Internet unterdrücken. Aus Nutzersicht kann dies durchaus zu einer positiveren Nutzererfahrung führen – insbesondere dann, wenn sehr aufmerksamkeitsstörende oder sogar aufdringliche Formate nicht mehr im Sichtfeld erscheinen. Gleichzeitig laden Webseiten je nach AdBlock-Technologie auch schneller.

Für Publisher und die Werbeindustrie sind AdBlocker durchaus ein Risiko. Auch wenn zum Teil argumentiert wird, dass Nutzer von AdBlockern generell nicht empfänglich für Werbung seien, reduziert sich die Möglichkeit der Publisher, ihre Seiten zu monetarisieren. Auf diese Weise wird auch das Geschäftsmodell zahlreicher Onlineangebote gefährdet. Gleichzeitig reduziert sich die zu erreichende Zielgruppe der Advertiser, und so entfällt auch die Möglichkeit, Nutzungsdaten für die Optimierung von Kampagnen zu erhalten.

Aktuelle Auswertungen zur Nutzung von AdBlockern reichen von 20 bis 45 %.

Eine Möglichkeit für Publisher, den Traffic durch User von AdBlockern dennoch zu monetarisieren und für Advertiser entsprechende User zu erreichen, bieten Online-Reachability-Unternehmen. Diese haben sich auf die Vermarktung von Platzierungen fokussiert, die ansonsten ungenutzt bleiben. Auch wenn es die Meinung gibt, dass die Nutzung dieses Inventars den Wünschen der User widerspricht, zeigen die Ergebnisse der Kampagnen, dass durch die Technologie und eine wirksame Ansprache sehr gute Kampagnenergebnisse erzielt werden können.

Eine Entwicklung, die den Online Marketing Manager vor Herausforderungen stellt, ist das Blockieren von Third-Party-Cookies. Dies kann zum einen durch Einstellungen in AdBlockern erreicht werden, zum anderen wird es seit Kurzem standardmäßig in den Browsern Safari und Firefox durchgeführt. Auch Google hat angekündigt, in Zukunft auf dieses Verfahren zu setzen. Hintergrund ist der Schutz der Privatsphäre der Nutzerinnen und Nutzer. Für Werbetreibende ergibt sich daraus die Herausforderung, dass zahlreiche Werbesysteme, die auf Third-Party-Cookies angewiesen sind, nicht mehr oder nur noch teilweise nutzbar sind. Ein Lösungsansatz ist die ausschließliche Nutzung von First-Party-Cookie-Systemen und serverseitigem Tracking.

Kennzahlen und Erfolgsmessung

Die Erfolgsmessung des Display Advertising richtet sich nach der Kampagnenart – eine Retargeting-Kampagne hat andere KPIs (*Key Performance Indicators*), an denen der Erfolg festgemacht werden kann, als eine Prospecting-/Brand-Kampagne. Welche Datenpunkte eine Indikation des Erfolgs liefern können, zeigt der folgende Abschnitt.

KPIs – Definition und Bedeutung für die Erfolgsmessung

- **Impression** – Anzahl der erzielten Werbeeinblendungen einer Kampagne. Indikator für: Reichweite der Kampagne. Über die Unique Reach kann zudem die tatsächlich erreichte Zielgruppengröße ermittelt werden.
- **Klicks** – Anzahl, wie oft ein User auf eine Werbeeinblendung geklickt hat. Indikator für: Übereinstimmung von Targeting und Werbemittel.
- **CPM/TKP (Cost per Mille/Tausender-Kontakt-Preis)** – Abrechnungseinheit im Display, Verkaufspreise von Werbeeinblendungen werden pro 1.000 Stück angegeben. Der Einkauf von RTA- und Display-Kampagnen erfolgt meist auf Basis dieser Metrik. Indikator für: Konkurrenzsituation um Werbeplätze, Qualität des Inventars. Berechnung:

  $$\text{CPM} = \frac{\text{Kosten}}{\text{Impressions}} \times 1000$$

- **CPC (Cost per Click)** – Kosten, die durch einen Klick auf ein Werbemittel entstehen. Indikator für: Effektivität der Werbekampagne. Berechnung:

  $$CPC = \frac{\text{Kosten}}{\Sigma \text{ Klicks}}$$

  Diese Metrik ist besonders verbreitet in der Suchmaschinenwerbung, wo sie als Abrechnungseinheit dient (auch *Pay per Click* – PPC). Inzwischen kann man dieses Abrechnungs- oder Buchungsmodell auch als CPC-Kampagne bei Display-Publishern buchen.
- **CTR (Click-Through-Rate)** – Verhältnis von Klicks zu Impressions. Indikator für: Übereinstimmung von Targeting und Werbemittel. Berechnung:

  $$CTR = \frac{\text{Klicks}}{\text{Impressions}}$$

  War die Click-Through-Rate früher einer der wichtigsten Indikatoren zur Beurteilung einer Display-Kampagne, sollte sie heute zwar als Teil der Erfolgsmessung dienen, aber man sollte sich über die Rolle der CTR für die Kampagne bewusst werden. Faktoren wie Sichtbarkeit der Anzeige, passende Zielgruppe oder Werbemittelkreation, Umfelder etc. beeinflussen maßgeblich die CTR und sollten demnach für eine bestmögliche Aussagekraft vorher optimiert werden.
- **CPA (Cost per Action/Akquisition)** – Kosten für eine erzielte Aktion oder Akquise-Kosten. Sammelbegriff für die Kosten, die aufgewendet werden müssen, um ein definiertes (Erfolgs-)Ereignis zu generieren. Ereignisse können dabei sein:
  - Bestellung – CPO: *Cost per Order*
  - Lead – CPL: *Cost per Lead*

  Alle weiteren Ereignisse, wie z.B. Downloads, Newsletter etc., subsumieren unter CPA. Indikator für: Effektivität der Werbekampagne. Berechnung:

  $$CPA = \frac{\Sigma \text{ Kosten}}{\Sigma \text{ erzielte Actions}}$$

  Der Einfluss des CPA zeigt sich sehr anschaulich an folgendem Beispiel: Ein Onlineshop verkauft Gummistiefel. Für eine Werbekampagne gibt er 250 Euro aus und erzielt damit 20 Verkäufe (Orders). Damit hat die Kampagne einen CPO (Cost per Order) von 12,50 Euro.

Wichtig: Vor Beginn einer Kampagne muss sich der Werbetreibende überlegen, wie hoch sein maximaler CPA sein darf, damit ihm noch eine Marge übrig bleibt.

Hätte der Onlineshop vom obigen Beispiel eine Marge kleiner als 12,50 Euro, wäre die Kampagne in der direkten Betrachtung defizitär. Dabei sind Faktoren wie Neukundengewinnung nicht berücksichtigt.

- **CVR (Conversion Rate)** – Zeigt das Verhältnis von erzielten Conversions zu Klicks. Indikator für: Effektivität der Werbekampagne. Berechnung:

$$\text{CVR} = \frac{\Sigma \text{ Conversions}}{\Sigma \text{ Clicks}}$$

- **PV CR (Post View Conversion Rate)** – Zeigt das Verhältnis von erzielten Conversions zu Impressions. Indikator für: Performance einer Kampagne. Berechnung:

$$\text{PV CR} = \frac{\text{Post View Conversion}}{\text{Anzahl Bannereinblendungen}}$$

- **ROI (Return on Investment)/ROAS (Return on Adspend)** – Zeigt das Verhältnis von erzieltem Conversion-Wert zu eingesetztem Werbebudget. Indikator für: wirtschaftliche Performance einer Kampagne. Berechnung:

$$\text{ROI} = \frac{\Sigma \text{ Conversion-Wert}}{\Sigma \text{ Investment/Adspend}}$$

- **Viewability (Sichtbarkeit)** – Sichtbarkeit der Werbeeinblendung in Bezug auf den User. Indikator für: Qualität des Inventars.

  Für die Messung der Viewability gibt es eine Empfehlung des IAB, die zudem als Guideline vom BVDW übernommen wurde.[23] Diese soll eine Vergleichbarkeit zwischen den verschiedenen Anbietern von Viewability-Werten ermöglichen und besagt, dass eine Display-Ad ohne Unterbrechung für mindestens eine Sekunde mit mindestens 50 % der Fläche im aktiven Fenster oder Tab des Browsers sichtbar sein muss, um als Viewable Impression zu gelten. Für Videos gilt ein Wert von zwei Sekunden. In der Praxis sollte man aber dennoch genau die Definition des Viewability-Dienstleisters betrachten, um eine Bewertung und Vergleichbarkeit zu gewährleisten.

23 BVDW Guideline Viewability: *https://www.bvdw.org/themen/publikationen/detail/artikel/bvdw-guideline-viewability-deutsche-version/* (Aufruf: 04.07.2023)

Generell gilt die Sichtbarkeit von Werbemitteln als ein wichtiger Indikator zur Bewertung von Publisher-Inventar. Sollte eine Kampagne einen schlechten Viewability-Wert aufweisen, empfiehlt es sich, einige Vergleichstests zu fahren, um festzustellen, ob die Platzierungen nicht dennoch zu effizienteren Ergebnissen geführt haben. Denn Platzierungen mit niedrigen View-Werten sind häufig in Teilen zu sehen oder sammeln zumindest Daten über den Nutzer, die für eine weitere Optimierung von Nutzen sind.

Passende KPIs für die unterschiedlichen Kampagnentypen

Welche KPIs sind nun wichtig – und vor allem: in welchem Zusammenhang? Auf diese Frage lässt sich keine eindeutige Antwort geben, da die KPIs und deren Zusammenhang mit der jeweiligen Kampagne von vielen verschiedenen Parametern abhängen. Ausrichtung, Werbemittel, Datenqualität, Umfeld und Zielgruppe beeinflussen die Kampagne genauso wie Werbemittelkreation, Konkurrenzsituation oder Online-Marketing-Maßnahmen in anderen Kanälen (z.B. Affiliate oder Search).

Generell gilt: Sie sollten sich nie auf einige wenige KPIs stützen, sondern die Kampagne eingebettet in den Online-Marketing-Mix betrachten. So sollten für Brand- und Prospecting-Kampagnen die Anzahl an Impressions und Klicks und natürlich auch die CTR beobachtet werden. Außerdem sollte die Sichtbarkeit gut und der TKP nicht zu hoch sein. Darüber hinaus sollten Prospecting-Kampagnen eine adäquate[24] Beteiligung an den Customer Journeys aufweisen (*Customer Journey Participation*), wobei die Kontaktpunkte mit einer Prospecting-Kampagne vermehrt zu Beginn der Customer Journey stattfinden sollten.

Retargeting-Kampagnen sollten sich dagegen durch eine gute CTR und einen sinnvollen Cost-per-Lead-Wert auszeichnen, da sie das Ziel haben, den User zurück auf die Ursprungsseite zu bringen oder sogar eine Conversion herbeizuführen. Sie weisen ebenfalls eine adäquate Beteiligung an Customer-Journey-Kontaktpunkten auf, wobei diese eher in der Mitte und gegen Ende einer Customer Journey auftreten sollten. Gute Retargeting-Kampagnen lassen sich vor allem auch an einer guten Post-View-Conversion-Rate erkennen.

Bezieht man Klicks und Views in seine Beurteilung mit ein, muss man stets bedenken, dass ein Klick nicht nur durch einen interessierten Kun-

24 Die Beteiligung an einer Customer Journey hängt unter anderem stark von der Budgetverteilung der beteiligten Online-Marketing-Kanäle und -Kampagnen sowie deren Arten ab.

den ausgelöst wird, sondern es sich auch um »Verklicken« (gerade bei aggressiven Bannerformen) handeln kann oder einfach um einen neugierigen User, der aufgrund eines sehr kreativen Bannerdesigns einfach »mal schauen« will. Bei der Bewertung von Views sollten Sie immer die Sichtbarkeit und deren Dauer sowie nach Möglichkeit die bewusste Wahrnehmung der Banner mit in die Bewertung einfließen lassen.

Alle genannten KPIs sind allerdings sekundär zu bewerten, wenn das Haupt-Kampagnenziel zum erwünschten Return on Investment (ROI) erreicht wird. Dazu ist es von elementarer Bedeutung, dass sich der Online Marketing Manager auf ein klares Primärziel für die Kampagne festlegt. Sollen Abverkäufe zu einem bestimmten Preis erreicht werden? Oder ist das Maximieren der Conversions unabhängig vom Preis relevanter? Wie bewerte ich einen Neukunden gegenüber einem Bestandskunden?

Diese Fragen müssen beantwortet werden, damit die Targetings in den Systemen entsprechend eingestellt werden können und dadurch eine Optimierung stattfinden kann. Bei der Optimierung von Programmatic-Display-Kampagnen kommen so viele Datenpunkte und algorithmische Entscheidungen vor, dass es unmöglich ist, die Entscheidungen zu 100 % nachzuvollziehen (Reverse Engineering). Daher ist es wichtig, alle KPIs im Auge zu behalten und durch sensible Eingriffe in die Systeme die Kampagnenwerte weiter positiv zu beeinflussen.

Hierzu ist es ebenso von zentraler Bedeutung, die Display-Advertising-Maßnahmen gemeinsam mit anderen Online-Marketing-Aktivitäten über ein Attributionsmodell zu bewerten, um Fehlinterpretationen zu minimieren. Diese können in der Folgeoptimierung zu hohen und unnötigen Kosten führen.

Lernen von Erfolgsbeispielen

Performancekampagne

Folgendes Beispiel beschreibt eine klassische Problemstellung, mit der sich viele Werbetreibende auseinandersetzen müssen:

Zahlreiche Endkunden besuchen die Webseite des Finanzdienstleisters und haben auch schon mithilfe eines Kreditrechners mögliche Finanzierungsmodelle berechnet, allerdings noch keinen Finanzierungsvertrag abgeschlossen. Diese Kunden sollen nun über eine Retargeting-Kampagne konvertiert werden.

Setup

Anforderung: Die Performance eines Finanzdienstleisters steigern.

Zielgruppe: Kunden, die den Kreditrechner verwendet haben, aber nicht konvertiert sind.

Relevante KPIs:

- Primär:
  - ROI
- Sekundär:
  - CPO
  - PV CR
  - Customer-Journey-Position und Beteiligung

Targeting- und Kampagneneinstellung

- Retargeting-Segmente
- Seitenbesucher gesamt
- Kreditrechner ausgeführt, aber nicht konvertiert
- Desktop
- Frequency Capping: 4 Einblendungen pro Tag und User

Beachten

- Reichweite (Anzahl der markierten User)
- Konkurrierende Kampagnen

Werbemittel

- Flexible Ads
- Unterschiedliche Motive
- Dynamische Werbemittel

Learnings

In den ersten zwei Wochen adressierte der Flight alle Seitenbesucherinnen und -besucher des Finanzdienstleisters, da das Segment »Kreditrechner ausgeführt« noch eine zu geringe Reichweite hatte. Danach wurde die zweite Kampagne gestartet, die ausschließlich die User des Segments »Kreditrechner ausgeführt« adressierte. Da Finanzprodukte eher selten auf einem Mobile Device gekauft werden (das ergab die Analyse der Conversion-Daten des Onsite-Analysesystems), wurden die Kampagnen präferiert auf Desktopgeräten ausgespielt.

Um eine hohe Identifikation der User mit dem Werbemittel zu erreichen, wurde über dynamische Banner das jeweilig besuchte Produkt des Webseitenbesuchers eingespielt bzw. die individuell errechnete Kreditrate, falls er den Kreditrechner verwendet hatte. Um ein Gefühl von Verfolgung zu vermeiden, wurde das Frequency Capping auf maximal vier Einblendungen pro Tag und User begrenzt.

Die Kampagne hatte wie erwartet ihre Kontaktpunkte am Ende der Customer Journey, und ein Viertel aller Conversions waren Post View Conversions.

Brand-Kampagne

Im nachfolgenden Beispiel geht es um einen relativ unbekannten Finanzdienstleister, der vor der Aufgabe steht, sein Produktportfolio und seine Leistungen den Endkunden bekannt zu machen. Dafür muss er die Aufmerksamkeit seiner Zielgruppe wecken und eine relativ große Reichweite abdecken.

Setup

Anforderung: Bekanntheit des Finanzdienstleisters soll steigen (Branding).

Zielgruppe: Soziodemografische Zielgruppe.

Relevante KPIs:

- Anzahl Impressions/Unique Reach
- Viewability
- Customer-Journey-Position und Beteiligung

Targeting- und Kampagneneinstellung

- Soziodemografische Daten
- Umfeld-Targeting (Whitelisting und Deals)
- Desktop und mobile

Beachten

- Gezieltes Blacklisting, um Doppelausspielung zu vermeiden

Werbemittel

- Video-Ads
- Flexible Ads
- Interstitial

Learnings

Da der Brand und die Bekanntheit des Advertisers im Vordergrund standen, wurde die Kampagne auf die passende Zielgruppe ausgerichtet. Dazu wurden bei den SSPs die folgenden soziodemografischen Merkmale hinzugebucht:

- Haushaltsnettoeinkommen > 2.500 Euro
- Alter > 25 Jahre

Außerdem wurde eine Kampagne speziell auf User aus dem Vertical »Finanzbereich« ausgerichtet. Um eine große Reichweite zu ermöglichen, wurden sowohl Desktop- als auch Mobilgeräte adressiert. Zum Einsatz kamen dabei vor allem großflächige und auffällige Werbeformate sowie Videoanzeigen, um die Aufmerksamkeit der User zu wecken.

Placements mit schlechten Viewability-Werten wurden über den Kampagnenverlauf beständig ausgeschlossen, wodurch die Kampagne eine hohe Sichtbarkeit erreichte. Qualität und Reichweite wurden durch spezielle Private Deals für den Finanzsektor optimiert. Der Erfolg zeigte sich nicht nur in der guten Reichweite und Viewability, sondern er schlug sich auch in der Customer Journey nieder: Werbeeinblendungen dieses Flights fanden sich wie geplant am Beginn zahlreicher Customer Journeys, was die Customer-Journey-Opening-Rate von fast 35 % bestätigte.

Checkliste für erfolgreiche Kampagnen

Folgende Punkte sollte jeder Online Marketing Manager vor dem Start einer Kampagne zumindest einmal in Gedanken durchspielen und für sich bewerten.

Vor dem Start

- ✓ Welches Ziel soll die Kampagne verfolgen? Und ist dieses konsistent mit anderen Marketing-Aktivitäten?
- ✓ Ist ein ausreichendes Budget vorhanden?

Werbemittel

- ✓ Passen die Werbemittel zum gesetzten Ziel und unterstützen dieses?
- ✓ Sind unterschiedliche Varianten für unterschiedliche Zielgruppen und Situationen verfügbar? Eventuell dynamische Werbemittel?
- ✓ Ist eine eindeutige Klickaufforderung (Call-to-Action) vorhanden?
- ✓ Passen die Werbemittel und die Landingpage(s) zusammen? Einheitliches Kampagnendesign.

Audiences und Targeting

- ✓ Ist die Zielgruppe sinnvoll gewählt?
- ✓ Wurde die Zielgruppe korrekt in entsprechende Targetings übertragen?
- ✓ Habe ich Umfelder, die ich ausschließen möchte? Brand Safety?
- ✓ Sind Kampagnenzeiträume, Visibility und Frequency Capping sinnvoll gewählt?
- ✓ Welche Datenpunkte (gegebenenfalls von DMPs) unterstützen mein Kampagnenziel?
- ✓ Gibt es Deals mit passendem Inventar?

Retargeting, Datenanlieferung und Technik

- ✓ Sind alle benötigten Tracking-Technologien implementiert und verifiziert?
- ✓ Kommen die Datenlieferungen im gewünschten Format, und werden sie korrekt weiterverarbeitet?
- ✓ Benötige ich einen Fraud-Schutz – und falls ja, ist der Einbau korrekt?

Bewertung und KPIs

- ✓ KPIs zur Erfolgsmessung müssen passend zum primären Kampagnenziel gewählt sein.
- ✓ Einzelne KPIs dürfen nicht singulär betrachtet bzw. bewertet werden.
- ✓ Customer-Journey-Tracking ist wichtig.
  - Öffnungsrate von Customer Journeys beachten
  - Beteiligungsrate auswerten
- ✓ Ist ein sinnvolles Attributionsmodell gewählt? Welche Abhängigkeiten gibt es zu weiteren Online-Marketing-Aktivitäten?

Kontrolle und Optimierung

- ✓ Audiences testen, oftmals verbergen sich Käuferinnen und Käufer dort, wo man sie nicht vermutet.
- ✓ Blacklisting
  - Unerwünschte Umfelder ausschließen
  - Nicht performante Placements auf die Blacklist setzen
- ✓ Cookie-Dropper mithilfe von Customer-Journey-Analyse und Fraud-Tools identifizieren.
- ✓ A/B-Testing von Werbemitteln.
- ✓ Nicht performante Werbemittel aussortieren.

Linktipps

- **IAB – Interactive Advertising Bureau**

  Internationale Studien und Infos zur Standardisierung: *https://www.iab.com/*

  Banner-Größen-Guideline: *https://www.iab.com/newadportfolio/*

- **TAG – Trustworthy Accountability Group**

  Zusammenschluss gegen Piraterie und Markenschutz im Internet: *https://www.tagtoday.net/*

- **BVDW – Bundesverband der digitalen Wirtschaft e. V.**

  Aktuelle News für Deutschland, Studien und Statistiken: *https://www.bvdw.org/*

- **OVK – Online-Vermarkterkreis**

  Studien, Markt-Insights und Infos rund um digitale Standards: *http://ovk.de/*

KAPITEL 9

E-Mail-Marketing

In diesem Kapitel:

- Grundbegriffe und Einordnung von E-Mail-Marketing
- Wichtige Konzepte, Aufgaben und typische Herausforderungen
- Kennzahlen und Erfolgsmessung
- Nutzung künstlicher Intelligenz im E-Mail-Marketing
- Lernen von Erfolgsbeispielen
- Checkliste für erfolgreichere Mailings

Von Manuela Meier

Verschiedenste Statistiken belegen, dass die wirtschaftliche Bedeutung der E-Mail immer noch zunimmt und im Marketing eine tragende Rolle spielt. In diesem Kapitel erhalten Sie einen grundlegenden Überblick darüber, welchen Anforderungen und Möglichkeiten Sie im Bereich E-Mail-Marketing gegenüberstehen. Dabei werden sowohl technische und rechtliche als auch gestalterische Aspekte abgedeckt, damit Sie einen möglichst vollständigen Überblick über die Thematik bekommen.

Grundbegriffe und Einordnung von E-Mail-Marketing

E-Mail-Marketing – eine Definition

E-Mail-Marketing ist zu Recht ein sehr wichtiger Bestandteil im Marketing-Mix. Die (Marketing-)E-Mail kann sowohl an einzelne Empfängerinnen und Empfänger als auch an größere Verteiler adressiert werden und ist somit ein sehr flexibles Instrument des Online-Marketings. Da die zeitliche Steuerung – wann die Nachricht die Empfänger erreicht – in Ihrer Hand liegt, ist die E-Mail ein digitales Push-Medium.

Im E-Mail-Marketing werden zahlreiche Begriffe häufig synonym verwendet, obwohl zum Teil doch Bedeutungsunterschiede bestehen. Damit Sie die nachfolgenden Abschnitte richtig einordnen können, möchte ich zunächst folgende Begriffe klären und abgrenzen:

- **E-Mail** – Die (oder auch das) E-Mail ist die Abkürzung für »elektronische Post« und bezeichnet sowohl den Übertragungsweg als auch die Nachricht selbst.[1]
- **Newsletter** – Der Newsletter ist ein Rundschreiben, das (überwiegend) per E-Mail zugestellt wird. Die Informationen und Mitteilungen werden auf Wunsch des Empfängers (*Einwilligung*) an diesen gesendet.[2]
- **E-Mailing (auch Mailing)** – Ein Synonym für Newsletter.
- **Spam** – »Als Spam [...] oder Junk (englisch für ›Müll‹) werden unerwünschte [...] Nachrichten [...] bezeichnet, die dem Empfänger unverlangt zugestellt werden, ihn oft belästigen und auch häufig werbenden Inhalt enthalten.«[3]

Leider wird im allgemeinen Sprachgebrauch der Marketing-Newsletter häufig mit Spam gleichgesetzt, weil Empfänger zwischen gewollter und unaufgeforderter Werbung nicht differenzieren können. Ich möchte deshalb darauf hinweisen, dass der entscheidende Unterschied zwischen Newslettern und Spam in der Einwilligung durch die Empfänger – und somit der Rechtmäßigkeit – besteht.

Generell kann man für »E-Mail-Marketing« somit folgende Definition ableiten:

Definition E-Mail-Marketing

Durch E-Mailings kann der direkte Dialog mit Kunden oder neuen Interessenten hergestellt werden. Unternehmen sind mithilfe des E-Mail-Marketings in der Lage, ihre Zielgruppe persönlich anzusprechen, neue Kunden zu gewinnen und bereits bestehende Kunden zu binden. Wegen der geringen Versandkosten, der hohen Versandgeschwindigkeit und der unterschiedlichsten Gestaltungsmöglichkeiten nimmt E-Mail-Marketing eine wichtige Rolle innerhalb des Onlinemarketings ein.

Onlinemarketing-praxis.de, Glossar: E-Mail-Marketing, *https://www.on linemarketing-praxis.de/glossar/e-mail-marketing* vom 25.11.2016 (Aufruf 10.10.2023)

1 Vgl. Wikipedia (März 2023), Artikel »E-Mail«, *https://de.wikipedia.org/wiki/E-Mail* (Aufruf: 29.09.2023)

2 Mumme & Partner, Definition Newsletter: *http://www.omkt.de/newsletter-definition/* (Aufruf: 29.09.2023)

3 Wikipedia (März 2023), Artikel »Spam«, *https://de.wikipedia.org/wiki/Spam* (Aufruf: 29.09.2023)

Einordnung von E-Mail-Marketing im Marketing-Mix

E-Mail-Marketing ist im klassischen Marketing-Mix dem Bereich *Promotion* zuzuordnen. Die E-Mail eignet sich dabei sowohl als Medium für die Massenkommunikation als auch für die Individualkommunikation.

Die Bandbreite der Einsatzmöglichkeiten ist ebenfalls kaum zu schlagen: Sie reicht von *Werbung* und *Verkaufsförderung* über *Public Relations* bis hin zur *Corporate Identity*.

Entwicklung des E-Mail-Marketings bis heute

Als am 2. August 1984 die erste E-Mail in Deutschland versendet wurde, hatte niemand ahnen können, welche wirtschaftliche Bedeutung das Medium E-Mail einmal haben würde.

Mittlerweile ist die E-Mail eine der am häufigsten genutzten Anwendungen im Netz, und zwar geräteübergreifend. Über 80% der deutschen Internetuser senden und/oder empfangen E-Mails.[4] Das Volumen der jährlich versendeten E-Mails weltweit ist allein von 2021 auf 2022 um 13,6 Milliarden angewachsen. »Bis zum Jahr 2023 geht das Technologie-Marktforschungsunternehmen *The Radicati Group* davon aus, dass jeden Tag rund 347 Milliarden E-Mails (weltweit) versendet und empfangen werden.«[5] Das entspricht einem Durchschnitt von etwa 43 E-Mails am Tag pro Mensch – vorausgesetzt, jeder Mensch, egal welchen Alters, hat einen E-Mail-Account. Und die Nutzung nimmt weiter zu.

Die nachfolgende Statistik zeigt das prognostizierte Wachstum der täglich versendeten und empfangenen E-Mails weltweit bis 2026. Dabei wurden sowohl der private als auch der geschäftliche E-Mail-Verkehr einbezogen.

Dadurch ist die E-Mail zum wichtigsten *Push-Medium* im Online-Marketing avanciert. Und das ist auch kein Wunder: Wenn man die Kosten in Relation zu den Erträgen setzt, sieht man schnell, dass der *Return on Invest* (ROI) im E-Mail-Marketing extrem hoch ist – verglichen mit anderen Kanälen.

4 Eurostat (2022): Anteil der Bevölkerung in Deutschland, die das Internet für das Versenden und Empfangen von E-Mails nutzen, in den Jahren 2002 bis 2022, *https://de.statista.com/statistik/daten/studie/204272/umfrage/nutzung-des-internets-fuer-versenden-empfangen-von-e-mails-in-deutschland/* (Aufruf: 29.09.2023).

5 The Radicati Group (2022), Prognose zur Zahl der täglich versendeten E-Mails weltweit, *https://de.statista.com/statistik/daten/studie/252278/umfrage/prognosezur-zahl-der-taeglich-versendeter-e-mails-weltweit/* (Aufruf: 29.09.2023)

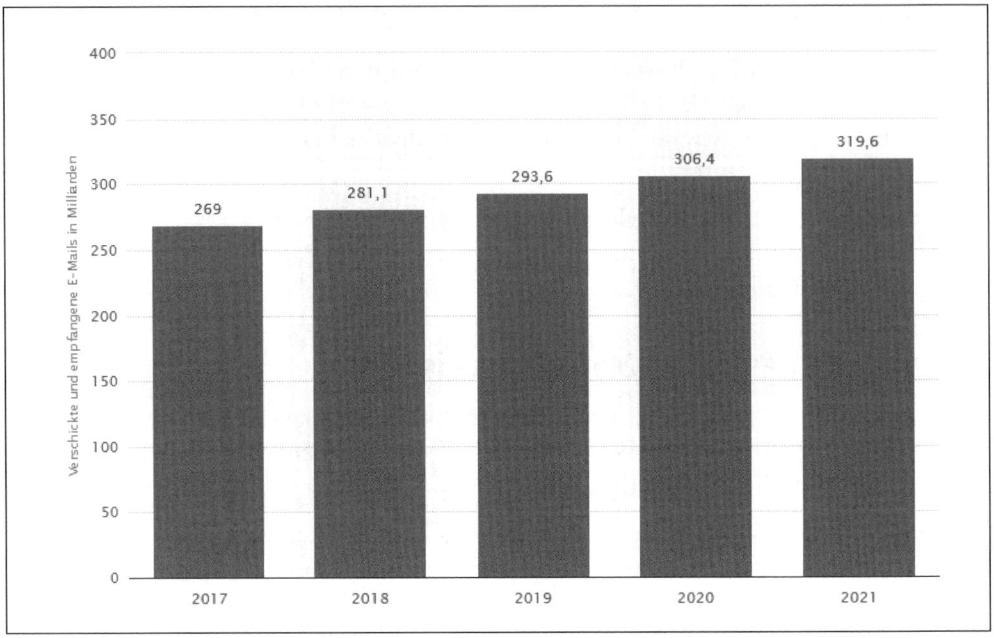

Abbildung 9-1:
Prognose zur Anzahl der täglich versendeten und empfangenen E-Mails weltweit von 2021 bis 2026 (in Milliarden)[6]

Auch die E-Mail selbst hat sich weiterentwickelt. Die erste E-Mail wurde als Plain-Text hinausgeschickt. Inzwischen werden Marketing-Newsletter fast ausschließlich in HTML erstellt und versendet. Ein Großteil davon ist bereits im Responsive Design gestaltet, was bedeutet, dass sich das Design flexibel an das empfangende Endgerät anpasst. Und auch die Inhalte werden immer dynamischer – zum einen bezogen auf ihre Individualität, zum anderen in Hinblick auf den Zeitpunkt, zu dem sie generiert werden. So können inzwischen auch Countdown-Zählungen eingebunden werden, die z.B. den aktuellen Lagerbestand eines Produkts zu genau dem Zeitpunkt anzeigen, zu dem die Mail geöffnet wird, oder Produkte, die eine spezifische Person gestern im Shop betrachtet hat.

Grundlegendes Know-how im E-Mail-Marketing

Rechtsgrundlagen zum E-Mail-Marketing

Das deutsche Recht (UWG) und die europäische Datenschutzgrundverordnung (EU-DSGVO) sind sehr streng, was das Thema Werbung

6 *https://de.statista.com/statistik/daten/studie/252278/umfrage/prognose-zur-zahl-der-taeglich-versendeter-e-mails-weltweit/* (Aufruf: 29.09.2023)

anbelangt. Da durch massenhafte Spam-E-Mails eine gewisse Sensibilität bei den Empfängern besteht, müssen Sie gerade im Bereich E-Mail-Marketing einige grundlegende Regeln beachten.

Beschäftigen wir uns zunächst mit der wichtigsten Frage überhaupt: *Wem dürfen Sie Newsletter bzw. Werbe-E-Mails zusenden?*

> **Hinweis: Einwilligung erforderlich**
> Mit werblichen E-Mails dürfen Sie nur Empfänger anschreiben, von denen Sie eine ausdrückliche Einwilligung (auch *Opt-in* bzw. *Permission* genannt) erhalten haben!

Dabei wird jede Art von Kommunikation, die mittelbar oder unmittelbar der Verkaufsförderung dient, als Werbung eingestuft. Das heißt, Sie dürfen auch in Bestellbestätigungs-E-Mails keinen Gutschein für den nächsten Einkauf platzieren – es sei denn, Ihnen liegt eine Einwilligung der angeschriebenen Person vor.

Für eine rechtsgültige Einwilligung müssen folgende Kriterien erfüllt sein:

- Die Empfängerin/der Empfänger hat *ausdrücklich und aktiv* dem Empfang von Newslettern zugestimmt. Dabei darf die Einwilligung nicht vorausgefüllt oder Vertragsbestandteil sein.
- Aus der Einwilligungserklarung geht hervor, fur *welches Unternehmen zu welchem Zweck und für welche Leistungen* der Newsletter versendet wird. Allgemeine Aussagen wie z.B. »Partnerunternehmen« sind nicht ausreichend.
- Die Empfängerin/der Empfänger muss bei jeder Werbemaßnahme über das *Widerspruchsrecht* informiert werden (Widerruf der Einwilligung = Abmeldung = *Opt-out*).
- Zudem müssen neue Empfänger über die Datenverarbeitung und deren Zweck aufgeklärt werden. Optimalerweise gibt es bereits bei der Anmeldung die Möglichkeit, einem personenbezogenen Tracking zu widersprechen. Ein anonymes Erfassen der Öffnung ist jedoch möglich, solange diese nachträglich nicht mehr mit der Person in Verbindung gebracht werden kann.

Berücksichtigen Sie, dass es nicht erlaubt ist, E-Mail-Adressen, die Sie bereits in der Datenbank haben, per E-Mail um eine Einwilligung zu bitten.

Hinweis: Sonderfall aktive Kundenbeziehung

Eine ausdrückliche Einwilligung ist bei einer aktiven Kundenbeziehung ausnahmsweise nicht erforderlich, soweit alle Voraussetzungen von § 7 Absatz 3 des Gesetzes gegen den unlauteren Wettbewerb (UWG) erfüllt sind.

Die Voraussetzungen, die Sie davon entbinden, eine ausdrückliche Einwilligung einzuholen, sind:

- Das Unternehmen hat die Adresse im Zusammenhang mit dem Verkauf einer Ware oder Dienstleistung erhalten.
- Die Adresse wird ausschließlich mit Direktwerbung für eigene ähnliche Waren oder Dienstleistungen beliefert.
- Der Kunde hat der Verwendung nicht widersprochen.
- Der Kunde wird bei der Erhebung und auch bei jeder Werbemaßnahme auf sein Widerspruchsrecht hingewiesen.

Hinweis: E-Mails, die keine Einwilligung erfordern

Reine Service-E-Mails, z.B. Bestellbestätigungen, Systemnachrichten etc., erfordern kein Opt-in, da es sich bei diesen Mails nicht um Werbung handelt.

Als Nächstes ist die Frage zu klären, wie eine *Einwilligung* rechtssicher nachgewiesen werden kann.

Da die Beweislast für die Einwilligung beim Versender liegt, ist dieser Punkt ebenfalls nicht zu vernachlässigen. Die einzige rechtlich anerkannte Methode für den Nachweis ist das *Double-Opt-in-Verfahren*. Beim Double-Opt-in wird nach der Anmeldung zunächst eine Bestätigungs-E-Mail an den Empfänger versendet. Dieser muss durch den Klick auf einen Link in dieser E-Mail nochmals bestätigen, dass er den Newsletter wirklich erhalten möchte. Die Methode verhindert, dass unbefugte Dritte für fremde E-Mail-Adressen Newsletter abonnieren. Durch den Klick wird der Empfänger für den Newsletter aktiviert.

Hinweis: Rechtssicheres Double-Opt-in

Rechtlich anerkannt ist nur das Double-Opt-in-Verfahren.

Zusätzlich muss der Versender jede *Einwilligung protokollieren* und vorhalten, solange das Opt-in besteht. Protokolliert werden sollten mindestens folgende Daten:

- IP-Adresse
- Datum und Uhrzeit
- URL der Einwilligungsseite

Wer auf Nummer sicher gehen möchte, kann die versendete Double-Opt-in-E-Mail in Blindcopy an ein internes Postfach schicken, um zu Beweiszwecken auch den Wortlaut zu archivieren.

Die Protokolle müssen gelöscht werden, wenn Sie als Empfängerin oder Empfänger Ihre Einwilligung widerrufen. Nachweispflichtige Informationen rund um das Opt-in und dessen Widerruf sollten jedoch so lange aufbewahrt werden, wie Sie den Nachweispflichten nachkommen müssen.

Hinweis: Erlöschen der Einwilligung

Grundsätzlich gilt: Eine Einwilligung erlischt nur durch die Abmeldung. Erfolgt allerdings längere Zeit keine Zusendung von Newslettern, verfällt die Einwilligung. Nach der aktuellen Rechtsprechung liegt das Verfallsdatum für eine Einwilligung zwischen 1,5 und 2 Jahren.

Natürlich gibt es neben den bereits genannten Punkten noch etliche weitere Aspekte wie z. B. die Datenminimierung oder die Datenverarbeitung, die berücksichtigt werden müssen. Auch für das Tracking der Verhaltensdaten muss eine separate Einwilligung durch die Empfänger erfolgen. Hierfür sollten Sie sich immer an die aktuelle Rechtsprechung halten und gegebenenfalls einen Rechtsbeistand konsultieren.

Whitelisting im E-Mail-Marketing

Alle relevanten Freemailer und Internet Service Provider (ISP), z. B. Freenet, GMX, Web.de etc., arbeiten mit zentralen oder eigenen Whitelists. Auf *Whitelists* (auch *Positivliste* genannt) werden IP-Adressen von E-Mail-Versendern registriert, die sich verpflichtet haben, nur Empfänger anzumailen, die ihre Erlaubnis dafür gegeben haben.

Ist ein Versender in der Whitelist eingetragen, müssen seine E-Mailings nicht die Spam-Filter der ISPs durchlaufen und werden direkt in das Postfach des Empfängers gelegt. Das beschleunigt zum einen die Zustellung der Newsletter, zum anderen laufen Ihre E-Mails nicht Gefahr, als sogenannte *False Positives* im Spam-Ordner Ihrer Empfänger zu landen.

Da die Spam-Filter bei ca. 10% der erwünschten E-Mails irrtümlich anschlagen und diese in den Spam-Ordner aussortieren, ist es für Versender besonders erstrebenswert, die Spam-Filter umgehen zu können.

Nachdem es zahlreiche ISPs gibt und Versender sich theoretisch bei jedem ISP um ein Whitelisting bemühen müssten, haben sich der Deutsche Dialogmarketing Verband e. V. (DDV) und eco – Verband der Internetwirtschaft e. V. zur *Certified Senders Alliance* (*CSA*) zusammengeschlossen. Die CSA betreibt die größte und bekannteste zentrale Positivliste in Deutschland, die sogenannte *CSA Certified IP List*. Diese erspart den ISPs sehr viel Arbeit und erleichtert den Versendern das Whitelisting. Damit das Vertrauen in die Whitelist nicht verloren geht, setzt sich die CSA vehement für die Interessen der Empfänger ein.

Da es für ein einzelnen Unternehmen häufig zu aufwendig ist, alle Richtlinien für eine Aufnahme in die CSA zu erfüllen, übernimmt diese Aufgabe in der Regel der Versanddienstleister bzw. *E-Mail-Service-Provider* (*ESP*). Der ESP verpflichtet sich, alle technischen und ethischen Anforderungen für einen vertrauenswürdigen Versand zu erfüllen.

Praxistipp: CSA Certified IP List

E-Mails von Versendern, die auf einer Positivliste stehen, werden nicht durch Spam-Filter geprüft. Die CSA Certified IP List stellt ein Qualitätsmerkmal dar.

International bedeutsam ist die *Sender-Score-Zertifizierung* von Return Path bzw. die *Spamhaus-Whitelist*. Daneben gibt es weitere lokale Whitelist-Betreiber.

Das Gegenstück zur Whitelist ist die *Blacklist* (auch *Realtime Blacklist*, [*RBL*] oder politisch korrekt *Blocklist* genannt). Im E-Mail-Marketing gibt es zentrale Blocklists, die von verschiedenen ISPs herangezogen werden. E-Mails von Versendern, die auf einer Blocklist stehen, werden entweder vom ISP gar nicht angenommen oder automatisch in den Spam-Ordner geschickt.

Es gibt verschiedene Faktoren, die dazu führen können, dass ein seriöses Unternehmen auf der Blocklist landet. Einen großen Einfluss hat mit Sicherheit die Serverreputation des Versenders. Die genauen Regeln für eine Bewertung variieren je Blocklist-Betreiber bzw. ISP und werden auch nicht offengelegt. Es ist schwierig, wieder von einer Blocklist gelöscht zu werden (sogenanntes Delisting), wenn man einmal aufgenommen wurde. Deshalb ist es für Sie als Versender enorm wichtig, die Aufnahme in eine Blocklist von vornherein zu vermeiden. Versender, die auf einer zentralen Positivliste (einer Whitelist) stehen, laufen normalerweise nicht Gefahr, auf einer Blocklist (einer Blacklist) zu landen.

Reputationsmanagement

Neben den Positivlisten betrachten die ISPs in erster Linie, ob die ankommenden E-Mails von vertrauenswürdigen Servern versendet wurden. Aus diesem Grund müssen Online Marketing Manager auch die *Serverreputation* im Auge behalten. Kostenlose und auch kostenpflichtige Tools können Ihnen Aufschluss über Ihre Serverreputation geben, z.B. Senderbase.org oder MxToolbox – wobei die Einschätzung dieser Tools nur als Richtwert gesehen werden kann, denn auch hier lassen sich die ISPs nicht in die Karten schauen.

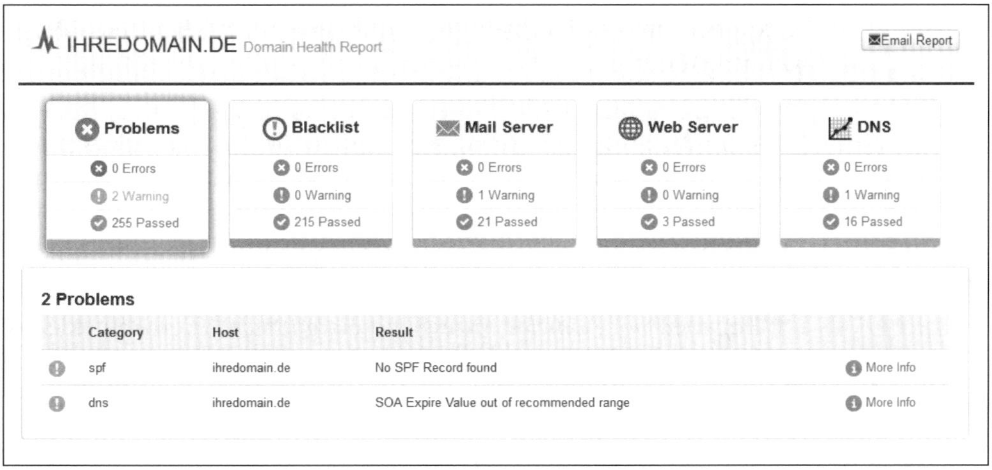

Abbildung 9-2:
Kostenlose Tools wie MxToolbox zeigen mögliche Probleme bei der Serverreputation an.

Wichtiger ist deshalb, was zu einer schlechten Reputation führt und was man dagegen tun kann.

Mögliche Ursachen für eine schlechte Serverreputation:

- Sehr viele *Bounces* tragen zu einem schlechten Ruf bei.
- Wenn viele Empfängerinnen und Empfänger die E-Mail *als Spam markieren*, anstatt den Abmelde-Button zu benutzen, ist das für den ISP ein negatives Zeichen.

- Beschwert sich ein Empfänger über die CSA (*Spam-Complaints*), dass er unberechtigt E-Mails erhält, und kann der Versender das nicht widerlegen, beeinflusst das ebenfalls die Reputation.
- Auch zu viele *Spam-Signale* in der E-Mail (Betreff, Body, Signatur) können zu einer schlechten Reputation beitragen.

Wichtig zu wissen ist hier: Die ISPs differenzieren nicht unbedingt, welcher Versender hinter der E-Mail steht, sondern welcher Server die E-Mail versendet hat.

Bei *SaaS*-Tools (*Software as a Service* – also sogenannte Cloud-Dienste) kann es vorkommen, dass Versender A das Tool nutzt und eine kritische Menge an Bounces verursacht, während Versender B, der ebenfalls das Tool nutzt, im Toleranzbereich für Bounces liegt. Jetzt erkennt der ISP, dass der versendende Server insgesamt zu viele Bounces anschreibt, und blockiert die Zustellung von Versender B, obwohl dieser nicht zum schlechten Ruf beigetragen hat. Oder Versender B neutralisiert die Bounces von Versender A, und dieser profitiert davon.

Sie können einem schlechten Ruf vorbeugen, indem Sie folgende Maßnahmen ergreifen:

- *Dedizierte Mailserver* (Server, die nur für einen bestimmten Einsatzzweck vorgesehen sind und nicht durch Dritte genutzt werden) schützen davor, dass der Ruf durch andere Versender gefährdet wird.
- Ein *rechtskonformer und transparenter Anmeldeprozess* verhindert unberechtigte Spam-Complaints.
- Ein *einfacher Abmeldeprozess* und ein gut sichtbarer Abmeldelink in der E-Mail reduzieren die Spam-Markierungen durch den Empfänger.
- Ein gutes *Bounce-Management* schützt zuverlässig vor einem schlechten Datenbestand.
- *Pre-Delivery Checks* prüfen die E-Mail vor dem Versand auf Spam-Signale und weisen auf diese Signale hin.
- *Post-Delivery Checks* prüfen, ob die E-Mail an die Inbox zugestellt wurde oder im Spam-Folder gelandet ist. Bei Problemen sollte man die ISPs auch direkt kontaktieren und Lösungsansätze erfragen.
- *DKIM und DMARC* (siehe folgende Definitionen) schützen davor, dass ISPs Mails entgegennehmen, die von einem unberechtigten Dritten mit Ihrer Domain versendet wurden.
- Mit *BIMI* (siehe nachfolgende Definition) erhalten E-Mails ein visuelles Gütesiegel, das die Echtheit des Absenders für die Empfänger sichtbar macht.

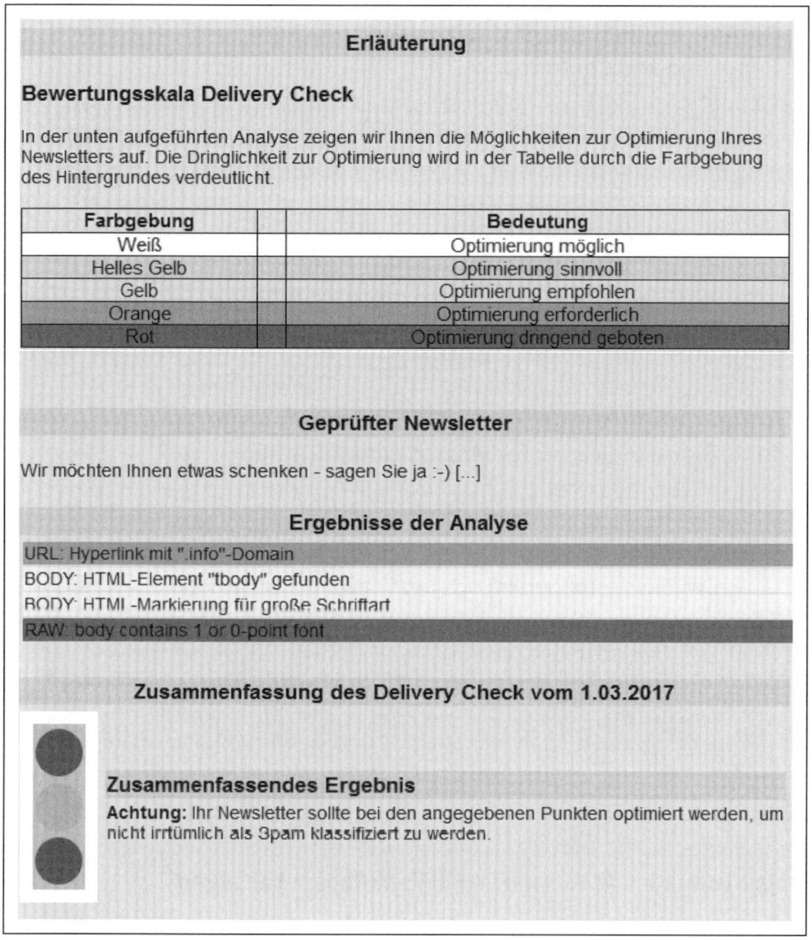

Erläuterung

Bewertungsskala Delivery Check

In der unten aufgeführten Analyse zeigen wir Ihnen die Möglichkeiten zur Optimierung Ihres Newsletters auf. Die Dringlichkeit zur Optimierung wird in der Tabelle durch die Farbgebung des Hintergrundes verdeutlicht.

Farbgebung		Bedeutung
Weiß		Optimierung möglich
Helles Gelb		Optimierung sinnvoll
Gelb		Optimierung empfohlen
Orange		Optimierung erforderlich
Rot		Optimierung dringend geboten

Geprüfter Newsletter

Wir möchten Ihnen etwas schenken - sagen Sie ja :-) [...]

Ergebnisse der Analyse

URL: Hyperlink mit ".info"-Domain
BODY: HTML-Element "tbody" gefunden
BODY: HTML-Markierung für große Schriftart
RAW: body contains 1 or 0-point font

Zusammenfassung des Delivery Check vom 1.03.2017

Zusammenfassendes Ergebnis

Achtung: Ihr Newsletter sollte bei den angegebenen Punkten optimiert werden, um nicht irrtümlich als Spam klassifiziert zu werden.

Abbildung 9-3:
Manche Anbieter stellen sogenannte Delivery Checks zur Verfügung, die vor dem finalen Versand der Mail prüfen, ob das Mailing Spam-Potenzial hat.

DKIM: Domain Keys Identified Mail

DKIM bezeichnet ein Identifikationsprotokoll, das die Authentizität des Versenders mithilfe einer digitalen Signatur bestätigt. DKIM schützt die Empfänger vor den E-Mails Dritter, die sich trügerisch als Domaininhaber ausgeben – häufig in der Absicht, Daten zu phishen, d.h. sich beispielsweise Zugangsdaten zu erschleichen.

DMARC: Domain-based Message Authentication, Reporting and Conformance

DMARC setzt DKIM voraus und liefert ein Regelwerk, mit dem das versendende Unternehmen definieren kann, was mit E-Mails passieren soll, die »seine« Domain als Absender verwenden, aber nicht von ihm stammen. ISPs berücksichtigen das vorgegebene Regelwerk. Durch DMARC erhält man mithilfe des Reportings einen Überblick darüber, wer mit der eigenen Domain E-Mails versendet. Selbst bei unbekannteren Domains machen Spam-Mails häufig 90% und mehr der versendeten E-Mails mit dieser Domain aus!

BIMI: Brand Indicators for Message Identification

BIMI ist ein offener Standard, der wiederum auf DMARC aufbaut und international auch von Unternehmen wie Google, Microsoft und Verizon unterstützt wird. Hat eine E-Mail die DMARC-Prüfung erfolgreich durchlaufen, wird ein zertifiziertes Logo des Versenders in der Inbox neben dem Absendernamen angezeigt. Das Logo trägt zum Branding bei und ermöglicht, den Versender der E-Mail schnell zu identifizieren. Noch wichtiger ist aber, dass die Anzeige des Logos gleichzeitig ein visuelles Gütesiegel darstellt. Das Logo wird nur angezeigt, wenn die E-Mail tatsächlich vom angegebenen Absender stammt und der Inhalt nicht manipuliert wurde.

E-Mail-Formate und Versand im MIME-Multipart-Verfahren

Sie können Ihre Marketing-E-Mails in folgenden Formaten erstellen:

- **(Plain) Text** – E-Mails im Textformat werden als reiner ASCII-Text (*American Standard Code for Information Interchange*) versendet. Es ist damit nicht möglich, Textelemente hervorzuheben (etwas durch Auszeichnungen wie fett, unterstreichen oder kursiv oder durch Schriftfarben, -arten oder -größen) und Bilder oder andere multimediale Inhalte zu transportieren. Die Gestaltungsmöglichkeiten beschränken sich auf das Layouten des Texts mittels Zeichen und Umbrüchen (siehe nachfolgendes Beispiel).
- **HTML** – E-Mails im HTML-Format werden mithilfe des gleichen Standards formatiert wie Webseiten im Internet. Dadurch haben Sie nahezu die gleichen Gestaltungsmöglichkeiten wie bei Webseiten. Leider sind viele ISPs etwas rückständig bzw. konservativ bei der Interpretation neuer HTML-Standards, was den Gestaltungsspielraum z. B. im Bereich Multimedia einschränkt.

- **Inline-HTML** – Bei dieser Sonderform der HTML-E-Mail werden die Bilder im Anhang mitgeschickt und nicht online abgerufen. Das hat den Vorteil, dass die E-Mail auch dann vollständig angezeigt wird, wenn keine Internetverbindung besteht. Allerdings wird die E-Mail dadurch sehr groß, und die Ladezeiten verlängern sich erheblich.

Kommerzielle E-Mailings werden standardmäßig im *MIME-Multipart-Verfahren* versendet. *MIME* steht dabei für *Multipurpose Internet Mail Extensions* und beschreibt ein Verfahren, bei dem in eine HTML-Mail zusätzlich auch eine Textmail-Alternative gepackt wird.

Der Versand im MIME-Multipart-Verfahren bewirkt, dass die E-Mail im Textformat angezeigt wird, wenn der ISP keine HTML-Mails annimmt. Dafür gibt es verschiedene Gründe: Beispielsweise können manche ältere E-Mail-Clients nach wie vor kein HTML interpretieren, zum Teil lehnen einige Empfänger auch aus Angst vor Viren HTML-Mails ab.

```
**********************************************************************

Newsletter Musterfirma AG

**********************************************************************

Sehr geehrte Frau Mustermann,

weit hinten, hinter den Wortbergen, fern der Länder Vokalien und
Konsonantien leben die Blindtexte.

Abgeschieden wohnen Sie in Buchstabhausen an der Küste des Semantik,
eines großen Sprachozeans. Ein kleines Bächlein namens Duden fließt
durch ihren Ort und versorgt sie mit den nötigen Regelialien. Es ist
ein paradiesmatisches Land, in dem einem gebratene Satzteile in den
Mund fliegen. Nicht einmal von der allmächtigen Interpunktion werden
die Blindtexte beherrscht - ein geradezu unorthographisches Leben.

----------------------------------------------------------------------
Hier klicken:
https://news.musterfirma.de/r.html?uid=wZIdjYyDnBQ4Q7ekb0yb3A
----------------------------------------------------------------------

Ich freue mich auf Ihre Anmeldung!

Mit freundlichen Grüßen

Manuela Meier

Redaktion
Musterfirma AG

**********************************************************************

Sie erhalten diese E-Mail an die Adresse susi@mustermann.de.

Über folgenden Link können Sie Ihre Daten ändern:
https://news.musterfirma.de/r.html?uid=wZIdjYyDnBQ4Q7ekb0yb3A
```

Abbildung 9-4:
E-Mail im Plain-Text-Format

Das heißt, die E-Mail wird sowohl im HTML- als auch im Textformat zugestellt. Den technischen Gegebenheiten entsprechend wird dem Empfänger oder der Empfängerin dann entweder die HTML- oder die Textvariante angezeigt.

Hinweis: MIME-Multipart-Verfahren

Das MIME-Multipart-Verfahren versendet sowohl eine HTML- als auch eine Textversion an einen Empfänger.

Die Bedeutung der Textvariante hat sich in den letzten Jahren deutlich verringert, viele Versender beschränken sich daher auf eine stark gekürzte Textvariante.

E-Mail-Programmierung im Responsive bzw. Fluid Design

Nachdem die Bedeutung mobiler Endgeräte in den letzten Jahren massiv zugenommen hat, ist es für Sie mittlerweile unerlässlich, die Newsletter auch für Smartphones & Co. zu optimieren. Je nach Zielgruppe werden inzwischen mehr E-Mails mit mobilen Endgeräten abgerufen als über den Desktop-PC – in Einzelfällen erreichen die mobilen Endgeräte einen Anteil von nahezu 100 %.

Abbildung 9-5:
HTML-E-Mails müssen sich flexibel an das empfangende Endgerät anpassen. (© AGNITAS, 2016)

Nicht zu vernachlässigen sind aber auch die Empfänger, die Ihre Mails morgens in der U-Bahn am Handy lesen und in der Mittagspause am

PC noch einmal aufrufen. Der Anteil der Wechselnutzer ist größer, als man denkt! Dieses Nutzerverhalten erfordert, dass sich die HTML-E-Mail flexibel an die jeweilige Bildschirmgröße anpasst.

Mit Media Queries in CSS-Anweisungen und vorgegebenen Umbruchpunkten kann man das sogenannte *Responsive Design* erreichen. Im CSS kann man beispielsweise definieren, dass Textlinks auf dem Smartphone zu daumengroßen Buttons werden, sich mehrspaltige Inhalte untereinander anordnen, Bilder mitskalieren und Texte dynamisch umbrechen. Der Umbruchpunkt definiert, ab wann das Design in die nächstkleinere bzw. -größere Darstellung umspringt. Darüber hinaus gibt es noch zahlreiche weitere Optimierungsmöglichkeiten.

Wenn sich das Design auch zwischen den Umbruchpunkten dynamisch an die vorhandene Bildschirmgröße anpasst, spricht man vom *Fluid Design*. Ziel sollte immer sein, die *maximale Usability* für den Empfänger zu erreichen.

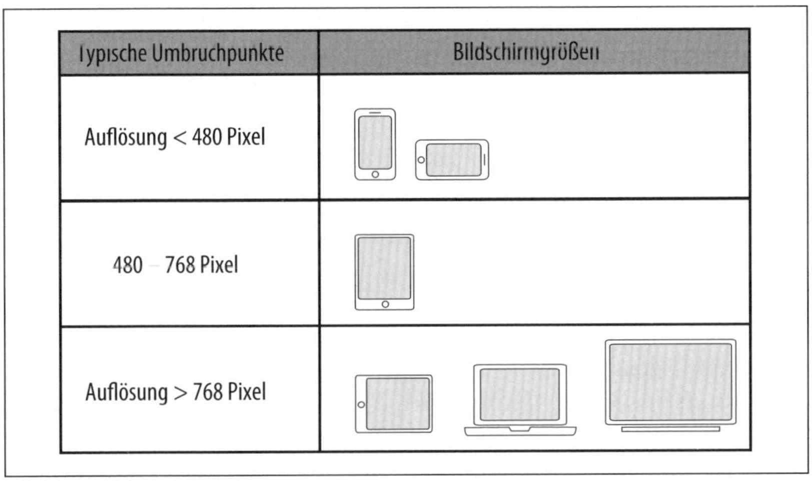

Abbildung 9-6:
Typische Umbruchpunkte bei Responsive Design

E-Mail- und Marketing-Automation

Die Zeiten, da Unternehmen einen Newsletter pro Woche an eine große Liste verschickt haben, sind vorbei. Inzwischen wird im E-Mail-Marketing viel filigraner und differenzierter gearbeitet.

Die volle Stärke von E-Mail-Marketing kommt erst durch automatisierte Prozesse zur Entfaltung. Dabei darf man das E-Mail-Marketing nicht als Insellösung betrachten, sondern muss es bestmöglich mit der restlichen Infrastruktur verknüpfen.

Erst durch den automatisierten Datenaustausch zwischen Shopsystem, Customer Relationship Management System (*CRM*), Enterprise Ressource Planning System (*ERP*) & Co. und der E-Mail-Versandlösung können Sie die ganze Power von E-Mail-Marketing nutzen.

Wenn alle Daten in Echtzeit verfügbar sind, können Sie den Empfängern auch unmittelbar auf ihre Reaktionen (sogenannte Trigger) passende Angebote und Informationen zustellen (automatisierte E-Mail-Kampagnen). Das einfachste Beispiel hierfür ist die Bestellbestätigung: In dem Moment, in dem eine Bestellung abgeschickt wird, kommt per E-Mail eine Bestellbestätigung.

Nicht nur einzelne E-Mails sind denkbar. Sie können ganze E-Mail-Kaskaden mit Wenn-dann-sonst-Bedingungen definieren, die auf die individuellen Gegebenheiten der einzelnen Empfänger eingehen – und zwar in Echtzeit.

Da der Ansatz des *Customer Experience Management* zunehmend und immer konsequenter verfolgt wird, sollte sich das E-Mail-Marketing als Bestandteil einer ganzheitlichen Kommunikation über verschiedene Kanäle verstehen und einbringen. Bei der Automation sollten unbedingt weitere Touchpoints – online wie offline – berücksichtigt werden.

Dynamic Content

Der Echtzeitbezug spielt nicht nur beim Versand der Mailings eine Rolle, auch die Inhalte selbst rücken immer mehr an das Hier und Jetzt. Zwar kann ein Text, der einmal den Versandserver verlassen hat, nachträglich nicht mehr modifiziert werden, aber Bildinhalte und Linkziele können auch nach dem Versand noch verändert werden. Das liegt daran, dass Bilder in der Regel nicht eingebettet mitgeschickt, sondern erst bei der Öffnung der E-Mail von einem *Content Delivery Network* (*CDN*) abgerufen werden. Und bei Links handelt es sich in der Regel um Redirects, damit man den Linkklick messen kann. Der Zielpfad kann somit auch nach dem Versand beliebig verändert werden. Man kann dabei so weit gehen, dass jeder Person individuelle Inhalte angezeigt bekommt, die zusätzlich noch durch zeitliche oder örtliche Faktoren beeinflusst werden. Beispiele für Dynamic Content sind: Wetter, Countdowns, Verfügbarkeiten, Produktempfehlungen, Wegbeschreibungen oder Horoskope.

Meist werden unter dem Gattungsbegriff *Dynamic Content* alle Inhalte zusammengefasst, die durch externe Faktoren nachträglich beeinflusst werden und somit nicht statisch sind. So können demografische, geografische oder verhaltensbasierte Merkmale den Inhalt beeinflussen, aber auch unternehmensinterne Faktoren wie Lagerbestände oder Marktpreise.

Interactive Content

Ein weiterer Ansatz, um Inhalte relevanter und spannender zu gestalten, ist, interaktive Elemente wie animierte Schaltflächen, Akkordeons oder Videos einzusetzen. Da jedoch die ISPs HTML5 zum Teil recht eigenwillig interpretieren oder ganz unterdrücken, muss darauf geachtet werden, eine funktionssichere Fallback-Lösung zu hinterlegen. Auch sind die Möglichkeiten, den Inhalt interaktiv zu gestalten, im herkömmlichen E-Mail-Design mit HTML5 und CSS begrenzt.

Einen Schritt weiter geht das Format *AMP for E-Mail* (auch: ⚡4email), das von Google entwickelt wurde. Dieses Format erlaubt webseitenähnliche Funktionen innerhalb einer E-Mail. So könnte man beispielsweise ein Bilderkarussell anbieten oder die Stückzahl des gewünschten Artikels direkt im Newsletter abfragen.

Auch Mini-Umfragen innerhalb einer E-Mail sind denkbar, ohne dass man dafür den E-Mail-Client verlassen muss. Bislang unterstützen zwar nur Gmail, Mail.ru und Yahoo! dieses Format, aber andere ISPs haben bereits angekündigt, dass sie das zukünftig ebenfalls tun werden. Man sollte diesen Trend auf alle Fälle beobachten und, sobald ein relevanter Marktanteil in der eigenen Zielgruppe erreicht ist, auch aufspringen.

Wichtige Konzepte, Aufgaben und typische Herausforderungen

E-Mail-Marketing-Strategie

Selbstverständlich sollten Sie nicht willkürlich Newsletter und E-Mails erstellen und versenden, sondern zunächst eine Strategie definieren. Fragen Sie sich vorab, was Sie mit Ihren E-Mailings beim Empfänger erreichen wollen. Dabei gibt es mehrere Aspekte, die in Ihre Planung einfließen sollten.

Die *Einsatzbereiche* für E-Mails sind unglaublich vielfältig: Image & Brand Communication, Absatzförderung, Retention Marketing zur Steigerung der Kundenbindung, Transaktionsmails, allgemeine Informationen (z. B. System-Updates), Human & Public Relations.

Neben dem verfolgten Ziel sollten Sie darauf achten, dass alle E-Mails ein *einheitliches Corporate Design* verwenden. Die verschiedenen E-Mails sollten Sie in jedem Fall aufeinander abstimmen, damit ein in sich stimmiges Bild vom Unternehmen entsteht.

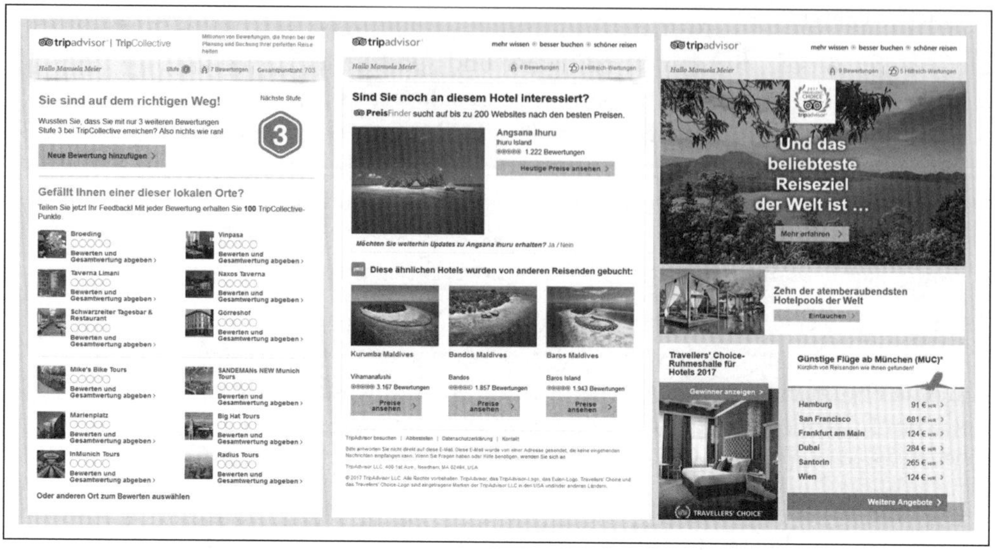

Abbildung 9-7:
Tripadvisor hat alle E-Mails perfekt aufeinander abgestimmt und verwendet konsequent das Corporate Design.

Darüber hinaus ist es gut, sich Gedanken über die *Kontakthäufigkeit* (pro Tag) zu machen. Was soll passieren, wenn mehrere Anlässe für Marketing-E-Mails aufeinandertreffen? Wenn beispielsweise die Geburtstags-E-Mail und ein Newsletter am selben Tag versendet werden sollen? Zu viele Kontakte führen in der Regel dazu, dass E-Mails nicht mehr so häufig geöffnet werden oder sogar der Newsletter abgemeldet wird. Bei zu wenigen Anstößen verschenkt man Umsatzpotenzial.

Tipp: Testen lohnt sich

Gerade die optimale Kontakthäufigkeit kann sehr gut in A/B-Tests ermittelt werden. Dabei sollten Sie über einen längeren Zeitraum Öffnungs-, Klick-, Kauf- und Abmelderaten sowie die Umsatzhöhe von mindestens zwei gleichartigen Empfängergruppen miteinander vergleichen. Abgesehen von dem zu testenden Kriterium sollten alle Rahmenparameter der Testgruppen identisch sein, um ein aussagekräftiges Ergebnis zu erhalten.

Toolauswahl: on demand versus on premise

Wenn Sie mit dem E-Mail-Marketing in Ihrem Unternehmen gerade beginnen oder auf der Suche nach einer neuen Versandlösung sind, müssen Sie zunächst ein geeignetes Tool auswählen. Dabei gibt es zwei Modelle, wie die Software betrieben werden kann:

- **on premise** (eigene Softwarelizenz, Inhouse-Lösung) – Bei diesem Modell erwerben Sie die Software als Lizenz oder entwickeln eine eigene Lösung und betreiben diese inhouse auf eigenen Servern.
  - Vorteile der On-premise-Lösung:
    - Maximale Datenkontrolle, da Adressen und Daten nicht an Dritte weitergegeben werden müssen.
    - Keine laufenden Fixkosten für die Nutzung der Software.
    - Beliebig tiefe Integration in die vorhandene IT-Infrastruktur.
    - Kein externer Einfluss auf die Serverreputation.
  - Nachteile der On-premise-Lösung:
    - Kauf und Wartung der Hardware.
    - Interner Administrationsaufwand für den Betrieb der Software.
    - Man muss sich selbst um das Whitelisting bemühen.
    - Höherer einmaliger Aufwand für den Erwerb bzw. die Entwicklung der Software.
- **on demand** (Cloud-/Saas-Lösung) – Bei der Software-as-a-Service-Variante mieten Sie die Software. Die Software wird vom Betreiber auf dessen Hardware bereitgestellt und von Ihnen über Browserzugriff genutzt. Es gibt verschiedene Abrechnungsmodelle bei der On-demand-Lösung: z. B. monatliche Nutzungspauschale, Abrechnung auf TKP-Basis (Tausend-Kontakt-Preis), Abrechnung auf Basis von Datenvolumen und diverse Mischmodelle.
  - Vorteile der On-demand-Lösung:
    - Kein Aufwand für Kauf und Wartung von Hardware.
    - Kein Administrationsaufwand für den Betrieb der Software.
    - Whitelisting meistens inklusive.
    - Unbegrenzt skalierbare Lösung, da Anbieter meist auf hohe Versandvolumina ausgelegt sind.
    - Nutzung der neuesten Softwarevariante (Updates werden regelmäßig von den Softwarebetreibern bereitgestellt).
  - Nachteile der On-demand-Lösung:
    - Adressdaten etc. werden außer Haus gelagert.
    - Laufende Kosten für die Nutzung der Software (meist mit monatlichen Fixkosten verbunden).
    - Höhere Kosten für den Versand je E-Mail.

Eine Entscheidung wird dabei in erster Linie davon abhängen, ob die interne IT- und Administrationsabteilung ausreichend Kapazitäten hat, eine eigene Lösung zu betreiben, und welche Datenschutzrichtlinien intern verfolgt werden. Zusätzlich zu den genannten Vorteilen ist die On-demand-Lösung in der Regel schneller zu implementieren – und somit schneller »versandfertig«.

Tipp: Hybridlösungen

Manche Betreiber bieten auch eine Hybridlösung an, die die Vorteile der beiden Modelle (z.B. Daten-Hosting intern/Versand über whitegelistete Server extern) bestmöglich kombiniert.

Da Sie mit der Auswahl eines E-Mail-Marketing-Tools meistens eine langfristige Beziehung eingehen (Systeme sind in der Regel stark vernetzt, aufwendige Automationsprozesse etc.), sollten Sie sich ausreichend Zeit für die Auswahl des richtigen Tools nehmen.

Bei der Entscheidungsfindung dürfen neben dem Betriebsmodell natürlich der Funktionsumfang des Tools, Schnittstellen, Kosten und auch der Kundensupport nicht außer Acht gelassen werden. Wenn man keine allzu hohen Anforderungen an den Funktionsumfang stellt, ist E-Mail-Marketing bereits ab null Euro möglich. Wer eine On-Premise-Lösung bevorzugt, findet in einschlägigen Portalen (wie github.com oder sourceforge.net) geeignete Open-Source-Produkte. Bei sehr kleinen Verteilern mit einer geringen Versandfrequenz gibt es auch On-Demand-Anbieter, die kostenloses E-Mail-Marketing ermöglichen. Meist sind die ersten 1.000 E-Mails im Monat frei, und danach wird nach TKP abgerechnet. Man darf jedoch nicht vergessen, dass diese Tools als Self-Service-Lösung konzipiert sind und in der Regel nur ein rudimentäres Feature-Set in der kostenlosen Version anbieten.

Bei schnell wachsenden Verteilern oder anspruchsvollen E-Mail-Kampagnen sollten Sie unbedingt genauer hinsehen, denn diese Anbieter können häufig sehr teuer werden. Oder aber sie genügen Ihren Anforderungen nicht mehr, und am Ende wiederholt sich der ganze Implementierungsaufwand mit einem neuen Anbieter.

Achten Sie bei der Wahl des Tools auch darauf, wo der Anbieter sitzt und wo sein Rechenzentrum angesiedelt ist. US-Anbieter müssen die SSC unterzeichnet haben, damit sie personenbezogene Daten von EU-Bürgern verarbeiten dürfen. EU und USA arbeiten aktuell an einem neuen Datenschutzabkommen, jedoch ist fraglich, ob dieses langfristig seine Gültigkeit behalten wird, nachdem bereits die beiden Vorgänger Safe Harbor und Privacy Shield vom EuGH für ungültig erklärt wurden.

Da Datenschutzexperten die Gültigkeit der Abkommen mit den USA anfechten, ist es eventuell ratsamer, dem Risiko aus dem Weg zu gehen und auf europäische Anbieter zu setzen.

Am besten erstellen Sie zunächst eine *Anforderungsliste* und bewerten die einzelnen Punkte nach Wichtigkeit. Da das E-Mail-Marketing selten als Insellösung betrieben wird, kommt gerade dem Punkt *Schnittstellen* eine wichtige Bedeutung zu. Sie müssen sich im Vorfeld genau überlegen, welche Systeme miteinander vernetzt werden müssen und wie die Daten in welchem Umfang übertragen werden sollen. Anschließend erfassen Sie, welche Anbieter Ihre Anforderungen inwieweit erfüllen.

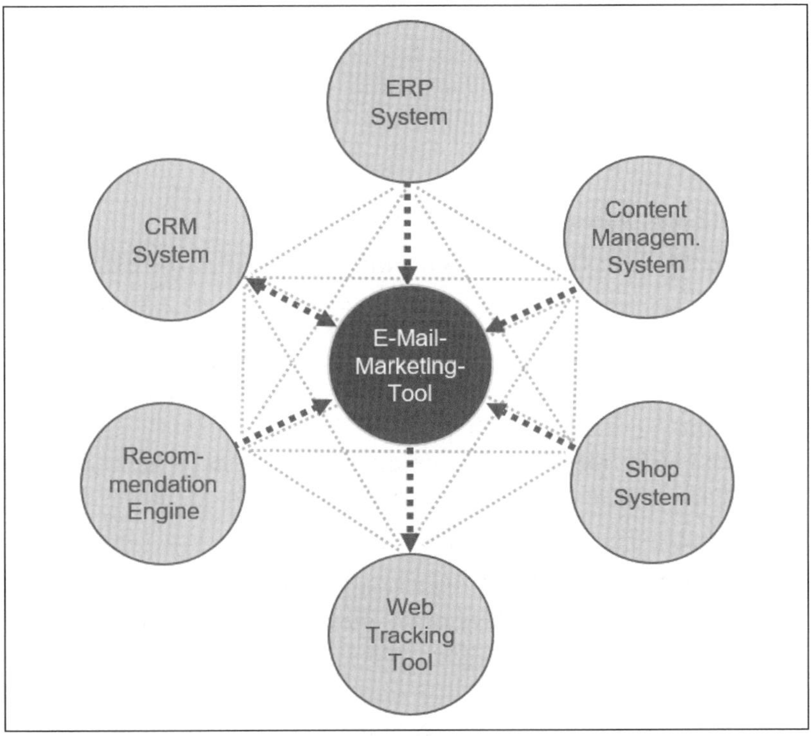

Abbildung 9-8:
So könnte ein typischer Datenfluss zwischen angeschlossenen Systemen mit dem E-Mail-Marketing-Tool aussehen. (© Manuela Meier)

Nach einer Vorauswahl lassen Sie sich von den Anbietern, die in die engere Wahl kommen, eine Onlinedemo und einen Test-Account des Tools geben. Eine Entscheidung trifft sich leichter auf Basis eigener Erfahrungen.

Adressgewinnung und Lead-Management

Adressgewinnung

Um E-Mail-Marketing machen zu können, braucht man zuerst einmal einen E-Mail-Verteiler. Ganz gleich, ob Sie einen existierenden Verteiler ausbauen oder einen neuen Verteiler aufbauen möchten, es ist immer ratsam, neue Adressen zu gewinnen. Gerade auch bei bestehenden Verteilern darf man nicht unterschätzen, dass laufend Adressen durch Abmeldungen und Bounces wegfallen. Ab einer gewissen Verteilergröße ist es sogar recht schwierig, mehr neue Adressen zu gewinnen, als alte zu verlieren. Hier ist auch die Marktgröße entscheidend. In Nischensegmenten kann das Ausbauen des Verteilers bei mehreren Zehntausend Adressen im Verteiler schon schwierig werden. Bei sehr allgemeinen Themen können Sie häufig Millionen-Verteiler aufbauen, bevor Sie an die Grenzen stoßen.

Damit die neuen Adressen nicht nur den Schwund durch Abmeldungen und Bounces ausgleichen, sondern langfristig zum Wachstum beitragen, sollten Sie möglichst alle Methoden, die zur Adressgewinnung beitragen, ausschöpfen.

Kauf von E-Mail-Adressen

Diese Methode ist (zu Recht) sehr umstritten. Durch die EU-DSGVO ist es kaum noch möglich, durch Adressbroker gültige Opt-ins zu erwerben (siehe den Abschnitt »Rechtsgrundlagen zum E-Mail-Marketing« auf Seite 390). In der Regel sammelt der Adressbroker die Adressen über ein Gewinnspiel, bei dem Sie als Sponsor beteiligt sind und im Gegenzug die Daten der Teilnehmer erhalten. Sollten Sie sich für diese Methode entscheiden, müssen Sie unbedingt darauf achten, dass Sie wirklich ein rechtsgültiges Opt-in erhalten.

- **Vorteile:**
  - Sie gewinnen schnell neue Empfänger.
  - Sie erreichen auch Personen, die Sie auf anderen Wegen eventuell nie erreicht hätten.
- **Nachteile:**
  - Die Qualität der Adressen ist meist unterdurchschnittlich. Dafür gibt es verschiedene Gründe:
    - Die Empfänger haben kein Interesse an Ihren Leistungen und wollen nur etwas gewinnen.
    - Den Empfängern ist gar nicht bewusst, dass sie sich durch die Teilnahme an zig verschiedenen Verteilern anmelden.
    - Die Empfänger verwenden eigene Gewinnspielpostfächer, die nur für diese Zwecke abgerufen werden.

- Teure Methode, um Adressen zu gewinnen – speziell wenn man nach einem Zeithorizont von drei bis sechs Monaten auswertet, wie viele der gekauften Adressen noch angemeldet sind und wie viele davon auf E-Mails bereits reagiert haben.

Interne Methoden zur Gewinnung von E-Mail-Adressen

Generell kann man sagen, dass selbst generierte Adressen besser performen als gekaufte Adressen. Je höher die Affinität zu den gebotenen Inhalten ist, desto höher ist auch die Wahrscheinlichkeit, dass die Empfänger reagieren. Folgende Methoden bieten sich zur Adressgenerierung an:

- Newsletter-Anmeldung ganz oben auf der Website platzieren (oder zumindest als Sprungmarke verlinken).
- Newsletter-Anmeldung auf allen Seiten der Website verlinken.
- Wenn ein Besucher neu auf der Website ist, die Newsletter-Anmeldung als Overlay einblenden.
- Alle Bestell- und Kontaktformulare nutzen, um Einwilligungen einzuholen.
- Die Anmeldequote durch Incentives oder Gewinnspiele steigern.
- Einen Mehrwert für Newsletter-Abonnenten anbieten, z. B. exklusive Angebote, Pre-Sale, Sonderrabatte etc.
- Offen kommunizieren, welche Inhalte Ihr Newsletter enthält und wie häufig er erscheint.
- Nur die wichtigsten Informationen bei der Anmeldung abfragen, jedes zusätzliche Eingabefeld erhöht die Abbruchwahrscheinlichkeit (für personalisiertes Marketing reichen E-Mail-Adresse, Anrede, Vorname und Nachname; weitere Informationen können in einem zweistufigen Anmeldeformular gewonnen werden).
- Aktive Kunden ohne Opt-in in den Verteiler aufnehmen.
- Eine ausdrückliche Einwilligung ist ausnahmsweise bei einer aktiven Kundenbeziehung nicht erforderlich, soweit alle Voraussetzungen von § 7 Absatz 3, Gesetz gegen den unlauteren Wettbewerb (UWG), erfüllt sind (siehe den Abschnitt »Rechtsgrundlagen zum E-Mail-Marketing«).
- Link zur Anmeldung in die Signatur aller Unternehmens-E-Mails einfügen.
- Mit Posts in Social Networks auf den Mehrwert Ihres Newsletters hinweisen.
- Social-Media-Anzeigen zur Newsletter-Promotion schalten.
- Auf Seminaren und Events oder in Filialen mit Postkarten das Opt-in einholen (Achtung, nur mit Unterschrift rechtssicher).

- In Fachartikeln oder Gastbeiträgen auf anderen Websites auf Ihren Newsletter hinweisen.
- Bei Printanzeigen QR-Codes zur Newsletter-Anmeldung einbauen.
- In persönlichen Verkaufsgesprächen ein Newsletter-Opt-in einholen (auch hier mit Unterschrift bestätigen lassen).

Praxistipp: Nicht praktikabel – Telefonakquise

Als nicht praktikabel hat sich die Newsletter-Akquise per Telefon erwiesen. Der einzig gültige Weg ist das Aufzeichnen der Telefongespräche und das Vorhalten von Voice-Dateien. Diese Aufzeichnung erfordert jedoch eine weitere Einwilligung des Kunden. Außerdem muss dem Kunden anschließend schriftlich das Opt-in bestätigt werden.

Sie sehen, es gibt zahlreiche Möglichkeiten, um neue Abonnenten für den Newsletter zu gewinnen. Bevor Sie auf gekaufte Adressen zurückgreifen, sollten Sie möglichst alle internen Methoden ausschöpfen.

Achten Sie außerdem darauf, dass Sie Brokern nur die Adressen abnehmen, für die Sie noch kein Opt-in haben. Ansonsten bezahlen Sie für Adressen, die Sie bereits auf anderem Weg gewonnen haben. Der Abgleich sollte entweder in Ihrem Haus stattfinden oder von einem neutralen Dritten ausgeführt werden. Bei Letzterem muss dieser unbedingt einen Vertrag zur Auftragsverarbeitung (VAV) unterzeichnen, da er Zugriff auf personenbezogene Daten erhält. Nachdem das Thema Adresskauf immer wieder heiß diskutiert wird, empfehle ich dringend, auch die aktuelle Rechtslage im Auge zu behalten.

Lead-Management

Nachdem Sie einen Verteiler aufgebaut haben, möchten Sie möglichst zielgerichtet mit Ihren Empfängern kommunizieren. Sie können Ihre Newsletter und E-Mails an alle Ihre Empfänger, an Teilgruppen oder auch nur an Einzelne richten. Im E-Mail-Marketing unterscheidet man folgende organisatorische Einheiten:

- **Verteiler/Mailinglisten** – Auf einer Mailingliste verwalten Sie die Adressen bzw. deren Opt-in. Beispiel: Sie sind ein international agierender Onlineshop. Da in den Ländern unterschiedliche Datenschutzrichtlinien gelten, verwalten Sie Ihre Abonnenten nach Ländern getrennt. Die An- und Abmeldung erfolgt auf die jeweilige Liste.

  Wenn Sie mehrere Mailinglisten betreiben und eine Person, die auf mehr als einer Liste aktiv ist, sich von einer Liste abmeldet, bleibt ihr Opt-in für die anderen Listen davon unberührt.

Allgemeine Angebote oder Informationen sollten Sie immer an den gesamten Verteiler richten, um möglichst das volle Potenzial Ihrer Adressen auszunutzen.

- **Zielgruppe/Segment** – Eine Zielgruppe bzw. ein Segment beschreibt einen Teilbereich der Adressen, der bestimmte Merkmale (Geschlecht, Alter, Interessen etc.) erfüllt. Dabei ist es durchaus möglich, mehrere Attribute zu kombinieren, beispielsweise alle Männer zwischen 30 und 40 im Raum Berlin. Die Zielgruppe fungiert als übergeordneter Filter. So können die Merkmale der Zielgruppe auf x Prozent von Mailingliste A und auf y Prozent von Mailingliste B zutreffen.

  Bei spezifischen Angeboten, die nur einen Teil Ihrer Empfängerinnen und Empfänger interessieren dürften oder nur für diese bestimmt sind, sollten Sie gezielt diese Zielgruppe(n) anschreiben.

- **Adresse/Empfänger** – Das ist die kleinste Einheit im E-Mail-Marketing. Der Trend geht immer mehr zur Eins-zu-eins-Kommunikation. Die Inhalte bei Individual-E-Mails sind maximal auf eine bestimmte Person zugeschnitten. Hier gleicht keine E-Mail der anderen. Beispiel: Einer Person mit einem abgebrochenen Warenkorb werden 24 Stunden nach ihrem Shopbesuch die Produkte angeboten, die sie am Vortag in den Warenkorb gelegt, aber nicht bestellt hat.

  Individual-E-Mails setzt man in der Regel Trigger-basiert ein. Das heißt, auf eine Aktion des Empfängers folgt als Reaktion ein Individual-Mail.

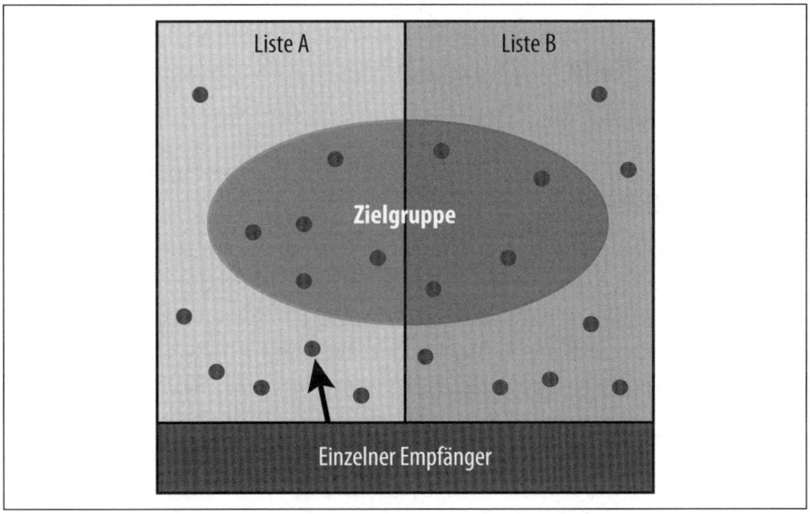

Abbildung 9-9:
Organisatorische Einheiten im E-Mail-Marketing

Praxistipp: Allgemeiner Newsletter und Individual-E-Mails

Je *individueller* Sie mit Ihren Empfängerinnen und Empfängern kommunizieren, desto höher ist die *Relevanz* und somit die *Reaktionswahrscheinlichkeit*. Das heißt aber nicht, dass Sie ab sofort keine normalen Newsletter mehr versenden sollten. Ich empfehle eine gesunde Mischung aus allgemeinen Newslettern und Individual-E-Mails. Zum einen hat der Empfänger sonst schnell das »Big Brother is watching you«-Gefühl, und zum anderen hätten Produktneuheiten sonst nie eine Chance, zum Kassenschlager zu werden.

Datenbankorganisation von Profilmerkmalen und allgemeinen Daten

Damit Sie Zielgruppen basierend auf verschiedenen Merkmalen bilden können, müssen Sie personenbezogene Daten im Empfängerprofil vorhalten. In der Regel werden dazu individuelle Profilfelder erstellt, die dann die entsprechenden Werte enthalten. Diese Felder können unterschiedliche Daten wie beispielsweise boolesche, numerische, alphanumerische oder Datumswerte aufnehmen.

Um die Datenbank nicht unnötig aufzublähen, sollten allgemeine Daten wie zum Beispiel Produktinformationen nicht im Empfängerprofil gespeichert, sondern in separate Tabellen ausgelagert werden bzw. direkt aus dem Content-Management-System kommen. Angenommen, ein Produkt wurde von 100 Personen gekauft. In dem Fall müssten Sie für eine Produktbewertungsmail bei 100 Empfängern die Informationen zu Preis, Bezeichnung, Bild und Link hinterlegen. Das scheint im ersten Moment noch nicht so viel zu sein, aber bei einem Sortiment mit 1.000 Produkten und 1.000.000 Empfängern würde das massenhaft unnötigen Speicherplatz belegen.

Schnittstellen zu Datenaustausch, User Self Management und Closed Loop Marketing

Für eine erfolgreiche Eins-zu-eins-Kommunikation benötigen Sie nicht nur alle relevanten Daten des Empfängerprofils, sondern Sie benötigen diese auch möglichst zeitnah. Deshalb sind der *Datenaustausch* mit anderen Systemen und die Schnittstellen für diesen Austausch entscheidende Faktoren beim Lead-Management. Je mehr Informationen Sie über eine Person haben, desto zielgerichteter können Sie mit ihr kommunizieren. Es sollten also alle Kauf- und Interessendaten, Klickpfade etc. im E-Mail-Marketing-Tool vorliegen, damit Sie damit arbeiten können. Überlegen Sie sich im Vorfeld ein Konzept dazu, welche Daten in Realtime übertragen werden sollen und auf welchem Weg.

Über Schnittstellen können die Daten *bidirektional* oder auch nur *unidirektional* ausgetauscht werden. Manche Daten müssen nicht in Realtime vorliegen, häufig reicht es aus, wenn diese nur einmal täglich oder in größeren Zeitintervallen aktualisiert werden. Ist der Datenstand auf beiden Seiten einmal angeglichen worden, genügt es in der Regel, nur noch das Delta der Änderungen zu übertragen. Das reduziert das Datenvolumen und verkürzt die Übertragungszeiten.

Neben dem Datenaustausch mit anderen Systemen können die Daten auch durch die Empfänger selbst aktualisiert werden. Dafür sollten Sie Onlineformulare zum *User Self Management* anbieten. Über diese Formulare können Empfänger ihre Daten korrigieren, ergänzen oder löschen. Das User Self Management bietet sich in erster Linie für Adressdaten, Alter und Interessen an.

Bei dieser Option müssen Sie jedoch bedenken, dass Empfänger Daten auch verschlechtern können, indem sie zum Beispiel als E-Mail-Adresse *donald.duck@entenhausen.de* angeben, anstatt sich ordentlich abzumelden. Da Sie eine Adressänderung natürlich nicht unterbinden können, sollten Sie aus rechtlichen Gründen eine Historisierung bestimmter Werte vornehmen, um die Änderung nachweisen zu können. Nicht, dass Sie sich plötzlich mit der Inhaberin der neuen Adresse auseinandersetzen müssen, die Ihnen kein Opt-in erteilt hat.

Eine weitere Datenquelle ist das Verhalten Ihrer Empfänger. Werden Newsletter zu einem bestimmten Thema bevorzugt geöffnet, Links auf ein bestimmtes Sortiment häufiger angeklickt und auf der Website gezielt Produkte immer wieder angesehen, sollte man diese Informationen ebenfalls im Empfängerprofil hinterlegen und für die Kommunikation aktiv einsetzen. Den Prozess, das geschärfte Empfängerprofil zu nutzen, um mehr Response zu generieren, damit diese gleichzeitig wieder zum Schärfen des Empfängerprofils beiträgt, nennt man *Closed Loop Marketing*.

Bounce-Management

Zum Lead-Management gehört auch ein funktionierendes Bounce-Management. Zunächst einmal muss der Begriff »Bounce« geklärt werden:

> **Definition Bounce**
>
> *Bounce* ist ein erfolgloser Zustellversuch einer E-Mail an ein E-Mail-Postfach. Bei einem *Soft-Bounce* liegt ein temporärer Fehler zugrunde. Als *Hard-Bounce* gelten dauerhaft unzustellbare E-Mails.

Das Bounce-Management spielt im E-Mail-Marketing eine wichtige Rolle, da es sich unmittelbar auf den Erfolg der Marketingkampagnen auswirkt.

Bei einem professionellen Bounce-Management wird zunächst zwischen Soft- und Hard-Bounces unterschieden. Die Internet Service Provider liefern in der Regel einen Fehlercode an den Versender zurück, der vermittelt, warum die E-Mail nicht zugestellt werden konnte. Dieser Fehlercode gibt Auskunft darüber, ob es sich um ein temporäres Problem (z. B. Postfach ist voll) oder ein dauerhaftes Problem (z. B. E-Mail-Adresse existiert nicht) handelt. Bekommt ein ISP immer wieder E-Mails an ein nicht existierendes Postfach geliefert, geht der davon aus, dass es sich um einen unseriösen Versender handelt, der Spam-Mails versendet. Deshalb müssen Hard-Bounces sofort von weiteren Aussendungen ausgeschlossen werden.

Da auch zu viele Soft-Bounces langfristig die Reputation des Versenders gefährden, sollten diese ebenfalls nach einer gewissen Zeit und gemäß einer automatisierten Logik bereinigt werden. Allerdings wäre es natürlich fatal, wenn man jeden Soft-Bounce gleich abmeldet, nur weil das Postfach überquillt.

Daher berücksichtigt ein ausgeklügeltes Bounce-Management verschiedene Faktoren, etwa: Wie viele Mails hat eine Person innerhalb eines bestimmten Zeitraums erhalten? Liegt mindestens ein bestimmter Abstand zwischen dem ersten und dem letzten Bounce? Sobald eine E-Mail-Adresse in irgendeiner Form reagiert, sollte die Bounce-Statistik wieder auf null gesetzt werden.

Folgende Vorteile bietet ein gutes Bounce-Management:

- Sie sparen Kosten, wenn nicht belieferbare Adressen aus Ihrem Verteiler entfernt werden.
- Erfolgskennzahlen werden aussagekräftiger, wenn Sie nur tatsächliche Empfänger betrachten.
- Ihr Verteiler wird so hoch wie möglich gehalten, da Adressen nicht sofort vom Versand ausgeschlossen werden, wenn ein Zustellversuch nicht erfolgreich war.
- Die Zustellquote wird durch eine gute Serverreputation positiv beeinflusst.

Unterscheidung zwischen B2B und B2C

Der Unterschied zwischen Privatkunden- und Firmenkundenadressen ist nicht so groß, wie man annehmen könnte, der Punkt sei aber der Vollständigkeit halber erwähnt. Anders als in der Telefonwerbung gilt das Einwilligungserfordernis im E-Mail-Marketing auch bei B2B-Adressen, d.h., in diesem Punkt unterscheiden sich die Adressen schon einmal nicht.

Unterschiedlich sind die Adressen aber beim *Response-Verhalten*: Zum einen werden Sie feststellen, dass im B2B-Umfeld die Response-Zeiten mit den typischen Arbeitszeiten korrelieren. Das bedeutet, dass Sie an Wochenenden und vor 8 Uhr bzw. nach Büroschluss mit sehr wenigen Reaktionen rechnen dürfen – was aber nicht heißt, dass dieser Traffic nicht verzögert trotzdem kommt. Dennoch ist es ratsam, gewisse Zeiten zu meiden: Versuchen Sie beispielsweise, nicht direkt am Montagmorgen mit gefühlt 1.000 anderen Werbe-Newslettern im Postfach zu liegen, denn dann fallen E-Mails sehr gern dem Papierkorb zum Opfer.

Auch bei den abrufenden *Endgeräten* werden Sie feststellen, dass bei B2B-Adressen der Anteil der Desktop-PCs höher ausfällt als bei B2C-lastigen Verteilern.

Ansonsten ist noch erwähnenswert, dass das *Whitelisting* im B2B-Umfeld eine geringere Rolle spielt als bei B2C-Verteilern. Denn nicht jedes Unternehmen greift auf Positivlisten zu, um den E-Mail-Verkehr im Vorfeld zu filtern und vor Spam zu schützen.

Doch ansonsten gilt: Hinter jedem E-Mail-Postfach steht eine Person, die diese Informationen abruft. Sie sollten stets vor Augen haben, dass Sie den Menschen überzeugen müssen – egal ob es sich um private oder geschäftliche Inhalte handelt.

E-Mail-Typen – ein Medium, tausend Gesichter

Klassischer Newsletter

Die häufigste Form werblicher E-Mails ist der klassische Newsletter. Dieser wird in der Regel von einem Unternehmen in einem bestimmten Rhythmus herausgegeben und an den gesamten Verteiler versendet.

Dabei ist keine Aussage darüber möglich, welche Erscheinungshäufigkeit ideal ist, die optimale Frequenz hängt sehr stark vom Thema und der Zielgruppe ab. Bei einer zu niedrigen Frequenz könnte jemand vergessen, dass er für den Newsletter ein Opt-in erteilt hat. Bei einer sehr hohen Frequenz empfiehlt es sich, von Zeit zu Zeit Tests zu machen, wie sich die Erscheinungshäufigkeit auf die gesamten Response-Werte auswirkt. Unter Umständen ist es ratsamer, die Frequenz leicht zu reduzieren.

Inhaltlich können alle Unternehmensthemen per Newsletter kommuniziert werden, sofern sie für die Allgemeinheit bestimmt sind. Der klassische Newsletter wird manuell durch Redakteurinnen oder Redakteure bzw. E-Mail-Marketing-Manager erstellt und für den Versand terminiert.

Trigger-Mailings

Trigger-Mailings greifen beispielsweise ein bestimmtes Ereignis (Geburtstag, Jahrestag etc.) oder eine Reaktion (Öffnung, Klick, Kauf etc.) auf und kommunizieren anlassbezogen mit der Zielperson.

> **Definition Trigger-Mailings**
>
> Trigger-Mailings (Trigger ist das englische Wort für »Auslöser«) stehen für anlassbezogene Kommunikation.

Diese E-Mails unterscheiden sich von klassischen Newslettern in erster Linie dadurch, dass der Versand nicht durch eine Person gesteuert wird und die Inhalte in der Regel auf die Zielgruppe angepasst sind.

Diese Form von Marketing-E-Mails erfordert ein hohes Maß an Marketing-Automation: Die Daten müssen (in Realtime) mit anderen Systemen ausgetauscht werden. Ein Regelwerk definiert, welches Mailing unter welchen Bedingungen und wann versendet werden soll.

Dabei gilt: Je besser man die Zielgruppe kennt, desto mehr Gelegenheiten (sogenannte Touchpoints) bieten sich für anlassbezogene E-Mails. Das heißt, während eines Customer Lifecycle kommen immer mehr Anlässe für Trigger-Mailings hinzu.

Während des *Customer Lifecycle* durchlaufen Empfänger mehrere Phasen:

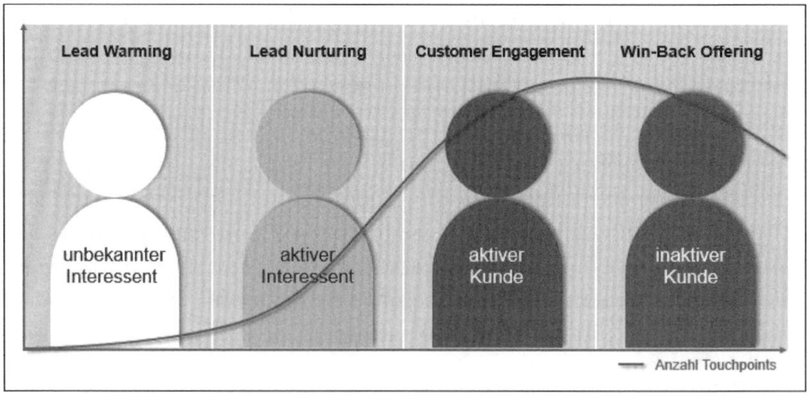

Abbildung 9-10:
Phasen eines normalen Customer Lifecycle (© Manuela Meier)

Alle Phasen bieten individuelle Touchpoints, um mit dem Lead in Kontakt zu treten. In der ersten Phase, *Lead Warming*, sind in der Regel nur die Anmeldedaten des Empfängers bekannt. Es gibt somit nur sehr begrenzte Möglichkeiten für Trigger-Mailings wie beispielsweise:

- Double-Opt-in-Mail
- Willkommensmail
- Incentivierung, z. B. Gutscheine für die Newsletter-Anmeldung

In der Phase *Lead Nurturing* haben Empfänger schon mehrfach E-Mails erhalten und auf sie reagiert. Sie können anhand ihres Öffnungs-, Klick- und Surfverhaltens ein Interessenprofil erstellen. Eventuell hat jemand auch schon weitere persönliche Daten wie z. B. Geburtsdatum, Kleidergröße etc. preisgegeben. Typische Touchpoints in dieser Phase sind:

- Geburtstagsmail
- Namenstagsmail
- Warenkorbabbrecher-Mail
- Produktempfehlung

Nach dem Lead Nurturing folgt im Optimalfall die Phase *Customer Engagement*. Sie haben den Lead erfolgreich zum Kunden gewandelt. Dadurch ergeben sich – im Vergleich zur vorangegangenen Phase – automatisch viele neue Touchpoints:

- Loyalty-Mail
- Transaktionsmail
- Reminder-Mail
- Produktbewertung

In sehr vielen Fällen passiert es, dass Kunden über einen längeren Zeitraum nicht mehr einkaufen und schließlich in die Inaktivität abdriften. Die Ursachen dafür sind vielfältig. Es lohnt sich aber, am Ball zu bleiben. Gerade in der Phase des *Win-Back Offering* muss man wieder mehr Zeit in den Lead investieren, um ihn nicht gänzlich zu verlieren. Touchpoints, die besonders in dieser Phase zum Tragen kommen, sind:

- Reminder-Mail
- Incentivierungsmail als Kaufanreiz
- Serviceumfragemail

Gerade die Anlässe aus der Lead-Nurturing-Phase begleiten die Empfänger durch das restliche Dasein im Customer Lifecycle, schließlich haben sie jedes Jahr wieder Geburtstag. Aber auch für andere Mailings gibt es wiederkehrende Anlässe.

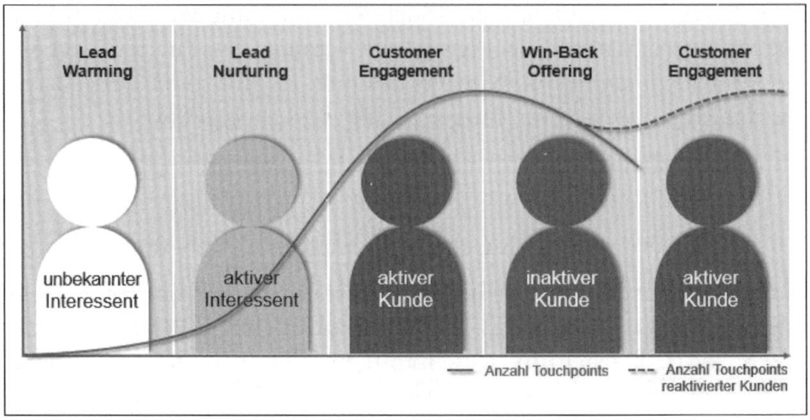

Abbildung 9-11:
Durch gezieltes Win-Back Offering kann ein Lead wieder aktiviert werden. (© Manuela Meier)

Intervallmails (auch Recurring Mails)

Eine weitere Form von Marketing-E-Mails sind die *Intervallmails*. Diese erscheinen, wie der Name schon verrät, in regelmäßigen Zeitintervallen. Typische Vertreter der Intervallmails sind z. B. Konto- oder Punktestandübersichten. Automatisiert wird einmal monatlich eine E-Mail verschickt, die identisch aufgebaut ist, aber unterschiedliche Werte zeigen kann. Auch hier sitzt im Hintergrund kein Redakteur, der die Mails pflegt und steuert, sie werden automatisch generiert.

Transaktionsmails (auch Servicemails)

Transaktionsmails sind in der Regel anlassbezogen und könnten somit auch unter die Rubrik Trigger-Mails fallen. Sie werden hier aber gesondert aufgeführt, weil sie zumeist keinen werblichen Aspekt verfolgen und für diese Mails zum Teil auch keine Einwilligungserfordernis vorliegt. Das trifft jedoch nur auf jene E-Mails zu, die neben den Serviceinformationen keinerlei werbliche Inhalte enthalten.

In diesen Mailing-Typ darf nur dann Werbung integriert werden, wenn die Empfängerin oder der Empfänger auch für den normalen Newsletter ein Opt-in erteilt hat. Beispiele für Transaktionsmails sind:

- Passwort-vergessen-Mail
- Bestellbestätigung
- Versandbestätigung
- Zustellbenachrichtigung
- Zahlungserinnerung
- Zahlungseingangsbestätigung
- Datenänderung

- Retoureneingangsbestätigung
- Änderungen der AGB
- Wartungsmitteilungen

Erwähnt sei auch, dass E-Mails, die ohne vorherige Aktion eines Empfängers aus dem System heraus versendet werden, ebenfalls zu den Transaktionsmails zählen, beispielsweise Mails, die ankündigen, dass ein System gewartet wird. Somit fällt nicht jede Transaktionsmail in die Rubrik Trigger-Mail.

E-Mail-Erstellung

Vom Design zur fertigen E-Mail

Bei der Erstellung von E-Mails können Sie beim Design zwei Ansätze verfolgen: das *Individualdesign* und das *Standarddesign*.

Beim Individualdesign entwickelt man ein E-Mail-Design komplett über ein Grafikprogramm. Anschließend wird die Grafik entweder in mehrere (verlinkte) Einzelteile zerlegt und als HTML umgesetzt oder, wenn das Grafikprogramm dazu in der Lage ist, einfach als HTML ausgegeben. Natürlich können Sie jeden HTML-Newsletter komplett von Hand programmieren. Zum einen ist das aber zeitintensiv, da nur wenige Online Marketing Manager weitreichende Programmierkenntnisse mitbringen, und zum anderen ist es durch externen Entwicklungsaufwand auch kostenintensiv. Diese Vorgehensweise wird deshalb meist dann genutzt, wenn die E-Mail bzw. der Newsletter einen sehr individuellen Aufbau ohne feste Gestaltungselemente hat.

Tipp: Newsletter-Templates

Ein Newsletter-Template (auch Schablone) erleichtert die E-Mail-Erstellung.

In der Regel geht man jedoch so vor, dass man zunächst ein *Grundlayout* definiert und dieses in ein *HTML-Template* umsetzt. Die Inhalte werden anschließend anstelle der Platzhalter in das Template eingefügt. Die meisten E-Mail-Marketing-Tools bringen bereits vorgefertigte Templates mit, die dann nur noch durch den Versender angepasst werden müssen.

Die Arbeitsweise mit Schablonen bzw. Templates bietet mehrere Vorteile:

- Wiedererkennungswert durch gleichbleibende Optik.
- Reduzierter Gestaltungs- bzw. Erstellungsaufwand.

- Bessere Optimierbarkeit für Responsive Design.
- Geringere Fehleranfälligkeit, da Standardinhalte wie Header und Footer einfach übernommen werden.

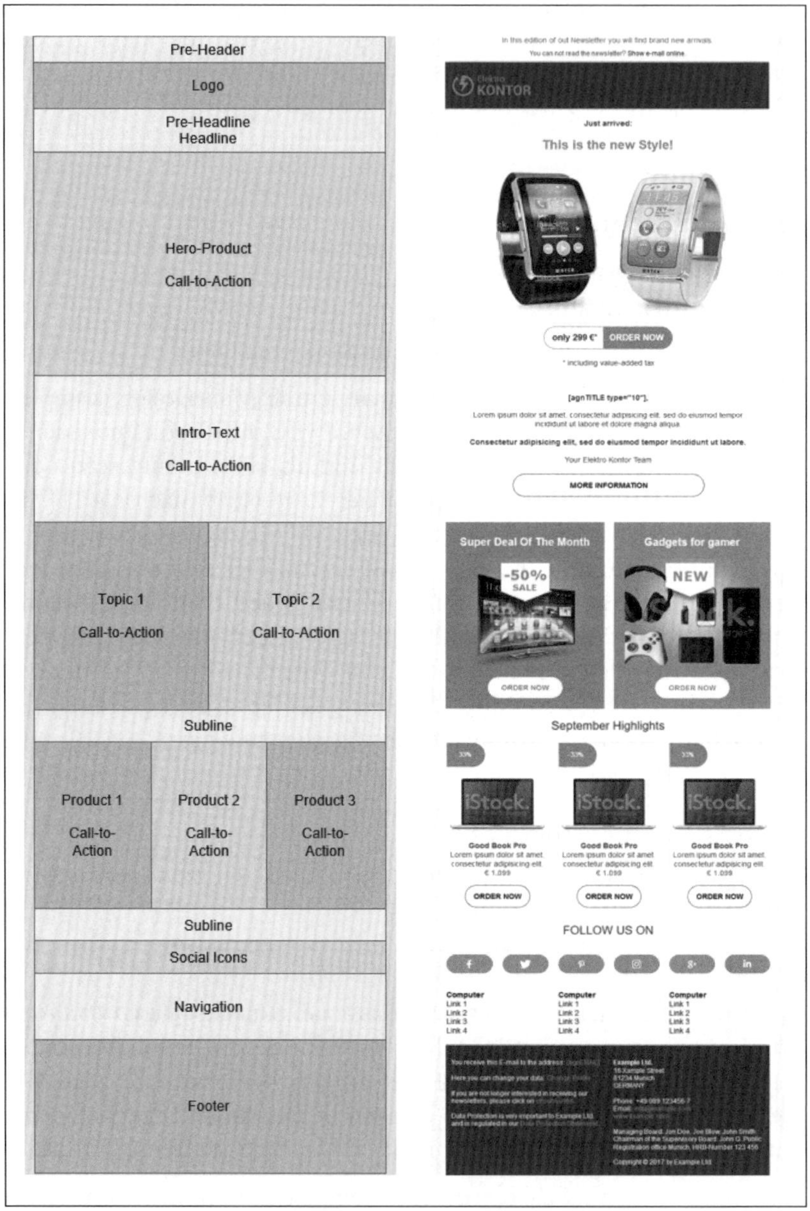

Abbildung 9-12:
Die meisten Newsletter-Designs lassen sich gut mit Templates erstellen. In der Regel wiederholen sich bestimmte Inhaltsbausteine mehrfach. (© Infografik links: Manuela Meier)

Die Inhalte können nun entweder über externe Inhaltsquellen (das können beispielsweise RSS-Feeds sein) oder von Hand in die Platzhalter eingefügt werden. Professionelle E-Mail-Marketing-Tools (wie z.B. AGNITAS E-Marketing Manager, emarsys B2C Marketing Cloud, Inxmail Professional, Salesforce Marketing Cloud) beinhalten normalerweise sogenannte *WYSIWYG-Editoren* (»What You See Is What You Get«), mit denen man auch ohne Programmierkenntnisse Inhalte für HTML-E-Mails erstellen und bearbeiten kann. Diese arbeiten im Prinzip wie Word und bieten diverse Formatierungsmöglichkeiten an.

Einige etwas umfangreichere E-Mail-Marketing-Tools stellen sogar ein *Grid-CMS* zur Verfügung. Damit kann man einzelne Inhaltsbausteine beliebig in einem Mailing platzieren und verschieben. Das Raster im Hintergrund definiert das Grundlayout des Mailings.

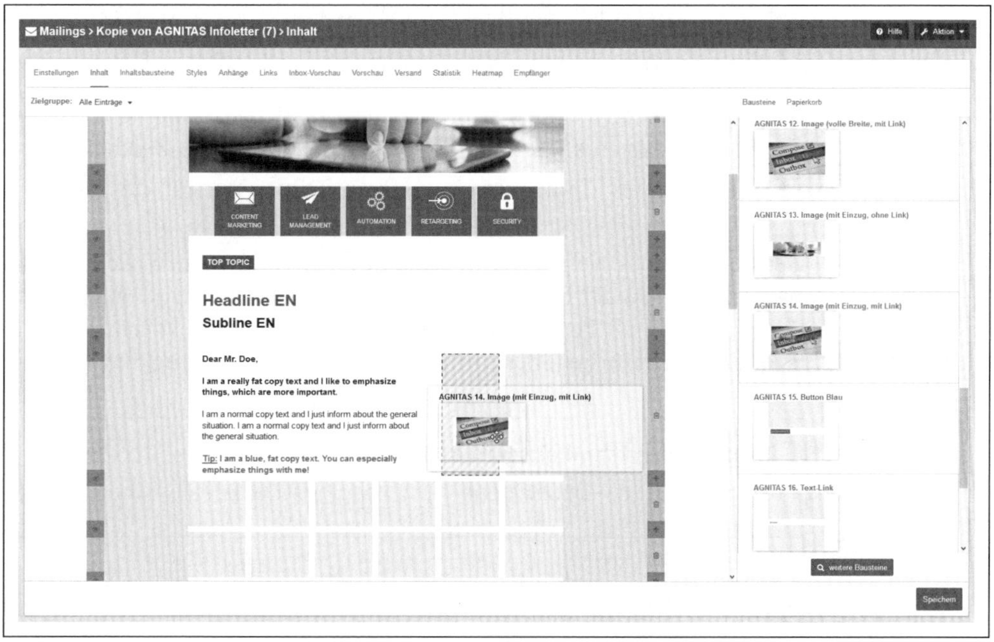

Abbildung 9-13:
Flexible E-Mail-Erstellung mit einem Grid-CMS

Die Textvariante eines Mailings kann ebenfalls von Hand erstellt oder über externe Inhaltsquellen befüllt werden. Manche Tools bieten auch einen *HTML-to-Text-Konverter* an, der alle Texte aus der HTML-Variante ausliest und in eine Textversion umwandelt. Allerdings empfiehlt es sich, bei automatisiert generierten Textmails noch einmal einen Blick auf die Formatierungen zu werfen, um ein gut lesbares Ergebnis zu bekommen.

Aufbau und Inhalte erfolgreicher E-Mails

Grundsätzlich gilt: Je relevanter der Inhalt für die Zielgruppe ist, desto erfolgreicher wird die E-Mail sein. Trotzdem ist nicht nur die Relevanz ausschlaggebend für den Erfolg des Mailings. Wichtig ist, dass Empfänger so schnell wie möglich die Inhalte erfassen können, sich durch die Optik und die Texte angesprochen fühlen und zum Weiterlesen bzw. Klicken angeregt werden. Durch die Einhaltung bestimmter E-Mail-Marketing-Grundregeln können Sie die Qualität Ihrer Mailings verbessern und den Erfolg positiv beeinflussen.

Tipps zur Betreffzeile

Ihr Ziel muss es sein, die Empfängerinnen und Empfänger so schnell wie möglich in die E-Mail »hineinzuziehen«. Das beginnt natürlich beim Betreff. Hier gilt: *Fassen Sie sich kurz.* Die meisten ISPs zeigen nur eine bestimmte Zeichenzahl im Posteingang an (sie liegt zwischen 65 und 75 Zeichen je nach ISP), auf Smartphones bzw. Smart Watches sind es noch einmal deutlich weniger Zeichen. Außerdem sollte die *wichtigste Aussage am Anfang* stehen:

- Besser: »Bis zu 45% Rabatt auf Damenschuhe« (33 Zeichen)
- Nicht so gut: »Jetzt zugreifen: Damenschuhe nur für kurze Zeit bis zu 45% reduziert« (75 Zeichen)

Der Betreff muss Neugierde wecken, deshalb ist es wichtig, *Relevanz* zu erzeugen und in der Formulierung immer wieder zu variieren. Sie können hier auch mit Personalisierungen und Emoticons experimentieren. Es gilt dabei natürlich, bestimmte Spam-Signale zu vermeiden.

> **Tipp: Aufmerksamkeitsstarker Betreff**
>
> Der Betreff ist der Door-Opener für ein erfolgreiches E-Mail.

Verwenden eines Pre-Header

Eine weitere wichtige Rolle für die Öffnungsrate spielt der Pre-Header. Smartphone-Apps und zum Teil auch Desktopclients zeigen neben dem Betreff auch einen Auszug aus dem Inhalt im Posteingang an. Dazu wird die erste Textpassage herangezogen, die in der E-Mail hinterlegt ist. Dieser Text kann je nach App sogar zweizeilig angezeigt werden, was dazu führt, dass der Pre-Header neben dem Betreff wertvolle Informationen transportieren kann. Deshalb wäre es schade, diese Chance ungenutzt mit einem banalen »Wenn die E-Mail nicht richtig dargestellt wird, klicken Sie hier ...« verstreichen zu lassen. Auch sollten Sie nicht einfach den Betreff wiederholen, denn das ist zum einen langweilig, und zum anderen bietet es dem Empfänger keinen Mehrwert.

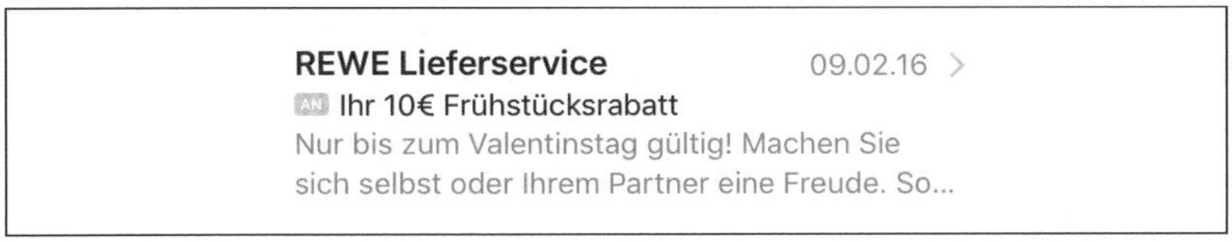

Abbildung 9-14:
Der Pre-Header ist eine zusätzliche Informationsquelle zum Betreff.

Wichtige Inhalte »Above the Fold« platzieren

Schlüsselinhalte gehören in den oberen Teil der E-Mail, sodass sie, auch ohne scrollen zu müssen (*Above the Fold*), zu sehen sind. Viele Empfänger rufen ihre E-Mails in einer Vorschauansicht ab und entscheiden anhand eines kleinen Ausschnitts, ob sie die E-Mail öffnen und komplett lesen. Sie sollten deshalb alles Wichtige oben im Header-Bereich Ihrer E-Mail platzieren.

Tipps zur Conversion-Optimierung

Neben *Incentives* trägt auch die *Gestaltung* bzw. der *Aufbau der E-Mail* zur Conversion-Steigerung bei. Einen wichtigen Beitrag leisten dabei aufmerksamkeitsstarke *Call-to-Action-Elemente*, also auffällige Buttons und Klickelemente. Gestalten Sie Ihre E-Mails so, dass sie den Blick auf die Buttons lenken, und hinterlassen Sie eine eindeutige Handlungsaufforderung, etwa *Jetzt downloaden*. Verlinken Sie aber auch alle Bilder mit der Zielseite, wenn möglich. Sogenannte *Cinemagraphs* (animierte Bilder) sorgen ebenfalls für größere Aufmerksamkeit. Vermitteln Sie durch die Ankündigung einer Limitierung (von Zeit oder Menge) eine gewisse Dringlichkeit.

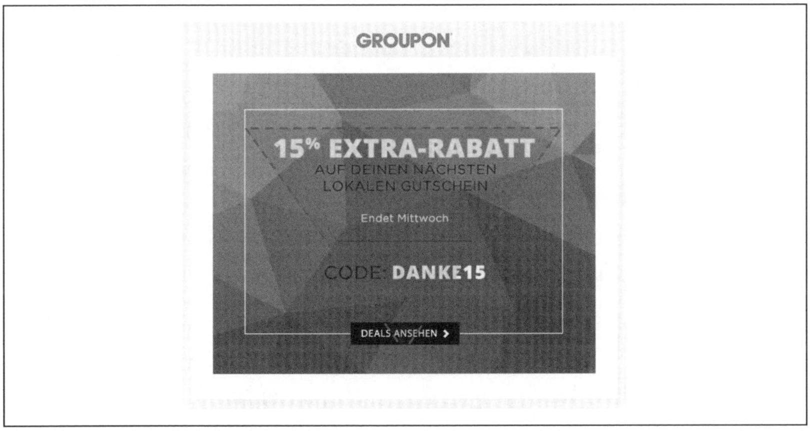

Abbildung 9-15:
Das Umgekehrte-Pyramide-Format lenkt den Blick gezielt zum Call-to-Action-Element und beschränkt sich auf die wichtigsten Informationen.

Auch im Inhalt sollte man sich kurzfassen. Lagern Sie Texte und weitere Informationen auf Landingpages aus – das steigert ebenfalls die Klickrate. Beim Aufbau können Sie auch mit unkonventionelleren Methoden, wie z. B. dem *Umgekehrte-Pyramide-Format* oder der *1-2-3-Methode*, experimentieren.

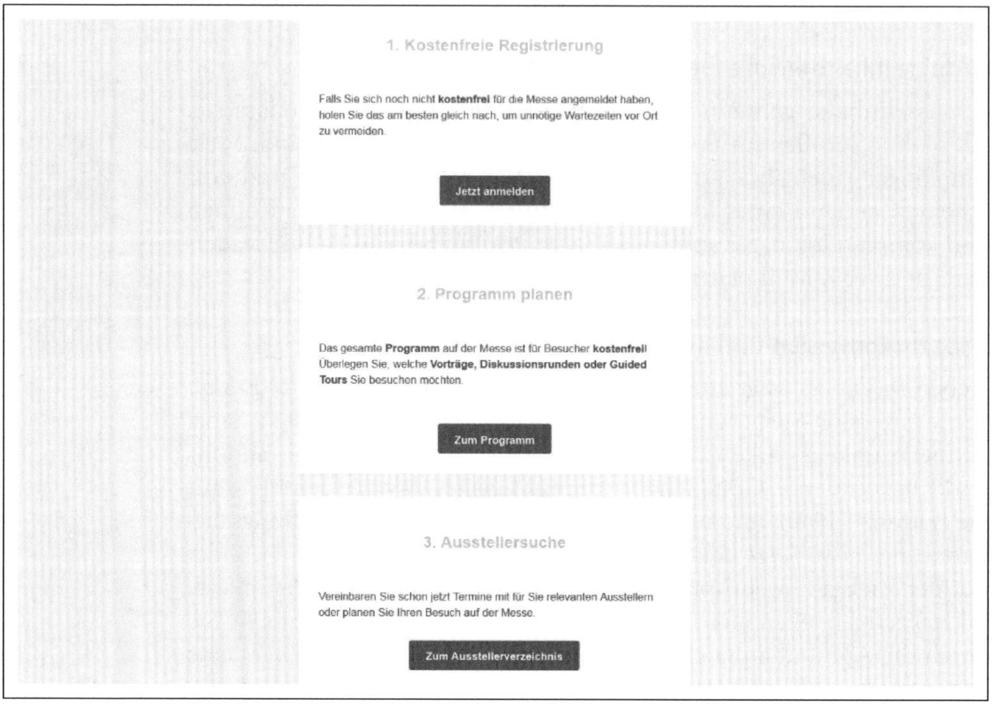

Abbildung 9-16:
1, 2, 3 – fertig: Die 1-2-3-Methode suggeriert dem Empfänger, dass es total simpel ist, zum gewünschten Ziel zu kommen.

Neben diesen Tipps gibt es noch zahlreiche andere Möglichkeiten, um eine Marketing-E-Mail weiter zu optimieren. Im Abschnitt »Checkliste für erfolgreichere Mailings« auf Seite 438 finden Sie weitere Anregungen.

Content im E-Mail-Marketing

Es wurde bereits mehrfach darauf hingewiesen, dass relevante Inhalte die Conversion positiv beeinflussen. Deshalb ist auch im Medium E-Mail Content King. Relevanz kann durch passende Produktvorschläge und Angebote erzeugt werden. Sie können aber auch den absatzgetriebenen Pfad verlassen und weiterführende Informationen zu bestimmten Themenbereichen anbieten, z. B. Tipps zur Schuhpflege bei einem

Schuhhändler, Wanderwege bei Outdoor-Anbietern und Stromspartipps von einem Energieversorger. Gerade wenn Empfänger nicht das Gefühl bekommen, »dass die sowieso nur mein Geld wollen«, steigert guter Content langfristig *Response Rates* und *Kundenbindung*. Je größer der Mehrwert, den die Empfänger in Ihren E-Mails sehen, desto häufiger werden sie sie öffnen und lesen.

Auch personalisierte Inhalte, wie das aktuelle Wetter oder das Horoskop, sorgen für höhere Öffnungsraten. Zusätzlich kann man solche Inhalte einsetzen, um die Empfängerdaten anzureichern. Ein Empfänger, der täglich nur ein allgemeines Deutschlandwetter bekommt, könnte bei dem Hinweis »Tragen Sie hier Ihre Postleitzahl für ein individuelles Wetter ein« durchaus auf den Geschmack kommen.

Mehrstufige Kampagnen im E-Mail-Marketing

Wie im Abschnitt »Rechtsgrundlagen zum E-Mail-Marketing« auf Seite 390 bereits erwähnt, ist das Medium E-Mail perfekt dafür geeignet, Marketingkampagnen durch Trigger auslösen zu lassen und in mehrstufigen Mailkaskaden mit Wenn-dann-sonst-Bedingungen auf die Handlungen zu reagieren. Das gilt auch für geplante Marketingkampagnen ohne externen Auslöser. Markteinführungen oder Abverkaufsaktionen können ebenfalls mit verschiedenen Nachfass-Mailings konzipiert und umgesetzt werden. Das Schöne an E-Mail-Marketing ist die *Transparenz*. Sie kommunizieren mit einem eindeutigen Gegenüber und können gezielt auf dessen Verhalten eingehen, da (nahezu) alle Schritte nachvollziehbar sind. Aus diesem Grund sollte man die Möglichkeit, in bestimmten Fällen nachzufassen, nicht ungenutzt verstreichen lassen.

Reine E-Mail-Kampagnen

Beispiel: Mehrstufige Begrüßungskampagne

Eine Begrüßungskampagne für Newsletter-Neulinge bietet die Möglichkeit, sich als Unternehmen zunächst einmal vorzustellen und der Zielgruppe gegenüber seine Wertschätzung zu zeigen (Begrüßung durch die Geschäftsführung). Als kleines Dankeschön für das entgegengebrachte Interesse können Sie den Empfängern ein Incentive zukommen lassen. Ziel ist natürlich, die erhöhte Aufmerksamkeit in dieser Phase schnellstmöglich in einen Kauf zu wandeln. Natürlich muss man die Kampagne nach der dritten E-Mail nicht enden lassen. Dieser Entscheidungsbaum ließe sich unendlich weiterführen. Im Idealfall läuft diese Kampagne, bevor der Empfänger seine ersten Standard-Newsletter erhält, um ihn nicht gleich am Anfang mit allgemeinen Verkaufs-Newslettern zu überfrachten.

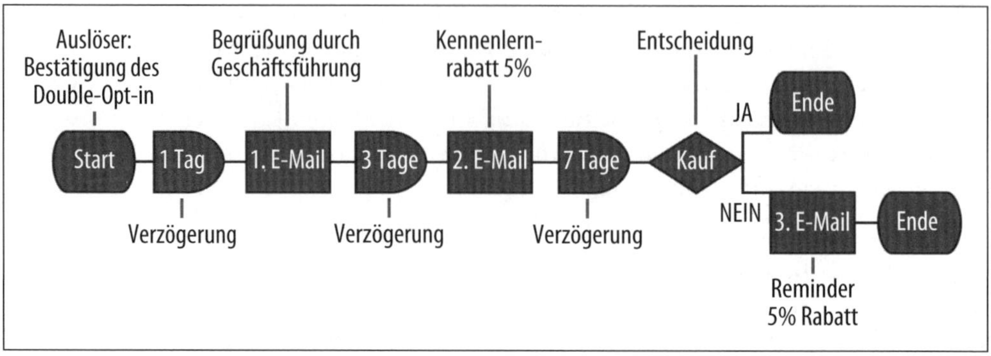

Abbildung 9-17:
Beispielhafte mehrstufige Begrüßungskampagne (© Manuela Meier)

Beispiel: Mehrstufige Retargeting-Kampagne

Besucher Ihrer Website, die schon Artikel dem Warenkorb hinzugefügt, aber den Bestellvorgang nicht abgeschlossen haben, können in einer Retargeting-Kampagne (auch Remarketing) nachverfolgt werden. Hier ist das Produktinteresse enorm hoch, aber es bedarf vielleicht noch eines letzten Kaufanstoßes. Deshalb sind Rabatte und Gutscheine gerade in dieser Kampagne sehr aussichtsreich. Auch Empfehlungen, basierend auf den ursprünglichen Produkten, sind sinnvoll.

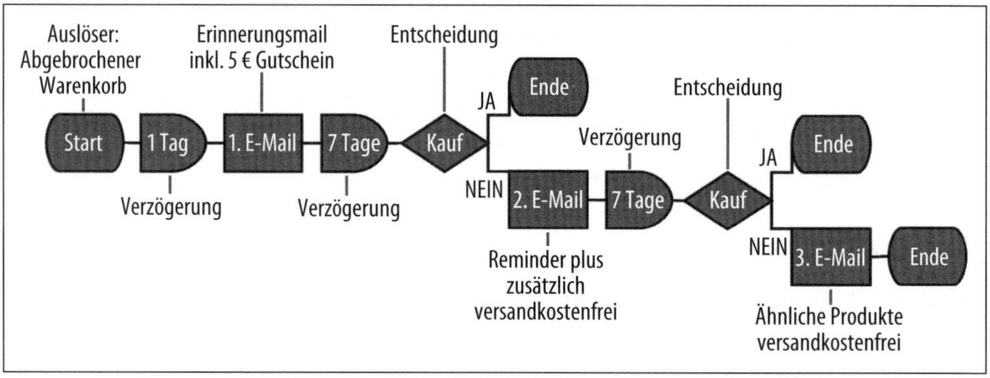

Abbildung 9-18:
Beispielhafte Retargeting-Kampagne für Warenkorbabbrecher (© Manuela Meier)

Neben Warenkorbabbrüchen können Sie aufgerufene Produkte oder besuchte Seiten nachverfolgen. Wichtig ist nur, dass Sie die Website-Besucherin oder den Website-Besucher identifizieren und einer E-Mail-Adresse zuordnen können. In der Regel erfolgt das Matching über Cookie-Tracking, es kann bei Personen, die noch kein Cookie auf dem Rechner haben oder diese regelmäßig löschen, auch über das Shop-Log-in erfolgen. Im besten Fall ist Ihr E-Mail-Marketing-System so mit der Website vernetzt, dass diese Informationen in Echtzeit verwertet werden können.

Retargeting ist in erster Linie aus dem Bereich Media-/Bannerwerbung bekannt. Positiv am Retargeting per E-Mail ist Folgendes:

- Sie kennen den Empfänger und können ihn eindeutig personalisieren.
- Die Empfängerin wird in einer kontrollierten Umgebung (E-Mail-Postfach) mit Ihren Produkten konfrontiert– ohne störende Nebeneinflüsse.
- Sie wissen eindeutig, ob Empfänger das Produkt bereits gekauft haben, und »belästigen« sie nicht unnötig mit Produktvorschlägen.
- Die Wahrnehmung von E-Mails gegenüber Bannern ist bedeutend höher. Im Vergleich: Nur etwa ein bis zwei von 1.000 Nutzern klicken auf einen Banner.[7]
- Es gibt keine Adblocker, die wie bei Bannern die Anzeige unterdrücken.

Es gibt natürlich noch viel mehr Anlässe für *mehrstufige Kampagnen*. Generell können Sie gut bei Gutscheincodes/Incentives nachfassen (Achtung: nur noch x Tage ...). Auch *Upselling-Kampagnen* (z.B. das passende Zubehör für Ihren neuen Fernseher) und *Predictive-Kampagnen* (Produktempfehlungen basierend auf dem Empfängerverhalten) bieten genügend Stoff für mehrere Nachfass-Mailings.

Definition Retargeting

Als *Retargeting* (auch Re-Targeting geschrieben, aus dem Englischen »re« für »wieder« und »targeting« für »(genau) zielend«, ein synonymer Begriff ist Remarketing) wird im Online-Marketing ein Verfolgungsverfahren genannt, bei dem Besucher einer Webseite – üblicherweise eines Webshops – markiert und anschließend [...] mit gezielter Werbung wieder angesprochen werden sollen. Ziel des Verfahrens ist es, einen Nutzer, der bereits ein Interesse für eine Webseite oder ein Produkt gezeigt hat, erneut mit Werbung für diese Webseite oder ein Produkt zu konfrontieren. Hierdurch soll die Werberelevanz und somit die Klick- und Konversionsrate (z.B. die Bestellquote) steigen.[8]

7 1&1 Digital Guide (2016), Banner Blindness: Begriffsklärung und Auswirkungen, *https://www.ionos.de/digitalguide/online-marketing/verkaufen-im-internet/banner-blindness-begriffsklaerung-und-auswirkungen/* (Aufruf: 02.05.2023)

8 In Anlehnung an Wikipedia (2016), Artikel »Retargeting«, *https://de.wikipedia.org/w/index.php?title=Retargeting&oldid=159792418* (Aufruf: 14.04.2020)

Integrierte Kampagnen

Marketingkampagnen müssen nicht ausschließlich über ein Medium stattfinden. Häufig kombinieren sie verschiedenste Medien, und zwar Channel-übergreifend von online bis offline, das E-Mail-Marketing ist hier integriert. Wie bereits erwähnt, steht das *Customer Experience Management* dabei im Vordergrund. Aus diesem Grund ist es ausgesprochen wichtig, dass auch das E-Mail-Marketing als Teil der Marketingklaviatur mit den anderen Kanälen abgestimmt ist und mit ihnen interagiert.

> **Hinweis: Channel-übergreifende Kampagnen**
> Bei Channel-übergreifenden Kampagnen steht das Customer Experience Management im Vordergrund.

Gerade im Online-Marketing kann man gezielt personenbezogene Kampagnen über mehrere Medien realisieren: Angefangen bei interessenbasierten SEA- und Banneranzeigen über individuelle Social-Media-Ads, personalisierte E-Mails, passende Web oder App Push Notifications bis hin zur Customized Landing Page sind zahlreiche Szenarien Channel-übergreifend abbildbar. Zusätzlich können Printwerbung und, falls Filialen existieren, personalisierte Angebote am Point of Sale (über sogenannte Beacons) die Kampagnen abrunden.

Um eine derart vernetzte Kommunikation realisieren zu können, ist, wie schon erwähnt, der Datenfluss von einem System zum anderen entscheidend. Teilweise bieten sogenannte Marketing-Suiten, z.B. die Marketing-Clouds von Adobe, Hubspot oder Salesforce, von Haus aus mehrere Channels an. Aber nicht immer ergibt es Sinn, sich einen solchen Giganten ans Bein zu binden. Häufig ist es vollkommen ausreichend, wenn man die vorhandenen Systeme über Schnittstellen richtig miteinander vernetzt.

Kennzahlen und Erfolgsmessung

Wichtige E-Mail-Kennzahlen

Das E-Mail-Marketing zeichnet sich durch eine gute Messbarkeit aus. Es ist sehr transparent, da Sie jeder Person unmittelbar die Reaktionen zuordnen können. Das macht den Kanal auch so spannend für Online Marketing Manager.

Basiskennzahlen

- **Versendete E-Mails** – Alle E-Mails, die für das Mailing produziert wurden.
- **Zugestellte E-Mails** – Bei dieser Kennzahl gibt es zwei Varianten:
  - Variante 1: Versendete E-Mails minus alle Bounces.
  - Variante 2: Manche ISPs geben nicht nur einen Fehlercode zurück, sondern auch eine Erfolgsmeldung. Das sind bestätigte Zustellungen.
- **Bounces/Bounce-Rate** – Zeigt an, wie viele E-Mails temporär oder dauerhaft nicht zugestellt werden konnten, und ist ein wichtiger Indikator für die Datenqualität.
- **Abmeldungen/Abmelderate** – Gibt Aufschluss darüber, welcher Anteil sich durch die Inhalte eher gelangweilt oder belästigt fühlt; bei einer steigenden oder anhaltend hohen Abmelderate sollten Sie Ihre E-Mail-Marketing-Strategie überprüfen.

Response-Kennzahlen

- **Öffner/Öffnungen/Öffnungsrate** – Die Öffnungsrate gibt Auskunft darüber, wie viele Empfänger (Öffner) Ihre E-Mail geöffnet haben. Ein Öffner kann eine E-Mail beliebig oft öffnen (Öffnungen). Die Öffnung wird dabei über ein integriertes One-Pixel-Image gemessen, das vom Server des Versenders nachgeladen wird.
- **Achtung** – Da das One-Pixel-Image nur bei HTML-E-Mails eingebunden werden kann, können die Öffnungen von Text-E-Mails nicht gemessen werden. Zudem wird die Messung dadurch beeinflusst, dass Empfänger zum Teil ihre E-Mails nur im Vorschaumodus lesen und Bilder nicht immer nachladen. Umgekehrt gibt es den Effekt, dass manche Firewalls alle Bilder in E-Mails prüfen bzw. sogenannte Proxyserver die Bilder vorladen, um den Empfängern mehr Anonymität zu bieten, und dadurch falsche Öffnungen gemessen werden. Da es jedoch keine alternativen Messmethoden gibt, ist dies der einzige Indikator, der herausfinden kann, wie viele Empfänger die E-Mail gelesen haben.

  Leider gibt es keinen etablierten Marktstandard bei der Berechnung der Öffnungsrate, deshalb weichen die E-Mail-Marketing-Tools hier voneinander ab. Ein Teil der Anbieter bezieht sich auf die Zahl der versendeten E-Mails (größte Basis), andere beziehen sich auf die zugestellten E-Mails (Empfänger minus Bounces), da Bounces ja nicht reagieren konnten. Und theoretisch dürfte man nur die zugestellten HTML-E-Mails als Basis heranziehen, da bei den Text-E-Mails die Öffnung nicht feststellbar ist. Formel für die Berechnung:

$$\text{Öffnungsrate} = \frac{\text{Öffner} \times 100}{\text{Zugestellte E-Mails}}$$

Manche Anbieter berechnen auf Basis der Klicks von Text-E-Mails und HTML-E-Mails ohne messbare Öffnung eine *Öffnungsrate der »unsichtbaren Öffner«*. Diese kann zwar nur als Näherungswert angesehen werden, vermittelt aber zusammen mit der messbaren Öffnungsrate ein realistischeres Bild der tatsächlichen Öffnungen.

- **Klicker/Klicks/Klickrate** – Die Klickrate zeigt an, wie relevant der angebotene Inhalt für die Empfänger ist. Der Klick wird in der Regel über einen Redirect erfasst. Das heißt, der eingebettete Link wird über einen Server des Toolanbieters umgeleitet und somit gezählt. Bei der Klickmessung gibt es im Gegensatz zur Öffnung weniger Unschärfen, auch Links in Text-E-Mails werden gemessen, aber auch hier erzeugen manche Firewalls falsche Klicks. Ein Klicker, also eine Person, die mindestens auf einen Link geklickt hat, kann mehrmals in einer E-Mail klicken.

  Auch hier weichen die Berechnungsformeln voneinander ab: Wiederum kann sowohl die Zahl der versendeten als auch die der zugestellten E-Mails als Basis dienen. Manche Tools setzen auch die Klicks ins Verhältnis zu den Öffnungen. Diese Kennzahl zeigt zwar an, wie relevant die E-Mail für denjenigen war, der den Inhalt überhaupt gesehen hat, die Ergebnisse sind aber mit Vorsicht zu genießen, da nicht eindeutig gemessen werden kann, wie viele Mails geöffnet werden. Formel für die Berechnung:

$$\text{Klickrate} = \frac{\text{Klicker} \times 100}{\text{Zugestellte E-Mails}}$$

$$\text{Click-to-Open-Rate} = \frac{\text{Klicks} \times 100}{\text{Öffnungen}}$$

- **Umsatz/Conversion-Rate** – Ziel nahezu jeder erfolgreichen E-Mail-Kampagne ist, dass sich diese in einer Conversion niederschlägt. Durch das Einfügen eines Tracking-Pixels auf der Bestellbestätigungsseite und ein Cookie-Placement im Browser beim Klick auf einen E-Mail-Link kann der Umsatz einer E-Mail-Kampagne gemessen werden.

  Da nicht alle Empfänger Cookies erlauben und andere ihre Cookies nach jedem Surfen löschen, kann der Umsatz nicht komplett erfasst werden. Auch die Cookie-Laufzeit spielt bei der Erfolgsmessung eine wichtige Rolle. So kann man entweder nur den Umsatz ermitteln, der aus dem aktuellen Shopbesuch resultiert, oder man rechnet auch Umsätze, die an den Folgetagen getätigt werden, dem Mailing zu. Schließlich könnte die Kaufentscheidung aufgrund des E-Mail-Anstoßes gefallen sein.

Hinweis: »Last Cookie Wins«

Nachdem auch andere Marketingkanäle um den Umsatz buhlen, hat man sich in der Praxis häufig auf die Methode »Last Cookie Wins« verständigt. Das heißt, dass immer der Kanal, der das jüngste noch gültige Cookie im Browser platziert hat, den Umsatz zugeschrieben bekommt.

Bei der Berechnung der Conversion-Rate beziehen sich die meisten Tools auf die Klicks oder Klicker als Basis. Formel zur Berechnung:

$$\text{Conversion-Rate} = \frac{\text{Käufe} \times 100}{\text{Klicks}}$$

- **Return on Invest (ROI)** – Der ROI setzt die Erträge (den Gewinnanteil) ins Verhältnis zu den Kosten. Diese Kennzahl wird zwar in den E-Mail-Marketing-Tools nicht standardmäßig angeboten, aber es lohnt sich dennoch, sie im Blick zu behalten. Formel zur Berechnung:

$$\text{ROI} = \frac{\text{Erträge}}{\text{Kosten}}$$

- **Social Signals (Shares, Likes, Recommendations, Reviews)** – Neben den »harten« Response-Werten können auch die Social Signals gemessen und bewertet werden. In diesem Fall fungiert der Empfänger als Multiplikator und steigert die Reichweite Ihres Mailings. Je mehr Shares, Likes, Bewertungen oder Weiterempfehlungsmails Ihre E-Mail generiert, desto relevanter scheint das Thema für Ihre Empfänger zu sein. Über sogenannte Share-With-Your-Network-Buttons haben die Empfänger die Möglichkeit, Teile oder die ganze E-Mail mit ihrer Community zu teilen, und Sie können gleichzeitig messen, wie oft das der Fall war.

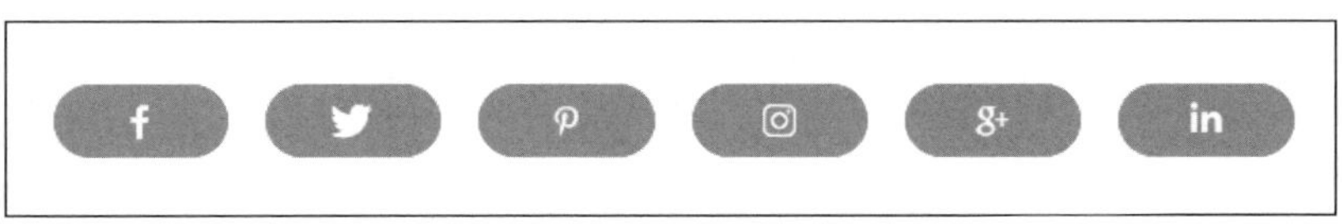

Abbildung 9-19:
Share-With-Your-Network-Buttons sind eine beliebte Möglichkeit, Inhalte mit der eigenen Community zu teilen.

Die meisten Kennzahlen haben als *relative Werte* mehr Aussagekraft als die *absoluten Werte*. Da die Zahl der Empfänger von E-Mail zu E-Mail meist schwankt, lassen sich auch nur die relativen Werte wirklich miteinander vergleichen.

Neben den Gesamtwerten lohnt sich bei Öffnungen, Klicks und Käufen auch ein Blick auf den *Zeitverlauf*. An welchen Wochentagen reagieren die Empfänger häufiger, welche Uhrzeiten sind am Responsestärksten etc.? Da sich die Response-Zeiten der einzelnen Empfänger unterscheiden, bieten manche E-Mail-Marketing-Tools eine sogenannte Send-Time-Optimization an. Diese bewirkt, dass die E-Mail dann zugestellt wird, wenn ein Empfänger oder eine Empfängerin am wahrscheinlichsten darauf reagieren wird. Der Nutzen der Send-Time-Optimization ist nicht eindeutig belegt. Zwar kann man damit kurzfristig die Response erhöhen, allerdings gleicht sich nach 48 bis 72 Stunden die Gesamt-Response meist wieder den Mailings an, die zu einem festen Zeitpunkt versendet wurden.

Abbildung 9-20:
Eine Heatmap zeigt, welche Links in der E-Mail wie oft geklickt wurden.

Die meisten professionellen E-Mail-Marketing-Tools bieten auch eine sogenannte *Heatmap* an, die über Farbcodes anzeigt, welche Links an welcher Stelle im Mailing wie häufig geklickt wurden. Diese Informationen lassen sich gut nutzen, um die Gestaltung von Buttons und Inhalten zu optimieren.

Ebenso kann man sich Response-Werte für die verschiedenen *Endgerätetypen* (Desktop, Tablet, Smartphone, Smart TV, Smart Watch) oder gezielt *einzelne Endgeräte* ansehen und auf Besonderheiten eingehen.

Weiteren Aufschluss kann Ihnen auch eine Analyse der *Domains* liefern. Gibt es bestimmte ISPs (z.B. gmail, gmx, web.de etc.), die in Ihrem Verteiler einen besonders hohen Anteil Ihrer Empfänger stellen? Dann sollten Sie dieses Wissen nutzen, um die Darstellung Ihrer Mailings in den jeweiligen Postfächern zu überprüfen.

Benchmark-E-Mail-Kennzahlen

Einen eindeutigen Benchmark kann man nur schwer festlegen. Die Response-Werte variieren sehr stark je nach Branche, Größe und Zusammensetzung der Zielgruppe und dem Inhalt des Mailings.

So ist zum Beispiel die Branche »E-Commerce« in der Regel deutlich Response-stärker als die Branche »Service und Finanzen«. Wie im Zusammenhang mit dem Lead-Management schon betont, steigen die Response-Raten mit zunehmender Relevanz der Inhalte für Ihre Adressen. Das heißt, je spitzer Ihre Zielgruppe gestaltet ist, desto höher liegen die Response-Raten – und umgekehrt: Je breiter Sie streuen, desto schlechter fallen die Werte aus.

Dieser Effekt zeigt sich sehr deutlich beim Vergleich von reinen Werbe-Newslettern und Content-Newslettern. Während Werbe-Newsletter mit durchschnittlichen Öffnungsraten von ca. 15 % rechnen dürfen, erreichen reine Content-Newsletter regelmäßig Öffnungsraten von über 50 %! Ähnlich deutlich fallen die Unterschiede bei den Klickraten aus.

Web Tracking und Behavior Tracking für eine geschlossene Customer Journey

Als Online Marketing Manager interessieren Sie sich natürlich nicht nur für die Kennzahlen eines Marketingkanals, sondern auch für eine ganzheitliche Betrachtung aller Kanäle. Aus diesem Grund wird meist ein separates *Web-Tracking-Tool*, wie z.B. Adobe Analytics, etracker, Google Analytics oder Matomo, eingesetzt, über das alle Marketingkanäle gemessen und verfolgt werden. Um den Kanal E-Mail-Marketing in einem unabhängigen Web-Tracking-Tool erfassen zu können, wird meist an die Links in der E-Mail ein Tracking-Parameter angehängt.

Auf diese Weise kann ein Bewegungsprofil des Interessenten respektive Käufers erstellt werden. Dieses zeigt an, welche Kanäle ein Käufer genutzt hat bis zur finalen Kaufentscheidung. Die *Customer Journey* wird so für Online Marketing Manager nachvollziehbar.

Auch für das E-Mail-Marketing ist das Bewegungsprofil innerhalb der Website interessant und wird für Retargeting-Kampagnen genutzt. Über ein *Behavior Tracking* wird der Verlauf der besuchten Produkte und Seiten an das E-Mail-Marketing-Tool übergeben. Da es nur das Verhalten des Besuchers auf der Website betrachtet, deckt es nicht die vollständige Customer Journey ab. Das Behavior Tracking ist meist Teil des Tools selbst und basiert auf einem Cookie Placement, es können aber auch Schnittstellen zu einem Web-Tracking-Tool genutzt werden. Bitte beachten Sie, dass auch für das E-Mail-Marketing die Rechtsgrundlage zur Cookie-Nutzung berücksichtigt werden muss. Tracking darf nur mit Zustimmung des Empfängers erfolgen.

Nutzung künstlicher Intelligenz im E-Mail-Marketing

Auch im E-Mail-Marketing können Sie sich die Unterstützung durch künstliche Intelligenz zunutze machen. Dabei lassen sich zwei grundlegende Einsatzfelder unterscheiden – Datenanalyse und Content-Erstellung.

Datenanalyse mit künstlicher Intelligenz

Die Datenanalyse mithilfe künstlicher Intelligenz ist nicht mehr so neu im E-Mail-Marketing, aber dennoch wird KI bisher nicht flächendeckend eingesetzt. Gerade im E-Commerce empfiehlt sich deren Nutzung. Aus den Daten lassen sich beispielsweise Rückschlüsse auf Inhalte, Versandzeit oder Segmentierung ziehen.

Einsatz von Recommendation Engines

Inzwischen haben sich einige Anbieter darauf spezialisiert, auf Basis des Einkaufs- und Surfverhaltens mittels Machine Learning Vorhersagen und Empfehlungen für künftige Einkäufe abzuleiten – auch bekannt als *Predictive Marketing* oder *Recommendation Marketing*. Die Vorhersagen basieren auf der Analyse von Mustern (wie etwa: andere, die diesen Artikel kauften, haben danach jenen Artikel gekauft). Voraussetzung dafür ist eine große Menge an Daten (Big Data), um kausale Rückschlüsse ziehen zu können.

Die Flexibilität von E-Mail-Marketing ist prädestiniert dafür, diese Empfehlungen direkt in individualisierte E-Mails einfließen zu lassen. Dabei können die E-Mails sowohl ausschließlich individuelle Empfehlungen enthalten als auch eine Mischung aus allgemeinen Inhalten und einem personalisierten Abschnitt sein.

Grundlage ist in allen Fällen der Zugriff auf Echtzeitdaten. Sowohl die Kundenprofile als auch der Produktkatalog müssen dafür im E-Mail-Marketing-Tool verfügbar sein. Soll der Versand der Individualmail direkt als Reaktion auf ein bestimmtes Verhalten erfolgen, müssen entsprechende Trigger-Punkte definiert werden. Darüber hinaus benötigen Sie ein E-Mail-Template, das die Daten nach einem vorgegebenen Regelwerk automatisiert verarbeitet. (Beispiele: Wie viele Produkte dürfen maximal in einer Zeile stehen? Was passiert, wenn mehr oder weniger Produkte vorhanden sind? In welcher Reihenfolge werden die Produkte dargestellt?)

Ermittlung von Versandzeit und Häufigkeit

Ein weiterer Bereich, in dem die Datenanalyse genutzt wird, ist die Versandzeitoptimierung auf Empfängerebene. Hier werden die Response-Zeiten der einzelnen Personen ausgewertet, und auf dieser Basis wird die beste Versandzeit für die nächste E-Mail ermittelt. Ziel ist es, die Reaktionswahrscheinlichkeit zu steigern, indem die E-Mail zu der Zeit im Postfach landet, zu der die Person am häufigsten reagierte. Es gibt somit nicht mehr den einen festen Versandzeitpunkt für eine E-Mail. Der Versand findet stattdessen innerhalb einer vorgegebenen Zeitspanne statt, z.B. innerhalb von 24 Stunden. Das hat den positiven Nebeneffekt, dass sich der Traffic im Onlineshop entzerrt.

Neben der Ermittlung der Uhrzeit kann KI auch genutzt werden, um den besten Versandtag und die optimale Kontakthäufigkeit pro Person zu ermitteln. Während drei Kontakte pro Woche für die eine Person bereits zu viel sind und in einer Abmeldung münden, können fünf Kontakte für die andere genau richtig sein, um die Umsätze zu maximieren.

Automatisiertes Lead-Scoring und Segmentierung

Die Daten können auch für Lead-Scoring-Modelle und automatisierte Segmentierung herangezogen werden. Wenn Empfängerinnen und Empfänger ein bestimmtes Verhalten zeigen, werden sie automatisiert einem Segment zugeordnet. Dieses Segment können Sie wiederum mit automatisierten Kampagnen verknüpfen, um die Leads/Kunden weiterzuentwickeln.

Auch hier ist es wichtig, dass die KI trainiert wird, um entsprechende Signale zu erkennen und richtig zu deuten.

Content-Erstellung mit künstlicher Intelligenz

Ein Bereich, der zuletzt für sehr viele Schlagzeilen und große Aufmerksamkeit sorgte, ist die Content-Erstellung mithilfe künstlicher Intelligenz. Besonders *ChatGPT* hat diese Entwicklung vorangetrieben.

Erstellung von Texten mit künstlicher Intelligenz

Künstliche Intelligenz ist inzwischen so weit ausgereift, dass Tools in der Lage sind, die natürliche Sprache des Menschen zu verstehen und als Antwort semantisch einwandfreie Texte zu generieren. Diese Fähigkeit können Sie sich auch beim Texten von Newslettern und E-Mails zunutze machen. Gerade wenn Ihnen der Einstieg in bestimmte Themen schwerfällt, ist es eine Erleichterung, auf einem generierten Text aufzubauen. Aus diesem Grund haben einige E-Mail-Marketing-Anbieter mittlerweile Schnittstellen zu entsprechenden Tools integriert.

Auch wenn ChatGPT hier noch einmal einen ordentlichen Schub nach vorne verursacht hat, ist es nicht die einzige künstliche Intelligenz, die für die Erstellung von Texten genutzt werden kann. Es gibt sogar Anbieter, die sich auf E-Mail-Marketing spezialisiert haben, z. B. auf das Generieren von Response-starken Betreffzeilen. Zugegebenermaßen sind diese Anbieter, z. B. *Phrasee* oder *Persado*, derzeit fast ausschließlich auf die englische Sprache fokussiert, aber hier wird sich in naher Zukunft sicherlich einiges tun.

Trotz der großen Qualitätssprünge in der Entwicklung der KI empfehle ich, die Texte in jedem Fall gegenzulesen. Zum einen liegt ein gewisses Risiko darin, dass die Aussagen falsch sind, weil die Daten, auf denen die Texte der KI basieren, veraltet oder falsch sind. Zum anderen fehlt den Texten oft der persönliche Touch. Sie sind zwar meist fachlich korrekt, aber nicht unbedingt knackig oder unterhaltsam und ansprechend formuliert.

Erzeugung von visuellem Content mit künstlicher Intelligenz

Während viele bei Content an Texte denken, wird dieser Bereich der KI häufig übersehen. Doch gerade beim visuellen Content ist es oftmals sehr schwierig, geeignetes Material zu finden. Daher ist es auf alle Fälle ein Ansatz, künstliche Intelligenz hierfür einzusetzen.

Es gibt verschiedene KI-Tools, die individuelle Bilder, Vektorgrafiken oder Videos erzeugen können, z. B. *Adobe Firefly*, *Dall E 2*, *Midjourney* oder *Stable Diffusion*. Jedes dieser Tools weist unterschiedliche Funktionen, Stile und Eigenschaften auf und eignet sich dadurch für verschiedene Anwendungsfälle. Es ist empfehlenswert, verschiedene Optionen zu prüfen und Testläufe zu machen, um herauszufinden, welches Tool am besten zu den spezifischen Anforderungen passt.

Ein Punkt ist Stand heute noch nicht einwandfrei geklärt, nämlich die Urheberrechte – besonders wenn die KI zur Erstellung des Ergebnisses auf lizenziertes Ausgangsmaterial zurückgreift. Deshalb empfehle ich, diesbezüglich die Urheberrechtslage mitzuverfolgen, um in keinen Graubereich zu rutschen.

Lernen von Erfolgsbeispielen

Schild steigert die Wirkung von Transaktionsmails

Das Schweizer Modeunternehmen Schild hat den Anspruch, dass Transaktionsmails nicht nur automatisiert mit individuellen Inhalten verschickt werden, sondern auch für einen positiven Imagetransfer bei den Kunden sorgen sollen, zuverlässig zugestellt werden und für Optimierungszwecke transparent messbar sind.

Diese Punkte konnten die Transaktionsmails von Schild früher nur teilweise erfüllen: Zu oft landeten die Bestellbestätigungen im Spam-Ordner, und die Mailings waren weder markenkonform gestaltet noch messbar – wie es leider öfter bei System-E-Mails der Fall ist, die nicht über ein professionelles E-Mail-Marketing-Tool generiert werden. Durch die Abwicklung der Transaktionsmails über einen E-Mail-Marketing-Anbieter steht Schild mittlerweile eine detaillierte Messbarkeit der Erfolgskennzahlen zur Verfügung. Zudem werden die Transaktionsmails jetzt automatisch im Look-and-feel des Unternehmens erstellt (HTML) und zuverlässig zugestellt (Whitelisting). Die genannten Punkte haben dazu geführt, dass neben der Imagewirkung auch die Response-Kennzahlen der Transaktionsmails nachhaltig verbessert wurden.

Conrad reaktiviert Schläfer mit Content-Newslettern

Im Auftrag und in Zusammenarbeit mit Conrad Electronic entwarf ein marktbekannter E-Mail-Marketing-Anbieter ein Konzept, um 2,6 Millionen inaktive Newsletter-Empfänger (sogenannte »Schläfer«) zu neuen Interaktionen und Käufen zu motivieren. Als Schläfer werden Empfänger bezeichnet, die zwar Newsletter erhalten, aber in den letzten 90 Tagen keinerlei Reaktionen darauf zeigten. Es wurde vermutet, dass diese Empfänger bislang nicht mit relevanten Inhalten angesprochen wurden und deshalb in die Inaktivität abdrifteten.

Durch eine Kombination aus *Customized Content* (individuelles Wetter und Tageshoroskop) und *tagesaktuellen News* aus dem Interessengebiet der Empfänger konnten 35 % der Empfänger mit dem rein redaktionellen Newsletter reaktiviert werden, während bei den werblichen Newslettern über mindestens drei Monate keinerlei Reaktion zu verzeichnen war.

Die Kosten der Kampagne lagen mit 17 Cent pro reaktivierte Adresse deutlich unter denen, die für den Einkauf von neuen, aktiven Adressen anfallen (beim Adresskauf wird effektiv von rund 40 Cent pro aktive Adresse ausgegangen, da nur jede vierte Adresse wirklich reagiert). Auf diese Weise ließen sich bei 905.000 reaktivierten Adressen rund 208.000 Euro für die Adressgenerierung einsparen.

Doch nicht nur das: Der fünfmal wöchentlich erscheinende Content-Newsletter generierte fast 100.000 Klicks in den Webshop des Anbieters. Darüber hinaus konnten durch die Bereinigung der weiterhin inaktiven Empfänger und solcher, die sich selbst abmeldeten, Versandkosten eingespart werden. Durch Datenanreicherungen (Postleitzahl für Wetter, Geburtsdatum für Horoskop) gewann Conrad bei den Nutzerdaten noch einmal an Wert hinzu. Die Reaktivierungsmaßnahme schuf innerhalb eines Jahres einen monetären Gegenwert von circa 315.000 Euro – Umsätze aus Webshopbesuchen nicht mit eingerechnet.

Checkliste für erfolgreichere Mailings

Um ansprechende und erfolgreiche E-Mails zu erstellen und zu versenden, gibt es einige Punkte, die Sie beachten sollten. Ein paar davon sind hier exemplarisch aufgeführt:

- ✓ Formulieren Sie Betreffzeilen kurz und sexy.
- ✓ Verwenden Sie einen Pre-Header, der den Inhalt »anteasert«.
- ✓ Integrieren Sie einen Web-View-Link, der das Lesen des Mailings im Browser ermöglicht.
- ✓ Erstellen Sie ein responsives Template für alle Endgeräte.
- ✓ Wichtige Inhalte sollten Sie »Above the Fold« platzieren.
- ✓ Sorgen Sie für gute Lesbarkeit (Kontraste, Schriftart, Schriftgröße etc.).
- ✓ Ermöglichen Sie Ihren Lesern, Ihre E-Mails zu überfliegen, z. B. mit der Umgekehrte-Pyramide- oder der 1-2-3-Methode.
- ✓ Experimentieren Sie regelmäßig.
- ✓ Geben Sie Ihren Unternehmensmailings ein Gesicht, das sorgt für Sympathie.

- ✓ Verwenden Sie keine noreply@-E-Mail-Adresse.
- ✓ Wechseln Sie Ihre Absendernamen nicht zu häufig und bitten Sie Ihre Leser, die (immer gleiche) Versandadresse ins Adressbuch aufzunehmen.
- ✓ Reagieren Sie automatisiert auf das Userverhalten in Kampagnen.
- ✓ Minimieren Sie Opt-outs durch eine Pausieren-Funktion und individuelle Versandfrequenzen.
- ✓ Verwenden Sie aufmerksamkeitsstarke Buttons.
- ✓ Verlinken Sie Bilder zur jeweiligen Landingpage.
- ✓ Lernen Sie von anderen und erstellen Sie sich eine Ideensammlung.
- ✓ Vermeiden Sie Wörter, auf die Spam-Filter reagieren.
- ✓ Stellen Sie den Nutzen in den Vordergrund: What keeps the reader awake at night?
- ✓ Denken Sie daran, dass Ihr Newsletter ein Impressum enthalten muss.
- ✓ Bieten Sie Formulare für User Self Service zur weiteren Schärfung der Nutzerprofile.
- ✓ Ermuntern Sie Ihre Leser, Ihren Newsletter weiterzuempfehlen.
- ✓ Erstellen Sie eine gute Landingpage.
- ✓ Verwenden Sie Social Proof, z. B. Produktbewertungen, und integrieren Sie Share-With-Your-Network-Buttons.
- ✓ Machen Sie Ihren E-Mail-Footer zum Sicherheitsnetz, indem Sie dort Referenzen, Auszeichnungen und Kontaktdaten angeben, und reduzieren Sie so Opt-outs.
- ✓ Vereinfachen Sie den Abmeldeprozess.
- ✓ Versenden Sie Nachfass-E-Mails.

Weitere Tipps zur Gestaltung und zum Aufbau von E-Mails finden Sie beispielsweise unter:

- Infografik mit 101 E-Mail-Marketing-Tipps:
  https://www.agnitas.de/e-mail-marketing-tipps-pro/ (AGNITAS, 2019)
- 10 Tipps für effiziente und rechtssichere Newsletter:
  http://www.email-marketing-forum.de/Fachartikel/details/1529-10-Dinge-die-Sie-bei-der-Gestaltung-von-Newslettern-beachten-sollten/52915 (E-Mail Marketing Forum, 2016)
- In Anlehnung an Wikipedia (2016), Artikel »Retargeting«, *https://de.wikipedia.org/w/index.php?title=Retargeting&oldid=159792418* (Aufruf: 29.09.2023)

KAPITEL 10
Social Media Marketing

In diesem Kapitel:

- Grundbegriffe und Zusammenhänge von Social Media Marketing
- Das sollte ein Online Marketing Manager beherrschen
- Lernen von Erfolgsbeispielen
- Linktipps zu Social Media Marketing

Von Felix Beilharz

Kaum ein Thema ändert sich so rasend schnell wie das Social Media Marketing. Es vergeht keine Woche, ja kaum ein Tag, an dem nicht eine neue Funktion in einem der großen Social Networks vorgestellt wird, eine neue Gerichtsentscheidung Marketer vor Herausforderungen stellt, neue Tools auf den Markt kommen oder sonstige Schlagzeilen die Landschaft verändern. Für Online Marketing Manager, die sich auch um das Social Media Marketing kümmern, besteht daher die Notwendigkeit, sich ständig auf dem Laufenden zu halten. Die Social-Media-Grundkonzepte sowie die Aufgaben des Online Marketing Manager liefert dieses Kapitel – alles Weitere können Sie sich über die Linktipps, Weiterbildungen und Literaturempfehlungen in diesem Buch erarbeiten.

Grundbegriffe und Zusammenhänge von Social Media Marketing

Online Marketing Manager müssen über ein grundlegendes Verständnis des Social Web verfügen, selbst wenn im Unternehmen spezialisierte Social Media Manager tätig sind oder mit Agenturen gearbeitet wird. Die folgenden Seiten schaffen Klarheit über wichtige Entwicklungen und Konzepte.

Entwicklung und Status quo des Social Web

In den letzten Jahren haben sich einige Entwicklungen im Social-Media-Sektor herauskristallisiert, die sich auch auf das Marketing auswirken. Interessant dabei ist, dass viele der früheren Prognosen auffällig falsch waren. »Facebook ist tot« geistert seit Jahren immer wieder durch die Szene – in Wirklichkeit erfreut sich Facebook bester Gesundheit. »Google+ wird der neue Facebook-Killer« – mittlerweile existiert das Google-Netzwerk nicht mehr. Stattdessen haben sich Trends und Entwicklungen ergeben, die so fast niemand vorhergesehen hat.

Wachstum und Abwechslung

Zwar sind die altbekannten Apps des Meta-Konzerns immer noch sehr dominant, doch tauchen in den Rankings der Download-Charts immer wieder auch neue Player auf. Die Hype-Plattform des Jahres 2022 in der Generation Z war zweifellos BeReal, das monatelang die Charts anführte. Auch Telegram findet trotz umstrittenen Rufs immer mehr Nutzerinnen und Nutzer.

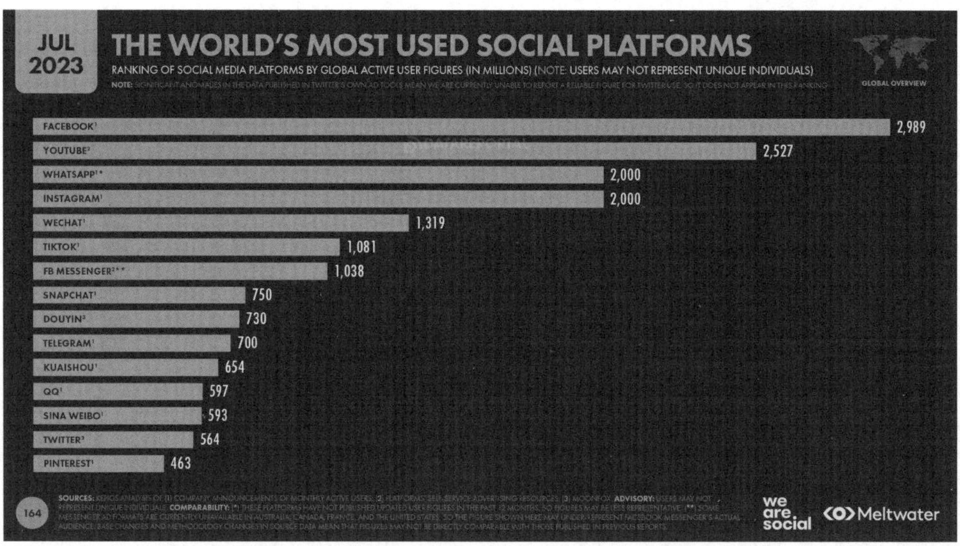

Abbildung 10-1:
Die meistgenutzten Social-Media-Plattformen der Welt (Quelle: *datareportal.com*)

Wer heute lustige Kurzvideos gucken will, kann zwischen TikTok, Instagram, Facebook und YouTube wählen. Wer chatten will, kann dazu neben WhatsApp auch Discord, Signal, Threema, Telegram und diverse andere Apps nutzen. Wer sich inspirieren lassen oder Ideen finden will, hat die Qual der Wahl zwischen Pinterest, Instagram, You-

Tube und anderen. Wer sich über aktuelle Themen informieren will, hat seit Sommer 2023 neben X (früher Twitter) auch die Möglichkeit, bei Threads reinzuschauen. Und Shopping-Entscheidungen werden immer häufiger nicht mehr über Google oder Amazon, sondern über TikTok angestoßen.

Für Unternehmen wird die Herausforderung damit nicht kleiner: Sie müssen nicht nur den Überblick behalten, sondern auch strategisch sinnvolle Entscheidungen darüber treffen, auf welchen Kanälen sich ein Engagement lohnt – und vor allem neben den gehypten Trendkanälen auch die alteingesessenen und nach wie vor businessrelevanten Kanäle nicht vergessen.

Mobile Nutzung

Social Media ist schon lange überwiegend mobil, teilweise sogar ausschließlich. Selbst ehemalige Desktopnetzwerke wie LinkedIn und YouTube werden inzwischen hauptsächlich vom Smartphone aus genutzt. Quasi alle neueren Dienste (TikTok, Threads, Snapchat, Instagram, WhatsApp etc.) sind entweder App-only oder bestehen zumindest hauptsächlich aus einer mobilen Anwendung. Das dürfte auch so bleiben, eine Rückkehr zu Desktopgeräten ist nicht zu erwarten.

Visueller Content

Die Anfangstage des Social Web waren ziemlich textlastig. Foren und Chat-Programme nutzten fast ausschließlich Text, und auch die Social Networks in frühen Zeiten basierten auf geschriebenen Inhalten. Das hat sich in den letzten Jahren stark verändert. Mittlerweile stehen visuelle Inhalte ganz oben auf der Beliebtheitsskala. Das gilt für klassische Social Networks wie Facebook sowie natürlich für von Natur aus visuell ausgerichtete Kanäle wie YouTube oder Pinterest, aber auch für etwas neuere Entwicklungen wie TikTok, Instagram oder Snapchat. Bilder und kurze Videos, animierte GIFs und Livestreams nehmen mittlerweile einen großen Teil der Social-Media-Kommunikation ein. Selbst ehemalige Textplattformen wie X bieten alle audiovisuellen Formate an.

Livestreaming

Livestreaming gehört mittlerweile zum Standardprogramm des Social Web. Bereits relativ früh erkannten Plattformen wie YouNow und Twitch die Möglichkeiten, über das Internet live Inhalte zu senden. Twitch scheint so langsam im Mainstream angekommen zu sein, erfreut sich aber auf jeden Fall bei bestimmten Zielgruppen (etwa bei Jugendlichen oder im Gaming-Sektor) großer Beliebtheit. Die »richtige«

Live-Welle ging mit Meerkat und Periscope los, zwei Livestreaming-Apps, die etwa ein Jahr lang um die Vorherrschaft kämpften. Diese Zeiten sind lange vorbei: Mittlerweile ist Livestreaming – neben reinen Live-Plattformen wie Twitch – auf allen wichtigen Social-Media-Plattformen möglich (Facebook, Instagram, X (ehemals Twitter), LinkedIn, YouTube, TikTok, Snapchat, sogar als Beta bei Pinterest).

Messenger

In den Anfangstagen des Social Web spielten Chat-Dienste wie ICQ und Trillian eine wichtige Rolle. Durch studiVZ und Facebook sind diese Dienste aber größtenteils überflüssig geworden und wieder vom Markt verschwunden, wobei auch studiVZ keine nennenswerte Rolle mehr spielt. Mittlerweile sind es der Facebook Messenger und WhatsApp, die die meistgenutzten Messenger-Dienste in Deutschland darstellen. Zusätzlich werden noch weitere eingesetzt: in Deutschland etwa Telegram, Threema, Signal und Discord.

Interessant sind dabei aber zwei Entwicklungen: Zum einen wollen manche Messenger »mehr« sein als nur Chat-Dienste. WhatsApp zum Beispiel bietet mittlerweile die Möglichkeit, einen kompletten Onlineshop in WhatsApp abzubilden und so Verkäufe über den Kanal anzustoßen. Das chinesische Pendant WeChat ist ohnehin längst kein Messenger mehr, sondern eine umfangreiche All-in-one-Plattform.

Zum anderen nutzen gerade jüngere Menschen auch Social-Media-Dienste wie Instagram oder TikTok als Kommunikations- und Chat-Kanal. Wo Ältere also vorwiegend Bilder oder Videos konsumieren, tauscht sich in diesen Kanälen verstärkt die Generation Z aus.

Ein Trend, der sich nicht wie erwartet etabliert hat, sondern eher ein Nischendasein fristet, sind Messenger-Bots. Insbesondere Facebook und Instagram, aber auch WhatsApp und Telegram bieten die Möglichkeit, Drittanbietertools zu implementieren und so Chatbots direkt im Kanal zu nutzen.

Vor allem bei den Meta-Plattformen bietet sich das an. So kann man zum Beispiel in einem Posting die User auffordern, mit einem bestimmten Schlagwort zu kommentieren, wenn sie Interesse an weiteren Informationen haben. Das Schlagwort im Kommentar aktiviert dann den Messenger-Bot, der automatisch eine Nachricht versendet. Auch ausgefeiltere Dialoge zum Beispiel in Sales, Recruiting oder Service sind per Chatbot problemlos möglich.

Trotzdem scheinen die Möglichkeiten die Hoffnungen der Unternehmen nicht wirklich erfüllt zu haben. Kaum ein großes Unternehmen setzt Chatbots ein, und selbst die, die einen Bot bei Meta hatten, haben diesen wieder eingestellt. Angesichts der geringen Kosten dieser Tools und der vielfältigen Möglichkeiten erschließt sich das mir persönlich nicht wirklich, aber es wird eben nicht jeder Hype zum Massenthema. Chatbots in Social Media fallen wohl unter diese Entwicklung.

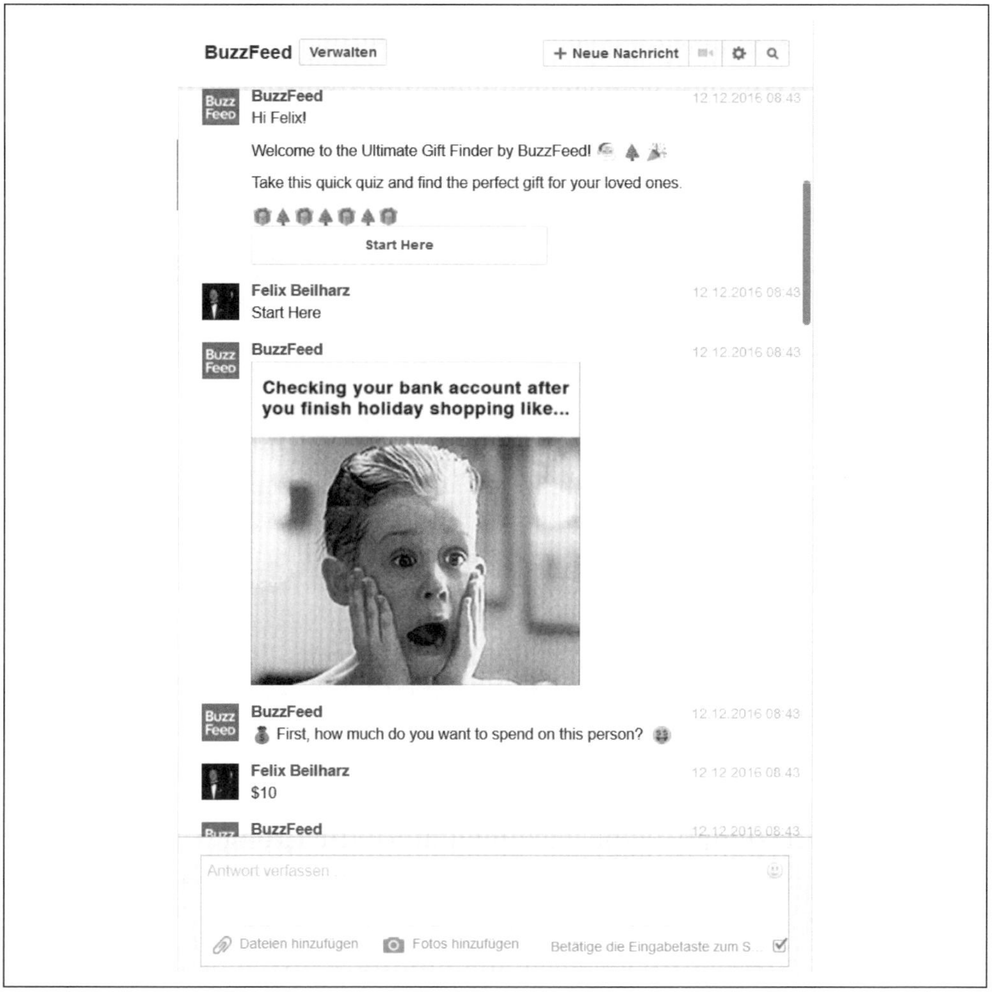

Abbildung 10-2:
Der Messenger-Bot von Buzzfeed dient zu Weihnachten als Geschenkefinder.

Künstliche Intelligenz

Wie jede Sparte des Online-Marketings wird auch Social Media aktuell stark vom KI-Hype durchgerüttelt. Kaum eine Tätigkeit eines Online Marketing Manager lässt sich inzwischen nicht per KI erfüllen, erleichtern oder unterstützen. Und für jeden Zweck gibt es passende Tools:

- Texten von Postings oder Blogbeiträgen (und sogar Kommentaren),
- Ideengenerierung für Videos, Posts und andere Formate,
- Erstellung kompletter Videoskripte,
- Finden idealer Posting-Zeiten und automatisches Veröffentlichen,
- Community Management,
- Grafikerstellung, Design,
- Videoschnitt, Untertitel, Einblendungen,
- Social Listening, Monitoring und Reporting
- und vieles andere mehr

lässt sich mittlerweile durch KI vereinfachen oder erfüllen.

Dagegen erscheint die künstliche Intelligenz, die in Chatbots steckt, schon fast steinzeitlich.

Social Commerce

Ein extrem ambivalenter Trend ist das Shopping über Social Media. Zweifellos sind Social-Media-Kanäle als Schritt in der Customer Journey mittlerweile nicht mehr wegzudenken. Viele User entdecken Produkte über TikTok, der Hashtag *#TikTokMadeMeBuyIt* allein generierte über 62 Milliarden Videoaufrufe. Selbst Google musste zugeben, dass die Generation Z ihre Kundenreise mittlerweile immer häufiger bei TikTok und nicht mehr Google oder Google Maps beginnt. Und wer noch kein Produkt über eine Instagram oder Facebook Ad gekauft hat, lügt auch in anderen Dingen.

Was allerdings nicht so richtig abheben will, sind die Shopping-Funktionalitäten innerhalb der sozialen Medien. Hier erleben wir seit Jahren ein ständiges Vor und Zurück. Dabei ist die Idee nicht neu: Erste Versionen von Facebook-Shops gibt es schon seit 2012, nach und nach wurden immer mehr Features eingebaut. Mittlerweile gibt es Shop- oder Warenkorbfunktionen oder zumindest entsprechende Bestrebungen bei Facebook, Instagram, WhatsApp, Pinterest, TikTok, YouTube und Snapchat, um nur die wichtigsten zu nennen.

Jedoch wurden längst nicht alle Funktionen weltweit ausgerollt. TikTok-Shops sind, Stand Herbst 2023, zum Beispiel nur in den USA und in einigen asiatischen Ländern verfügbar. Und selbst dafür bedurfte es einiger Anläufe.

In den USA können Kundinnen und Kunden ihre Käufe auch direkt über Facebook oder Instagram abschließen und bezahlen. Diese Möglichkeit wurde von Meta bereits mehrfach für Europa angekündigt, aber nie ausgerollt. Vielleicht ändert sich das, wenn Sie dieses Buch in Händen halten – ich habe allerdings meine Zweifel. Auch Instagram hat die Shopping-Funktionalitäten in letzter Zeit wieder etwas zurückgefahren und setzt jetzt mehr auf bezahlte Ads zur Unterstützung von E-Commerce-Accounts.

Selbst die in Asien überaus populären Livestream-Shopping-Features sind im Westen überwiegen gefloppt. Meta und YouTube haben entsprechende Versuche wieder gestoppt, bevor sie überhaupt vollständig ausgerollt waren. Während chinesische Social-Media-Apps Milliardenumsätze mit Live-Commerce verzeichnen, gibt es im Westen – zumindest diesbezüglich – nichts Neues. Facebook und YouTube haben entsprechende Versuche noch in der Betaphase wieder aufgegeben.

Für Social Commerce können wir also festhalten: Alle, die im E-Commerce tätig sind, müssen zwingend in Social Media sichtbar und aktiv sein, die Kanäle bieten unzählige Chancen. Die Shopping-Features der Kanäle selbst bringen dagegen meist nicht den großen Erfolg. Der Bereich ist aber sehr dynamisch, sodass es weiterhin wichtig ist, zu beobachten, welche Features neu eingeführt werden, vielleicht steht der große Durchbruch ja noch bevor.

Social Audio

Dieser Trend ist nach der zweiten Auflage dieses Buchs entstanden und bereits weitestgehend wieder vergangen. Besser kann man den Begriff »Hype« nicht definieren. Aber der Vollständigkeit halber reiße ich ihn hier kurz an.

Die Rede ist von Social Audio bzw. Live Social Audio. Damit sind nicht Podcasts gemeint, die immer noch ihre Daseinsberechtigung und ein reges Publikum haben, sondern konkret Clubhouse & Co. Was diese Plattformen gemeinsam haben: Es handelt sich um eine Art Livestream mit einem oder mehreren aktiv Beteiligten und beliebig vielen Teilnehmenden, aber eben nicht in Video-, sondern in Audioform. Teilweise wurde dieser Trend auch als »Live-Podcasting« bezeichnet.

Clubhouse erlebte einen enormen Boom Anfang 2021, als die Corona-Lockdowns die Möglichkeiten für Treffen und Events auf ein Minimum zurückschraubten. Also erschien vielen Menschen die Chance, zumindest auditiv mit anderen zusammenzukommen, offenbar äußerst attraktiv. Innerhalb weniger Tage luden Millionen User die damals noch exklusive iOS-App herunter. Mein LinkedIn-Newsfeed wurde komplett von Clubhouse-Beiträgen dominiert, einen solchen Hype habe ich in über 20 Jahren bis dato noch nicht erlebt.

Schnell reagierten auch die großen Social Networks, allen voran X mit X Spaces, einer Live-Audio-Funktion, die deutlich bei Clubhouse kopiert wurde. Kurz darauf folgte Facebook mit Audio Rooms, später dann auch Spotify und LinkedIn. Da war der Clubhouse-Stern aber schon wieder im Sinken begriffen, und spätestens im Sommer 2021 waren die Nutzerzahlen wieder fast auf Vor-Hype-Niveau. Als dann Clubhouse auch für Android geöffnet wurde, wollte schon niemand mehr etwas von der App wissen.

Verlässliche Zahlen zu den Social-Audio-Funktionen der Social Networks gibt es nicht. Mein Gefühl ist aber, dass kaum jemand diese Funktionen nutzt, vielleicht mit Ausnahme der LinkedIn Audio Events, die in bestimmten Nischen noch ein mehr oder weniger erfolgreiches Dasein führen. Hier lautet mein Rat: kein Trend, auf den ich als Unternehmen noch aufspringen würde.

On-Platform-Content

Ein nachhaltigerer Social-Media-Trend, der den Content betrifft, ist die zunehmende Etablierung von On-Platform-Content. Damit ist gemeint, dass die Netzwerke nicht länger »nur« Linkschleudern sein wollen, sondern Personen und Unternehmen dazu bewegen möchten, die Inhalte originär im Netzwerk zu veröffentlichen. Hierzu bieten alle Netzwerke mittlerweile Möglichkeiten an. TikTok, Instagram, Snapchat und YouTube sind ohnehin On-Platform-Content-Kanäle. Aber auch Facebook (Notizen, Facebook-Video, Livestream, Instant Articles) und LinkedIn (Artikel) haben entsprechende Funktionen eingeführt. Anstatt also beispielsweise einen Link zu einem Blogbeitrag auf Facebook zu teilen, bietet Facebook die Option, den Beitrag gleich als Notiz auf Facebook zu veröffentlichen – inklusive Formatierung, Bildern und Videos.

Die meisten Social Networks scheinen auch Content mit externen Links schlechter zu bewerten. Daher ist die Strategie »Erstelle einen Blogbeitrag und verteile ihn auf Facebook und LinkedIn« zwar eine mögliche, aber keine, die maximale Reichweite verspricht. Content, der User auf der Plattform hält, wird in den meisten Fällen deutlich besser funktionieren und sollte mittlerweile auch den Schwerpunkt der organischen Bemühungen bilden.

Globale Ost-West-Unterschiede

Interessanterweise existieren in anderen Teilen der Welt durchaus noch andere Messenger und Networks, von denen wir hier relativ wenig mitbekommen. So spielt zum Beispiel WhatsApp in den USA eine deutlich geringere Rolle als hierzulande; dort nutzt man eher den Facebook

Messenger oder Apples iMessage. In China dagegen sind beide unpopulär. Die Chinesen greifen meist zu WeChat und QQ. Ähnliches gilt auch für die Social Networks. Unsere Big Player wie YouTube und Facebook spielen in China eine untergeordnete Rolle, teils aus Gründen der Zensur, teils aufgrund kultureller Besonderheiten. Dagegen beherrschen dort Sina Weibo, Renren und Baidu Tieba den Social-Network-Markt – Netzwerke, die im Rest der Welt keine Rolle spielen. Lediglich TikTok, das in China unter dem ursprünglichen Namen Douyin genutzt wird, findet weltweit die gleiche Beachtung.

Hashtags

Hashtags gehören zu den elementaren Bestandteilen des Social Web. Online Marketing Manager müssen die Bedeutung von Hashtags verstehen und ihre Einsatzmöglichkeiten kennen.

Die grundlegende Funktionsweise besteht darin, dass die Raute vor dem Wort das Wort in einen Link verwandelt. Dieser Link führt zu einer Auflistung aller öffentlichen Posts des Netzwerks, die ebenfalls diesen Hashtag enthalten. Er kategorisiert also sozusagen den Post und macht ihn leichter auffindbar. Menschen, die sich über ein Thema informieren wollen, können gezielt den Stream des Hashtags durchsuchen und so alle themenrelevanten Posts sehen. Hashtags funktionieren vor allem auf X, Instagram, LinkedIn, TikTok und Facebook, obwohl sie im letztgenannten Kanal wenig Relevanz haben.

Im Marketing lassen sich Hashtags vor allem auf drei Arten einsetzen: als allgemeine Hashtags zur Reichweitensteigerung, als Unique Hashtags zum Branding und Auffindbarmachen von Gesprächen sowie schlicht als Stilmittel.

Allgemeine Hashtags sind Begriffe, die Menschen häufig verwenden, um über ein Thema zu schreiben. Dabei kann es sich um generische Begriffe wie *#Maschinenbau* oder *#Food* handeln, aber auch um spezielle Begriffe aus der Onlinewelt. Vor allem auf Instagram nutzen Menschen häufig Hashtags wie *#instafood*, *#instagood* oder *#skyporn*, um auf ihre Essensfotos, tolle Momente oder außergewöhnliche Himmelsfotos aufmerksam zu machen. Für Außenstehende sind Hashtags oft unverständlich, erfahrene Nutzerinnen und Nutzer wissen aber etwas damit anzufangen. Solche allgemeinen, weitverbreiteten Hashtags können die Reichweite von Posts oder Tweets deutlich erhöhen. Allerdings muss auch damit gerechnet werden, dass verstärkt Bots automatisch anspringen und den Post/Tweet automatisiert liken oder kommentieren, was die Reichweitenangaben etwas verwässert.

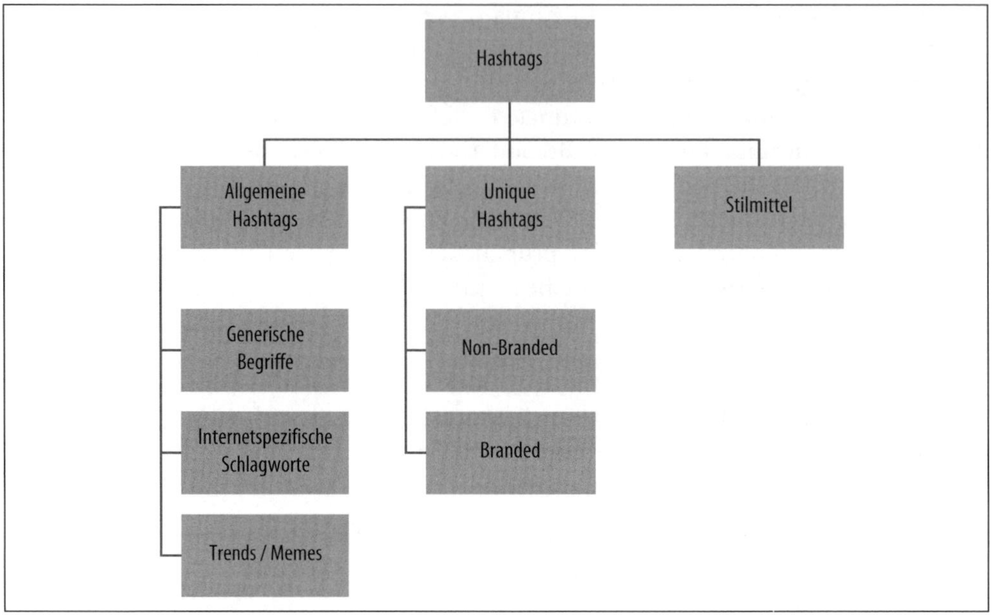

Abbildung 10-3:
Aufteilung der verschiedenen Kategorien von Hashtags (© Felix Beilharz)

Eine Sonderform dieser Kategorie sind aktuelle Internettrends bzw. Memes, die kurzfristig entstehen können und dann viral weitergetragen werden. Beispiele hierfür sind:

- **#dressgate** – Im Netz tauchte das Bild eines Kleides auf, das von manchen Menschen als blau-schwarz und von anderen als weißgold wahrgenommen wurde. Das Bild dürfte eines der viralsten Memes überhaupt gewesen sein und hat es bis in große TV-Sendungen geschafft.
- **#verafake** – Jan Böhmermann schleuste einen Schauspieler als Kandidaten in die RTL-Sendung »Schwiegertochter gesucht« ein und deckte zweifelhafte Praktiken der Produktion auf.
- **#trikotgate** – Beim EM-Spiel Schweiz gegen Frankreich zerrissen im Laufe des Spiels sieben Trikots der Schweizer Mannschaft, was im Netz für sehr viel Spott sorgte.
- **#DollyPartonChallenge** – Eine auf die Country-Sängerin Dolly Parton zurückgehende weltweit virale Social-Media-Idee, bei der man ein Bild von sich in den vier Kontexten »Facebook«, »LinkedIn«, »Instagram« und »Tinder« postet. Auch hier sind einige Marken sehr kreativ geworden.

Solche Trends/Memes können für Unternehmen ideale Aufhänger für eigene Marketingaktionen sein. Durch das Erstellen lustiger und zum Thema passender Inhalte kann, unter Verwendung des Hashtags, eine große Aufmerksamkeit zu vergleichsweise geringen Kosten erzielt werden. Das »Sich-Dranhängen« an derartige Trends ist unter dem Begriff *Newsjacking* bekannt und gehört zu den anspruchsvolleren Disziplinen des Social Media Marketing.

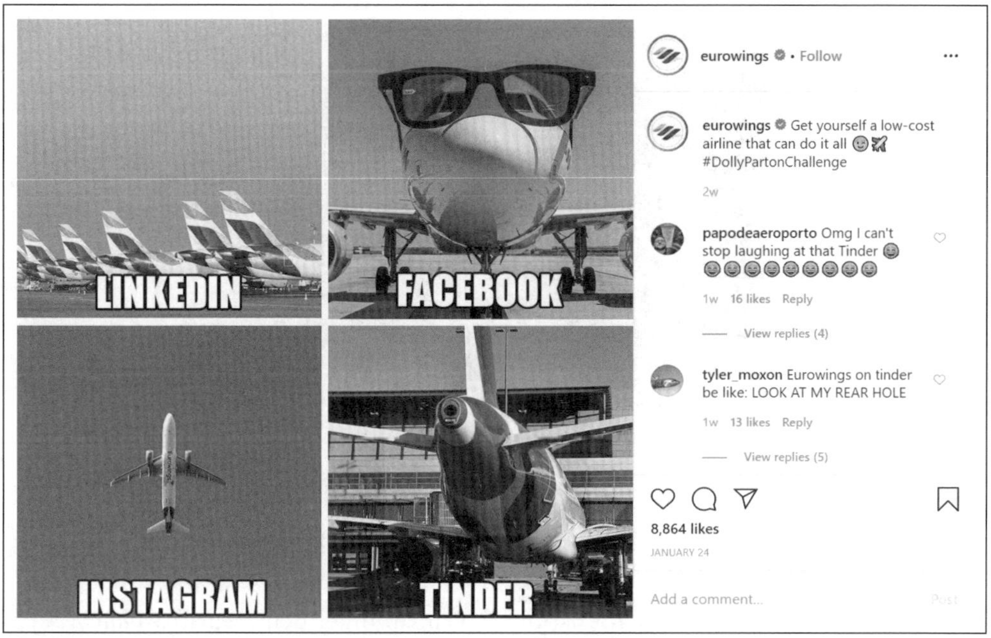

Abbildung 10-4:
Gelungene Newsjacking-Aktion im Zeichen der #DollyPartonChallenge von Eurowings

Ich selbst konnte beispielsweise zum großen *#facebookdown* im Oktober 2021 vom Newsjacking profitieren. Zeitgleich fielen sowohl Facebook als auch Instagram und WhatsApp für einige Stunden weltweit aus, was letztlich nur noch X als Massenkommunikationskanal übrig ließ. Entsprechend reaktivierten viele User ihre teilweise längst stillgelegten X-Accounts und hielten sich über den Verlauf des Blackouts bei Meta auf dem Laufenden.

Da ich an dem Abend wenig zu tun hatte, produzierte ich recht zeitnah einige Memes und postete etwa ein Dutzend Beiträge zum Ereignis, natürlich immer unter Verwendung der Hashtags *#facebookdown*, *#instagramdown* und *#whatsappdown*. Das Ergebnis: eine Reichweite von über 130.000 innerhalb von 24 Stunden, über 500 neue Follower und einige Erwähnungen in großen Onlinemedien wie business-punk.com oder FOCUS online, aber auch in regionalen Medien wie der Stuttgarter Zeitung oder der Berliner Zeitung – rein PR-mäßig ein gutes Ergebnis für einen sehr geringen zeitlichen und nicht vorhandenen monetären Einsatz. Das ist die Macht von Newsjacking.

Abbildung 10-5:
Satirischer Tweet zum #facebookdown mit einer Reichweite von 38.000 Impressions (Quelle: twitter.com/beilharz)

Speziell bei TikTok ist dieses Prinzip unter dem Begriff *Challenges* bekannt und eignet sich ebenso für Unternehmen, die damit schnell auf entstehende Trends reagieren können. Ich spreche hier nicht von Challenges, die Unternehmen als bezahlte Werbeaktion bei TikTok buchen können (wobei sich diese bei größeren Geldbeuteln auch sehr gut eignen mögen), sondern darum, auf bestehende Trends aufzuspringen und eigenen Content dazu zu produzieren.

Der bereits angesprochene Hashtag *#TikTokMadeMeBuyIt* würde sich zum Beispiel für Onlineshops, Markenartikler oder Dropshipping-Anbieter eignen, um ihre Produkte auf witzige Art vorzustellen.

Der zweifelhafte Trend *#klarnaschulden*, in dem sich Jugendliche mit ihren Zahlungsrückständen beim Payment-Anbieter Klarna brüsten, wäre ein idealer Ansatz für Schuldnerberater, Verbraucherschutzeinrichtungen oder Banken gewesen, um über das Thema aufzuklären.

Um solche Trends zu erkennen, müssen Unternehmen selbst auf TikTok (respektive anderen Kanälen) aktiv sein und das sprichwörtliche Ohr am Puls der Zeit haben. Dann winken aber auch große Reichweiten, hohe Sympathiewerte und die gewünschte Relevanz in der Zielgruppe.

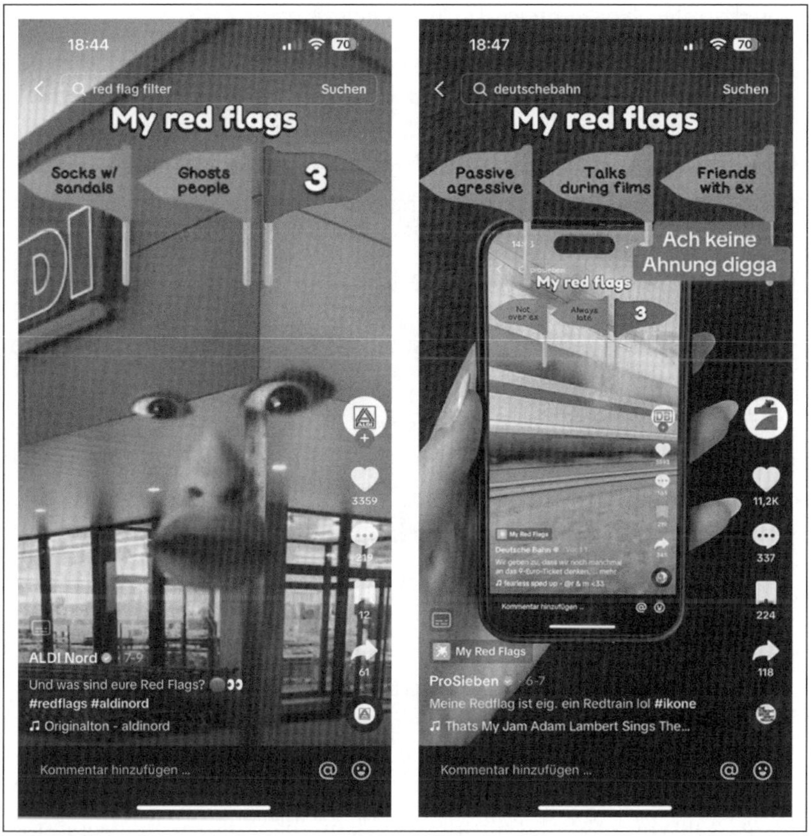

Abbildung 10-6:
ALDI Nord und ProSieben verwenden den Trend-Hashtag #RedFlags für witzige, markenbezogene TikTok-Videos. (Quelle: tiktok.com/@aldinord, tiktok.com/@prosieben)

Spezielle/Unique Hashtags werden dagegen vom Unternehmen selbst erstellt. Es kann sich dabei um Kunstwörter, Abkürzungen oder Wortneuschöpfungen handeln, aber auch um den Markennamen sowie Kombinationen aus Markennamen und einem generischen Begriff.

Mit solchen Unique Hashtags sollen vor allem Gespräche über Produkte oder Themen ausgelöst werden, die einen klaren Bezug zum Unternehmen haben. Da die Hashtags im Idealfall weder vorher existierten noch anderweitig genutzt werden, lässt sich durch Monitoring-Tools oder einfach die Suchfunktion der Plattformen sehr gut all das nachvollziehen, was zum jeweiligen Hashtag an Content entsteht. Wenn Markennamen im Hashtag enthalten sind, findet so auch ein Branding-Effekt statt.

Zu bekannten *Non-branded Hashtags* gehören:

- **#OhneMett** – true fruits verwendete diesen Hashtag auf den Flaschen des grünen Smoothies, in dem laut Aufdruck zwar Grünkohl und Spinat, aber eben garantiert kein Mett enthalten sei. Bei Instagram finden sich über 1.300 Posts mit diesem Hashtag.
- **#Käselicious** – Der Käsehersteller Savencia verwendet diesen Hashtag für käserelevanten Content im Social Web.
- **#Imperfect** – Dieser Hashtag war Kampagnenmotto von Esprit. Es handelt sich um ein interessantes Wortspiel, allerdings ist der Hashtag zu generisch, um wirklich als Unique Hashtag zu funktionieren.
- **#CableWednesday** – Cisco postete lange Zeit jeden Mittwoch ein Bild von Kabeln, meist Fotos von ungewöhnlichen Kabelkonstellationen an Servern, die die Fans vorher einreichen konnten.

Branded Hashtags sind zum Beispiel:

- **#aldimoment** – ALDI Nord verwendet diesen Hashtag bei TikTok als Kampagnenelement und lässt Creatoren von ihren Erinnerungen und Erlebnissen mit und bei ALDI berichten.
- **#proudtobemcfit** – McFit nutzt seinen Marken-Claim als Hashtag z.B. auf Plakaten, Give-aways oder auch auf den Spiegeln in den Fitnessstudios, damit die gelben Hashtags auf Trainingsselfies zu sehen sind.
- **#UOStyle** – Urban Outfitters beklebt ebenfalls die Spiegel in den Umkleideräumen mit Hashtags und Aufrufen, Fotos vom neuen Style bei Instagram zu posten.

Unique Hashtags werden auch für Events eingesetzt, um z.B. die Diskussionen zum Event auf einer Twitterwall oder einer Social Wall ablaufen lassen zu können. Dabei ist es wichtig, dass der Hashtag tatsächlich unique ist, also nicht noch anderweitig verwendet wird, sonst kommt es auf der Wall zu Verwässerungen.

Einige Beispiele für *Event-Hashtags*:

- **#OMR23** – Hashtag des OMR-Festivals mit wechselnder Jahreszahl.
- **#colognepride** – Offizieller Hashtag des CSD Köln.
- **#IAA23** – Offizieller Hashtag der Internationalen Automobil-Ausstellung; interessant ist, dass dieser Hashtag auch vom »Independent Achievers Award« und der Hashtag *#IAA2023* von den »Irish Animation Awards« genutzt werden, was die Schwierigkeiten bei diesem Thema verdeutlicht.

- **#dmexco** – Die DMEXCO verwendet jedes Jahr den gleichen Hashtag.
- **#gerusa** – Fußballspiel Deutschland – USA (die Hashtags bei Fußballspielen werden meistens so aufgebaut).

Schließlich können Hashtags auch einfach als *Stilmittel* eingesetzt werden. Dabei geht es nicht um Reichweiten- oder Branding-Effekte, sondern schlicht um eine »Social-Media-mäßige« Sprache, um eine Hervorhebung oder eine besondere Verdeutlichung eines Sachverhalts. Solche Hashtags können aus einfachen Wörtern wie *#wow* bestehen, aber auch aus Satzfragmenten (*#DasKannNichtWahrSein*) oder lustigen Wortkombinationen (*#likeaboss*).

Abbildung 10-7:
DM setzt Hashtags als Stilmittel ein.

Das sollte ein Online Marketing Manager beherrschen

Vor allem in Unternehmen, in denen es keinen dezidierten Social Media Manager gibt, fallen die Social-Media-Aufgaben dem Online Marketing Manager und seinem Team zu. Egal ob Agenturen mit einbezogen werden oder nicht, ein grundlegendes Verständnis der Zusammenhänge und Prinzipien des Social Web sowie ein solides Wissen um erfolgreiche Marketingstrategien sind von elementarer Wichtigkeit.

Social-Media-Strategieerstellung

Wie in jedem Bereich gilt: Ohne Strategie schwinden die Erfolgschancen und steigt das Risiko. Eine ausgereifte Social-Media-Strategie ist das, was professionelle Social-Media-Verantwortliche von den Amateuren unterscheidet. Die Strategie bildet den Rahmen für das operative Vorgehen, sie definiert die gesetzten Ziele und die Messung der Zielerreichung, die Auswahl der Kanäle und die zur Zielerreichung notwendigen Maßnahmen.

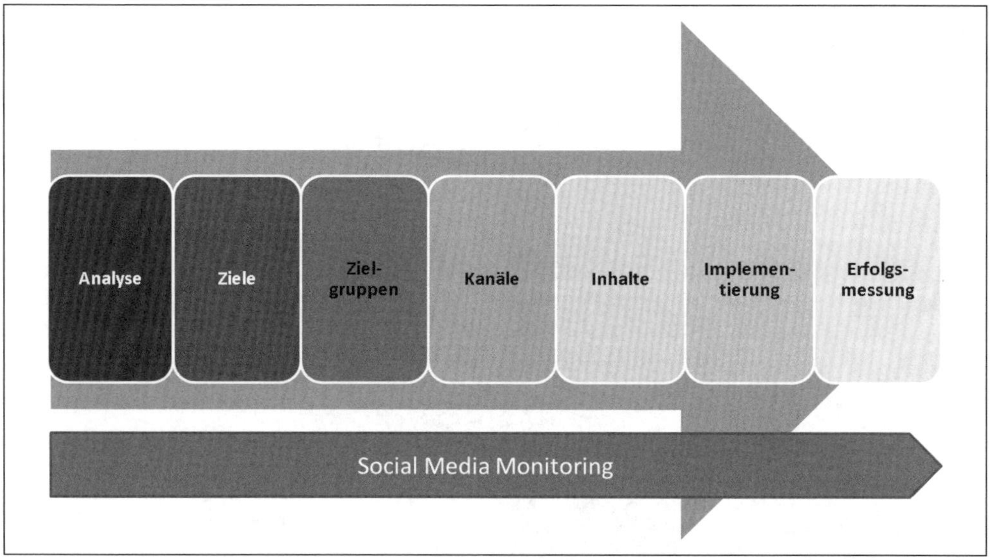

Abbildung 10-8:
Beispielhafter Aufbau einer Social-Media-Strategie (Quelle: Beilharz: Social Media Marketing im B2B, 2014, S. 76)

Analyse

Wie in jeder guten Strategieplanung sollte auch bei der Social-Media-Strategie eine Analyse der Ist-Situation erfolgen. Die Analyse untersucht das Spielfeld, das eigene Team und den Gegner. So gehören zu einer vollständigen Ist-Analyse vor allem die Betrachtung der eigenen Ressourcen, der Stärken und Schwächen des Unternehmens sowie der Chancen und Risiken des Markts (*SWOT-Analyse* – eine Anleitung dazu finden Sie unter *https://www.business-wissen.de/hb/swot-analyse-fuer-die-strategieplanung/*) wie auch eine genauere Betrachtung des Wettbewerbs.

Ziele

Die Ziele definieren letztlich das gesamte Vorgehen. Entsprechend dem jeweiligen Ziel müssen die Kanäle ausgesucht, die richtigen Inhalte definiert, die nötigen Maßnahmen festgelegt und die passenden Kennzahlen gewählt werden.

Im Social Media Marketing stehen oft »weichere« Ziele wie Bekanntheit, Image oder Meinungsführerschaft im Vordergrund. Aber auch »härtere« Ziele wie Leadgenerierung oder Abverkaufssteigerung können mit den richtigen Maßnahmen durchaus angestrebt und erreicht werden, wobei dabei meistens bezahlte Werbemaßnahmen zum Einsatz kommen werden. Kundenbindung, PR und Serviceverbesserung stehen ebenfalls häufig auf der Wunschliste.

Wichtig ist, dass sich die Ziele in die übergeordneten Marketing- und Unternehmensziele einordnen lassen und diese unterstützen. »Viele Instagram-Follower« oder »1.000 Likes bis zum Ende des Jahres« sind dagegen keine (guten) Social-Media-Ziele, da sie sich erstens auch durch »Abkürzungen« wie Fan- oder Likekauf erreichen lassen und zweitens noch keinerlei Businessrelevanz haben. »Intensivierung unseres Kundendialogs durch mindestens 50 aus der Community gewonnene umsetzbare Verbesserungsvorschläge bis 31.12.« ist dagegen zum Beispiel ein klares, messbares Ziel, dessen Erreichung sich positiv auf die Unternehmenskennzahlen auswirken kann.

Ich will damit nicht in das Horn derjenigen stoßen, die Fan- und Likezahlen jegliche Relevanz absprechen. Gerade bei der Expertenpositionierung oder dem Markenaufbau werden höhere Zahlen durchaus von vielen Kunden, Bewerbern sowie der Presse als Indiz für Reputation, Bekanntheit oder Relevanz wahrgenommen. Sie sollten nur nie Selbstzweck, sondern allenfalls Nebenprodukt der eigentlichen Zielplanung sein.

Oft ist in der Social-Media-Branche zu hören, die sozialen Medien seien kein Verkaufskanal. Dass aber auch der Abverkauf bestimmter Produkte funktionieren kann, zeigen nicht nur naheliegende Beispiele wie Restaurants oder Freizeiteinrichtungen – mittlerweile sind fast alle Produkte direkt oder indirekt über Social Media verkaufbar oder zumindest im Verkauf unterstützbar. Sogar hochpreisige Güter wie Autos werden inzwischen über Social Media verkauft. Ein gutes Beispiel dafür ist Teslas Cybertruck. Das ungewöhnliche SUV-Modell wurde über Online-Livestreams angekündigt und massiv per X und von anderen Social-Media-Kanälen begleitet, die meisten der 250.000 Vorbesteller dürften den Launch über Social Media gefunden oder verfolgt haben. Tausende von Käuferinnen und Käufern posteten Screenshots ihrer Vorbestellung ebenfalls über Social Media – eine weitere kostenlose Werbung für Tesla und Musk. Und auch andere Hochpreisgüter wie Luxusuhren (z.B.

OMEGA), Reisen und Markenkleidung werden über Social Media verkauft – von Alltagsgütern wie trendigen Eistees oder Sneakern ganz zu schweigen.

Zielgruppen

Eine genaue Kenntnis der anzusprechenden Zielgruppen ist von entscheidender Bedeutung. Je mehr Informationen hier vorliegen, desto besser können die Kanäle ausgewählt und desto genauer können die Inhalte zugeschnitten werden.

Dabei kann es durchaus mehrere relevante Zielgruppen geben. Die häufigsten Zielgruppen sind:

- potenzielle Neukunden
- Bestandskunden
- potenzielle Bewerber
- Mitarbeiterinnen und Mitarbeiter
- Investoren
- Multiplikatoren (Presse, Blogs etc.)
- sonstige Stakeholder (z. B. Verbände, NGOs etc.)

Oft verfolgt man für verschiedene Zielgruppen unterschiedliche Ziele auf unterschiedlichen Plattformen, sodass sich im Fall von komplexeren Strategien eine Zielmatrix ergibt.

Tabelle 10-1
Zielgruppenaufteilung (Beispiel)

Zielgruppe	Ziel	Kanal	Kennzahlen	Maßnahmen
Potenzielle Kunden	Leadgenerierung	Blog, Facebook, Instagram	Anzahl Leads	Leadformular Blog, Lead-Ads auf Facebook und Instagram
Journalistinnen/ Journalisten	Intensivierung der Pressearbeit, mehr Presseerwähnungen	X	Presseerwähnungen, Presseanfragen, Downloads der Pressemappe	Pressemeldungen, Presse-Chat, Livestream via X, Live-Tweets von Pressekonferenzen, Twitterwall
Bewerber	mehr Bewerbungen für Unternehmensbereich ABC	LinkedIn, XING, TikTok, Instagram, Facebook	Anzahl Bewerbungen, Anzahl Anfragen, Aufrufe der Karriereseite	LinkedIn-/XING-Stellenanzeigen, Meta Ads, Postings in Facebook-Gruppen, LinkedIn/XING Ads
...	...	...	...	...

Neben der quantitativen Einschätzung der Zielgruppe ist auch die qualitative Betrachtung wichtig. Hierbei geht es darum, die Zielgruppe so gut wie möglich verstehen zu lernen. Welche Fragen und Probleme hat sie? Welche Werte? Auf welche Inhalte reagiert sie positiv? Welche Ansprache ist sie gewöhnt?

Insbesondere (aber nicht nur) im B2B-Sektor sollten Punkte wie Fragen, Probleme und Engpässe der Zielgruppe genau analysiert werden, um entsprechende Problemlösungsinhalte erstellen zu können. Diese können dann z.B. in Form von Whitepapers, (Erklär-)Videos, Blogbeiträgen oder E-Books publiziert werden.

Einschätzung der Kanäle und Auswahl der passenden Plattformen

Für den Online Marketing Manager besteht eine zentrale Aufgabe in der Auswahl der geeigneten Plattformen für das Unternehmen. Hierzu ist zuerst einmal eine tiefgehende Kenntnis der vorhandenen Social-Media-Plattformen notwendig.

Grob lassen sich die Social-Media-Kanäle in zwei Kategorien einteilen: Newsfeed-Plattformen und Archiv-Plattformen.

Bei *Newsfeed-Plattformen* steht, wie der Name schon verrät, der Newsfeed, also der ständige Strom neuer Meldungen, im Vordergrund. Facebook ist das beste Beispiel für diese Art von Kanal. Facebook-Fanpages werden nur sehr selten besucht, fast die komplette Zeit verbringen Nutzerinnen und Nutzer in ihrem Newsfeed. Inhalte, die dort auftauchen, haben die Chance, konsumiert zu werden. Das bedeutet aber auch, dass ältere Inhalte kaum noch eine Rolle spielen und von gelegentlichen Ausreißern abgesehen (wenn jemand z.B. durch Zufall auf einen alten Inhalt stößt, ihn dann teilt und dieser so erneut eine virale Reichweite erfährt) nach kurzer Zeit wieder in der Versenkung verschwinden.

Newsfeed-Plattformen erfordern von Unternehmen einen stetigen Strom an aktuellen Inhalten. Nur ein Profil anzulegen, »damit man auffindbar ist«, reicht dort nicht aus. Wer es nicht in den Newsfeed schafft, geht unter.

Zu den Newsfeed-Plattformen gehören:

- Facebook
- Instagram
- X (vormals Twitter) und andere Microblogging-Plattformen
- Snapchat
- XING (eingeschränkt)
- LinkedIn
- TikTok
- Threads

Bei den *Archiv-Plattformen* gibt es entweder keinen Newsfeed, oder er spielt eine weitaus weniger wichtige Rolle. Stattdessen steht häufig die Suchfunktion im Mittelpunkt, über die Inhalte gesucht, gefunden und konsumiert werden. Hieraus resultieren dann oft Abonnements, die durchaus in einer Art Newsfeed münden können. Ebenso wird in Archiv-Plattformen mehr gestöbert und »einfach mal so durchgeschaut« als in Newsfeed-Plattformen. Die Abgrenzung zwischen den beiden Grundkategorien ist jedoch oft fließend, viele Plattformen weisen Elemente beider Kategorien auf.

Zu den Archiv-Plattformen gehören:

- YouTube, Vimeo und andere Videoplattformen
- Pinterest
- Slideshare
- Fotoplattformen wie Flickr

Bei Archiv-Plattformen müssen nicht zwingend ständig neue Inhalte hochgeladen werden, da über die Suchfunktion auch alte Inhalte immer wieder neu entdeckt werden können. Jedoch erhöhen auch z. B. bei YouTube oder Vimeo ein hoher Aktivitätsgrad und regelmäßig neue Inhalte die Abonnenten- und Aufrufzahlen. Ein YouTube-Kanal mit 20 Videos, die »der Vollständigkeit halber« hochgeladen wurden, ist jedoch um einiges sinnvoller und produktiver als eine Facebook-Seite, die keine neuen Inhalte produziert.

Die früher deutlichere Unterscheidung zwischen Archiv- und Newsfeed-Plattformen weicht in letzter Zeit immer stärker auf, da die Newsfeed-Plattformen auch mehr Archiv-Funktionen integrieren oder übernehmen. Trotzdem ist es sinnvoll, die Unterscheidung zumindest im Hinterkopf zu behalten, da sie helfen kann, die passenden Inhalte zu erstellen.

Reine *Messenger-Dienste* wie der Facebook-Messenger, WhatsApp, Telegram oder Discord nehmen eine Sonderstellung ein und dienen eher der Eins-zu-eins-Kommunikation oder dem Austausch in Kleingruppen. Teilweise erfüllen sie aber auch eine Broadcast-Funktion ähnlich der eines Newsletters.

Um die passenden Kanäle auszuwählen, sind folgende Leitfragen hilfreich:

- Welche Kanäle passen zu unserem Unternehmen, unserem (gewünschten) Image, unseren Marken?
- Welche Kanäle passen zu unseren angestrebten Zielen?
- Auf welchen Kanälen sind unsere Zielgruppen in ausreichend hohem Maße aktiv?
- Welche Kanäle lassen sich mit unseren Ressourcen (Geld, Zeit, Know-how) dauerhaft aktiv nutzen?

- Welche Kanäle sind bereits ausreichend etabliert, um Investitionen zu rechtfertigen?
- Welche Kanäle haben positive Zukunftsaussichten?

In der Regel beschränken Unternehmen das aktive Engagement auf einige wenige Kanäle, da sonst der Aufwand an Zeit und Geld deutlich ansteigt.

In vielen Fällen ist es sinnvoll, einen eigenen *Content-Hub* als zentrales Element der Kanalstrategie zu wählen. Dabei kann es sich um ein Blog oder ein Magazin handeln. Ein eigener Content-Pool gleicht viele der Nachteile der sozialen Medien aus. Die Inhalte unterliegen der eigenen Kontrolle und sind vor allem Eigentum des Unternehmens, was bei Drittnetzwerken oft nicht oder nur eingeschränkt der Fall ist. Sie lassen sich dauerhaft nutzen und gehen nicht, wie in einem Newsfeed, innerhalb weniger Minuten unter. Sie können eingesetzt werden, um damit die sozialen Netzwerke zu füttern und so Traffic auf die eigenen Kanäle zu holen. Auf den eigenen Kanälen (Blog, Website) wiederum können Cookies zu Retargeting-Maßnahmen gesetzt oder E-Mail-Adressen für das Newsletter-Marketing eingeholt werden.

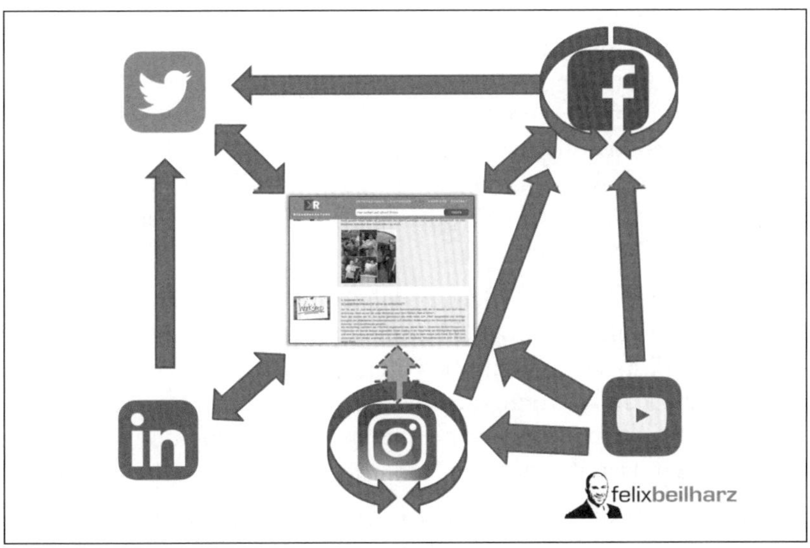

Abbildung 10-9:
Zusammenspiel der Social-Media-Kanäle mit Blog im Mittelpunkt (© Felix Beilharz)

Unternehmen sind daher gut beraten, sich nicht auf Drittplattformen allein zu verlassen, sondern dem eigenen Content-Hub ausreichend Priorität einzuräumen. Nutzen Sie die Social Networks eher dazu, Traffic auf Ihre eigenen Kanäle zu ziehen, anstatt Ihre wertvollen Inhalte komplett der Gunst der Algorithmen im Fremdnetzwerk zu überlassen. Eine gesunde Mischung macht die erfolgreiche Social-Media-Strategie aus.

Dabei sollte aber wie erwähnt immer beachtet werden, dass Beiträge mit Links zu Fremd-Websites in Social Media meist schlechter performen als OnPlatform-Content. Links sollten daher gezielt eingesetzt werden, aber nicht den überwiegenden oder gar einzigen Content darstellen.

Facebook

Facebook ist allen Unkenrufe zum Trotz immer noch das größte Social Network der Welt und wächst nach wie vor – langsamer natürlich, aber beständig. Kein Kanal kann mit Facebook mithalten, weder was die Anzahl der zu erreichenden User noch was die Vielfalt der Marketing- und Analysemöglichkeiten angeht. Selbst in der Generation Z, die sich schon lange weitgehend von Facebook abgewendet hat, nutzen immer noch zweistellige Prozentzahlen zumindest ab und zu den blauen Riesen. Es gibt also nicht allzu viele Fälle, in denen Facebook von vornherein ausscheidet (auch wenn zur Ansprache von Jugendlichen andere Plattformen auf jeden Fall den Vorrang haben). Vieles, was im Folgenden über Facebook gesagt wird, lässt sich auch auf andere Kanäle übertragen.

Für das Facebook-Marketing bieten sich verschiedene Möglichkeiten an: Grundbestandteil der meisten Strategien ist die Unternehmensseite (früher auch Fanpage genannt). Sie bildet den zentralen Auftritt eines Unternehmens bei Facebook und wird ebenfalls für das Schalten von Werbeanzeigen benötigt. Wie in jedem Social Network können Unternehmen jetzt auf ihrer Unternehmensseite Posts absetzen, die dann algorithmisch bedingt an mehr oder weniger ihrer Follower ausgespielt werden (organische Reichweite).

Für die besagten Werbeanzeigen bedarf es eines Werbeanzeigenkontos. Dann stehen vielfältige Möglichkeiten der bezahlten Anzeigenwerbung offen. Über das gleiche Konto bzw. den gleichen Werbeanzeigenmanager wird auch die Werbung auf Instagram oder im Messenger ausgespielt. Letztlich handelt es sich bei diesen Plattformen nur um verschiedene Platzierungen der gleichen Werbeanzeigen.

Die dritte Möglichkeit, bei Facebook Reichweite zu erzeugen, bietet das Gruppen-Marketing. Facebook-Gruppen gehören für viele Unternehmen zu den wertvollsten Marketinginstrumenten und sind gleichzeitig auch das Element, das Facebook von Plattformen wie Instagram oder TikTok abhebt, wo es keine Gruppen gibt.

Kooperationen mit Creatorn und Influencerinnen sind auf Facebook ebenso möglich, wenn auch weniger üblich als bei Instagram oder TikTok.

Als Basis ist aber erst einmal eine Unternehmensseite nötig. Die meisten Unternehmen werden schon über eine verfügen – und falls nicht, kann man sie mit wenigen Klicks anlegen.

Es ist möglich, dass bereits unfreiwillig eine Seite zum Unternehmen besteht. Facebook legt nämlich selbst Seiten an, zum Beispiel zu Einträgen in Wikipedia oder den Bing Maps oder auch, wenn jemand ein Unternehmen als Arbeitgeber in sein Profil eingetragen hat. In diesem Fall besteht oft die Möglichkeit, die Seite zu übernehmen (nachdem man sich als Unternehmensvertreter oder -vertreterin ausgewiesen hat) und sie später mit der eigenen Seite zusammenzuführen.

Ist die Seite angelegt und sind alle Felder ausgefüllt, prüfen Sie die diversen Einstellungen im Backend-Bereich der Facebook-Seite. Hier können Sie wichtige Entscheidungen definieren, zum Beispiel:

- Soll es weitere Administratoren, Redakteure oder andere Rollen für die Seite geben?
- Sollen User auf der Fanpage Beiträge hinterlassen können? (Empfehlung: Ja!)
- Sollen User der Seite private Nachrichten schicken können? (Auch hier die Empfehlung: Ja!)
- Soll die Seite in bestimmten Ländern nicht aktiv geschaltet oder umgekehrt nur in einzelnen Ländern zu sehen sein?
- Soll es eine Altersgrenze für die Fanpage geben (z. B. wegen Glücksspiels oder alkoholischer Getränke)?
- Sollen User die Seite in eigenen Beiträgen taggen können? (Empfehlung: Ja!)
- Sollen User die Seite bewerten können?
- Sollen Filter gegen vulgäre Ausdrücke in Userkommentaren eingerichtet werden (diese werden dann nicht veröffentlicht)?
- Darüber hinaus gibt es viele weitere Einstellungsmöglichkeiten.

Die klare Empfehlung ist, sich offen für Diskussionen und Feedback zu zeigen und den Nutzerinnen und Nutzern diese Möglichkeiten einzuräumen. Denn wenn ein Unternehmen private Nachrichten und Userbeiträge sperrt, bleibt das Kommunikationsbedürfnis des Kunden ja trotzdem bestehen. Äußerungen werden lediglich abgeblockt. Die letzte Möglichkeit, die dem Kunden dann bleibt, ist ein Kommentar unter einem Seitenbeitrag – das wäre aber die denkbar unpassendste Option für beide Seiten.

Das Einrichten der Seite ist relativ schnell erledigt. Die nächste Aufgabe besteht darin, relevante User zu erreichen und eine *aktive Community* aufzubauen. Die Followerzahl ist dabei nicht die entscheidende Messgröße: Qualität geht auch hier vor Quantität. Zielvorgaben sollten daher nie in Followern angegeben werden – was bringen 10.000 aufgebaute Follower in einem Jahr, wenn diese weder mit der Seite interagieren noch wirkliches Interesse am Unternehmen und seinen Inhalten aufbringen? Solche Vorgaben verleiten eher zum Followerkauf oder zur Anbiederung durch »Clickbait«-Content, aber nicht dazu, eine nachhaltige Facebook-Community um sich zu scharen.

Das wichtigste Mittel für den Aufbau relevanter Follower ist das gleiche wie für die Aktivierung dieser Anhänger und die letztendliche Zielerreichung: *ansprechender Content*. Facebook lebt als Newsfeed-Kanal von stetig neuem, hochrelevantem Inhalt. Nur so schaffen Sie es in den Feed der Zielgruppen, nur so bekommen Sie Kommentare, Likes und Shares, die die Reichweite vergrößern, und nur so bauen Sie Ihre Unternehmensmarke auf Facebook auf.

Vom Format her können Sie auf Facebook aus dem Vollen schöpfen: Textbeiträge, Links, Bilder, animierte GIFs, Videos, Livestream und Live-Audio sind nur die wichtigsten Formatformen, die das Social Network ermöglicht. Videos, Bilder und Livestreams sind sogar in 360 Grad möglich. Setzen Sie auf einen gesunden Mix aus unterschiedlichen Formaten und analysieren Sie über die Zeit, welche Formate am besten ankommen – das kann individuell sehr unterschiedlich sein.

Neben den Formatformen ist vor allem entscheidend, welche Inhalte Sie posten. Facebook ist bildlich gesprochen das digitale Wohnzimmer vieler Menschen. Dort informieren sie sich, tauschen sich mit dem Freundeskreis aus, lassen sich unterhalten. Unternehmen, die nur mit Werbung um sich werfen, werden entweder erst gar nicht ins Wohnzimmer hineingelassen oder fliegen schnell wieder raus. Auf Facebook gilt eben auch: Zu viel Werbung, langweiliger Content und zu großer Eigenbezug verhindern den Erfolg.

Sie müssen auf Facebook (und natürlich auch auf den anderen Social-Media-Plattformen) Inhalt anbieten, der ein Bedürfnis der Leserschaft erfüllt. Dieses Bedürfnis kann ganz unterschiedlich ausfallen und durch unterschiedliche Inhalte befriedigt werden:

- **Lustiges** – virale Videos, lustige Bilder und Geschichten etc.
- **Informatives** – How-to-Content, Anleitungen, Problemlösungen etc.
- **Aktuelles** – News, Bezugnahme auf aktuelle Ereignisse, Eventberichte etc.
- **Emotionales** – rührende Geschichten, traurig-schöne Videos etc.
- **Soziales** – Charity-Aktionen, Aufruf zum Engagement etc.

Tipp: Kommunikation mit Gesprächscharakter

Facebook-Kommunikation ist im Prinzip das Gleiche wie ein Gespräch mit einem guten Bekannten aus der eigenen Branche: Small Talk, ein paar aktuelle Themen, etwas zum Lachen, gewürzt mit einer Prise Werbung und Eigenpromotion.

Alles, was Sie kommunizieren, muss aber zur eigenen Marke und zum eigenen Auftreten passen, die Marke stärken und die Kundenbeziehung intensivieren. Wenn es gut läuft, entstehen so nicht nur *virale Effekte*, sondern auch starke Auswirkungen auf die gewünschten *Businessziele* (z.B. Leads, Anfragen, Sales). In jedem Fall aber müssen Sie interessant sein – so interessant, dass Menschen Ihnen freiwillig folgen, sich mit Ihnen vernetzen und regelmäßig von Ihnen hören wollen. Schauen Sie sich andere Seiten aus Ihrer Branche, aber auch aus anderen Branchen genau an und analysieren Sie, welche Inhalte dort gut ankommen und was Sie davon lernen können.

Der *Facebook-Newsfeed* wird von einem sehr komplexen Algorithmus gesteuert. Dieser Algorithmus entscheidet, wer welche Inhalte wann, wie oft und wie lange zu sehen bekommt. Jeder User hat also quasi sein »eigenes« Facebook. Die Reichweite von Seitenbeiträgen wird anhand einer ermittelten Relevanz gesteuert, und diese Relevanz wiederum basiert, neben vielen anderen Faktoren, auf den Interaktionen eines Beitrags. Damit Ihre Beitrage reichweitenstark werden, müssen Sie also Interaktionen wie Klicks, Likes, Shares oder Kommentare erzeugen. Dafür ist ein genaues Wissen um die Zielgruppe und entsprechend passender Content entscheidend.

Eins sollte Ihnen beim Engagement auf Facebook aber klar sein: Die organische Reichweite für Unternehmensseiten ist längst nicht mehr so hoch wie noch vor einigen Jahren. Den meisten Unternehmen fällt es zunehmend schwerer, signifikante Teile ihrer Followergemeinde organisch zu erreichen, von viralen Effekten ganz abgesehen. Facebook-Marketing funktioniert heute meist nur noch unter Zuhilfenahme bezahlter Werbung: den Facebook Ads.

Facebook-Werbeanzeigen sind ein extrem wichtiges Werkzeug im Marketingarsenal. Die Anzeigen sind das, was bei Facebook Geld kostet, und gleichzeitig das Einzige, über das Sie eine gewisse Kontrolle haben. Größere Reichweiten lassen sich, mit Ausnahme von gelegentlichen viralen Hits, die jedoch schwer zu prognostizieren und zu steuern sind, auf Facebook überwiegend nur noch mit Anzeigen erreichen. Diese verfügen jedoch über einen sehr ausgefeilten Algorithmus und erzeugen bei richtiger Handhabung fantastische Ergebnisse. Planen Sie daher unbedingt ein Ad-Budget ein, wenn Sie Facebook-Marketing betreiben.

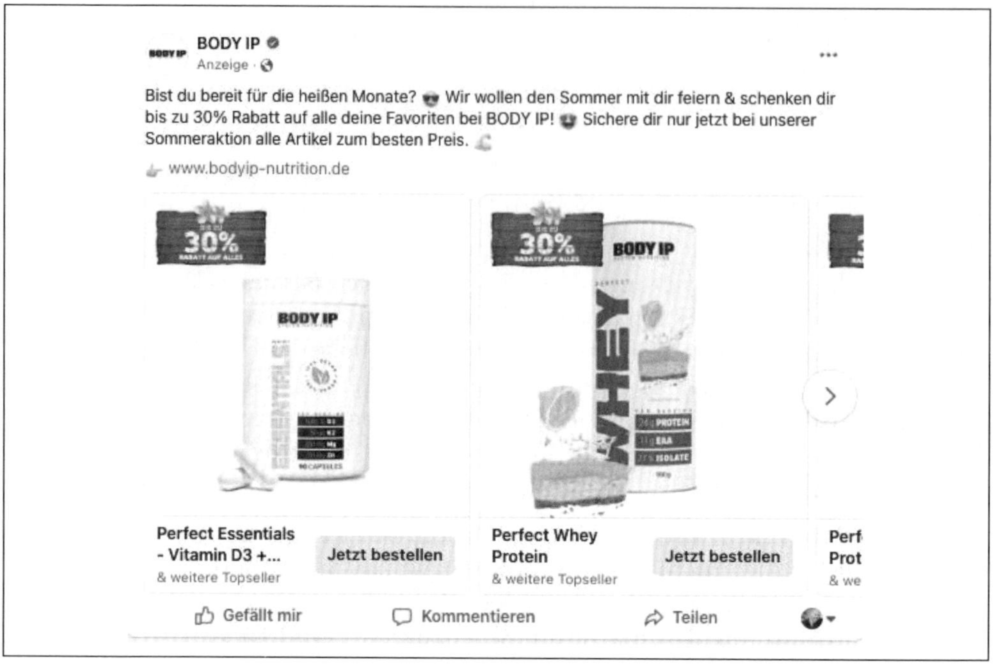

Abbildung 10-10:
Facebook-Werbeanzeige (Carousel Ad) im Newsfeed

Die Anzeigenerstellung läuft komplett in einem *Self-Serving-Tool* ab (Facebook Business Manager oder Werbeanzeigenmanager). Facebook Ads werden immer auf bestimmte Ziele hin ausgerichtet, die Sie im ersten Schritt angeben. So können Sie zum Beispiel Anzeigen schalten für Ziele wie:

- mehr Reichweite für Seitenbeiträge,
- mehr Follower für die Unternehmensseite,
- Views für ein Video,
- App-Installationen,
- Promotion eines Facebook-Events,
- Klicks auf eine Website (Traffic),
- Leadgenerierung,
- Conversions (z. B. Shopverkäufe),
- lokale Kunden in das Ladengeschäft holen

sowie eine Reihe weiterer Ziele, die Liste wird regelmäßig erweitert. Basierend auf den Zielen, unterscheiden sich dann sowohl die Darstellung der Anzeigen als auch die Nutzerinnen und Nutzer, denen Facebook die Anzeige ausspielt.

Um Follower aufzubauen, sind Anzeigen ein probates Mittel. Hierbei handelt es sich nicht um Followerkauf, die User sehen die Anzeige lediglich und können bei Interesse ein Like für die Fanpage vergeben.

Ziel	Marke aufbauen	Kontakte knüpfen	Verkaufszahlen steigern
Markenbekanntheit	✓		
Reichweite	✓	✓	
Videoaufrufe	✓	✓	
Traffic	···	···	
Interaktionen	···	···	
Nachrichten		✓	✓
Leadgenerierung		✓	✓
App-Installationen		✓	✓
Conversions			✓
Katalogverkäufe			✓
Store Traffic			✓

Abbildung 10-11:
Beliebte Kampagnenziele im Facebook-Anzeigenmanager

In der Vergangenheit lag der große Hebel der Facebook-Werbung im *Targeting*, also der gezielten Auswahl der Anzeigenzielgruppen. So konnte (und kann man teilweise immer noch) extrem detailliert auswählen, wer die Ads zu sehen bekommen soll: Alter, Geschlecht, Demografie, Interessen, Verhaltenskriterien, technische Faktoren und vieles mehr. Ich habe mir für ein Projekt mal die Mühe gemacht und sämtliche Targeting-Optionen aufgeschrieben – über 1.000 Möglichkeiten bietet Facebook diesbezüglich.

Das *Anzeigen-Targeting* hat aber deutlich an Wichtigkeit verloren. Zum einen wurde es für manche Anzeigenkategorien (z. B. Jobs, Kredite, Immobilien) aus Gründen des Schutzes vor Diskriminierung ohnehin eingeschränkt. Jobanzeigen zum Beispiel können heute nicht mehr an bestimmte Altersklassen oder spezifische Gender ausgespielt werden. Werbung an Unter-18-Jährige lässt sich darüber hinaus auch nicht mehr nach Interessen oder Verhalten targetieren, hier stehen kaum noch Optionen zur Verfügung.

Eine zweite Einschränkung ergab sich aus zunehmenden Datenschutzbemühungen und der *DSGVO*. Eine der spannendsten Möglichkeiten, die das Online-Marketing insgesamt, Facebook-Werbung aber im Speziellen bot, war das Retargeting, also das erneute Ansprechen von Website-Besucherinnen oder App-Nutzern.

Durch den Einbau eines kleinen Codeschnipsels (Facebook/Meta-Pixel) in die Website kann Meta kontrollieren, ob der jeweilige Website-Besucher auch über ein Facebook- oder Instagram-Profil verfügt. Falls ja, wird er auf Wunsch in eine anonymisierte Targeting-Liste (*Website Custom Audience*) gelegt und kann in einer kommenden Kampagne erneut angesprochen werden. So ließen sich extrem effektive Zielgruppen bauen, denn wer auf bestimmten Unterseiten einer Website unterwegs ist, eine bestimmte Zeit dort verbringt oder bis zu einem bestimmten Punkt der Website scrollt, ist höchstwahrscheinlich auch ein spannender potenzieller Kunde.

Das zwingende Erfordernis des Cookie-Consents auf Websites durch die DSGVO lieferte den ersten Sargnagel für dieses Vorgehen. Ein signifikanter Teil der Website-Besuchenden gibt keine Zustimmung für das Tracking (erfahrungsgemäß fallen hier 30 bis 50 %, oft sogar mehr der Besucher weg). Für diese User wird dann auch das Meta-Pixel nicht mehr geladen, sie kommen damit in keine Website Custom Audience und können nicht im Retargeting angesprochen werden.

Apple legte 2021 mit dem iOS14-Update des eigenen Betriebssystems nach. Fortan mussten alle Apple-User in jeder App einmalig aktiv zustimmen, dass sie mit dem Tracking ihrer Daten einverstanden sind. Ein Großteil der User verweigerte diese Zustimmung (bewusst oder einfach aus Unwissenheit, Angst oder Sorge) – diese User-Daten stehen dann ebenfalls nicht mehr für das Retargeting für Facebook & Co. zur Verfügung.

Google folgte mit ihrer Initiative *App Tracking Transparency* (ATT), und auch diverse weitere Schritte in Richtung mehr Privatsphäre und Datenschutz anderer Anbieter schlossen sich an. Als Ergebnis lässt sich heute nur noch ein kleiner Teil der Besucherinnen und Besucher einer Website oder Landingpage überhaupt tracken. Die Aktivitäten der meisten User werden nicht an Meta zurückgemeldet. Konkret bedeutet das:

- Eine Zuordnung von Conversions (z. B. Shopverkäufen, Leads etc.) zu einer bestimmten Werbekampagne ist nicht mehr möglich.
- Der Aufbau von Custom Audiences aus diesen Daten fällt ebenfalls weg, ehemalige Website-Besucher oder App-Nutzer können nicht mehr über Meta Ads retargetiert werden.

Damit können Unternehmen zwar weiterhin Anzeigen schalten, aber eine konkrete Erfolgsmessung und eben das Retargeting (beides Punkte, die die Onlinewerbung im Vergleich zu klassischen Werbemaßnahmen so überlegen machten) fallen für große Teile der User weg. Die heute noch gemessenen Ergebnisse und aufgebauten Listen decken nur einen relativ kleinen Anteil der tatsächlichen Werte ab – besser als nichts, aber eben viel schlechter als noch vor einigen Jahren. All das hier Gesagte gilt nicht nur für Facebook, sondern für sämtliche Werbesysteme in gleichem oder ähnlichem Ausmaß (also auch für Google Ads, LinkedIn, TikTok, Pinterest etc.).

Allerdings gibt es Hoffnung am Horizont: Die Algorithmen von Meta sind in den letzten Jahren deutlich besser geworden. Durch künstliche Intelligenz, Machine Learning und ausgefeilte Mechanismen ist Facebook in der Lage, eine recht gute Anzeigenleistung zu erbringen, ohne dafür die gleiche Menge an echten Conversion-Daten wie in der Vergangenheit zu benötigen.

Konkret äußert sich das zum Beispiel in den Advantage+-Kampagnen. Diese stellen für alle, die im E-Commerce tätig sind, eine große Vereinfachung dar und entsprechen vom Prinzip her den Performance-Max-Kampagnen bei Google. Die Idee: Anzeigenkunden geben dem System ein Conversion-Ziel, einige Anzeigenelemente und ein Budget vor, und der Algorithmus baut den Rest selbst: Die konkreten Anzeigen, die Platzierung, das Targeting, die genaue Ausspielung und alles andere, womit sich Performance-Marketer früher gern im Detail befasst haben, übernimmt die KI. Der Vorteil: Die Anzeigenerstellung geht deutlich schneller. Und letztlich ist die Wahrscheinlichkeit doch recht hoch, dass ein Algorithmus mit unzähligen Datenpunkten eine bessere Performance liefert als ein Marketer mit einem zwangsläufig limitierten Wissen über Zielgruppen und deren Verhalten.

Jedoch auch ohne die im Wesentlichen Onlineshops vorbehaltenen Advantage+-Kampagnen liefert der Algorithmus gute Ergebnisse. Deshalb ist das detaillierte Targeting heute tatsächlich kein zentrales Element der Facebook-Werbung mehr. Viele Ads werden einfach »broad«, also ohne jedes Targeting, oder mit nur minimalen Vorgaben (z. B. lokales

Targeting oder Altersgruppen) ausgespielt, und der Algorithmus findet die passende Zielgruppe.

Der eigentliche Hebel ist heute das *Creative*, also das Bild oder Video, mit dem die Anzeige die Aufmerksamkeit der Zielgruppen gewinnen soll. Ein beliebtes Motto in der Performanceszene lautet daher: »Creative is the new targeting« – »das Creative findet seine Zielgruppe«. Konkret bedeutet das: Der Aufwand, der früher in die Zusammenstellung möglichst passender Zielgruppen geflossen ist, sollte heute für die Erstellung visueller Anzeigenelemente, die möglichst gut auf die gewünschte Zielgruppe zugeschnitten ist, getrieben werden. Ein ideales Ergebnis kann dabei meist nur durch mehrere (viele) Varianten und umfangreiches Testen erzeugt werden – kein noch so guter Performance-Marketer kann vorab mit Sicherheit sagen, welches Creative am besten funktioniert. Das kann nur durch den Praxistest herausgefunden werden.

Meta bietet durch die Maßnahmen zur Anzeigentransparenz mittlerweile viele Möglichkeiten, sich auch vom Wettbewerb inspirieren zu lassen. In der Meta Ads Library (*https://facebook.com/ads/library*) sind alle Werbeanzeigen hinterlegt, die aktuell im Meta-Kosmos geschaltet sind. Es lohnt sich, mal die Keywords der eigenen Branche oder direkt die Auftritte der Konkurrenz dort einzugeben und zu prüfen, welche Werbung so auf Facebook und Instagram geschaltet wird. Oft lassen sich daraus interessante Ideen für eigene Werbemaßnahmen ableiten.

Eine Targeting-Methode, die von den oben genannten Hürden im Datenschutz und den Einschränkungen nicht betroffen ist, ist das Engagement-Targeting. Damit lassen sich zum Beispiel Zielgruppen (erneut) ansprechen, die sich ein Video der Unternehmensseite angesehen, mit Seitenbeiträgen interagiert oder der Seite Nachrichten gesendet haben. Auch hierbei handelt es sich ja meist um interessante Zielpersonen (sonst hätten sie sich ein entsprechendes Video nicht länger angeschaut oder einem Facebook-Event der Seite zugesagt), die dann in einer Custom Audience gesammelt und mit neuen Werbeanzeigen targetiert werden können – ganz ohne Einschränkungen durch Cookie-Consents oder Tracking-Blocker.

Aus den Custom Audiences, aber auch aus anderen Zielgruppen wie zum Beispiel den Followern Ihrer Seite, können *Lookalike Audiences* gebildet werden. Dabei erstellt Facebook aus der genannten Zielgruppe eine größere Gruppe, die der Zielgruppe sehr ähnelt, zum Beispiel was Verhalten oder Demografie angeht. Dadurch lassen sich Nutzerinnen und Nutzer erreichen, die über die bereits bekannte Zielgruppe hinausgehen, ihr aber trotzdem extrem ähnlich sind. In Fachkreisen zählen Lookalike Audiences zu den spannendsten Targeting-Methoden überhaupt.

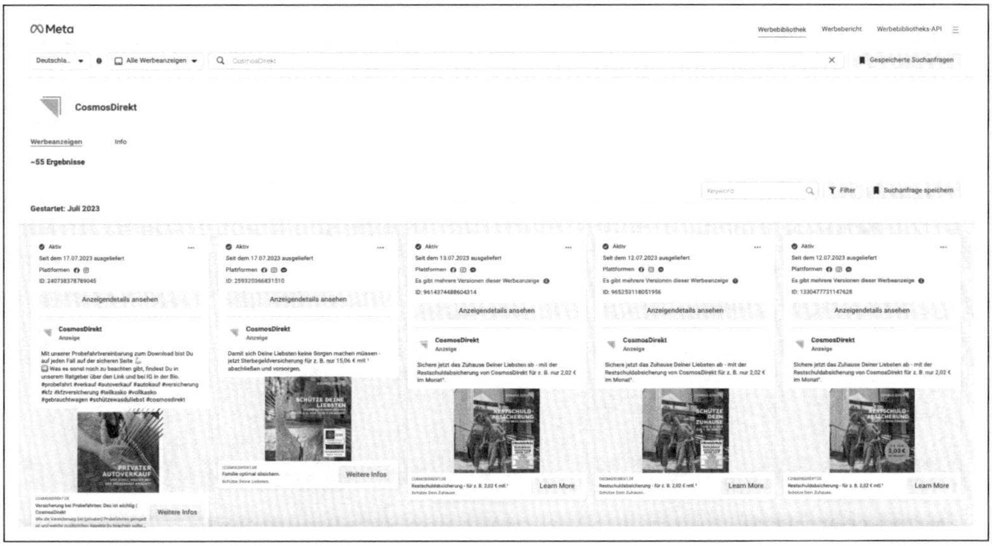

Abbildung 10-12:
Werbeanzeigen von CosmosDirekt in der Meta Ads Library

Die Facebook-Anzeigen werden auf Basis von Impressions (CPM) oder Klicks (CPC) abgerechnet, zählen damit also zu den Performance-Marketing-Instrumenten. Durch ein Tages- oder Laufzeitbudget werden die Ausgaben limitiert, und das Risiko wird minimiert. Trotzdem lohnt sich ein regelmäßiger Blick in die umfangreichen Auswertungen, um erfolgreiche Anzeigen erkennen und die schlechter laufenden Kampagnen eliminieren zu können. Bei größeren Budgets lohnt sich der Einsatz von professionellen Ad-Management-Tools wie zum Beispiel von Facelift (*www.facelift-bbt.com/de*) oder AdEspresso (*https://adespresso.com*).

Bei *Facebook-Gruppen* handelt es sich um ein Instrument, das immer mehr an Bedeutung gewonnen hat und lange Zeit privater Nutzung vorbehalten war. Im Gegensatz zu Facebook-Seiten können Gruppen geschlossen betrieben werden, Inhalte sind also für Außenstehende nicht sichtbar. Dadurch ergeben sich ein größeres »Wir«-Gefühl und eine höhere Bereitschaft, Fragen zu stellen und Inhalte zu teilen. Im Gegensatz zur Unternehmensseite, die im Aufbau eher einem Blog ähnelt, lassen sich Gruppen am ehesten mit einem Forum vergleichen. Mitglieder können gleichberechtigt mit dem Betreiber der Gruppe Beiträge eröffnen und bestehende Beiträge kommentieren.

Facebook-Gruppen können je nach Ausrichtung zur Gewinnung von Neukunden, aber auch sehr gut zur Kundenbindung sowie als Serviceplattform eingesetzt werden. Es können dort Fragen gestellt und/oder beantwortet werden, und es findet ein Austausch über relevante Themen statt. Mit steigender Nutzerzahl wird eine aktive Moderation unumgänglich, um Spam und Eigenwerbung zu vermeiden sowie ständige Fragedopplungen zu minimieren.

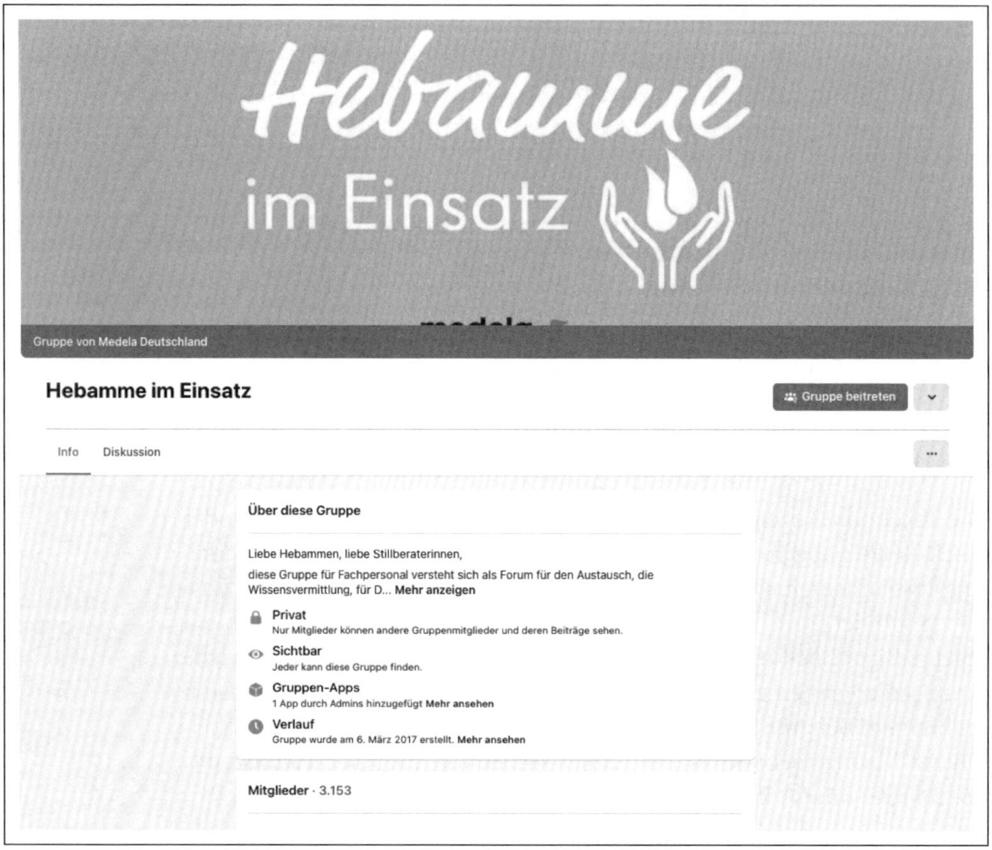

Abbildung 10-13:
Facebook-Gruppe der Firma Medela für die Zielgruppe Hebammen

Gruppen können nicht nur durch Personenprofile, sondern auch durch eine Unternehmensseite betrieben werden, sodass dafür nicht zwingend ein Facebook-Nutzerprofil benötigt wird, das die Gruppe anlegt und administriert. Es bietet sich jedoch an, dass (mindestens) ein Mitarbeiter mit seinem echten Profil als Administrator für die Gruppe eingesetzt wird.

Instagram

Der zweite große Social-Media-Kanal aus dem Hause Meta ist *Instagram*. Anfang 2023 zählte Instagram zwei Milliarden monatlich aktive Nutzerinnen und Nutzer weltweit und gehört damit zu den größten

Social Networks überhaupt. Die Nutzerzahl hat sich seit der letzten Auflage dieses Buchs verdoppelt.

> **Social-Media-Nutzerzahlen**
>
> Achten Sie auf die genaue Definition, wenn Sie von Nutzerzahlen lesen. Die meisten Social Networks geben ihre Mitgliederzahlen als »monthly active user« oder »daily active user« an, werten also nur die aktiven User aus. Niemand weiß, wie viele User z.B. Instagram wirklich hat, die zwei Milliarden sind nur die, die sich in den letzten 28 Tagen eingeloggt haben.
>
> Einige Social Networks (vor allem LinkedIn und XING) sprechen dagegen nur von »Mitgliedern« oder »Nutzern«, ohne ein Aktivitätslevel zu qualifizieren. Hier ist umgekehrt nicht bekannt, wie viele User wirklich aktiv und wie viele uralte Karteileichen sind.
>
> In Umfragen (z.B. der ARD/ZDF-Onlinestudie) wird dagegen teilweise die wöchentliche oder »zumindest gelegentliche« Nutzung abgefragt.
>
> Aus diesem Grund sind Nutzerzahlen verschiedener Erhebungen oder Quellen oft nicht gut vergleichbar, und es lohnt sich ein genauerer Blick darauf, worauf sich die angegebenen Zahlen beziehen.

Instagram ist ein reiner *Mobile-Kanal*. Es gibt zwar eine abgespeckte Weboberfläche, die aber kaum eine Rolle spielt. Seit 2022 ist allerdings auch das Posten über den Webzugriff möglich, was für viele Online-Marketing-Verantwortliche eine Erleichterung darstellt, sofern sie nicht ohnehin schon ihre Beiträge über die Meta-Business-Suite oder ein Dritttool erstellen.

Ähnlich wie bei Facebook verbringen Instagram-Nutzer ihre Zeit zum großen Teil in ihrem Newsfeed, wo ihnen passende Beiträge eingespielt werden, entweder basierend auf ihren Abonnements oder durch Vorschläge des Algorithmus. Like-, Markier- und Kommentarfunktionen sind ebenfalls vorhanden, einen Share-Button wie bei Facebook gibt es jedoch nur für das Teilen in Stories, nicht im Newsfeed selbst. Auch verschiedene Reactions wie bei Facebook (z.B. Umarmung, Haha oder Wow) sucht man vergeblich. Dafür gibt es einen Speichern-Button, der rege genutzt wird.

Anders als in Facebook können in Instagram-Beiträge keine klickbaren Links eingebaut werden. Einzig in der Profil-Bio (Steckbrief des Profils) können bis zu fünf Links untergebracht werden. Bis Ende 2022 war lediglich ein einziger Link möglich. Viele Account-Betreiber haben sich deshalb mit einer Zwischenseite (oder einem Tool wie Linktr.ee) beholfen und dort weitere Links untergebracht. Das ist heute nur noch nötig, wenn mehr als fünf Links im Profil gewünscht sind. Ein Link sollte übrigens zum Impressum führen, das bei Instagram wie bei allen kommerziell genutzten Social-Network-Auftritten zwingend vorhanden sein muss.

Abbildung 10-14:
Instagram-Account von Felix Beilharz

Instagram bietet ähnlich wie Facebook eine ganze Reihe von Content-Formaten, aus denen Unternehmen schöpfen können. Die wichtigsten sind:

- **Feedposts** – reguläre Posts, die aus einem oder mehreren Bildern (Carousel-Posts) oder Videos bestehen können
- **Reels** – ursprünglich von TikTok kopierte vertikale Kurzvideos mit (aktuell) bis zu 90 Sekunden Länge
- **Livestreams** – auch mit mehreren Accounts gleichzeitig als Live-Session
- **Stories** – ursprünglich von Snapchat kopiertes Content-Format, das 24 Stunden lang sichtbar bleibt und vor allem die eigenen Follower anspricht
- **Guides** – Zusammenstellung eigener Beiträge zu einer Art Mini-Landingpage

Unternehmen sollten ihren Account in ein Professional- bzw. Business-Profil umwandeln, um die damit verbundenen Vorteile (z. B. Insights, zusätzlicher Call-to-Action-Button im Profil) ausschöpfen zu können. Instagram-Werbeanzeigen werden ebenfalls mit dem Account als Absender ausgespielt. Obwohl ein Großteil der Nutzerinnen und Nutzer nicht proaktiv den Kanal aufsuchen, sondern sich eher vom Content in ihrem Newsfeed inspirieren lassen, lohnt es sich, den Account einmal sauber aufzusetzen. Dazu gehören unter anderem:

- ein gut gewählter Account-Name und ein Profil-Handle (Username),
- ein ansprechendes, gut erkennbares Profilbild,
- die Auswahl der richtigen Kategorie,
- ein perfekter Bio-Text, der das Unternehmen in Kürze vorstellt, die Vorteile verdeutlicht und Lust auf das Abonnieren macht,
- Highlight-Stories sowie
- bis zu drei dauerhaft oben angepinnte Posts.

Die genannten Highlight-Stories sind ausgewählte vom Unternehmen gepostete Stories, die jedoch nicht nach 24 Stunden gelöscht, sondern dauerhaft im Account dargestellt werden. Dadurch lässt sich der Spielraum des Accounts deutlich vergrößern. Unternehmen können so zum Beispiel die Mitarbeitenden, ihre Produkte oder ihre Aktionen multimedial vorstellen. Durch in den Stories verwendete Linksticker lässt sich auch Website-Traffic erzeugen. Die Highlight-Stories sollten daher auf jeden Fall ausgeschöpft werden. Auf ähnliche Weise lassen sich auch bis zu drei gepostete Bilder, Carousels oder Videos im Profil oben anpinnen, sodass sie bei allen Besucherinnen und Besuchern dauerhaft ganz oben angezeigt werden. Der Vorteil von Linkstickern fällt hierbei jedoch weg.

Überhaupt sind die Stories bei Instagram ein wichtiges Content-Format. Hier lassen sich sehr viele »hemdsärmelige« Posts erstellen, z.B. Schnappschüsse oder Kurzvideos mit witzigen Elementen (etwa Sonnenbrillen oder Smileys), Interaktionselementen (Abstimmungen, Frage-und-Antwort-Möglichkeiten oder Schnellreaktionen) sowie Text oder Zeichnungen. Stories werden im Marketing überwiegend für Einblicke »behind the Scenes«, »Making-ofs« oder einfach kurze Content-Häppchen zwischendurch genutzt, die man eher nicht dauerhaft auf dem Profil sehen will. Manche Firmen produzieren aber auch hochwertigere, aufwendigere Inhalte für ihre Stories. Stories richten sich mittlerweile eher an die eigenen Follower und dienen so der Follower-Bindung und -Aktivierung, zusätzliche User werden (mit Ausnahme durch Story-Shares) kaum erreicht.

Das wohl wichtigste Content-Format sind Reels, die bereits angesprochenen vertikalen Kurzvideos, die von TikTok übernommen wurden und bei Nutzerinnen und Nutzern sehr gut ankommen. Reels versprechen die größte organische Reichweite und werden auch deutlich über die eigene Followerschaft hinaus ausgespielt, was bei Stories und selbst bei regulären Feedposts kaum noch der Fall ist.

Für diverse Unternehmen stellt die Anforderung, für jeden Kanal eigene Kurzvideos zu produzieren, eine (zu) hohe Hürde dar, weshalb viele ihre Kurzvideos sowohl bei TikTok als auch bei Instagram (Reels) und oft sogar bei YouTube (Shorts) parallel posten. Hierbei ist jedoch darauf zu achten, dass keine Hinweise auf den jeweils anderen Kanal zu erkennen sind (z.B. Wasserzeichen von TikTok in einem Instagram-Reel), da dies algorithmisch mit Reichweitenabschlägen bestraft werden kann. Außerdem ist zu prüfen, ob sich die Zielgruppen in den jeweiligen Kanälen nicht doch unterscheiden und so eine individuellere Content-Kanal-Strategie angebracht wäre.

Reichweite entsteht bei Instagram ähnlich wie bei Facebook durch organische Postings/Reels, Werbeanzeigen (die analog zur Facebook-Werbung auch über den Meta-Werbeanzeigenmanager eingebucht werden) und Kooperationen. Richtige Gruppen gibt es bei Instagram nicht.

Dafür spielen auf Instagram Kooperationen mit *Influencern* bzw. *Creatorn* eine größere Rolle als bei Facebook. Die erfolgreichsten Personen-Accounts stellen die meisten Unternehmen in den Schatten, sowohl was die Abonnentenzahl als auch was Interaktionsraten angeht. Viele Unternehmen setzen daher vor allem auf Instagram auf die Kooperation mit Influencerinnen und Influencern – entweder als Ergänzung des eigenen Contents oder sogar als überwiegende oder ausschließliche Strategie. Die Grenzen zwischen organisch und bezahlt/paid verschwimmen beim

Einsatz der *Branded Content*-Partnerschaften. Unternehmen, die Kooperationen mit Creatorn eingehen und die Posts entsprechend als Werbung markieren lassen (was rechtlich und von Meta vorgeschrieben ist), können die Kooperationspostings der Influencer bewerben, also mit bezahlter Anzeigenwerbung unterstützen. Der Vorteil: Die Werbeanzeige erscheint bei der Zielgruppe nicht als Werbung des Unternehmens, sondern mit dem Creator als Absender, der in seiner Zielgruppe vermutlich ein höheres Vertrauen und eine größere Sympathie genießt, als eine Marke es könnte. Das Unternehmen verlängert ihre Reichweite so quasi in die Zielgruppe des gebuchten Creators hinein.

Neben den genannten Reichweiten-Bringern Organic, Paid und Kooperationen setzen Unternehmen bei Instagram auch verstärkt auf eine vierte Methode: User-generated Content. Viele Marken profitieren stark davon, dass ihre Kunden oder User zufrieden über das Markenerlebnis sprechen, ihre Produkte posten oder auch nur Posts des Unternehmens in ihren Stories teilen. Dieses Prinzip gezielt zu fördern, ist daher Bestandteil vieler Instagram-Strategien. Gelingen kann das zum Beispiel durch

- Gewinnspiele (»Teile diesen Beitrag in deiner Story, um etwas zu gewinnen«),
- das Auffordern zum Posten eigener Beiträge (»Erzähle deine Reisestory und markiere uns«),
- Charity-Aktionen (»Für jeden Post mit dem Hashtag #XYZ spenden wir 1 Euro«) sowie
- Vorlagen, Sticker und Filter.

Insbesondere die letzte Variante ist eine Besonderheit von Instagram (allerdings in ähnlicher Form auch auf Snapchat und teilweise auf TikTok möglich). Durch das kostenlose *Spark AR*-Programm können Unternehmen und Creator eigene Filter für Instagram bereitstellen. Privatnutzer kennen diese diversen lustigen Filter aus ihren Stories oder Reels, um z.B. dem Video einen besonderen Lichteffekt hinzuzufügen, sich selbst mit witzigen Hasenohren zu verzieren oder Glitzer über das Video rieseln zu lassen. Solche Filter können aber auch gebrandet von Unternehmen genutzt werden.

Netflix Deutschland nutzt solche Filter zum Beispiel, um aktuelle Serien oder Filme zu promoten. Ein Filter wird bereitgestellt, in dem User in ihrer Story oder ihrem Reel per Kopfbewegung zwischen zwei über ihnen schwebenden Optionen auswählen können, ihrem Video einen »Stranger Things«-mäßigen Look verleihen können oder per Zufallsgenerator erfahren, welcher Charakter eines Films sie sind. User, die diesen Filter verwenden und ihren Content damit posten, vergroßern so die Reichweite von Netflix. Gute Filter können starke virale Effekte auslösen, die mit Ausnahme der Erstellung des Filters keine zusätzlichen Kosten verursachen.

Abbildung 10-15:
Filter, die Netflix bei Instagram anbietet

Einige Beispiele von Unternehmen, die solche Filter anbieten (auffindbar sind diese Filter über die Suchfunktion im Content-Erstellungstool oder direkt im Account der Firmen unter den drei Sternen):

- Urlaubsguru (Vacation Cam, eine gebrandete Vorlage für eigene Urlaubsfotos)
- OMR (z. B. ein Polaroid-artiger Rahmen für das eigene Festivalfoto oder ein Hintergrund, bei dem man sich selbst auf die OMR-Bühne platzieren kann)
- Berliner Verkehrsbetriebe (ein Hintergrund im Stil der U-Bahn-Scheiben)
- Red Bull (ein Online-Game, bei dem man in der Story mit Kopfbewegungen eine Spielfigur steuert und Red-Bull-Dosen einsammelt)
- John Deere (diverse Games sowie John-Deere-Helme und -Mützen als Element für eigene Videos)
- Bosch (Filter zum Pride-Month)
- WMF (virtueller Kaffeeautomat für die eigene Story)
- Die Grünen (Sticker zur Abschaffung des § 219a)

Zur Anzeigenwerbung gilt das bei Facebook Gesagte analog. Auch die komplette Instagram-Werbung wird über den Meta-Werbeanzeigenmanager erstellt. Als Platzierungen dienen unter anderem die verschiedenen Feeds (Newsfeed, Explore-Feed, Story-Feed), sodass eine maximale Reichweite möglich wird. Die meisten Werbeanzeigen werden parallel auf Facebook und Instagram ausgespielt, Ads können aber auch spezifisch nur für eine Plattform oder eine Platzierung erstellt werden.

TikTok

TikTok gehört als Kanal seit Jahren zu den Wachstumschampions. Die Chancen, dass er Instagram als zweitgrößten Kanal in Deutschland abgelöst hat, wenn Sie dieses Buch lesen, stehen recht gut. Zumindest was die Verweildauer angeht, steht TikTok bereits auf Platz eins: Keine Plattform schafft es, die Aufmerksamkeit der Nutzerinnen und Nutzer derart zu fesseln. Die tägliche Verweildauer ist etwas dreimal so hoch wie die bei Instagram oder Facebook.

TikTok ist auch ein Beispiel für eine interessante Entwicklung. Dem kometenhaften Aufstieg der Kurzvideoplattform begegneten die anderen Social-Media-Riesen mit simplem Kopieren. Erst Instagram, dann Facebook, dann YouTube und inzwischen fast alle Plattformen führten ebenfalls vertikale Short Videos als Content-Format ein, meist sogar erfolgreich.

Doch dann drehte sich der Spieß um. TikTok, gestartet als reine Videoplattform, kopierte nach und nach Content-Formate von Instagram und Facebook. Erst Livestreams, dann Stories und reine Bild-Postings und zuletzt sogar Textbeiträge. Damit gleichen sich die Social-Media-Kanäle im mer weiter an, ein richtiger, herausstechender USP ist kaum noch auszumachen. Trotzdem kommen Unternehmen kaum daran vorbei, zumindest einige der relevanten Plattformen zu bespielen, wenn sie eine maximale Aufmerksamkeit für ihre Marken sicherstellen wollen.

TikTok ist allerdings nicht unumstritten. Die App steht wegen ihrer chinesischen Herkunft, der unklaren Datenverwendung und der Nähe zur chinesischen Regierung in der Kritik. Außerdem gab und gibt es regelmäßig Vorwürfe, zum Beispiel aufgrund mangelnder Moderation von Hatespeech und Fakes, aufgrund von Zensur unerwünschter Inhalte oder wegen negativer Auswirkungen des hohen Suchtfaktors auf Jugendliche. Manche Unternehmen verzichten daher bewusst auf eine Präsenz auf TikTok – liegen damit aber eindeutig in der Minderheit. Die meisten können oder wollen nicht auf die Reichweite verzichten, vor allem wenn es um die Ansprache der Generation Z geht.

Unternehmen haben im Wesentlichen vier Möglichkeiten, sich TikTok zunutze zu machen.

- **Eigene Inhalte** – Wie auf allen Plattformen können Unternehmen selbst Inhalte erstellen. Hierbei sind die Hürden aber relativ hoch, da der Content »TikTok-gerecht« sein muss – also sehr schnell, bunt, kreativ und unterhaltsam. Das dürfte für viele Unternehmen schwierig sein, für manche Marken hingegen eine Möglichkeit, sich richtig auszutoben.
- **Creator-Kooperationen** – Influencer bzw. Creator Marketing funktioniert natürlich auch auf TikTok. Im Prinzip läuft dabei alles analog zu Instagram oder anderen Plattformen ab. Marken buchen Creator für Videos auf deren Posts (mit dem primären Ziel der Reichweite) oder kaufen Creator-Content für ihren eigenen Kanal ein (um den Marken-Account attraktiv für die Zielgruppe zu machen). Oft werden beide Ansätze kombiniert. Über die Creator können Unternehmen auch zu Challenges aufrufen, bei denen die User dann eigene passende Inhalte hochladen (User-generated Content). Creator können auch Filter (Community Effects) für Marken erstellen und hochladen, die dann analog zu Instagram-Filtern genutzt werden können.
- **Werbeanzeigen** – Auch bei TikTok gibt es natürlich eine Self-Service-Anzeigenplattform, auf der Unternehmen selbst Ads einbuchen können. Der Aufbau und die Möglichkeiten sind stark an die des Meta-Werbeanzeigenmanagers angelehnt, sodass vieles dort Gesagte analog gilt.
- **Branded Effects und Challenges** – Für den größeren Geldbeutel bietet TikTok spezielle Werbeformate an, die sich entsprechend eher an Konzerne und große Brands richten. Hierbei geht es spezi-

ell um gebrandete Filter (*Branded Effects*), die User in ihren Videos verwenden können. Im Gegensatz zu den »normalen« *Community Effects* werden diese Effekte aber als Werbekampagne eingebucht und erhalten so eine höhere, aber eben kostenpflichtige Reichweite. Ähnlich sieht es mit den *Branded Hashtag Challenges* aus – ein Unternehmen ruft einen bestimmten Hashtag aus und fordert User zum Mitmachen auf, allerdings nicht organisch, sondern als bezahlte und speziell von TikTok promotete Kampagne.

Abbildung 10-16:
TikTok-Star »Herr Anwalt« in einem Video bei Kaufland

Ein Unternehmen, das sehr stark auf *Creator Marketing bei TikTok* setzt und damit regelmäßig die Rankings für das User-Engagement anführt, ist Kaufland. Ein großer Teil der veröffentlichten Videos kommt nicht von eigenen Mitarbeitenden, sondern vom Who's who der deutschen Creator-, Streamer- und Online-Promiszene: Herr Anwalt, Capital Bra, Emir Bayrak, Knossi, MontanaBlack, Dieser Johnny und viele andere lieferten bereits Content für Kaufland. Mit vielen Creatorn erstellt Kaufland auch eigene Produkte – Emir Bayrak (6,3 Mio. Follower) platzierte bei Kaufland seinen eigenen Energydrink, HeyMoritz (1,4 Mio. Follower) seine Kaugummimarke. Damit folgt Kaufland dem Trend der Creator-Produkte und erhöht gleichzeitig die eigene Reichweite enorm.

TikTok ist für Außenstehende oft schwer zu durchschauen. Gleichzeitig entstehen auf TikTok viele Trends und Memes, die sich dann auch auf andere Social Networks übertragen und vor allem in die breitere Jugendkultur eingehen. Sogar die Musikcharts werden von TikTok beeinflusst. Viele Chart-Hits gingen ursprünglich als Audioclip bei TikTok viral, was massenhaft Streams in den relevanten Streaming-Plattformen auslöste. So kam es im Sommer 2023 zum Beispiel dazu, dass Otto (der ostfriesische Künstler, nicht die Versandhausmarke) Platz eins der deutschen Charts belegte. Die beiden bei TikTok sehr populären Musiker Ski Aggu und Joost Klein erstellten eine Remix-Version des 30 Jahre alten Hits »Friesenjung« und baten Otto in mehreren Videos, die Freigabe für den Song zu erteilen. Daraus entstand schon ein kleiner viraler Gag mit dem Schlachtruf »Bitte Otto bitte!«. Otto meldete sich daraufhin bei TikTok an, willigte in die Kooperation ein – und sammelte ganz nebenbei in wenigen Wochen selbst knapp 500.000 Follower ein. Clips aus dem Song wurden weit über 20.000 Mal in User-Videos genutzt, der Song wurde viral und schaffte es so auf Platz eins der deutschen Charts.

Dieser Fall ist auch ein gutes Beispiel für die Funktionsweise von TikTok. Die App ist die prototypische *»Mitmachplattform«*. User erstellen eigene Videos mit existierenden Sounds oder reagieren auf bestehende Videos. Die Quote an aktiv produzierenden Usern dürfte auf keiner anderen Plattform höher sein. Diese Bedeutung sollten Unternehmen beachten und aktiv auf Interaktion und Co-Creation setzen, statt nur Inhalte zu produzieren oder Werbung zu schalten. Beides ist möglich, schöpft aber lediglich einen Teil des Potenzials von TikTok aus.

Ein wichtiges Element dieser Interaktionsstrategie sind Kommentare. Wie auf allen Social Networks spielen Kommentare als Reaktion auf Inhalte eine große Rolle. Bei TikTok werden sie aber stärker als anderswo auch von Unternehmen als Marketingelement genutzt. Wenn Sie sich mal die Kommentare unter den Videos der großen Creator ansehen, werden Sie fast zwangsläufig mehr oder weniger witzige Kommentare bekannter Marken sehen. Durch Kommentare unter reichweitenstarken Videos erhoffen sich die Brands Reichweite und Aufmerksamkeit der Zielgruppe, oft mit Erfolg. Auch Kommentare unter den Videos anderer Marken gehören zu dieser Strategie, das Ergebnis sind dann oft beliebte *Comment Wars* zwischen Unternehmen.

Der TV-Sender Pro7 hat dieses Vorgehen auf die Spitze getrieben und sich bei TikTok quasi auf das Kommentieren anderer Markenkommentare spezialisiert. Regelmäßig »entert« der TikTok-Kanal die Kommentare anderer Creator und Marken und hinterlässt dort witzige, freche und provozierende Kommentare. In manchen Fällen generieren solche Kommentare Tausende oder gar Zehntausende von Likes und Hunderte weiterer Kommentare. Pro7 ist bei TikTok für diese Strategie bekannt geworden und konnte die Sympathie- und Markenwerte bei der jungen Zielgruppe deutlich steigern, was für einen klassischen Fernsehsender mit zunehmendem Digitalgeschäft essenziell wichtig ist.

Abbildung 10-17:
Pro7 nutzt »Brand Beefs« in den Kommentaren bei TikTok als Marketingstrategie

Eine weitere beliebte Maßnahme, die sich die stärkere Aktivität der TikTokerinnen und TikToker zunutze macht, liegt im Einsatz von Stitch- und Duett-Videos. Diese beiden Begriffe beschreiben eine Funktion von TikTok, mit der man zu bestehenden Fremdvideos eigene Reaktionsvideos erstellt, die dann entweder gleichzeitig mit dem Originalvideo seitlich oder darunter aufgenommen (*Duett*) oder an das Originalvideo angehängt werden (*Stitch*). Auf diese Weise kann man seine Meinung zu einem Video abgeben, auf eine Frage im Originalvideo antworten oder gemeinsam ein neues Video kreieren. Sehr bekannt geworden ist zum Beispiel 2020 ein Seemanns-Shanty (»The Wellerman«), zu dem viele TikToker eine weitere Stimme in ihrem Duett-Video ergänzten. Nach und nach ergab sich ein vielstimmig gesungenes Shanty, das einigen der Protagonisten zumindest kurzfristig weltweite Aufmerksamkeit bescherte und einen ebenso kurzfristigen Hype um Seemanns-Shantys auslöste. Das Audio wurde in 57.000 Videos verwendet, die teilweise viele Millionen Aufrufe erzeugten.

Auch Unternehmen und Marken können sich diese Mechanismen zunutze machen. Die Tagesschau lieferte zum Beispiel eine Duett-Vorlage mit dem sogenannten Prompter-Test. Darin war lediglich ein Teleprompter mit einem Nachrichtentext zu sehen sowie der Aufruf, sich daran zu versuchen und ein Duett-Video dazu zu erstellen. Über 550 Nutzer ließen sich auf diese Challenge ein und erhielten teilweise fünf- oder gar sechsstellige Likezahlen auf ihre Videos. Insgesamt dürfte die Challenge einige Millionen Views für die Tagesschau erzeugt haben – mit minimalem Aufwand. Das ist die Macht von TikTok.

YouTube

YouTube hat als größte Videoplattform weltweit eine ganz besondere Schlüsselrolle in vielen Marketingstrategien. Für viele vor allem junge Menschen hat YouTube bereits das klassische TV abgelöst.

Der Kanal wird sowohl als *Video-Hoster* zum Zugänglichmachen der eigenen Videoinhalte als auch als *Kampagnentool* genutzt.

Leider beschränken sich viele Unternehmen darauf, ihre Image- und Produktvideos bei YouTube hochzuladen. Das ist sicherlich eine sinnvolle Maßnahme, schöpft aber die Möglichkeiten des Kanals nicht mal ansatzweise aus. YouTube verfügt über eine lebhafte Community, eine aktiv genutzte Suchfunktion und das aktive Listing in den Google-Suchergebnissen. Gerade mit Nutzen stiftenden Videos wie Erklärfilmen sowie Ratgeber- und How-to-Videos, aber auch mit lustigen Inhalten, lässt sich auf YouTube eine hohe Reichweite erzielen. Durch Links in und unter den Videos sowie die Möglichkeit, via *Google Ads* Anzeigen vor, in oder nach den Videos zu schalten, kann sogar signifikant Traffic über die Videos erzielt werden – und zwar über den reinen Branding-Effekt hinaus.

Abbildung 10-18:
Hornbach greift den YouTube-Trend ASMR auf und erzielt hohe Reichweiten.

Bei YouTube-Marketing denken viele sofort an virale All-Time-Hits wie EDEKAs »Supergeil« und »Heimkommen« oder den Spagat von Jean Claude van Damme zwischen zwei Volvo-Trucks. Solche viralen Videos sind sicher der Wunschtraum vieler Marketer – extreme Reichweiten für verhältnismäßig geringen Aufwand (allein die drei gerade genannten Clips erzielten zusammen knapp 200 Millionen Views). In der Praxis sind virale Hits aber sehr schwer zu erschaffen. Viralität ist kaum planbar und schon gar nicht garantiert. Selbst erfahrene Agenturen bekommen längst nicht jeden Versuch viral.

Das »Brot-und-Butter-Geschäft« bei YouTube sind dagegen andere Videos – Einblicke ins Unternehmen, Berichte von Events, Produkte im Praxiseinsatz, Pflege- und Anwendungstipps, verlängerte TV-Kampagnen, Interviews, Mitschnitte von Vorträgen oder Beantworten von Nutzerfragen. Während virale Megahits sehr viel Know-how und noch mehr Glück benötigen, lassen sich diese Videoformate auf YouTube planmäßig und teilweise auch mit verhältnismäßig einfachen Mitteln erstellen und wirken sich auf Umsatz und Markenwahrnehmung oft noch positiver aus als der einmalige Hit, an den sich zwar nach einigen Monaten noch alle erinnern – nicht aber an die Marke dahinter.

Ein gutes Beispiel dafür, wie YouTube auf verschiedene Arten genutzt werden kann, liefert OBI. Der Baumarkt betreibt zwei Kanäle. Da ist zum einen *@OBI*, der offizielle YouTube-Channel. Dort werden aktuelle Werbespots, PR-Aktionen, aber auch regelmäßig Tutorials und DIY-Videos hochgeladen. Das ist für sich schon eine gute YouTube-Strategie.

Zum anderen betreibt OBI aber auch noch den Kanal *MACH MAL mit OBI*, der sich an jüngere Zielgruppen richtet. Auf dem Kanal geht es deutlich »youtubiger« zu. Bekannte Creator und Influencerinnen geben sich die Klinke in die Hand, und neben interessanten How-to-Videos (ähnlich also wie im Hauptkanal, wenn auch eher für junge Menschen konzipiert) präsentieren sich darüber hinaus noch ganz andere Ideen: Zu den beliebtesten Videos gehören »Verstecken Extrem im Baumarkt«, ein selbst gebauter Gleitschirm mitsamt Test vom Sprungbrett im Hallenbad, Schiffe versenken im Real Life oder eine Survival-Challenge im Wald plus Bau eines DIY-Zelts.

Die Videos sind deutlich knalliger, lauter, schneller und »verrückter«, als man es von einem traditionsreichen Baumarkt erwarten würde. Durch die Einbeziehung beliebter Creator und die perfekte Ausrichtung auf YouTube und die Ansprüche der Generationen Y und Z konnte der Kanal, trotz deutlich weniger Videos als im Hauptkanal, bisher mehr als fünf Mal so viele Follower und doppelt so viele Views ansammeln – in nur zwei Jahren. OBI scheint da so einiges richtig zu machen.

Aktives YouTube-Marketing besteht darin, einen *Channel* anzulegen, möglichst vollständig auszufüllen und dann mit Videos zu bestücken – gerne auch regelmäßig. Diese Videos werden dann entsprechend bekannt gemacht, zum Beispiel bei den Abonnentinnen und Abonnenten des Channels, aber auch auf anderen Kanälen wie Facebook oder dem eigenen Newsletter. Auch das Einbetten (Embedding) in Blog oder Website lohnt sich häufig.

YouTube bietet mittlerweile ebenfalls verschiedene Formate – neben den klassischen Videos auch Community-Beiträge (z.B. für Umfragen oder Bilder), Livestreams und Shorts. Gerade die vertikalen Kurzvideos Shorts können hohe organische Reichweiten erzeugen und sollten in keinem Content-Mix fehlen. Der Werkzeughändler TOOLgroup schneidet aus seinen längeren, regulären YouTube-Videos beispielsweise einzelne »Häppchen« zu kurzen, knackigen Vertical Videos zusammen, die dann als Shorts bei YouTube veröffentlicht werden. Solche Kurzvideos werden automatisch passenden Usern vorgeschlagen und übertreffen die längeren Videos in ihrer Reichweite oft um ein Vielfaches.

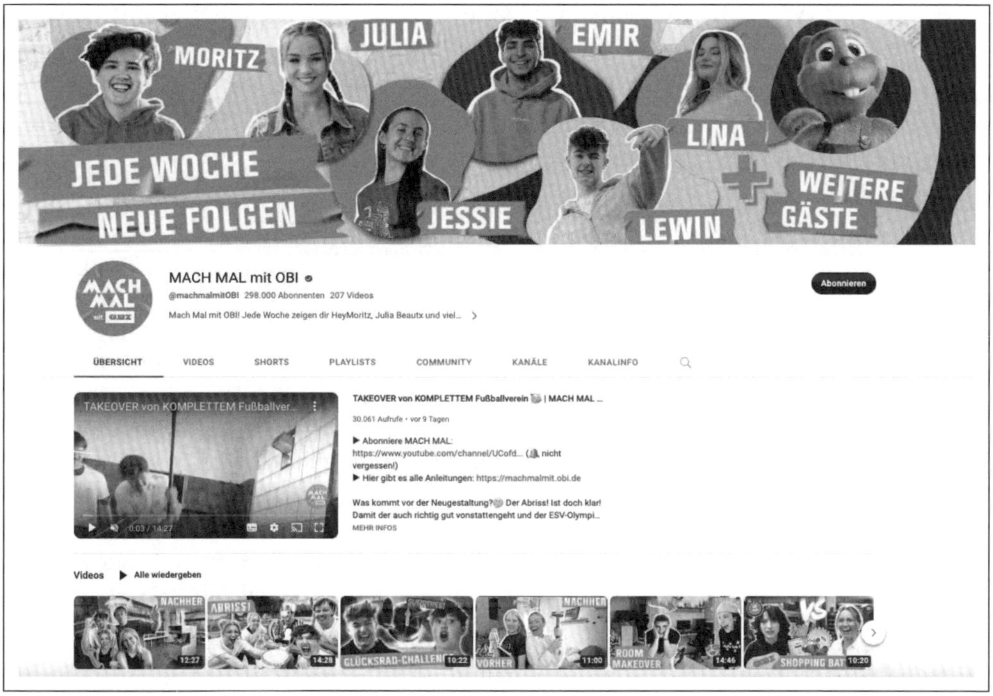

Abbildung 10-19:
MACH Mal mit OBI nutzt YouTube perfekt für die Ansprache der jungen Generationen.

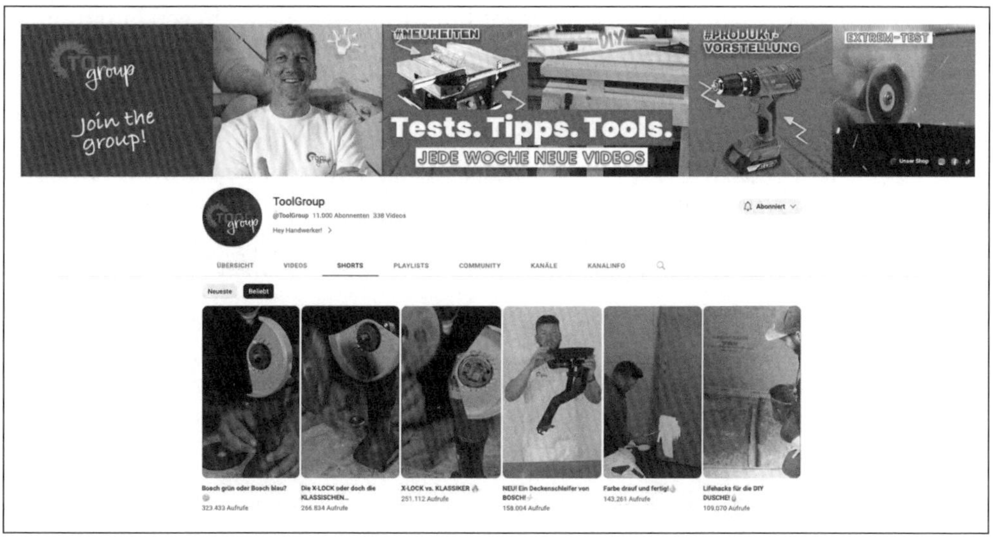

Abbildung 10-20:
Shorts beim Werkzeughändler TOOLgroup

Wer YouTube-Marketing betreibt, sollte sich detaillierter mit Funktionen wie *Playlists*, *Endcards* und *Custom Thumbnails* beschäftigen. Vieles kann man sich von »typischen« YouTubern abgucken (ein Blick in die YouTube-Trends unter *https://www.youtube.com/feed/trending* zeigt, wer oder was gerade angesagt ist). In der Regel machen diese YouTuber einiges richtig. Hier finden auch mutige Unternehmen Inspirationen, die für das eigene YouTube-Marketing hilfreich sein können (ohne natürlich einen fremden Stil blind zu kopieren).

LinkedIn

An dieser Stelle wurde in der letzten Ausgabe des Buchs noch über XING als relevante Businessplattform gesprochen. Das hat sich inzwischen erledigt. XING hat sich mehr und mehr als Recruiting- und Jobkanal etabliert. Fast alle businessrelevanten Funktionen wie Events oder Gruppen wurden abgeschafft. Als Marketingkanal ist XING daher kaum noch zu gebrauchen, deshalb konzentrieren wir uns hier auf den ohnehin deutlich größeren internationalen Konkurrenten LinkedIn.

LinkedIn konnte in den letzten Jahren sowohl Nutzerzahlen als auch Aktivitätslevels deutlich steigern, nicht zuletzt durch den konsequenten Ausbau der Funktionalitäten. Und auch wenn nicht alle Versuche gefruchtet haben (Stories analog zu Instagram oder Snapchat zum Beispiel wurden zwar getestet, aber nach weniger als einem Jahr wieder eingestellt), zeigt sich LinkedIn doch als innovativ und zukunftsorientiert. Und tatsächlich verfügt LinkedIn über alle wichtigen Funktionen, die für Unternehmen und Selbstständige wichtig sind:

- Profile und Unternehmensseiten mit umfangreichen Präsentations- und Analysemöglichkeiten.
- Ein ausgefeiltes Werbeanzeigensystem, das sich stark an das von Meta anlehnt und auch hier alle wesentlichen Funktionen anbietet.
- Ein Gruppenuniversum, das zwar ausbaufähig, aber zumindest im Kern funktional ist.
- Der aktive Ausbau von Influencer-Funktionalitäten (Creator Modus, Top Voice).
- Moderne Features wie Livestreams, Live-Audio, immer mehr KI-Integration und Anbindungen an Drittplattformen.

Damit ist LinkedIn von einer nerdigen Karriereplattform zu einem umfangreichen Businessnetzwerk erwachsen, das vor allem im B2B-Bereich mittlerweile unersetzlich ist.

In einem Punkt unterscheidet sich LinkedIn allerdings von Facebook, Instagram oder TikTok: Unternehmensseiten haben einen deutlich schlechteren Stand als persönliche Profile. Die Reichweite von Personenprofilen schlägt die Reichweite vergleichbar großer Unternehmensseiten bei Weitem. Das mag zum einen algorithmisch bedingt sein, zum anderen aber auch durch deutlich höhere Interaktionsraten (wobei hier das Henne-Ei-Problem greift). Menschen interagieren meist sehr viel stärker mit Beiträgen von Personen aus ihrem Netzwerk als mit den Unternehmen, bei denen diese Personen arbeiten.

Deshalb gilt für LinkedIn: Personal Branding ist Trumpf. Unternehmen, die die volle Reichweite ausschöpfen wollen, sind gut beraten, aktiv auf ihre Mitarbeitenden zu setzen und diese als Corporate Influencer einzusetzen. Dafür ist eine eigene Strategie und ein professionell aufgesetztes Corporate-Influencer-Programm unverzichtbar.

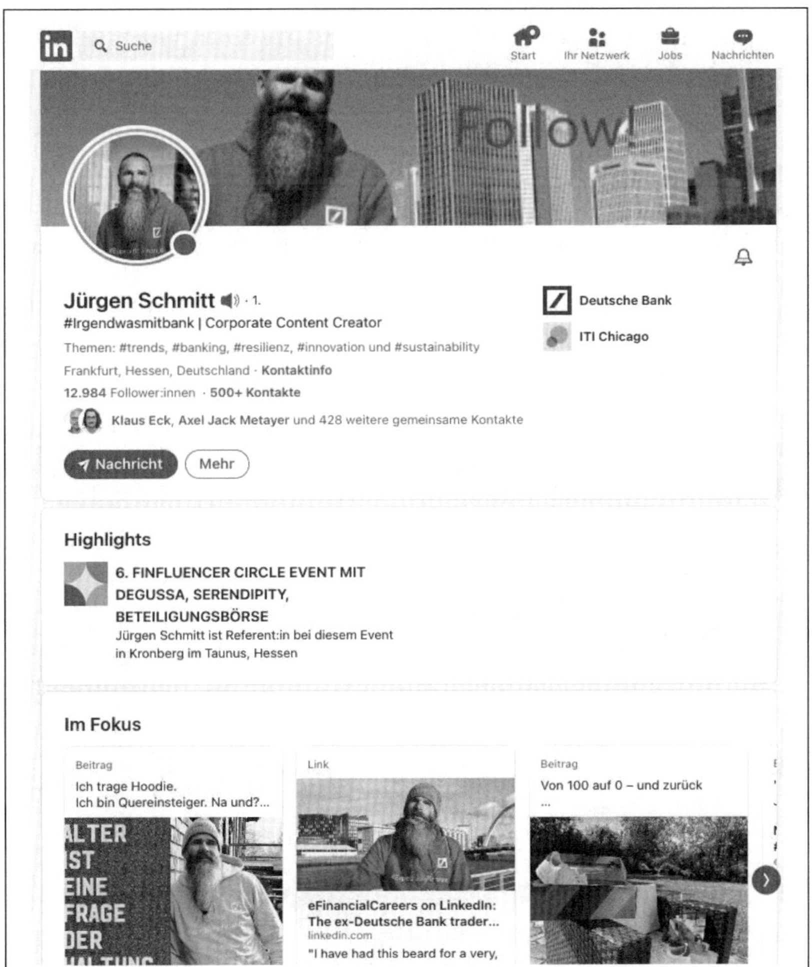

Abbildung 10-21:
Jürgen Schmitt ist als Corporate Content Creator der Deutschen Bank auf LinkedIn aktiv.

Eng damit verbunden ist auch der *Social-Selling-Ansatz*. Dahinter verbirgt sich eine Strategie, die auf Expertenpositionierung und den gezielten Aufbau von Reputation setzt, verbunden mit dem Auf- und Ausbau eines professionellen Netzwerks, um dann Bedarfe abzuklopfen und durch Dialog in den Verkaufsprozess überzugehen. Dadurch soll vor allem ein Sog anstatt eines Verkaufsdrucks erzeugt und der Eindruck von Spam oder nerviger Werbung vermieden werden. LinkedIn bietet auch kostenpflichtige Profile mit speziellen Funktionen für Social Selling, zum Beispiel eine ausgefeiltere Suchfunktion oder CRM-Features, mit denen die Ansprache und die Verwaltung passender Kontakte erleichtert werden soll.

Neben dem reinen Business eignet sich LinkedIn natürlich immer noch hervorragend für Recruiting und Employer Branding. Unternehmen können Stellenanzeigen veröffentlichen und bewerben, aber auch aktiv auf die Suche nach passenden Kandidatinnen und Kandidaten gehen (Active Sourcing).

Foren

In vielen Nischen spielen Foren immer noch eine gewisse Rolle. Hier tauschen sich zum Beispiel Sammler, DIY-Enthusiasten, Musikerinnen, Handwerker, Ingenieurinnen oder sonstige Interessen- oder Berufsgruppen aus. Marketing in Foren eignet sich daher grundsätzlich für B2B und B2C, was sich durch eine Google-Suche nach einschlägigen Foren schnell für die eigene Branche evaluieren lässt.

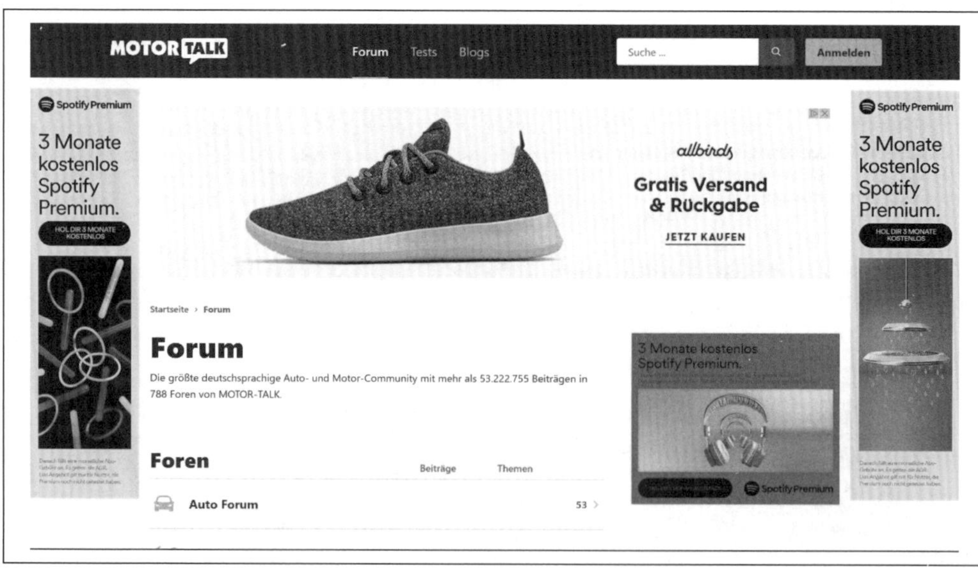

Abbildung 10-22:
Das mitgliederstärkste deutsche Forum Motor Talk (*www.motor-talk.de/forum*)

Prinzipiell haben Unternehmen mehrere Möglichkeiten, Foren für ihr Marketing zu nutzen.

Passiver Ansatz – Durch den oft lebendigen Austausch ergibt sich ein großartiger Einblick in die Bedürfniswelt der Kunden. In Foren mitzulesen, sollte für jeden Social-Media-Marketer regelmäßig auf dem Programm stehen.

Werblicher Ansatz – Anstatt wie in den folgenden Ansätzen im Forum selbst aktiv zu werden, besteht in den meisten Foren ebenfalls die Möglichkeit, Werbeanzeigen zu schalten, entweder über ein Werbenetzwerk (meist Google Ads) oder über eine direkte Kooperation mit dem Forenbetreiber. Dabei handelt es sich dann zwar nicht um Social Media, sondern um Display-Marketing, der Ansatz kann aber für sich allein oder ergänzend zu einem der folgenden durchaus gewinnbringend sein.

Offener Ansatz – Oft lohnt es sich, als Unternehmensvertreter in Foren aktiv mitzumischen, Hilfestellung anzubieten, relevanten Content beizusteuern und Fragen zu beantworten. Hierfür sollte jedoch vorher das Okay des Forenbetreibers eingeholt werden.

Versteckter Ansatz – Manche Unternehmen praktizieren eher einen »Guerilla«-Ansatz – sie nehmen verdeckt in Foren teil, ohne dass sie sich als Unternehmensvertreter zu erkennen geben. Das kann durchaus funktionieren, birgt jedoch auch gehörige Risiken, nicht zuletzt wettbewerbsrechtlicher Art.

Proaktiver Ansatz – Die »Königsklasse« wäre es, eine eigene Community bzw. ein eigenes Forum ins Leben zu rufen. Dadurch hat das Unternehmen die Hoheit über den Kanal, kann ihn nach Belieben ausbauen und schafft ein extrem starkes Werkzeug zur Kundengewinnung und -bindung. Demgegenüber stehen ein großer Aufwand und hohe Anforderungen an Know-how, Durchhaltevermögen und strategische Planung.

Auch bei Facebook und LinkedIn gibt es wie angesprochen Gruppen, die Foren stark ähneln und mit den oben genannten Ansätzen genutzt werden können.

Sonstige

Natürlich gibt es eine ganze Reihe weiterer Social-Media-Kanäle, die jeweils in ihrer Nische oder für spezielle Anwendungsgebiete sinnvoll sind. So eignet sich *Snapchat* vor allem zur Ansprache von Generation Z oder bietet *Pinterest* die Möglichkeit, visuelle Inhalte in Pinnwänden zu organisieren und interessierten Zielgruppen zugänglich zu machen (insbesondere stark in den Bereichen Sport/Lifestyle, Mode, Kochen,

Reisen). *X* (vormals Twitter) kann sich zur Ansprache bestimmter Bubbles (z. B. im Medien- oder Gaming-Umfeld sowie in der Politik) oder zur PR-Arbeit anbieten. *Vimeo* eignet sich als Plattform für hochwertige Videos in werbearmer bzw. -freier Umgebung. *Frage-Antwort-Portale* (z. B. *gutefrage.net*) können ebenso eingesetzt werden wie *Bewertungs-* oder *Location Based Marketing-Apps*.

Messenger-Dienste wie der *Facebook Messenger*, *WhatsApp*, *Telegram* oder *Discord* nehmen in Social-Media-Strategien eine immer größer werdende Rolle ein. Gerade als Servicekanal und im Eins-zu-eins-Dialog gewinnen diese Dienste immer stärker an Bedeutung. Durch Messenger-Bots können viele Kundenfragen im Vorfeld beantwortet werden, sodass ein Unternehmen einiges an direkter Arbeit einsparen kann. Somit können Messenger eine zentrale Rolle in der Kundenkommunikation einnehmen.

Aktivitätsstufen

Im Rahmen der Strategieplanung ist auch zu entscheiden, welche Kanäle mit welcher Intensitätsstufe bespielt werden sollen. Grundsätzlich lassen sich folgende Aktivitätsstufen unterscheiden:

- **Kein Engagement** – Der Social-Media-Kanal wird nicht in die Strategie- und Aktivitätenplanung einbezogen.
- **Monitoring/Überwachung** – Der Kanal wird beobachtet, jedoch nicht eigens bespielt.
- **Passives Engagement/Visitenkartenfunktion** – Es wird ein Auftritt im Kanal angelegt, aber nicht aktiv mit Inhalten bespielt. Hierzu zählen zum Beispiel Profile und Seiten auf XING/LinkedIn, die angelegt werden, damit man auffindbar ist, ohne jedoch etwas zu posten.
- **Aktives Engagement** – Der Kanal wird aktiv mit Inhalten bespielt. Der Grad der Aktivität kann stark variieren.
- **Eigener Kanal** – Es wird eine eigene Community aufgebaut, zum Beispiel ein eigenes Forum oder eine komplett eigene Social-Media-Plattform, aber auch eine Gruppe auf bestehenden Plattformen wie Facebook.

Der Aufwand steigt mit jeder Aktivitätsstufe an, allerdings auch die Handlungsmöglichkeiten sowie die Möglichkeiten, Ergebnisse zu erzielen. Da die Aktivitätsstufen immer kanalbezogen definiert werden, ist es möglich, auf manchen Kanälen überhaupt nicht aktiv zu sein, auf anderen dagegen passiv und auf einigen wenigen aktiv. Das ist im Einzelfall zu entscheiden und sieht für jedes Unternehmen anders aus.

Content-Marketing

Content-Marketing und *Social Media Marketing* haben diverse Berührungspunkte, bedingen und überlappen sich an vielen Stellen und gehören fest zusammen. Zum einen kann der Content direkt in den sozialen Netzwerken erstellt werden, zum anderen sind die sozialen Medien ideale Verbreitungskanäle für Inhalte aller Art. Vertiefte Kenntnisse des Content-Marketings gehören daher zu den Grundvoraussetzungen eines Social-Media-Verantwortlichen. Die folgenden Content-Formen begegnen uns im Social Web:

Text

Text war lange Zeit das grundlegende Format im Social Web. Foren und Messageboards, Chats und Social Networks (damals noch studiVZ, wer-kennt-wen.de etc.) waren immer schon eher textlastig. Auch heute noch spielt Text eine wichtige Rolle, nicht mehr so stark als einziger Inhalt, aber als Ergänzung – als Textsticker auf der Instagram-Story, als Untertitel im TikTok-Video, als Begleittext zum Carousel-Post auf LinkedIn. Gleichzeitig taucht Text auch als Stand-alone-Format immer wieder neu auf (z. B. als Textbeitrag bei TikTok oder YouTube).

Blogbeiträge sind das klassische Beispiel für textlastigen Content. In allen anderen sozialen Netzwerken fallen Texte meist kürzer aus, aber auch hier lohnt es sich, auszutesten, ob die Zielgruppen zu bestimmten Themen nicht auch längere Texte wünschen. Bei LinkedIn funktionieren tiefergehende Betrachtungen in längeren Posts unter bestimmten Umständen hervorragend.

Bilder und Grafiken

Neben Texten gehören *Bilder* und *Grafiken* zu den grundlegenden und wichtigsten Content-Formaten im Social Web. Wenngleich die letzten Jahre verstärkt auch von Video geprägt waren, spielen Bilder in den meisten Social Networks (z. B. Instagram, Pinterest, LinkedIn, Facebook) immer noch eine zentrale Rolle. Bilder können eine hohe emotionale Wirkung entfalten, sind verhältnismäßig leicht zu erstellen und lassen sich vielseitig einsetzen.

Animierte GIFs

GIFs sind ebenfalls fester Bestandteil des Social Web. Viele Social Networks (Facebook, Instagram, TikTok, Snapchat) greifen direkt auf die großen GIF-Plattformen Giphy und Tenor zu, sodass User animierte GIFs und Sticker ganz einfach in ihre Kommentare oder Beiträge einfügen können. Auch für Unternehmen bieten sich gebrandete GIFs an, um zum Beispiel die eigenen Stories mit Branding-Elementen zu verzieren oder bei Facebook und LinkedIn mit Reaction-GIFs auf Nutzerkommentare zu antworten.

Videos

Bewegtbild ist das dominierende Format in den meisten Social-Media-Kanälen, daran herrscht kein Zweifel. Die bereits vorgestellten vertikalen Kurzvideos sind dabei die wichtigste Spielart, aber nicht die einzige: Bei YouTube sind reguläre 9:16-Videos immer noch die Norm, bei Facebook, Instagram oder LinkedIn funktionieren auch quadratische Videos im Newsfeed sehr gut.

Videos sind zwar vergleichsweise aufwendig zu produzieren, aber in ihrer Wirkung unschlagbar. Hier kommen alle Vorteile der einzelnen Formate zum Tragen. Egal ob bezahlte Anzeige oder organischer Content, Unternehmen sollten Videoinhalte als zentralen Baustein ihrer Social-Media-Content-Strategie einplanen.

Livestreams

Eine Sonderform der Videos bilden *Livestreams*. Die Entwicklung nahm wie oben beschrieben auf Nischenplattformen ihren Anfang und hat mittlerweile quasi jedes größere Social Network erreicht. Für Unternehmen bieten Livestreams die höchste Form der Transparenz und Kundennähe. Interessierte in Echtzeit an Ereignissen oder Veranstaltungen teilnehmen zu lassen, schafft einen enormen gefühlten Mehrwert. Natürlich muss auch hier immer der Nutzen des Formats geprüft werden. Mit etwas Kreativität lassen sich aber in sehr vielen Anwendungsfällen Livestreams sinnvoll einsetzen.

360-Grad-Content

Dieses Content-Format bietet für Unternehmen zahlreiche Einsatzmöglichkeiten. Mittlerweile können *360-Grad-Inhalte* in Bild, Video oder sogar Livestream bereitgestellt werden. Die Hürden für die praktische Umsetzung sinken dabei stetig. Anständige Kameras sind inzwischen sehr erschwinglich, und selbst Profiqualität gibt es für ein paar Hundert Euro.

Nicht immer ist das 360-Grad-Format dem normalen Videoformat überlegen. Der Mehrwert einer 360-Grad-Aufnahme bei einer mitgefilmten Skiabfahrt fällt zum Beispiel gering aus, da man ohnehin stur nach vorne schaut. In anderen Fällen aber toppen die 360 Grad alles: zum Beispiel für Immobilienmakler (virtuelle Wohnungsbesichtigungen, Umgebungsansicht), Konferenzveranstalter, Ladenbesitzer, Gaming-Anbieter oder Tourismusunternehmen. Prinzipiell gilt: Überall dort, wo der Wunsch entsteht, sich einmal umzuschauen, kann 360-Grad-Content ideal eingesetzt werden.

Abbildung 10-23:
360-Grad-Inhalte auf Facebook sind an einem kleinen Weltkugelsymbol zu erkennen.[1]

Audioformate

Audioformate können kurzfristige Hypes sein (wie das bereits angesprochene Live Social Audio) oder langfristiger Trend. Zu Letzterem gehören Podcasts, die sich seit Jahren stetig wachsender Beliebtheit erfreuen. Die großen Vorteile liegen darin, dass Audios im Vergleich zu Videos leicht erstellt und bearbeitet werden können, sowie in der Tatsache, dass Nutzerinnen und Nutzer Audiofiles auch einfach nebenbei konsumieren können. Damit wird die Marke, die den Inhalt herausgibt, zum täglichen

1 *https://www.facebook.com/watch/?v=1264685026979002* (Aufruf: 10.10.2023)

Begleiter, etwa beim Joggen, Aufräumen oder Autofahren. Gerade Unternehmen, die sich an jüngere Zielgruppen, aber auch an viel beschäftigte Menschen, wie Manager und Unternehmer, richten, sollten über den Einsatz von Audiodateien und vor allem Podcasts nachdenken. Genau in diesen beiden Zielgruppen sind Podcasts ein Medienformat, das immer beliebter wird und im Hinblick auf Markenbildung, Kundenbindung und Bekanntheitsgrad eine gute Wirkung erzielt.

Tabelle 10-2
Content-Formate auf den unterschiedlichen Social-Media-Plattformen

Plattform	Content-Format							
	Reiner Text	Links	Bild/ Grafik	Animierte Grafik	Video	Livestream	Reines Audio	360 Grad
Blog	+	+	+	+	+	–	+	–
Facebook	+	+	+	+	+	+	+	+
Instagram	+*	+*	+	+*	+	+	–	-
YouTube	+**	+	+**	–	+	+	-	+
X	+	+	+	+	+	+	+	–
Snapchat	–	–	+	+	+	+	–	–
Pinterest	–	+	+	+	+	–	–	–
TikTok	+	-	+	+	+	+	-	-
LinkedIn	+	+	+	+	+	+	+	–

* = in Stories
** = in Community-Posts

Content-Recycling

Inhalte sind oft aufwendig und teuer zu erstellen. Da lohnt es sich, darüber nachzudenken, wie Content mehrfach genutzt werden kann. Unter dem Fachbegriff *Content-Recycling* oder *Content-Repurposing* werden vor allem drei Fragestellungen zusammengefasst:

- Wie könnte man diesen Inhalt noch aufbereiten?
- Wo könnte man diesen Inhalt noch veröffentlichen?
- Für wen könnte man diesen Inhalt noch zuschneiden?

Dabei gibt es unzählige Ansätze: Das Transkript eines Videos lässt sich als Blogbeitrag veröffentlichen. Eine Auswahl der besten Blogbeiträge ergibt ein downloadbares E-Book, zum Beispiel als Instrument zur Leadgenerierung. Die Tonspur eines Videos könnte als Podcast veröffentlicht oder die Podcast-Aufzeichnung könnte mitgefilmt und als Video veröffentlicht werden. Beiträge aus dem Kundenmagazin (Print) können für das Blog aufbereitet, Blogbeiträge können im Messe-Flyer abgedruckt werden.

Aus *SEO-Gründen* sollte Duplicate Content, also das mehrfache Onlinestellen von komplett oder größtenteils identischen Textinhalten, vermieden werden. Ein Blogbeitrag sollte also zum Beispiel nicht unbedingt eins zu eins woanders noch einmal erscheinen (wenngleich so etwas unter korrektem Einsatz von Canonical-Tags durchaus möglich ist). Beim Wechsel von Content-Formaten, dem Online-Offline-Wechsel oder bei einem entsprechenden Umschreiben der Inhalte ist eine mehrfache Aufbereitung jedoch in der Regel unproblematisch.

Ein Beispiel aus meinem Alltag: Ich veröffentliche jede Woche ein Newsvideo auf YouTube mit sieben aktuellen News der letzten sieben Tage in (ungefähr) sieben Minuten. Dieses 7 × 7× 7-Online-Marketing-News-Format bespiele ich seit 2020, und es hat sich eine treue Community um dieses Format gebildet, die sich damit über alle aktuellen Ereignisse im Social Web auf dem Laufenden halten.

Das naheliegendste Recycling ist die Distribution über weitere Kanäle (»Wo noch?«). Folglich veröffentliche ich dasselbe Video auf Facebook und Instagram und zeitweise auch bei LinkedIn – hier hat es aber schlecht performt, weshalb ich diesen Kanal wieder eingestellt habe.

Die Frage »Wie noch?« beantworte ich durch weitere Versionen. Da es im Video nicht sehr viel zu sehen, aber einiges zu hören gibt, eignet sich die Tonspur ideal als Podcast. Folglich erscheint jede Woche auch eine Episode auf allen Kanälen. Einige User möchten nicht sieben Minuten investieren, sondern nur kurz drüberschauen. Für diese Zielgruppe lasse ich die sieben News als Carousel-Post für LinkedIn und Instagram aufbereiten. Auf LinkedIn geht zusätzlich ein wöchentlicher Newsletter mit Link zum Video und den Quellen raus. Und schließlich: Die wichtigsten News werden als 9:16-Kurzvideo zusammengeschnitten und als Reels, Shorts und TikToks verbreitet.

In Summe generiere ich so aus einem einzigen Video mehrere Content-Formate auf mehreren Plattformen und ein Vielfaches der Aufmerksamkeit, die nur das Originalvideo erhalten hätte.

Neben dem Recycling von Inhalten, worunter man eher eine abgewandelte, erneuerte Form des bereits geposteten Inhalts versteht, ist auch simples Reposting ein legitimes Mittel. Es spricht nichts dagegen, einen gut gelaufenen und inhaltlich noch gültigen Beitrag einfach noch einmal zu posten. Große Kanäle auf Instagram machen das alle paar Wochen so. Auch auf LinkedIn kann es sich lohnen, einmal im Jahr die besten Beiträge aufzulisten und zu prüfen, welche davon noch mal wiederholt werden können. Solange man es damit nicht übertreibt, kann man so ohne zusätzlichen Aufwand Content erstellen, der bereits bewiesen hat, dass er bei der Zielgruppe ankommt.

Erfolgsmessung und Monitoring

Zwei weitere wesentliche Konzepte der Social-Media-Strategie bestehen in der Überwachung und Analyse von Gesprächen rund um die eigenen Marken und Themen (Monitoring) sowie in der Auswertung der Ergebnisse (Analytics/Controlling).

Monitoring ohne ein professionelles Tool ist leider immer äußerst lückenhaft, und selbst viele professionelle Tools überwachen oder finden nicht alles. Außerdem gehört Monitoring zu den teuersten Einsatzfeldern – es fallen schnell fünfstellige Kosten pro Jahr nur für die Gebühren der Tools an.

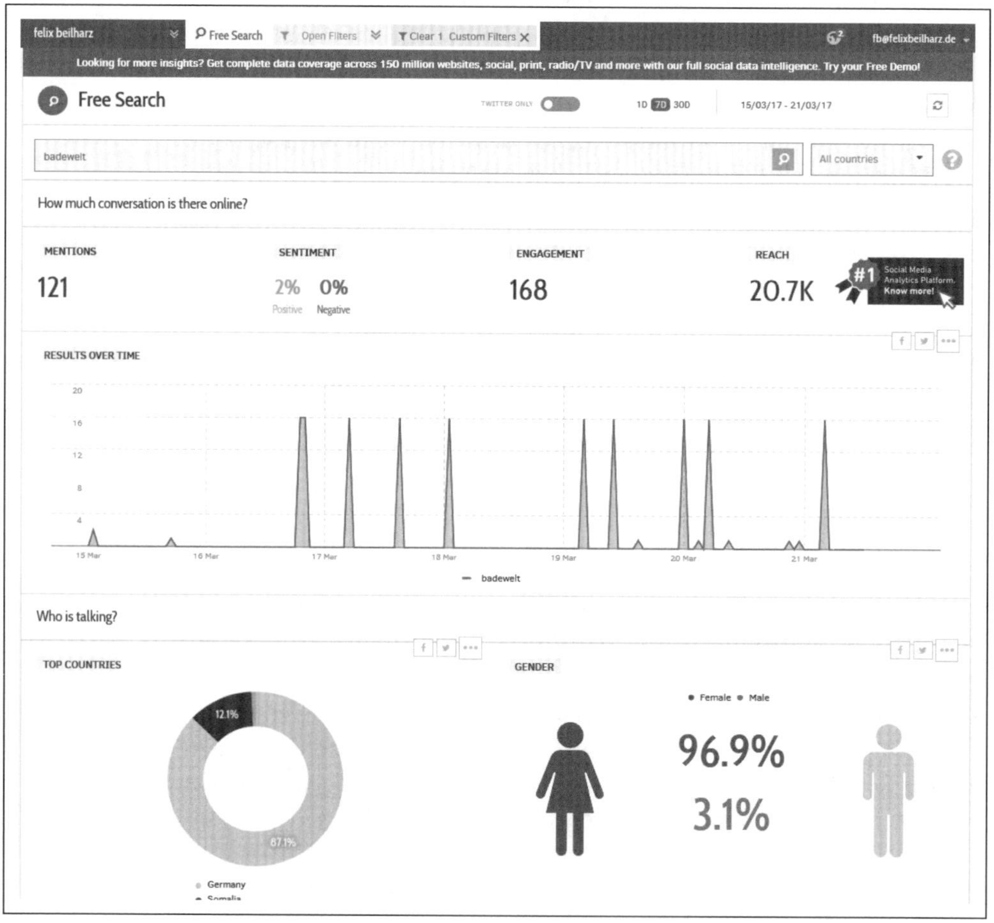

Abbildung 10-24:
Kompakte Analyse mit Talkwalker (*www.talkwalker.com*)

Ein Einstieg kann auf jeden Fall mit kostenlosen Tools bzw. kostenlosen Basisversionen von Tools wie *Mention.com* oder *Talkwalker* gefunden werden. Nur muss man sich dabei im Klaren sein, dass die Ergebnisse unvollständig, stark eingeschränkt und wirklich nur ein erster Einblick in die Realität sind.

Der Bereich der *Erfolgsmessung* dreht sich um die Frage, inwiefern die Social-Media-Bemühungen denn wirklich etwas gebracht haben, also ob die Ziele erreicht und die Unternehmensziele vorangetrieben wurden. Dabei helfen primär erst einmal die internen Tools der Kanäle. So verfügen z. B. X, Facebook und YouTube über umfangreiche Statistiken, die insbesondere Reichweiten- und Engagementzahlen liefern. Je nach Zielsetzung lassen sich daraus schon relativ viele Rückschlüsse ziehen.

Weitere Informationen können aus Dritt-Tools wie *socialbakers*, *Fanpage Karma*, *sproutsocial* und vielen anderen Tools gewonnen werden. Preislich liegen diese Werkzeuge dabei allerdings weit auseinander – von wenigen Euro bis zu den Kosten einer Social-Media-Assistenzstelle ist alles dabei.

Je nach Zielsetzung sollten auch *Google Analytics* oder andere Webanalysesysteme in die Erfolgsmessung mit einbezogen werden. Hier lassen sich unter anderem Zielvorgaben wie Traffic-Steigerung, Sales, Leadgenerierung oder Besucherbindung erfassen und auf den Beitrag von Social-Media-Maßnahmen zur Zielerreichung überprüfen.

Community Management

Der Aufbau und die Pflege einer aktiven Community ist eine der Kernaufgaben im Social Media Marketing. Hierfür hat sich der Begriff *Community Management* eingebürgert. Der Bundesverband Community Management e. V. (BVCM) definiert das Thema wie folgt:

> Community Management ist die Bezeichnung für alle Methoden und Tätigkeiten rund um Konzeption, Aufbau, Leitung, Betrieb, Betreuung und Optimierung von virtuellen Gemeinschaften sowie deren Entsprechung außerhalb des virtuellen Raumes. Unterschieden wird dabei zwischen operativen, den direkten Kontakt mit den Mitgliedern betreffenden, und strategischen, den übergeordneten Rahmen betreffenden, Aufgaben und Fragestellungen.[2]

Inhaltlich sind Social Media Marketing und Community Management daher sehr ähnlich, überlappen sich in manchen Teilen und gehen unbedingt Hand in Hand. Häufig werden dem Social Media Marketing eher die Kampagnen, Anzeigenschaltungen und Aktionen zugeschrieben, während der allgemeine »Small Talk« dem Community Manager anheimfällt. Wichtig ist nur, sich der Umfänglichkeit der Aufgaben be-

2 Definition Community Management durch den Bundesverband: *https://de.wikipedia.org/wiki/Community_Management* (Aufruf: 24.09.2023)

wusst zu sein, die im Online-Marketing auf Unternehmen zukommen, die Social Media als Marketinginstrument einsetzen wollen.

Influencer Relations/Influencer Marketing

Eine besondere Zielgruppe stellen die immer wichtiger werdenden *Influencerinnen* und *Influencer* dar. Das Schlagwort *Influencer Marketing* gehört seit einigen Jahren zum festen Vokabular der Branche, der Bereich entwickelt sich geradezu exponentiell.

Schon immer war es für Unternehmen sinnvoll und wichtig, gute Beziehungen zu in der Branche einflussreichen Persönlichkeiten zu pflegen. Und mindestens ebenso lange setzen Unternehmen bekannte Persönlichkeiten als Markenbotschafter in der Werbung ein. Bastian Schweinsteiger und Lukas Podolski haben als Werbefiguren noch mal fast ebenso viel Publicity erlebt wie in ihrer eigentlichen Profession.

Influencer Marketing unterscheidet sich vor allem in einem Punkt: Die Werbebotschaft geht nicht vom Unternehmen aus, die Absender sind stattdessen die Influencer selbst. Dadurch werden vor allem zwei Effekte erzielt: Die *Reichweite* der Influencer kann relativ kostengünstig genutzt werden, ohne dass das Unternehmen dafür ein Werbebudget in die Hand nehmen muss. Und vor allem bringen die Zielgruppen der Botschaft ein deutlich höheres *Vertrauen* entgegen, wenn es direkt von ihrem »Liebling« kommt. Nicht nur, aber vor allem junge Zielgruppen sind naturgemäß auf Idole und Vorbilder fixiert und schenken ihren Stars ein besonders hohes Maß an Vertrauen. Diese Effekte lassen sich hervorragend auf die Marken übertragen.

Influencer kamen in der Vergangenheit vor allem aus dem Bloggerumfeld und dem Onlinejournalismus. In den letzten Jahren haben sich aber vor allem YouTuber, Instagramer und zuletzt TikToker eine zentrale Rolle als Influencerinnen und Influencer erarbeitet. In manchen Branchen (z.B. Fitness und Mode) wird ein Großteil der Produkte über Influencer vermarktet. Mittlerweile sind daher auch die Preise, die diese Influencer für ihre Tätigkeit aufrufen, enorm angestiegen. Ein werblicher Post einer bekannten Beauty-YouTuberin oder eines Fitnessmodels auf Instagram kann schnell einen fünfstelligen Betrag kosten. Allerdings weisen diese Accounts dann auch Follower-Zahlen im Millionenbereich, hohe Interaktionsraten und damit außerordentliche Reichweiten auf.

Wenn Sie mit Influencerinnen und Influencern zusammenarbeiten wollen, helfen Ihnen folgende Grundregeln:

- Was Werbung ist, muss als Werbung gekennzeichnet werden. Das wird in der Praxis derzeit zwar nicht immer befolgt, dürfte aber auch schon die eine oder andere Abmahnung verursacht haben.
- Suchen Sie sich Influencer aus, die einen guten »Fit« zu Ihrer Zielgruppe haben, also gut passen. Ausschließlich auf die Follower-Zahlen zu schauen, bringt nichts, wenn eine andere Zielgruppe angesprochen wird oder der Influencer nicht zum Markenimage passt.
- Schauen Sie vor allem genauer hin, wenn Sie die Follower-Zahlen betrachten. Viele Influencer kaufen sich Follower oder Fans, um mit höheren Reichweiten argumentieren zu können. Hier sind Unternehmen in der Pflicht, sich etwas Know-how anzueignen und die Follower auf Plausibilität zu überprüfen.
- Es muss nicht immer die A-Liga sein. Auch kleinere, aufstrebende Influencer, sogenannte Micro- oder Nano-Influencer, können sehr interessant sein, da sie erstens nicht so teuer und zweitens oft eifriger bei der Sache sind. Und Sie haben die Möglichkeit, einen zukünftigen großen Namen frühzeitig an Ihre Marke zu binden.
- Prüfen Sie genau, wofür Sie Geld in die Hand nehmen. Manche (kleinere) Influencer freuen sich auch über Gratisprodukte oder Einladungen zu Events, ohne dass Sie gleich das Scheckheft zücken müssen. Versuchen Sie aber nicht, etablierte Namen mit Peanuts abzuspeisen. Wer bekannt ist, kennt mittlerweile auch seinen Marktwert.
- Achten Sie unbedingt auf Authentizität. Zu viele Vorgaben an einen Influencer lässt die Posts gestellt, unecht und sogar imageschädigend wirken. Natürlich muss es vertragliche Absprachen und Rahmenbedingungen geben, aber gestalterisch sollten Sie der Influencerin relativ freie Hand lassen, sie weiß am besten, wie ihre Follower ticken. Eine gute Vertrauensbasis ist hier hilfreich.
- Erfolgreiche Kampagnen setzen oft tiefer an, als nur vom Influencer ein Produkt in die Kamera halten zu lassen. DM hat gemeinsam mit der YouTuberin Bibi (BibisBeautyPalace) eine Produktlinie entwickelt. Die Instagramerin Pamela Reif brachte eine eigene Kollektion bei Deichmann heraus. Solche intensiveren und längerfristigen Kooperationen haben großes Potenzial.

In letzter Zeit hat sich neben dem Begriff »Influencer Marketing« auch der Begriff »Creator Marketing« eingebürgert. Häufig werden beide Schlagwörter synonym verwendet, manchmal gibt auch Unterschiede: Im Creator Marketing erstellen die Creator Inhalte für das Unternehmen, beim Influencer Marketing entstehen eher werbliche Posts für die eigenen Kanäle. Hintergrund für den Begriffswandel ist auch, dass einflussreiche Content Creator oft nicht als »Manipulatoren« gesehen werden wollen und daher den Begriff »Beeinflusser«, eben Influencer, eher ablehnen.

Lernen von Erfolgsbeispielen

Als Verantwortliche oder Verantwortlicher im Online-Marketing ist es extrem wichtig, immer wieder Kampagnen und Aktionen der Konkurrenz, aber auch aus völlig anderen Märkten, zu beobachten und auszuwerten. So lassen sich wertvolle Ideen für eigene Inhalte generieren, mögliche Stolpersteine erkennen und Erfolgsaussichten deutlich erhöhen.

Aus den Unmengen an Social-Media-Kampagnen habe ich im Folgenden drei ausgewählt, von denen man besonders viel lernen kann. Regelmäßige Lektüre der einschlägigen Blogs und Fachmagazine hält Sie darüber hinaus auf dem Laufenden.

ZIEHL-ABEGG

Bei einem über 100 Jahre alten schwäbischen Familienunternehmen aus der Industrie denkt man kaum an TikTok als relevanten Kanal. Und doch passt das unter Umständen wunderbar zusammen, wie ZIEHL-ABEGG zeigt.

Der Leiter der Öffentlichkeitsarbeit Rainer Grill und ein paar (jüngere) Kollegen und Kolleginnen starteten den Account 2021 aus reiner Neugierde – ohne Strategie, ohne Ziel, ohne Freigabe. Laut eigener Aussage wollten sie einfach mal testen, ob sich TikTok für ein Industrieunternehmen eigne.

Produziert wurden (überwiegend in der Freizeit) TikTok-typische Kurzvideos: Tanzclips, Persiflagen bekannter Bürosituationen, Social-Media-Gags. Meist im Mittelpunkt: Rainer Grill als »der Chef«, der von den jungen Mitarbeitenden auf den Arm genommen wird oder die Sichtweise des »Boomers« im ewigen Generationenkonflikt einnimmt.

Diese sympathische Selbstironie kam an: Der Account wuchs in zwei Jahren auf über 100.000 Follower und erhielt nicht nur mehrere Millionen Likes auf die Videos, sondern auch diverse Auszeichnungen wie den Deutschen Preis für Onlinekommunikation, in dessen Jury Rainer nun sogar sitzt. Auch Einladungen auf große Konferenzbühnen wie OMR und Berichte in diversen großen Zeitungen und TV-Sendungen waren die Folge.

Doch was bringt es für das Unternehmen? Der größte Nutzen besteht sicherlich im Employer Branding. ZIEHL-ABEGG hat das Problem, dass sie weder mit einem bekannten Namen noch einem sexy Produkt noch mit einem gefragten Standort punkten können. Also muss die Arbeitgebermarke überzeugen. Das lässt sich via TikTok hervorragend transportieren. Inzwischen gehen regelmäßig Bewerbungen über TikTok ein, und mehrere Stellen wurden nachweisbar durch die Aktivität auf TikTok besetzt. Die mediale Aufmerksamkeit schadet der Arbeitgebermarke sicherlich auch nicht.

Abbildung 10-25:
ZIEHL-ABEGG erreicht mit seinen Videos Zehntausende, wenn nicht Hunderttausende Nutzerinnen und Nutzer.

Aber auch indirekte Effekte sind spannend. Kunden schreiben lobende Kommentare über die TikTok-Videos in Bestellformulare. Andere Kunden wünschen sich, dass das TikTok-Team auch bei ihnen in der Werkshalle ein Video dreht. Und am Messestand der Hannover Messe erschienen zahlreiche (B2B-)Fans, die gern Selfies mit den TikTok-Protagonisten machen wollten. Dass auch mal ein Vorstand gefragt wird, ob »der Chef« da sei, gefällt naturgemäß nicht jedem, zeigt aber, wie mächtig TikTok als Kommunikationsinstrument ist.

WBS.LEGAL

Der Kölner Rechtsanwalt Christian Solmecke betreibt für seine Kanzlei WBS.LEGAL bereits seit 2010 einen YouTube-Kanal, auf dem mittlerweile (Stand Juni 2023) über 3.800 Videos hochgeladen wurden. In den letzten Jahren veröffentlichte der Anwalt nahezu täglich ein »Talking Head«-Video, in dem er jeweils lustige, kuriose oder einfach interessante juristische Sachverhalte unterhaltsam erklärte.

Abbildung 10-26:
YouTube-Kanal von Christian Solmecke

Dabei steht im Unterschied zu vielen anderen YouTube-Produktionen weniger der filmische Aufwand im Vordergrund – die Videos zeigen fast ausnahmslos ihn vor der Kamera, er bedient das Setup mit spezieller Hardware selbst und spart sich so auch größtenteils die Post Production. Im Mittelpunkt stehen dagegen aktuelle Inhalte, die oft Ereignisse des Tagesgeschehens juristisch einschätzen. Durch eine breite und massenkompatible thematische Ausrichtung sind seine Videos für sehr viele Menschen relevant und auch für Medien inklusive Fernsehsender eine beliebte Quelle.

Über eine spezielle Tracking-Telefonnummer in und unter den Videos kann er die Anrufe in der Kanzlei dem jeweiligen YouTube-Kanal zuordnen. Dazu kommt, dass er seit einiger Zeit regelmäßig kleine Werbeblöcke für eigene Leistungen, z.B. eine Sammelklage gegen Social-Media-Konzerne, ein neues Buch oder Ähnliches in seine Video einbaut. Dadurch kommen jedes Jahr viele Tausend neue Mandatierungen zustande, die mehrere Millionen Euro Umsatz für die Kanzlei bedeuten – und für Solmeckes Buch eine Spiegel-Bestseller-Listung.

Die Ausdauer und das tägliche Publishen machen sich jedenfalls bezahlt. Etwa eine Million User haben den Kanal abonniert, knapp eine Viertelmilliarde Mal wurden die Videos aufgerufen. Damit ist Solmeckes Channel der reichweitenstärkste Jura-Kanal auf YouTube.

Ich-liebe-kaese.de

Die dritte Beispielkampagne besteht aus einem Zusammenspiel von Kanälen mit Facebook und Instagram als zentrale Social-Media-Kanäle. Inhaber ist das Unternehmen Savencia, das als Corporate Brand in Deutschland relativ unbekannt ist, aber sehr bekannte Käsemarken wie Géramont, Milkana, Bresso oder Fol Epi vertreibt. Für die elf Käsemarken jeweils eigene Kanäle aktiv zu betreiben, wäre relativ viel Aufwand, zumal es schwierig ist, für jede attraktiven Unique Content zu erstellen. Ein Auftritt unter dem Firmennamen scheidet mangels Bekanntheitsgrad ebenfalls weitestgehend aus.

Das Unternehmen wählte einen anderen Weg. Statt als Produkt oder Unternehmen aufzutreten, wurde stattdessen das übergeordnete Thema definiert: Käse. So entstand der Auftritt *www.ich-liebe-kaese.de* samt einem Geflecht aus den Social-Media-Kanälen Facebook, Pinterest, YouTube und X.

Der größte Kanal ist die Facebook-Seite mit über 488.000 Followern (Stand Juni 2023). Hier postet das Unternehmen regelmäßig Rezeptlinks zur Website, aber auch unterhaltsamen Content zu den Käsemarken, Ernährungstipps, Gewinnspiele oder Coupons.

Pinterest wird naturgemäß für schöne Rezeptbilder und inspirierende Käsekreationen genutzt. Gemäß dem Motto »Ich liebe Käse« sind die Pinnwände mit z. B. »Ich liebe Weihnachten« oder »Ich liebe Flammkuchen« benannt. Hier hat das Unternehmen auf seinem Profil über 7,5 Millionen monatliche Besucherinnen und Besucher bei gerade mal 13.000 Followern (Stand Juni 2023). Dieses Verhältnis zeigt, wie stark Pinterest als Suchmaschine genutzt wird. Es geht weniger darum, möglichst viele eigene Follower aufzubauen, sondern viel eher, in der Suche nach relevanten Begriffen aufzutauchen. Dann sind Reichweiten weit über die eigenen Followerschaft hinaus möglich.

YouTube mit 5.200 Abonnenten (Stand Juni 2023) enthält vor allem die TV-Clips der Käsemarken, aber auch einige inhaltliche Videos, z. B. zum Erstellen einer festlichen Käseplatte (knapp 1,3 Millionen Aufrufe).

Auf Instagram (12.000 Follower) postet das Unternehmen vorwiegend Rezeptideen sowie konkrete Kochanleitungen als Reels.

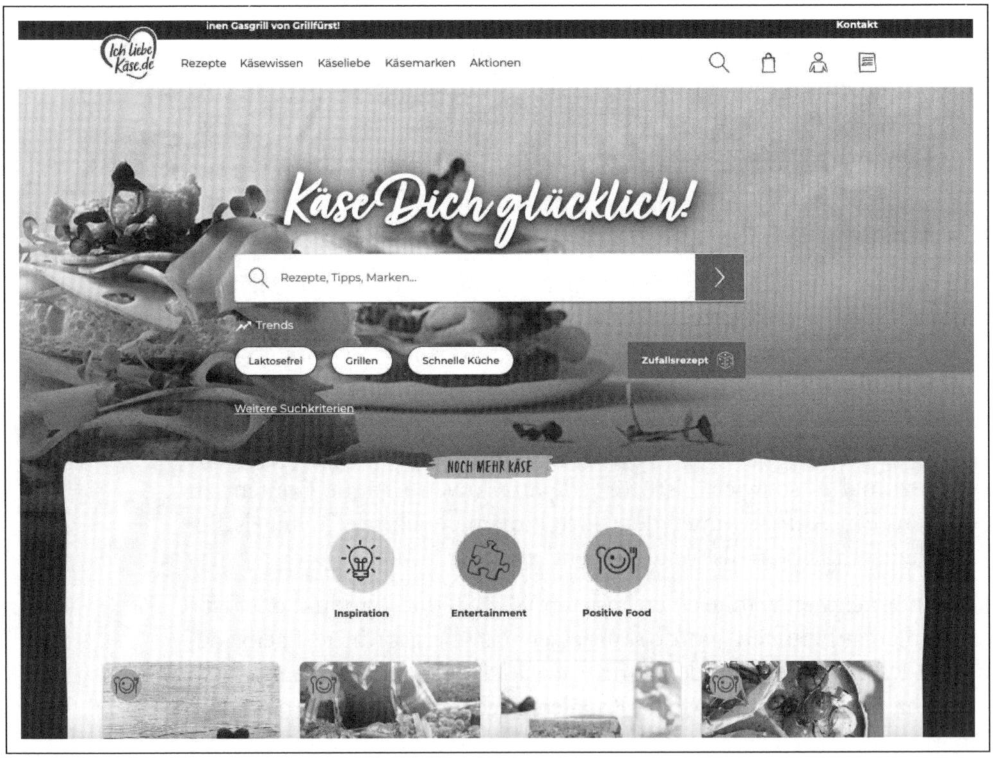

Abbildung 10-27:
Die Website ich-liebe-kaese.de ist die Zentrale, aus der alle Social-Media-Kanäle bespielt werden.

Die Website stellt den Mittelpunkt dar. Dort finden Käsefans regelmäßig aktuelle Rezepte, aber auch viel Wissenswertes über Käse. Die Coupons sind ebenfalls über die Website abrufbar. Zur Kundenbindung setzt Savencia auch E-Mail-Newsletter (z. B. das Rezept der Woche) sowie eine Käse-App ein.

Die Effektivität ergibt sich aus dem Zusammenspiel vor allem zwischen der Website und den Drittkanälen. So behält Savencia weitgehend Kontrolle über die Inhalte, kann aber trotzdem die viralen Effekte und Reichweiten der Social-Media-Kanäle ausnutzen.

Linktipps zu Social Media Marketing

- *https://7x7x7.de* – Wöchentliche Online Marketing-Tipps.
- *https://www.socialmediatoday.de* – Große englischsprachige News-Website rund um Social Media.
- *https://www.allsocial.de* – Ehemals allfacebook.de, Blog und Event rund um Social Media Marketing.
- *https://www.adsventure.de/blog/* – Social-Media-Performance-Marketing-Blog von Florian Litterst.
- *https://www.futurebiz.de* – Ebenfalls großes Blog zum Thema Social Media Marketing.
- *https://www.facebook.com/groups/pageadmins.de* – Facebook-Gruppe für Fanpage-Administratoren (hier antworten auch einige Facebook-Mitarbeitende auf Fragen).
- *https://www.facebook.com/groups/socialmedia.advertisers/* – Social-Media-Advertising-Gruppe von Florian Litterst.
- *https://www.socialmediaexaminer.com/* – Große englischsprachige Community inklusive Blog, Podcast, Downloads etc.

KAPITEL 11

Mobile Marketing

In diesem Kapitel:

- Der Markt für Mobile Marketing
- Konventionelles Web vs. Mobile
- Das sollte ein Online Marketing Manager beherrschen
- Lernen von Erfolgsbeispielen
- Checklisten für erfolgreiches Mobile Marketing

Von Ingo Kamps

Im Gegensatz zu den anderen Online-Marketing-Disziplinen handelt es sich beim Mobile Marketing nicht einfach um einen weiteren Kanal. Mobile Marketing ist vielmehr eine *eigene Plattform*, auf der klassische Instrumente wie Display Advertising, E-Mail-Marketing, SEO, Social Media etc. in abgewandelter Form zum Einsatz kommen. Hinzu kommen speziell auf diese Plattform zugeschnittene Optionen wie SMS- und MMS-Marketing, Push-Nachrichten, In-Game-Werbung, QR-Codes, App-Store-Optimierung und App-Install-Kampagnen.

Unter *Mobile Marketing* sind daher alle Marketingbemühungen zu verstehen, die sich an Nutzerinnen und Nutzer von mobilen Endgeräten richten. In der Regel sind das Smartphones und Tablets. Das vorliegende Kapitel erklärt die Unterschiede zwischen Desktop- und Mobile-Kampagnen gleichartiger Disziplinen, konzentriert sich aber ansonsten auf »mobile only«.

Der Markt für Mobile Marketing

Die Ausgaben für mobile Werbung sind im Jahr 2022 um 14% von 295 Milliarden US-Dollar auf 336 Milliarden US-Dollar gestiegen. Das ist zwar beeindruckend, aber dennoch hat sich das Wachstum gegenüber den Vorjahren deutlich abgeschwächt, denn vorher lagen die Wachstumsraten seit 2018 immer weit über 20%. Dennoch gehen Fachleute auch für die Zukunft von wachsenden Ausgaben aus.

Konventionelles Web vs. Mobile

Um die Besonderheiten von Mobile Marketing besser zu verstehen, ist es hilfreich, sich zunächst die Unterschiede zum konventionellen Web zu vergegenwärtigen:

Android vs. iOS

Wird von mobilen Plattformen gesprochen, geht es fast ausschließlich um Android und iOS. Die anderen Betriebssysteme wurden entweder inzwischen eingestellt oder fristen ein Nischendasein.

Android ist das dominierende Betriebssystem und wird es auch in den kommenden Jahren bleiben. Der weltweite Marktanteil liegt bei knapp 70%. Obwohl das Google OS von vielen noch immer als Smartphone-Betriebssystem verstanden wird, ist Android inzwischen in alle Bereiche eingezogen, die als »smart« bezeichnet werden – darunter befinden sich Tablets, Smartwatches, Fernseher und Autos.

Obwohl iOS eine deutlich geringere Verbreitungsbasis hat (mit leicht ansteigender Tendenz), bleibt die Plattform von Apple vor allem im High-End-Bereich konkurrenzfähig und hat auch einige Vorteile gegenüber Android. Im On-demand-Bereich für Bücher, Filme und Musik hat Apple weiterhin die Nase vorn. Das Gleiche gilt für die Umsätze von App-Anbietern. Neue Apps werden immer noch häufig zuerst für Apple-Geräte entwickelt und zum Teil auch besser gepflegt.

Um das ganze Bild zu verstehen, darf übrigens nicht unerwähnt bleiben, dass es sich gar nicht ausschließlich um einen Kampf der mobilen Betriebssysteme handelt. Auch Gerätehersteller konkurrieren untereinander – und das zum Teil auf derselben Plattform. Firmen wie Samsung, Sony, Xiaomi, ASUS oder Oppo setzen alle auf Android und verhelfen dem Google OS zu seinem hohen Marktanteil. Allerdings ist die Stärke – verschiedene Hersteller an die Plattform zu binden – auch eine der Schwächen von Android.

Die Hersteller versuchen nämlich, sich von ihren Konkurrenten abzusetzen. Da Android ein offenes System ist, nehmen sie Anpassungen an der Software vor und legen beispielsweise eigene grafische Oberflächen über das Android-Interface oder fügen eigene Apps hinzu. Das sorgt für einen erhöhten Anpassungsaufwand bei der App-Entwicklung, der häufig gescheut wird.

An anderen Stellen ist Android seinem Mitbewerber überlegen, und vielfach musste Apple in den vergangenen Jahren bei den Funktionen erst nachziehen. Das Problem ist allerdings, dass Android-Besitzer erst viel später in den Genuss der neuen Funktionen kommen. Das liegt an besagtem Anpassungsaufwand. Dieser kann manchmal mehrere Monate in Anspruch nehmen. Nur die von Google (und einigen kleineren Herstellern) selbst vertriebenen Smartphones der Pixel-Reihe sind mit einer puren Android-Version ausgestattet und erhalten die Aktualisierungen in der Regel sofort. Genauso läuft es bei Apple. Neue iOS-Versionen stehen sofort nach ihrem Erscheinen für alle Smartphones zur Verfügung, zumindest für die aktuelleren Baureihen.

Apps vs. Mobile Web

Der mobile Anteil am Online-Traffic liegt schon seit einigen Jahren konstant oberhalb des Desktop-Traffics. Durch den verstärkten Trend zum Homeoffice während der Coronapandemie konnten stationäre Geräte zwar noch mal etwas aufholen, aber inzwischen kommen wieder mehr als sechs von zehn Besucherinnen und Besuchern einer Website über ein mobiles Endgerät. Onlineanbieter mussten sich daher damit auseinandersetzen, dass ein immer größer werdender Anteil ihrer Besucher über Smartphones und Tablets zu ihnen fand. Unternehmen stellten sich daher die Frage, welche Strategie für sie die beste ist, um die wachsende Zahl der mobilen User bestmöglich zu bedienen. Es gibt zwei Optionen: Responsive Websites und Apps.

Bei *Responsive Websites* passt sich die Darstellung der Seite automatisch an die Bildschirmgröße an. Es spielt also keine Rolle, ob der User die Website mit einem Desktop-PC oder einem Smartphone aufruft, er erhält jedes Mal die optimale Darstellung. *Apps* haben gegenüber Mobile Websites allerdings einen klaren Vorteil: Eine gut gestaltete App bietet eine bessere Nutzerfahrung, als es der besten mobilen Website möglich wäre. Sie läuft schneller und ist intuitiver bedienbar, und Nutzerdaten lassen sich leichter speichern. Ein anderes Argument spricht hingegen eher für die mobile Website – die geringeren Kosten.

Eine Website, die auf den gängigen Smartphones und Tablets gut nutzbar ist, ist im Vergleich zur Entwicklung einer nativen App deutlich einfacher aufzubauen. Eine App muss für verschiedene Plattformen (z. B. Android und iOS) erstellt werden. Es sind Updates, Verbesserungen und Fehlerkorrekturen nötig. Darüber hinaus müssen Gelder aufgewendet werden, um die eigene App überhaupt auf die Smartphones und Tablets der User zu bringen. Das Einstellen der App in die jeweiligen App-Stores und ein bisschen *App-Store-Optimierung* (ASO) reichen in den meisten Fällen nicht mehr aus. Die Marktplätze werden immer noch täglich von einer Vielzahl neuer Apps überschwemmt, und die User geben keineswegs jeden Tag einer neuen App eine Chance. Unterm Strich verwenden sie sowieso nur wenige Apps am Tag. Daher braucht es weitere Investitionen in *App-Install-Kampagnen*, um die kritische Masse bei den Downloads zu erreichen.

Die Frage, ob sich die Investition in eigene Apps lohnt, lässt sich also nicht direkt beantworten. Auf der einen Seite haben Anbieter die Möglichkeit, eine direkte Verbindung zu ihren Kunden aufzubauen, so wie es niemals zuvor möglich war. Mit einer installierten App ist der potenzielle Kunde immer nur einen Fingertipp vom eigenen Angebot entfernt.

Andererseits dürfen die Kosten nicht unterschätzt werden, und man muss sich als Anbieter darüber im Klaren sein, dass es mit einer einmaligen Investition nicht getan ist. Darüber hinaus ist der Erfolg keineswegs garantiert. Aus diesem Grund scheint es sinnvoller, seine Ressourcen zunächst in den Aufbau einer ausgereiften mobilen Website zu stecken und die App erst im Anschluss in Angriff zu nehmen – z. B. wenn die mobile Website Erfolge aufzuweisen hat.

Damit die eigene App in den jeweiligen App-Stores leicht gefunden werden kann, gilt es einige Grundregeln zu beachten. An erster Stelle stehen natürlich die *Guidelines der App-Stores*. Ihre Einhaltung ist essenziell, damit die App überhaupt aufgenommen wird. Diese Guidelines werden im Apple App Store strenger ausgelegt als bei Google Play. Das belegt schon die Tatsache, dass die Zeit von der Einreichung einer App bis zu ihrer Veröffentlichung bei Apple häufig länger dauert – manchmal bis zu 14 Tage.

Apple verbietet beispielsweise auch die Nennung anderer mobiler Betriebssysteme wie Android oder Windows Phone komplett, ein Hinweis auf Android im Beschreibungstext kann bereits dazu führen, dass die App abgelehnt wird. Namen von Apple-Produkten müssen außerdem stets fehlerfrei geschrieben werden. Google geht im Play Store weniger restriktiv vor. Hier dauert es meist nur wenige Tage, bis eine eingereichte App in Google Play erscheint.

Push-Nachrichten vs. E-Mails

Das digitale Marketing entwickelt sich ständig weiter, und mit neuen Geräten gehen auch neue Möglichkeiten für Online-Marketer einher. Waren es auf Desktop-PCs noch die *E-Mails*, mit denen Anbieter direkt mit ihren Kunden in Kontakt treten konnten, haben sich auf Smartphones und Tablets *Push-Nachrichten* etabliert. Marketer sollten Push-Nachrichten als eine weitere Evolutionsstufe im digitalen Marketing verstehen.

Mit der Möglichkeit, Traffic direkt in die App zu schicken und dabei gleichzeitig die Nutzererfahrung zu verbessern, haben Push-Benachrichtigungen die Kommunikation zwischen Usern und Marken teilweise neu definiert.

Man hatte zunächst den Eindruck, als unterschieden sich Push-Nachrichten nicht sonderlich von den altehrwürdigen E-Mails: eben ein weiterer Kanal, um Kunden in der digitalen Welt zu erreichen. Und Smart phones waren einfach ein weiterer Bildschirm, um die gleichen Inhalte wie zuvor zu konsumieren. Diese Beurteilung ist aber definitiv falsch.

E-Mails und Push-Nachrichten sind komplett unterschiedliche Kommunikationskanäle, die im Leben der Konsumenten vollkommen unterschiedliche Rollen spielen. Bespielen Unternehmen diese beiden Kanäle auf die gleiche Art und Weise, laufen sie Gefahr, ihre Kunden durch Spam zu verärgern und damit der eigenen Marke zu schaden. Es ist deshalb wichtig, sich die Unterschiedene zwischen E-Mails und Push-Nachrichten zu verdeutlichen.

E-Mails

Konsumenten versprechen sich unterschiedliche Dinge von E-Mails und Push-Nachrichten. Durch jahrelange Erfahrung mit Spam lehnen sie E-Mails, die ihnen einfach etwas verkaufen wollen, ab. Die Betreffzeilen der Mails überfliegen sie nur noch und löschen die Mitteilungen häufig direkt. Die durchschnittliche Click-Through-Rate von E-Mails liegt im niedrigen einstelligen Prozentbereich. Erfahrene E-Mail-Nutzer sind skeptisch, dass E-Mail-Newsletter eine Relevanz für sie haben, und befassen sich daher selten mit ihnen.

Push-Nachrichten

Push-Nachrichten werden von den Nutzern fundamental anders wahrgenommen als E-Mails – was auch die deutlich höheren Click-Through-Raten belegen. Diese liegen nicht selten bei 20 %. Die Nachrichten werden direkt auf dem Lockscreen des Smartphones angezeigt, wodurch sie potenziell einen höheren Nutzen bringen. Allerdings – bei falscher Anwendung können sie auch besonders störend sein.

Schlechte E-Mails bleiben ungelesen im Postfach und werden anschließend genauso ungelesen gelöscht. Push-Nachrichten werden vom User bemerkt und verlangen eine sofortige Aktion von ihm. Daher müssen Push-Nachrichten eine direkte Relevanz für User haben. Erhaltene E-Mails können hingegen auch für einen späteren und passenderen Moment aufhoben werden.

Die besten Kunden sind diejenigen, die sich bewusst für den Erhalt von Push-Nachrichten entscheiden. Das klappt besonders dann, wenn ihnen der Vorteil dieser Meldungen bereits im Vorfeld kommuniziert wird. Je nach Kategorie zeigen sich 60% der User offen für Push-Nachrichten. Push-Empfänger gehören häufig zu den Heavy-Usern von Mobile Apps und zeichnen sich durch eine sehr hohe Loyalität und Wertigkeit aus. Fachleute sprechen von einer bis zu 26% höheren Aktivitätsquote von Push-Nachrichtenempfängern gegenüber Push-Verweigerern.

Gutes Push-Message-Marketing kann die gleichen Vorteile der Personalisierung nutzen, die auch zum Erfolg des E-Mail-Marketings beigetragen haben. Doch Push-Marketing kann sogar noch mehr leisten als gute E-Mail-Kampagnen, sofern die Interaktionsaufforderung auf dem richtigen Gerät und zum richtigen Zeitpunkt erfolgt – quasi in dem Moment, in dem die Interaktion mit der beworbenen App wahrscheinlich ist.

Viele Nutzerinnen und Nutzer tragen ihr Smartphone 24 Stunden am Tag bei sich. Gut optimierte Push-Nachrichten können sie also jederzeit und an jedem Ort erreichen. Das funktioniert mit E-Mails auf dem Computer nicht. Mithilfe der Geolocation-Funktion lassen sich sogar ortsabhängige Informationen in die Push-Benachrichtigungen einarbeiten.

Abbildung 11-1:
Push-Nachricht auf Android

Das richtige Timing ist das A und O

Natürlich ist die Möglichkeit, alle jederzeit per Push-Nachricht erreichen zu können, ein zweischneidiges Schwert. Selbst wenn sie ihr Smartphone 24 Stunden am Tag bei sich tragen, heißt das natürlich nicht, dass sie jederzeit offen für den Erhalt von Push-Meldungen sind.

E-Mail-Newsletter werden beispielsweise um 8 Uhr morgens versendet, und der Absender kann davon ausgehen, dass die E-Mails dann gelesen werden, wenn der Empfänger vor seinem Rechner sitzt. Push-Nachrichten kommen hingegen in Echtzeit an und stören den User im schlimmsten Fall sogar im Schlaf – mit negativen Folgen für die Reputation von Unternehmen und Marke. Findet allerdings ein Kontakt im richtigen Moment statt, können App-Nutzungsintensität und In-App-Verkäufe mehr als verdoppelt werden.

Das Medium bestimmt den Inhalt

Im Vergleich zu E-Mails erfordern Push-Nachrichten einen radikal anderen Umgang mit den transportierten Informationen. Da wäre zunächst die kürzere Darstellungsform. Während Push-Nachrichten auf 160 Zeichen begrenzt sind, können E-Mails deutlich länger sein. Die Push-Botschaft muss also viel prägnanter ausfallen.

Da Push-Meldungen in Echtzeit ausgeliefert werden, lassen sich *Conversion-Rates* durch Verknappung oder zeitlichen Druck deutlich steigern. Damit das erreicht wird, ist es notwendig, direkt auf den Punkt zu kommen und dem User prägnant zu vermitteln, worum es geht.

Man leitet die User ohne Umwege zum gewünschten Punkt innerhalb der App, von dem aus sie sofort die intendierten Aktionen durchführen können (z.B. einen In-App-Kauf vornehmen). Die Schritte werden genau vorgegeben, User müssen ihnen nur folgen. E-Mails können diesen klaren Weg zur Conversion nicht abbilden. Ein Nutzer klickt auf der Landingpage möglicherweise auf einen anderen Link oder surft einfach weiter.

E-Mails sind nicht besonders gut geeignet, *Traffic* zu einer App zu schicken. Push-Nachrichten eignen sind hingegen hervorragend. Und vom Erhalt der Nachricht bis zum Aufruf der App vergehen nur wenige Sekunden.

Ist der Inhalt der Push-Nachricht dazu gedacht, etwas zu verkaufen, braucht es ebenfalls nur wenige Schritte und Sekunden, bis die Kaufentscheidung ansteht. Durch die kurze Zeit ist die Chance groß, dass wirklich gekauft wird.

Unterm Strich lässt sich sagen, dass Push-Nachrichten und E-Mails diametral unterschiedliche Kommunikationskanäle sind, und so sollten sie auch behandelt werden. Die bestehende E-Mail-Marketing-Strategie kann nicht einfach um die Push-Marketing-Strategie ergänzt werden.

In der heutigen Welt verbringen Konsumenten mehr und mehr Zeit in Apps, während die Webnutzung abnimmt. Da vor allem junge Anwenderinnen und Anwender mit Apps groß werden und E-Mails häufig kaum noch nutzen, ist eine dezidierte Push-Message-Strategie für den mobilen Erfolg unerlässlich.

Das sollte ein Online Marketing Manager beherrschen

Schaut man sich an, wie der Erfolg von Onlinewerbemaßnahmen im stationären Internet gemessen wird, stößt man fast immer auf Cookies. *Cookies* sind kleine Textdateien, die auf dem Rechner des Internetnutzers gespeichert werden und bestimmte Informationen enthalten, wie die besuchte Website, Warenkorbwerte in Onlineshops oder Affiliate-IDs (zur Vergabe von Provisionen für Werbeleistung).

Die meisten PC-Browser haben in der Vergangenheit in der Grundeinstellung das Setzen von Cookies, auch die für die Werbung so wichtigen 3rd-Party-Cookies, erlaubt. Inzwischen hat sich der Wind allerdings deutlich gedreht. Mit Ausnahme von Chrome (der immerhin über einen hohen Marktanteil verfügt) akzeptiert kein Browser mehr 3rd-Party-Cookies in seinen Grundeinstellungen. Hinzu kommen die Consent-Banner auf Websites, bei denen die Nutzerinnen und Nutzer der Verwendung von Cookies explizit zustimmen müssen. Es existieren zwar verschiedene Workarounds, um die Erfolgsmessung am Leben zu halten, allerdings besteht die Zukunft nicht mehr im Einsatz von Cookies.

Mobile Tracking – wie geht das ohne Cookies?

Auf mobilem Terrain stellt sich die Sache noch komplizierter dar: Etwa finden Kaufprozesse immer häufiger über verschiedene Geräte hinweg statt (z. B. Produktrecherche mit dem Smartphone, der Kauf anschließend über das Tablet).

Somit sind die gerätegebundenen Cookies wirkungslos. Es ist zwar nicht richtig, dass Cookies mobil gar nicht funktionieren, allerdings lassen sich die in mobilen Cookies gespeicherten Informationen nur sehr eingeschränkt an Werbenetzwerke oder eine Analysesoftware weiterreichen. Das wäre für zuverlässige Auswertungen aber notwendig.

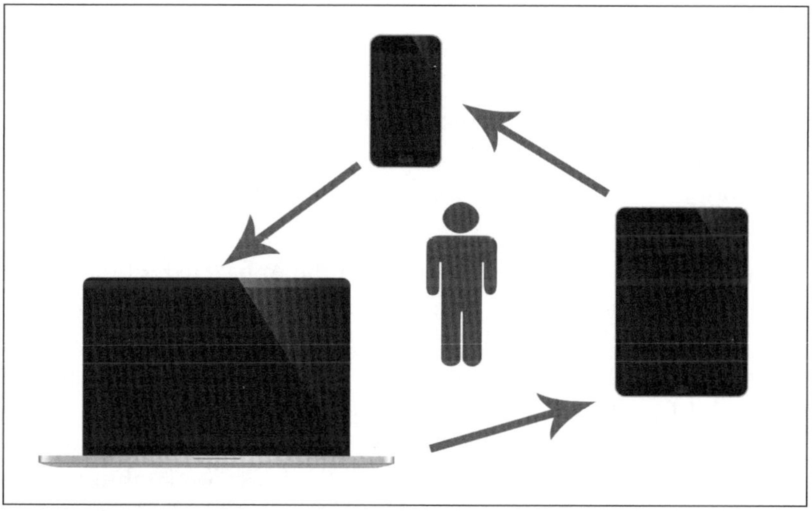

Abbildung 11-2:
Bei Kaufprozessen (Customer Journeys) kommen heutzutage von der Recherche bis zum Abschluss verschiedene Geräte zum Einsatz. Das bringt Herausforderungen für das Nutzer-Tracking mit sich.

Nutzerbasiertes Tracking

Um zu verstehen, wohin sich das *Tracking der Zukunft* entwickelt, hilft zunächst ein Blick auf die großen Player: Google, Meta und X (vormals Twitter) haben sich bereits vor langer Zeit anderen Alternativen zum Cookie zugewendet. Sie setzen hauptsächlich auf eine nutzerbasierte Technologie: Die User sind auf verschiedenen Geräten (unter anderem PC, Smartphone, Tablet) mit einem Nutzer-Account bei diesen Firmen registriert und in der Regel ständig eingeloggt. Dadurch lassen sie sich leicht und über die verschiedenen Geräte hinweg identifizieren. Allerdings handelt es sich bei Meta und Google um sehr spezielle Dienste. Google verfügt sogar über ein eigenes mobiles Betriebssystem (Android). Normale Werbetreibende und -plattformen haben diese Möglichkeiten nicht und benötigen daher andere Technologien.

Mobile Web und Mobile Apps

Das Prinzip beim Mobile Tracking ist grundsätzlich das gleiche wie im klassischen Web. Um die Nutzerinnen und Nutzer wiederzuerkennen (z.B. für die Auslieferung von Werbekampagnen), wird eine Identifizierung benötigt, die über verschiedene Domains hinweg funktioniert.

Die erste Herausforderung für mobile Werbetreibende und Werbenetzwerke besteht darin, dass die Werbung an Konsumenten ausgeliefert werden muss, die Inhalte auf verschiedene Arten aufrufen – über mobile Websites und Apps.

Apps und *mobile Websites* werden auf einem Smartphone als verschiedene Domains mit verschiedenen Identifizierungen gesehen. Für ein Werbenetzwerk oder eine Analytics-Software erscheint ein und derselbe User von Apps und mobilen Websites grundsätzlich immer als zwei Nutzer. Um aussagekräftige Ergebnisse zu erhalten, ist es daher notwendig, die beiden Identifizierungen miteinander zu verbinden (dazu später mehr).

Konzentrieren wir uns aber zunächst auf die Apps. Hier gibt es für jedes mobile Betriebssystem einen speziellen Identifikator (z.B. Android_ID und Apple UDID). Für Android stehen darüber hinaus weitere Identifikatoren zur Verfügung. Dazu gehören die Gerätekennung (IMEI, MEID oder ESN), die Teilnehmerkennung (IMSI der SIM) sowie die WLAN-MAC-Adresse (diese steht auch für Apple iOS zur Verfügung). Durch diese Angaben konnten Werbenetzwerke ihre User in der Vergangenheit sehr zuverlässig identifizieren.

Da User bei dieser Tracking-Technologie so gut wie keine Kontrolle über ihre Daten hatten, haben Apple und Google spezielle *Advertising Identifier* (Apple IDFA und Google Advertising ID) entwickelt. Advertiser nutzen zur zuverlässigen Identifizierung diese in Kombination mit einer anderen Technologie – dem Fingerprinting.

Mobile Fingerprinting – wie funktioniert das?

Beim *Fingerprinting* wird das Gerät in dem Moment identifiziert, in dem seine Besitzerin oder sein Besitzer auf ein mobiles Werbemittel geklickt hat. Dabei werden verschiedene nicht personalisierte Daten wie das verwendete Betriebssystem, die Display-Größe, Spracheinstellungen, der Zeitpunkt etc. erfasst. Öffnet oder installiert der User eine App mit einem integrierten Software Development Kit (SDK), werden die zur Verfügung stehenden Tracking-Optionen natürlich ebenfalls genutzt.

Die Wiedererkennung des Users ist bei Mobile-App-Tracking-Anbietern für einen Zeitraum von sieben Tagen möglich. Eine App-Installation kann also beispielsweise eine Woche lang mit dem ursprünglichen Klick auf das mobile Werbemittel in Verbindung gebracht werden. Danach würde sie dem organischen Traffic zugeordnet werden.

Apps und Mobile Web verbinden

Wie oben bereits erwähnt, sind Apps und mobile Websites verschiedene Domains mit unterschiedlichen Identifikatoren. Verbindungen zwischen einem Nutzer von Apps und Websites können dann hergestellt werden, wenn er auf eine Anzeige (z.B. auf einer mobilen Website) klickt. Mit der für User einzigartigen Click-Through-URL kann anschließend ein Abgleich mit dem Identifikator von Apps durchgeführt werden. Dadurch wird der User einer App und einer mobilen Website als derselbe identifiziert.

Datenschutz

Wie weiter oben bereits beschrieben, ist das Nutzer-Tracking durch Cookie-Banner und Browsereinstellungen deutlich schwerer geworden. Dafür sorgt auch die Einführung der Datenschutzgrundverordnung.

Die Datenschutzgrundverordnung (DSGVO) ist eine Verordnung der Europäischen Union, die am 25. Mai 2018 in Kraft getreten ist und die Regeln für die Verarbeitung personenbezogener Daten durch Unternehmen, Organisationen und öffentliche Stellen in der EU harmonisiert und verschärft hat. Die DSGVO beinhaltet unter anderem folgende Punkte:

- *Schutz personenbezogener Daten:* Die DSGVO zielt darauf ab, personenbezogene Daten von EU Bürgern zu schützen, unabhängig davon, wo die Daten verarbeitet werden.
- *Einwilligung:* Unternehmen und Organisationen müssen die Einwilligung der betroffenen Personen einholen, bevor sie personenbezogene Daten verarbeiten.
- *Transparenz:* Unternehmen und Organisationen müssen transparent sein, was die Verarbeitung personenbezogener Daten betrifft. Sie müssen die betroffenen Personen darüber informieren, welche Daten gesammelt werden, wie sie verarbeitet werden und warum.
- *Recht auf Zugang:* Personen haben das Recht, jederzeit zu erfahren, welche personenbezogenen Daten über sie gespeichert werden und wie sie verarbeitet werden.
- *Recht auf Löschung:* Personen haben unter bestimmten Umständen das Recht, die Löschung ihrer personenbezogenen Daten zu verlangen.
- *Datensicherheit:* Unternehmen und Organisationen müssen angemessene Maßnahmen ergreifen, um die Sicherheit personenbezogener Daten zu gewährleisten.
- *Meldepflicht bei Verstößen:* Unternehmen und Organisationen müssen Verstöße gegen die DSGVO innerhalb von 72 Stunden melden.
- *Datenschutzbeauftragter:* Unternehmen und Organisationen müssen unter bestimmten Umständen einen Datenschutzbeauftragten ernennen, der für die Einhaltung der DSGVO verantwortlich ist.

App-Marketing

Wie werden Apps gefunden?

Die Art und Weise, wie Apps gefunden werden, hat sich in den vergangenen Jahren verändert. Waren App-Stores vor einigen Jahren noch erste Anlaufstelle für die Entdeckung neuer Apps, hat sich die Dominanz in den Folgejahren in Richtung persönlicher Empfehlungen verlagert. Inzwischen wird mehr als die Hälfte aller Apps auf Basis von Anregungen durch Freunde und Familien heruntergeladen. Dennoch bleiben die App-Stores weiterhin wichtig.

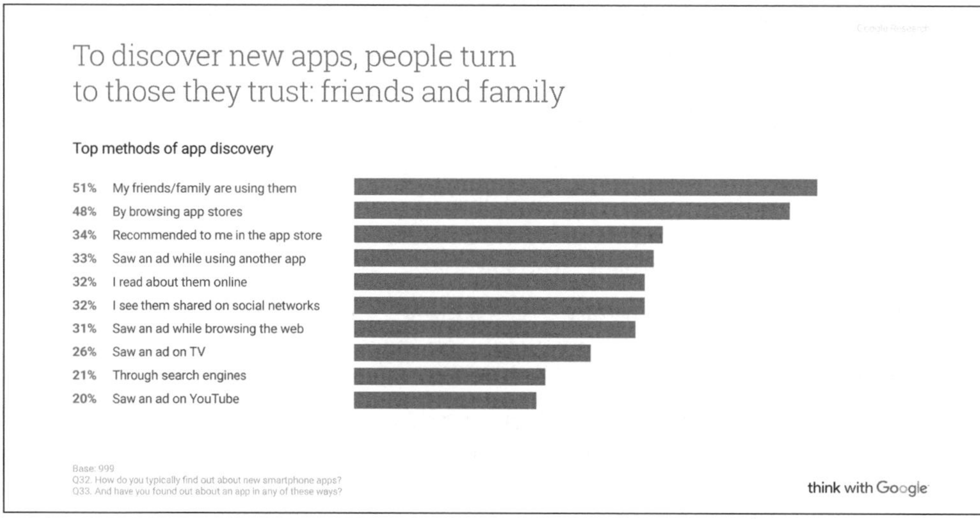

Abbildung 11-3:
Entdeckung von Apps (Stand: 2023) laut Google Studie[1]

App-Store-Optimierung (ASO)

Wie dem Schaubild zu entnehmen ist, suchen 48 % aller Mobilnutzer immer noch den jeweiligen App-Store auf, um neue Apps für ihr Smartphone oder Tablet zu finden. Daher ist es notwendig, dafür zu sorgen, dass die eigene App dort schnell gefunden wird. Dies macht sich die sogenannte *App-Store-Optimierung* (*ASO*) zur Aufgabe.

Wie unterscheidet sich App-Store-Optimierung (ASO) von klassischer Suchmaschinenoptimierung (SEO)?

Die Optimierung für die App-Stores unterscheidet sich zum Teil signifikant von der Suchmaschinenoptimierung. Ein großer Unterschied liegt

1 Quelle: *https://www.thinkwithgoogle.com/marketing-strategies/app-and-mobile/app-marketing-trends-mobile-landscape/* (Aufruf: 25.04.2023)

darin begründet, dass man sich bei SEO eigentlich auf einen einzigen Player beschränken kann: Google. Das sieht bei der App-Store-Optimierung etwas anders aus. Je nachdem, auf welchen Plattformen eine App veröffentlicht werden soll, müssen Besonderheiten beachtet werden.

Weiterhin unterscheiden sich ASO und SEO darin, dass App-Anbieter in der Regel nicht erfahren, durch welche Kanäle die App-Installationen generiert werden. Die einzige Datenquelle bilden die App Stores selbst. Im Web erfahren Sie als Marketer recht einfach, von welcher Website beispielsweise eine Besucherin stammt (auch wenn Google solche Informationen inzwischen restriktiver handhabt).

Darüber hinaus ist festzuhalten, dass die Suchfunktion in App-Stores im Vergleich zur Websuche nicht so ausgefeilt arbeitet. Die Algorithmen sind weniger ausgereift, und die Umsätze konzentrieren sich noch sehr stark auf große Marken. Der *Long Tail* (die Nischenangebote) ist nicht so ausgeprägt wie im Web.

Genau wie bei der Suchmaschinenoptimierung für Websites wird die App-Store-Optimierung in die Bereiche On-Page- und Off-Page-Optimierung unterteilt. Dabei haben App-Anbieter über die On-Page-Elemente selbst die Kontrolle, während sie die Off-Page-Optimierung lediglich indirekt beeinflussen können.

Google Play Store

Die App-Store-Optimierung (ASO) für den *Google Play Store* ist grundsätzlich umfangreicher als für das Apple-Pendant. Das liegt zum guten Teil daran, dass der Suchindex der Google-Suchmaschine aktuell ausschließlich bei Android-Apps eine Rolle spielt. Dadurch kommen Instrumente zum Einsatz, die aus der klassischen Suchmaschinenoptimierung stammen.

On-Page-Optimierung

- **Name (Title)** – Die Basis aller Optimierungsbemühungen ist die Wahl eines geeigneten App-Namens. Ihre Bedeutung entspricht dem Title-Tag von Websites. Der Name muss klar und deutlich zu erkennen geben, wie die App heißt, und bietet im Idealfall zugleich eine kurze Beschreibung. Trotzdem sollte der Name so kurz wie möglich gehalten werden, damit er in Übersichten nicht abgeschnitten dargestellt wird.
- **Beschreibung (Description)** – Auch für die App-Beschreibung gibt es ein Gegenstück in der konventionellen Suchmaschinenoptimierung für Websites: die Meta-Description. Der Beschreibungstext ist einer der wichtigsten Hebel, um Nutzerinnen und Nutzer auf die eigene App aufmerksam zu machen. Aus dem Text muss klar hervor-

gehen, um was für eine App es sich handelt, was die App leistet und welche Vorteile ein Download bietet. Der Beschreibungstext darf eine Länge von insgesamt 4.000 Zeichen haben. Die wichtigsten Informationen stehen im Idealfall direkt am Anfang des Texts.

- **Typ** – Im Google Play Store gibt es zwei verschiedene Typen von Apps – *Anwendungen* (Applications) und *Spiele* (Games). Natürlich muss hier die korrekte Auswahl getroffen werden.
- **Kategorie** – Ein weiterer wichtiger Optimierungsschritt ist die Wahl der passenden App-Kategorie. Gibt es mehrere Kategorien, die grundsätzlich passend wären, sollte die treffendste Einordnung gewählt werden.
- **Icon** – Die Bereitstellung eines aussagekräftigen und attraktiven Icons ist wichtig. Insbesondere wenn User ohne direktes Ziel im App-Store stöbern, kann ein schickes App-Icon den Ausschlag geben. Außerdem hilft das Icon beim Markenaufbau, wie man bei den Apps bekannter Brands (z.B. Facebook oder WhatsApp) exemplarisch sehen kann. Die Grafik muss auf jeden Fall in hoher Auflösung vorliegen.
- **Screenshots** – User möchten vor dem Download einer Anwendung oder eines Spiels einen Eindruck davon bekommen, wie die App aussieht. Menschen sind visuelle Wesen, und diesen Umstand sollten App-Anbieter mit ansprechenden Screenshots der App-Oberfläche nutzen.
- **YouTube-Video** – Der Google Play Store bietet die Möglichkeit, neben Screenshots auch ein YouTube-Video hochzuladen. Das Video bietet gegenüber Screenshots den Vorteil, dass die App in bewegten Bildern demonstriert werden kann.

Off-Page-Optimierung

- **Bewertungen (Ratings)** – Hiermit sind die Bewertungen der App anhand eines Fünf-Sterne-Systems gemeint. Ratings gehören zu den wichtigsten Faktoren der App-Store-Optimierung, doch ihr Nutzen ist nicht nur hierauf beschränkt. Auch die Conversion-Rate (Verhältnis von App-Betrachtern zu tatsächlichen Downloads) steigt durch eine gute Durchschnittsbewertung, denn Fünf-Sterne-Bewertungen lassen User annehmen, dass es sich um eine gute App handeln muss. Außerdem entscheiden die Bewertungen mit darüber, welche Apps auf der Startseite des Google Play Store präsentiert werden.
- **Erfahrungsberichte (Reviews)** – Genau wie die Bewertungen helfen auch positive Erfahrungsberichte, die Conversion-Rate einer App zu steigern. Außerdem erhalten App-Anbieter so ein direktes

Feedback von den Anwenderinnen und Anwendern und können dieses zur Verbesserung der App einsetzen. Auch das Antworten auf Nutzer-Reviews ist bei Google Play möglich.

- **Downloadzahl** – Der psychologische Effekt der Downloadzahl von Apps ist nicht zu unterschätzen. Weist eine App bereits viele Downloads auf, steigt die Wahrscheinlichkeit, dass sie auch von anderen Usern heruntergeladen wird.
- **Link Building** – Da es sich beim Play Store um ein Google-Produkt handelt, werden Apps auch über den Index der Suchmaschine gefunden. Weil heutzutage eingehende Links immer noch genutzt werden, um die Relevanz einer Website oder App zu beurteilen, sind Links aus beliebten und seriösen Quellen hilfreich.

Apple App Store

Erhältlich im App Store

Die Optimierung für den *Apple App Store* ist grundsätzlich leichter als für den Google Play Store. Dies liegt unter anderem daran, dass Apple keinen Zugang zum Suchindex von Google hat. Daher konzentrieren sich die Bemühungen vor allem auf Nutzerbewertungen, Erfahrungsberichte, Downloadzahlen und die allgemeine On-Page-Optimierung.

On-Page-Optimierung

- **Name (Title)** – Auch bei Apple stellt der Name der App das wichtigste Element der App-Store-Optimierung (ASO) dar. Apple selbst empfiehlt, den Titel kürzer als 25 Zeichen zu halten. Die treffende Bezeichnung der App und ihrer Funktion sind essentiell. Ist der Name zu lang, wird er bei der Darstellung einfach abgeschnitten. Das wirkt sich negativ auf die Conversion-Rate aus.
- **Beschreibung (Description)** – Zweitwichtigster Punkt bei der ASO für den Apple App Store ist die Beschreibung. Mit der Beschreibung wird Usern die App schmackhaft gemacht, indem ihre Funktionen und Vorzüge beschrieben werden. Doch auch hier liegt die Würze in der Kürze. Jedes Wort sollte mit Bedacht gewählt werden. Die mögliche Gesamtlänge des Beschreibungstexts im Apple App Store liegt ebenfalls bei 4.000 Zeichen. Die wichtigsten Informationen sollten direkt am Anfang des Texts platziert werden.
- **Icon** – Im Apple App Store ist das App-Icon ebenfalls sehr wichtig. Es muss eine Größe von 1.024 × 1.024 Pixeln haben und sollte in guter Auflösung vorliegen. Ein prägnantes Icon unterstützt den Markenaufbau der App und hilft, sich vom Wettbewerb zu unterscheiden.

- **Screenshots** – Verschiedene Screenshots zeigen die App von ihrer besten Seite und unterstützen die textlichen Informationen. Die wichtigsten Funktionen sollten auf den Screenshots abgebildet sein. Im Idealfall bilden die Screenshots sogar die komplette Funktionskette der App ab.
- **Kategorie** – Apple erlaubt es App-Anbietern, neben der Hauptkategorie optional noch eine zweite Kategorie anzugeben. Die Hauptkategorie muss aber immer als die wichtigere Eingruppierung betrachtet werden.
- **Keywords** – Insgesamt stehen 100 Zeichen zur Verfügung, um Schlüsselwörter anzugeben, mit denen die eigene App gut beschrieben wird. Das ist nicht viel, die Keywords müssen klug gewählt werden. Einzigartige Keywords funktionieren in der Regel besser als generische Wörter, bei denen es häufig auch starke Konkurrenz gibt. Weitere Faktoren zur Bestimmung passender Keywords können beispielsweise das Suchvolumen bei Google und die Relevanz für die App sein. Auf fragwürdige Techniken wie die Nutzung von Markennamen der Konkurrenz sollten Sie unbedingt verzichten. Auch die Bildung von Suchphrasen (bestehend aus mehreren Keywords) ist unnötig, da Apple einzelne Schlüsselwörter selbst kombinieren kann. Keywords, die bereits im Titel vorkommen, müssen nicht erneut verwendet werden.

Off-Page-Optimierung

- **Kundenbewertungen (Customer Ratings)** – Das entscheidende Instrument zur Steigerung der Conversion-Rate im Apple App Store sind Kundenbewertungen. Zur Bewertung einer App steht den innen und Nutzern ein Fünf-Sterne-Bewertungssystem zur Verfügung. Apps, die eine hohe Durchschnittsbewertung und viele Fünf-Sterne-Bewertungen haben, werden signifikant öfter heruntergeladen als Apps mit geringer Durchschnittsbewertung.
- **Kundenrezensionen (Customer Reviews)** – Gute Kundenrezensionen tragen ebenfalls zur Verbesserung der Conversion-Rate bei. Sie sind auch eine gute Möglichkeit, Feedback der Nutzenden einzuholen. Einige schreiben konkrete Funktionswünsche oder Probleme in ihre Rezension. Diese können als Basis zur Verbesserung der App herangezogen werden.

Regeln für erfolgreiche Apps

Die beste App-Store-Optimierung kann nur so gut sein wie die beworbene App. Bevor eine App veröffentlicht und beworben wird, sollten die folgenden Prämissen erfüllt sein.

Geschwindigkeit

Eine schnelle App ist mehr als ein nettes Gimmick, sie ist Grundvoraussetzung für den Erfolg. Internetnutzerinnen und -nutzer – und in besonderem Maße mobile Anwender – haben wenig Geduld und erwarten flotte Reaktionen auf Eingaben und schnelle Resultate. Braucht die App also mehrere Sekunden, bevor sie auf eine Nutzereingabe reagiert, kann das die User Experience bereits so sehr stören, dass Nutzer abbrechen. Technisch versierte Anwender haben in der Regel eine etwas höhere Schmerzgrenze als Gelegenheitsnutzer, aber die meisten Apps richten sich eher an die zweite Gruppe.

Sofortige Nutzbarkeit

Auch hier ist die Ungeduld der Menschen zu berücksichtigen. Die meisten User möchten eine App direkt in dem Moment verwenden, in dem der Download abgeschlossen ist. Müssen sie die App zunächst aufwendig konfigurieren oder direkt einen Registrierungsprozess durchlaufen, werden viele das Handtuch werfen und sich nach einer Alternative umschauen. Es sollte zumindest möglich sein, die App ohne vorher vorzunehmende Einstellungen zu testen. Ist eine Registrierung zur sinnvollen Nutzung der App unumgänglich, kann eventuell eine in Aussicht gestellte Belohnung, die anschließend sofort einzulösen ist, motivieren.

Regelmäßige Updates

Mobile Endgeräte werden 24 Stunden am Tag und an sieben Tagen die Woche genutzt. Viele Nutzer stehen mit einem Blick auf ihr Smartphone auf und gehen damit auch zu Bett. Um sie zum regelmäßigen Öffnen der eigenen App zu animieren, ist frischer Content ein Muss. Doch ist das nur die inhaltliche Seite der Medaille, die andere ist die technische Seite. Immer schneller kommen neue Endgeräte auf den Markt, entsprechend rasant ist der technische Fortschritt. Regelmäßige Anpassungen der App an neue Gegebenheiten zeigen den Usern, dass sich die App weiterentwickelt und aktuell ist.

Persönlichkeit

Schaut man sich im App-Store um, wird man von dem Angebot regelrecht erschlagen. Außerdem werden bestimmte Funktionen von verschiedenen Apps abgedeckt, der Konkurrenzkampf ist also hart. Daher ist es umso wichtiger, dass die App eine eigene Persönlichkeit bietet, mit der sie sich vom Wettbewerb unterscheidet. Gute Apps verwenden einen eigenen Stil, eigene Verhaltensweisen und eine persönliche Optik.

Weniger ist mehr

Die erfolgreichsten Apps sind diejenigen, die ihre Nutzer nicht durch einen zu großen Funktionsumfang überfordern. Die App sollte mit einer Funktion starten, die einen klaren Mehrwert bietet. Mit der Zeit können sukzessive weitere Funktionen hinzukommen. Ab einer bestimmten Anzahl von Features kann es sinnvoll sein, Funktionen in eine separate App auszulagern. Diverse Unternehmen wie Foursquare, Evernote oder Google mit seinen Docs und Tabellen sind diesen Weg gegangen.

Programmierbarkeit

Viele erfolgreiche Apps bieten Programmiererinnen und Programmierern die Möglichkeit, eigene Anwendungen zu entwickeln, die mit den Funktionen der App zusammenarbeiten können (via API). Die Notizblock-App Evernote ist so ein Beispiel. Diverse Drittanbieter haben Apps entwickelt, die zur Speicherung eigener Daten mit Evernote verbunden sind. Durch diesen Ansatz lassen sich neue Nutzer und Nutzerdaten generieren, und der eigene Erfolg kann skaliert werden. Natürlich ist es notwendig, eine technische Infrastruktur vorzuhalten, die den Belastungen durch externe Anwendungen standhält.

Personalisierung

Nutzerinnen und Nutzer wissen es zu schätzen, wenn sie eine App durch verschiedene Einstellungen personalisieren können. Die Auswahl eines eigenen Layouts oder die Möglichkeit, bestimmte Funktionen zu aktivieren bzw. zu deaktivieren, sind Beispiele für Personalisierungsoptionen. Doch diese Vorgehensweise birgt auch Gefahren: Nutzer mit stark personalisierten Apps reagieren häufig sehr intolerant, wenn im Zuge eines Updates neue Funktionen hinzukommen oder bestimmte Personalisierungsoptionen nicht mehr angeboten werden.

Auffindbarkeit

App-Entwicklerinnen und -Entwickler hegt den Wunsch, dass sich die Kunde von der Existenz der eigenen App viral verbreitet, z. B. über soziale Medien wie Facebook oder X. Doch Viralität ist kaum planbar und darf niemals der einzige Weg zur Verbreitung der App sein. Deshalb ist es wichtig, die Grundregeln der App-Stores zu befolgen, damit die App über die Suche der Stores einfach und schnell gefunden werden kann. Zusätzlich bietet sich die Erstellung einer Micro-Website an, die unter einer passenden URL zumindest einen Link zur App bei Google Play, Apple App Store & Co. anbietet.

Übersichtlichkeit

Eine App ist keine Desktop-Website, die mit Inhalten, Werbung, Inhaltsempfehlungen und umfangreichen Menüs etc. zugepflastert werden kann. Vielmehr sollten Apps eine besonders übersichtliche und aufgeräumte Oberfläche bieten. Jede Unterseite muss einem klaren Ziel folgen und darf nicht mit Funktionen überfrachtet sein. Große Schriftarten und genügend Freiraum zwischen einzelnen Abschnitten helfen Nutzern, komfortabel durch die App zu navigieren und die Inhalte bequem zu konsumieren.

Eindeutige URLs

Damit Nutzerinnen und Nutzer in die Lage versetzt werden, Inhalte der App per E-Mail zu versenden, in sozialen Netzwerken zu teilen oder an andere Apps zu übertragen (z.B. Speicherung für späteres Offlinelesen), müssen alle App-Inhalte über eine eindeutige URL verfügen (der REST-Ansatz). Das soziale Netzwerk X zeigt in hervorragender Weise, wie so etwas auszusehen hat. Auch für mobiles Deep-Linking werden eindeutige URLs benötigt.

Spielerische Elemente

Die Nutzungsdauer von Apps steigt signifikant an, wenn die User Spaß an der App haben. Hier hilft ein Blick auf die mobile Spielebranche, um sich Anregungen zu holen. Mit Nutzer-Chats, Bestenlisten oder Belohnungen für die Ausführung bestimmter Aufgaben (z.B. Teilen der App in sozialen Netzwerken) lassen sich User zum wiederholten Öffnen der App animieren, und ihr Aktivitätsgrad steigt.

Datenschutz

Dem Schutz persönlicher Daten kommt in der heutigen Zeit eine immer größere Bedeutung zu. App-Anbieter sollten den Wunsch nach Privatsphäre tunlichst respektieren. Dazu gehört, erfasste Nutzerdaten ausschließlich verschlüsselt an eigene Onlineserver zu übertragen. Eingeforderte App-Berechtigungen (z.B. Zugriff auf Kontakte oder Fotos) müssen sich hingegen auf ein Minimum beschränken, da viele Nutzerinnen und Nutzer hier eine besondere Sensibilität an den Tag legen.

Mobile Advertising

Der mobile Werbemarkt hat in den vergangenen Jahren eine deutliche Entwicklung durchgemacht. Mobile Anzeigenformate werden immer ausgeklügelter und komplexer – nicht zuletzt deshalb, weil wir es in der mobilen Welt mit verschiedenen Werbeträgern zu tun haben, namentlich Apps und mobile Websites.

Die Inhalte der Onlinewerbung haben sich dabei immer mehr angeglichen. Inzwischen werden mobil alle möglichen Shops und Services beworben, die auch im klassischen Web im Fokus stehen. Im Folgenden werden die gängigsten mobilen Werbeformate vorgestellt.

Display-Anzeigen (Banner)

Auch wenn Kritiker gern auf die niedrigen Klickraten verweisen, bleiben Display-Anzeigen eine der am häufigsten verwendeten digitalen Werbeformen, egal ob im klassischen Web oder auf mobilen Geräten. Ein Grund ist die universale Einsetzbarkeit dieser Varianten, die sowohl auf mobilen Websites als auch in Apps verwendet werden können. Display-Ads gibt es in Größen zwischen 120 × 20 (Small) und 320 × 50 Pixeln (XX-Large), auch das Mobile Rectangle (300 × 250) kommt häufig zu Einsatz.

Abbildung 11-4:
Display-Anzeige auf Spiegel.de

Vorteile:

- Große Auswahl an Werbeinventar verfügbar.
- Sehr flexibel einsetzbar.
- Für jeden Werbetreibenden interessant.

Nachteile:

- Wird vom Nutzer gern übersehen (Banner-Blindheit).

- Aus diesem Grund häufig geringe CTRs (Click-Through-Rates) und Conversion-Rates.

Interstitials

Eine andere Art von Display-Anzeigen sind Interstitials, die sich in der mobilen Welt wachsender Beliebtheit erfreuen. Interstitials sind großformatiger als normale Banner und werden vor oder nach der Darstellung eines vom User aufgerufenen Inhalts angezeigt. Häufig werden Interstitials auch als Unterbrecherwerbung bezeichnet.

Abbildung 11-5:
Interstitial der Sparkasse bei Spiegel Online

Vorteile:

- Durch Einblendung über dem Inhalt sehr aufmerksamkeitsstark.
- Auch für Branding-Kampagnen geeignet.
- Für jeden Werbetreibenden interessant.

Nachteile:

- Wird von vielen Nutzerinnen und Nutzern als störend empfunden, vor allem wenn die Werbung schwer zu entfernen ist.
- Es passieren unbeabsichtigte Klicks beim Versuch, das Interstitial zu schließen.
- Kann die Suchmaschinenplatzierungen des Werbeträgers negativ beeinflussen.

Incentivized Ads

Auch als *Mobile Rewards* oder *Virtual Currency* bekannt, werden Nutzer von Incentivized Ads für ihre Interaktion mit der Werbung belohnt. Die Werbung für die App des Advertisers erscheint in anderen Apps (häufig bei Freemium-Spielen). Benötigt ein Spieler zum Fortkommen im Spiel Punkte einer virtuellen Währung, kann er sich die App des Werbetreibenden herunterladen und erhält dafür entsprechend einen Gegenwert in Punkten.

Abbildung 11-6:
Tapjoy Offer Wall mit App-Angeboten und den erhältlichen Punkten

Empfänger der Werbebotschaft suchen also selbst nach der Werbung des Advertisers, allerdings ist es häufig nicht die App selbst, die interessiert. Daher ist eine umfassende Erfolgsmessung unerlässlich, um die Qualität der Nutzer zu überwachen.

Vorteile:

- Schnelle und einfache Generierung von App-Downloads.
- Kann auch helfen, zusätzlich die Engagement-Rate (Nutzungsrate) der eigenen App zu steigern.

Nachteile:

- Qualität der generierten Nutzer nicht immer optimal, da sie grundsätzlich andere Intentionen verfolgen (z.B. Punkte für ein Spiel sammeln).

Mobile Videos

Mit steigenden Bandbreiten und Datenvolumina steigt auch das Interesse an Videos auf mobilen Geräten. Mobile Videos kommen beispielsweise in Form von Webvideos und App-Trailern vor und können in Abstimmung mit TV-Werbung auch als Cross-Media-Werbung eingesetzt werden.

Viele mobile Spiele bieten Videowerbeformen, mit denen andere App-Anbieter auf ihr Produkt hinweisen können. Aufgrund des nicht vorhandenen Medienbruchs (ein Klick auf das Video führt direkt zur entsprechenden App-Store-Seite) lassen sich mit Videos große Erfolg erzielen.

Abbildung 11-7:
Video zur Bewerbung des Spiels: Zelda – Tears of the Kingdom

Vorteile:

- Sehr aufmerksamkeitsstarke Werbung.
- Sehr flexibel einsetzbar, bietet zahlreiche Optionen (unter anderem Pre-Roll, Mid-Roll, Post-Roll, In-App oder Web).

Nachteile:

- Die Herstellung von Videos-Ads ist verhältnismäßig aufwendig und möglicherweise auch teuer.
- Technische Probleme möglich (z. B. Ladefehler).

Social Media

Soziale Netzwerke wie Facebook oder X (vormals Twitter) bieten spezielle Anzeigenformate an, die besonders für das Bewerben von Apps geeignet sind. Dank umfangreicher Targeting-Optionen können Kampagnen absolut zielgruppengenau ausgespielt werden. Da soziale Netzwerke immer häufiger über mobile Endgeräte genutzt werden, wird die Bedeutung von Social Media Advertising weiter steigen. Werden die Anzeigen direkt im Newsstream des sozialen Netzwerks platziert, spricht man auch von *Native Advertising*.

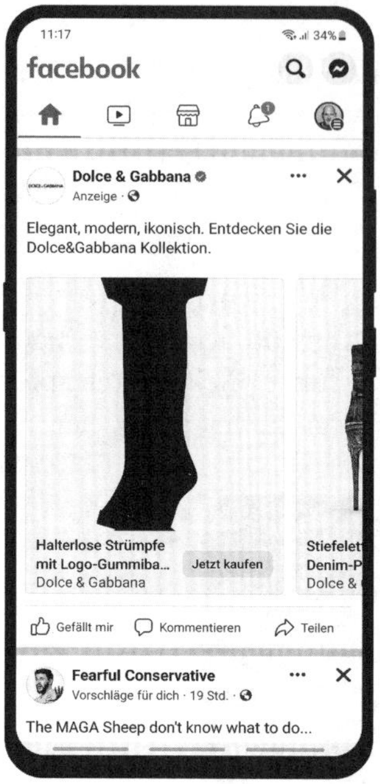

Abbildung 11-8:
Werbung für Dolce & Gabbana bei Facebook

Vorteile:

- Soziale Netzwerke haben eine extrem hohe Reichweite.
- Umfassende Targeting-Optionen verfügbar.
- Idealer Kanal für App-Anbieter.

Nachteile:

- Höhere Nachfrage von Advertisern treibt Kosten in die Höhe.

Mobile Search Engine Advertising (SEA)

Bezahlte Suchwortanzeigen bei Suchmaschinen wie Google (Ads) oder Bing funktionieren auf mobilen Endgeräten genauso wie auf Desktop-PCs. Die Anzeigen erscheinen immer dann, wenn ein Suchender bestimmte Schlüsselwörter eingibt, die der Werbende zuvor definiert hat. Mit SEA können sowohl mobile Websites als auch App-Downloads beworben werden. Bezahlt wird dabei nach PPC (Pay per Click).

Über das System *Google Ads* lassen sich auch Anzeigen in den Suchergebnissen des Google Play Store platzieren. Apple bietet ein eigenes System namens *Search Ads*.

Abbildung 11-9:
SEA-Anzeige für Check24 in den Suchergebnissen

Vorteile:

- Hohe Click-Through-Rates (CTRs) durch Keyword-Targeting.
- Großes Traffic-Potenzial.
- Für jeden Werbetreibenden interessant.

Nachteile:

- Je nach gewählten Keywords können hohe Kosten entstehen.
- Nicht alle Klicks konvertieren, daher muss hier Erfolgsmessung betrieben werden.

Mobile-Targeting-Optionen

Zu den klassischen Targeting-Mechanismen des Online-Marketings gesellen sich im mobilen Bereich weitere Optionen, mit denen sich Nutzerinnen und Nutzer zielgenau adressieren lassen.

- **Ort (Location)** – Dabei werden User anhand von ortsbezogenen Daten wie Ländern, Städten oder der Entfernung zu einem genauen Standort ins Visier genommen. Auf diese Weise können auch bestimmte Regionen von der Kampagnenauslieferung ausgeschlossen werden.

- **Gerät und Betriebssystem** – Hierbei werden die Anzeigen an User bestimmter Geräte (Samsung Galaxy S 8, Apple iPhone) oder -Betriebssysteme ausgeliefert. Einige Ad Networks bieten sogar die Möglichkeit, die Anzeigenlieferung auf bestimmte Versionen eines Betriebssystems zu begrenzen (z.B. iOS 10.0 oder Android 7.1 Nougat).
- **Mobilfunkanbieter und Internetverbindung** – In diesem Fall wird die Auslieferung der Anzeigen an bestimmte Mobilfunkanbieter (z.B. Vodafone, Telekom oder O_2) gekoppelt. Darüber hinaus ist es ebenfalls möglich, zwischen Usern mit WLAN, LTE oder UMTS zu unterscheiden. Dies kann besonders interessant sein, wenn mit der Kampagne lediglich User einer schnellen Internetverbindung erreicht werden sollen.
- **Demografie** – Dazu gehören Merkmale wie Alter oder Geschlecht der Nutzergruppe. Diese Targeting-Optionen werden beispielsweise von Werbeträgern angeboten, die über eine Nutzerregistrierung verfügen. Es gibt aber auch andere Modelle, um diese Daten zu erheben. Allerdings muss hierbei eine gewisse Fehlerquote akzeptiert werden.
- **Kategorie** – Zu den einfacheren Targeting-Mechanismen gehört das Kategorien-Targeting, das auf bestimmte Inhalte einer App oder Website aufsetzt. Kategorien können beispielsweise Telekommunikation, Autos oder Finanzen sein.
- **Content-Matching** – Beim Content-Matching werden die spezifischen Inhalte von Unterseiten eines Webangebots ausgelesen, und dort werden dann entsprechend passende Anzeigen ausgeliefert. Handelt der Text beispielsweise von einem neuen Smartphone, ist die Seite prädestiniert für die Werbung eines Mobilfunkanbieters.
- **Behavioural** – Es gibt viele verschiedene Ansätze von Behavioural Targeting. Grundsätzlich geht es darum, das Verhalten eines Nutzers auf einer Website oder über verschiedene Websites hinweg zu beobachten, um herauszufinden, welche Inhalte ihn interessieren, und anschließend passende Werbung zu zeigen.
- **Retargeting** – Beim Retargeting werden die Anzeigen ausschließlich denjenigen Personen gezeigt, die bereits die eigene Website besucht haben. So ist es inzwischen sogar möglich, die Anzeigen geräteübergreifend auszuliefern.

Spezielles Mobile Advertising

TikTok

TikTok Marketing bezieht sich auf Marketingaktivitäten, die auf der Social-Media-Plattform TikTok durchgeführt werden. TikTok ist eine App, die es Benutzerinnen und Benutzern ermöglicht, kurze, kreative Videos zu erstellen und zu teilen. Mit über einer Milliarde aktiver User weltweit hat TikTok ein enormes Potenzial als Marketingplattform.

TikTok Marketing kann auf verschiedene Arten durchgeführt werden, einschließlich:

- *Influencer Marketing:* Zusammenarbeit mit TikTok-Influencern, um Produkte oder Dienstleistungen zu bewerben.
- *Werbung auf TikTok:* Platzieren von Anzeigen in der App, um die Bekanntheit der Marke zu erhöhen oder Conversions zu generieren.
- *Hashtag-Challenges:* Erstellen von Hashtag-Challenges, die User auffordern, an einer bestimmten Aktivität teilzunehmen und Videos mit dem Hashtag zu erstellen und zu teilen.
- *Brand Takeovers:* Übernahme der Startseite der App für eine begrenzte Zeit, um die Sichtbarkeit und Aufmerksamkeit der Marke zu erhöhen.
- *In-Feed-Anzeigen:* Platzieren von Anzeigen zwischen den Videos im TikTok-Feed.
- *Branded Effects:* Erstellung von benutzerdefinierten Filtern, Linsen und anderen visuellen Effekten, die User in ihren Videos verwenden können.

TikTok Marketing bietet Unternehmen die Möglichkeit, eine jüngere Zielgruppe zu erreichen und sich auf eine einzigartige und kreative Art und Weise zu präsentieren. Es erfordert jedoch eine gute Kenntnis der TikTok-Community und eine Fähigkeit, Inhalte zu erstellen, die zum Stil und zur Ästhetik der Plattform passen, um erfolgreich zu sein.

Instagram

Instagram Advertising bezieht sich auf die Platzierung von Anzeigen auf der Social-Media-Plattform Instagram, die von Meta betrieben wird. Instagram hat über eine Milliarde aktive Nutzerinnen und Nutzer und bietet Unternehmen eine effektive Möglichkeit, ihre Zielgruppe zu erreichen und ihre Marke zu bewerben.

Instagram Advertising bietet verschiedene Arten von Anzeigenformate, einschließlich:

- *Bildanzeigen:* Statische Bilder, die im Instagram-Feed und in der Story-Ansicht angezeigt werden.
- *Videoanzeigen:* Kurze Videos, die im Instagram-Feed und in der Story-Ansicht angezeigt werden können.
- *Karussellanzeigen:* Anzeigen, die mehrere Bilder oder Videos enthalten, die User horizontal durchblättern können.
- *Story-Anzeigen:* Vollbildanzeigen, die zwischen den Instagram Stories von Usern angezeigt werden.
- *Anzeigen in der Explore-Ansicht:* Anzeigen, die Usern in der Explore-Ansicht von Instagram angezeigt werden, wenn sie nach neuen Inhalten suchen.

Abbildung 11-10:
Instagram-Werbung für eine Developer-Konferenz

Instagram Advertising ermöglicht es, Anzeigen basierend auf Zielgruppenmerkmalen wie Standort, Alter, Interessen und Verhaltensweisen zu platzieren. Durch detaillierte Analyse- und Berichterstellungsfunktionen kann die Leistung der Anzeigen gemessen und optimiert werden.

Dabei können verschiedene Marketingziele erreicht werden: Branding, Awareness, Traffic-Generierung, Lead-Generierung und Conversions. Es erfordert jedoch eine gute Kenntnis der Instagram-Community und eine Fähigkeit, Inhalte zu erstellen, die zur Ästhetik und zum Stil der Plattform passen.

App-Install-Ads

Um die Anzahl der Downloads der eigenen App zu erhöhen, bieten verschiedene Plattformen spezielle App-Install-Werbeformate an. Dazu gehören Facebook, X (vormals Twitter), Snapchat, Pinterest, Instagram, TikTok, YouTube und die jeweiligen App-Stores. Sowohl der Google Play Store als auch der Apple App Store bieten entsprechende Werbeformate an.

Abbildung 11-11:
App-Install-Ads bei Google Play

> **Praxistipp: QR-Codes**
>
> QR-Codes (*Quick Response Codes*) sind 2-D-Strichcodes, die mithilfe von Smartphones und anderen mobilen Geräten gescannt werden können. Sie bieten eine schnelle und bequeme Möglichkeit, auf mobile Inhalte zuzugreifen. Dies sind einige der Einsatzmöglichkeiten von QR-Codes im Mobile Marketing:
>
> - **Produktinformationen:** Verwenden von QR-Codes auf Produktverpackungen, um Kunden auf eine mobile Landingpage weiterzuleiten, auf der sie detaillierte Informationen über das Produkt erhalten können.
> - **Coupons und Rabatte:** Platzieren von QR-Codes auf Werbebannern, Plakaten und Flyern, um Kunden auf eine mobile Landingpage

weiterzuleiten, auf der sie Gutscheine und Rabattcodes herunterladen können.

- **Veranstaltungen und Konferenzen:** Verwenden von QR-Codes auf Eintrittskarten, um Teilnehmende auf eine mobile Landingpage weiterzuleiten, auf der sie detaillierte Informationen über die Veranstaltung, das Programm und die Referenten erhalten können.
- **Gewinnspiele:** Platzieren von QR-Codes auf Werbebannern, Flyern und Produktverpackungen, um Kunden auf eine mobile Landingpage weiterzuleiten, auf der sie an Gewinnspielen teilnehmen können.
- **App-Downloads:** Verwenden von QR-Codes auf Werbebannern, Plakaten und Flyern, um Kunden auf eine mobile Landingpage weiterzuleiten, auf der sie eine App herunterladen können.
- **Social-Media-Verbindungen:** Platzieren von QR-Codes auf Visitenkarten, Flyern und Werbebannern, um Kunden auf eine mobile Landingpage weiterzuleiten, auf der sie sich mit der Marke auf verschiedenen sozialen Netzwerken verbinden können.

Diese Einsatzfelder von QR-Codes sind nur einige Beispiele. Es gibt unzählige weitere Möglichkeiten, QR-Codes in Mobile-Marketing-Kampagnen einzusetzen, um Kunden auf mobile Inhalte zu lenken und die Interaktion mit der Marke zu fördern.

Kennzahlen und Erfolgsmessung

Die Notwendigkeit mobiler KPIs

Für Unternehmen, die Apps erstellen, anbieten, bewerben oder die in Apps investieren, ist konsequente Erfolgsmessung (*App Analytics*) der wichtigste Schlüssel zum Erfolg. App-Analyse liefert vom Launch der App an in Echtzeit detaillierte Erkenntnisse über die eigenen Nutzerinnen und Nutzer und hilft dabei, sie zum Wiederkehren zu bewegen und den Umsatz pro Nutzer zu steigern. Allerdings ist die Auswahl der richtigen KPIs (*Key Performance Indicators*) entscheidend, um wirklich aussagekräftige Ergebnisse zu erhalten. Daher beschäftigt sich dieses Kapitel nicht nur mit einer Einführung in die App-Analyse, sondern gibt auch Anregungen zur Bestimmung der richtigen Kennzahlen.

Webanalyse vs. App-Analyse

Während die Webanalyse (Erfolgsmessung von Websites auf Desktop-PCs) bereits seit vielen Jahren im Einsatz ist und Online-Marketer schon einige Jahre Erfahrungen sammeln konnten, ist die App-Analyse eher für echte Fachgrößen geeignet. Obwohl viele Marketer gehofft haben, ihre Webanalyseerfahrungen einfach auf den App-Bereich übertragen zu können, mussten sie doch erkennen, dass signifikante Unterschiede zwischen den Feldern bestehen.

Durch den Anstieg der App-Nutzung rücken neue Kennzahlen in den Mittelpunkt, die für die Webanalyse keine Rolle spielen. Mobile Apps werden anders konsumiert, die Nutzungszeiten sind geringer, sie laufen dafür aber konzentrierter ab. Der grundsätzliche Nutzungstrichter (Funnel) von Apps ähnelt zwar dem von Websites, verläuft aber letztendlich doch ganz anders. Der Fokus liegt auf Sessions mit bestimmter Nutzungsdauer statt auf Seitenaufrufen (*Page Impressions*).

Während beim Tracking von Website-Besucherinnen und -Besuchern (Web Analytics) Cookies noch immer eine gewisse Bedeutung haben, werden mobile User durch Geräte-Tracking oder Social-Authentifizierung identifiziert. Eine Session endet in dem Moment, in dem die App geschlossen wird oder für 20 Sekunden inaktiv ist. Es werden App-Interaktionen gemessen und Kennzahlen erhoben, die Aufschluss über das Nutzerverhalten und die Nutzerbindung liefern. Der Wechsel von der Betrachtung von Seitenaufrufen hin zur Session-Betrachtung ist der wichtigste Schlüssel auf dem Weg von der Web- zur App-Analyse.

Metriken vs. KPIs

Metriken sind Performanceindikatoren oder Datenpunkte, mit denen die grundsätzlichen Erfolge von Onlinewerbekampagnen bestimmt werden können. Jeder KPI ist auf seine Weise auch eine Metrik, aber nicht jede Metrik ist auch ein KPI. Das gilt besonders für das Mobile Marketing. Typische Metriken für Mobile- bzw. App-Marketing-Kampagnen sind:

- **Impressions** – Anzahl der Einblendungen des mobilen Werbemittels
- **Reach (Reichweite)** – so viele Einzelpersonen haben das mobile Werbemittel gesehen
- **Clicks** – Klicks auf das Werbemittel
- **Quality Score** – wird beispielsweise von Facebook, Google und Bing verwendet; der Quality Score wird aus verschiedenen Faktoren wie Landingpage-Inhalten oder dem Nutzer-Engagement mit dem Werbemittel berechnet und wirkt sich auf Kosten und Reichweite der Kampagne aus
- **CPM** – Kosten für 1.000 Einblendungen des Werbemittels, auch TKP genannt
- **CTR (Click-Through-Rate)** – Klickrate des Werbemittels

- **CPC (Cost per Click)** – Kosten für einen Klick auf das Werbemittel
- **Kosten** – die Kosten einzelner Kampagnenbestandteile
- **Average Screens per Session** – kann in Verbindung mit dem Umsatz auch ein KPI sein
- **Average Sessions per User** – kann in Verbindung mit dem Umsatz auch ein KPI sein

KPI steht für *Key Performance Indicator* und beinhaltet die Metriken, die für die eigene Mobile- bzw. App-Marketing-Kampagne entscheidend sind. KPIs werden definiert, um aussagekräftige Entscheidungen zu treffen und lähmende Analyseschleifen zu vermeiden (wenn sich beispielsweise die Ergebnisse der Metriken widersprechen).

Metriken wie *Clicks* oder *CPC* sind nützlich, um einen Überblick über verschiedene Marketingkampagnen zu bekommen und beispielsweise nachzuvollziehen, welcher Teil der Kampagne den größten Teil des Budgets ausmacht. Die KPIs werden anschließend verwendet, um tiefer einzutauchen und die wirkliche Performance zu bestimmen.

Praxistipp: KIPs für Budgetallokation

Die Budgetallokation für die Kampagnen sollte nicht anhand von Metriken vorgenommen werden, sondern immer anhand von KPIs.

Downloads sind kein ausreichender KPI

Der erste Fehler wird von vielen Anbietern gleich zu Anfang gemacht: Sie ziehen die Zahl der App-Downloads als wichtigste Messgröße heran. Doch außerhalb der App-Stores hat die Anzahl der Downloads keine besondere Aussagekraft. Sie zeigen weder, welche Kanäle besonders gut für die Gewinnung neuer Kunden geeignet sind, noch geben sie Auskunft über das Verhalten der User innerhalb der App.

Ein großer Teil der heruntergeladenen Apps wird nur ein einziges Mal geöffnet. Anschließend wird die App sofort wieder deinstalliert oder fristet ihr Dasein ungenutzt im Speicher der Smartphones und Tablets. Die Zahl der Downloads hat also im schlimmsten Fall gar keine Aussagekraft. Viel entscheidender ist die Frage, ob und wie sich die Nutzer mit der App beschäftigen.

Da wir nun wissen, dass App-Downloads den Langzeitwert von mobilen Usern für das eigene Geschäft nicht abbilden, müssen auf jeden Fall weitere Kennzahlen herangezogen werden. Die erfolgreichsten App-Anbieter erfassen Daten über das Nutzerverhalten, die Aufrechterhaltung der Nutzeraktivität und die Umsatzströme und vergleichen diese anschließend miteinander.

Die richtige Analysestrategie für die eigenen Ziele

Es gibt eine Reihe von Kennzahlen, um die Nutzeraktivität zu messen. Die Bestimmung der richtigen KPIs hängt von den eigenen Zielen ab. Da sich die Ziele von Entwicklern, Marketern, Sales-Verantwortlichen und Unternehmenseigentümern durchaus unterscheiden können, müssen vor dem Start einige Fragen beantwortet werden. Dazu gehören diese:

- Welches Hauptziel soll mit der App erreicht werden?
- Wie sollen sich die User innerhalb der App verhalten?
- Welchen Pfad sollen die User idealerweise nehmen?
- Welche Conversion-Ziele gibt es?

Nicht alle Apps sind gleich, daher kann die vorherige Festlegung wichtiger Messgrößen schon einen ersten Wettbewerbsvorteil bringen. Intelligente Marketer wissen, dass sie zunächst mit einer Hypothese beginnen, um dann schnell herauszufinden, was für ihre App die beste Herangehensweise ist.

Werden im Vorfeld die richtigen Fragen gestellt, wird auch der Gefahr vorgebeugt, dass Daten nur um ihrer selbst willen gesammelt werden – in der Hoffnung, dass die Antworten zu den passenden Fragen führen. Nur wer zu Beginn die richtigen Fragen stellt, findet in den Daten die Basis für konsequente Erfolgsmessung.

Die wichtigsten KPIs

Sobald die eigenen Ziele definiert sind, kann es losgehen. Einige KPIs sollten in keiner App-Analyse fehlen. Dazu gehören:

- **Nutzerinnen und Nutzer** – Nutzer-Tracking ist das wichtige erste Puzzleteil. Die gewonnenen Daten ermöglichen nicht nur wichtige Einblicke in die eigene Zielgruppe und grundsätzliche Verhaltensmuster der App-Nutzung, die Daten sind auch wichtig für tiefer gehende Analysen, die Segmentierung der Zielgruppe, das Tracking speziellen Nutzungsverhaltens und das Aufsetzen erfolgreicher App-Marketing-Kampagnen. Mit demografischen Daten lässt sich etwa die Nutzeransprache innerhalb der App, bei Werbekampagnen oder in Push-Nachrichten verfeinern. Weitere interessante Informationen stellen beispielsweise verwendete Gerätetypen, Betriebssysteme (z.B. Android oder iOS) oder die Tageszeiten, zu denen die App besonders stark genutzt wird, dar. Darüber hinaus liefert das Nutzer-Tracking wichtige Erkenntnisse für die Umsatzgenerierung, da es Daten zur Zahlungsbereitschaft von In-App-Käufen und zur Bereitschaft, auf Anzeigen zu klicken, liefert. Sobald die eigene Publikumsbasis und die aktiven User verstanden werden, steht das Grundgerüst, um die Nutzeraktivität zu optimieren.

- **Session-Dauer** – Die Dauer der Session erfasst den Zeitraum zwischen Öffnen und Schließen einer App. Alternativ findet ein automatisches Time-out statt, wenn für eine bestimmte Zeit Inaktivität herrscht (z.B. nach 20 Sekunden). Dadurch wird gemessen, wie lange sich welcher Teil der Nutzerschaft mit der eigenen App beschäftigt und warum das so ist. Das Tracking der Session-Dauer ist wichtig, um die Umsatzpotenziale der eigenen App voll zu entfalten. Handelt es sich beispielsweise um eine M-Commerce-App, stellt sich die Frage, wie lange der Nutzer bis zum Abschluss der Bestellung benötigt. Liegt die durchschnittliche Nutzungszeit der App beispielsweise unterhalb der notwendigen Dauer für den Bestellprozess, muss entweder die durchschnittliche Nutzungszeit gesteigert oder der Bestellprozess vereinfacht werden (Trichteroptimierung).
- **Session-Intervall** – Mit dem Session-Intervall wird gemessen, wie lange es nach dem ersten Gebrauch dauert, bis der User die App ein zweites Mal öffnet. Nach mehrfachem Öffnen kann daraus die durchschnittliche Frequenz errechnet werden. Mit diesem Wert kann die App gezielt darauf optimiert werden, die Frequenz zu senken und zum häufigeren Öffnen der App zu animieren. Fällt beispielsweise auf, dass bei Tablet-Usern längere Session-Intervalle als beim Smartphone vorliegen, könnte das daran liegen, dass die App nicht an die erweiterten Darstellungsmöglichkeiten der größeren Tablet-Displays angepasst wurde. Mit einer speziellen Tablet-Darstellung könnten die Session-Intervalle anschließend verkürzt werden. Auch Push-Nachrichten, App- oder In-App-Marketing-Kampagnen können dazu geeignet sein, die Session-Intervalle zu verkürzen.
- **In-App-Zeit** – Im Gegensatz zur Session-Dauer misst die In-App-Zeit nicht die Länge einer Sitzung innerhalb der App, sondern die Gesamtnutzungszeit innerhalb einer bestimmten Periode (z.B. 24 Stunden). Daraus kann abgeleitet werden, wie oft die App verwendet wird und wie wertvoll sie für die Nutzerinnen und Nutzer ist. Öffnet ein bestimmtes Nutzersegment die App beispielsweise regelmäßig für einen langen Zeitraum, muss man sich die Frage nach dem Warum stellen. Folgen alle dem gleichen Muster, kaufen sie häufiger ein, oder recherchieren sie nur? Mit diesen Informationen lässt sich die App weiter optimieren und verbessern.
- **Nutzererfahrung** – Die Tatsache, dass die eigene App genutzt wird, sagt noch nicht viel darüber aus, ob sich die User auch gern damit beschäftigen. Nutzerbewertungen und -berichte in den App-Stores geben natürlich Auskunft darüber, wie sie die App wahrnehmen. Dennoch sollten weitere Daten erhoben werden, um beispielsweise App-Abstürze zu dokumentieren. So kann etwa per In-

App-Messenger direktes Feedback vom User eingeholt werden. Ein nicht zu vernachlässigender Faktor für den Erfolg einer App sind auch die Ladezeiten. Braucht eine App erst mal zehn Sekunden, bevor sie sich überhaupt öffnet, kann dies für viele bereits zu lang sein, und sie schauen sich direkt nach einer Alternative um. In der mobilen Welt spielen Ladezeiten eine noch wichtigere Rolle als im stationären Internet.

- **Nutzerakquise** – Der am meisten Erfolg versprechende Weg, um neue Nutzerinnen und Nutzer zum Download der eigenen App zu bewegen, ist ein Blick auf bereits bestehende App-Nutzer. Wie haben diese von der Existenz der App erfahren? Lief es über die organische Suche in Suchmaschinen, bezahlte Anzeigen, In-App-Werbung oder gar Mund-zu-Mund-Propaganda?

  User laden verschiedene Apps aus verschiedenen Gründen herunter, und es ist gut, zu wissen, auf welchem Weg die eigene Zielgruppe am besten erreicht wird. Vor allem für bezahlte Kampagnen über Plattformen wie Facebook oder X sind diese Kennzahlen wertvoll. Sie geben Auskunft darüber, wie teuer die Akquise der Nutzer ist und welche Aktionen sie innerhalb der App durchführen. Bei bezahlten Anzeigen kommt es unterm Strich auf den *Return on Investment* (ROI) an und nicht nur auf die Zahl der generierten Downloads. Mit den Akquise-Kennzahlen kann der Wert von Usern aus verschiedenen Marketingkanälen miteinander verglichen werden. Außerdem helfen die Kennzahlen bei der Segmentierung der User für Push-Nachrichten.

- **User Journey** – Bei welcher App-Unterseite springen die User ab, von wo aus wechseln sie zu welcher Seite, wie viele Aufrufe hat eine bestimmte Seite? Die User Journey bildet ab, wie Nutzerinnen und Nutzer mit der App interagieren. Bestimmte Unterseiten der App werden betrachtet, und es wird nachvollzogen, was auf der Seite gemacht und wohin danach gegangen wurde. Wenn Sie wissen, wie sich die User durch Ihre App bewegen, können Sie Problemfelder, Conversion-Sackgassen und Absprungseiten identifizieren und beseitigen. Die User-Journey-Analyse zeigt genau, was Nutzer – die einen bestimmten Pfad nicht zu Ende gegangen sind – stattdessen gemacht haben, und bildet damit die Grundlage zur Conversion-Optimierung. So können Nutzungstrichter vereinfacht oder verlorene User per In-App-Marketing wieder reaktiviert werden.

- **Retention-Rate/Churn-Rate** – Einen Nutzer per Marketing dazu zu bringen, die eigene App herunterzuladen, mag noch relativ einfach zu bewerkstelligen sein. Schwieriger ist es allerdings, User zum wiederholten Öffnen der App zu animieren – vor allem über einen längeren Zeitraum. Viele Apps haben damit zu kämpfen, dass sie zwar für kurze Zeit einen Hype bei den Nutzerinnen und Nutzern erzeugen können, nach wenigen Monaten aber eigentlich nichts mehr von ihnen zu hören ist. Die Retention-Rate beschreibt den prozentualen Anteil der User, die nach einem Öffnen der App wiederkommen. Dabei lassen sich verschiedene Zeiträume betrachten, z.B. die Wiederkehr nach einem Tag, einer Woche oder einem Monat. Außerdem fällt der Wert bei verschiedenen Geräten, Nutzergruppen und Werbekampagnen unterschiedlich aus.

Ein besonders wichtiger Zeitpunkt zur Überprüfung der Retention-Rate ist der nach der Veröffentlichung eines Updates. Hier muss zwingend überprüft werden, ob sich die Retention verändert. Es sind vor allem die regelmäßigen User, die eine App erfolgreich machen. Das haben auch die App-Stores erkannt, die in ihren Charts mehr und mehr langfristig verwendete Apps bevorzugen. Regelmäßige App-Anwender werden auch mit höherer Wahrscheinlichkeit zu Käuferinnen und Käufern, bringen dadurch mehr Umsatz und verfügen insgesamt über einen höheren Lifetime Value. Auf der anderen Seite beschreibt die Churn-Rate, wie viele User nach einer bestimmten Zeit aufhören, die eigene App zu verwenden. Es gibt viele verschiedene Wege, die Churn-Rate zu berechnen – je nachdem, wie exakt das Ergebnis sein soll.

- **Durchschnittlicher Umsatz pro Nutzerin/Nutzer (ARPU)** – Es ist natürlich schön, eine App mit vielen Usern zu haben, von denen ein großer Teil auch noch regelmäßig wiederkommt. Doch an irgendeiner Stelle müssen Umsätze generiert werden, die den Entwicklungsaufwand der App rechtfertigen. Der *Average Revenue per User* (ARPU) beschreibt den Wert jedes Einzelnen für die eigene App. App-Umsätze entstehen vor allem durch In-App-Verkäufe, Werbeeinnahmen und M-Commerce-Erlöse. Die M-Commerce-Umsätze können allerdings nicht immer nur isoliert für die App betrachtet werden. Da die Customer Journeys bei Onlinekäufen immer häufiger über mehrere Geräte hinweg verlaufen, kann es durchaus sein, dass dem Smartphone eine vorbereitende Rolle zuteilwird (Produktrecherche), der Kauf dann aber trotzdem auf dem Desktop-PC abgeschlossen wird.
- **Lifetime Value** – Der Lifetime Value ist die wichtigste Umsatzmessgröße, denn sie beschreibt den finanziellen Erfolg der App und den Wert jeder Nutzerin und jedes Nutzers über den gesamten Lebenszyklus hinweg – wobei nicht nur Umsatzzahlen einen direkten Wert darstellen können. Die Betreiber einer News-App schauen möglicherweise eher darauf, wie viele Artikel gelesen und Ad Impressions dabei generiert wurden. Für die Anbieter einer Musik-App wie z.B. einem Onlineradio zählt hingegen zunächst

mal die Zeit, die User innerhalb der App verbringt. Ansonsten spielt der monetäre Wert des Users aber natürlich die wichtigste Rolle. Shopping-Apps interessieren sich für die Zahl und den Wert von Verkäufen, während Spieleanbieter ihre In-App-Verkäufe im Auge haben.

Mit dem Lifetime-Value-Wert für verschiedene Nutzersegmente kann ermittelt werden, wie viel Werbebudget aufgewendet werden kann, um weitere User dieser Art zu akquirieren und dabei weiterhin einen positiven Deckungsbeitrag zu erzielen.

Wie wird der Erfolg der App-Store-Optimierung gemessen?

Die Erfolgsmessung beim App-Marketing ist grundsätzlich schwieriger als die Webanalyse für Websites – vor allem bei der Bewertung von Inbound-Maßnahmen wie der App-Store-Optimierung. In Zukunft werden sicher weitere Services und Tools erscheinen, die entsprechende Missstände beheben werden. Bis es so weit ist, können sich App-Anbieter aber auf die folgenden Daten stützen.

- **Top-Charts** – Die App-Store-Charts bieten eine gute Übersicht dazu, wie die eigene App im Vergleich zu anderen Apps »performt«. Besonders die Charts der einzelnen Kategorien sind dazu geeignet, den eigenen Erfolg in Relation zum Wettbewerb zu setzen.
- **Suchergebnisse** – Analog zur Websuche für Websites können Anbieter die App-Store-Suche verwenden, um die Position der eigenen App für bestimmte Keywords in den Suchergebnislisten zu erfahren. Durch Wiederholungen lassen sich Rückschlüsse auf die Entwicklung des Rankings über einen bestimmten Zeitraum ziehen. Auch die Beobachtung der Konkurrenz ist auf diese Weise möglich.
- **Ratings und Nutzerkommentare** – Nutzerbewertungen und -kommentare sind nicht nur geeignete Instrumente für die App-Store-Optimierung (ASO), sondern liefern auch viele interessante Informationen darüber, wie die eigene App von den Usern wahrgenommen wird. Gegebenenfalls können sogar passende Keywords für die App-Store-Optimierung aus den Kommentaren extrahiert werden.
- **Downloads** – Die Korrelation aus Downloads und Ergebnispositionen erlaubt es, den Erfolg eigener App-Store-Optimierungsbemühungen zu bestimmen. Wie haben sich beispielsweise die Downloads entwickelt, nachdem die App für das Keyword »xy« von Platz 5 auf Platz 2 in den Suchergebnissen gerückt ist? Die Methode ist zwar sehr ungenau, aber sie hilft immerhin weiter.

- **Conversion und Umsatz** – Unterm Strich ist der Umsatz natürlich die entscheidende Größe, wenn es um die Bewertung von Marketingmaßnahmen geht. Der Ansatz zur Erfolgsmessung ist dabei der gleiche wie bei der Korrelation von Downloads und dem Ranking der App. Darüber hinaus sollte die Conversion-Rate im Blick behalten werden. Es kommt nämlich häufig vor, dass die Conversion-Rate durch verstärkte App-Store-Optimierungsmaßnahmen zunimmt. Steigt also die Conversion-Rate an, ist dies auch ein Indikator für erfolgreiche ASO.

Lernen von Erfolgsbeispielen

Kampagne 1: Google-App-Kampagnen

App-Kampagnen von Google gehören zu den beliebtesten Instrumenten zur Generierung von Installationen für Android- oder iOS-Apps. Schließlich lassen sich auf diesem Weg nicht nur günstig Downloads erzeugen, die Kampagnen können auch leicht aufgesetzt und skaliert werden. Doch der große Vorteil der App-Kampagnen ist gleichzeitig auch ein großer Nachteil.

Um den Setup-Prozess so einfach wie möglich zu gestalten, können Werbetreibende eigentlich keine manuellen Kampagnenoptimierungen vornehmen. Auch das für die Optimierung notwendige Reporting fällt eher rudimentär aus. Der Advertiser soll sich stattdessen auf die Algorithmen des Ad-Servers verlassen, der die Kampagnenresultate durch gesammelte Daten sukzessive selbstständig verbessert. Trotzdem gibt es Möglichkeiten, die Kampagne auch selbst zu optimieren.

1. **Werbemittel**

   Beim Anlegen einer App-Kampagne werden die meisten Parameter automatisch vergeben. Dazu gehören der App-Name und das Icon, die direkt aus dem jeweiligen App-Store übernommen werden. Vom Advertiser optional angepasst werden können bis zu fünf verschiedene Anzeigentexte (mit jeweils bis zu 25 Zeichen), bis zu zehn Bilder und bis zu fünf YouTube-Videos.

   Leider erhält der Advertiser keine separaten Reportings für die verschiedenen Anzeigentexte, Bilder und Videos. Allerdings kann durch einen gezielten A/B-Test zumindest ein bisschen manuelle Optimierung betrieben werden. Die Kunst besteht darin, immer jeweils nur einen Text oder eine Grafik zu verändern und die Ergebnisse anschließend zu vergleichen. Um aussagekräftige Resultate zu erzielen, sollte der Zeitraum eines A/B-Tests immer identisch sein.

Abbildung 11-12:
Anlegen einer App-Kampagne bei Google

2. **Gebote**

   Die Kampagnengebote gehören zu den stärksten Hebeln zur Optimierung der App-Install-Kampagne. Für den Advertiser ist es sinnvoll, sehr unterschiedliche Gebote zu testen und ihre Performance zu vergleichen. Gegebenenfalls muss das Budget ebenfalls angepasst werden, damit das Volumen identisch bleibt. In der Regel liegt der tatsächliche *Cost per Install* (*CPI*) unter dem Höchstgebot.

   Vorsicht ist hingegen bei der Optimierung auf Nutzergruppen geboten, die mit großer Wahrscheinlichkeit ausgewählte In-App-Aktionen ausführen. Dabei kommt es häufig vor, dass genau der angegebene maximale CPI abgerechnet wird. Google versucht, über die Gesamtkampagne durchschnittlich auf diesen CPI hin zu optimieren, und nimmt dabei zum Teil auch höhere Kosten in Kauf.

3. **Geo-Targeting**

   Google empfiehlt, App-Kampagnen auf Länderebene auszusteuern und das Tagesbudget auf den 50-fachen Wert des CPA zu setzen. In der Praxis wird aber durch eine Limitierung des Budgets und ein Targeting auf Bundesländer häufig eine bessere Performance erzielt.

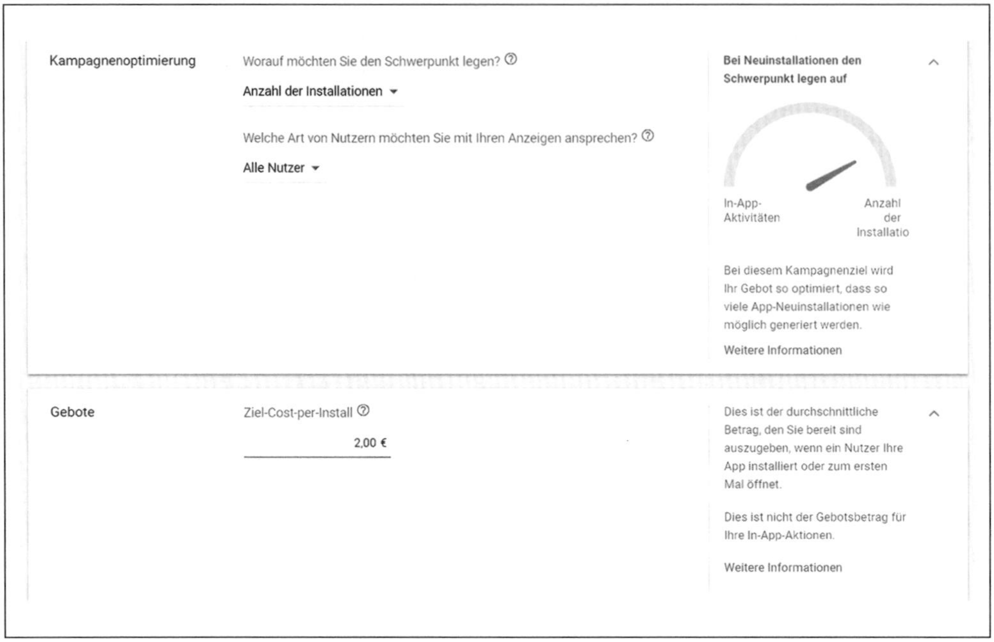

Abbildung 11-13:
Festlegen des Ziel-CPI (Cost per Install)

Wie schon am Anfang beschrieben, zieht Google den App-Namen und das Icon automatisch aus dem jeweiligen App-Store. Ergo lassen sich durch eine geschickte Gestaltung dieser Parameter Optimierungen erreichen – zumindest für Android-Apps. In der Google Developer Console kann nämlich nachgesehen werden, wie die Conversion-Rate der eigenen App im Vergleich zum Wettbewerb dasteht. Liegt die CTR unter dem Durchschnitt, könnten Änderungen in diesem Bereich sinnvoll sein.

Kampagne 2: App-Install-Kampagne mit Facebook

Eine weitere erfolgversprechende Maßnahme zur Steigerung von App-Downloads sind Facebook Ads für Apps. Eingeführt wurde der Service 2012. Ab Oktober 2013 wurde der Funktionsumfang erweitert: So lassen sich nun Teaser-Videos in die Anzeigen integrieren, was insbesondere für die Präsentation von Spielen geeignet ist. Außerdem wurde das Bezahlmodell um die CPA-Variante erweitert. In diesem Fall zahlen Advertiser nur dann, wenn ein Nutzer bzw. eine Nutzerin die App tatsächlich installiert. Zuvor war es lediglich möglich, eine Zahlung nach CPC- (pro Klick) oder CPM-Modell (Tausender-Kontakt-Preis) abzuwickeln. Für die CPA-Abrechnung muss der App-Anbieter allerdings das Facebook-SDK installieren oder mit einem Mobile-Measurement-Partner von Facebook zusammenarbeiten.

Ein weiterer Grund dafür, Apps über Facebook Ads zu bewerben, ist die Tatsache, dass User Facebook selbst immer häufiger von mobilen Endgeräten wie Smartphones oder Tablets aus aufrufen. Daher besteht zwischen der Werbung und der Installation von Apps kein Medienbruch. Die verschiedenen von Facebook angebotenen Targeting-Mechanismen erlauben eine zielgruppengenaue Aussteuerung der Werbung.

App-Nutzung mit Facebook Ads erhöhen

Facebook Ads für Apps sind übrigens nicht nur dazu geeignet, neue User vom Download einer bestimmten Applikation zu überzeugen, es lassen sich auch Personen ansprechen, auf deren Smartphones oder Tablets die App bereits installiert ist. So können Anbieter von Reise-Apps bestimmte Reisen in den Facebook-Anzeigen bewerben. Klickt jemand auf die Anzeige, wird er sofort zum entsprechenden Angebot innerhalb der App geführt.

Das Gleiche gilt für Produktwerbungen in Apps von Onlineshops, Nachrichten in News-Apps oder bestimmte Levels in Spielen. Voraussetzung für die Verwendung dieser Funktion ist die Möglichkeit, bestimmte Bereiche der App per Deep-Linking anspringen zu können.

Soll es bei der Werbekampagne einzig darum gehen, neue Installationen zu generieren, lassen sich bestehende App-User natürlich auch ausschließen.

Statistiken zu den App-Downloads

Die Werbekampagne liefert interessante Statistiken zu den Nutzerinnen und Nutzern, die eine beworbene App heruntergeladen haben. Dazu gehören Geschlecht, Alter, Sprache und Herkunftsland. Diese Daten können anschließend verwendet werden, um die Kampagne noch besser auf die eigene Zielgruppe auszurichten.

Einrichten der Kampagne

Im Werbeanzeigen-Manager von Facebook wird zunächst der Punkt *Erhalte mehr Installationen deiner App* gewählt.

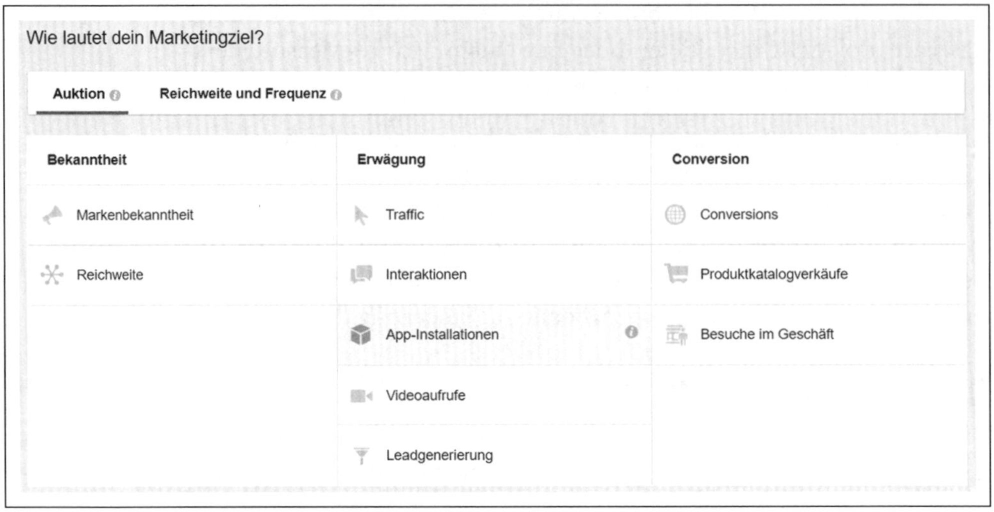

Abbildung 11-14:
Auswahl des Kampagnenziels (App Installs) bei Facebook

Anschließend wird die App-Store-URL der App eingegeben, die beworben werden soll.

Abbildung 11-15:
Facebook erkennt die App anhand der App-Store-URL

Im nächsten Schritt wird die Zielgruppe festgelegt. Dazu gehören Custom Audiences, Länder, Alter, Sprachen, Interessen und Verbindungen. Über die Platzierung (automatisch oder manuell) wird beispielsweise festgelegt, ob die Anzeigen nur auf Facebook oder auch auf Instagram ausgespielt werden sollen. Weiter geht es dann mit den Geräten (es lassen sich Unterscheidungen nach Smartphones, Tablets, Betriebssystemen und Betriebssystemversionen vornehmen), der Verbindung (WLAN oder mobile Daten) sowie dem Budget.

Zum Schluss werden noch die Werbemittel erstellt. Dabei können scrollbare Bilder (Karussell), Einzelbilder, ein Video (vor allem für Spiele geeignet) oder Slideshows verwendet werden.

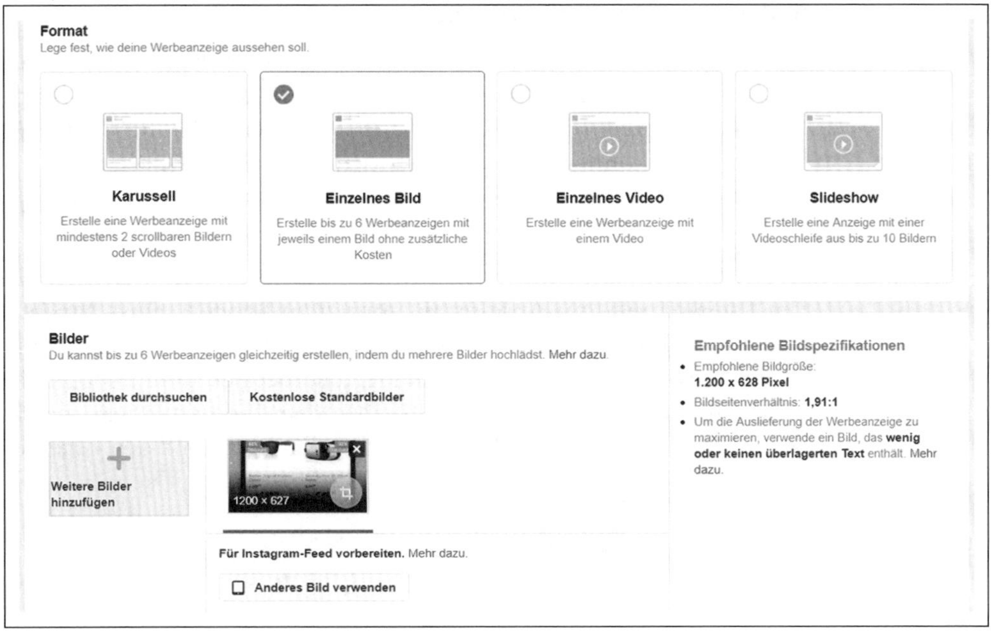

Abbildung 11-16:
Erstellung der Werbemittel einer App-Install-Kampagne bei Facebook

So könnte die finale Anzeige aussehen:

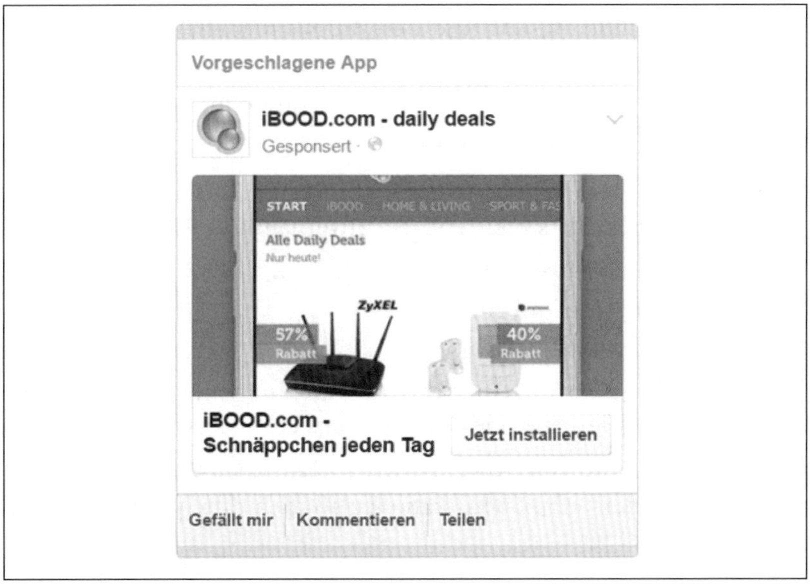

Abbildung 11-17:
Mögliche finale Anzeige

Weitere Optimierungsmöglichkeiten

Vor einigen Jahren weitete Facebook sein *Dynamic-Ads-Programm* auf App-Installationen aus. Mit Dynamic Ads werden den Usern In-App-Produkte angezeigt, die sie sich bereits angesehen haben (z.B. auf der Website). Das können beispielsweise Kleidungsstücke, Reisen oder Hotelzimmer sein. Das Ziel ist, zur Installation der App zu animieren.

Produktfeed (Katalog)

Um Dynamic Ads für App Installs nutzen zu können, muss ein *Produktfeed* vorliegen, bei Facebook *Katalog* genannt. Dieser enthält eine strukturierte Auflistung aller Produkte, die über den Onlineshop oder die eigene App vertrieben werden. Neben dem Produktnamen enthält der Feed beispielsweise auch den Preis, die Kategorie und den Lagerbestand.

Aufbau eines Produktfeeds

- Format: XML, CSV, TSV
- Trennzeichen: Tabulator, Balken, Komma oder Tilde
- Format: UTF8 oder ISO 88591
- Pflichtparameter müssen enthalten sein

Folgende Felder muss es geben:

- `ID` (muss eindeutig sein und darf im Nachhinein nicht verändert werden)
- `availibility` (in stock, out of stock, preorder, available for order)
- `condition` (new, used, refurbished)
- `description` (max. 5.000 Zeichen)
- `image_ link` (1.200 × 630 Pixel, Seitenverhältnis 1,9:1)
- `link` (URL des Produkts)
- `title` (max. 100 Zeichen)
- `price` (Preis und Währung)
- `gtin` (global trade item number), `mpn` (manufacturer's part number) oder `brand` (Markenname) – mindestens eine Angabe

Optional können weitere Angaben wie Farben oder Versandzeiträume angegeben werden. App-Spezifikationen werden durch Parameter wie `ios_url` hinzugefügt.

Ergebnis

Mit Dynamic Ads versehene Kampagnen weisen eine bis zu 10% bessere Conversion-Rate auf. Auch die Löschquote sinkt auf einen hohen einstelligen Prozentbereich. Durch den günstigeren CPI konnten insgesamt mit dem gleichen Budget 9% mehr Downloads erreicht werden.

Kampagne 3: Push-Nachrichten-Kampagne

Nutzer der iBOOD-App erhielten täglich aus der App heraus eine Push-Nachricht mit dem Hauptangebot des Tages. Die Klickrate lag bei 5% (User, die über die Push-Nachricht in die App gelangten), die Verkaufsrate nur bei 0,2%.

Durch Segmentierung konnten beide KPIs signifikant verbessert werden. So wurden beispielsweise nur noch den Usern eine entsprechende Push-Nachricht zugesandt, die in der Vergangenheit ein Produkt aus dem gleichen Segment gekauft hatten. Darüber hinaus wurden User, die seit langer Zeit gar nichts mehr gekauft hatten, mit einem Versandkostengutschein angesprochen. Durch solche Maßnahmen konnte die Klickrate zeitweilig auf 20% gesteigert werden. Auch die Conversion-Rate ging deutlich nach oben. Im Folgenden werden die Learnings aus der Push-Nachrichten-Kampagne skizziert.

Einfache An- und Abmeldung ermöglichen

Im Idealfall fragen App-Anbieter ihre Nutzerinnen und Nutzer, bevor sie ihnen Push-Nachrichten zusenden. Die Anmeldung sollte dabei genauso einfach von der Hand gehen wie die Abmeldung. Überhaupt ist höchstmögliche Transparenz über den Sinn und Zweck der Push-Meldungen ratsam. Durch das Herausstellen der Vorteile werden die User animiert, sich für den Erhalt der Push-Nachrichten anzumelden.

User in Segmente einteilen

Mit einer Universalstrategie für alle User wird viel Potenzial verschenkt. Stattdessen ergibt es Sinn, die Empfänger der Push-Nachrichten anhand von verschiedenen Charakteristiken in Gruppen einzuteilen. Die Push-Messages werden anschließend passgenau auf die unterschiedlichen Zielgruppen zugeschnitten.

Personalisierte und transaktionsorientierte Sprache verwenden

Nachdem die Push-Nachrichten in verschiedene Zielgruppen segmentiert wurden, werden sie jeweils mit personalisierten Messages angesprochen. Dabei darf ruhig eine Sprache verwendet werden, die einen gewissen

Handlungsdruck erzeugt (z. B. nur noch bis 24 Uhr). Die für die Handlung notwendigen Schritte müssen klar ersichtlich sein, und die User werden mittels Deep-Linking direkt zum Kaufangebot innerhalb der App geführt. Ein Link zur Startseite der App ist nicht ausreichend.

Versandzeiten sorgfältig planen

Beim Versand der Push-Nachrichten muss beachtet werden, dass sich die User in verschiedenen Zeitzonen befinden können. Der Versandzeitpunkt wird also dementsprechend angepasst und variiert. Auch Urlaubszeiten können in die Versandplanung mit einfließen. Abgelaufene Push-Nachrichten müssen im Gegenzug zurückgezogen werden (wenn Angebote beispielsweise durch Zeitzonenverschiebungen nicht mehr gültig sind).

Die passende Versandfrequenz bestimmen

Verschiedene Zielgruppen lassen sich unterschiedlich häufig mit Push-Nachrichten bespielen. Tests liefern das Know-how dazu, welche Frequenz von den Nutzern akzeptiert wird. Zu häufiges Penetrieren wirkt sich definitiv negativ aus und wird mit erhöhten Abmeldequoten bestraft.

A/B-Tests durchführen

Um die Nutzergruppe passend anzusprechen, müssen verschiedene Aktionsaufforderungen, Texte, Angebote, Nachrichtenlängen etc. getestet werden. Experimentieren führt zu neuen Erkenntnissen und letztendlich zum Erfolg.

Vorgänge automatisieren

Der Versand von Push-Message-Ketten, deren inhaltliche Aussagen aufeinander aufbauen, sollte bereits im Vorfeld komplett geplant werden. Neu angemeldete User werden nahtlos in laufende Kampagnen integriert. Durch geschickte Automatisierung der Vorgänge lässt sich viel manueller Aufwand einsparen.

Die richtigen KPIs messen

Um den Erfolg der Marketingbemühungen mit Push-Messages richtig beurteilen zu können, müssen die wichtigen Key-Performance-Indikatoren (KPIs) identifiziert und im Auge behalten werden. App-Analytics-Systeme helfen bei der Messung und Optimierung. Die Anzahl der App-Öffnungen durch Nutzerinnen und Nutzer ist kein ausreichender Wert zur Erfolgsmessung.

Checklisten für erfolgreiches Mobile Marketing

Checkliste für die App-Marketing-Strategie

- ✓ Key Performance Indicators festlegen, die die definierten Ziele optimal unterstützen und messbar sind.
- ✓ Die App auf interne oder externe Zwecke ausrichten (In-App-Marketing, -Purchase oder -Service).
- ✓ Zielgruppen analysieren: Wo sitzen die Nutzerinnen und Nutzer? Welche Interessen haben sie? Welches Betriebssystem verwenden sie etc.
- ✓ Ein ansprechendes App-Icon, aussagekräftige Screenshots und eine überzeugende Beschreibung entwickeln.
- ✓ Festlegen, ob die App nur für Smartphones oder auch für Tablets geeignet ist und für welche Betriebssysteme sie vorliegt.
- ✓ App für die Länder, in denen sie beworben werden soll, lokalisieren.
- ✓ Eine App-Analytics-Software etablieren (z. B. Adjust oder Appsflyer).
- ✓ Ansprechende Werbemittel erstellen.
- ✓ Kampagnenbudget und den möglichen CPI (Cost per Install) festlegen (Gebote dementsprechend abstimmen).

Checkliste für die App-Store-Optimierung

Zielgruppe und Wettbewerb verstehen

- ✓ Welche Sprache sprechen meine Nutzerinnen und Nutzer?
- ✓ Wie würden sie meine App beschreiben?
- ✓ Aus welchen Gründen würden sie meine App herunterladen?
- ✓ Welchen USP habe ich?
- ✓ Auf welche Keywords optimieren meine Mitbewerber?
- ✓ Wie schwer ist es, bei bestimmten Keywords gegen den Wettbewerb anzutreten?
- ✓ Sollte ich auf schwer umkämpfte Keywords optimieren oder lieber auf weniger hart umkämpfte (die dafür weniger Suchvolumen haben)?

App-Name

- ✓ Habe ich einen aussagekräftigen App-Namen und eventuell Keywords im Titel?
- ✓ Ist mein App-Name noch kurz genug?
- ✓ Sind die verwendeten Buchstaben URL-freundlich (keine Sonderzeichen)?

Keywords

- ✓ Habe ich das Keyword-Feld mit den passenden Keywords bestückt (iOS)?
- ✓ Kommen wichtige Keywords in der Beschreibung vor (Android)?

Beschreibung

- ✓ Verstehen Nutzerinnen und Nutzer nach dem Lesen der Beschreibung, was die App ihnen bringt?
- ✓ Kommen wichtige Keywords in der Beschreibung vor (Android)?
- ✓ Wird in den ersten Zeilen der Beschreibung Interesse geweckt?
- ✓ Wurde die Beschreibung in verschiedene Sprachen übersetzt (nicht per Google Translate)?

Icon, Screenshots und Video

- ✓ Ist mein Icon ansprechend, und fällt es innerhalb der Suchergebnisse der App-Stores auf?
- ✓ Vermitteln die Screenshots einen passenden Eindruck von der App?
- ✓ Gibt es ein App-Video?
- ✓ Wird die App regelmäßig aktualisiert?

Bewertungen und Kommentare

- ✓ Werden Nutzerinnen und Nutzer zur Abgabe von Bewertungen und Kommentaren animiert?
- ✓ Habe ich gute Bewertungen und Kommentare?

Linktipps zu Mobile Marketing

- *http://www.internetworld.de/autor/ingo-kamps-967752.html* – Internet World Business Expert Insights – monatliche Kolumne von Ingo Kamps zum Thema Mobile Marketing
- *http://mobilemarketingmagazine.com* – englischsprachiges Magazin mit allen Themenbereichen des mobilen Business
- *http://www.mobile-marketing-buch.de* – Buch von Ingo Kamps, das sich ausschließlich dem Thema Mobile Marketing widmet
- *http://www.mobilbranche.de* – deutschsprachiges Onlinemagazin zu M-Commerce, Mobile Marketing und mehr
- *https://www.adjust.com/blog/* – Blog des deutschen App-Analytics-Anbieters Adjust mit spannenden Insights
- *https://www.appsflyer.com/blog/* – Blog des israelischen App-Analytics-Anbieters Appsflyer mit Case Studies, Marktforschungsergebnissen und vielem mehr

KAPITEL 12

Digital Analytics

In diesem Kapitel:

- Die Welt der Messung
- Privacy und Consent als Basis
- Modellierung, Machine Learning und KI
- Ziele bestimmen
- Wie funktioniert das Tracking?
- Kampagnen und Quellen
- Inhalte bewerten
- Nutzerinnen und Nutzer verstehen
- Was ist Tag Management?
- Taking Action

Von Markus Vollmert

Digital Analytics bezeichnet die Analyse des Nutzerverhaltens auf Websites, in Apps und weiteren digitalen Formaten. Früher eher ein Thema für technikaffine Menschen, ist es ein Grundpfeiler der Arbeit eines Online Marketing Manager geworden. Sowohl die Bewertung als auch die Planung von Kampagnen und Inhalten auf der Basis von Daten gehören heute zu den täglichen Aufgaben.

Die Welt der Messung

Tracking-Tools wie Google Analytics (aktuelle Version: GA4) sind die Generalisten in der Auswertung von Nutzeraktivitäten. Sie erfassen allgemeine Informationen über die Nutzerinnen und Nutzer Ihres Onlineauftritts wie das verwendete Betriebssystem oder die geografische Herkunft. Des Weiteren protokollieren sie die genutzten Inhalte und Aktionen auf einer Website, also etwa, welche Seiten aufgerufen, welche Produkte angeschaut oder welches Formular abgeschickt wurde. Schließlich tracken sie die Quelle der User, also wie diese auf den Onlineauftritt kamen – ob von einer Suchmaschine, durch eine bezahlte Werbung oder schlicht über die Eingabe der www-Adresse.

Google Analytics ist derzeit wohl das bekannteste und am weitesten verbreitete Tool. Eine Eigenschaft macht den Einstieg in den Service von Google besonders leicht: Es ist in einer komplett kostenlosen Version verfügbar. Die Verwendung und die technische Einbindung sind gut dokumentiert, Sie können Ihre Kenntnisse sogar in einem Onlinetest von Google zertifizieren lassen. Die problemlose Anbindung von Google Ads und die Nutzung von Daten in Kampagnen sind ein Pluspunkt. Die APIs und Exportmöglichkeiten z. B. nach Google BigQuery machen Google Analytics als Datenbasis in eigenen Entwicklungen interessant.

Bei richtiger Einbindung gewährleistet Google Analytics eine solide Analyse Ihrer Websites und Apps. Es gibt weitere Anbieter von Analytics-Systemen, wie Adobe oder Piwik Pro, sowie Open-Source-Angebote wie Matomo. Die grundlegenden Funktionen sind überall vorhanden, und die Auswertung von Inhalten, Aktionen und Kampagnen arbeiten immer ähnlich. Im Folgenden werden Sie alle Beispiele mit Google Analytics sehen, Sie sollten aber keine Probleme bekommen, wenn Sie sie in anderen Analysetools nachvollziehen möchten.

Natürlich gibt es Fälle, in denen Google Analytics nicht die ideale Lösung ist. Falls Sie aber noch nicht genau wissen, welches Tool das richtige für Sie ist, sammeln Sie mithilfe des kostenlosen Modells zunächst ein paar Daten, um danach besser bewerten zu können, welche Features Sie benötigen. Finden Sie dann heraus, ob ein anderes Tool diese zur Verfügung stellt.

Tipp: Google Analytics 360

Neben der freien Variante bietet Google auch die kostenpflichtige Version *Google Analytics 360* an. Diese richtet sich vor allem an Unternehmen und zeichnet sich durch höhere Datenlimits, mehr Geschwindigkeit bei der Analyse großer Datenmengen und weitere Features aus.

Eine Analytics-Lösung ist die Basis, um Inhalte und Maßnahmen Ihres Angebots kontinuierlich bewerten sowie Entwicklungen verfolgen und ergründen zu können. Die meisten Marketingtools bieten Daten und Reports an, sie stellen aber oft nur einen Ausschnitt für »ihren« Kanal dar. Mit Ihrem Analytics-Tool bekommen Sie ein umfassendes Bild aller Nutzeraktivitäten.

Privacy und Consent als Basis

Mit der Datenschutzgrundverordnung DSGVO (engl. GDPR) besteht eine für die EU verbindliche Regelung zum Umgang mit (persönlichen) Daten. Aus der Verordnung ergibt sich eine Reihe von Anforderungen, die es umzusetzen gilt. Diese sind leider nicht in allen Details ausdefiniert und werden immer wieder von technischen Entwicklungen überholt, sodass es bislang nicht die eine verbindliche Umsetzungsvorgabe gibt. Dadurch entstehen gewisse Unsicherheiten und Interpretationsspielräume bei technischen Lösungen.

Folgende Punkte sollten Sie bei der Arbeit mit Nutzerdaten »auf dem Schirm« haben:

Zustimmung einholen und Widerspruch ermöglichen

Grundlage für die Arbeit mit Nutzerdaten ist das Einverständnis der Nutzerinnen und Nutzer, deren Daten erhoben werden. Sobald Profile erstellt werden, erfordert das die Zustimmung. Eine Analytics-Lösung tut genau dies: Sie erstellt ein Profil der Besucherinnen und Besucher, in dem Eigenschaften und Aktionen zusammengefügt werden. Inzwischen ist es Standard, neue User beim Aufruf einer Website über die verwendeten Tools und die damit verbundenen Daten (beispielsweise Cookies) zu informieren. Dies geschieht oft als eingeblendete Leiste oder auch als Pop-up.

Die Nutzerinnen und Nutzer sollen durch die Einblendung informiert werden und anschließend möglichst ihr Einverständnis zur Erfassung ihrer Daten geben. Dabei muss diese Zustimmung explizit erfolgen. Das bedeutet mindestens einen Klick auf einen *OK*-Button. Eine einmalige Anzeige mit der Logik »gesehen = zugestimmt« reicht nicht!

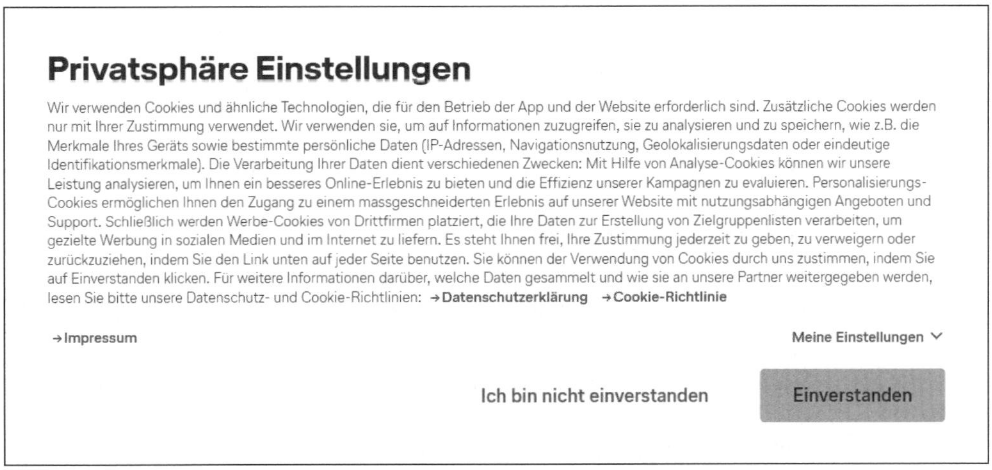

Abbildung 12-1:
Beispiel der Consent-Abfrage auf lufthansa.de

Gleichzeitig muss auch die Möglichkeit bestehen, der Datenerfassung einfach zu widersprechen. Ob Ihre Seite vor der Interaktion mit einer Consent-Abfrage bereits nutz- oder lesbar ist, bleibt Ihnen überlassen. Je stärker Sie eine Aktion einfordern, umso mehr User werden auch aktiv werden. So können Sie Ihre Website sperren, bis eine Auswahl in

Leiste oder Pop-up getroffen wurde. Sie müssen der Nutzerin oder dem Nutzer lediglich die freie Wahl lassen, zuzustimmen oder abzulehnen.

Durch Hinweise und Zustimmungsfragen ergibt sich ein Problem mit der Datenerfassung. Denn so werden nicht mehr alle User erfasst: Ein Teil wird eine Erfassung seiner Aktivitäten schlicht ablehnen, der größere Teil wird gar nicht erst mit Hinweistexten und Zustimmungsanfragen interagieren und die Website direkt wieder verlassen.

Die Zahlen im Analytics-Tool repräsentieren also nicht mehr unbedingt alle Besucher, die auf der Website waren. Diesen Umstand müssen Sie bei der Bewertung der Berichtsdaten immer im Hinterkopf behalten.

Datenschutzerklärung anpassen

In der Datenschutzerklärung müssen alle verwendeten Tracking- und Marketingtools aufgeführt sein, und sie muss von allen Seiten einer Website erreichbar sein.

Das Consent-Management bietet hier meistens vorgefertigte Texte für die gängigen Marketingtools. So kann die Consent-Box bereits umfassend informieren. Allerdings sollten Sie sich nicht nur auf diese verlassen und prüfen, welche Texte auf die generelle Datenschutzerklärung gehören.

Manche Tools enthalten entsprechende Vorlagen, die Sie mit Copy-and-paste übernehmen können. Eine andere Lösung ist die Verwendung eines Datenschutzbaukastens. Verschiedene Quellen bieten einen solchen Assistenten, der mithilfe von Fragelisten eine Aufstellung Ihrer verwendeten Tools mit den nötigen rechtlichen Texten erzeugt.

IP-Adresse anonymisieren

Die IP-Adresse wird von Datenschützern als persönliches Datum betrachtet. Damit unterliegt sie besonderen Anforderungen – wenn nicht unbedingt nötig, sollte sie vor einer Verarbeitung in Tracking-Tools gekürzt werden. Google Analytics nimmt diese Kürzung automatisch vor.

Aufbewahrungsdauer der Daten festlegen

Daten, die über Nutzerinnen und Nutzer gesammelt werden, sollten nach DSGVO nicht unbegrenzt gespeichert werden. Hier gibt es wieder unterschiedliche Vorstellungen davon, welcher Zeitraum nötig oder auch angemessen ist.

In Google Analytics können Sie auswählen, wie lange die verknüpften Daten aufbewahrt werden. Bei neuen Reports ist der Standard zwei

Monate, Sie können diesen auf 14 Monate erhöhen. Nach dieser Zeit werden die Rohdaten und User-IDs gelöscht – nicht aber die aggregierten Daten. Das bedeutet, Sie sehen noch, welche Seiten vor dieser Zeit aufgerufen wurden und welche Kampagnen Traffic brachten. Sie können »nur« keine komplexen Segmentierungen mehr vornehmen. Andere Tools bieten unter Umständen längere Zeiträume.

Vertrag zur Auftragsdatenverarbeitung abschließen

Sie müssen mit jedem Tool, das Daten Ihrer Nutzerinnen und Nutzern sammelt und verarbeitet, einen Vertrag zur Auftragsdatenverarbeitung abschließen (ADV). Diese Vereinbarung können Sie bei den meisten Tools online bestätigen und herunterladen.

Nicht konform gesammelte Daten löschen

Haben Sie mit Tracking-Tools Daten gesammelt, während die genannten Anforderungen noch nicht erfüllt waren, war nach DSGVO die Erhebung nicht konform, und Sie dürfen die Daten nicht verwenden bzw. müssen sie löschen.

Modellierung, Machine Learning und KI

Die Ablehnung von Datenerfassungen führt dazu, dass Sie nur einen Teil Ihres Traffics in Analysetools erfassen. Neben den Datenschutzregelungen schränken Browserhersteller Tracking-Möglichkeiten ein. Vor allem Apple ist hier immer wieder mit neuen Features zu nennen.

Google Analytics versucht, diese fehlenden und qualitativ unterschiedlichen Daten durch Modellierungen und künstliche Intelligenz zu ersetzen. Anhand von rein statistischen Daten (die ohne Einwilligung erfasst werden dürfen) sollen Conversions und Nutzerdaten rekonstruiert werden. Dafür kommen Machine-Learning-Funktionen zum Einsatz, die auf den Analytics-Daten arbeiten.

Unabhängig davon, wie genau diese modellierten Zahlen die Realität auf Ihrer Website widerspiegeln: In Zukunft werden Analytics-Tools mit unterschiedlichen Qualitätsstufen von Daten umgehen müssen – mit oder ohne Einwilligung, mit oder ohne Nutzerkennung, mit unvollständigen Parametern etc. Gerade auch um die Datenqualität für seine Werbedienste hochzuhalten, wird Google hier an weiteren Lösungen arbeiten. In Googles Ads-Services gehen die lernenden Dienste schon weiter: Ads-Kampagnen lernen anhand der Nutzeraktionen, was funktioniert, und passt selbstständig die Kampagnen und Werbemittel an.

Eine weitere Anwendung von KI in Analytics ist das Erkennen von ungewöhnlichen Entwicklungen und die Vorsage von kommenden Ereignissen. Analytics prüft die einlaufenden Daten kontinuierlich auf besondere Zugriffsspitzen und Veränderungen. Wird es fündig, weist es Sie als Anwender darauf hin. Anhand von Daten der Vergangenheit versucht Analytics weiterhin, Vorhersagen zu künftigen Traffic-Entwicklungen zu geben – nach dem Motto: Wenn ich heute dieses Mailing gemessen habe, werden in drei Tagen die Verkäufe steigen.

Es ist auch nicht schwer, sich vorzustellen, wie ein Chat mit einer KI in natürlicher Sprache zu Ihren Analytics-Daten aussehen würde. Statt sich selbst durch diverse Berichte zu klicken, geben Sie der KI den Auftrag, eine Fragestellung zu untersuchen oder Auffälligkeiten zu beschreiben.

Bei allen diesen Features sollten Sie nicht vergessen, dass AIs und KIs immer nur so gut sein können, wie es die Datengrundlage erlaubt. Modellierungen, Hochrechnungen und Vorhersagen können nur dann funktionieren, wenn die erfassten Daten die höchstmögliche Qualität haben. Sonst sind keine Ergebnisse möglich oder – noch schlimmer – falsche Schlussfolgerungen.

Ziele bestimmen

Eine Website kann unterschiedliche Aufgaben erfüllen. Sie kann Informationen über Unternehmen und Produkte zeigen, sie bietet Kontakt- und Kaufmöglichkeiten oder stellt Serviceinformationen bereit. Bevor Sie die Nutzeraktivitäten detaillierter analysieren, sollten Sie diese Aufgaben definieren. Für jede Aufgabe legen Sie außerdem fest, wann diese Aufgabe als erfüllt gilt. Dazu einige Beispiele:

- Die primäre Aufgabe eines Onlineshops ist das Verkaufen. Der Erfolg des Shops zeigt sich daher nicht zwangsläufig in der Zahl der Nutzerinnen und Nutzer oder darin, wie lange diese im Shop unterwegs sind, sondern vor allem in den Verkäufen. Erhält Ihr Shop viele Sitzungen, verkauft dabei aber keine Produkte, sollten Sie die Gründe dafür ermitteln.
- Ein Unternehmen stellt Informationen zu seinem neuen Produkt als PDF zum Download auf der Website bereit. Eine Ads-Kampagne bewirbt die neue Broschüre. Um die Kampagne erfolgreich zu nennen, reicht es nicht, Nutzerinnen und Nutzerauf die Website zu bringen – sie müssen das PDF auch aufrufen.
- Eine Website bietet ein Kontaktformular an, um Fragen an das Unternehmen zu richten. Hier ist das erfolgreiche Ausfüllen und Ab-

senden des Formulars eine wichtige Aufgabe. Kommen allerdings keine Anfragen beim Unternehmen an, ist das Formular vielleicht zu kompliziert oder zu »versteckt« und wird nicht gefunden.

Diese Aufgaben sollten Sie kennen und explizit messen, um so den Erfolg Ihrer Website bewerten zu können. Die Zahl der Sitzungen in einer Woche erlaubt noch keine Aussage dazu, ob die Website erfolgreich ist. Diese Kennzahl wird von zu vielen Faktoren beeinflusst und erlaubt daher nicht automatisch eine qualitative Bewertung. Besser und nachvollziehbarer ist es stattdessen, das Auslösen bestimmter Aktionen zu bewerten. Diese Aktionen werden als *Conversions* bezeichnet (da User von einfachen Besucherinnen und Besuchern z. B. in Käufer konvertieren, also sozusagen ihren Status wechselt).

Macro- vs. Micro-Conversions

Viele Websites bilden mehrere Aufgaben ab. Nehmen Sie zum Beispiel die Website einer Fluggesellschaft: Dort können Nutzerinnen und Nutzer einen Flug suchen, eine Buchung vornehmen, den Check-in durchführen oder sich über Gepäckgrößen und Kosten informieren. Diese Aktionen sind wichtige Erfolgsfaktoren der Website, daher werden sie auch als *Macro-Conversions* bezeichnet.

Um eine Macro-Conversion zu realisieren, müssen ihr häufig noch weitere Aktionen vorausgehen. In einem Shop müssen Sie beispielsweise ein Produkt zuerst in den Warenkorb legen, bevor Sie es final kaufen können. Oder bei einem mehrstufigen Formular zum Abschließen eines Vertrags müssen Sie zunächst die Schritte 1 bis 3 durchlaufen, bevor Sie mit Schritt 4 den Vertrag tatsächlich abgeschlossen haben.

Diese vorausgehenden Aktionen werden *Micro-Conversions* genannt. Ihr Erreichen zeigt nicht automatisch einen Erfolg der Website an, da vor der Macro-Conversion noch etwas dazwischenkommen kann. Außerdem müssen nicht alle Micro-Conversions eindeutig auf ein größeres Ziel hindeuten. Die Anmeldung zu einem Newsletter ist sicherlich positiv, führt aber nicht automatisch zu einem Verkauf oder einer Anfrage. Behalten Sie die Zahlen solcher Micro-Conversions im Blick und ziehen Sie bei Bedarf Schlüsse aus ihnen.

Conversions messen und bewerten

In Google Analytics wählen Sie aus allen gemessenen Ereignissen einzelne Einträge als Conversion aus. Dadurch teilen Sie Analytics mit, welche Nutzeraktionen Ihnen besonders wichtig und wertig sind. Diese

Ereignisse werden mit einem eigenen Bericht aufgelistet und sind in vielen anderen Berichten zur schnellen Auswahl verfügbar.

Neben der Anzahl kann für jede Conversion ein Wert übergeben und gemessen werden. Das ermöglicht Ihnen eine unterschiedliche Bewertung der Ziele: Der Download eines Prospekts ist Ihnen vielleicht 0,10 Euro wert, ein ausgefülltes und abgeschicktes Kontaktformular dagegen 5 Euro. Diese Umsatzwerte begegnen Ihnen ebenfalls in vielen unterschiedlichen Berichten und erlauben Ihnen eine schnelle qualitative Bewertung von Inhalten und Kampagnen.

Eine besondere Form von Conversion sind E-Commerce-Verkäufe, die in Google Analytics *Transaktionen* genannt werden. In den E-Commerce-Berichten sehen Sie nicht nur die reine Anzahl, sondern auch Umsätze, Steuern, Versandkosten, verkaufte Produkte und einiges mehr. Transaktionen werden mit besonderen JavaScript-Codes in der Seite getrackt und erlauben so, mehr Daten zu erfassen, als es mit einfachen Zielen möglich ist.

Wie funktioniert das Tracking?

Für welches Tool Sie sich auch entscheiden, die Funktionsweise ist immer ähnlich: In die Seiten des Onlineauftritts wird ein Tracking-Code – ein kleines Stück JavaScript – in den Quelltext eingebaut. Dieser Code wird beim Laden jeder Seite ausgeführt und trägt automatisch Informationen über den aktuellen User und die Seite zusammen. Dazu zählen unter anderem die URL der aufgerufenen Seite, von welcher anderen Website jemand kam und welchen Browser und welches Betriebssystem verwendet wurde. Der Code überträgt anschließend diese Daten zum Server des Analytics-Anbieters, in unserem Fall also Google. Dort werden die Daten gespeichert und für die verschiedenen Berichte aufbereitet.

> **Tipp: Was ist Pixel-Tracking?**
>
> Als Antwort auf diese Übertragung schickte der Analytics-Server in den ersten Versionen eine 1 × 1 Pixel große Grafik zurück. Deshalb finden Sie in manchen Beschreibungen auch den Begriff Tracking-Pixel.

Neben der automatischen Zählung von Seitenaufrufen können Sie per JavaScript auch explizit Tracking-Aufrufe feuern. Der Aufruf einer Seite wird beispielsweise automatisch erfasst, der Klick auf einen bestimmten Button aber nicht. Eine solche Erfassung können bzw. müssen Sie selbst einbauen.

Aus den einzelnen *Aufrufen* errechnet Google Analytics nun zwei grundlegende Kenngrößen: die *Sitzungen* und die *Nutzer*. Eine Sitzung bezeichnet einen *zusammenhängenden Nutzungsvorgang*, das bedeutet eine oder mehrere Ereignisse, die von einem Nutzer oder einer Nutzerin innerhalb eines bestimmten Zeitraums erfasst wurden. Dieser Zeitraum ist in Analytics durch einen Time-out definiert (Standardeinstellung 30 Minuten). Wenn nach einem Aufruf 30 Minuten lang keine weitere Aktion mehr erfolgt, endet die Sitzung. Gehen von denselben Usern anschließend erneut Aufrufe ein, werden diese als neue Sitzung gezählt. Sitzungen sind die Basiskenngröße für Berichte zu Quellen und Kampagnen. So können Sie für jede Sitzung verfolgen, ob jemand über Google, ein Banner oder ein Mailing kam.

Der Begriff *Nutzer* (auch Nutzerin oder User) bezeichnen dagegen eine bestimmte Person, die ein oder mehrmals die Website besucht. Zwischen zwei Sitzungen kann eine Stunde oder ein Monat liegen. In beiden Fällen bleibt es derselbe Nutzer, der zwei Sitzungen gestartet hat (und dabei beliebig viele Aufrufe getätigt haben kann).

Tipp: Sitzungen, Nutzer und Cookies

Sowohl *Sitzungen* als auch *Nutzer* werden auf Basis eines Cookies bestimmt, den Google Analytics automatisch individuell pro Nutzer vergibt. Cookies sind kleine Datencontainer, die in Ihrem Browser gespeichert werden. Aus dieser technischen Erklärung ergibt sich eine wichtige Erkenntnis für die Analytics-Berichte.

Denn Nutzer und Sitzungen beziehen sich somit nicht auf die tatsächliche Person, die ein Gerät nutzt, sondern auf den jeweils genutzten Browser. Verwendet die Person verschiedene Geräte (z.B. Rechner und Handy) oder auch nur verschiedene Browser, wird sie jedes Mal als neuer Nutzer gezählt, da auf jedem Rechner ein neues Cookie angelegt wird.

Besonders Tracking-Cookies stehen im Fokus von Datenschützern, und Browserhersteller werden immer wieder eingeschränkt. Derzeit sind sie aber das gebräuchlichste Mittel zur Bestimmung von Nutzern, da sie auf nahezu allen Endgeräten und in allen Browserversionen verfügbar sind.

Google Analytics bietet Ihnen die Option, Ihre »eigenen« Nutzerkennungen zur Berechnung zu übergeben. Verfügt Ihr Angebot über eine Login-Funktion, können Sie GA die eindeutigen Nutzernamen übermitteln und so die Genauigkeit der Berechnung deutlich verbessern.

Sowohl Sitzungen als auch Nutzer sind *berechnete Kennzahlen*, d.h., sie werden erst innerhalb des Tools (hier Google Analytics) errechnet. Wenn Sie diese mit anderen Daten vergleichen (z.B. aus einem Kampagnentool), kann es durchaus Unterschiede geben. In der Theorie sollten die Werte in allen Tools gleich sein, in der Praxis werden Sie immer wieder Abweichungen feststellen. Das bedeutet nicht automatisch, dass ein Tool fehlerhaft arbeitet. Es ist durchaus möglich, dass die Zahlen schlicht unterschiedlich errechnet wurden. Das kann sowohl an der Programmierung liegen als auch an den Einstellungen der Dienste. Allerdings sollten die Daten nicht übermäßig auseinanderlaufen – bei Abweichungen in einer Größenordnung von 50% sollten Sie den Ursachen auf den Grund gehen. Bei starken Abweichungen überprüfen Sie daher immer die Art und Weise, wie die Tools Ihre Kennzahlen definiert haben.

Wenn Sie Berichte erstellen und Kennzahlen vergleichen, müssen Sie natürlich immer die gleichen Kennzahlen vergleichen: also Sitzungen mit Sitzungen, Seitenaufrufe mit Seitenaufrufen etc. Das klingt im ersten Moment nach einer Selbstverständlichkeit, aber gerade wenn Sie »mal eben schnell« ein paar Zahlen für einen Kollegen rausziehen, geht diese Information gern verloren. Bei einem späteren Abgleich haben Sie dann plötzlich unterschiedliche Werte.

Zeiträume vergleichen

Achten Sie beim Betrachten von Berichten immer auf den ausgewählten Zeitraum, denn dieser beeinflusst die Berechnung von Werten. Zunächst ist es wichtig, stets die gleiche Periode zu betrachten. Beim Aufruf von Google Analytics sind als Standardzeitraum die letzten 28 Tage ausgewählt, der letzte Tag im Zeitraum ist gestern. Dieses Zeitfenster wandert somit jeden Tag mit. Insbesondere wenn Sie mit anderen Tools oder Ihrem Team »Ihre« Werte vergleichen, sollten Sie als Erstes das gewählte Zeitfenster überprüfen.

Die Zahl der Nutzerinnen und Nutzer wird immer abhängig vom ausgewählten Zeitraum berechnet. Egal wie oft eine Nutzerin im gewählten Zeitraum auf Ihrer Website war – sie wird als dieselbe Nutzerin erkannt und nur einmal gezählt. Das funktioniert aber nur, wenn Sie in Analytics den kompletten Zeitraum betrachten und nicht mehrere Berichte kumulieren. Ein Beispiel: Sie starten eine neue Produkt-Website und wollen täglich die Zahl der User an Ihr Team berichten. Nach dem Start am Montag melden Sie täglich folgende Werte für die User der Website, indem Sie in Analytics jeweils den Vortag auswählen.

Tabelle 12-1
Anzahl der Nutzerinnen und Nutzer pro Tag und pro Woche im Vergleich

Wochentag	User pro Tag	User pro Woche
Montag	134	712
Dienstag	128	
Mittwoch	158	
Donnerstag	214	
Freitag	162	
Samstag	82	
Sonntag	41	
Summe	919	712

Am Montag in der folgenden Woche rechnen Sie die User pro Tag zusammen und erhalten 919 Nutzer für die erste Woche. Um weitere Berichte zu analysieren, stellen Sie in Analytics die gesamte Vorwoche von Montag bis Sonntag als Zeitraum ein und erhalten eine andere Zahl, nämlich 712 Nutzer. Wie lässt sich das erklären?

Im zweiten Fall bestimmt Analytics die Nutzerzahl danach, wie oft die Nutzer und Nutzerinnen in der gesamten Woche auf der Website waren. War eine Nutzerin also am Montag, Mittwoch und Samstag auf der Website, wird sie nur einmal gezählt. Im ersten Fall – der Summe aus täglichen Berichten – wird dieselbe Nutzerin dreimal gezählt, nämlich an jedem Tag einmal. So können schnell große Unterschiede zusammenkommen. In beiden Fällen wurden übrigens für diese Nutzerin jeweils drei Sitzungen erfasst.

Gerade beim Vergleich von Zeiträumen auf Nutzerbasis ist daher besondere Sorgfalt geboten.

Welche Daten bekomme ich?

Die Daten in einem Webanalysetool sollen Ihnen Aussagen zum Erfolg Ihrer Website ermöglichen. Die Daten und Berichte können Sie dabei in drei Bereiche unterteilen:

1. Akquise für den Besuch Ihrer Seite
2. Verhalten der User auf Ihrer Website
3. Gewinn, den die User Ihrer Website für Ihr Unternehmen bringen

Akquise bezeichnet alle Wege, die ein User zu Ihrer Website nehmen kann. Das sind sowohl bezahlte Quellen wie Google Ads als auch unbezahlte wie Links und Newsletter. Analytics betrachtet alle Quellen, über die Nutzer kommen, nicht nur solche, die Sie explizit als solche gekennzeichnet haben.

Unter *Verhalten* finden Sie, was die Nutzerinnen und Nutzer auf der Website machen, also welche Seiten sie aufgerufen und welche Aktionen sie ausgeführt haben.

Der *Gewinn* ergibt sich schließlich aus der Erreichung von definierten Zielen. Bei einem Shop ist das primär E-Commerce, bei einer Unternehmens-Website ist es vielleicht eine Kontaktaufnahme. Für nahezu jeden Website-Typ können Sie bestimmte Punkte definieren, an denen ein Besuch »erfolgreich« war.

In einem Analytics-Tool können Sie häufig mehrere Wege beschreiten, um eine Fragestellung zu untersuchen. Die Berichte nehmen zum Teil unterschiedliche Blickwinkel auf dieselben Daten ein, es gibt daher nicht nur einen richtigen Weg ans Ziel. Im Folgenden lernen Sie einen Querschnitt der wichtigsten Berichte für Ihre tägliche Arbeit kennen.

Kampagnen und Quellen

Jede Nutzerin und jeder Nutzer kommt von einer bestimmten Quelle auf Ihre Website oder in Ihre App. Das kann eine Suchmaschine sein, ein Facebook-Post, oder eine Nutzerin hat die www-Adresse direkt eingegeben. Google Analytics unterteilt die Informationen zu Quellen in drei Stufen:

1. Die erste Stufe ist die *Quelle* selbst. Solange nicht explizit vorgegeben, entspricht sie der Website, von der die Sitzung ausging. User, die zum Beispiel über einen Link auf *heise.de* zu Ihrer Website kamen, haben als Quelle also *heise.de*. Analog dazu kann die Quelle *google.de* bei einem Suchtreffer oder *facebook.com* bei einem Post sein. Bei einem Direktzugriff, der als Quelle *Direct* ausgewiesen hat, kann Analytics keine Quelle bestimmen. Meistens handelt es sich dann um die direkte Eingabe der www-Adresse im Browser. In Fällen, in denen der Referrer nicht übertragen oder blockiert wird, ist die Sitzung ebenfalls als *Direct* geführt. Diesen Wert sollten Sie daher immer im Auge behalten. Für Kampagnen können Sie die Quelle explizit benennen.
2. In der zweiten Stufe bestimmt Analytics das *Medium*. Dieses beschreibt den Typ der Quelle, etwa *Organic* für Suchmaschinen oder *Social* für Facebook und X (vormals Twitter). Die Standardvorgabe für alle Quellen ist zunächst das Medium *Referral* (abgeleitet vom Referrer, siehe den Tipp »Woher weiß Analytics das?« weiter unten). Steht die Quelle auf einer internen Liste von Ana-

lytics, werden Sie den Eintrag dieser Liste im Bericht sehen. Direktzugriffe haben als Medium immer *None*. Für Kampagnen können Sie das Medium explizit durch einen URL-Parameter überschreiben. Sie können allerdings nicht die interne Mediumliste von Analytics bearbeiten. Hier ein Beispiel für einen Link mit URL-Kampagnenparametern:

```
http://www.oreilly.de/?utm_source=news&utm_medium=mail&utm
campaign=buch
```

3. Die dritte Stufe ist der *Channel*. Mit Channels können Sie die Quellen in individuelle Gruppen sortieren. Google Analytics schlägt eine Gruppierung vor, die zum Teil die bekannten Medien aufgreift: *Organische Suche*, *Bezahlte Suche*, *Social* etc. Sie können diese Gruppierung anpassen, indem Sie neue Channels anlegen oder die Definition bearbeiten. Außerdem können Sie mehrere Channel-Gruppierungen anlegen und dann zwischen diesen in den Berichten wechseln. Das kann z.B. sinnvoll sein, wenn Sie bestimmte Partner-Websites oder Blogs in eigene Themen-Channels sortieren möchten, anstatt alle pauschal als *Referral* laufen zu lassen.

Sie können sich die Sitzungen nach jeder dieser Einteilungen oder nach einer Kombination daraus anzeigen lassen.

Tipp: Woher weiß Analytics das?

Das Analysetool erhält die Information, woher die Nutzerinnen und Nutzer kamen, auf zwei Wegen: Zum einen kommen sie vom Browser im sogenannten *Referrer* – hier müssen Sie nichts weiter tun, um an diese Daten zu kommen. Zum anderen werden die nötigen Infos zur Quelle explizit in URL-Parametern übergeben, dazu mehr im Abschnitt »Kampagnen markieren mit URL-Tagging« weiter unten in diesem Kapitel.

Was ist ein guter Kanal?

Sie sehen im Channel-Bericht, über welche Kanäle wie viele Sitzungen zu Ihrer Website zustande kommen (alternativ in den Berichten zu Quellen oder Medien). Der Bericht zeigt Ihnen auch direkt die Daten, durch die Sie die einzelnen Kanäle besser bewerten können. So sehen Sie neben der Gesamtzahl der Nutzerinnen und Nutzer sowie der Sitzungen auch die Menge an Interaktionen. Sie wissen also, wie aktiv diese User nach dem Einstieg auf Ihrem Angebot waren.

Die Interaktionsrate und die Interaktionsdauer sind erste Indikatoren, wie interessiert User an Ihrem Angebot waren, die über diesen Kanal kamen. Je höher diese Rate bzw. der Wert, umso länger und eingehender haben sich diese mit Ihrem Angebot beschäftigt.

	Sitzung – Stand...-Channelgruppe	↓ Nutzer	Sitzungen	Sitzungen mit Interaktionen	Durchschnittliche Interaktionsdauer pro Sitzung	Sitzungen mit Interaktionen pro Nutzer	Ereignisse pro Sitzung	Interaktionsrate
		62.120 100 % der Gesamtsumme	**88.867** 100 % der Gesamtsumme	**78.211** 100 % der Gesamtsumme	**1 m 17 s** Durchschn. 0 %	**1,26** Durchschn. 0 %	**18,44** Durchschn. 0 %	**88,01 %** Durchschn. 0 %
1	Direct	18.683	27.100	24.329	1 m 33 s	1,30	21,78	89,77 %
2	Organic Search	18.476	26.486	23.957	1 m 15 s	1,30	18,76	90,45 %
3	Cross-network	15.787	18.784	18.185	1 m 11 s	1,15	11,33	96,81 %
4	Unassigned	5.055	4.507	9	1 m 43 s	<0,01	37,79	0,2 %
5	Paid Search	3.896	6.092	5.980	0 m 11 s	1,53	5,24	98,16 %
6	Referral	2.041	3.095	2.744	1 m 19 s	1,34	24,57	88,66 %
7	Organic Social	682	1.043	940	1 m 56 s	1,38	23,07	90,12 %
8	Email	286	548	499	2 m 08 s	1,74	58,14	91,06 %
9	Affiliates	113	143	126	0 m 32 s	1,12	19,63	88,11 %
10	Organic Shopping	47	47	47	1 m 25 s	1,00	19,13	100 %

Abbildung 12-2:
Kanäle in Google Analytics

Tipp: Interaktionsrate vs. Absprungrate

Die Interaktionsrate gibt den Anteil der Sitzungen an, in denen für User nach dem Aufruf einer Seite weitere Aktionen gemessen wurden. So wird automatisch nach einigen Sekunden des Verweilens auf der Seite eine Aktion automatisch protokolliert. Der Aufruf einer weiteren Seite ist auch eine solche Aktion. Und sofern diese gemessen werden, zählen Klicks auf Links, Scrollings einer Seite oder das Abspielen von Videos ebenfalls zu diesen Aktionen.

In früheren Versionen kam als primärer Indikator die Absprungrate (engl. Bounce-Rate) zum Einsatz. Diese gibt den Anteil der Sitzungen an, bei denen nach dem Einstieg die Website sofort wieder verlassen wird, ohne dass weitere Inhalte angeschaut werden. Daher kann Ihnen auch der Begriff *1-Seiten-Besuche* als Bezeichnung begegnen. Diese Definition hat allerdings einen (technischen) Haken, denn das tatsächliche Verlassen einer Website wird gar nicht gemessen.

Die Absprungrate ist weiterhin als Dimension in Google Analytics zu finden. Aus Sicht von Google ist die Interaktionsrate die qualitativere Kennzahl, darum ist diese in den Berichten als Standard dargestellt.

Die *Interaktionsrate* und die *Interaktionsdauer* beziehen sich auf die gesamte Sitzung von der Quelle bis zur letzten Seite. Je intensiver sich die Nutzerinnen und Nutzer mit Ihrer Website beschäftigen, umso interessierter sind sie offenbar. Dabei sind »gute« und »schlechte« Verweildauern keine festen Werte, stattdessen müssen Sie die Kanäle (oder

Quellen) vergleichen. Bei Kanälen mit hohen Werten scheinen Sie das Interesse der User getroffen zu haben, also analysieren Sie genauer, was sich diese anschauen.

In der letzten Spalte der Tabelle finden Sie die *Conversions (nicht im Screenshot zu sehen)*, die Sie in der Konfiguration von Google Analytics angelegt haben. Damit können Sie direkt im Bericht eine erste qualitative Bewertung des Kanals vornehmen. Hohe Werte für die Verweildauer müssen nicht automatisch gut sein. Vielleicht haben Ihre Nutzer nicht gefunden, was sie eigentlich suchten. Im Zusammenspiel mit Conversions können Sie sich ein genaueres Bild verschaffen.

Kampagnen markieren mit URL-Parametern

Grundlage für die Quellenauswertungen sind die Referrer-Daten, die der Browser übermittelt. Aber diese Daten sind in manchen Situationen nicht verfügbar oder nicht so genau, wie Sie sie gern hätten. Spätestens wenn Sie Geld dafür zahlen, Nutzerinnen und Nutzer auf Ihre Website zu bringen, möchten Sie auch sichergehen, diese eindeutig zu erkennen. Mit speziellen Parametern, die Sie an die URL der Einstiegsseite anhängen, können Sie Quelle, Medium und weitere Informationen explizit für die Sitzung angeben. So lassen sich auch Sitzungen einer Quelle zuordnen, die ansonsten im »Sammelbecken« *Direct* gelandet wären.

Für Google Analytics beginnen alle diese Parameter mit dem Kürzel `utm_` (andere Tools benennen ihre Parameter anders, das Prinzip bleibt aber dasselbe):

- `utm_source`: Der Wert wird als Quelle gespeichert.
- `utm_medium`: Der Wert wird als Medium gespeichert.
- `utm_campaign`: Dieser Wert wird als Eintrag im Kampagnenbericht angelegt.
- `utm_content`: Mit diesem Parameter können Sie Varianten eines Werbemittels unterscheiden.
- `utm_term`: Bei Anzeigen in Suchmaschinen können Sie hier einen Suchbegriff hinterlegen.

Die ersten drei Parameter müssen immer gemeinsam vorhanden sein, Sie können z.B. `utm_source` nicht ohne `utm_medium` verwenden. Die letzten beiden Parameter sind optional, Sie können, müssen sie aber nicht ausfüllen.

Sie möchten beispielsweise eine Bannerkampagne buchen und haben dafür zwei Werbemittel erstellen lassen. Sie buchen Werbeplätze auf zwei Websites: spiegel.de und bild.de. Die Banner schicken die Nutzerin oder den Nutzer auf die Zielseite Ihrer Website `www.firma.de`. Die Banner würden also mit der Ziel-URL `http://www.firma.de/produkt` eingebucht. Um sauber im Kampagnen- und in den anderen Quellenberichten in Analytics zu erscheinen, verwenden Sie URL-Parameter:

- `utm_source: spiegel.de` oder `bild.de`
- `utm_medium: display` (als Bezeichnung für Banner)
- `utm_campaign: kampagne2020`
- `utm_content: 1` oder `2`, je nach verwendetem Werbemittel

Die komplette URL sieht dann folgendermaßen aus:

```
http://www.firma.de/produkt?utm_source=spiegel.de&utm_me-
dium=display&utm_campaign=kampagne2020&utm_content=1
```

Diese URL buchen Sie als Ziel-URL mit dem Banner ein, in diesem Beispiel bei *spiegel.de*. Sobald Analytics die Parameter bei einer Seite entdeckt, verwendet es diese Werte für die entsprechenden Berichte.

Sie sind bei der Verwendung der URL-Parameter nicht auf bestimmte Werbeformen beschränkt, Sie können sie überall dort verwenden, wo Sie die Genauigkeit erhöhen wollen.

Im Folgenden finden Sie einige Hinweise zum Tracking bestimmter Kampagnentypen, um Ihnen eine Starthilfe zu geben.

Google Ads

Für Google-Ads-Kampagnen müssen Sie mit Google Analytics keine Kampagnenparameter einbuchen. Dafür stellt Google eine automatische Verbindung bereit, die einerseits die Markierung der Ziel-URLs und andererseits auch den Import der Kostendaten übernimmt. Sie müssen dazu Analytics- und Ads-Konto verknüpfen und außerdem in den Ads-Optionen das automatische Tagging aktivieren.

Alternativ können Sie utm-Parameter vergeben. Nutzen Sie in diesem Fall als Medium cpc, damit Google Analytics erkennt, dass es sich um bezahlte Werbung handelte.

Tipp: Automatisches Tagging aktiviert lassen

Wenn Sie Google-Ads-Anzeigen ohne automatisches Tagging schalten (oder ohne utm-Parameter), kann Analytics nicht erkennen, dass die User über Anzeigen kamen, und weist die Sitzungen dem Kanal *Organic* zu!

Display

Verwenden Sie für geschaltete Banner auf jeden Fall utm-Parameter zur eindeutigen Markierung der User, denn die Adserver, die für die Auslieferung von Bannern verwendet werden, löschen häufig den Referrer Ihrer User. Das heißt, ohne Parameter werden die User unter *Direct* erscheinen.

Social

Sie können auch Facebook-Posts oder Tweets mit Kampagnenparametern versehen und so besser nachvollziehen, welcher Post wie viele Nutzerinnen und Nutzer auf Ihre Website brachte (das funktioniert natürlich nur, wenn Sie im Post auf Ihre eigene Website verweisen). Einige Tools zur Betreuung von Social-Auftritten bieten ein automatisches Tagging, so fällt kein zusätzlicher Aufwand an.

Mailings

In E-Mails jeder Art sollten Sie möglichst Links mit Kampagnenparametern verwenden. Das Markieren der Links bietet sich auf jeden Fall für Newsletter und Produktmails an. Aber auch in Systemmails, etwa bei einer Registrierung, sollten Sie die Links kennzeichnen. Solche Mails werden meistens automatisch versendet und sind dadurch leicht vergessen.

Analytics kann nur dann automatisch erkennen, dass ein User von einer E-Mail kam, wenn dieser seine E-Mails in einem Web-Frontend im Browser gelesen hat, also etwa auf *web.de* oder *gmx.net*. In diesem Fall gibt es nämlich einen Referrer, der die Zuordnung ermöglicht. Wird aber ein E-Mail-Programm wie Outlook oder das Nachrichtenprogramm auf dem Smartphone genutzt, gibt es keinen Referrer, und die Sitzung erscheint im Kanal *Direct*. Mit den URL-Parametern können Sie für Klarheit sorgen.

Offline

Sie können auch Offlinewerbung wie Plakate oder Prospekte mit URL-Parametern versehen. Dazu müssen Sie eine URL im Plakat verwenden, die Sie dann auf die eigentliche Zielseite inklusive Parametern weiterleiten. Beispiel: Sie drucken für den Sommer 2023 Plakate mit der URL `www.firma.de/sommer2023`. Diese Adresse ist dabei nur eine Weiterleitung, die auf die eigentliche Zielseite führt, nämlich `www.firma.de/angebote/2023/sommer?utm_campaign=sommer2023&utm_medium=offline`...

Interessierte müssen sich also nur die kurze URL vom Plakat gemerkt werden. Wird sie eingetippt, sehen Sie trotzdem, woher sie kam. Für

Offlinewerbung ist diese Vorgehensweise natürlich nicht hundertprozentig sicher, die User können ja z.B. auch nur `www.firma.de` ohne das Kürzel eintippen. Eine gewisse Grauzone bleibt immer, aber Sie sehen einen Trend.

Mit QR-Codes ist die Messung einfacher: Sie nutzen als Ziel-URL im QR-Code einfach eine URL inklusive Kampagnenparameter.

Attribution über mehrere Kanäle

Die Akquise-Berichte zeigen die Quellen Ihrer Nutzerinnen und Nutzer und welche dieser Quellen zu Conversions führen. Allerdings ist diese Beziehung immer direkt, denn die Conversions werden stets der Quelle zugeordnet, über die die User bei der aktuellen Sitzung kamen. Was aber, wenn Ihre Besucherinnen und Besucher bereits früher auf der Website waren und sich dabei über Produkte oder Services informiert hatten? Sie kennen es aus eigener Erfahrung: Je nach Produkt überlegt man, vergleicht mit anderen Produkten und liest Bewertungen auf Portalen oder in Blogs, bevor man sich tatsächlich zu einem Kauf entscheidet. Viele User haben somit nicht nur eine einzige Quelle, sondern mehrere, über die sie zu Ihrem Angebot gelangt sind.

Diesem Umstand kommen Sie mit den *Conversion-Pfaden* in Google Analytics auf die Spur. Dort werden abhängig von einer vorher angelegten Conversion alle Quellen gezeigt, über die User zur Website gekommen sind. Sie können also verfolgen, wie groß der Einfluss einzelner Kanäle oder Quellen in der gesamten *Customer Journey* (Google spricht von Channel- oder Quellpfaden) bis zum finalen Kauf ist.

ITP oder Intelligent Tracking Prevention

Apple räumt dem Thema *User-Privacy* besonders viel Bedeutung ein und hat in seinen Betriebssystemen und Browsern Techniken implementiert, die Analytics-Tracking einschränken.

Mit ITP werden vom Safari-Browser nur noch ausgewählte Cookies unter bestimmten Voraussetzungen mit einer längeren Lebensdauer zugelassen. Die klassischen Cookies von Analytics und anderen Tools werden nach einer gewissen Zeit automatisch gelöscht, was die Genauigkeit beeinträchtigt.

Daher bieten Tools wie Google Analytics alternative Methoden, um die Genauigkeit der Trackings ohne Cookies zu verbessern. Dazu zählen die Übermittlung eigener Nutzerkennungen (User-ID) oder die Verknüpfung von Analytics mit Google-Profildaten (Google Signals).

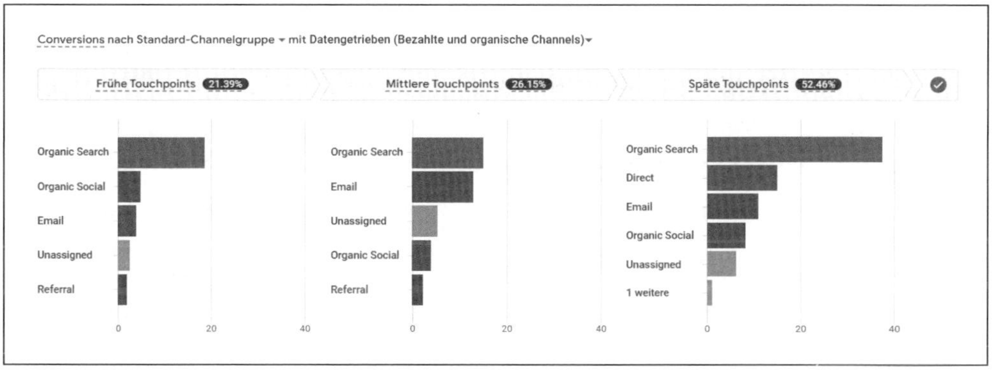

Abbildung 12-3:
Channel-Pfade für Conversions

Sie können analog zu den Akquise-Berichten die Pfade nach unterschiedlichen Gruppierungen unterscheiden: Kanal, Quelle/Medium, nur Quellen, nur Medien oder Kampagnen. Ist für die ausgewählte Conversion ein Wert hinterlegt oder handelt es sich um E-Commerce-Transaktionen, zeigt der Bericht zusätzlich den Umsatz des jeweiligen Pfads an.

Analytics unterteilt für eine bessere Übersicht die Pfade in drei Abschnitte: *Frühe*, *Mittlere* und *Späte Touchpoints*. Unterhalb können Sie in einer Tabelle die vollständigen Customer Journeys Ihrer Besucher sehen. Diese können aus einem oder auch zehn Touchpoints bestehen – es gibt keine Obergrenze. Vielleicht bringt Facebook nicht viele Conversions, aber dafür viele User erstmalig auf die Website, die dann später über einen anderen Kanal konvertieren.

Mit dem Bericht *Modellvergleich* können Sie schließlich unterschiedliche Attributionsvarianten zur Bewertung Ihrer Quellen gegenüberstellen. Je nach Modell bekommen die Touchpoints der Customer Journey einen Anteil an einer Conversion zugewiesen.

		Indirektes Attributionsmodell Letzter Klick Bezahlte und organische Channels		Indirektes Attributionsmodell Datengetrieben Bezahlte und organische Channels		Änderung in %	
	Standard-Channelgruppe	↓ Conversions	Umsatz	Conversions	Umsatz	Conversions	Umsatz
		150 100 % der Gesamtsumme	0,00 €	150,00 100 % der Gesamtsumme	0,00 €	0 %	0 %
1	Organic Search	74	0,00 €	71,03	0,00 €	-4,01 %	0 %
2	Email	27	0,00 €	27,60	0,00 €	2,21 %	0 %
3	Organic Social	17	0,00 €	17,00	0,00 €	0 %	0 %
4	Direct	15	0,00 €	15,00	0,00 €	0 %	0 %
5	Unassigned	14	0,00 €	14,00	0,00 €	0,03 %	0 %
6	Referral	3	0,00 €	5,37	0,00 €	78,92 %	0 %

Abbildung 12-4:
Zwei Attributionsvarianten im Vergleich

Bei *Letzter Klick* werden beispielsweise immer 100 % der Conversion der letzten Quelle in der Customer Journey zugeschlagen, alle vorausgehenden Schritte gehen leer aus.

Nutzerinnen und Nutzer geräteübergreifend verfolgen

Die Erkennung einer Nutzerin oder eines Nutzers führt Google Analytics anhand von IDs durch, die in Cookies gespeichert sind. Sie können Besucher also bei mehreren Sitzungen verfolgen, solange diese zum einen denselben Browser verwenden und zum anderen ihre Cookies nicht löschen. Was aber, wenn sie unterschiedliche Rechner oder Geräte wie Smartphones verwenden? Für diesen Fall bietet Google Analytics Berichte unter *Geräteübergreifend* an, mit denen Sie Ihre User über mehrere Geräte betrachten können, allerdings nur unter einer technischen Voraussetzung: Sie müssen Google Analytics selbst mitteilen, um welche User es sich handelt, was normalerweise ein Log-in oder eine ähnliche Nutzerregistrierung voraussetzt.

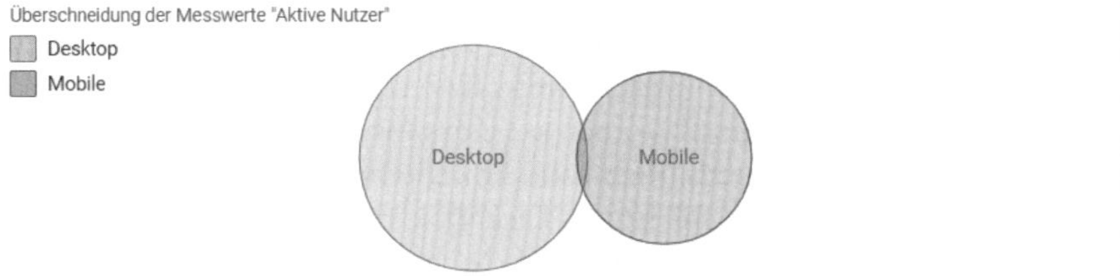

	Segmentsatz	↓Aktive Nutzer	Transaktionen	Bruttoumsatz aus Käufen
	Gesamt*	73.089 100 % der Gesamtsumme	16.870 100 % der Gesamtsumme	26.681.341,98 € 100 % der Gesamtsumme
1	Desktop	46.563	7.165	12.847.612,93 €
2	NUR Desktop	46.558	7.101	12.828.529,77 €
3	Mobile	27.145	1.302	502.599,64 €
4	NUR Mobile	26.681	1.238	483.516,48 €
5	Desktop + Mobile	519	64	19.083,15 €

Abbildung 12-5:
Geräteübergreifende Betrachtung von Nutzerinnen und Nutzern in Google Analytics

Inhalte bewerten

Google Analytics ermöglicht Ihnen die detaillierte Analyse der Inhalte Ihrer Website. Unter dem Menüpunkt *Engagement* finden Sie eine Vielzahl an Berichten, um zu erfahren, was Ihre Besucherinnen und Besucher auf der Website tun (und was nicht). Erste Anlaufstelle ist der Bericht *Seiten und Bildschirme*.

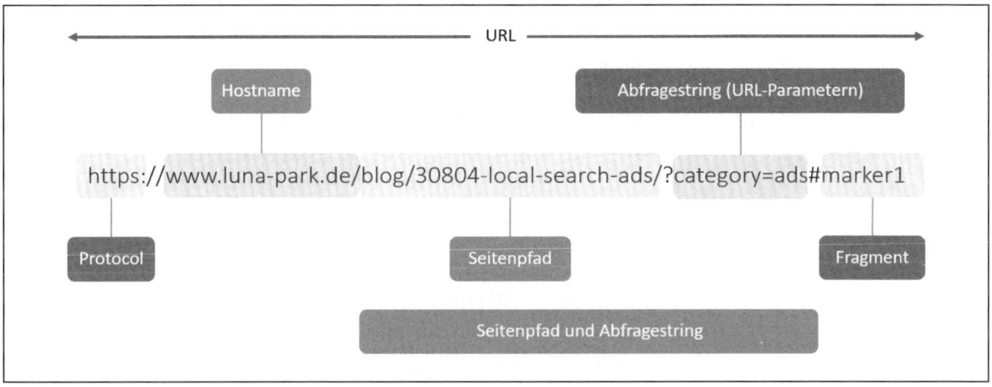

Abbildung 12-6:
Aufbau einer URL

> **Tipp: Seiten, URLs und Parameter**
>
> URLs Ihrer Website bestehen aus mehreren Elementen. Neben der eigentlichen Seite gibt es z.B. Parameter und Fragmente. Google Analytics Version 4 definiert als Seite den Aufruf eines Seitenpfads ohne Abfragestring, also ohne URL-Parameter. Die Aufrufe der URLs /unternehmen/ und /unternehmen/?menu=nav werden nur als eine Zeile /unternehmen/ im Bericht zu finden sein. In der Vorgängerversion war eine Seite noch als Seitenpfad UND Abfragestring definiert. Das Beispiel hätte also zwei Zeilen ergeben.

	Seitenpfad und Abfragestring	↓ Aufrufe	Nutzer	Aufrufe pro Nutzer	Durchschnittliche Interaktionsdauer	Ereignisanzahl Alle Ereignisse	Conversions Alle Ereignisse
		7.879 100 % der Gesamtsumme	3.428 100 % der Gesamtsumme	2,30 Durchschn. 0 %	1 m 08 s Durchschn. 0 %	20.990 100 % der Gesamtsumme	150,00 100 % der Gesamtsumme
1	/	544	250	2,18	0 m 30 s	1.423	0,00
2	/blog/29148-google-tag-manager/	504	322	1,57	1 m 18 s	1.532	0,00
3	/blog/29464-google-search-console-einrichten/	316	204	1,55	1 m 20 s	985	0,00
4	/ressourcen/seo-ratgeber/suchmaschinen-in-deutschland/	256	165	1,55	0 m 29 s	779	0,00
5	/agentur/jobs/	223	69	3,23	0 m 32 s	380	0,00
6	/blog/36368-was-ist-suchmaschinenwerbung-sea-einfach-erklaert/	203	125	1,62	0 m 57 s	613	0,00
7	/event/b2b-marketing-linkedin-ads/	171	65	2,63	0 m 23 s	399	4,00
8	/blog/30979-keyword-mapping/	160	69	2,32	1 m 03 s	396	0,00
9	/blog/29231-google-analytics-einbinden/	158	109	1,45	0 m 49 s	508	0,00
10	/blog/29329-keywordanalyse/	153	94	1,63	0 m 54 s	438	0,00

Abbildung 12-7:
Nutzung von Inhalten im Seitenbericht

Für jede Seite sehen Sie in den Spalten folgende Werte:

Aufrufe geben an, wie oft eine Seite angesehen wurde. Schaut ein Nutzer eine Seite mehrfach an, ist jedes Anschauen ein weiterer Aufruf. Der Tracking-Code wird auch beim Aufruf von gecachten oder zwischengespeicherten Seiten ausgeführt, also tatsächlich bei jedem Ansehen.

Nutzer zeigt, wie oft eine Seite einmal oder mehrmals von derselben Person aufgerufen wurde. Wenn eine Nutzerin beispielsweise die Homepage dreimal aufruft, werden drei *Aufrufe* ausgewiesen, in der Spalte *Nutzer* wird die Nutzerin dagegen nur einmal gezählt. Die Spalte *Aufrufe pro Nutzer* gibt dieses Verhältnis wieder.

Durchschnittliche Interaktionsdauer beschreibt, wie lange User auf dieser Seite aktiv waren, bevor sie die nächste Seite ansteuerten. Dazu berücksichtigt Google den Zeitpunkt des Seitenaufrufs und aller folgenden Ereignisse bis zum Zeitpunkt des nächsten Seitenaufrufs und bestimmt dann die Differenz. Die Verweildauer der letzten aufgerufenen Seite einer Sitzung wird anhand der gemessenen Ereignisse bestimmt. Daher kann der genaue Zeitpunkt des Verlassens nicht gemessen werden, aber über die Ereignisse ist eine Annährung möglich.

Im Bericht *Landingpage* werden die Daten für die jeweils erste aufgerufene Seite einer Sitzung aufgeführt. Die im Folgenden genannten Kennzahlen sollten Ihnen ebenfalls vertraut sein.

	Landingpage +	↓ Sitzungen	Nutzer	Neue Nutzer	Durchschnittliche Interaktionsdauer pro Sitzung
		3.522 80,28 % der Gesamtsumme	3.002 93,67 % der Gesamtsumme	2.836 94,19 % der Gesamtsumme	1 m 06 s Durchschn. + 12,99 %
1	/blog/29148-google-tag-manager	375	337	320	1 m 18 s
2	/blog/29464-google-search-console-einrichten	215	187	178	1 m 21 s
3	/ressourcen/seo-ratgeber/suchmaschinen-in-deutschland	165	155	149	0 m 32 s
4	/blog/36368-was-ist-suchmaschinenwerbung-sea-einfach-erklaert	130	113	110	1 m 02 s
5	/blog/29329-keywordanalyse	103	92	86	1 m 39 s
6	/blog/29231-google-analytics-einbinden	100	92	88	1 m 03 s
7	/blog/10008-direct-traffic-google-analytics	86	78	73	1 m 11 s

Abbildung 12-8:
Wo steigen Nutzerinnen oder Nutzer auf der Website ein?

Die Spalte *Nutzer* im Bericht *Landingpage* listet auf, wie viele User auf dieser Seite begonnen haben, also eingestiegen sind. Das Verhältnis von

Aufrufen zu Einstiegen kann sich stark unterscheiden. Nicht jede oft aufgerufene Seite ist auch gleichzeitig eine wichtige Seite für den Start von Sitzungen.

Die Spalte *Neue Nutzer* zeigt Ihnen, wie hoch die Zahl der User war, die zum allerersten Mal auf Ihr Angebot gekommen sind. Das kann zum Beispiel zeigen, ob eine Landingpage die richtige Zielgruppe anspricht: neue potenzielle Kunden oder Bestandskunden.

Die *Interaktionsdauer* besagt, wie lange Nutzerinnen und Nutzer auf Ihrem Angebot aktiv waren.

Die Spalten *Conversions* und *Gesamtumsatz* stellen den Einfluss dieser Seite auf eben diese beiden Kennzahlen dar. Ein Beispiel: Nutzer A hat auf einer Website ein Produkt für 100 Euro gekauft. Dabei ist er über die Seite /produkte zum Kauf weitergegangen. In diesem Fall erhält die Seite /produkte einen Seitenwert von 100 Euro. Nutzerin B hat vor einem Kauf von ebenfalls 100 Euro die Seite /produkte nicht aufgerufen. Darum bekommt in diesem Fall die Seite keinen Wert zugewiesen (also 0 Euro).

	Landingpage	Sitzung – Stand...-Channelgruppe ▾ ×	↓ Sitzungen	Nutzer
			40.351 48,64 % der Gesamtsumme	33.779 56,18 % der Gesamtsumme
1	/Google+Redesign/Apparel	Cross-network	6.953	6.644
2	/Google+Redesign/Lifestyle/Drinkware	Cross-network	5.756	5.466
3	/Google+Redesign/Stationery	Paid Search	4.116	2.738
4	/Google+Redesign/Lifestyle/Drinkware	Paid Search	1.199	817
5	/Google+Redesign/Apparel	Organic Search	1.192	1.018
6	/Google+Redesign/Stationery	Direct	1.092	983
7	/Google+Redesign/Apparel	Direct	1.012	952
8	/Google+Redesign/Shop+by+Brand/YouTube	Organic Search	932	871
9	/Google+Redesign/Apparel/Mens/Mens+T+Shirts	Organic Search	877	849
10	/Google+Redesign/Stationery/Google+Cloud+Journal	Cross-network	730	714

Abbildung 12-9:
Zielseiten, nach Kanal aufgeschlüsselt

Betrachten Sie, über welche Kanäle die Besucher kamen, indem Sie eine *Sekundäre Dimension* über das Menü oberhalb der Tabelle auswählen. So können Sie schnell entdecken, ob ein bestimmter Kanal für Interaktionen und Conversions für auffällig schlechte (oder gute) Werte verantwortlich ist.

Aktionen mit Ereignissen messen

Unter dem Menüpunkt *Engagement* zeigt Google Analytics, welche Seiten aufgerufen und gemessen wurden. Für alle anderen Aktionen auf einer Website oder in einer App, wie Downloads von Dateien, Klicks auf Links oder Absenden von Formularen, gibt es *Ereignisse*. Genau genommen sind selbst die Seitenaufrufe eine bestimmte Ereignisform, nämlich vom Typ *page_view*. Auch wenn Sie ein anderes Analysetool nutzen, wird es eine vergleichbare Funktion zur Erfassung einzelner Aktionen geben.

Jedes Ereignis besteht aus einem Namen und optionalen Parametern, mit denen weitere Daten übergeben werden können. Für bestimmte Fälle sieht Analytics Namen und Parameter vor, etwa um die Nutzung eines Videoplayers zu erfassen. In den Parametern werden der Titel und die URL des Videos übergeben, die dann in dafür vorgesehenen Datenfeldern gespeichert werden.

Im Bericht *Ereignisse* werden Sie schon beim ersten Aufruf verschiedene Einträge finden. Einige Nutzeraktionen erfasst Analytics bereits mit dem Einbau des Tracking-Codes auf Ihrer Seite:

- *page_view* haben Sie bereits kennengelernt. Damit werden die aufgerufenen Seiten übergeben. Bei Apps heißen die aufgerufenen Bildschirme *screen_view*.
- *first_visit* und *session_start* markieren das erstmalige Aufrufen Ihrer Website und den Beginn einer Sitzung.
- *user_engagement* wird auf jeder Seite nach einigen Sekunden gefeuert. So kann Google Analytics erkennen, wie lange ein User auf dem Angebot war.

Google Analytics 4 kann weitere Aktionen auf Ihrer Website automatisch erfassen:

- Klicks auf Links zu PDFs, ZIP-Dateien oder anderen Downloads. In PDFs können Sie keinen Tracking-Code einbinden, aber Sie können den Klick erfassen, der zur PDF führt.
- Klicks auf Links, die zu anderen Websites führen. Mit dem Ereignis sehen Sie, wann und wohin die Website verlassen wurde.
- Scrolling der Seite. Wird bis ans Ende einer Seite (90 %) gescrollt, wird automatisch ein Ereignis gefeuert. Bei längeren Seiten wie Blogposts, Listen oder One-Pagern wissen Sie, welche Inhalte der Seite überhaupt gesehen wurden.
- Eingebettete Videos. Sie sehen, welche Videos gestartet werden und wo gestoppt wird. Mit einem eingebundenen YouTube-Player werden diese Aktionen automatisch an Analytics weitergegeben.

- Abschicken von Formularen. Das Senden und der Name werden erfasst, nicht die Inhalte. Ob diese Funktion korrekt arbeitet, hängt von der Programmierung des Formulars ab.
- Darüber hinaus können Sie manuell Trackings an jeder Stelle Ihres Angebots erweitern oder neu einbauen. Mit dem Google Tag Manager lassen sich unzählige Kriterien anwenden und Informationen erheben, die Sie mit Ereignissen in Analytics ablegen können.

	Ereignisname +	↓ Ereignisanzahl	Nutzer insgesamt	Ereignisanzahl pro Nutzer
		20.990 100 % der Gesamtsumme	3.435 100 % der Gesamtsumme	6,12 Durchschn. 0 %
1	page_view	7.879	3.427	2,30
2	session_start	4.605	3.431	1,34
3	user_engagement	4.066	2.786	1,50
4	first_visit	3.165	3.165	1,00
5	scroll	787	555	1,42
6	stellenausschreibung_aufgerufen	183	49	3,73
7	click	127	98	1,30
8	form_start	64	58	1,10
9	webinar_danke	50	25	2,00
10	dankeseite	18	9	2,00

Abbildung 12-10:
Ereignisse für Scrolling, Links und weitere Nutzeraktionen auf der Website

Conversions werden in Analytics immer auf Basis von Ereignissen konfiguriert. Jedes Ereignis, das Sie im Bericht sehen, können Sie für eine Conversion nutzen. Haben Sie dem Ereignis als Parameter einen Zahlenwert mitgegeben, wird dieser als Umsatz angenommen und verarbeitet. Bei E-Commerce-Aktionen wie einer Bestellung wird beispielsweise der Gesamtbetrag der Bestellung als Conversion-Wert verwendet.

Die definierten Conversions und die damit verbundenen Umsatzwerte können Sie in nahezu allen Analytics-Berichten sehen und auswerten. Außerdem lassen sie sich zu Google Ads exportieren, sodass Ads anhand dieser Daten Ihre Kampagnen optimal ausrichten kann.

Nutzerinnen und Nutzer verstehen

Webanalysetools sammeln schon beim ersten Aufruf einer Website eine Menge Daten über den Besucher. Aus technischen Informationen wie der IP-Adresse werden zum Beispiel Berichte zur Herkunft der User. Aus dem User-Agent kann ein Tool erkennen, ob ein User mit einem PC oder mit dem Smartphone auf der Website war. So lernen Sie Ihre Besucher ein wenig besser kennen und können auf die Bedürfnisse besser eingehen.

Geräte vergleichen

Viele Analytics-Tools bieten Berichte zu den Geräten, Browsern und Betriebssystemen der User. Mit diesen Berichten wissen Sie also, wie viele und welche User mit einem Smartphone auf der Website unterwegs sind. Heute werden viele Websites als responsiv konzipiert, d.h., die Website passt sich an die jeweilige Größe des Endgeräts an. Der Bericht zu Mobilgeräten zeigt Ihnen nun, ob die responsive Website auf Smartphone so gut funktioniert wie auf dem Desktop. Gibt es eine große Diskrepanz z.B. bei den Abschlüssen, sollten Sie die jeweilige Variante genauer prüfen. Auch auf einer responsiven Website kann ein Formular unter bestimmten Bedingungen nicht funktionieren oder ein Button nicht klickbar sein.

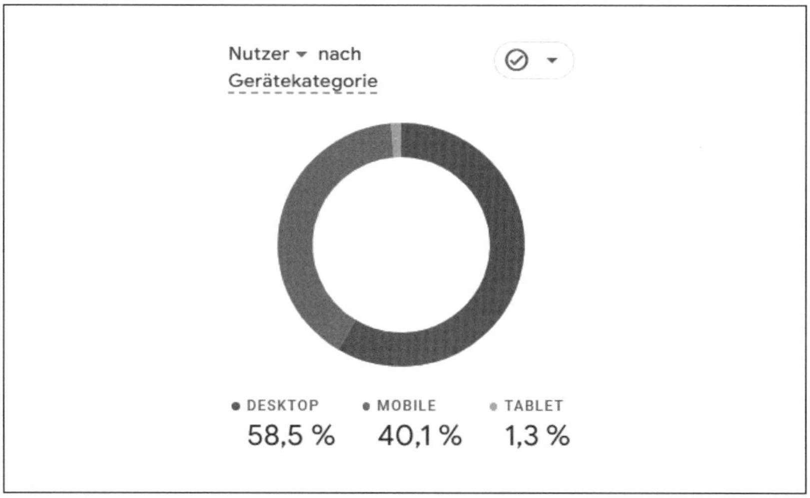

Abbildung 12-11:
Zugriffe, geordnet nach unterschiedlichen Gerätetypen

Das Verhalten der User von Smartphones ist in den meisten Fällen ein anderes als das am Desktop. Verweildauer, Absprungrate und betrachtete Inhalte unterscheiden sich oft massiv. Betrachten Sie in so einem Fall Ihre Berichte getrennt nach der jeweiligen Gerätekategorie, um zu verstehen, was wo am besten funktioniert.

> **Tipp: Desktop, Smartphone oder Tablet**
>
> In Google Analytics werden Tablets wie das iPad als getrennte Kategorie gelistet. Bei der Unterscheidung zwischen *desktop* und *mobile* gehören Tablets zum Desktop, da die Nutzung eher mit PCs vergleichbar ist.

Mit Google Analytics 4 können Sie die Daten Ihrer Website mit denen einer App mischen. So lassen sich etwa die Verkäufe eines Shops über alle Angebote hinweg betrachten. Möchten Sie das jeweilige Verhalten eines Users vergleichen, schauen Sie in die Auflistung *Plattform/Gerätekategorie*.

	Plattform-/Gerätekategorie	↓ Nutzer	Neue Nutzer	Sitzungen mit Interaktionen	Interaktionsrate
		216.924 100 % der Gesamtsumme	124.738 100 % der Gesamtsumme	374.146 100 % der Gesamtsumme	71,26 % Durchschn. 0 %
1	web / desktop	129.423	59.491	237.232	69,42 %
2	web / mobile	73.268	61.520	72.275	69,86 %
3	Android / mobile	13.087	1.276	51.505	78,63 %
4	iOS / mobile	3.499	364	12.322	85,38 %
5	web / tablet	2.543	2.011	2.461	68,34 %
6	Android / tablet	257	46	428	75,62 %
7	iOS / tablet	109	23	392	65,99 %
8	web / smart tv	8	7	4	50 %

Abbildung 12-12:
User getrennt nach Plattform und Gerätekategorie

Analytics erfasst außerdem die Bildschirmauflösung, die Größe des aktuellen Browserfensters, die Farbtiefe, die Java-Version und einige weitere technische Werte. Auch diese helfen Ihnen, einzuschätzen, ob das aktuelle Design und der Aufbau Ihrer Website passend sind.

Herkunft erkennen

Anhand der IP-Adresse kann Analytics ermitteln, aus welchem Land Ihre Nutzerinnen und Nutzer kommen. Darüber hinaus können Sie Berichte zur Region und sogar zur jeweiligen Stadt aufrufen – diese Informationen sind allerdings mit Vorsicht zu betrachten.

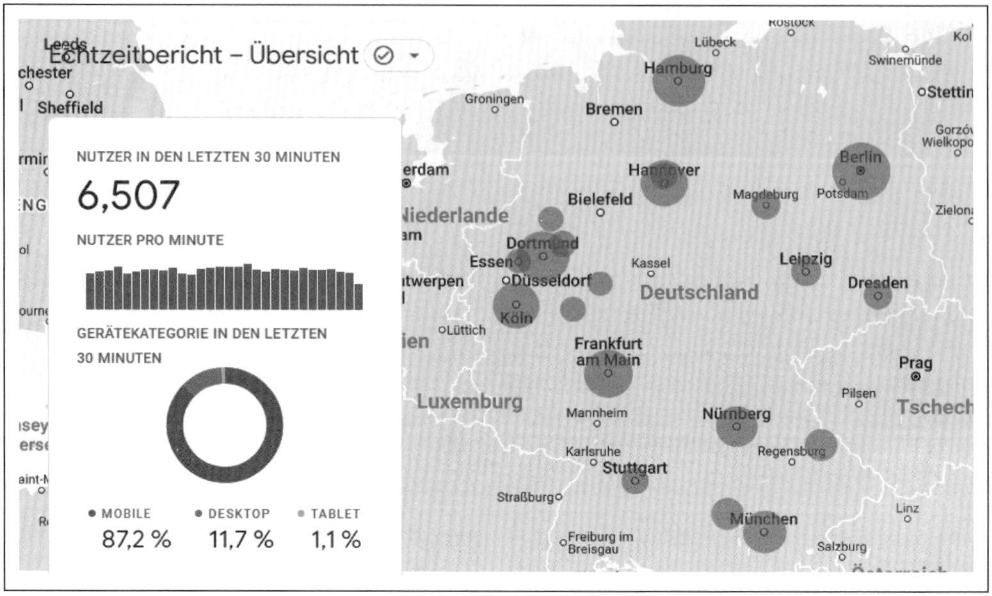

Abbildung 12-13:
Sitzungen nach Städten

Wird ein VPN oder ein Blocker verwendet, sind die Informationen nicht mehr aussagekräftig, denn dabei wird die Position durch einen generischen Standort ersetzt, der sogar in einem anderen Land liegen kann.

Die Fehlerquote ist bei einer so kleinteiligen Zuordnung in Deutschland recht hoch, da vor allem Breitbandanschlüsse vom Netzbetreiber gern gebündelt werden und man somit an anderen Orten oder dem nächstgrößeren Knotenpunkt »erscheint«.

> **Tipp: Datenschutz und IP-Adressen**
>
> Die IP-Adresse gilt in Deutschland als personenbezogen, daher darf sie nicht ungefragt gespeichert und zur Profilbildung verwendet werden. Google Analytics nutzt die IP nur für den Geo-Standort. Dazu wird anhand der IP Adresse bei jedem Aufruf die Position des Users erhoben, anschließend wird die IP verworfen und nicht gespeichert.
>
> Generell dürfen Sie aufgrund der AGB in Google Analytics keine persönlichen Daten wie Klarname, E-Mail-Adressen oder Telefonnummern speichern. Im schlimmsten Fall löscht Google Ihren gesamten Bericht, daher sollten Sie Ihre Daten regelmäßig überprüfen. Sollten doch mal kritische Daten in Ihren Berichten auftauchen, können Sie mit einer Löschanfrage in den Einstellungen versuchen, diese zu löschen.

Was ist Tag Management?

Tag Management bezeichnet die Verwaltung von Tracking-Codes beliebig vieler Dienste in einem gesonderten Tool. Google bietet seit einiger Zeit einen kostenlosen Tag Manager an, es gibt aber auch andere Anbieter, die zum Teil mehr Funktionen oder Support bieten.

Bei größeren Websites braucht der Einbau von Tracking-Codes meistens einen gewissen zeitlichen Vorlauf, sie müssen von ITlern oder Programmiererinnen vorgenommen werden und durchlaufen einen Freigabeprozess.

Ein Tag Manager trennt Tracking-Codes von der eigentlichen Website. In die Website wird nur einmalig ein JavaScript-Code eingebaut, der dann später die nötigen Tracking-Codes nachlädt. Die eigentlichen Tags werden in einer Weboberfläche angelegt und verwaltet.

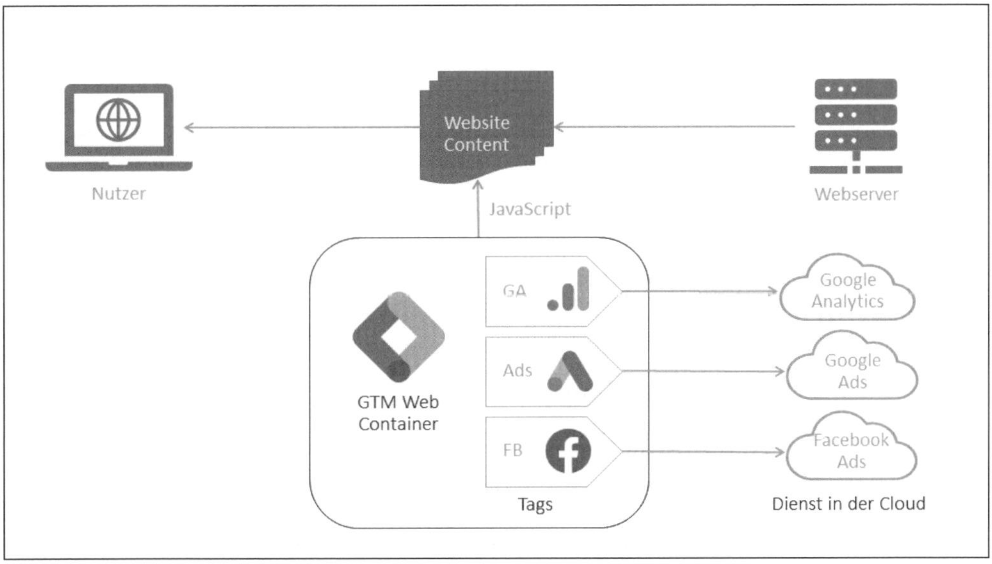

Abbildung 12-14:
Funktionsweise des Google Tag Manager

So können die Tags von anderen Personen verwaltet werden, und Updates sind unabhängig von Website-Updates. Außerdem lassen sie sich vorab testen, und bei Problemen kann schnell auf eine frühere Version zurückgesprungen werden.

Der Einsatz eines Tag Manager lohnt aber nicht nur bei großen Websites, auch kleine Auftritte können bereits davon profitieren. So gibt es für viele Tracking-Codes Vorlagen, in die Sie nur noch einige Werte eintragen müssen. Theoretisch ist es also auch ohne Programmierkenntnisse möglich, einen Tag Manager zu befüllen und einzusetzen. In der Praxis bleibt das Tagging auch mit einem solchen Tool eine eher technische Angelegenheit. Wenn Sie allerdings verstehen, was man damit machen kann, können Sie Dienstleister oder IT besser briefen und so die Umsetzung beschleunigen.

Taking Action

Oft wird Analytics mit der reinen Zählung, also dem Tracking gleichgesetzt. In dem Fall machen Sie alles zählbar, erfassen ganz viele Daten – machen am Ende aber nichts damit.

Für Analytics wollen Sie nicht nur die Werte wissen, sondern Ihre Website aktiv verbessern. Welche Zahlen entsprechen nicht Ihren Erwartungen? Was müssen Sie tun, um die Werte positiv zu beeinflussen? Die Zahlen zu kennen, ist kein Selbstzweck, sondern sollte immer zu einer Aktion führen oder eine frühere Aktion bestätigen.

Hieraus ergibt sich auch, ob sich ein Bericht oder ein Tracking lohnt: Was mache ich mit dieser Information, was sollte ich ändern? Muss ich aktiv werden? Wenn Sie diese Fragen nicht beantworten können, ist ein Bericht eigentlich sinnlos.

In vielen Unternehmen besteht die Tendenz, eher mehr als weniger Zahlen in einen Bericht zu packen. Das frisst häufig Zeit und verengt den Blickwinkel, denn die Zahlen sind ja nicht der eigentliche Grund Ihrer Betrachtung. Es geht um die Nutzerinnen und Nutzer sowie um deren Aktivitäten, die Sie durch die Zahlen abbilden.

Schauen Sie sich daher im Zweifelsfall eher weniger und ausgewählte Kennzahlen an und beginnen Sie bei auffälligen Werten, intensiver zu analysieren: Filtern, segmentieren und vergleichen Sie. Erst dann bringt Ihnen Digital Analytics einen Mehrwert.

Hier sind neun Ideen, wie Sie Ihre Website mit Analytics-Daten optimieren können:

- Prüfen Sie die Interaktionsrate Ihrer wichtigsten Einstiegsseiten. Bei einem schlechten Wert (< 60 %) versuchen Sie, herauszufinden, warum die Seite nicht den Erwartungen entspricht oder ob hier technische Probleme bestehen.
- Vergleichen Sie die Zugriffe über Desktop- und Mobilgerät, auch wenn Ihre Website nicht explizit für mobile User optimiert ist.
- Betrachten Sie die Referrer der 404-Seite (*Nicht gefunden*), um fehlerhafte Links auf Ihrer oder anderen Websites zu finden.

- Verknüpfen Sie das Analytics-Konto mit Google Ads, um so die Besucher auch nach dem Klick zu verfolgen.
- Definieren Sie Conversions, um die wichtigsten Aufgaben Ihrer Website in allen Berichten im Blick zu haben.
- Filtern Sie Ihre eigenen Zugriffe und die Ihrer Kolleginnen und Kollegen auf die Website anhand Ihrer IP-Adresse, um die Nutzerdaten nicht unnötig zu verwässern.
- Nutzen Sie Kampagnenparameter für Werbemaßnahmen wie Banner, Newsletter oder Facebook Ads.
- Analysieren Sie Eingaben in die interne Suche Ihrer Website. Nutzerinnen und Nutzer suchen, was sie erwarten, aber nicht in der Navigation finden.
- Betrachten Sie die Kanäle und Multi-Channel-Berichte gleichermaßen. Der letzte Kanal ist nicht automatisch der wertigste.

KAPITEL 13

Daten und KI im Online-Marketing

In diesem Kapitel:

- Einführung und Begriffsklärung
- Grundwissen für Online Marketing Manager
- Kennzahlen und Erfolgsmessung
- Beispiele
- Werden ChatGPT & Co. die KI neu aufrollen?
- Beispiele

Von Tom Alby

Einführung und Begriffsklärung

Künstliche Intelligenz, *Data Science*, *Deep Learning*: Diese und viele weitere Begriffe finden sich auf immer mehr PowerPoint-Folien, sie stehen für einen dritten KI-Frühling seit den 2000er-Jahren. Denn es ist nicht das erste Mal, dass das Thema *künstliche Intelligenz* (im Folgenden einfach *KI* genannt) die Fantasie beflügelt. Schon in den 1960er- und 1980er-Jahren entstanden hohe Erwartungen an KI-Systeme, zunächst an Sprachübersetzungsprogramme, später dann an Expertensysteme. Auf beide Phasen folgte jeweils ein »KI-Winter«, der dafür sorgte, dass den Forschenden die Mittel entzogen wurden, weil die Geldgeber die Geduld verloren hatten.

Tatsächlich scheint aber dieses Mal kein ähnlich kalter Winter bevorzustehen, auch wenn wieder Anzeichen für einen Hype auszumachen sind, der bei neuen Technologien häufig auftritt. Eine Nebenwirkung eines solchen Hypes ist, dass sich Anbieter auf dem Markt tummeln, die mit Buzzwords Interesse wecken, dann aber nur einfache Algorithmen verkaufen. Oder es werden Onlineseminare angeboten, durch die man in 30 Tagen zu Data Scientists oder KI-Expertinnen und -Experten würde. Das ist natürlich nicht möglich.

Eine besondere Rolle spielen Large Language Models, von denen ChatGPT im November 2022 große Popularität erlangte: Zum ersten Mal war künstliche Intelligenz für alle »anfassbar« – die Integration in die Suchmaschine Bing ermöglichte allen Interessierten, sich mit einer künstlichen Intelligenz zu »unterhalten«. In diesem Kapitel geht es daher auch darum, den Unterschied zu den anderen »klassischen« Methoden zu erläutern. Denn wenngleich ChatGPT & Co. viele Aufgaben erledigen können, bedeutet das nicht, dass sich Data Science und Machine Learning erledigt hätten.

Was genau ist künstliche Intelligenz?

Der Begriff der KI ist überstrapaziert. Häufig handelt es sich bei den verwendeten Algorithmen um übliche Vorgehensweisen des maschinellen Lernens (*Machine Learning*, ab hier *ML* genannt), und dann auch nur um sehr einfache Algorithmen wie die lineare Regression. Die ursprüngliche Idee einer KI bestand darin, eine Maschine zu schaffen, die wie ein Mensch agieren kann. Alan Turing schlug dazu einen Test vor, bei dem Fragen stellende Menschen mit zwei unbekannten Gesprächspartnern mittels Tastatur und Bildschirm kommunizieren, ein Mensch und eine Maschine. Wenn die Fragesteller sich hinterher nicht sicher sind, wer von beiden Gesprächspartnern die Maschine ist, gilt der Turing-Test als bestanden. Bis heute hat dies keine KI-Software geschafft.

Diesem Verständnis von einer *starken KI* steht die sogenannte *schwache KI* gegenüber. Diese ist nicht allumfassend, sondern nur in einem bestimmten Bereich stark. Ein umfassendes künstliches Bewusstsein wird nicht von ihr verlangt. Für diese schwache Form der KI wurden abgewandelte Turing-Tests durchgeführt und auch bestanden.

Des Weiteren wird zum Teil zwischen *traditioneller KI* und neuen Ansätzen wie Deep Learning unterschieden. Bei der traditionellen KI werden einer Maschine zum Beispiel Millionen von Schachspielzügen zur Verfügung gestellt, um Schach zu lernen. Dabei wird allerdings nicht wirklich das Schachspiel erlernt, stattdessen findet vor allem ein Vergleich statt mit den Spielzügen, die bereits vorher einmal irgendwo gespielt wurden. IBMs Deep Blue ist ein Beispiel für einen solchen Ansatz. Dem steht Googles Deep Mind gegenüber, das mit Daten »gefüttert« wird, dann aber selbst Rückschlüsse ziehen kann, also tatsächlich auch Spielzüge spielen könnte, die vorher noch nie gespielt wurden. Deep Learning wird in den folgenden Abschnitten genauer erläutert.

Data Science versus Machine Learning versus Datenanalyse

Ein weiterer häufig verwendeter Begriff ist *Data Science*. Eine allgemein akzeptierte Definition dieses Begriffs existiert nicht. Jeder darf sich Data Scientist nennen, denn diese Berufsbezeichnung ist nicht geschützt. Auch wenn die Harvard Business Review diesen Begriff erst 2012 populär gemacht hat,[1] wurde er bereits in den 1970er-Jahren von Peter Naur geprägt. Zuvor hatte er schon den Begriff *Datalogy* aufgebracht, der allerdings keine breitere Verwendung fand. Unter anderem in der Statistik wurde diskutiert, ob das Gebiet der Statistik nicht gleich in Datenwissenschaft umzubenennen sei. Auch wenn die Rechenleistungen der damaligen Computer bei Weitem geringer als die eines heutigen Mobiltelefons waren, wurden dennoch viele der heute populären Algorithmen bereits damals konzipiert. Mangels eigener Rechner bzw. wegen teurer Zugänge zu Rechenleistung waren die Algorithmen allerdings wenigen Wissenschaftlerinnen und Wissenschaftlern vorbehalten.

Tatsächlich finden sich in den Einführungen zu Data Science vor allem bewährte Algorithmen aus der Statistik wie die *lineare Regression*, *k-Means* und *Support Vector Machines*, die in den nächsten Abschnitten genauer beschrieben werden. ML ist aber nur ein Teil dessen, was ein Data Scientist betreibt. Darüber hinaus gehören profundes Statistikwissen, Data-Mining-Know-how und fundierte Programmierkenntnisse zu der Qualifikation echter Data Scientists. Python und R sind hier häufig verwendete Sprachen.

ML kann als Teil des KI-Bereichs angesehen werden, aber ML ist nicht mit KI gleichzusetzen. Und auch *Machine Learning* ist wie oben beschrieben nichts komplett Neues, und die heutigen Prinzipien der explorativen Datenanalyse wurden ebenfalls bereits in den 1970er-Jahren beschrieben.

Nicht immer werden Data Scientists benötigt. Viele Probleme lassen sich mit einer fundierten Datenanalyse lösen. Datenkompetenz ist eine immer wichtigere Qualifikation in allen Industrien, und die Fähigkeit, Daten analysieren zu können, bildet einen elementaren Baustein der Datenkompetenz. Zwischen den Anforderungen an einen Data Scientist und an Datenanalysten stehen die an die sogenannten *Citizen Data Scientists*, die Daten analysieren und daraus einfache Modelle erstellen können, aber nicht das gleiche tiefe Wissen wie ein Data Scientist haben.

Gibt es Big Data wirklich?

Ein ebenfalls äußerst überstrapazierter Begriff ist *Big Data*. Mitunter wurden bereits Excel-Tabellen mit mehreren Tausend Zeilen als Big Data bezeichnet. Tatsächlich ist Big Data in der freien Wildbahn äußerst selten anzutreffen. Selbst Wikipedia kann als zig Gigabyte »schwere« XML-Datei heruntergeladen und auf einem normalen Computer analysiert werden (allerdings nicht mit Excel). Tatsächlich liegt Big Data vor, wenn

- die Datenmenge extrem groß ist (wobei die Grenze hier immer weiter nach oben gesetzt wird),

1 *https://hbr.org/2012/10/data-scientist-the-sexiest-job-of-the-21st-century*

- die Daten komplex sind (z. B. unstrukturierte Daten) und deshalb transformiert werden müssen und
- wenn eine Echtzeitanalyse mit »normalen« Mitteln nicht zu managen ist.

Bot-Aktivitäten auf der eigenen Website zu identifizieren, dürfte für den Großteil der Websites kein Problem sein. Bei einer stark besuchten Website maliziösen Bot-Traffic zu identifizieren und auszusperren, geht hingegen schon in die Richtung von Big Data, da hier alle drei Bedingungen erfüllt werden.

Daten sind wichtig, aber sinnlos ohne korrekte Analyse

Auch wenn Daten das neue Öl sein sollen, so ergeben Daten allein keinen entscheidenden Vorteil. Häufig sind zwar viele Daten vorhanden, aber es sind nicht unbedingt die Daten, die für eine Wertschöpfung benötigt werden. Oder die Daten liegen unstrukturiert vor, manchmal auch in Datensilos, die nicht miteinander verbunden werden können. Aber selbst dann, wenn optimale Bedingungen herrschen, nützt ein Datenschatz nichts, wenn zum einen die Daten nicht korrekt analysiert werden und zum andern nicht die korrekte Handlung daraus abgeleitet werden kann. Dies können wir durch die »Dreifaltigkeit« der Daten verdeutlichen:

- **Daten** – Sind die richtigen Daten vorhanden, und wurden sie auch richtig gesammelt?
- **Information** – Werden die Daten richtig interpretiert und in Informationen überführt?
- **Aktion** – Kann eine korrekte Handlung aus den Informationen abgeleitet werden?

Obwohl wir uns im Zeitalter des datengetriebenen Marketings befinden, sind noch viele Herausforderungen in diesen drei Bereichen zu beobachten:

- **Daten** – Tools sammeln die Daten anders, als Anwenderinnen und Anwender es vermuten (siehe zum Beispiel die durchschnittliche Verweildauer in Webanalysesystemen).[2]
- **Information** – Anwenderinnen und Anwendern im Online-Marketing fehlt ein praktikables Statistikwissen, das für eine korrekte Analyse benötigt wird. Zu häufig wird zum Beispiel mit Durchschnittswerten gearbeitet, obwohl Daten nicht normalverteilt sind.

---

2 *https://alby.link/verweildauer*

- **Aktion** – Wenn ein Datenpunkt nicht mit einem Zielwert verknüpft werden kann, ist es nicht möglich, eine relevante Handlung abzuleiten. Ohne eine Aktion ist der Datenpunkt aber wertlos.

»Saubere« Daten sind eine große Ausnahme. Häufig müssen Daten bereinigt und transformiert werden, was bis zu 80% der zu investierenden Zeit beansprucht. Auch wenn erhofft wird, dass KI irgendwann die richtigen Daten selbst identifizieren und säubern kann, ist die Realität heute noch meilenweit davon entfernt.

Bei der Analyse von Daten wird zum Beispiel im Gartner-Modell unterschieden zwischen verschiedenen Reifegraden:

- Deskriptiv: Daten werden beschrieben.
- Diagnostisch: Warum ist etwas passiert?
- Prädiktiv: Was wird passieren?
- Präskriptiv: Was sollte passieren?
- Komplette Automatisierung.

Fast alle Analysetools bieten nur die Basis für eine deskriptive Analyse.

Warum ist gerade jetzt so ein Hype entstanden?

Auch wenn die Daten der Wikipedia kein Big Data darstellen, bietet dieses Beispiel dennoch eine Erklärung dafür, warum dieses Mal kein eiskalter KI-Winter bevorzustehen scheint. Zum einen sind die Rechnerleistungen sowie die Speicherkapazitäten um einiges günstiger geworden. Günstiger Datenspeicher wird ergänzt durch neue Datenmanagementsysteme wie *Data Lakes* (in denen Daten so abgelegt werden, wie sie erhoben wurden, anders als in einem *Data Warehouse*, in dem die Daten bereits transformiert und gegebenenfalls aggregiert wurden) oder *Data-Management-Plattformen* (*DMP*), in denen Online-Marketing-Daten flexibel eingesetzt werden können.

Zum anderen stehen heute jedem Interessierten kostenlose Softwaremodule zur Verfügung (Bibliotheken genannt), mit denen ML- und zum Teil sogar schwache KI-Applikationen gebaut werden können. Für ein paar Euro im Monat kann ein Cloud-Computer gemietet und für Data-Science-Projekte genutzt werden. Wird einmal mehr Rechenleistung benötigt, kann für ein paar Stunden ein größerer Rechner oder ein ganzes Cluster hinzugebucht werden. Das kostet dann zwar etwas mehr, aber es ist keine Investition in einen eigenen großen Maschinenpark mehr notwendig.

Der Begriff des Hypes soll nicht darüber hinwegtäuschen, dass die Voraussetzungen heute andere sind als zu den Zeiten der früheren KI-Winter. So folgt dem Gipfel der überzogenen Erwartungen in dem Gartner

Hype Cycle[3] zwar zunächst das Tal der Enttäuschungen, danach aber das Plateau der Produktivität. Mit anderen Worten: Momentan werden ML und KI vielleicht etwas überschätzt, auf lange Sicht scheinen sie aber eher unterschätzt zu werden. Denn die technologische Entwicklung läuft in vielen Bereichen exponentiell und nicht linear. KI hat dann, anders als im Gartner Hype Cycle beschrieben, nicht nur einen Gipfel, sondern gleich drei erlebt.

Grundwissen für Online Marketing Manager

Von Online Marketing Managern wird sicherlich nicht erwartet, dass sie selbst ML-Projekte programmieren. Es ist aber immens hilfreich, die verschiedenen Ansätze zu verstehen, um nicht auf »Slideware« hereinzufallen, also auf Produkte, die nur auf PowerPoint-Folien existieren, aber nicht in der Realität. In den folgenden Abschnitten werden häufig verwendete Algorithmen vorgestellt, die es Online Marketing Managern ermöglichen, die Vor- und Nachteile der einzelnen Ansätze nachvollziehen zu können. Zusätzlich gibt es am Ende dieses Kapitels einen Abschnitt über LLMs (zu deren Familie auch ChatGPT gehört), denn nun ist KI für viele nutzbar geworden.

Lineare Regression

Die lineare Regression ist einer der einfachsten Algorithmen, dessen Ansätze bereits Anfang des 19. Jahrhunderts erarbeitet wurden. In der einfachsten Form wird eine *abhängige Variable* (auch *Zielvariable* genannt) durch eine lineare Funktion mit einer *unabhängigen Variablen* (auch *Prädiktor* genannt) erklärt: Wird mehr Geld im Marketing ausgegeben, gehen die Verkäufe hoch. Natürlich ist diese Annahme nicht unbedingt richtig, denn häufig verläuft eine solche Linie mit steigendem Marketingbudget nicht mehr linear, ist also nicht mehr geradlinig. In der Regel nehmen ab einem bestimmten Punkt die Abverkäufe nicht im gleichen Maße zu, wie das Marketingbudget erhöht wird, die Linie flacht dann ab.

Häufig geht es aber zunächst einmal darum, dass die Funktion identifiziert wird, mit der vorhergesagt werden kann, bis zu welchen Marketingausgaben die Linie noch linear verläuft. So könnte man sagen, dass die lineare Regression die einfachste Form von *Predictive Analytics* ist.

Doch wie wird die in Abbildung 13-1 dargestellte Regressionslinie genau durch die Punkte gezogen? Hier wird in der einfachsten Form die *Methode der kleinsten Quadrate* gewählt. Bei der eingezeichneten Regressionslinie sind nur wenige Punkte genau auf der Linie. Die meisten

3 Siehe *https://www.gartner.com/en/research/methodologies/gartner-hype-cycle*

Punkte haben einen Abstand zu dieser Linie, diese werden *Residuen* genannt (siehe Abbildung 13-2). Manche Residuen sind positiv, andere sind negativ. Werden die Residuen quadriert, wird das negative Vorzeichen entfernt, und die quadrierten Abstände können summiert werden. Für diese Linie entsteht also ein Wert, der aussagt, wie groß die Summe der quadrierten Abstände ist.

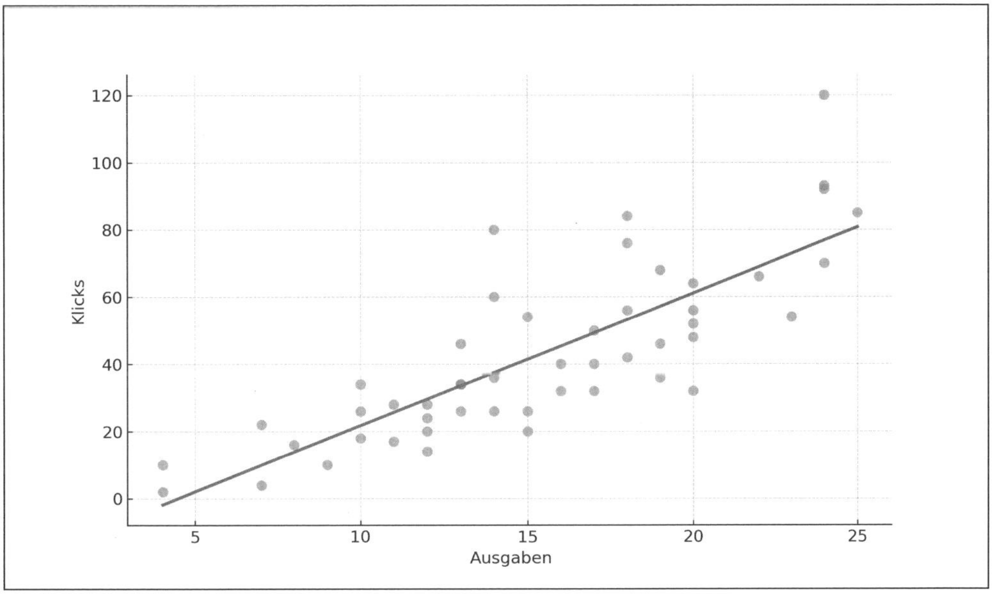

Abbildung 13-1:
Plot eines Datensatzes mit einer linearen Regressionslinie

Würde man nun die Linie leicht drehen, würden sich auch die Residuen ändern und somit ebenfalls die Summe der quadrierten Abstände. Sind die Abstände insgesamt größer, kann daraus interpretiert werden, dass die Linie nicht optimal durch die Punkte führt. Gesucht ist die Linie, die die geringste Summe quadrierter Abstände hat. Dies ist die Methode der kleinsten Quadrate. Der Computer probiert sozusagen mehrere Linien aus, prüft die Summe der quadrierten Abstände und ermittelt dann die Linie, die zu der kleinsten Summe der quadrierten Abstände führt.

An diesem Beispiel sehen wir auch gleich ein Problem. Es könnte sein, dass eine lineare Funktion gar nicht die optimale Lösung ist. Es könnte genauso gut sein, dass eine nicht lineare Funktion viel besser passt, da sich die Werte in der Mitte der x-Achse unter der Linie versammeln, sich aber weiter rechts auf der x-Achse eine Tendenz nach oben abzeichnet. Ein Plot wie in den Abbildungen hilft, zunächst einmal einen Eindruck davon zu gewinnen, wie eine Regressionslinie aussehen könnte.

Ein Beispiel für eine nicht-lineare Regression ist die Klickrate für die Artikel in einem Newsletter, die nicht gleichmäßig abnimmt.

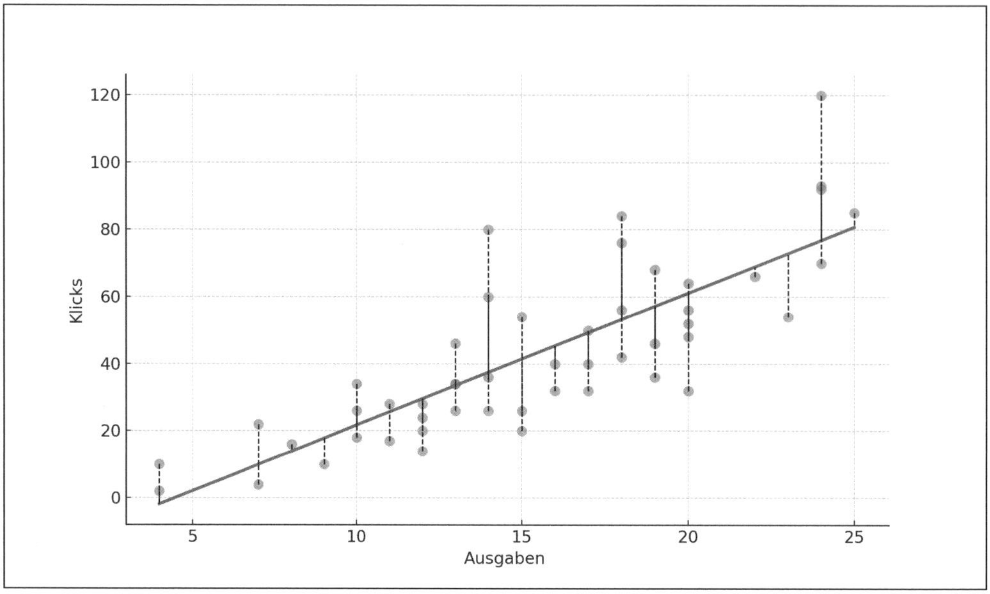

Abbildung 13-2:
Plot mit Datenpunkten und Regressionslinien inklusive Markierung der Abstände einiger Datenpunkte (Residuen)

Supervised, Unsupervised Learning und Distanzen

Die Konzepte des *Supervised* und *Unsupervised Learnings* sind elementar im Machine Learning. Sie beschreiben zwei Herangehensweisen, die für unterschiedliche Fragestellungen verwendet werden.

Im *Supervised Learning* (im überwachten Lernen) wird der Maschine eine Zielvariable vorgegeben, und der verwendete Algorithmus soll diejenigen Parameter identifizieren, die zur Zielvariablen führen. Ein Beispiel: Auf Basis von bisherigen Conversions soll prognostiziert werden, ob Kunden, die am Anfang der Customer Journey stehen, konvertieren werden oder nicht. Mit anderen Worten: Wir wissen, was wir wollen, wir wissen nur nicht, welche Gewichtung der Features dazu führt, dass das Ziel erreicht wird. Features sind Variablen, die einen Bezug zur Zielvariablen haben.

Im *Unsupervised Learning* (also im unüberwachten Lernen) hat die Maschine keine Zielvariable. Der gewählte Algorithmus findet selbst Muster in den Daten. Beispiel: Auf Basis verschiedener Datenpunkte wie Alter, Anzahl der Kinder, Einkommen und Geschlecht sollen Gruppen identifiziert werden, die ein Produkt nutzen. Auf Basis der Ergebnisse einer solchen Analyse soll die Ansprache in Kampagnen optimiert werden. Mit anderen Worten: Wir kennen die Zielvariable nicht, aber wir wollen sehen, ob es Gruppen von Nutzerinnen und Nutzern gibt, die klar differenzierbar sind. Nicht immer sind die Ergebnisse eines solchen Ansatzes sinnvoll.

Viele der Algorithmen in diesem Bereich verwenden Distanzen, sie sind ein zentrales Konzept im Machine Learning. So wie bei der linearen Regression Abstände zu einer Linie gemessen werden, um die ideale Linie zu identifizieren, werden Distanzen zum Beispiel dafür verwendet, verschiedene Nutzergruppen voneinander zu unterscheiden. Bei einer stetigen Variablen wie dem Alter der User ist das kein Problem, bei kategorialen Variablen wie zum Beispiel dem jeweiligen Geschlecht müssen andere Wege gefunden werden, um mit Distanzen zu arbeiten. Im Prinzip müssen nicht mathematische Sachverhalte mathematisch ausgedrückt werden können.

Clustering und Klassifikation

Bevor die verschiedenen Algorithmen im Detail erläutert werden, soll auf den Unterschied zwischen *Klassifikation* und *Clustering* eingegangen werden.

Bei einer Klassifikation sind die Gruppen, in die neue Datenpunkte eingeteilt werden sollen, bereits bekannt. Solche Gruppen können zum Beispiel bestehende Kundengruppen sein, Kunden, die konvertiert sind, Fraud-Fälle und so weiter. Die zentrale Frage ist hier, wie zuverlassig erkannt werden kann, ob ein neuer Kunde oder User zu einer zuvor trainierten Gruppe gehört oder nicht. Wenn zum Beispiel klar ist, dass ein Kunde eher einen Familienurlaub buchen wird, weil er in die Gruppe »Familienvater« kategorisiert wurde, können ihm andere Angebote angezeigt werden als einem Single.

Demgegenüber steht das sogenannte Clustering, bei dem die Maschine selbst entdeckt, in welche Gruppe man die Kundschaft einteilen kann. Anders als Segmente, die zum Beispiel auf Erfahrung beruhen (Altersklassen, Zugangsgeräte, Browser etc.), können mit Clustering-Algorithmen Gruppen identifiziert werden, die aufgrund der Vielzahl der Features für Menschen nur schwer zu erkennen sind. So könnten über 40-Jährige, die am Wochenende mit einem iPhone auf eine Website kommen, eine klar differenzierbare Gruppe sein im Vergleich zu Usern, die jünger sind und jeden Tag mit einem Android-Gerät Angebote aufsuchen. Die Sinnhaftigkeit und Anwendbarkeit von manchen Clustering-Ergebnissen kann hinterfragbar sein, doch können durch Clustering-Verfahren Zusammenhänge aufgezeigt werden, die aufgrund der vielen und für Menschen damit kaum zu durchdringenden Variablen nicht erkennbar gewesen sind.

Die vorab zu beantwortende Frage ist also, ob man bereits weiß, wie sich User oder Kunden in Gruppen aufteilen und wie man diese ansprechen kann, oder ob mögliche Gruppierungen noch unbekannt sind. Je genauer unterscheidbar Gruppen sind, desto besser sind sie ansprechbar. In Zeiten, in denen die richtige Botschaft an die richtige Person zur richtigen Zeit kommen soll, haben beide Ansätze eine hohe Relevanz für Online-Marketing-Fachleute.

Decision Tree

Decision Trees (oder auch Entscheidungsbäume) werden für Klassifikationen genutzt und sind bereits in den späten 1950er-Jahren entwickelt worden. Sie haben den großen Vorteil, dass ihre Ergebnisse, anders als bei vielen anderen Algorithmen, sehr leicht nachvollzogen werden können. Daher sind sie auch sehr beliebt bei Anwenderinnen und Anwendern, die schwer nachvollziehbaren Algorithmen misstrauen und diese eher als »Blackbox« ansehen.

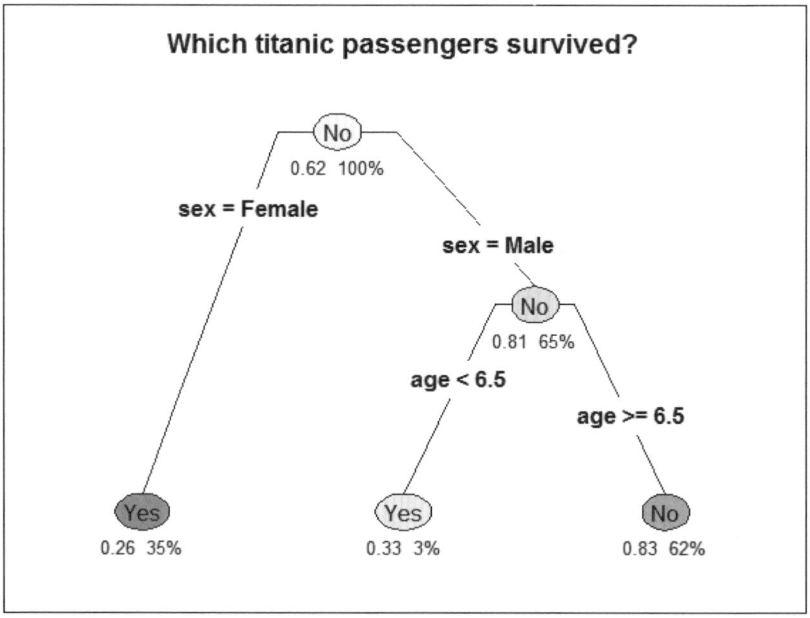

Abbildung 13-3:
Decision Tree für eine Prognose, ob ein Titanic-Passagier überlebt oder nicht
(Quelle: *https://commons.wikimedia.org/wiki/File:CART_tree_titanic_survivors.png*)

Für die Klassifikation wird die Methode der *rekursiven Partitionierung* angewandt. Liegt ein Datensatz vor, wird zunächst überprüft, ob er mit einer binären Frage in zwei unterschiedliche Gruppen aufgeteilt werden kann (siehe Abbildung 13-3). Dieser Schritt wird so oft wiederholt (Rekursion), bis eine Abbruchbedingung eingetroffen ist.

Der Vorteil der Transparenz wird damit bezahlt, dass der Decision-Tree-Algorithmus anfällig für *Overfitting* bzw. eine *Überanpassung* ist. In einem solchen Fall wird auf jede Eventualität, also jeden Ausreißer oder andere Anomalien, eines Datensatzes eingegangen, sodass das resultierende Modell nicht mehr ohne Weiteres für einen anderen Datensatz funktioniert. Eine weitere Frage ist, ob zu Beginn überhaupt eine passende binäre Frage identifiziert werden kann.

k-Means

Ein populärer Algorithmus für das Clustering von Daten ist der *k-Means-Algorithmus*. Die Idee für den Algorithmus geht auf die 1950er-Jahre zurück, verwendet wurde der Begriff aber erst in den 1960er-Jahren. In diesem Algorithmus spielen Distanzen eine zentrale Rolle, denn auf Basis von *k*, einer vorher bekannten oder vermuteten Anzahl von Clustern, berechnet k-Means die Abstände von Datenpunkten zu den jeweiligen *k* Clusterschwerpunkten.

Zunächst wird davon ausgegangen, dass die Datenpunkte bereits gut separiert sind. Da häufig mehrere Merkmale als Features beim Clustering verwendet werden (zum Beispiel Alter, Geschlecht, Artikelkategorien, in denen bereits etwas gekauft wurde, Warenkorbgrößen etc.), werden diese in der sogenannten *Hauptkomponentenanalyse* (auch *Principial Component Analysis*) auf wenige Hauptkomponenten reduziert. k-Means beginnt nun entweder mit Vorgaben des Users oder zufällig mit Clusterschwerpunkten, sogenannten *Centroids*, und berechnet dann den Abstand dieses Centroids eines Clusters zu den nächstgelegenen Datenpunkten. In diesen entstandenen Clustern wird der neue Mittelpunkt identifiziert, und von dort aus wird dann erneut der Abstand zu den nächstgelegenen Datenpunkten berechnet. Dieser Schritt wird so oft wiederholt, bis es keine Änderung mehr in den Zuordnungen gibt. Die Abbildung 13-4 zeigt das Ergebnis einer solchen *Clusteranalyse*.

Die Cluster in dem Beispiel sind nicht absolut trennscharf, denn das Cluster links hat zwar einen Abstand zu den Clustern rechts, aber diese beiden anderen Cluster haben eine Schnittmenge. In den Clustern sind Zahlen angegeben, und jede Zahl steht für einen Datenpunkt. In diesem Beispiel geht es um Kunden in einem CRM, die anhand verschiedener Merkmale in Gruppen unterteilt werden können, um eine zielgruppengerechte Ansprache zu ermöglichen, zum Beispiel für einen E-Mail-Newsletter. Die Abbildung zeigt auch die Reduzierung auf zwei Hauptkomponenten als Ergebnis der Hauptkomponentenanalyse.

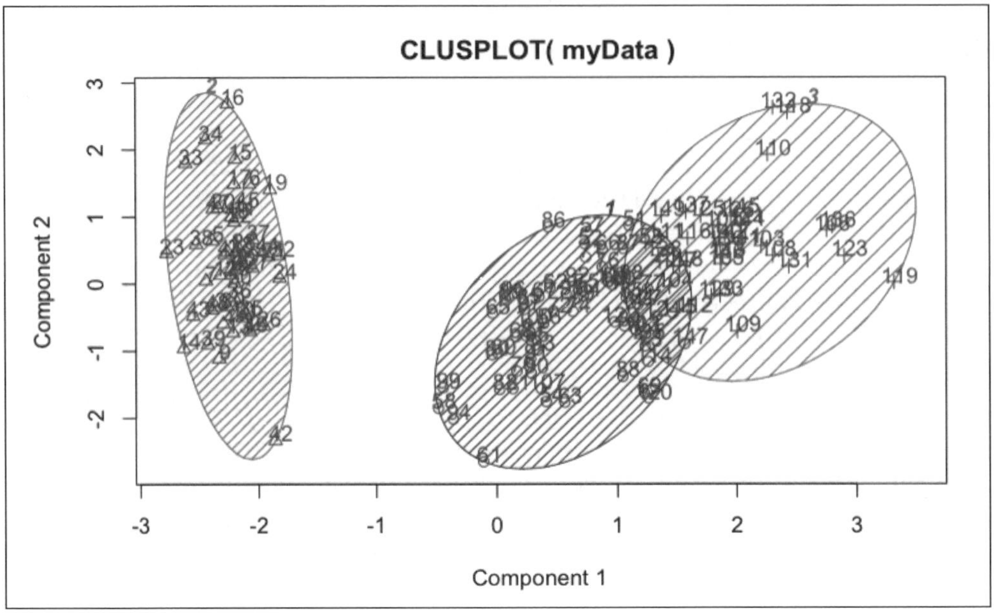

Abbildung 13-4:
Plot von drei Clustern auf Basis von k-Means

Eine Herausforderung des k-Means-Algorithmus ist, dass die Anzahl der Cluster vorab angegeben werden muss. Entweder besteht hier bereits eine Vermutung, oder ein Ansatz wie hierarchisches Clustering unterstützt bei der Identifikation der Anzahl (siehe dazu den Unterabschnitt »Hierarchisches Clustering« weiter unten in diesem Kapitel im Abschnitt »Beispiele«). Eine andere Möglichkeit, um die optimale Anzahl der Cluster zu identifizieren, ist der sogenannte *Scree-Plot*, im Deutschen auch *Ellbogenkriterium*. In diesem Plot wird die Variabilität innerhalb der Cluster mit der Anzahl der Cluster in Verbindung gebracht (siehe Abbildung 13-5). Je weniger sich die Datenpunkte innerhalb eines Clusters angesichts ihrer Merkmale unterscheiden, desto geringer ist die Variabilität. Habe ich in einem Cluster Männer und Frauen, unterscheiden sich die Datenpunkte in diesem Cluster stärker, als befänden sie sich getrennt in zwei Clustern.

Die höchste Variabilität besteht natürlich bei einem Cluster, denn die einzelnen Datenpunkte unterscheiden sich ja voneinander und gehören, so zumindest die Annahme, nicht zusammen in eine Gruppe, danach fällt die Kurve stark ab. Bei drei Clustern ist die Variabilität genauso hoch wie bei zwei Clustern, aber da es bei vier Clustern noch einmal einen Knick gibt, wären drei oder vier Cluster zum Ausprobieren richtig.

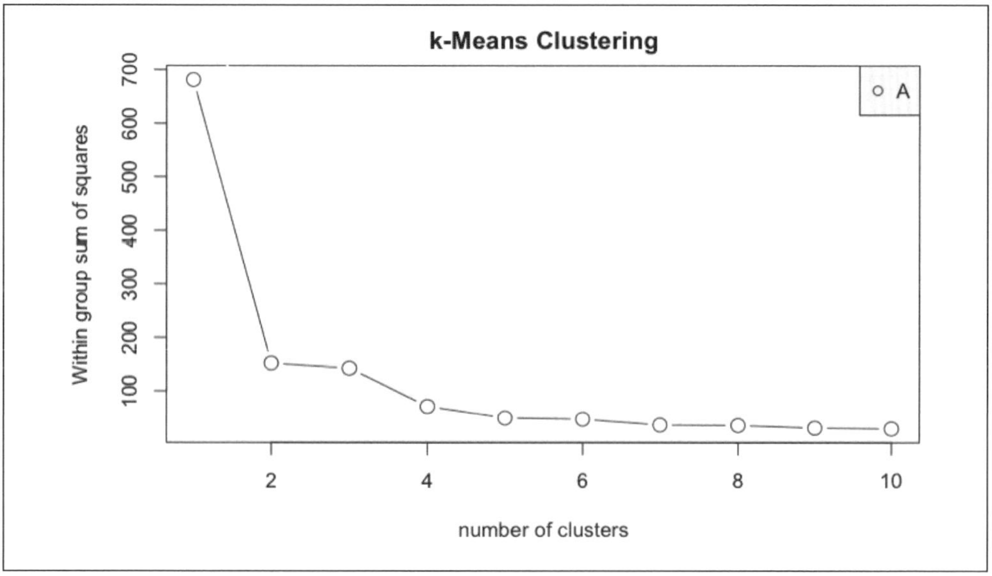

Abbildung 13-5:
Ein Scree-Plot, in dem die Variabilität auf der y-Achse und die Anzahl der Cluster auf der x-Achse gezeichnet sind.

Support Vector Machines

Auch der *Support-Vector-Machines-Algorithmus* (im Folgenden *SVM* genannt) wurde in den 1960er-Jahren entwickelt. Er wird vor allem für Klassifikationen verwendet, es existieren aber auch Abwandlungen für Rankings, zum Beispiel fur Suchmaschinenergebnisse. Die Klassifikation von Kundendaten ist ein häufiger Anwendungsfall.

Auch in diesem Algorithmus spielen Distanzen eine Rolle. Ähnlich wie bei der linearen Regression geht es um Abstände zu einer Linie, die durch Datenpunkte gezogen wird. So können SVMs verwendet werden, um eine Ja/Nein-Klassifikation zu trainieren, zum Beispiel ob ein Kunde konvertieren wird oder nicht.

Eine SVM kann mit mehr als zwei Variablen umgehen, aber in dem folgenden Beispiel werden zur Veranschaulichung lediglich zwei Variablen verwendet. Allerdings kann der grundsätzliche Ansatz nur mit zwei Gruppen umgehen.[4] Die Datenpunkte werden geplottet (visualisiert), und dazwischen wird eine Grenzlinie gesetzt, die diese Punkte möglichst eindeutig trennt. Ähnlich wie bei der linearen Regression gibt es mehrere Möglichkeiten, die Linie durch die Menge von Punkten zu setzen, nur wird hier ein Hilfsmittel hinzugenommen: Zusätzlich zu der Linie werden zwei parallele Linien gesetzt.

4 Die Ranking-SVMs bilden hier eine Ausnahme.

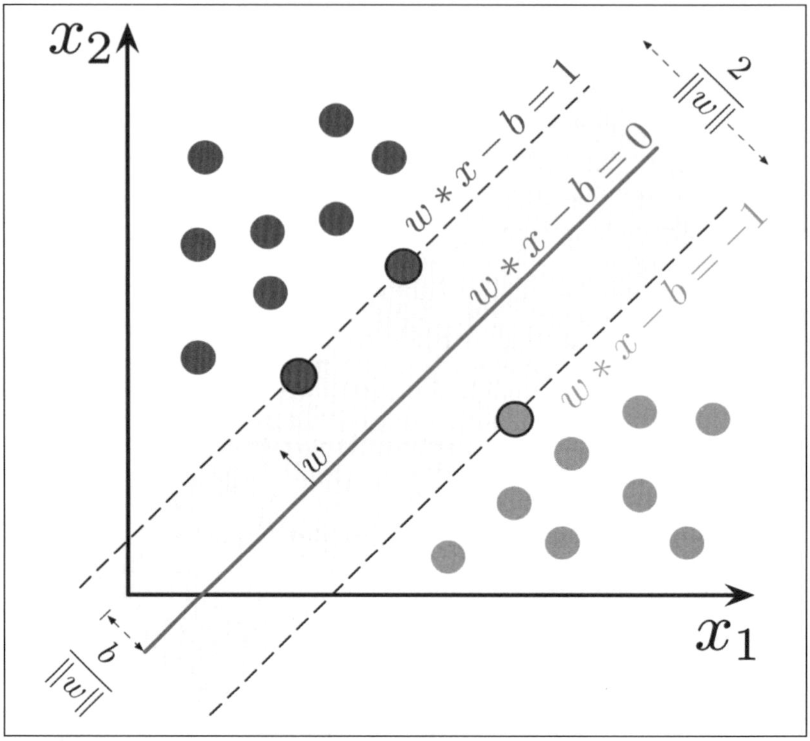

Abbildung 13-6:
Visualisierung einer Support Vector Machine (Quelle: Wikipedia CC BY-SA 4.0)

Die Linie wird dann so gesetzt, dass, die Hilfslinien hinzugenommen, ein möglichst dicker Balken entsteht, die Parallellinien also möglichst weit von der Trennlinie entfernt sind. Bei der Linie, die den maximal dicken Balken erzielt, wird von der optimalen Trennung der Datenpunkte in Bezug auf ihre Unterscheidbarkeit ausgegangen (siehe Abbildung 13-6). Die Punkte, die auf den Hilfslinien liegen, werden *Support Vectors* genannt, daher der Name.

Allerdings verhalten sich nicht alle Daten so trennscharf. Es kann vorkommen, dass in unserem Beispiel grüne Punkte im Bereich der blauen Punkte landen und umgekehrt. In so einem Fall werden diese »Fehler« bestraft, indem eine *Loss Function* (seltener *Verlustfunktion* genannt) zur Anwendung kommt. Vereinfacht gesagt, werden für jeden Fehler die Abstände von der Hilfslinie summiert. Je kleiner die Summe der Fehler, desto idealer ist die Grenzlinie zwischen den Datenpunkten.

SVMs funktionieren gut, wenn ausreichend Daten vorhanden und die Gruppen gut unterscheidbar sind. Außerdem sind SVMs unempfindlich gegenüber Ausreißern. SVMs können auch mit gekrümmten Linien umgehen, denn nicht immer sind Daten so sauber teilbar wie in dem

Beispiel. Die Fläche, die in einem zweidimensionalen Raum durch die Punkte führt, wird *Plane* genannt, bei mehr als zwei Dimensionen auch *Hyperplane*.

Naive Bayes

Um *Naive Bayes* zu erläutern, muss zunächst ein Beispiel außerhalb des Online-Marketings bemüht werden. In der Statistik wird häufig mit Würfeln gearbeitet, um Konzepte zu vermitteln, und das soll auch hier für Bayes' Satz genutzt werden. Die Formeln mögen auf den ersten Blick abschreckend wirken, aber das Prinzip ist mit einem geringen Investment an Aufmerksamkeit nachvollziehbar und ermöglicht das Verständnis eines häufig bemühten Algorithmus.

Die Wahrscheinlichkeit, dass A auftritt, wird mit dem Ausdruck p(A) beschrieben (p für *probability*). Die Wahrscheinlichkeit, dass A und B zusammen auftauchen, wird mit dem Ausdruck p(AB) beschrieben. Hier das Beispiel eines Würfels:

$$\mathrm{p}(\mathrm{AB}) = \mathrm{p}(\mathrm{A}) * \mathrm{p}(\mathrm{B})$$

Die Wahrscheinlichkeit, dass nach einer 6 eine 1 gewürfelt wird, ist

$$p(AB) = \frac{1}{6} * \frac{1}{6} = \frac{1}{36}$$

denn das Ergebnis des zweiten Wurfs ist unabhängig vom Ergebnis des ersten Wurfs. Anders sieht es aus, wenn der Würfel gezinkt ist. Um auch diese Möglichkeit einzubeziehen, wird die Formel nun leicht geändert:

$$\mathrm{p}(\mathrm{AB}) = \mathrm{p}(\mathrm{A}) * \mathrm{p}(\mathrm{B}|\mathrm{A})$$

Umgangssprachlich formuliert, heißt das: die Wahrscheinlichkeit, dass A auftritt und dass im zweiten Wurf B auftritt, wenn vorher A aufgetreten ist. Durch mehrere Umwandlungen erhält man die folgende Formel:

$$\mathrm{p}(\mathrm{B}|\mathrm{A}) = \frac{p(A|B) * p(B)}{\mathrm{p}(\mathrm{A})}$$

Ist nun A eine Evidenz und B eine Hypothese, wird daraus der Satz von Bayes:

$$\mathrm{p}(\mathrm{H}|\mathrm{E}) = \frac{p(E|H) * p(H)}{\mathrm{p}(\mathrm{E})}$$

Das Ergebnis der Formel umgangssprachlich ausgedrückt, bedeutet: die Wahrscheinlichkeit, dass eine Hypothese richtig ist, wenn eine Evidenz eintrifft. Und nun wird auch die Bedeutung dieses Algorithmus für das Online-Marketing deutlich: Anhand von Evidenzen – zum Beispiel welche Seiten eine Nutzerin, ein Nutzer besucht – kann sein Interesse an einem Thema vorhergesagt werden. Viele Targeting-Algorithmen, die über ein dumpfes Retargeting hinausgehen, basieren auf Bayes' Satz.

In der Regel wird aber nicht auf Basis einer einzigen besuchten Seite ein Interesse vermutet, sondern auf Basis von vielen besuchten Seiten (hier als e_1, e_2, ... e_k aufgeführt):

$$p(c|E) = \frac{p(e_1|c) * p(e_2|c) \ldots p(e_k|c) * p(c)}{p(E)}$$

Naive Bayes wird übrigens nur deswegen »Naive« genannt, weil von der Unabhängigkeit der Ereignisse ausgegangen wird (was nicht unbedingt zutreffen muss). Der Name hat nichts damit zu tun, dass der Algorithmus »dumm« wäre. Zwar ist er einfach und elegant, aber vor allem ist er robust und ermöglicht auch ein kontinuierliches Lernen, da jede neue besuchte Seite als neue Evidenz in die Berechnung mit einbezogen werden kann. Naive Bayes basiert nicht auf Distanzen und ist deswegen auch nicht so einfach visualisierbar wie zum Beispiel ein hierarchisches Clustering.

Neuronale Netzwerke und Deep Learning

Wie eingangs erwähnt, zählt *Deep Learning* am ehesten zu dem Bereich der KI. Es basiert auf künstlichen *neuronalen Netzwerken*, die das menschliche Gehirn simulieren sollen. Ein Neuron ist nach dem Muster einer menschlichen Nervenzelle entworfen und kann mehrere Eingaben nach einem bestimmten Muster verarbeiten. Die Eingaben an ein Neuron werden *gewichtet* verarbeitet und dann unter Berücksichtigung eines *Schwellenwerts* in einer *Aktivierungsfunktion* zu einer Ausgabe. Durch Versuch und Irrtum können die Gewichtungen verändert werden, sodass das Neuron »lernt«.

Ein neuronales Netz besteht aus *Schichten* oder *Layern*, in denen Neuronen angeordnet sind. Die Ausgabe einer Schicht ist die Eingabe für die nächste Schicht. Von Schicht zu Schicht werden die Informationen, die die Input-Schicht aufgenommen hat, transformiert, sodass sie einem zuvor trainierten Datenpunkt ähnlicher werden. Soll zum Beispiel der Buchstabe M erkannt werden, »sieht« die Input-Schicht zunächst die Pixel und transformiert diese so, dass sie dem M, das im Training verwendet wurde, immer ähnlicher wird. Ein übliches Beispiel für Deep Learning ist die Bilderkennung.

Beim Deep Learning werden mehr Schichten verwendet. In der Vergangenheit wurden mit mehr Schichten bei mehr Rechenzeit kaum bessere Ergebnisse erzielt, beim Deep Learning ist dies anders. Neben der Bilderkennung werden neuronale Netzwerke auch für Deepfakes genutzt, bei denen Menschen in Filmen andere Gesichter erhalten oder ein Mensch die Bewegungen eines anderen Menschen erhält. Das Besondere am Deep Learning ist aber, dass Googles DeepMind nur auf Basis der sich bewegenden Pixel eines Atari-Spiels gelernt hat, wie man ein Spiel wie dieses spielt.[5]

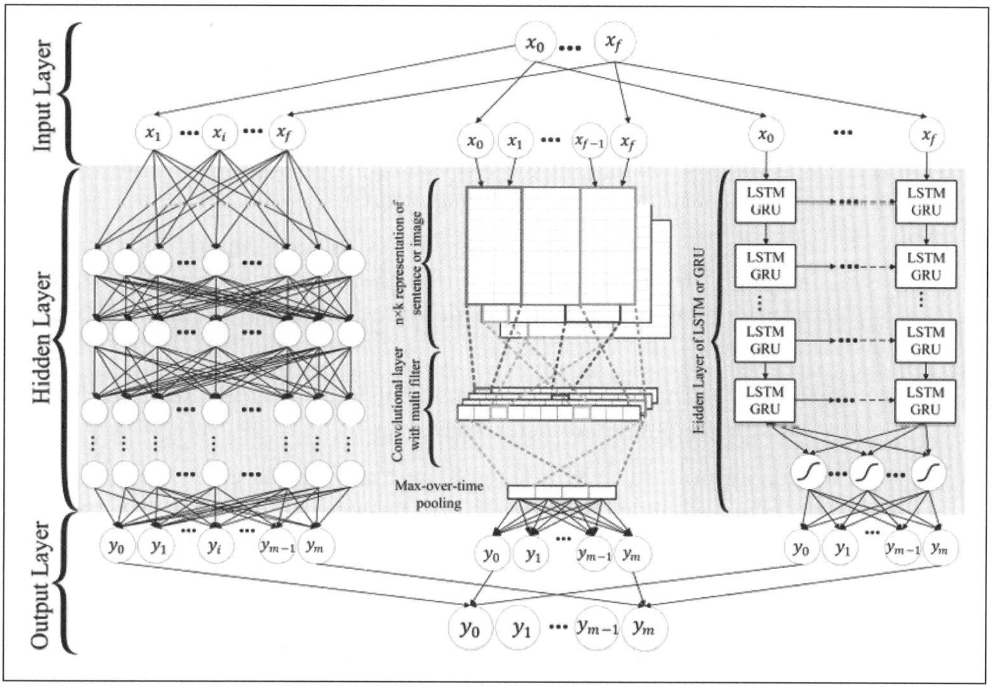

Abbildung 13-7:
Visualisierung eines neuronalen Netzwerks (Quelle: Wikipedia CC BY-SA 4.0)

Für das Online-Marketing sind neuronale Netzwerke aus mehreren Gründen interessant. Sie werden vor allem zur Mustererkennung verwendet, zum Beispiel um handgeschriebene Zahlen oder Buchstaben zu identifizieren, wenn ein Kunde ein Papierformular ausgefüllt hat, dessen Daten nun digital eingelesen werden sollen. Aber sie können auch dazu genutzt werden, Kunden in Segmente zu unterteilen, ein Fo-

5 *https://deepmind.com/research/publications/playing-atari-deep-reinforcement-learning*

recasting für Verkäufe zu erstellen oder die Laune eines Kunden zu identifizieren.

Der Nachteil von Deep Learning ist, dass sehr viele Daten benötigt werden. Und nur weil ein Algorithmus moderner ist als ein anderer, bedeutet das nicht zwangsläufig, dass er immer besser funktioniert. Gleichzeitig wird mit Deep Learning die Hoffnung verbunden, dass hier wirklich KI-Technologien einer breiteren Masse von Entwicklerinnen und Entwicklern zur Verfügung gestellt werden und somit die Entwicklung beschleunigt werden kann.

Warenkorbanalyse

Die *Warenkorbanalyse*, im Englischen *Market Basket Analysis*, untersucht Korrelationen zwischen gemeinsam auftretenden Artikeln in Warenkörben. Diese Anwendung basiert auf *Assoziationsalgorithmen*, zum Beispiel dem *Apriori-Algorithmus*, der häufig für die Erstellung von Assoziationsregeln (Welcher Artikel wird häufig zusammen mit einem anderen Artikel gekauft?) verwendet wird. Eine Warenkorbanalyse wird z.B. für das *Cross-Marketing* genutzt.

Benötigt werden für den Einsatz eines solchen Algorithmus zunächst einmal Daten über die Warenkörbe bzw. die Kassenbons. Jeder Kassenbon ist eine Transaktion, bei der mindestens ein Produkt im Warenkorb liegt.

Im nächsten Schritt werden aus den Transaktionen Regeln generiert. Hierfür sind drei Parameter wichtig:

- **Support** – Die Anzahl der Transaktionen mit einer Produktkombination geteilt durch alle Transaktionen, ungeachtet dessen, ob weitere Produkte Teil der Transaktion waren. Der Support ist wichtig, weil Regeln identifiziert werden sollen, die häufiger angewendet werden können.
- **Confidence** – Support für das gleichzeitige Auftreten aller Produkte in einer Regel, wenn ein Produkt aus dem Set auftaucht.
- **Lift** – Wie viel häufiger taucht ein Set auf, als wir erwarten würden, wenn die Produkte unabhängig voneinander gekauft würden?

Dies soll im Abschnitt »Warenkorbanalyse« auf Seite 615 illustriert werden.

Kennzahlen und Erfolgsmessung

Mit Machine-Learning- und Data-Science-Themen können spannende Analysen und Ergebnisse erzielt werden, allerdings müssen sich diese auch in der Realität beweisen. Um zu verstehen, welche Algorithmen überhaupt in der Realität verwendet werden sollen, existieren für die Modelle verschiedene Kennzahlen.

Labor versus Realität

Die Kennzahlen sind je nach Algorithmus unterschiedlich, die verschiedenen Ansätze sollen hier je nach Anwendungsfall dargestellt werden. Vorausgeschickt sei aber, dass jeder Test eines Modells »im Labor« nicht so aussagekräftig ist wie ein Test unter realen Bedingungen. So kann ein Assoziationsalgorithmus wunderbare Regeln produzieren, aber wenn sich daraus keine gesteigerten Abverkäufe ergeben, ist außer der theoretischen Erkenntnis nichts gewonnen.

Cross Validation

Zunächst werden die meisten Algorithmen erst einmal »im Labor« getestet, und zwar mit Daten aus der Vergangenheit. Offensichtlich ist es keine gute Idee, diese Daten sowohl für das Training als auch für den Test zu verwenden. Daher werden die Daten aufgeteilt in einen Trai ningsdatensatz und einen Testdatensatz. Die Trainingsdaten werden dazu verwendet, das Modell zu trainieren, die Testdaten, um die Performance des Modells zu evaluieren.

Bei der *Cross Validation* (Kreuzvalidierung ist zwar die korrekte Übersetzung, wird aber selten verwendet) wird der Datensatz jedoch nicht nur einmal, sondern gleich mehrmals aufgeteilt. Dieses Prinzip wird in Abbildung 13-8 visualisiert.

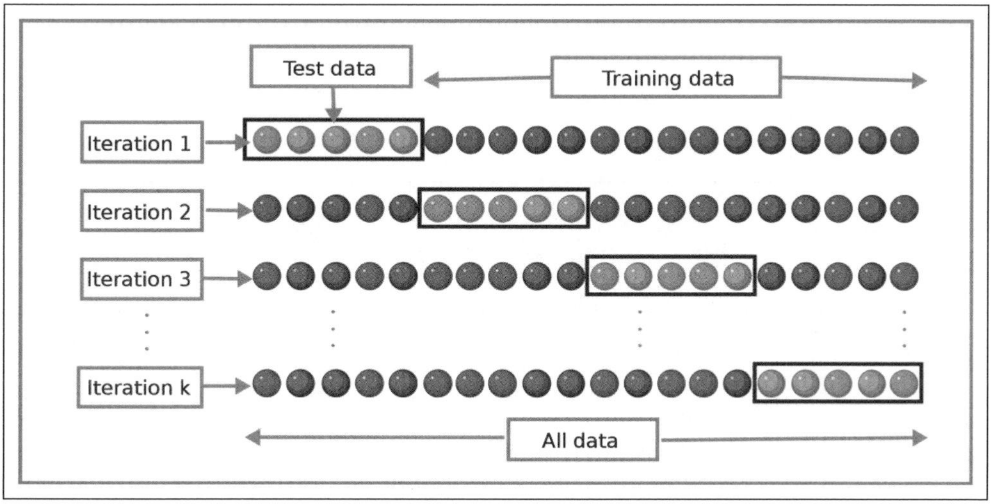

Abbildung 13-8:
Visualisierung der Aufteilung eines Datensatzes für eine Cross Validation (Quelle: Wikipedia CC BY-SA 4.0)

Der Datensatz wird zum Beispiel in vier gleich große Teile geteilt, und der erste Teil wird in der ersten Iteration für das Testen verwendet, die anderen drei Teile für das Training. Sind Training und Test in der ersten Iteration abgeschlossen, wird nun in der zweiten Iteration der zweite der Teile für den Test verwendet und die anderen Teile für das Training. Dies wird so lange wiederholt, bis jeder der vier Teile einmal als Testdatensatz verwendet worden ist.

Durch diese Vorgehensweise wird verhindert, dass einfach nur eine zufällig suboptimal ausgewählte Stichprobe, die bei der Teilung in Trainings- und Testdatensatz genommen wurde, für ein Ergebnis verantwortlich ist. Werden mehrere Stichproben verglichen, fällt dies spätestens bei der Cross Validation auf.

Confusion Matrix

Die *Confusion Matrix* ist ein Werkzeug zur Beurteilung von Klassifikationsalgorithmen. Sie ist eine Kontingenztabelle, das heißt, sie zeigt die Häufigkeiten von Kombinationen verschiedener Merkmalsausprägungen.[6]

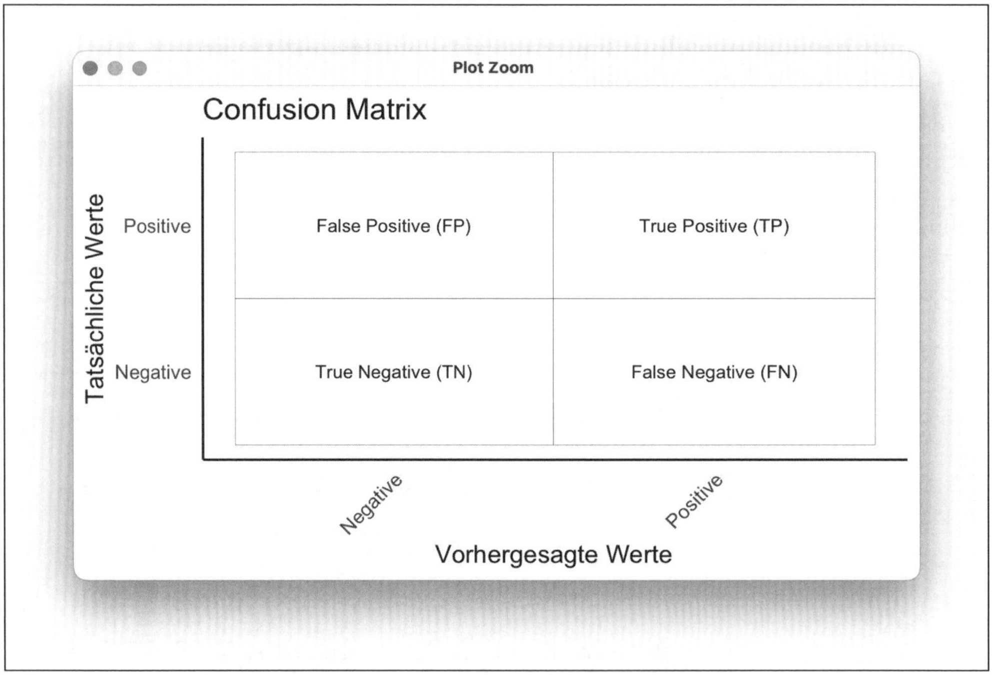

Abbildung 13-9:
Vorgehensweise bei einer Confusion Matrix

6 Ein Merkmal ist in der Statistik zum Beispiel das Geschlecht, die Merkmalsausprägung ist hier männlich, weiblich oder divers.

Im Fall einer Klassifikation interessiert vor allem, wie häufig ein Algorithmus etwas richtig oder falsch erkannt hat, wobei zwischen *False Positives* und *False Negatives* unterschieden wird. Wird zum Beispiel ein Mann als schwanger eingestuft (positive Einschätzung, aber falsch), handelt es sich um einen Fehler der 1. Art. Wird einer Frau gesagt, sie sei nicht schwanger, obwohl sie es ist (negative Einschätzung, aber tatsächlich wäre es richtig gewesen, sie als schwanger einzustufen), handelt es sich um einen Fehler der 2. Art.

Diese Fehler können unterschiedlich schwere Konsequenzen nach sich ziehen. Wird ein Fraudster nicht als solcher erkannt, kann durch Betrug Geld verloren werden. Werden ehrliche User als Fraudster eingestuft, kann durch Vorkasse verhindert werden, dass sie tatsächlich einen Fraud begehen. Das ist zwar unbequem für ehrliche Kundinnen und Kunden, aber immer noch besser, als Kaufinteressierte abzulehnen. Ähnliche Ansätze werden zum Beispiel bei Targeting-Algorithmen in die Evaluation einbezogen: Es ist mitunter schlimmer, User eine absolut irrelevante Anzeige anzuzeigen, als zu versäumen, eine relevante Anzeige auszuliefern. Daher ist gerade bei solchen Projekten die Unterscheidung zwischen Fehlern der 1. und 2. Art wichtiger als lediglich der Anteil von richtigen Antworten.

Area under the ROC Curve

Eine weitere Erfolgskennzahl für einen Klassifikator setzt sich aus der *Area under the ROC Curve* (*AUC*) zusammen, wobei ROC für *Receiver Operating Characteristics* steht, im Deutschen auch manchmal *Grenzwertoptimierungskurve* genannt.

Die ROC Curve ist ein Plot mit der False-Positive-Rate auf der x-Achse und der True-Positive-Rate auf der y-Achse. Es werden sozusagen die Vorteile eines Klassifikators mit den Kosten in Bezug auf Fehler visualisiert. In Abbildung 13-10 werden drei verschiedene Klassifikatoren angezeigt – mit unterschiedlicher Performance.

Die Fläche unterhalb der ROC-Kurve verdichtet die Informationen über die Performance eines Modells in einer Zahl. Je höher der AUC-Wert, desto besser fallen die Werte in der *Confusion Matrix* aus. Dies ist eine andere Metrik als die Korrektheit eines Algorithmus, denn ein Algorithmus kann häufig True Negatives vorhersagen, aber keine True Positives, und dementsprechend zwar eine hohe Akkuranz, aber einen niedrigen AUC-Wert haben.

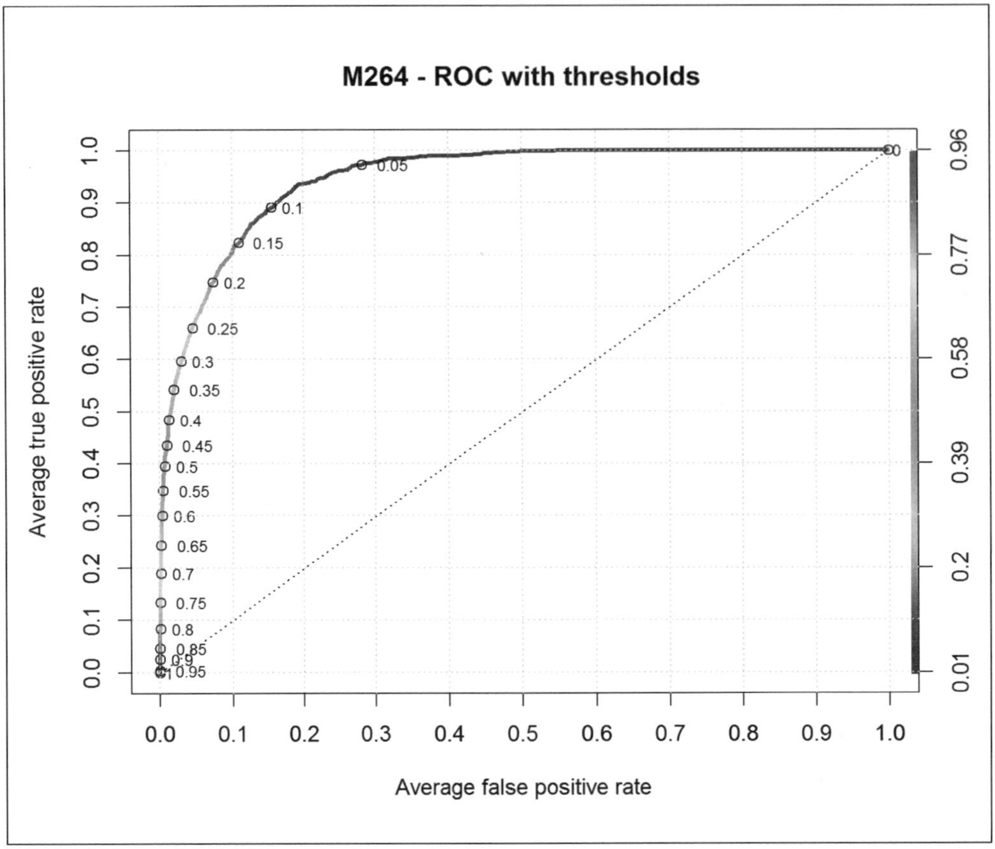

Abbildung 13-10:
ROC/AUC (Quelle: Dr. Meltem Akyilmaz-Yabaci)

A/B-Test eines Modells

Auf *A/B-Tests* wird bereits in anderen Kapiteln eingegangen, in diesem Abschnitt sollen einige Besonderheiten herausgestellt werden, die Beachtung verdienen.

Soll ein Modell in der Produktionsumgebung getestet werden, muss dessen Performance mit der gegenwärtigen Performance verglichen werden. Die Nutzerinnen und Nutzer im gegenwärtigen Setup bilden dabei die Kontrollgruppe, diejenigen, die dem zu testenden Modell ausgesetzt sind, gehören zur Testgruppe.

Es stellt sich nun die Frage, wie die Performance genau gemessen werden soll. Wenn zum Beispiel durch Assoziationsregeln mehr verkauft werden kann, sieht das zunächst nach einem erfolgreichen Ergebnis aus. Genauso könnte es aber auch sein, dass die User Produkte einfach nur früher kaufen, die sie sowieso später gekauft hätten, und dass somit eine sogenannte *Pull-forward Cannibalization* stattfindet. Es ist also hilfreich, die Testergebnisse nicht nur isoliert, sondern auch in einem größeren Kontext zu betrachten und zu interpretieren. Am Ende des Tages muss mehr in der Kasse landen, doch manche kurzfristigen Erfolge haben mittel- oder langfristige Nebenwirkungen.

Auch die Testtools sollen kurz näher beleuchtet werden. Zwar existieren hierfür viele Tools, vor allem für Webseiten, es ist aber den wenigsten Anwendern klar, was unter der Motorhaube passiert, und in diesem Fall ist es eine Illusion, zu glauben, man könnte das Denken einem Tool übertragen. So wird in vielen Tools von einem Konfidenz- oder Signifikanzniveau oder einem p-Wert gesprochen. Liegt das Konfidenzniveau bei 95% oder höher, werden die Ergebnisse als signifikant betrachtet.

Das erste Missverständnis ist hier, dass das nicht bedeutet, dass die Annahmen, die mit diesem Test verbunden sind, nun wahr sind. In der Regel kann das Ergebnis, das dem User jetzt vorliegt, stark vereinfacht gesagt so interpretiert werden, dass die Wahrscheinlichkeit, dass der Mittelwert der Testgruppe durch Zufall bei der Stichprobe so weit von dem Mittelwert der Kontrollgruppe entfernt ist, bei 5% oder weniger liegt. Mit anderen Worten, es könnte auch ganz anders sein, allerdings ist die Wahrscheinlichkeit nicht hoch.[7] Es hängt aber auch von dem statistischen Test ab, wie genau die Werte interpretiert werden müssen.

Der Wert von 95% (100 minus Konfidenzniveau = Signifikanzniveau) ist ebenfalls nicht in Stein gemeißelt. Tatsächlich kann man selbst entscheiden, ab welchem Wert eine Hypothese abgelehnt werden soll. So kann es sein, dass bei 123 Conversions das Konfidenzniveau von 95% nicht erreicht wird, bei 124 Conversions aber schon. Bei so einem geringen Unterschied ist es schwer zu vermitteln, warum ein Modell dann nicht eingesetzt werden soll, wenn das Konfidenzniveau selbst gewählt werden kann. Allerdings sind sich die meisten Anwender dieser Hintergründe nicht bewusst und vertrauen dem Tool, dessen Arbeitsweise sie aber nicht verstehen.

Demgegenüber stehen Tools, die einen anderen statistischen Unterbau haben. Hier wird die *bayessche Inferenz* genutzt. Bayes' Satz wurde schon weiter oben besprochen. Tatsächlich können mit denselben Daten je nach Testverfahren unterschiedliche Ergebnisse herauskommen.

---

7 Nicht einmal jeder Wissenschaftler, der sich mit p-Werten beschäftigt, kann diese auch erklären: *https://fivethirtyeight.com/features/not-even-scientists-can-easily-explain-p-values/*.

Beispiele

In diesem Abschnitt werden einige der zuvor vorgestellten Algorithmen und ihre Anwendung im Detail erläutert.

Hierarchisches Clustering

Das hierarchische Clustering verwendet Distanzen, um Datenpunkte in Gruppen zu unterteilen. Die folgenden Absätze enthalten ein stark vereinfachtes Beispiel.

Der kleine Datensatz besteht aus zwei Merkmalen von Kunden: dem Alter und der Häufigkeit von Käufen in einem Onlineshop. Ein eindeutiges Muster ist auf den ersten Blick vielleicht zu erkennen, wären nun aber mehr Merkmale involviert, würde jeder Mensch die Übersicht verlieren. Hier kommt die Maschine ins Spiel.

X1 <int>	X2 <int>
22	1
22	3
21	5
23	1
27	5
26	3
26	4
20	1

Abbildung 13-11:
Simulierter Datensatz einer Kundengruppe mit Alter und Anzahl Käufen

Zunächst einmal wird eine Distanzmatrix aufgebaut, die die Distanz jedes Datenpunkts zu einem anderen Datenpunkt auflistet. Dafür wird die *euklidische Distanz* verwendet:

	1	2	3	4	5	6	7
2	2.000000						
3	4.242641	2.449490					
4	2.236068	3.000000	5.385165				
5	9.486833	8.831761	10.000000	7.549834			
6	9.643651	9.433981	11.000000	7.483315	2.236068		
7	7.810250	7.280110	8.660254	5.830952	1.732051	2.449490	
8	2.236068	3.000000	4.123106	4.242641	11.357817	11.575837	9.695360

Abbildung 13-12:
Distanzmatrix für das hierarchische Clustering

Beispiel: Der Abstand von Punkt 1 (22,1) und Punkt 2 (22,3) wird mit der euklidischen Distanz folgendermaßen berechnet:

$$\sqrt{(22-22)^2+(1-3)^2}=2$$

Diese Distanzen können nun dafür verwendet werden, ein sogenanntes *Dendrogramm* zu erstellen, in dem die Cluster dargestellt werden.

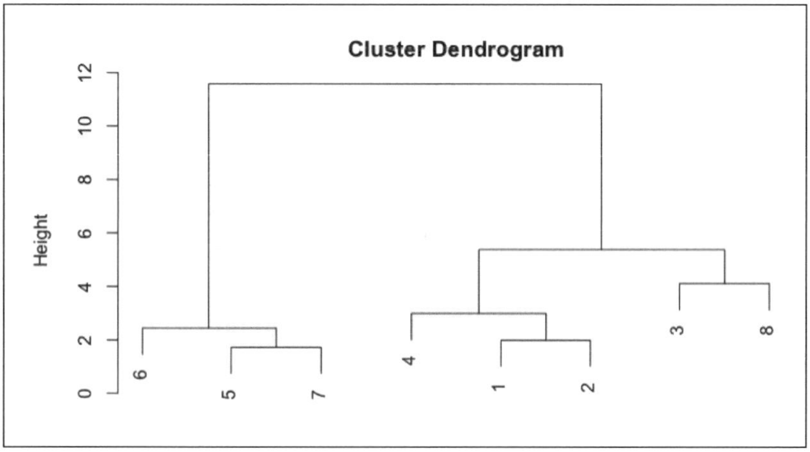

Abbildung 13-13:
Dendrogramm als Ergebnis eines hierarchischen Clusterings

Das Dendrogramm ist so zu lesen, dass auf der y-Achse die Entfernungen zwischen den Clustern gezeigt werden. Je weiter die Cluster voneinander entfernt sind, desto mehr unterscheiden sich die Datenpunkte in einem Cluster von dem eines anderen Clusters. Der Algorithmus hat links ein Cluster erstellt, in dem die Kunden mit einem höheren Alter und einer höheren Anzahl von Käufen gruppiert werden. In dem linken Cluster des rechten Strangs sind die jüngeren Käufer mit wenigen Käufen gruppiert, und das Cluster ganz rechts scheint wenig sinnvoll, da wir hier zwei jüngere Käufer haben, aber einmal mit wenigen und einmal mit vielen Käufen.

Dass Alter und Käufe korrelieren, kann man wahrscheinlich schon mit bloßem Auge erkennen, aber wie oben beschrieben funktioniert das Clustering auch dann, wenn Menschen aufgrund von zu vielen Variablen keine validen Zusammenhänge mehr herstellen können.

Warenkorbanalyse

In dem folgenden Beispiel werden acht Transaktionen (Kassenbons) analysiert:

```
$Tr1
[1] "apfel" "bier"  "reis"  "huhn"
$Tr2
```

```
[1] "apfel" "bier"  "reis"
$Tr3
[1] "apfel" "bier"
$Tr4
[1] "apfel" "birne"
$Tr5
[1] "milch" "bier"  "reis"  "huhn"
$Tr6
[1] "milch" "bier"  "reis"
$Tr7
[1] "milch" "bier"
$Tr8
[1] "apfel" "birne"
```

Die daraus entstehenden Assoziationsregeln sind in der folgenden Abbildung dargestellt.

	lhs <fctr>	<fctr>	rhs <fctr>	support <dbl>	confidence <dbl>	lift <dbl>
[1]	{}	=>	{milch}	0.375	0.3750000	1.000000
[2]	{}	=>	{apfel}	0.625	0.6250000	1.000000
[3]	{}	=>	{reis}	0.500	0.5000000	1.000000
[4]	{}	=>	{bier}	0.750	0.7500000	1.000000
[5]	{birne}	=>	{apfel}	0.250	1.0000000	1.600000
[6]	{apfel}	=>	{birne}	0.250	0.4000000	1.600000
[7]	{huhn}	=>	{milch}	0.125	0.5000000	1.333333
[8]	{milch}	=>	{huhn}	0.125	0.3333333	1.333333
[9]	{huhn}	=>	{apfel}	0.125	0.5000000	0.800000
[10]	{huhn}	=>	{reis}	0.250	1.0000000	2.000000

Abbildung 13-14:
Assoziationsregeln

Am Beispiel von Regel 6 `{apfel} => {birne}` sollen die drei Parameter *Support*, *Confidence* und *Lift* veranschaulicht werden:

- *Support*: Die Kombination `{apfel} => {birne}` ist zwei Mal zu finden, bei acht Transaktionen insgesamt ergibt sich ein Support von 0,25. Gäbe es eine Transaktion [Apfel, Birne, Reis], würde diese auch mitgezählt werden, selbst wenn [Reis] mit enthalten ist.
- *Confidence*: Der Support von `{apfel} => {birne}` wird geteilt durch den Support von `{apfel}`, also 0,25 / 0,625 = 0,4. Dies könnte man so formulieren, dass sich in 40 % aller Fälle, in denen ein Apfel gekauft wird, auch eine Birne mit im Warenkorb befindet.
- *Lift*: Der Support der Regel wird geteilt durch das Produkt des Supports beider einzelnen Produkte, also 0,25 / (0,625 * 0,25) = 1,6. Dies könnte man so ausdrücken, dass die Kombination `{apfel} => {birne}` 1,6-fach häufiger erscheint, als wir es erwarten würden, wenn die beiden Produkte unabhängig voneinander wären.

Diese Regeln können auch visualisiert werden:

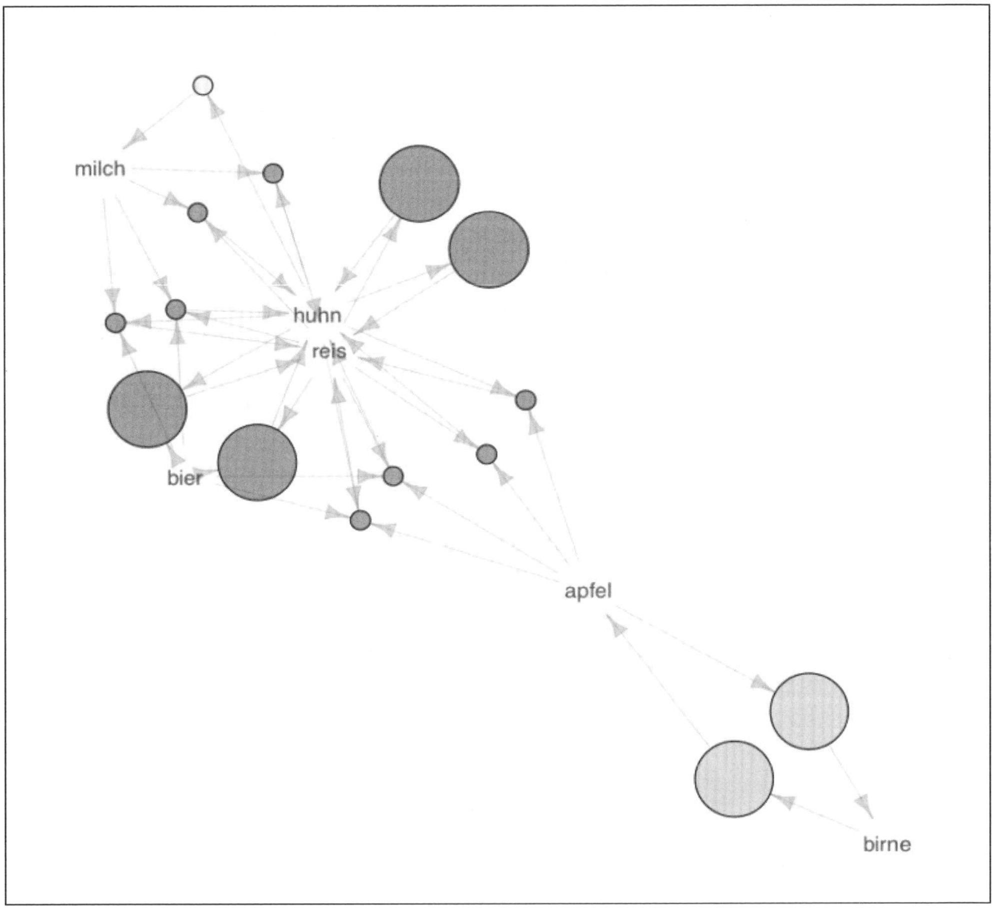

Abbildung 13-15:
Visualisierung von Assoziationsregeln im Rahmen einer Warenkorbanalyse

Je größer ein Kreis ist, desto größer ist der Support für diese Regel. Je dunkler ein Kreis ist, desto größer ist der Lift.

Werden ChatGPT & Co. die KI neu aufrollen?

Im Bereich der künstlichen Intelligenz gibt es eine Zeit vor ChatGPT und eine Zeit danach. Wurden zuvor »dumme« regelbasierte Chatbots als künstliche Intelligenz verkauft und waren Data Science und Machine Learning noch etwas für »Nerds«, steht nun der breiten Masse eine künstliche Intelligenz zur Verfügung, mit der nicht nur »gespielt«, sondern auch gearbeitet werden kann.

Wie funktionieren Large Language Models?

ChatGPT gehört zur Familie der *Large Language Models* (*LLM*), die aus einem neuronalen Netzwerk mit Milliarden von Parametern bestehen. Ein solches Modell wird mit großen Textmengen auf Basis von Self-Supervised oder Semi-Supervised Learning trainiert. Anders als bei der bisherigen Unterscheidung zwischen Supervised und Unsupervised Learning wird beim Self-Supervised Learning kein Labeling benötigt. Der Computer identifiziert aus den Textmengen selbst »Signale« für das Supervised Learning. Ein weiterer Unterschied zu vorherigen Ansätzen ist, dass LLMs für allgemeine Zwecke eingesetzt werden können, anstatt auf eine spezifische Aufgabe trainiert worden zu sein; sie wurden sozusagen für verschiedene Zwecke vorab trainiert, also *Pre-trained*, daher das »P« in GPT. So ist es zum Beispiel möglich, eine Sentiment-Analyse durchzuführen, ohne das Modell vorher darauf trainiert zu haben, was positiv oder negativ gemeint sein könnte.

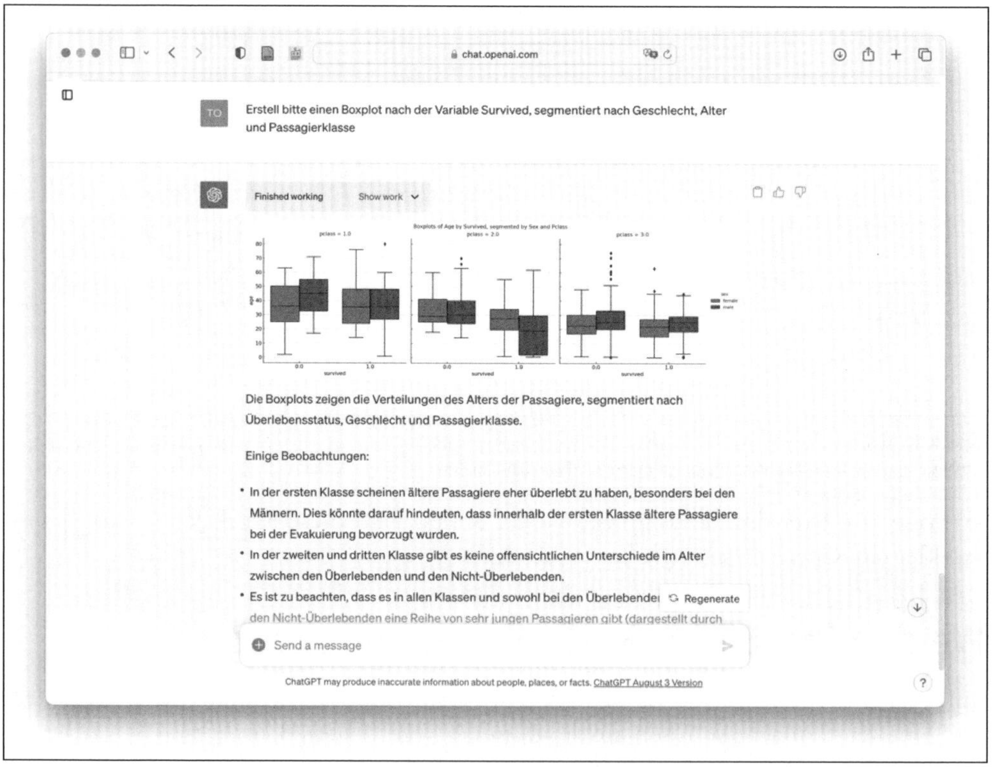

Abbildung 13-16:
Ein Prompt im Advanced Data Analysis-Modul von ChatGPT und seine Ausgabe

Die Grundlagen für ChatGPT & Co. wurden 2017 von Google mit dem sogenannten *Transformer*-Modell geschaffen, dafür steht das »T« in GPT.

Ein Large Language Model besteht im Prinzip aus riesigen Versionen der Transformer-Modelle auf Basis der oben erwähnten gigantischen Textmengen. Ein Transformer-Modell versucht, den Zusammenhang zwischen Wörtern in einem Satz zu »verstehen« (die Bedeutung von »verstehen« sollte hier mit Vorsicht genossen werden). Anders als bei zum Beispiel n-Grammen, also Wortkombinationen in Texten mit n Elementen, werden nicht nur die Nachbarwörter, sondern alle Wörter in einem Satz beachtet, der gesamte Kontext sozusagen »transformiert«. Durch die Textmengen ist es dem Large Language Model damit möglich, die Verwendung von Wörtern und auch Sätzen in einem Kontext zu nutzen.

Nun fehlt nur noch das »G« aus GPT, das für *Generative* steht und bedeutet, dass das Modell in der Lage ist, neue Inhalte zu generieren. Das ist das, was die meisten Nutzerinnen und Nutzer als beeindruckend empfinden: ChatGPT erstellt Inhalte auf Basis von Befehlen, *Prompts* genannt, und zwar basierend auf den Trainingsdaten. Ein Beispiel für einen solchen Prompt ist in Abbildung 13-16 zu sehen.

ChatGPT ist nicht das einzige Large Language Model. Google hat mit BERT und LaMDA zwei Modelle am Start, Meta hat Llama, und in Deutschland gibt es Aleph Alpha. Um ein LLM in der Liga von ChatGPT zu trainieren, sind massive Rechenressourcen notwendig. Nicht umsonst ist ChatGPT 4, das im März 2023 auf den Markt kam, nur mit Daten bis September 2021 trainiert worden.

Brauchen wir überhaupt noch andere Modelle?

Auch wenn Microsoft ChatGPT in die Office-Suite als eigenen Service integrieren will, bedeutet das nicht, dass alle zuvor beschriebenen Ansätze nicht mehr notwendig wären. Zwar hat OpenAI mit dem Feature »Advanced Data Analysis« nun auch Datenanalysen innerhalb von ChatGPT möglich gemacht, aber wie überall in der Informatik gilt: »Garbage in, Garbage out«. Wer nicht weiß, was hier zu tun ist, also zum Beispiel keine Erfahrung in der Anwendung von Modellen hat, wird auch hier keinen Erfolg haben. Ein Großteil der Zeit von Data Scientists geht dafür drauf, dass Daten transformiert und gesäubert werden, und hier benötigt ChatGPT noch Unterstützung. Das bedeutet nicht, dass es in Zukunft unmöglich wäre, dass ChatGPT oder seine Marktbegleiter diese Aufgabe auch stärker übernehmen.

Hinzu kommt: ChatGPT »halluziniert«, d. h., dass es »Fakten« erfindet. Das ist insbesondere dann eine Herausforderung, wenn Fakten benötigt werden. Zwar kann ChatGPT mit Plug-ins erweitert werden, um weitere Informationen hinzuzufügen, aber dennoch macht ChatGPT und machen auch die Marktbegleiter Fehler.

Möglichkeiten der Nutzung von LLMs im Marketing

Auf die Idee, Inhalte mit ChatGPT & Co. zu erstellen, sind wahrscheinlich bereits die meisten Online-Marketing-Experten gekommen. Hier erhalten Sie ein paar weitere Ideen dazu, was mit LLMs erstellt werden kann:

- Textvarianten für Anzeigen für A/B-Tests, zum Beispiel für Google Ads oder Facebook
- Konzepte für Strategien
- SWOT-Analysen
- Datenvisualisierungen
- Inhalte für Business Canvases
- Programmier-Code, zum Beispiel um APIs automatisiert abzufragen

Diese Liste ist nicht vollständig, bietet aber eine erste Übersicht über mögliche Einsätze. Weitere Informationen biete ich auf meinem Blog unter *https://tom.alby.de*.

Checkliste für Data-Science-Projekte

Der typische Ablauf eines Data-Science-Projekts besteht aus den folgenden Schritten, die aber oft nicht wie in einem Wasserfallmodell abgearbeitet werden:

- Das Geschäftsproblem wird klar definiert. Auch wenn dies einfach klingt, ist es häufig die größte Herausforderung.
- Die Daten müssen akquiriert, gesäubert und transformiert werden.
- Die Daten werden analysiert und Modelle gebildet.
- Die Modelle werden getestet.
- Die Ergebnisse werden berichtet.

Es kommt häufig vor, dass in der Analysephase deutlich wird, dass die akquirierten Daten nicht ausreichen, um sinnvolle Modelle zu bilden. Dementsprechend muss ein Schritt zurückgegangen werden, um diese Daten zu erheben. Ebenso kann es erforderlich sein, dass mehrere Modelle angewandt werden, um die Ergebnisse miteinander zu vergleichen.

Hieraus ergibt sich die folgende Checkliste:

- ✓ Was soll mit dem Datenprojekt genau erreicht werden? Wie sähe ein ideales Ergebnis aus? An welchen Daten kann festgemacht werden, dass überhaupt etwas optimiert werden muss?
- ✓ Wie wird Erfolg definiert? Ist die Erfolgsdefinition messbar, also basierend auf Zahlen und nicht nur anhand qualitativer Aussagen?
- ✓ Sind alle dafür benötigten Daten bereits vorhanden?

- ✓ Liegen die Daten so vor, dass sie auch ohne großen Transformationsaufwand verwendet werden können? Beispiel: Zwar nutzen viele Organisationen SalesForce, aber nicht immer werden die Daten dort auch so strukturiert abgelegt, dass sie ohne Weiteres verwendet werden können.
- ✓ Können verschiedene Datentöpfe sinnvoll miteinander verbunden werden?
- ✓ Ist gewährleistet, dass organisatorische Silos überwunden werden können? So ist nicht immer die Technik das Problem, sondern auch Menschen, die Daten nicht herausgeben wollen, stellen ein Problem dar, weil sie eine Automatisierung oder den Erfolg eines anderen verhindern wollen.
- ✓ Wenn Stichproben verwendet werden statt eines kompletten Datensatzes, ist dann sichergestellt, dass sich die Merkmalsausprägungen der Gesamtpopulation in der Stichprobe widerspiegeln? Beispiel: In der Gesamtpopulation sind 50% der User weiblich, in der Stichprobe aber 70%. In diesem Fall wäre das daraus resultierende Modell nur bedingt anwendbar.
- ✓ Ist Datenschutz immer gewährleistet? Sind die Daten, die für die Erstellung eines Modells verwendet werden, auch legal erhoben worden? Wurde den Nutzerinnen und Nutzern mitgeteilt, dass Modelle aus diesen Daten erstellt werden? Wurde darauf geachtet, dass besonders schützenswerte Daten angemessen behandelt werden? Häufig ist eine komplette Anonymisierung der Daten notwendig, damit sie für ein Modell verwendet werden dürfen.
- ✓ Ist sichergestellt, dass eine Tendenz in den Daten (Bias) nicht dazu führt, dass Nutzer oder Kunden in »Sippenhaft« genommen werden?[8] Fällt in einem Stadtbezirk zum Beispiel auf, dass es häufiger zu unbezahlten Rechnungen kommt, könnte ein Modell vorschlagen, dass an Nutzer in diesem Bezirk nur gegen Vorkasse geliefert wird. Dies würde aber auch die Mehrheit der Bevölkerung dieses Stadtbezirks treffen, die ihre Rechnungen pünktlich bezahlen.
- ✓ Ist eine angemessene Infrastruktur für die Verarbeitung der Daten vorhanden? Entspricht diese Infrastruktur auch den gegenwärtigen Datenschutzrichtlinien? Beispiel: Werden Data-Science-Systeme oder Data-Management-Plattformen in der Cloud verwendet, wo genau liegen die Daten? Wer hat darauf Zugriff?
- ✓ Sind die Mitarbeitenden ausreichend qualifiziert, sodass sie tatsächlich wissen, was sie tun? Beispiel: Zwar haben viele Universi-

8 *https://media.ccc.de/v/pw18-57-bias-in-algorithmen-wenn-algorithmen-irren-lernen*

tätsabsolventen bereits Machine-Learning-Projekte in ihrem CV stehen, häufig wurden dort aber Algorithmen verwendet, ohne dass ein komplettes Verständnis der darunterliegenden Ansätze vorhanden ist. Dadurch kommt es zu fahrlässigen Fehlern.[9]

- ✓ Wurde überprüft, dass kein *Overfitting* stattfindet? Overfitting bedeutet, dass ein Modell für einen bestimmten Datensatz stark optimiert wurde und auch mit dessen Ausreißern gut umgehen kann. Allerdings ist das Modell dann nicht mehr für andere Datensätze anwendbar.
- ✓ Wird einfach nur blind einem Tool vertraut? Ein häufig auftretendes Problem ist, dass fehlende Kompetenz durch ein Tool kompensiert werden soll. Das bedeutet in der Regel dann aber »Garbage in, Garbage out« oder auch: »A fool with a tool ist just a fool.« Wenn ein Tool angeschafft werden soll: Kann es anhand eines Testprojekts ausprobiert werden, um die tatsächliche Eignung zu überprüfen?
- ✓ Wurden verschiedene Modelle erstellt und deren Performance verglichen, oder wurde lediglich das Lieblingsmodell der Mitarbeitenden genutzt, weil sie sich damit am besten auskennen?
- ✓ Ist sichergestellt, dass sich Data-Science-Mitarbeitende auf die Lösung von Businessproblemen konzentrieren? Es ist nicht selten zu beobachten, dass auch akademische Interessen verfolgt werden. In der Regel kann alles immer noch weiter optimiert werden, das heißt aber nicht, dass jede weitere Optimierung auch wirtschaftlich sinnvoll ist.
- ✓ Sind die Analysen und die daraus resultierenden Modelle ausreichend dokumentiert? Professionelle Data Scientists verwenden explorative Datenanalysen in Notebooks, in denen die Gedankengänge, die Algorithmen, die Daten und auch die Modelle ausreichend beschrieben werden, sodass andere Data Scientists diese nachvollziehen können.
- ✓ Ist sichergestellt, dass das Modell später auch in der Produktion betrieben werden kann? Beispiel: Assoziationsregeln können einfach erstellt werden, aber wie wird das in einem produktiven System gehandhabt? Wie werden die Regeln in für User sichtbare Empfehlungen implementiert?
- ✓ Kann ein Bestätigungsfehler ausgeschlossen werden? Nicht selten soll ein bestimmtes Ergebnis erzielt werden, und damit dieses erreicht wird, werden nur die Daten verwendet, die zu diesem Ergebnis führen.

---

9 Der Autor hat mehrmals erlebt, dass kategoriale Variablen in Zahlen übersetzt wurden, die Kategorien aber keine Entfernungen voneinander bedeuteten, sodass die Zahlenabstände nicht sinnvoll verwendet werden konnten. Die daraus entstandenen Modelle waren somit komplett unbrauchbar.

KAPITEL 14

Online-Marketing-Recht

In diesem Kapitel:

- Fallstricke beim Impressum
- Suchmaschinenoptimierung – Onpage
- Suchmaschinenoptimierung – Offpage
- Google Ads
- Gegen schlechte Bewertungen im Internet vorgehen
- Rechtliche Aspekte des E-Mail-Marketings
- Social-Media-Recht
- Online-Marketing-Recht und KI: Eine FAQ
- Die Folgen von Rechtsverstößen

Von Niklas Plutte

Ein Online Marketing Manager, der in seinem Bereich kein rechtliches Grundwissen mitbringt, ist eine Gefahr für sein Unternehmen. Diese steile These mag früher überzogen gewesen sein, weil Rechtsverletzungen im Internet häufig nicht verfolgt wurden. Der Wind hat sich jedoch schon lange gedreht. Gerade kreatives und dadurch erfolgreiches Marketing im Netz lässt die Konkurrenz aufhorchen. Da fremde Werbemaßnahmen über das Internet leicht überprüft werden können, gehören Abmahnungen für viele Unternehmen zur Tagesordnung. Abfinden müssen Sie sich damit aber nicht.

Absolute Rechtssicherheit ist in der Praxis zwar oft nicht (zu vernünftigen Kosten) zu erreichen, gewöhnen Sie sich aber vor der Veröffentlichung neuer oder bearbeiteter Inhalte wenigstens einen gedanklichen Rechts-Check an, und entwickeln Sie eine gewisse juristische Sensibilität. Bleiben Sie juristisch auf dem Laufenden, beispielsweise indem Sie einer auf Onlinerecht spezialisierten Kanzlei in den sozialen Medien folgen. Eine Übersicht der aktuellen Abmahnfallen habe ich in diesem Kapitel für Sie zusammengefasst.

Fallstricke beim Impressum

Verspürten Sie intuitiv den Impuls, die folgenden Abschnitte zur Impressumspflicht zu überspringen? Davon rate ich ab. Mangelhafte Impressen gehören angesichts ihrer leichten Überprüfbarkeit weiter zu den häufigsten Abmahnursachen im Internet.

Wo besteht Impressumspflicht?

Ein Impressum müssen alle geschäftlich betriebenen Telemedien aufweisen. Telemedien sind vereinfacht gesagt Onlineangebote, auf die der Inhaber oder die Inhaberin inhaltlich Einfluss nehmen kann, z.B. durch Profilangaben oder das Hochladen von Bildern. Gewöhnliche Websites, Onlineshops oder Blogs stellen daher genauso Telemedien dar wie mobile Apps[1] oder Profile in sozialen Medien, z.B. bei Facebook[2], X, Instagram, YouTube, LinkedIn oder XING[3]. Social-Media-Gruppen und Veranstaltungen (z.B. bei Facebook) müssen ebenfalls ein Impressum aufweisen, wenn sie geschäftlichen Zwecken dienen und nicht rein firmenintern genutzt werden. Die Impressumspflicht kann sogar für einzelne *Beiträge in sozialen Medien* gelten, wenn darin mit konkreten Preisen geworben wird.

Ob Einträge in *Adressseiten* und *Branchenbüchern* der Impressumspflicht unterliegen, kann nicht pauschal beantwortet werden. Gegen eine Impressumspflicht sprechen die meist begrenzten Gestaltungsmöglichkeiten. Wer Abmahnungen aus dem Weg gehen möchte, sollte jedoch nach Möglichkeit überall auf die Pflichtangaben hinweisen. Das gilt insbesondere, wenn vom Anbieter ein spezielles Impressumsfeld vorgesehen ist, ansonsten sollten Sie nach Möglichkeit ein Freitextfeld nutzen.

Ausgenommen von der Impressumspflicht sind nur Internetauftritte, die ausschließlich privaten oder familiären Zwecken dienen. Zu beachten ist, dass die Rechtsprechung die Impressumspflicht sehr weit auslegt. Ein geschäftlich betriebenes Telemedium liegt bereits dann vor, wenn sich darüber (theoretisch) Einnahmen erzielen lassen. Ob tatsächlich Einnahmen erzielt werden, ist nicht entscheidend. Daher können selbst Websites von Privatpersonen der Impressumspflicht unterliegen, wenn beispielsweise *Werbebanner* oder *Affiliate Links* eingebunden wurden.

Profile von Mitarbeiterinnen und Mitarbeitern eines Unternehmens müssen grundsätzlich kein Impressum aufweisen. Anders verhält es sich, wenn der Mitarbeiter das Profil zugunsten des eigenen Arbeitgebers einsetzt, z.B. durch Beiträge mit Verweisen auf geschäftliche Angebote oder Aktionen des Arbeitgebers. Vereinzelte, zeitlich weit auseinanderliegende Beiträge führen noch nicht zu einer Impressumspflicht. Die Grenzen sind allerdings fließend, entscheidend sind letztlich Umfang und Häufigkeit der jeweiligen Postings.[4]

---

1 OLG Hamm, Urteil vom 20.05.2010, I-4 U 225/09

2 LG Aschaffenburg, Urteil vom 19.08.2011, 2 HK O 54/11

3 Streitig. Für Impressumspflicht: LG München I, Urteil vom 03.06.2014, 33 O 4149/14; LG Dortmund, Beschluss vom 06.02.2014, 5 O 107/14. Dagegen: OLG Stuttgart, Az. 2 U 95/14.

4 LG Freiburg, Urteil vom 04.11.2013, Az. 12 O 83/13

Welche Angaben gehören in das Impressum?

Der *Inhalt der Impressumsangaben* hängt unter anderem von Rechtsform, wirtschaftlicher Ausrichtung (B2B/B2C) und Branchenzugehörigkeit des Unternehmens ab. So gehören in ein Impressum beispielsweise die folgenden Angaben (ohne Anspruch auf Vollständigkeit):

- **Bei natürlichen Personen** – ausgeschriebener Vorname und Nachname.
- **Bei juristischen Personen** – Angabe von Firmenbezeichnung, Rechtsform sowie ausgeschriebener Vor- und Nachname mindestens eines Vertretungsberechtigten.
- **Ladungsfähige Anschrift des Diensteanbieters** – Straße, Hausnummer, Postleitzahl und Ort, kein Postfach.
- **Angaben zur schnellen Kontaktaufnahme** – Vorgeschrieben ist neben der E-Mail-Adresse eine zweite Möglichkeit zur Kontaktaufnahme. Die Angabe der Telefonnummer als einer solchen zweiten Möglichkeit ist zwar nicht zwingend, aber dringend zu empfehlen (keine Mehrwertdiensterufnummer). Eine Faxnummer muss nur angegeben werden, falls tatsächlich vorhanden.
- **Angaben zur Aufsichtsbehörde** (falls vorhanden) – relevant beispielsweise für Makler oder Spielhallenbetreiber.
- **Register und Registernummer** (falls vorhanden) – Beispiel: »Amtsgericht Mainz, HRB 1234«.
- **Umsatzsteuer-Identifikationsnummer und Wirtschafts-Identifikationsnummer** (falls vorhanden).
- **Berufsspezifische Angaben** (falls vorhanden) – relevant z.B. für Freiberufler wie Steuerberater, Rechtsanwälte oder Wirtschaftsprüfer.
- **Journalistisch-redaktionell verantwortliche Person** – ausgeschriebener Vorname und Nachname sowie vollständige Anschrift.
- **Für B2C-Unternehmen seit Januar 2016** – Hinweis auf EU-Streitbeilegungsverfahren mit klickbarem Link auf sogenannte OS-Plattform.
- **Neu für B2C-Unternehmen seit Februar 2016** – weitere Informationspflichten nach §§ 36, 37 VSBG.

Individuelle Impressumsangaben können Sie über einen *Impressum-Generator* erstellen. Unser Generator unter *www.ra-plutte.de/impressum-generator/* erzeugt nach Eingabe der abgefragten Firmendaten ein detailliertes Impressum, das kostenfrei verwendet werden darf, sofern im Impressum der Unternehmensseite ein Backlink auf *www.ra-plutte.de* gesetzt wird.

Wer dafür sorgen möchte, dass die Rechtstexte seiner Internetseite automatisch auf dem aktuellen Stand bleiben, wird bei *www.avalex.de* fündig, das ich als Geschäftsführer leite. Die Einbindung der Rechtstexte erfolgt per Plug-in, die Einrichtung dauert nur wenigen Minuten und ist ganz einfach. Tipp: Nutzen Sie den Rechts-Scanner von avalex, um Ihre Internetseite auf Abmahnrisiken überprüfen zu lassen.

Wie stellt man das Impressum rechtskonform dar?

Abmahngefährdet sind nicht nur inhaltlich fehlende oder falsche Impressumsangaben. § 5 Telemediengesetz fordert, dass die Impressumsangaben auch *leicht erkennbar*, *unmittelbar erreichbar* und *ständig verfügbar* gehalten werden.

- Leicht erkennbar ist ein Impressum, wenn es für durchschnittliche Nutzerinnen und Nutzer ohne große Umstände auf einer Webseite bzw. innerhalb eines Profils aufgefunden werden kann.
- Die unmittelbare Erreichbarkeit ist nach der Rechtsprechung des BGH erfüllt, wenn die Impressumsangaben von jeder Unterseite einer Website aus mit maximal zwei Klicks erreicht werden können. Wird aus einem Social-Media-Profil heraus auf ein externes Impressum verlinkt, muss der Link direkt zur Impressumsseite führen.
- Ständige Verfügbarkeit bedeutet, dass das Impressum jederzeit ohne spezielle Software (z.B. PDF-Reader) abrufbar sein muss. Außerdem soll der Nutzer das Impressum bei Bedarf archivieren können. Sorgen Sie daher für eine Druckbarkeit der Impressumsangaben.

Darstellung des Impressums bei Websites, Blogs und Onlineshops

Bei gewöhnlichen Websites, Blogs sowie Onlineshops empfiehlt sich folgendes Vorgehen:

1. Erstellen Sie auf der Website eine neue Unterseite mit der Bezeichnung *Impressum*. Fügen Sie dort ausschließlich die vollständigen Impressumsdaten ein, keine sonstigen Disclaimer oder Datenschutzhinweise. Speichern Sie die Unterseite unter einer sogenannten »sprechenden« URL nach dem Prinzip www.ihredomain.de/impressum/ ab. Alternativ zu *Impressum* dürfen auch die Begriffe *Kontakt*, *Anbieterkennzeichnung* oder *Über mich* verwendet werden. Verzichten Sie auf Kreativität! Begriffe wie »Backstage«[5] oder »Info«[6] sind nach der Rechtsprechung nicht gleichwertig.

5 OLG Hamburg, Beschluss vom 20.11.2002, Az. 5 W 80/02

Abbildung 14-1:
Verwenden Sie für die Impressumsseite einen sprechenden Link.

2. Das Impressum muss *von jeder Unterseite* der Website aus erreichbar sein. Fügen Sie daher einen Link mit der Bezeichnung *Impressum* bzw. *Kontakt* in die Hauptnavigation oder den Footer der Website ein, der ohne Zwischenschritte wie Mouseover oder Klicks direkt im sichtbaren Bereich der jeweiligen Unterseite erkennbar ist. Stellen Sie durch farbigen Kontrast und ausreichende Schriftgröße (Empfehlung: mindestens Schriftgröße[6]) sicher, dass sich der *Impressum*-Link grafisch deutlich vom Hintergrund abhebt. Sollten Sie eine sogenannte »Cookie-Bar« verwenden, muss gewährleistet sein, dass der Link zum Impressum nicht von der Cookie-Bar verdeckt wird.

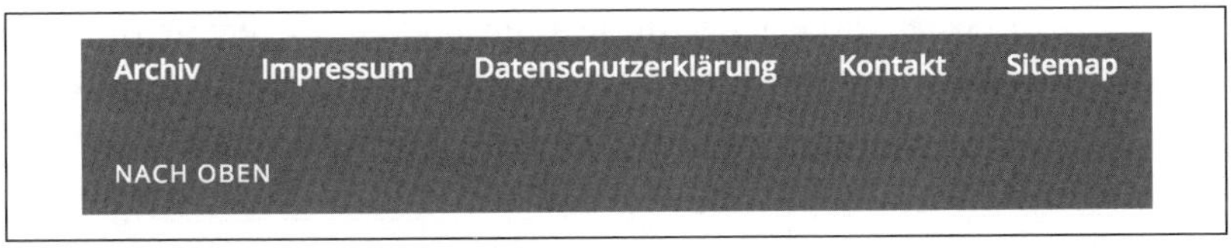

Abbildung 14-2:
Fügen Sie auf jeder Unterseite einen gut sichtbaren Link zum Impressum ein, z. B. in die Hauptnavigation oder den Footer.

Darstellung des Impressums in Social-Media-Profilen

Für die Darstellung der gesetzlichen Pflichtangaben in Social-Media-Profilen bestehen prinzipiell mehrere Möglichkeiten:

1. **Angabe der Impressumsdaten in jedem einzelnen Kanal (nicht empfohlen)** – Theoretisch dürfte man die Pflichtangaben in jedem Social-Media-Profil als Volltext aufführen. Bei Facebook und XING wäre dies technisch möglich, bei Instagram, X (früher Twitter) und YouTube hingegen nicht. Daneben sprechen weitere Gründe gegen die Angabe direkt in den Profilen. Kommt es künftig zu Änderungen der Impressumsdaten, etwa wegen Umzug, geänderten Kontaktdaten oder neuer Firmierung, drohen inhaltliche Widersprüche zwischen den verschiedenen Impressen, was von Mitbewerbern als wettbewerbswidrige Irreführung abgemahnt werden kann.

---

6 LG Aschaffenburg, Urteil vom 19.08.2011, Az. 2 HK O 54/11; OLG Düsseldorf, Beschluss vom 13.08.2013, Az. I-20 U 75/13

2. **Verlinkung auf zentrales Impressum (empfohlen)** – Weniger fehleranfällig und praktikabler ist das Führen eines zentralen Impressums auf der eigenen Haupt-Website (z. B. der Firmen-Homepage), auf das von den einzelnen Social-Media-Profilen verlinkt wird. Wie dies umzusetzen ist, erkläre ich anhand von Facebook, X, Instagram, YouTube und XING. Beachten Sie, dass die folgenden Anleitungen eine Momentaufnahme darstellen. Durch grafische Umgestaltungen des Weblayouts kam es bei einzelnen Kanälen in der Vergangenheit (zeitweilig) zu rechtswidrigen Darstellungen des Impressums. Bleiben Sie auf dem Laufenden, indem Sie einer Kanzlei wie der unsrigen bei Facebook oder X folgen. Im Fall von Änderungen der impressumsrelevanten Bereiche in den großen sozialen Netzwerken erhalten Sie auf diese Weise zeitnah Hinweise und nach Möglichkeit auch Tipps, wie die Darstellung rechtskonform anzupassen ist.
   - **Facebook** – Lange war die rechtskonforme Einbindung des Impressums bei Facebook mit erheblichen Querelen verbunden. Seit einiger Zeit bietet die Social-Media-Plattform nun für *Facebook-Seiten* ein eigenes Impressumsfeld an. Fügen Sie dort die ausgeschriebenen Impressumsdaten oder (besser) einen sprechenden Link zum Impressum auf Ihrer Haupt-Website ein.

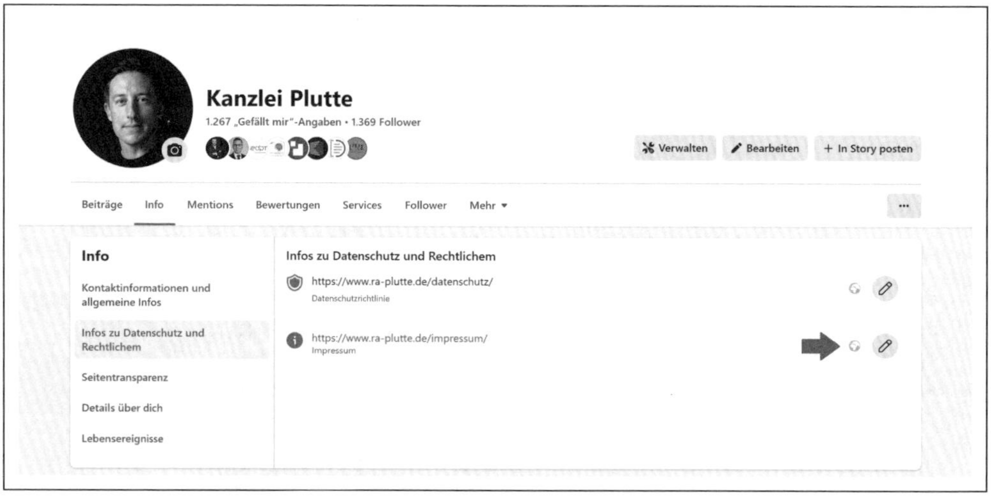

Abbildung 14-3:
Öffnen Sie nach Aufruf Ihrer Facebook-Seite das Register »Seiteninfos bearbeiten«. Fügen Sie im Feld »Impressum« einen sprechenden Link zu Ihrem Impressum ein.

Für *Facebook-Gruppen* oder *Veranstaltungen* bietet Facebook kein eigenes Impressumsfeld an. Sie können den Impressumslink aber in einem normalen Beitrag mit der Einstellung *Beitrag fixieren* posten und ihn so im oberen Sichtfeld halten oder ihn alternativ als Gruppen- bzw. Veranstaltungsbeschreibung eintragen.[7]

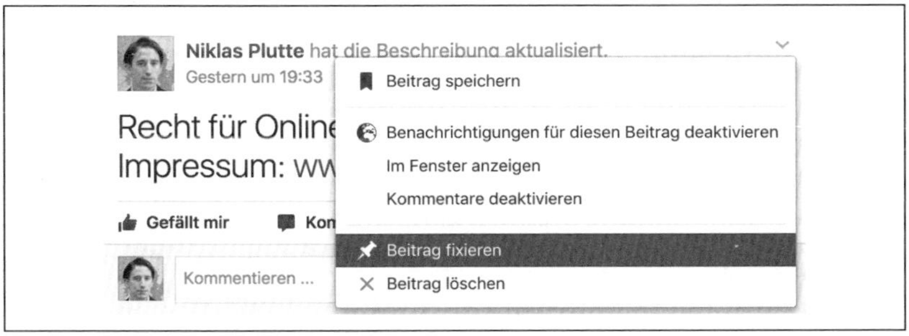

Abbildung 14-4:
Auf das Impressum können Sie in Gruppen oder bei Veranstaltungen mit einem »Sticky Post« hinweisen.

Abbildung 14-5:
Alternativ kann in der Gruppen- oder Veranstaltungsbeschreibung auf das Impressum verwiesen werden.

> **Tipp: Impressumslink am Anfang**
>
> Fügen Sie den Impressumslink am Anfang der Beschreibung ein. Sonst kann er von Facebook durch einen *Mehr*-Link verdeckt werden, was ihn möglicherweise nicht mehr »leicht erkennbar« macht.

– **X (früher Twitter)** – Die Einbindung des Impressums bei X ist leicht, wenn Sie über einen sprechenden Link zum Impressum auf Ihrer Haupt-Website verfügen. In diesem Fall sollte der Link in die Biografiebeschreibung Ihres X-Profils eingefügt werden.

7 Sehr ausführliches Whitepaper zur Impressumspflicht bei Facebook von Dr. Thomas Schwenke: *http://allfacebook.de/policy/whitepaper-faq-zur-impressumspflicht-datenschutzerklaerung-und-disclaimer-bei-facebook*

Abbildung 14-6:
Klicken Sie nach dem Log-in bei X (früher Twitter) auf »Profil bearbeiten«. Geben Sie im Feld »Biografie« einen sprechenden Link zu Ihrem Impressum ein.

- **Instagram** – Instagram bietet ebenso wie X kein speziell dafür vorgesehenes Impressumsfeld an. Sie haben aber die Möglichkeit, in den Profilangaben im Feld *Website* einen sprechenden Link zum Impressum einzutragen – allerdings nur über Ihr Mobiltelefon. Ohne diesen sprechenden Link müssen Sie in die Profilbeschreibung ausweichen. Da der Link dann nicht mehr klickbar ist, muss ihm das Wort *Impressum* (oder eine gleichwertige Bezeichnung) vorangestellt werden.

Abbildung 14-7:
Klicken Sie nach dem Log-in bei Instagram auf »Profil bearbeiten«. Geben Sie in das »Website«-Feld einen sprechenden Link zum Impressum ein. Bitte fragen Sie mich nicht, wie ich bei Instagram ohne Postings 305 Abonnenten gewonnen habe.

- **YouTube** – Die rechtskonforme Einrichtung des Impressums bei YouTube setzt voraus, dass zunächst das Kanallayout angepasst wird. Klicken Sie nach dem Einloggen in den YouTube-Account auf das graue Zahnrad am rechten Bildschirmrand. Dadurch öffnen sich die *Kanaleinstellungen*. Aktivieren Sie dort den Regler *Kanallayout anpassen* und bestätigen Sie mit *Speichern*.

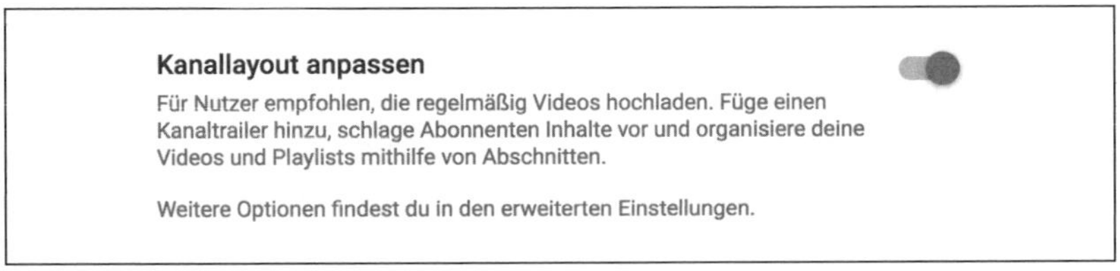

Abbildung 14-8:
Ohne die Änderung des Kanallayouts lässt sich das Impressum nicht rechtskonform bei YouTube einbinden.

Fahren Sie nun mit der Maus über den Bereich, in dem das Kanalbild dargestellt wird. Dadurch wird rechts oben ein Stiftsymbol angezeigt. Klicken Sie dort auf *Links bearbeiten*. Es öffnet sich eine neue Seite mit verschiedenen Einstellungsmöglichkeiten. Klicken Sie im Bereich *Benutzerdefinierte Links* auf *Hinzufügen*. Dort kann schließlich der Link zum Impressum eingefügt werden.

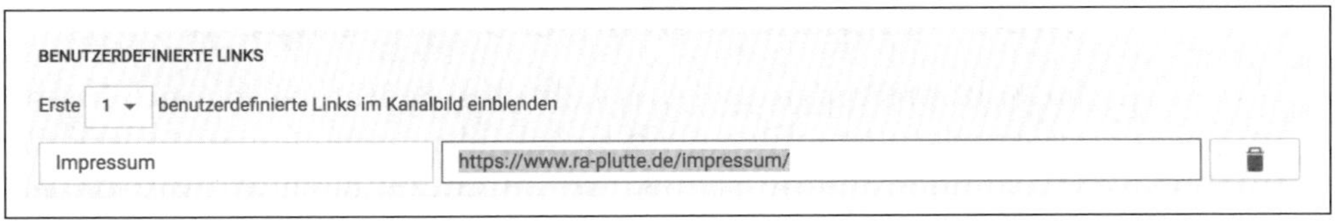

Abbildung 14-9:
Verwenden Sie im ersten Feld als Bezeichnung nur die Begriffe »Impressum« oder »Kontakt«. Fügen Sie im zweiten Feld einen Link zum Impressum ein. Dabei muss es sich nicht um einen sprechenden Link handeln. Bestätigen Sie die Eingaben zum Schluss durch einen Klick auf »Fertig«.

Rufen Sie zur Überprüfung der Änderungen die Channel-Übersicht auf. Dort sollte der Impressumslink jetzt am rechten unteren Ende des Kanalbanners zu sehen sein. Als Administrator des Channels kann man den Impressumslink nicht anklicken. Wenn man die Darstellung jedoch von *Ich selbst* zu *Neuer Besucher* ändert, lässt sich testen, ob die Einbindung geklappt hat und ein Klick auf den Impressumslink tatsächlich zum Impressum führt.

- **XING** – Nachdem ein Rechtsanwalt mehrere Kollegen wegen angeblicher mangelhafter Impressumsangaben bei XING abgemahnt hatte, führte die Plattform ein eigenes Impressumsfeld ein.

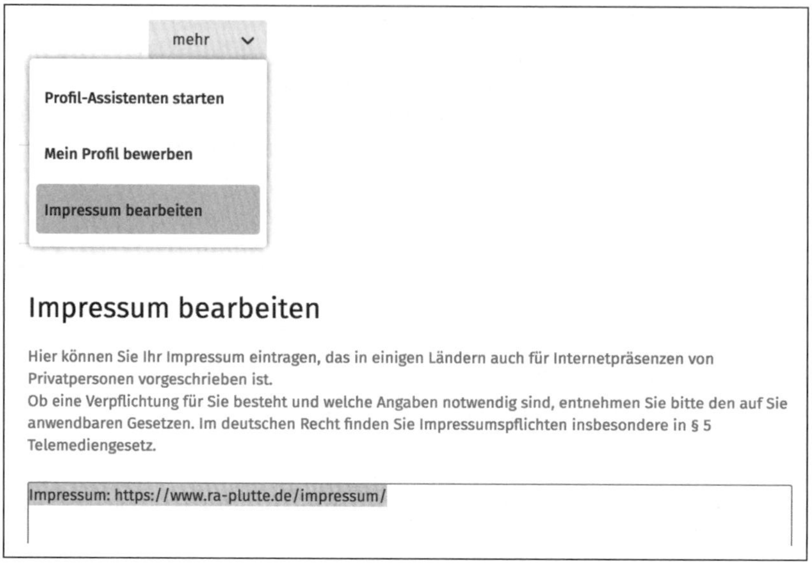

Abbildung 14-10:
Klicken Sie nach dem Log-in in Ihr XING-Profil am rechten Bildschirmrand auf »Mehr« und dann auf »Impressum bearbeiten«. Fügen Sie dort einen sprechenden Link zu Ihrem Impressum ein. Verfügen Sie nicht über einen sprechenden Link, tragen Sie den zum Impressum führenden Link einschließlich des vorangestellten Freitexts »Impressum« ein.

Suchmaschinenoptimierung – Onpage

Im Verhältnis zur großen wirtschaftlichen Bedeutung von Suchmaschinenoptimierung in Bezug auf Google überrascht es, dass bislang nur wenige Streitfälle mit SEO-Bezug zu Gerichtsentscheidungen führten. Das bedeutet jedoch nicht, dass keine rechtlichen Fallstricke existieren. Im Gegenteil: Konfliktpotenzial besteht für Online Marketing Manager sowohl bei Onpage- als auch bei Offpage-Maßnahmen.

Urheberrecht

Das Urheberrecht schützt das geistige Eigentum eines Urhebers. Urheber sind Menschen. Um ihr Werk als persönliche geistige Schöpfung geht es im Folgenden. Antworten auf typische Fragen rund um den Einsatz von KI im Online-Marketing finden Sie in der KI-FAQ gegen Ende dieses Kapitels.

Wenn fremde Inhalte wie Texte, Grafiken, Fotos, Videos, Datenbanken oder Code auf der eigenen Website eingefügt oder bearbeitet werden, sind fremde Urheberrechte zu beachten. Urheberrechtsschutz besteht, wenn es sich bei dem Inhalt um ein Werk handelt, d.h. eine persönliche geistige Schöpfung der Autorin/des Autors. Das setzt eine gewisse

Individualität, Kreativität bzw. Eigentümlichkeit voraus (»Schöpfungshöhe«). Eine Ausnahme bilden Fotos, die auch ohne ausreichende Schöpfungshöhe als Lichtbilder geschützt sind.[8]

Die Rechtsprechung stellt keine überzogenen Anforderungen an die Schöpfungshöhe, sie erlaubt auch den urheberrechtlichen Schutz von Inhalten, die die Werkschwelle gerade noch überschreiten (sogenannter »Schutz der kleinen Münze«). Unterhalb dieser Schwelle einzustufende Inhalte sind urheberrechtlich nicht geschützt und können prinzipiell frei verwendet werden. Bloße *Ideen*, *Konzepte* und *Prinzipien* dürfen stets frei genutzt werden.[9]

Handelt es sich bei dem konkreten Inhalt um ein Werk, muss für jede Nutzung des geschützten Inhalts grundsätzlich *vorab eine Einwilligung des Urhebers* (bzw. bei mehreren Urhebern von allen Miturhebern) eingeholt werden. Ausnahmen finden Sie nachfolgend – bei den einzelnen Content-Typen.

- **Text** – Die Abgrenzung zwischen urheberrechtlich geschütztem und frei verwendbarem Text hängt – abgesehen von eindeutig geschützten Inhalten wie Romanen oder Zeitungsartikeln – vom Einzelfall ab. Auf die Qualität bzw. Form des Texts kommt es nicht an. Schwierig wird es auch bei kurzen Texten wie *Tweets*, die wegen mangelnder Länge des Texts in 99% aller Fälle nicht urheberrechtlich geschützt sind, selbst wenn sie sehr kreativ formuliert wurden.[10] Ein Tweet darf daher regelmäßig frei und ohne Quellenangabe verwendet werden, sogar zu kommerziellen Zwecken wie dem Bedruck von T-Shirts oder dem erneuten Posten durch Dritte in deren Social-Media-Profilen.

Abbildung 14-11:
Dieser Tweet (inzwischen Post genannt) ist aus Sicht des Landgerichts Bielefeld nicht urheberrechtlich geschützt.

8 Bei Schöpfungshöhe Schutz als Lichtbildwerk (§ 2 Abs. 1 Nr. 5 UrhG), sonst Schutz als Lichtbild (§ 72 UrhG).

9 Rechtlicher Schutz ist faktisch nur möglich über den Abschluss von Geheimhaltungsvereinbarungen.

10 LG Bielefeld, Beschluss vom 03.01.2017, Az. 4 O 144/16; OLG Köln, Urteil vom 08.04.2016, Az. 6 U 120/15

Auch *Hashtags*, *Slogans* oder *Claims* genießen meist keinen Urheberrechtsschutz[11] – markenrechtlicher Schutz ist aber möglich.[12] Bei Gebrauchstexten wie Produktbeschreibungen oder Werbeanzeigen hängt der Urheberrechtsschutz maßgeblich davon ab, ob ein deutliches Überragen des Handwerksmäßigen bzw. Alltäglichen gegeben ist.[13] Unterscheidet sich eine Produktbeschreibung in ihrer Art und Weise nicht maßgeblich von vergleichbaren Beschreibungen anderer Unternehmen, z.B. weil sie sich im Wesentlichen auf eine bloße Wiedergabe der Produktmerkmale beschränkt, ist sie urheberrechtlich nicht geschützt.[14]

Anders sieht es bei kunstvoller sprachlicher Gestaltung aus. So wurde z.B. ausreichende Schöpfungshöhe für Produktbeschreibungen zu Roben bejaht.[15] *Vertragstexte* wie allgemeine Geschäftsbedingungen, Datenschutzerklärungen oder Nutzungsbedingungen können als Gebrauchstexte ebenfalls urheberrechtlich geschützt sein, wenn sie sich durch Formulierung oder Gedankenführung von Standardtexten abheben.[16] Da unerlaubte Textübernahmen mithilfe von Google oder Tools wie Copyscape[17] leicht aufzuspüren sind, sollten fremde Texte nicht freimütig kopiert werden. Weitere Rechtstipps rund um das Thema Urheberrecht für Autoren habe ich bei Textbroker verfasst.[18]

- **Grafiken** – Grafiken und Illustrationen sind ebenso wie Texte nur bei ausreichender Schöpfungshöhe urheberrechtlich geschützt. Bei *Weblayouts* stellt die Rechtsprechung sehr hohe Anforderungen, sodass Weboberflächen (Navigation, Layout) meist keinen Urheberrechtsschutz genießen. Vom attraktiven Aufbau einer fremden Website darf man sich daher für das eigene Webdesign inspirieren lassen, wie es etwa Facebook bei einer erfolglosen Klage gegen StudiVZ erleben musste.[19] Eine durchschnittliche Webseite darf man regelmäßig gefahrlos nachbauen. Aber Vorsicht: Die *Eins-zu-eins-Übernahme von HTML-Code ganzer Webseiten* bleibt verboten. Vom Kopieren fremder *Icons* sollte man ebenfalls die Finger lassen.

---

11 Beispiele für urheberrechtlich nicht geschützte Slogans: »Thalia verführt zum Lesen« (LG Mannheim, Urteil vom 11.12.2009, Az. 7 O 343/08); »DEA – hier tanken Sie auf« (OLG Hamburg, Urteil vom 09.11.2000, Az. 3 U 79/99).

12 *https://www.ra-plutte.de/rechtlicher-schutz-von-slogans/*

13 OLG Stuttgart, Beschluss vom 06.05.2008, Az. 4 W 27/08

14 LG Stuttgart, Urteil vom 04.11.2010, Az. 17 O 525/10

15 OLG Düsseldorf, Urteil vom 06.05.2014, Az. 20 U 174/12

16 OLG Köln, Urteil vom 27.02.2009, Az. 6 U 193/08

17 *http://www.copyscape.com*

18 Weitere Rechtstipps bei Textbroker: *https://www.textbroker.de/praktische-rechtstipps-fuer-autoren-teil-1*

19 LG Köln, Urteil vom 16.06.2009, Az. 33 O 374/08

Zurückhaltung empfehle ich auch bei der ungefragten Einbindung fremder Firmen- oder Produktlogos in eigene Webauftritte. Auch dann, wenn eine Markenverletzung wegen fehlender markenmäßiger Nutzung des Logos zumeist ausscheiden dürfte, könnte ein Gericht zu der Auffassung kommen, dass das verwendete Logo urheberrechtlich geschützt ist. Bedenken Sie, dass eventuell nicht jeder Kunde Ihres Unternehmens damit einverstanden ist, auf Ihrer Website als Referenz genannt zu werden. Fragen Sie vor dem Einbinden eines fremden Logos stets beim jeweiligen Unternehmen um Erlaubnis, am besten per E-Mail, um die Einwilligung im Streitfall nachweisen zu können.

- **Computerprogramme, Codeschnipsel** – Computerprogramme einschließlich des Entwurfsmaterials genießen in Deutschland aufgrund der Rechtsprechung zum der »Kleinen Münze« praktisch fast immer Urheberrechtsschutz.[20] Nach dem Bundesgerichtshof wird sogar vermutet, dass eine ausreichende Individualität der Programmgestaltung besteht.

  Die durch ein Computerprogramm erzeugte grafische Programmoberfläche (GUI) selbst stellt allerdings kein schutzfähiges Computerprogramm dar.[21] Webseiten sind im rechtlichen Sinne ebenfalls keine Computerprogramme, da der Programmcode nur dazu dient, Content sichtbar zu machen (Texte, Bilder, Videos etc.). Auch Onlineformulare bzw. Bildschirmmasken sind keine Computerprogramme.[22] Codeschnipsel (JavaScript, Java, CSS etc.) können geschützt sein, aber nur bei herausragenden Arbeiten. Wenn alle Programmiererinnen und Programmierer die Lösung auf die gleiche oder ähnliche Weise umsetzen würden, ist der Schnipsel nicht geschützt. Dazu zählt die bloße Übernahme fremder bereits bestehender Programme oder Programmteile sowie das, was sich aus der Natur der Aufgabe und aus rein funktionalen Erwägungen ergibt.[23]

- **Fotos** – Bei den Erläuterungen zu den bisherigen Content-Typen haben Sie gesehen, dass die urheberrechtliche Schutzfähigkeit entscheidend vom Erreichen einer ausreichenden Schöpfungshöhe abhängt. Bei Fotos hat diese Unterscheidung keine maßgebliche Praxisrelevanz.

20 § 69a Urheberrechtsgesetz

21 EuGH, Urteil vom 22.12.2010, Az. C-393/09

22 OLG Karlsruhe, Urteil vom 14.04.2010, Az. 6 U 46/09; EuGH, Urteil vom 22.12.2010, Az. C-393/09

23 LG Düsseldorf, Beschluss vom 31.05.2011, Az. 12 O 254/11

Abbildung 14-12:
Selbst primitive Schnappschüsse sind als Lichtbilder geschützt.[24]

Hintergrund für die nahezu vollständige rechtliche Gleichstellung war, dass man eine Abgrenzung zwischen Fotos mit und ohne Werkcharakter in der Praxis als zu schwierig ansah.

Hinzu kommt, dass bei Fotos auch die Persönlichkeitsrechte von abgebildeten Personen sowie die Datenschutzgrundverordnung (DSGVO) beachtet werden müssen. Grundsätzlich müssen abgebildete Personen ebenfalls in die Veröffentlichung des Fotos (im Internet) eingewilligt haben. Die Einwilligung gilt im Zweifel als erteilt, wenn der Abgebildete dafür, dass er sich abbilden ließ, eine Entlohnung erhalten hat.[25] Ausnahmen von der Einwilligungserfordernis bestehen, wenn ein Fall des § 23 Kunsturhebergesetz bzw. des ähnlich zu handhabenden Art. 6 Abs. 1 f DSGVO[26] vorliegt, d.h. ein berechtigtes Interesse an der Veröffentlichung besteht.

So müssen z.B. Personen der Zeitgeschichte wie Prominente oder Politiker in bestimmten Fällen vor Veröffentlichung nicht um Erlaubnis gefragt werden. Auch für Aufnahmen von Versammlungen oder Aufzügen brauchen Sie keine Einwilligung der abgebildeten Personen. Das gilt allerdings nur, wenn die Versammlung bzw. der Aufzug Motiv des Fotos ist. Falls einzelne Personen innerhalb der Gruppe hervorgehoben werden, benötigen Sie deren Einwilligung.

Eine weitere wichtige Ausnahme ist die Abbildung einer Person als Beiwerk – beispielsweise zu einer Landschaft oder sonstigen Örtlichkeit –, was dann der Fall ist, wenn die Person auf dem Foto zwar noch erkennbar ist, aber sichtbar in den Hintergrund rückt (z.B. auf einer Großveranstaltung). Auch diese Ausnahme greift nur dann, wenn die Landschaft oder Örtlichkeit das eigentliche Motiv des Fotos ist.

24 Leistungsschutzrecht nach § 72 Urheberrechtsgesetz

25 § 22 Satz 2 Kunsturhebergesetz

26 LG Frankfurt, Urteil vom 13.09.2018, Az. 2-03 O 283/18

Abbildung 14-13:
Auf diesem Foto abgebildete Personen müssen nicht um Erlaubnis gefragt werden, da Gegenstand der Fotografie nicht einzelne Menschen, sondern die Atmosphäre der Veranstaltung ist.

- **Videos** – Bei Videos können mehrere Personen Rechte am oder im Video haben, z.B. der Ersteller des Videos, Künstler an verwendeten Sounds und Musikstücken oder im Video abgebildete Personen. Schutz genießt nicht nur das Video als Ganzes. Auch einzelne Passagen und sogar bloße Standbilder sind urheberrechtlich geschützt. Insbesondere auf Social-Media-Plattformen lässt sich quasi täglich *Freebooting* beobachten. Damit ist das erneute Hochladen eines fremden Videos (mit Ergänzungen) im eigenen Profil gemeint. Freebooting verletzt das Urheberrecht des ursprünglichen Urhebers. Auf die »Embedding«-Rechtsprechung des EuGH kann sich der erneut Hochladende nicht berufen, weil das fremde Werk nicht eingebettet wird, sondern eine Kopie auf dem eigenen Server bzw. dem einer Social-Media-Plattform hergestellt wird.

Wann darf man fremde Inhalte als Zitat übernehmen?

Eine wichtige Ausnahme vom urheberrechtlichen Grundsatz der vorherigen Einwilligung des Urhebers stellt das *Zitatrecht* dar.[27] Das Zitatrecht wird oft falsch verstanden. Gerade das Internet ist voll von *abmahnbaren Plagiaten*. Um sich bei Textübernahmen erfolgreich auf das Zitatrecht berufen zu können, müssen die folgenden Voraussetzungen erfüllt sein:

- Will man fremden Text kopieren, stellt sich die Frage des Zitatrechts nur, wenn der übernommene Text *urheberrechtlich geschützt*

27 § 51 Urheberrechtsgesetz

ist. Nicht geschützter Text darf ohne Einwilligungserfordernis des Verfassers frei verwendet werden (siehe oben).

- Handelt es sich um geschützten Text, muss sich der Zitierende auf einen erlaubten *Zitatzweck* berufen können. Nicht ausreichend wäre es, dass der kopierte Text gut zur Abrundung bzw. Illustration eines eigenen Beitrags passt oder die Kernaussage des eigenen Blogartikels treffend auf den Punkt bringt. Erlaubt ist die Textübernahme nur, wenn damit eigene Gedanken, Ansichten oder Sichtweisen belegt bzw. unterstützt werden. Entscheidend ist also, dass eine selbstständige Auseinandersetzung mit dem fremden Werk erfolgt. Klassisches Beispiel für ein zulässiges Zitat ist der Abdruck eines Gedichts, um die eigene Interpretation nachvollziehbar zu machen.
- Noch schwieriger wird es dadurch, dass nicht festgelegt ist, wie viel Text im Rahmen des Zitats (noch) zulässig übernommen werden darf. Eine *bestimmte Maximalzahl von Worten* gibt es nicht. Erlaubt ist, was gerade noch benötigt wird, um die eigenen Gedanken verständlich zu machen.
- Der kopierte Text darf schließlich *inhaltlich nicht verändert* werden. Er ist als Zitat erkennbar zu machen, z.B. durch Anführungszeichen, Kursivschrift oder grafische Abhebung.
- Schließlich sind ein *Quellenvermerk* mit dem Namen des Urhebers und gegebenenfalls weiteren Angaben zu machen. Bei Zitaten aus Internetartikeln sollte z.B. zusätzlich ein Link auf den Ursprungsartikel gepostet werden, um den Quelltext leicht auffindbar zu machen. Bei Büchern, Magazinen oder Zeitungen empfehle ich, den Titel des Druckwerks sowie gegebenenfalls Ausgabe und Seitenzahl zu nennen.

Beachten Sie, dass die Anforderungen für Fotozitate noch strenger sind, da hier nicht nur ein Teil des Werks (ein Textausschnitt), sondern das gesamte Werk übernommen wird.[28]

Rechtliche Unterschiede zwischen Uploads auf den eigenen Server und Embedding

Bei der Veröffentlichung von Inhalten auf eigenen Internetauftritten ist in technischer Hinsicht zu unterscheiden, ob sie

- auf den eigenen Server hochgeladen oder
- von einem fremden Server aus via Embedding im eigenen Internetauftritt eingebettet werden, was häufig per iFrame geschieht.

---

28 Dazu instruktiv: *http://rechtsanwalt-schwenke.de/wann-ist-ein-bildzitat-erlaubt-anleitung-mit-beispielen-und-checkliste/*

Einbetten lassen sich verschiedenste Inhalte, z. B. Grafiken, Fotos, Videos von Plattformen wie YouTube oder Vimeo, Tweets, Facebook-Postings oder Instagram-Beiträge (»Embedded Content«).

Rechtmäßig auf Videoplattformen wie YouTube hochgeladene und zum Embedding freigegebene Videos dürfen schon deshalb ohne vorherige Erlaubnis des Urhebers in andere Webseiten eingebettet werden, weil der Uploader die Nutzungsbedingungen der jeweiligen Plattform akzeptieren muss.

Nach dem Europäischen Gerichtshof (EuGH)[29] gilt das auch für den Sonderfall, dass ein im Internet veröffentlichtes Werbevideo eines Unternehmens ohne dessen Wissen bei YouTube hochgeladen und dann von einem Mitbewerber in die eigene Website eingebettet wurde. Voraussetzung ist nach dem EuGH jedoch, dass das Video ursprünglich rechtmäßig ins Internet gestellt wurde, hier auf der Website des herstellenden Unternehmens.

Offensichtlich illegal hochgeladene Inhalte dürfen nicht via Embedding »weiterverbreitet« werden, z. B. aktuelle Kinofilme oder Musikvideos. Was bei Videos gilt, die nicht offensichtlich als rechtswidrig hochgeladener Inhalt erkennbar sind, ist noch offen.

Weitere Voraussetzung ist, dass sich das Video nicht an ein neues Publikum richtet und keine Sperren umgangen werden, wie Passwortabfragen oder Paywalls. Der Begriff des »neuen Publikums« ist etwas missverständlich. Der EuGH meint nicht die unterschiedlichen Besucher der Quell- und Zielwebseite – sonst hätte man es stets mit einem neuen Publikum zu tun. Ein neues Publikum liegt dann nicht vor, wenn das Video bereits frei zugänglich an anderer Stelle im Internet zu sehen war.

Achten Sie auf korrekte Lizenz- und Copyright-Hinweise

In den letzten Jahren hat sich die fehlerhafte Angabe von Lizenz- und Copyright-Hinweisen zu einem eigenständigen Abmahnmarkt entwickelt. Das gilt speziell bei der Einbindung von *Fotos aus Bilderdatenbanken* wie Fotolia oder Pixelio. Prüfen Sie hier stets sorgfältig anhand der jeweils einschlägigen Lizenzbedingungen, wie und an welcher Stelle der Lizenzvermerk angebracht werden muss. Für unter *Creative-Commons-Lizenz* stehende Inhalte wie z. B. bestimmte Flickr-Fotos können Sie einen kostenlosen Lizenzhinweisgenerator nutzen.[30]

29 EuGH, Beschluss vom 21.10.2014, Az. C-348/13

30 Lizenzhinweisgenerator: *https://lizenzhinweisgenerator.de/*

OVERHANGING CLIFF, LIONS HEAD VON NIKLAS PLUTTE UNTER CC BY-ND 2.0

Abbildung 14-14:
Beispiel für die Kennzeichnung eines Fotos unter Creative-Commons-Lizenz.

Titel und Name des Urhebers wurden hier zusätzlich verlinkt, das ist jedoch nicht vorgeschrieben. Anders der Hinweis auf die CC-Lizenz – dieser muss zwingend auf die Lizenzurkunde verlinkt werden.

Datenschutz

Bei der Einbindung von Inhalten auf Webseiten und Social Media ist außerdem die 2018 eingeführte *Datenschutzgrundverordnung* (*DSGVO*) zu beachten. Die DSGVO soll natürlichen Personen Schutz bieten, wenn ihre personenbezogenen Daten automatisiert verarbeitet werden.[31]

Exkurs zur DSGVO

Personenbezogene Daten sind alle Informationen, die irgendwie einer bestimmten oder identifizierbaren natürlichen Person zugeordnet werden können. Dem Schutz personenbezogener Daten unterfallen auch *pseudonyme Informationen*, weil sie zwar nicht direkt, aber durch eine Transferleistung einer natürlichen Person zugeordnet werden können (z.B. wenn die personenbezogenen Daten durch eine verschlüsselte Kennziffer ersetzt werden und von allen Inhabern des »Schlüssels« wieder sichtbar gemacht werden können). *Anonyme Informationen*, die keiner Person zugeordnet werden können, sind dagegen vom Anwendungsbereich der DSGVO ausgeschlossen.

31 Geschützt ist auch die nicht automatisierte Verarbeitung in Dateisystemen, Art. 2 I DSGVO.

Unter einer Datenverarbeitung ist jeder Vorgang im Zusammenhang mit personenbezogenen Daten zu verstehen (z.B. die Erhebung, Speicherung, Verwendung oder Übermittlung personenbezogener Daten). Die Verarbeitung ist automatisiert, wenn eine Datenverarbeitungsanlage, insbesondere ein Computer oder ein sonstiges elektronisches Speichersystem, genutzt wird. Eine Ausnahme besteht für Datenverarbeitungen durch natürliche Personen zur Ausübung ausschließlich persönlicher oder familiarer Tätigkeiten. Diese werden von der DSGVO nicht erfasst.

Die Verarbeitung personenbezogener Daten durch den sogenannten Verantwortlichen ist nur zulässig, wenn eine der Erlaubnisgrundlagen des Art. 6 Abs. 1 DSGVO eingreift. Die relevantesten Erlaubnisgrundlagen für Datenverarbeitungen sind solche,

- für die eine *Einwilligung* des Betroffenen vorliegt (Art. 6 Abs. 1 Satz 1 a) DSGVO),
- die für die *Erfüllung eines Vertrags* zwischen Verantwortlichem und Betroffenem erforderlich sind (Art. 6 Abs. 1 Satz 1 b) DSGVO),
- bei denen sich der Verantwortliche auf ein *berechtigtes Interesse* berufen kann (Art. 6 Abs. 1 Satz 1 f) DSGVO).

Eine wirksame Einwilligung setzt voraus, dass die betreffende Person einwilligungsfähig, also über 16 Jahre alt ist und die Einwilligung freiwillig gegeben hat. Das ist nicht der Fall, wenn der betroffenen Person Nachteile drohen, falls sie die Einwilligung verweigert, insbesondere wenn eine vertragliche Leistung von der Einwilligung abhängig gemacht wird (sogenanntes Kopplungsverbot). Die betroffene Person muss eine echte Wahlmöglichkeit erhalten. Darüber hinaus muss die Einwilligung einen Hinweis darauf enthalten, auf welche Datenverarbeitung sie sich bezieht. Grundsätzlich ist die Einwilligung formfrei und kann auch mündlich oder sogar durch konkludentes Handeln erteilt werden, solange die Erklärung unmissverständlich ist. Weil der Verantwortliche im Streitfall beweisen muss, dass eine Einwilligung vorlag, empfiehlt es sich aber, Einwilligungen nach Möglichkeit in schriftlich bzw. in Textform einzuholen, z.B. per E-Mail oder über Checkboxen. Zu beachten ist, dass die Einwilligung jederzeit widerrufen werden kann.

Wichtig: Es ist nicht nötig (und nach teilweiser Meinung sogar falsch), eine Einwilligung einzuholen, wenn bereits ein anderer Erlaubnisgrund der DSGVO eingreift. Das kann etwa die Datenverarbeitung *zur Erfüllung eines Vertrags* mit der betroffenen Person oder zur Durchführung vorvertraglicher, von der betroffenen Person beantragter Maßnahmen sein. In diesen Fällen müssen die Daten verarbeitet werden, um die vertraglich vereinbarte Leistung in der verabredeten Form erbringen zu können. Im Onlinehandel ist beispielsweise die Speicherung von Kontakt- oder Zahlungsdaten sowie deren Weitergabe an die Post notwendig, um eine Bestellung an den Kunden ausliefern zu können. Dafür benötigt der Onlineshop keine Einwilligung des Kunden.

Die Datenverarbeitung von personenbezogenen Daten ist auch dann erlaubt, wenn sich der Verantwortliche auf ein berechtigtes Interesse berufen kann. In diesem Fall muss stets abgewogen werden, ob das Interesse an der Datenverarbeitung das (Datenschutz-)Recht der betroffenen Person überwiegt. Das berechtigte Interesse an der Datenverarbeitung ist weit zu fassen. Zum Beispiel kann das Interesse an zielgruppenorientierter Werbung dazu berechtigten, Daten über Kunden zu sammeln. Bei der Interessenabwägung kann im Übrigen Berücksichtigung finden, ob Daten aus dem höchstpersönlichen oder finanziellen Bereich einer Person betroffen sind oder ob es um Daten geht, die sowieso schon durch Vorgänge in der Öffentlichkeit bekannt sind.[32] Für ein berechtigtes Interesse spricht, wenn die Datenverarbeitung für die betroffene Person erwartbar war und ihr keine großen Nachteile verursacht. Da Gerichtsentscheidungen zur Reichweite des berechtigten Interesses noch ausstehen, kursieren bislang nur verschiedenste Meinungen. Während beispielsweise die meisten Datenschutzbehörden für eine sehr enge Auslegung des berechtigten Interesses plädieren, begreift die Werbeindustrie das berechtigte Interesse (noch) gern als Allheilmittel. Ich empfehle Ihnen daher, die aktuelle Entwicklung zu verfolgen und entsprechend zu reagieren.

Die DSGVO kann in vielen Bereichen der Tätigkeit eines Online Marketing Manager relevant werden. Im Rahmen dieses Abschnitts soll vor allem erläutert werden, was im Bereich On-Page-Optimierung datenschutzrechtlich zu beachten ist.

Neben der bereits angesprochenen – in der Regel einwilligungsbedürftigen – Einbettung von Fotos mit erkennbaren Personen spielt die DSGVO bei der Verarbeitung von Daten der Website-Besucherinnen und -Besucher eine Rolle. Die beim Besuch einer Webseite entstehenden und erhobenen Daten, wie zum Beispiel Informationen über den Webbrowser, das genutzte Betriebssystem, Zeit und Datum des Zugriffs oder die übertragene Datenmenge, sind dem jeweiligen Nutzer über seine IP-Adresse zuordenbar und damit personenbezogen. Die Verarbeitung dieser Daten kann erlaubt sein, wenn sie aus technischen Gründen zwingend notwendig ist (z. B. technisch notwendige Cookies), um die Auslieferung einer Webseite auf das jeweilige Endgerät zu ermöglichen.

Eine über diesen Zweck hinausgehende Verarbeitung von personenbezogenen Daten bedarf dagegen eines berechtigten Interesses oder einer Einwilligung jedes einzelnen Website-Besuchers. Gemeint sind z. B. Daten, die durch die Verwendung von (Tracking-)Cookies verarbeitet werden. Cookies sind Textdateien, die der Betreiber einer Website auf dem Computer der Website-Besucherin speichern lässt, um Informationen

32 OLG München, Teilurteil vom 24.10.2018, Az. 3 U 1551/17

über deren Nutzerverhalten zu erlangen oder z. B. für Retargeting-Zwecke. Die nötige Einwilligung der Besucherin kann in solchen Fällen über ein vorgeschaltetes *Cookie-Consent-Banner* eingeholt werden, das bereits vor Beginn der Datenerhebung über Art und Umfang der Datenverarbeitung informiert.

Meiner Ansicht nach ist es zulässig, eine Einwilligung für Kategorien der verschiedenen Datenverarbeitungsvorgänge, wie »Marketing«, »Statistiken« etc., einzuholen. Dies ist allerdings umstritten. Strenge Ansichten verlangen für jeden datenschutzrelevanten Webdienst eine gesonderte Einwilligung, die der Besucher aktiv durch Klick auf eine Checkbox setzen muss. In jedem Fall ist bei der Ausgestaltung des Cookie-Consent-Banners darauf zu achten, dass die angezeigten Checkboxen nicht voraktiviert sind. Besucher müssen ihre Einwilligung nach Ansicht des Europäischen Gerichtshofs aktiv (durch Anklicken einer Checkbox) erteilen.[33]

Abbildung 14-15:
Cookie-Consent-Banner einer Website

Zusätzlich zum Cookie-Consent-Banner muss die Unternehmens-Website eine DSGVO-konforme Datenschutzerklärung aufweisen. Datenschutzerklärungen nach früherer BDSG-Rechtslage sind seit Inkrafttreten der DSGVO veraltet und nicht mehr rechtskonform nutzbar. Die Datenschutzerklärung muss die nach Art. 12 ff. DSGVO vorgeschriebenen Informationen enthalten und in präziser, transparenter, verständlicher und leicht zugänglicher Form sowie in einer klaren und einfachen Sprache gestaltet sein. Pflichtinformationen sind unter anderem:

- Angaben über den Betreiber der Webseite.
- Kontaktdaten eines oder einer Datenschutzbeauftragten, sofern vorhanden.
- Zwecke, für die die personenbezogenen Daten verarbeitet werden sollen, sowie die jeweilige Rechtsgrundlage der Verarbeitung.

33 EuGH, Urteil vom 01.10.2019, Az. C-673/17

- Wenn die Rechtsgrundlage ein berechtigtes Interesse ist: Darlegung der berechtigten Interessen, die vom Verantwortlichen oder einem Dritten verfolgt werden.
- Gegebenenfalls die Empfänger oder Kategorien von Empfängern der personenbezogenen Daten.
- Gegebenenfalls Angaben über die Absicht des Verantwortlichen, die personenbezogenen Daten an ein Drittland oder eine internationale Organisation zu übermitteln.
- Angaben über die Dauer, für die die personenbezogenen Daten gespeichert werden, oder, falls dies nicht möglich ist, die Kriterien für die Festlegung dieser Dauer.
- Angaben über das Bestehen eines Rechts auf Auskunft seitens des Verantwortlichen über die betreffenden personenbezogenen Daten sowie auf Berichtigung oder Löschung oder auf Einschränkung der Verarbeitung oder eines Widerspruchsrechts gegen die Verarbeitung sowie des Rechts auf Datenübertragbarkeit.
- Angaben über das Recht, die Einwilligung jederzeit zu widerrufen, ohne dass die Rechtmäßigkeit der bis zum Widerruf erfolgten Verarbeitung berührt wird.
- Angaben über das Bestehen eines Beschwerderechts bei einer Aufsichtsbehörde.
- Angaben, ob die Bereitstellung der personenbezogenen Daten gesetzlich oder vertraglich vorgeschrieben oder für einen Vertragsabschluss erforderlich ist, ob die betroffene Person verpflichtet ist, die personenbezogenen Daten bereitzustellen, und welche möglichen Folgen die Nichtbereitstellung hätte.

Tipp: DSGVO-konforme Datenschutzerklärung

Eine DSGVO-konforme, sich automatisch an die aktuelle Rechtslage anpassende Datenschutzerklärung erhalten Sie auf *www.avalex.de.*

Tracking und Webanalyse im Lichte der DSGVO

Je nach Art und Einsatzmöglichkeit eines Tracking- und Analysetools stellt die DSGVO unterschiedliche Anforderungen an Website-Betreibende.

Will man Tracking- und Analysetools von Drittanbietern einsetzen, ist als Erstes zu prüfen, ob diese überhaupt personenbezogene Daten der Website-Besucherinnen und -Besucher verarbeiten oder nicht. Werden personenbezogenen Daten verarbeitet, stellt sich die Folgefrage, ob der Anbieter des Tools oder der Website-Betreiber für die DSGVO-konforme Datenverarbeitung verantwortlich ist. Regelmäßig ist es so, dass die Anbieter von Tracking- und Analysetools für den Website-Betreiber als Auftragsverarbeiter auftreten werden.

Im Rahmen der Auftragsverarbeitung ist es in einem ersten Schritt erforderlich, dass Sie mit dem Anbieter des Tools einen *Auftragsverarbeitungsvertrag* abschließen. Der notwendige Inhalt eines Auftragsverarbeitungsvertrags ergibt sich aus Art. 28 DSGVO.[34] Anbieter bekannter Tracking- und Analysetools wie z.B. Google[35] bieten bereits vorformulierte Auftragsverarbeitungsverträge an, die Sie einfach elektronisch abschließen können.

Bei Anbietern, die Daten im außereuropäischen Ausland verarbeiten, müssen Sie zusätzlich beachten, dass diese ebenfalls die Regelungen der DSGVO einhalten. Speziell für die Zusammenarbeit mit Unternehmen aus den USA wurde das *EU-U.S. Data Privacy Framework* (Nachfolger des *Privacy Shield)* entwickelt. Eine Liste von US-amerikanischen Unternehmen, die sich zur Einhaltung der DSGVO-Grundsätze verpflichtet haben, finden Sie auf der Website des Data Privacy Framework[36]. Folge einer der DSGVO entsprechenden Auftragsverarbeitung ist, dass Sie keine zusätzliche Einwilligung der Nutzer einholen müssen, damit die Daten an den Drittanbieter übermittelt und von diesem »für Sie« verarbeitet werden dürfen.

Falls Sie Dienste auf Ihrer Website nutzen möchten, die ihrerseits *Cookies* verwenden, ist dies nach der Rechtsprechung des EuGH nur erlaubt, wenn jeder Website-Besucher vorab um Erlaubnis gefragt wird. Ausgenommen von der Einwilligungspflicht sind nur technisch notwendige Cookies. Dazu gehören z.B. Cookies, die dafür sorgen, dass Personen beim Surfen auf den verschiedenen Internetseiten einer Website als einzelner Nutzer identifiziert werden. Das ist beispielsweise nötig für passwortgeschützte Bereiche einer Website oder die Nutzung von Warenkörben. Gleiches gilt für Cookies, die die Cookie-Einwilligung des Besuchers speichern. Wie weit man den Umfang des »technisch Notwendigen« ziehen kann, ist abgesehen davon stark umstritten.

Markenrecht

Die Einbindung von für Nutzerinnen und Nutzer nicht sichtbaren *Metatags* im Quellcode der eigenen Webseiten war früher sehr verbreitet. Das Ziel war, auf diese Weise das Ranking in den Suchmaschinentref-

34 Muster des baden-württembergischen Landesdatenschutzbeauftragten: *https://www.baden-wuerttemberg.datenschutz.de/wp-content/uploads/2018/01/muster_adv.pdf*

35 *https://support.google.com/analytics/answer/3379636?hl=de&ref_topic=2919631*

36 *https://www.privacyshield.gov/list*

fern zu verbessern. Die Rechtsprechung wertet solche Metatags als herkunftshinweisenden Gebrauch der fremden Marke. Die Verwendung einer fremden Marke als Metatag – im Title oder innerhalb der Description – ist Wettbewerbern grundsätzlich verboten. Zulässig ist die Nutzung dagegen, wenn auf der Website Produkte dieser Marke angeboten werden – wie bei Resellern[37] – oder wenn beispielsweise ein Vergleich des eigenen Sortiments mit Konkurrenzprodukten erfolgt.[38] Das gilt nicht, wenn Produkte der verwendeten Marke auf der Ziel-Website nur zum Schein angeboten werden. Sollen Nutzer nur auf andere Erzeugnisse umgeleitet werden, ist die Markennutzung unzulässig.

Abbildung 14-16:
Die Nutzung von geschützten Zeichen wie fremden Marken oder Firmennamen im Title bzw. in Metatags kann zu Abmahnungen führen. Checken Sie vorab, ob ein Ausnahmefall vorliegt.

Markenrechtliches Konfliktpotenzial lauert auch in der *internen Suchfunktion einer Website*. Grundsätzlich ist es erlaubt, eine interne Suche nach Markenbegriffen im Rahmen der eigenen Website zu ermöglichen. Werden bei ergebnisloser Suche nach einem Markenbegriff in der internen Suchfunktion einer Website jedoch nur Produkte von fremden Herstellern ohne klarstellenden Hinweis angezeigt, handelt es sich um eine Markenverletzung.[39] Erzeugt man als Website-Betreiber aus den internen Suchbegriffen der Nutzer neue Unterseiten, die im Anschluss bei Google mit dem fremden Markenbegriff im Title indexiert werden, kann das ebenfalls eine Markenverletzung begründen.[40] Das betrifft neben klassischen Onlineshops insbesondere auch Preissuchmaschinen und Vergleichsportale.

Wettbewerbsrecht

Bei der Suchmaschinenoptimierung droht eine Vielzahl möglicher Wettbewerbsverstöße, speziell bei übereifriger *Conversion-Rate-Optimierung*, z.B. in Form von unzulässigen Alleinstellungsbehauptungen[41], falschen,

37 OLG Frankfurt, Beschluss vom 31.03.2014, Az. 6 W 12/14, weitere Infos unter *https://www.ra-plutte.de/darf-man-fremde-marken-als-meta-tag-oder-title-nutzen/*

38 BGH, Urteil vom 18.05.2006, Az. I ZR 183/03

39 OLG Köln, Urteil vom 20.11.2015, Az. 6 U 40/15

40 BGH, Urteil vom 30.07.2015, Az. I ZR 104/14 – Posterlounge

41 *https://www.ra-plutte.de/uebersicht-abmahngefahren-bei-werbung-mit-usps/*

veralteten oder irreführenden Trust-Signalen[42] (Siegeln, Testergebnissen) bzw. Preiswerbung[43] (Best Price, Geld zurück) und vielem mehr.

Wettbewerbsrechtlich kann auch der *Linkkauf* sehr problematisch sein. Das Telemediengesetz schreibt vor, dass jede kommerzielle Kommunikation als solche klar zu erkennen sein muss,[44] eine Trennung von Werbung und redaktionellem Content ist erforderlich. Wird ein gekaufter Link nicht als Werbung gekennzeichnet, handelt es sich um verbotene *Schleichwerbung*.[45]

Ebenfalls verboten ist die Werbung für ein Unternehmen oder für Produkte eines Unternehmens mit gefälschten Bewertungen. »Fake«-Bewertungen, also Bewertungen, die von Dritten aufgrund einer Gegenleistung abgegeben werden – wie beispielsweise das kostenlose Erhalten eines Produkts –, verstoßen grundsätzlich gegen das Wettbewerbsrecht. Anders ist das jedoch, wenn darauf hingewiesen wird, dass es sich um »bezahlte« Rezensionen handelt.[46] In diesem Fall kann aber dennoch ein Verstoß gegen die Richtlinien des jeweiligen Bewertungsportals vorliegen.

Keinen Wettbewerbsverstoß stellt es hingegen dar, wenn Mitbewerber zur Suchmaschinenoptimierung Maßnahmen einsetzen, die lediglich Googles Richtlinien für Webmaster[47] verletzen. Zwar ist es möglich, über das Wettbewerbsrecht gegen Verhaltensweisen der Konkurrenz rechtlich vorzugehen, die einen Vorsprung durch Rechtsbruch begründen, woran man bei der Verwendung von *Black-Hat- und Grey-Hat-Methoden* durchaus denken könnte – zumindest solange die entsprechenden Webseiten ranken. Googles Richtlinien für Webmaster stellen aber letztlich keine Marktverhaltensregelungen dar. Zusammengefasst bedeutet dies, dass ein Verstoß gegen die Google-Webmaster-Richtlinien nur dann als Wettbewerbsverstoß abgemahnt werden kann, wenn er gleichzeitig deutsches Recht verletzt. Googles Webmaster-Richtlinien decken sich aber häufig nicht mit den gesetzlichen Vorgaben. Black-Hat-Methoden sind deshalb nicht automatisch abmahnbar.

42 *https://www.ra-plutte.de/werbung-mit-testergebnissen-uebersicht-tipps-beispiele/*

43 *https://www.ra-plutte.de/preiswerbung-ueber-20-werbeformen-im-rechts-check/*

44 § 6 Abs. 1 Nr. 1 TMG

45 *http://allfacebook.de/policy/whitepaper-risiken-der-schleichwerbung-rechtliche-grenzen-bei-facebook-und-instagram/*

46 OLG Frankfurt, Beschluss vom 22.02.2019, Az. 6 W 9/19

47 *https://support.google.com/webmasters/answer/35769?hl=de*

Suchmaschinenoptimierung – Offpage

Die bekannteste und wohl weiterhin zugkräftigste Maßnahme, um das organische Google-Ranking außerhalb der eigenen Website zu optimieren, ist der Aufbau von Backlinks (»Linkbuilding«).

Wichtig ist zunächst, dass Verbote für Webmaster, die im Rahmen der Google-Richtlinien formuliert sind (Grey-Hat-/Black-Hat-SEO), nicht gleichzeitig verfolgbare Rechtsverstöße darstellen. Beispielsweise stört sich Google an unnatürlich aufgebauten Links, da sie eine Relevanz der Inhalte einer Website suggerieren, die aus Sicht der Nutzer nicht bestehen muss.

Beim *Linkkauf* bzw. der *Linkmiete* ist das *Verbot der Schleichwerbung* zu beachten, d. h. die Verpflichtung zur Trennung von redaktionellen und werbenden Inhalten. Aus § 6 Telemediengesetz ergibt sich beispielsweise, dass kommerzielle Inhalte als solche zu kennzeichnen sind. § 5a Abs. 6 UWG enthält ein Verbot zur Verschleierung des Werbecharakters von geschäftlichen Handlungen.

Schleichwerbung liegt kurz gesagt dann vor, wenn ein für Produkte oder Unternehmen werbender Inhalt so präsentiert wird, als handele es sich um einen neutralen Beitrag, der Werbecharakter also nicht erkennbar wird. Existiert auf der verlinkenden Seite kein redaktioneller Teil (z. B. bei Corporate Blogs, die nur aus kommerziellen Inhalten bestehen), stellt sich das Problem der Schleichwerbung nicht, da das Trennungsgebot nicht verletzt wird. Werbung muss dann nicht als solche gekennzeichnet werden. Bei redaktionellen Inhalten müssen gekaufte bzw. gemietete Links hingegen als Werbung gekennzeichnet werden – was Google davon hält, steht auf einem anderen Blatt.

Vermeiden Sie die folgenden Methoden:

- Automatisch generierte Inhalte
- Teilnahme an Linktauschprogrammen
- Erstellen von Seiten ohne oder mit nur wenigen eigenen Inhalten
- Cloaking
- Irreführende Weiterleitungen
- Verborgener Text/verborgene Links
- Brückenseiten
- Kopierte Inhalte
- Teilnahme an Affiliate-Programmen ohne ausreichenden Mehrwert
- Laden von Seiten mit irrelevanten Keywords

Abbildung 14-17:
Googles Richtlinien für Webmaster raten unter anderem von den obigen Praktiken ab. Linkkauf verstößt bei korrekter Kennzeichnung aber z. B. nicht gegen das Verbot von Schleichwerbung.

In der juristischen Praxis hat der Kauf bzw. die Miete von (natürlich nicht als Werbung gekennzeichneten) Links bislang kaum zu Auseinandersetzungen geführt. Die praktische Abmahngefahr ist gering, weil sich von außen meist nicht erkennen lässt, ob ein Link gekauft oder gemietet wurde. Das Entdeckungsrisiko ist dadurch relativ gering. Wenn ein Nachweis jedoch geführt werden kann, drohen Abmahnungen von Konkurrenten.

Klar wettbewerbswidrig und abmahnbar ist *negative SEO*. Schafft SEO es mit eigenen Anstrengungen nicht, einen Mitbewerber des Kunden von den Top-Positionen zu verdrängen, und wird deshalb zu Maßnahmen gegriffen, die darauf gerichtet sind, durch Verwendung verbotener Optimierungsmaßnahmen die Wertigkeit einer konkurrierenden Website in den Augen der Suchmaschinen herabzustufen, handelt es sich um einen Fall von negativer SEO.

Typisches Beispiel für negative SEO ist das *massenhafte Setzen von Spam-Links* auf die Ziel-Website, etwa in Blogs aus Fernost. Mit dem *Disavow Tool*[48] als Teil von Googles Search Console (gegebenenfalls in Verbindung mit einem Reconsideration Request) kann der Website-Inhaber zwar negative Links zu seiner Domain für ungültig erklären und so abwerten, bei einem automatisierten Vorgehen mit vielen Tausend Links kann dies allerdings sehr zeit- und kostenaufwendig sein. Gleichzeitig besteht die Gefahr, dass Google die Ziel-Website für die Dauer des Angriffs (und darüber hinaus) im Ranking herabstuft. Negative SEO kann für die Betroffenen daher schnell zu extremen Umsatzeinbrüchen führen.

Da negative SEO ohne jede Veränderung der Ziel-Website abläuft, lassen sich derartige Maßnahmen von außen nur schwer nachweisen, was allerdings nicht bedeutet, dass es unmöglich wäre. So sind z.B. Szenarien denkbar, in denen ehemalige Mitarbeiter als Zeugen auftreten oder Dritten offenbarende E-Mails zugespielt werden. In diesem Fall muss der Verantwortliche mit erheblichen Folgen rechnen, da negative SEO zahlreiche Rechtsvorschriften verletzt (z.B. Verleumdung oder üble Nachrede, Eingriff in den eingerichteten und ausgeübten Gewerbebetrieb, vorsätzliche sittenwidrige Schädigung, Kreditgefährdung sowie wettbewerbswidrige Anschwärzung und gezielte Behinderung). Lässt sich die negative SEO-Attacke auf ein bestimmtes Unternehmen zurückführen, für das im fraglichen Zeitraum externe SEO tätig war, schuldet dieser Regress.

---

48 *https://www.google.com/webmasters/tools/disavow-links-main?pli=1*

Google Ads

Die kostenpflichtige Buchung von Keywords zur Schaltung von Werbeanzeigen hat die Rechtsprechung in ganz Europa – vor allem im Bereich von Google Ads – beschäftigt und zu einer Vielzahl von Gerichtsentscheidungen geführt. Die folgende Darstellung beschränkt sich daher auf die Rechtslage für Google Ads.

Die überwiegende Zahl der Streitigkeiten rund um Google-Ads-Werbeanzeigen betrifft sogenanntes *Brandbidding*. Beim Brandbidding bucht der Werbende als Keyword ein Wort oder eine Wortfolge, wobei das Keyword zugunsten eines anderen Unternehmens geschützt ist, z.B. als Marke oder Firmenbezeichnung. (Hinweis: Der Übersichtlichkeit halber verwende ich nachfolgend nur den Begriff »Marke«.) Gibt ein Nutzer das Keyword in der Google-Suche ein, wird die eigene Werbeanzeige ausgespielt.

Die deutsche Rechtsprechung erlaubt Brandbidding grundsätzlich *zur Förderung des gesunden Wettbewerbs*, da den Nutzerinnen und Nutzern so eine Alternative zum Markenprodukt angeboten werden kann. Eine Markenverletzung liegt allerdings bei *Verwechslungsgefahr* vor, also wenn Nutzer nicht oder nur schwer erkennen können, dass sich hinter der Werbeanzeige nicht der Markeninhaber oder ein mit ihm verbundenes Unternehmen verbirgt, sondern ein fremder Dritter. Die markenrechtliche Beurteilung ist komplex und schwer zu verallgemeinern.

Markenrecht kurz und knapp

Wer die Vorteile des Brandbiddings nutzen möchte, sollte zumindest über ein markenrechtliches Grundverständnis verfügen. Machen Sie sich bewusst, dass der Hauptzweck einer Marke darin liegt, Waren oder Dienstleistungen einem bestimmten Unternehmen zuzuordnen. Der Nutzer soll über die Marke erkennen können, dass ein Produkt aus einem bestimmten Haus stammt. Mithilfe von Marken lässt sich so auf Dauer eine Qualitätserwartung transportieren, die vom Verkehr gedanklich auch auf neue Produkte übertragen wird, die mit der Marke gekennzeichnet sind.

Weiterhin ist es wichtig, zu wissen, dass Markenschutz grundsätzlich nur für bestimmte Waren oder Dienstleistungen erwirkt werden kann, nicht pauschal für alle denkbaren Produkte. Der Schutzbereich einer Marke ergibt sich dabei nicht allein aus dem Markenzeichen (Wort, Wortfolge, Grafik etc.), sondern aus der Zusammenschau mit den jeweiligen Waren oder Dienstleistungen, für die Schutz beim Markenamt beantragt wurde. Der Produktbezug führt dazu, dass Unternehmen auf zulässige Weise identische Wörter für verschiedene Produktbereiche als Marke schützen lassen können, weil faktisch zwischen den Produkten keine Verwechslungsgefahr besteht. Sonderregeln gelten für sehr bekannte Marken. Sie genießen aufgrund ihrer Bekanntheit über die im Markenregister gelisteten Produktkategorien hinausgehenden Schutz, unter anderem um Trittbrettfahrer zu vermeiden, die sich an den guten Ruf der bekannten Marke anhängen wollen.

Für das Brandbidding existiert noch kein abschließender Zulässigkeitskatalog. Gesichert sind in der Rechtsprechung aber die folgenden Voraussetzungen:

Vorüberlegung: Die Auslieferung der Anzeige entscheidet, nicht die Buchungseinstellung

Auch wenn es merkwürdig klingt: Rechtlich kommt es nicht entscheidend auf die internen Buchungseinstellungen des Werbenden im Google-Ads-Konto an, sondern darauf, auf welche Suchbegriffe hin die eigene Werbeanzeige von Google an die Nutzer ausgespielt wird. Bei unbewussten Ausspielungen für geschützte Marken kann der Werbende die Schuld in aller Regel nicht auf Google abwälzen. Er haftet selbst für das sichtbare Suchergebnis.

Fiktives Beispiel: Markenrecht

Wenn die markenrechtlich nicht geschützte Wortfolge `Urlaub Spanien` als Keyword im Google-Ads-Konto gebucht wird, könnte es geschehen, dass Google die eigene Werbeanzeige auch für die Suchanfrage `Urlaub Robinson Club` ausspielt.

Solche Risiken drohen vor allem bei der standardmäßig eingestellten Buchungsoption *Broad Match* (bzw. *weitgehend passende Keywords*). Google zeigt die Werbeanzeige in diesem Fall nicht nur bei Übereinstimmung der Suchanfrage mit dem gebuchten Keyword an, sondern auch für Synonyme. Was ein Synonym ist, entscheidet Google. Der Werbende kann damit letztlich nicht sicher vorhersagen, für welche Suchbegriffe seine Anzeigen genau ausgeliefert werden.

Tipp: Eigene Werbeanzeigen und Konkurrenz

Das Ausspielen eigener Werbeanzeigen für Marken der Konkurrenz lässt sich durch Hinterlegen von negativen Keywords im eigenen Google-Ads-Konto ausschließen. Zusätzlich sollte *Exact Match* statt der Standardeinstellung *Broad Match* ausgewählt werden.

Klare Trennung zwischen Werbeanzeigen und organischen Suchtreffern

Gesetzlich ist vorgeschrieben, Werbeanzeigen und organische Suchtreffer für den Nutzer unterscheidbar zu machen. Sie müssen räumlich getrennt sein. Das ist bei Google immer gegeben, sowohl im Hinblick auf Google-Ads-Anzeigen oberhalb und unterhalb als auch neben den organischen Suchtreffern. Da Google den Werbeblock vorbildlich mit dem Hinweis *Anzeige* kennzeichnet, sind Sie – was diesen Punkt angeht – auf der sicheren Seite und müssen nichts weiter beachten.

Wissen die Nutzer, dass Markeninhaber und Werbender Konkurrenten sind?

Beim Inhalt der Werbeanzeige selbst wird es komplizierter: Als Erstes muss laut EuGH im Fall eines Rechtsstreits festgestellt werden, ob bei einem durchschnittlichen Internetnutzer aufgrund allgemein bekannter Marktmerkmale das Wissen unterstellt werden kann, dass der Werbende und der Markeninhaber nicht wirtschaftlich verbunden sind, sondern miteinander im Wettbewerb stehen.

Dahinter steht der Gedanke, dass es keine Verwechslungsgefahr gibt, wenn den Nutzerinnen und Nutzern beispielsweise aus aktueller Presseberichterstattung oder Allgemeinwissen bekannt ist, dass Markeninhaber und Werbender Konkurrenten sind.

Leider lässt sich der Wissensstand der Nutzer von außen nicht verlässlich beurteilen. Werbetreibende sollten daher sicherheitshalber stets davon ausgehen, dass den Nutzern das Konkurrenzverhältnis unbekannt ist, und die folgenden Anforderungen beachten.

Markennennung in der Werbeanzeige erlaubt?

Die Buchung einer fremden Marke als Keyword für eine Werbeanzeige zu identischen oder ähnlichen Produkten ist nach deutschem Rechtsverständnis grundsätzlich erlaubt. Wie bereits erwähnt, liegt hier die Motivation zugrunde, den gesunden Wettbewerb zu fördern. Umgekehrt ist es grundsätzlich verboten, die fremde Marke innerhalb der Werbeanzeige im Titel, im Anzeigentext oder als Teil eines angegebenen Links aufzuführen.

Beispiel: BMW und Audi (Werbeanzeigen)

Der Autohersteller BMW darf eigene Werbeanzeigen für das Keyword `Audi` schalten, in der Anzeige aber nicht die URL www.bmw.com/audi/ angeben oder das Wort »Audi« aufführen. Genauso wenig dürfte übrigens der Begriff »Audy« verwendet werden. Verwechselbar ähnliche Wörter werden rechtlich genauso behandelt wie identische Wörter oder Wortkombinationen. Obwohl im Fall von Audy die bekannte Marke des

Autoherstellers nicht in identischer Form erscheinen würde, läge eine Markenverletzung vor, weil »Audy« klanglich identisch mit der unter anderem für »Kraftfahrzeuge« geschützten Wortmarke »Audi« ist.

Von dem Grundsatz, keine fremden Marken in einer Anzeige nennen zu dürfen, gibt es allerdings Ausnahmen. So dürfen *Wiederverkäufer von Markenprodukten*, die legal in den Verkehr gebracht wurden, Werbeanzeigen schalten, die den fremden Markenbegriff enthalten.

Ein Onlineshop für Sneakers dürfte z.B. den Markennamen »Nike« in einer Google-Ads-Anzeige angeben, um so darauf hinzuweisen, dass er Schuhe der Marke »Nike« im Sortiment hat und die Anzeige zu seinem Onlineangebot für Nike-Schuhe führt. Das Gleiche gilt für Marktplätze, Onlineplattformen oder Verkäufer von Original-Gebrauchtwaren. Aber: Bietet der Händler keine Markenartikel oder nur wenige zum Schein an, bleibt es beim Verbot, die fremde Marke in der Werbeanzeige nutzen zu dürfen.

Praxistipp: Konfliktpotenzial Keyword Insertion

Bedenken Sie das markenrechtliche Konfliktpotenzial von *Keyword Insertion*. Dabei handelt es sich um eine Google-Ads-Funktion, bei der eines Ihrer Keywords, das den Suchbegriffen eines Nutzers entspricht, automatisch in den Anzeigentext übernommen wird. Handelt es sich bei dem eingefügten Wort um eine geschützte Marke, wird möglicherweise unbewusst eine markenrechtsverletzende Anzeige ausgeliefert.

Dass identische bzw. ähnliche Waren oder Dienstleistungen wie diejenigen, für die die Marke registriert ist, in der Werbeanzeige mit *Gattungsbegriffen* bezeichnet werden, führt grundsätzlich nicht zu einer Markenverletzung. Verkaufen Markeninhaber und Werber z.B. Pralinen, darf der Werbende das Wort »Pralinen« zur Bewerbung seiner Waren im Anzeigentext verwenden. Nicht nötig ist es im Regelfall auch, sich ausdrücklich innerhalb der Anzeige vom Unternehmen bzw. den Produkten des Markeninhabers zu distanzieren.

Allenfalls bei sehr vage gehaltenen Werbeanzeigen kann es zu Problemen kommen.[49] Am besten sollten daher nicht nur rein generische Begriffe und Beschreibungen in der Werbeanzeige verwendet werden.

49 *https://www.ra-plutte.de/brandbidding-irrefuehrung-durch-generische-adwords-anzeige/*

Prinzipiell dürfen beworbenen Produkte zwar, wie schon gesagt, mit Gattungsbezeichnungen beschrieben werden, zumindest aus der URL sollte aber ersichtlich sein, dass die Werbeanzeige nicht vom Markeninhaber, sondern von einem Drittunternehmen stammt.

- **Sonderfall »bekannte Marke«** – Wenn Sie eine bekannte Marke als Keyword buchen, kann eine Markenverletzung vorliegen, auch wenn Sie die vorstehenden Punkte beachten – beispielsweise dann, wenn der Werbende Nachahmungen von Waren des Markeninhabers anbietet oder die mit der bekannten Marke versehenen Waren in einem negativen Licht darstellt. Bietet der Werbende dagegen lediglich Alternativen zu den Markenprodukten an, ist das nicht zu beanstanden.[50]
- **Sonderfall »bekanntes Vertriebssystem«** – Liegt bei einem Vertriebssystem eines Markeninhabers, das den Nutzern bekannt ist (hier: Fleurop), die Vermutung nahe, dass es sich bei dem Werbenden (in diesem Fall einem Blumenhändler) um ein Partnerunternehmen des Markeninhabers handelt, ist die Herkunftsfunktion der Marke beeinträchtigt. Der Blumenhändler hatte in einer Google-Ads-Anzeige geworben, ohne sich von Fleurop abzugrenzen, also ohne auf das Fehlen einer wirtschaftlichen Verbindung zwischen dem Markeninhaber und dem eigenen Unternehmen hinzuweisen.[51]

Praxistipp: Brandbidding

Prüfen Sie beim Brandbidding vorab das Register des *Deutschen Patent- und Markenamts* (DPMA) auf potenziell kritische Marken. Verwenden Sie keine fremden Markenbegriffe in Ihrer Werbeanzeige, die für identische oder sehr ähnliche Waren oder Dienstleistungen geschützt sind. Bei Unsicherheiten sollte entweder auf den Begriff verzichtet oder spezialisierte anwaltliche Beratung hinzugezogen werden.

Inhalte in der Werbeanzeige, speziell Preisangaben

Google-Ads-Anzeigen sind im rechtlichen Sinne normale Werbeanzeigen. Daraus folgt, dass Werbebehauptungen inhaltlich korrekt sein müssen, z. B. Testsiegerangaben oder die Anzahl von Hotels bei einem Preisvergleichsanbieter. Eine Pflicht, Preise anzugeben, besteht nicht. Wer Preise in seinen Anzeigen nennen will, muss allerdings Endpreise angeben, die die Umsatzsteuer enthalten, und zwar einschließlich des

50 BGH, Urteil vom 20.02.2013 – I ZR 172/11 (»Beate Uhse«)

51 BGH, Urteil vom 27.06.2013, Az. I ZR 53/12 (»Fleurop«)

Hinweises »inkl. USt.« bzw. »inkl. 19% USt.« (natürlich darf statt »USt.« auch das Kürzel »MwSt.« verwendet werden).

Abbildung 14-18:
Beispiel für eine Google-Ads-Anzeige, die wegen des fehlenden Hinweises auf die enthaltene Umsatzsteuer gegen § 1 Preisangabenverordnung verstößt.

Falls *Versandkosten* berechnet werden, sind diese ebenfalls aufzuführen, zumindest auf der Landingpage. Wer mit günstigen *»Ab«-Preisen* werben will, muss sicherstellen, dass Nutzende auf der Landingpage auch Angebote zu diesem Mindestpreis buchen können. Das Gleiche gilt für *Rabatte*. Diese müssen tatsächlich erzielbar sein, andernfalls kann die Werbeanzeige als Wettbewerbsverstoß abgemahnt werden. Werden *Lieferfristen* in der Anzeige angegeben, müssen diese natürlich zutreffend sein. Die näheren Details dürfen aber auf der Landingpage konkretisiert werden, z.B. Ausnahmen für Bestellungen am Wochenende oder Liefergarantien bis Weihnachten.

Pflichtangaben in der Werbeanzeige

Schon aus Platzgründen liegt es auf der Hand, dass in einer Google-Ads-Werbeanzeige nicht sämtliche Pflichtangaben aufgeführt werden können, etwa die Impressumsdaten des Werbetreibenden. Grundsätzlich muss auf die Pflichtangaben in der Werbeanzeige auch nicht per Link hingewiesen werden, wie man es von herkömmlichen geschäftlichen Websites kennt, wo typischerweise auf jeder Unterseite zu Impressum, Datenschutzerklärung etc. verlinkt wird.

Eine Ausnahme besteht für Branchen mit besonders strengen Werbevorgaben, etwa im Bereich Arzneimittelwerbung (§ 4 HWG). Hier fordert der Bundesgerichtshof, dass bereits in der Werbeanzeige zumindest per Link auf die Pflichtangaben hingewiesen wird. Die URL muss dabei als »sprechender Link« ausgestaltet sein und den Begriff »Pflichtangaben« oder eine vergleichbar eindeutige Bezeichnung enthalten.

Für die *Gestaltung der Landingpage* bestehen bei einer Pflicht zum Hinweis auf die Pflichtangaben nach dem Bundesgerichtshof zwei alternative Umsetzungsmöglichkeiten:

1. Der Link in der Werbeanzeige führt unmittelbar ohne weitere Mausklicks zu einer Internetseite, auf der sich ausschließlich die Pflichtangaben befinden. In diesem Fall schadet es nicht, wenn die Pflichtan-

gaben wegen der Größe des vom Verbraucher benutzten Bildschirms nur durch Scrollen vollständig wahrgenommen werden können.

2. Enthält die Internetseite neben den Pflichtangaben noch weitere Inhalte, ist das Unmittelbarkeitskriterium nur erfüllt, wenn der Link den Verbraucher direkt zu der Stelle der Seite führt, auf der sich die Pflichtangaben befinden. Die Umsetzung der zweiten Variante dürfte lediglich mithilfe einer HTML-Sprungmarke (eines Anker-Tags) im Anzeigenlink möglich sein.

Gegen schlechte Bewertungen im Internet vorgehen

Onlinekundenbewertungen haben sich speziell bei der Neukundengewinnung zu einem einflussreichen Faktor entwickelt, da im Internet der aus dem stationären Handel gewohnte persönliche Kontakt bei der Vertragsanbahnung fehlt und die Produkte – anders als im Ladengeschäft bzw. bei Dienstleistern – nicht unmittelbar vom Kunden begutachtet werden können. Bei der Auswahl des Produkts bzw. des Vertragspartners vertrauen Interessentinnen und Interessenten daher häufig stärker auf die Erfahrungen früherer Kunden als auf die Werbeversprechen der Unternehmen.

Unternehmen müssen es hinnehmen, dass sie öffentlich von Kunden auf Internetportalen z. B. bei Yameda, Yelp, Amazon, Google etc. bewertet werden. Das Recht einer Bewertungsplattform auf Kommunikationsfreiheit ist höher zu bewerten als das Recht auf informationelle Selbstbestimmung des betroffenen Unternehmens.[52]

Meinungsäußerungen und Werturteile

Missliebige Bewertungen können Unternehmen allerdings in ihrem sozialen Geltungsanspruch[53] bzw. dem Recht am eingerichteten und ausgeübten Gewerbebetrieb beeinträchtigen. In diesen Fällen können Unternehmen Unterlassungsansprüche geltend machen. Rechtlich ist zwischen Meinungsäußerungen und Tatsachenbehauptungen zu unterscheiden. Abzuwägen ist zwischen dem Recht auf Meinungs- und Medienfreiheit des Bewertenden und dem Schutz der (Unternehmens-) Persönlichkeitsrechte des Bewerteten.

52 OLG Hamburg, Urteil vom 18.01.2012, Az. 5 U 51/11

53 Inländische Unternehmen können sich auf Art. 2 Abs. 1 i. V. m. Art. 19 Abs. 3 GG, Art. 8 Abs. 1 EMRK berufen, wenn die Äußerung dazu geeignet ist, das Ansehen des Unternehmens in der Öffentlichkeit zu beeinträchtigen (vgl. BGH, Urteil vom 28.07.2015, Az. VI ZR 340/14).

Meinungsäußerungen bzw. *Werturteile* zeichnen sich im Gegensatz zu Tatsachenbehauptungen dadurch aus, dass ihr Aussagegehalt weder objektiv richtig noch falsch ist. Ihr Wahrheitsgehalt lässt sich nicht beweisen. Meinungsäußerungen sind als Ausdruck der Meinungsfreiheit[54] selbst dann zulässig, wenn sie polemisch oder gar ausfällig formuliert werden. Nur wenn die Grenze zu Beleidigungen, Schmähungen oder der Menschenwürde überschritten wird, kann rechtlich gegen sie vorgegangen werden. Im Gegensatz dazu sind *Tatsachenbehauptungen* dem Beweis zugänglich. Wahre Tatsachenbehauptungen müssen meist hingenommen werden. Gegen falsche Tatsachenbehauptungen kann rechtlich vorgegangen und deren Löschung kann verlangt werden.

Häufig bereitet schon die Unterscheidung zwischen Meinungsäußerung und Tatsachenbehauptung große Probleme. Bei der Einstufung müssen alle Umstände des jeweiligen Einzelfalls berücksichtigt werden, insbesondere der genaue und vollständige Wortlaut der Äußerung, der sprachliche Kontext, die Begleitumstände und wie ein objektives Publikum die Äußerung verstehen muss.[55]

Zur Unterscheidung sollen die folgenden Beispiele dienen:

- **Beispiel 1** – Bei einer reinen Sternebewertung, einer Schulnote oder z. B. einem Minuszeichen ohne Begleittext handelt es sich um eine Meinungsäußerung.[56]
- **Beispiel 2** – Die Bewertung »Das Restaurant sieht von innen schrecklich aus. Unfreundliche Bedienung, mäßiges Essen.« stellt eine kritische, aber zulassige Meinungsaußerung dar. Alle Äußerungen beruhen auf der persönlichen Meinung bzw. Sichtweise des Bewertenden. Eine objektive Überprüfung des Wahrheitsgehalts ist nicht möglich. Das Restaurant muss die Bewertung daher hinnehmen.
- **Beispiel 3** – Die Bewertung »Scheiß-Restaurant, der Inhaber ist ein Arschloch.« hat keinen überprüfbaren Tatsachenkern. Zumindest die Bezeichnung »Arschloch« stellt eine Formalbeleidigung dar, es besteht daher ein Anspruch auf Löschung.
- **Beispiel 4** – Im Fall der Bewertung »Vorsicht: In der Küche des Restaurants laufen Ratten herum.« lässt sich der Wahrheitsgehalt der Äußerung gerichtlich überprüfen. Entweder befanden sich zum Zeitpunkt der Bewertung Ratten in der Küche oder nicht. Ist die Behauptung korrekt, besteht kein Anspruch auf Löschung. Ist sie

54 Art. 5 Abs. 1 Grundgesetz und Art. 10 der Europäischen Menschenrechtskonvention

55 BGH, Urteil vom 02.04.2015, Az. 3 StR 197/14

56 Vgl. BGH, Urteil vom 23.06.2009, Az. VI ZR 196/08

falsch, muss sie unverzüglich gelöscht werden. Die Nachweispflicht für die Richtigkeit der Behauptung trägt in derartigen Fällen der Bewertende. Falsche Tatsachenbehauptungen lassen sich vor diesem Hintergrund vergleichsweise einfach löschen.

Hinweis: Anmerkung zu vermischten Äußerungen

Basiert ein an sich zulässiges Werturteil auf einer falschen Tatsachenbehauptung, kann die Bewertung insgesamt angegriffen werden. Das betrifft z.B. *Fake-Bewertungen* von Personen, die nie Patient des bewerteten Arztes[57], Arbeitnehmer des bewerteten Arbeitgebers oder Kunde des bewerteten Hotels waren. Beziehen sich Werturteil und unwahre Tatsachenbehauptung (= falsche Behauptung, Kunde gewesen zu sein) untrennbar aufeinander, sind Tatsachenbehauptung und Werturteil gemeinsam angreifbar. Bei Vergabe einer Sternebewertung mit begleitendem Kommentar kann daher auch die Sternebewertung gelöscht werden.[58] Ebenfalls angreifbar sind absichtlich geschäftsschädigende Bewertungen von Konkurrenten. Hier hilft dem bewerteten Unternehmen zusätzlich das Wettbewerbsrecht. (Problem: Die Nachweispflicht liegt bei dem bewerteten Unternehmen.)

Hinweis: »Fake«-Bewertungen

Gegen den Verfasser einer »Fake«-Bewertung kann in der Regel nicht vorgegangen werden. Es handelt sich bei der Bewertung um eine zulässige Meinungsäußerung. Die Bewertung eines Produkts ist stets ein persönliches, nicht nachprüfbares Empfinden. Anders ist dies nur, wenn die Bewertung einen unwahren Tatsachenkern enthält. Das ist der Fall, wenn der Bewertende mit der zu bewertenden Sache niemals in Berührung gekommen ist oder (beweisbar) falsche Eigenschaften des Testgegenstands behauptet.

In diesen Fällen kann gegen »Fake«-Bewertungen mit einem Unterlassungsanspruch gegen den Verfasser oder die Veröffentlichungsplattform vorgegangen werden. Ein rechtliches Vorgehen gegen den Anbieter von »Fake«-Bewertungsportalen ist im Wege eines wettbewerblichen Unterlassungsanspruchs denkbar.[59]

57 BGH, Urteil vom 01.03.2016, Az. VI ZR 34/15

58 OLG München, Urteil vom 28.10.2014, Az. 18 U 1022/14

59 OLG Frankfurt, Beschluss vom 22.02.2019, Az. 6 W 9/19 – Amazon geht gegen gekaufte Rezensionen vor.

Den Bewertenden und/oder das Bewertungsportal zur Löschung auffordern

Die Löschung rechtswidriger Bewertungen kann auf zwei Wegen (gegebenenfalls parallel) vorangetrieben werden, nämlich gegenüber

- dem Verfasser der Bewertung sowie
- dem Betreiber des Onlineportals, auf dem die Bewertung veröffentlicht wurde.

Ein Vorgehen gegen den Bewertenden selbst empfiehlt sich, wenn dessen Identität bekannt ist (Vorname, Nachname, ladungsfähige Anschrift). Verfügt das bewertete Unternehmen nicht über die Kontaktdaten des (anonymen) Verfassers, kann es vom Bewertungsanbieter nicht verlangen, dass zu dort gespeicherten persönlichen Daten des Verfassers Auskunft erteilt wird.[60]

Das Unternehmen kann den Bewertungsanbieter aber in einem Hinweisschreiben über die rechtswidrige Bewertung informieren und binnen angemessener Frist zur Löschung auffordern. Eine Frist von wenigen Tagen reicht regelmäßig aus, eine nach Stunden bemessene Frist hingegen nur in Extremfällen. Wichtig ist, dass der Bewertungsanbieter mit dem Hinweisschreiben in die Lage versetzt wird, die Anspruchsberechtigung inhaltlich prüfen zu können. Viele Portale bieten für die Beanstandung von Bewertungen die Möglichkeit, den Beitrag bzw. die Bewertung über entsprechende Schaltflächen oder Kontaktformulare direkt dem Betreiber zu melden. Ansonsten finden Sie die Post- und E-Mail-Adresse des Portalbetreibers im Impressum.

Inhalte einer korrekten Löschungsaufforderung

Benennen Sie die Bewertung konkret, indem Sie die URL angeben, damit der Anbieter sie auffinden kann und Verwechslungen ausgeschlossen werden. Fügen Sie eine tatsächliche und rechtliche Begründung dazu bei, weshalb die Bewertung Ihre Rechte verletzt. Setzen Sie dem Anbieter schließlich eine angemessene Frist zur Prüfung und Löschung der Bewertung.

Tipp: Erste Löschungsaufforderung

Im Rahmen der ersten Aufforderung gegenüber dem Anbieter müssen Sie zunächst keine Beweise vorlegen. Es reicht aus, wenn Ihre Schilderung

60 BGH, Urteil vom 01.07.2014, Az. VI ZR 345/13. Anders nur, wenn der Verfasser der Herausgabe zustimmt, was praktisch kaum Relevanz haben dürfte.

logisch und nachvollziehbar ist. Entkräften Sie falsche Tatsachenbehauptungen des bewertenden Nutzers wenn möglich wie folgt: »Die Behauptung x ist unwahr, weil ...«. Eine lediglich pauschale Behauptung, die Kritik des Nutzers sei unzutreffend, genügt nicht.[61]

Rechtliche Aspekte des E-Mail-Marketings

Im Grundsatz sind Werbemails nur zulässig, wenn der Empfänger dem werbenden Unternehmen vor Erhalt ausdrücklich eine entsprechende Erlaubnis erteilt hat. Dabei macht es keinen Unterschied, ob Unternehmer oder Verbraucher angeschrieben werden. Fehlt eine ausdrückliche Einwilligung des Adressaten, können Werbemails allenfalls unter ganz spezifischen Voraussetzungen an Bestandskunden verschickt werden.

Werbung unter Verwendung elektronischer Post

Die werberechtliche Beurteilung von E-Mail-Marketing richtet sich im Wesentlichen nach § 7 Abs. 2 Nr. 3 UWG. Danach ist eine *unzumutbare Belästigung* stets anzunehmen

> »bei Werbung unter Verwendung [...] elektronischer Post, ohne dass eine vorherige ausdrückliche Einwilligung des Adressaten vorliegt.«

Werbung ist nach ständiger Rechtsprechung

> »jede Äußerung bei der Ausübung eines Handels, Gewerbes, Handwerks oder freien Berufs mit dem Ziel, den Absatz von Waren oder die Erbringung von Dienstleistungen zu fördern.«[62]

Unter den Werbebegriff fallen nicht nur unmittelbar produktbezogene Angebote und Nachfragen, sondern auch Maßnahmen der mittelbaren Absatzförderung.[63] Nach dieser Maßgabe können z. B. auch

- Pressemitteilungen,
- Newsletter,
- Imagewerbung,
- Sponsoring-Anfragen (für gemeinnützige Zwecke),[64]
- Bewertungsanfragen,[65]

61 OLG Hamburg, Urteil vom 18.01.2012, Az. 5 U 51/11; bestätigt durch OLG Hamburg, Urteil vom 30.06.2016, Az. 5 U 58/13 betreffend das Portal »Holidaycheck«.

62 BGH, Beschluss vom 20.05.2009, Az. I ZR 218/07 – E-Mail-Werbung II

63 BGH, Urteil vom 12.09.2013, Az. I ZR 208/12 – Tell-A-Friend

64 LG Berlin, Urteil vom 22.7.2011, Az. 15 O 138/11

65 AG Hannover, Urteil vom 03.04.2013, Az. 550 C 13442/12

- Kundenzufriedenheitsanfragen,[66]
- Produktempfehlungen von Dritten (»Tell-A-Friend«),[67]
- Kooperationsanfragen,
- Autoreply-Nachrichten[68] sowie
- Direktnachrichten in Social-Media-Netzwerken

per Mail als Werbung zu qualifizieren sein.

Beim Versand von E-Mails eines Unternehmens an einen Kunden ist außerdem die DSGVO zu beachten. Die Speicherung der E-Mail-Adresse beispielsweise zum Versand eines Newsletters stellt eine automatisierte Verarbeitung personenbezogener Daten dar. Eine Einwilligung des Empfängers ist daher auch nach den Grundsätzen der DSGVO grundsätzlich erforderlich. Anders kann dies sein, wenn ein sonstiger Erlaubnisgrund aus der DSGVO eingreift (z. B. berechtigtes Interesse).

Vorherige Einwilligung

Der Empfänger muss dem werbenden Unternehmen die *Einwilligung vor Erhalt der ersten Werbemail* erteilt haben. Nachträgliche Genehmigungen reichen nicht aus. Werbetreibende dürfen insbesondere keine Werbemails mit dem Hinweis versenden, der Empfänger möge gegebenenfalls der Zusendung weiterer E-Mails widersprechen. Derartige Werbung ist selbst dann rechtswidrig, wenn der Empfänger früheren E-Mails nicht widersprochen hat.

Eine einmal erteilte *Einwilligung ist zeitlich nicht unbegrenzt gültig*, sondern verliert mit Ablauf eines längeren Zeitraums ihre Aktualität, wenn sie binnen angemessener Frist nach Einholung nicht genutzt wird. So verliert eine Einwilligung ihre Gültigkeit, wenn sie nach 19 Monaten[69] bzw. zwei Jahren[70], spätestens jedoch nach vier Jahren seit Einholung nicht genutzt wurde.[71] Wurde die Einwilligung dagegen regelmäßig in Form des Versands von E-Mail-Werbung genutzt, erlischt sie nicht durch Zeitablauf.[72]

66 OLG Dresden, Urteil vom 24.04.2016, Az. 14 U 1773/13

67 BGH, Urteil vom 12.09.2013, Az. I ZR 208/12

68 AG Stuttgart-Bad Cannstatt, Urteil vom 25.04.2014, Az. 10 C 225/14

69 LG München, Urteil vom 08.04.2010, Az. 17 HK O 138/10

70 LG Berlin, Beschluss vom 02.07.2004, Az. 15 O 653/03

71 AG Bonn, Urteil vom 10.05.2016, Az. 104 C 227/15

72 AG Hamburg, Urteil vom 24.08.2016, Az. 9 C 106/16 betreffend eine im Jahr 2010 wirksam eingeholte Einwilligungserklärung

Ausdrückliche Einwilligung

Der Empfänger muss die Einwilligung auch in Hinblick auf die Geltung der DSGVO ausdrücklich erteilt haben. Dieses Merkmal hat eine doppelte Bedeutung. Einerseits muss die *Einwilligung ganz explizit für den Werbekanal »E-Mail«* erteilt werden. Es reicht also nicht aus, eine bloße Einwilligung für »Werbung« einzuholen. Vor allem aber wird durch die Betonung der Ausdrücklichkeit klargestellt, dass eine *mutmaßliche oder durch schlüssiges (»konkludentes«) Verhalten erteilte Einwilligung nicht ausreicht*. Ein vorangegangener E-Mail-Kontakt stellt keine ausdrückliche Einwilligung dar, insbesondere keine Autoresponder-E-Mail.[73] Das Gleiche gilt für die Übergabe einer Visitenkarte, weil es ihr an Bestimmtheit fehlt – im Hinblick auf die zu bewerbenden Produkte, das Werbemedium sowie den Werbeberechtigten.[74] Auch die Eintragung der E-Mail-Adresse in die Teilnehmerliste einer Veranstaltung reicht nicht aus.[75]

Einwilligung für konkret bezeichnete(s) Unternehmen

Der Adressat muss dem werbenden Unternehmen die Zusendung von E-Mail-Werbung an seine E-Mail-Adresse erlaubt haben. Maßgeblich ist, ob die *Reichweite der Einwilligung* bereits zum Zeitpunkt der Erteilung so transparent ist, dass der Adressat klar erkennen kann, welchem Unternehmen er die Erlaubnis für künftige E-Mail-Werbung erteilt.

Kann ein eindeutiger Bezug zum Einwilligungsempfänger hergestellt werden, z. B. bei Einholung über ein Internetformular durch Klickmöglichkeit auf einen *Impressum*-Link, wird es ausreichend sein, von »wir« oder »uns« zu sprechen. Bestenfalls sollte das werbende Unternehmen aber im Einwilligungstext namentlich benannt werden.

In gewissem Rahmen ist es möglich, gleichzeitig *Werbeerlaubnisse für mehrere Unternehmen* einzuholen. Einwilligungstexte wie

> »Sie erhalten Werbung per E-Mail von uns sowie Partnern unseres Unternehmens.«

reichen nicht aus, da der Einwilligende nicht beurteilen kann, wer in diesem Fall ermächtigt werden soll, ihm Werbemails zuzusenden. Ebenso unwirksam sind Einwilligungen zugunsten verbundener Unternehmen.[76] Die Werbeberechtigten müssen namentlich mit Adresse be-

73 AG München, Urteil vom 09.07.2009, Az. 161 C 6412/09

74 LG Baden-Baden, Urteil vom 18.01.2012, Az. 5 O 100/11

75 LG Gera, Urteil vom 24.07.2012, Az. 3 O 455/11

76 OLG Koblenz, Urteil vom 26.03.2014, Az. 9 U 1116/13

nannt werden. Hierbei sollte aus Transparenzgründen auf allzu lange Unternehmenslisten verzichtet werden. Nach Auffassung des Landgerichts Düsseldorf müssen die werbeberechtigten Unternehmen bereits im Einwilligungstext namentlich genannt werden. Die Verlinkung auf eine gesondert anzuklickende Sponsorenliste reicht nicht aus.[77]

Die oben genannten Anforderungen haben zur Folge, dass ein rechtskonformer gewerblicher *Ankauf von E-Mail-Adressen zu Werbezwecken* nur sehr eingeschränkt möglich ist, wenn der Adressat das später werbende Unternehmen zum Zeitpunkt der Einwilligung nicht kennt. In diesem Fall kann er dem Unternehmen keine wirksame Erlaubnis zur E-Mail-Werbung erteilen. Im Hinblick auf die Wirksamkeit und Geeignetheit der Einwilligungen darf sich das werbende Unternehmen nicht auf eine Zusicherung des Adresshändlers verlassen,[78] selbst wenn es sich bei diesem um einen »renommierten Listeigner« gehandelt haben sollte.[79] Ein Adresshandelsvertrag über den Ankauf von Leads kann sogar nichtig sein (§ 134 BGB), wenn er die *wettbewerbswidrige Generierung von Adressdaten* zum Gegenstand hat.[80] Umgekehrt kann das werbende Unternehmen z.B. externe Dienstleister wie Agenturen damit beauftragen, Einwilligungen für Werbeaktionen per E-Mail speziell für sein Unternehmen einzuholen.[81]

Einwilligung für den konkreten Fall

Generaleinwilligungen gegenüber jedermann sind ausgeschlossen. Die Angabe der eigenen E-Mail-Adresse auf einer Internetseite, in Branchenverzeichnissen, auf Visitenkarten oder im Briefkopf stellt keine Einwilligung in E-Mail-Werbung dar.

Dem Adressaten muss vor Augen geführt werden, für welche konkreten Produkte die Werbeeinwilligung erteilt wird. Wie konkret Produkt bzw. Produktkategorie angegeben werden muss, ist eine Frage des Einzelfalls. Vorformulierte Erklärungen müssen so hinreichend konkretisiert sein, dass der Kunde erkennen kann, auf welche Werbeinhalte sich seine Einwilligung bezieht.[82] Allgemein formulierte Werbeerlaubnisse für »interessante Angebote« und Ähnliches sind unwirksam.

77 LG Düsseldorf, Urteil vom 20.12.2013, Az. 33 O 95/13

78 OLG Düsseldorf, Urteil vom 24.11.2009, Az. I-20 U 137/09

79 KG Berlin, Beschluss vom 29.10.2012, Az. 5 W 107/12

80 LG Düsseldorf, Urteil vom 20.12.2013, Az. 33 O 95/13

81 BGH, Urteil vom 25.10.2012, Az. I ZR 169/10 – Einwilligung in Werbeanrufe II

82 BGH, Urteil vom 18.07.2012, Az. VIII ZR 337/11; KG Berlin, Beschluss vom 29.10.2012, Az. 5 W 107/12

Einwilligung ohne Zwang und in Kenntnis der Sachlage

Der Adressat willigt nur dann wirksam in E-Mail-Werbung ein, wenn die Einwilligung nicht durch eine Täuschung oder durch Ausübung von Druck erwirkt wird. Die Erlaubnis muss also transparent eingeholt werden und auf einer freien Entscheidung des Adressaten beruhen. Die Einholung der *Einwilligung kann über allgemeine Geschäftsbedingungen* geschehen.[83] Im zitierten BGH-Urteil waren die Einwilligungen über ein Gewinnspiel eingeholt worden, das vorformulierte Einverständniserklärungen enthielt. Derartige Erklärungen sind im rechtlichen Sinne allgemeine Geschäftsbedingungen, die man nach dem BGH prinzipiell auch verwenden darf. Wichtig ist aber, dass die Einwilligung trotzdem »gesondert« erklärt wird, z. B. per Checkbox. Erforderlich ist stets eine gesonderte, nur auf die Einwilligung zur E-Mail-Werbung bezogene Zustimmung.[84]

Unwirksam wäre es, die Zustimmung zur E-Mail-Werbung im Fließtext von allgemeinen Geschäftsbedingungen oder Nutzungsbedingungen einzuholen. Der Einwilligungstext muss vielmehr *deutlich getrennt von anderen Erklärungen oder Hinweisen* stehen und nach Möglichkeit drucktechnisch deutlich hervorgehoben werden. Bei vorformulierten Erklärungen fehlt es sonst an der geforderten spezifischen Einwilligungserklärung, wenn der Kunde weder ein bestimmtes Kästchen anzukreuzen hat noch eine vergleichbar eindeutige Erklärung seiner Zustimmung abzugeben braucht. Eine solche Erklärung besteht insbesondere nicht allein schon durch die und in der Unterschrift, mit der der Kunde das Vertragsangebot annimmt.[85]

Technische Voraussetzungen für das Einholen der Werbeerlaubnis

Grundsätzlich ist die Einwilligungserklärung als Zustimmung zu E-Mail-Werbung nicht formgebunden und kann online oder offline eingeholt werden. Im Offlinebereich sollte die Einwilligung aber schriftlich eingeholt werden. Andernfalls können schnell Unsicherheiten über die Erteilung und vor allem die Reichweite der Einwilligung entstehen.

Bei *elektronischer Adressgenerierung* besteht in Form des *Double-Opt-in-Verfahrens* nur eine Möglichkeit, die Einwilligung rechtssicher ein-

83 BGH, Urteil vom 25.10.2012, Az. I ZR 169/10 – Einwilligung in Werbeanrufe II

84 BGH, Beschluss vom 14.04.2011, Az. I ZR 38/10

85 BGH, Urteil vom 16.07.2008, Az. VIII ZR 348/06 – payback

zuholen. Ausreichend ist weder das »Single-Opt-in-Verfahren«[86] noch das »Opt-out-Verfahren«.[87]

Im Rahmen des Double-Opt-in-Verfahrens trägt der Interessent seine E-Mail-Adresse in ein Webformular ein, etwa bei der Anmeldung zu einem E-Mail-Newsletter, und versendet es an den Werber. Um sicherzustellen, dass die im Formular eingetragene E-Mail-Adresse vom Anmelder stammt, erhält dieser vor Beginn der E-Mail-Werbung eine E-Mail. Die E-Mail beschreibt die Anmeldung und enthält einen Bestätigungslink. Nur wenn der Bestätigungslink angeklickt und so die Berechtigung des Anmelders bestätigt wird, erfolgt eine Freischaltung der Adresse für die eigentliche E-Mail-Werbung.

Wichtig – Die E-Mail mit dem Bestätigungslink darf keinesfalls Werbung enthalten!

Für den *Nachweis des Einverständnisses* ist es erforderlich, dass der Werbende die konkrete Einverständniserklärung jedes einzelnen Verbrauchers vollständig (schriftlich) dokumentiert.[88] Bei elektronisch übermittelten Einverständniserklärungen setzt das deren Speicherung und die Möglichkeit, sie jederzeit auszudrucken, voraus.[89] Ein Zeuge, der nur die ordnungsgemäße Durchführung des Double-Opt-in-Verfahrens bezeugen, aber keine konkreten Angaben zum konkreten Einzelfall tätigen kann (hier: Einverständnis für Werbeanrufe), kann die erforderliche konkrete Dokumentation des Einverständnisses nicht ersetzen.

Datensparsamkeit: Nur die Angabe der E-Mail-Adresse ist Pflicht

Datenschutzrechtlich gilt das Gebot der Datensparsamkeit, d.h., es dürfen nur solche Daten vom Nutzer abgefragt werden, die für die jeweilige Leistung unbedingt nötig sind. Bei E-Mail-Werbung ist nur die Abfrage der E-Mail-Adresse unbedingt nötig. Weitere Felder, z.B. für Name, Wohnort etc., sind als freiwillig zu kennzeichnen und mit einer Erklärung zu versehen, warum die spezifische Information abgefragt wird, etwa der Name für eine persönliche Ansprache im Newsletter oder der Wohnort, um spezielle Angebote lokaler Unternehmen zu ermöglichen. Bei Einwilligung über eine Webseite sollte auch auf die Datenschutzerklärung hingewiesen werden.

86 AG Hamburg, Beschluss vom 05.05.2014, Az. 5 C 78/12

87 BGH, Urteil vom 16.07.2008, Az. VIII ZR 348/06 – payback

88 AG Düsseldorf, Urteil vom 09.04.2014, Az. 23 C 3876/13; LG Bonn, Urteil vom 10.01.2012, Az. 11 O 40/11

89 AG Bonn, Urteil vom 10.05.2016, Az. 104 C 227/15

Beweislast und Dokumentation der Werbeerlaubnis

Das werbende Unternehmen muss die Werbeberechtigung nachweisen können. Nicht der Empfänger der Werbemail, sondern der Versender muss im Streitfall darlegen und gegebenenfalls beweisen, dass ihm vom Empfänger eine die konkrete Werbemail abdeckende Erlaubnis erteilt wurde. Abmahnen und gegebenenfalls klagen können einerseits angeschriebene Nutzerinnen und Nutzer (Verbraucher oder Unternehmer) und andererseits Konkurrenten des werbenden Unternehmens. Die Kosten hängen vom Streitwert ab. Die Meinungen der Gerichte gehen hier extrem auseinander. Es finden sich Streitwerte von 100 Euro bis hin zu mehreren Tausend Euro.[90]

Neben der rechtskonformen Generierung der Einwilligung ist nicht zuletzt auf die Dokumentierung und Archivierung der Werbeeinwilligung zu achten. Konkret sind Ablauf und Inhalt der jeweiligen Einwilligung einschließlich des vollständigen Einwilligungstexts so zu archivieren, dass die Erlaubnis im Ernstfall lückenlos und inhaltlich nachvollziehbar vor Gericht durch Ausdrucke nachgewiesen werden kann. Zu speichern sind:

- die E-Mail-Anfrage des Anmelders einschließlich Einwilligungstext,
- die Antwortmail mit Bestätigungslink an die Anmeldeadresse sowie
- die nach Bestätigung vom System generierte Freischaltungsmail.

Diese E-Mails sind gesondert mit jeweiligem Zeitpunkt und IP-Adresse zu speichern.[91] Zeugenaussagen über eine fehlerfreie Anwendung des Double-Opt-in-Verfahrens genügen als Ersatz nicht.

Ausnahme: E-Mail-Werbung ohne Einwilligung des Adressaten

Unter engen Voraussetzungen besteht für Unternehmen die Möglichkeit, E-Mail-Werbung auch *ohne vorherige ausdrückliche Einwilligung an Bestandskunden* zu versenden. Derartige Werbemails sind nach § 7 Abs. 3 Nr. 1–4 UWG ausnahmsweise erlaubt, wenn

- ein Unternehmer im Zusammenhang mit dem Verkauf einer Ware oder Dienstleistung von dem Kunden dessen elektronische Postadresse erhalten hat,

90 *www.ra-plutte.de/uebersicht-zu-rechtskonformer-emailwerbung-und-die-ansprueche-bei-spam/#Streitwert%20Emailwerbung*

91 BGH, Urteil vom 10.02.2011, Az. I ZR 164/09

- der Unternehmer die Adresse zur Direktwerbung für eigene ähnliche Waren oder Dienstleistungen verwendet,
- der Kunde der Verwendung nicht widersprochen hat und
- der Kunde bei Erhebung der Adresse und bei jeder Verwendung klar und deutlich darauf hingewiesen wird, dass er der Verwendung jederzeit widersprechen kann, ohne dass hierfür andere als die Übermittlungskosten nach den Basistarifen entstehen.

Diese vier Voraussetzungen müssen gleichzeitig erfüllt sein, was typischerweise bei per E-Mail oder über einen Onlineshop getätigten Kundenbestellungen der Fall ist. Sie sind auch erfüllt, wenn die E-Mail-Adresse im Rahmen der nachfolgenden Vertragsabwicklung erlangt wird. Entscheidend ist nicht die Vertragsart, sondern das *Vorliegen einer Kundenbeziehung*. Die Anforderung eines Angebots beim Werber stellt daher noch keinen »Verkauf« dar, der das angebotserstellende Unternehmen zu E-Mail-Werbung gegenüber dem Adressaten berechtigen würde.

Zu beachten ist, dass der Hinweis auf das Widerspruchsrecht des Empfängers bereits im Einwilligungstext und in jeder späteren Werbe-E-Mail enthalten sein muss. Andernfalls ist die spätere Anwendung von § 7 Abs. 3 UWG zugunsten des Werbers ausgeschlossen (siehe »[...] bei Erhebung der Adresse [...]«).

Im Einzelfall kann es problematisch sein, ob das erworbene Produkt der beworbenen Ware oder Dienstleistung noch *ausreichend ähnlich* ist. Die Rechtsprechung ist hier streng. Die Ähnlichkeit muss sich auf die bereits gekauften Waren beziehen und dem gleichen typischen Verwendungszweck oder Bedarf des Kunden entsprechen. Diese Voraussetzung ist regelmäßig erfüllt, wenn die *Produkte austauschbar* sind oder dem *gleichen oder zumindest einem ähnlichen Bedarf oder Verwendungszweck* dienen. Zum Schutz des Kunden vor unerbetener Werbung ist diese Ausnahmeregelung aber eng auszulegen.[92]

Achtung: Ablauf Werbeerlaubnis

Die Werbeerlaubnis nach § 7 Abs. 3 UWG fällt mit Ablauf einer gewissen Zeitspanne wieder weg, sodass der Versand von Werbemails auf Grundlage der Ausnahmeregelung mit gewissen Risiken verbunden ist. Nach Möglichkeit sollte daher auf eine Einwilligungserklärung des Empfängers hingewirkt werden.

92 KG Berlin, Beschluss vom 18.03.2011, Az. 5 W 59/11

Dem Versand von E-Mails an Bestandskunden steht auch die DSGVO nicht entgegen. Die Verarbeitung personenbezogener Daten zum Zweck der Direktwerbung wird als eine dem berechtigten Interesse dienende Verarbeitung betrachtet.[93]

Anforderungen an den Inhalt der eigentlichen Werbemails

Hat der Adressat eine rechtswirksame Einwilligung zur E-Mail-Werbung erteilt oder erfolgt ein grundsätzlich zulässiger E-Mail-Versand an Bestandskunden, muss schließlich auf die *rechtskonforme Gestaltung* der eigentlichen Werbemails geachtet werden.

Aus dem *E-Mail-Betreff* muss sich auf den ersten Blick ergeben, dass es sich um Werbung handelt. Keinesfalls darf die Versenderadresse verschleiert oder dürfen kryptische E-Mail-Adressen verwendet werden, die eine Zuordnung des Versenders unmöglich machen oder erheblich erschweren (vgl. § 6 Abs. 1 Nr. 1 TMG, § 6 Abs. 2 TMG).

Der *Inhalt der Werbemails* muss sich im Rahmen der erteilten Einwilligung bewegen. Diese Anforderung wird nach meiner Beobachtung oft missachtet. Vertreibt das werbende Unternehmen Waren oder Dienstleistungen aus verschiedenen Produktkategorien, darf die Werbemail nur Werbung für solche Produkte enthalten, für die vom Empfänger eine ausreichende Einwilligung erteilt worden war. Aus Unternehmenssicht bietet es sich in derartigen Fällen an, im Rahmen der Einwilligungseinholung verschiedene Produktkategorien zur Wahl anzubieten, die vom Interessenten individuell angewählt werden können. Muss der Interessent bereits vorangeklickte Kategorien per »Opt-out« abwählen, liegt schon durch dieses Vorgehen keine Einwilligung vor.

Jede einzelne E-Mail muss eine *Möglichkeit zur Abbestellung weiterer Werbemails* enthalten. Die Abmeldung sollte durch einen einfachen Klick auf einen Abbestell-Link erfolgen können. Nach Abmeldung muss der Versand von weiterer E-Mail-Werbung unverzüglich gestoppt werden.[94] Darüber hinaus muss jede Werbemail ein *vollständiges Impressum* aufweisen.[95]

Achten Sie beim Versand von E-Mail-Werbung schließlich darauf, dass der allgemeine Rechtsrahmen eingehalten wird. So droht bei E-Mail-

93 Erwägungsgrund 47 zur DSGVO

94 LG Bielefeld, Urteil vom 18.10.2012, Az. 22 O 66/12

95 Ein rechtssicheres Impressum können Sie z.B. mit unserem kostenlosen Impressum-Generator generieren: *www.ra-plutte.de/impressum-generator/*.

Marketing unter anderem – aber natürlich nicht nur – Gefahr aus den Bereichen

- Markenrecht (z. B. bei Werbung für Produkte unter falscher Marke),
- Urheberrecht (z. B. bei Verwendung fremder Lichtbilder ohne Erlaubnis) und
- Wettbewerbsrecht (z. B. durch irreführende Werbeaussagen oder falsche Spitzenstellungsbehauptungen).

Social-Media-Recht

Im Social Web gelten für die Unternehmen die gleichen Regeln wie in sonstigen Bereichen des Internets. So müssen beispielsweise beim Posten von Fotos fremde Urheber- und Persönlichkeitsrechte ebenso beachtet werden wie auf der Unternehmens-Website. Einige Besonderheiten bestehen jedoch, die in den nachfolgenden Abschnitten jeweils kurz beschrieben werden.

Username

Sowohl bei X als auch bei Instagram kann ein Username nur einmal vergeben werden. Gleiches gilt für die URL einer Facebook-Seite. Dadurch stellen sich ähnliche Fragen wie bei der Registrierung einer Domain. Auch hier gilt, dass bereits in der Registrierung die Verletzung eines durch § 12 BGB geschützten fremden Namensrechts liegen kann (bürgerlicher Name, Künstlername, Firmenbezeichnung). Möglich ist auch die Verletzung fremder Marken, speziell dann, wenn es sich um bekannte Kennzeichen (Marken, Firmennamen) handelt, denn dort kann leicht Verwirrung darüber entstehen, ob Postings dem Account des (bekannten) Markenunternehmens zuzuordnen sind. Zulässig sind dagegen z. B. Usernamen, die Markenbegriffe beinhalten, aber auf eine kritische Auseinandersetzung mit einem Produkt oder Unternehmen hinweisen.

Beispiel: Usernamen und Namens-/Markenrechte

Eine Registrierung des Usernamens »@apple« bei X würde die Namens- und Markenrechte des bekannten IT-Unternehmens aus Cupertino verletzen. Zulässig wäre dagegen ein Username wie »@applekritiker«, wenn der Account dazu diente, sich kritisch mit Produkten der Marke Apple auseinanderzusetzen.

Avatar, Profilfoto

Achten Sie bei der Auswahl von Profil- oder Avatar-Fotos darauf, keine fremden Urheberrechte zu verletzen. Professionelle Fotografien dürfen ohne Zustimmung des jeweiligen Urhebers ebenso wenig verwendet werden wie von anderen Usern hochgeladene Schnappschüsse, Comics, Collagen oder Memes. Verstöße können kostenpflichtig abgemahnt werden.

Schleichwerbung

Im deutschen Recht gilt das *Trennungsgebot*, wonach redaktionelle Inhalte strikt von werbenden Inhalten getrennt werden müssen.[96] Schleichwerbung beschreibt die Verletzung des Trennungsgebots, also vereinfacht gesagt bezahlte Werbung, die für die Nutzerinnen und Nutzer nicht als solche erkennbar ist. Der klassische Fall ist z.B. ein Advertorial, bei dem ein Werbetext als redaktioneller Beitrag getarnt wird. Übertragen ins Social Web, liegt Schleichwerbung hier vor:

- Beim Posten objektiv neutral wirkender Beiträge bzw. Bilder (Meinungen, Statements, Tipps).
- Wenn Werbewirkung für ein Unternehmen bzw. dessen Waren oder Dienstleistungen vorliegt.
- Wenn das Posting nicht als Werbung gekennzeichnet ist.
- Wenn der Verfasser als Gegenleistung für das Posting Geld oder eine mehr als unerhebliche Sachzuwendung erhält. (Ab welchem Wert der Sachzuwendung eine Pflicht zur Werbekennzeichnung besteht, ist umstritten. Diskutiert werden Beträge zwischen wenigen Euro und 1.000 Euro).

Praktische Bedeutung entwickelt das Schleichwerbeverbot immer mehr im Zusammenhang mit sogenannten *Influencern*, also Personen mit sehr vielen Followern bei Facebook, X bzw. Instagram und entsprechend hoher »Meinungskraft« (z.B. Prominente, Sportler, Musiker etc.). Beachten Sie, dass Werbung über Influencer nicht per se verboten ist. Voraussetzung ist aber, dass der jeweilige bezahlte Beitrag als Werbung gekennzeichnet wird, z.B. mit den Begriffen »Anzeige« oder »Werbung«.[97] Die alternative Bezeichnung »Sponsored« wurde von der Rechtsprechung bereits als nicht gleichwertig beurteilt.[98] Auf dieser

96 vgl. § 5a Abs. 6 UWG, § 2 Nr. 8 RStV

97 vgl. LG Karlsruhe, Urteil vom 21.03.2019, Az. 13 O 38/18 KfH

Grundlage rate ich auch davon ab, Formulierungen wie »Gesponsert« zu verwenden.

Eine Kennzeichnung eines Postings als Werbung ist jedoch nicht notwendig, wenn sich der Werbecharakter unmittelbar aus den Umständen ergibt. Dies ist zum Beispiel der Fall bei einem mit einem blauen Haken versehenen verifizierten und öffentlich geschalteten Instagram-Account mit einer sechsstelligen Anzahl von Followern.[99]

Hashtags

Die Nutzung von Hashtags bei X (früher Twitter) und Instagram ermöglicht es, Postings einem Thema zuzuordnen. Wer einen Beitrag beispielsweise mit dem Hashtag *#cocacola* versieht, bekommt bei einem Klick auf den Hashtag angezeigt, welche Beiträge von anderen Nutzerinnen und Nutzern mit demselben Schlagwort versehen wurden.

Urheberrechtlich ist zu beachten, dass die Nutzung eines Hashtags durch einen User nicht dazu führt, dass Unternehmen den fremden Beitrag im eigenen Profil ohne Einwilligung des Verfassers übernehmen dürfen. In meinem Beispiel wäre es also z.B. nicht erlaubt, wenn *Coca-Cola* ein von einem Nutzer mit dem Hashtag *#cocacola* gepostetes Bild herunterladen und im eigenen Firmen-Account bei Instagram oder X erneut hochladen würde.

Markenrechtlich können Hashtags problematisch sein, wenn eine fremde Marke zur Bewerbung eigener Produkte genutzt wird. So dürfte ein Apple-Händler beispielsweise nicht den Hashtag *#Samsung* zur Bewerbung eines iPhone-Angebots verwenden.

Namensrechtlich birgt die Verwendung von Hashtags insbesondere bei Prominenten Gefahren. Diese müssen es grundsätzlich nicht hinnehmen, wenn ohne Rücksprache mit ihrem Namen geworben wird.

Gewinnspiele

Die Veranstaltung von Gewinnspielen bei Facebook ist mit Problemen verbunden. Zu beachten sind neben den normalen gesetzlichen Regelungen auch die Facebook-Richtlinien für Promotions.[100] Die Teilnah-

---

98 LG München, Urteil vom 31.07.2015, Az. 4 HK O 21172/14. Studien ergaben, dass junge Menschen den Begriff »Sponsored Post« überwiegend nicht als Werbekennzeichnung auffassen (*https://de.statista.com/infografik/4018/bedeutung-des-ausdrucks-sponsored-post-fuer-viele-junge-internetnutzer-unklar/*).

99 vgl. LG München I, Urteil vom 29.04.2019, Az. 4 HK O 14312/18 – Cathy Hummels

100 *www.facebook.com/policies/pages_groups_events/#*

mebedingungen für ein Gewinnspiel bei Facebook müssen daher mindestens die folgenden Informationen enthalten:

- Teilnahmeberechtigung (falls Einschränkungen bestehen)
- Teilnahmehandlung (z.B. Like, Kommentar, private Nachricht, aber nicht: Teilen des Gewinnspielbeitrags, Markierungen, User-Postings zu Unternehmen oder Gewinnspiel)
- Gewinnbeschreibung (Zusatzkosten für Gewinner)
- Anfang und Ende des Gewinnspiels
- Zeitpunkt der Preisauslosung
- Gewinnerbestimmung (Zufall, Jury etc.)
- Preisbekanntgabe
- Preiserhalt (Abholung, Versand)
- Datenschutzhinweise
- Impressum
- Haftungsregelungen
- Facebook-Disclaimer

Vor diesem Hintergrund ist von Gewinnspielen unmittelbar innerhalb von Facebook-Postings abzuraten. Verwenden Sie stattdessen lieber eine App, die beispielsweise eine datenschutzkonforme Generierung von Einwilligungserklärungen der Nutzer ermöglicht, was in einem Facebook-Beitrag nicht möglich ist. Sowohl X als auch Instagram erlauben die Veranstaltung von Gewinnspielen auf der Plattform. Auch hier müssen rechtskonforme Teilnahmebedingungen verwendet werden, die allerdings knapper ausfallen können als die bei Facebook. Für Gewinnspiele bestehen in Bezug auf die Nutzung von Hashtags aktuell weder bei Instagram noch bei X (früher Twitter) Beschränkungen. Zulässig wäre es also z.B., das mit einem bestimmten Hashtag versehene Hochladen eines Bilds bei Instagram als Bedingung für die Teilnahme an einem Gewinnspiel vorzugeben. Ebenso zulässig wäre es, die Teilnahme vom Liken eines Bilds (Instagram), Retweeten eines Posts/Tweets (X, vormals Twitter) oder Folgen eines bestimmten Accounts abhängig zu machen.

Hinweis: Gewinnspiele und E-Mail-Marketing

Unternehmen können die Teilnahme an einem Gewinnspiel von der Einwilligung der Teilnehmenden in den Erhalt künftiger E-Mail-Werbung abhängig machen. Damit eine solche Einwilligung wirksam ist, muss für den User klar erkennbar sein, welche einzelnen Werbemaßnahmen durch welche konkreten Unternehmen von der Einwilligung erfasst werden und auf welche Waren oder Dienstleistungen sie sich bezieht. Die Einwilligung kann für die Werbung von bis zu acht Unternehmen gleichzeitig eingeholt werden, ohne dass die Einwilligung für den Website-Besucher unklar werden könnte.[101]

Fotorecht

Bei der Nutzung von Fotos auf Facebook, X und Instagram ist darauf zu achten, dass keine fremden *Urheberrechte* oder *Persönlichkeitsrechte* verletzt werden. Zu unterscheiden ist rechtlich zwischen dem *Upload* und *Posten* von eigenen bzw. fremden Bildern, dem *Embedding* sowie dem *Teilen* von Bildern.

Posten selbst erstellter Fotos

Das Posten von selbst erstellten Fotos ist aus urheberrechtlicher Sicht stets zulässig. Problematisch können allerdings entgegenstehende Persönlichkeitsrechte von abgebildeten Personen sein. Ob vor Veröffentlichung eine Einwilligung des/der Betroffenen eingeholt werden muss, hängt stark von der jeweiligen Aufnahme, der Erkennbarkeit einzelner Personen sowie den Begleitumständen ab. Wer Abmahnungen vermeiden will, sollte Fotos nur dann zu Werbezwecken verwenden, nachdem eine nachweisliche Einwilligung der Betroffenen für die konkrete Werbung eingeholt wurde (am besten schriftlich oder per E-Mail).

Posten fremder Fotos

Das Posten fremder Bilder ist nur zulässig, wenn vorher die Einwilligung des Urhebers zur Veröffentlichung eingeholt wurde (gegebenenfalls zusätzlich die Einwilligung abgebildeter Personen gemäß KUG oder DSGVO). Auf die Qualität des Fotos kommt es nicht, da das Urhebergesetz selbst die ungefragte Übernahme einfachster Schnappschüsse verbietet. Die Einwilligung sollte möglichst konkret erfragt und nachweisbar dokumentiert werden.

Warnung: Nutzung von Stockfotos

Ausgesprochen abmahngefährdet ist die Nutzung von Fotos aus Stockarchiven wie Fotolia, Pixelio oder Shutterstock. Will man derartige Bilder verwenden, muss einerseits geprüft werden, ob der Anbieter überhaupt ein Posten von Stockfotos in Social-Media-Kanälen zulässt. Dies wird teilweise untersagt, weil sich Social-Media-Plattformen wie X oder Instagram in ihren Nutzungsbedingungen vom jeweiligen User einfache Nutzungsrechte an hochgeladenen Bildern einräumen lassen, um die Bilder auf der

101 OLG Frankfurt, Urteil vom 27.06.2019, Az. 6 U 6/19

Plattform darstellen zu dürfen. Zum anderen ist dringend auf eine möglichst auf allen Geräten (Desktop, Tablet, Smartphone) dargestellte Urheberkennzeichnung (den sogenannten *Copyright-Hinweis*) zu achten. Teilweise bieten Stockfotoarchive deshalb spezielle »Social-Media-Lizenzen« bzw. Bildversionen an, die bereits im Bild einen Urhebervermerk tragen. Falls kein Copyright-Hinweis im Bild enthalten ist (in der Bilddatei gespeicherte Metaangaben reichen nicht), sollte das Foto vorab manuell bearbeitet werden, z.B. mithilfe von Photoshop.

Retweets fremder Fotos (nur X)

X (früher Twitter) ermöglicht es, Beiträge anderer User über die Retweet-Funktion mit den Followern des eigenen Accounts zu teilen. Urheberrechtliche Probleme mit Retweets halte ich für fernliegend, weil Retweets der Plattform immanent sind und dem ursprünglichen Verfasser des Tweets/Posts unterstellt werden darf, dass er mit Retweets einverstanden ist.

Datenschutzerklärung

Auf allen von einem Unternehmen betriebenen Social-Media-Kanälen muss ein deutlich gekennzeichneter Hinweis mitsamt einer Verlinkung auf die Datenschutzerklärung auf der Unternehmens-Website enthalten sein. Für die technische Umsetzung der Einbindung der Datenschutzerklärung wird auf das Unterkapitel »Fallstricke beim Impressum« weiter oben verwiesen.

Teilen fremder Beiträge bei Facebook

Wer bei Facebook einen fremden Beitrag teilt, haftet nach Entscheidungen des OLG Frankfurt sowie des OLG Dresden wegen des bloßen Teilens nicht für rechtswidrige Inhalte im Beitrag – wie im Fall beleidigender Beiträge oder im Fall von Beiträgen mit rechtsradikalen Inhalten. Anders als beim Liken eines fremden Beitrags ist dem Teilen für sich genommen keine über die Verbreitung des Postings hinausgehende Bedeutung zuzumessen. Mit einer Verlinkung ist nicht zwingend ein »Zueigen-Machen« des verlinkten Inhalts verbunden. Der Verlinkende als Verbreiter des Inhalts macht sich eine fremde Äußerung regelmäßig erst dann zu eigen, wenn er sich mit ihr identifiziert und sie so in den eigenen Gedankengang einfügt, dass sie als seine eigene erscheint. Ob dies der Fall ist, muss im Einzelfall mit Blick auf die Meinungsfreiheit und den Schutz der Presse geprüft werden.[102]

102 OLG Frankfurt, Urteil vom 26.11.2015, Az. 16 U 64/15; OLG Dresden, Urteil vom 07.02.2017, Az. 4 U 1419/16

Abbildung 14-19:
Teilen fremder Postings bei Facebook

Es wäre falsch, die Entscheidungen des OLG Frankfurt und des OLG Dresden darauf zu reduzieren, dass das Teilen fremder Postings bei Facebook rechtlich unkritisch ist. Entscheidend ist vielmehr, wie ein fremder Beitrag geteilt wird.

Rechtlich unproblematisch ist eine reine Weiterverbreitung, also das Teilen eines fremden Postings bei Facebook ohne Kommentar oder sonstige Stellungnahme. In diesem Fall macht sich der Teilende den fremden Inhalt nicht zu eigen. Wer einen fremden Beitrag teilt und ihn mit einem zustimmenden Begleittext versieht, macht sich dagegen dessen Inhalt sehr wohl zu eigen. Beispiel für einen entsprechenden Begleittext: »Meine Rede. Endlich jemand, der mal ausspricht, wie es ist.« In diesem Fall haftet der Teilende für den Inhalt des geteilten Beitrags in gleicher Weise wie der Verfasser, da er sich erkennbar mit den fremden Aussagen identifiziert. Ein Dank an den Verfasser des Texts reicht dagegen – zumindest nach Meinung des OLG Frankfurt – noch nicht als Beleg für ein Zu-eigen-Machen aus. Das OLG Dresden sah sogar schon den Begleittext, der geteilte Beitrag sei »zu erwägenswert, um ihn zu unterschlagen«, als dringliche Leseempfehlung an. Ein durchschnittlicher Leser des geteilten Beitrags könne diese Empfehlung nur als inhaltliche Identifikation mit den geteilten Positionen verstehen. Ich halte es für wahrscheinlich, dass andere Gerichte in einem vergleichbaren Fall kein Zu-eigen-Machen angenommen hätten.

Schwierig wird es, wenn der/die Teilende einen Begleittext verfasst, der weniger eindeutig auf eine Identifikation schließen lässt als das vorstehende Beispiel. Dabei muss man sich bewusst machen, dass für das Verständnis des Begleittexts nicht die subjektive Sichtweise des Teilenden maßgeblich ist, sondern das Verständnis eines objektiven Dritten (Stichwort Ironie). Wann ein fremder Beitrag so weit in den Gedankengang des Teilenden einbezogen wurde, dass er als dessen eigene Meinung erscheint, lässt sich hier nicht pauschal beantworten. Wer rechtlich problematische Beiträge von Dritten bei Facebook teilen und mit eigenen Worten versehen möchte, ist allerdings gut beraten, sich im Begleittext vom Inhalt zu distanzieren.

Die Verwendung von Social Plug-ins

Nach einem Urteil des Landgerichts Düsseldorf aus dem Jahr 2016 ist die Einbindung des »Page-Plug-ins« von Facebook datenschutzwidrig.[103]

Rechtlicher Streitpunkt war im Kern, dass das Page-Plug-in bei Aufruf der Webseite automatisch personenbezogene Daten der Nutzerinnen und Nutzer an Facebook zu Werbezwecken übermittelt, ohne dass die Nutzer ihr Einverständnis erklärt haben. Die Übermittlung der Daten (insbesondere die IP-Adresse des Nutzers, wohl aber mindestens auch noch die Kennung des benutzten Browsers) erfolgt bei ein- und ausgeloggten Facebook-Mitgliedern, darüber hinaus aber auch bei Nichtmitgliedern.

Zwischenzeitlich hat sich auch der Europäische Gerichtshof der Frage nach der datenschutzrechtlichen Zulässigkeit der Einbindung des »Facebook-Page-Plug-ins« angenommen.[104] Dieser kam zum Ergebnis, dass der Website-Betreiber, der das Plug-in auf seiner Seite implementiert, für die Erhebung von personenbezogenen Daten durch das Plug-in (Cookies) und die Datenübermittlung an Facebook verantwortlich ist. Keine Verantwortlichkeit trifft ihn hingegen für die Datenverarbeitungsvorgänge, die in der alleinigen Sphäre von Facebook stattfinden. Als Konsequenz des Urteils muss der Website-Betreiber für die Rechtmäßigkeit der in seine Verantwortlichkeit fallenden Datenverarbeitung eine Einwilligung des Website-Besuchers oder ein berechtigtes Interesse an der Erhebung und Weiterleitung von Daten an Facebook vorweisen können. Ebenso muss der Website-Betreiber über den Datenverarbeitungsvorgang, der in seiner Verantwortung erfolgt, informieren.

Über das konkret betroffene Page-Plug-in hinaus hat die Entscheidung weitreichende Auswirkungen auf andere technisch gleichartige Social Plug-ins – wie zum Beispiel den »X«-Button –, die alle auf die gleiche technische Weise funktionieren wie das Page-Plug-in. Letztlich betrifft das Urteil sogar die Einbindung von Tweets bzw. Posts, Facebook-Postings oder Videos via Embedding. Wer Abmahnungen vermeiden will, sollte aktuell bei der Nutzung von Social Plug-ins vor Erhebung von personenbezogenen Daten ein Pop-up-Fenster schalten und darin über die in der eigenen Verantwortung liegenden Datenverarbeitungsvorgänge informieren. Dazu ist eine Einwilligung des jeweiligen Webseitennutzers durch die »Opt-in-Lösung« einzuholen. Alternativen für das

103 LG Düsseldorf, Urteil vom 09.03.2016, Az. 12 O 151/15

104 EuGH, Urteil vom 29.07.2019, Az. C-40/17

Page-Plug-in sowie die beschriebenen Embedding-Funktionen stehen nicht bereit.

Für Likes, Tweets etc. kann jedoch auf Tools wie die *2-Klick-Lösung von Heise* zurückgegriffen werden. Hier werden zunächst nur bloße Grafiken der Social-Media-Plug-ins angezeigt. Erst nach einem Klick auf die jeweilige Grafik übermittelt das Tool die personenbezogenen Daten des Nutzers an das jeweilige Social-Media-Netzwerk. Da unklar ist, welche Daten genau übermittelt werden, verbleibt jedoch leider auch bei der 2-Klick-Lösung ein (kleines) juristisches Restrisiko. Sicherer ist daher die Verwendung von Sharing-Schaltflächen wie *Shariff*[105], bei denen lediglich ein Text- oder Bildlink auf den eigenen Webseiten eingefügt wird. Eine Datenübertragung an Social-Media-Netzwerke findet nicht statt, sodass sich die beschriebenen datenschutzrechtlichen Problematiken nicht stellen.

Facebook-Fanpages

Facebook-Fanpages sind ein beliebtes Mittel, um ein Unternehmen zu bewerben und mit Kunden und Interessenten in Kontakt zu treten. Aber auch in diesem Bereich ist das Datenschutzrecht zu beachten. Bei der Nutzung von Fanpages erstellt Facebook Statistiken über deren Nutzung. Hierfür wird bei Aufruf der Fanpage durch Facebook zumindest ein Cookie auf dem Rechner der/des Nutzenden gespeichert, mit dessen Hilfe die Anmeldedaten von Nutzern, die bei Facebook registriert sind, verknüpft werden können. Diese Daten werden bei Aufruf von Facebook erhoben und verarbeitet.

Interessant ist, dass hier nach der Entscheidung des EuGH nicht nur Facebook, sondern vor allem auch der Betreiber einer Fanpage für die Einhaltung der DSGVO verantwortlich ist.[106] Er hat dafür zu sorgen, dass auf die Verarbeitung von personenbezogenen Daten hingewiesen wird und ein berechtigtes Interesse an der Datenverarbeitung besteht. Eine Einwilligung durch den Facebook-Fanpage-Betreiber mithilfe eines vorgeschalteten Pop-up-Fensters wird mangels Einflussmöglichkeit auf die Programmierung von Facebook nicht eingeholt werden können.

Facebook hat als Reaktion darauf Hinweise[107] bereitgestellt, die von den Fanpage-Betreibern zu beachten sind. Das *Page-Controller-Addendum* sollte in der Datenschutzerklärung auf der Facebook-Seite bzw. auf der Unternehmens-Webseite verlinkt werden.

---

105 Beispiel für WordPress: *https://de.wordpress.org/plugins/shariff-sharing/*

106 EuGH, Urteil vom 05.06.2018, Az. C-210/16

107 *www.facebook.com/legal/terms/page_controller_addendum#*

Allerdings hat die Datenschutzkonferenz (ein Zusammenschluss aus den unabhängigen Datenschutzbehörden des Bundes und der Länder) in einer Stellungnahme vom 01.04.2019 darauf aufmerksam gemacht, dass sie das von Facebook bereitgestellte *Page-Controller-Addendum* nicht für ausreichend erachtet, um die Vorschriften der DSGVO einzuhalten.[108] Dies liege insbesondere daran, dass Fanpage-Betreiber ihrer Verantwortlichkeit nach der DSGVO mit den von Facebook zur Verfügung gestellten (spärlichen) Informationen nicht nachkommen können.

Das Bundesverwaltungsgericht hat unabhängig davon entschieden, dass eine Facebook-Fanpage abgeschaltet werden kann, wenn die von Facebook zur Verfügung gestellte digitale Infrastruktur schwerwiegende datenschutzrechtliche Mängel aufweist und der Betreiber der Fanpage den Anforderungen durch die DSGVO nicht nachkommt.[109]

Diese Entscheidungen verdeutlichen, dass die Rechtslage bei Facebook-Fanpages noch nicht abschließend geklärt ist. In der Praxis führt das zu dem fortwährenden Risiko, dass die eigene Facebook-Fanseite aufgrund der fehlenden Einflussmöglichkeiten auf die Datenverarbeitung bei Facebook nicht DSGVO-konform gestaltet ist.

Wer dennoch eine Fanpage betreiben möchte, sollte in der Datenschutzerklärung auf Facebook neben der Linksetzung auf das *Page-Controller-Addendum* zusätzlich auf alle ihm vorliegenden Informationen über die Datenverarbeitungsvorgänge bei Facebook-Fanpages hinweisen. Zudem muss wegen der fehlenden Einwilligung in die Datenverarbeitung die Beschreibung eines berechtigten Interesses erfolgen. Das kann etwa das Interesse an einer zielgruppenorientierten Werbung sein.

Online-Marketing-Recht und KI: Eine FAQ

In der dynamischen Welt des Online-Marketings spielen rechtliche Aspekte eine immer größere Rolle. Insbesondere die Nutzung von künstlicher Intelligenz (KI) wirft eine Vielzahl von Fragen auf, die weit über technische und strategische Überlegungen hinausgehen. Durch die Nutzung von ChatGPT, Midjourney, Dall-E 2 & Co. entsteht eine Vielzahl neuer juristischer Fragen, die wir im folgenden Abschnitt zu beantworten versuchen.

In diesem Kontext ist vor allem das Urheberrecht von entscheidender Bedeutung. Es geht dabei um Themen wie die Unterscheidung zwi-

108 *www.datenschutzkonferenz-online.de/media/dskb/20190405_positionierung_facebook_fanpages.pdf*

109 BVerwG, Pressemitteilung Nr. 62/2019 vom 11.09.2019

schen Urheberrechten und verwandten Schutzrechten, die Frage, ob eine KI Urheber eines Werks sein kann und ob KI-Anbietern oder -Nutzern ein Urheberrecht am KI-generierten Output zusteht. Darüber hinaus wird auch der Begriff des »Prompts« im Kontext des Urheberrechts erläutert, also der Eingabe des Nutzers, die den Output der KI maßgeblich beeinflusst.

Die Relevanz dieser Themen für das Online-Marketing ist hoch. Das Urheberrecht und verwandte Schutzrechte betreffen sowohl die Erstellung von Inhalten (innerhalb von Unternehmen oder durch externe Dienstleister) als auch deren Verwendung und Verbreitung. Verstöße gegen diese Rechte können zu rechtlichen Konsequenzen führen. Daher ist es im Online-Marketing unerlässlich, ein grundlegendes Verständnis dieser Themen zu besitzen, um rechtliche Risiken zu minimieren.

Urheberrecht

Welche Schutzrechte kennt das Urheberrechtsgesetz?

Im Kontext von künstlicher Intelligenz ist es wichtig, zu verstehen, dass das Urheberrechtsgesetz (UrhG) zwischen Urheberrechten und verwandten Schutzrechten unterscheidet.

Das Urheberrecht schützt den Urheber in seinen geistigen und persönlichen Beziehungen zum Werk und dient zugleich der Sicherung einer angemessenen Vergütung für die Nutzung der Werke (vgl. § 11 UrhG).

Zwingende Voraussetzung für das Entstehen eines Urheberrechts ist das Vorliegen eines Werks. Als Werk geschützt sind persönliche geistige Schöpfungen, soweit sie ein ausreichendes Maß an Individualität aufweisen und eine gewisse Schöpfungshöhe erreicht haben (auch Gestaltungshöhe oder Werkhöhe genannt, vgl. § 2 Abs. 2 UrhG). Bereits Schöpfungen mit geringer Individualität genießen Urheberrechtsschutz (die sogenannte »kleine Münze«).

Als Leistungsschutzrechte (auch verwandte Schutzrechte oder Nachbarrechte genannt) bezeichnet man dagegen »Rechte, die nicht wie das Urheberrecht die schöpferische Leistung schützen, sondern Leistungen anderer Art, die der schöpferischen Leistung des Urhebers ähnlich sind oder in Zusammenhang mit den Werken der Urheber erbracht werden«[110].

Leistungsschutzrechte dienen überwiegend dem Schutz einer wirtschaftlichen, organisatorischen oder technischen Leistung. Insoweit

110 BT-Drs. 4/270, Seite 33 f.

bezweckt der Schutz die Absicherung der in der wirtschaftlichen, organisatorischen und technischen Leistung getätigten Investition.

Da gerade keine persönliche geistige Schöpfung notwendig ist, können auch juristische Personen Inhaber eines Leistungsschutzrechts sein.

Kann eine künstliche Intelligenz wie ChatGPT Urheber eines Werks sein?

Nein, das ist nicht möglich.

Eine künstliche Intelligenz kann nach deutschem Urheberrecht kein Urheber sein. Eine persönliche geistige Schöpfung im Sinne von *§ 2 Abs. 2 UrhG* setzt nach dem in *§ 7 UrhG* geregelten Schöpferprinzip voraus, dass sie von einem Menschen erbracht wurde. Erzeugnisse, die ohne menschliches Zutun ausschließlich auf der Tätigkeit eines Computers beruhen, sind nach heutigem Rechtsverständnis nicht als Werk urheberrechtlich schutzfähig.[111]

Die wohl überwiegend vertretene Meinung geht deshalb davon aus, dass durch künstliche Intelligenz geschaffene »Werke« mangels menschlicher Schöpfung nach aktuellem Recht keinen Urheberrechtsschutz genießen und auch in Zukunft keinen Urheberrechtsschutz genießen sollten.[112]

Steht KI-Anbietern ein Urheberrecht am KI-generierten Output zu?

Nein, das ist in der Regel nicht der Fall.

Das gilt auch für etwaige Formulierungen in deren AGB, denn es ist nicht möglich, durch vertragliche Vereinbarungen oder Deklaration ein Urheberrecht entstehen zu lassen, da das Urheberrecht im Moment der Schöpfung entsteht, unmittelbar kraft Gesetzes und originär in der Person des Werkschöpfers.[113]

Steht ChatGPT-Nutzerinnen und -Nutzern ein Urheberrecht an KI-generiertem Output zu?

Nutzenden von ChatGPT steht grundsätzlich kein Urheberrecht an KI-generiertem Output zu.

Zwar widerspricht es dem Schöpferprinzip aus *§ 7 UrhG* nicht, wenn im Rahmen der Werkschöpfung eine Maschine oder ein Computer eingesetzt wird. Das Schöpferprinzip verlangt aber, dass der Mensch nicht von der Maschine beherrscht wird. Die Maschine darf nur als Hilfsmit-

111 vgl. OLG Hamm, Urteil vom 24.08.2004, Az. *4 U 51/04*

112 Wandtke/Bullinger/Thum, 6. Auflage 2022, *UrhG § 7* Rn. 17

113 Wandtke/Bullinger/Thum, 6. Auflage 2022, *UrhG § 7* Rn. 5

tel dienen. Die schöpferische Leistung muss vom Menschen erbracht werden.

Da sich eine künstliche Intelligenz wie ChatGPT dadurch auszeichnet, dass sie komplexe, kaum nachvollziehbare Entscheidungen trifft, ist im Einzelfall zu prüfen, ob durch den Nutzer eine schöpferische Leistung erbracht wurde. Dies kann der Fall sein, wenn der Nutzer der künstlichen Intelligenz z.B. konkrete Vorgaben zum zu erstellenden Inhalt macht (Stil, Länge, inhaltliche Vorgaben) und die künstliche Intelligenz nur innerhalb dieser gesetzten Grenzen tätig wird. Der Output der künstlichen Intelligenz ließe sich dann als schöpferische Leistung verstehen, die der natürlichen Person als Schöpfer zuzuordnen ist (vgl. Conraths: Künstliche Intelligenz in der Medienproduktion, MMR 2021, 457, 459; Lauber-Rönsberg: Autonome »Schöpfung« – Urheberschaft und Schutzfähigkeit, GRUR 2019, 244, 247).

Kann ein Prompt urheberrechtlich geschützt sein?

Ob ein Prompt urheberrechtlich schutzfähig ist, lässt sich nicht pauschal beantworten.

Kurze, einfache Prompts werden die erforderliche Schöpfungshöhe nicht erreichen. Schutzfähig könnten allenfalls lange, komplexe Prompts sein, da sich nur in diesen die Persönlichkeit des Nutzers widerspiegeln kann. Es bleibt letztlich den Gerichten vorbehalten, zu klären, unter welchen Umständen ein konkreter Prompt urheberrechtlich geschützt ist.

Kann KI-generierter Output durch ein Leistungsschutzrecht geschützt sein?

Ob KI-Output durch ein Leistungsschutzrecht geschützt sein kann, hängt von der zu erbringenden Leistung bzw. der Art des generierten Erzeugnisses ab.

- **KI-generierte Bilder** – Mit KI-Systemen wie *Dall-E 2* oder *Midjourney* können Bilder generiert werden, die echten Fotos in nichts nachstehen. Man könnte meinen, dass derartige Bilder Schutz als Lichtbild nach *§ 72 Abs. 1 UrhG* genießen. Neben technisch-definitorischen Gründen erfordert der Schutz als Lichtbild ein Mindestmaß an – zwar nicht schöpferischer, aber doch – persönlicher geistiger Leistung.[114] Lichtbildner kann deshalb nach aktueller deutscher Rechtslage nur eine natürliche Person sein.[115]

114 BGH, Urteil vom 08.11.1989, Az. *I ZR 14/88* – Bibelreproduktion

115 BeckOK UrhR/Lauber-Rönsberg, 37. Edition 15.10.2022, *UrhG § 72* Rn. 20

- **KI-generierte Videos** – KI-generierte Videos sind grundsätzlich als Laufbilder nach *§ 95 UrhG* schutzfähig. Das Leistungsschutzrecht steht nach *§§ 95, 94 UrhG* dem Film- bzw. Laufbildhersteller zu. Das Leistungsschutzrecht dürfte somit den Unternehmen zustehen, die die KI entwickelt haben und den Service anbieten.
- **KI-generierte Texte** – Verfasser wäre die KI selbst. Diese verfügt jedoch über keine eigene Rechtspersönlichkeit und kann daher nicht Inhaber eines Leistungsschutzrechts sein. KI-generierte Texte sind nicht durch ein Leistungsschutzrecht nach *§ 70 Abs. 1 UrhG* geschützt.
- **KI-generierte Presseveröffentlichungen** – Sofern ein KI-generierter Text als Presseveröffentlichung im Sinne von *§ 87f Abs. 1 Satz 1 UrhG* einzustufen wäre, käme das Leistungsschutzrecht des Presseverlegers (*§ 87f ff. UrhG*) in Betracht. Da durch das Leistungsschutzrecht nicht die persönliche Leistung einer Journalistin oder eines Journalisten, sondern die wirtschaftliche, technische und organisatorische Leistung des Presseverlegers geschützt wird, ist es unerheblich, dass die Presseveröffentlichung durch eine KI generiert wird.[116]

Darf man durch Prompts den Stil berühmter Autoren oder Künstler nachahmen?

Ja, das wird in der Regel zulässig sein.

Ein bestimmter Stil ist urheberrechtlich nicht schutzfähig.[117] Schutzfähig ist nur die konkrete, individuelle Werkschöpfung. Im Interesse der Allgemeinheit ist der Stil frei, auch wenn er im Einzelfall auf einen bestimmten Urheber hinweist.[118]

Beispiel: Es ist zulässig, den Prompt »Schreibe eine Kurzgeschichte im Stil von Stephen King« oder »Erstelle ein Bild im Stil von Disney« zu verwenden, solange man den Output nicht fälschlicherweise dem nachgeahmten Künstler zuschreibt. Aber: Würde die Imitation des Stils dazu führen, dass ein Bild erzeugt wird, das einem vorbestehenden Original sehr ähnlich ist, könnte dies eine Urheberrechtsverletzung darstellen. Beachten Sie zum urheberrechtlichen Figurenschutz auch den folgenden Punkt.

---

116 Conraths: Künstliche Intelligenz in der Medienproduktion, MMR 2021, 457, 460

117 vgl. BGH, Urteil vom 18.12.1968, Az. *I ZR 85/65* – Hummel III

118 vgl. Wandtke/Bullinger/Bullinger, 6. Auflage 2022, *UrhG § 2* Rn. 40

Darf man bekannte Figuren mittels Prompts in einen KI-Output einbauen?

Nein, das würde häufig eine Urheberrechtsverletzung darstellen.

Comicfiguren, Zeichentrickfiguren oder Literaturfiguren können urheberrechtlich geschützt sein. Derartiger Schutz beschränkt sich nicht nur auf die konkrete Zeichnung bzw. Darstellung. Geschützt sind auch die charakteristischen Züge der Figur und deren »Gestalt« als solche.[119]

Beispiel: Die Erstellung und vor allem Veröffentlichung eines KI-generierten Bilds mit einem Prompt wie »Pippi Langstrumpf reitet auf einem Pferd« ist kritisch. Grund ist, dass eine KI bei der Nachahmung einer bekannten Figur gerade die charakteristischen Züge übernehmen bzw. zugrunde legen wird, die urheberrechtlich geschützt sind bzw. geschützt sein könnten.

Kann man KI-generierten Output gefahrlos nutzen?

Die Frage lässt sich nicht pauschal beantworten.

An KI-generierten Erzeugnissen bestehen in der Regel keine Urheber- oder Leistungsschutzrechte. Sie können daher grundsätzlich von jedem frei genutzt werden. Etwas anderes gilt, wenn die Erzeugnisse ausnahmsweise urheberrechtlich geschützte Elemente enthalten, die in den Schutzbereich eines Urheber- oder Leistungsschutzrechts eingreifen. Es bleibt also immer ein Rest Unsicherheit.

Kann man erkennen, ob KI-Output urheberrechtlich geschützte Elemente enthält?

Ob KI-generierter Output urheberrechtlich geschützte Elemente enthält, ist für Nutzerinnen und Nutzer in der Regel nicht feststellbar.

Haftet ein Nutzer bei Veröffentlichung von KI-generiertem Output für Urheberrechtsverletzungen?

Ja, der Nutzer haftet in diesem Fall als Täter für Urheberrechtsverletzungen, was wir anhand des folgenden Beispiels verdeutlichen.

Beispiel: Der Nutzer generiert mithilfe einer KI wie zum Beispiel *Midjourney* oder *Dall-E 2* ein Bild, auf dem leicht erkennbar *Micky Maus* und *Pippi Langstrumpf* Karten spielen. Das generierte Bild postet der Nutzer anschließend bei X, natürlich ohne dass vorab eine Erlaubnis von den Schöpfern der Figuren eingeholt wurde.

---

119 vgl. Wandtke/Bullinger/Manegold/Czernik, 6. Auflage 2022, *UrhG § 88* Rn. 33

Nach *§ 97 UrhG* haftet der Nutzer als Verletzer, wenn er in ein geschütztes fremdes Recht eingreift, d. h. eine dem Urheber oder Leistungsschutzrechteinhaber vorbehaltene Verwertungshandlung selbst vornimmt.

Micky Maus und *Pippi Langstrumpf* sind urheberrechtlich geschützte Figuren. Die Veröffentlichung des KI-generierten Bilds auf X ist eine öffentliche Zugänglichmachung im Sinne von *§ 19a UrhG* und stellt mangels Erlaubnis der Urheber einen Eingriff in deren Verwertungsrecht dar.

Den Urhebern der Figuren steht deshalb gegen den veröffentlichenden Nutzer ein verschuldensunabhängiger Anspruch auf Unterlassung und Beseitigung zu (*§ 97 Abs. 1 UrhG*). Zusätzlich wird ein Anspruch auf Zahlung von Schadensersatz bestehen.

Haften KI-Unternehmen bei KI-generiertem Output für Urheberrechtsverletzungen?

Diese Frage ist noch nicht geklärt.

Sämtliche KI-Anbieter schließen ihre Haftung für von Nutzenden mittels KI erzeugten Output pauschal aus. Fraglich ist allerdings, ob derartige pauschale Haftungsausschlüsse der KI-Anbieter in Deutschland wirksam sind.

Vertragsrecht und Datenschutz

Neben dem Urheberrecht führt der Einsatz von künstlicher Intelligenz zu arbeits- und vertragsrechtlichen sowie datenschutzrechtlichen Fragen.

Darf ein Arbeitnehmer zur Erbringung seiner Arbeit KI einsetzen?

Diese Frage lässt sich nicht pauschal beantworten. Es kommt insbesondere auf die Ausgestaltung des Arbeitsvertrags sowie Art und Umfang des KI-Einsatzes an.

Aufgrund der Höchstpersönlichkeit der Arbeitsleistung darf der Arbeitnehmer seine Arbeit nicht (vollständig) von der KI erfüllen lassen. Dies käme ansonsten einer Übertragung der Arbeit auf einen Dritten gleich. Verwendet der Arbeitnehmer die KI hingegen nur als Hilfsmittel, um der eigenen Arbeitsleistung den letzten Schliff zu geben (zum Beispiel zur Rechtschreibkontrolle), liegt kein Verstoß gegen das Prinzip der Höchstpersönlichkeit vor.

Dürfen Agenturen oder Freelancer ihre Leistung mit KI-Unterstützung erbringen?

Es ist möglich und ratsam, den Einsatz von KI zur Erbringung der geschuldeten Leistungen vertraglich zwischen Auftraggeber und zuarbeitendem Unternehmen zu regeln. Ohne vertragliche Regelungen ist der Einsatz bei Werkverträgen eher zulässig als im Rahmen von Dienstverhältnissen.

Die Abgrenzung von Werkvertrag und (freiem) Dienstvertrag bereitet in der Praxis häufig Schwierigkeiten. Sie ist für die Beantwortung der Frage, ob ein Selbstständiger bei der Erbringung seiner Arbeit KI einsetzen darf, jedoch unerlässlich. Denn die in *§ 613 BGB* enthaltene Grundregel, wonach die Arbeitsleistung höchstpersönlich zu erbringen ist, gilt sowohl im Arbeits- als auch im Dienstvertragsrecht.[120] Im Werkvertragsrecht fehlt dagegen eine entsprechende Norm.

Ist es sinnvoll, KI-Klauseln in eigene Verträge aufzunehmen?

Ja. Unternehmen sollten Klauseln zur Nutzung von KI sowohl in eigene Verträge mit Arbeitnehmern als auch in Verträge mit beauftragten Drittunternehmen aufnehmen.

Das betrifft insbesondere Dienstverträge bzw. Werkverträge mit Selbstständigen – nicht zuletzt deshalb, weil die Abgrenzung der Vertragstypen besonders schwerfällt und der Verpflichtete seine Arbeit beim Werkvertrag (anders als beim Dienstvertrag) vollständig von der KI erfüllen lassen kann. Spätere Streitigkeiten lassen sich am effektivsten durch eindeutige Regelungen zur Nutzung bzw. Unterstützung durch KI vermeiden.

Neben der eigentlichen KI-Klausel sollte der Vertrag auch spezielle Haftungsregelungen enthalten, die die Risiken des KI-Einsatzes gerecht verteilen.

Welche Möglichkeiten bestehen bei der Ausgestaltung von KI-Klauseln?

Bei der Ausarbeitung einer KI-Klausel bestehen dem Grunde nach drei Gestaltungsmöglichkeiten.

- **Der KI-Einsatz wird generell erlaubt** – Diese Variante bietet sich zum Beispiel an, wenn nur das Ergebnis der Arbeit zählt und es dem Auftraggeber gleichgültig ist, ob KI eingesetzt wird oder nicht.
- **Regelung, wann und in welchem Umfang der Einsatz von KI erlaubt sein soll** – Bei der zweiten Variante wird detailliert geregelt, bei welchen Arbeitsschritten und in welchem Umfang KI zum Einsatz kommen darf.
- **Verbot mit Erlaubnisvorbehalt** – Schließlich ist es möglich, den KI-Einsatz grundsätzlich zu verbieten, sofern vom Auftraggeber/Arbeitgeber zuvor nicht ausdrücklich für den konkreten Fall eine

120 ErfK/Preis, 23. Auflage 2023, BGB § 613 Rn. 1

Erlaubnis erteilt wurde. Diese Variante bietet hohe Rechtssicherheit, ohne die Vertragsparteien zu sehr einzuengen. Sie ermöglicht den Parteien eine variable Handhabung des Einzelfalls.

In jeder Variante sollten zusätzlich Haftungsregelungen aufgenommen werden, um klarzustellen, wer inhaltlich für den KI-Output verantwortlich ist.

Wer haftet im Rahmen einer Beauftragung für KI-basierte Rechtsverletzungen?

Es ist zu unterscheiden zwischen der Haftung im Verhältnis zwischen Auftraggeber und Rechteinhaber auf der einen Seite und der Haftung im Verhältnis zwischen Auftragnehmer und Auftraggeber.

Beispiel: Im Rahmen einer Beauftragung erstellt der Beauftragte mithilfe einer KI ein Bild, das nicht nur den Stil des Künstlers X verwendet, sondern auch urheberrechtlich geschützte Elemente aus dessen Kunstwerken übernimmt. Weder der Beauftragte noch der Auftraggeber ist sich der Urheberrechtsverletzung bewusst. Der Auftragnehmer verwendet das KI-generierte Bild auf seiner Internetseite. Auf diese Nutzung wird der Künstler später aufmerksam.

Haftung des Auftraggebers gegenüber dem Rechteinhaber: Der Auftraggeber haftet gegenüber dem Rechteinhaber unmittelbar als Täter einer Urheberrechtsverletzung auf Unterlassung, Beseitigung, wohl auch Schadensersatz sowie Erstattung von Rechtsverfolgungskosten wie Abmahnkosten.

Haftung des Auftragnehmers gegenüber dem Auftraggeber: Der Beauftragung liegt in der Regel ein Werk- oder Dienstvertrag zugrunde. Aus dem Vertrag ergibt sich, unter welchen Umständen und in welchem Umfang der Beauftragte haftet. Dabei spielen neben der geschuldeten Leistung gegebenenfalls auch Haftungsklauseln eine Rolle.

Besteht eine Kennzeichnungspflicht für KI-generierte Erzeugnisse?

Für einen Dritten ist es (häufig) nicht erkennbar, ob und in welchem Umfang eine KI eingesetzt wurde. Trotzdem besteht nach aktueller Rechtslage nur in wenigen Fällen eine Kennzeichnungspflicht für KI-generierte Erzeugnisse.

Darf ich KI-generierte Erzeugnisse kommerziell nutzen?

Ob der Nutzer die von der KI generierten Erzeugnisse kommerziell nutzen darf, hängt vom verwendeten KI-System und den jeweiligen Nutzungsbedingung ab.

Von *ChatGPT* und *Dall-E 2* generierte Erzeugnisse dürfen nach aktuellem Stand (08/2023) z. B. für kommerzielle Zwecke genutzt werden.

Midjourney differenziert in seinen Nutzungsbedingungen hingegen zwischen zahlenden und nicht zahlenden Nutzern. Demnach ist nur zahlenden Nutzern die kommerzielle Nutzung gestattet.

Darf man den Namen oder sonstige Daten anderer Personen als Prompt verwenden?

Diese Frage lässt sich nicht pauschal beantworten.

Grundsätzlich sollte ein Prompt keine personenbezogenen Daten enthalten, da deren Verarbeitung grundsätzlich verboten ist, sofern kein Erlaubnistatbestand nach *Art. 6 Abs. 1* lit. a)–f) DSGVO vorliegt. Zu den personenbezogenen Daten zählen insbesondere:

- Vorname und/oder Nachname, sofern die Person hierüber identifiziert werden kann
- Anschrift, sofern eine Bezugnahme auf die Person möglich ist (etwa durch namentliche Nennung)
- Fotos, sofern die Person erkennbar ist
- Telefonnummer
- E-Mail-Adresse
- Zahlungsdaten
- Geburtsdatum

Die Folgen von Rechtsverstößen

Rechtliche Verstöße gegen die oben dargestellten Vorgaben können zu Abmahnungen führen. Bei Verstößen gegen die DSGVO ist die Abmahnfähigkeit durch die Rechtsprechung noch nicht geklärt. Grundsätzlich werden solche Verstöße durch eine Geldbuße einer Datenschutzaufsichtsbehörde geahndet.

Was ist eine Abmahnung?

Eine Abmahnung[121] ist eine (meist schriftliche) Aufforderung mit dem Kern, ein bestimmtes Verhalten zu unterlassen. Dazu soll der Verletzer eine *strafbewehrte Unterlassungserklärung*[122] abgeben, mit der er sich verpflichtet, im Fall eines künftigen erneuten Verstoßes eine empfindli-

121 *www.ra-plutte.de/abmahnung/*

122 *www.ra-plutte.de/strafbewehrte-unterlassungserklaerung/*

che *Vertragsstrafe*[123] an den Abmahnenden zu zahlen. Das Versprechen einer Vertragsstrafe sieht die Rechtsprechung mit Ausnahme seltener Sonderfälle als zwingend an, weil der Verletzer nur so demonstriere, dass es ihm mit der Unterlassung ernst ist. Liegt der Abmahnung eine Unterlassungserklärungsvorlage bei, ist der Abgemahnte nicht verpflichtet, gerade diese vorformulierte Fassung zu unterzeichnen. Um seine Rechte zu wahren, sollte ein spezialisierter Rechtsanwalt mit der Überprüfung und gegebenenfalls Erstellung einer modifizierten *strafbewehrten Unterlassungserklärung* beauftragt werden.

Je nach Rechtsverletzung kann hinzukommen, dass neben der Unterlassung weitere Ansprüche geltend gemacht werden. Bei urheberrechtlichen oder markenrechtlichen Abmahnungen wird z.B. meist Auskunft über den Umfang der Rechtsverletzung gefordert. Die Auskunft dient der Vorbereitung des Anspruchs auf *Schadensersatz*. Dem Verletzten steht das Recht zu, aus verschiedenen Methoden zur Schadensersatzberechnung zu wählen. Die Einzelheiten sind komplex.[124]

Wenn der Abmahnende eine Rechtsanwaltskanzlei mit der Abmahnung beauftragt hat, darf er grundsätzlich Erstattung der entstandenen *Abmahnkosten* verlangen. Die Höhe der Abmahnkosten errechnet sich aus dem Gegenstandswert der Sache in Verbindung mit dem Rechtsanwaltsvergütungsgesetz (RVG). Bei der Bemessung des Gegenstandswerts steht dem abmahnenden Rechtsanwalt ein gewisser Ermessensspielraum zu, er darf aber keine Fantasiebeträge ansetzen. In der Praxis ist die Höhe der Abmahnkosten zwischen den Parteien oft streitig.

Wer darf eine Abmahnung aussprechen?

Die Abmahnberechtigung (die sogenannte Aktivlegitimation) hängt vom jeweiligen Rechtsgebiet ab.

Ansprüche wegen *Markenverletzungen* darf grundsätzlich nur der Markeninhaber oder ein ausschließlicher Lizenznehmer gegen den Verletzer durchsetzen.[125]

Gleiches gilt für *Urheberrechtsverletzungen*, bei denen prinzipiell nur der Urheber Ansprüche geltend machen darf. Es ist allerdings möglich, einzelne Urheberrechte auf Dritte zu übertragen mit der Folge, dass diese die ursprünglich dem Urheber zustehenden Ansprüche nach dem Urhebergesetz nun im eigenen Namen durchsetzen dürfen.

---

123 *www.ra-plutte.de/vertragsstrafe/*

124 Beispielhaft zur Schadensersatzberechnung bei Fotorechtsverletzungen im Urheberrecht: *www.ra-plutte.de/berechnung-des-schadensersatzes-bei-bildrechteverletzungen/*

125 Einfache Lizenznehmer können allerdings vom Rechteinhaber zur Klageerhebung ermächtigt werden.

Bei *Wettbewerbsverletzungen* ist der Kreis möglicher Abmahner größer. Ansprüche nach dem UWG durchsetzen dürfen Mitbewerber, bestimmte Verbände, qualifizierte Einrichtungen und Kammern.[126] Verbraucher sind nicht anspruchsberechtigt.

Mitbewerber ist nach § 2 Abs. 1 Nr. 3 UWG jeder Unternehmer, der mit einem oder mehreren Unternehmern als Anbieter oder Nachfrager von Waren oder Dienstleistungen in einem konkreten Wettbewerbsverhältnis steht. Ein *konkretes Wettbewerbsverhältnis* liegt vor, wenn beide Parteien gleichartige Waren oder Dienstleistungen innerhalb desselben Endverbraucherkreises abzusetzen versuchen mit der Folge, dass das konkret beanstandete Wettbewerbsverhalten des einen Wettbewerbers den anderen beeinträchtigen, das heißt im Absatz behindern oder stören kann.[127]

Beachten Sie, dass Mitbewerber nicht zwingend derselben Branche angehören müssen. Entscheidend ist, ob die Unternehmen in Bezug auf das jeweilige konkrete Produkt in Konkurrenz stehen. Auf dieser Grundlage wurde z. B. ein konkretes Wettbewerbsverhältnis zwischen dem Kaffeehersteller ONKO und einem Floristikunternehmen bejaht in Bezug auf die Werbung »Statt Blumen ONKO-Kaffee«.[128]

Persönlichkeitsrechtsverletzungen werden typischerweise vom Verletzten durchgesetzt.

Was ist eine einstweilige Verfügung?

Im Bereich des gewerblichen Rechtsschutzes werden Unterlassungsansprüche normalerweise im ersten Schritt außergerichtlich per Abmahnung geltend gemacht. Gibt der Abgemahnte keine oder eine nicht ausreichende strafbewehrte Unterlassungserklärung ab, besteht aus rechtlicher Sicht Wiederholungsgefahr.

Um den Unterlassungsanspruch in solchen Fällen nicht im Rahmen einer normalen Klage durchsetzen zu müssen, hat der Abmahnende die Möglichkeit, gerichtlich per Eilverfahren eine *einstweilige Verfügung*[129] gegen den Abgemahnten zu erwirken. Häufig ergehen einstweilige Verfügungen in der Praxis auf Antrag innerhalb weniger Tage durch gerichtlichen Beschluss, und zwar ohne mündliche Verhandlung und ohne vorherige Anhörung des Abgemahnten!

126 Siehe § 8 Abs. 3 UWG.

127 Ständige Rechtsprechung, vgl. BGH, Urteil vom 21.04.2016, Az. I ZR 151/15 – Ansprechpartner

128 BGH, Urteil vom 12.01.1972, Az. I ZR 60/70 – *Statt Blumen ONKO-Kaffee*

129 *www.ra-plutte.de/einstweilige-verfuegung/*

> **Tipp: Schutzschrift**
>
> Wer den Erlass einer unberechtigten einstweiligen Verfügung befürchtet, hat die Möglichkeit, eine *Schutzschrift*[130] bei Gericht(en) zu hinterlegen. Die Schutzschrift stellt eine Form der Präventivverteidigung gegen eine erwartete einstweilige Verfügung dar. Ziel ist, dass ein Gericht die Sichtweise und Argumente des potenziellen Rechtsverletzers erfährt, bevor es ohne dessen Anhörung eine einstweilige Verfügung erlässt. Eine Schutzschrift kann ohne die Hilfe eines Rechtsanwalts eingereicht werden. Je komplexer die Materie, umso mehr empfiehlt sich aber anwaltliche Unterstützung.

Wichtig: Abschlussschreiben und Abschlusserklärung

Wer eine einstweilige Verfügung erhalten hat, muss kurzfristig entscheiden, ob er die Verfügung akzeptieren oder dagegen rechtlich vorgehen will.[131] Hintergrund ist, dass die einstweilige Verfügung im Gegensatz zu einem Hauptsacheurteil nicht dauerhaft Bestand hat, sondern nur wenige Monate gilt.

Falls die einstweilige Verfügung akzeptiert werden soll, muss man als Schuldner aktiv tätig werden und von sich aus nach Erhalt der Verfügung eine *Abschlusserklärung*[132] abgeben. Zweck der Abschlusserklärung ist ein Verzicht des Schuldners auf seine Rechte aus §§ 924, 926, 927 ZPO sowie ein Anerkenntnis der einstweiligen Verfügung als endgültiger Regelung gleich einem Urteil im Hauptsacheprozess. Die wohl herrschende Rechtsprechung hält im Regelfall eine Wartefrist von zwei Wochen für ausreichend, in der der Schuldner von sich aus reagieren muss.

Gibt der Schuldner von sich aus keine Abschlusserklärung ab, riskiert er ein *Abschlussschreiben* des Gegners, dessen einziger Zweck in der Aufforderung liegt, die Abschlusserklärung abzugeben.

> **Praxistipp: Kostenfalle Abschlussschreiben**
>
> Kostenfalle: Für das Abschlussschreiben darf der erstellende Rechtsanwalt vom Schuldner erneut Gebühren verlangen, die meist in etwa den Anwaltskosten der Abmahnung entsprechen. Falls die einstweilige Verfügung ohnehin akzeptiert werden soll, kann man sich diese Kosten sparen.

130 *www.ra-plutte.de/schutzschrift/* mit Kurzmuster

131 *https://www.ra-plutte.de/einstweilige-verfuegung/*

132 *www.ra-plutte.de/abschlussschreiben/*

Einstweilige Verfügung vs. Hauptsacheklage

Im Bereich des gewerblichen Rechtsschutzes werden Ansprüche nach Möglichkeit per einstweiliger Verfügung durchgesetzt, da prozessual einige Erleichterungen für den Antragsteller bestehen und die Verfahren von den Gerichten im Vergleich zu normalen Hauptsacheprozessen sehr zügig bearbeitet werden.

Voraussetzung für die Erwirkung einer einstweiligen Verfügung ist allerdings, dass im rechtlichen Sinne *Dringlichkeit*[133] besteht. Fehlt es daran, z.B. wegen eines zu langen Abwartens zwischen Kenntnis einer Rechtsverletzung und dem Versand einer Abmahnung, bleibt nur die Möglichkeit zur Erhebung einer normalen Klage.

Hauptsacheklagen müssen beispielsweise auch dann erhoben werden, wenn sich der Empfänger einer einstweiligen Verfügung weigert, eine Abschlusserklärung zu unterzeichnen. Würde der Gläubiger in diesem Fall nicht zeitnah Klage erheben, könnte der Schuldner die einstweilige Verfügung wegen Zeitablaufs aufheben lassen.

133 *www.ra-plutte.de/die-dringlichkeit-und-ihre-widerlegung-im-wettbewerbsrecht/*

Anhang: Weiterbildung für Online Marketing Manager

Von Felix Beilharz

Kaum ein anderer Bereich des Marketings ändert sich so schnell und beständig wie die Themengebiete, die wir in diesem Buch besprochen haben. Das gilt sowohl auf einer »Makro-Ebene« (neue Kanäle, Methoden, Möglichkeiten) als auch auf der »Mikro-Ebene« (neue Funktionen in den einzelnen Kanälen, neue gesetzliche Regelungen etc.). Der Weiterbildungsbedarf eines Online Marketing Manager ist daher immens. Wer wirklich zu den Topkräften des Gebiets gehören will, wird um ständiges Lernen, formell und informell, nicht herumkommen. Die wesentlichen Weiterbildungsangebote für Online Marketing Manager enthält dieses Kapitel.

Selbstbestimmte Weiterbildung

Es gehört zur Pflicht eines Online Marketing Manager, sich regelmäßig und selbstständig über sein Themengebiet auf dem Laufenden zu halten. Dazu bieten sich vor allem informelle Weiterbildungsmöglichkeiten an, die teilweise kostenlos, zum Teil auch für kleines Geld zur Verfügung stehen. Hier sind nur Magazine und Kanäle aufgelistet, die sich schwerpunktmäßig mit Online-Marketing beschäftigen. Darüber hinaus enthalten natürlich auch die zahlreichen Marketingpublikationen oft Artikel und Beiträge zu diesem Thema. Sie alle hier aufzunehmen, würde aber den Rahmen sprengen.

Onlineplattformen, Blogs und Websites

www.7x7x7.de – Regelmäßige Online-Marketing-News in Sieben-Minuten-Häppchen als Video und Podcast.

www.onlinemarketing.de – Größtes deutsches Onlineportal rund um alle Online-Marketing-Themen.

www.seo-suedwest.de – Aktivstes deutsches SEO-Blog mit täglichen News rund um Google und SEO.

www.marketing-boerse.de – Dienstleisterverzeichnis und Onlinefachmagazin mit einem Schwerpunkt auf Online-Marketing.

www.adzine.de – Portal mit Schwerpunkt auf Online-Marketing-Themen.

www.email-marketing-forum.de – Plattform mit Fachartikeln, Verzeichnis, Terminkalender etc. rund um das E-Mail-Marketing.

www.t3n.de – Onlineportal der Fachzeitschrift für digitales Business.

www.omr.com – Täglich aktualisiertes Blog mit interessant recherchierten Artikeln über Online-Marketing und digitale Businessmodelle.

www.sem-deutschland.de/blog/ – Online-Marketing-Blog der Agentur Aufgesang mit Fokus auf fortgeschrittene Themen.

www.adsventure.de – Hervorragendes Blog rund um das Thema Social Media Advertising.

Fachzeitschriften

Website Boosting – Pflichtlektüre für Online Marketing Manager. Liefert alle acht Wochen praxisrelevante Artikel über alle Online-Marketing-Themen. Erhältlich nur als Printausgabe (Einzelheft oder Abo, *www.websiteboosting.com*), ältere Einzelartikel sind auf der Website nachlesbar.

T3N – Magazin für digitales Business (*www.t3n.de/magazin*).

UPLOAD Magazin – Rein digitales Fachmagazin für Online-Marketing-Themen, erwerbbar als Einzelheft oder im Abo (*www.upload-magazin.de*).

OMT Magazin – Magazin des OMT, kostenlos als Download, auch als Printmagazin erhältlich (*www.omt.de/magazin*).

SocialHub mag – Printmagazin und E-Paper rund um Social-Media-Themen (*www.socialhub.io/de/mag/*).

INTERNET WORLD Business – Onlinemagazin mit vierteljährlichem gedrucktem Magazin (*www.internetworld.de*).

iBusiness – Printmagazin für digitales Business mit umfangreichem Abonnentenbereich online (*www.ibusiness.de*).

Bücher

Bücher sind generell ein gutes Instrument, um sich Wissen anzueignen, da sie oft sehr in die Tiefe gehen und prinzipiell ein hohes Maß an Know-how und Sachverstand der Autorin oder des Autors versprechen. Beim Thema Online-Marketing kommt allerdings die Anforderung an die hohe Aktualität hinzu, was durch Bücher nur schwer zu realisieren ist. Es kann sich daher zwar lohnen, einige gute Bücher zu lesen, zu aktuellen Themen muss man sich darüber hinaus allerdings mithilfe anderer Weiterbildungsformen auf dem Laufenden halten. Im Folgenden verweise ich daher nur auf eine kleine Auswahl bewährter Bücher, die meist schon in mehreren Auflagen erschienen sind.

Suchmaschinen-Optimierung: Das umfassende Handbuch – Sebastian Erlhofer, ISBN 978-3-8362-9169-9, Rheinwerk 2023, 11., aktualisierte und erweiterte Auflage.

Follow me!. Erfolgreiches Social Media Marketing mit Facebook, Twitter und Co. – Anne Grabs, Karim-Patrick Bannour, Elisabeth Vogl, ISBN 978-3-8362-7956-7, Rheinwerk 2021, 6., aktualisierte und erweiterte Auflage.

Growth Hacking: Mehr Wachstum, mehr Kunden, mehr Erfolg – Tomas Herzberger, Sandro Jenny, ISBN 978-3-8362-9149-1, Rheinwerk 2022, 3., aktualisierte Auflage.

Social Media Manager: Das Handbuch für Ausbildung und Beruf – Vivian Pein, ISBN 978-3-8362-7384-8, Rheinwerk 2020, 4., aktualisierte Auflage.

Do it! – Mit Social Media einfach durchstarten – Daniel M. Zoll, ISBN 978-3-96890-156-5, Brainbook 2023.

Google Analytics 4: Grundlagen, Praxis, Migration – Markus Vollmert, ISBN 978-3-8362-9329-7, Rheinwerk 2023.

Recht im Online-Marketing: So schützen Sie sich vor Fallstricken und Abmahnungen – Christian Solmecke, Sibel Kocatepe, ISBN 978-3-8362-9601-4, Rheinwerk 2023, 4., aktualisierte und erweiterte Auflage.

Podcasts

Wer gerne nebenbei Informationen aufnimmt, für den sind Podcasts eine ideale Möglichkeit. Das Angebot an Online-Marketing-Podcasts wächst ständig, im Folgenden sind einige bekanntere aufgeführt.

OMR Podcast – OMR-Podcast mit Gästen aus Wirtschaft, Politik und Unterhaltung (*https://omr.com/de/podcast/*).

OMR Education Podcast – OMR-Podcast mit Fokus auf Weiterbildung (*https://education.omr.com/pages/podcast*).

WAYNE – »Human Marketing Podcast« der Berliner Agentur SUMAGO (*https://campixx.de/podcast/*).

Termfrequenz – Verschiedene Podcasts zu Themen wie SEO, Social Media oder Online-Marketing allgemein (*http://www.termfrequenz.de/*).

SEO Portal Podcast – Podcast mit Schwerpunkt auf SEO (*https://seo-portal.de/podcast/*).

Internet Marketing Podcast – Björn Tantaus Podcast-Angebot (*https://bjoerntantau.com/internet-marketing-podcast*).

Konferenzen

Auch die Konferenzlandschaft entwickelt sich stetig weiter. Einige Konferenzen existieren seit knapp einem Jahrzehnt, andere sind erst in den letzten Jahren entstanden. Vollständige Eventkalender finden sich im Netz, hier einige der wichtigeren Angebote am Markt.

SMX – Große Online-Marketing-Konferenz in München (*www.smxmuenchen.de*).

SEOKOMM – Eintägige Fachkonferenz über SEO in Salzburg (*www.seokomm.at*).

OMX – Der SEOKOMM vorgelagerte Online-Marketing-Konferenz am gleichen Standort (*www.omx.at*).

SEO Campixx & Campixx Week – Einwöchige Konferenzveranstaltung über Online- und Offline-Marketing-Themen, davon zwei Tage speziell für SEO (*www.campixx.de*).

SEO-Day – Eine der größten SEO-Konferenzen in Deutschland (*www.seo-day.de*).

Re:publica – Größte deutsche Internetkonferenz in Berlin (*www.re-publica.com*).

Ads Camp – Erste Konferenz speziell für Facebook-Anzeigenwerbung (*www.adscamp.de*).

karlsCORE public – Konferenz für Mitglieder des »karlsCORE public«-Programms von Karl Kratz (*www.online-marketing.net/karlscore-public/*).

BLOO:CON – Konferenz der Webagentur Bloofusion (*www.bloo-con.de*).

OMT – Online-Marketing-Tag in Wiesbaden (zahlreiche kostenlose Webinar-Aufzeichnungen auf der Website verfügbar, *www.online-marketing-tag.de*).

webinale – Konferenz für holistisches Internet und digitales Business (*www.webinale.de*).

OMR Festival – Außergewöhnliche Mischung aus Fachkonferenz, Messe und Unterhaltungsevent in Hamburg (*www.omr.com*).

Dmexco – Europas größte Fachmesse für digitales Business in Köln (*www.dmexco.de*).

Conversion Conference – Konferenz für Conversion-Optimierung (*www.conversionconference.de*).

Internet World – Zweitägige E-Commerce-Messe in München (*www.internetworld-expo.de/*).

Zusätzlich zu den großen und kleineren Konferenzen bieten sich insbesondere auch Barcamps zur persönlichen Weiterbildung an. Entsprechende Angebote gibt es in fast jeder größeren Stadt.

Weitere Konferenzen und Tagungen finden sich in den Listen der Fachportale, z.B. auf *https://onlinemarketing.de/events*.

Organisierte Weiterbildung

Neben der informellen Weiterbildung durch Blogs, Bücher oder Zeitschriften sowie der sporadischen Impulssetzung oder Wissensauffrischung auf Konferenzen gehören natürlich auch organisierte, formelle Formen der Weiterbildung zu den Möglichkeiten, sich im Online-Marketing fortzubilden. Grundsätzlich unterscheide ich dabei zwischen kürzeren Seminaren von meist ein bis drei Tagen Dauer und längeren, berufsbegleitenden Lehrgängen, die in der Regel mit einem Online-Marketing-Manager-Zertifikat abschließen.

Online-Marketing-Seminare

Der Markt an Online-Marketing-Seminaren wächst ebenso wie der Konferenzmarkt, oft kommen die Angebote auch von den gleichen Veranstaltern. Hier liste ich nur reine Online-Marketing-Seminare auf, zu den einzelnen Themenkomplexen existieren natürlich viele weitere spezialisierte Seminarangebote.

Felix Beilharz – Der Herausgeber dieses Buchs führt selbst seit 2009 offene Seminare in Online-Marketing, Social Media Marketing und Suchmaschinenoptimierung durch (*https://felixbeilharz.de/online-marketing-seminar/*, *https://felixbeilharz.de/social-media-seminar/*, *https://felixbeilharz.de/seo-seminar/*).

Deutsches Institut für Marketing: Online-Marketing – Zweitägiges Online-Marketing-Seminar mit Teilnahme in Präsenz oder online mit Zertifikat sowie Zugang zu einer Onlinelernplattform (*https://www.marketinginstitut.biz/seminare/online-marketing-seminar/*).

121Watt: Online-Marketing – Zweitägige Veranstaltung in Präsenz in mehreren Städten und als Webinar (*https://www.121watt.de/seminare/online-marketing-seminar/*).

Embis: Online Marketing, Ihr Weg zum Erfolg im Web – Ebenfalls zweitägiges Seminar in mehreren Städten in Präsenz oder online (*https://www.embis.de/seminare/online-marketing-seminar.html*).

Njoy Online Marketing – Online-Marketing-Seminar einer Agentur in Köln in Präsenz oder online (*http://www.njoy-online-marketing.de/seminare/online-marketing-seminar/*).

Haufe Akademie: Online-Marketing kompakt – Zweitägiges Seminar mit stärkerem Fokus auf Projektmanagement in sieben Städten in Präsenz oder online (*https://www.haufe-akademie.de/7516*).

Hamburg Media School: Online Marketing Camp – Dreitägige Veranstaltung mit Schwerpunkt auf Suchmaschinenmarketing (*http://www.hamburgmediaschool.com/weiterbildung/online-marketing-seminare/onlinemarketingcamp/*).

Münchner Marketing Akademie: Online-Marketing-Seminar mit Suchmaschinen und AdWords – Seminar mit Fokus auf Suchmaschinen (*http://www.akademie-marketing.com/marketing-seminare/online-marketing-seminar-mit-suchmaschinen-und-google-ads*).

Forum für Führungskräfte: Digitales Marketing – Zertifikatslehrgang in vier Modulen: E-Learning, zweitägiger Workshop, Webinar und Transfersicherung (*https://www.fff-online.com/seminar/digitales-marke ting/*).

Online-Marketing-Manager-Ausbildungen

Neben den ein- oder mehrtägigen Seminaren gibt es eine ganze Reihe von umfangreicheren Lehrgängen und Ausbildungen für Online Marketing Manager. Manche Teilnehmer entscheiden sich hierfür, um ein Zertifikat mit diesem »Titel« in den Händen zu halten. Bei der Auswahl sollte aber eher nach Inhalten, Praxisrelevanz und Dozentenauswahl entschieden werden. Dennoch kann ein Zertifikat einer anerkannten Bildungseinrichtung bei manchen Arbeitgebern durchaus einen Vorteil bedeuten.

Münchner Marketing Akademie: Certified Online Marketing Manager (FH) – Fünftägige Ausbildung mit Zertifikat der FH Oberösterreich (*https://www.akademie-marketing.com/marketing-seminare/certified-online-marketing-manager-fh*).

121Watt: Weiterbildung Certified-Digital-Marketing-Manager (CDMM) – Staatlich zertifizierter 18-tägiger Lehrgang mit ein- bis zweitägigen Seminaren oder Webinaren (*https://www.121watt.de/weiterbildung/digital-marketing-manager/*).

XDi – Experience Design Institut: DM360° Certified Digital Marketing Manager – Zertifizierter Fernlehrgang über drei Monate (*https://xd-i.com/seminar/certified-digital-marketing-manager/*).

XDi – Experience Design Institut: DM360° Certified Digital Marketing Expert– Fünftägige Ausbildung mit Zertifikat (*https://xd-i.com/seminar/dm360-certified-digital-marketing-expert-online/*).

Deutsches Institut für Marketing: Online Marketing Manager (DIM) – Reine Fernausbildung mit Live-Webinaren und Lehrbriefen sowie Abschlussprüfung, Durchschnittsdauer: drei Monate (*https://www.marketinginstitut.biz/zertifikatslehrgaenge/online-marketing-mana ger-dim/*).

Social Media Akademie: Online Marketing Manager (SMA) – Online-basierte Ausbildung mit Lernvideos und Live-Chat (*http://www.social-mediaakademie.de/online-marketing-manager/*).

Wirtschaftsakademie Wien: Diplomierter Online Marketing Manager – Berufsbegleitendes Onlinestudium in Kooperation mit der Uni Seeburg (*https://mba-studium.at/dipl-online-marketing-manager/*).

Institut für Onlinekommunikation: Diplomlehrgang Onlinemarketing Manager/in – Blended-Learning-Konzept mit Präsenzphasen an der Uni Seeburg, Österreich (*https://institut-onlinekommunikation.de/course/diplom-onlinemarketing-manager/*).

WAK: Online Marketing Manager/in (WAK) – Dreisemestriger berufsbegleitender Studiengang zum Online Marketing Manager (*https://www.wak.de/studiengange/online-marketing-manager-in/*).

Studieninstitut für Kommunikation: Betriebswirt (FH) für Online-Marketing – Zweisemestriges berufsbegleitendes Studium mit Betriebswirt-Abschluss (*http://www.studieninstitut.de/betriebswirt-online-marketing*).

Münchner Marketing Akademie: Online-Marketingwirt – Siebenmonatiges berufsbegleitendes Studium mit Zertifikat der FH Oberösterreich (*http://www.akademie-marketing.com/marketing-seminare/studium-zum-online-marketingwirt*).

Digital Marketing Manager:in – Wer an der TH Köln die Zertifikatslehrgänge »Social Media Manager:in«, »Online Kampagnen Manager:in« und »SEO Manager:in« abgeschlossen hat, erhält das Dachzertifikat »Digital Marketing Manager:in« (*https://www.th-koeln.de/hochschule/digital-marketing-managerin_101204.php*).

E-Learning Group: Diplomlehrgang Online Marketing – Berufsbegleitender digitaler Diplomlehrgang über vier Monate mit Chat und Forum auf der Lernplattform (*https://fernstudium.study/diplomlehrgang-online-marketing/*).

ILS: Geprüfte/r Online-Marketing-Manager/in (ILS) – Fernstudium über zwölf Monate mit Abschlusszeugnis »Online-Marketing-Manager/in (ILS)« oder darüber hinaus Abschlusszertifikat »Geprüfte/r Online-Marketing-Manager/in (ILS)« bei einer zusätzlich erfolgreich abgeschlossenen Prüfungsarbeit (*https://www.ils.de/fernkurse/online-marketing-manager/*).

AKAD Bildungsgesellschaft: Master Online Marketing – Fernstudium über durchschnittlich vier Semester (*https://www.akad.de/lp/online-marketing/*).

Online Marketing Manager (IHK)

An verschiedenen IHKs lässt sich auch ein IHK-zertifizierter Abschluss als Online Marketing Manager*in erwerben. Die IHK als bekannter Anbieter dürfte durch ihren Namen bei vielen Interessierten punkten, außerdem sind die Teilnahmegebühren oftmals geringer als bei privatwirtschaftlichen Weiterbildungsanbietern. Teilweise werden die Weiterbildungen durch private Träger organisiert und nur durch die IHK geprüft. Einige Angebote werden auch komplett online durchgeführt (mit Ausnahme der Prüfung).

Einige Anbieter der IHK-zertifizierten Ausbildungen sind:

- **Business Academy Ruhr** – *https://business-academy-ruhr.de/online-marketing-manager-ihk*
- **IHK Köln** – *https://www.ihk.de/koeln/hauptnavigation/weiterbildung/zertifikatslehrgaenge/online-marketing-manager-4992624*
- **IHK Düsseldorf** – *https://www.ihk.de/duesseldorf/weiterbildung/zertifikatslehrgaenge/online-marketing-manager-ihk--3867720*
- **Studieninstitut für Kommunikation** – *https://www.studieninstitut.de/online-marketing-manager*
- **HSB Akademie** – *https://www.online-marketing-manager.net/*
- **IHK Mittleres Ruhrgebiet** – *https://www.ihk.de/bochum/hauptnavigation/bildung/weiterbildung/marketing/online-marketing-manager-in-ihk—5610812*, *https://www.ihk.de/bochum/hauptnavigation/bildung/weiterbildung/marketing/online-marketing-manager-in-advanced-ihk--5610864*
- **IHK Trier** – *https://weiterbildung.ihk-trier.de/seminar/online-marketing-manager-in-ihk-live-online/*
- **IHK Ostwestfalen** – *https://www.ihk-akademie.de/kurs/2478/online-marketing-manager-in-ihk/IHK, Hellweg-Sauerland – https://www.ihk-bildungsinstitut.de/20VK802ON.AxCMS*
- **IHK Lüneburg-Wolfsburg** – *https://www.ihk.de/ihklw/produkte/aus-und-weiterbildung/weiterbildung/weiterbildung-programm/ihk-weiterbildung-lehrgaenge/online-marketing-manager2-3862616*

Daneben gibt es natürlich noch zahlreiche weitere IHKs, die diese Ausbildung anbieten (oft nur, wenn genügend Teilnehmer zusammenkommen). Fragen Sie bei Interesse einfach bei Ihrer IHK nach.

Hochschulabschlüsse im Online-Marketing

Lange Zeit fristete das Online-Marketing ein Dasein als Unterthema im BWL- oder Marketing-Studium. Mittlerweile haben aber einige Hochschulen im DACH-Raum spezielle Onlinebusiness- oder E-Commerce-Studiengänge aufgesetzt, die sich gut als Grundlage für eine Karriere im Online-Marketing eignen.

- **FOM Hochschule für Oekonomie & Management** – Bachelor of Arts (B. A.) Marketing & Digitale Medien (*https://www.fom.de/bachelor-marketing-und-digitale-medien.html*).
- **Hochschule für angewandte Wissenschaften Würzburg-Schweinfurt** – Bachelor E-Commerce (BEC) (*https://fiw.fhws.de/studium/bachelor-e-commerce-bec/*).

- **Hochschule Kaiserslautern** – Bachelor Digital Media Marketing (*https://www.hs-kl.de/studium/studiengaenge*).
- **Hochschule Darmstadt** – Bachelor Onlinekommunikation (*https://ok.mediencampus.h-da.de/*).
- **Campus M21** – Bachelor Internationales Marketing und Management (*https://www.campus-m-university.de/bachelor/businessmanagement/internationales_marketing.php*).
- **FH Wedel** – Bachelor und Master in E-Commerce (*https://www.fh-wedel.de/bewerben/bachelor/e-commerce/*).
- **FH Oberösterreich** – Bachelor Marketing und E-Business (*https://www.fh-ooe.at/campus-steyr/studiengaenge/bachelor/marketing-und-electronic-business/*).
- **Universität Bern** – CAS Onlinemarketing und Social Media (*https://www.marketing.imu.unibe.ch/weiterbildung/cas_onlinemarketing_und_social_media/*).
- **Donau-Universität Krems** – Master Online Media Marketing (*https://www.donau-uni.ac.at/de/studium/online-media-marketing.html*).
- **Steinbeis School of Management and Innovation** – Master Business Management Fokus Digital Marketing (*https://steinbeis-smi.de/master/digital-media-online-marketing/*).
- **Hochschule für Wirtschaft FHNW** – MAS Digital Marketing (*https://www.fhnw.ch/de/weiterbildung/wirtschaft/mas-digital-marketing*).
- **Europäische Hochschule für Innovation und Perspektive** – Digital Marketing B. A. (*https://www.ehip.eu/fernstudium/bachelor/digital-marketing-studium/*).
- **IU Internationale Hochschule** – Online Marketing B. A. (*https://www.iu-fernstudium.de/lp/bachelor/online-marketing/*).
- **Hochschulen Fresenius** – Online Marketing Master (*https://www.hs-fresenius.de/studium/online-marketing-master-fernstudium/*).
- **University of Europe for Applied Sciences** – Bachelor Digital Media & Marketing (dual) (*https://web.ue-germany.com/de/bachelor/digital-media-marketing-dual/*).
- **IST Hochschule für Management** – Bachelor Online-Marketing & Marketingmanagement (*https://www.ist-hochschule.de/bachelor-online-marketing-und-marketingmanagement*).
- **AKAD University** – Online Marketing (B. A.) (*https://www.akad.de/lp/studienangebote/*).

- **SRH Fernhochschule – The Mobile University** – Bachelor Online Marketing (*https://www.mobile-university.de/bachelor-fernstudium/online-marketing/*).
- **Fachhochschule Kufstein Tirol** – Master Digital Marketing (*https://www.fh-kufstein.ac.at/studieren/master/digital-marketing-bb*).

Auswahlkriterien für die persönliche Weiterbildung

Aus den diversen oben genannten Möglichkeiten der Weiterbildung die jeweils passende herauszufiltern, ist gar nicht so einfach. Generell gilt: Die informellen (und semiformellen) Angebote wie Blogs, Zeitschriften oder Konferenzen sollten für jeden Online Marketing Manager zum Pflichtprogramm gehören. Gerade auf Konferenzen lässt sich wertvolles Know-how gewinnen, das in keinem Buch steht – oft übrigens gar nicht unbedingt durch die Vorträge, sondern durch den Austausch in den Pausen, beim Mittagessen oder abends auf der Networking-Party. Hier wurde schon mancher Trick verraten, manche Kooperation geschmiedet und manches Unternehmen auf den Weg gebracht. Und Spaß macht's obendrein.

Für alle anderen Formen der Weiterbildung sollten folgende Überlegungen zur Auswahl herangezogen werden:

- **Inhalt** – Was wird in der Weiterbildung vermittelt? Sind die Inhalte auf dem neuesten Stand? Wie oft wird der Lehrplan aktualisiert? Sind Unterlagen zum Nacharbeiten im Preis enthalten? Sind die Unterlagen idealerweise als Print sowie digital verfügbar? Sind die Unterlagen aktuell? Hier sind private Anbieter im Vergleich zu Hochschulen teilweise im Vorteil, weil sie flexibler und freier über die Inhalte entscheiden können.
- **Preis** – Der Preis einer Weiterbildung steht für viele im Vordergrund, sollte aber nach Möglichkeit nicht die Hauptrolle bei der Entscheidung spielen. Ob ein Seminar 700 oder 2.000 Euro kostet, ist langfristig gesehen relativ egal, wenn der Inhalt stimmt. Die meisten Tagesseminare kosten 400 bis 900 Euro, zwei- oder dreitägige Veranstaltungen liegen in der Regel irgendwo zwischen 700 und 2.000 Euro. Sehr günstige Angebote sollten eher misstrauisch machen: Qualifizierte Referentinnen und Referenten kosten Geld. Bei sehr geringen Preisen wird der Umsatz anderweitig gemacht – nicht selten mit Akquise im Seminar. Das kann schnell zulasten der Qualität der Wissensvermittlung gehen.

- **Trainerin/Trainer** – Wer leitet die Seminare? Handelt es sich um in der Branche anerkannte Persönlichkeiten? Verfügt die Person über eine fundierte Ausbildung und/oder ausreichende Praxiserfahrung? Hat sie zum Thema veröffentlicht, hält sie auf einschlägigen Konferenzen Vorträge, ist sie in der Branche gut vernetzt? Hat sie überzeugende Online- und Social-Media-Auftritte? Was verrät eine Google-Suche nach ihrem Namen über sie? Und nicht zuletzt: Ist Ihnen die Trainerin/der Trainer sympathisch? Können Sie sich vorstellen, ihr/ihm mehrere Tage lang zuzuhören? Sehen Sie sich ein paar Videos der betreffenden Person an, und Sie erhalten schnell ein Gefühl dafür, ob es zwischen Ihnen »klickt«.
- **Format** – Hier kommt es sehr auf die persönliche Lebenssituation an. Die Angebote reichen vom Vollzeitstudium über Wochenendseminare und Eintagesveranstaltungen bis hin zu reinen Onlinekursen. Dazu kommt jede denkbare Mischform. Präsenzveranstaltungen haben den Vorteil des Networkings und des Austauschs untereinander, Fernkurse ermöglichen dagegen Flexibilität und Ortsunabhängigkeit. Wichtig ist, sich bereits frühzeitig und ernsthaft zu überlegen, ob man die gewählte Ausbildungsform auch über längere Zeit durchhält (zumindest bei berufsbegleitenden Angeboten kann das durchaus schwierig werden).
- **Dauer** – Für einen Überblick über das Online-Marketing und einzelne Themenschwerpunkte reicht ein zweitägiges Seminar in der Regel aus. Wer tiefer einsteigen und vor allem auch mit praktischen Übungen und Cases arbeiten möchte, sollte sich die berufsbegleitenden Angebote genauer anschauen. Für allzu viel Praxisarbeit bleibt bei Tagesveranstaltungen meist nicht viel Zeit.
- **Zertifikat** – Gerade für Angestellte kann ein Zertifikat eines anerkannten Anbieters oder sogar ein Hochschulabschluss wertvoll sein. Die Akzeptanz solcher Zertifikate ist aber sehr unterschiedlich im Markt, je nachdem, inwiefern sich der entsprechende Personalverantwortliche oder die Ansprechpartnerin überhaupt auskennt. Auch bei Agenturen sind oft bekannte Abschlüsse gefragt, da sich Kunden damit bisweilen überzeugen lassen.
- **Referenzen** – Wie lange wird die Ausbildung bereits angeboten? Gibt es nachvollziehbare Teilnehmerstimmen (mit vollen Namen und Unternehmen)? Wurde die Ausbildung unabhängig getestet/zertifiziert?

Die universitäre Ausbildung für Online-Marketing-Verantwortliche: Interview mit Prof. Dr. Mario Fischer

Sie sind Studiengangsleiter für einen der renommiertesten E-Commerce-Studiengänge in Deutschland. Nach welchen Kriterien haben Sie den Studiengang zusammengestellt?

Wir hatten das Glück, hier in Deutschland die Ersten zu sein, und konnten den Lehrplan daher frei nach den Erfordernissen des Markts gestalten. Natürlich müssen bestimmte Fächer als grundlegend vor allem für die internationale Akkreditierung mitberücksichtigt werden, aber ein Großteil der Vorlesungen wurde komplett neu erstellt. Das heißt, wir haben nicht, wie leider oft sonst üblich, einfach schon bestehende Vorlesungen aus anderen Studiengängen importiert, um (nur) schnell auf einen vollen Plan zu kommen. Zudem ist es uns gelungen, für sogenannte Wahlfächer die wirklich besten externen Experten als Dozenten zu gewinnen. Damit können wir zusätzlich die Marktfähigkeit des zu lernenden Wissens sicherstellen. Ich selbst bin ja schon seit über 25 Jahren in der Branche aktiv und habe daher und wegen der vielen einschlägigen Praxiskontakte glücklicherweise einen recht guten Einblick in das, was Absolventen im E-Commerce sowohl aktuell benötigen als auch in der nahen Zukunft.

Wie schätzen Sie aktuell die Lage der universitären Ausbildung im Online-Marketing-Bereich in Deutschland ein? Hat sich da in den letzten Jahren viel getan? Was fehlt?

Da sieht es momentan nach meiner persönlichen Einschätzung noch sehr schlecht aus. Und leider hat sich in den letzten Jahren auch nichts wirklich spürbar Linderndes getan. Gerade ist man dabei, in Windeseile neue Studiengänge aus dem Boden zu stampfen, die irgendwie das »Digital« im Namen tragen. Das ist auch gut so. Die Herausforderungen dabei sind, dass dies jetzt alles hektisch und zeitlich gleichzeitig passiert. Der Markt für wirklich geeignete Dozentinnen und Dozenten für Hochschulen ist extrem knapp, und diese Personen werden in Unternehmen teilweise fürstlich entlohnt. Viele haben keine Lust, das finanziell deutliche Downgrade mitzumachen oder können sich das auch nicht leisten. Der Staat bezahlt bekanntlich für Hochschulprofessorinnen und -professoren in begehrten Branchen keine auch nur annähernd passenden Gehälter.

Was man offenbar übersehen hat: Da jetzt fast alle Hochschulen heftig Stellen ausschreiben, der Markt für geeignete Bewerbungen aber nicht größer, sondern eher kleiner geworden ist … richtig, jetzt konkurrieren die Hochschulen ungewollt und heftig miteinander. Eine Kandidatin oder ein Kandidat nimmt an zehn Verfahren teil, kann aber nur auf eine Stelle berufen werden. Für alle anderen war der Aufwand umsonst. Nein, eben nicht umsonst. Anders als in der freien Wirtschaft ist eine Stellenausschreibung für Hochschulen ein extrem zeitaufwendiger Prozess, bei dem mittlerweile jede Bleistiftspitzung vorgeschrieben wird und bei dem nicht nur eigenes Personal gebunden wird, sondern es müssen zwingend auch Kolleginnen und Kollegen anderer Hochschulen daran teilnehmen. Die Planung und Durchführung von Probevorlesungen ist also keine einfache Sache. Wenn sich nun die Chancen auf eine Besetzung deutlich verschlechtern, müssen solche Verfahren dann mehrfach hintereinander durchgeführt werden, was sich wegen der vielen Fristvorschriften über Jahre hinweg ziehen kann.

Fatal wäre es, die Kriterien zu lockern und wegen des Zeitdrucks jemanden zu nehmen, der nicht unbedingt geeignet ist. Man darf nicht vergessen, dass Beamte bzw. Beamtinnen nicht mehr kündbar sind und dann die nächsten 25 oder mehr Jahre Vorlesungen halten, die gegebenenfalls spürbar »suboptimal« sind. Davon hätten weder die Studierenden noch die Wirtschaft etwas.

So oder so – einige Jahre gehen für all die Verfahren ins Land. Wenn dann die ersten Studierenden eintreffen, dauert es sechs oder sieben Semester bzw. realistisch etwa vier Jahre im Schnitt, bis die ersten Absolventinnen und Absolventen dem Arbeitsmarkt zur Verfügung stehen. Eine wirkliche Entlastung wird die Wirtschaft also erst in fünf bis sechs Jahren spüren. Aufgrund der aktuellen Geschwindigkeit, mit der KI alle Branchen erobert, könnten viele der Stellen bereits wieder weggefallen bzw. rationalisiert worden sein. Wir sind also ziemlich spät dran und sehr spät aufgewacht. Und einige schlafen noch immer.

Wenn jemand vor der Wahl steht: universitäre Ausbildung oder eher Weiterbildung an einer privaten Bildungseinrichtung – wie kann er die richtige Entscheidung treffen? Was eignet sich für wen und für welchen Zweck?

Zunächst sollte man wissen, dass es nicht nur diese beiden Wege gibt. Neben der universitären Ausbildung, die ja eher auf die Vermittlung von Theorie ausgerichtet ist, gibt es ja noch die FHs (jetzt nenne ich sie einfach doch mal so, weil diese Abkürzung geläufiger ist). Die privaten Bildungseinrichtungen haben natürlich im Prinzip das gleiche Problem – es gibt derzeit einfach zu wenig wirklich qualifizierte Dozenten (fachlich, didaktisch und von der Persönlichkeit her). Die Privaten sind natürlich mit ihren Prozessen schneller als die staatlichen Hochschulen. Allerdings darf man nicht aus dem Auge verlieren, dass dort wegen der Kommerzialität der Druck, jemanden einzustellen, deutlich höher ist. Das könnte durchaus auf die Qualität durchschlagen, muss aber natürlich nicht. Letztlich kostet das Studium an einer privaten Bildungseinrichtung ja auch eine Menge Geld, und man bekommt die gleichen oder vielleicht sogar bessere Inhalte an einer staatlichen Hochschule umsonst (so wie bei uns ;-)). Wenn denn genügend Angebot zur Verfügung steht. Hier eine Entscheidung zu treffen, ist sicher nicht einfach für jemanden, der gerade mit der Schule abschließt. Meiner Meinung nach sollte man sich daher an den Dozenten und dem Fächerangebot orientieren. Leider sehen die meisten eher auf den Standort (möglichst nah am eigenen Zuhause), weil das einfacher ist. Einige private Bildungseinrichtungen holen sich auch »einfach« Leute aus der Praxis und stückeln damit einen Flickenteppich an gut klingenden Inhalten zusammen. Was hier durchaus schmerzhaft fehlen kann, ist eine rote Linie für den Wissensaufbau. Experten aus Unternehmen unterrichten oft vor allem das, was sie selbst gerade in Unternehmen tun. Das ist durchaus spannend, aber eben nicht ausreichend. Denn bis die Studierenden fertig sind, ändert sich gerade im E-Commerce-Umfeld sehr viel. Im Wesentlichen nur aktuelle Fallstudien zu kennen, ist für einen echten Akademiker nicht zielführend. Es muss auch (unbequemes) Basiswissen gelernt werden, das über einen längeren Zeitraum stabil bleibt und dessen notwendige »Überwindung« nicht selten auch persönlichkeitsfördernd ist. Es reicht gerade wegen der hohen Dynamik nicht, zu wissen, dass etwas so und so funktioniert! Man muss auch verstanden haben, warum. Nur wenn man die Prinzipien dahinter wirklich verinnerlicht hat, kommt man mit den schnellen Wechseln von Werkzeugen und Plattformen gut zurecht. Dazu ist eben auch die oft zu Unrecht ungeliebte Theorie wichtig. Und gerade jetzt, wo absehbar ist, dass KI-Bots überall in das Arbeitsleben eindringen, sind Ausbildungen mit nicht zu engem (Fach-)Fokus nötiger denn je.

Die Frage ist am Ende: Wie hoch hängen die Körbe, und wie hoch lernt man dadurch zu springen? Ich möchte keinesfalls missverstanden werden, dass private Bildungseinrichtungen generell nicht taugen würden – im Gegenteil. Allerdings sollte man sich das wirklich vorher im Einzelfall kritisch anschauen, da buchstäblich jeder eine solche Einrichtung betreiben kann und man den Zwängen unterliegt, meist auch einen nennenswerten Gewinn machen zu müssen. Wenn ein Studiengang von einer renommierten Agentur (z. B. ASIIN oder Acquin) international zertifiziert ist, hat man zumindest die Sicherheit, dass der Abschluss auch wirklich anerkannt ist. Die Ausbildung ist ein sehr wichtiger Abschnitt im Leben eines jungen Menschen. Da sollte man Sorgfalt bei der Auswahl walten lassen.

Wenn die Entscheidung für den Ausbildungsweg Hochschule gefallen ist: Worauf sollten zukünftige Online-Marketing-Verantwortliche bei der Auswahl ihres Studiengangs bzw. der Hochschule achten?

Hierfür gilt meine Antwort von eben in großen Teilen. Man sollte sich klarmachen, woran man wirklich Spaß hat, und versuchen, das zum Beruf zu machen. Nach dieser Richtlinie sollte man die Angebote abklopfen und sich danach die am besten passende Hochschule aussuchen. Ob nun privat oder staatlich – es sollte möglichst gut auf das passen, was man später tun möchte. Das ist allerdings kein einfacher Prozess, und als junger Mensch sollte man am besten auch viele Bekannte oder Menschen aus der Branche fragen, um sich ein möglichst klares Bild zu machen.

Wie können Hochschulen eine hohe Praxisrelevanz ihrer Online-Marketing-Studiengänge sicherstellen? Wird diesbezüglich aktuell ausreichend getan?

Das geht nur, wenn die Professoren und Professorinnen die Themen auch wirklich leben. Wer nur an der Hochschule sitzt und Bücher liest, um die Inhalte dann in abgewandelter Form in der eigenen Vorlesung zum Besten zu geben, tut sicher wenig zur Sicherstellung der Praxisrelevanz. Man muss rausgehen – in Unternehmen, auf Konferenzen – und einen engen Kontakt zur Praxis pflegen. Im Prinzip bedeutet das aber auch, dass man jedes Jahr seine Vorlesungen und Seminare anpassen und verändern/aktualisieren muss. Ob das überall getan wird, vermag ich nicht zu beurteilen. Wir an der TH in Würzburg achten allerdings schon sehr darauf.

Was wünschen Sie sich bezüglich der universitären Ausbildung von Online-Marketing-Verantwortlichen für die Zukunft? Welche nächsten großen Schritte sollten getan werden?

Aus meiner Sicht bräuchten wir eine massive Bildungsinitiative. Nicht nur beim Online-Marketing, das ist ja nur ein kleiner, aber sehr feiner Detailbereich. Man braucht hier z.B. auch Führungswissen sowie Kenntnisse im Rechnungswesen (klingt langweilig, ist aber nötig) und natürlich auch über die anderen betrieblichen Prozesse. Auch Überblicks- und Integrationswissen ist gefragt. Reine »Online-Marketing-Menschen« werden wohl langfristig keine tollen Karrieren machen. Auch wenn das derzeit aufgrund des Mangels so scheint. Man muss ja im Moment nicht mal ein paar Wochen/Monate »online gemacht haben«, und schon ist man Head of irgendwas. Insofern brauchen wir aus meiner Sicht ganz schnell mehr und differenzierte Angebote. Wir brauchen unter anderem Daten-Scientists und Daten-Engineers – den ganzen Digitalisierungsanforderungen gegenüber sind wir in Deutschland noch ziemlich blank.

Welche Frage würden Sie zu diesem Thema gern gefragt werden – und was wäre die Antwort?

Ich würde die Frage mögen, was sich ändern müsste, damit der schon jetzt sichtbare Bildungsnotstand hinsichtlich der Herausforderungen der digitalen Zukunft für Deutschland zumindest abgemildert werden kann. Eine Antwort dazu ist nicht einfach und sicher auch unbequem. Aus meiner persönlichen Sicht müssten sich die Prozesse an den Hochschulen spürbar ändern, sie müssten vereinfacht und schneller werden. Man hört Professoren nicht selten munkeln, dass wir immer mehr zu Verwaltungseinrichtungen mit angegliederten Bildungsbetrieben würden. Das ist leider nicht übertrieben. Zumindest empfindet man an Hochschulen die ständig wachsenden Einschränkungen als hinderlich. Es vergeht gefühlt keine Woche, in der nicht neue Vorschriften erlassen werden, deren Sinnhaftigkeit sich im Hinblick auf das Ziel, eine gute Ausbildung zu gewährleisten, nicht immer erschließen. Würden all diese bis ins Detail befolgt, käme der Lehrbetrieb wahrscheinlich fast zum Erliegen. Würden alle Lippenbekenntnisse von Politikern wirklich im praktischen Hochschulbetrieb ankommen, hätten wir sicher weniger Probleme. Es ist auch nicht einfach. Soll man nun einige wenige Hochschulen mit viel Geld fördern oder alle via Gießkanne? Ich bin nicht sicher, ob das der richtige Ansatz ist. Wir brauchen einen massiven Stellenausbau in den zukunftsfähigen Studiengängen. Da man die Stellen nicht einfach woanders abziehen kann, muss richtig Geld in die Hand genommen werden. Und es ist ja nicht so, dass kein Geld da wäre. Nur Bildung hat in Deutschland halt noch immer keine richtig wahrnehmbare Lobby, und wer am lautesten schreit, bekommt eben auch mehr aus den am Ende trotzdem endlichen Töpfen.

Da es aber um nichts anderes als die künftige Wettbewerbsfähigkeit unseres Landes geht, müsste hier vielleicht ein Umdenken stattfinden. Vielleicht muss man auch weg vom Anspruch, alles mit Vorschriften und Verordnungen abzusichern, damit nur ja nirgendwo ein Fehler passieren kann. Hohe Geschwindigkeit und absolute Sicherheit beißen sich ja bekanntlich von jeher. Wenn wir heute eine neue Stelle ausschreiben dürfen und Monate warten müssen, bis wieder aus Sparzwängen eine Sammelanzeige in (nur bestimmten) Zeitschriften machbar ist, dann ist das sicher nicht förderlich. Noch immer geht es darum, solche Prozesse möglichst sparsam abzuwickeln. Das ist verständlich, denn generell muss und sollte man mit Steuergeldern sparsam umgehen. Betrachtet man das Gesamtbild, verschwendet man damit sehr viel mehr Geld. Würden schneller und mehr Akademiker in diesen Bereichen für den Arbeitsmarkt zur Verfügung stehen, zahlen diese auch früher ihre Einkommensteuer und gründen Unternehmen, die ebenfalls Steuern zahlen und Arbeitsplätze generieren. Die Mehrausgaben für Geschwindigkeit wären wahrscheinlich mehrtausendfach aufgefangen. Leider ist so etwas beim Staat kein Argument. Das ist nur ein Beispiel, an dem ich die Problematik aufzeigen möchte. Wir brauchen also sicher eine mutigere Politik, die tatsächlich mehr (auch deutlich mehr finanzielle) Entscheidungsfreiheiten an die Hochschulen nach individuellen und aktuellen Notwendigkeiten abgibt. Wenn man dort vor Ort nicht weiß, was zu tun ist, wäre sowieso alles umsonst.

Mario Fischer ist Professor für E-Commerce an der TH Würzburg und Herausgeber des Fachmagazins »Website Boosting«. Er ist Mitglied in zahlreichen E-Commerce-orientierten Gremien.

Bereits 2009 wurde er als »Bester deutscher SEO des Jahres« ausgezeichnet. Als Referent tritt er auf vielen regionalen und überregionalen Veranstaltungen auf. Sein Fachbuch »Website Boosting«, aus dem die gleichnamige Zeitschrift hervorging, war jahrelang Standardwerk und Bestseller der Onlinebranche.

Die berufsbegleitende Weiterbildung für Online Marketing Manager: Interview mit Prof. Dr. Michael Bernecker

Es gibt mittlerweile eine Vielzahl von Weiterbildungsmöglichkeiten für Online Marketing Manager: IHKs, Hochschulen, private Bildungseinrichtungen, sogar manche Volkshochschule bietet entsprechende Ausbildungen an. Die Qualität schwankt dabei erheblich. Was macht Ihrer Meinung nach eine gute, hochwertige Weiterbildung in diesem Bereich aus?

Die Praxiserfahrung! Eine qualitative Weiterbildung in diesem Bereich kann nur durch einen Anbieter erfolgen, der neben der Theorie auch selbst aktiv tätig ist, die Tools tagtäglich in unterschiedlichen Aufgabenfeldern anwendet, die Schnelllebigkeit des Webs kennt und die Herausforderungen aus verschiedenen Blickwinkeln einzuschätzen weiß. Das differenziert wirkliche Kenner von Anbietern, die bloß mit dem Trend schwimmen. Ergänzend sollte man auf die didaktische Qualität achten. Viele Anbieter schludern hier und überlassen die Struktur und

Systematik der Wissensvermittlung den einzelnen Dozentinnen und Dozenten, die wiederum meistens keine Ausbildung hierin haben.

Damit verbunden: Wie erkennen zukünftige Online Marketing Manager gute Aus- und Weiterbildungsangebote? Worauf sollten sie bei der Auswahl achten, wenn sie die Qualität von außen nicht/kaum einschätzen kann?

Ein wichtiger Faktor, der für die Qualität eines Weiterbildungsanbieters spricht, ist die Transparenz. Der Weiterbildungssuchende sollte den Veranstalter kontaktieren können, um Fragen zu stellen. Wichtig ist dabei, zu klären, welche Inhalte vermittelt werden, wer die Dozenten oder Dozentinnen sind, wie hoch der Praxisanteil ist und wie für einen guten Wissenstransfer gesorgt wird.

Direkter Telefonkontakt und die Möglichkeit, mit echten Personen in Kontakt treten zu können, sprechen für Qualität. Zudem gehören natürlich auch Faktoren wie der Bekanntheitsgrad des Anbieters und dessen Erfahrung dazu.

Onlinekurse vs. Präsenzveranstaltungen – welche Bildungsformen eignen sich für den Online-Marketing-Bereich besser? Was sind die Vor- und Nachteile der einzelnen Formen?

Eine oft diskutierte Frage! Im Grunde genommen muss die Antwort »sowohl Online- als auch Präsenzveranstaltung« heißen. Wir vom Deutschen Institut für Marketing haben die Erfahrung gemacht, dass die verschiedenen Lerntypen auch unterschiedliche Angebote benötigen, um das Wissen in der Praxis umzusetzen. Wir alle lernen unterschiedlich, und daher kann es eine allgemeingültige Lösung nicht geben. Allerdings trifft man gerade im Onlinebereich auf onlineaffine Menschen. Daher sind Live-Webinare in diesem Bereich sehr gut geeignet. Zum einen genießt man die Vorteile einer Präsenzveranstaltung, d. h., man kann live Fragen stellen, hat Kontakt zu der Lehrperson und kann sich Feedback von anderen Teilnehmenden einholen. Zum anderen hat man dort auch die Vorteile einer Onlineschulung, d. h., man kann von überall aus lernen – aus dem Büro oder von der Couch zu Hause. Aus meiner Sicht ist das die beste Schulung für zukünftige OMMs!

Worauf legen Unternehmen Ihrer Erfahrung nach besonders wert, wenn sie einen Online-Marketing-Verantwortlichen suchen? Eher Praxiserfahrung, Studium, Zertifikate? Oder ganz andere Faktoren?

Wenn man einen Marketing-Verantwortlichen einstellt, stellt man zunächst einen Menschen ein, der sein ganz individuelles Gesamtpaket mit sich bringt. Wo die beste Gewichtung für das jeweilige Unternehmen liegt, muss das Unternehmen für sich selbst einschätzen. Doch klar ist, dass auch das beste Studium nicht hilft, wenn das Gelernte nicht umgesetzt wird. Somit ist ein Mix aus praxisnahem Studium und Erfahrung sicherlich eine sehr gute Lösung. Zugleich beobachten wir aktuell viele Bewerberinnen und Bewerber, die völlig selbstverständlich davon ausgehen, dass sie sich mit Online-Marketing auskennen, nur weil sie regelmäßig googeln und bei Instagram ein paar Follower haben. Nachweise in Form von aktuellen Zertifikaten oder Weiterbildungen sollte man daher schon einfordern.

Ein Punkt, der oft nicht bedacht wird und den ich als sehr wichtig empfinde, ist aber, dass die Person darüber hinaus ein gesundes Interesse für das Thema und die Trends im Online-Marketing mitbringt. Interesse ist einfach der beste Garant für gute Arbeit!

Wie sieht der Weiterbildungsbereich für Online Marketing Manager in zehn Jahren aus?

Es wird in Zukunft mehrere Stufen geben. Viele Mitarbeiter werden sich zunächst Basiswissen im Netz und auf Veranstaltungen aneignen müssen, bevor die Arbeitgeber eine Investition tätigen. Dann wird sich daraus ein höherer Anspruch an die Seminarveranstalter entwickeln, die die vorgebildeten Seminarteilnehmer schulen. Die Lösung werden Expertencoachings am Arbeitsplatz sein – online und offline.

Prof. Dr. **Michael Bernecker** ist Marketingunternehmer und Geschäftsführer des Deutschen Instituts für Marketing und der Digitalagentur milaTEC sowie Aufsichtsratsvorsitzender der YouMagnus AG.

Der Marketingprofi forscht, berät und trainiert im Kompetenzfeld Marketing & Online Marketing. Seine Kernkompetenz wird geprägt durch sein Fachwissen gepaart mit einer konsequenten unternehmerischen Sichtweise und der Fähigkeit, auch komplette Sachverhalte zielgruppenadäquat zu kommunizieren.

Sein unternehmerisches Profil hat er sich als Geschäftsführer und Vorstand verschiedener Marketingunternehmen angeeignet. Diese unternehmerischen Tätigkeiten prägen seine Sichtweise und bieten einen Fokus für sein Marketing Know-how. Als Professor für Marketing lehrt Michael Bernecker seit mehr als 20 Jahren an verschiedenen Hochschulen Marketing & Business Development.

In den letzten Jahren hat er innovative Onlinelehrgänge zu verschiedenen Marketingthemen entwickelt und mit seinem Team alle DAX-Konzerne sowie Tausende mittelständische Unternehmen trainiert, beraten und begleitet. Mit seinen Social-Media- und Online-Marketing-Aktivitäten erreicht er regelmäßig mehrere 100.000 Menschen im Monat. Über 20 Buchveröffentlichungen und über 300 Fachbeiträge stützen diese Kompetenz. Als Referent tritt er hierzu auf Kongressen und Messen auf. Seine Expertise wird auch von den Medien genutzt: Er agiert als Fachexperte regelmäßig unter anderem für RTL, N24, WDR 2, WDR 5 und verschiedene Fachzeitschriften und Tageszeitungen.

Der Online Marketing Manager als Personal Brand

Die meisten Online Marketing Manager arbeiten angestellt in einem Unternehmen oder einer Agentur. Ein weiterer Teil bietet seine Dienste als Freelancer an. Ähnlich sieht die Situation bei den thematisch verwandten Social-Media-Managerinnen und -Managern aus.

Für Freelancer ist das Thema der Personal Brand, also des Aufbaus der Personenmarke, ein wichtiges Thema. Mehr Bekanntheit heißt meist auch mehr (und bessere) Aufträge sowie höhere Honorare. Doch wie sieht es mit den Angestellten aus?

Als Abschluss dieses Buchs soll ein leidenschaftliches Plädoyer für die Personal Brand auch und gerade von angestellten Online Marketing Managern dienen. Denn ein effektiver Online Marketing Manager ist vor allem eins: ein Schnittstellenmanager, der Einfluss auf die unterschiedlichsten Bereiche im Unternehmen ausüben muss, der Commitments von den verschiedenen Ebenen einholen und Überzeugungsarbeit an unendlich vielen Stellen leisten muss.

Bei all dem ist es hilfreich, wenn sie oder er nicht »irgendjemand« ist, sondern im Unternehmen, aber vor allem auch in der Branche anerkannte Fachleute. Diese werden ernster genommen, eher um Rat gefragt, man hört ihnen eher zu, man misst ihrer Meinung ein höheres Gewicht bei, und man lässt sich eher überzeugen, wenn hinter der Person ein gewisses Gewicht steht. Eben genau so, wie eine Marke im normalen Business mehr Vertrauen schafft, Überzeugungskraft besitzt und Qualität verspricht.

Aber nicht nur im Unternehmen hilft eine persönliche Marke enorm weiter – auch bei der Jobsuche ist die Personal Brand ein unverzichtbarer Vorteil. Ein signifikanter Teil der Jobs wird nicht über Stellenanzeigen, sondern über persönliche Kontakte, Empfehlungen und Networking vergeben. Und hier helfen ein umfangreiches Netzwerk, eine hohe Bekanntheit und eine gute Reputation enorm weiter.

Nicht zuletzt hat der Herausgeber dieses Buchs die Koautoren natürlich auch aufgrund der Tatsache ausgewählt (oder sie überhaupt gefunden), dass es sich bei allen Autorinnen und Autoren um bekannte und anerkannte Experten ihres Fachs handelt, unabhängig davon, ob es sich um Selbstständige oder Angestellte handelt.

Wie wird man also als Online Marketing Manager zur Personal Brand? Diese Frage bietet Stoff für ein eigenes Buch – hier sollen aber ein paar konkrete Tipps und Anregungen helfen, den Weg zur eigenen Marke zu beschreiten.

- **Networking** – Ein gutes Netzwerk ist ein unverzichtbarer Bestandteil der Personal Brand. Das betrifft das Networking sowohl im klassischen (Offline-)Sinne als auch und gerade online. Je mehr relevante Kontakte bei XING und LinkedIn vorhanden sind, desto mehr Möglichkeiten ergeben sich. Networking spielt bei Angestellten vor allem innerhalb des Unternehmens eine große Rolle. Knüpfen Sie so viele Kontakte im Unternehmen wie möglich, vor allem außerhalb der eigenen Abteilung.
- **Sichtbarkeit** – Das gilt vor allem für Angestellte – sichtbar sein ist unverzichtbar, wenn auch nicht jedermanns Sache. Der einfachste Weg, Sichtbarkeit aufzubauen, ist, Barcamps, Konferenzen und andere Branchenevents zu besuchen, in Facebook-, XING- oder LinkedIn-Gruppen mitzudiskutieren oder den nächsten Schritt zu nehmen – Kompetenz zu demonstrieren.
- **Kompetenz demonstrieren** – An dieser Stelle scheitern erfahrungsgemäß viele – aber nicht, weil sie es nicht schaffen, sondern einfach, weil sie es nicht versuchen. »Was hab ich denn schon zu erzählen?« oder »Wer soll das denn lesen?« sind häufige Einwände auf den Vorschlag, doch mal mit der eigenen Kompetenz nach außen zu gehen. Dabei ist das fast immer unbegründet. Wie der Koautor Karl Kratz gern sagt: »Alles ist für alle beim ersten Mal neu.« Und fast jeder, der im Online-Marketing eine Zeit lang aktiv war, hat etwas zu erzählen. Deshalb lautet der Rat: Demonstrieren Sie Ihre Kompetenz – zum Beispiel indem Sie ein eigenes Blog betreiben, regelmäßig Tipps und Insights bei LinkedIn posten, einen Podcast betreiben, sich in einer Facebook-Gruppe engagieren oder sogar Vorträge auf Barcamps, an Netzwerkabenden und schließlich sogar auf den Branchenkonferenzen halten. Nichts bringt so viel Sichtbarkeit wie anwendbare, übertragbare und lebendig demonstrierte Kompetenz. Keine falsche Scheu – irgendwie hat jeder der bekannten Personal Brands einmal angefangen.

Index

1-Seiten-Besuche 572
301-Redirect 201, 221
360-Grad-Inhalte 494

A

A/B/n-Testing-Tools 134
A/B-Tests 133, 612
  Aussagekraft der Tools 613
Abmahnung 687
  Abmahnkosten 688
  Markenverletzungen 688
  Persönlichkeitsrechtsverletzungen 689
  Schadensersatz 688
  Unterlassungserklärung 687
  Urheberrechtsverletzungen 688
  Vertragsstrafe 688
  Wettbewerbsverletzungen 689
About-the-Brand-Content 108
About-the-Process-Content 109
About-the-Product-Content 108–109
Above the Fold 136
Absprungrate 136
AB-Tasty 134
Accelerated Mobile Pages (AMP) 217
AdBlocker 15, 376
Ad Exchanges 347
Ad Impressions 339
Ad Networks 353
Ads 532
Advertiser 309
Affiliate-Akquise 319–320
  Instrumente 321
  Vorgehen 320
Affiliate-Branche 313
Affiliate Marketing 309
  Aktivierung der Partner 325
  Einsatzbereiche 310
  Markenpräsenz 312
  Partnerevents 326
  Partnerprogramm 315, 317
  Provisionsmodelle 330
  Trends 327
  Vorteile 310
Affiliate-Programm 309
  Partnerbindung 317
Affiliates 315
  Kommunikation mit 315
  Provisionen 316
Affiliate-Stammtische 322
After-Sale-Phase 54, 109
Algorithmen
  Klassifikation vs. Clustering 599
  und Kennzahlen im Online-Marketing 609
Amazon 39
Amazon PartnerNet 310
AMP 217
Analytics, Predictive 596
animierte GIFs 493
App-Analyse 538
App Analytics 538
App-Install-Kampagne mit Facebook 548

App-Install-Kampagnen 512
Apple App Store 523
App-Marketing 520
App-Nutzung 539
Apps 511, 518
Analysestrategie zur Zielsetzung 541
App-Store-Guidelines 512
Checkliste App-Marketing-Strategie 555
Checkliste App-Store-Optimierung 555
Churn-Rate 543
Datenschutz 527
finden (Nutzerinnen und Nutzer) 520
In-App-Zeit 542
Install-Kampagne mit Facebook 548
Nutzererfahrung 542
Nutzer-Tracking 541
Regeln für erfolgreiche Apps 524
Retention-Rate 543
Session-Dauer 542
App-Store-Optimierung (ASO) 511, 520
Checkliste 555
Erfolgsmessung 545
Google Play Store 521
vs. SEO 520
Apriori-Algorithmus
und Warenkorbanalyse 608
Archiv-Plattformen 460
Area under the ROC Curve (AUC) 611
Around-the-Product-Content 108
Artificial Intelligence 445
Attention Analytics 136
Audioformate 495
Auftragsdatenverarbeitung 563
Avatar 670
Awareness-Phase 53, 107

B

Backlinks 189, 230
Linkkauf 234
Risiko-Management 233
sinnvolle Quellen 231
unnatürliche 234
Baidu 174
Banner 336
Bedarfsgruppe
vs. Zielgruppe 44
Bedarfsgruppenanalyse 44
Bedarfsgruppendefinition
Methoden 47
Behavior Tracking 433
Behavioural Pattern 136, 142
Benutzerfreundlichkeit 73
Bestandskunden 458
Bewertungen, schlechte 656
Bewertungsportal
Löschungsaufforderung 659
Löschung von Bewertungen 659
Bid-Management 292
Big Data 22, 593
Hype 595
Bildanzeigen 374
Bilderdatenbanken 639
Bilder und Videos, Checkliste 165
Bing 172
Blacklist vs. Blocklist 394
Blind Networks 353
Blog 461
Impressumspflicht 624
Bounce-Management 396, 413
Bounces 395
Brandbidding 650
Branded Hashtags 454
Brand Indicators for Message Identification 398
Branding 85
Kennzahlen für Erfolg 67
Branding-Kampagnen 344, 360, 383
Brand Safety 374
Bundesverband der digitalen Wirtschaft e. V. (BVDW) 75, 337
Button-Tests 140
Buy Box 136
Buzz-Marketing 60

C

Callouts (Google Ads) 285
Call-to-Action 136, 144
Checkliste 165
Canonicals 208
Channel-Bericht 571
Charity-Aktionen 477
ChatGPT 617, 678

Checkliste Data-Science-Projekte 620
Churn-Rate 543
Click (Klick) 266
Click-Through 136
Click-Through-Rate (CTR) 378, 539
Closed Loop Marketing 412
Clustering, hierarchisches 614
Codeschnipsel, Urheberrecht 635
Cognitive Bias (kognitive Verzerrung) 136, 142
Community 463
Community Management 499
Computerprogramme, Urheberrecht 635
Confusion Matrix 610
Consideration-Phase 53, 58, 108
Content 73
  als Touchpoint in der Customer Journey 82
  Eigenschaften 115
  Erstellung 224
  Formate 84
  Formate im Überblick 496
  Fragestellungen recherchieren 98
  Funktion und Wirkung 93
  Gestaltung 225
  herausragende Qualität 120
  Hub 461
  Image 93
  Inventur 104
  Marketing 230
  Nutzerführung 119
  On-Platform-Content 448
  Produktion 120
  Promotion 128
  Recycling 496
  Tools 224
  und Suchmaschinen 222
  Unterhaltung 93
  Unterstützung bei der Auswahl 93
  Unterstützung beim Kauf 93
  verschiedene Typen 107–108
  virale Effekte 465
Content, User-generated 477
Content-Analyse 97
Content-Attribuierung 115
Content-Attribute 115
Content-Audit 103
  qualitativ 105
  quantitativ 103
Content Discovery Networks 125
Content-Distribution 121
  und die Customer Journey 127
Content-Evaluation 128
Content-Hub 95
Content-Inventur 104
Content-Konzeption 106
Content-Marketing 493
  Analyse 89
  Arten und Formate 84
  Consideration-Phase 93
  Content-Analyse 97
  Content-Evaluation 128
  Content-Hub 95
  Content-Konzeption 106
  Content-Polygon 91
  Content-Promotion 125
  Content-Seeding 124
  Content-Sonnensystem 91
  Core Story 96
  Definition 81
  Distribution 90
  Evaluation 90
  fünf Phasen 88
  Kampagnen 87
  Kampagne vs. Strategie 87
  Keyword-Recherche 101
  Konzeption 89
  kurzfristige Ziele 86
  langfristige Ziele 86
  Produktion 89
  Prozess im Überblick 88
  Purchase-Phase 93
  Push vs. Pull 121
  Redaktionsplan 119
  Strategie 87
  Themenfelder identifizieren 97
  Themenideen 106
  Verantwortlichkeiten 131
  Vor- und Nachteile 83
  Ziele 94
  Ziele, langfristige und strategische 85
  Zielgruppendefinition 90
Content-Marketing-Strategie, Entwicklung 90
Content-Outreach 123

Content-Produktion 120
Content-Promotion 125, 128
Content-Repurposing 496
Content-Seeding 124
Content-Sonnensystem 91
Content-Typen 107–108, 117
Conversion 136, 156, 269
  Tracking 270
Conversion Cycle 150
Conversion-Frameworks
  7-Ebenen-Modell 151
  konversionsKRAFT 151
Conversion-Optimierung 41, 133
  A/B/n-Test konfigurieren 152
  Auswertung 154
  Behavioural Patterns 142
  Checklisten für Websites 163
  Cognitive Bias 142
  Conversion Cycle 150
  erfolgreiches Testing 151
  Grundbegriffe 135
  KPIs 149
  Marketing-Automation 135
  Monitoring 153
  Personalisierung 134
  Psychologie 140
  relevante Kennzahlen 148
  Status quo 135
  Testing-Kultur 150
  Usability 144
  User Experience 139
Conversion-Rate (CR) 302, 379
  Optimierung und Wettbewerbsrecht 646
  Push-Nachrichten 515
Conversions messen 565
Conversion-Strategie
  Website-Optimierung 148
Cookies 516
  Consent-Banner 642
  Funktionsweise 357
  Sitzungen 567
  Zustimmung einholen 561
Cookie-Tracking 328
Copyright-Hinweise 639
Copyscape 634
Copywriting 137, 143
Core Story 96
  Simon Sinek 96
Cost per Action (CPA) 378
Cost per Click (CPC) 267, 305, 378, 540
Cost per Mille (CPM) 377
Countdown-Funktion 283
CPM-Modell 268
Crawlability 203
Crawling 210
Crawling-Tools 212
Creative-Commons-Lizenz 639
Creator Marketing 501
Cross-Device-Tracking 314, 329
crossmediale Marketingkampagnen 76
Cross Validation 609
CTR = Click-Through-Rate 266
Customer Experience 55
Customer Experience Management 56
Customer Journey 32, 51, 82, 517
  Affiliate Marketing 328
  After-Sale-Phase 54
  Awareness-Phase 53
  Consideration-Phase 53
  Display Marketing 335
  Loyalty-Phase 55
  Online-Marketing-Strategie 56
  Phasen 52, 106
  Pre-Awareness-Phase 53
  Preference-Phase 54
  Priorisierung der Phasen 95
  Purchase-Phase 54
  Real Time Advertising 344
  Suchintention 102
  Touchpoints 57
  und Content 82
  und Content-Distribution 127
Customer-Journey-Tracking 314

D

Dall-E 2 678
Data Highlighter 229
Datalogy 592
Data Management Platforms (DMP) 353
Data-Science-Projekte, Checkliste 620
Data Science vs. Machine Learning und Datenanalyse 592
Daten
  Bias 621
  deskriptive Analyse 595

Distanzmatrix 614
personenbezogene 640, 642
Reifegrade 595
unstrukturierte 594
Verarbeitung personenbezogener 641
Datenanalyse, Versandzeit und Häufigkeit von E-Mails 435
Datenschutz 358, 640, 684
Display Advertising 358
IP-Adresse 586
Tracking 519
Datenschutzerklärung, Tracking 562
Datenschutzgrundverordnung (DSGVO) 519, 560
Datensparsamkeit, Gebot der 665
Decision Tree, Overfitting 601
Decision Trees 600
Deepfakes 607
Deep Learning 606
Bilderkennung 607
Demand Side Platform (DSP) 347
Blacklisting 349
Whitelisting 349
Dendrogramm 615
Digital Advertising Alliance (DAA) 358
digitale Marken 65
Disavow-Datei 234
Display Advertising 75, 335, 337
Brand Safety 374
Checkliste 384
Datenschutz 358
Definition 336
Demand Side Platform (DSP) 347
Entwicklung 335
Erfolgsbeispiele 381
Herausforderungen 373
im Online-Marketing-Mix 344
Kampagnentypen 360
Kennzahlen 377
Key Performance Indicator 377
KPIs für Kampagnentypen 380
Linktipps 386
Mediaplanung 339
Sell Side Platform (SSP) 351
Storytelling 362
Technologien und Technikdienstleister 347
vs. Real Time Advertising 341
Display-Advertising-Kampagnen 384
Display-Anzeigen (Banner) 528
Distanz, euklidische 614
DKI (Dynamic Keyword Insertion) 282
Domain-based Message Authentication 398
Domain Keys Identified Mail 397
Double-Opt-in 392
Double-Opt-in-Verfahren 664
DSGVO 560, 640
Tracking 644
Duplicate Content 201
Dynamic Serving 216

E

Earned Media 33
Influencer 34
Eichmeier, Doris 91
einstweilige Verfügung 689
Abschlusserklärung 690
Abschlussschreiben 690
vs. Hauptsacheklage 691
E-Mail
Above the Fold 423
Bounce 413
Definition 388
Design 419
Formate 398
Hard-Bounce 413
Pre-Header 422
Soft-Bounce 413
Typen 415
Versand 398
E-Mail, Tipps 465
E-Mail-Adressen, Ankauf zu Werbezwecken 663
E-Mail-Automation 401
E-Mail-Erstellung, Grid-CMS 421
E-Mail-Format, AMP for E-Mail 403
E-Mailing 388
E-Mail-Kampagnen
Benchmark 433
Conversion-Rate 430
E-Mail-Marketing 74
Adresse und Empfänger 411
Adressgewinnung 408
aktive Kundenbeziehung 392
automatisierte Segmentierung 435

automatisiertes Lead-Scoring 435
Bestandskunden 666
Bounces 395
Certified Senders Alliance (CSA) 394
Cloud-/Saas-Lösung 405
Content 424
Conversion-Optimierung 423
Customer Lifecycle 416
Datenfluss zwischen Systemen 407
Definition 387–388
Einsatzbereiche und Ziele 403
Einwilligung 392, 661, 664
Einwilligung protokollieren 393
E-Mail-Adressen kaufen 408
E-Mail-Adressen selbst generieren 409
Entwicklung 389
Erfolgsbeispiele 437
Erfolgsmessung 428
False Positives 393
im Marketingmix 389
Inhouse-Lösung 405
Intervallmails 418
Kampagnen, integrierte 428
Kampagnen, mehrstufige 425
Klassischer Newsletter 415
künstliche Intelligenz 434
Lead-Management 408
Lead Nurturing 417
On-demand-Lösung 405
Positivliste 393
rechtliche Aspekte 660
Rechtsgrundlagen 390
Recommendation Marketing 435
Reichweite der Einwilligung 662
Retargeting-Kampagne, mehrstufige 426
Return on Invest 389
Servicemails 392, 418
Strategie 403
Toolauswahl 404
Trigger-Mailings 416
Whitelisting 393
wichtige Kennzahlen 428
E-Mails
einheitliches Corporate Design 403
Klickrate 430
Öffnungsrate 429
Opt-in 391
E-Mail-Service-Provider (ESP) 394
E-Mail-Versand
Dynamic Content 402
Interactive Content 403
MIME-Multipart-Verfahren 400
E-Mail-Werbung 664
Einwilligungserklärung 664
Nachweis des Einverständnisses 665
ohne Einwilligung 666
Embedding von Bildern 673
Employer Branding 86
Entscheidungsbäume 600
Event Retargeting 362
Event-Tracking 156
Expertenstatus 93
Eye Tracking 137

F

Facebook 60, 462
attraktiver Content 464
Impressumspflicht 624
Teilen fremder Postings 675
Werbeanzeigen 465
Facebook Ads 466
Facebook-Content 464
Facebook-Gruppen 471
Facebook-Newsfeed
Reichweite von Seitenbeiträgen 465
Facebook-Werbeanzeigen 465
False Negatives 611
False Positives 393, 611
Featured Snippets 184, 197
Fingerprinting 518
First-Party-Messung 328
Flicker-Effekte 153
Flickr 460
Fluid Design 401
Foren 490
Formulare, Checkliste 166
Fotos
aus Stockarchiven 673
Person als Beiwerk 636
Persönlichkeitsrechte 636
rechtliche Aspekte 673
Retweets (X/Twitter) 674
Urheberrecht 635
Werbezwecke 673

Frage-Antwort-Portale 492
Fraud 374
Freebooting 637
Frequency Capping 349
Funnel 137

G

Gatekeeper 36, 59
  Amazon 36
  Google 36
  Meta 36
  YouTube 36
Gebotsfunktion, automatisiert 267
Gestaltungshöhe 679
Gewinnspiele 477, 671
  bei Facebook 671
Glaubwürdigkeit, Kennzahlen 68
Global Site Tag 270
Google 36, 172
  Bedeutung der Suchmaschine 260
  Data Highlighter 229
  Google Search Console 238
  Keyword-Optionen 278
  mobile Strategie 215
  SEO-Support 250
  Status der Indexierung 213
Google Ads 172, 261, 485, 574, 650
  Anruferweiterungen 285
  Anzeigenerweiterungen 283
  Anzeigengruppen 274
  Anzeigen testen 275
  auszuschließende Keywords 304
  Bid-Management-Tool 272
  Budget für Kampagne 268
  Callouts 285
  Countdown-Funktion 283
  DKI (Dynamic Keyword Insertion) 282
  Keyword-Optionen 277
  Kontoaufbau 274
  Preiserweiterungen 286
  Qualitätsfaktor 289
  Rezensionserweiterungen 286
  Sitelink-Erweiterungen 285
  Snippet-Erweiterungen 285
  Textanzeigen 279
  und der Qualitätsfaktor 288
  Werbeschaltung für ausgewählte Endgeräte 273
Google-Ads-Anzeigen, rechtliche Fragen 651
Google Ads Keyword-Planer 101, 224
Google-Algorithmen 184, 187
  Ranking-Faktoren 187
  und technische Optimierungen 187
Google Analytics 559
  berechnete Kennzahlen 568
  Channel 571
  Conversion-Tracking 271–272
  Ereignisse 582
  geräteübergreifende Nutzung 578
  IP-Adresse 585
  Kanäle 572
  kostenpflichtige Version 560
  Medium 570
  Nutzerverhalten über Events messen 157
  Quelle 570
  Seitenaufrufe 567, 580
  Transaktionen 566
  Unterscheidung von Geräten 585
  Zeiträume betrachten 568
Google Analytics 360 560
Google-App-Kampagnen 546
Google-Bildersuche 177
Google-Display-Netzwerk 125
Google-Keyword-Planer 71
Google My Business 179
Google Play Store 521
  Off-Page-Optimierung 522
Google Search Console 253, 649
Google-Suche, Google-Algorithmus 187
Google-Webmaster-Richtlinien 647
Graphen 62
Growth & »North Star« 148
Growth Hacking 137

H

Hard-Bounce 413
Hashtags 449, 671
  Branded 454
  Events 454
  Non-branded 454
  verschiedene Kategorien 449
Header Bidding 366
Hero-Shot 137

hierarchisches Clustering 614
HTML5-Werbemittel 373
HTTP-Statuscodes 202
Hummingbird 195

I

ICQ 444
Impressions 266, 301, 377
Impressum 623
  erforderliche Angaben 625
  rechtskonform 626
  Social-Media-Profile 627
  Vorgaben zur Darstellung 626
Impressumsangaben 625
Impressumspflicht 623
Inbound-Marketing 78
Incentivized Ads 530
Influencer 34, 46, 500
  Regeln für die Zusammenarbeit 500
Influencer Marketing 500
Influencer Relations 500
Inhalt, Checkliste 164
In-Page-Ads 368
Instagram 472
  Filter 477
  Influencer 476
Instagram, Impressumspflicht 624
Instant-Answer-Boxen 181
Intelligent Tracking Prevention (ITP) 576
Intend-Daten 355
Interactive Advertising Bureau Europe (IAB Europe) 351
Interstitials 529
Intervallmails 418
IP-Adresse, Datenschutz 586

K

Kampagnen
  Google Ads 574
  markieren 573
Kampagnenplanung 362
Kanal
  Bedeutung einschätzen 571
  Zielseiten 581
Kaufprozess, Phasen 346
Kennzahlen
  Conversion-Rate 302
  Display Advertising 377
  Glaubwürdigkeit 68
  Impressionen 301
  Klickrate 302
  Markentreue 68
  Mobile Marketing 538
  Popularität 68
  Qualitätsfaktor 302
  Reputation 68
Key Performance Indicator 540
Keyword-Monitoring 240
Keyword-Recherche 101, 223
  Beispiel 306
Keywords 175, 276
  auszuschließende 304
  optimale 102
Keyword-Stuffing 188
Keyword Targeting 363
Keyword-Tools 224
KI (künstliche Intelligenz) 592
  starke 592
  traditionelle 592
KI-generierter Output 681
Klickrate 302
  Display Advertising 377
Klicktiefe 210
k-Means 601
  Cluster 602
Knowledge-Graph 180, 338
Knowledge-Graph-Box 62, 197
Kommunikationskanäle
  eigene 79
Kommunikationspolitik 40
KPIs
  App-Downloads 540
  Mobile Marketing 538, 541
  vs. Metriken 539
künstliche Intelligenz 25
  Content-Erstellung im E-Mail-Marketing 436
  Datenanalyse 434
  Definition 592
  E-Mail-Marketing 434
  Texte erstellen (E-Mail-Marketing) 436
  visueller Content (E-Mail-Marketing) 436

L

Landingpage 137
Large Language Model 618
Lead-Management 408, 410

Lead Nurturing 417
Leads 309, 663
Lead Warming 417
Leistungsschutzrechte 679
Lifetime Value 544
Limbic®-Konzept 140
lineare Regression 596
Linkbuilding 648
LinkedIn 60, 78, 443, 488
  Impressumspflicht 624
  Personal Branding 489
  Social-Selling 490
Linkkauf 648
Linkkauf, und Wettbewerbsrecht 647
Linkmiete 648
Livestreaming 443, 494
Lizenzhinweise 639
Lizenzhinweisgenerator 639
Lower Funnel 58
Loyalty-Phase 55, 109

M

Machine Learning 592
  Anfänge 593
  vs. Data Science und Datenanalyse 592
Macro-Conversions 155
  vs. Micro-Conversions 565
Mailingliste 410
  Zielgruppen und Segmente 411
Mailings
  Checkliste 438
Mailserver, dedizierte 396
Makro-Conversion 270
Marke
  Aufbau einer 46
  Bewertung der Markenstärke 57
  digitale Marke und Web 3.0 65
  Erfolgsfaktor im Online-Marketing 65
  Influencer 46
  Kennzahlen zur Markentreue 68
  Marken-Traffic 66
Markenaufbau 69, 75, 85
  digitaler 59
  und unabhängige Kommunikationskanäle 79
Markenpopularität 72
  Maßnahmen zur Verbesserung 72
Markenpräsenz 312
Markenrecht 645, 650
  und interne Suchfunktion einer Website 646
  und Metatags 645
Markenrelevanz 57
Markenstärke 70
  Google-Suchanfragen 70
Markenverletzungen 688
Marketing, klassisches 14
Marketing-Automation 401
Marketing-Mix 16, 39
Mediaplaner, Site-Listen 340
Meerkat 444
Memes 450
Mention.com 498
Merchant 309
Message Match 137
Messenger 444
Messenger-Dienste 460, 492
Metadaten 228
  Definition 230
Metriken 539
  vs. KPIs 539
Micro-Conversions 156
  vs. Macro-Conversions 565
Midjourney 678
Mikro-Conversions 270
Mitarbeiter 458
ML (Machine Learning) 592
  Grundwissen für Online Marketing Manager 596
Mobile Advertising 527
Mobile Fingerprinting 518
Mobile First 137
Mobile Marketing
  Android vs. iOS 510
  Apps vs. Mobile Web 511
  Erfolgsbeispiele 546
  Tipps und Tricks 555
mobile Nutzung 443
Mobile Search Engine Advertising (SEA) 532
Mobile Subdomain 217
Mobile-Targeting 533
Mobile Tracking 516
Mobile Web 19
Mobile Websites 518
  Checkliste 166

Mobilgeräte, Tools für die Optimierung 222
Morys, André 151
Mouse Tracking 138
Multiplikatoren 458
multivariater Test 138

N

Naive Bayes 605
Native Ads 371
Native Advertising 126
Naur, Peter 592
Navigation 145
Navigation und Interaktion, Checkliste 164
negative SEO 649
Neukunden 458
neuronale Netzwerke 606
  Einsatz im Marketing 607
Newsartikel 178
Newsfeed-Plattformen 459
Newsjacking 451
Newsletter
  A/B-Tests 404
  Abmelderate 429
  Bounce-Rate 429
  Checkliste 438
  Definition 388
  Design 420
  Dynamic Content 402
  E-Mail, Aufbau und Inhalte 422
  E-Mail, Betreffzeile 422
  für mobile Endgeräte optimieren 400
  klassischer 415
  Opt-in 391
  Service-E-Mails 392
  Templates 419
  Trigger-Mailings 416
  Versandzeit und Häufigkeit 435
No-Click-Searches 182
Nutzererfahrung 542
Nutzerinnen und Nutzer 541
  Endgeräte 35
  verstehen 583

O

Obama-Kampagne 134
Offline-Conversions 156
Offpage-Marketing 230
Off-Page-Optimierung
  Apple App Store 524
  Google Play Store 522
Online-Display-Kampagnen 339
Online-Marketing
  4 Ps 32, 39
  Blogs und Websites zum Thema 694
  Content-Distribution 121
  Content-Outreach 123
  datengetriebenes 594
  Definition 33
  digitale Assets 77
  Fachbücher 695
  Fachzeitschriften 694
  Hochschulabschlüsse 701
  Lower Funnel 58
  Native Advertising 126
  Nutzerzahlen 17
  Seminare 698
  Upper Funnel 57
Online-Marketing-Hochschulabschlüsse 701
Online-Marketing-Instrumente 32–33
Online-Marketing-Kanäle 32–33
Online Marketing Manager
  Ausbildungen 699
  IHK 700
  Kriterien für Weiterbildung 703
  Weiterbildung 693
Online-Marketing-Recht 623
Online-Marketing-Strategie 32
  Customer Journey 56
  taktische und strategische Ziele 42
Online-Marketing-Ziele
  taktische und strategische Ziele 42
Online-PR und SEO 233
Onlineshops
  Impressumspflicht 624
Online-Vermarkterkreis (OVK) 339
Onpage-Faktoren
  technische Basics 199
On-Page-Optimierung
  Apple App Store 523
  Google Play Store 521
On-Platform-Content 448
Ontologie, Entitäten 64

Open Auction 366
Optimizely 134
Opt-in 391
Owned Media 33

P

Page Impressions 539
Page-Speed, Checkliste 166
Page-Speed-Optimierung 146
Paid Media 33
  Display-Werbung 34
Panda 188
Pay per Click 267
Pay-per-Click-Werbung 45
Penguin 188
Performancekampagne 381
Performance-Marketing 65–66
Periscope 30, 444
Persona 138
  Limbic®-Konzept 140
  Limbic® Personas 62
Persönlichkeitsrecht 636, 673, 689
Pinterest 460, 491
Pixel-Tracking 566
Plagiat 637
Podcasts 496
Popularität, Kennzahlen 68
Positivliste 393
Post-Conversion 138
Posten von Fotos 673
Post View Conversion Rate (PV CR) 379
PPC 267
PPC-Systeme 47
PPC-Werbung 45
Pre-Awareness-Phase 53, 107
Predictive Analytics 596
Preference-Phase 54, 58, 108
Preferred Deal 366
Pre-Header 422
Preisangaben 654
Preispolitik 40
Premium-Inventar 339
Private Auction 366
Private Deal 366
Product Listing Ads (Google) 172
Product Retargeting 361
Produktpolitik 39
Programmatic Advertising 343
Programmatic Display Advertising 365
  DSGVO 358
Prospecting 360
Prototyping, Definition 47
Provisionsmodelle im Affiliate Marketing 330
Public Relations 75
Publisher 309
Publisher (Display Advertising) 180, 338
Pulizzi, Joe 81
Purchase-Phase 54, 109
Push-Nachrichten
  Conversion-Rates 515
  Timing 515
  vs. E-Mails 512
Push-Werbung vs. Pull-Marketing 49

Q

Qualitätsfaktor 302

R

Real Time Advertising (RTA)
  Definition 340
  im Online-Marketing-Mix 344
  Mediaplanung 342
  Verkaufsprozess 342
  vs. Display Advertising 341
Real Time Bidding (RTB) 16, 341, 360
Recommendation Engines 434
Reconsideration Request 649
Redaktionsplan 119
Referral Traffic 244
Regression, lineare 596
Remarketing/Retargeting, Definition 48
Reputation, Kennzahlen 68
Residuen 597–598
Responsive Design 401
Responsive Webdesign 138
Responsive Websites 216, 511
Retail Media Advertising 345
  Herausforderungen 346
  Konzepte 346
  Technologien 346
Retargeting 16, 427
Retargeting-Kampagnen 361
Retention-Rate 543

Return on Advertising Spend 42
Return on Investment (ROI) 42
Rich-Snippets 228–229
ROAS (Return on Advertising Spend) 42
robots.txt 205, 251
ROI 42
RTA 341
RTA-Kampagnen 344

S

Schadensersatz 688
Schleichwerbung 647, 670
Schöpfungshöhe 634
Screaming Frog 212, 238
Scree-Plot 602
SEA
  als Test für SEO 265
  Automatisierung 299
  externe Agentur 290
  Inhouse-SEA 290
  Kennzahlen 299
  Kennzahlen bewerten 301
  Praxisbeispiele 302
  Suchintention 291
SEA-Kampagne
  aufsetzen 297
  auswerten 299
  Gebotsstrategie 304
  Keyword-Recherche 295
  Vorbereitung 294
  wichtige Schritte 308
SEA-Manager 290
  Fähigkeiten 291
  Kenntnisse 290
  Qualifikation 290
Search Ads (Apple) 532
Search Engine Advertising 259, 264
Search Engine Marketing 260, 263
Search Engine Optimization 264
Search Engine Result Pages 176
Searchmetrics-Suite 241
SEA-Statistiken 299
Seeding 232
Seerobots 239
Sell Side Platform (SSP) 347, 351
SEM 260
semantisches Targeting 363
semantisches Web 59, 61
SEO 73, 126
  Agenturen 249–250
  Analysetools 238
  Backlinks 230
  Bücher zum Thema 256
  Conversions 244
  Crawling und Indexierung 203
  Description 227
  Einordnung im Online-Marketing 171
  Erfolgsmessung 235, 243
  externe KPIs 244
  Fortbildung 256
  Google Search Console 238
  Hands-on-Tipps 252
  Herausforderungen 184
  Indexierung 204
  informative Blogs 256
  Kennzahlen 243
  Keyword-Monitoring 240
  Keyword-Recherche 223
  Keyword-Tools 224
  Klickrate/CTR (Click-Through-Rate) 244
  KPIs 243
  kritischer Umgang mit Daten 252
  Learnings 242
  Metriken 244
  Mobilfreundlichkeit als Ranking-Faktor 216
  Monitoring-Tools 240
  negativ 649
  Online-PR 233
  Relaunch 245
  Themencluster auf Zielseite 224
  Tipps 249, 252
  Tools 238
  URL-Empfehlungen 202
  Visibility 240
  Voice SEO vs. Voice Assistant SEO 185
  Web Developer Toolbar 239
SEO-Monitoring
  Maßnahmen und Effekte 241
  Searchmetrics-Suite 241
  Sistrix 241
SEO-Strategie 234
  beeinflussende Faktoren 235
  Budget 236
  Messbarkeit 236
  Zieldefinition 235, 237

SEO-Tools, umfangreichere 239
SEO-Traffic 243
SEO-Ziele 87
SERP 197
Serverreputation 395
  vorbeugende Maßnahmen 396
Servicemails 418
Session-Dauer 542
Session-Intervall 542
Shariff 677
Sichtbarkeitsindex 240
Sistrix 241
site:-Abfrage 254
Sitelink-Erweiterungen 285
Skim, Scan, Read 138
Slideshare 460
Snippet 197
Snippet-Erweiterungen 285
Snippet-Optimierung 226
  Tools 229
Social Media
  Kanäle 459–460
  rechtliche Aspekte 669
  Zielgruppen 458
Social-Media-Kanäle 460
Social Media Marketing 60, 74
Social-Media-Plattformen 459
Social-Media-Recht 669
  Avatar 670
  Hashtags 671
  Profilfoto 670
  Schleichwerbung 670
  Username 669
Social-Media-Strategie 456
  Erfolgsmessung 498
  Monitoring 498
  Prioritäten und Aktivitäten 492
  Unternehmensziele 457
  Zielmatrix 458
Social-Media-Ziele 87
Social Plug-ins 676
Social Web
  Audioformate 495
  Bilder und Grafiken 493
  Chat-Dienste 444
  Entwicklung 442
  in China 449
  Text 493
  Video 494
Soft-Bounce 413
Spam, Definition 388
Spam-Complaints 396
Spam-Filter 394
Spam-Links 649
Spam-Signale 396
Split URL Test 154
Sprachsuche 185
Statuscodes 202
Strategie vs. Taktik 41, 43
Suchanfrage 174
  Berechnung des Rankings 289
  bezahlte Ergebnisse 172
  informationale 175
  Informationssuche 262
  Longtail-Suchanfrage 174
  navigationale 175
  navigationsorientierte 262
  organische Ergebnisse 172, 485
  Prozess bis zur Conversion 197
  Shorthead-Suchanfrage 174
  Spracherkennungssysteme 263
  Sprachsteuerung 196
  transaktionale 174
  transaktionsorientierte 261
  und Conversion 199
  Userintention 196
  Warum-Fragen 262
  Zielseite 198
Suchanfragetypen 195
Suchergebnisse, organische 126
Suchergebnisse und Semantik 62
Suchindex 171
Suchintention 102, 291
  und Customer Journey 102
Suchmaschine
  Erfolgskontrolle 171
  Relevanz der Inhalte 171
  Zielseiten 222
Suchmaschinenalgorithmen
  Googles Panda-Update 188
  Googles Penguin-Update 188
Suchmaschinenmarketing 171
Suchmaschinenoptimierung 73, 126, 171
  Herausforderungen 184
  Offpage 648
  Onpage 632
  Tipps und Tricks 249
Suchmaschinenwerbung 58
Suchvolumen 102

Suchvorgang 197
Supervised Learning 598
Support Vector Machines 603
SWOT-Analyse 49–50

T

Tagging, automatisches 574
taktische und operative Marketingziele 87
Talkwalker 498
Tatsachenbehauptungen 657
Tausender-Kontakt-Preis (TKP) 377
Testimonial 138
Testing
  Checkliste 167
  erfolgreiches 151
Text-Snippets, organische 176
Thought Leadership 93
TikTok 30
  Branded Effects und Challenges 480
  Creator-Kooperationen 480
  Duett 484
  Filter 480
  Stitch 484
  Verweildauer 479
  Werbeanzeigen 480
Touchpoints 55, 57
Tracking
  Aufbewahrungsdauer der Daten 562
  Cookies 642
  Datenschutz 519
  DSGVO 644
  Enchanced Tracking Protection (ETP) 328
  Google Analytics 559
  Intelligent Tracking Prevention (ITP) 328
  IP-Adresse anonymisieren 562
  nutzerbasiertes 517
  Pixel-Tracking 566
  Tracking-Code 566
  von Conversions 271
Tracking-Code 269
  Tag Management 587
Tracking-Tags 375
Traffic 515
Triggering-Kampagnen 363
Trigger-Mailings 416
Trillian 444
TV-Triggering 364

U

Uniform Resource Locator *siehe* URL 200
Unique Hashtags 449
Unique Value Proposition (UVP) 138
Unsupervised Learning 598
Unternehmensstrategie 31
Upload von Fotos 673
Upper Funnel 57
Urheberrecht 632, 673, 679
  »Embedding«-Rechtsprechung 367
  Codeschnipsel 635
  Computerprogramme 635
  Copyright-Hinweise 639
  Creative-Commons-Lizenz 639
  Embedding-Rechtsprechung 637
  Fotos 635
  Fotos aus Bilderdatenbanken 639
  Lizenzhinweise 639
  Schöpfungshöhe 634
  und Claims 634
  und Hashtags 634
  und Slogans 634
  Upload auf den eigenen Server vs. Embedding 638
  Videos 637
  Zitat 637
Urheberrechtsverletzungen 683, 688
URL-Tagging 573
Usability 73, 139, 144
Usability-Optimierung 41
User-Aktivität 354
Useraktivität 186
  Suchanfrage bis Conversion 186
User-Daten 354
  1st Party Data, 2nd Party Data, 3rd Party Data 356
Userdaten 186
User Experience 139
  auf mobilen Geräten 216
  Definition 139
User Journey 543
User Self Management 412
User Signals 139

V

Verfügung, einstweilige 689
Vermarkter, digitale 338
Vertical Networks 353
Vertriebspolitik 40
Video 21, 494
  mobile 531
  virale 172, 485
Videowerbeformen 531
Videowerbemittel 371, 373
Viewability 379
Vimeo 492
virale Effekte 465
Viral-Marketing 60
Voice Assistant SEO 185
Voice Search 185
Voice SEO 185
VWO 134

W

Warenkorbanalyse 608
  Funktionsweise erklärt 615
Web, semantisches 59
Webanalysetool, erhobene Daten 569
Website
  Impressumspflicht 624
  Informationsarchitektur 210
  interne Verlinkung 211
  mit Analytics-Daten optimieren 588
  Ziele bestimmen 564
Website-Layout, Checkliste 164
Website-Optimierung 148
Website-Relaunch, SEO-Aspekte 246
Websites
  Checkliste für professionelle 163
  responsive 584
Web Tracking 433
Web-Tracking-Tools 433
Weller, Robert 91
Werbeanzeigen
  Inhalte 654
  Markennennung 652
  Pflichtangaben 655
  Preisangaben 654
  vs. organische Suchtreffer 652
  Wiederverkäufer von Markenprodukten 653
Werbeerlaubnis 664, 666
Werbemails
  Anforderungen an Inhalt 668
  E-Mail-Betreff 668
Werbemittel 367, 637
Werkhöhe 679
Werturteile 656
Wettbewerbsmonitoring 241
Wettbewerbsrecht 646
  Conversion-Rate-Optimierung 646
  Linkkauf 647
  Schleichwerbung 647
  und Google-Webmaster-Richtlinien 647
Wettbewerbsverletzungen 689
Whitelist 393
Whitelisting, B2B- vs. B2C-Umfeld 415
Whitespace 139
Wingify 134
Word-of-Mouth-Marketing 60

X

X, Impressumspflicht 624
XING 624
  Impressumspflicht 624
XML-Sitemap 206
XOVI 295

Y

Yahoo! 172
Yandex 174
YourAdChoices 358
YouTube 36, 460, 484
  als Kampagnentool 484
  als Video-Hoster 484
  Channel 486
  Impressumspflicht 624
  MACH MAL mit OBI 486
  virale Videos 172, 485
  WBS.LEGAL 504
YouTube, mobile Nutzung 443

Z

Ziele
  kurzfristige operative 43
  langfristige strategische 43
  markenbezogen 43
  mittelfristige taktische 43

Zielgruppe 46
vs. Bedarfsgruppe 44
Zielgruppenanalyse 44
Zielgruppendefinition, Methoden 47
Zitat 637
Quellenvermerk 638
Zitatrecht 637
Zitatzweck 638

Über die Autorinnen und Autoren

Tom Alby widmet sich seit 1994 seit seinem Scheitern als Profimusiker dem damals gerade entstandenen Web. Sein Studium finanzierte er mit der Erstellung von Webseiten und der technischen Entwicklung einer der ersten Suchmaschinen. Seitdem treibt der von der brandeins als »Datenfreak« bezeichnete Digitalexperte Innovationen bei Unternehmen wie Google, Bertelsmann und bbdo voran. Seit 2018 ist er Chief Digital Transformation Officer bei Euler Hermes.

Tom Alby ist Autor mehrerer Bücher, zertifizierter Projektmanager (PMP) des Project Management Institutes und Lehrbeauftragter für Datenanalyse an der HAW Hamburg.

Felix Beilharz ist »einer der führenden Berater für Online- und Social Media Marketing« (RTL). Er »zählt zu den besten Rednern Deutschlands« (Westdeutsche Allgemeine Zeitung). Forbes bezeichnet ihn als »Germany's Digital Marketing Rockstar«.

Der Diplom-Wirtschaftsjurist beschäftigt sich seit 2001 mit den Möglichkeiten, die Online-Marketing für Unternehmen bietet. Als Autor hat er 8 Bücher veröffentlicht, die es teilweise, für Fachbücher eine Seltenheit, in die Top 20 der Amazon-Bestsellerliste (gesamt) schafften. Die Fachzeitschrift w&v nennt ihn einen der »Top-Influencer im Online-Marketing« und einen »digitalen Meinungsmacher, den man kennen sollte«. Für die ZEIT und die Süddeutsche ist er einfach der »Online-Experte« – daher auch sein Slogan.

Felix Beilharz lehrt Online-Marketing und Social Media an mehreren Hochschulen, trainiert Unternehmen, Behörden und Organisationen und hat Vorträge und Seminare in 17 europäischen Ländern sowie den USA gehalten. Er gilt daher als »einer der bekanntesten Experten für Online-Marketing« (Rhein-Main-Presse). Eigene Weiterbildungen an den Universitäten Harvard und Cornell sowie die Berufung zum Digital Expert in Facebooks »Lernen mit Facebook«-Digitalkompetenzen-Programm runden sein Profil ab.

Ingo Kamps (CEO der *cayada GmbH*) ist seit 1999 im Online-Marketing aktiv und hat ihn dieser Zeit schon fast alles erlebt: Er hat Unternehmen gegründet und verkauft, war viele Jahre Top-Affiliate, hat Vorträge gehalten, an Diskussionsrunden teilgenommen und ein eigenes Buch zum Thema *Mobile Marketing* verfasst.

Seit 2004 hat **Nils Kattau** mehr als 1.500 A/B-Tests durchgeführt und die zweitgrößte Conversion-Agentur Deutschlands aufgebaut. Heute widmet er seine Zeit primär eigenen Projekten und berät als einer der top Conversion Optimierer ausgewählte Kunden in der Steigerung ihrer Sales & Leads.

Markus Kellermann ist Experte im Performance-Marketing und bereits seit 1999 im Online- Marketing tätig. Als Geschäftsführer leitet er die Digital Marketing Agentur xpose360 GmbH, welche seit 2023 zur MAI-Group gehört.

Als Autor hat Markus Kellermann neben dem Fachbuch »Affiliate Marketing INSIGHTS« bereits eine Vielzahl von Artikeln in Fachmagazinen publiziert und betreibt neben dem Branchenportal AffiliateBLOG.de auch die Podcasts Affiliate Musixx und Tacheles. Zudem ist er als Speaker auf zahlreichen Konferenzen aktiv und investiert in verschiedene Unternehmen wie z.B. die KI-Technologie Bounce Commerce, die auf KI-basierte Produkt-Recommendations spezialisiert ist.

Olaf Kopp ist CBDO und Co-Founder der Agentur Aufgesang GmbH sowie freier Online-Marketing Berater. Der diplomierte Kaufmann ist Blogger, Autor & Podcaster beim Content Kompass sowie Mitveranstalter des SEAcamps. Seit 2005 beschäftigt er sich mit digitaler Werbung, Content Marketing, SEO, und Online-Marketing-Strategien.

Karl Kratz ist als Unternehmer, Autor und Sprecher tätig. Sein Herz schlägt seit 1996 leidenschaftlich für feines Online-Marketing.

Manuela Meier ist Head of Marketing bei einem führenden E-Mail-Marketing-Anbieter in Deutschland. Bereits seit 2002 entwirft und analysiert sie E-Mail-Kampagnen sowohl im B2B- als auch B2C-Umfeld. Als Autorin hat sie zahlreiche Ratgeber, Whitepaper und Fachartikel zum Thema veröffentlicht.

Guido Pelzer, Consultant und Dozent, startete bereits 2002 als Geschäftsführer eines internationalen Unternehmens seine erste AdWords-Kampagne. Als Google 2008 externe Seminarleiter suchte, wurde Guido Pelzer einer der ersten 5 zertifizierten Google Trainer. Der mehrfache Buchautor erstellt auch Videotrainings für LinkedIn Learning.

Niklas Plutte ist Rechtsanwalt und Fachanwalt für gewerblichen Rechtsschutz mit Sitz in Mainz. Seine Kanzlei ist auf die Beratung von Unternehmen der Internetbranche spezialisiert, z. B. Agenturen, Onlinehändler und Kreative. Er ist Mitautor mehrerer Bücher, Blogger & Speaker auf Konferenzen.

Anke Probst ist als Senior SEO Managerin Teil des SEO Teams bei der CTS EVENTIM AG & Co. KGaA. Sie ist Expertin für komplexe Seitenstrukturen und technisches SEO, und teilt ihr Wissen gerne als Speakerin auf Konferenzen und Events. Sie engagiert sich außerdem im SEO Expertenbeirat des Bundesverband Digitale Wirtschaft.

Stephan Römer ist geschäftsführender Gesellschafter der Agentur 42DIGITAL GmbH aus Hamburg und Bremen. Der studierte Medieninformatiker entwickelt und realisiert mit seinem Team Performance-Marketing-Strategien für zahlreiche nationale und internationale Kunden. Darüber hinaus ist er Dozent an diversen Instituten, an denen er Fachwissen aus dem Bereich Online-Marketing lehrt.

Markus Vollmert ist Gründer und Geschäftsführer der Digital-Marketing-Agentur lunapark aus Köln. Lunapark betreut Kunden aus allen Branchen zu Analytics und Tag Management und ist seit Jahren zertifizierter Google-Analytics-Partner. Die Analyse und das Tracking von Onlinenutzern sind seit Jahren seine Mission, und er teilt sein Wissen nicht nur in Büchern, sondern auch als Speaker auf vielen Online-Marketing-Events.

Interviews mit weiteren Expert*innen

Eine Reihe von Interviews finden Sie in Form eines PDFs als Bonusmaterial auf *https://dpunkt.de/produkt/online-marketing-managerin/*.

Sie können das PDF unter dem Reiter »Zusatzmaterial« herunterladen.

Kolophon

Die Feder auf dem Cover von »Online Marketing Manager*in – Handbuch für die Praxis« stammt von einem Blauen Pfau (*Pavo cristatus*). Der Pfau gehört zu den auffälligsten und farbenprächtigsten Vögeln der Erde. Das blaue, je nach Lichteinfall goldfarben glänzende Gefieder der Männchen und der aus langen Federn bestehende Schwanz haben schon immer die Fantasie der Menschen angeregt. Wenn die Tiere aufgeregt sind oder balzen, schlagen sie ihr fächerförmiges Rad, wobei die Federenden mit dem markanten »Augenmuster« besonders gut zur Geltung kommen. Das zusätzliche Rascheln mit den Federn verstärkt die imposante Erscheinung des Männchens.

Die Weibchen dagegen sind unauffälliger, grün-grau gemustert und haben auch keinen langen Schwanz. Auf dem Kopf finden sich aber bei beiden Geschlechtern feine Federn, die einer Krone ähneln.

Pfaue kommen ursprünglich aus Indien und Sri Lanka und bevorzugen dort hügeliges, waldreiches Gelände in der Nähe von Wasser. Da sie sehr standorttreu sind und verschiedene Klimazonen vertragen, sind sie auf der ganzen Welt als Parkbewohner sehr beliebt. Wenn Gefahr droht, ist schon von Weitem ihr durchdringender Schrei zu hören.

Bereits in der Antike wurde der Pfau verehrt, in vielen Wappen findet sich sein Abbild, in Mythen und Legenden spielt er eine wichtige Rolle. Doch auch als Fleischlieferant wird er in vielen Gärten gehalten. In Indien schätzt man die Vorliebe des Vogels für junge Schlangen, sodass viele Vögel auf der Suche nach Nahrung frei durch die Dörfer streifen.